After Effects/Cinema 4D 动效解构实战教程

全实战
全视频

沈洪筹 ◎ 编著

人民邮电出版社

图书在版编目（CIP）数据

After Effects/Cinema 4D动效解构实战教程 / 沈洪筹编著. -- 北京 : 人民邮电出版社, 2023.9
ISBN 978-7-115-61434-6

Ⅰ. ①A… Ⅱ. ①沈… Ⅲ. ①图像处理软件－教材②三维动画软件－教材 Ⅳ. ①TP391.41

中国国家版本馆CIP数据核字(2023)第053906号

内容提要

这是一本UI动效制作实例教程。全书将Cinema 4D和After Effects结合起来，通过实战的形式讲解不同类型动效的制作方法。

全书共8章。第1章概述Cinema 4D和After Effects涉及动效制作的相关功能。第2章和第3章主要讲解Cinema 4D的基础建模方法及不同造型的制作方法。第4章主要讲解如何应用After Effects的粒子插件制作动画效果。第5章主要讲解Cinema 4D和After Effects的综合应用。第6～8章主要讲解不同UI动效实战案例，包括视觉类动效、交互类动效和科技类动效。全书细分制作流程，旨在让读者理解制作过程中的操作逻辑和方法。

本书适合零基础的读者学习，也适合作为UI动效制作相关课程的教材。另外，本书基于Cinema 4D R21、After Effects 2020和相关插件进行编写，建议读者使用相同或更高版本的软件进行学习。

◆ 编　　著　沈洪筹
责任编辑　张　璐
责任印制　马振武
◆ 人民邮电出版社出版发行　　北京市丰台区成寿寺路11号
邮编　100164　　电子邮件　315@ptpress.com.cn
网址　https://www.ptpress.com.cn
北京宝隆世纪印刷有限公司印刷
◆ 开本：775×1092　1/16
印张：22.75　　2023年9月第1版
字数：637千字　　2023年9月北京第1次印刷

定价：149.90元

读者服务热线：(010)81055410　印装质量热线：(010)81055316
反盗版热线：(010)81055315
广告经营许可证：京东市监广登字20170147号

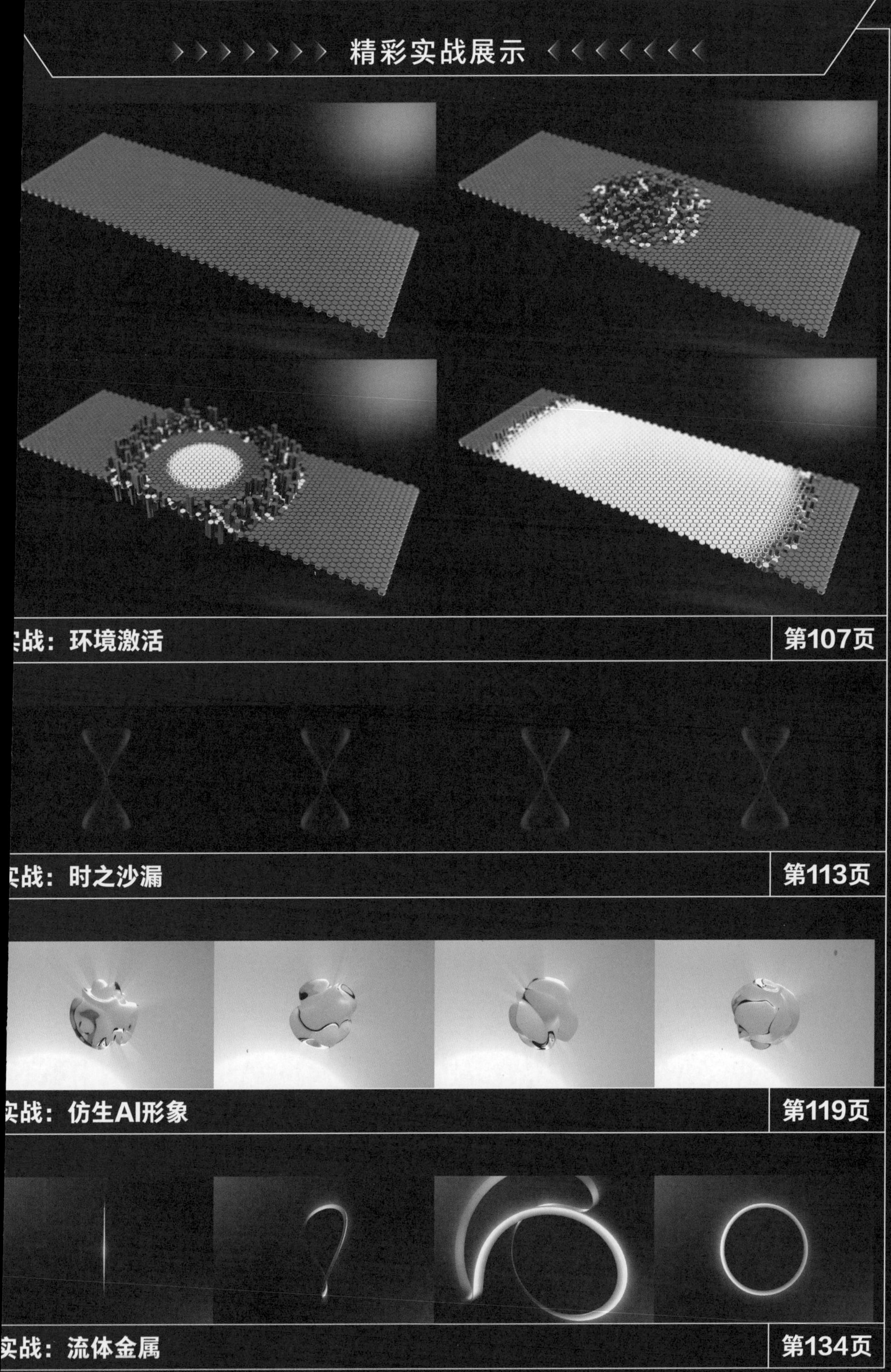
精彩实战展示
实战：环境激活
第107页
实战：时之沙漏
第113页
实战：仿生AI形象
第119页
实战：流体金属
第134页

精彩实战展示

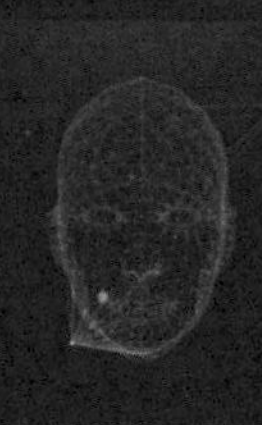

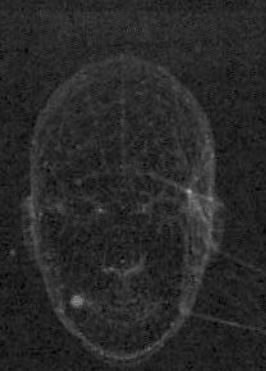

实战：空间涟漪 第154页

实战：人脸标注 第163页

实战：天体彗星 第188页

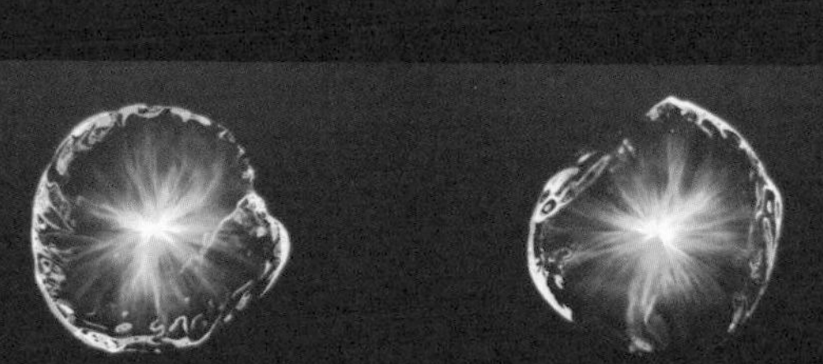

实战：多彩能量体 第189页

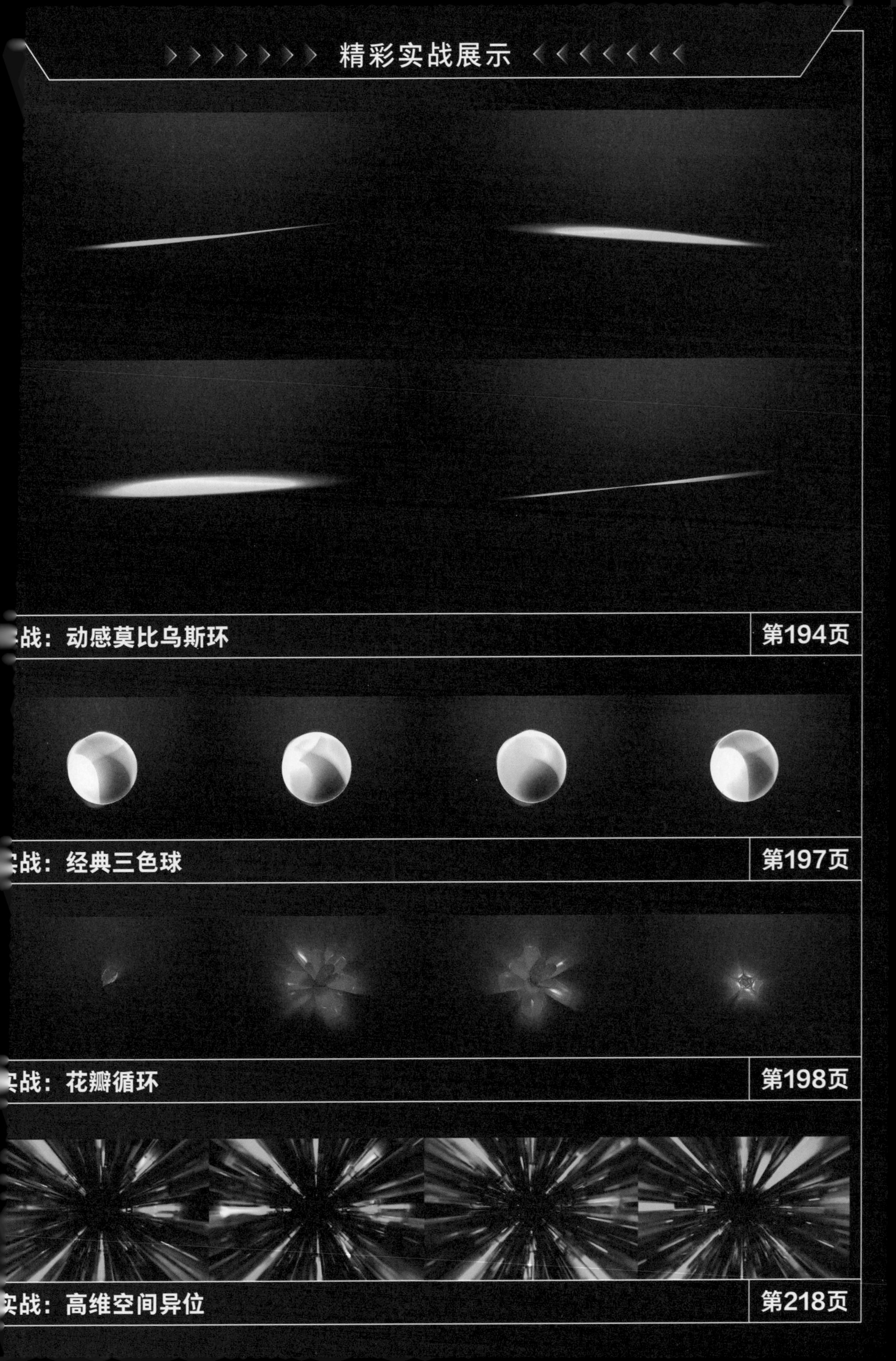

精彩实战展示

实战：动感莫比乌斯环 第194页

实战：经典三色球 第197页

实战：花瓣循环 第198页

实战：高维空间异位 第218页

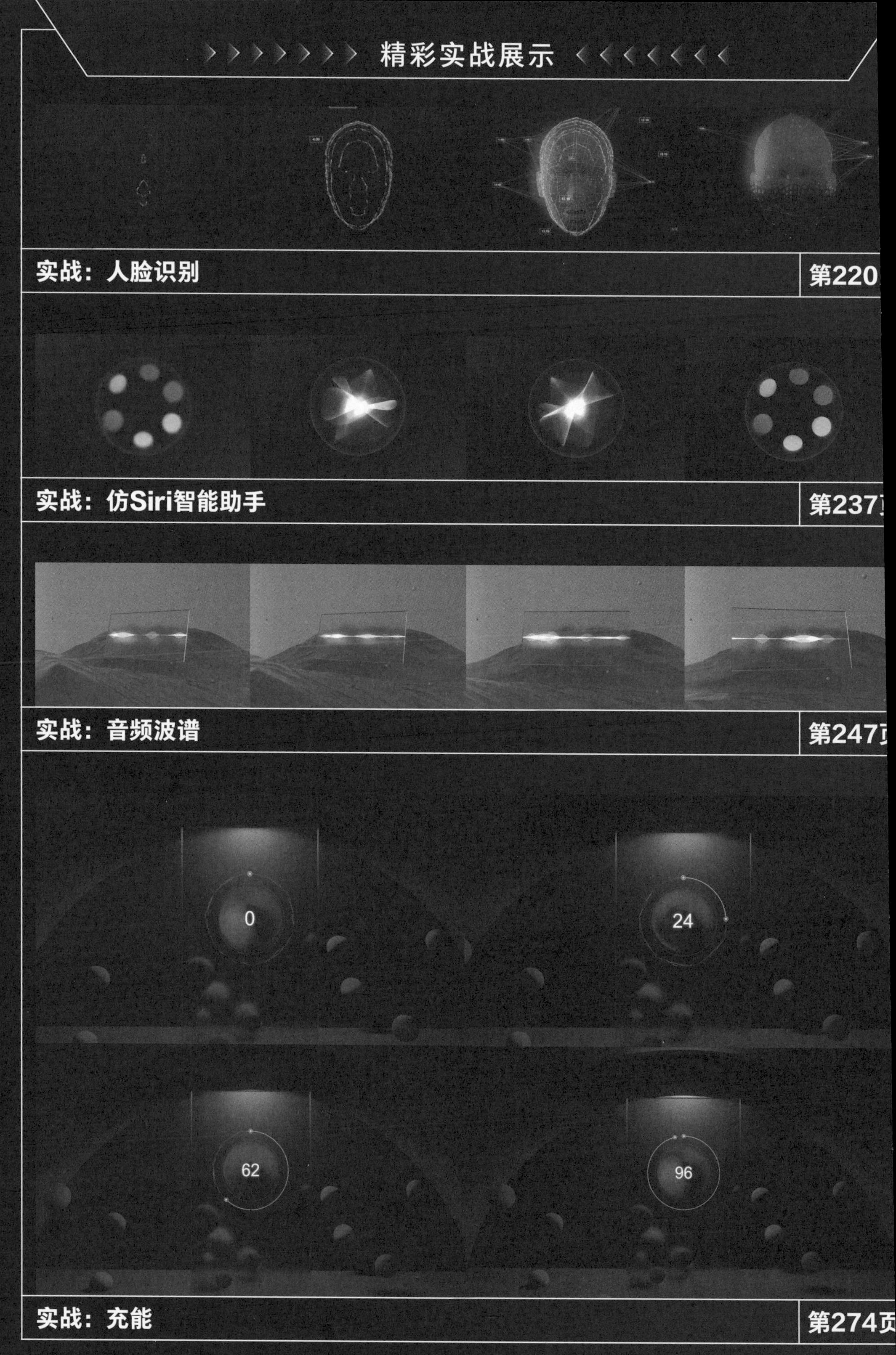
精彩实战展示
实战：人脸识别
第220
实战：仿Siri智能助手
第237
实战：音频波谱
第247
0
24
62
96
实战：充能
第274页

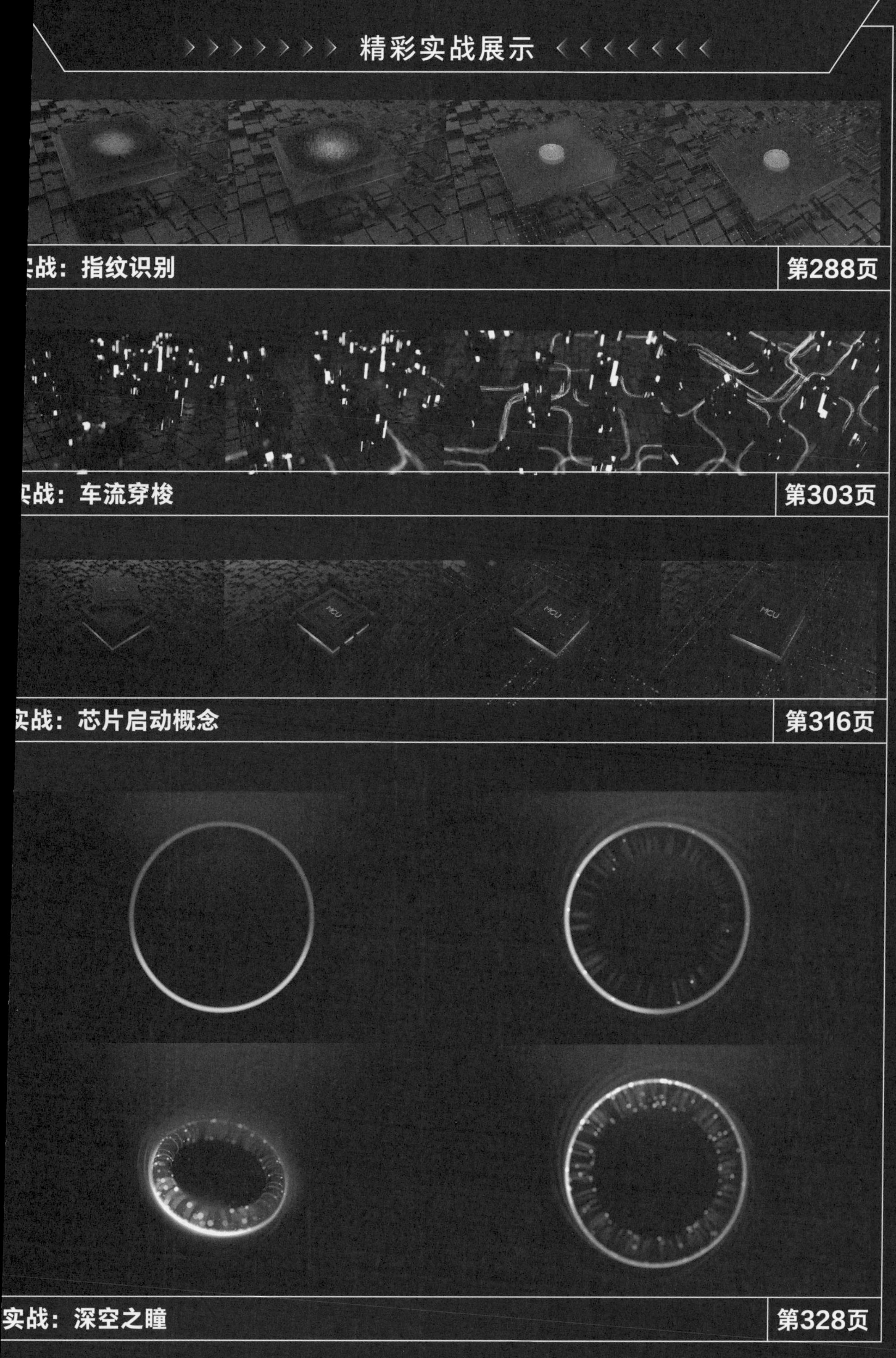
精彩实战展示
实战：指纹识别
第288页
实战：车流穿梭
第303页
MCU
实战：芯片启动概念
第316页
实战：深空之瞳
第328页

精彩实战展示
实战：光纤律动
第329页
实战：数据传输
第338页
实战：海洋生物
第349页
实战：矩阵运算
第350页

前言

关于本书

随着5G时代各种技术的发展，人们可以在芯片、人工智能、大数据、云计算、通信、虚拟现实、医学、智慧城市等领域中看到精美的动画效果。使用Cinema 4D制作基础模型，再使用After Effects进行后期效果处理，可以使UI动效更精美。

全书以实战的形式进行讲解，配有详细的图文标注，方便读者边学边练，以加深印象。本书介绍的特效是独立存在的，重点在于介绍制作方法，读者可以根据自己的需求灵活应用。另外，本书提供实战的场景文件、实例文件、效果文件和在线教学视频，获取方式请查阅“资源与支持”页面。

本书内容

本书共8章，包含Cinema 4D和After Effects制作动效的基础功能和3类UI动效的制作方法。为了方便读者学习，本书所有案例均配有教学视频。

第1章：5G时代的动效制作基础。 介绍Cinema 4D和After Effects涉及动效制作的相关功能。

第2章：Cinema 4D的建模应用。 介绍Cinema 4D中基础模型的制作方法。

第3章：Cinema 4D的造型应用。 介绍Cinema 4D中的生成器、变形器等造型工具。

第4章：After Effects的常用效果。 介绍After Effects中的粒子插件以及常规粒子效果的制作。

第5章：Cinema 4D与After Effects的综合动效。 介绍综合应用Cinema 4D与After Effects制作动画效果的方法。

第6章：视觉类动效。 介绍粒子线条、扫光、击打、拖尾、球形扰动等视觉类动画效果的制作方法。

第7章：交互类动效。 介绍扫描系统、语音交互系统、GPS、医疗系统等交互类动画效果的制作方法。

第8章：科技类动效。 介绍安全防控、智慧城市、AI仿生、数据传输等科技类动画效果的制作方法。

作者感言

很高兴能与人民邮电出版社数字艺术分社合作，推出一本以Cinema 4D和After Effects为基础的UI动效制作实例教程。书中的动效制作实例都是我精挑细选的，具有一定的代表性，其重点在于制作方法，读者可以在学习基本的制作方法后制作出更多的动画效果。因为篇幅有限，本书无法呈现所有动效的制作过程，所以在学习资源中，我额外分享了一些动效的制作方法，希望对读者有所帮助。

导读

1. 版式说明

实战效果： 每一个实战开头都会展示对应的效果，让读者在学习过程中进行对比，检查正误。

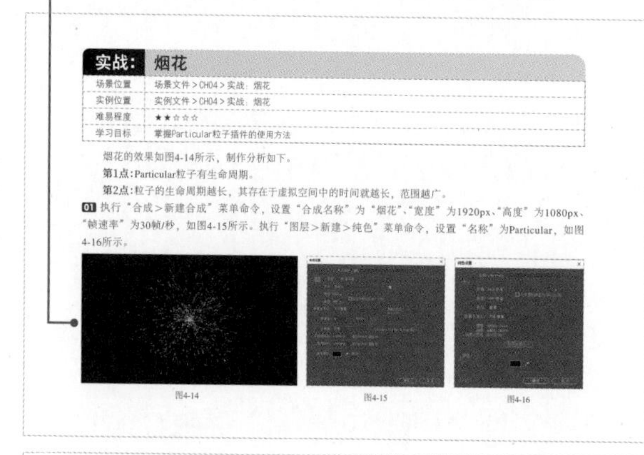

实战：烟花

场景位置	场景文件 > CH04 > 实战：烟花
实例位置	实例文件 > CH04 > 实战：烟花
难易程度	★★☆☆☆
学习目标	掌握Particular粒子插件的使用方法

烟花的效果如图4-14所示，制作分析如下。

第1点：Particular粒子有生命周期。

第2点：粒子的生命周期越长，其存在于虚拟空间中的时间就越长，范围越广。

01 执行"合成>新建合成"菜单命令，设置"合成名称"为"烟花"、"宽度"为1920px、"高度"为1080px、"帧速率"为30帧/秒，如图4-15所示。执行"图层>新建>纯色"菜单命令，设置"名称"为Particular，如图4-16所示。

图4-14　图4-15　图4-16

制作分析： 在开始实战前进行技巧分析，帮助读者快速理解实战要点与操作方法，掌握重点内容。

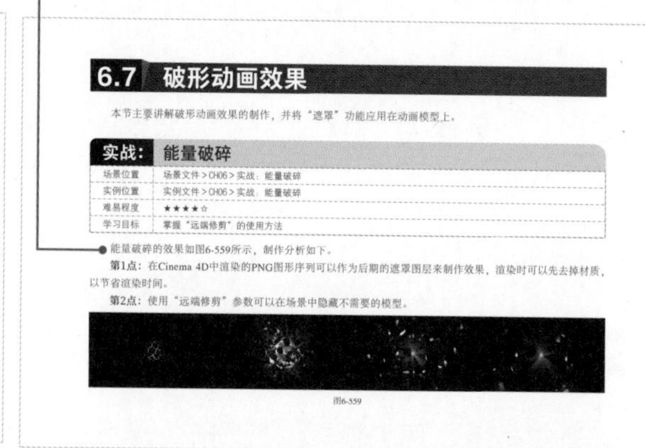

6.7 破形动画效果

本节主要讲解破形动画效果的制作，并将"遮罩"功能应用在动画模型上。

实战：能量破碎

场景位置	场景文件 > CH06 > 实战：能量破碎
实例位置	实例文件 > CH06 > 实战：能量破碎
难易程度	★★★★☆
学习目标	掌握"远端修剪"的使用方法

能量破碎的效果如图6-559所示，制作分析如下。

第1点：在Cinema 4D中渲染的PNG图形序列可以作为后期的遮罩图层来制作效果，渲染时可以先去掉材质，以节省渲染时间。

第2点：使用"远端修剪"参数可以在场景中隐藏不需要的模型。

图6-559

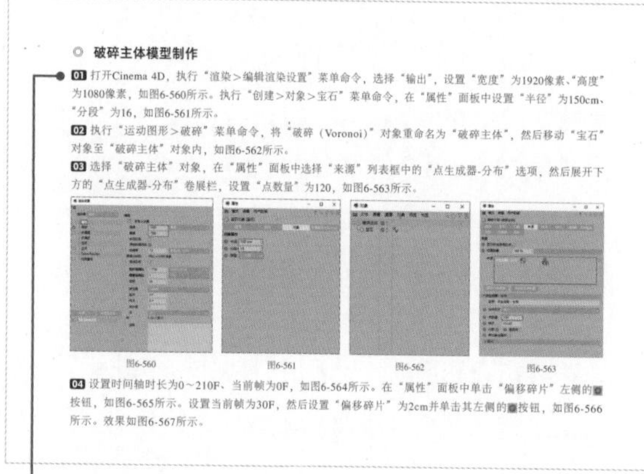

◎ **破碎主体模型制作**

01 打开Cinema 4D，执行"渲染>编辑渲染设置"菜单命令，选择"输出"，设置"宽度"为1920像素、"高度"为1080像素，如图6-560所示。执行"创建>对象>宝石"菜单命令，在"属性"面板中设置"半径"为150cm、"分段"为16，如图6-561所示。

02 执行"运动图形>破碎"菜单命令，将"破碎（Voronoi）"对象重命名为"破碎主体"，然后移动"宝石"对象至"破碎主体"对象内，如图6-562所示。

03 选择"破碎主体"对象，在"属性"面板中选择"来源"列表框中的"点生成器-分布"选项，然后展开下方的"点生成器-分布"卷展栏，设置"点数量"为120，如图6-563所示。

图6-560　图6-561　图6-562　图6-563

04 设置时间轴时长为0～210F、当前帧为0F，如图6-564所示。在"属性"面板中单击"偏移碎片"左侧的按钮，如图6-565所示。设置当前帧为30F，然后设置"偏移碎片"为2cm并单击其左侧的按钮，如图6-566所示。效果如图6-567所示。

详细步骤： 图文结合的步骤介绍，让读者清晰掌握制作过程和制作细节。

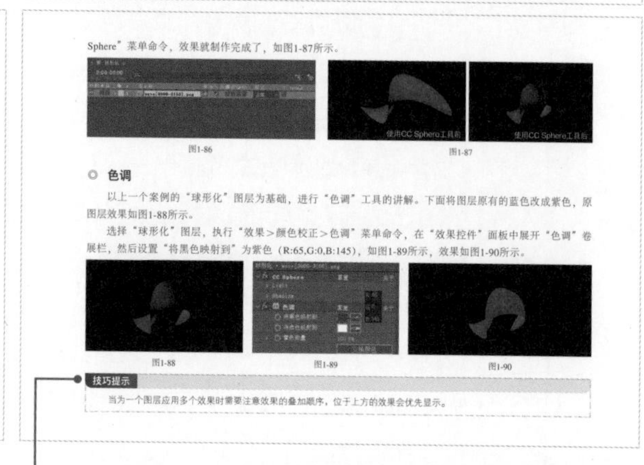

Sphere"菜单命令，效果就制作完成了，如图1-87所示。

图1-86　图1-87

◎ **色调**

以上一个案例的"球形化"图层为基础，进行"色调"工具的讲解。下面将图层原有的蓝色改成紫色，原图层效果如图1-88所示。

选择"球形化"图层，执行"效果>颜色校正>色调"菜单命令，在"效果控件"面板中展开"色调"卷展栏，然后设置"将黑色映射到"为紫色（R:65,G:0,B:145），如图1-89所示，效果如图1-90所示。

图1-88　图1-89　图1-90

技巧提示

当为一个图层应用多个效果时需要注意效果的叠加顺序，位于上方的效果会优先显示。

技巧提示： 在讲解过程中配有一些技术性提示，帮助读者掌握便捷的操作技巧，快速提升操作水平。

2. 阅读说明与学习建议

- 在阅读过程中看到的"单击""双击"，意为单击或双击鼠标左键。
- 在阅读过程中看到的"拖曳"，意为按住鼠标左键并拖动。
- 在阅读过程中看到的引号内容，意为软件中的命令、选项、参数或学习资源中的文件。
- 在阅读过程中看到的界面被拆分并拼接的情况，是排版造成的，不会影响学习和操作。
- 在学完某项内容后，建议读者找一些素材，将动效制作方法应用到素材中，以此应用和验证动效制作方法。

资源与支持

本书由“数艺设”出品，“数艺设”社区平台（www.shuyishe.com）为您提供后续服务。

配套资源

本书所有实战的场景文件、实例文件、效果文件和在线教学视频。

资源获取请扫码

（提示：微信扫描二维码关注公众号后，输入51页左下角的5位数字，获得资源获取帮助。）

“数艺设”社区平台，为艺术设计从业者提供专业的教育产品。

与我们联系

我们的联系邮箱是 szys@ptpress.com.cn。如果您对本书有任何疑问或建议，请您发邮件给我们，并请在邮件标题中注明本书书名及ISBN，以便我们更高效地做出反馈。

如果您有兴趣出版图书、录制教学课程，或者参与技术审校等工作，可以发邮件给我们。如果学校、培训机构或企业想批量购买本书或“数艺设”出版的其他图书，也可以发邮件联系我们。

关于“数艺设”

人民邮电出版社有限公司旗下品牌“数艺设”，专注于专业艺术设计类图书出版，为艺术设计从业者提供专业的图书、视频电子书、课程等教育产品。出版领域涉及平面、三维、影视、摄影与后期等数字艺术门类，字体设计、品牌设计、色彩设计等设计理论与应用门类，UI设计、电商设计、新媒体设计、游戏设计、交互设计、原型设计等互联网设计门类，环艺设计手绘、插画设计手绘、工业设计手绘等设计手绘门类。更多服务请访问“数艺设”社区平台www.shuyishe.com。我们将提供及时、准确、专业的学习服务。

目录

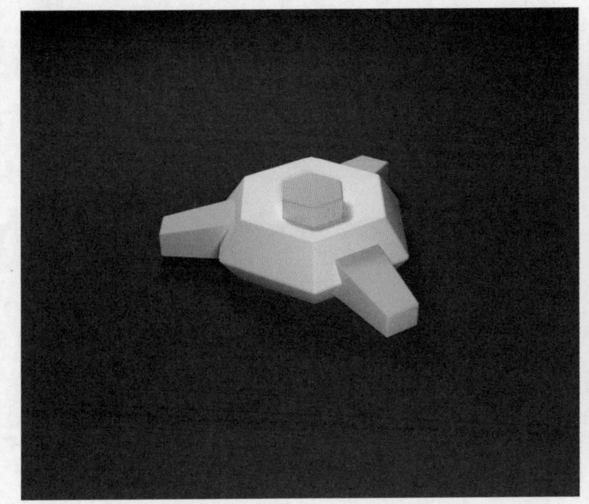

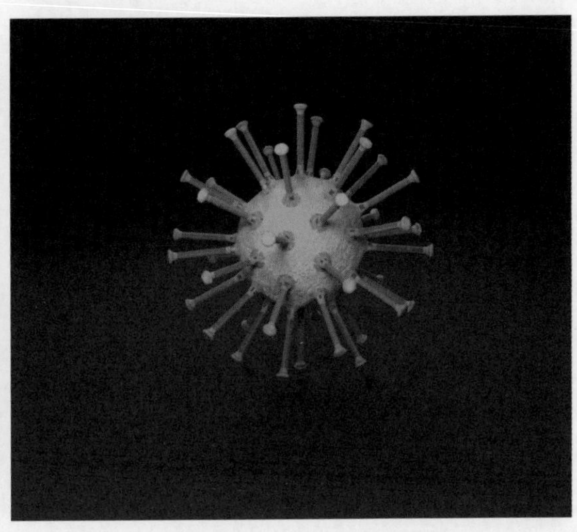

目录

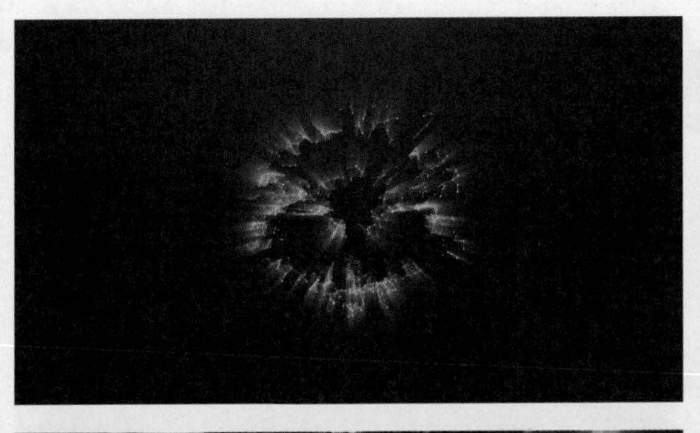
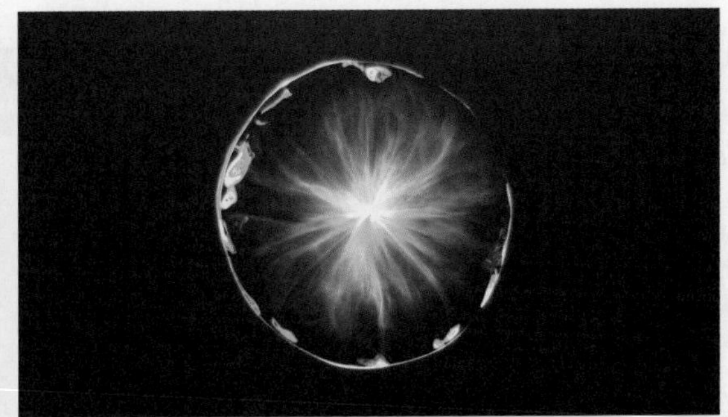

目录

第1章 5G时代的动效制作基础

早期的UI设计以单页面设计、图标绘制这种非系统性的视觉设计工作为主，随着互联网产业的发展,UI设计的形式逐渐丰富起来，动画效果（简称“动效”）就是其中之一。在4G时代，由于网络具有一定的局限性，不足以支持复杂的动效（动效的复杂度与流量消耗成正比），在播放时容易出现卡顿、停滞等问题，给用户带来了不好的体验。如今随着5G技术逐步成熟，其超大带宽和超低延时的特性，可有效地解决上述问题。

1.1 动效涉及的领域

随着科学技术的发展，动效运用的领域逐渐扩大。例如在人脸识别、大数据展示、医学、人工智能以及芯片等方面，动效的使用频率越来越高，其种类也变得越来越丰富多样。

1.1.1 人脸识别

人脸识别技术可以在生活软件、安防软件及影视制作中使用。图1-1所示为使用这项技术设计出来的典型视觉效果。

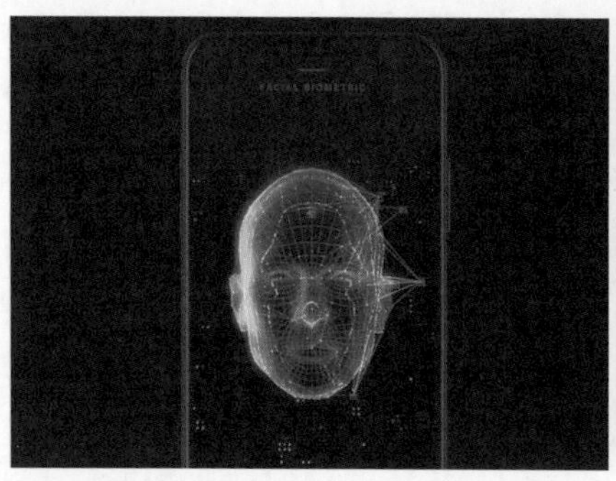

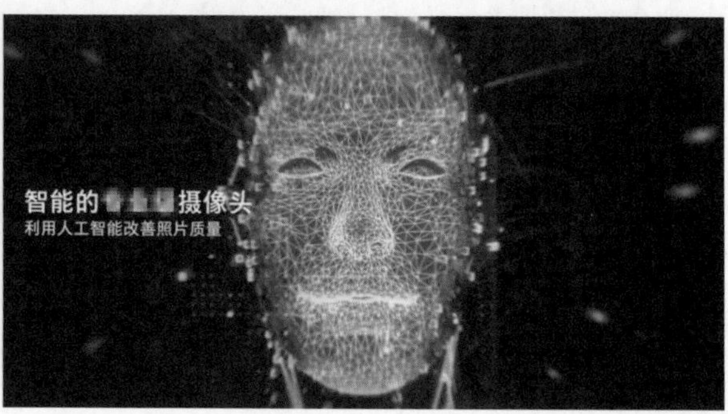

图1-1

1.1.2 大数据展示

大数据是虚拟技术、云计算和数据中心三者使用率增加后的逻辑衍生物，常见的大数据展示效果如图1-2所示。

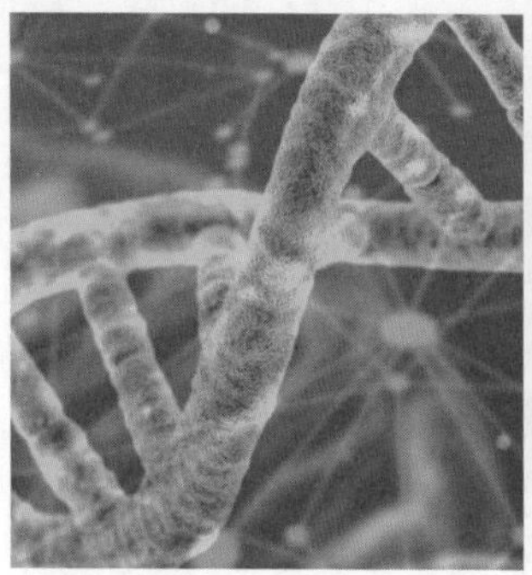
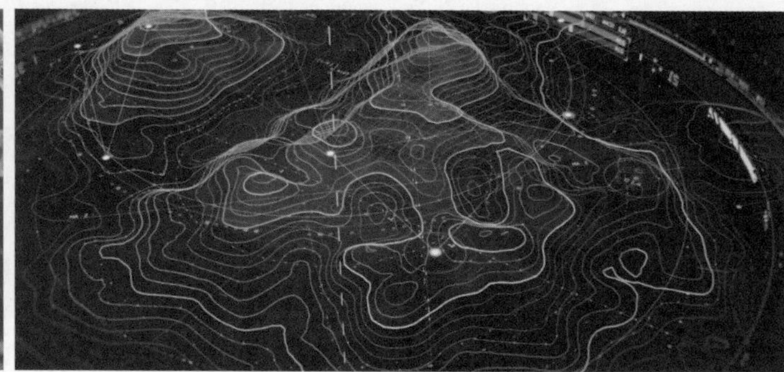

图1-2

1.1.3 医学

微观世界在挑战医学技术的同时也在挑战人类对微观世界的认知与设计。图1-3所示为一些与医学相关的动画效果。

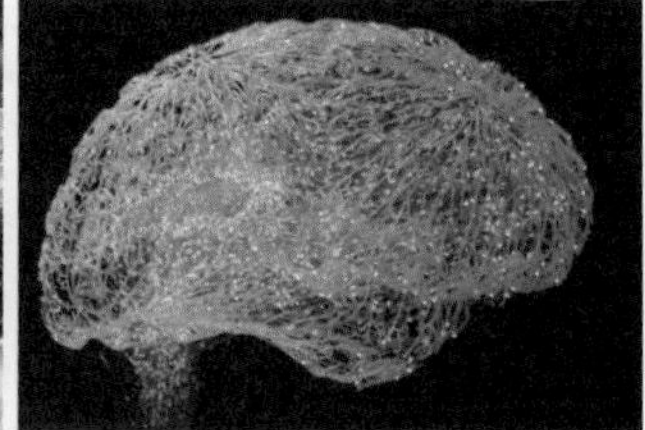

图1-3

1.1.4 人工智能

在人工智能领域，可以通过功能强大的软件技术和新颖奇特的设计创意，让本没有生命的球体变成科技感十足的仿生物，如图1-4所示。

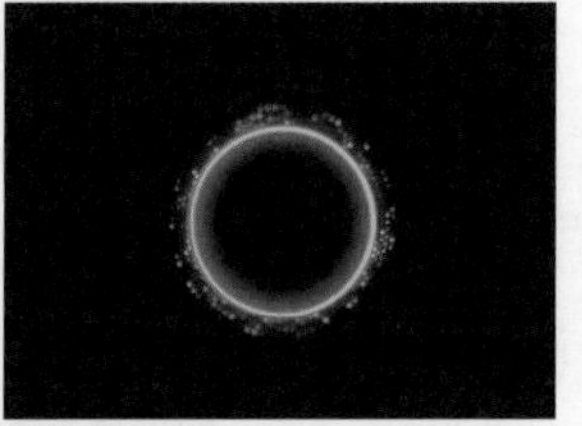

图1-4

1.1.5 芯片

随着3D技术的发展，用于展示芯片的动效越来越多。图1-5所示为典型的芯片展示效果。

图1-5

1.2 动效在不同软件中展现的形式

拟物化风格用于在一定的设计条件下，尽量完整地还原物体本身的细节。由于这种风格过于死板、僵硬，因此又出现了扁平化、轻拟物等风格。图1-6所示的是某设计师发布的一套作品，随之而来的是Neumorphism、Soft UI、“新拟态”等词语的流行与火爆。这说明设计是与时代的发展同步的，设计师只会使用Photoshop、Experience Design、Sketch是不够的，还需掌握Cinema 4D、After Effects、Premiere Pro、Media Encoder等软件。

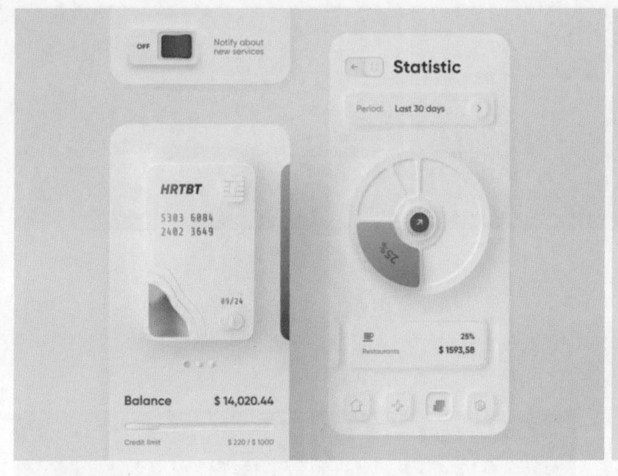

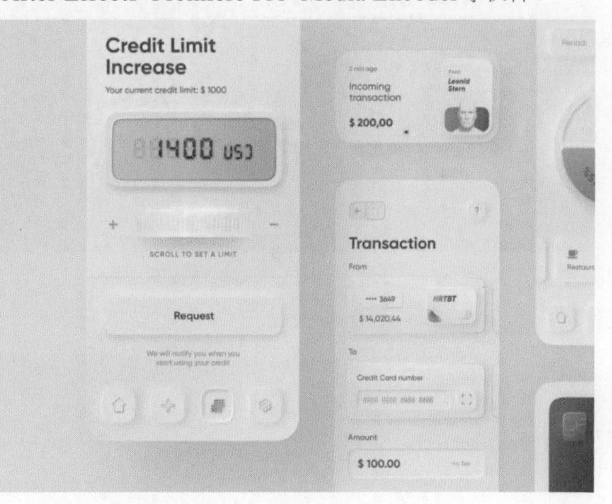

图1-6

1.2.1 Cinema 4D中的常用造型

在Cinema 4D中构建场景、制作模型的方法比较简单。例如，在制作科技类效果的模型时，通常选择由直线、方块等组合形成的多面体模型，如图1-7所示。

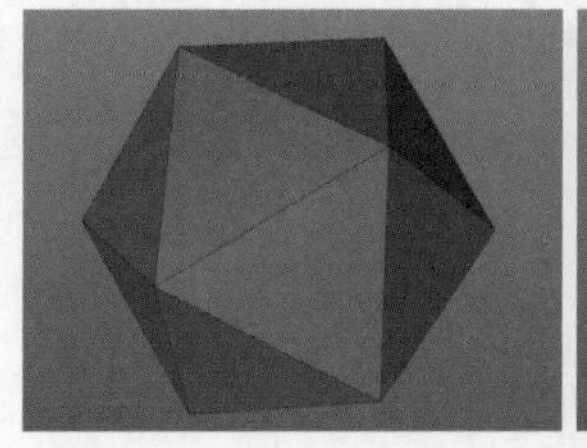
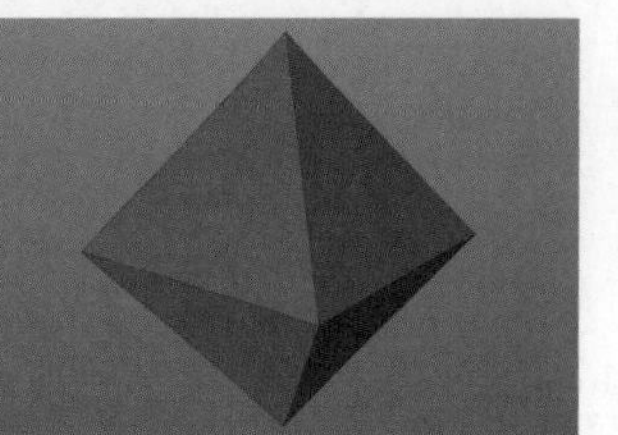

图1-7

在制作生物和医疗类的模型时，通常选择球状的、柔性的或网面的模型，如图1-8所示。

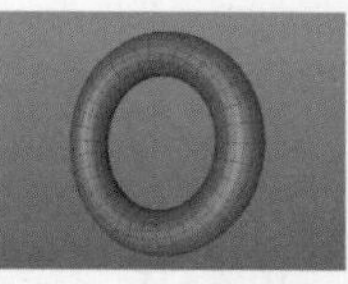
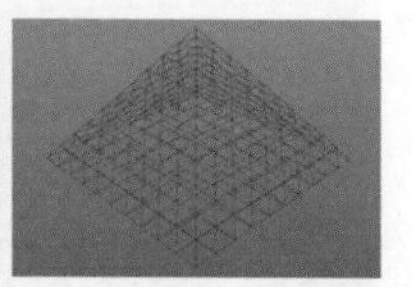

图1-8

上述简单的模型搭配生成器、变形器、效果器等工具，就能产生丰富的效果，如图1-9所示。

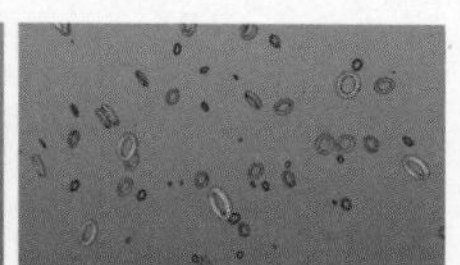

图1-9

1.2.2 After Effects中的后期效果

在Cinema 4D中对3D模型进行调色、扭曲、模糊等视觉效果的操作对设计师的技能要求较高，并且往往实现的效果不理想。为了解决这一难题，可使用After Effects。图1-10所示为在Cinema 4D中制作的抽象建筑模型。

图1-10

在Cinema 4D中对上述模型进行调色时，需要修改建筑和背景的材质，甚至还需要结合环境光来操作，使用这样的方法调色效率低，且不容易做出满意的效果。而在After Effects中使用“色调”工具进行调色时，只需要修改几个参数值即可。图1-11所示为上述模型在After Effects中调色后的效果。

图1-11

After Effects中模糊效果的功能很强大，尤其在搭配多种效果时功能更为突出。图1-12所示的两个画面分别是应用“透视、模糊”前后的效果。这种模糊效果适合应用于仿生AI中，无论是用在激活、响应阶段，还是用在等待阶段，它都能够表现出较强的视觉张力。

技巧提示

以上只是将Cinema 4D和After Effects结合使用的一个案例，在后续内容中会有更多的结合案例。

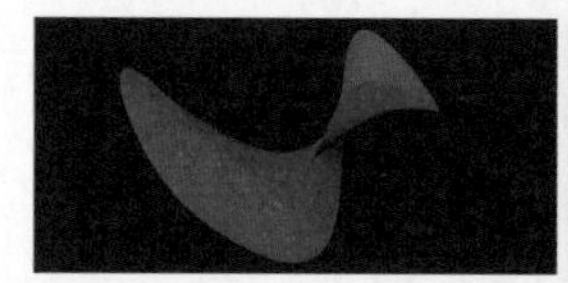
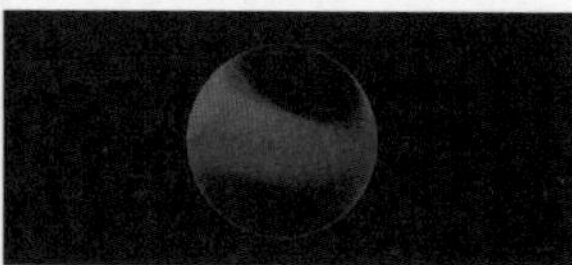

图1-12

1.3 Cinema 4D涉及动效制作的基本功能

本节主要介绍Cinema 4D中常用工具的功能和使用方法，为后续动效的制作奠定基础。

1.3.1 建模

建模是3D动效制作的基础，下面介绍一些常用的建模工具。

◎ 点、线、面基础

Cinema 4D中有3种对象编辑模式，分别是“点”“线”“面”，这3种模式是较基础和常用的，如图1-13所示。

图1-13

点

以图1-14所示的模型为例，这里的模型一共有8个顶点，当移动其中一个顶点时，与之相关的线和面也会发生变化。

线

进入“线”模式后，移动模型的一条边，模型会以整条边为单位发生变化，如图1-15所示。

面

进入“面”模式后，移动模型的一个面，模型的变化将建立在这个面的基础上，如图1-16所示。

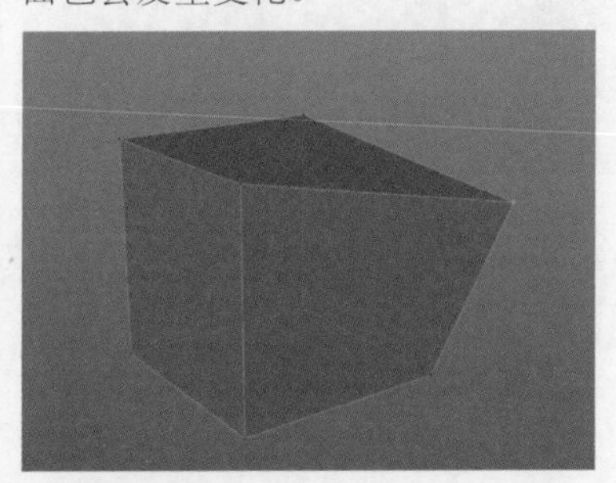

图1-14

图1-15

图1-16

技巧提示

选择了编辑对象后，可以对当前所选对象进行“挤压”“倒角”等操作，进一步加工模型。

◎ 参数化对象

Cinema 4D中的参数化对象以几何体为主，如图1-17所示。这里介绍一个比较有代表性的工具——“管道”工具。

图1-17

01 执行“创建>对象>管道”菜单命令，创建管道，其默认形状如图1-18所示。在“属性”面板中设置“内部半径”为0cm，如图1-19所示。此时管道变成圆柱体，如图1-20所示。

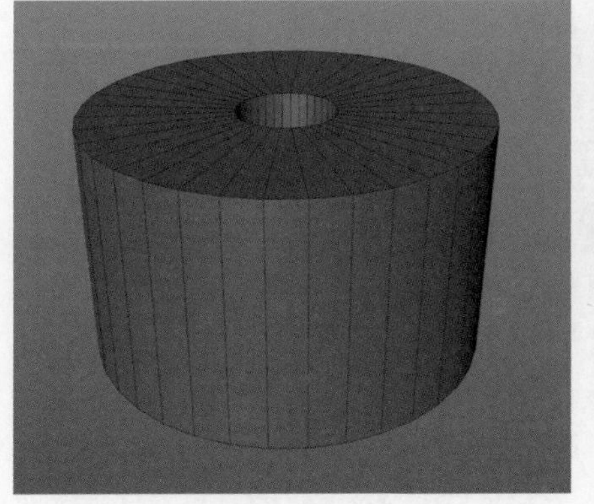

图1-18

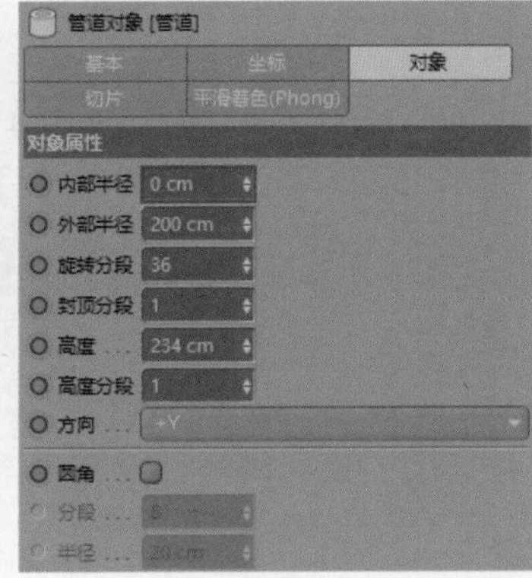

图1-19

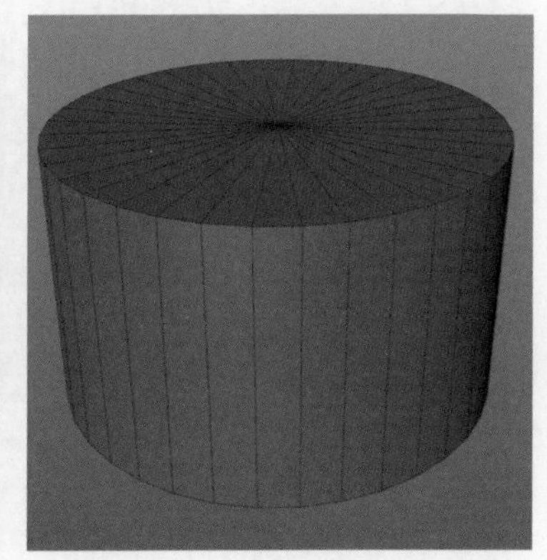

图1-20

02 设置“内部半径”和“高度”参数的值，然后勾选“圆角”复选框并调整“半径”参数的值，管道就变成了圆环体，具体参数设置如图1-21所示，效果如图1-22所示。

> **技巧提示**
>
> 调整模型的参数，可以制作出不同效果的模型。

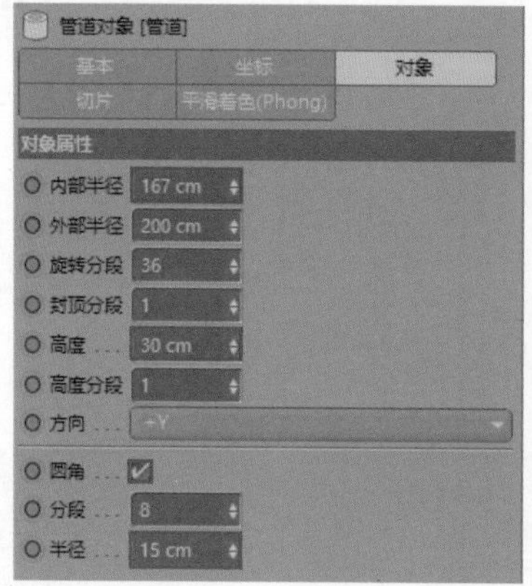

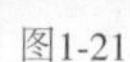
图1-21

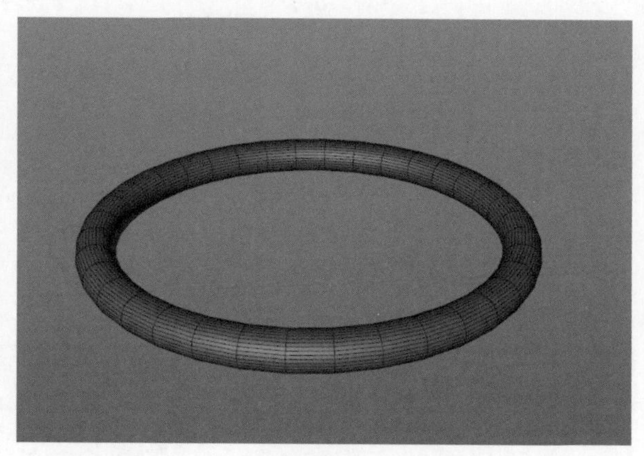

图1-22

1.3.2 造型

在了解参数化对象后，下面使用变形器、运动图形、效果器、生成器、灯光等工具来制作更多的效果。

◎ 变形器

这里以“膨胀”工具为例进行介绍。

01 执行“创建>对象>胶囊”菜单命令，然后在“属性”面板中调整参数，具体参数设置如图1-23所示。执行“创建>变形器”菜单命令，得到图1-24所示的工具列表。

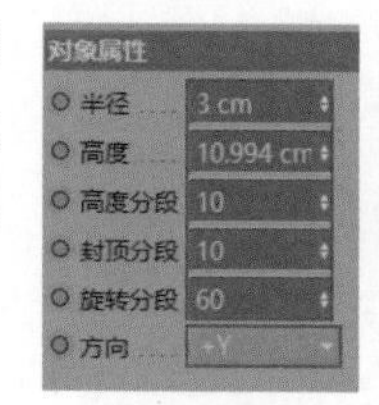

图1-23

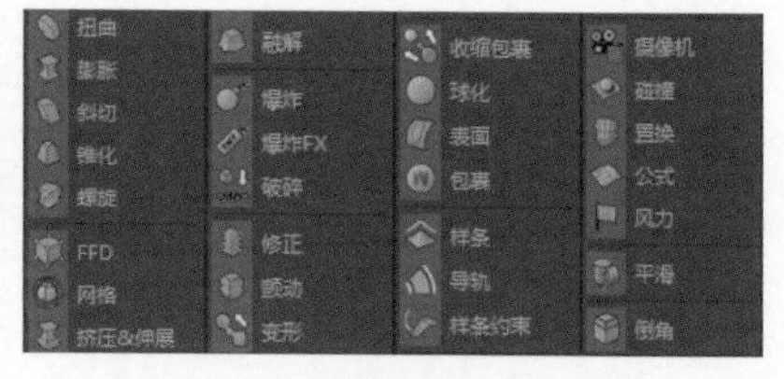

图1-24

02 选择“对象”面板中的“胶囊”对象，然后按住Shift键并选择图1-24中的“膨胀”工具，效果如图1-25所示。观察“对象”面板，此时“膨胀”变形器在“胶囊”模型内（所有的变形器都需要放置在模型对象内），如图1-26所示。接下来调整“膨胀”变形器的对象属性，具体参数设置如图1-27所示，最终模型效果如图1-28所示。

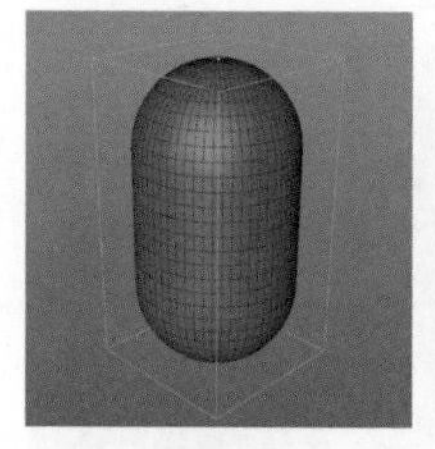

图1-25

图1-26

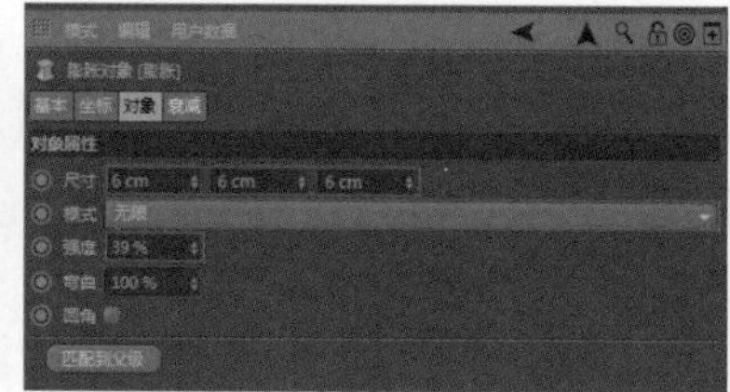

图1-27

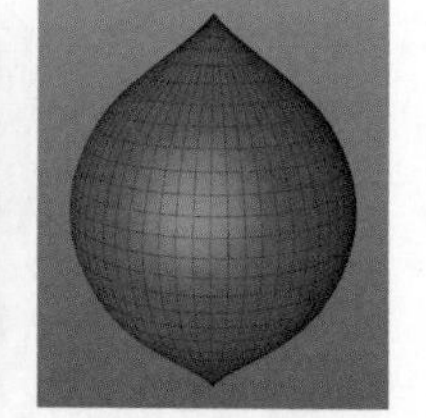

图1-28

> **技巧提示**
>
> 在第1次使用变形器工具时，如果模型的效果不明显，一般来说是因为“分段”参数的值设置得不够大，只需调整“分段”参数的值即可，在后续的案例中会讲到此参数。

◎ 运动图形

这里以“克隆”工具为例进行介绍。

01 以图1-28所示的模型为基础模型，选中“胶囊”对象，然后执行“运动图形>克隆”菜单命令，此时“克隆”对象在“胶囊”对象内（注意和变形器进行区分），如图1-29所示。

02 此时还没有设置“克隆”对象的参数，“胶囊”模型在形态上还看不出任何变化。在“属性”面板中调整参数后，画面中“胶囊”模型的数量增多了，效果与具体参数设置如图1-30所示。其中“数量”的3个参数从左到右依次对应的是x轴、y轴和z轴。

图1-29

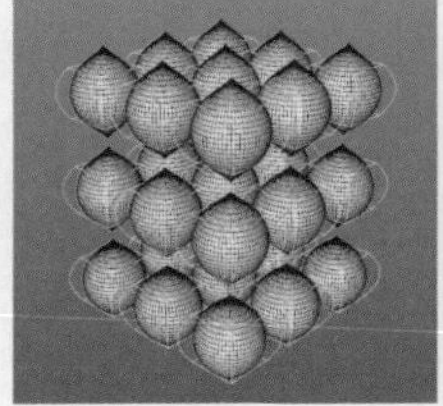

图1-30

◎ 效果器

通过上述操作，得到了一批排列整齐的“胶囊”模型，那么如何打乱这种整齐的排列呢？可使用效果器，这里以“随机”工具为例进行介绍。

01 执行“运动图形>效果器>随机”菜单命令，此时“对象”面板中新增了一个“随机”对象，如图1-31所示。

图1-31

02 选择“克隆”对象，在“属性”面板中可以看到图1-32所示的“效果器”列表框是空的。保持当前选择的对象不变，移动“对象”面板中的“随机”对象至“属性”面板中的“效果器”列表框中，此时“胶囊”模型会分散开来，如图1-33所示。

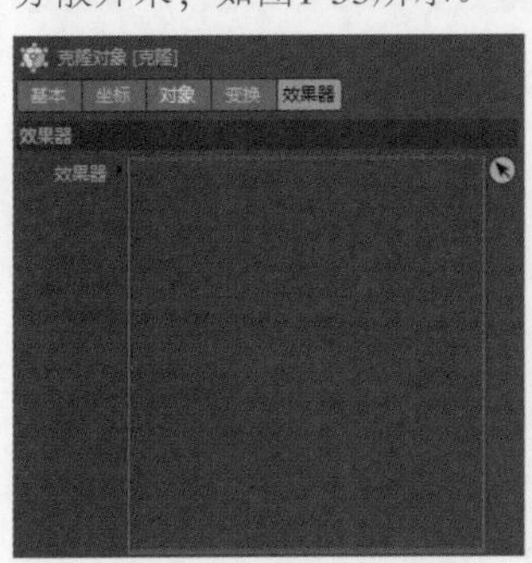

图1-32

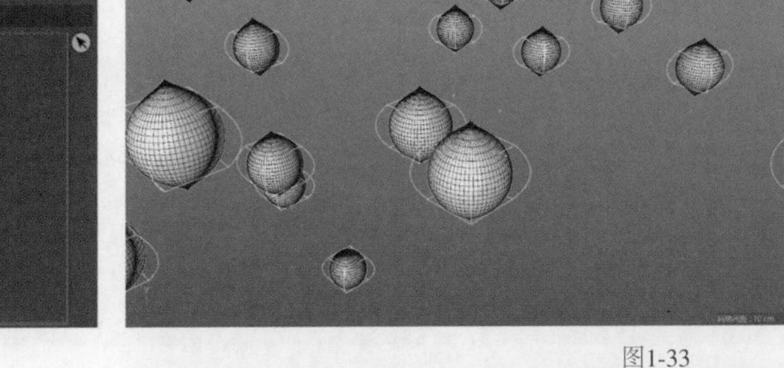

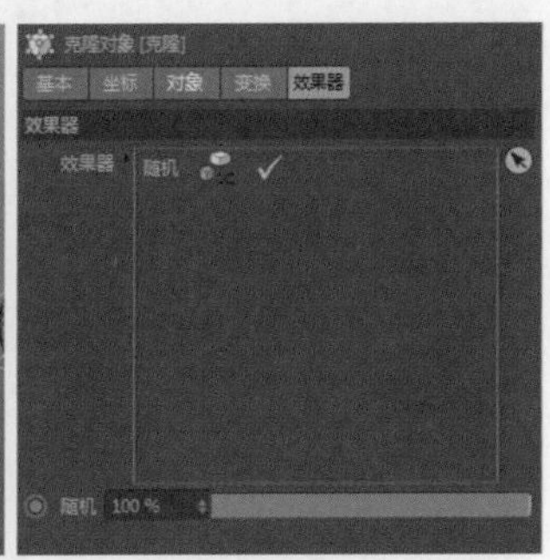

图1-33

03 在“属性”面板中依次设置“位置”“缩放”“旋转”参数的值，具体参数设置如图1-34所示，最终效果如图1-35所示。

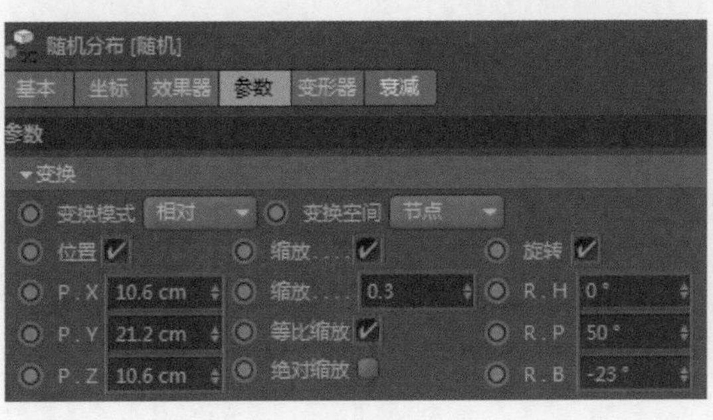

图1-34

图1-35

◎ 生成器

除了上述工具，生成器工具也是一个重要的“利器”。生成器工具列表如图1-36所示。

01 以图1-35所示的模型为例，想要添加一些随机的线条在模型中，可使用“晶格”工具。创建一个“宝石”对象（使用图1-17所示的相应工具），效果与具体参数设置如图1-37所示。

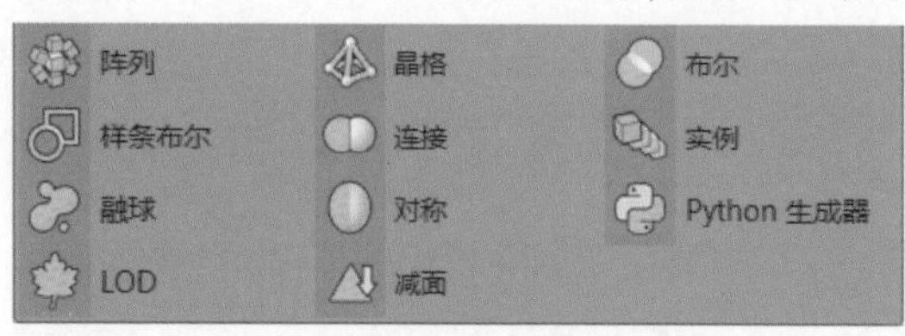

图1-36

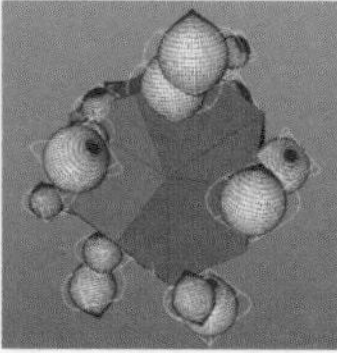

图1-37

02 选择“宝石”对象，然后执行“创建>生成器>晶格”菜单命令，在“对象”面板中移动“宝石”对象至“晶格”对象内，接着调整“晶格”对象的参数，效果与具体参数设置如图1-38所示。

03 选择“宝石”对象，按C键转为可编辑对象，也可执行“网格>转换>转为可编辑对象”菜单命令。然后选择“点”工具，依次选择“宝石”对象的每个顶点，并选择“移动”工具，将每个顶点移动至合适的位置，如图1-39所示。最后进行材质渲染，效果如图1-40所示。

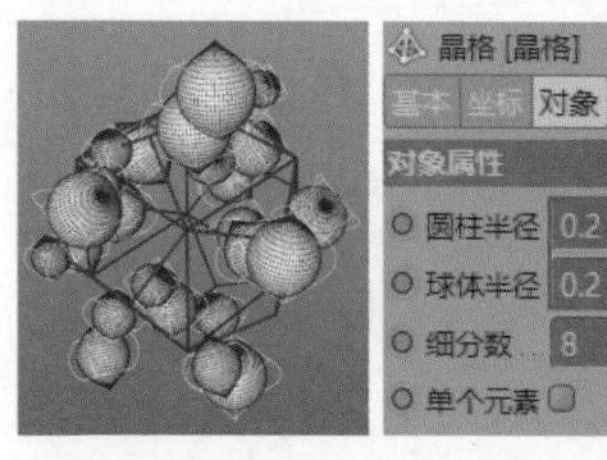

图1-38

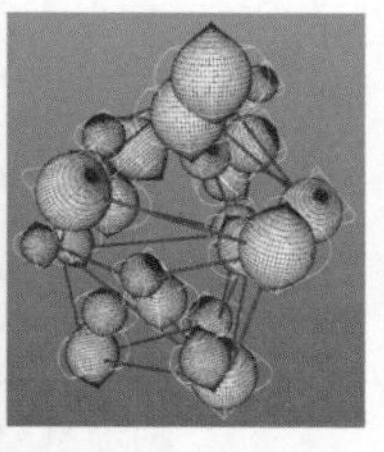

图1-39

图1-40

◎ 灯光

灯光工具列表可通过执行“创建>灯光”菜单命令展开，如图1-41所示。这里以“区域光”工具为例进行介绍。

图1-41

01 执行“创建>灯光>区域光”菜单命令，在“属性”面板的“细节”选项卡中设置“衰减”为“平方倒数（物理精度）”、“半径衰减”为500cm，如图1-42所示。

02 在“属性”面板的“投影”选项卡中设置“投影”为“阴影贴图（软阴影）”、“水平精度”为250，如图1-43所示。

图1-42

图1-43

技巧提示

“半径衰减”参数的值越大，灯光作用的范围也越大，反之则越小，如图1-44所示。“水平精度”参数的值越小，物体的投影越模糊，反之则越清晰，如图1-45所示。

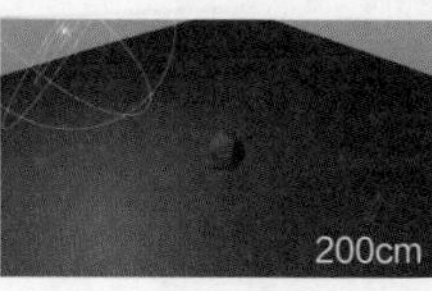

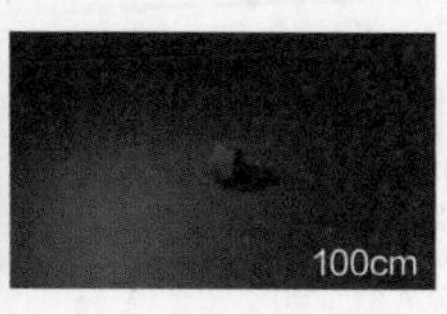

图1-44

图1-45

1.3.3 X-Particles粒子

除了基本的粒子模块,Cinema 4D还支持第三方粒子插件。

X-Particles粒子插件将单个对象视为粒子，通过“发射器”工具对其进行组合排列而形成固定的形态，然后通过修改粒子的“场”控制其进行运动，从而模拟出逼真的效果。这里举一个真菌生长的例子。

01 安装X-Particles粒子插件后，执行“X-Particles”菜单命令，然后依次选择“发射器”工具和“跟踪”工具。选择“发射器”对象，在“属性”面板中设置R.P为90°，然后设置“宽度”为10cm、“高度”为400cm，如图1-46所示。

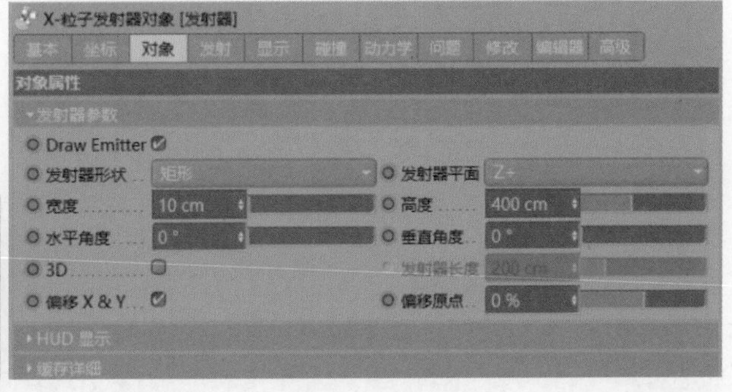

图1-46

02 在“时间轴”面板中设置时间轴时长为0～300F，然后单击“播放”按钮，如图1-47所示。此时粒子呈现图1-48所示的状态。从图中可以观察到发射的粒子过于密集且颗粒太小，不便于观察，需要对粒子进行调整。

图1-47

图1-48

03 在“属性”面板的“发射”选项卡中设置“出生率”为10，然后在“显示”选项卡中设置“编辑显示”为“球体”，如图1-49所示。此时粒子效果如图1-50所示。

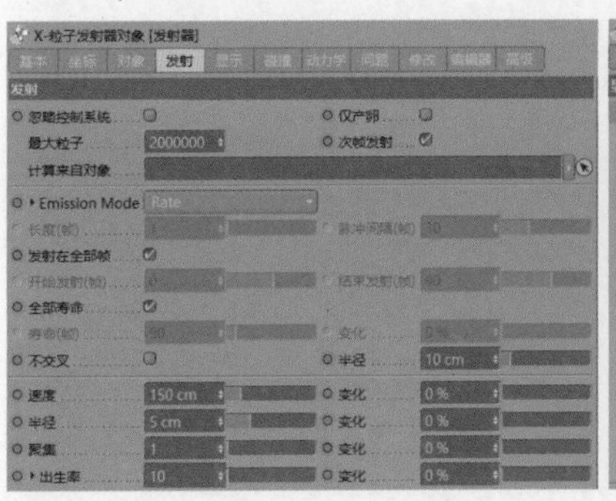

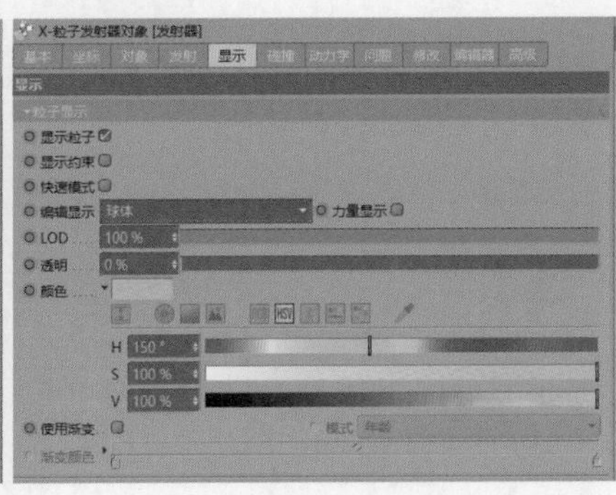

图1-49

图1-50

04 选择“跟踪”对象，然后移动“对象”面板中的“发射器”对象至“属性”面板的“发射器”参数上，并设置“跟踪长度（帧）”为200，如图1-51所示。此时真菌的生长路径已显示出来，如图1-52所示。

05 为了让效果呈现得更逼真，可以为粒子添加“场”并进行调整。执行“X-Particles>Modifiers>紊乱”菜单命令,“对象”面板中将新增一个“紊乱”对象，如图1-53所示。再次查看效果，如图1-54所示。

图1-51

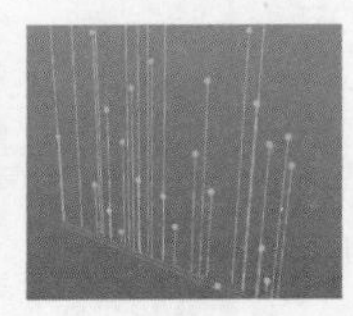

图1-52

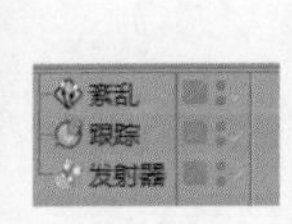

图1-53

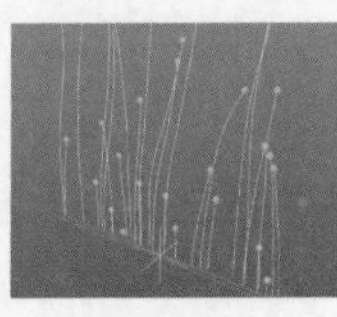

图1-54

1.3.4 材质球与Octane Render渲染器

Octane Render渲染器使用起来简单明了且效果好，特别适合在未来、科技、生物、医学等相关主题的效果制作中使用。Octane Render渲染器对硬件的要求较高，因为它是基于GPU来进行无偏渲染的，所以需要有一张支持CUDA(Compute Unified Device Architecture，统一计算设备架构）的显卡。

◎ 材质选择

下面举一个简单的例子。

01 安装Octane Render渲染器后，创建一个“球体”对象，在“属性”面板中设置“半径”为100cm、“分段”为24，如图1-55所示。

02 执行“Octane＞Octane Dialog”菜单命令，在弹出的对话框中找到Materials(材质)。其中较为常用的材质有Octane Diffuse Material(漫射材质)、Octane Glossy Material(光泽材质）和Octane Specular Material(镜面材质)。选择Octane Diffuse Material，移动“材质”面板中的材质球至“对象”面板的“球体”对象上，如图1-56所示。

03 选择“地面”工具，然后选择“球体”对象，将球体沿着y轴向上拖曳至合适的高度，如图1-57所示。执行“Octane＞Octane Dialog”菜单命令，在弹出的对话框中单击按钮，发送场景并重新启动渲染，漫射材质就渲染成功了，如图1-58所示。

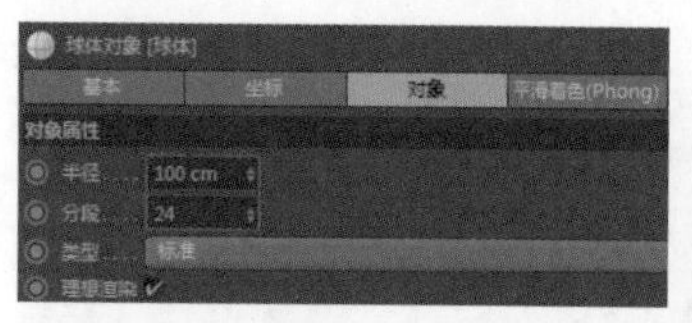

图1-55

图1-56

图1-57

图1-58

04 如果想要修改材质的颜色，可以在“材质”面板中双击材质球打开“材质编辑器”面板，单击Color右侧的白色色块，然后分别设置H、S、V参数的值，如图1-59所示，效果如图1-60所示。

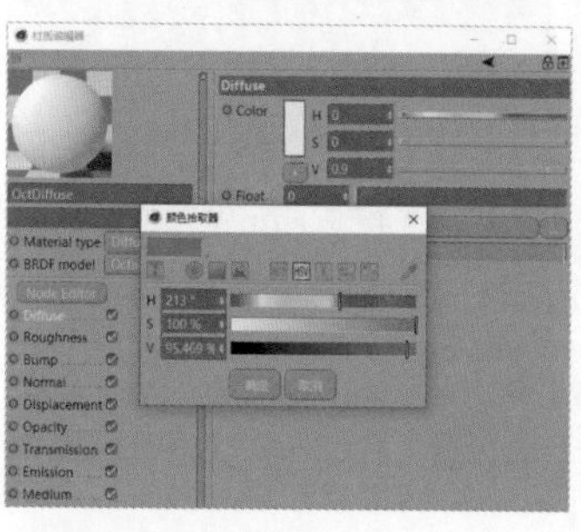

图1-59

图1-60

技巧提示

Octane Glossy Material、Octane Specular Material的应用方法与Octane Diffuse Material的相同。

◎ Hdri Environment效果

下面以上述案例中图1-60所示的球体模型为基础进行介绍。

01 为方便观察效果，将之前的“地面”对象删除，然后选择Octane Specular Material并将其作用于“球体”对象，效果如图1-61所示。

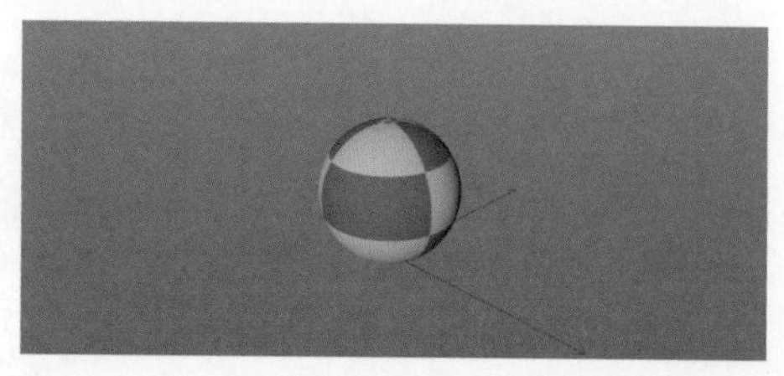

图1-61

02 执行“Octane>Octane Dialog”菜单命令，然后在弹出的对话框中选择“Objects>Hdri Environment”选项，“对象”面板中将新增一个OctaneSky对象，单击其右侧的◐图标，如图1-62所示。

03 在“属性”面板中单击Texture右侧的▭按钮，选择贴图资源（可在本书的配套资源中找到），如图1-63所示。完成后设置RotX为0.33左右，如图1-64所示。此时，玻璃材质的球体制作完成，如图1-65所示。

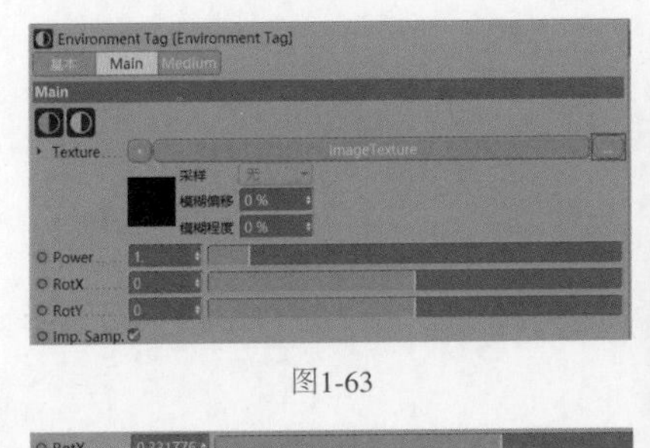

图1-63

OctaneSky
球体

图1-62

RotX 0.331776

图1-64

图1-65

技巧提示

使用Hdri Environment效果可以轻松地搭建大环境。不同于影视制作中的3D环境建模，这里的效果主要是服务于UI设计的，只需要快速、高效地完成某几帧的视觉变化效果即可，并不需要考虑某个模型或模组在其他场景中的复用。

◎ 渲染与输出

执行“渲染>编辑渲染设置”菜单命令，打开“渲染设置”对话框，在其中可以切换不同的渲染器，默认有“标准”“物理”等渲染器。除了Octane Render渲染器，以上两种是较为常用的渲染器。

下面介绍渲染的常规设置。

输出

“输出”选项卡中的“宽度”“高度”用于设置画面的大小，通常设置“宽度”为1920像素、“高度”为1080像素。因为本书中的案例最终成片是视频格式的，所以设置“帧范围”为“全部帧”，如果需要输出单帧画面，那么需要选择“当前帧”选项；设置“帧频”为30帧/秒，“起点”“终点”的帧数根据具体需求而定，如图1-66所示。

保存

在“保存”选项卡中可以设置文件保存的名称、路径和格式等，需要注意的是文件名称需要优先设置，否则将无法保存。单击“文件”右侧的▭按钮即可设置名称。如果需要导出“Alpha(透明）通道”格式的图片，那么可以设置“格式”为PNG并勾选“Alpha通道”“直接Alpha”“8位抖动”复选框，如图1-67所示。“Alpha通道”格式的图片背景是透明的，便于后期在After Effects中制作效果。

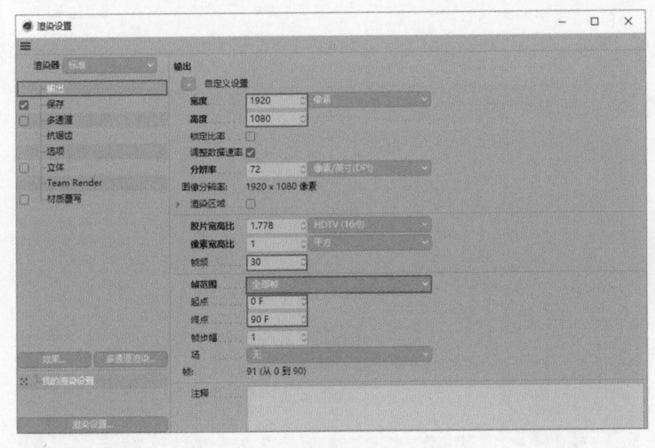

图1-66

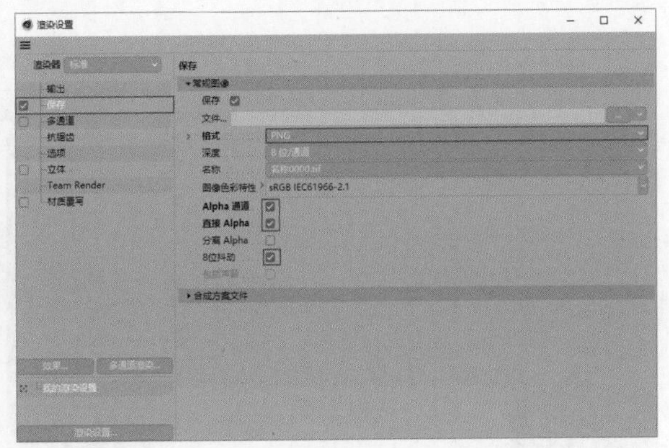

图1-67

1.4 After Effects涉及动效制作的基本功能

After Effects是一款图形视频处理软件，适合从事视频特技设计和制作的设计师或机构。将该软件与Cinema 4D结合使用，能够创造出震撼人心的动画视觉效果。

1.4.1 典型的工具

After Effects中的“效果”是制作动效的核心工具。本书案例中用到的“效果”比较复杂，以下是一些常用的工具。

◎ 遮罩阻塞工具

“遮罩阻塞工具”可用于模仿物体的粘连效果。

01 打开After Effects，在初始界面中找到“项目”面板，然后单击“新建合成”按钮，如图1-68所示。在弹出的“合成设置”对话框中设置“合成名称”为“遮罩阻塞工具”、“宽度”为1920px、“高度”为1080px、“帧速率”为30帧/秒、“持续时间”为0:00:10:00、“背景颜色”为黑色（R:0,G:0,B:0），如图1-69所示。然后单击“确定”按钮确定。

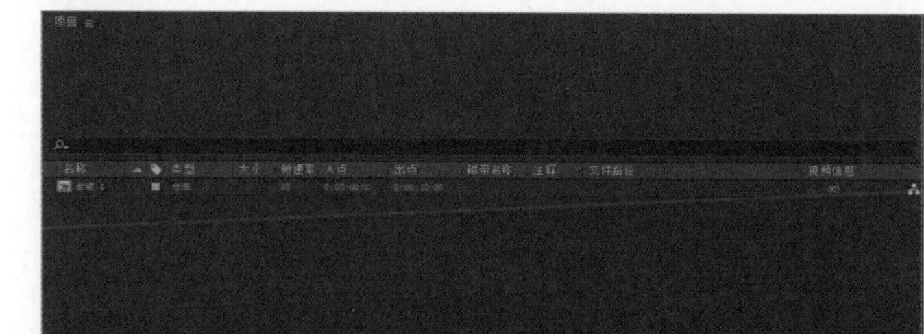

图1-68

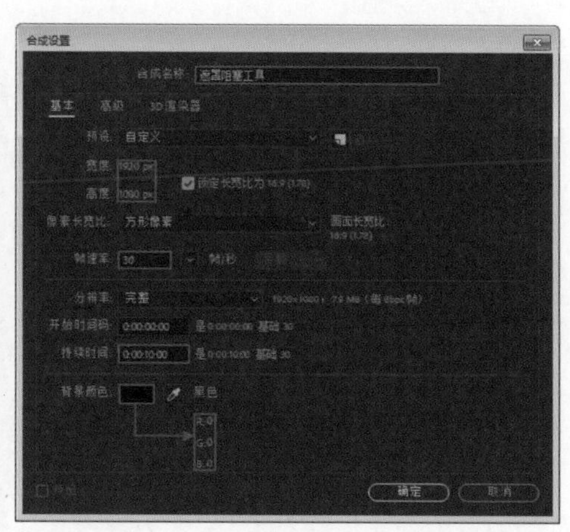

图1-69

02 单击“矩形工具”按钮，然后设置“填充”为白色（R:255,G:255,B:255），接着在“合成”面板中绘制一个矩形，如图1-70所示。按照上述方法绘制一个圆形，如图1-71所示。将矩形看作地面，将圆形看作小球，当小球从地面向上弹起时，小球与地面会产生粘连的效果。

图1-70

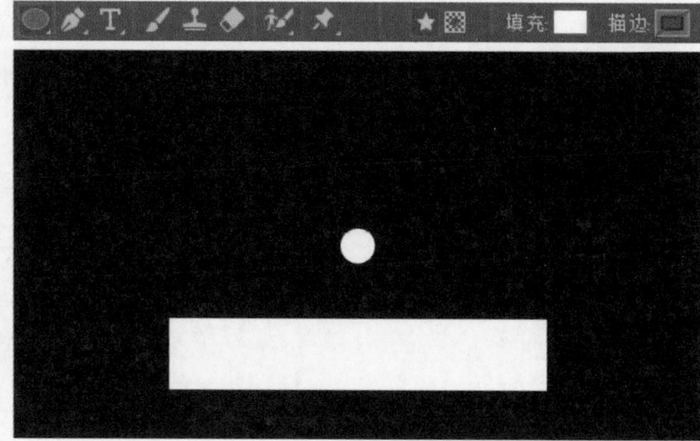

图1-71

03 选择“时间轴”面板中的“形状图层1”，依次展开“内容”“椭圆1”“椭圆路径1”卷展栏，如图1-72所示。设置时间码为0:00:00:00，然后单击“位置”左侧的■按钮，接着设置“位置”为（0,290），如图1-73所示。

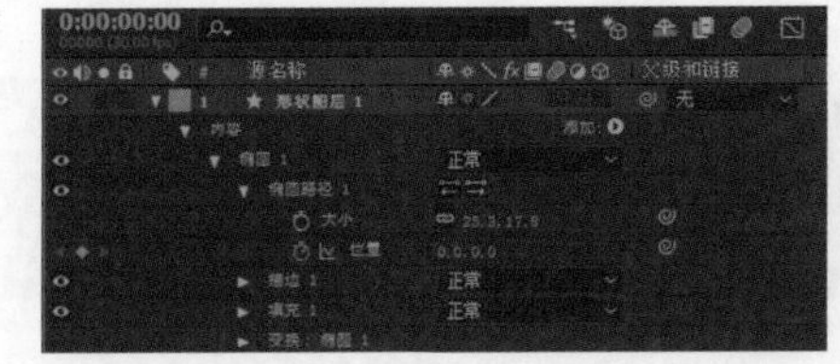

图1-72

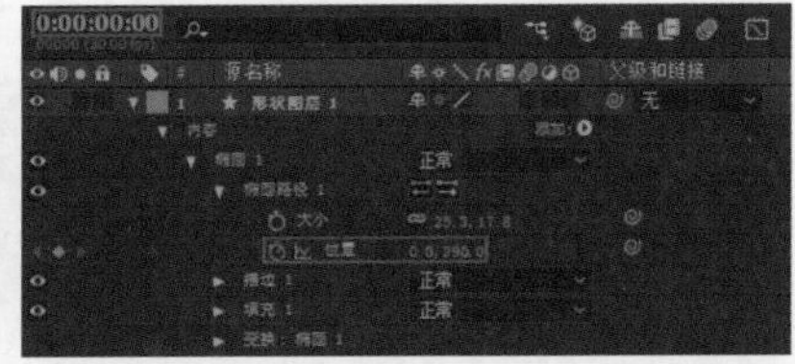

图1-73

04 设置时间码为0:00:01:00、“位置”为（0,0），如图1-74所示。设置时间码为0:00:02:00、“位置”为（0,290），如图1-75所示。按Space键预览效果，此时小球出现上下移动的动画效果。

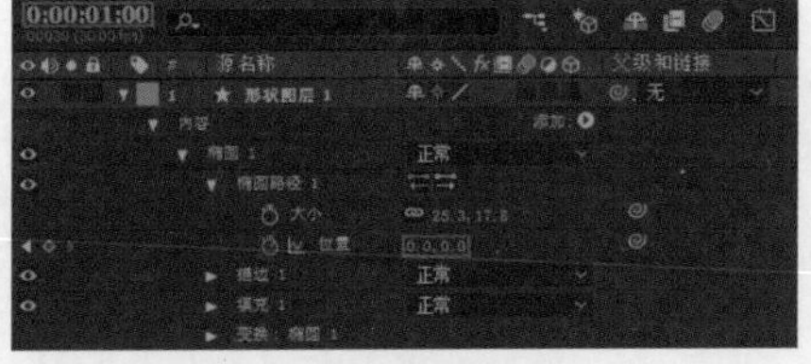

图1-74

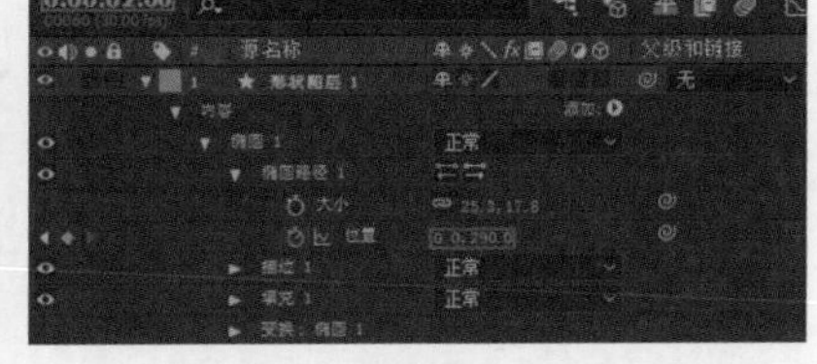

图1-75

05 选择“形状图层1”，然后执行“效果>遮罩>遮罩阻塞工具”菜单命令，在“效果控件”面板中设置“迭代”为20，如图1-76所示。此时，粘连效果制作完成，如图1-77所示。

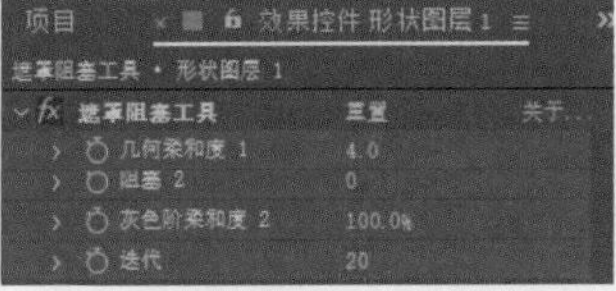

图1-76

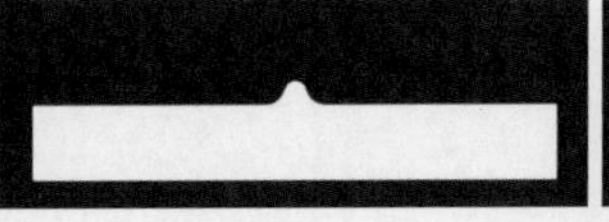

图1-77

◎ 光学补偿

“光学补偿”工具用于快速地制作出类似空间穿越、时间穿越的效果。

01 创建一个合成，将其命名为“光学补偿”，具体参数设置如图1-78所示。

02 执行“图层>新建>纯色”菜单命令，在“纯色设置”对话框中设置“名称”为“穿梭”、“宽度”为1920像素、“高度”为1080像素，如图1-79所示。

03 执行“效果>杂色和颗粒>分形杂色”菜单命令，在“效果控件”面板中展开“分形杂色”卷展栏，接着设置“杂色类型”为“块”，具体参数设置与效果如图1-80所示。

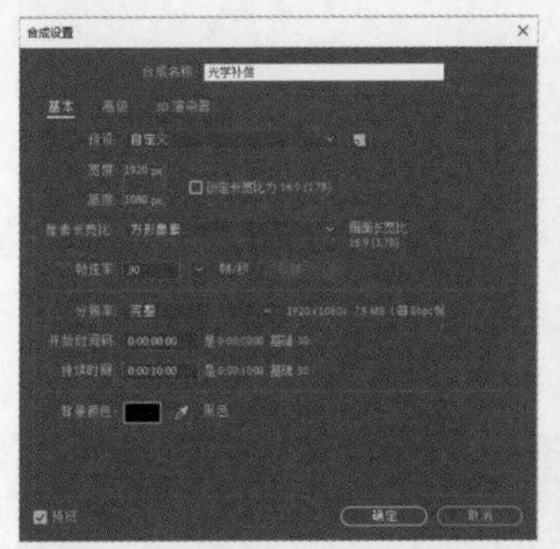

图1-78

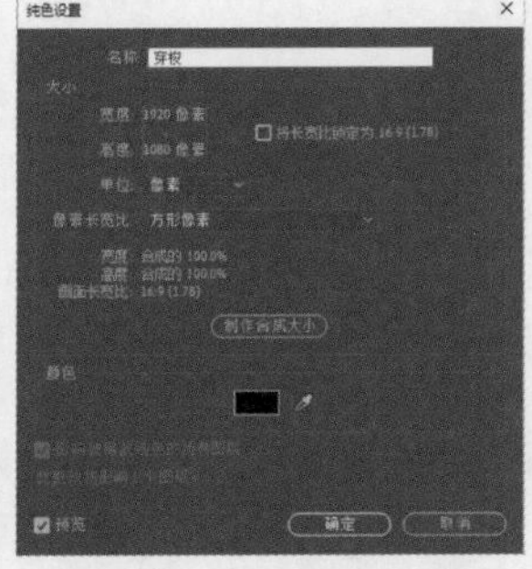

图1-79

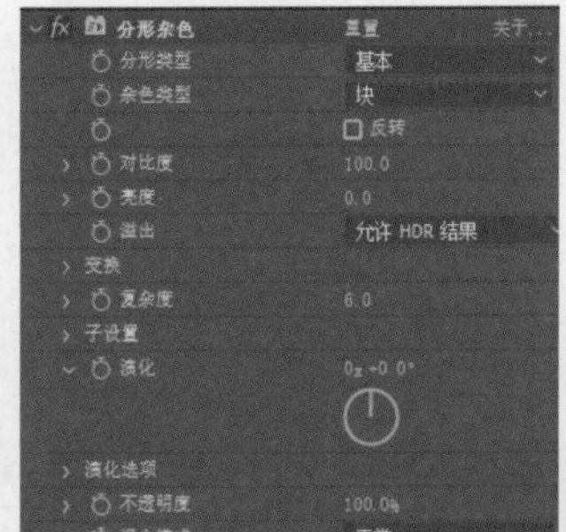

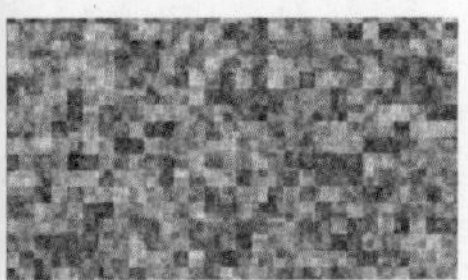

图1-80

04 选择“穿梭”图层，执行“效果>扭曲>光学补偿”菜单命令，然后设置时间码为0:00:00:00，接着展开“效果控件”面板中的“光学补偿”卷展栏，单击“视场（FOV）”左侧的■按钮并设置其值为180，最后勾选“反转镜头扭曲”复选框，如图1-81所示。

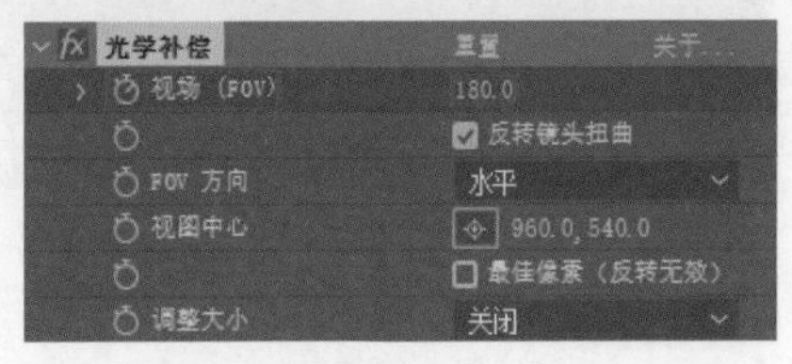

图1-81

05 参照上述操作步骤，设置时间码为0:00:02:00(接近2秒即可)，然后设置“视场（FOV）”为0，如图1-82所示。完成后预览效果，如图1-83所示。

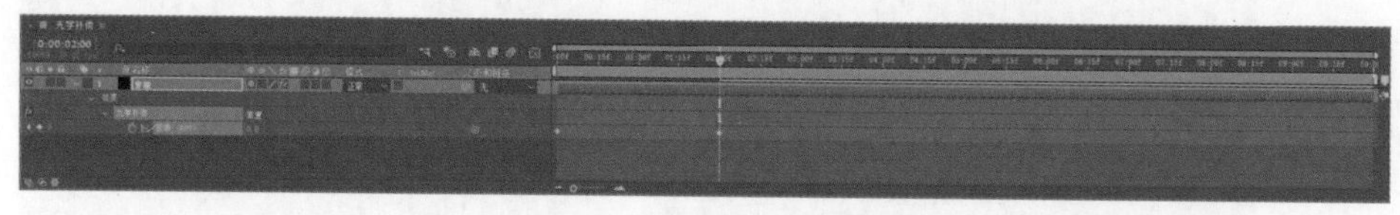
图1-82

图1-83

◎ CC Sphere

使用CC Sphere工具可为平面图像制作出逼真的球体效果。

01 创建一个合成，将其命名为“球形化”，具体参数设置如图1-84所示。

02 找到“场景文件>CH01>wave[0000-0150].png”文件，将其移动至“项目”面板中，即导入素材文件，如图1-85所示。

技巧提示

因为要导入的素材文件是一组图片序列，所以在导入时需要移动整个文件夹，而不是文件夹中的单个文件。

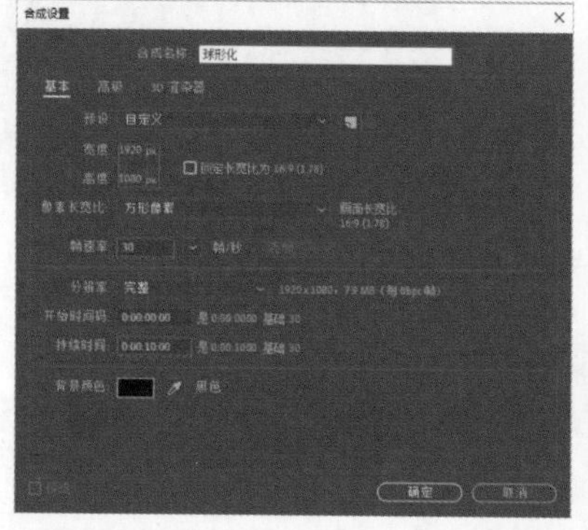
图1-84

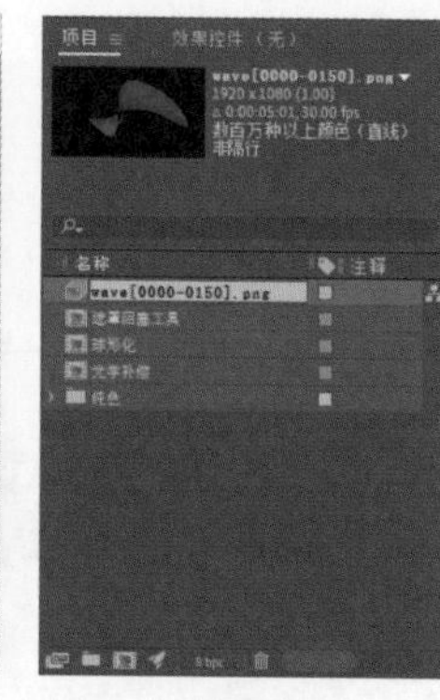
图1-85

03 移动“项目”面板中的wave[0000-0150].png至“球形化”图层中，如图1-86所示。执行“效果>透视>CC Sphere”菜单命令，效果就制作完成了，如图1-87所示。

图1-86

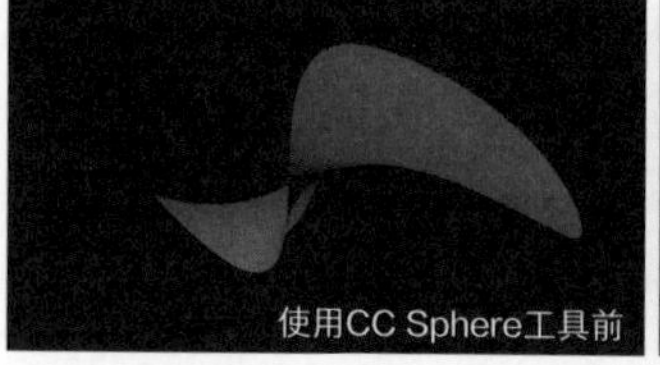

图1-87

◎ 色调

以上一个案例的“球形化”图层为基础，进行“色调”工具的讲解。下面将图层原有的蓝色改成紫色，原图层效果如图1-88所示。

选择“球形化”图层，执行“效果>颜色校正>色调”菜单命令，在“效果控件”面板中展开“色调”卷展栏，然后设置“将黑色映射到”为紫色（R:65,G:0,B:145），如图1-89所示，效果如图1-90所示。

图1-88

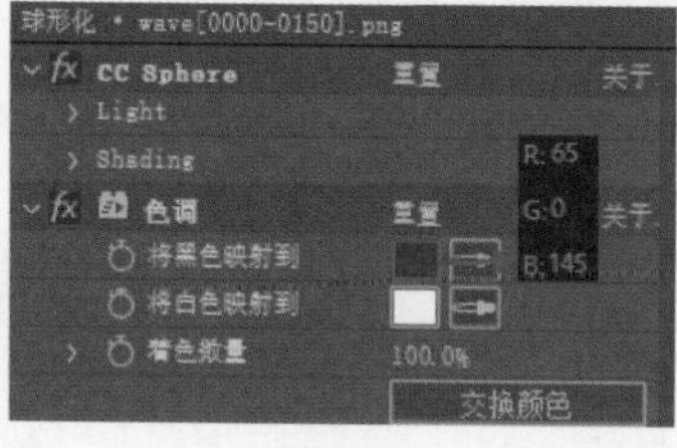

图1-89

图1-90

技巧提示

当为一个图层应用多个效果时需要注意效果的叠加顺序，位于上方的效果会优先显示。

◎ CC Radial Fast Blur

使用CC Radial Fast Blur不仅可以模糊旋转图像，还可以模糊放射状图像，其作用类似于“光学补偿工具”，可以用于制作科幻类主题的动画效果。

01 新建一个合成，将其命名为“快速径向模糊”，具体参数设置如图1-91所示。

02 移动“项目”面板中的wave[0000-0150].png至“时间轴”面板中，如图1-92所示。

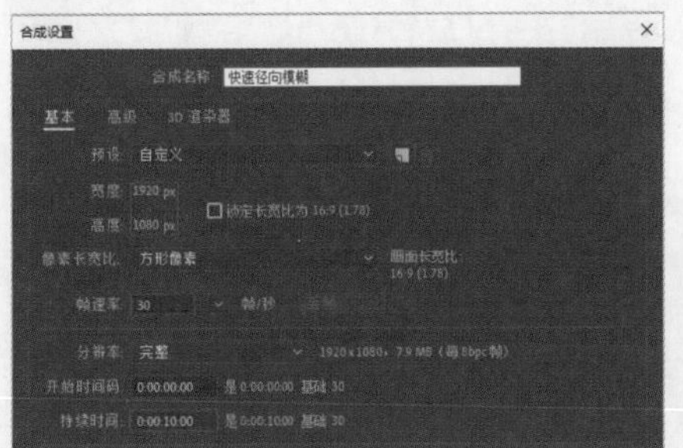

图1-91

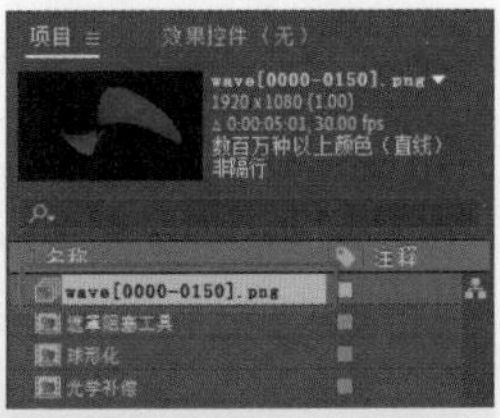

图1-92

03 执行“效果＞模糊和锐化＞CC Radial Fast Blur”菜单命令，然后设置Amount为100，如图1-93所示，效果如图1-94所示。

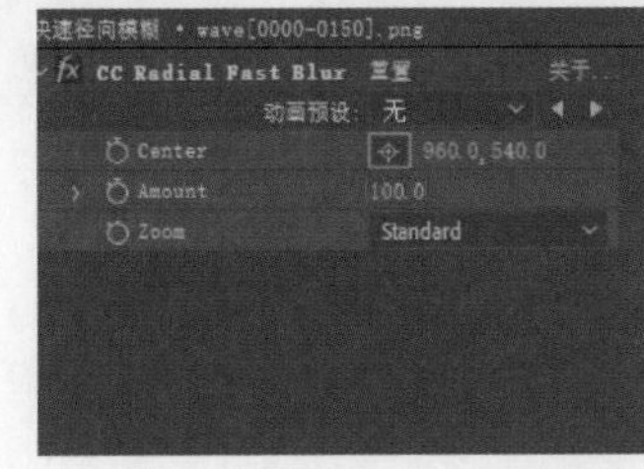

图1-93

图1-94

1.4.2 路径生长动画

路径生长动画的制作方法简单且效果突出。

◎ 修剪路径

使用“修剪路径”工具可以增加或减少单一路径，常用于制作加载类动画。

01 创建一个合成，将其命名为“修剪路径”，具体参数设置如图1-95所示。

02 单击“椭圆工具”按钮，然后设置“填充”为“无”、“描边”为白色、“像素”为10像素，如图1-96所示。在“合成”面板中，按住Shift键绘制一个圆形，如图1-97所示。

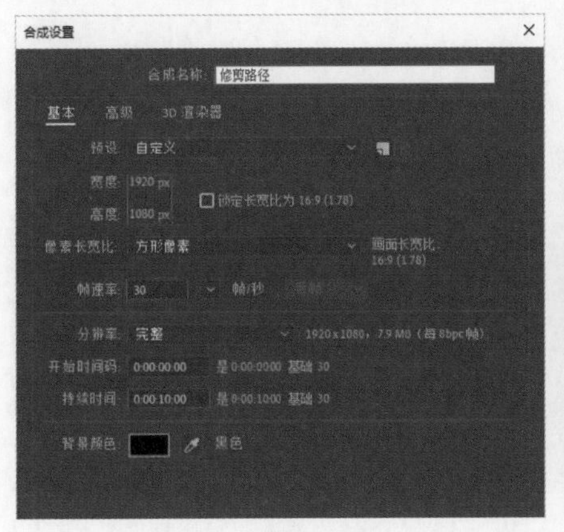

图1-95

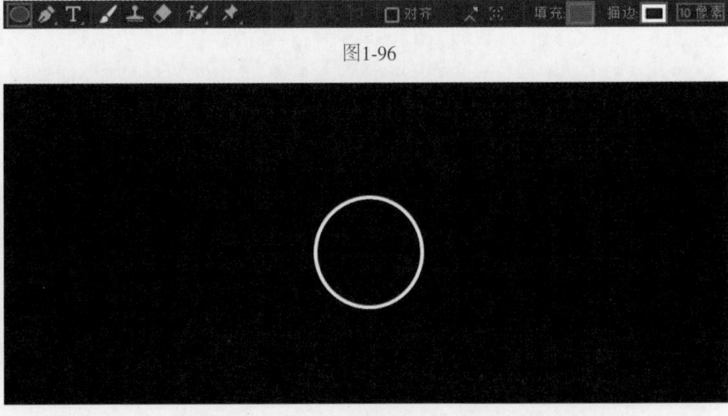

图1-96

图1-97

03 在“时间轴”面板中依次展开“内容”“椭圆1”卷展栏，然后单击“内容”右侧的“添加”按钮，选择“修剪路径”选项，如图1-98所示。展开“修剪路径1”卷展栏，设置“开始”“结束”“偏移”“修剪多重形状”参数以控制路径生长动画，如图1-99所示。

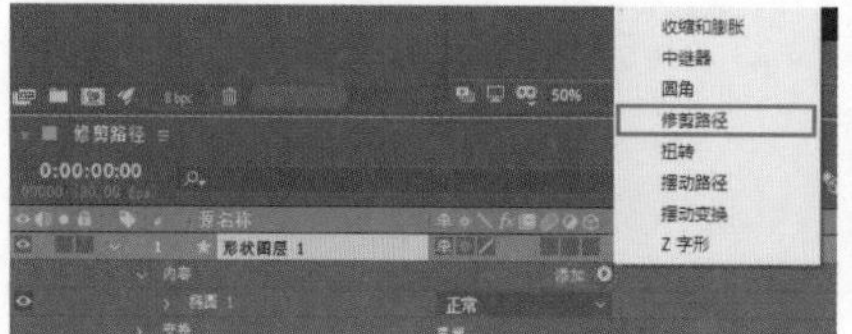

图1-98

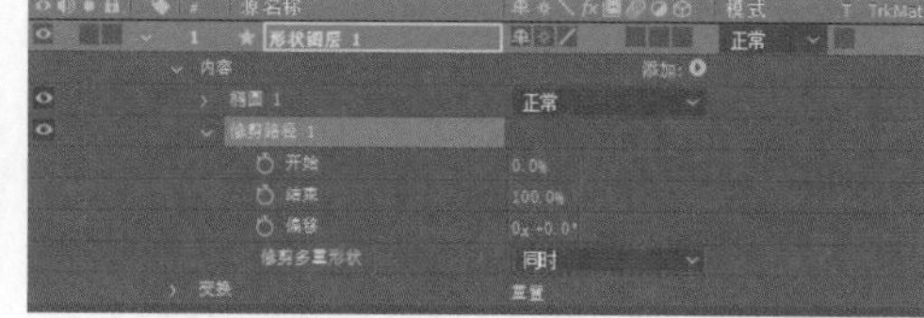

图1-99

技巧提示

设置“开始”参数，可以使路径沿顺时针的方向消失，如图1-100所示；而设置“结束”参数则相反。

在制作效果时，可以同时调整“开始”“结束”这两个参数，以制作出更多细节，如图1-101所示。

图1-100

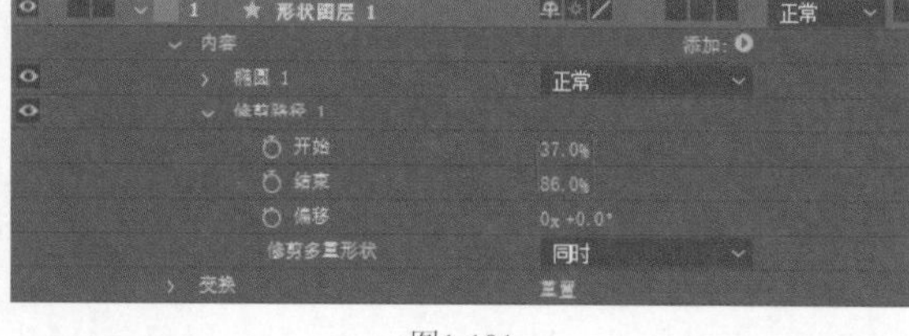

图1-101

◎ 中继器

“中继器”工具类似于Cinema 4D中的“克隆”工具，可用于制作重复的、有规律的图形。在上述案例的基础上进行操作。

01 单击“时间轴”面板中的“添加”按钮并选择“中继器”选项，如图1-102所示。

02 此时“合成”面板中的图形变成了3个，这是因为“中继器1”的“副本”参数值默认为3。依次展开“中继器1”“变换：中继器1”卷展栏，调整其中的参数，如图1-103所示。

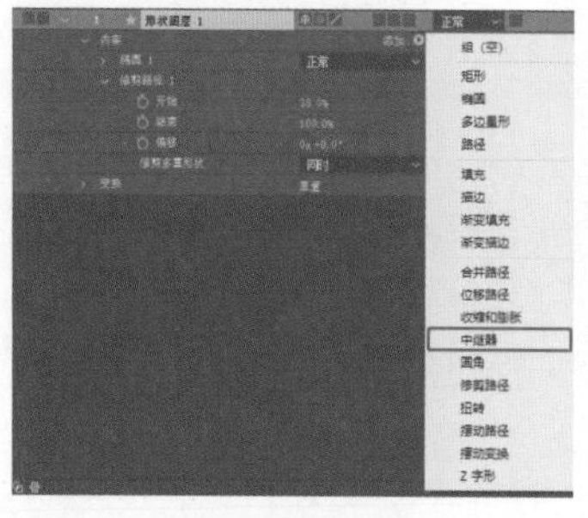

图1-102

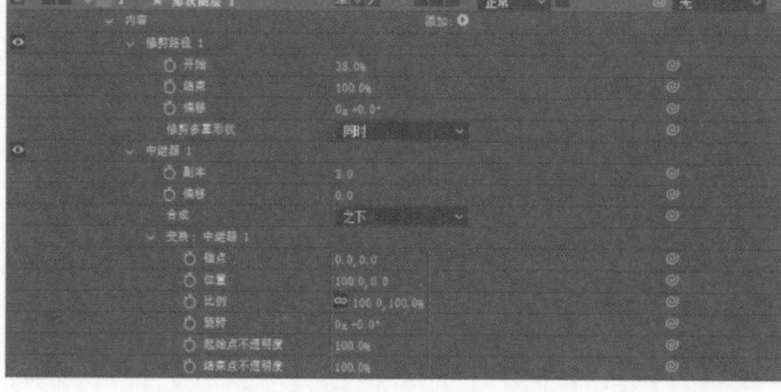

图1-103

03 当调整“比例”参数的值时，可以观察到图1-104所示的变化，具体参数设置如图1-105所示。这说明是沿着*z*轴方向复制原有图形的。离得最远的图形是原有图形，而近处的两个图形是复制产生的。

04 保持当前选择不变，设置“副本”为30、“锚点”为（0,200）、“比例”为（104,104）%、“旋转”为0x-7°、“起始点不透明度”为0%，如图1-106所示，效果如图1-107所示。

图1-104

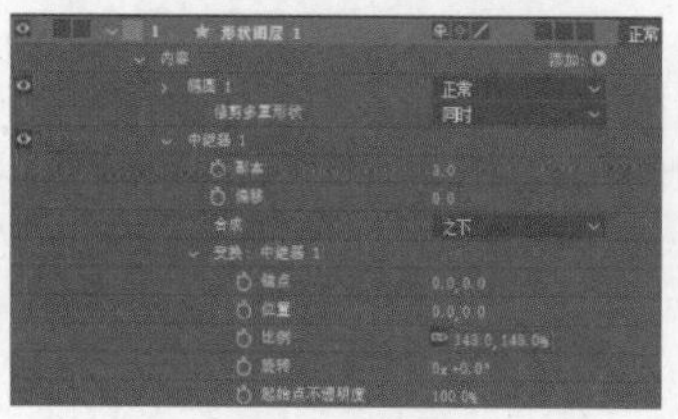

图1-105

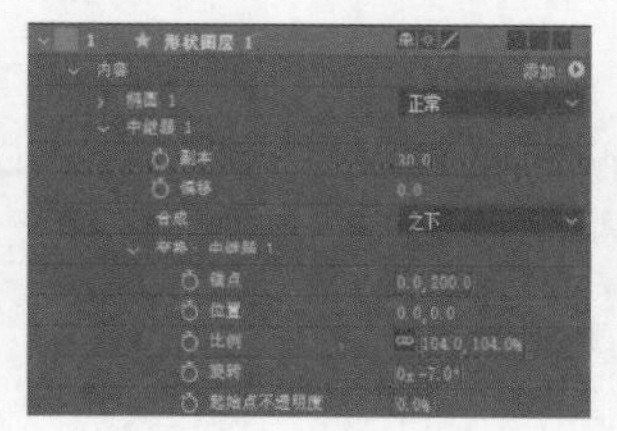

图1-106

图1-107

1.4.3 再谈粒子

After Effects中的粒子大多是由“固态层”来控制的，将多个粒子在画布上进行堆叠可呈现出粒子之间的空间感、层次感，使其看起来像是在三维空间中。而Cinema 4D中的粒子是在真实的三维空间中，每个粒子的大小、远近、质感都可以单独调节。

Red Giant Trapcode、Rowbyte Plexus是两款插件粒子，其中Red Giant Trapcode插件粒子包括Form、Particular两款粒子，而Rowbyte Plexus(以下简称Plexus）插件粒子则只有一种粒子。

◎ Form

Form粒子的一大特点是粒子固定，粒子不会因为客观原因消失（隐藏除外），因此Form粒子的可操控空间大，塑形能力强，无论用于制作立方体还是球体或环状物体都十分便捷，如图1-108所示。

在使用Form粒子制作循环动画时可以自定义动画循环的时长。例如，在“效果控件”面板中展开Fractal Field(Master）卷展栏，分别设置Displacement Mode、X Displace、Y Displace、Z Displace参数的值，然后勾选Flow Loop复选框，接着设置Loop Time[sec]参数的值，具体参数设置如图1-109所示。以上设置可将一段动画以5秒一次的频率进行循环播放。

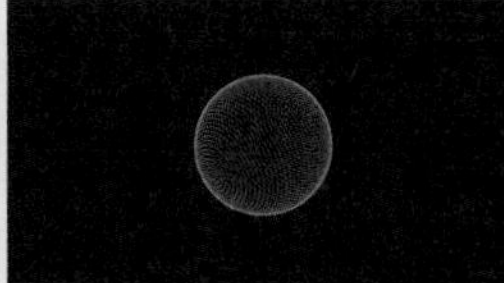

图1-108

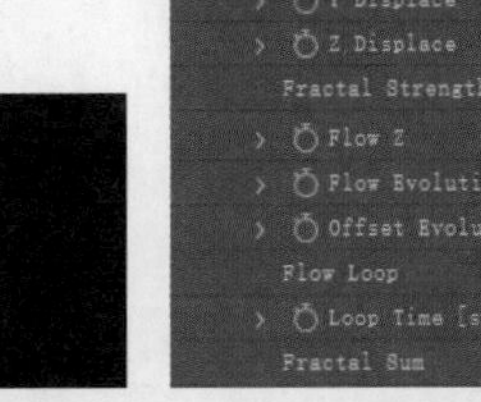

图1-109

◎ Plexus

Plexus粒子与Form粒子相似，但Plexus粒子的渲染速度更快，其对点、线、面的控制功能是Form粒子无法比拟的。例如，在Plexus Object Panel面板（以下简称Plexus面板）中添加Plexus Primitives Object、Plexus Points Renderer、Plexus Lines Renderer和Plexus Facets Renderer指令，然后保持默认参数设置，如图1-110所示。

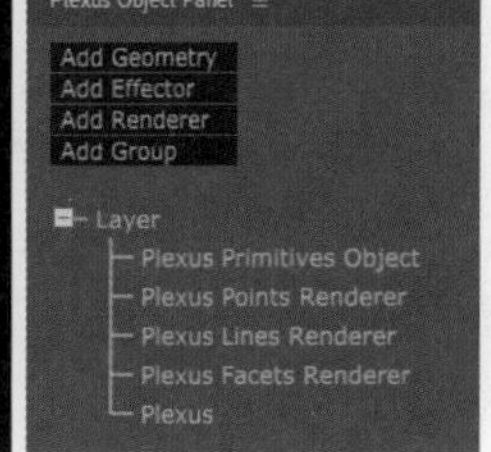

图1-110

如果想让点的布局随机并增加线和面的数量，那么可以进行以下操作。

01 在Plexus Object Panel面板中选择“Add Effector>Noise”选项，然后在“效果控件”面板中设置Noise Amplitude为900，如图1-111所示。

02 在“效果控件”面板中展开Plexus Points Renderer卷展栏，设置Points Size为2.4，以此控制点的大小，如图1-112所示。

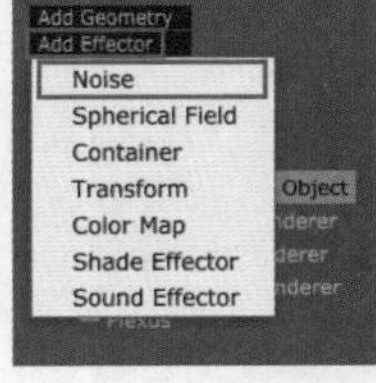

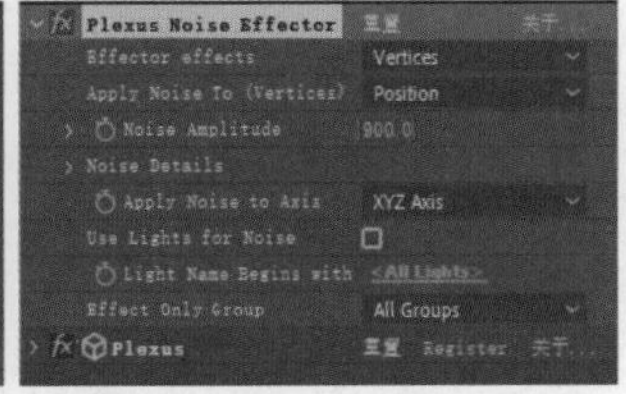

图1-111

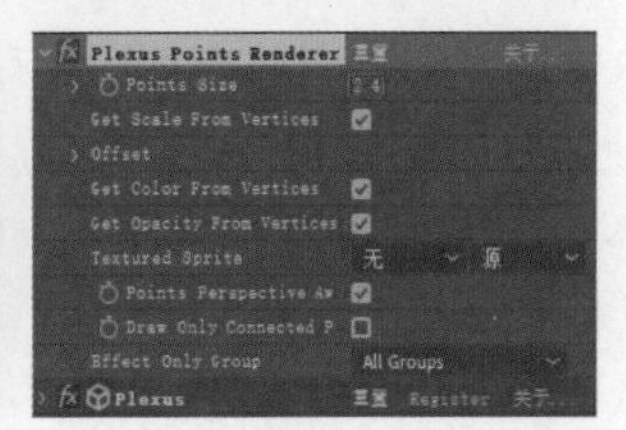

图1-112

03 展开Plexus Lines Renderer卷展栏，设置Maximum Distance为136，通过增加点之间可生成连线的最大距离来控制生成线条的数量，如图1-113所示。

04 展开Plexus Facets Renderer卷展栏，设置Maximum Distance为120，通过增加点之间可生成面的最大距离来控制生成面的数量与效果强度，如图1-114所示，最终效果如图1-115所示。也可以添加摄像机图层并开启“景深”功能，效果如图1-116所示。

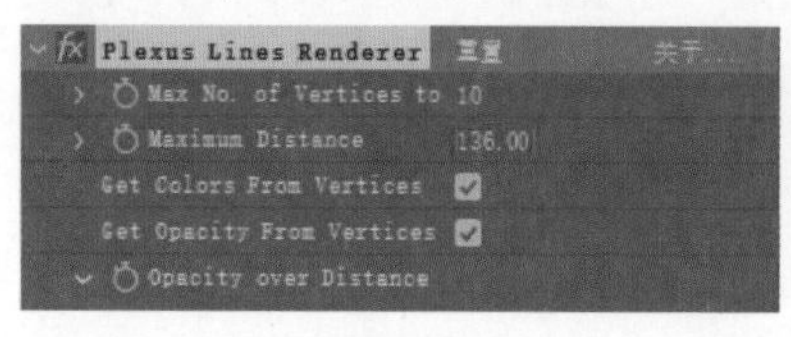

图1-113

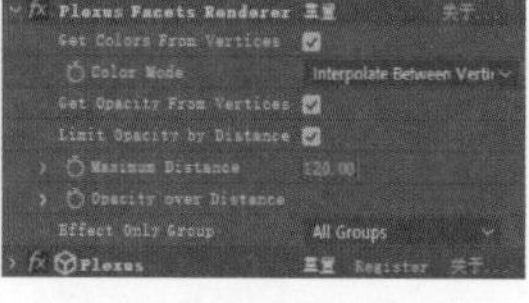

图1-114

图1-115

图1-116

◎ Particular

Particular粒子与Form、Plexus粒子不同，其具有生命周期，即存在“诞生”“存活”“消失”这3个阶段。下面通过一个例子进行介绍。

01 执行“效果>RG Trapcode>Particular”菜单命令，在“时间轴”面板中设置时间码为0:00:03:00，即3秒。此时粒子不断从中心点向外发射，其中每一个粒子的生存时间为3秒，也就是说粒子诞生3秒后消失，如此循环往复。从中心点会不断地发射新的粒子，每一个粒子都有3秒的生命周期，效果如图1-117所示。

02 因为Particular粒子是流动的，所以可以使用它做出粒子拖尾的效果。在“效果控件”面板中展开Aux System（Master）卷展栏，设置Emit为Continuously、Particles/sec为100，这样可以沿原有粒子的轨迹制作拖尾效果；然后设置Size为2，以此调整拖尾光线的粗细，效果与具体的参数设置如图1-118所示。

图1-117

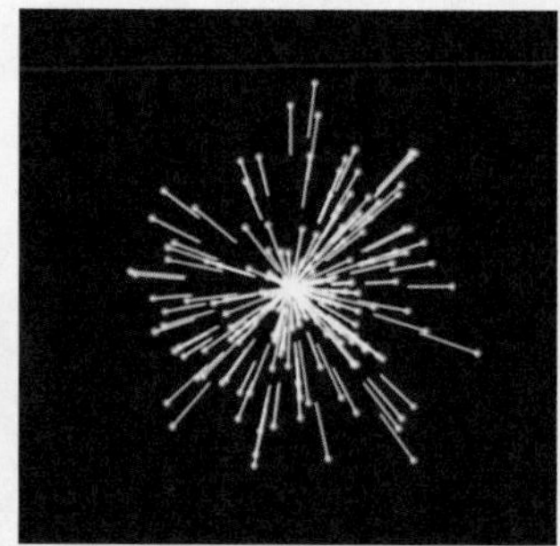
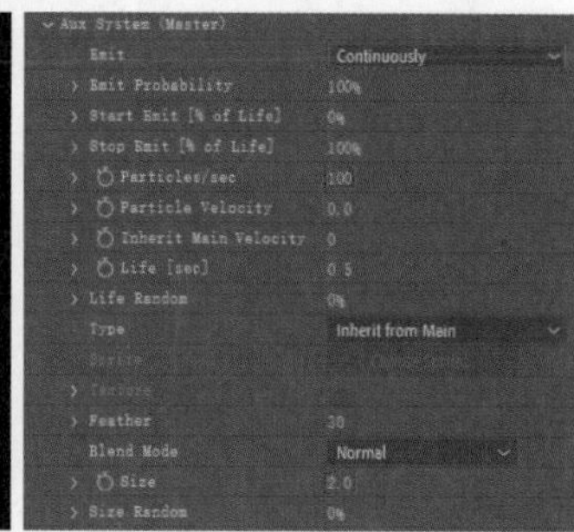

图1-118

03 完善细节部分，让发射出来的光线具有透视效果。展开Size over Life卷展栏，选择PRESETS下拉列表中的第2个选项，效果与具体的参数设置如图1-119所示。

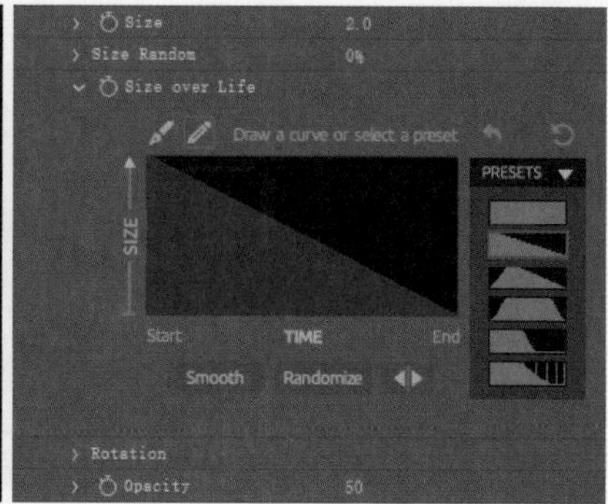

图1-119

> **技巧提示**
>
> 后面会讲解更多的效果制作过程，例如烟花、蝌蚪等。

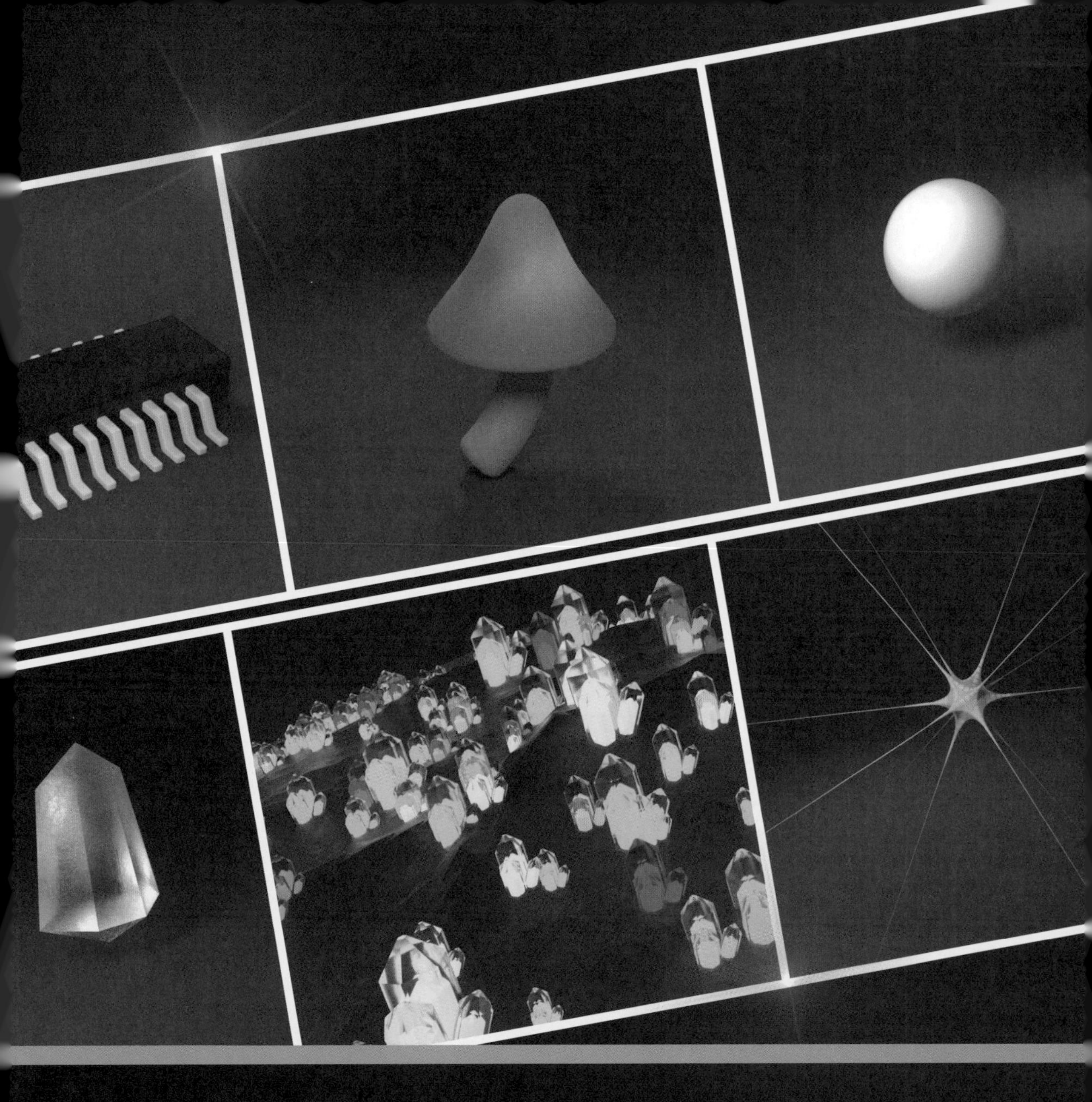

第2章 Cinema 4D的建模应用

对于动效制作，Cinema 4D主要负责其中素材对象的制作。本章主要介绍Cinema 4D的基础建模方法，读者需掌握点、线、面的编辑方法，为后续的建模学习打下良好的基础。

2.1 认识点线面

物理世界离不开点、线、面3个元素。在使用Cinema 4D制作效果前，需要了解这3个元素是如何相互协作的，这对后续工作的开展很重要。

实战：石英水晶——认识点

场景位置	场景文件 > CH02 > 实战：石英水晶——认识点
实例位置	实例文件 > CH02 > 实战：石英水晶——认识点
难易程度	★☆☆☆☆
学习目标	掌握Cinema 4D中“点”的使用方法

石英水晶模型的效果如图2-1所示，制作分析如下。

调整模型的顶点可以起到调整模型的作用。

01 打开Cinema 4D，执行“创建>对象>圆柱”菜单命令，创建圆柱体模型，然后在“视图”面板中执行“显示>光影着色（线条）”菜单命令，如图2-2所示。这样既能观测到模型的着色，又能观测到模型表面的线条构造，如图2-3所示。

图2-1

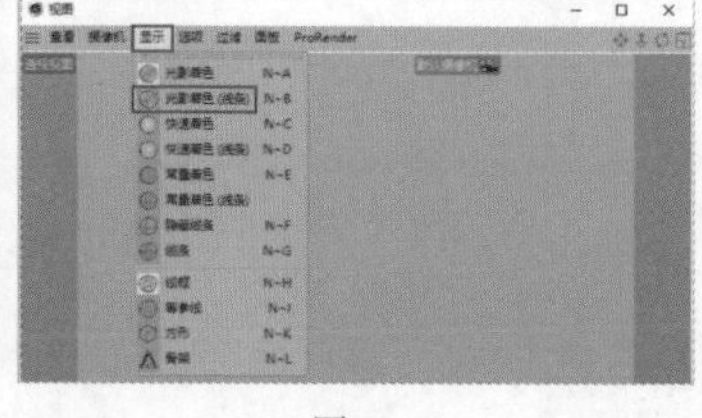

图2-2

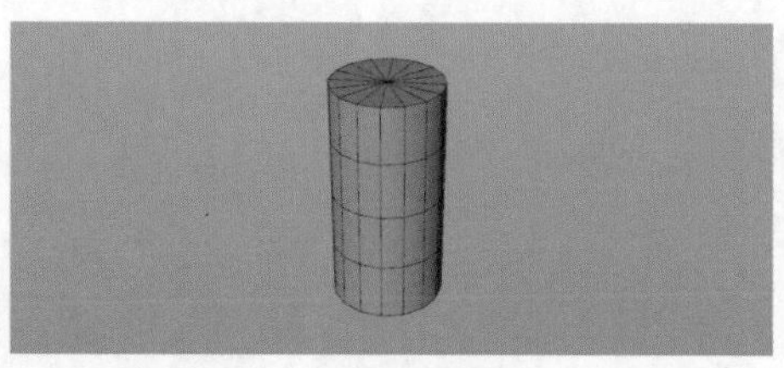

图2-3

02 选中圆柱体模型，在“属性”面板的“对象”选项卡中设置“旋转分段”为6，使模型变为六面体，然后设置“高度分段”为1，如图2-4所示。效果如图2-5所示。

技巧提示

世界上没有真正光滑的物体，人眼能看到的光滑物体的棱角远小于人眼能感受到的光滑程度。圆柱体的“旋转分段”参数值越大，圆柱体越光滑，相反，圆柱体就越尖锐。

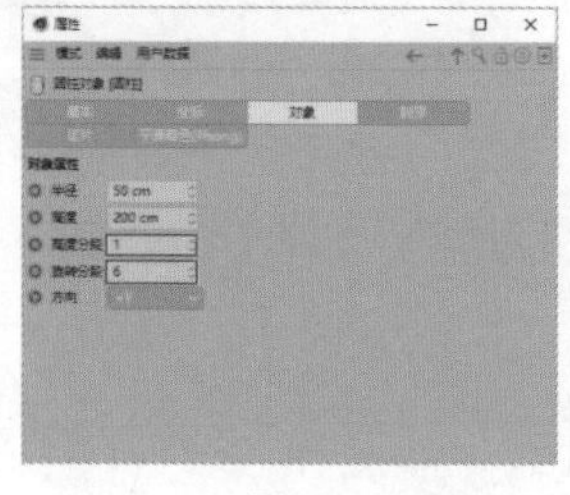

图2-4

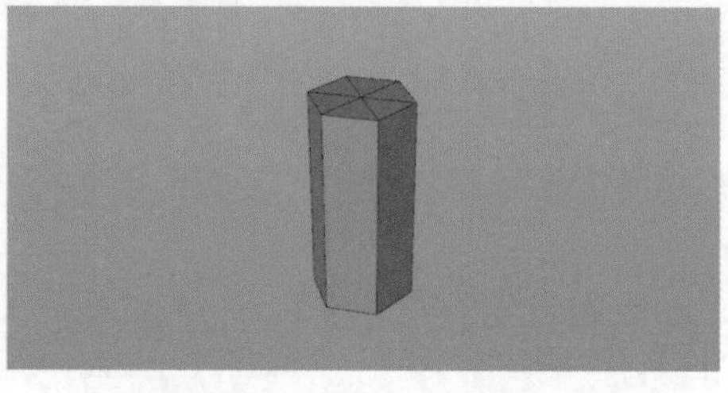

图2-5

03 执行“网格>转换>转为可编辑对象”菜单命令，然后选择“点”工具和“实时选择”工具，选中图2-6所示的顶点。

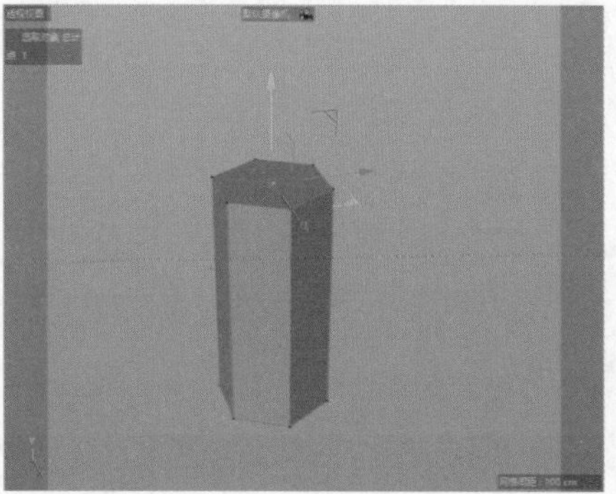

图2-6

04 将顶点沿着y轴（绿色）向上拖曳，这里没有明确的高度要求，接近参考图的效果即可。也可以在“坐标”面板中设置Y为150cm，如图2-7所示。使用同样的方法调整底部的顶点，在“坐标”面板中设置Y为 150cm，如图2-8所示。至此单个石英水晶模型就完成了，如图2-9所示。

图2-7

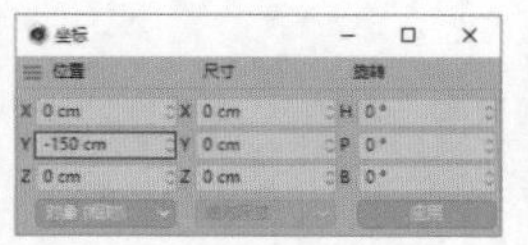

图2-8

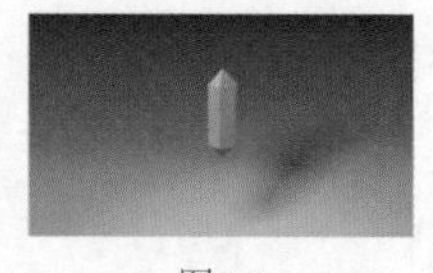

图2-9

实战：石英水晶——认识线

场景位置	场景文件 > CH02 > 实战：石英水晶——认识线
实例位置	实例文件 > CH02 > 实战：石英水晶——认识线
难易程度	★☆☆☆☆
学习目标	掌握Cinema 4D中“边”的使用方法

石英水晶模型的效果如图2-10所示，制作分析如下。

线条的变化，如位移、长短变化等会改变模型的结构。

01 在上述案例的基础上进行操作，选择“边”工具和“实时选择”工具，选中模型左侧的一条边并沿着*z*轴（蓝色）向左拖曳70cm，也可以在“坐标”面板的“位置”选项卡中设置X参数的值，如图2-11所示。效果如图2-12所示。使用同样的方法，选中模型右侧的一条边，在“坐标”面板中设置X为60cm，如图2-13所示。效果如图2-14所示。

02 按住Alt键调整模型视角，选择模型底部的多条边，然后执行“选择>循环选择”菜单命令，如图2-15所示。

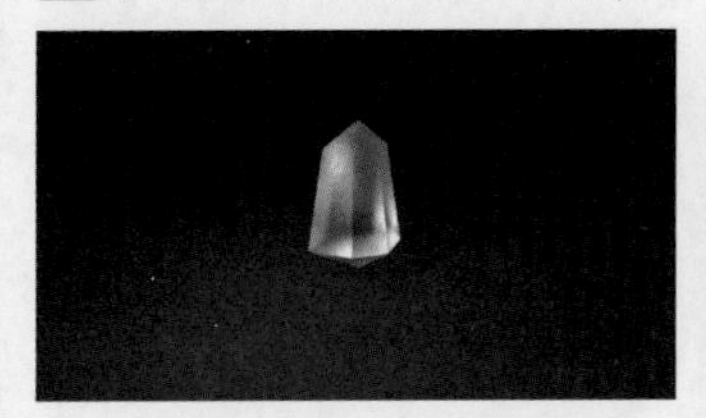

图2-10

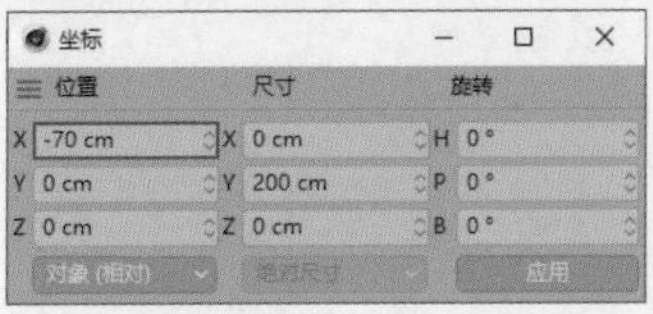

图2-11

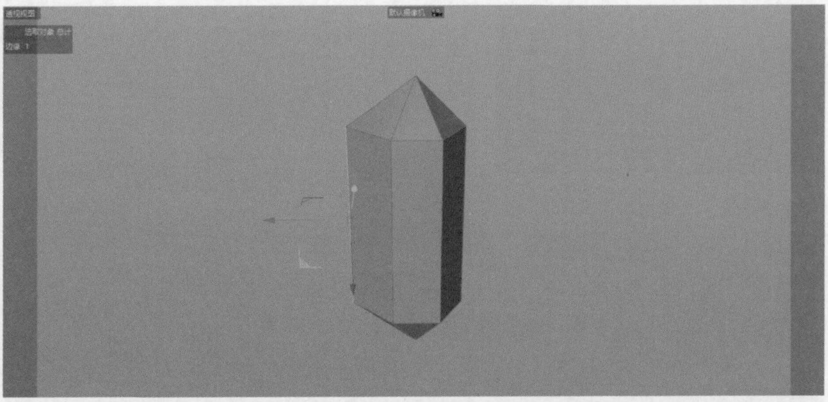

图2-12

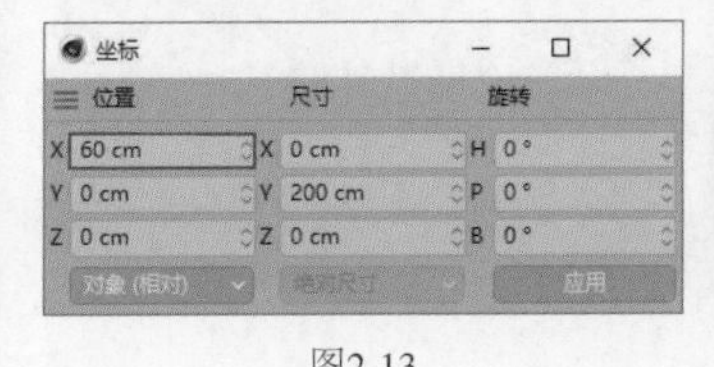

图2-13

图2-14

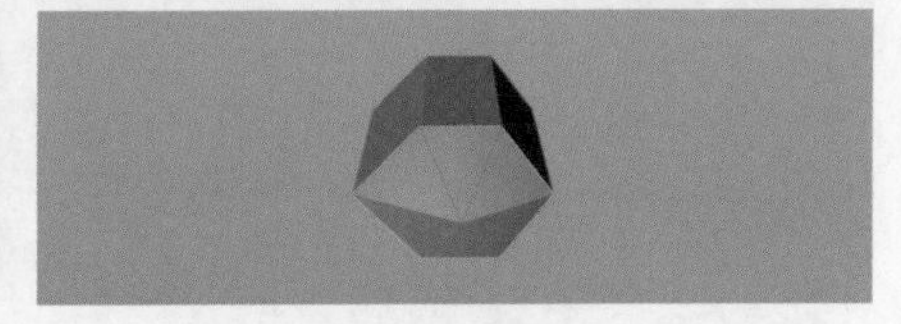

图2-15

03 执行“工具>缩放”菜单命令，然后将所选边沿着*x*、*y*、*z*轴向外拖曳150%左右，如图2-16所示。通过对线的调整，得到一个不规则六面锥体模型，如图2-17所示。

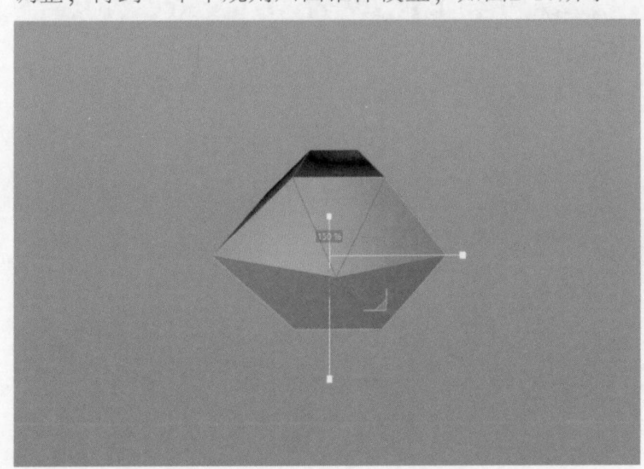

图2-16

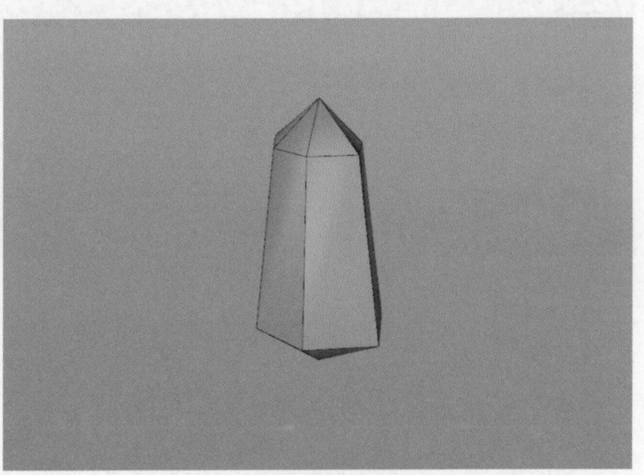

图2-17

实战：石英水晶——认识面

场景位置	场景文件 > CH02 > 实战：石英水晶——认识面
实例位置	实例文件 > CH02 > 实战：石英水晶——认识面
难易程度	★☆☆☆☆
学习目标	掌握“布尔”菜单命令的使用方法

石英水晶模型的效果如图2-18所示，制作分析如下。

通过面和“布尔”菜单命令，可以制作很多效果。

01 在上述案例的基础上进行操作，将不同模型的面进行布尔交集，可以得到一个新的不规则模型。执行“创建>对象>宝石”菜单命令，然后执行“创建>造型>布尔”菜单命令。在“属性”面板中的“对象”选项卡中，设置“布尔类型”为“AB交集”，如图2-19所示。

02 在“对象”面板中，移动“宝石”“圆柱”对象至“布尔”对象内，可得到两个模型重合的部分，如图2-20所示。效果如图2-21所示。

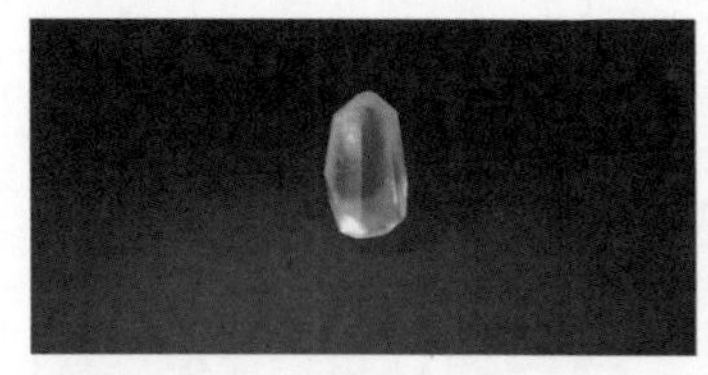

图2-18

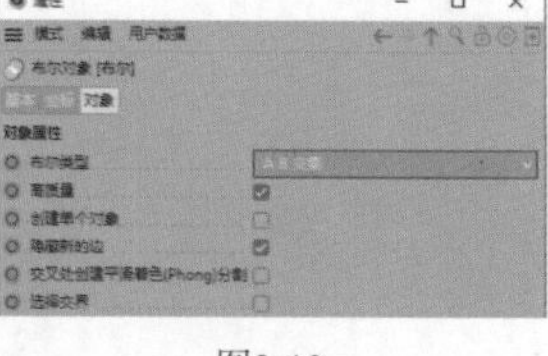

图2-19

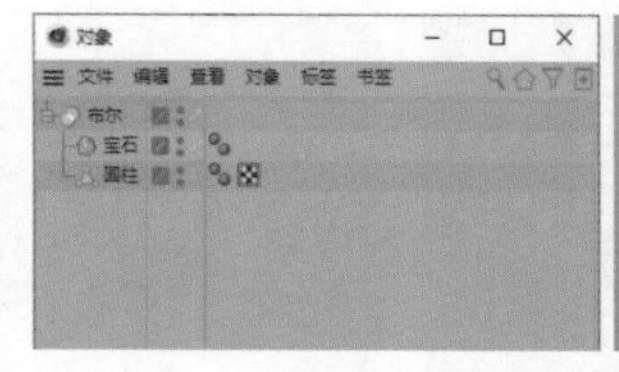

图2-20

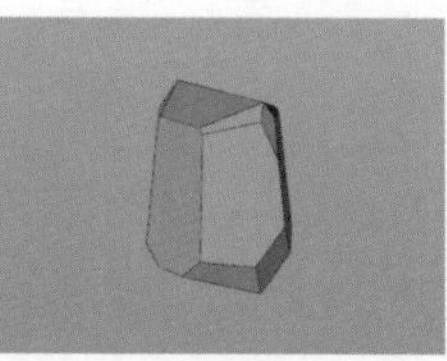

图2-21

03 选择“多边形”工具和“实时选择”工具，选中视图中的“宝石”模型并执行“网格>转换>转为可编辑对象”菜单命令，然后选中图2-22所示的面。将此面沿着z轴（蓝色）拖曳90cm左右，这里的数值大小不固定，接近参考图的效果即可，如图2-23所示。

04 选中图2-24所示的面，将其沿着y轴（绿色）拖曳53cm左右。完成后的水晶模型如图2-25所示。

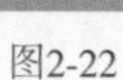

图2-22

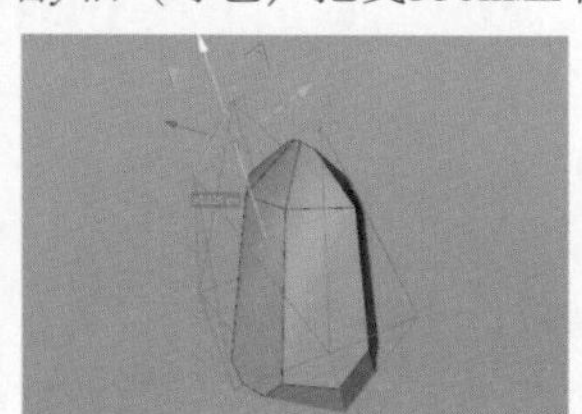

图2-23

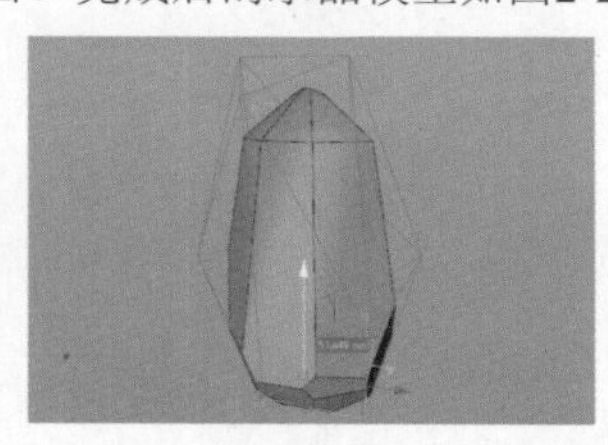

图2-24

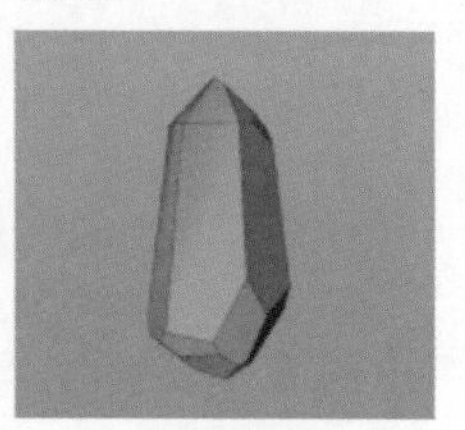

图2-25

2.2 三维布线原则

无论是使用Cinema 4D还是其他三维软件制作的模型，有更多四边形布线的模型表面更平滑，衔接更稳定，不会轻易出现畸形。

实战：球体曲面细分

场景位置	场景文件 > CH02 > 实战：球体曲面细分
实例位置	实例文件 > CH02 > 实战：球体曲面细分
难易程度	★☆☆☆☆
学习目标	掌握四边形布线的使用方法

球体模型的效果如图2-26所示，制作分析如下。

第1点： 布线时尽可能使用四边形作为基本单位，这样工作效率更高。

第2点： 有4条以上的边连接的点为极点，应避免使用极点。

图2-26

01 创建一个球体，设置“分段”为16、“类型”为“标准”，如图2-27所示。效果如图2-28所示。

02 执行“创建>生成器>细分曲面”菜单命令，在“对象”面板中移动“球体”对象至“细分曲面”对象内，如图2-29所示。此时球体顶部出现“褶皱”，如图2-30所示。

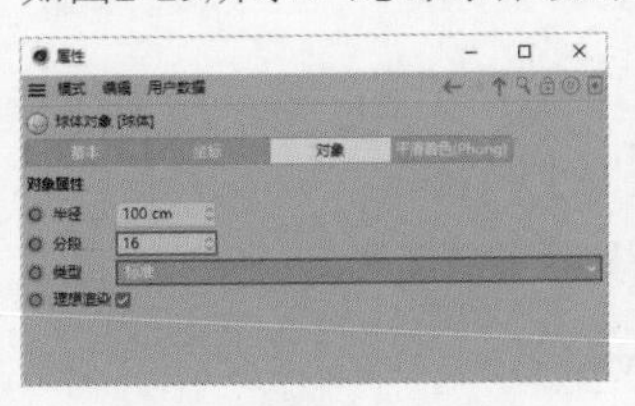

图2-27

图2-28

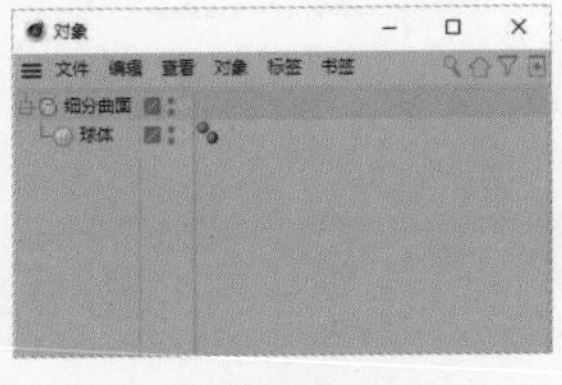

图2-29

图2-30

03 处理“褶皱”问题。在“对象”面板中移动“球体”对象至“细分曲面”对象之后，然后选择“球体”对象，在“属性”面板中设置“类型”为“六面体”、“分段”为64，如图2-31所示。模型效果如图2-32所示。

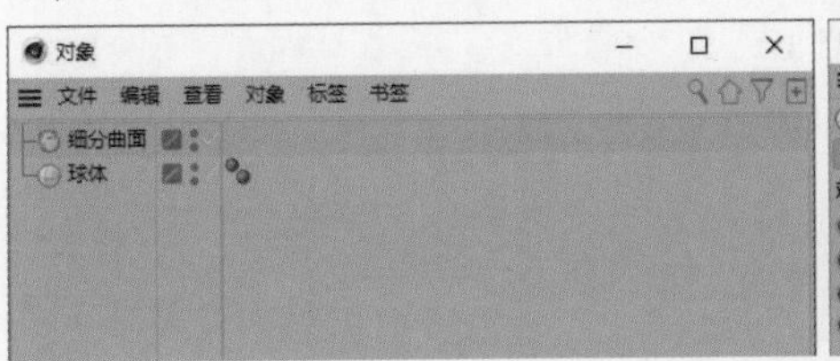

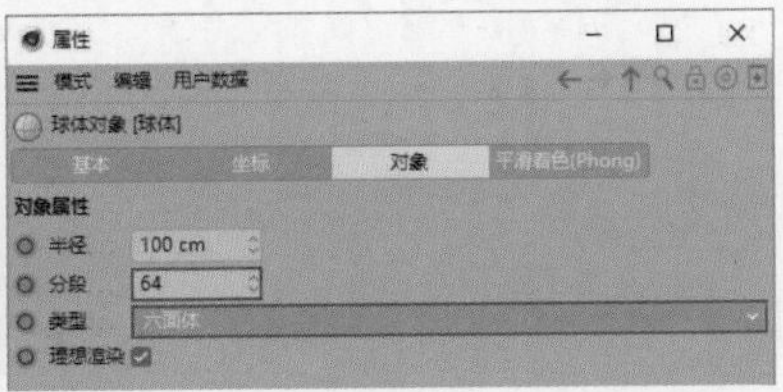

图2-31

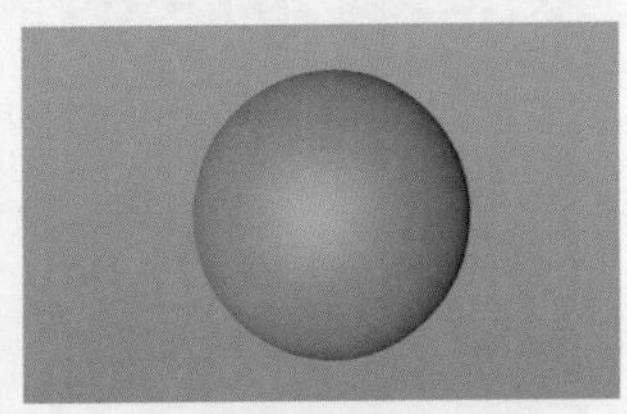

图2-32

04 下面分析原理。在“对象”面板中选择“球体”对象，然后在“属性”面板中设置“分段”为16、“类型”为“标准”，如图2-33所示。在“视图”面板中执行“显示>常量着色（线条）”菜单命令，效果如图2-34所示。

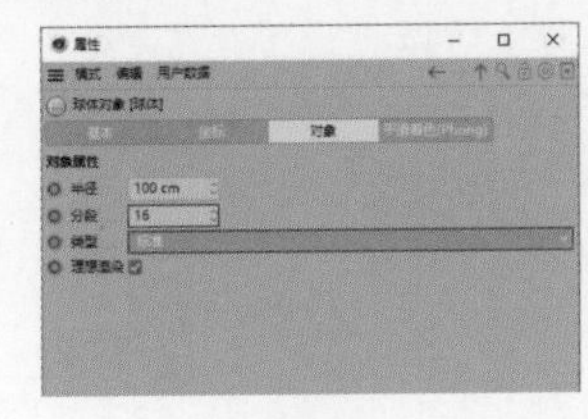

图2-33

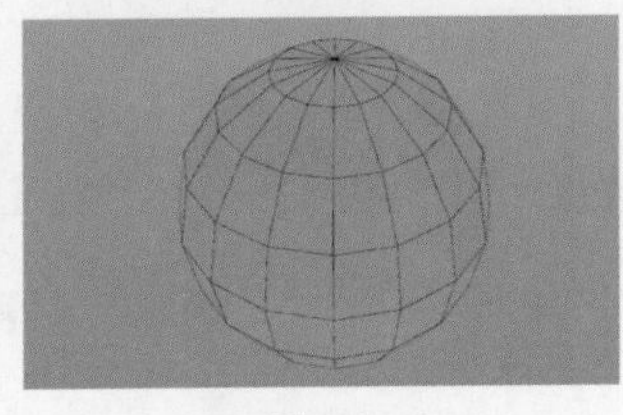

图2-34

05 在“对象”面板中移动“球体”对象至“细分曲面”对象内，选择“细分曲面”对象，然后在“属性”面板中设置“编辑器细分”为1，如图2-35所示。调整视角，效果如图2-36所示。

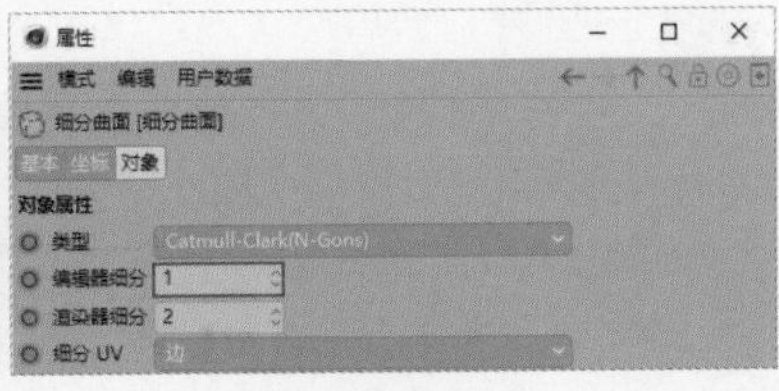

图2-35

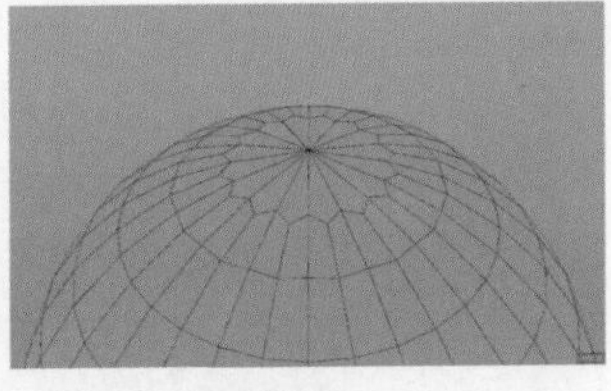

图2-36

技巧提示

观察细分曲面前后的模型可以得出以下几点结论。

第1点：原模型中的三角形细分成了四边形。

第2点：三角形或四边形的顶点汇聚到相同的位置，形成极点。

图2-37所示的红圈内部的点即为极点，它是模型出现“褶皱”的原因。

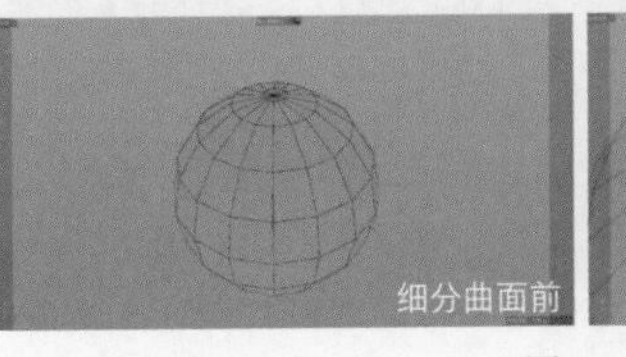

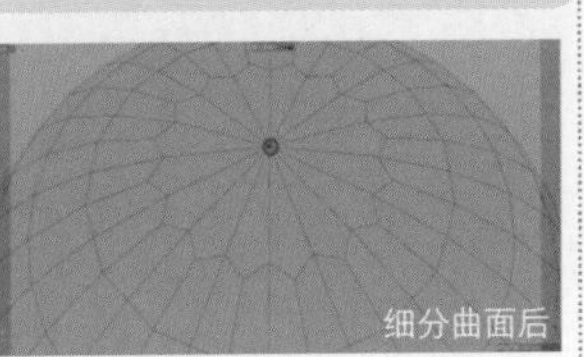

图2-37

06 选择“球体”对象，设置其“类型”为“六面体”，如图2-38所示。此时球体的布线如图2-39所示。

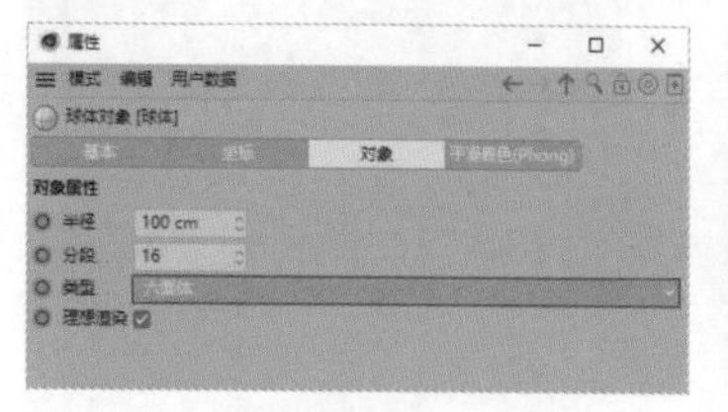

图2-38

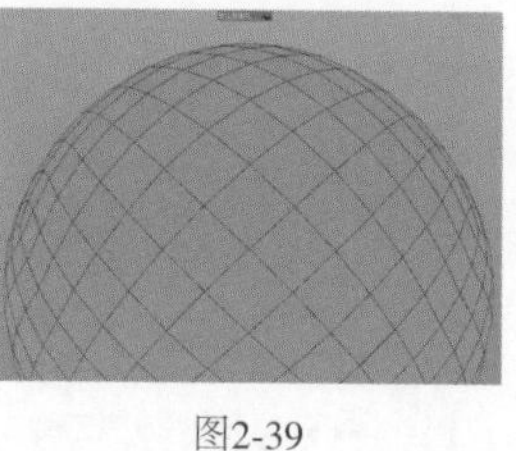

图2-39

技巧提示

图2-40所示的3个黄圈内是原三角形的3个顶点，而红圈内则是细分曲面之后新增的顶点。原三角形被细分成四边形，模型表面也变得更光滑。

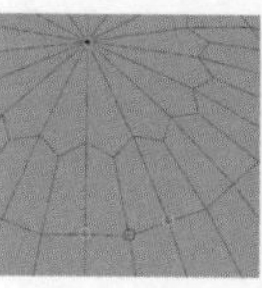
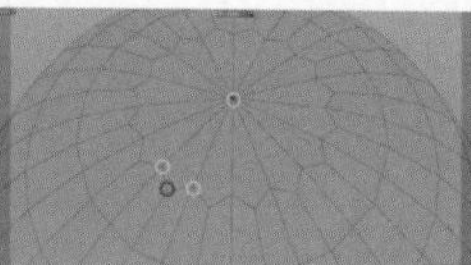

图2-40

2.3 制作多面体造型的工具及方法

本节主要讲解Cinema 4D中制作模型造型的常见工具及方法。

实战：网格倒角——化锋利为圆润

场景位置	场景文件＞CH02＞实战：网格倒角——化锋利为圆润
实例位置	实例文件＞CH02＞实战：网格倒角——化锋利为圆润
难易程度	★☆☆☆☆
学习目标	掌握“倒角”菜单命令的使用方法

石块模型的效果如图2-41所示，制作分析如下。

第1点：使用“倒角”菜单命令可以细分模型以达到钝化的效果。

第2点：在制作多面体模型时，模型的线一定要简单适量，过多的线和过少的面都不能使物体成型。

01 创建一个立方体，选择该立方体，执行“网格＞转换＞转为可编辑对象”菜单命令，然后选择“多边形”工具，执行“网格＞命令＞三角化”菜单命令。三角化后，立方体的每一个面被平分成两个三角形，如图2-42所示。

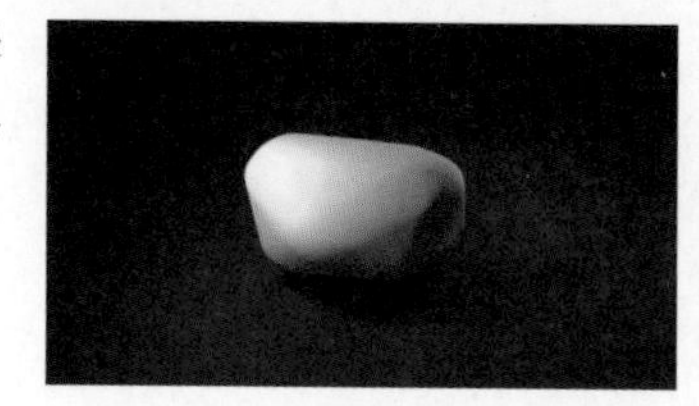

图2-41

图2-42

02 选择“点”工具和“实时选择”工具，然后选择立方体右上角的一个顶点，如图2-43所示。切换至顶视图，选择x轴与z轴之间的轴向参考带，将顶点沿着对角线向右上方拖曳225cm左右，效果如图2-44所示。选择立方体左下角的一个顶点，将其沿着对角线向左下方拖曳155cm左右，效果如图2-45所示。

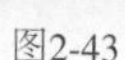

图2-43

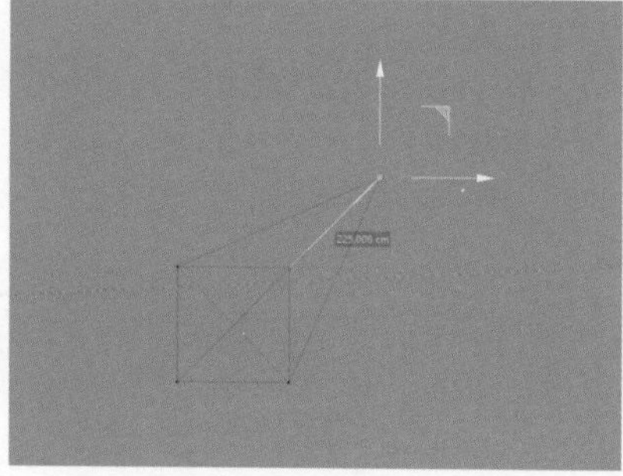

图2-44

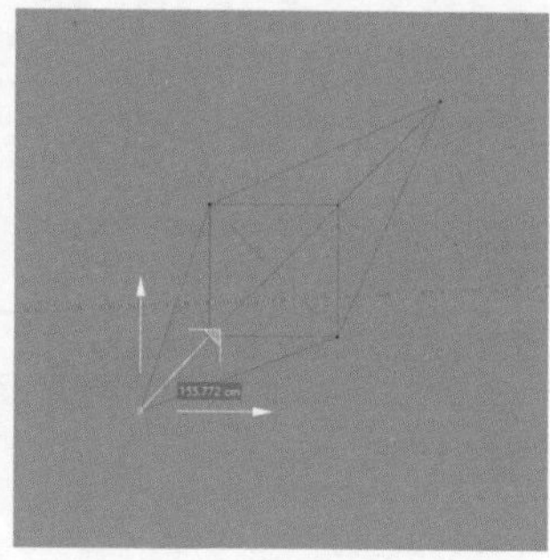

图2-45

03 调整视角，处理图2-46所示的两条橙色的线。选择“边”工具，然后选择图2-46所示的模型右侧橙色的线，将其沿着z轴（蓝色）向右下方拖曳200cm左右，效果如图2-47所示。使用同样的方法，将图2-46所示的模型左侧橙色的线沿着z轴（蓝色）向左下方拖曳220cm左右，效果如图2-48所示。

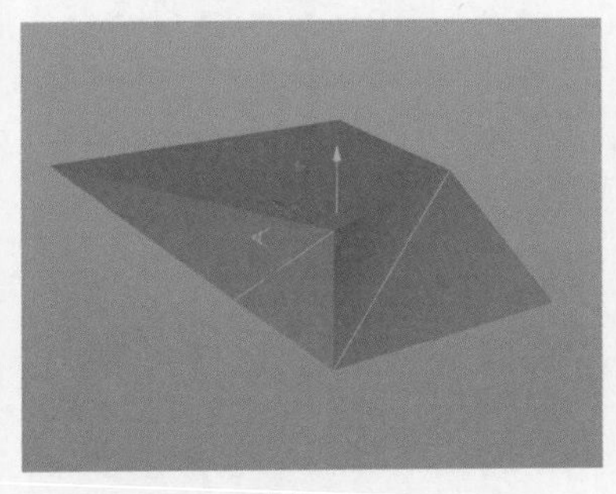

图2-46

图2-47

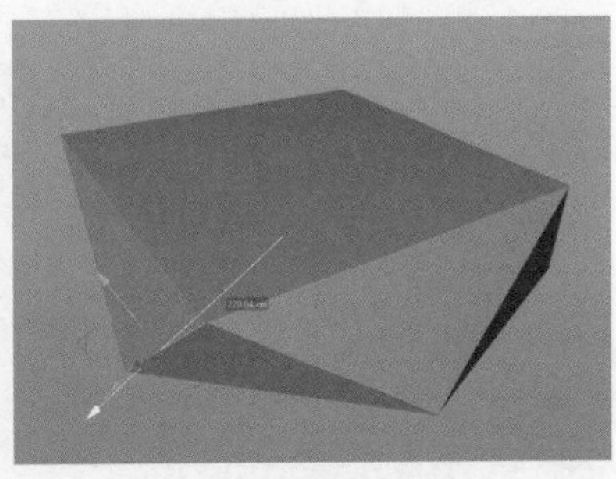

图2-48

04 选择模型顶部的线，将其沿着z轴（蓝色）向上拖曳100cm左右，如图2-49所示。选择“边”工具，然后执行“选择>全选”菜单命令，接着执行“网格>创建工具>倒角”菜单命令，效果如图2-50所示。在“属性”面板中设置“偏移”为70cm、“细分”为10，然后按Enter键，圆润的石块效果如图2-51所示。

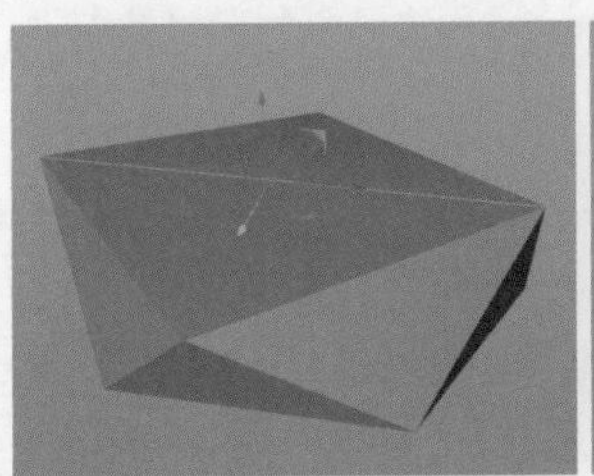

图2-49

图2-50

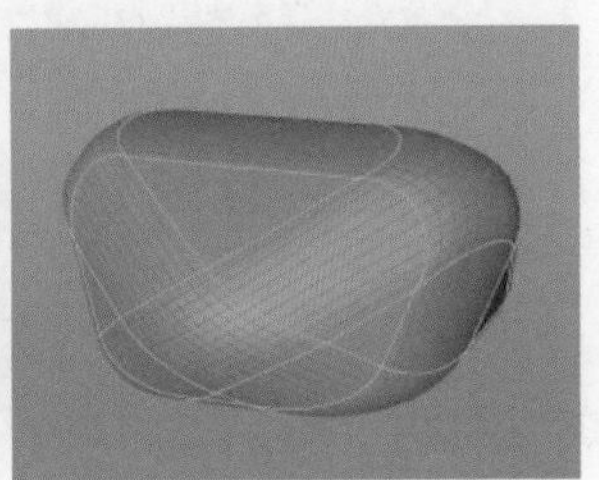

图2-51

实战：“挤压”生成器——矿石簇

场景位置	场景文件>CH02>实战：“挤压”生成器——矿石簇
实例位置	实例文件>CH02>实战：“挤压”生成器——矿石簇
难易程度	★★☆☆☆
学习目标	掌握“挤压”生成器的使用方法

矿石簇模型的效果如图2-52所示，制作分析如下。

第1点：在使用“挤压”生成器进行封盖时，“分段”参数值越大，封盖越平滑。

第2点：重复使用相同模型，可让模型更具和谐美。

01 执行“创建>样条>多边”菜单命令，在“属性”面板中设置R.P为90°，如图2-53所示。执行“创建>生成器>挤压”菜单命令，在“对象”面板中移动“多边”对象至“挤压”对象内，如图2-54所示。

图2-52

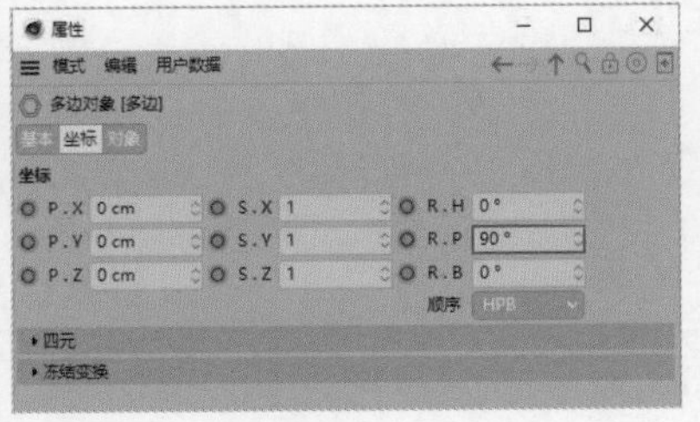

图2-53

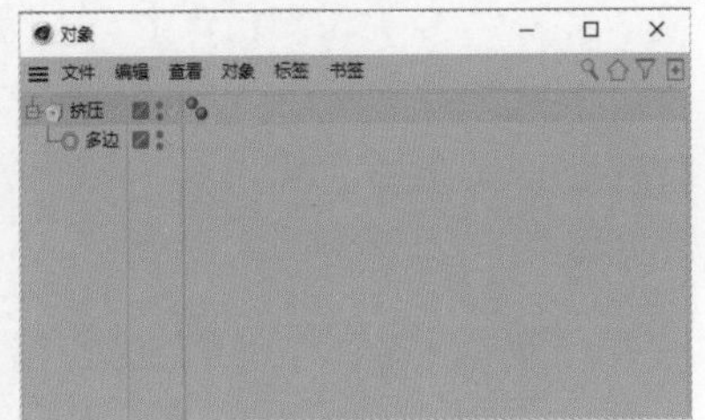

图2-54

02 选择“多边”对象，在“属性”面板中设置“半径”为100cm、“侧边”为5，如图2-55所示。选择“挤压”对象，在“属性”面板中设置“移动”为（0cm,500cm,0cm），如图2-56所示。调整视角，模型效果如图2-57所示。

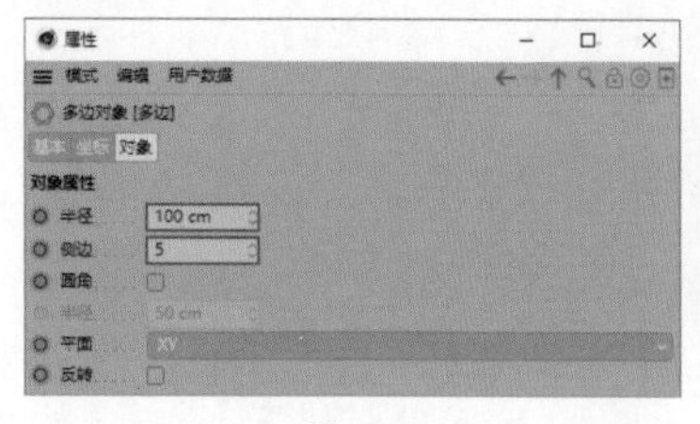

图2-55

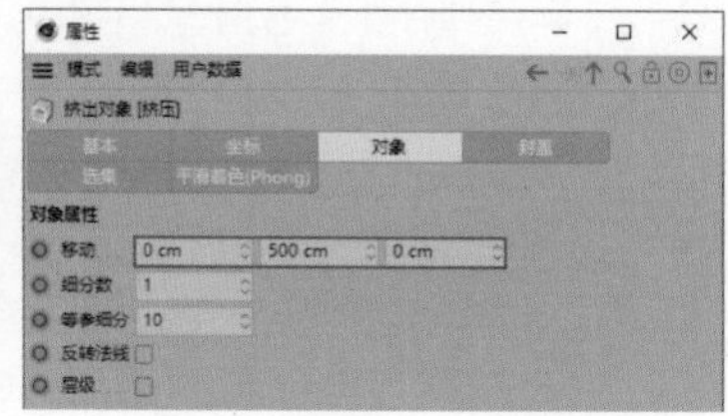

图2-56

图2-57

03 选择“挤压”对象，然后在“属性”面板的“封盖”选项卡中设置“尺寸”为50cm、“分段”为1，如图2-58所示。单个矿石模型如图2-59所示。

04 执行“创建>对象>空白”菜单命令，将“空白”对象重命名为“矿石主体”。在“对象”面板中移动“挤压”对象及其子集至“矿石主体”对象内，然后选择“矿石主体”对象，执行“编辑>复制”和“编辑>粘贴”菜单命令4次，接着将新增的4个“矿石主体”对象分别重命名为“小矿石1”“小矿石2”“小矿石3”“小矿石4”，如图2-60所示。

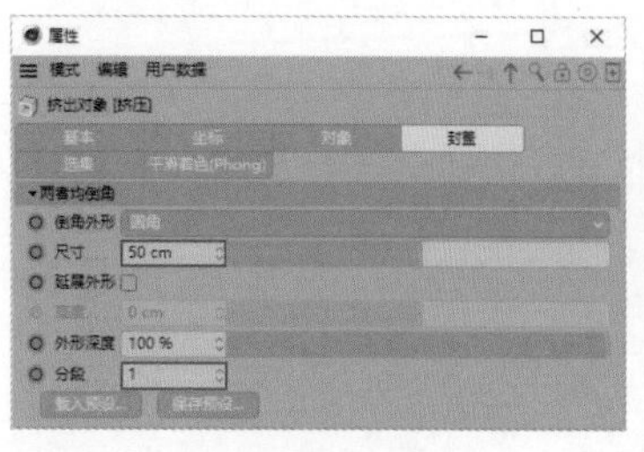

图2-58

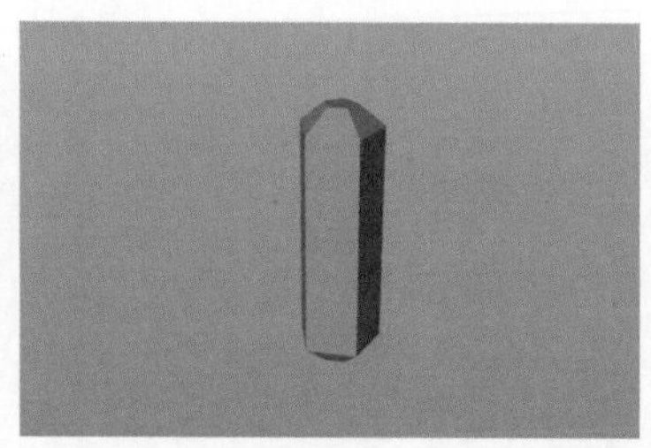
图2-59

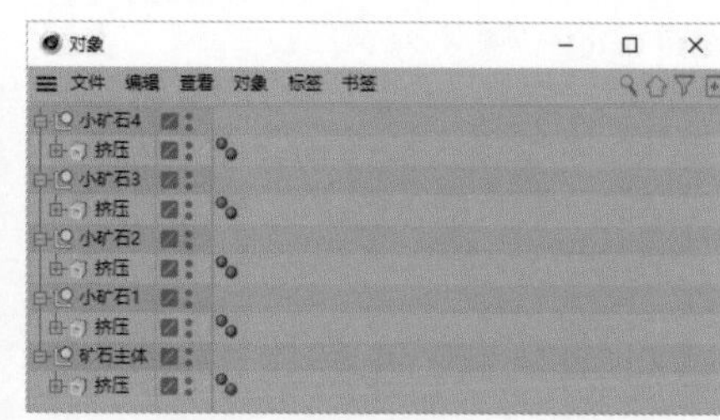

图2-60

05 选择“矿石主体”对象，在“属性”面板中设置R.H为15°、R.P为5°，如图2-61所示。模型效果如图2-62所示。

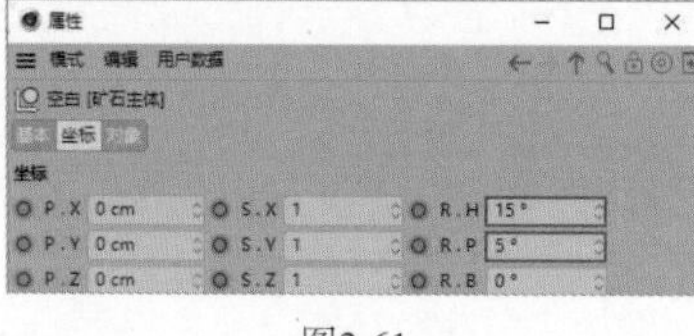

图2-61

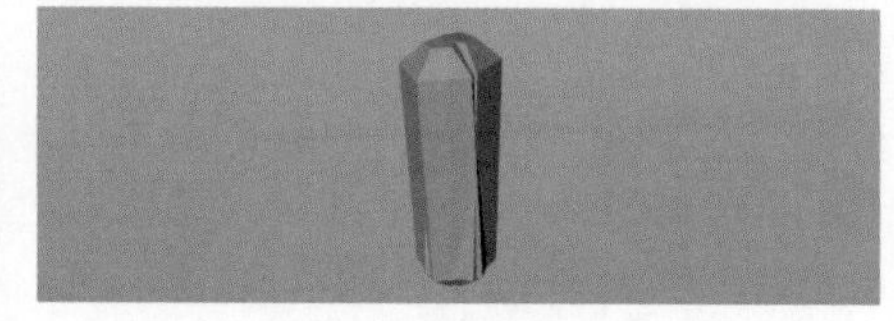
图2-62

06 选择“小矿石1”对象，在“属性”面板中设置P.X为75cm、P.Z为80cm，然后设置S.X、S.Y、S.Z均为0.8，接着设置R.P为－10°，如图2-63所示。选择“小矿石1”内的“挤压”对象，在“属性”面板中设置“移动”为（0cm,300cm,0cm），以降低“小矿石1”对象的高度，如图2-64所示。效果如图2-65所示。

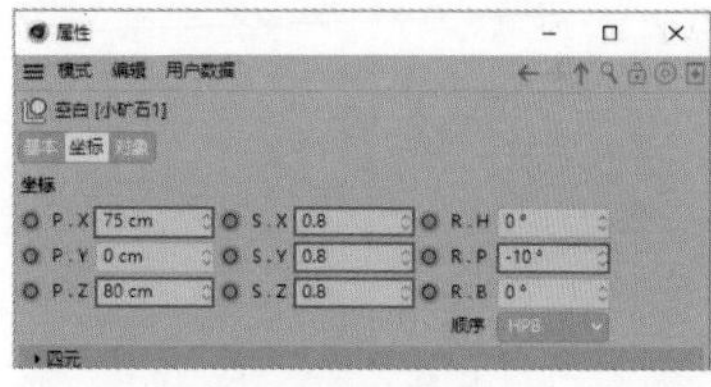

图2-63

图2-64

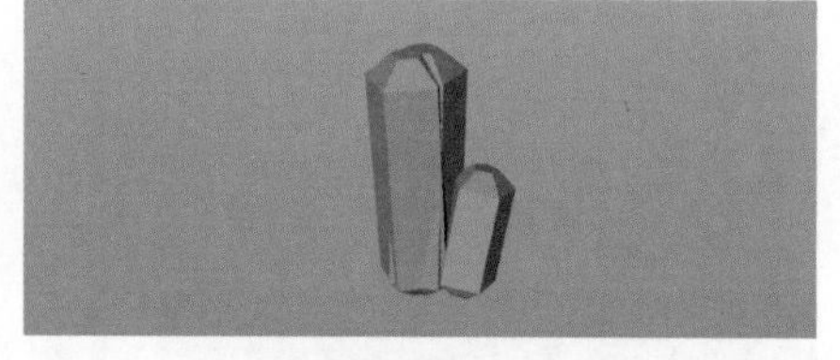
图2-65

07 按照上述方法，分别对“小矿石2”“小矿石3”“小矿石4”对象进行参数设置，具体参数设置如图2-66～图2-68所示。最终效果如图2-69所示。

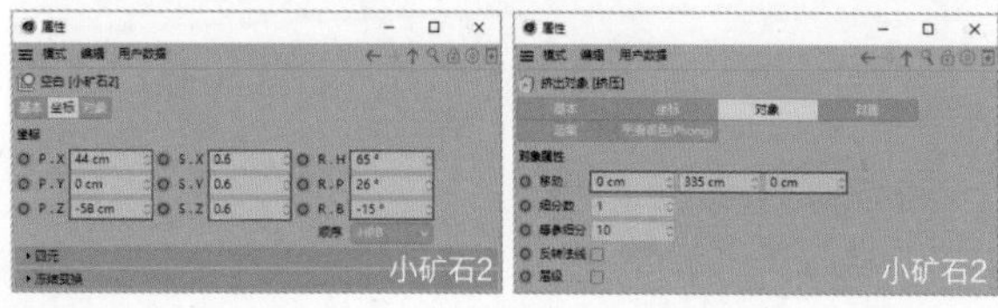

图2-66

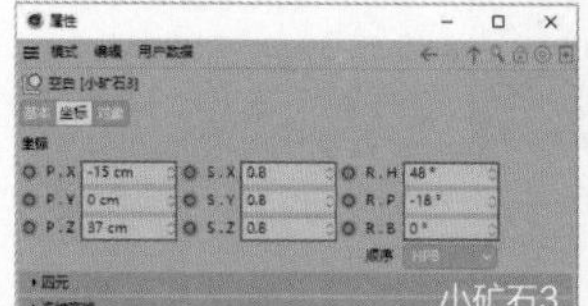

图2-67

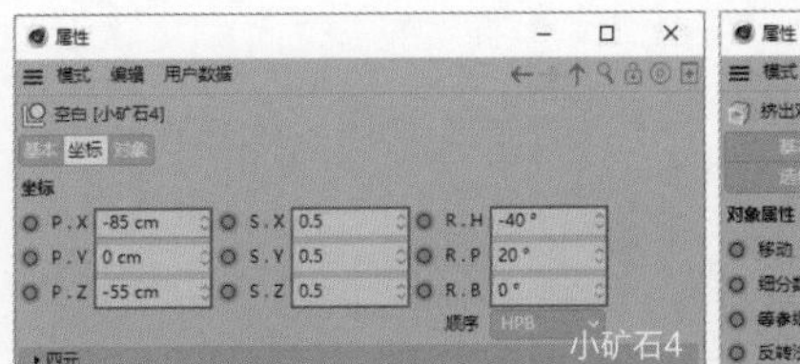

图2-68

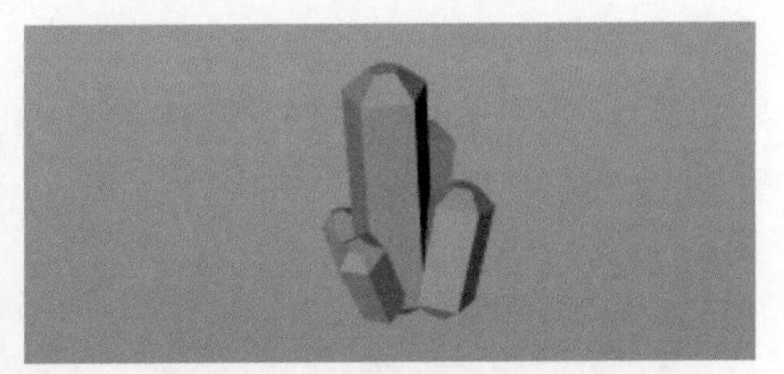

图2-69

实战：“扫描”生成器——芯片基本造型

场景位置	场景文件 > CH02 > 实战：“扫描”生成器——芯片基本造型
实例位置	实例文件 > CH02 > 实战：“扫描”生成器——芯片基本造型
难易程度	★★☆☆☆
学习目标	掌握“扫描”生成器的使用方法

芯片模型的效果如图2-70所示，制作分析如下。

第1点：样条是矢量化线条，不是实体。

第2点：不要旋转样条的顶点，否则模型可能会破面。

第3点：在创建样条后，先设置样条的宽度、高度参数值，然后移动其至“扫描”对象内。

01 创建一个立方体，将该立方体重命名为“主体”。在“属性”面板中设置“尺寸.X”为300cm、“尺寸.Y”为50cm、“尺寸.Z”为100cm，然后勾选“圆角”复选框，接着设置“圆角半径”为3cm、“圆角细分”为3，如图2-71所示。效果如图2-72所示。

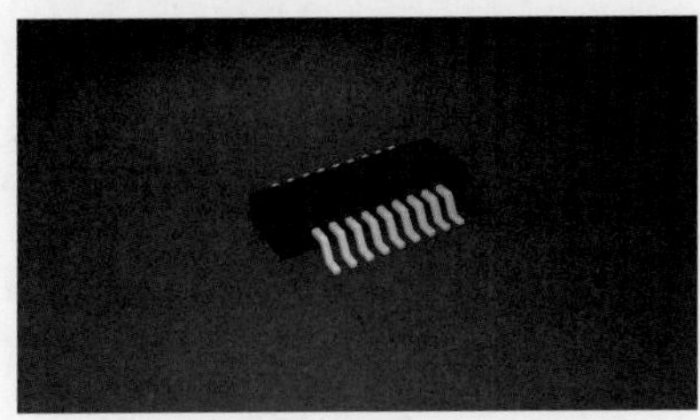

图2-70

图2-71

图2-72

02 执行“创建 > 样条 > 四边”菜单命令，在“属性”面板中设置“类型”为“平行四边形”、A为50cm、B为30cm、“平面”为ZY，如图2-73所示。效果如图2-74所示。

03 执行“网格 > 转换 > 转为可编辑对象”菜单命令，在“属性”面板的“对象”选项卡中取消勾选“闭合样条”复选框，如图2-75所示。从图中可以观察到“四边”样条处于未闭合状态，如图2-76所示。

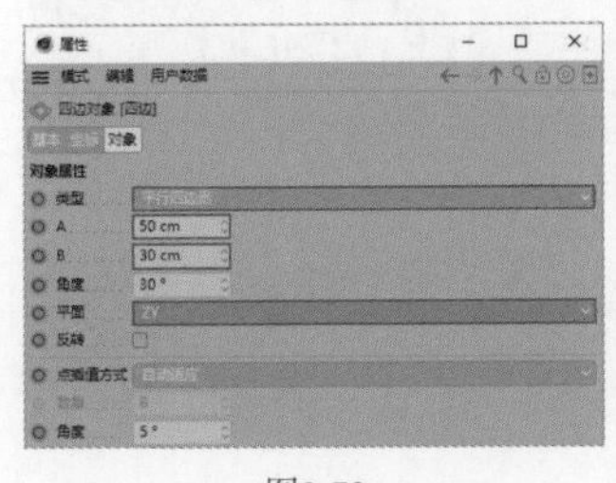

图2-73

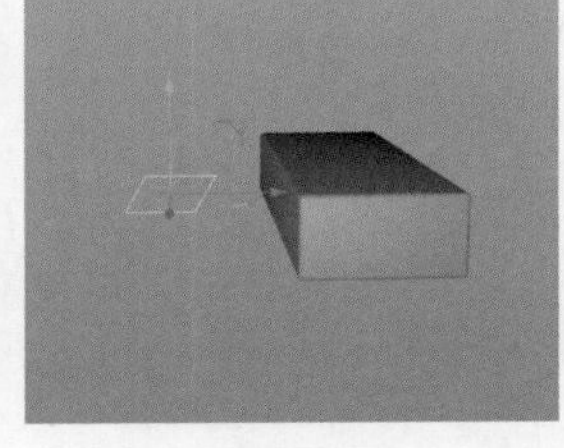

图2-74

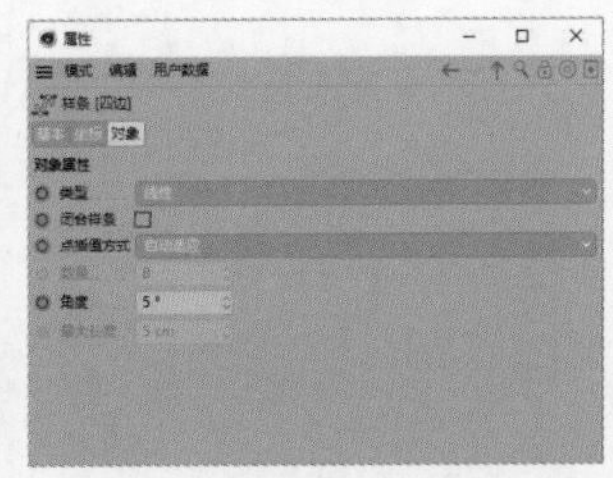

图2-75

图2-76

04 选择“点”工具和“实时选择”工具，选择图2-77所示的顶点。将该顶点沿着z轴（蓝色）向左拖曳70cm左右，如图2-78所示。

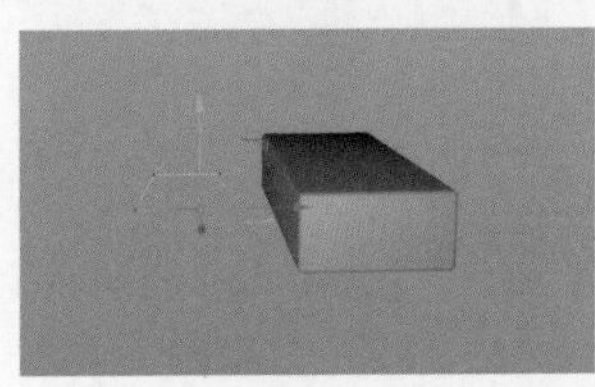

图2-77

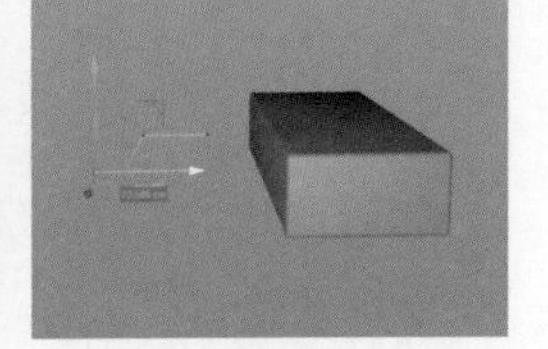

图2-78

05 执行“创建>生成器>扫描”菜单命令，然后创建一个矩形，在“对象”面板中移动“矩形”“四边”对象至“扫描”对象内，需注意“矩形”对象在“四边”对象上方，如图2-79所示。选择“矩形”对象，在“属性”面板中设置“宽度”“高度”均为10cm，如图2-80所示。效果如图2-81所示。

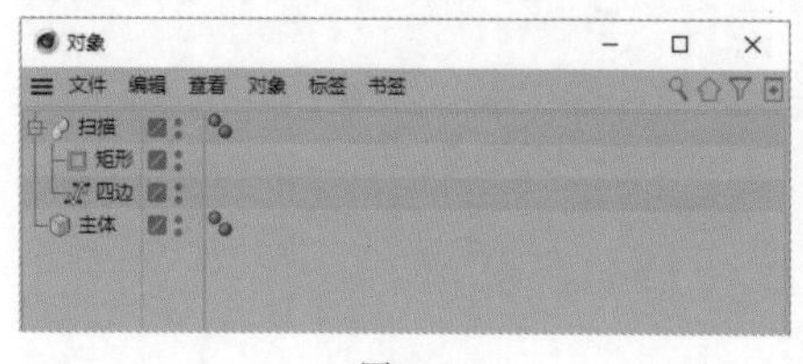

图2-79

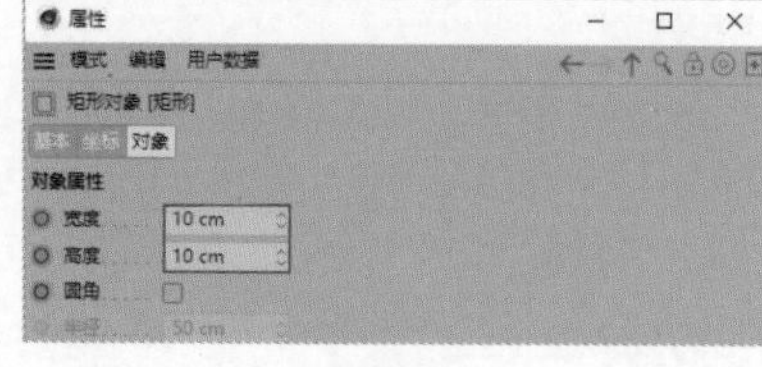

图2-80

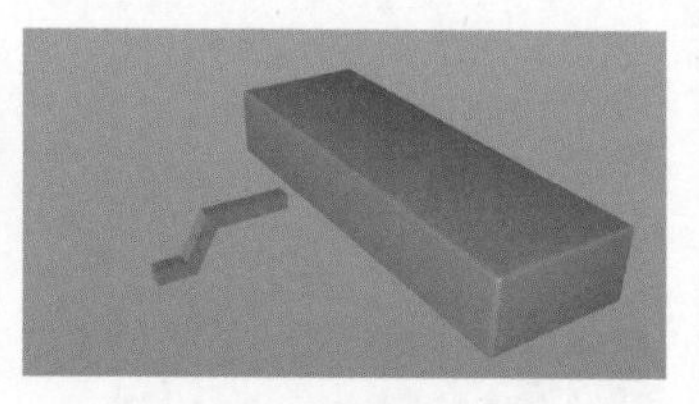
图2-81

06 选择“扫描”对象，执行“网格>转换>转为可编辑对象”菜单命令，将“扫描”对象重命名为“引脚”。选择“多边形”工具和“实时选择”工具，执行“网格>命令>克隆”菜单命令。选择“克隆”对象，在“属性”面板中设置“克隆”为8、“偏移”为200cm、“轴向”为X，如图2-82所示。效果如图2-83所示。

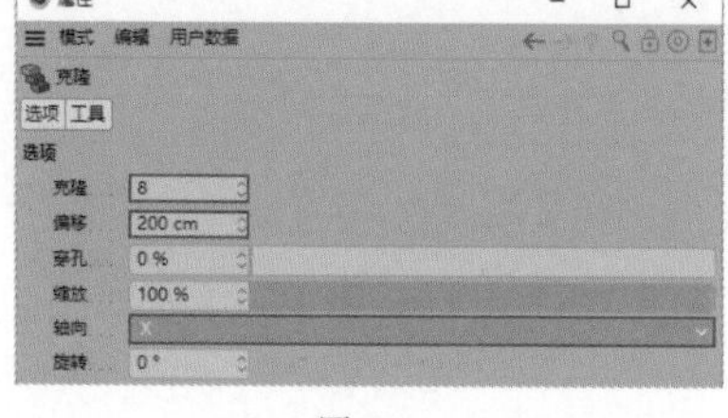

图2-82

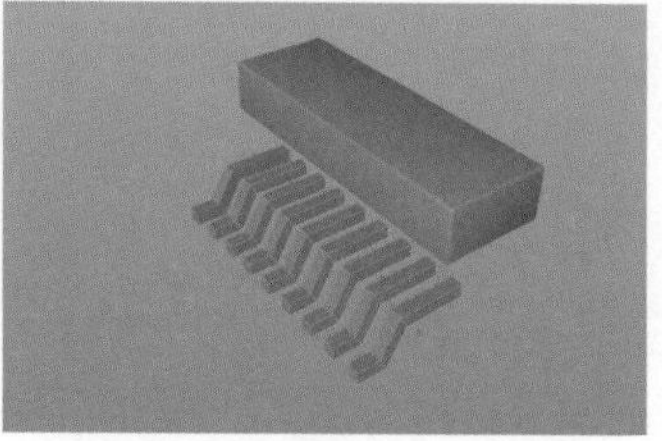
图2-83

07 选择“模型”工具，然后选择“引脚”对象，在“属性”面板中设置P.X为-100cm、P.Y为-8cm、P.Z为70cm，如图2-84所示。执行“编辑>复制”和“编辑>粘贴”菜单命令，然后选择“引脚.1”对象，在“属性”面板中设置P.X为100cm、P.Z为-70cm、R.H为180°，如图2-85所示。效果如图2-86所示。

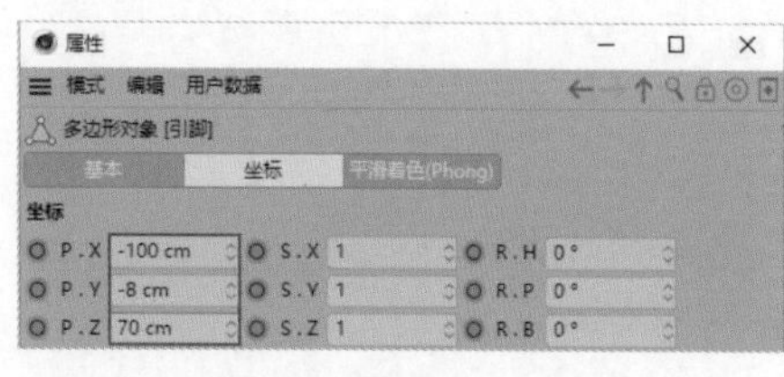

图2-84

图2-85

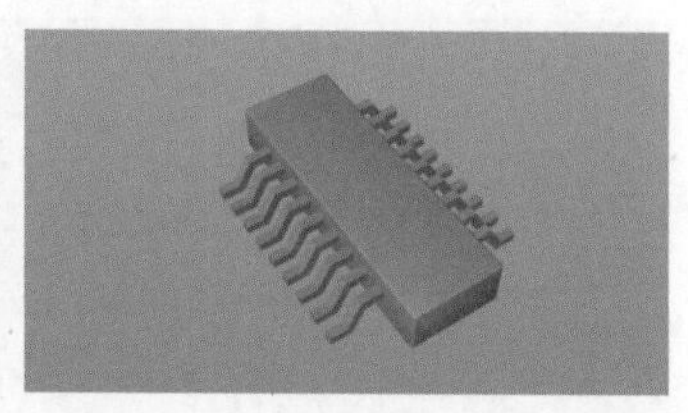
图2-86

08 按住Shift键，同时选择“引脚”和“引脚.1”对象。选择“边”工具，然后执行“选择>全选”菜单命令，选中模型的所有边，接着执行“网格>创建工具>倒角”菜单命令，在“属性”面板中设置“偏移”为2cm、“细分”为3，最后勾选“限制”复选框，如图2-87所示。按Enter键，最终模型效果如图2-88所示。

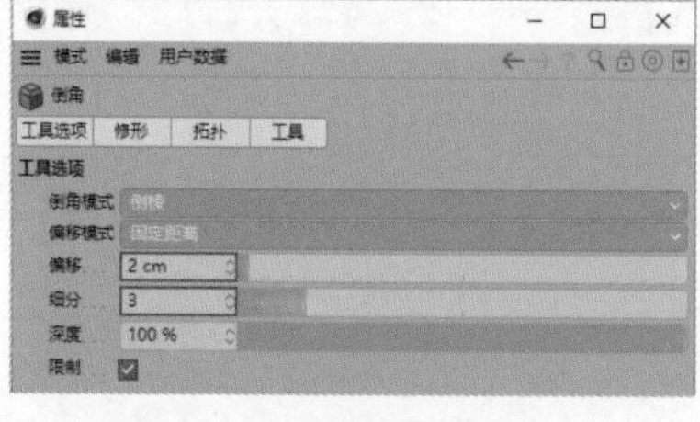

图2-87

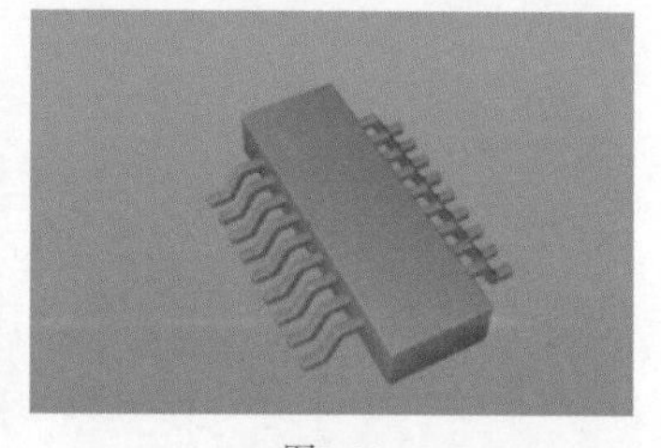
图2-88

实战：网格挤压——孢子的基本造型

场景位置	场景文件>CH02>实战：网格挤压——孢子的基本造型
实例位置	实例文件>CH02>实战：网格挤压——孢子的基本造型
难易程度	★☆☆☆☆
学习目标	掌握“挤压”菜单命令的使用方法

孢子模型的效果如图2-89所示，制作分析如下。

第1点：使用“挤压”菜单命令不仅能挤压面，还能挤压点和线。

第2点：使用“挤压”菜单命令时勾选“创建N-gons”复选框，可以优化布线。

01 创建一个球体，在“属性”面板中设置“类型”为“二十面体”，如图2-90所示。执行“网格>转换>转为可编辑对象”菜单命令，选择“点”工具，执行“选择>全选”菜单命令，选中球体的所有顶点，如图2-91所示。

图2-89

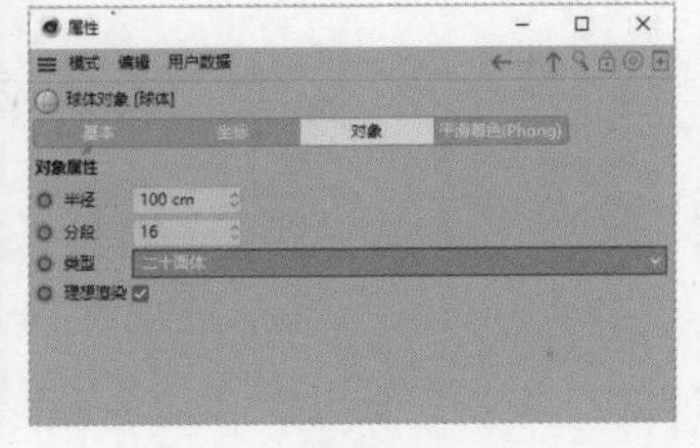

图2-90

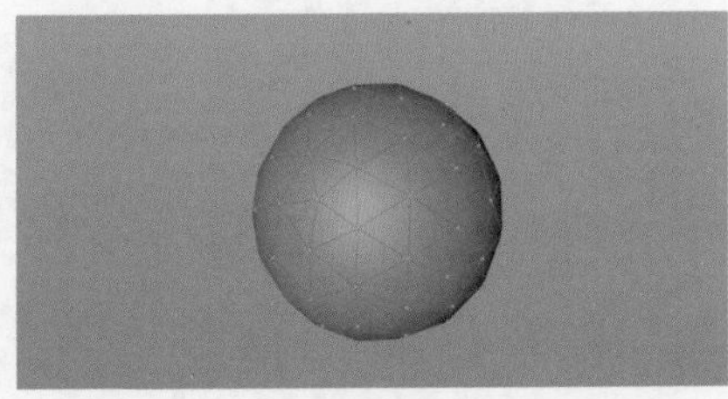

图2-91

02 执行“网格>创建工具>挤压”菜单命令，在“属性”面板中设置“偏移”为25cm、“斜角”为15cm，然后勾选“创建N-gons”复选框，如图2-92所示。按Enter键，效果如图2-93所示。执行“网格>创建工具>挤压”菜单命令，在“属性”面板中设置“偏移”为30cm、“斜角”为15cm，然后勾选“创建N-gons”复选框，如图2-94所示。按Enter键，效果如图2-95所示。

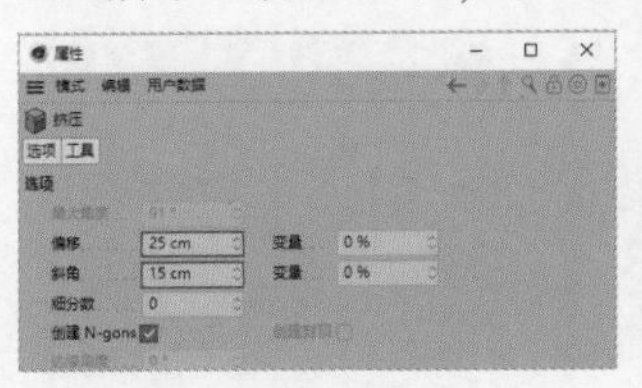

图2-92

图2-93

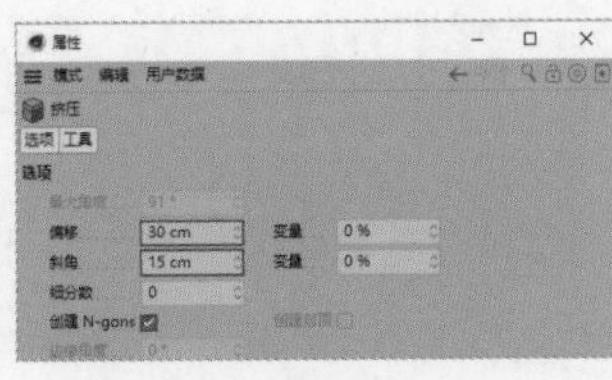

图2-94

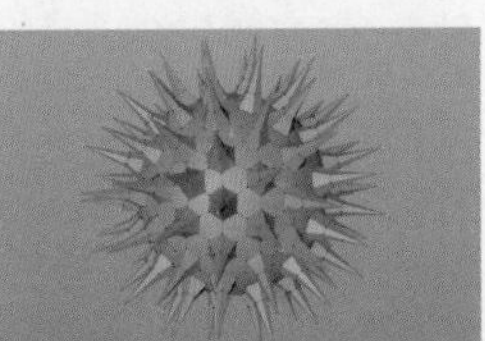

图2-95

03 选择“边”工具，执行“选择>全选”菜单命令，然后执行“网格>创建工具>倒角”菜单命令，在“属性”面板中设置“偏移”为2cm、“细分”为3，接着勾选“限制”复选框并按Enter键，效果如图2-96所示。

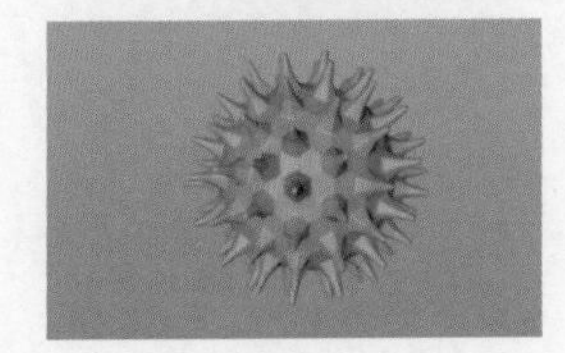

图2-96

2.4 常用机械模型

通过对上述案例的学习，读者对Cinema 4D的多面体造型工具及方法有了一定的了解，下面介绍常用的机械模型。

实战：哨塔

场景位置	场景文件>CH02>实战：哨塔
实例位置	实例文件>CH02>实战：哨塔
难易程度	★★☆☆☆
学习目标	掌握“循环/路径切割”菜单命令的使用方法

哨塔模型的效果如图2-97所示，制作分析如下。

第1点：使用“挤压”菜单命令时不要直接在“属性”面板中修改参数，可以在确认图形效果后再调整参数。

第2点：使用“循环/路径切割”菜单命令时先划定范围，避免误操作。

图2-97

01 创建一个圆柱体，将其重命名为“主体”。在“属性”面板中设置“高度”为600cm、“旋转分段”为32，如图2-98所示。效果如图2-99所示。创建一个圆锥体，将其重命名为“塔顶”，然后在“属性”面板中设置“高度”为95cm、“旋转分段”为32，如图2-100所示。接着将圆锥体沿着*y*轴（绿色）向上拖曳335cm左右，如图2-101所示。

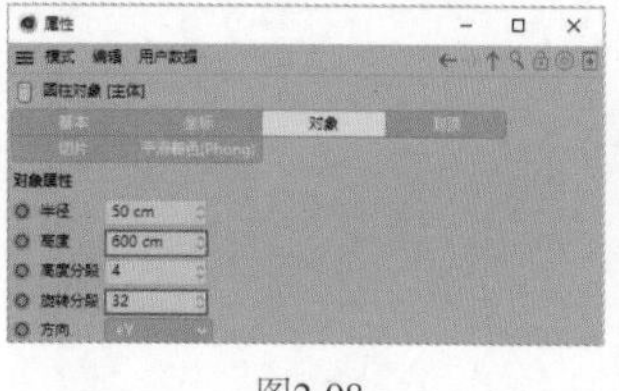
图2-98

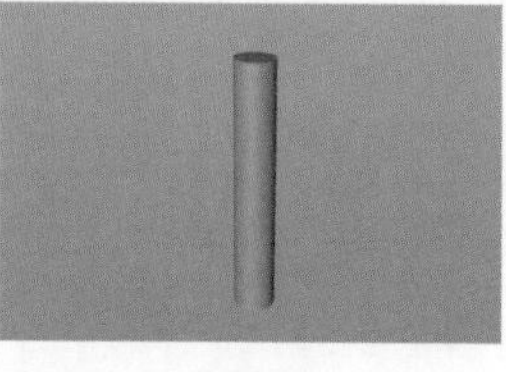
图2-99

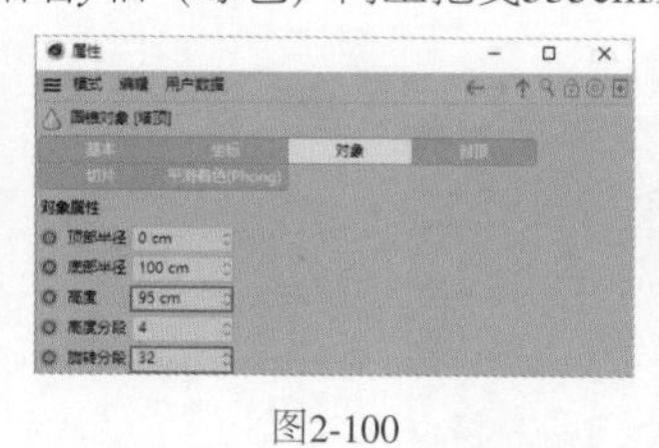
图2-100

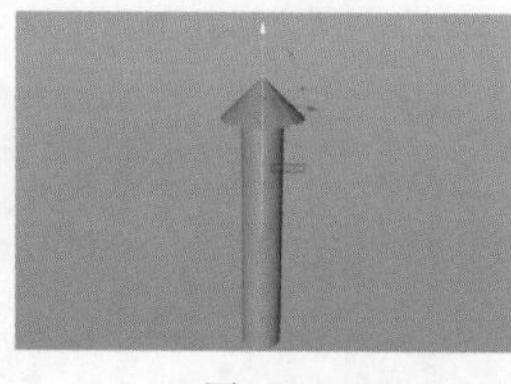
图2-101

02 新建一个圆柱体，将其重命名为“地板”，在“属性”面板中设置“半径”为100cm、“高度”为2cm、“高度分段”为1、“旋转分段”为32，如图2-102所示。

03 选择“主体”对象，执行“网格>转换>转为可编辑对象”菜单命令，然后在“视图”面板中执行“显示>光影着色（线条）”菜单命令。此时模型效果如图2-103所示。

04 选择“边”工具，将视图调整至图2-104所示的角度。执行“网格>创建工具>循环/路径切割”菜单命令，单击可视模型的中间位置，然后拖曳比例滑块至70%左右，如图2-105所示。

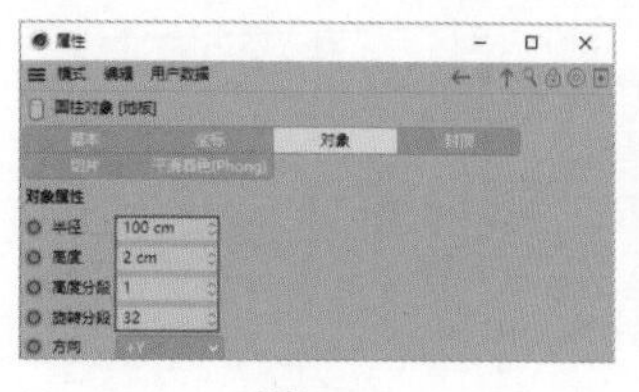
图2-102

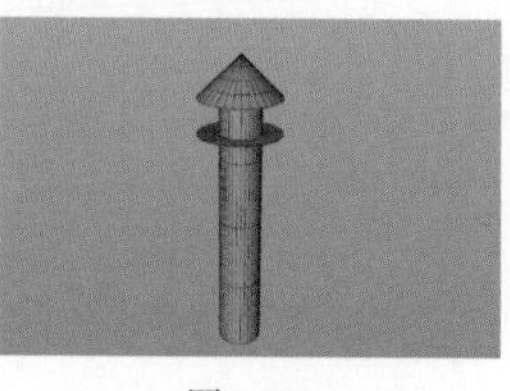
图2-103

图2-104

图2-105

05 单击“地板”模型遮挡的位置，拖曳比例滑块至54%左右，如图2-106所示。通过以上操作，确定了“门”的上下布线范围，下面进行面上的“打孔”操作。

图2-106

06 选择“多边形”工具和“实时选择”工具，选择图2-107所示的3个面，执行“编辑>删除”菜单命令。选择“边”工具，选择图2-108所示的边，执行“网格>创建工具>挤压”菜单命令。移动模型调整角度，或在“属性”面板中设置“偏移”为3cm并按Enter键，如图2-109所示。

图2-107

图2-108

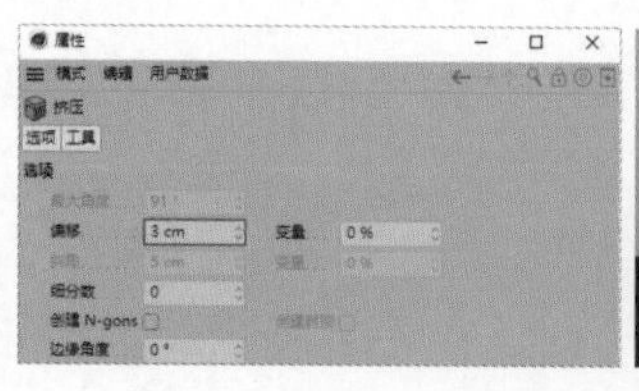

图2-109

07 选择“多边形”工具和“实时选择”工具，选择图2-110所示的面，执行“网格>创建工具>挤压”菜单命令。移动模型调整角度，或在“属性”面板中设置“偏移”为4cm并按Enter键，如图2-111所示。

图2-110

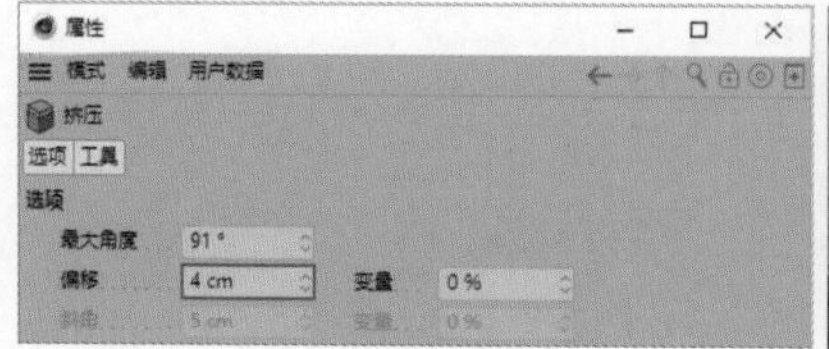

图2-111

08 选择“地板”对象，执行“编辑>复制”和“编辑>粘贴”菜单命令。此时新增一个“地板.1”对象，在“属性”面板中设置“高度”为35cm，如图2-112所示。将“地板.1”对象沿着y轴（绿色）向上拖曳16.5cm左右，使其刚好与“地板”对象的底部重合，效果如图2-113所示。

09 选择“地板.1”对象，执行“网格>转换>转为可编辑对象”菜单命令。选择“多边形”工具和“实时选择”工具，然后执行“选择>循环选择”菜单命令，选中模型表面的环形部分，如图2-114所示。执行“网格>分裂”菜单命令，选择“模型”工具，然后选择“地板”对象，执行“编辑>删除”菜单命令，接着将“地板.1”对象重命名为“护栏”。效果如图2-115所示。

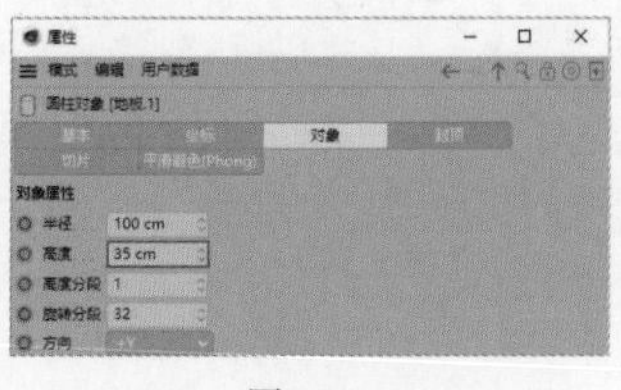
图2-112

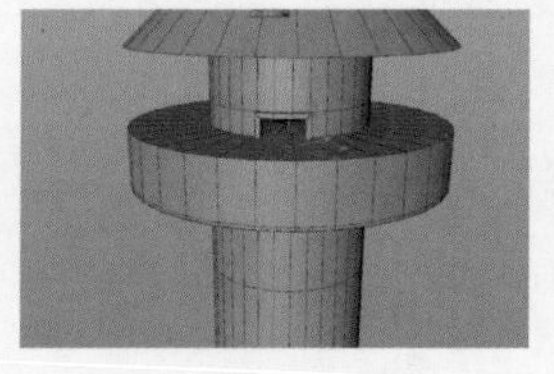
图2-113

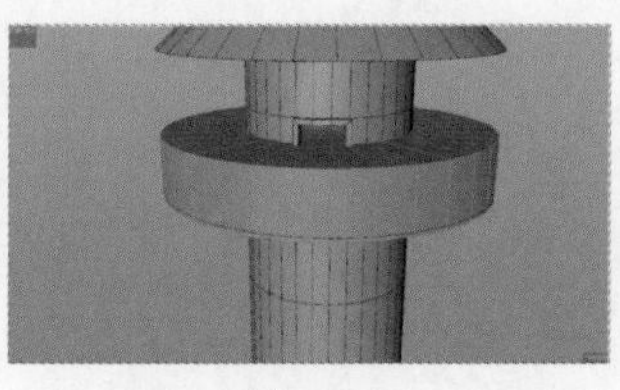
图2-114

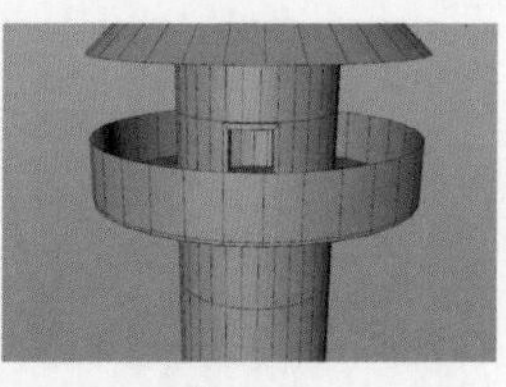
图2-115

10 处理细节部分。选择“护栏”对象，选择“多边形”工具，然后执行“选择>全选”和“网格>创建工具>内部挤压”菜单命令；接着在“属性”面板中取消勾选“保持群组”复选框；移动模型调整角度，或在“属性”面板中设置“偏移”为1cm并按Enter键，如图2-116所示；最后执行“编辑>删除”菜单命令，完成护栏部分。最终哨塔的效果如图2-117所示。

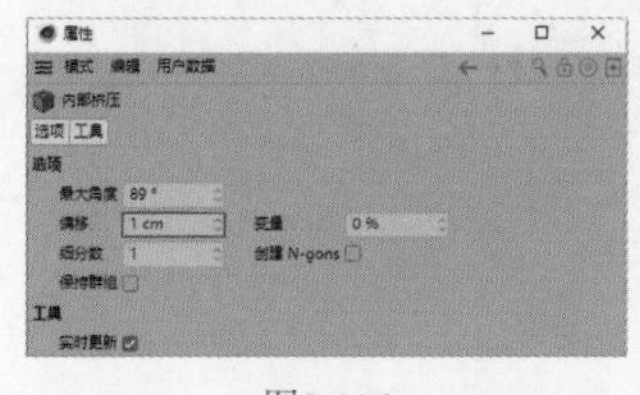
图2-116

图2-117

实战：平衡车

场景位置	场景文件>CH02>实战：平衡车
实例位置	实例文件>CH02>实战：平衡车
难易程度	★★★☆☆
学习目标	掌握“圆角”复选框的使用方法

平衡车模型的效果如图2-118所示，制作分析如下。

第1点：在建模时，尽量在模型的初始坐标处进行制作。

第2点：使用立方体的“圆角”属性同样也能制作倒角效果。

第3点：在使用“框选”工具选择顶点时可以穿过模型进行选择。

01 创建一个立方体，将其重命名为“车身”，在“属性”面板中设置“尺寸.X”为420cm、“尺寸.Y”为60cm、“分段X”为3，如图2-119所示。效果如图2-120所示。

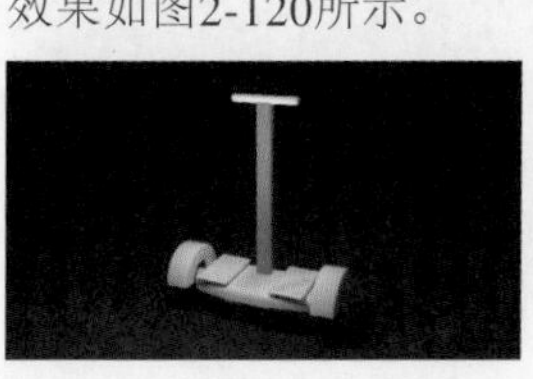
图2-118

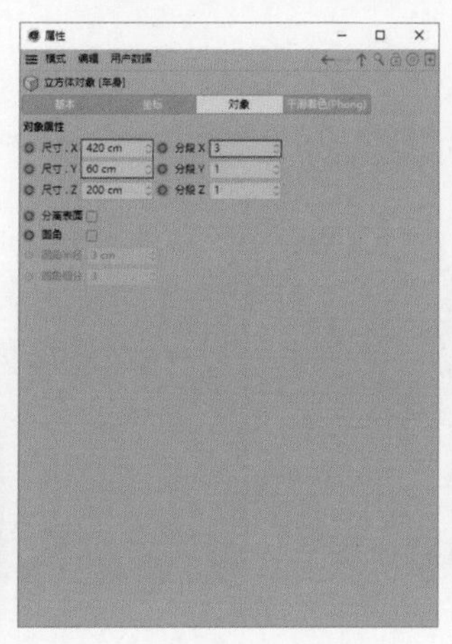
图2-119

图2-120

02 创建一个立方体，将其重命名为“扶杆”，在“属性”面板中设置“尺寸.X”为55cm、“尺寸.Y”为600cm、“尺寸.Z”为30cm，然后设置P.Y为300cm、P.Z为50cm，如图2-121所示。效果如图2-122所示。

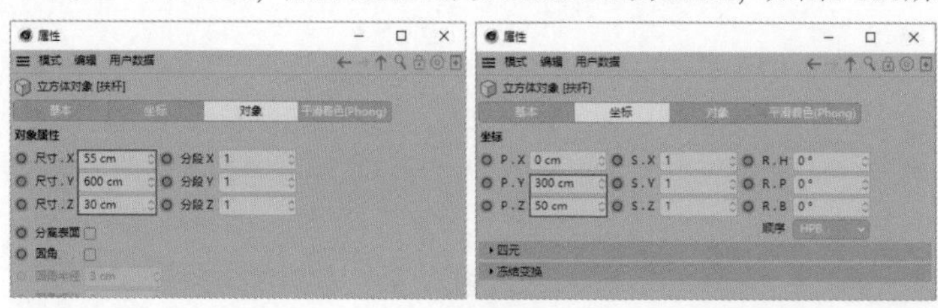

图2-121

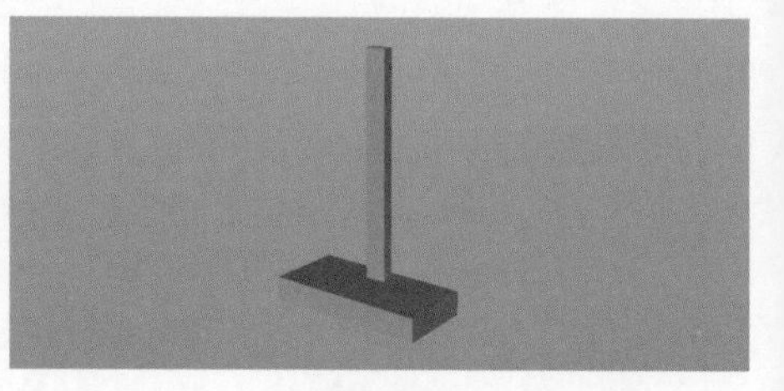

图2-122

03 选择“扶杆”对象，执行“编辑>复制”和“编辑>粘贴”菜单命令，然后将“扶杆.1”对象重命名为“扶手”。选择“扶手”对象，在“属性”面板中设置“尺寸.X”为225cm、“尺寸.Y”为25cm，然后设置P.Y为600cm，如图2-123所示。模型效果如图2-124所示。

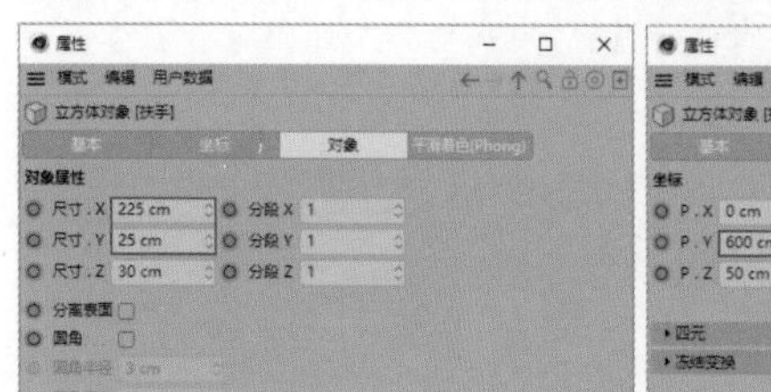

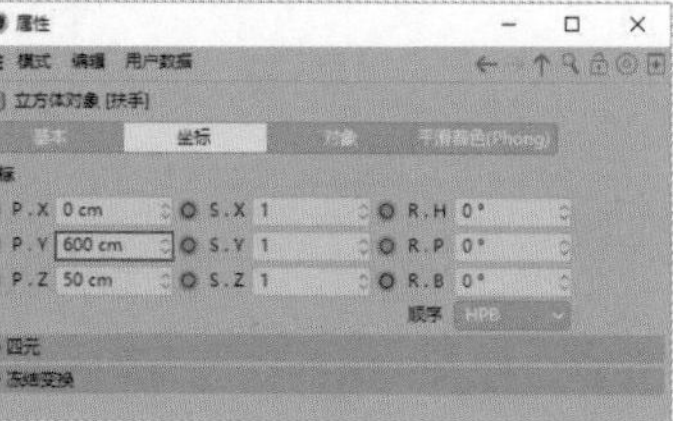

图2-123

图2-124

04 选择“车身”对象，执行“网格>转换>转为可编辑对象”菜单命令。选择“点”工具，然后执行“选择>框选”菜单命令。在“视图”面板中执行“显示>线条”菜单命令，此时模型效果如图2-125所示。选择“框选”工具，按住Shift键并框选图2-126所示的8个顶点。

05 保持当前选择，执行“工具>缩放”菜单命令，将选择的顶点沿着z轴（蓝色）方向拖曳70%左右，如图2-127所示。

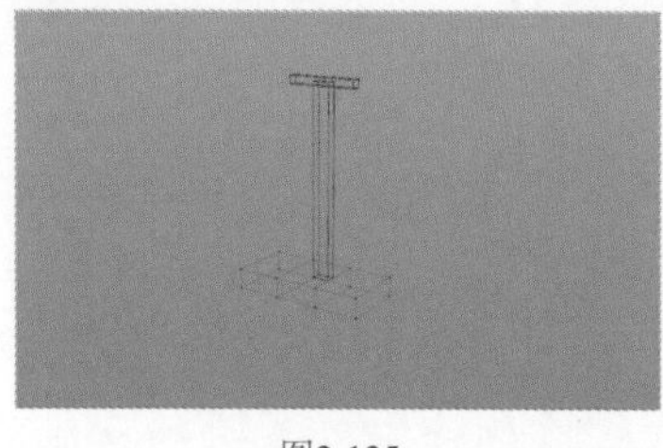

图2-125

图2-126

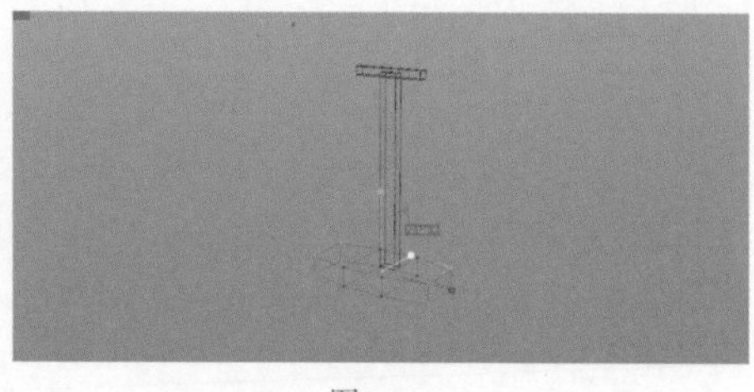

图2-127

06 在“视图”面板中执行“显示>光影着色（线条）”菜单命令，选择“边”工具，然后执行“选择>全选”菜单命令，选中车身的所有边。执行“网格>创建工具>倒角”菜单命令，在“属性”面板中设置“偏移”为20cm、“细分”为4，勾选“限制”复选框，如图2-128所示。同时选择“扶杆”“扶手”对象，在“属性”面板中勾选“圆角”复选框，然后设置“圆角半径”为10cm，如图2-129所示。效果如图2-130所示。

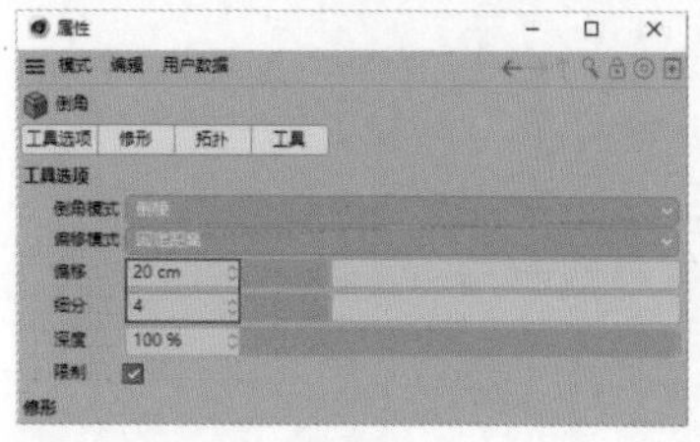

图2-128

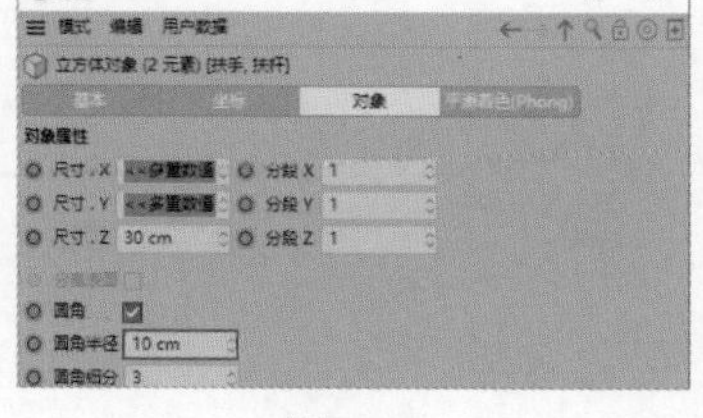

图2-129

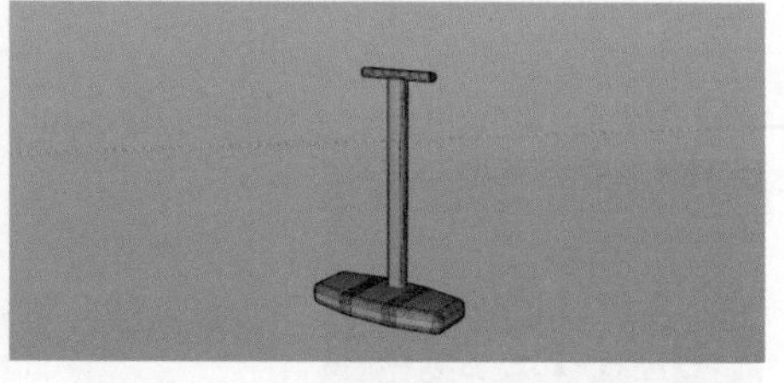

图2-130

07 创建一个圆柱体，将其重命名为“轴承”，在“属性”面板中设置“半径”为25cm、“高度”为600cm，然后设置R.B为90°，如图2-131所示。模型效果如图2-132所示。

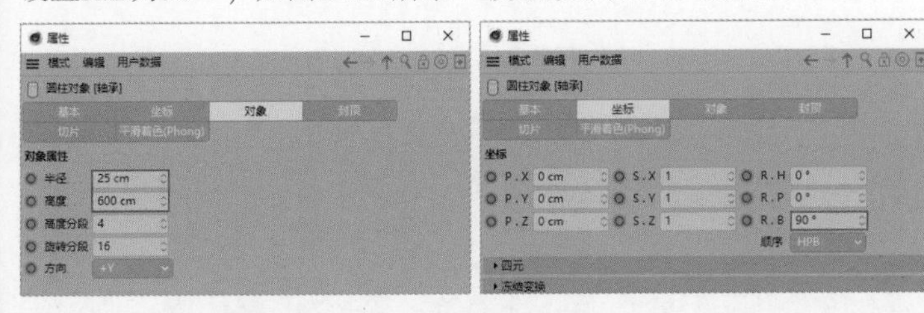

图2-131

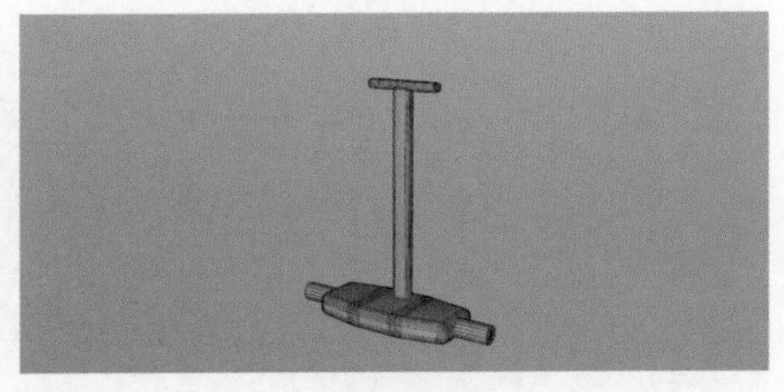

图2-132

08 创建一个圆柱体，将其重命名为“轮子”，在“属性”面板中设置“半径”为100cm、“高度”为50cm、“高度分段”为1、“旋转分段”为32，然后勾选“圆角”复选框，设置“半径”为10cm，接着设置P.X为255cm、R.B为90°，如图2-133所示。模型效果如图2-134所示。

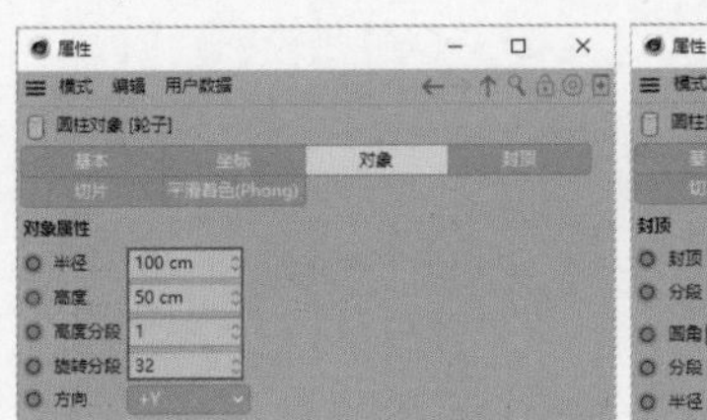

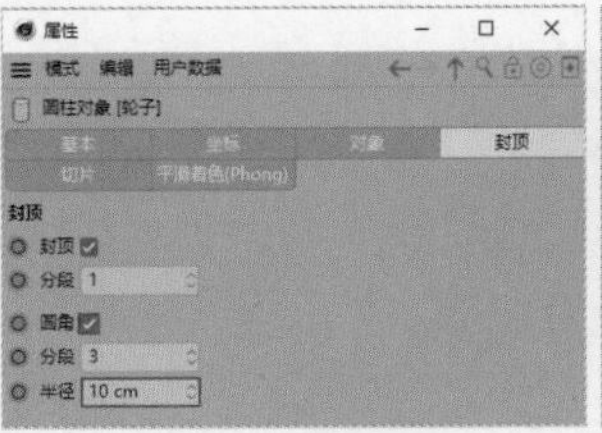

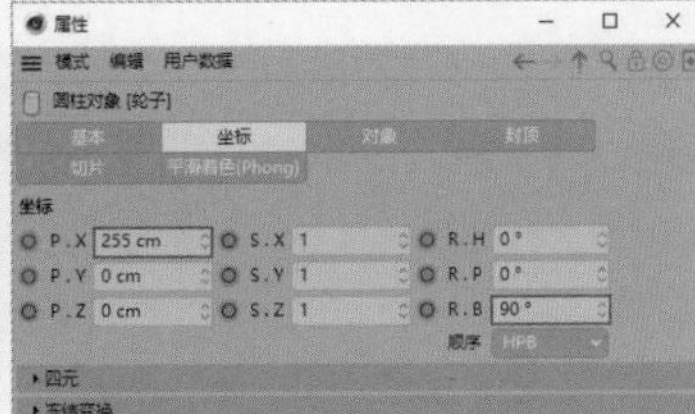

图2-133

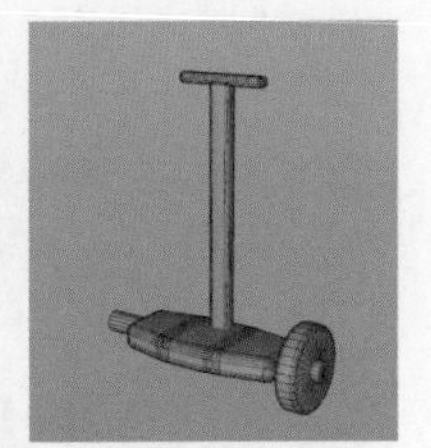

图2-134

09 执行“创建>对象>管道”菜单命令，创建一个管道对象，将其重命名为“盖子”。在“属性”面板中的“对象”选项卡中设置“外部半径”为110cm、“旋转分段”为32、“高度”为80cm、“高度分段”为1，如图2-135所示；在“切片”选项卡中勾选“切片”复选框，然后在“坐标”选项卡中设置P.X为255cm、R.P和R.B均为90°，如图2-136所示。模型效果如图2-137所示。

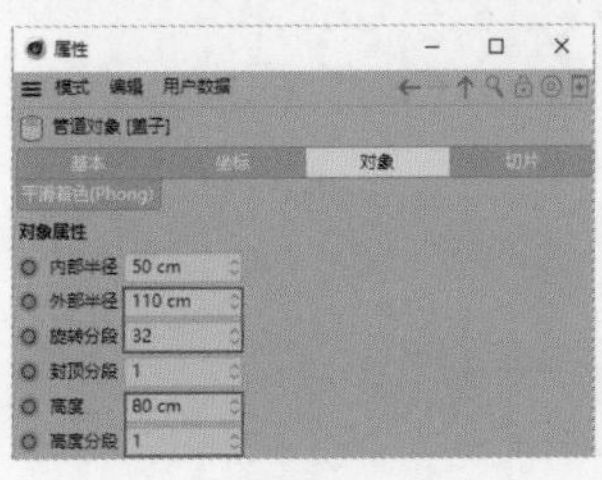

图2-135

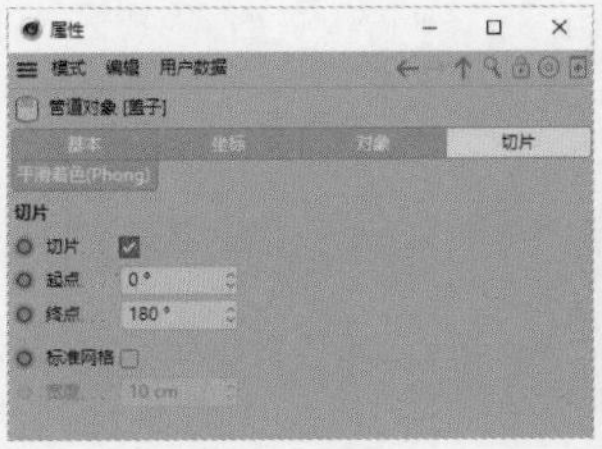

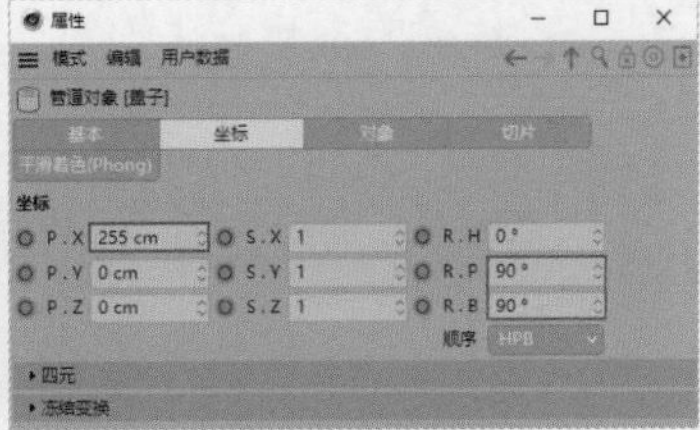

图2-136

图2-137

10 选择“盖子”“轮子”对象，执行“编辑>复制”和“编辑>粘贴”菜单命令，选择新增的“盖子”和“轮子”对象，在“属性”面板中设置P.X为-255cm，如图2-138所示。模型效果如图2-139所示。执行“创建>对象>空白”菜单命令，将“空白”对象重命名为“车轮组件”，移动两组“盖子”“轮子”对象至“车轮组件”对象内，如图2-140所示。

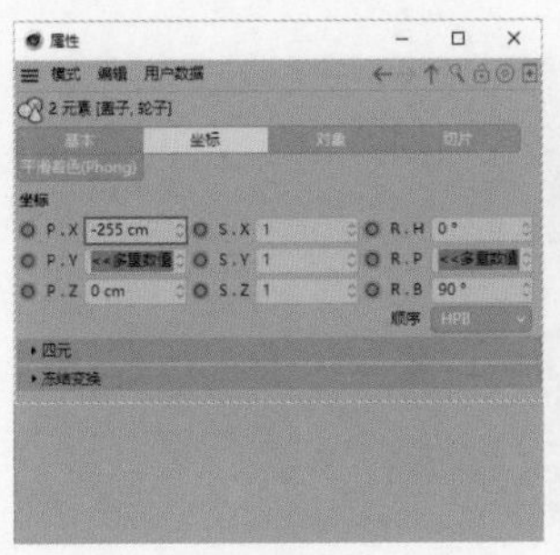

图2-138

图2-139

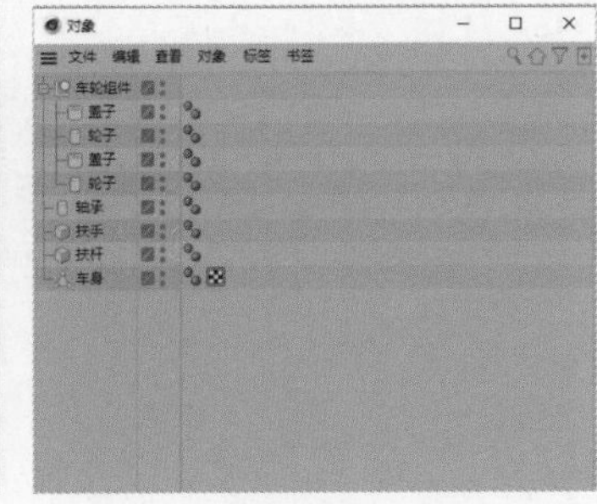

图2-140

11 创建一个立方体，将其重命名为“踏板”。选择“踏板”对象，在“属性”面板中设置P.X为130cm、P.Y为40cm，然后设置“尺寸.X”为115cm、“尺寸.Y”为15cm、“分段X”为9，接着勾选“圆角”复选框并设置“圆角半径”为7.5cm，如图2-141所示。效果如图2-142所示。

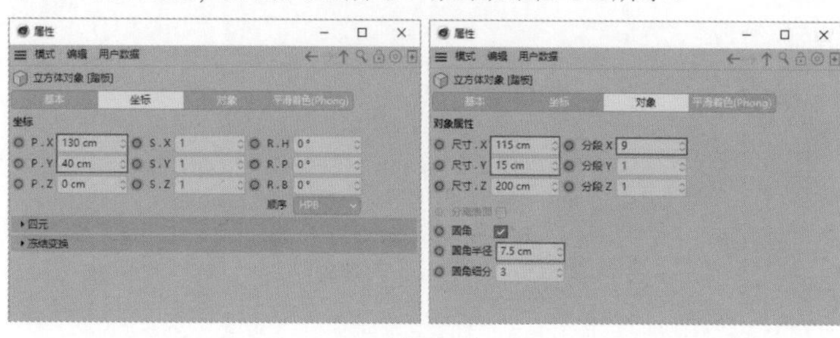

图2-141

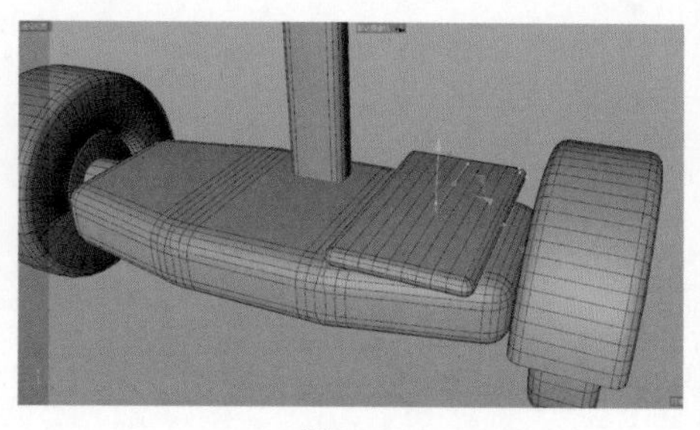

图2-142

12 执行“网格>转换>转为可编辑对象”菜单命令，选择“多边形”工具和“实时选择”工具，然后选择图2-143所示的面。执行“网格>创建工具>内部挤压”菜单命令，然后在“属性”面板中取消勾选“保持群组”复选框；接着设置“偏移”为3cm并按Enter键，如图2-144所示。

13 执行“网格>创建工具>挤压”菜单命令，在“属性”面板中设置“偏移”为-3cm并按Enter键，如图2-145所示。模型效果如图2-146所示。选择“模型”工具，执行“编辑>复制”和“编辑>粘贴”菜单命令，然后选择“踏板.1”对象，在“属性”面板中设置P.X为-130cm，如图2-147所示。

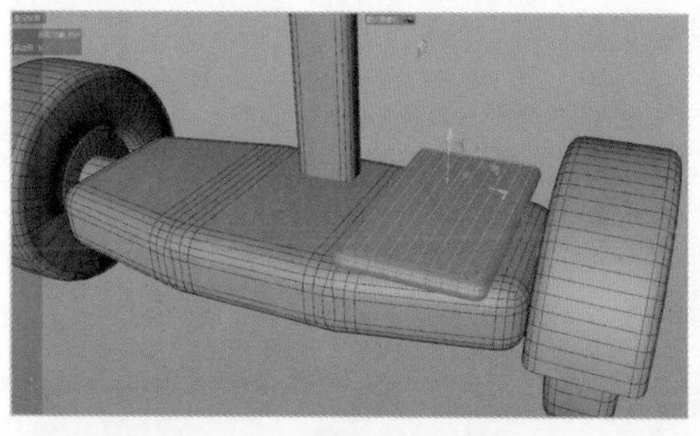

图2-143

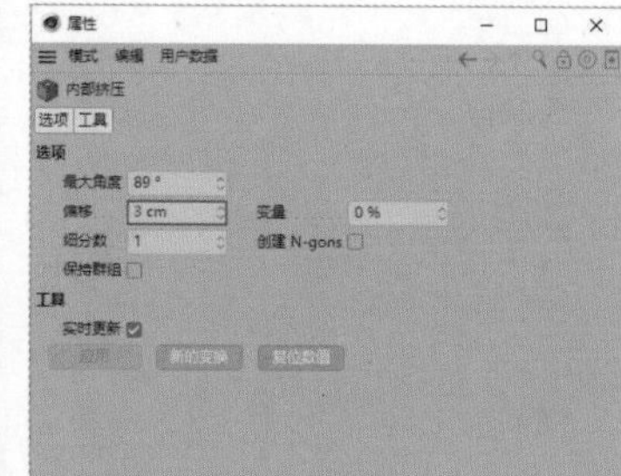

图2-144

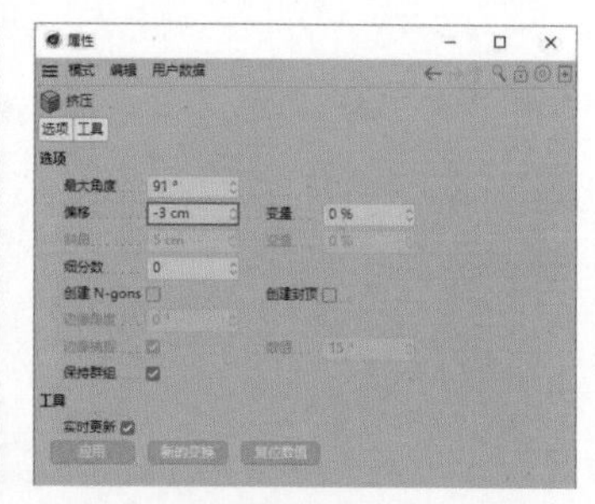

图2-145

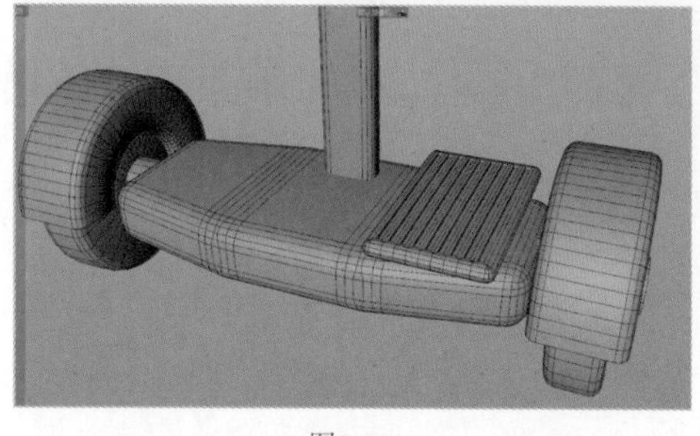

图2-146

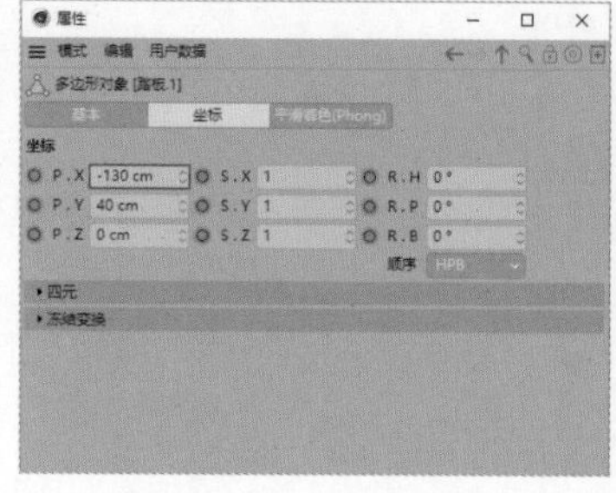

图2-147

14 执行“创建>对象>空白”菜单命令，创建一个空白对象，将其重命名为“踏板组件”。移动“踏板”“踏板.1”对象至“踏板组件”对象内，如图2-148所示。在“视图”面板中执行“显示>光影着色”菜单命令，最终模型效果如图2-149所示。

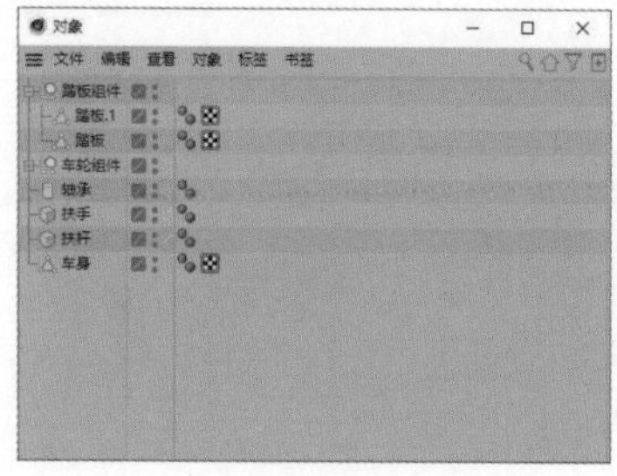

图2-148

图2-149

实战：足球

场景位置	场景文件 > CH02 > 实战：足球
实例位置	实例文件 > CH02 > 实战：足球
难易程度	★★☆☆☆
学习目标	掌握“沿法线缩放”菜单命令的使用方法

足球模型的效果如图2-150所示，制作分析如下。

第1点：“轮廓选择”菜单命令的作用是选择所选面中的所有线。

第2点：“沿法线缩放”菜单命令的作用是让挤压出的面具有一定的弧度；缩放的次数越多，球面越圆润。

图2-150

实战：机械核心

场景位置	场景文件 > CH02 > 实战：机械核心
实例位置	实例文件 > CH02 > 实战：机械核心
难易程度	★★☆☆☆
学习目标	掌握“圆环分段”参数的使用方法

机械核心模型的效果如图2-151所示，制作分析如下。

第1点：在设置圆环体、圆柱体的“圆环分段”参数时，参数值不同，生成的圆环体和圆柱体的形状就不同。

第2点：在处理模型细节时常使用“倒角”菜单命令，这样除了能让模型看起来更细腻，还能在渲染时增强高光的反射，提升模型整体的质感。

图2-151

2.5 常用生物模型

随着5G技术的出现，集成电路、神经突触、粒子等词语越来越常见，下面介绍常用的生物模型。

实战：红细胞

场景位置	场景文件 > CH02 > 实战：红细胞
实例位置	实例文件 > CH02 > 实战：红细胞
难易程度	★★☆☆☆
学习目标	掌握“挤压”菜单命令的使用方法

红细胞模型的效果如图2-152所示，制作分析如下。

第1点：设置圆柱体的“高度分段”参数值为1，可以加快模型计算的速度。

第2点：在制作多个相同面的挤压效果时，可以进行批量挤压。

图2-152

01 创建一个圆柱体，在“属性”面板中的“对象”选项卡中设置“半径”为150cm、“高度”为80cm、“高度分段”为1、“旋转分段”为32，如图2-153所示；在“封顶”选项卡中设置“分段”为5，如图2-154所示。效果如图2-155所示。

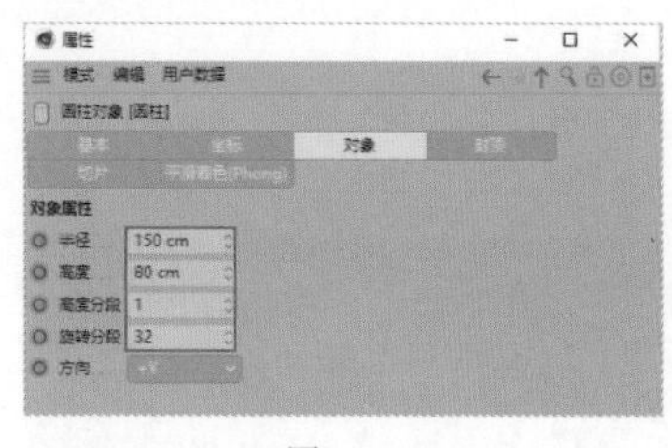

图2-153

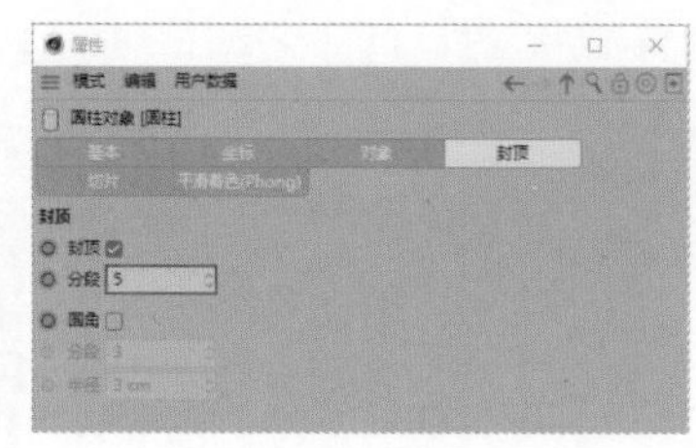

图2-154

图2-155

02 执行“网格＞转换＞转为可编辑对象”菜单命令，选择“多边形”工具和“实时选择”工具，然后执行“选择＞循环选择”菜单命令，选择图2-156所示模型的顶部和底部的面。

03 保持当前选择不变，执行“网格＞创建工具＞挤压”菜单命令，然后在“属性”面板中设置“偏移”为-20cm，接着勾选“创建N-gons”复选框并按Enter键，如图2-157所示。此时模型的顶部和底部同时向内凹陷20cm，效果如图2-158所示。

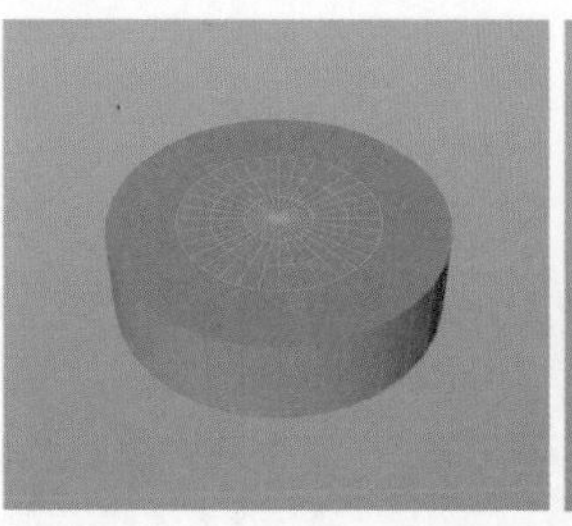
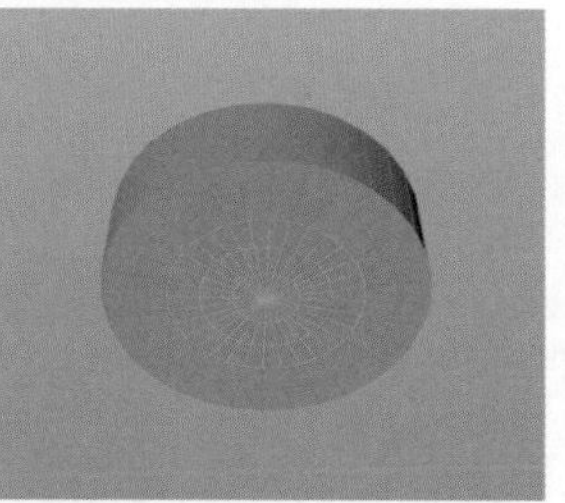

图2-156

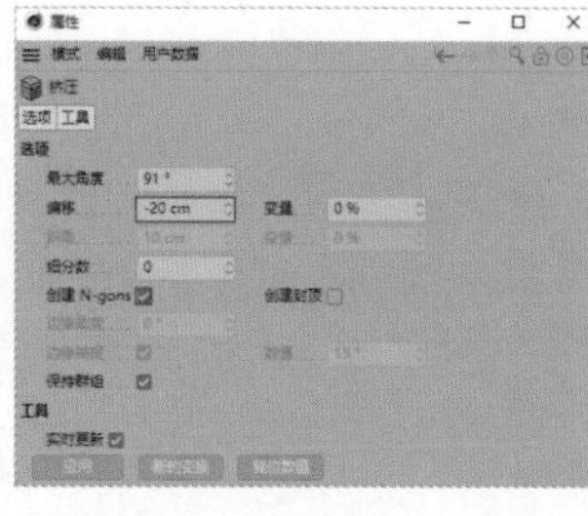

图2-157

图2-158

04 选择“边”工具，执行“选择＞循环选择”菜单命令，选择图2-159所示的模型顶部和底部的边（共6条）。执行“网格＞创建工具＞倒角”菜单命令，在“属性”面板中设置“偏移”为25cm、“细分”为5，然后勾选“限制”复选框并按Enter键，如图2-160所示。效果如图2-161所示。

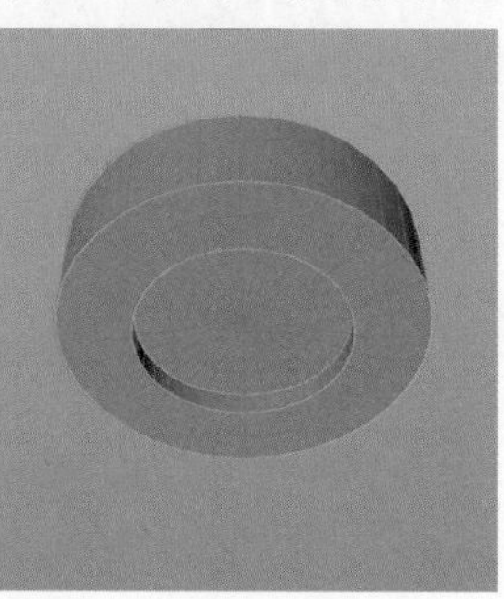

图2-159

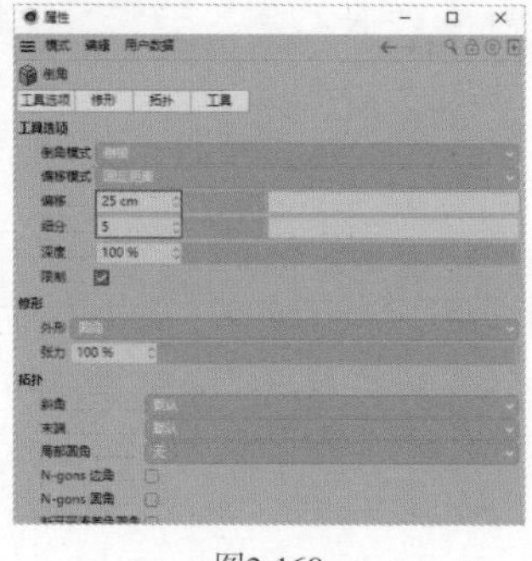

图2-160

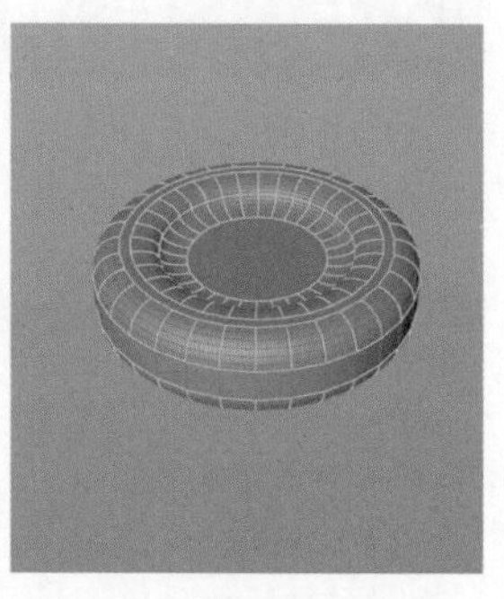

图2-161

05 选择“多边形”工具和“实时选择”工具，然后执行“选择＞全选”和“网格＞命令＞阵列”菜单命令，接着在“属性”面板的“选项”选项卡中设置“移动变量”为（800cm,800cm,1200cm）、“缩放变量”为（50%,50%,50%）、“旋转变量”为（0°,180°,90°），如图2-162所示。最终的模型效果如图2-163所示。

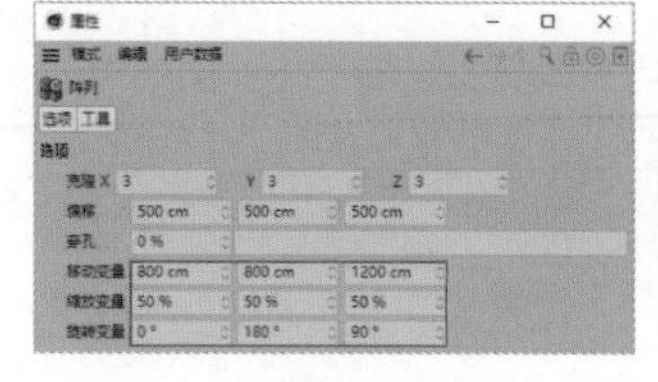

图2-162

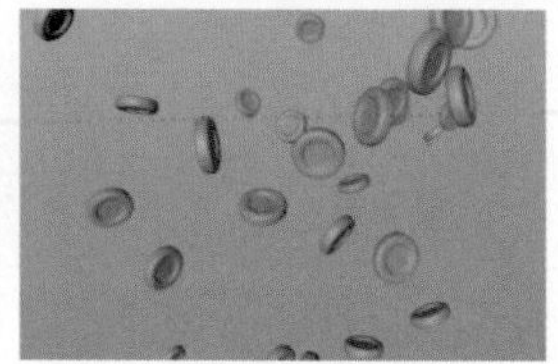

图2-163

实战：神经突触

场景位置	场景文件 > CH02 > 实战：神经突触
实例位置	实例文件 > CH02 > 实战：神经突触
难易程度	★☆☆☆☆
学习目标	掌握“创建N-gons”复选框的使用方法

神经突触模型的效果如图2-164所示，制作分析如下。

第1点：在进行挤压时，勾选“创建N-gons”复选框有助于规整模型的布线。

第2点：因为触须模型太细小，在进行倒角操作时容易穿模，所以只需框选触须模型以外的部分进行操作即可。

01 执行“创建>对象>宝石”菜单命令，创建一个宝石模型，然后执行“网格>转换>转为可编辑对象”菜单命令，选择“点”工具，接着执行“选择>全选”菜单命令，选中模型的所有顶点，如图2-165所示。

02 执行“网格>创建工具>挤压”菜单命令，然后在“属性”面板中设置“偏移”为35cm、“斜角”为40cm，接着勾选“创建N-gons”复选框并按Enter键，如图2-166所示。效果如图2-167所示。

图2-164

图2-165

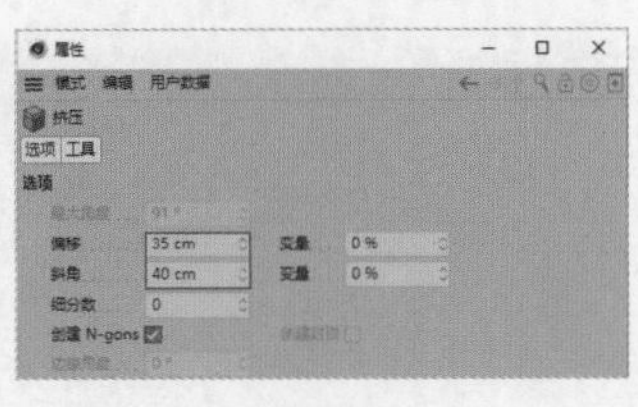

图2-166

图2-167

03 重复上述操作4次，分别在“属性”面板中设置“偏移”为30cm、20cm、150cm和5000cm，其余设置保持不变，然后按Enter键，图2-168～图2-171所示是相应的模型效果。

图2-168

图2-169

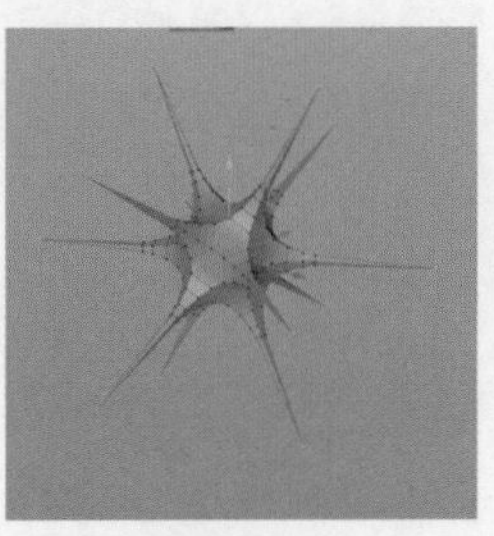

图2-170

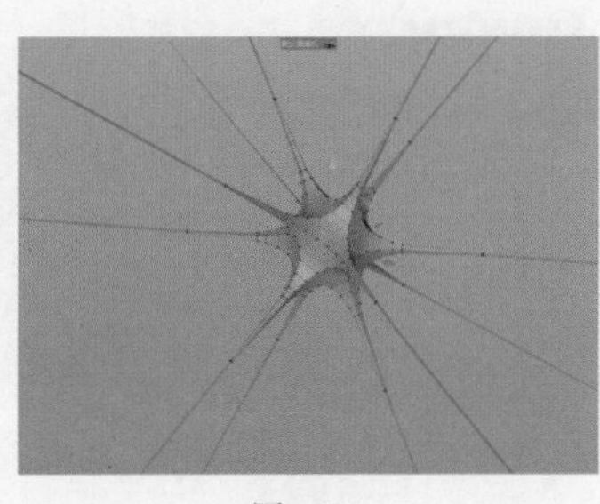

图2-171

04 选择“边”工具，执行“选择>框选”菜单命令，框选图2-172所示的模型。执行“网格>创建工具>倒角”菜单命令，在“属性”面板中设置“偏移”为8cm、“细分”为4，然后勾选“限制”复选框并按Enter键，如图2-173所示。最终模型效果如图2-174所示。

图2-172

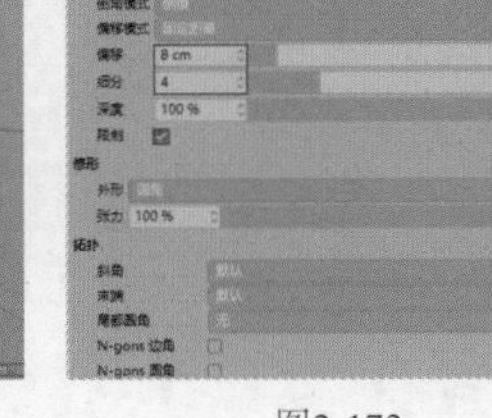

图2-173

图2-174

实战：小蘑菇

场景位置	场景文件 > CH02 > 实战：小蘑菇
实例位置	实例文件 > CH02 > 实战：小蘑菇
难易程度	★★☆☆☆
学习目标	掌握“扫描”生成器的使用方法

小蘑菇模型的效果如图2-175所示，制作分析如下。

第1点：使用“挤压”菜单命令时勾选“限制”复选框，可以有效阻止挤压穿模。

第2点：“扫描”生成器对象的子级顺序是引导线在下，扫描形态在上。

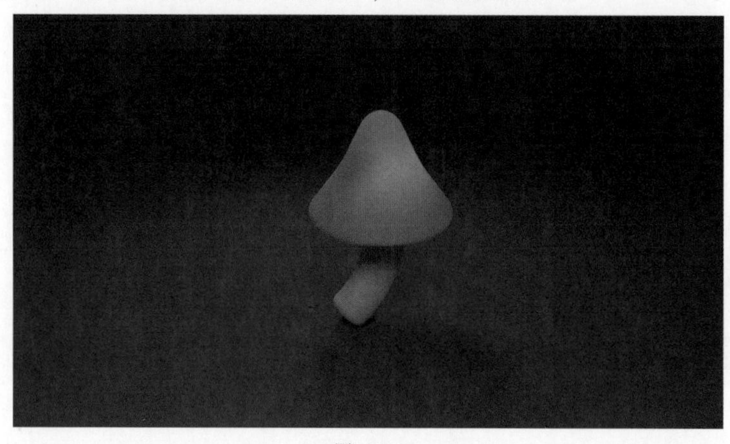

图2-175

实战：病毒

场景位置	场景文件 > CH02 > 实战：病毒
实例位置	实例文件 > CH02 > 实战：病毒
难易程度	★★★☆☆
学习目标	掌握“挤压”菜单命令的使用方法

病毒模型的效果如图2-176所示，制作分析如下。

第1点：在全选球体的所有面后，挤压出的新面不会被选中。

第2点：收缩选区时,Cinema 4D会沿着布线对相邻的一个点、面、线进行退阶选择。

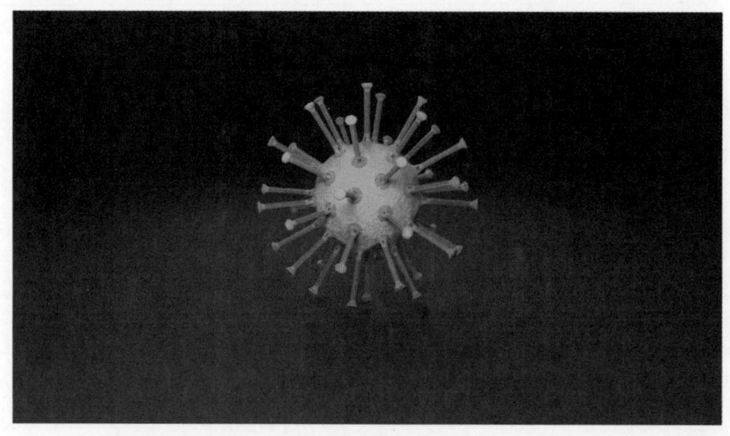

图2-176

第3章 Cinema 4D的造型应用

本章主要介绍Cinema 4D中的生成器、变形器等造型工具，使用这些造型工具能够制作出丰富的造型。通过对本章的学习，读者可以制作出大部分的动效素材模型。

3.1 生成器：细分曲面、减面

“细分曲面”菜单命令可用于重新计算和分配模型的布线，优化模型，会使面增多。“减面”菜单命令则与它相反，会使面减少。

实战：创意镂空球体

场景位置	场景文件＞CH03＞实战：创意镂空球体
实例位置	实例文件＞CH03＞实战：创意镂空球体
难易程度	★☆☆☆☆
学习目标	掌握“减面”和“细分曲面”菜单命令的使用方法

镂空球体模型的效果如图3-1所示，制作分析如下。

第1点：模型的极点越多，镂空面积就越小。

第2点：利用“N-gon线”菜单命令可以观察到模型更多的布线细节。

01 创建一个球体，在“属性”面板中设置“分段”为32，然后执行“创建＞造型＞减面”菜单命令，在“对象”面板中移动“球体”对象至“减面”对象内，接着设置“减面强度”为80%，如图3-2所示。选择“光影着色（线条）”模式，此时球体的布线效果如图3-3所示。

图3-1

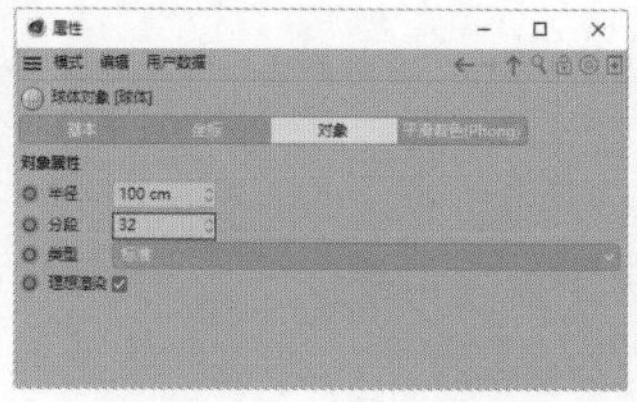

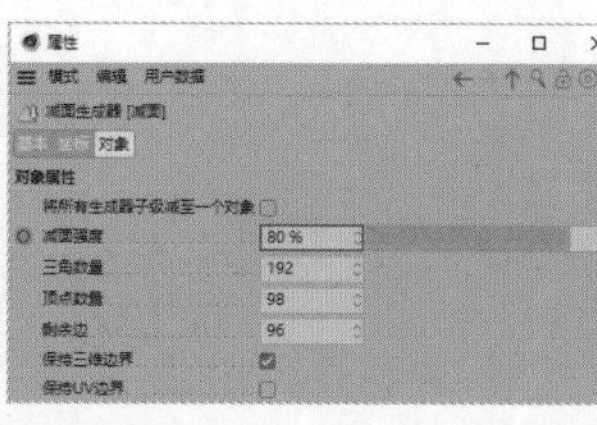

图3-2

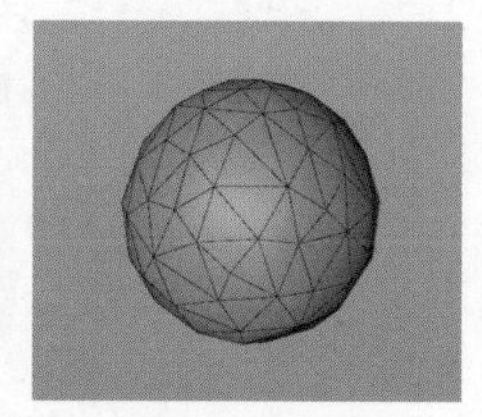

图3-3

02 选择“减面”对象，执行“网格＞转换＞转为可编辑对象”菜单命令，移动“球体”对象至“减面”对象之后，然后删除“减面”对象，如图3-4所示。选择“球体”对象，执行“创建＞生成器＞细分曲面”菜单命令，然后移动“球体”对象至“细分曲面”对象内，如图3-5所示。选择“细分曲面”对象，在“属性”面板中设置“编辑器细分”“渲染器细分”均为1，如图3-6所示。此时球体的布线变成四边形，如图3-7所示。

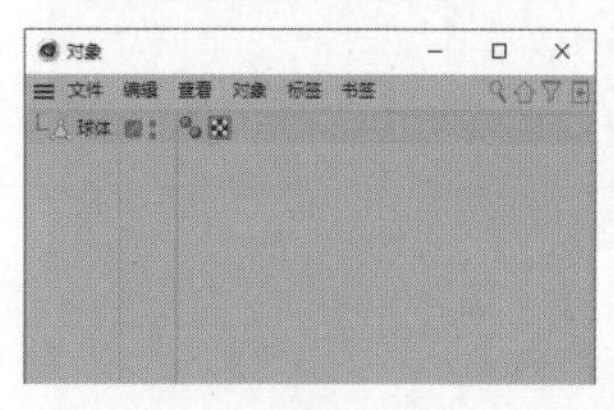

图3-4

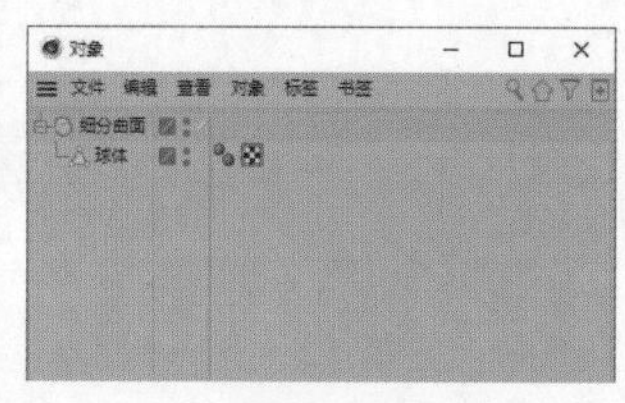

图3-5

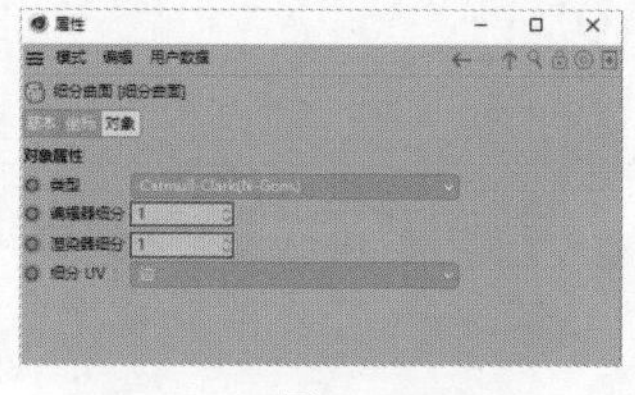

图3-6

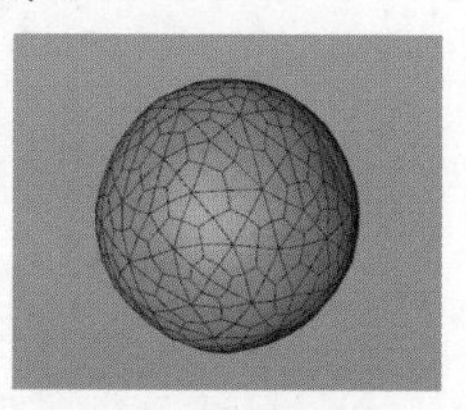

图3-7

03 选择“球体”对象，选择“边”工具和“实时选择”工具，然后执行“选择＞全选”菜单命令，效果如图3-8所示。选择“细分曲面”对象，执行“网格＞转换＞转为可编辑对象”菜单命令，然后执行“网格＞命令＞消除”菜单命令，接着在“视图”面板中执行“过滤＞N-gon线”菜单命令。模型效果如图3-9所示。

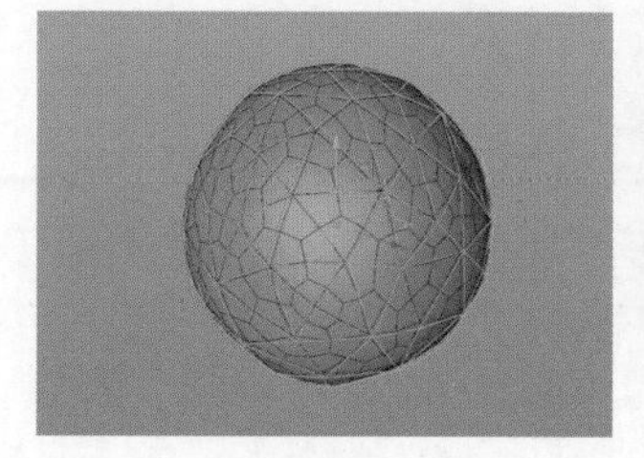

图3-8

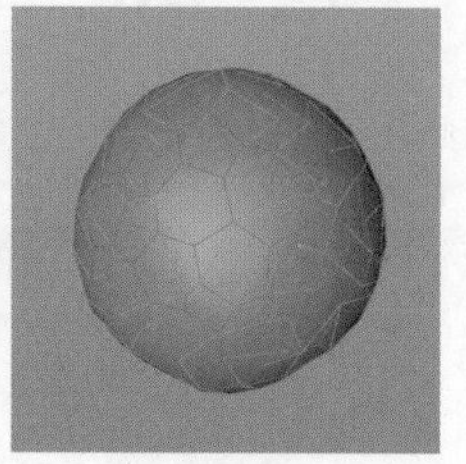

图3-9

04 选择“多边形”工具，执行“选择>全选”菜单命令，选中球体的所有面，如图3-10所示。执行“网格>创建工具>内部挤压”菜单命令，在“属性”面板中设置“偏移”为2cm，然后取消勾选“保持群组”复选框，如图3-11所示。执行“编辑>删除”菜单命令，模型效果如图3-12所示。

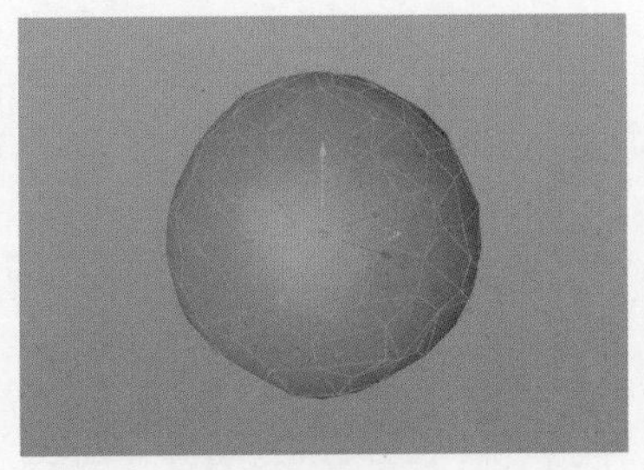

图3-10

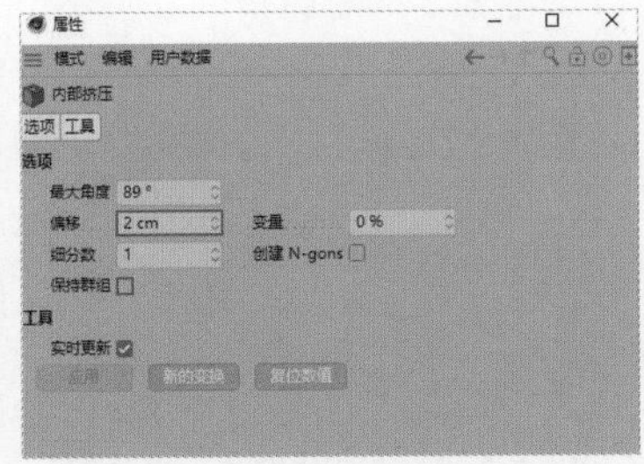

图3-11

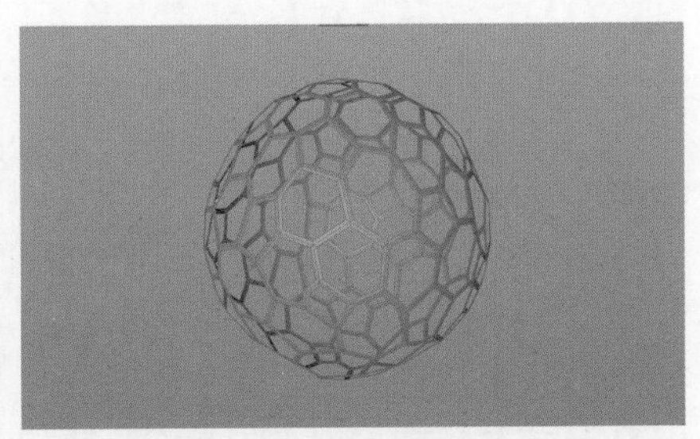

图3-12

05 将“细分曲面”对象重命名为“球体”，然后执行“创建>生成器>细分曲面”菜单命令，移动“球体”对象至“细分曲面”对象内，如图3-13所示。选择“细分曲面”对象，在“属性”面板中设置“编辑器细分”“渲染器细分”均为4，如图3-14所示。最终模型效果如图3-15所示。

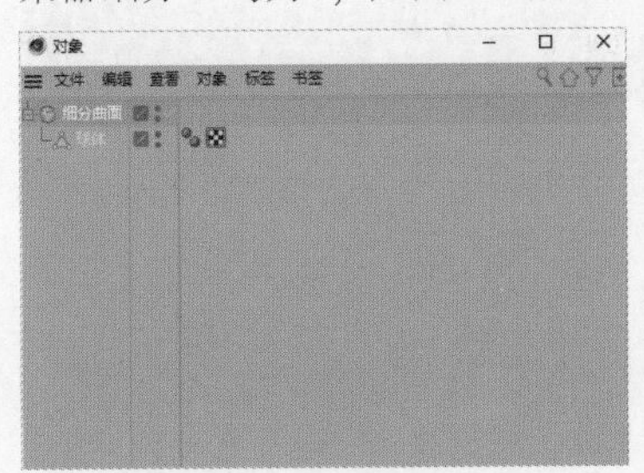

图3-13

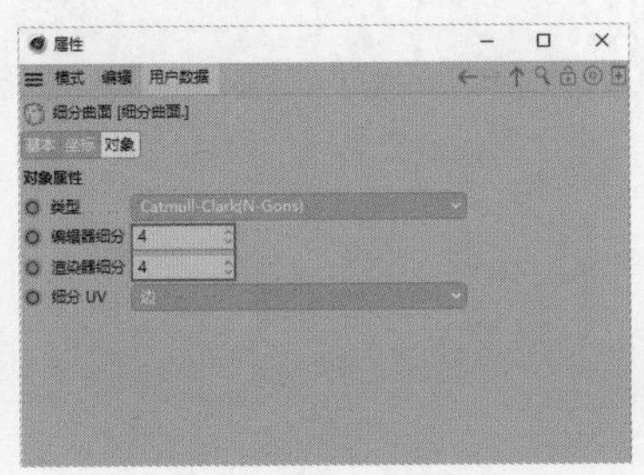

图3-14

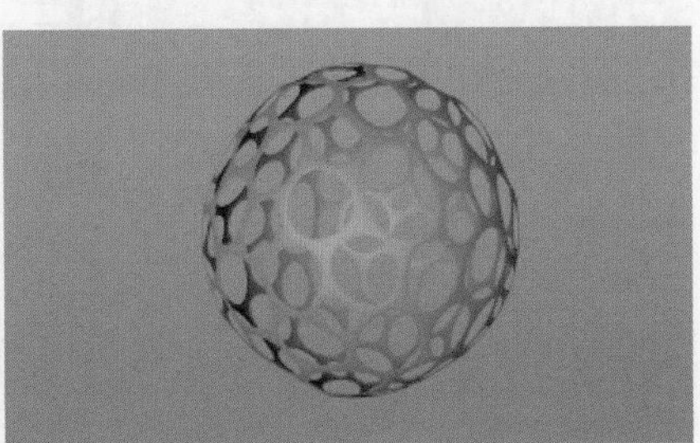

图3-15

实战：低边形切面立方体

场景位置	场景文件>CH03>实战：低边形切面立方体
实例位置	实例文件>CH03>实战：低边形切面立方体
难易程度	★☆☆☆☆
学习目标	掌握“减面”菜单命令的使用方法

低边形切面立方体模型的效果如图3-16所示，制作分析如下。

在使用“减面”菜单命令时，“分段”参数值越大，模型变化也就越大。

01 创建一个立方体，在“属性”面板中设置“分段X”为10、“分段Y”为6、“分段Z”为3，如图3-17所示。执行“网格>转换>转为可编辑对象”菜单命令，模型效果如图3-18所示。

图3-16

图3-17

图3-18

02 执行“创建>造型>减面”菜单命令，移动“立方体”对象至“减面”对象内，然后选择“减面”对象，设置为“光影着色（线条）”模式，效果如图3-19所示。执行“网格>转换>转为可编辑对象”菜单命令，移动“减面”对象至“立方体”对象之后，然后删除“减面”对象，如图3-20所示。

03 选择“立方体”对象，选择“多边形”工具和“实时选择”工具，然后执行“选择>全选”菜单命令。执行“网格>创建工具>倒角”菜单命令，在“属性”面板中设置“偏移”为2cm、“细分”为0，然后取消勾选“保持组”复选框，接着设置“挤出”为2cm，如图3-21所示。最终模型效果如图3-22所示。

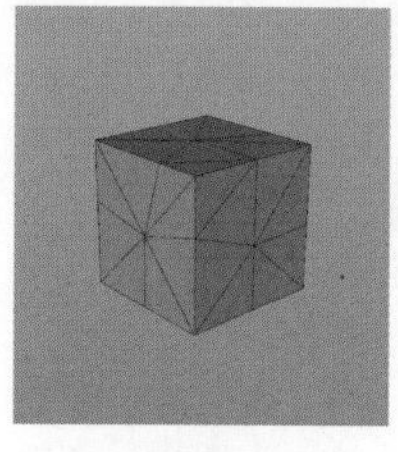

图3-19

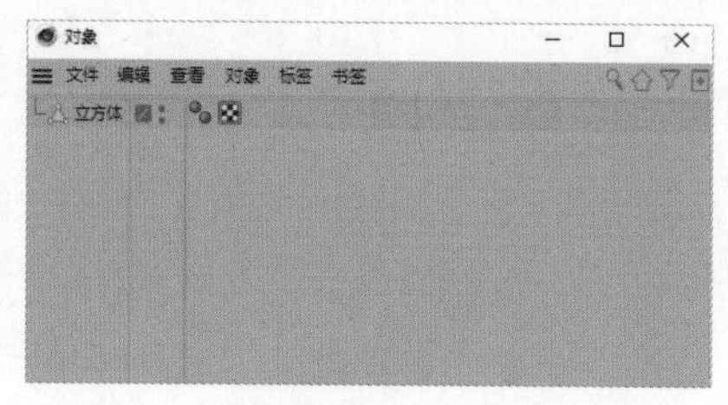

图3-20

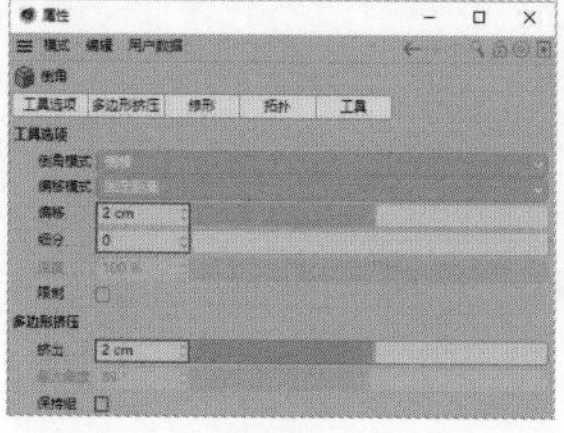

图3-21

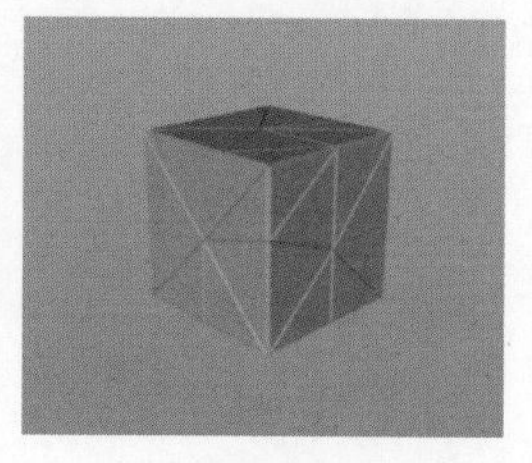

图3-22

3.2 变形器：置换、螺旋

“置换”变形器用于将贴图以黑白通道的形式赋在模型表面，并结合模型的走线结构产生形变，搭配“螺旋”变形器可以制作出更多时尚有趣的模型效果。

实战：细胞核

场景位置	场景文件>CH03>实战：细胞核
实例位置	实例文件>CH03>实战：细胞核
难易程度	★☆☆☆☆
学习目标	掌握“置换”变形器的使用方法

细胞核模型的效果如图3-23所示，制作分析如下。

第1点：在使用“置换”变形器时，需要设置“分段”参数，才会有明显效果。

第2点：在细分模型时，极点过多会影响模型效果。

01 创建一个球体，设置为“光影着色（线条）”模式，球体的布线效果如图3-24所示。执行“创建>变形器>置换”菜单命令，移动“置换”对象至“球体”对象内，如图3-25所示。

图3-23

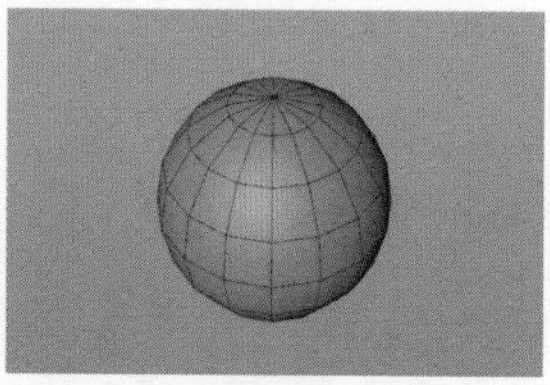

图3-24

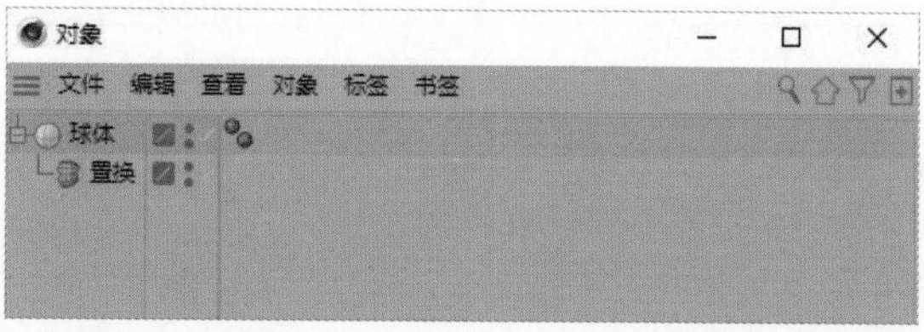

图3-25

02 选择“置换”对象，在“属性”面板中设置“着色器”为“噪波”，如图3-26所示。选择“球体”对象，在“属性”面板中设置“分段”为128，如图3-27所示。模型效果如图3-28所示。

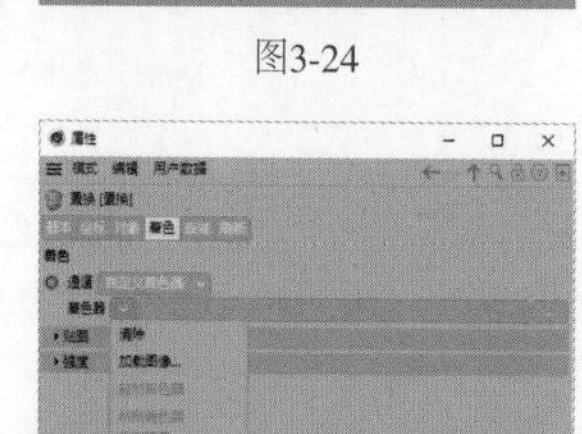

图3-26

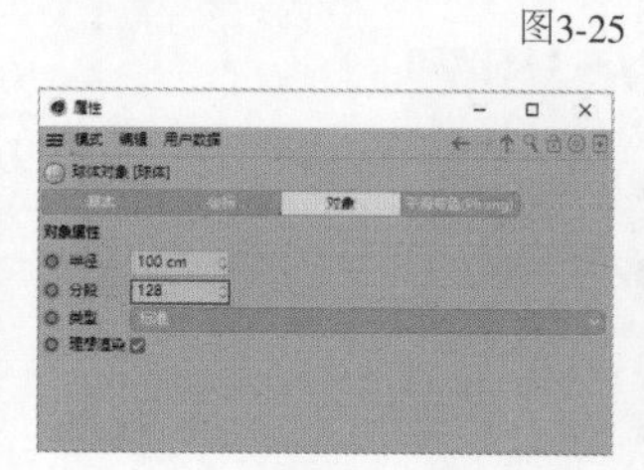

图3-27

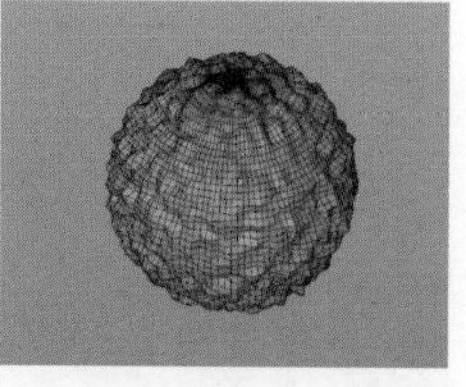

图3-28

03 执行“创建>生成器>细分曲面”菜单命令，然后移动“球体”对象至“细分曲面”对象内，如图3-29所示。选择“光影着色”模式，球体的顶部出现极点和“褶皱”，如图3-30所示。

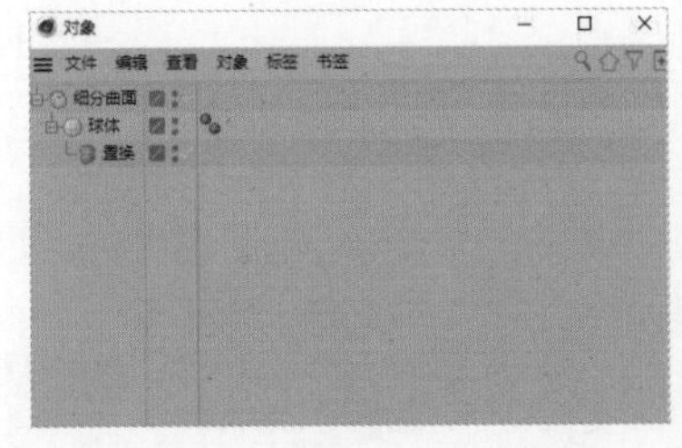

图3-29

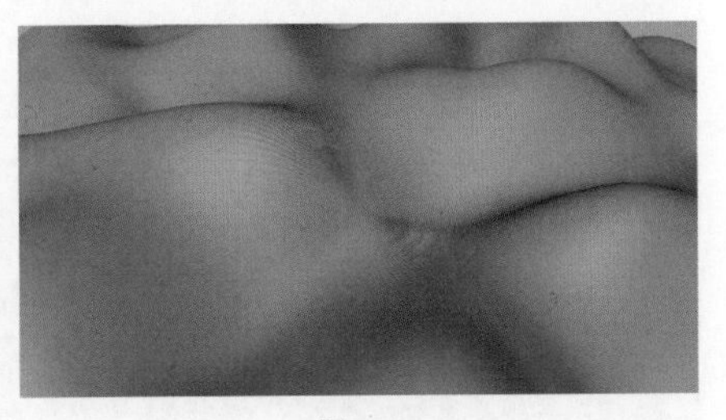
图3-30

04 处理极点和“褶皱”问题。选择“球体”对象，在“属性”面板中设置“类型”为“二十面体”，这里的设置无固定要求，此时模型上的极点和“褶皱”消失了，如图3-31所示。接下来调整细节部分，选择“置换”对象，单击“噪波”，然后设置“全局缩放”为250%，如图3-32所示。最终模型效果如图3-33所示。

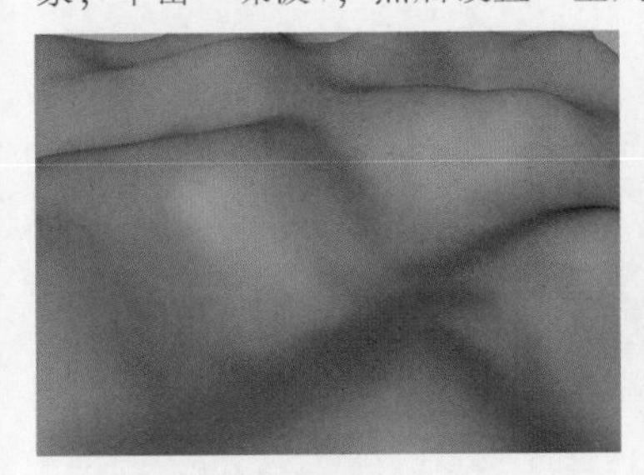
图3-31

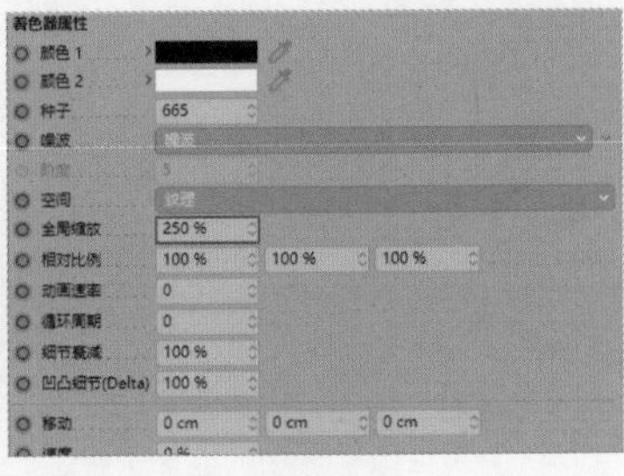

图3-32

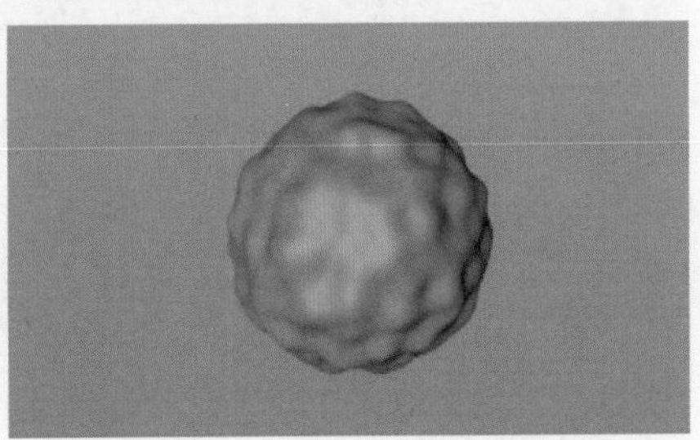
图3-33

实战：扭糖

场景位置	场景文件>CH03>实战：扭糖
实例位置	实例文件>CH03>实战：扭糖
难易程度	★☆☆☆☆
学习目标	掌握“置换”“螺旋”变形器的使用方法

扭糖模型的效果如图3-34所示，制作分析如下。

第1点：在使用多个变形器时，需要注意它们的排列顺序，Cinema 4D会优先执行排列靠上的命令。

第2点：使用“置换”变形器的不同样式，可以制作出不同的效果。

图3-34

01 创建一个球体，在“属性”面板中设置“分段”为64，如图3-35所示。执行“创建>变形器>置换”菜单命令，移动“置换”对象至“球体”对象内，如图3-36所示。

02 选择“置换”对象，在“属性”面板中的“着色器”下拉列表中选择“噪波”选项，如图3-37所示。模型效果如图3-38所示。

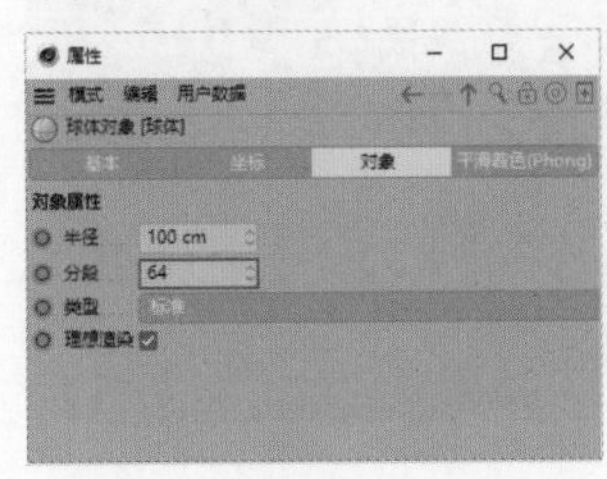

图3-35

图3-36

图3-37

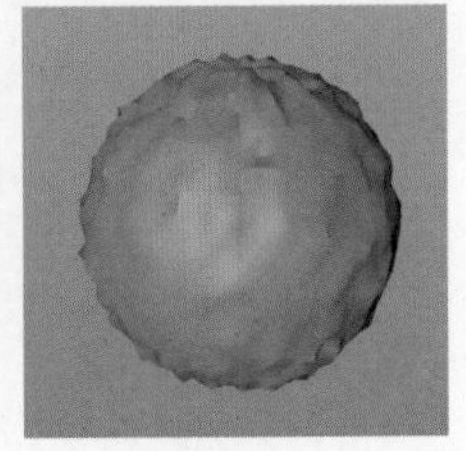
图3-38

03 选择“置换”对象，在“属性”面板中设置“噪波”为“气体”、“相对比例”为（0%,100%,0%），如图3-39所示。模型效果如图3-40所示。

04 执行“创建>变形器>螺旋”菜单命令，移动“螺旋”对象至“球体”对象内，使其位于“置换”对象之后，这是为了先对模型进行“置换”处理，再进行“螺旋”处理，如图3-41所示。

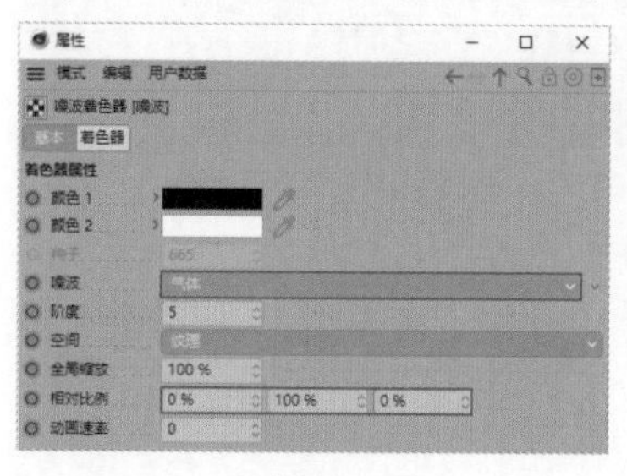

图3-39

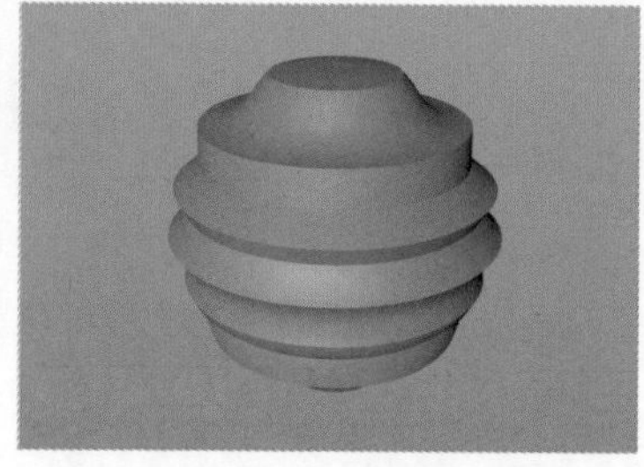

图3-40

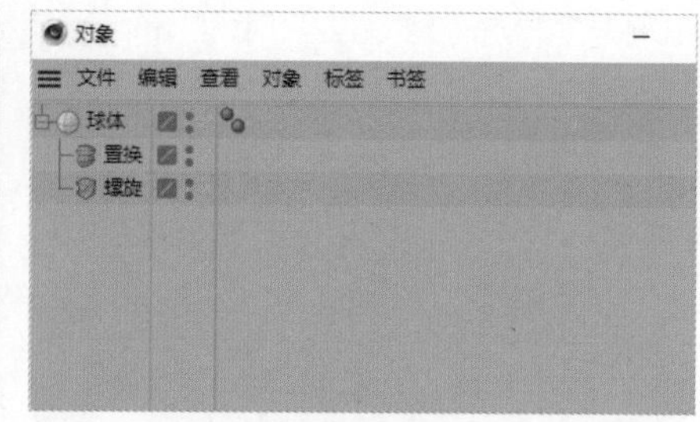

图3-41

05 选择“螺旋”对象，在“属性”面板中设置“模式”为“无限”、“角度”为220°，然后设置R.P为-110°、R.B为-60°，如图3-42所示。模型效果如图3-43所示。

06 执行“创建>生成器>细分曲面”菜单命令，然后移动“球体”对象至“细分曲面”对象内，如图3-44所示。最终模型效果如图3-45所示。

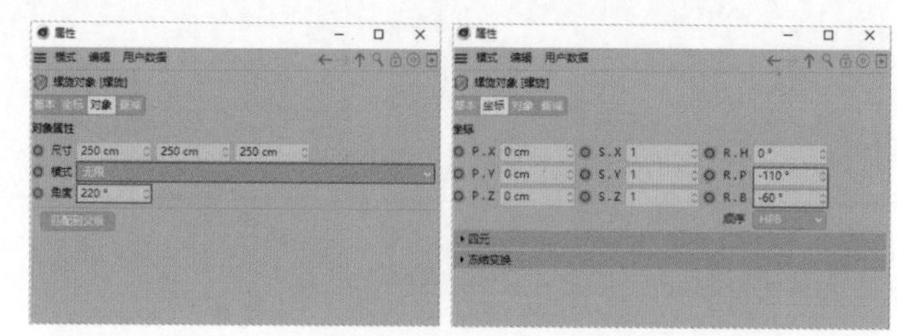

图3-42

图3-43

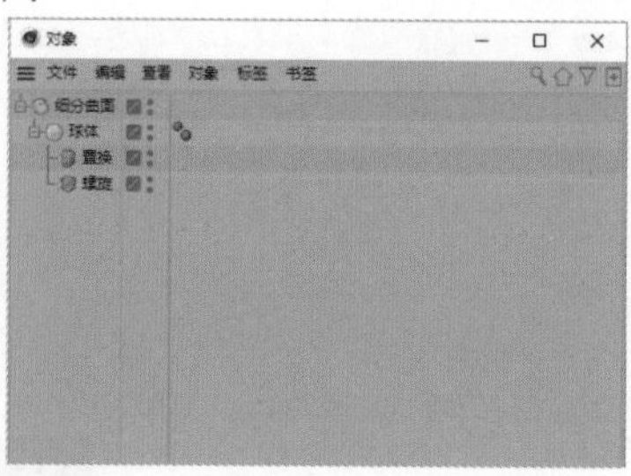

图3-44

图3-45

实战：机械电板

场景位置	场景文件>CH03>实战：机械电板
实例位置	实例文件>CH03>实战：机械电板
难易程度	★★☆☆☆
学习目标	掌握“置换”变形器的使用方法

机械电板模型的效果如图3-46所示，制作分析如下。

第1点：在使用“置换”变形器进行贴图之前，需要确保模型具有大的“分段”参数值，模型的“分段”参数值越大，细节就越多。

第2点：图片越明亮的部分在模型上越凸出，越暗淡的部分越凹陷。

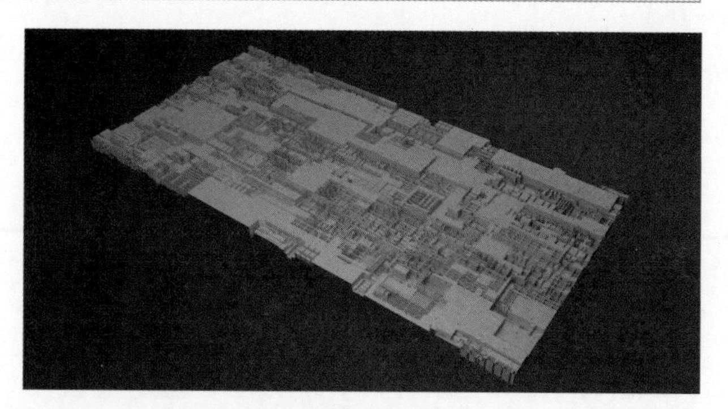

图3-46

3.3 运动图形：克隆、运动挤压

使用“克隆”菜单命令既能复制模型，又能通过调整参数制作出不同的效果；搭配衰减域、效果器等工具，可以制作出更多的视觉效果。

实战：晶体矿脉

场景位置	场景文件 > CH03 > 实战：晶体矿脉
实例位置	实例文件 > CH03 > 实战：晶体矿脉
难易程度	★★☆☆☆
学习目标	掌握“克隆”菜单命令的使用方法

晶体矿脉模型的效果如图3-47所示，制作分析如下。

在“克隆”的“对象”属性与“变换”属性中都可以设置“缩放”的参数值，前者用于将复制的物体进行渐进式缩放，后者用于调整物体复制前的大小。

图3-47

◎ 单个晶体矿

01 创建一个圆柱体，在“属性”面板中设置“高度分段”为1、“旋转分段”为6，如图3-48所示。效果如图3-49所示。

02 执行“网格 > 转换 > 转为可编辑对象”菜单命令，选择“点”工具和“实时选择”工具，选择图3-50所示的点。将此点沿着y轴（绿色）向上拖曳50cm左右，也可以在“坐标”面板中设置Y为150cm，如图3-51所示。选择图3-52所示的底部中心点并沿着y轴（绿色）向下拖曳50cm左右，也可以在“坐标”面板中设置Y为-150cm。

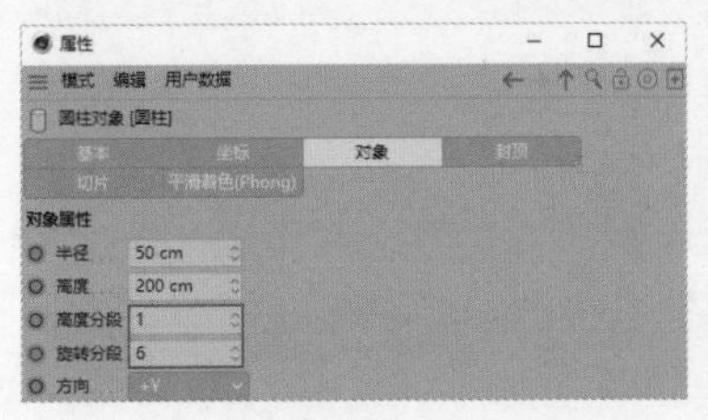

图3-48

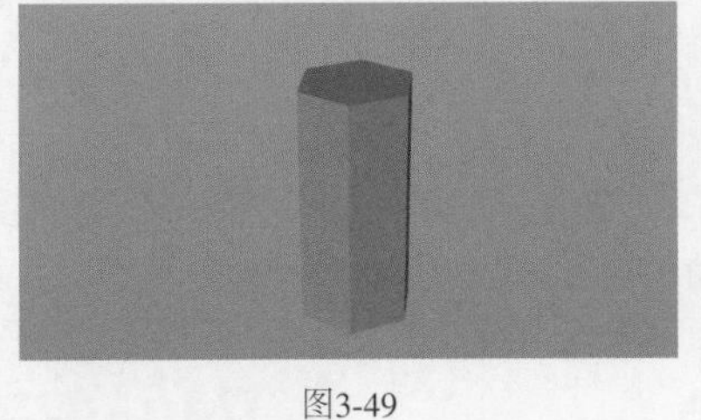

图3-49

图3-50

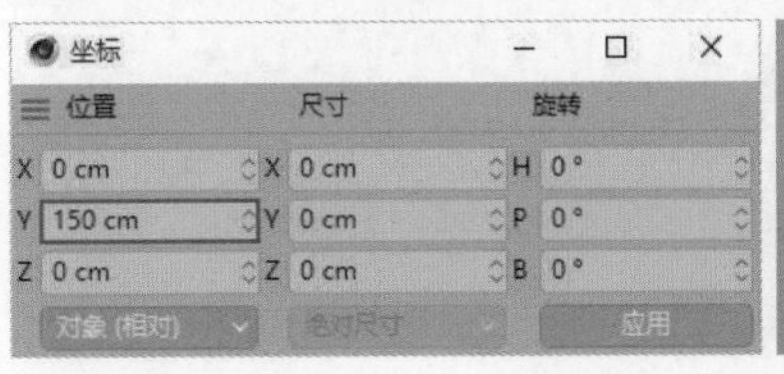

图3-51

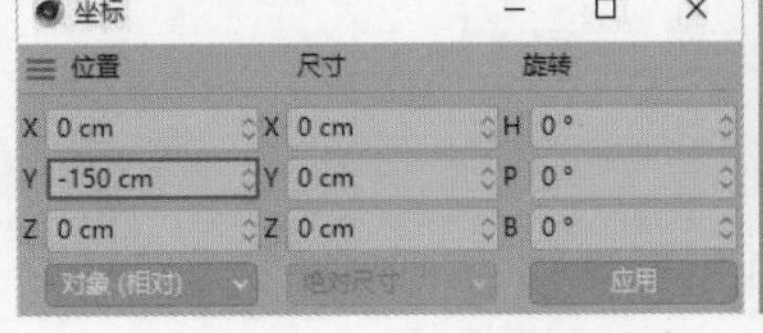

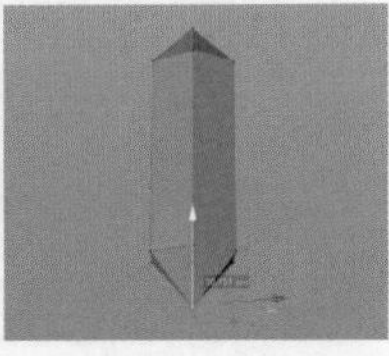

图3-52

03 选择“圆柱”对象，选择“边”工具和“实时选择”工具。执行“选择 > 环状选择”菜单命令，选择图3-53所示的6条边。执行“网格 > 创建工具 > 倒角”菜单命令，在“属性”面板中设置“偏移”为3cm、“细分”为0，然后勾选“断开平滑着色圆角”复选框，如图3-54所示。模型效果如图3-55所示。

图3-53

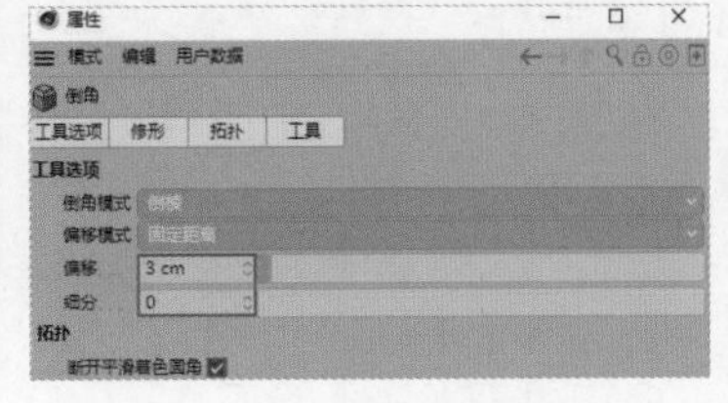

图3-54

图3-55

04 选择“点”工具和“实时选择”工具，选择模型顶部和底部的中心顶点，然后执行“网格>创建工具>倒角”菜单命令，接着在“属性”面板中设置“偏移”为10cm、“细分”为0，如图3-56所示。效果如图3-57所示。

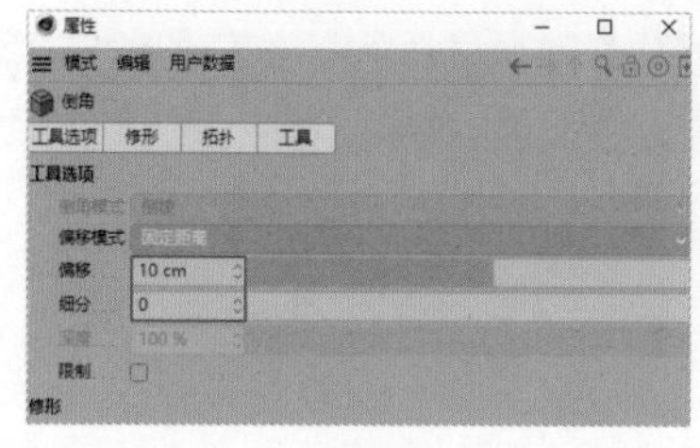

图3-56

图3-57

◎ 晶体群组

01 执行“运动图形>克隆”菜单命令，移动“圆柱”对象至“克隆”对象内，如图3-58所示。选择“克隆”对象，在“属性”面板中设置“数量”为3、“位置.X”为6cm，然后设置“缩放.X”“缩放.Y”“缩放.Z”均为75%，接着设置“旋转.H”为10°、“旋转.P”为5°、“旋转.B”为5°、“步幅旋转.H”为120°，如图3-59所示。

02 在“属性”面板中的“变换”选项卡中设置“缩放.X”“缩放.Y”“缩放.Z”均为0.1、“旋转.B”为10°，如图3-60所示。模型效果如图3-61所示。

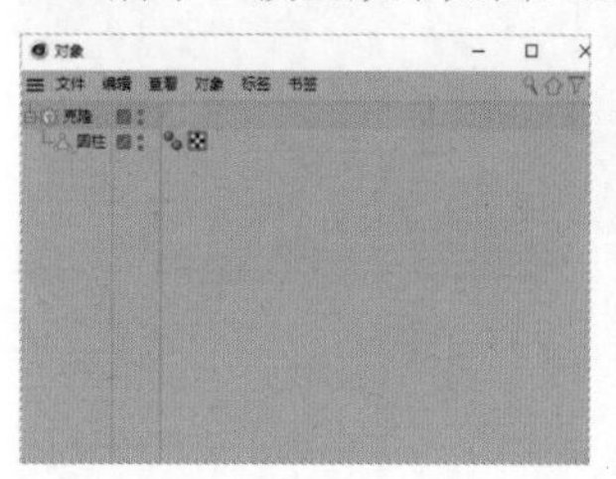

图3-58

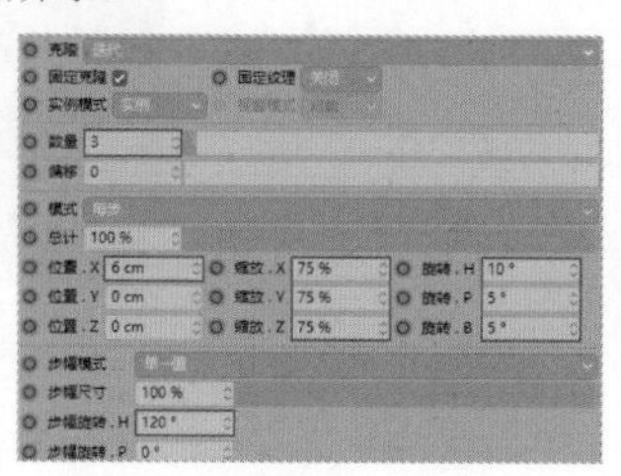

图3-59

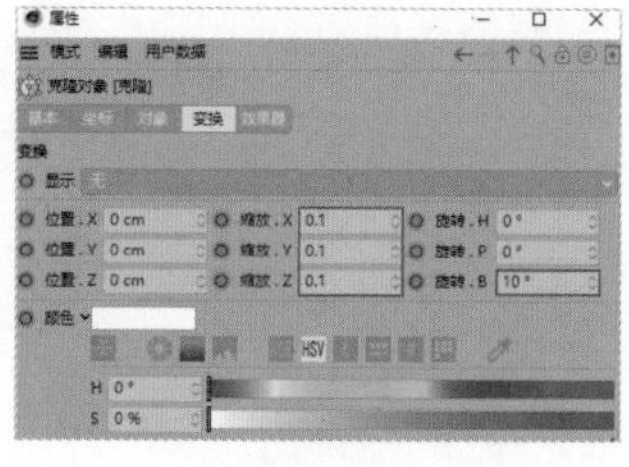

图3-60

图3-61

03 执行“运动图形>克隆”菜单命令，将新生成的“克隆”对象重命名为“晶体矿”，然后移动“克隆”对象至“晶体矿”对象内，如图3-62所示。

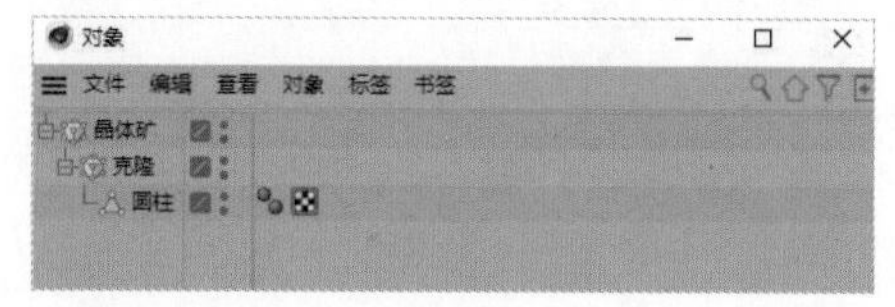

图3-62

◎ 晶体矿脉

01 执行“创建>对象>地形”菜单命令。选择“晶体矿”对象，在“属性”面板中设置“模式”为“对象”，如图3-63所示。保持当前选择不变，移动“对象”面板中的“地形”对象至“属性”面板的“对象”参数上，如图3-64所示。模型效果如图3-65所示。

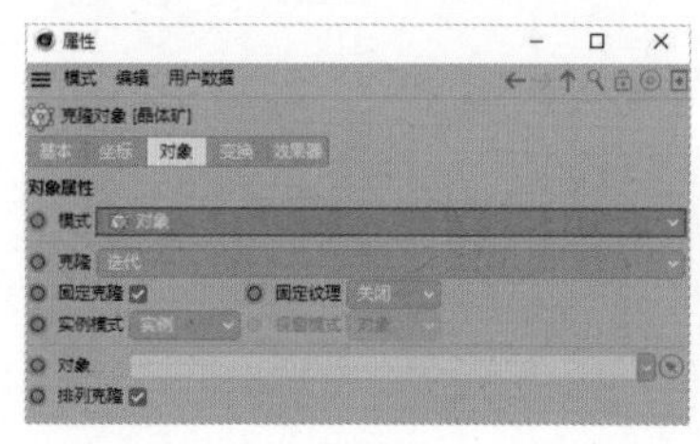

图3-63

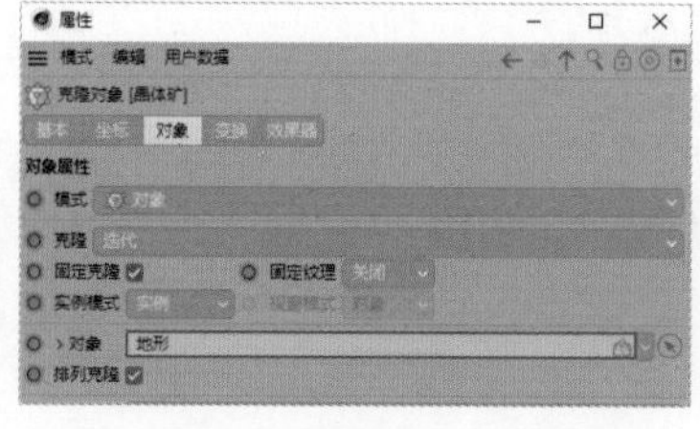

图3-64

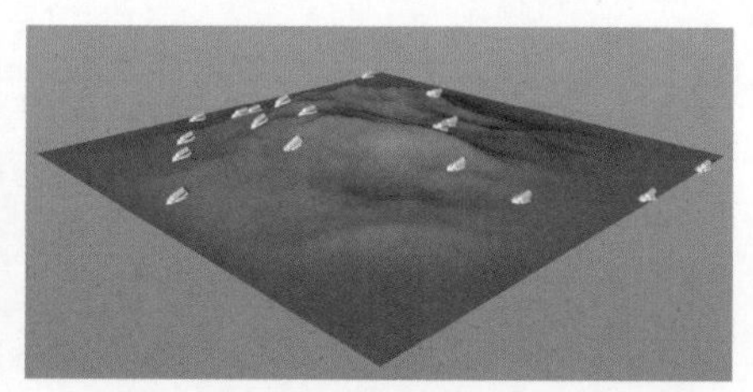

图3-65

02 选择“晶体矿”对象，在“属性”面板中取消勾选“排列克隆”复选框；然后勾选“启用缩放”复选框，设置“数量”为320，如图3-66所示。晶体矿脉模型的效果如图3-67所示。

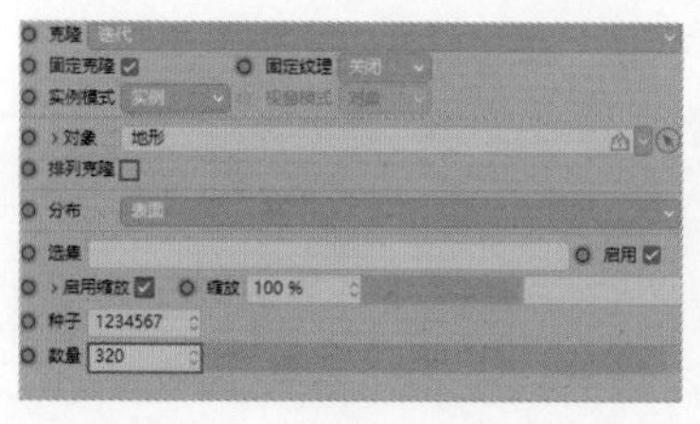

图3-66

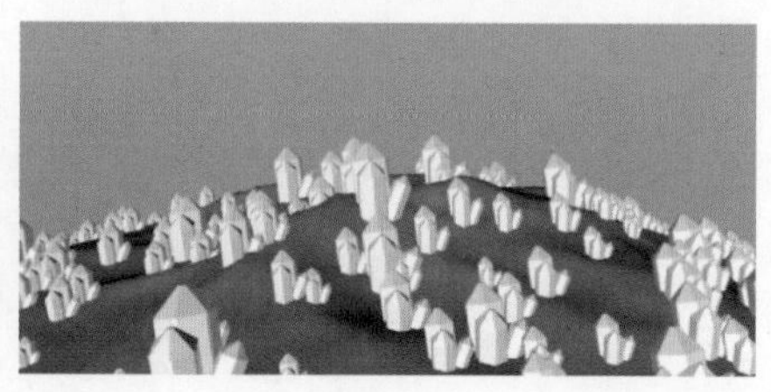

图3-67

实战：多肉孢子

场景位置	场景文件 > CH03 > 实战：多肉孢子
实例位置	实例文件 > CH03 > 实战：多肉孢子
难易程度	★★☆☆☆
学习目标	掌握“对象”面板中的隐藏功能

多肉孢子模型的效果如图3-68所示，制作分析如下。

第1点：在使用“克隆”菜单命令时，模型不能垂直于克隆对象的表面。

第2点：在“对象”面板中，通过单击灰色圆点隐藏的模型只是在视图中不可见，事实上模型仍然存在。

01 创建一个球体，在“属性”面板中设置“分段”为6、“类型”为“二十面体”，然后在“对象”面板中单击“球体”右侧的灰色圆点使其变为红色，以隐藏球体，如图3-69所示。新建一个球体，将其重命名为“球形实体”，在“属性”面板中设置“半径”为35cm、“类型”为“二十面体”，如图3-70所示。

图3-68

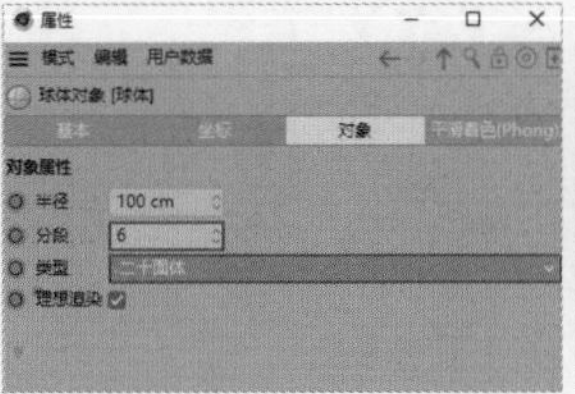

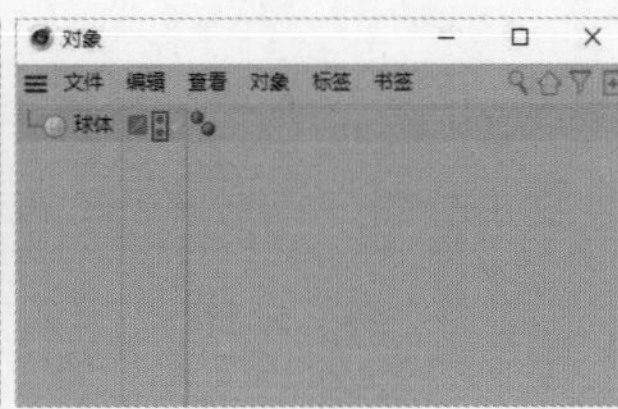

图3-69

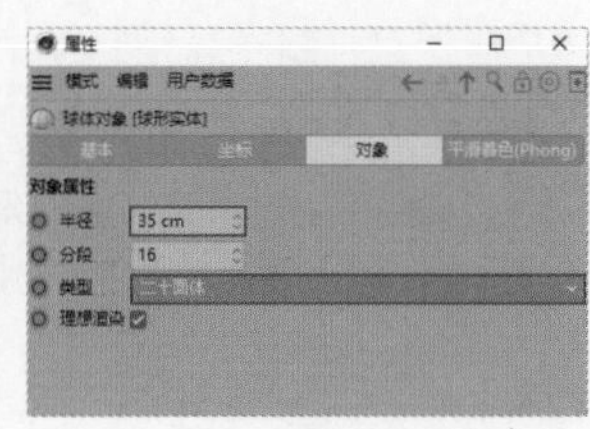

图3-70

02 执行“运动图形 > 克隆”菜单命令，将创建的“克隆”对象重命名为“球形实体组”，然后移动“球形实体”对象至“球形实体组”对象内，如图3-71所示。模型效果如图3-72所示。

03 选择“球形实体组”对象，在“属性”面板中设置“模式”为“对象”。移动“对象”面板中的“球体”对象至“属性”面板中的“对象”参数上，然后在“属性”面板中设置“分布”为“多边形中心”，如图3-73所示。效果如图3-74所示。

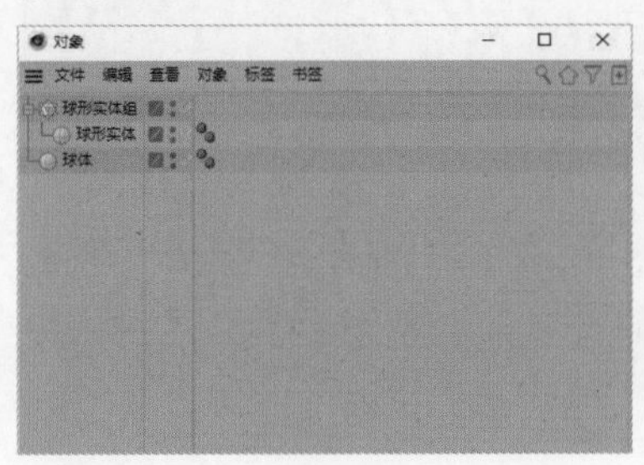

图3-71

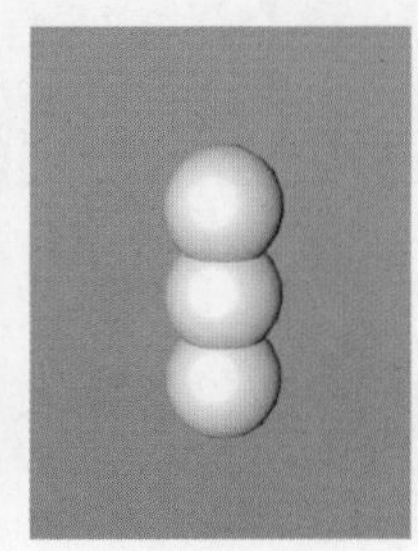

图3-72

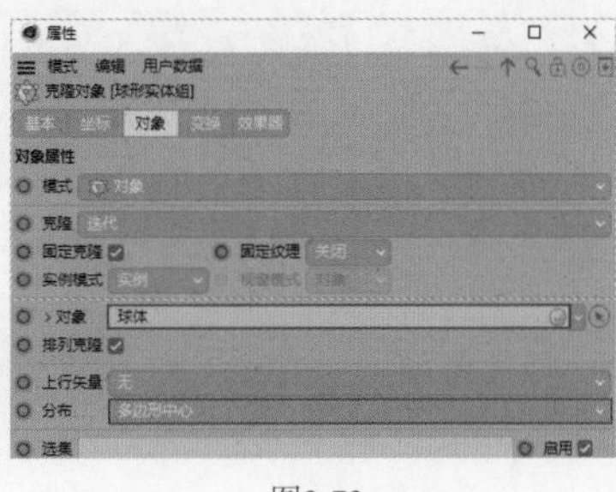

图3-73

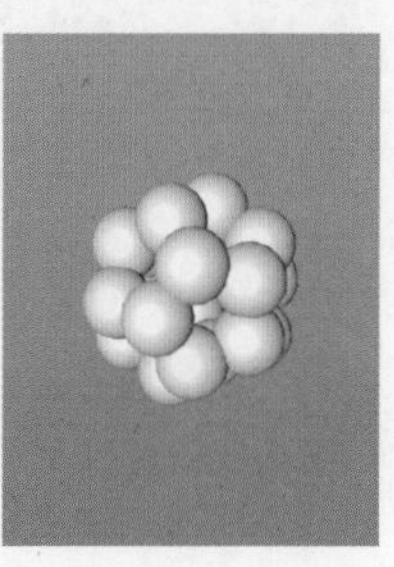

图3-74

04 执行“创建 > 对象 > 胶囊”菜单命令，将创建的“胶囊”对象重命名为“锥形实体”，然后在“属性”面板中设置“半径”为12cm，如图3-75所示。隐藏“球形实体组”对象，此时视图中只有“锥形实体”对象可见，如图3-76所示。

05 选择“锥形实体”对象，执行“网格 > 转换 > 转为可编辑对象”菜单命令。选择“点”工具，然后执行“选择 > 框选”菜单命令，框选图3-77所示的顶点。执行“工具 > 缩放”菜单命令，将模型放大至350%左右，效果如图3-78所示。

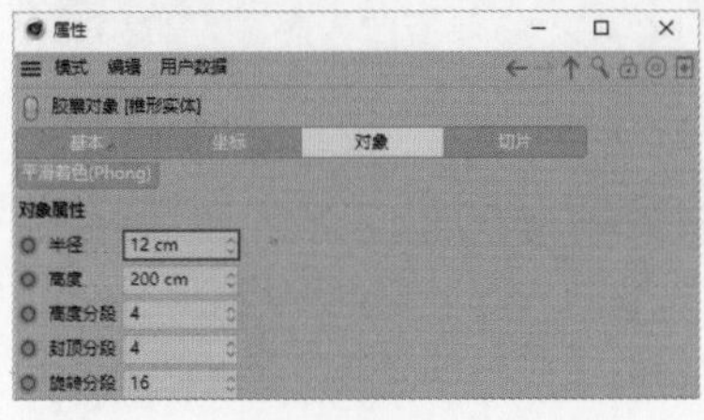

图3-75

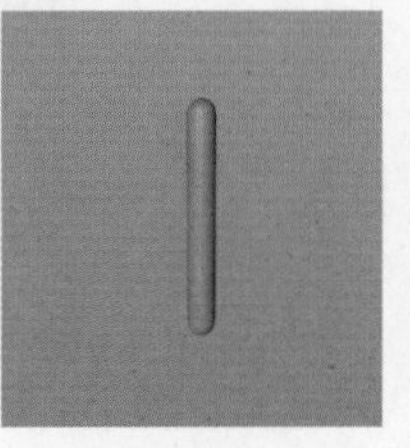

图3-76

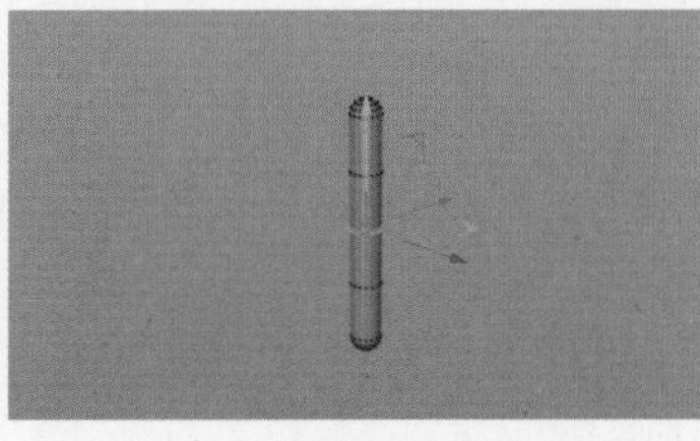

图3-77

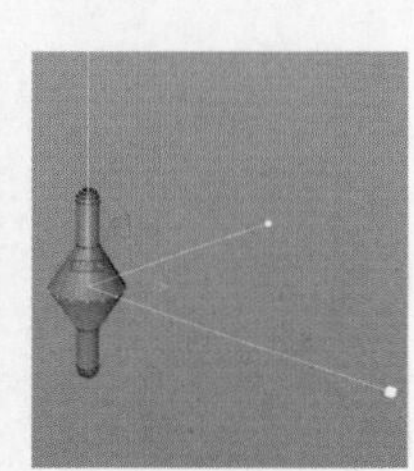

图3-78

06 执行“运动图形>克隆”菜单命令，将创建的“克隆”对象重命名为“锥形实体组”，然后移动“锥形实体”对象至“锥形实体组”对象内，如图3-79所示。选择“锥形实体组”对象，在“属性”面板中设置“模式”为“对象”，然后移动“对象”面板中的“球体”对象至“属性”面板中的“对象”参数上，接着在“属性”面板中设置“分布”为“顶点”，如图3-80所示。模型效果如图3-81所示。

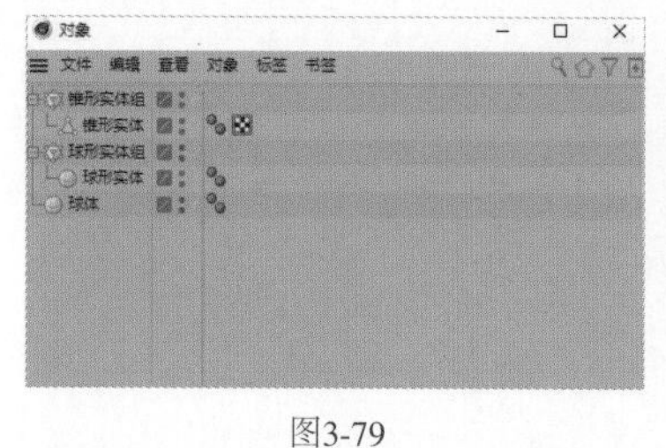

图3-79

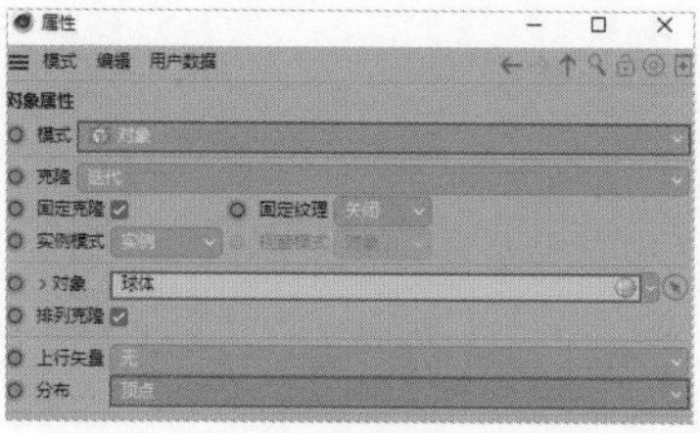

图3-80

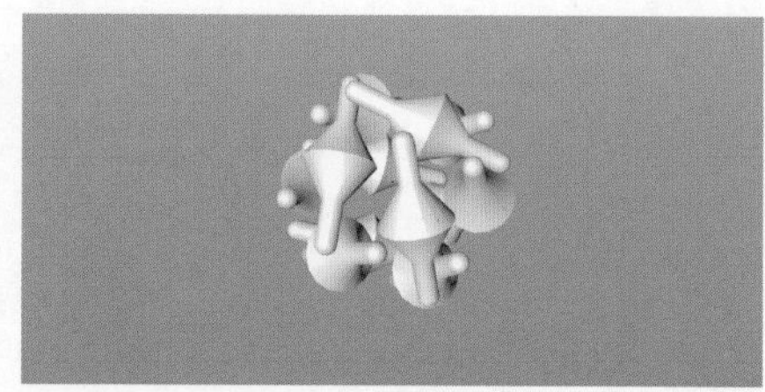

图3-81

07 选择“锥形实体”对象，选择“模型”工具和“启用轴心”工具，在“属性”面板中设置P为90°，如图3-82所示。模型效果如图3-83所示。

图3-82

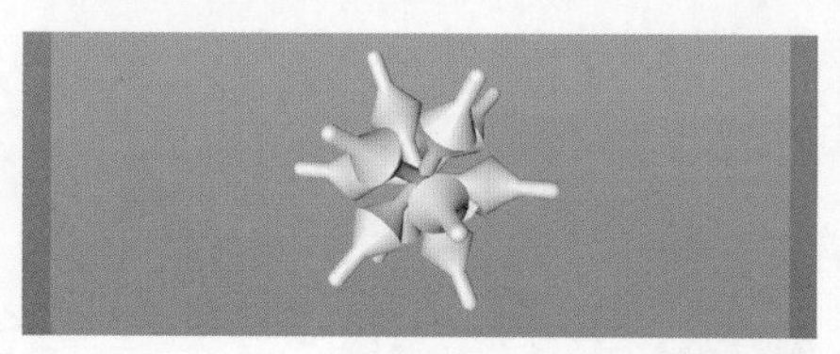

图3-83

08 显示“球形实体组”对象，执行“创建>生成器>细分曲面”菜单命令两次，然后在“对象”面板中移动“锥形实体组”对象至“细分曲面”对象内、“球形实体组”对象至“细分曲面.1”对象内，接着在“属性”面板中设置“编辑器细分”“渲染器细分”均为4，如图3-84所示。最终模型效果如图3-85所示。

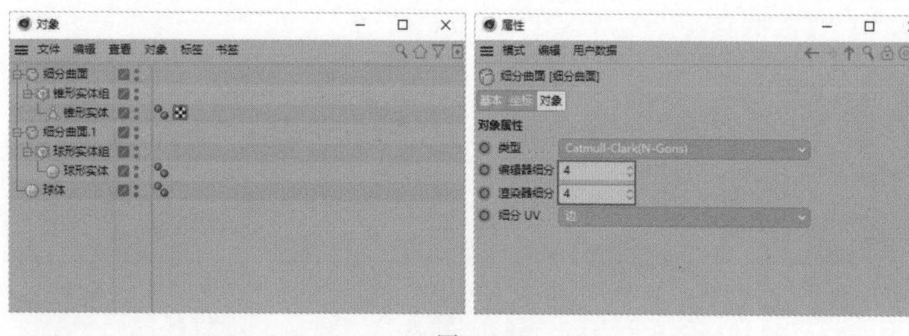

图3-84

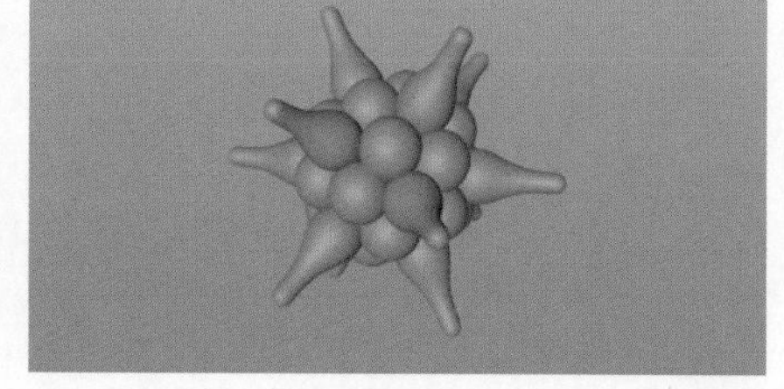

图3-85

实战：触须孢子

场景位置	场景文件>CH03>实战：触须孢子
实例位置	实例文件>CH03>实战：触须孢子
难易程度	★★☆☆☆
学习目标	掌握“运动挤压”菜单命令的使用方法

触须孢子模型的效果如图3-86所示，制作分析如下。

第1点：在使用“运动挤压”菜单命令时，设置“变形”参数为“每步”更容易制作触须效果。

第2点：“变换”卷展栏中的“旋转”参数值越小，细节越丰富。

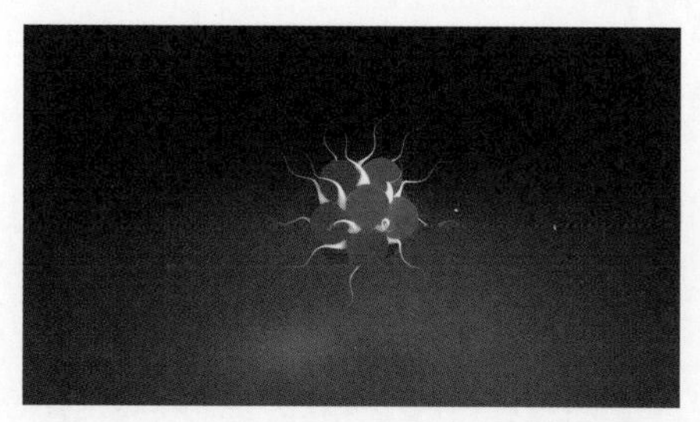

图3-86

3.4 生成器：晶格、阵列

使用“晶格”生成器可以将模型的顶点和边进行二次生成，例如，将顶点变成球体，将边变成圆柱体。此工具适用于制作医用模型，例如DNA（脱氧核糖核酸）、分子结构等。使用“阵列”生成器可以将模型进行环形复制。

实战：DNA

场景位置	场景文件＞CH03＞实战：DNA
实例位置	实例文件＞CH03＞实战：DNA
难易程度	★☆☆☆☆
学习目标	掌握“晶格”菜单命令的使用方法

DNA模型的效果如图3-87所示，制作分析如下。

第1点：在同一个“空白”对象内，当生成器的个数为1时，变形器会影响生成器产生的效果。

第2点：若使用“晶格”菜单命令将模型的顶点与边分别变成球体和圆柱体，模型会直接叠放在一起并且不会改变模型的布线。

01 创建一个平面，在“属性”面板中设置“宽度”为1200cm、“高度”为400cm、“宽度分段”为30、“高度分段”为1，如图3-88所示。常见的DNA模型是由两条中间穿插着等长小线段的线段旋转扭曲形成的。“高度分段”参数代表DNA模型中较长的两条线段，而“宽度分段”参数代表中间的等长线段。

02 选择“光影着色（线条）”模式，效果如图3-89所示。执行“创建＞造型＞晶格”菜单命令，然后在“对象”面板中移动“平面”对象至“晶格”对象内，模型效果如图3-90所示。

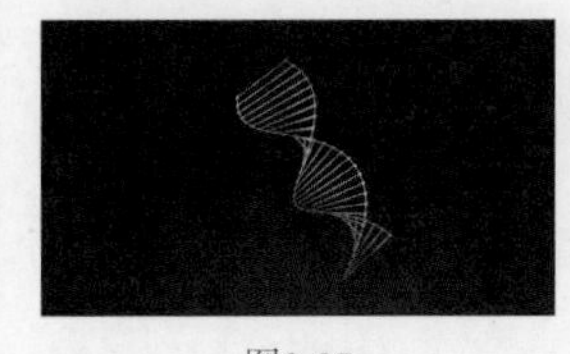

图3-87

图3-88

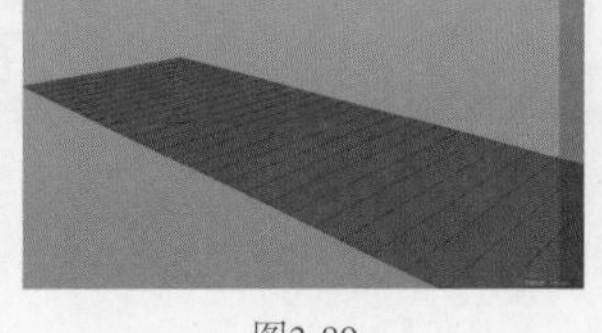

图3-89

图3-90

03 执行“创建＞变形器＞螺旋”菜单命令，然后执行“创建＞对象＞空白”菜单命令，将创建的“空白”对象重命名为DNA，然后移动“螺旋”“晶格”对象至DNA对象内，如图3-91所示。

04 选择“螺旋”对象，在“属性”面板中设置“尺寸”为（250cm,350cm,250cm）、“模式”为“无限”、“角度”为110°，然后设置R.B为90°，如图3-92所示。

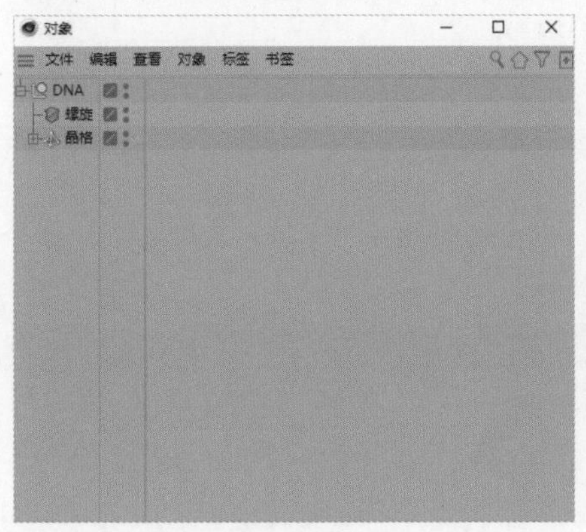

图3-91

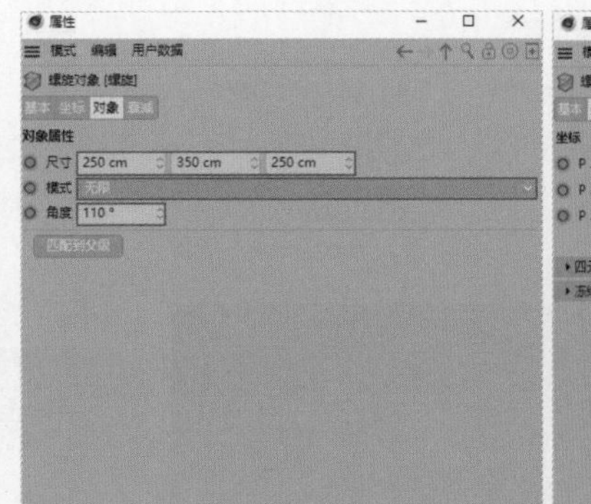

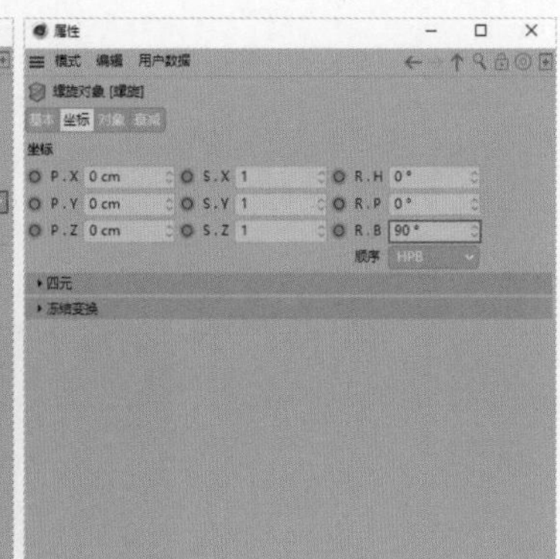

图3-92

05 选择“晶格”对象，在“属性”面板中设置“圆柱半径”为4cm、“球体半径”为10cm、“细分数”为16，如图3-93所示。选择DNA对象，在“属性”面板中设置R.B为60°，如图3-94所示。最终模型效果如图3-95所示。

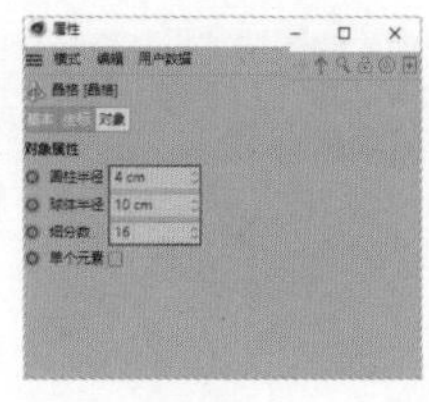
图3-93

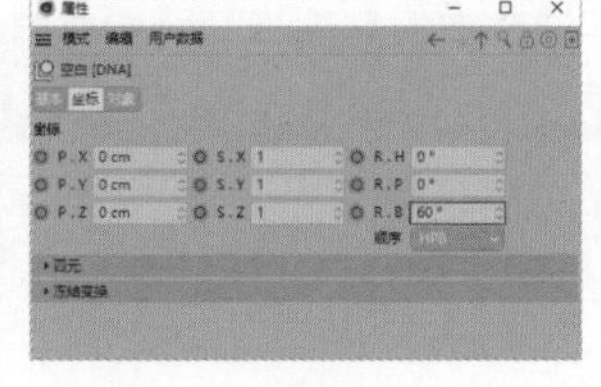
图3-94

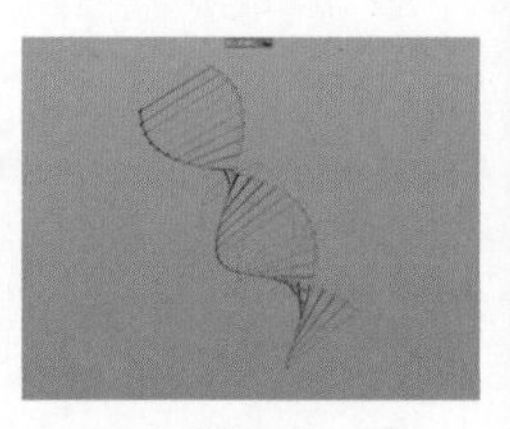
图3-95

实战：分子结构

场景位置	场景文件 > CH03 > 实战：分子结构
实例位置	实例文件 > CH03 > 实战：分子结构
难易程度	★☆☆☆☆
学习目标	掌握“阵列”菜单命令的使用方法

分子结构模型的效果如图3-96所示，制作分析如下。

第1点： 在使用“阵列”菜单命令时，需要调整模型轴心的“旋转”参数来改变模型朝向。

第2点： 当调整模型朝向时，需要先将“阵列”对象全部转为可编辑对象。

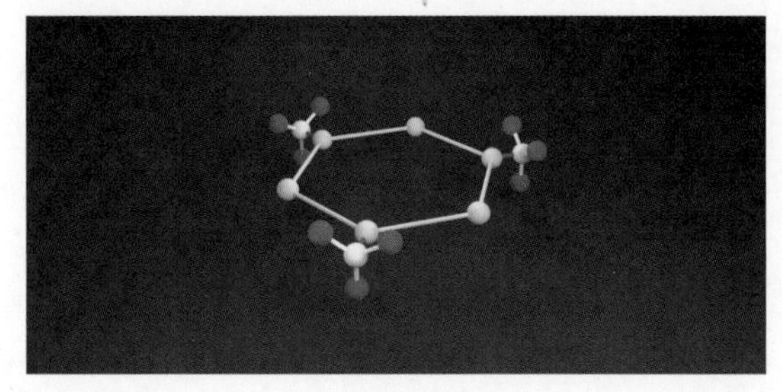
图3-96

3.5 变形器：样条约束

“样条约束”变形器和“扫描”变形器一样，都可用于对样条进行扫描并制作出模型。

实战：莫比乌斯环

场景位置	场景文件 > CH03 > 实战：莫比乌斯环
实例位置	实例文件 > CH03 > 实战：莫比乌斯环
难易程度	★★☆☆☆
学习目标	掌握“样条约束”菜单命令的使用方法

莫比乌斯环模型的效果如图3-97所示，制作分析如下。

第1点： 在使用“样条约束”菜单命令制作模型时，模型的平滑度既受基础模型的影响，也受基础样条的影响。

第2点： 在不使用“匹配到父级”按钮匹配到父级的情况下，模型表面会过度扭曲甚至产生“破面”。

01 执行“创建 > 变形器 > 螺旋”菜单命令，然后创建一个圆环体，将其重命名为“基础样条”。移动“螺旋”对象至“基础样条”对象内，如图3-98所示。

图3-97

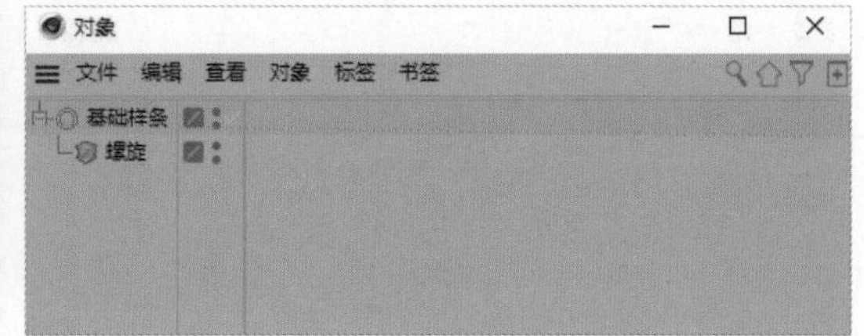

图3-98

02 选择“螺旋”对象，在“属性”面板中设置“尺寸”为（250cm,500cm,250cm）、“角度”为180°，然后设置R.B为90°，如图3-99所示。模型效果如图3-100所示。

图3-99

图3-100

03 选择“基础样条”对象，在“属性”面板中设置“点插值方式”为“自动适应”、“角度”为1°，如图3-101所示，这样产生的样条更平滑。

04 创建一个立方体，然后执行“创建>变形器>螺旋”菜单命令，将“立方体”对象重命名为“基础模型”，接着移动“螺旋”对象至“基础模型”对象内，如图3-102所示。模型如图3-103所示。

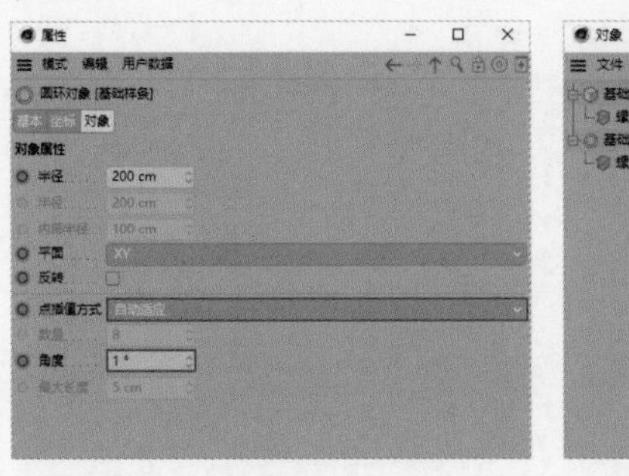

图3-101

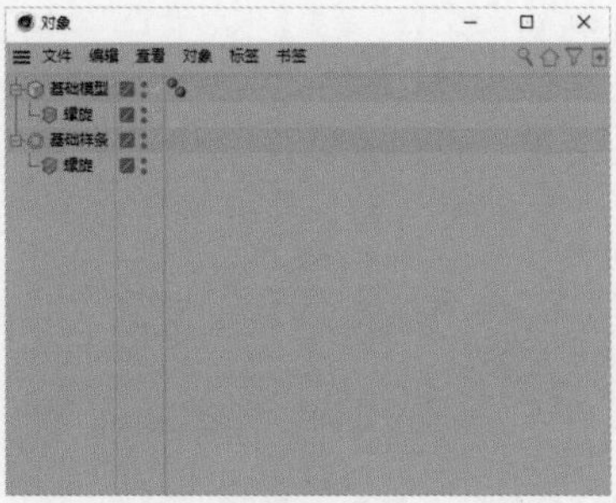

图3-102

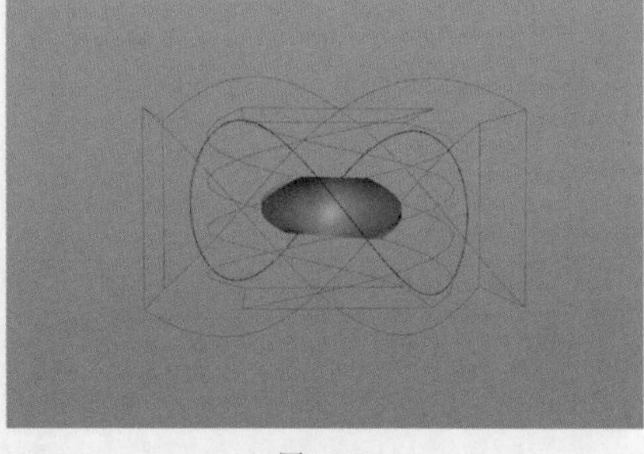

图3-103

05 选择“基础模型”对象，在“属性”面板中设置“尺寸.X”为200cm、“尺寸.Y”为80cm、“尺寸.Z”为20cm，然后设置“分段X”为200、“分段Y”为10、“分段Z”为1，如图3-104所示。

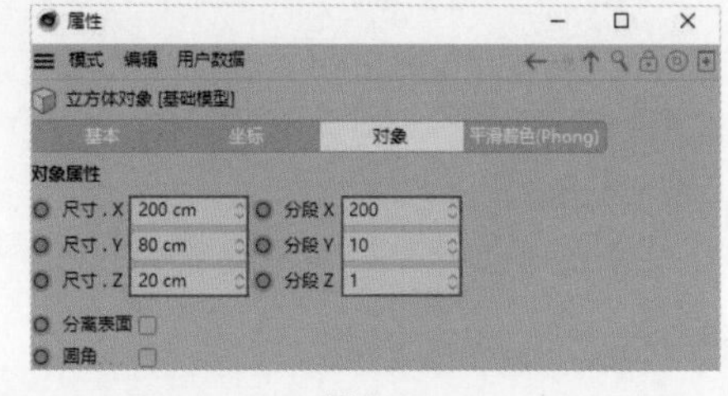

图3-104

06 选择“螺旋”对象，在“属性”面板中设置R.B为90°，然后设置“角度”为360°，接着单击“匹配到父级”按钮匹配到父级，此时可以观察到“尺寸”参数的值自动更新了，如图3-105所示。注意，需要先设置“坐标”选项卡中的参数，再单击“匹配到父级”按钮匹配到父级。模型效果如图3-106所示。

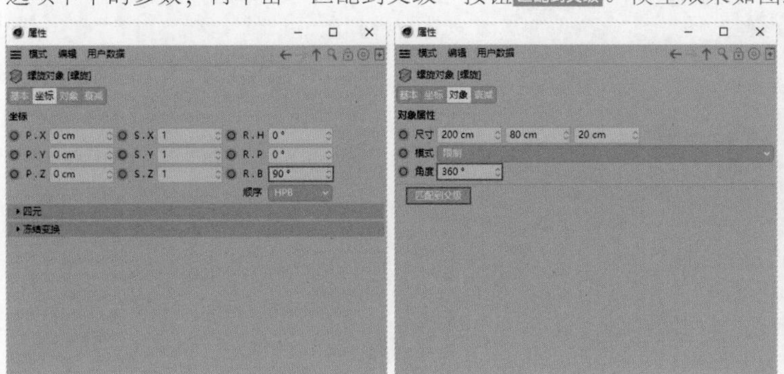

图3-105

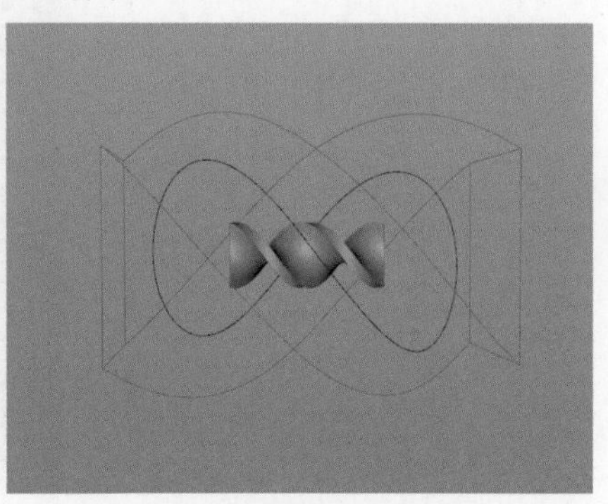

图3-106

07 执行“创建>变形器>样条约束”菜单命令，然后执行“创建>对象>空白”菜单命令，将“空白”对象重命名为“主体”，接着移动“样条约束”“基础模型”对象至“主体”对象内，如图3-107所示。

08 选择“样条约束”对象，然后移动“对象”面板中的“基础样条”对象至“属性”面板的“样条”参数上，如图3-108所示。模型效果如图3-109所示。

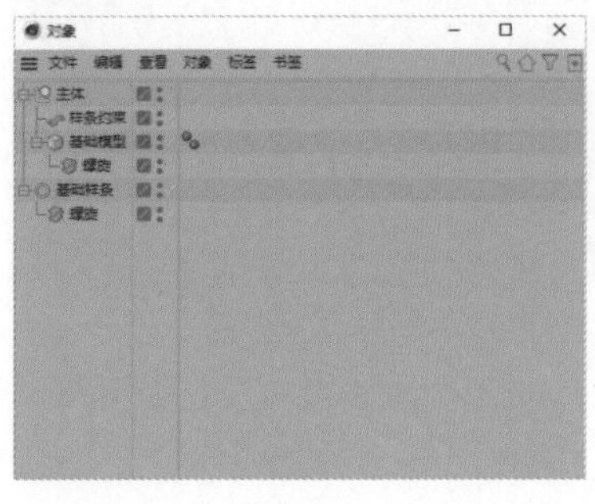

图3-107

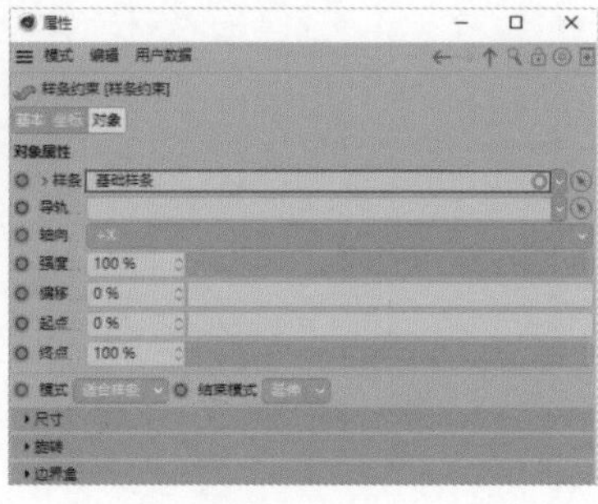

图3-108

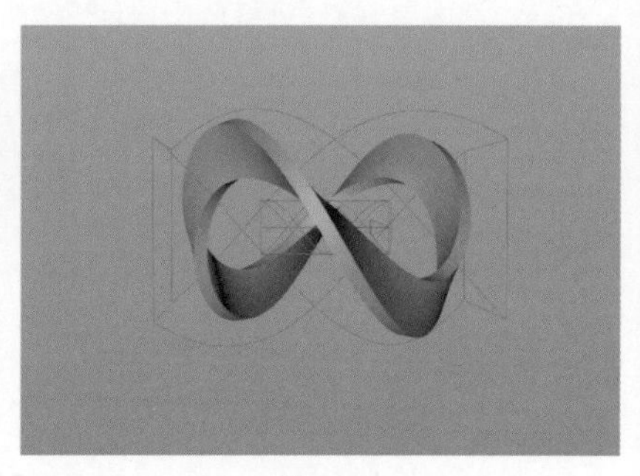

图3-109

09 选择“基础样条”对象，在“属性”面板中设置S.X为1.5，如图3-110所示。选择“样条约束”对象，在“属性”面板中设置“偏移”为15%，如图3-111所示。最终模型效果如图3-112所示。

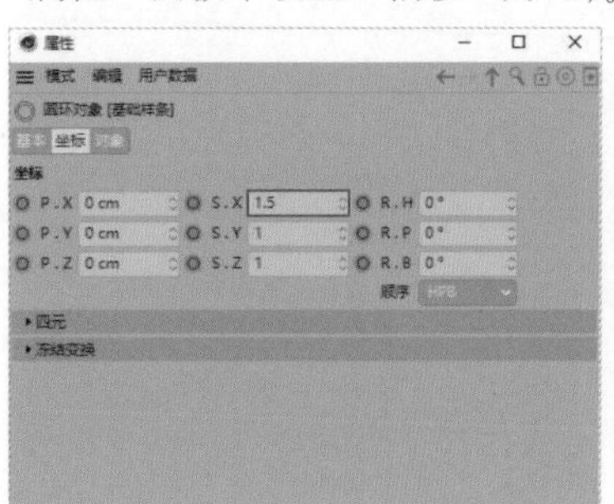

图3-110

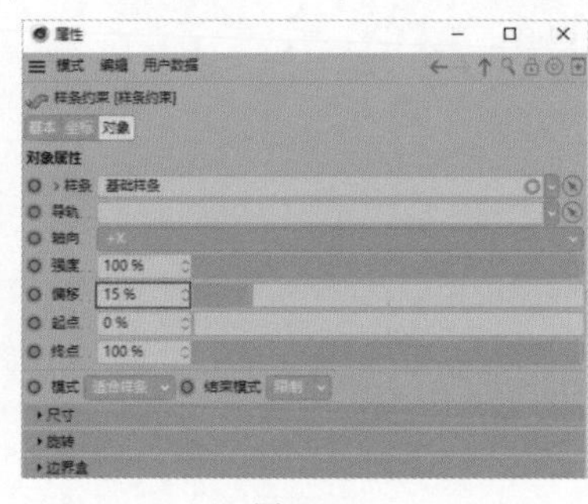

图3-111

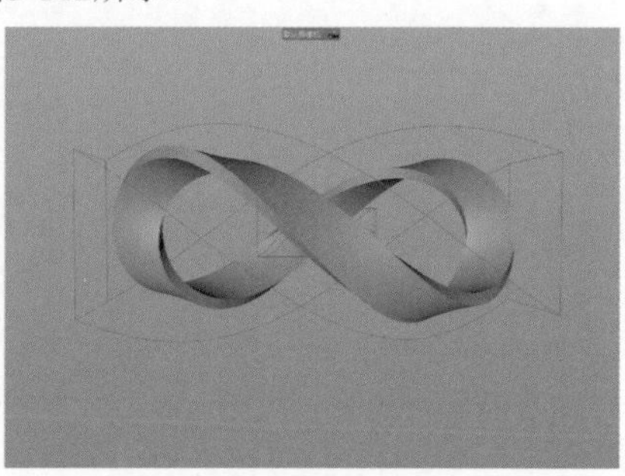

图3-112

实战：创意圆环

场景位置	场景文件>CH03>实战：创意圆环
实例位置	实例文件>CH03>实战：创意圆环
难易程度	★★☆☆☆
学习目标	掌握“种子”参数的使用方法

创意圆环模型的效果如图3-113所示，制作分析如下。

第1点：可使用圆柱体作为基础模型，通过“缩放”菜单命令控制模型缠绕的疏密程度。

第2点：在使用“克隆”菜单命令时，通过“种子”参数能让缠绕体产生丰富的变化。

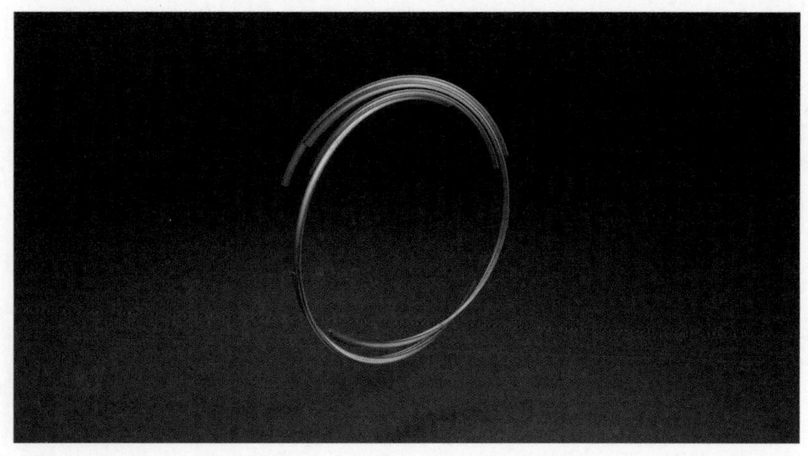

图3-113

3.6 效果器：随机

“随机”效果器可用于控制模型的大小、位置和轴向的随机性。

实战：随机数据矩阵

场景位置	场景文件 > CH03 > 实战：随机数据矩阵
实例位置	实例文件 > CH03 > 实战：随机数据矩阵
难易程度	★★☆☆☆
学习目标	掌握“克隆”菜单命令的使用方法

随机数据矩阵模型的效果如图3-114所示，制作分析如下。

第1点：在使用“克隆”菜单命令时，“对象”参数不仅可以使用普通的立方体，还可以直接使用“克隆”对象。

第2点：多个“克隆”对象可以应用相同的效果器。

图3-114

01 创建一个立方体，在“属性”面板中设置“尺寸.X”为8cm、“尺寸.Y”为100cm、“尺寸.Z”为4cm，如图3-115所示。再创建一个立方体，在“属性”面板中设置“尺寸.X”为0.5cm、“尺寸.Y”为4cm、“尺寸.Z”为2cm，如图3-116所示。此时得到两个立方体对象，如图3-117所示。

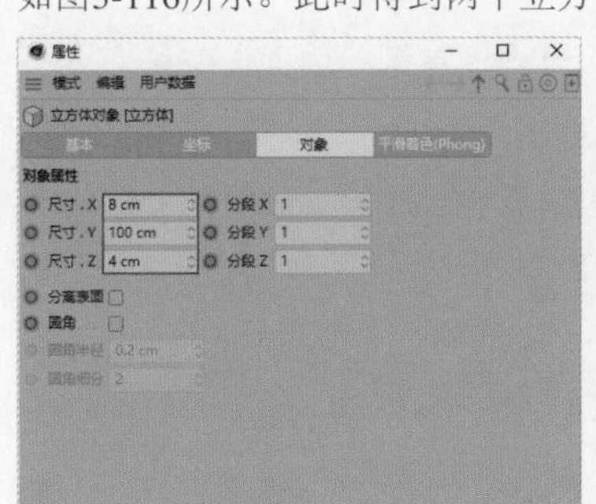

图3-115

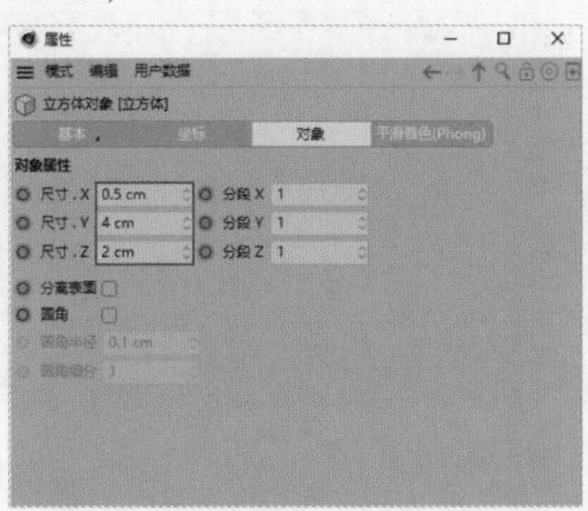

图3-116

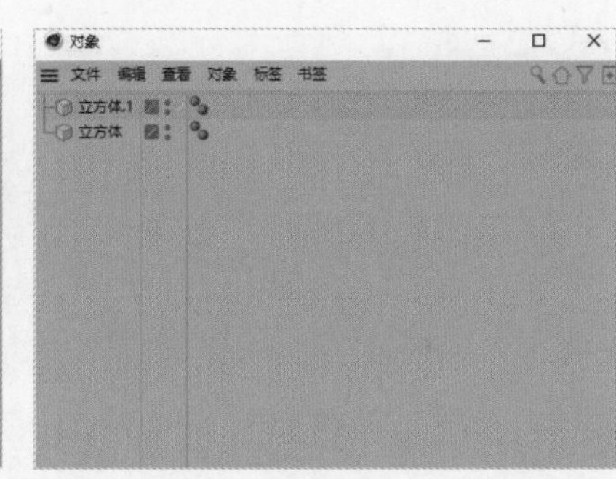

图3-117

02 执行“运动图形>克隆”菜单命令两次，得到两个“克隆”对象，分别将它们重命名为“长条”和“短格”，然后移动“立方体”对象至“长条”对象内、“立方体.1”对象至“短格”对象内，如图3-118所示。

03 选择“长条”对象，在“属性”面板中设置“数量”为（3,3,3），如图3-119所示。选择“短格”对象，在“属性”面板中设置“模式”为“对象”，移动“对象”面板中的“长条”对象至“属性”面板的“对象”参数上，如图3-120所示。

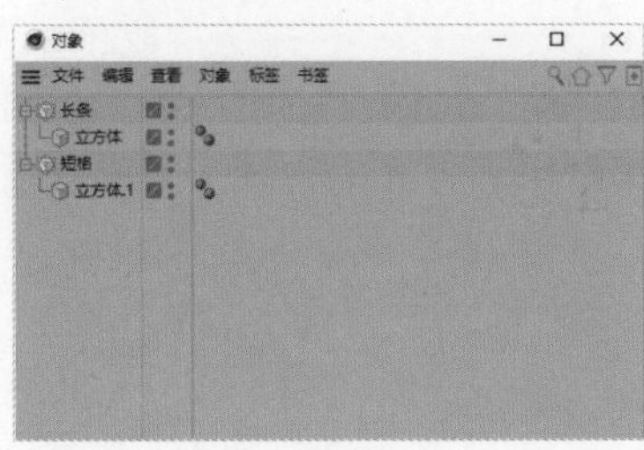

图3-118

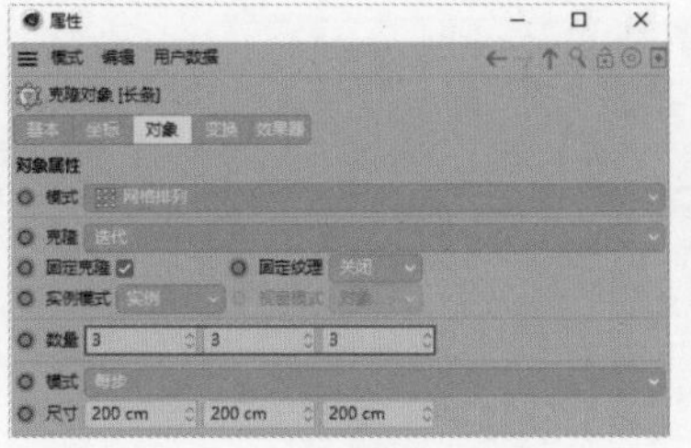

图3-119

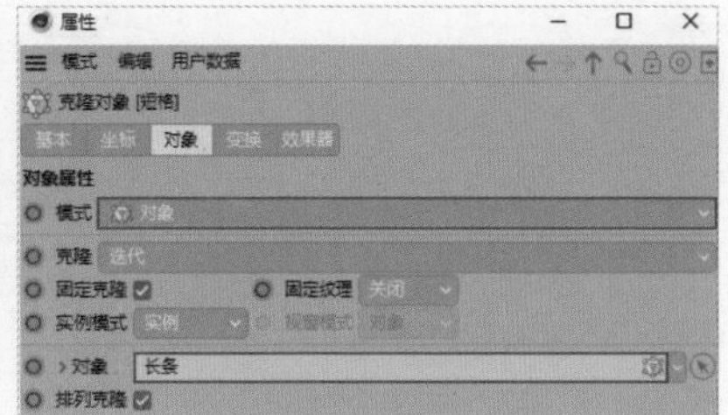

图3-120

04 执行“运动图形>效果器>随机”菜单命令，在“属性”面板中设置P.X为50cm、P.Y为240cm、P.Z为50cm，然后勾选“缩放”和“等比缩放”复选框，接着设置“缩放”为0.8，如图3-121所示。

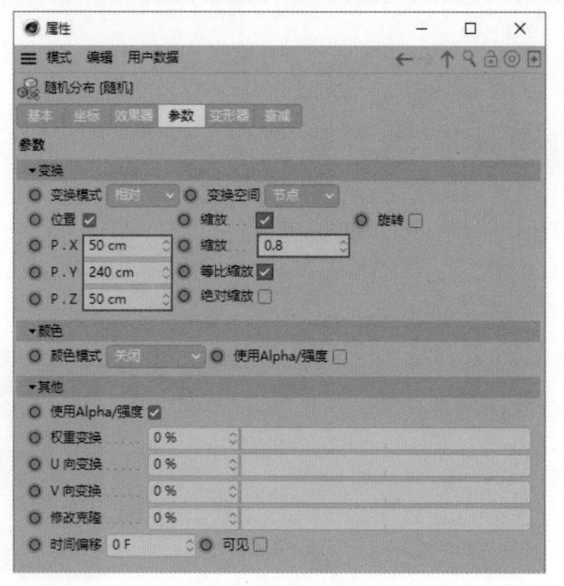

图3-121

05 选择“短格”对象，移动“对象”面板中的“随机”对象至“属性”面板的“效果器”列表框中，如图3-122所示。参照上述方法，移动“随机”对象至“长条”对象的“效果器”列表框中。最终模型效果如图3-123所示。

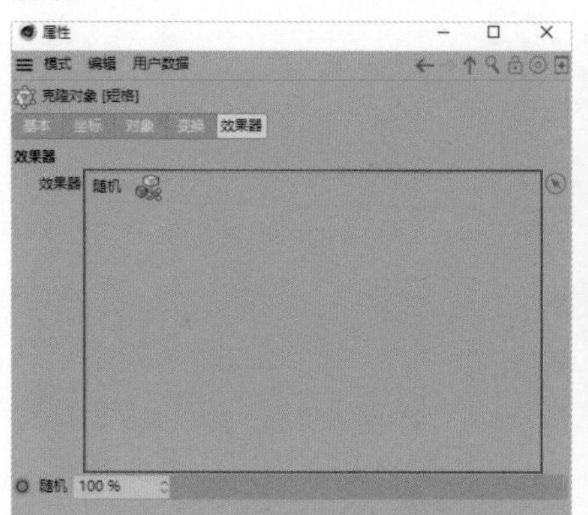

图3-122

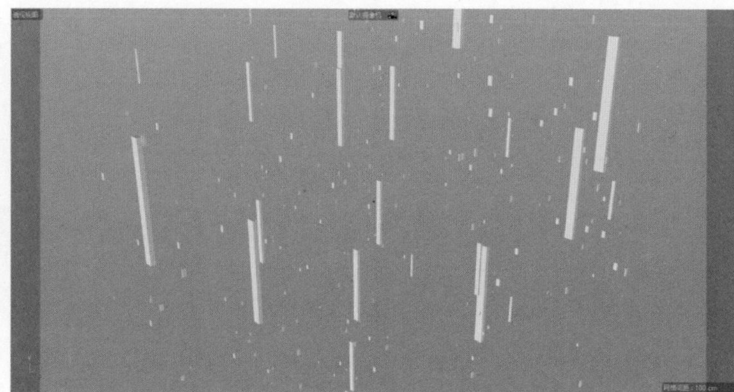

图3-123

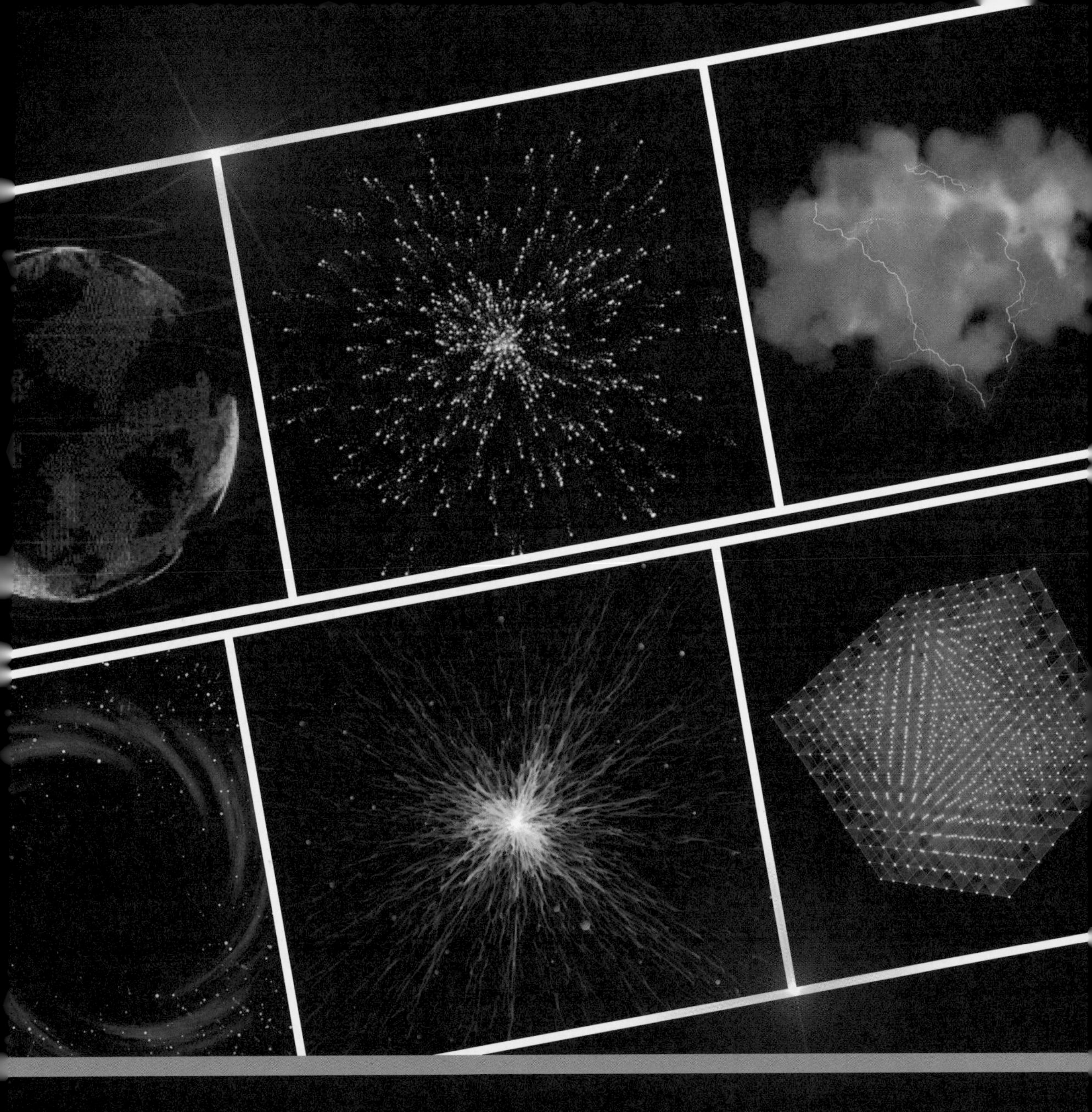

第4章 After Effects的常用效果

After Effects中的效果有原生效果和插件效果。粒子插件是较经典的插件，本章主要通过案例讲解粒子插件以及常规粒子效果的制作，为后续After Effects与Cinema 4D的结合夯实基础。

4.1 Form粒子插件的应用

使用Form粒子插件可将粒子直接发射在虚拟空间中，调整这些粒子的参数能产生相应效果。

实战：星沙

实战：	星沙
场景位置	场景文件 > CH04 > 实战：星沙
实例位置	实例文件 > CH04 > 实战：星沙
难易程度	★★☆☆☆
学习目标	掌握Form粒子插件的使用方法

星沙的效果如图4-1所示，制作分析如下。

图4-1

第1点：Set Color的着色是由粒子的中心向四周扩散。基于这样的前提，将粒子先着色后散开，就能够得到一个五彩斑斓的效果。

第2点：Set Color参数最大的作用是对粒子群体进行渐变上色，除了一些预设的颜色外，还能够自定义颜色。

01 打开After Effects，执行“合成>新建合成”菜单命令，设置“合成名称”为“星沙”、“宽度”为1920px、“高度”为1080px、“帧速率”为30帧/秒，单击“确定”按钮（确定），如图4-2所示。

02 执行“图层>新建>纯色”菜单命令，设置“名称”为Form，单击“确定”按钮（确定），如图4-3所示。此时“时间轴”面板中新增一个Form图层，如图4-4所示。

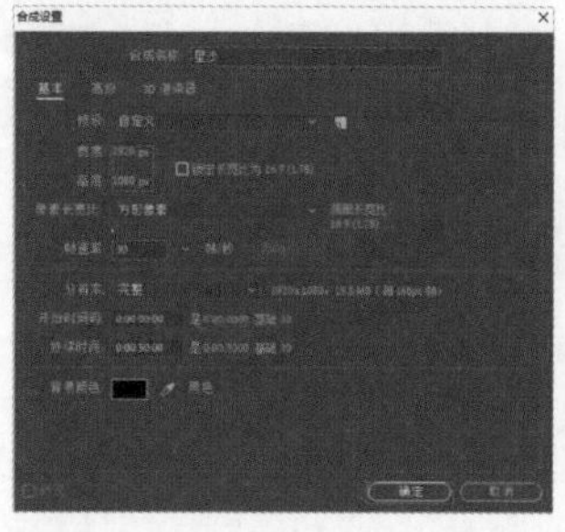

图4-2

图4-3

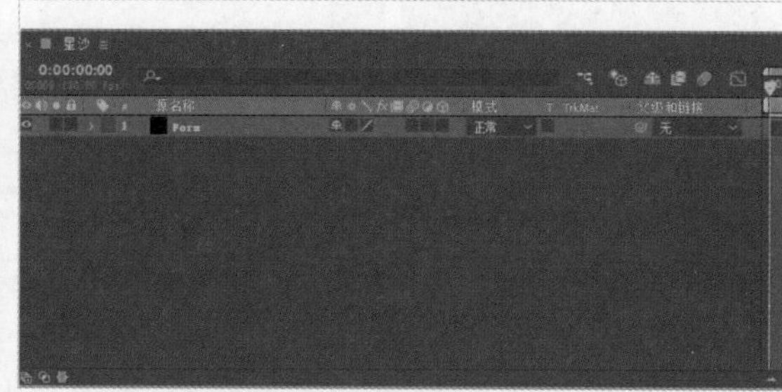

图4-4

03 选择Form图层，执行“效果>RG Trapcode>Form”菜单命令，此时“效果控件”面板和“合成”面板如图4-5所示。

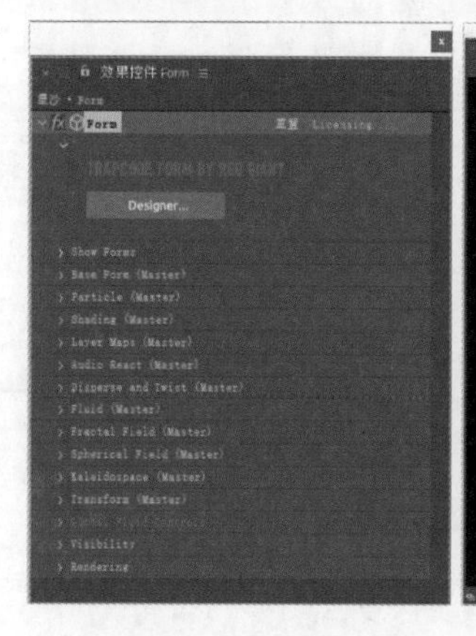

图4-5

04 在“效果控件”面板中展开Base Form(Master)卷展栏，设置Particles in X为30、Particles in Y为30、Particles in Z为5，如图4-6所示。这里通过增加x轴与y轴方向的粒子数量，让粒子的整体视觉效果更清晰，同时增加z轴方向的层数，让粒子更有层次感，效果如图4-7所示。

05 展开Particle(Master)卷展栏，设置Size Random、Opacity Random均为100%，如图4-8所示。此时粒子的疏密程度已改变，效果如图4-9所示。

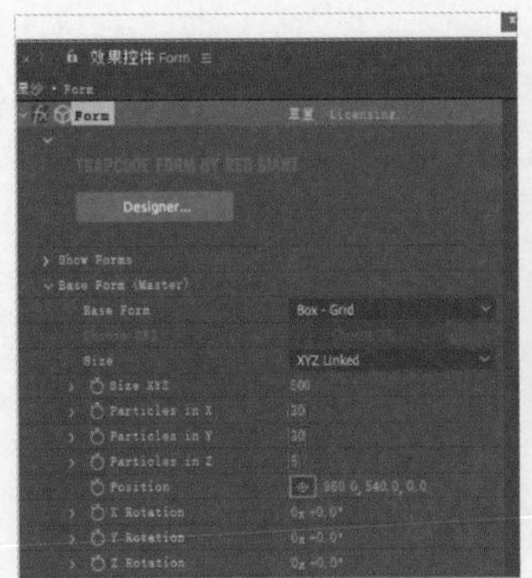

图4-6

图4-7

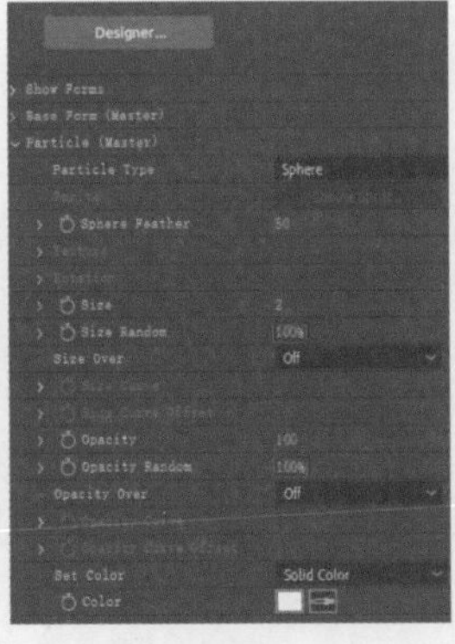

图4-8

图4-9

06 展开Disperse and Twist(Master)卷展栏，设置Disperse为500，如图4-10所示。粒子效果如图4-11所示。

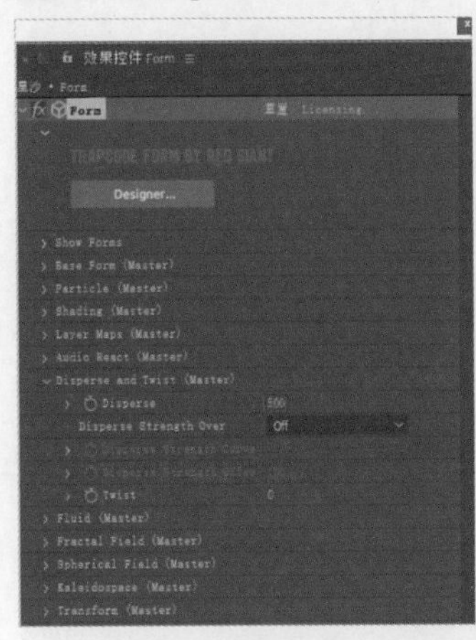

图4-10

图4-11

07 展开Particle(Master)卷展栏，设置Set Color为Radial，如图4-12所示。星沙的效果制作完成，如图4-13所示。

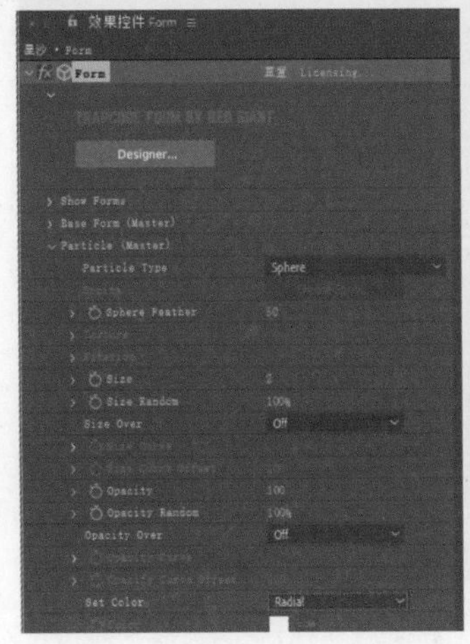

图4-12

图4-13

4.2 Particular粒子插件的应用

Particular粒子插件用于从屏幕中心向外部的虚拟空间发射粒子。

实战：烟花

场景位置	场景文件＞CH04＞实战：烟花
实例位置	实例文件＞CH04＞实战：烟花
难易程度	★★☆☆☆
学习目标	掌握Particular粒子插件的使用方法

烟花的效果如图4-14所示，制作分析如下。

第1点：Particular粒子有生命周期。

第2点：粒子的生命周期越长，其存在于虚拟空间中的时间就越长，范围越广。

01 执行“合成＞新建合成”菜单命令，设置“合成名称”为“烟花”、“宽度”为1920px、“高度”为1080px、“帧速率”为30帧/秒，如图4-15所示。执行“图层＞新建＞纯色”菜单命令，设置“名称”为Particular，如图4-16所示。

图4-14

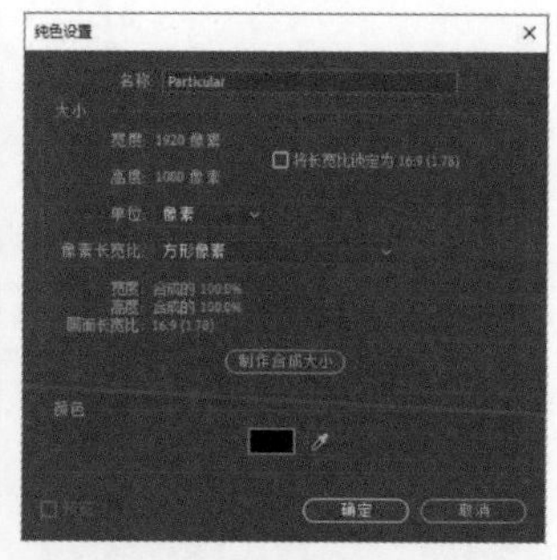

图4-15

图4-16

02 选择Particular图层，执行“效果＞RG Trapcode＞Particular”菜单命令，此时“合成”面板中没有出现任何内容，如图4-17所示。这是因为Particular粒子拥有生命周期，此时粒子还没有“出生”。

03 在“时间轴”面板中修改时间码为0:00:10:00，如图4-18所示。此时可以观察到“合成”面板中出现了粒子，如图4-19所示。

图4-17

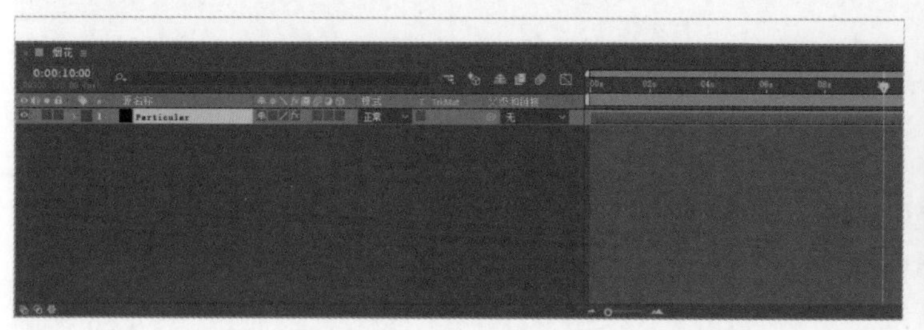

图4-18

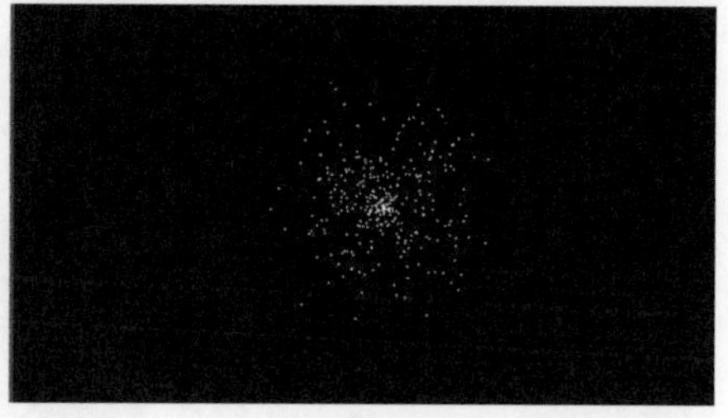

图4-19

04 展开Particle(Master)卷展栏，设置Life[sec]为5，如图4-20所示。此时“合成”面板中粒子的范围扩大了，如图4-21所示。

05 展开Aux System(Master)卷展栏，设置Emit为Continuously，如图4-22所示。效果如图4-23所示。设置Particles/sec为30，如图4-24所示。此时粒子的数量增加并且颗粒感消失，如图4-25所示。

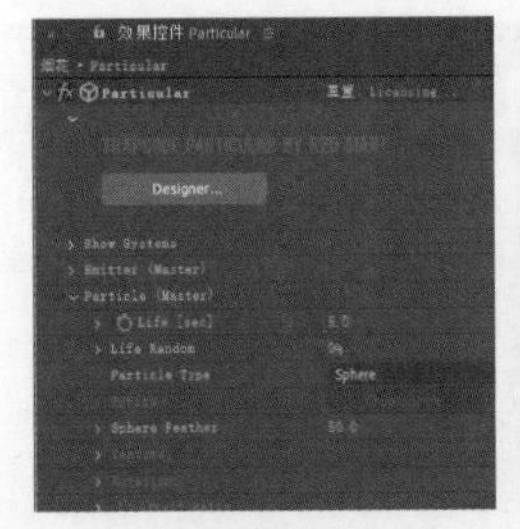
图4-20

图4-21

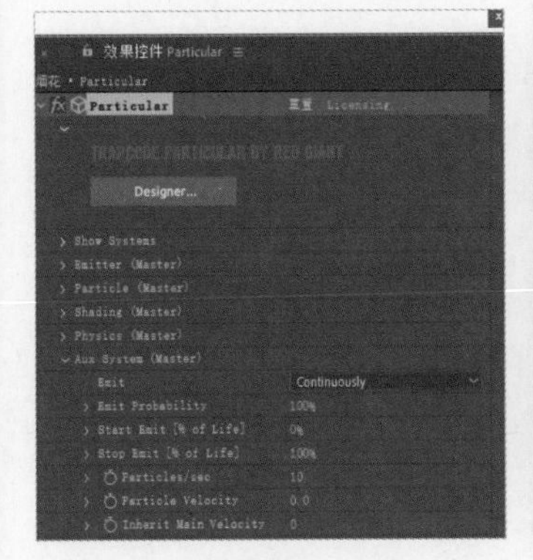
图4-22

图4-23

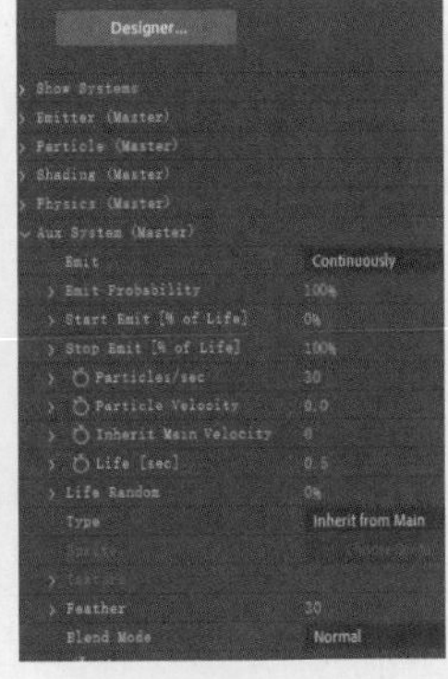
图4-24

图4-25

06 保持当前选择不变，设置Particle Velocity为30、Size为2.5，如图4-26所示。注意这里的Size参数仅对Aux System效果下生成的粒子产生作用，粒子效果如图4-27所示。

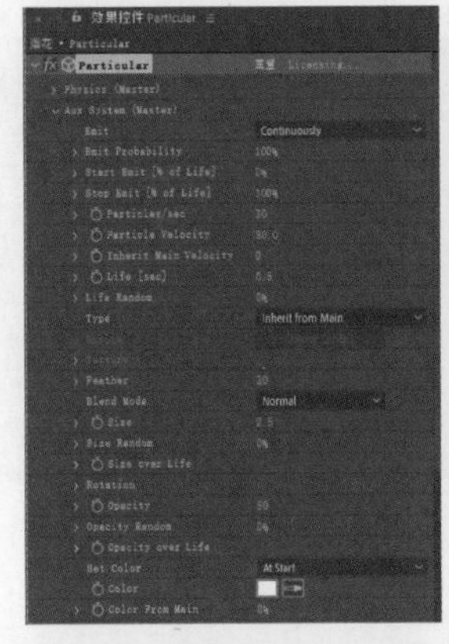
图4-26

图4-27

07 设置Set Color为Over Life，然后展开Color over Life卷展栏，接着打开PRESETS下拉列表，可以根据个人喜好选择效果，这里选择第3个选项，如图4-28所示。至此，烟花效果就制作完成了，如图4-29所示。

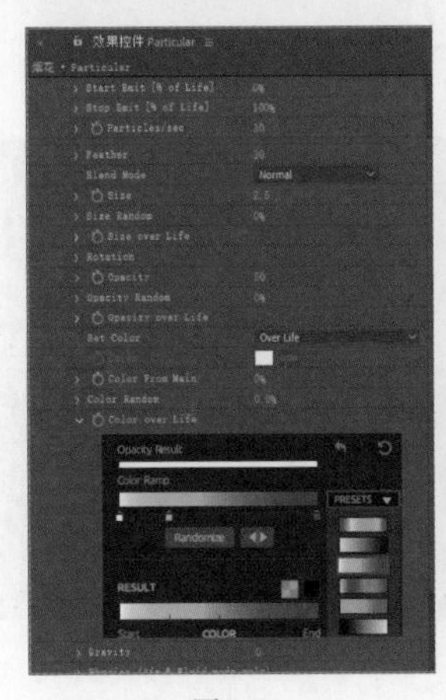
图4-28

图4-29

4.3 Plexus粒子插件的应用

Plexus粒子插件是从点、线、面3个方向分别控制粒子的，其中Effector、Renderer叠加使用时可以制作出不同的效果。

实战：紊乱空间

场景位置	场景文件 > CH04 > 实战：紊乱空间
实例位置	实例文件 > CH04 > 实战：紊乱空间
难易程度	★★☆☆☆
学习目标	掌握Plexus粒子插件的使用方法

紊乱空间的效果如图4-30所示，制作分析如下。

第1点：Plexus面板中指令的应用规则与Cinema 4D中“对象”面板中的变形器相似，指令的排列顺序不同，执行的顺序也不同。

第2点：Plexus粒子插件中的大多数效果是可以叠加使用的。

01 执行“合成>新建合成”菜单命令，设置“合成名称”为“紊乱空间”、“宽度”为1920px、“高度”为1080px、“帧速率”为30帧/秒，如图4-31所示。执行“图层>新建>纯色”菜单命令，设置“名称”为Plexus，如图4-32所示。

图4-30

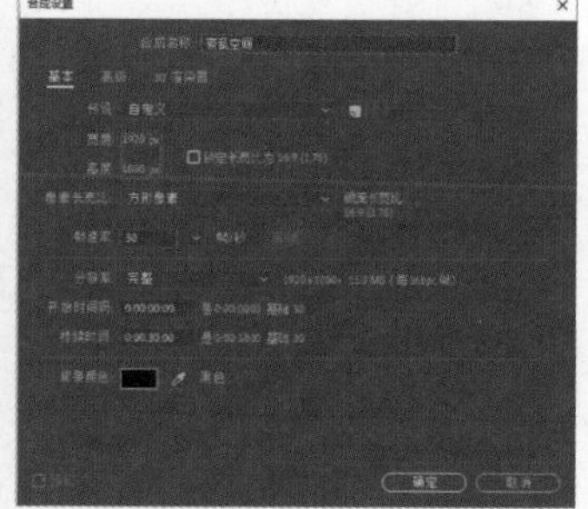

图4-31

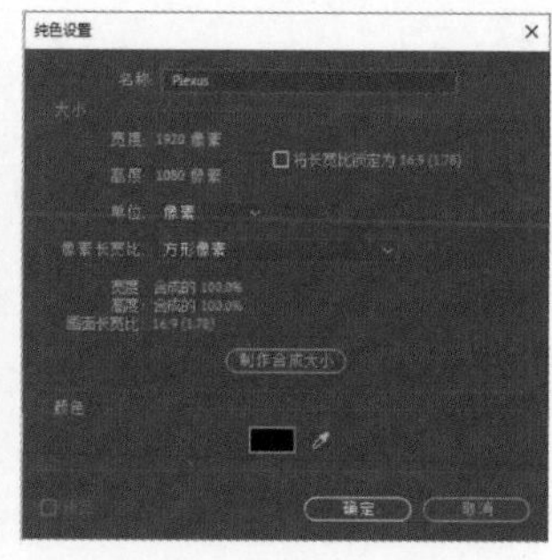

图4-32

02 选择Plexus图层，执行“效果>Rowbyte>Plexus”菜单命令，Plexus面板如图4-33所示。

03 Plexus粒子不具备生命周期，需要手动添加发射对象。在Plexus面板中选择“Add Geometry>Primitive”选项，效果如图4-34所示。此时Plexus面板中新增一条指令，指令会根据时间顺序来排列，可以移动指令改变其顺序，如图4-35所示。

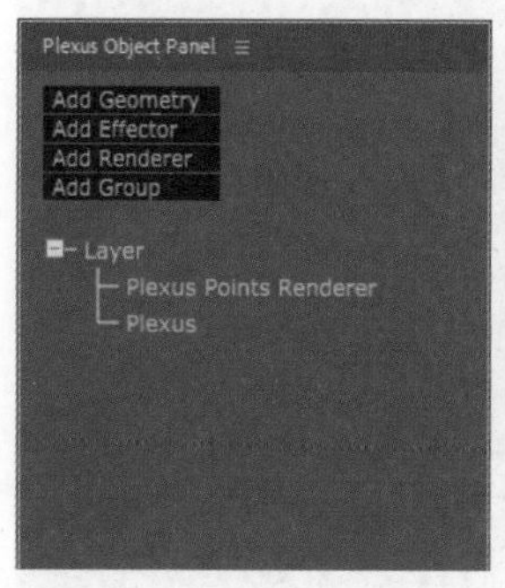

图4-33

图4-34

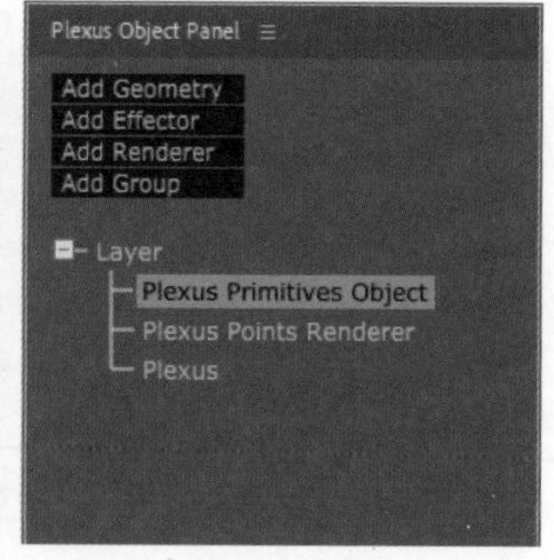

图4-35

04 在Plexus面板中选择“Add Effector>Noise”选项，然后选择Plexus Noise Effector指令，如图4-36所示。在“效果控件”面板中设置Apply Noise To(Vertices)为Scale、Noise Amplitude为400，如图4-37所示。

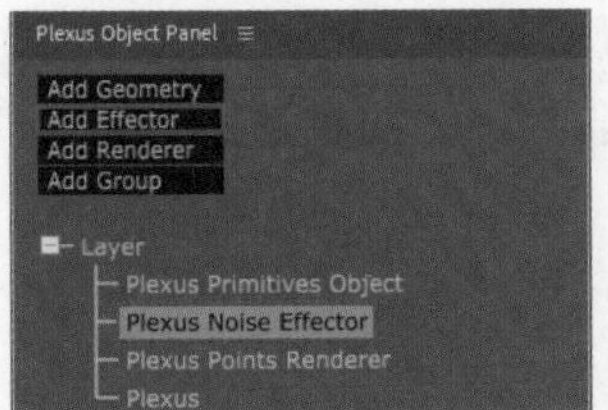

图4-36

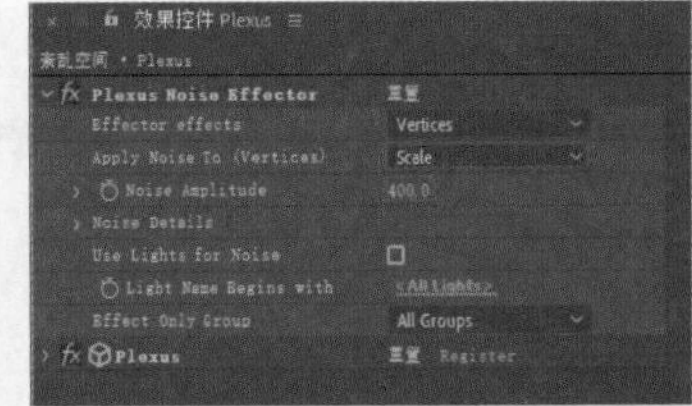

图4-37

05 选择Plexus面板中的“Add Effector>Noise”选项，然后选择Plexus Noise Effector 2指令，接着在“效果控件”面板中设置Noise Amplitude为1500，如图4-38所示。此时“合成”面板中左侧的粒子不太明显，如图4-39所示。

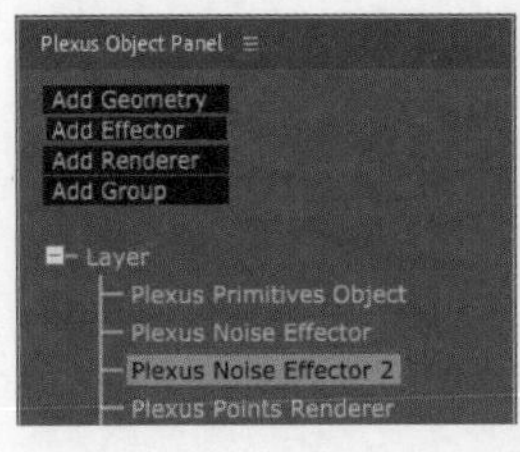

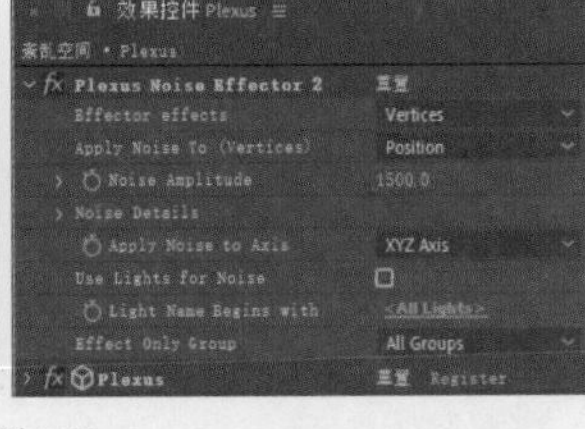

图4-38

图4-39

06 选择Plexus面板中的Plexus Noise Effector指令，在“效果控件”面板中展开Noise Details卷展栏，设置Noise Z Offset为0x+20°，如图4-40所示。效果如图4-41所示。

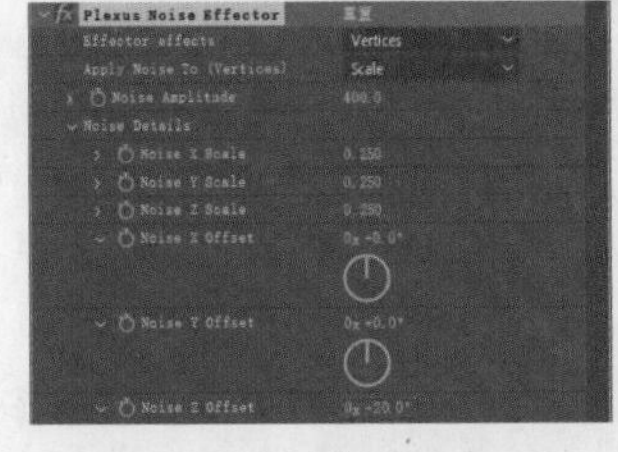

图4-40

图4-41

07 在Plexus面板中选择“Add Renderer>Lines”选项，然后选择Plexus Lines Renderer指令，接着在“效果控件”面板中设置Maximum Distance为75、Line Thickness为0.5，如图4-42所示。效果如图4-43所示。

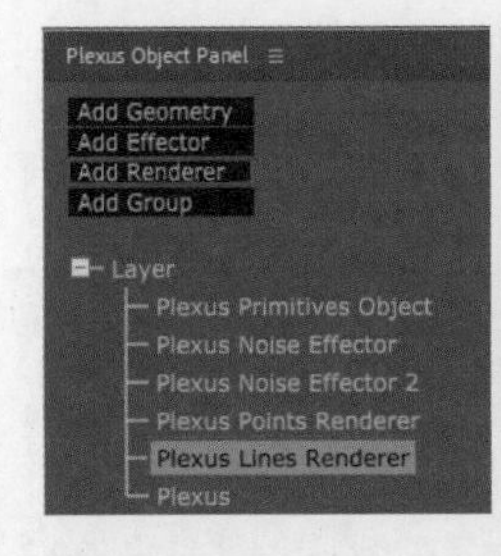

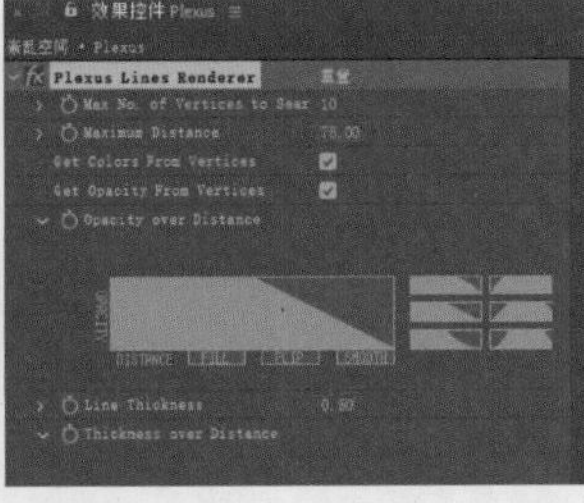

图4-42

图4-43

08 在Plexus面板中选择“Add Renderer>Facets”选项，然后选择Plexus Facets Renderer指令，接着在“效果控件”面板中设置Maximum Distance为140，如图4-44所示。最终效果如图4-45所示。

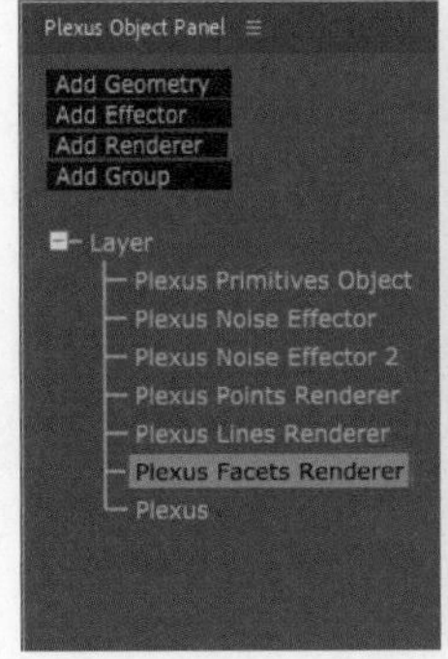

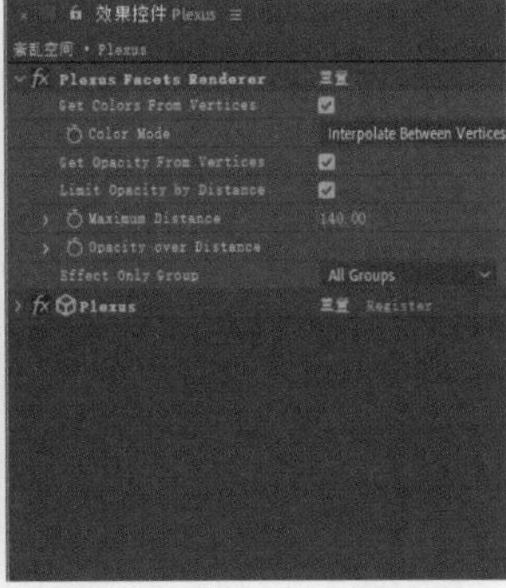

图4-44

图4-45

4.4 城市生活类型的应用

本节的案例将After Effects中的粒子插件效果与原生效果结合起来使用，制作具有科技感的效果。

实战：地平线的光

场景位置	场景文件＞CH04＞实战：地平线的光
实例位置	实例文件＞CH04＞实战：地平线的光
难易程度	★★★☆☆
学习目标	掌握多个效果叠加应用时的注意事项

地平线的光的效果如图4-46所示，制作分析如下。

当多个效果叠加应用时，需要注意效果的排列顺序，排列越靠上，越先显示。

01 创建一个合成，设置“合成名称”为“地平线的光”、“宽度”为1920px、“高度”为1080px、“帧速率”为30帧/秒，如图4-47所示。创建一个“纯色”图层，将其命名为“地平线”，如图4-48所示。

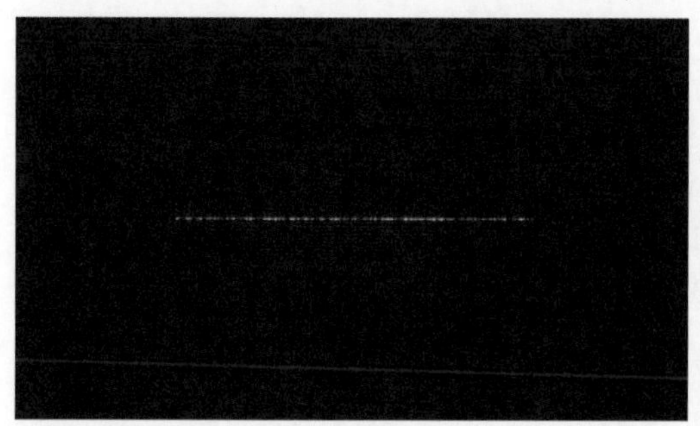

图4-46

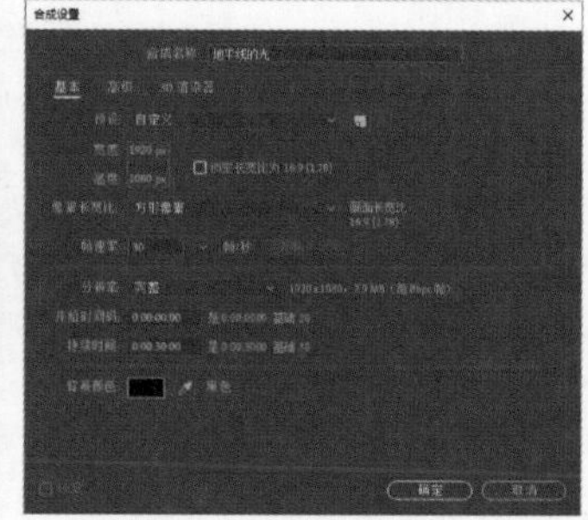

图4-47

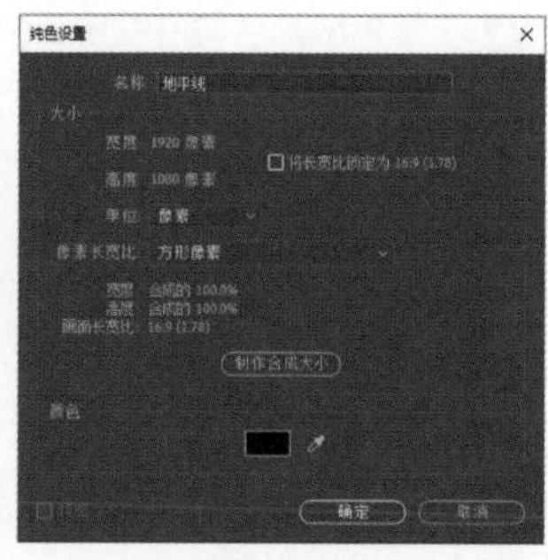

图4-48

02 选择“地平线”图层，执行“效果＞RG Trapcode＞Form”菜单命令，此时的“效果控件”面板和“合成”面板如图4-49所示。

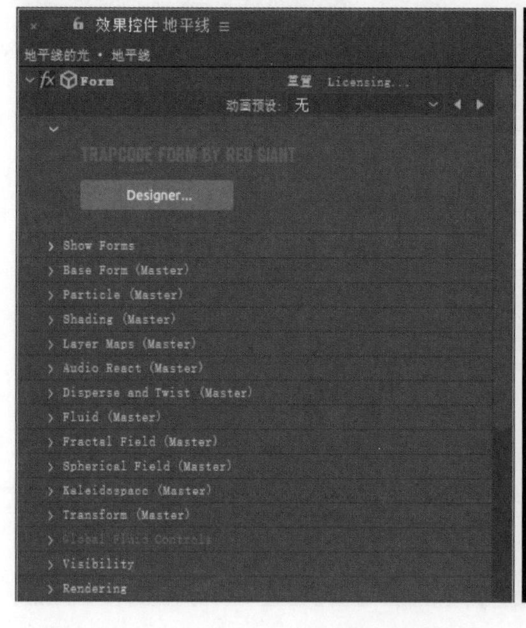

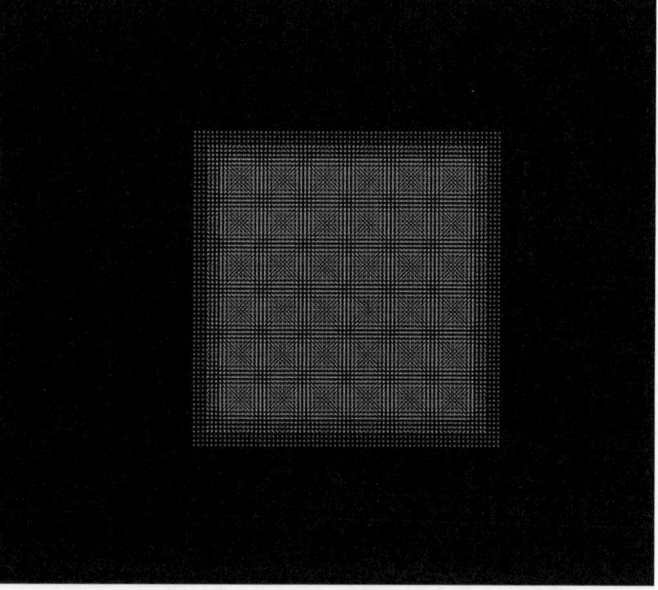

图4-49

03 展开Base Form（Master）卷展栏，具体参数设置如图4-50所示。效果如图4-51所示。

设置步骤

①设置Base Form为Box-Strings、Size为XYZ Individual。

②设置Size X为1920、Size Y为200、Size Z为0、Strings in Y为20、Strings in Z为1。

③设置Position为（960,640,0）。

④展开String Settings卷展栏，设置Taper Size和Taper Opacity均为Smooth。

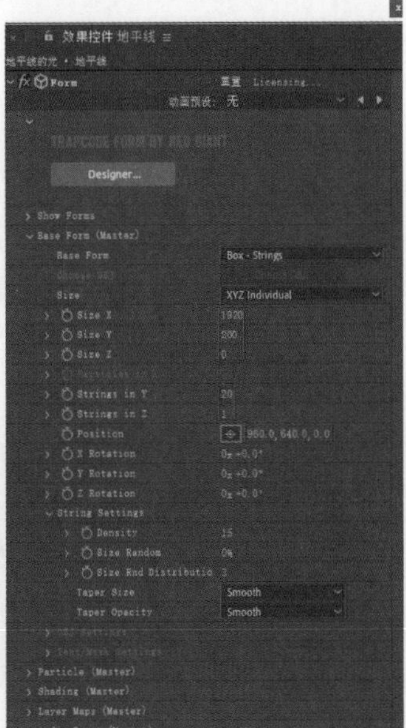
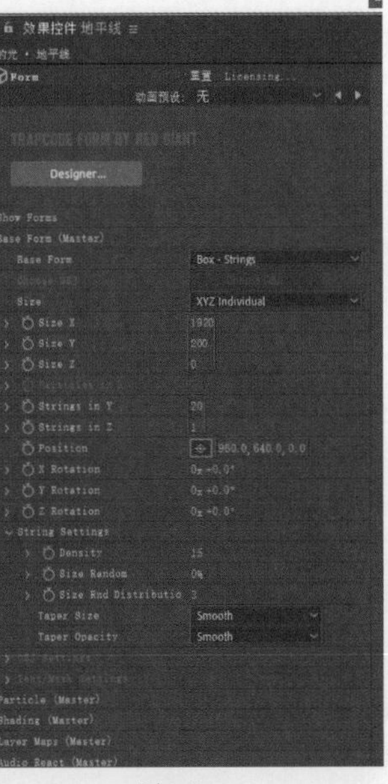

图4-50

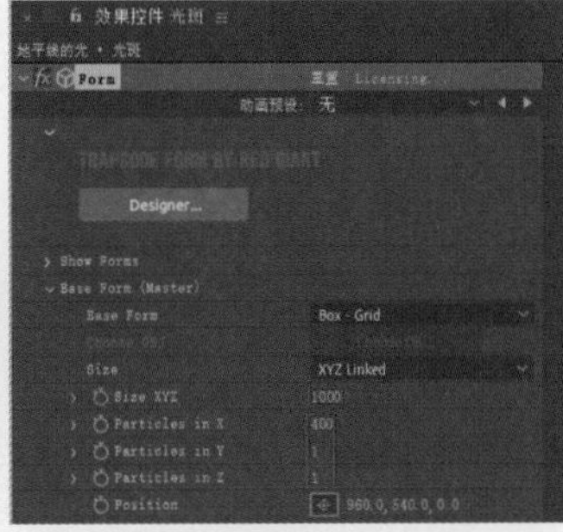
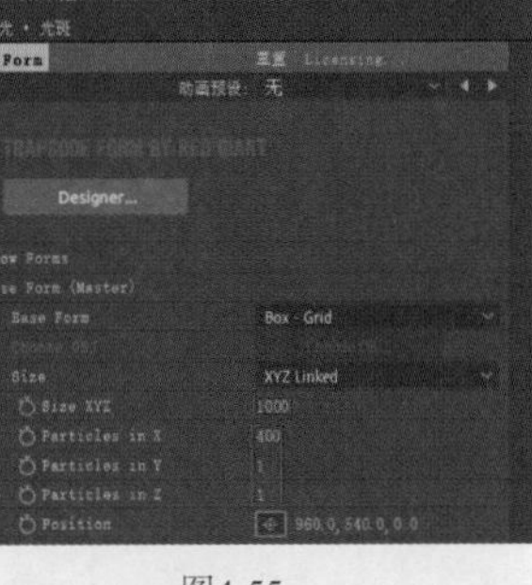

图4-51

04 展开Particle（Master）卷展栏，设置Opacity为5，然后设置Opacity Over为Y，接着展开Opacity Curve卷展栏，选择PRESETS下拉列表中的第2个选项，如图4-52所示。效果如图4-53所示。

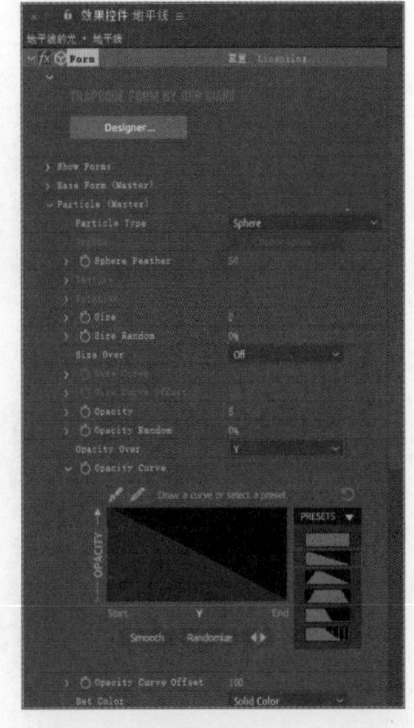

图4-52

图4-53

05 新建一个“纯色”图层，将其命名为“光斑”，如图4-54所示。选择“光斑”图层，执行“效果>RG Trapcode>Form”菜单命令，然后展开Base Form（Master）卷展栏，设置Size XYZ为1000、Particles in X为400、Particles in Y为1、Particles in Z为1，如图4-55所示。效果如图4-56所示。

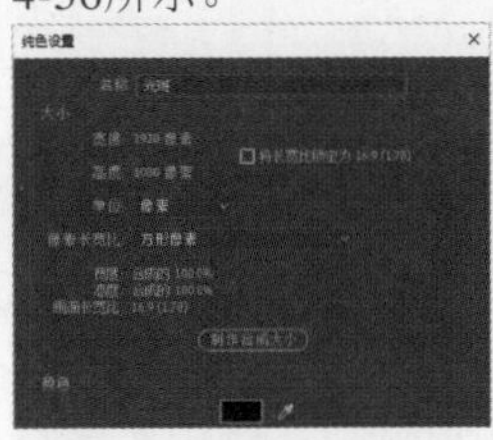

图4-54

图4-55

图4-56

06 展开Particle（Master）卷展栏，设置Size为5、Size Random为100%、Opacity Random为100%，然后设置Color为蓝色（R:0,G:144,B:255）、Blend Mode为Add，如图4-57所示。效果如图4-58所示。

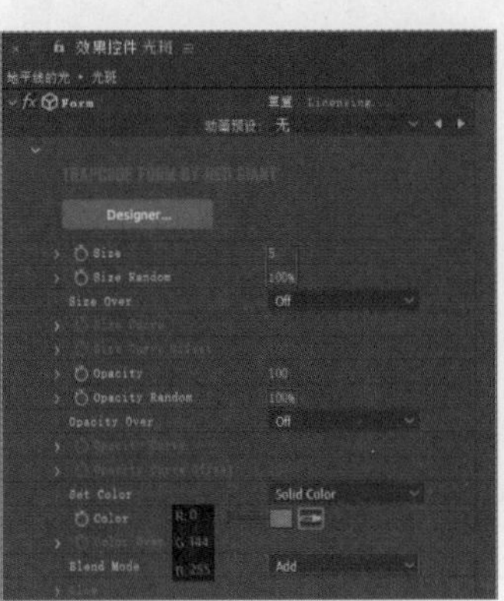

图4-57

图4-58

07 执行“效果>风格化>发光”菜单命令，此时“发光”效果已经添加成功，如图4-59所示。

08 选择“光斑”图层，将其复制粘贴后得到一个新的“光斑”图层，将其重命名为“背景光”，如图4-60所示。

图4-59

图4-60

09 执行“效果>模糊和锐化>定向模糊”菜单命令，在“效果控件”面板中设置“模糊长度”为50，如图4-61所示。选择“发光”图层，执行“编辑>清除”菜单命令。最终效果如图4-62所示。

图4-61

图4-62

实战：流光溢彩的能量光束

场景位置	场景文件>CH04>实战：流光溢彩的能量光束
实例位置	实例文件>CH04>实战：流光溢彩的能量光束
难易程度	★★☆☆☆
学习目标	掌握Aux System粒子的使用方法

流光溢彩的能量光束的效果如图4-63所示，制作分析如下。

Aux System与Particle粒子可以看作两类粒子，虽然都能够单独地设置参数，但只有Particle粒子存在时Aux System粒子才会生效。

01 创建一个合成，设置“合成名称”为“能量光束”、“宽度”为1920px、“高度”为1080px、“帧速率”为30帧/秒，然后创建一个“纯色”图层，将其命名为Particular，如图4-64所示。

图4-63

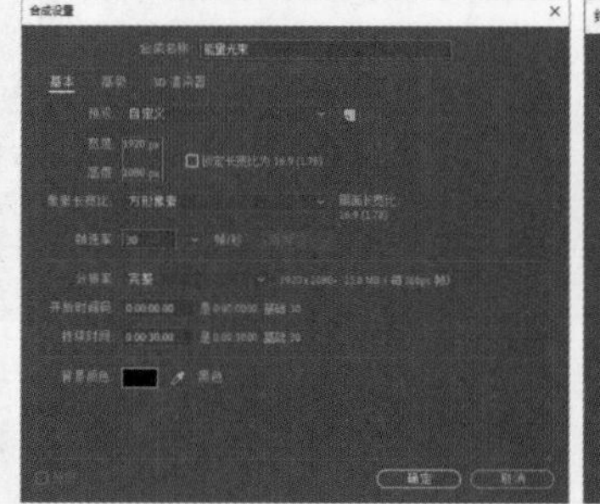

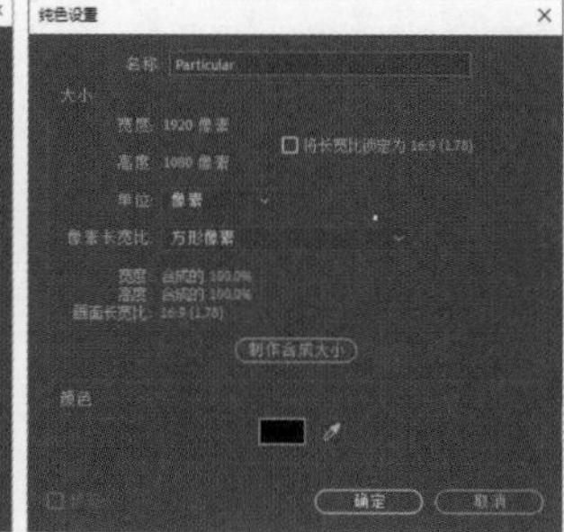

图4-64

02 选择Particular图层，执行“效果>RG Trapcode>Particular”菜单命令，然后设置时间码为0:00:10:00，如图4-65所示。此时“合成”面板中出现粒子效果，如图4-66所示。

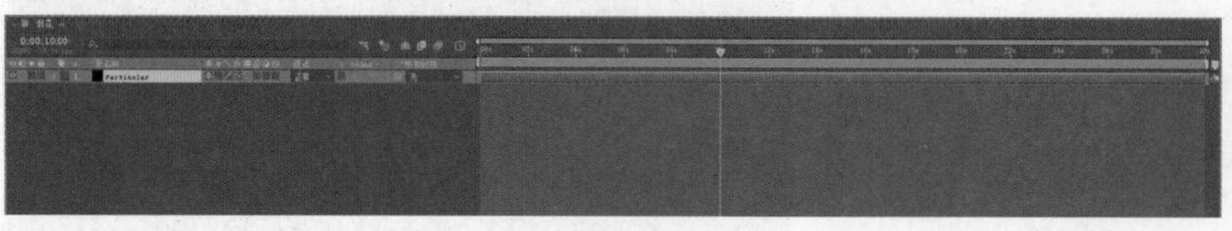

图4-65

图4-66

03 展开Emitter(Master）卷展栏，设置Position为（960,0,0)、Velocity为60，如图4-67所示。此时粒子的效果类似于瀑布，如图4-68所示。

04 展开Physics(Master）卷展栏，设置Gravity为100，如图4-69所示。展开Aux System(Master）卷展栏，设置Emit为Continuously、Inherit Main Velocity为100，如图4-70所示。效果如图4-71所示。

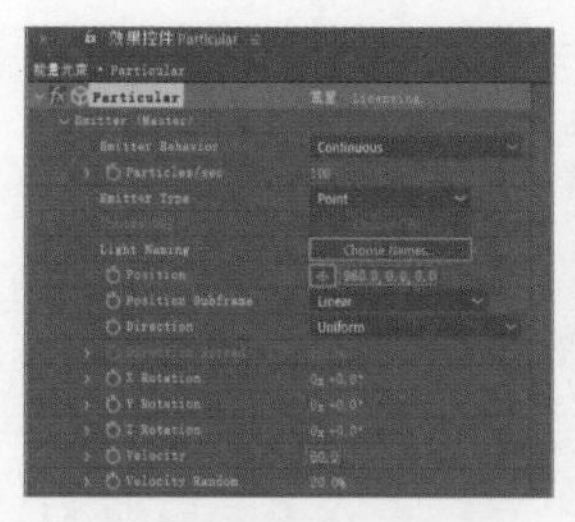

图4-67

图4-68

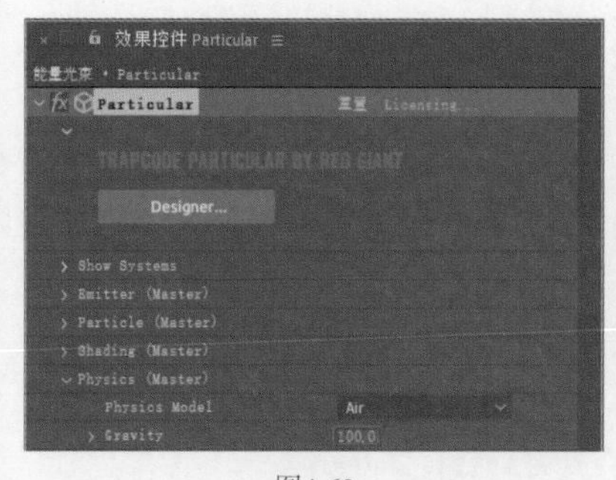

图4-69

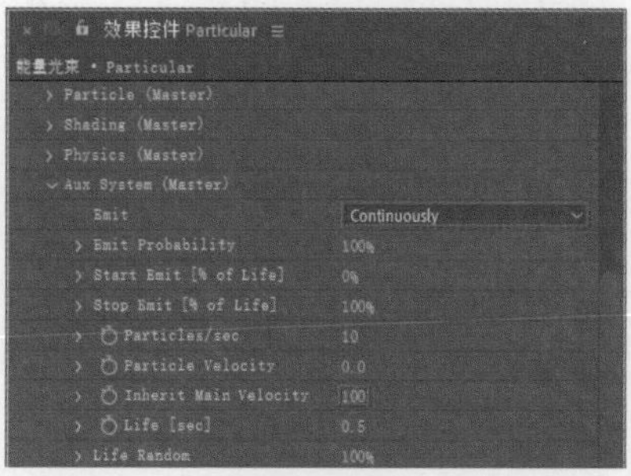

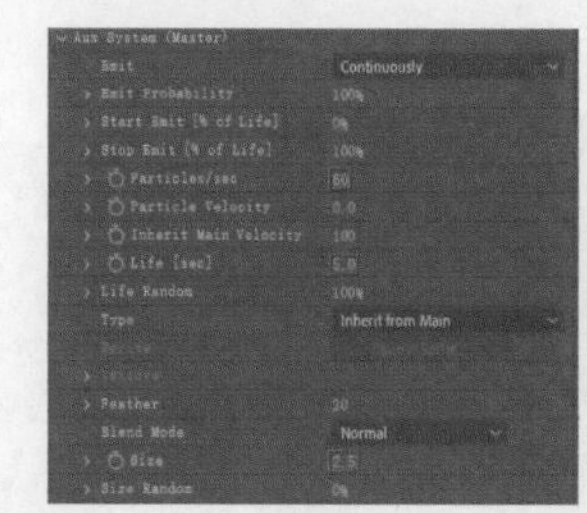

图4-70

图4-71

05 保持当前选择不变，设置Particles/sec为60、Life[sec]为5、Size为2.5，如图4-72所示。效果如图4-73所示。

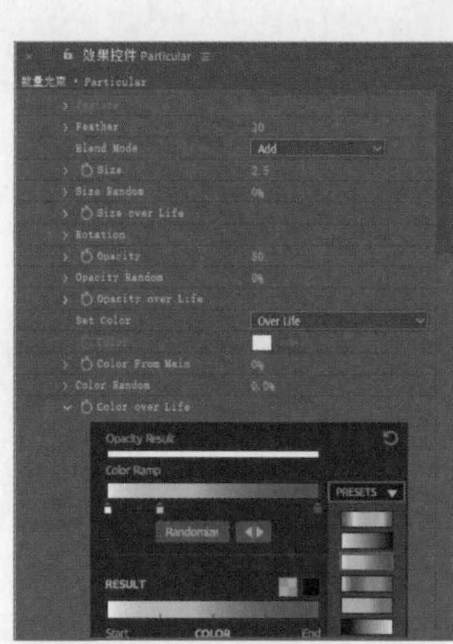

图4-72

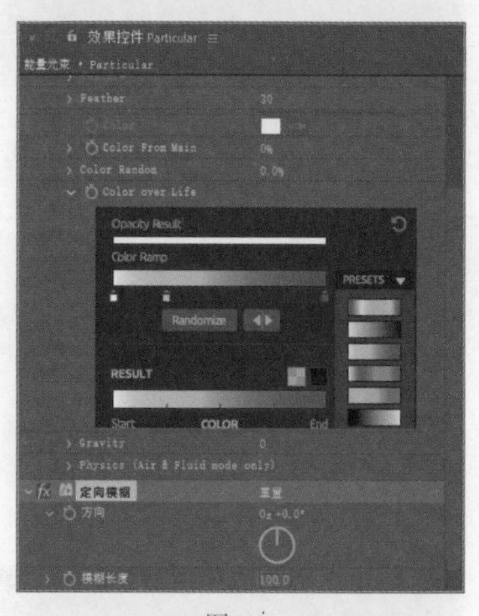

图4-73

06 设置Blend Mode为Add，以提高颜色的饱和度和对比度，然后设置Set Color为Over Life，接着展开Color over Life卷展栏，选择PRESETS下拉列表中的第3个选项，如图4-74所示。效果如图4-75所示。

图4-74

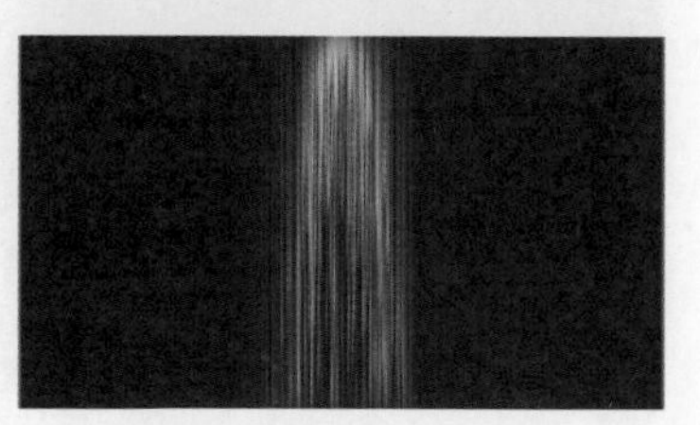

图4-75

07 选择Particular图层，执行“效果>模糊和锐化>定向模糊”菜单命令，然后设置“模糊长度”为100，如图4-76所示。效果如图4-77所示。

图4-76

图4-77

08 保持当前选择不变，展开Aux System(Master) 卷展栏，设置Opacity为100，如图4-78所示。最终效果如图4-79所示。

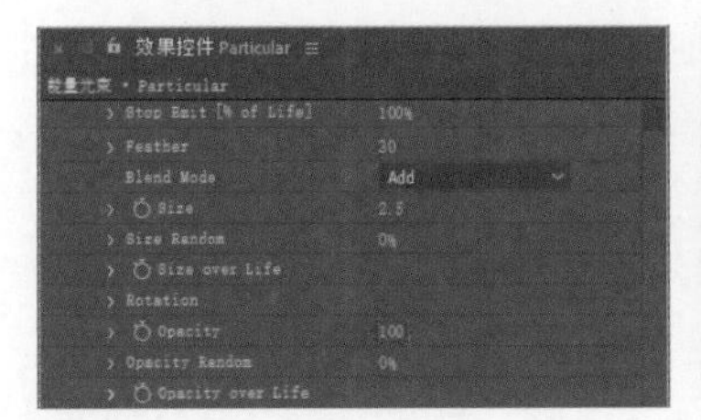

图4-78

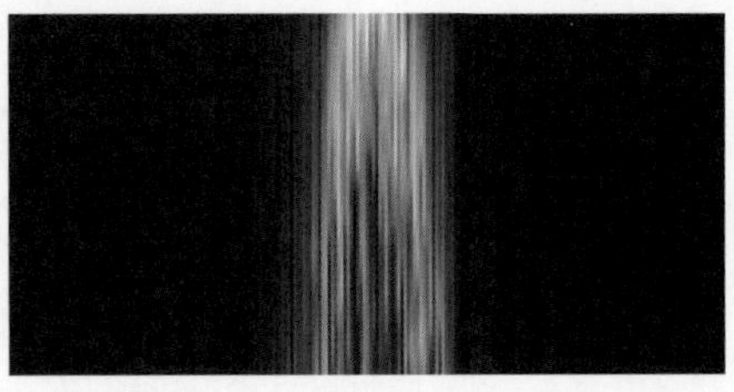

图4-79

实战：抽象艺术插画

场景位置	场景文件 > CH04 > 实战：抽象艺术插画
实例位置	实例文件 > CH04 > 实战：抽象艺术插画
难易程度	★★★☆☆
学习目标	掌握Particular粒子的使用方法

抽象艺术插画的效果如图4-80所示，制作分析如下。

抽象艺术插画效果的制作方法可以应用到医学、微观世界等领域，如制作神经元、神经突触等效果。

01 创建一个合成，设置“合成名称”为“抽象艺术插画”、“宽度”为1920px、“高度”为1080px、“帧速率”为30帧/秒，然后创建一个“纯色”图层，将其命名为“主体”，如图4-81所示。

图4-80

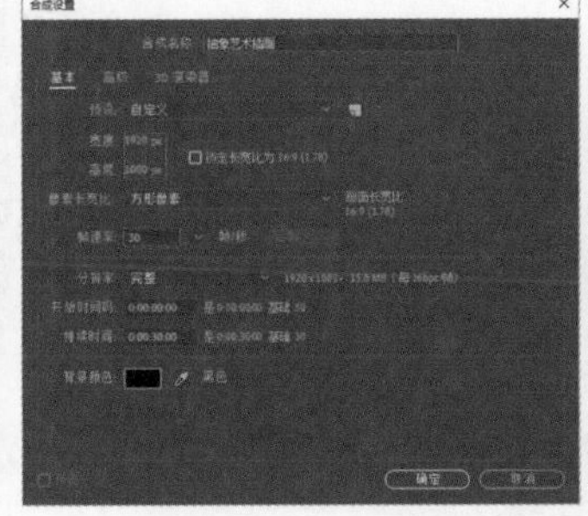

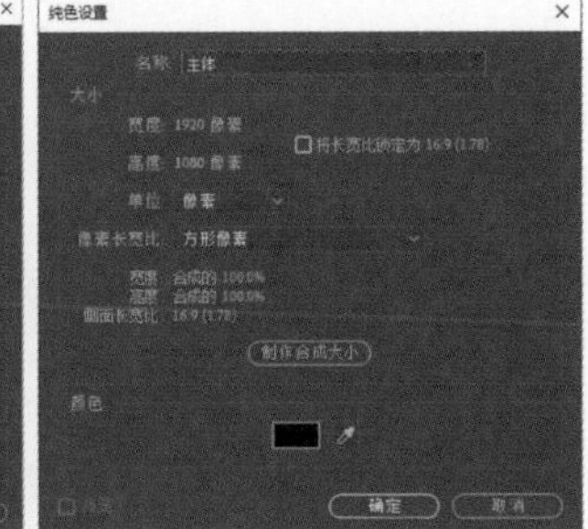

图4-81

02 选择“主体”图层，执行“效果>RG Trapcode>Particular”菜单命令，然后在“时间轴”面板中设置时间码为0:00:10:00，如图4-82所示。粒子效果如图4-83所示。

03 展开Emitter(Master) 卷展栏，设置Particles/sec为50、Velocity Random为100%，如图4-84所示。

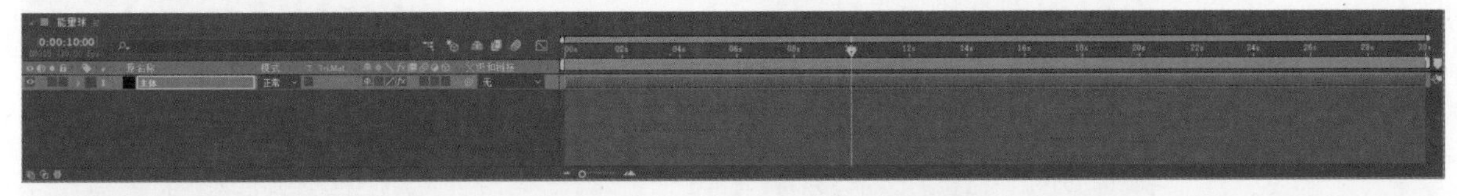

图4-82

图4-83

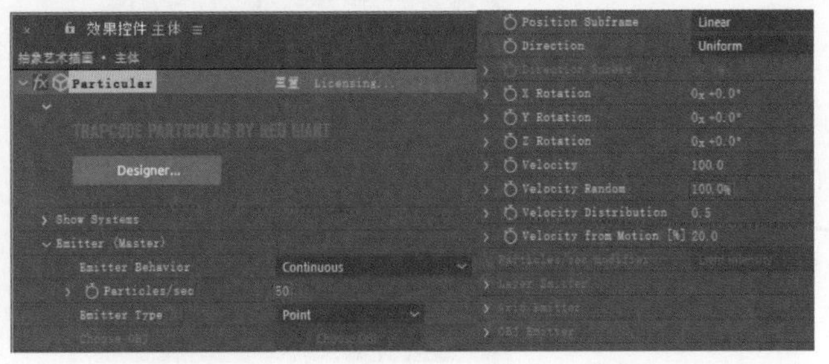

图4-84

04 展开Particle(Master)卷展栏，设置Life[sec]为10、Sphere Feather为0、Size为2、Size Random为100%、Opacity Random为100%，如图4-85所示。效果如图4-86所示。

05 展开Aux System(Master)卷展栏，具体参数设置如图4-87所示。效果如图4-88所示。

设置步骤

①设置Emit为Continuously、Particles/sec为50、Life[sec]为10。

②设置Blend Mode为Screen。

③设置Size为3、Opacity为15。

④设置Set Color为Over Life。

⑤展开Color over Life卷展栏，选择PRESETS下拉列表中的第3个选项并单击渐变色条下方的◀▶按钮，使渐变色条反转，然后移动渐变色条上的第2个色标至正中的位置。

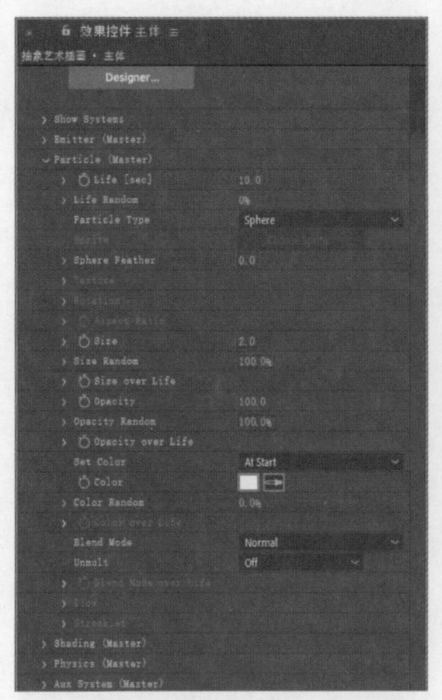

图4-85

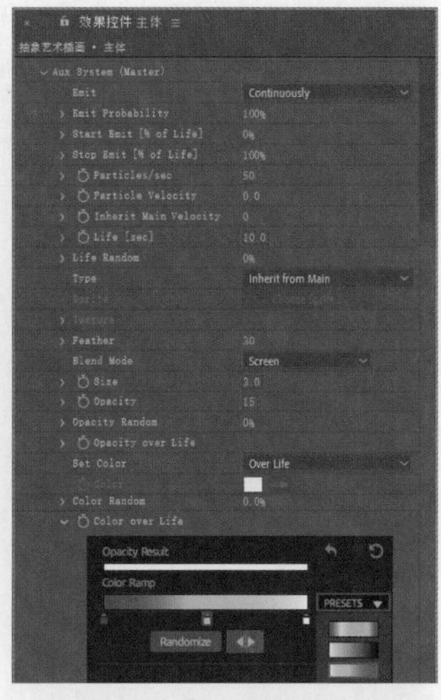

图4-87

图4-86

图4-88

06 依次展开Physics(Master)、Air卷展栏，设置Spin Amplitude为45，接着展开Turbulence Field卷展栏，设置Affect Size为20、Affect Position为100，如图4-89所示。效果如图4-90所示。

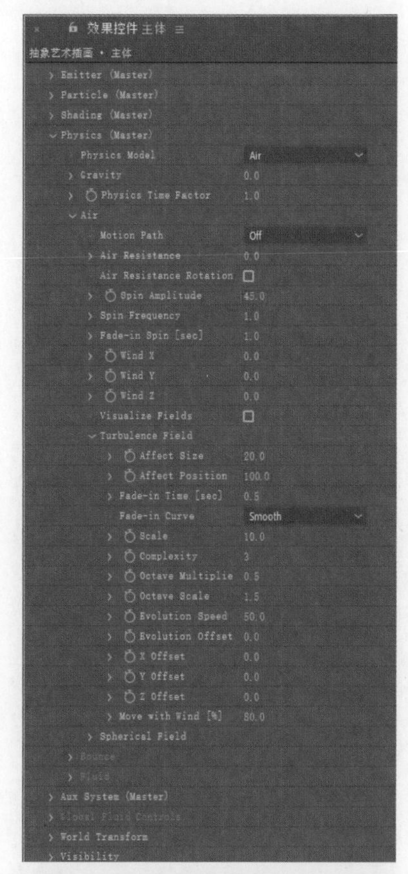

图4-89

图4-90

07 执行“效果>模糊和锐化>CC Radial Fast Blur”菜单命令，然后展开CC Radial Fast Blur卷展栏，设置Amount为50、Zoom为Darkest，如图4-91所示。

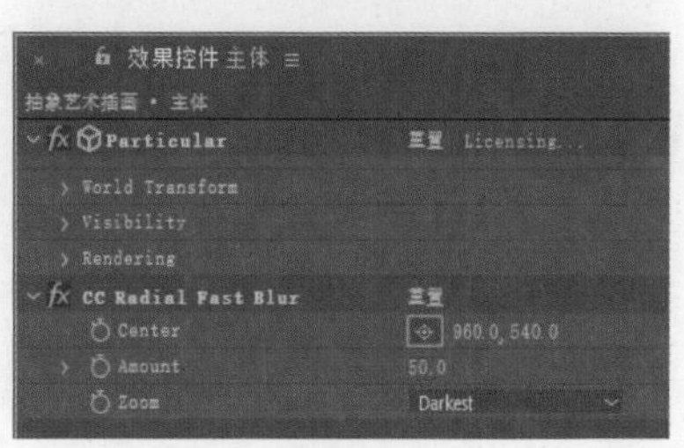

图4-91

08 选择“主体”图层，执行“编辑>复制”和“编辑>粘贴”菜单命令，然后将新增的“主体”图层重命名为“微尘”，如图4-92所示。选择“微尘”图层，展开Aux System（Master）卷展栏，设置Emit为Off，如图4-93所示。

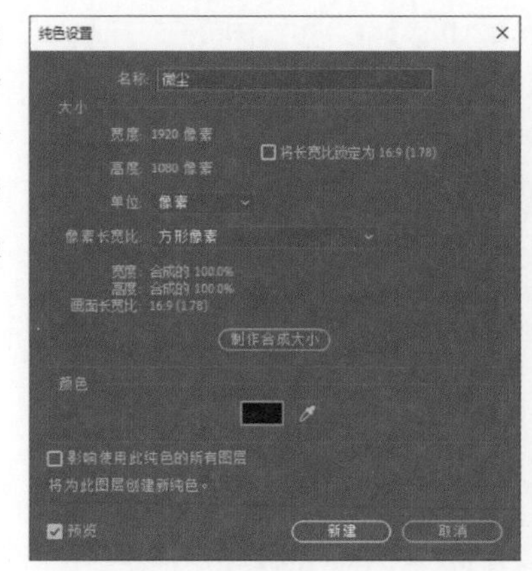

图4-92

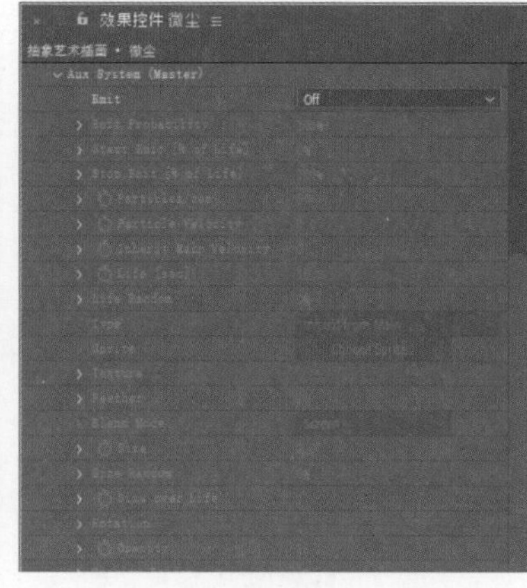

图4-93

09 展开Emitter(Master）卷展栏，设置Particles/sec为250、Z Rotation为0x+45°、Velocity为1000、Velocity Random为20%，如图4-94所示。效果如图4-95所示。

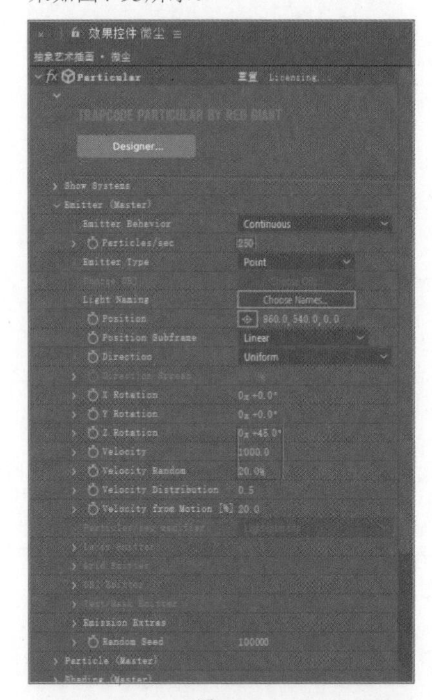

图4-94

图4-95

10 展开Particle(Master）卷展栏，设置Size为2.5，然后展开CC Radial Fast Blur卷展栏，设置Amount为10，如图4-96所示。最终效果如图4-97所示。

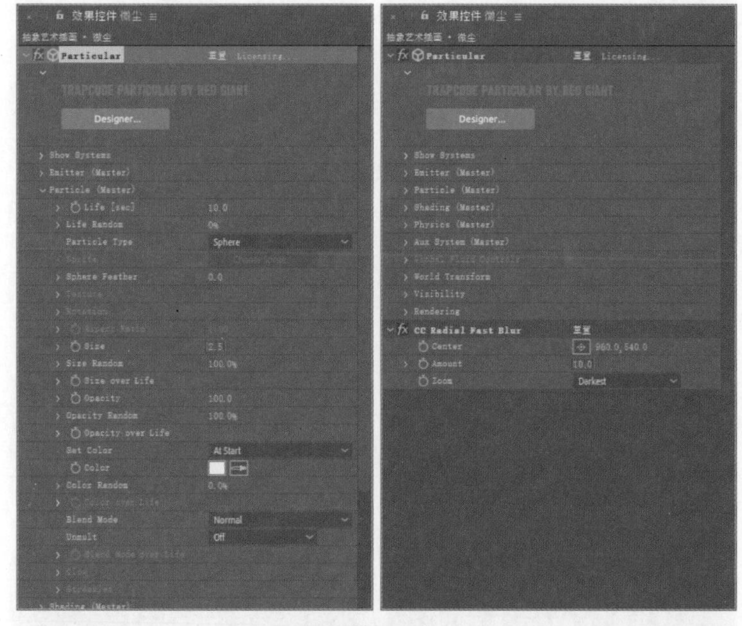

图4-96

图4-97

实战：信息矩阵

场景位置	场景文件 > CH04 > 实战：信息矩阵
实例位置	实例文件 > CH04 > 实战：信息矩阵
难易程度	★★☆☆☆
学习目标	掌握Maximum Distance参数的使用方法

信息矩阵的效果如图4-98所示，制作分析如下。

Lines中的Maximum Distance是根据粒子间的远近关系来判断是否添加连线，此参数值越大，粒子间可添加连线时的距离越大。

01 创建一个合成，设置“合成名称”为“信息矩阵”，然后创建一个“纯色”图层，将其命名为Plexus。选择Plexus图层，执行“效果 > Rowbyte > Plexus”菜单命令，打开Plexus面板，如图4-99所示。

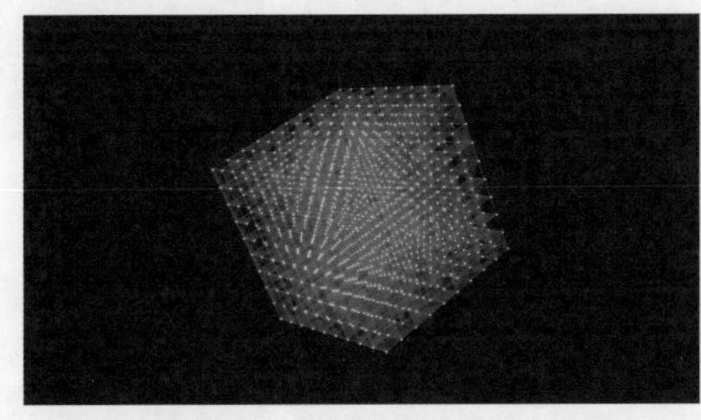

图4-98

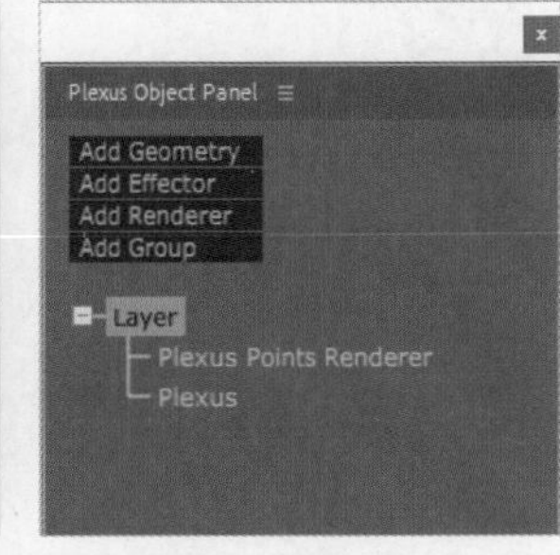

图4-99

02 在Plexus面板中选择“Add Geometry > Primitive”选项，然后选择Plexus Points Renderer指令，如图4-100所示。在“效果控件”面板中设置Points Size为3，取消勾选Get Opacity From Vertices复选框，然后设置Points Opacity为100%，如图4-101所示。效果如图4-102所示。

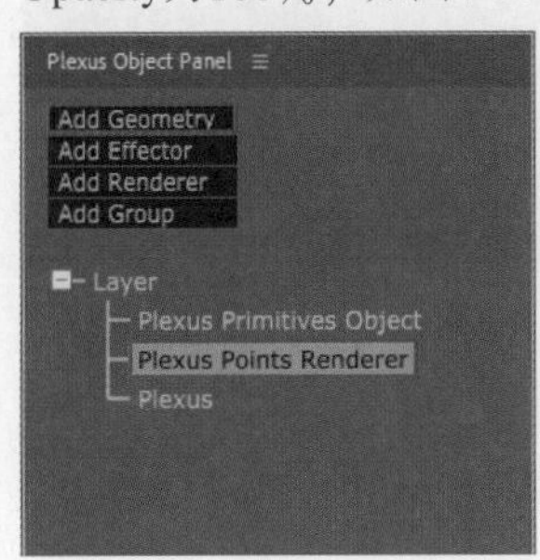

图4-100

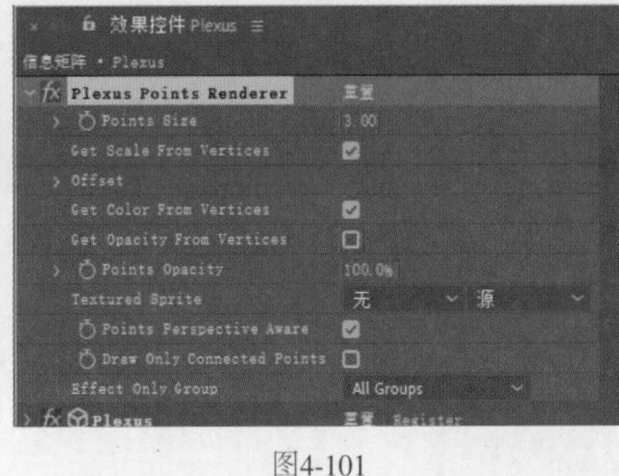

图4-101

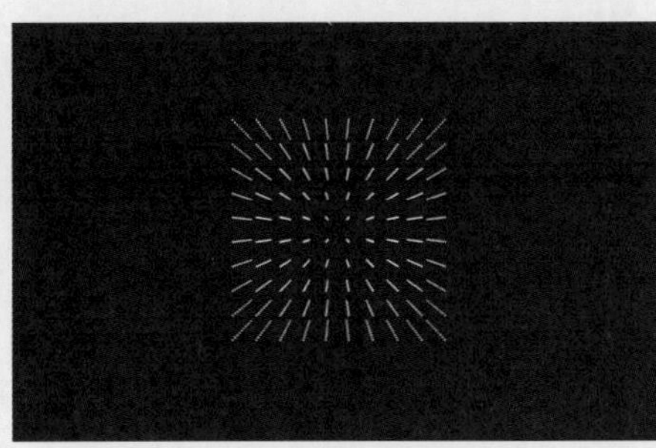

图4-102

03 选择Plexus面板中的Plexus Primitives Object指令，然后在“效果控件”面板中展开Transform卷展栏，设置X Rotate为0x+45°、Y Rotate为0x+45°、Z Rotate为0x+60°，如图4-103所示。效果如图4-104所示。

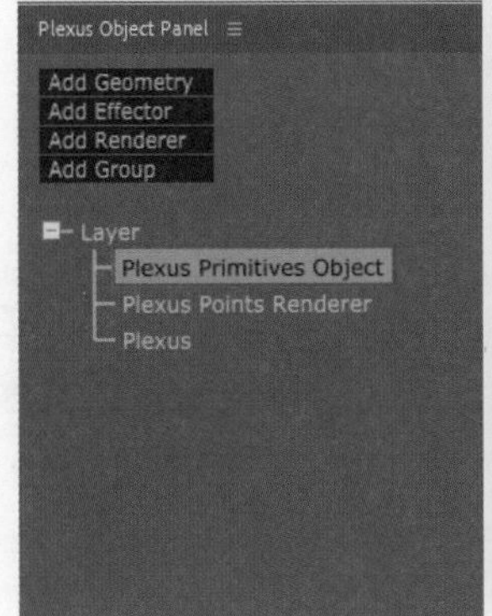

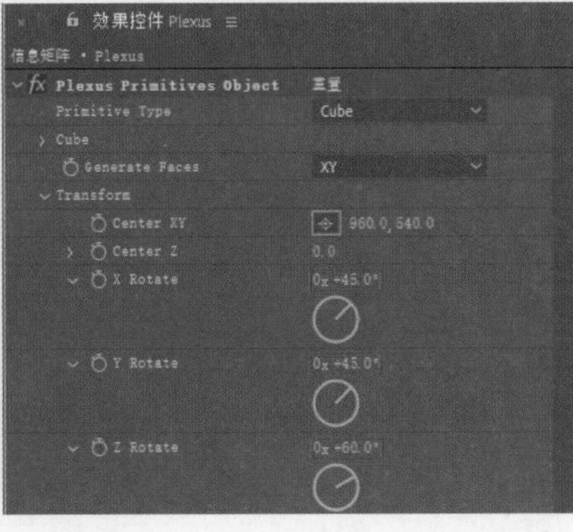

图4-103

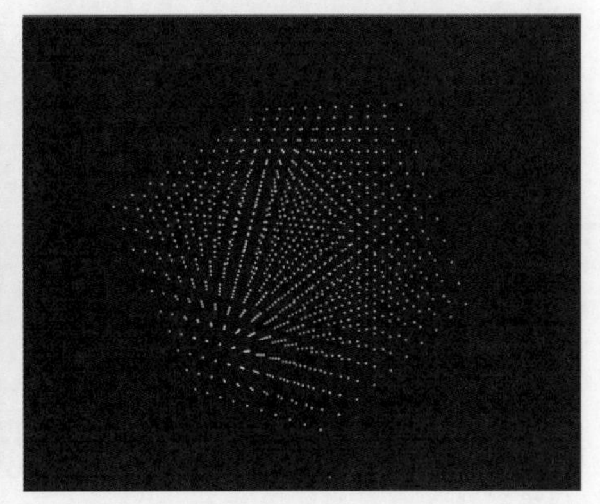

图4-104

04 选择Plexus面板中的“Add Renderer>Lines”选项，如图4-105所示。在“效果控件”面板中设置Maximum Distance为85，取消勾选Get Colors From Vertices复选框，然后设置Lines Color为蓝色（R:0,G:126,B:255），接着展开Thickness over Distance卷展栏，选择左列中的第2个选项，如图4-106所示。效果如图4-107所示。

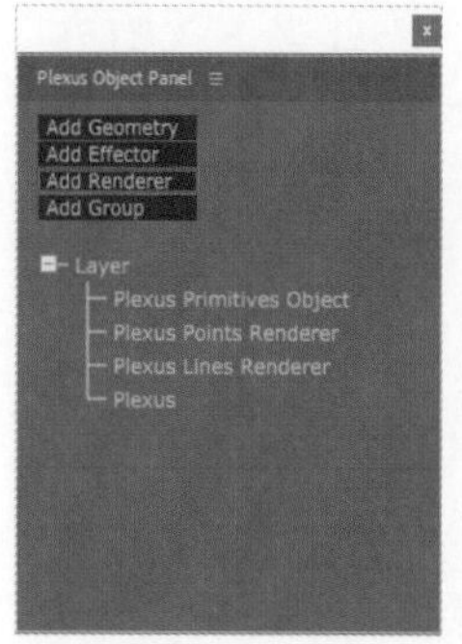

图4-105

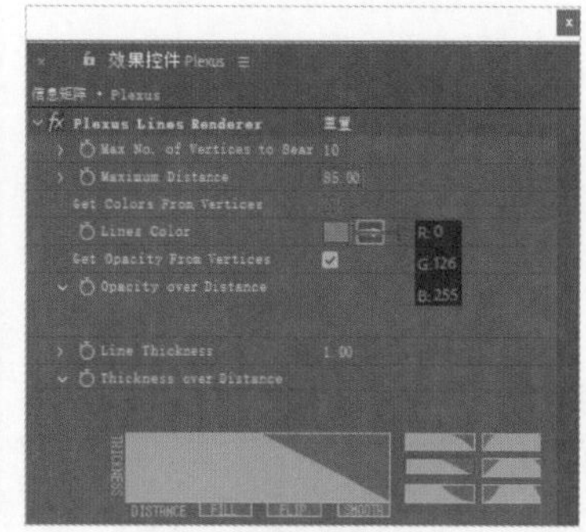

图4-106

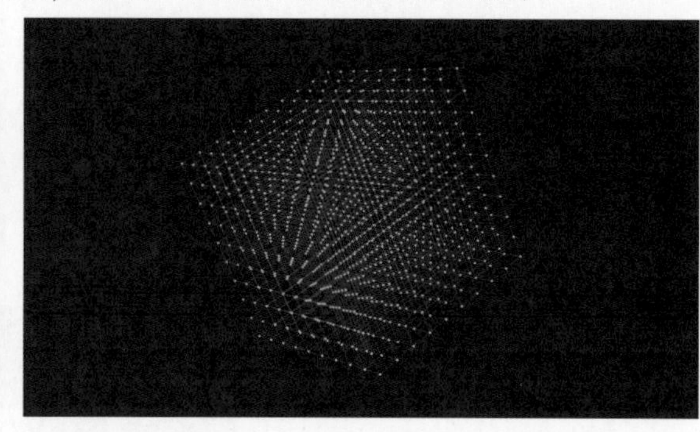

图4-107

05 选择Plexus面板中的“Add Renderer>Triangulation”选项，然后选择Plexus Triangulation Renderer指令，如图4-108所示。在“效果控件”面板中设置Maximum Distance为68，然后取消勾选Get Colors From Vertices复选框，接着设置Triangles Color为蓝色（R:0,G:126,B:255），如图4-109所示。效果如图4-110所示。

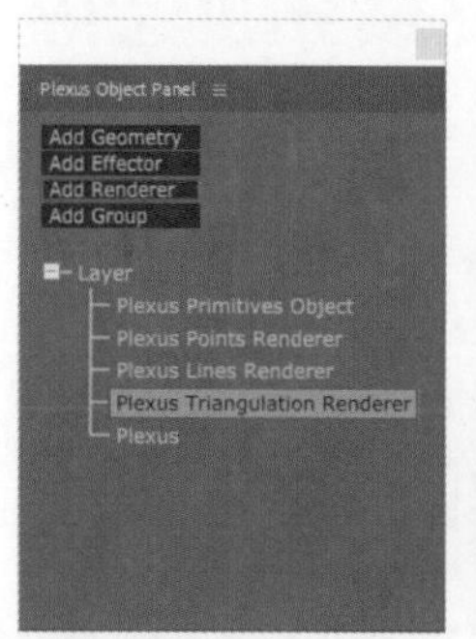

图4-108

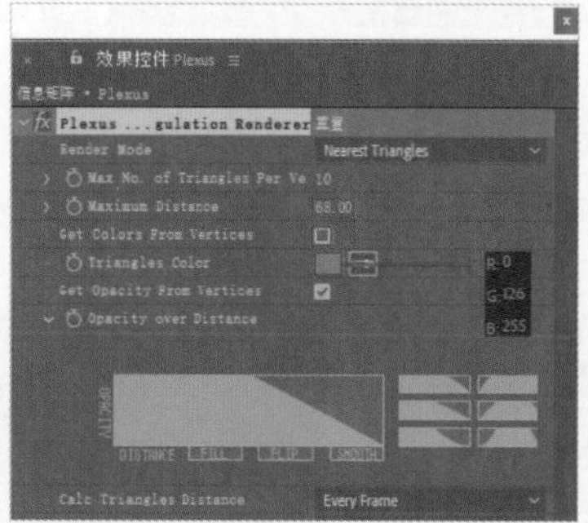

图4-109

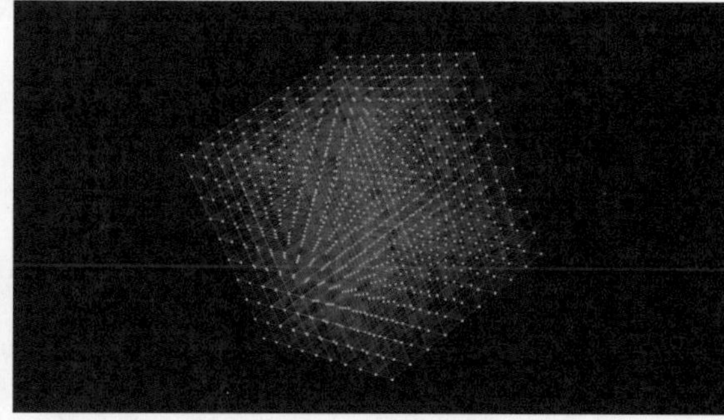

图4-110

06 选择Plexus面板中的Layer指令，然后执行“效果>风格化>发光”菜单命令，保持默认参数设置，如图4-111所示。最终效果如图4-112所示。

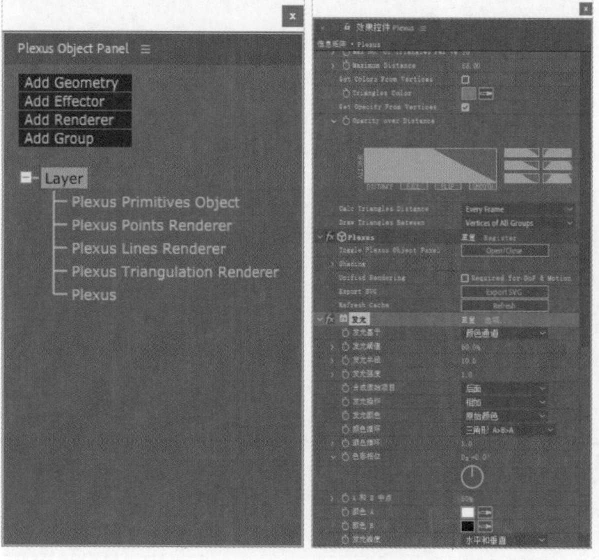

图4-111

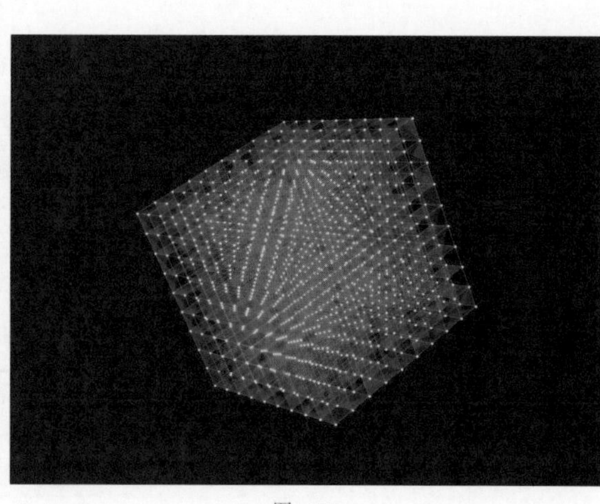

图4-112

4.5 超现实科技类型的应用

本节案例的主题是超现实科技类型的应用，通过制作天体、宇宙等相关的科幻效果，让读者学习更多的动画制作基础知识。

实战：磁暴云

场景位置	场景文件 > CH04 > 实战：磁暴云
实例位置	实例文件 > CH04 > 实战：磁暴云
难易程度	★★★☆☆
学习目标	掌握“高级闪电”效果的使用方法

磁暴云的效果如图4-113所示，制作分析如下。

设置Base Form（Master）卷展栏中Size Y、Particles in Y参数的值，能够使整体的效果变得狭长。

01 创建一个合成，设置“合成名称”为“磁暴云”、“宽度”为1920px、“高度”为1080px、“帧速率”为30帧/秒，然后创建一个“纯色”图层，设置“名称”为“主体云”，如图4-114所示。

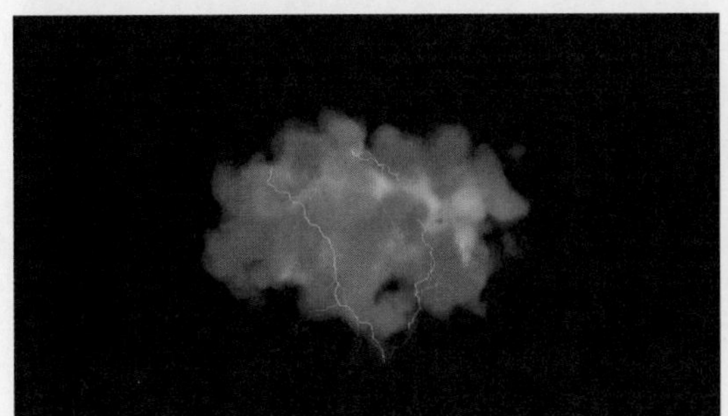

图4-113

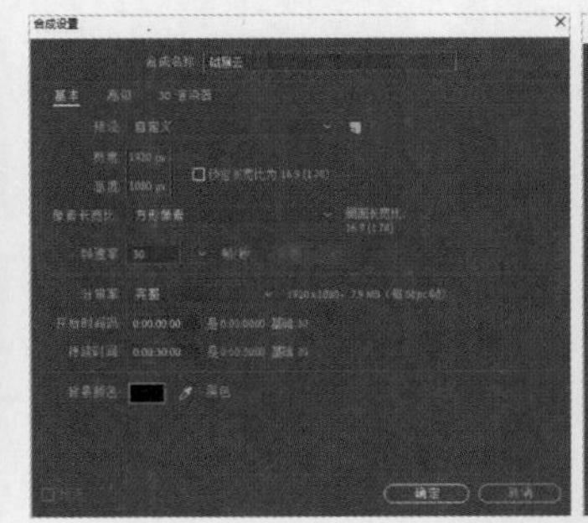

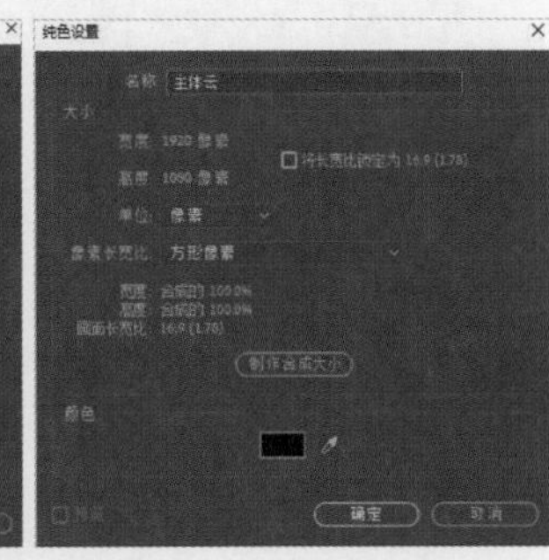

图4-114

02 选择“主体云”图层，执行“效果>RG Trapcode>Form”菜单命令，此时“效果控件”面板与“合成”面板如图4-115所示。

03 展开Base Form（Master）卷展栏，设置Size为XYZ Individual、Size X为600、Size Y为200、Size Z为200、Particles in X为13、Particles in Y为9、Particles in Z为3、X Rotation为0x+45°，如图4-116所示。效果如图4-117所示。

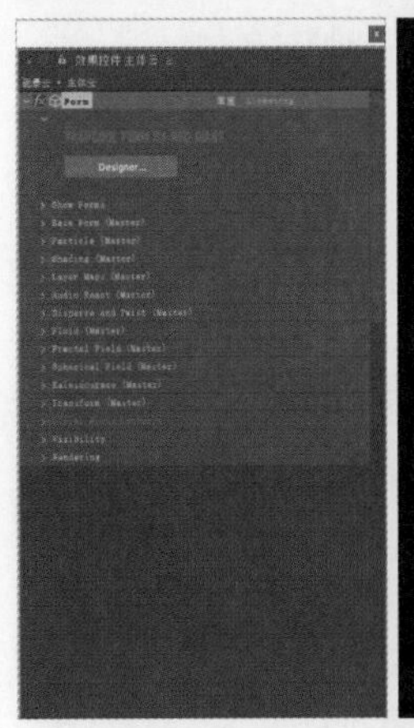

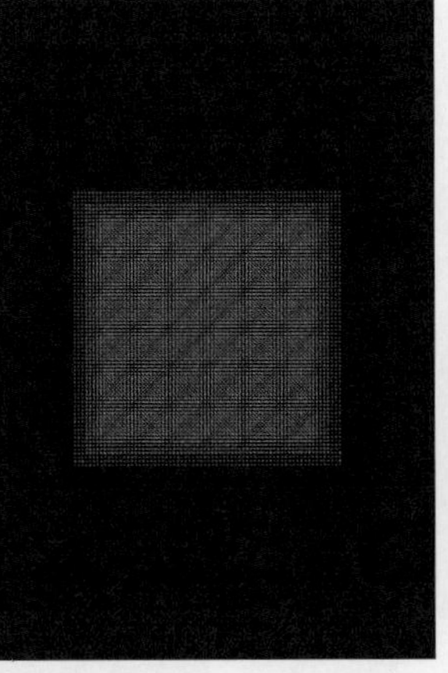

图4-115

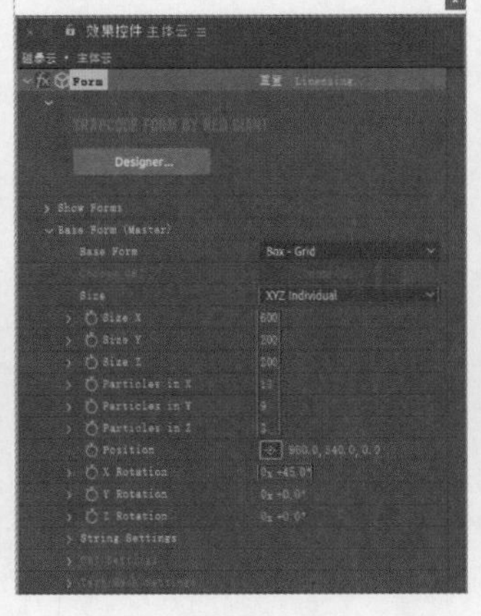

图4-116

图4-117

04 展开Particle(Master)卷展栏，设置Particle Type为Cloudlet、Size为65、Size Random为50%、Size Over为Radial，然后展开Size Curve卷展栏，选择PRESETS下拉列表中的第4个选项，如图4-118所示。

05 保持当前选择不变，设置Opacity为50、Opacity Random为100%、Opacity Over为Radial，然后展开Opacity Curve卷展栏，选择PRESETS下拉列表中的第4个选项，如图4-119所示。设置Set Color为Radial，然后展开Color Over卷展栏，选择PRESETS下拉列表中的第3个选项，如图4-120所示。

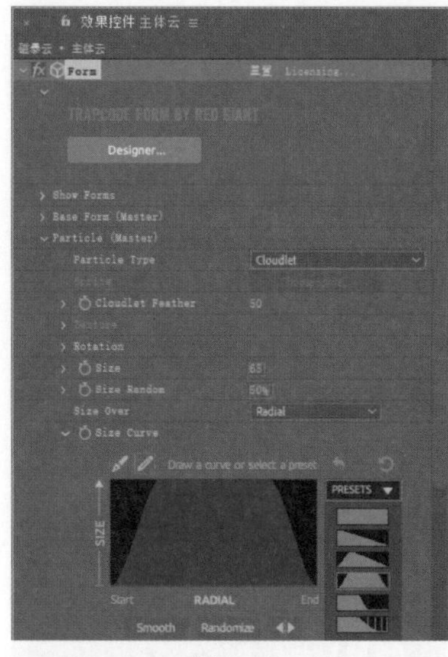

图4-118

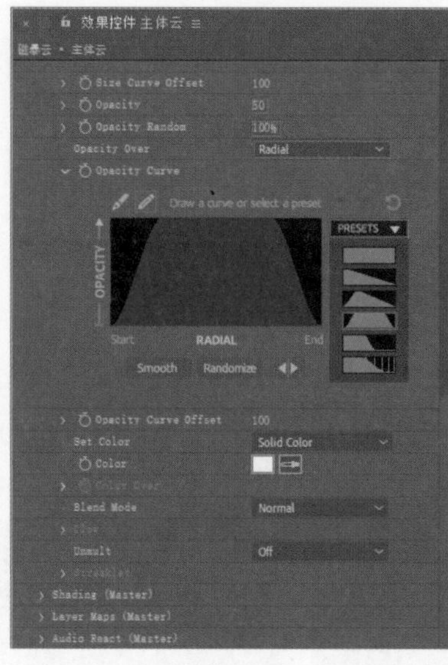

图4-119

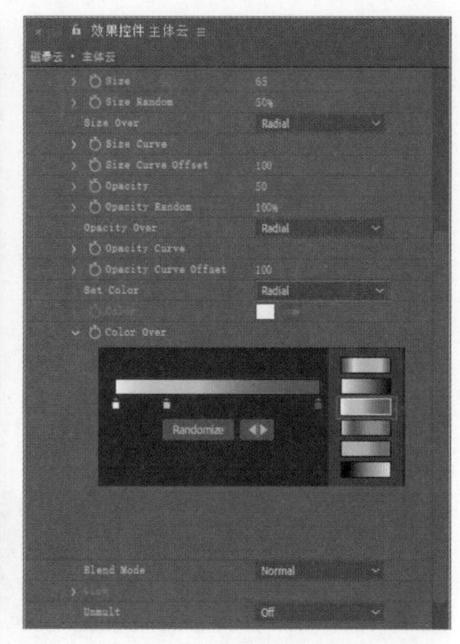

图4-120

06 展开Disperse and Twist(Master)卷展栏，设置Disperse为120、Twist为2，如图4-121所示。效果如图4-122所示。

07 新建一个"纯色"图层，将其命名为"闪电1"，然后执行"效果>生成>高级闪电"菜单命令，效果如图4-123所示。在"时间轴"面板中设置"闪电1"的"模式"为"屏幕"。

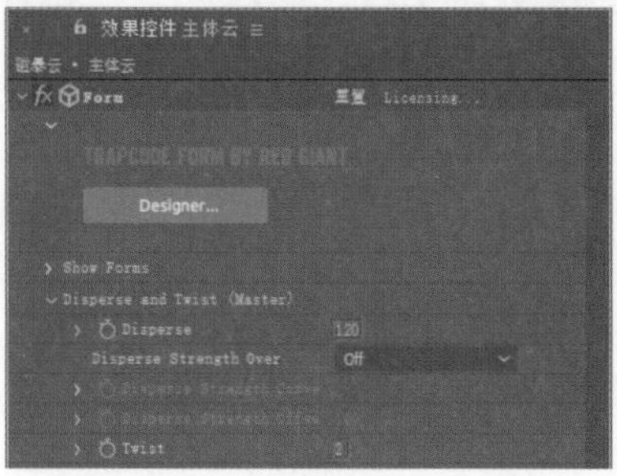

图4-121

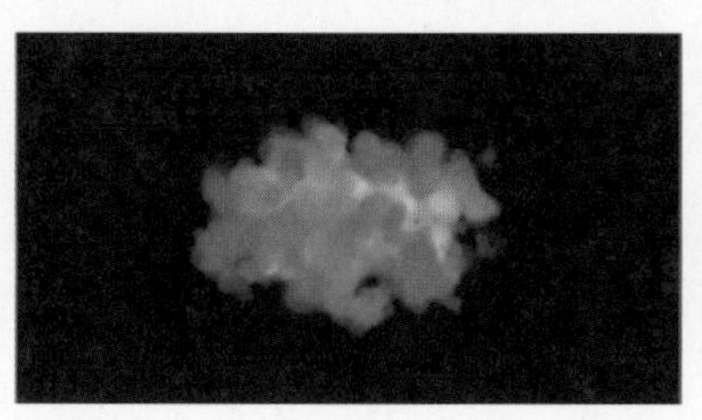

图4-122

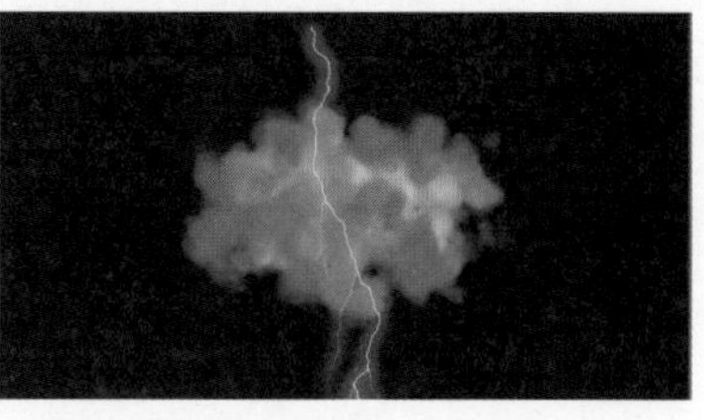

图4-123

08 在"效果控件"面板中设置"闪电类型"为"随机"、"源点"为(1100,540)、"外径"为(1130,830)，然后展开"核心设置"卷展栏，设置"核心半径"为1.5、"核心颜色"为蓝色(R:0,G:200,B:255)，如图4-124所示。

09 保持当前选择不变，设置"湍流"为1.5、"衰减"为0.4，然后展开"发光设置"卷展栏，设置"发光不透明度"为25%、"发光颜色"为蓝色(R:0,G:12,B:255)，如图4-125所示。效果如图4-126所示。

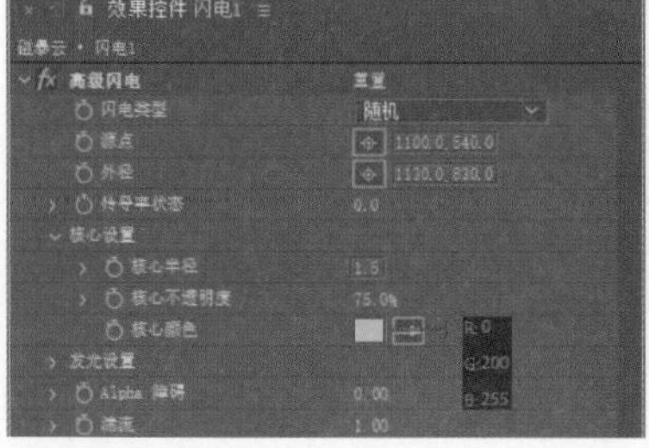

图4-124

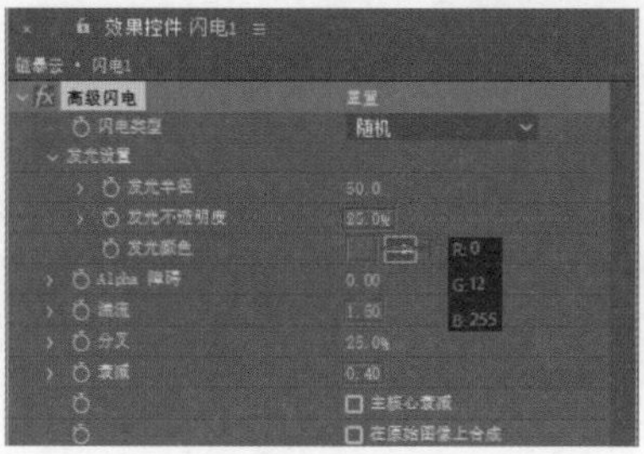

图4-125

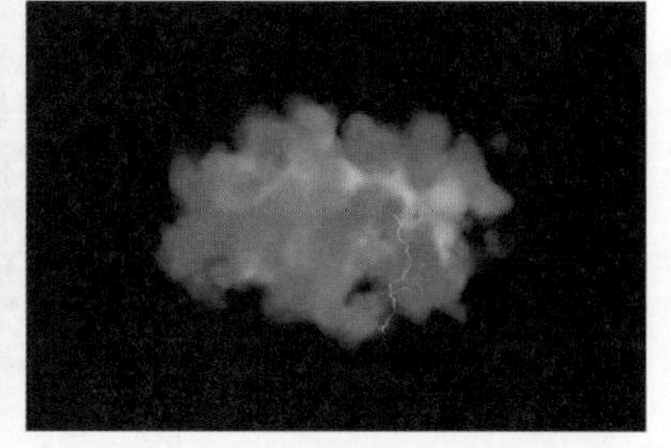

图4-126

10 选择“闪电1”图层，执行“编辑>复制”和“编辑>粘贴”菜单命令两次，此时新增两个“闪电1”图层。选择其中一个“闪电1”图层，执行“图层>纯色设置”菜单命令，将其重命名为“闪电2”，应用同样的方法将另一个“闪电1”图层重命名为“闪电3”，如图4-127所示。

11 选择“闪电2”图层，在“效果控件”面板中设置“源点”为（1045,440）、“外径”为（1150,550），然后选择“闪电3”图层，设置“源点”为（700,400）、“外径”为（1185,760），如图4-128所示。最终效果如图4-129所示。

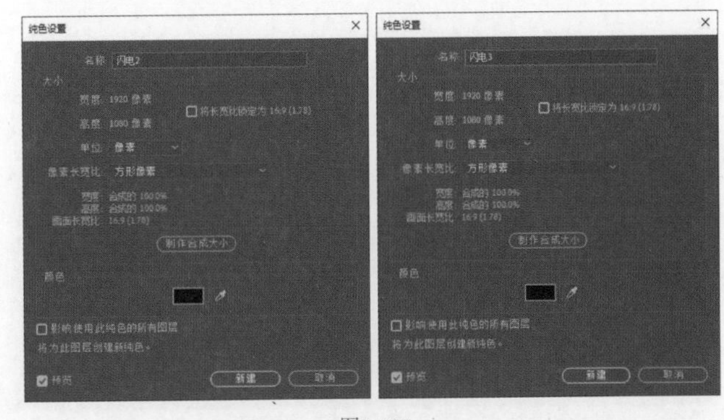

图4-127

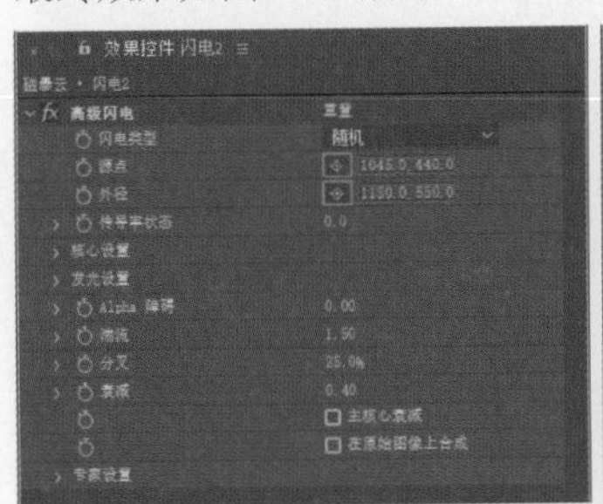

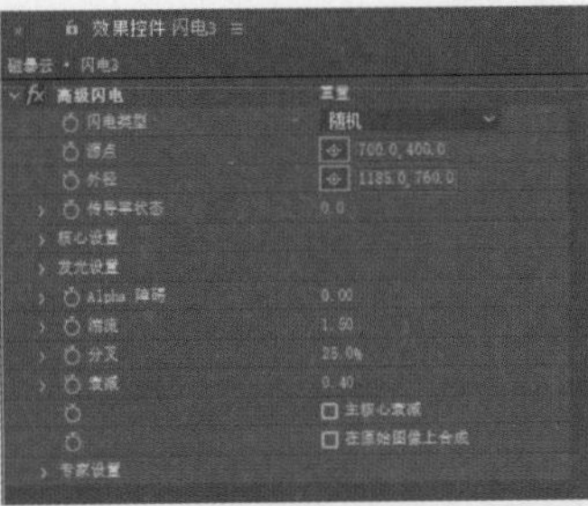

图4-128

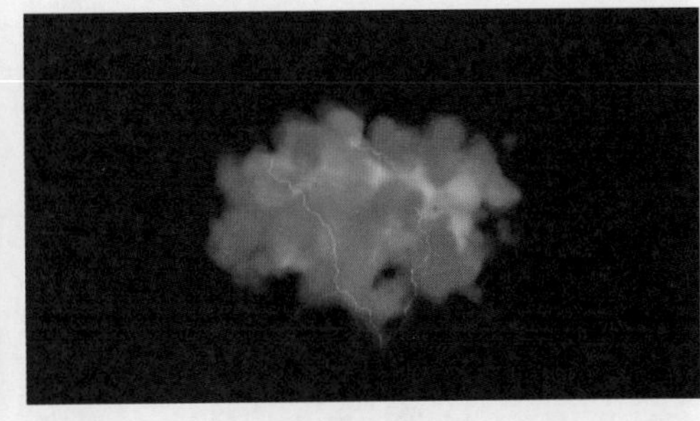

图4-129

实战：能量球

场景位置	场景文件>CH04>实战：能量球
实例位置	实例文件>CH04>实战：能量球
难易程度	★★☆☆☆
学习目标	掌握Opacity参数的使用方法

能量球的效果如图4-130所示，制作分析如下。

在调整粒子的拖尾效果时，可以将Aux System（Master）卷展栏中的Opacity参数值设置得小一些，以使不同透明度的线条叠加时产生层次感，同时设置Blend Mode为Screen，能够增强层次感。

01 创建一个合成，将其命名为“能量球”，然后创建一个“纯色”图层，将其命名为“主体”。选择“主体”图层，执行“效果>RG Trapcode>Particular”菜单命令，此时“效果控件”面板如图4-131所示。

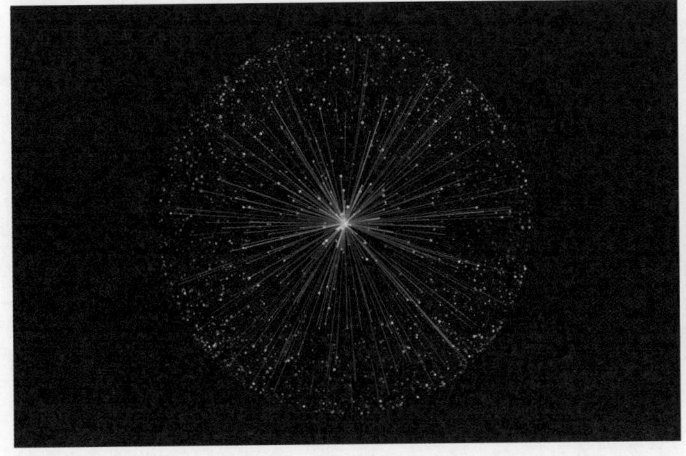

图4-130

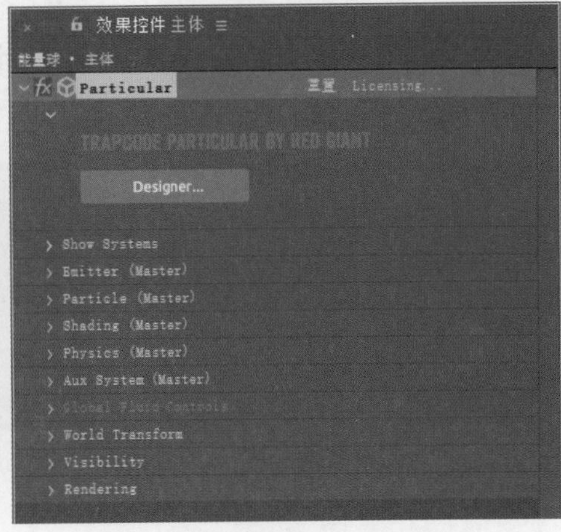

图4-131

02 设置时间码为0:00:10:00，如图4-132所示。在“效果控件”面板中展开Emitter(Master) 卷展栏，然后设置Particles/sec为30、Velocity Random为0%，如图4-133所示。效果如图4-134所示。

图4-132

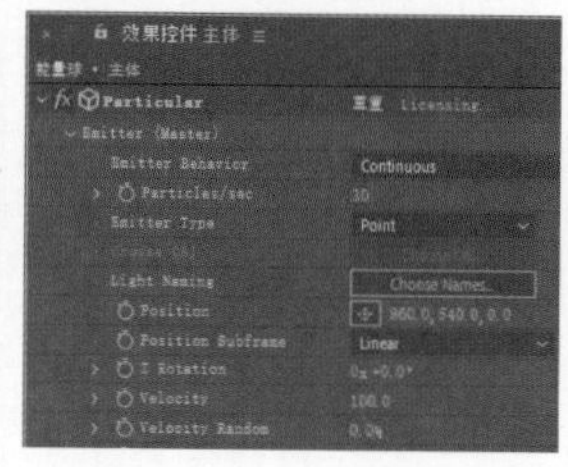

图4-133

图4-134

03 展开Particle(Master) 卷展栏，设置Life[sec]为4.5、Size为3、Size Random为50%、Opacity为100、Opacity Random为50%，如图4-135所示。效果如图4-136所示。

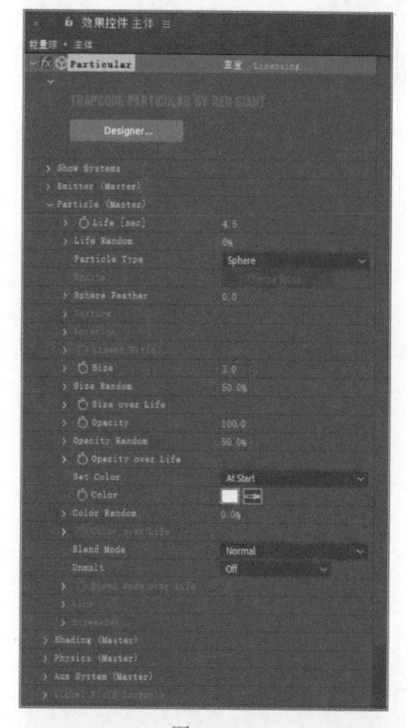

图4-135

图4-136

04 展开Aux System(Master) 卷展栏，设置Emit为Continuously、Particles/sec为60、Life[sec]为4，然后设置Blend Mode为Screen、Size为2、Opacity为20，如图4-137所示。效果如图4-138所示。

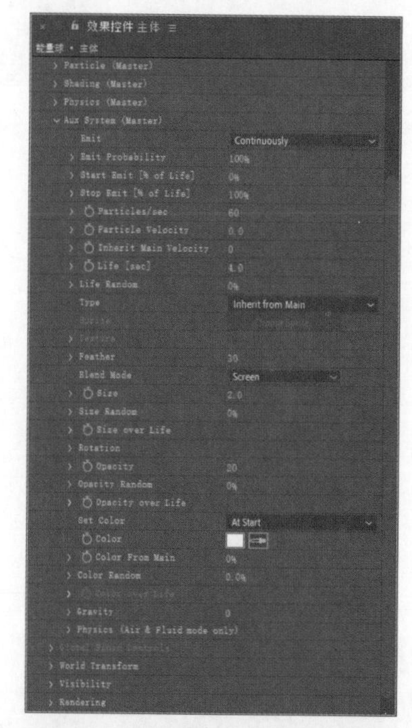

图4-137

图4-138

05 保持当前选择不变，设置Set Color为Over Life，然后展开Color over Life卷展栏，选择PRESETS下拉列表中的第3个选项，如图4-139所示。效果如图4-140所示。

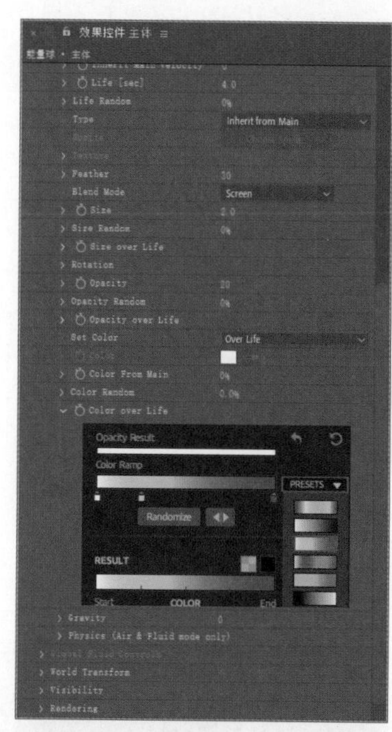

图4-139

图4-140

06 选择“主体”图层，执行“编辑>复制”和“编辑>粘贴”菜单命令，新增一个“主体”图层，然后执行“图层>纯色设置”菜单命令，将其重命名为“氛围”，如图4-141所示。

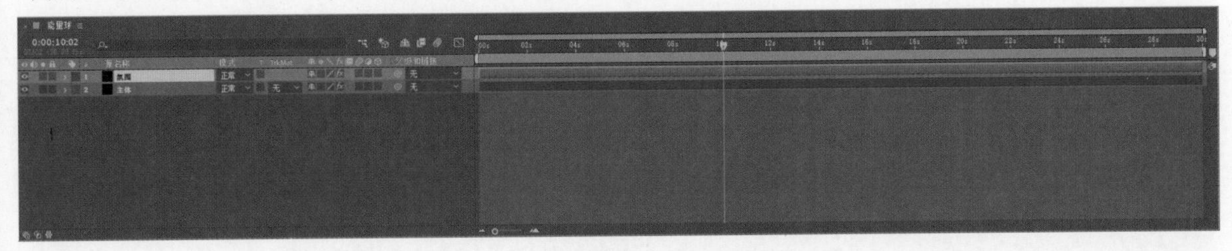

图4-141

07 选择“氛围”图层，展开Aux System(Master)卷展栏，设置Emit为Off，然后依次展开Physics(Master)、Air、Spherical Field卷展栏，设置Strength为100、Radius为460、Feather为0，如图4-142所示。效果如图4-143所示。

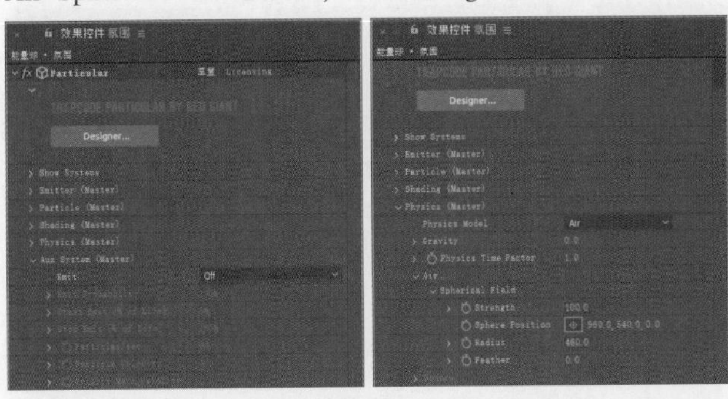

图4-142

图4-143

08 展开Particle(Master)卷展栏，设置Size为2、Size Random为100%、Opacity Random为100%，然后设置Set Color为Over Life，接着展开Color over Life卷展栏，选择PRESETS下拉列表中的第3个选项，如图4-144所示。

09 展开Emitter(Master)卷展栏，设置Particles/sec为1000。最终效果如图4-145所示。

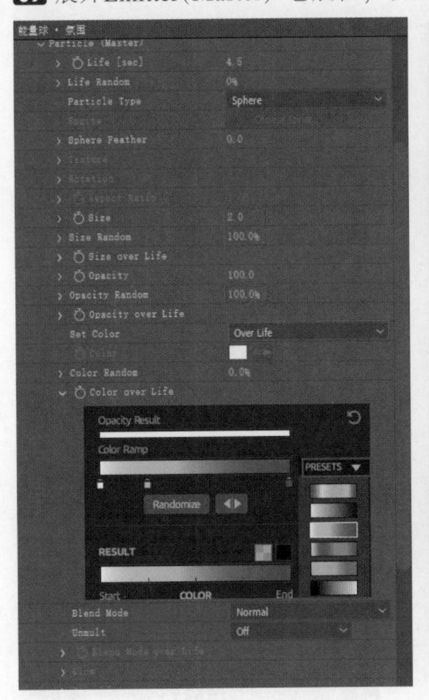

图4-144

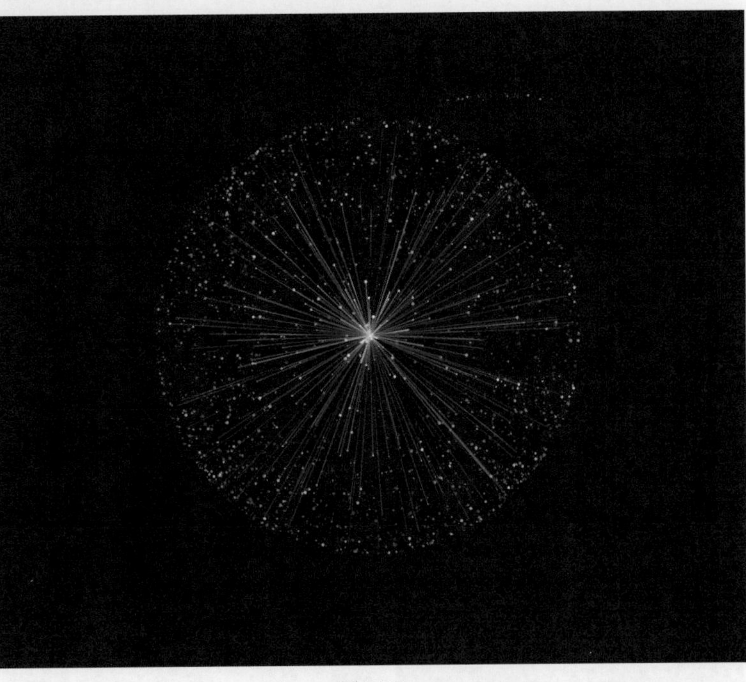

图4-145

实战：虚空虫洞

场景位置	场景文件＞CH04＞实战：虚空虫洞
实例位置	实例文件＞CH04＞实战：虚空虫洞
难易程度	★★☆☆☆
学习目标	掌握“扭曲”和“球形场”效果的使用方法

虚空虫洞的效果如图4-146所示，制作分析如下。

在完成此案例时可以将“扭曲”“球形场”效果搭配使用。

01 创建一个合成，将其命名为“虚空虫洞”，然后创建一个“纯色”图层，将其命名为“主体”。选择“主体”图层，执行“效果＞RG Trapcode＞Form”菜单命令，效果如图4-147所示。

02 展开Base Form(Master）卷展栏，设置Base Form为Box-Strings、Size XYZ为240、Strings in Y为80，然后展开String Settings卷展栏，设置Density为50、Taper Size和Taper Opacity均为Smooth，如图4-148所示。效果如图4-149所示。

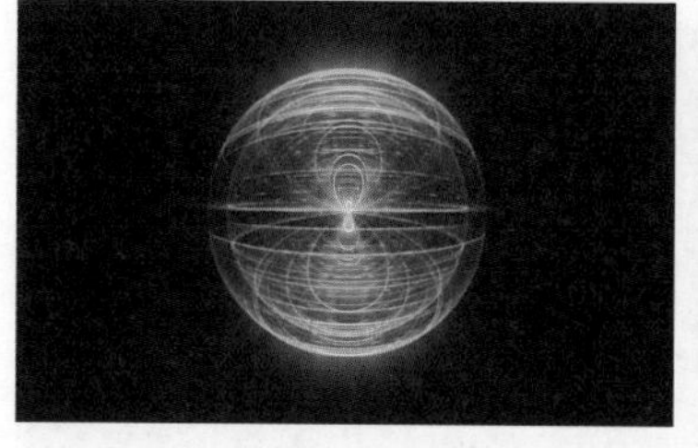

图4-146

图4-147

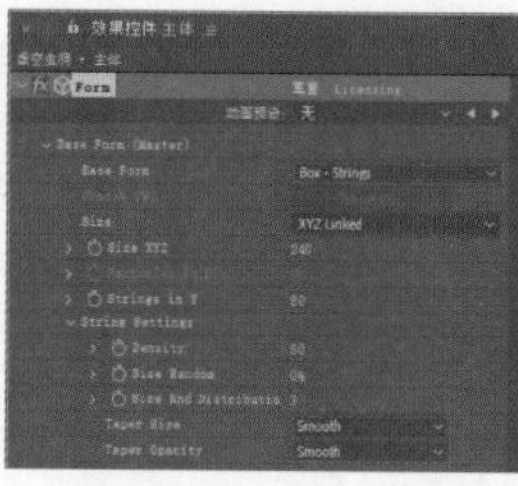

图4-148

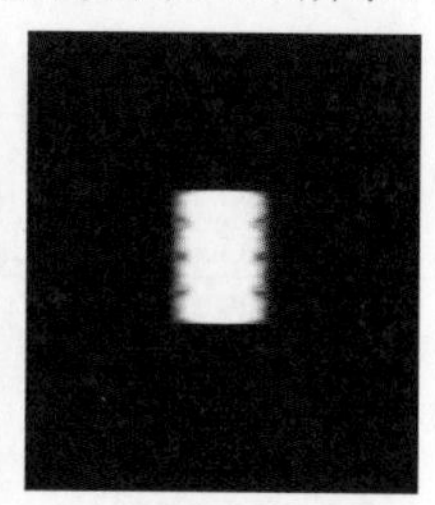

图4-149

03 依次展开Spherical Field(Master)、Sphere 1卷展栏，设置Strength为100、Radius为400，然后展开Sphere 2卷展栏，设置Strength为-100、Scale X为900、Scale Y为800、Scale Z为260，如图4-150所示。接着展开Disperse and Twist(Master）卷展栏，设置Disperse为90，效果如图4-151所示。

04 展开Particle(Master）卷展栏，设置Size Over为Radial；展开Size Curve卷展栏，选择PRESETS下拉列表中的第6个选项，然后设置Opacity Over为Radial；展开Opacity Curve卷展栏，选择PRESETS下拉列表中的第6个选项，如图4-152所示。

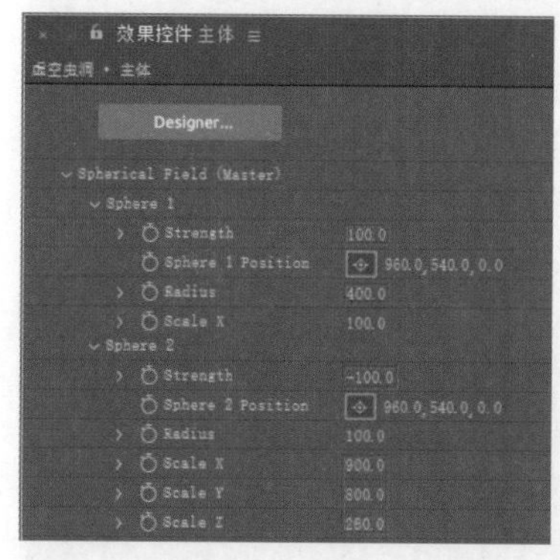

图4-150

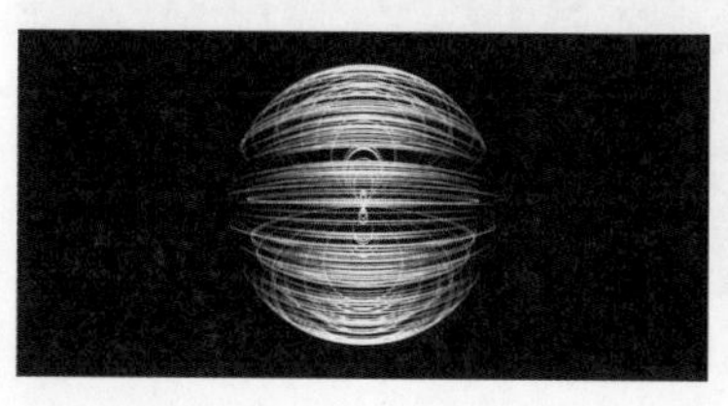

图4-151

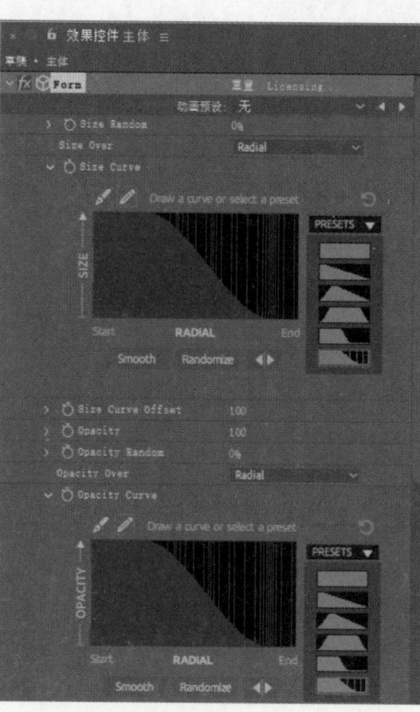

图4-152

05 设置Set Color为Radial，然后展开Color Over卷展栏，选择PRESETS下拉列表中的第3个选项，接着设置Blend Mode为Screen，如图4-153所示。效果如图4-154所示。

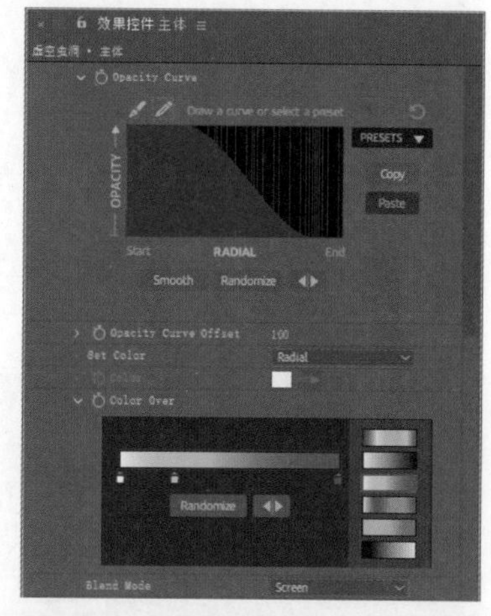

图4-153

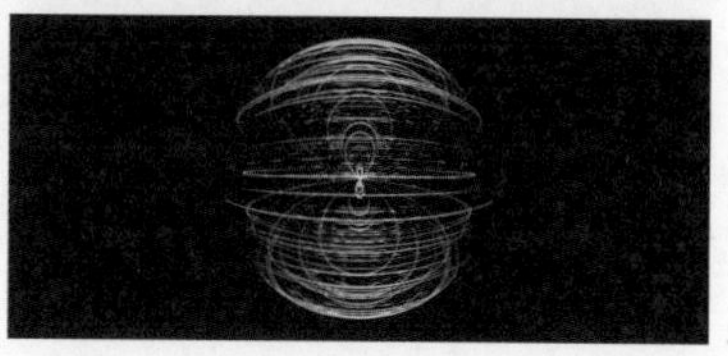

图4-154

06 选择“主体”图层，执行“编辑>复制”和“编辑>粘贴”菜单命令两次，此时新增两个“主体”图层，分别将它们重命名为“外壳”“辉光”，如图4-155所示。

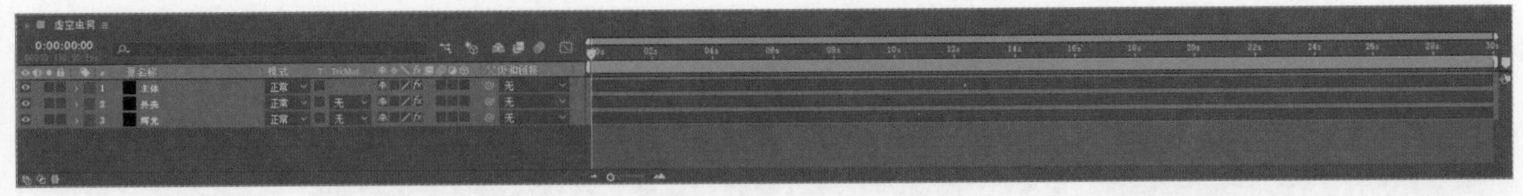

图4-155

07 选择“外壳”图层，执行“效果>模糊和锐化>径向模糊”菜单命令，在“效果控件”面板中展开“径向模糊”卷展栏，设置“数量”为100，如图4-156所示。

08 选择“辉光”图层，执行“效果>模糊和锐化>CC Radial Fast Blur”菜单命令，然后在“效果控件”面板中设置Amount为85，如图4-157所示。最终效果如图4-158所示。

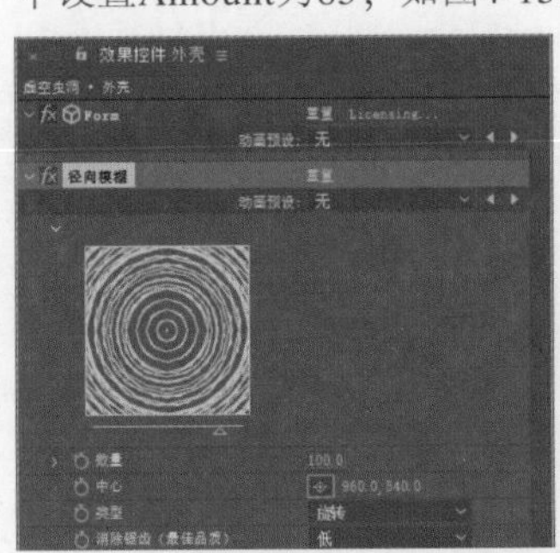

图4-156

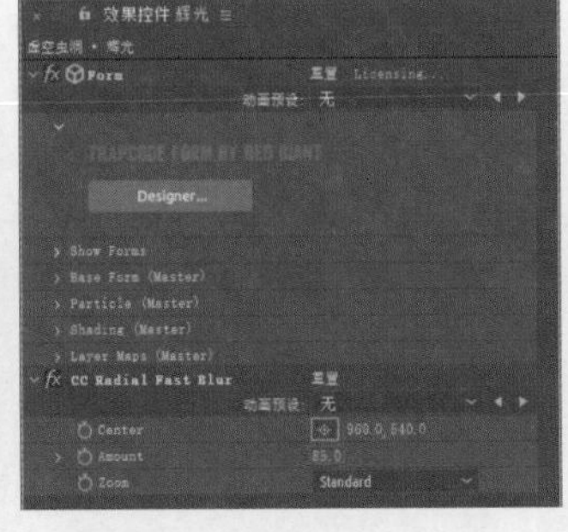

图4-157

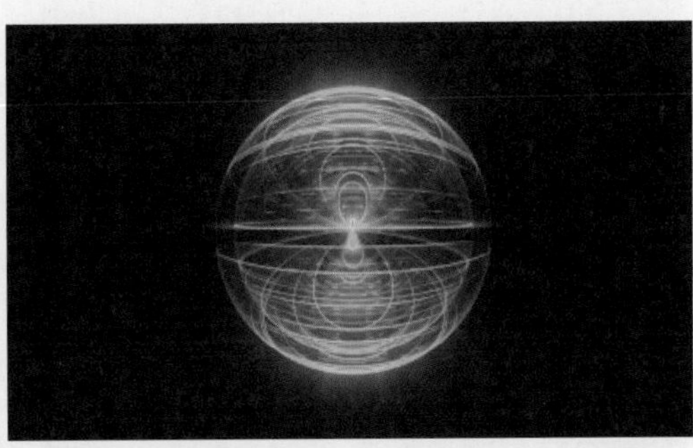

图4-158

实战：星际传送门

场景位置	场景文件>CH04>实战：星际传送门
实例位置	实例文件>CH04>实战：星际传送门
难易程度	★★★★☆
学习目标	掌握原生效果与粒子插件效果结合使用的方法

星际传送门的效果如图4-159所示，制作分析如下。

在完成本案例时可以将After Effects中的原生效果与粒子插件效果结合使用，这样产生的效果会更酷炫。

图4-159

◎ 传送门主体制作

01 创建一个合成，将其命名为“星际传送门”，然后创建一个“纯色”图层，设置“名称”为“传送门”、“宽度”为1080像素，如图4-160所示。

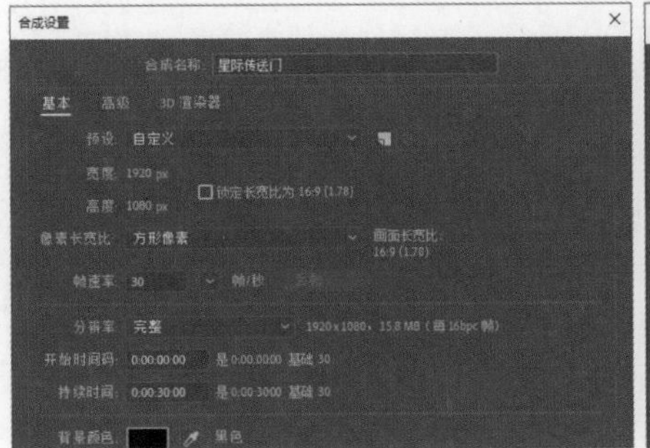

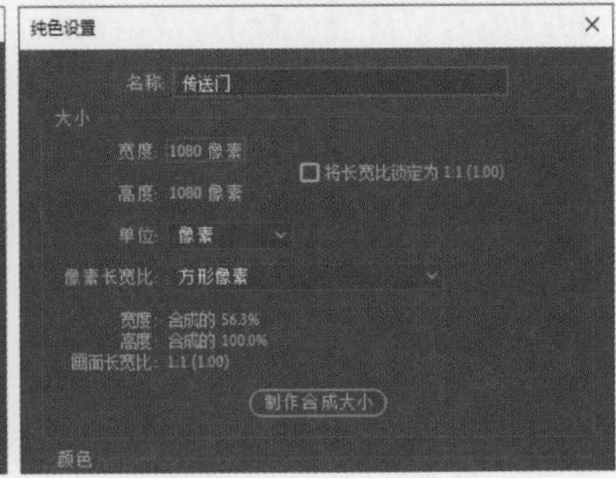

图4-160

02 执行“效果>杂色和颗粒>分形杂色”菜单命令，然后在“效果控件”面板中设置“对比度”为220、“亮度”为10，如图4-161所示。效果如图4-162所示。

03 执行“效果>扭曲>旋转扭曲”菜单命令，展开“旋转扭曲”卷展栏，设置“角度”为0x+220°，如图4-163所示。效果如图4-164所示。

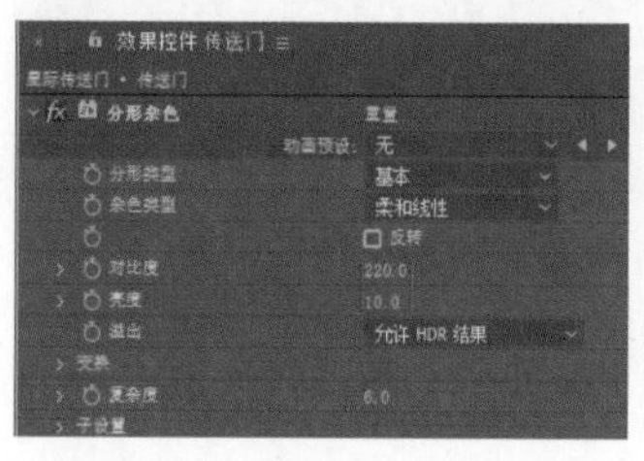

图4-161

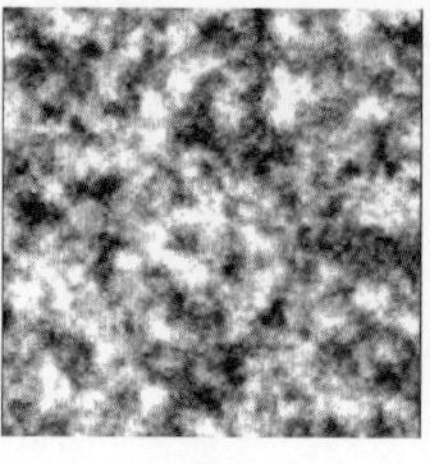

图4-162

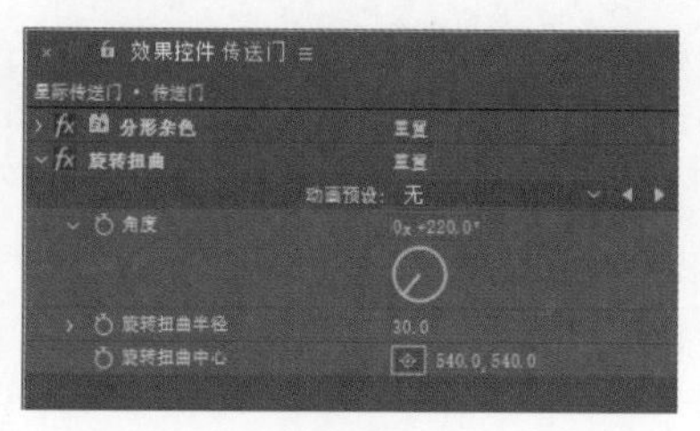

图4-163

图4-164

04 执行“效果>颜色校正>色调”菜单命令，然后展开“效果控件”面板中的“色调”卷展栏，设置“将白色映射到”为蓝色（R:13,G:81,B:255），如图4-165所示。效果如图4-166所示。

05 执行“图层>新建>形状图层”菜单命令，此时“时间轴”面板中新增一个“形状图层1”，如图4-167所示。

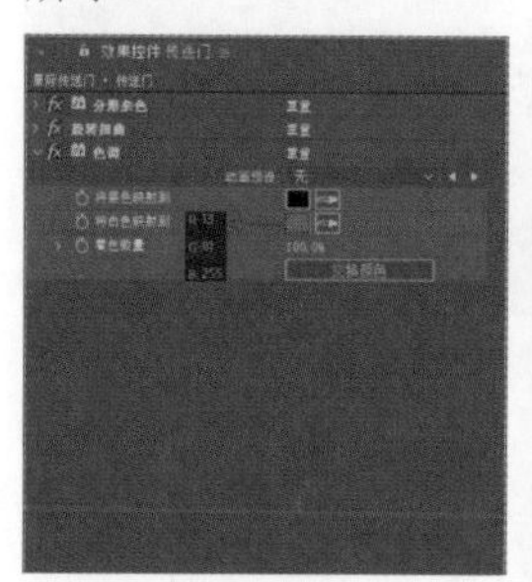

图4-165

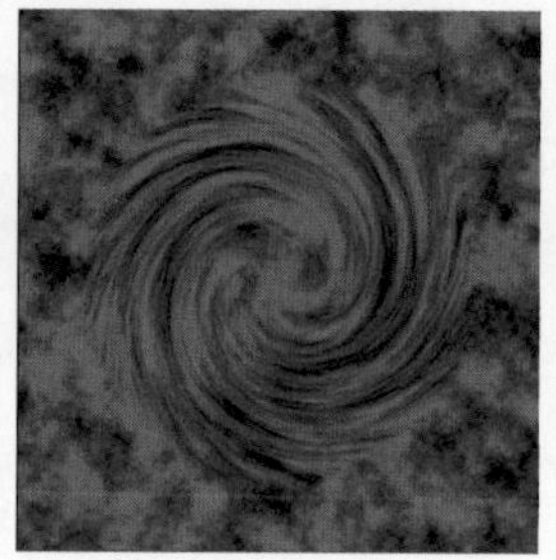

图4-166

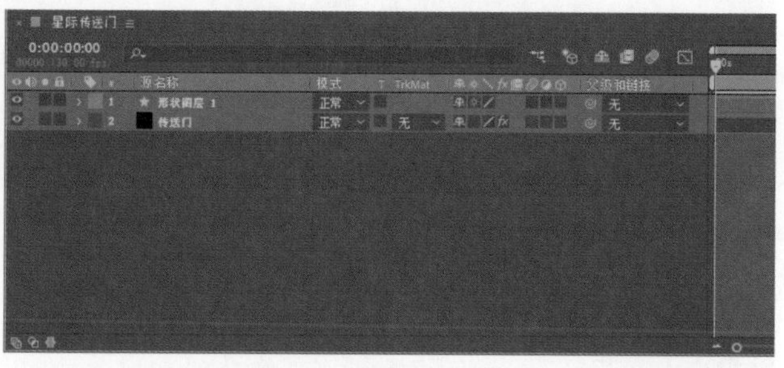

图4-167

06 展开“形状图层1”卷展栏，然后单击“内容”右侧的“添加”按钮，依次选择“多边星形”“椭圆”“填充”选项，如图4-168所示。效果如图4-169所示。这里添加形状图层1是为了制作蒙版，隐藏不需要的图形。

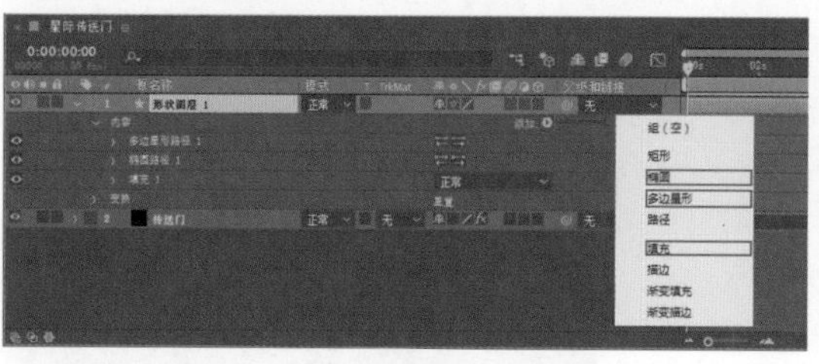

图4-168

图4-169

07 依次展开“形状图层1”“内容”“多边星形路径1”卷展栏，然后设置“点”为8、“内径”为260、“外径”为430，如图4-170所示。

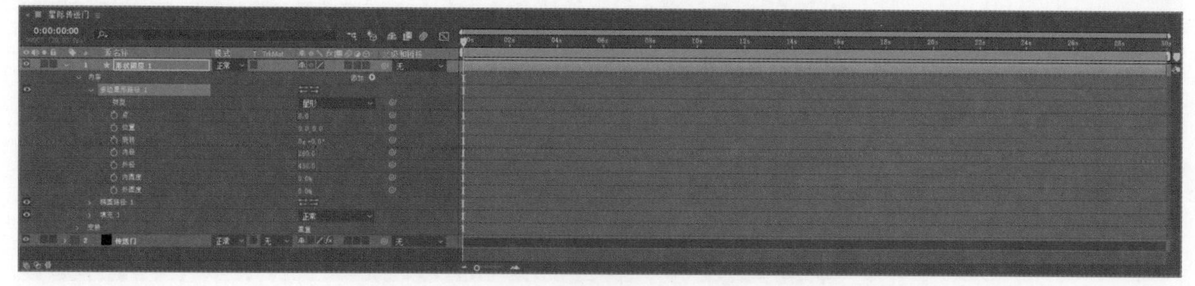

图4-170

08 展开“内容”卷展栏，单击“椭圆路径1”右侧的第一个按钮，然后设置“大小”为（720,720），如图4-171所示。效果如图4-172所示。

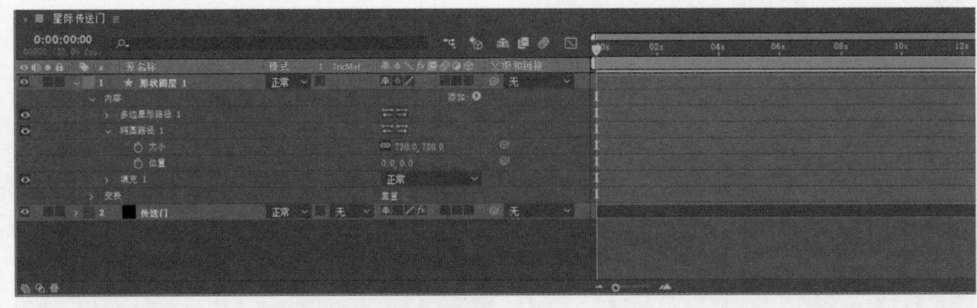

图4-171

图4-172

09 执行“效果>模糊和锐化>高斯模糊”菜单命令，在“效果控件”面板中设置“模糊度”为100，如图4-173所示。选择“形状图层1”，执行“效果>扭曲>旋转扭曲”菜单命令，然后在“效果控件”面板中设置“角度”为0x+230°，如图4-174所示。此时效果如图4-175所示。

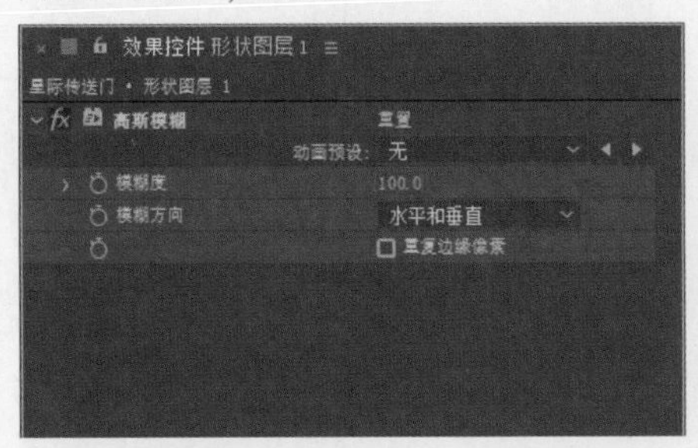

图4-173

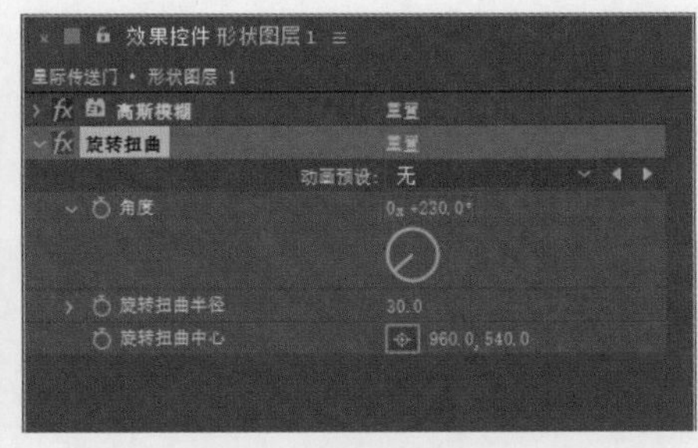

图4-174

图4-175

10 选择“传送门”图层，在“时间轴”面板中设置TrkMat为“Alpha遮罩‘形状图层1’”，如图4-176所示。效果如图4-177所示。

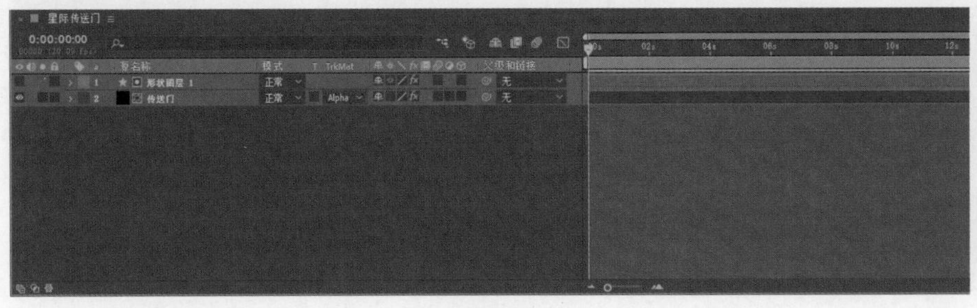

图4-176

图4-177

◎ 星尘效果制作

01 新建一个“纯色”图层，将其命名为“星尘”，设置“宽度”为1920像素，如图4-178所示。选择“星尘”图层，执行“效果>RG Trapcode>Particular”菜单命令，然后设置时间码为0:00:10:00。效果如图4-179所示。

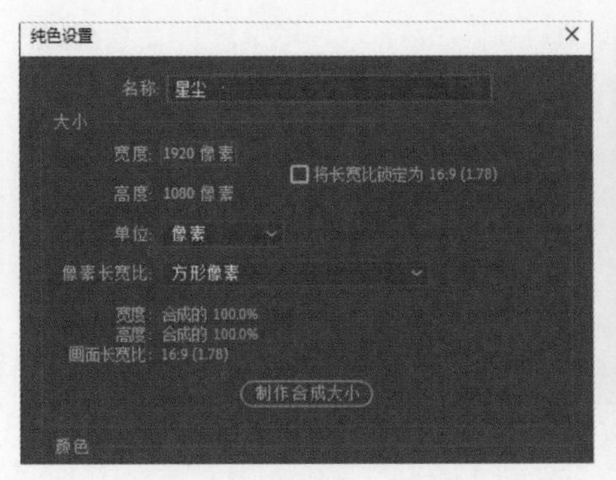

图4-178

图4-179

02 选择“星尘”图层，在“效果控件”面板中展开Emitter(Master)卷展栏，设置Particles/sec为150，然后展开Particle(Master)卷展栏，设置Life[sec]为8、Sphere Feather为0、Size为2、Size Random为100%、Opacity Random为100%，如图4-180所示。此时效果如图4-181所示。

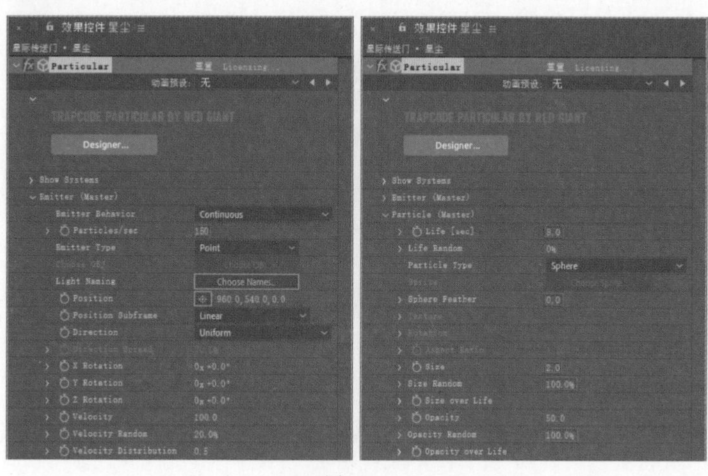

图4-180

图4-181

03 依次展开Physics(Master)、Air、Spherical Field卷展栏，然后设置Strength为100、Radius为480，如图4-182所示。展开Aux System(Master)卷展栏，设置Emit为Continuously、Start Emit[% of Life]为80%、Particles/sec为30、Life Random为100%、Size为3、Size Random为100%，如图4-183所示。

04 展开Size over Life卷展栏，选择PRESETS下拉列表中的第2个选项，然后设置Opacity为100、Opacity Random为100%、Set Color为Over Life，接着展开Color over Life卷展栏，选择PRESETS下拉列表中的第3个选项，单击渐变色条下方的 按钮，如图4-184所示。

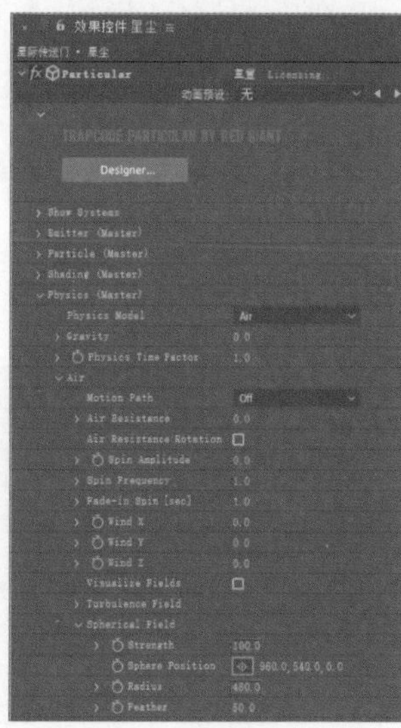

图4-182

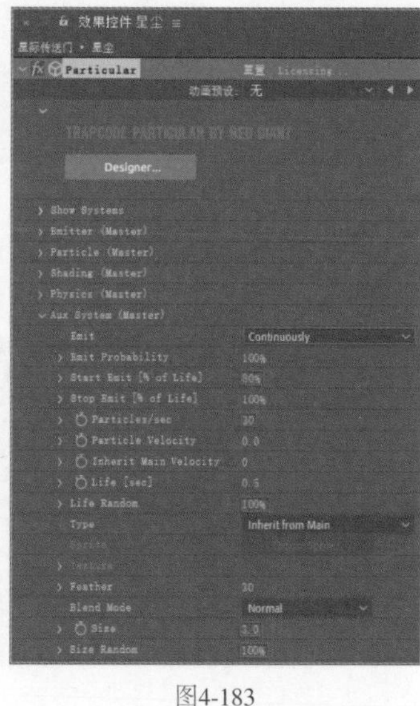

图4-183

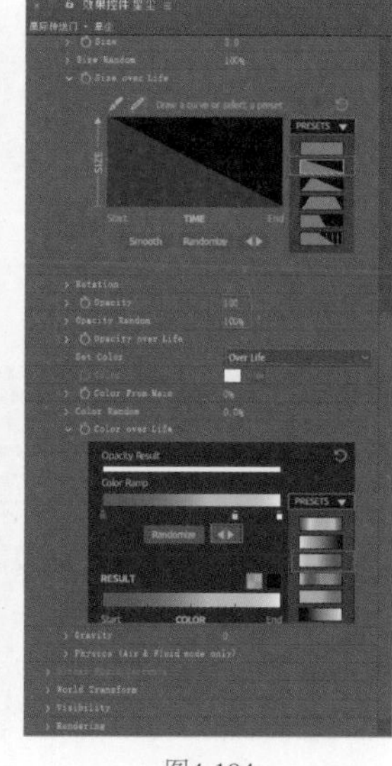

图4-184

05 选择“形状图层1”，执行“编辑>复制”和“编辑>粘贴”菜单命令，此时新增一个“形状图层2”。依次展开“形状图层2”“内容”卷展栏，然后选择“多边星形路径1”，接着执行“编辑>清除”菜单命令，此时“时间轴”面板如图4-185所示。效果如图4-186所示。

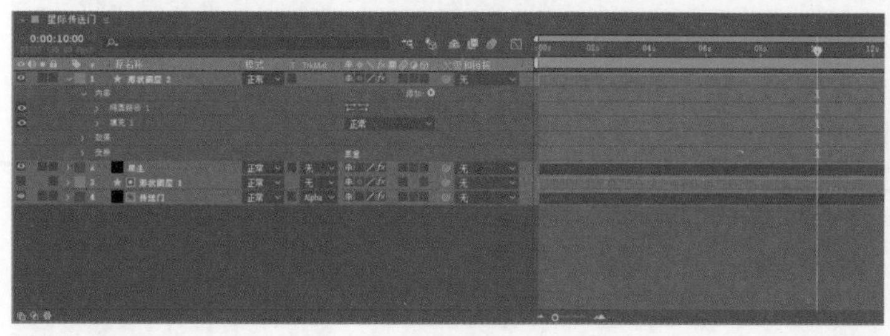

图4-185

图4-186

06 保持当前选择不变，展开“椭圆路径1”卷展栏，设置“大小”为（350,350），然后设置“星尘”图层的TrkMat为“Alpha反转遮罩‘形状图层2’”，如图4-187所示。最终效果如图4-188所示。

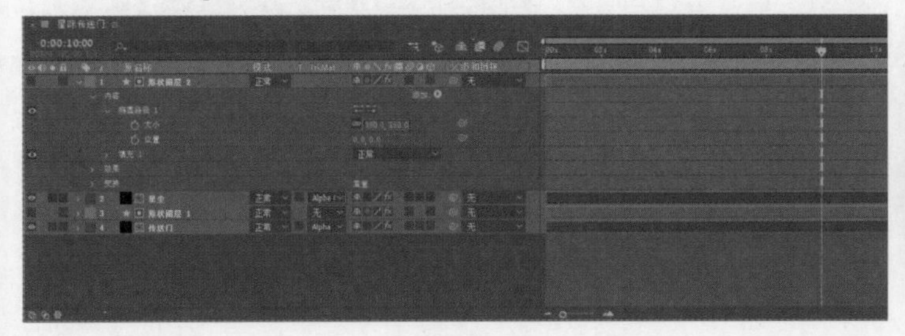
图4-187

图4-188

实战：多彩星河

场景位置	场景文件＞CH04＞实战：多彩星河
实例位置	实例文件＞CH04＞实战：多彩星河
难易程度	★★☆☆☆
学习目标	掌握Fractal Field的使用方法

多彩星河的效果如图4-189所示，制作分析如下。

Fractal Field是Form粒子插件中用于制作循环动画的核心功能，其中的Displacement Mode参数适合制作流体效果。

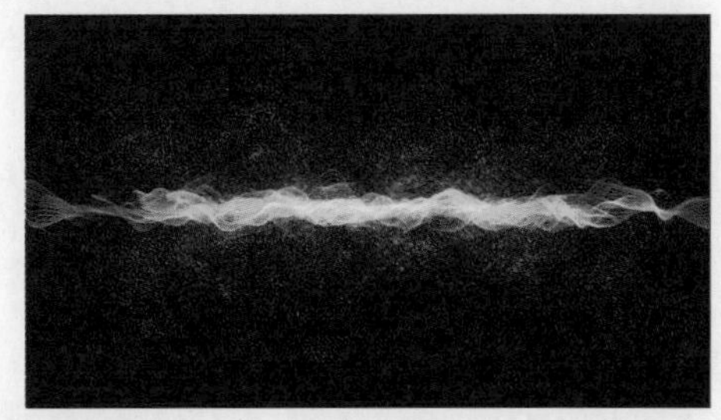
图4-189

◎ 星河主体效果制作

01 创建一个合成，将其命名为“多彩星河”，然后创建一个“纯色”图层，将其命名为“主体”，如图4-190所示。

02 选择“主体”图层，执行“效果＞RG Trapcode＞Form”菜单命令，然后展开Base Form(Master)卷展栏，设置Size为XYZ Individual、Size X为1000、Size Y为3000、Size Z为0、Particles in X为500、Particles in Y为500、Particles in Z为1、X Rotation为0x＋90°，如图4-191所示。效果如图4-192所示。

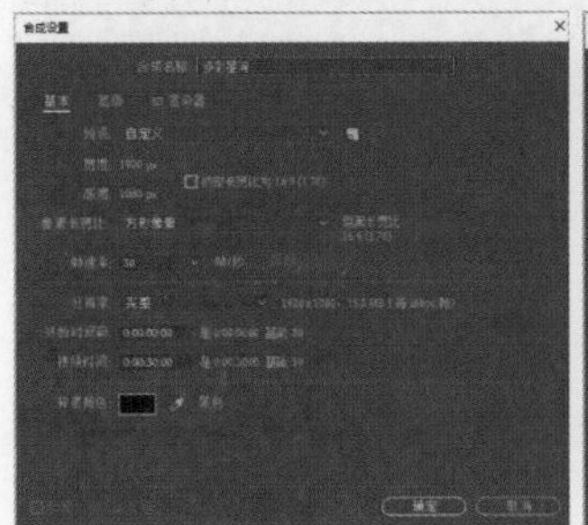
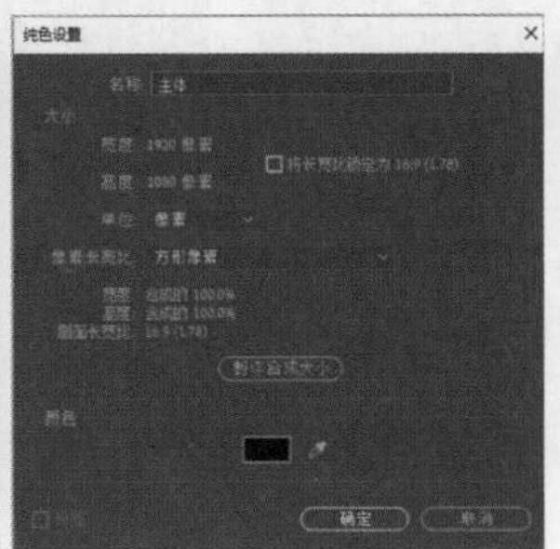
图4-190

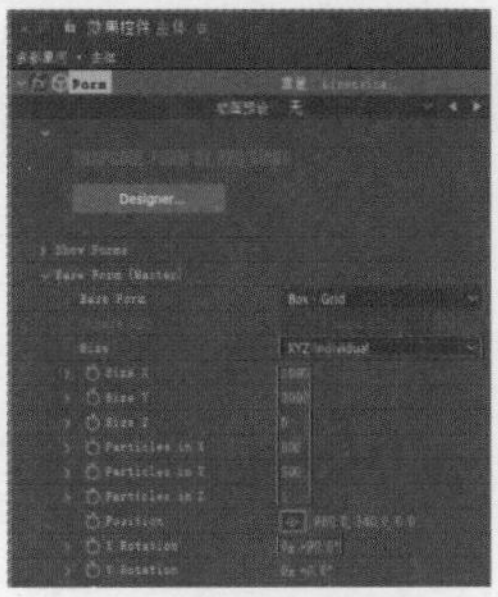

图4-191

图4-192

03 展开Fractal Field(Master)卷展栏，设置Affect Size为4、Affect Opacity为2、Displacement Mode为XYZ Individual、X Displace为50、Y Displace为100，如图4-193所示。效果如图4-194所示。

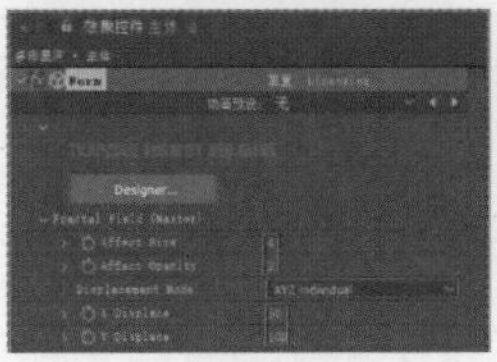

图4-193

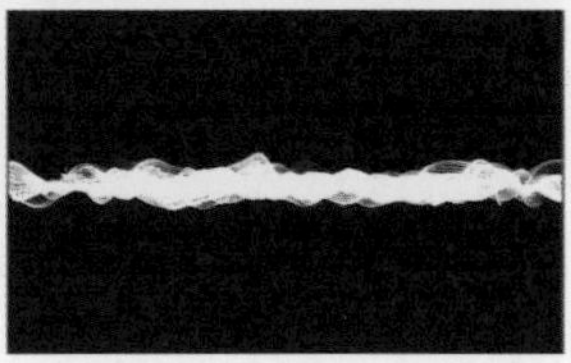

图4-194

04 展开Particle(Master) 卷展栏，设置Size为1、Opacity为50，然后设置Set Color为Over Y，如图4-195所示。效果如图4-196所示。

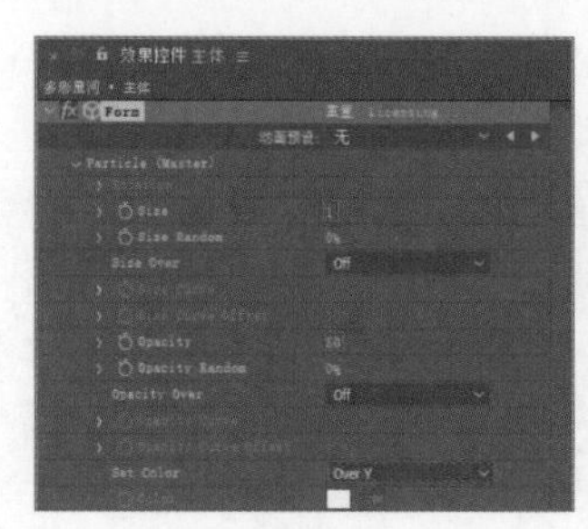

图4-195

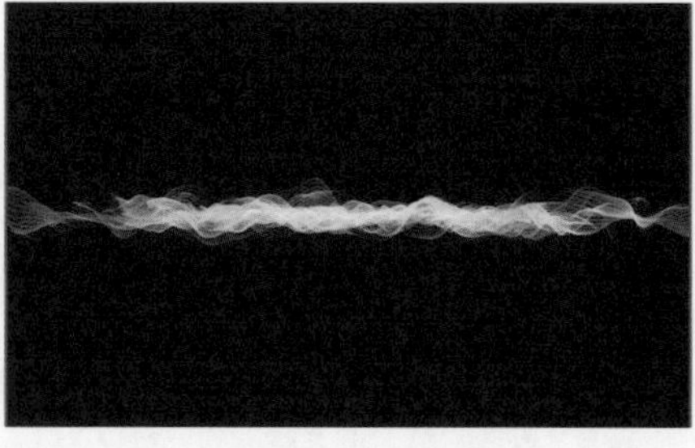

图4-196

◎ 背景光制作

01 选择“主体”图层，执行“编辑>复制”和“编辑>粘贴”菜单命令，将新增的“主体”图层重命名为“背景光”，然后在“时间轴”面板中移动“背景光”图层至“主体”图层下方，接着选择“主体”图层，设置其“模式”为“屏幕”，如图4-197所示。

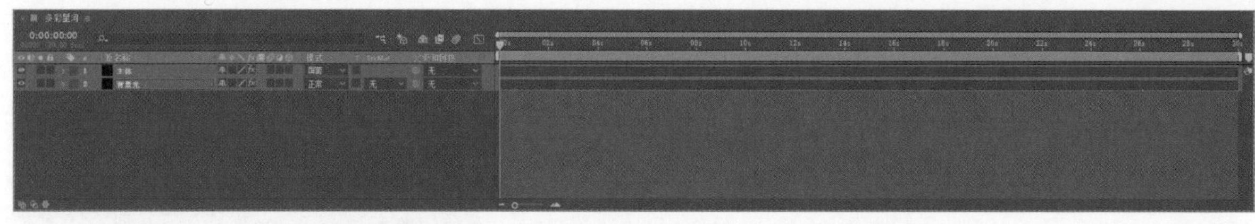

图4-197

02 选择“背景光”图层，然后展开Disperse and Twist(Master) 卷展栏，设置Disperse为200、Disperse Strength Over为Y，接着展开Disperse Strength Curve卷展栏，选择PRESETS下拉列表中的第2个选项，如图4-198所示。效果如图4-199所示。

03 展开Particle(Master) 卷展栏，设置Size Random为100%。最终效果制作完成，如图4-200所示。

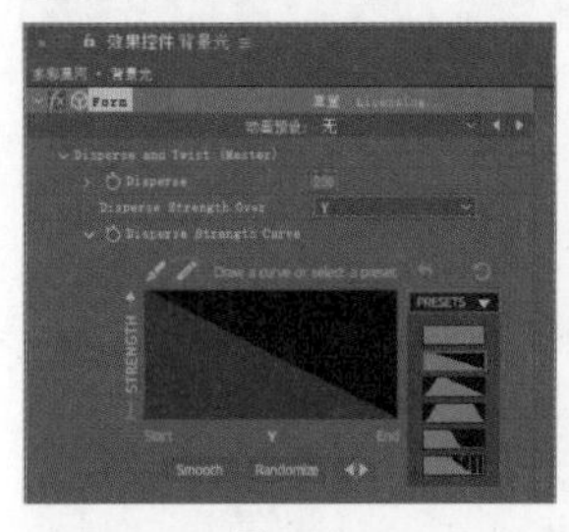

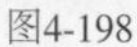

图4-198

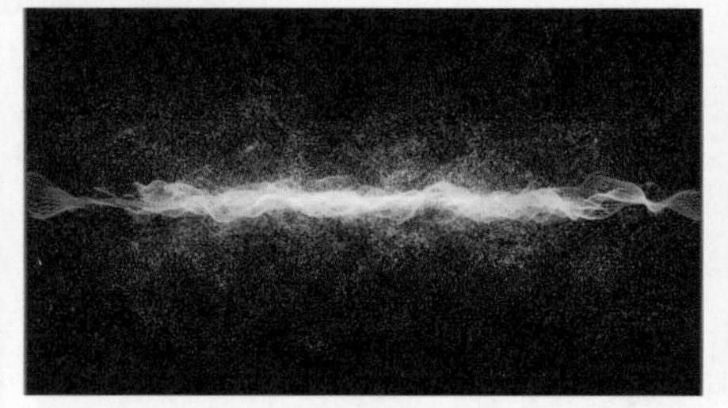

图4-199

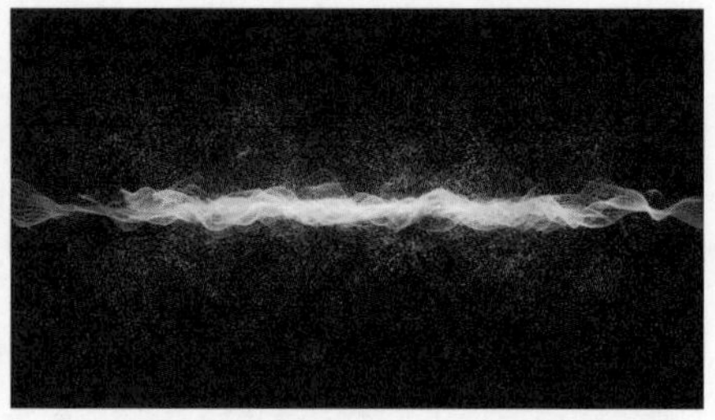

图4-200

实战：粒子星球

场景位置	场景文件>CH04>实战：粒子星球
实例位置	实例文件>CH04>实战：粒子星球
难易程度	★★★☆☆
学习目标	掌握Layer Maps的使用方法

粒子星球的效果如图4-201所示，制作分析如下。

Layer Maps可用于设置发射粒子的方式，其原理类似于Cinema 4D中的“置换”变形器。

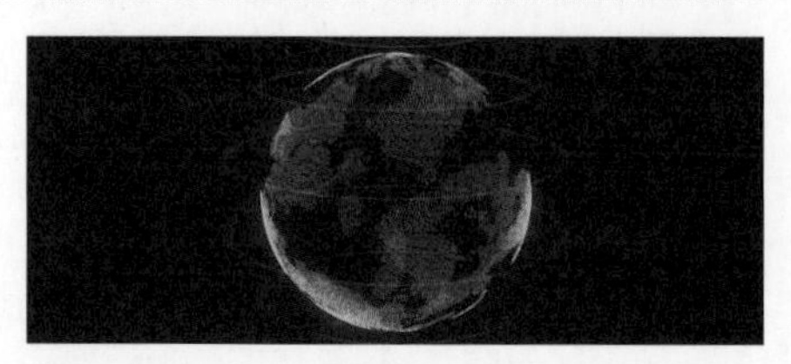

图4-201

◎ 粒子星球主体制作

01 创建一个合成，将其命名为“粒子星球”，然后创建一个“纯色”图层，将其命名为“主体”，如图4-202所示。

02 选择“主体”图层，执行“效果>RG Trapcode>Form”菜单命令。展开Base Form(Master）卷展栏，设置Base Form为Sphere-Layered、Size XYZ为700、Particles in X为300、Particles in Y为300、Sphere Layers为1，如图4-203所示。效果如图4-204所示。

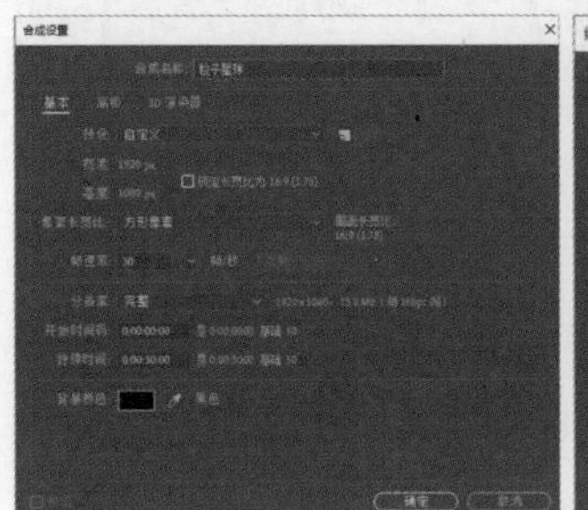
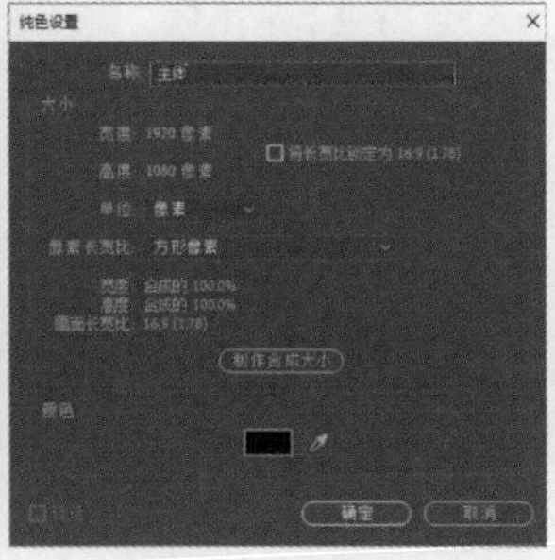

图4-202

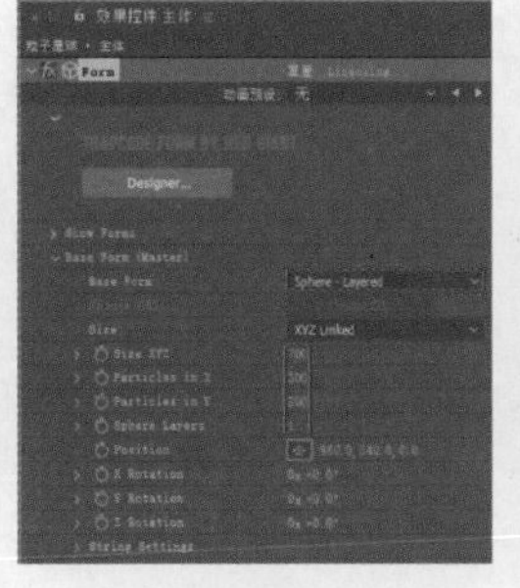

图4-203

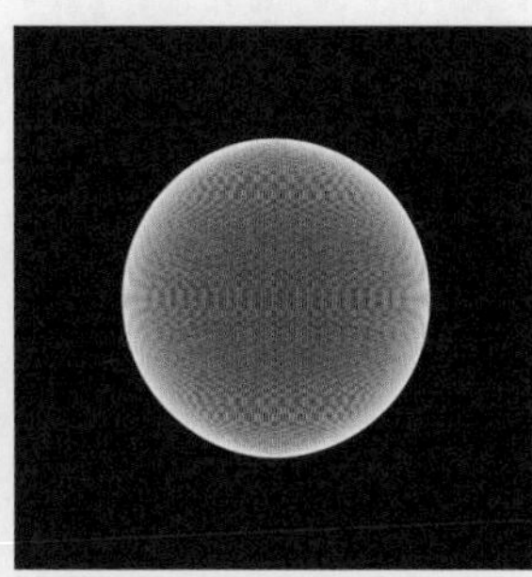

图4-204

03 执行“文件>导入>文件”菜单命令，选择“场景文件>CH04>实战：粒子星球>粒子星球layermap.png”文件，然后单击“导入”按钮 导入 ，如图4-205所示。在“项目”面板中选择“粒子星球layermap.png”文件，将其拖曳至“时间轴”面板中，如图4-206所示。效果如图4-207所示。

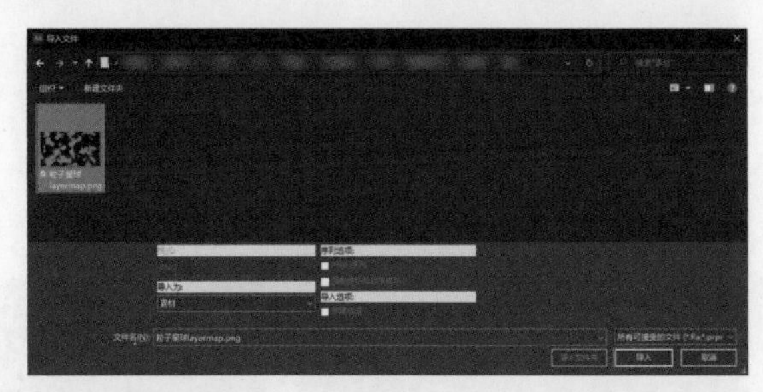

图4-205

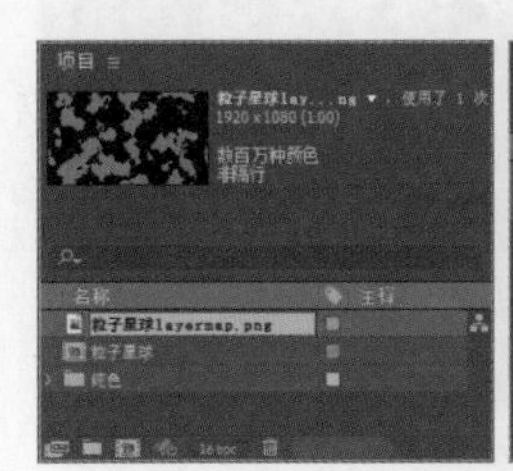
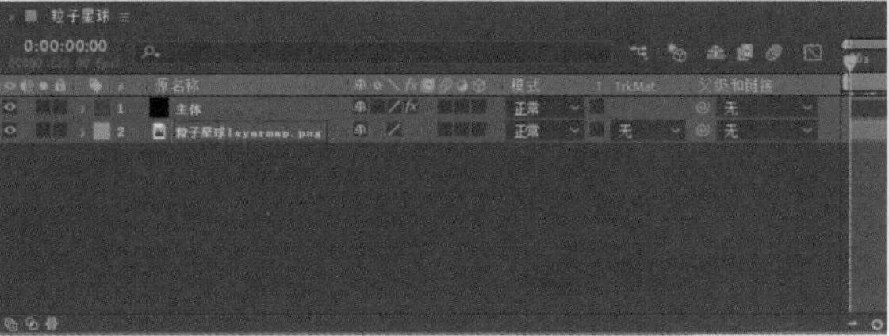

图4-206

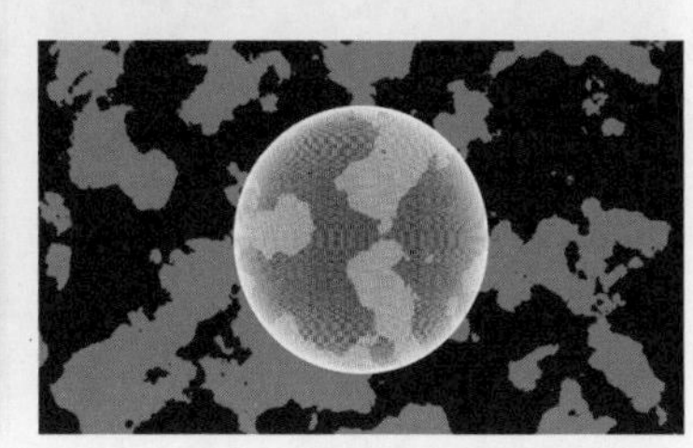

图4-207

◎ 粒子星球效果制作

01 单击“粒子星球layermap.png”图层左侧的按钮，隐藏该图层，然后选择“主体”图层，在“效果控件”面板中依次展开Layer Maps(Master)、Color and Alpha卷展栏，接着设置Layer的第1项参数为“2.粒子星球layermap.png”，如图4-208所示。此时效果如图4-209所示。

02 展开Particle(Master）卷展栏，设置Size为2、Opacity Random为100%、Blend Mode为Add，如图4-210所示。

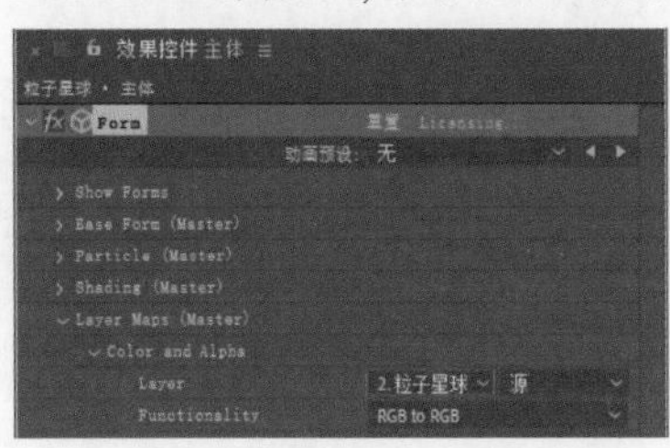

图4-208

图4-209

图4-210

03 执行“效果>风格化>发光”菜单命令，在“效果控件”面板中设置“发光半径”为80，如图4-211所示。效果如图4-212所示。

04 新建一个“纯色”图层，将其命名为“轨道”，然后选择“轨道”图层，执行“效果>RG Trapcode>Form”菜单命令，效果如图4-213所示。

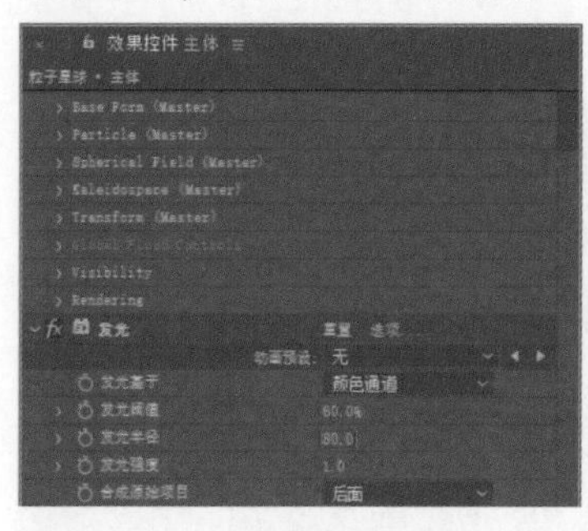

图4-211

图4-212

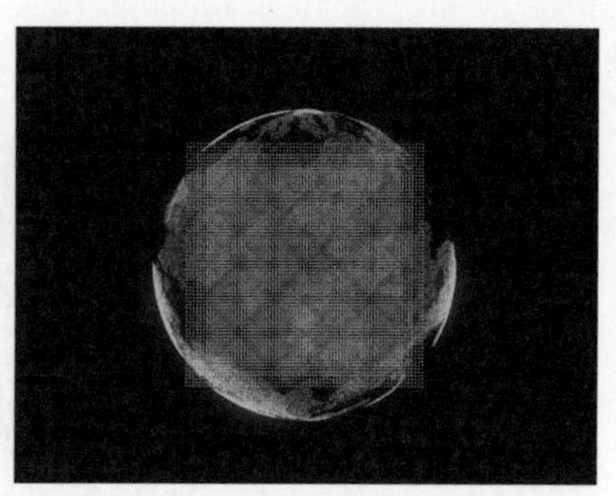

图4-213

05 展开Base Form(Master）卷展栏，设置Base Form为Sphere-Layered、Size为XYZ Individual、Size X为890、Size Y为870、Size Z为870、Particles in X为300、Particles in Y为6、Sphere Layers为1、X Rotation为0x+15°，如图4-214所示。效果如图4-215所示。

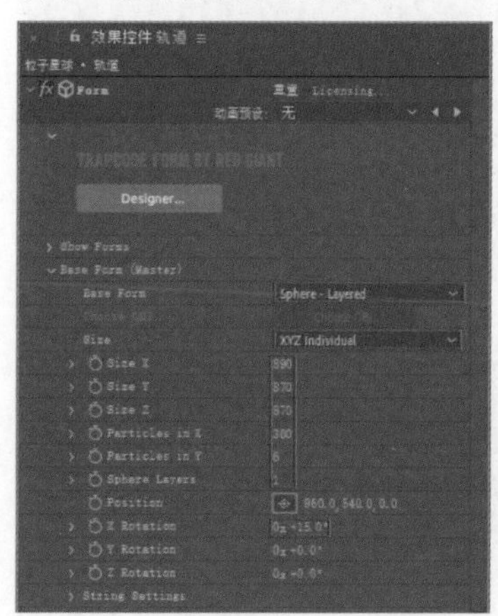

图4-214

06 执行“效果>模糊和锐化>定向模糊”菜单命令，在“效果控件”面板中设置“方向”为0x+90°、“模糊长度”为30。最终效果如图4-216所示。

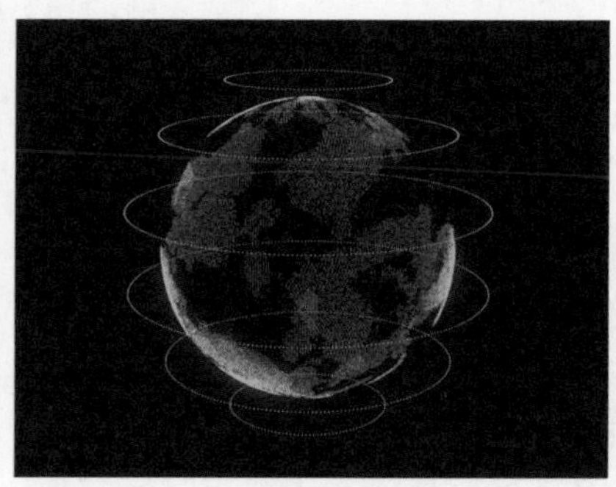

图4-215

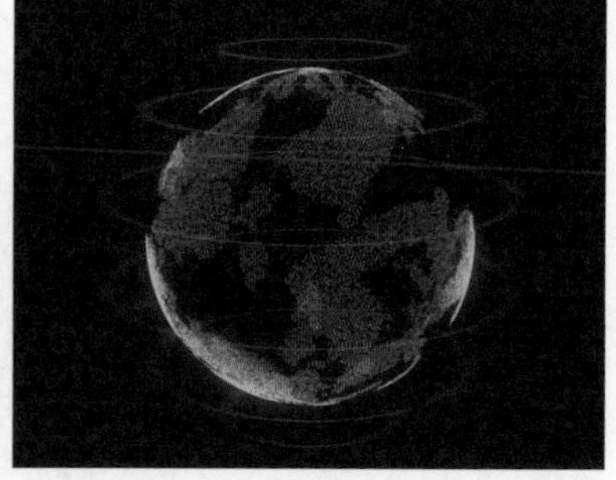

图4-216

第5章 Cinema 4D与After Effects的综合动效

虽然用After Effects就可以制作动效，但前提是有一定的素材，例如图片、视频等。在制作5G时代的科技、仿生、交互等对象和场景时，需要素材模型，这就需要结合Cinema 4D来进行处理了。

5.1 响应场景

响应场景存在于人机交互的各个环节。在设计响应场景时不仅要美化图形，还要为设计赋予生命周期，通过视觉效果、交互赋予界面生命。

实战：AI助手激活

场景位置	场景文件 > CH05 > 实战：AI助手激活
实例位置	实例文件 > CH05 > 实战：AI助手激活
难易程度	★★★☆☆
学习目标	掌握“置换”的使用方法

AI助手激活的效果如图5-1所示，制作分析如下。

第1点：在Cinema 4D中，模型的“分段”参数值越大，效果越细腻。

第2点：在制作动画时，需要优先考虑动画的帧频（帧速率）。

图5-1

◎ AI助手模型制作

01 打开Cinema 4D，执行“渲染>编辑渲染设置”菜单命令，选择“输出”，然后设置“宽度”为1920像素、“高度”为1080像素，如图5-2所示。创建一个球体，在“属性”面板中设置“分段”为512、“类型”为“八面体”，效果如图5-3所示。

02 执行“创建>变形器>置换”菜单命令，在“对象”面板中移动“置换”对象至“球体”对象内，然后选择“置换”对象，在“属性”面板中设置“着色器”为“噪波”，如图5-4所示。

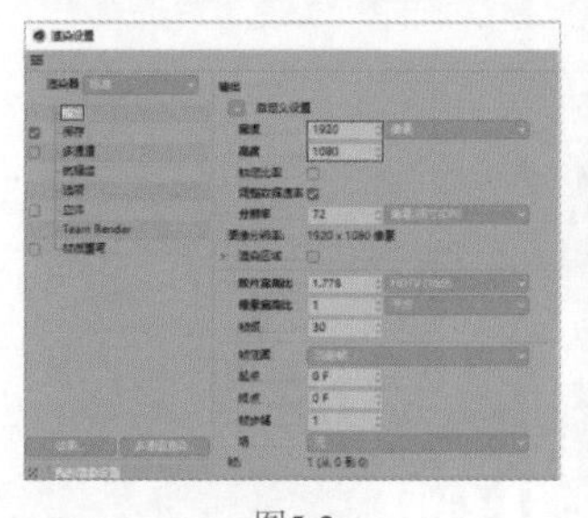

图5-2

图5-3

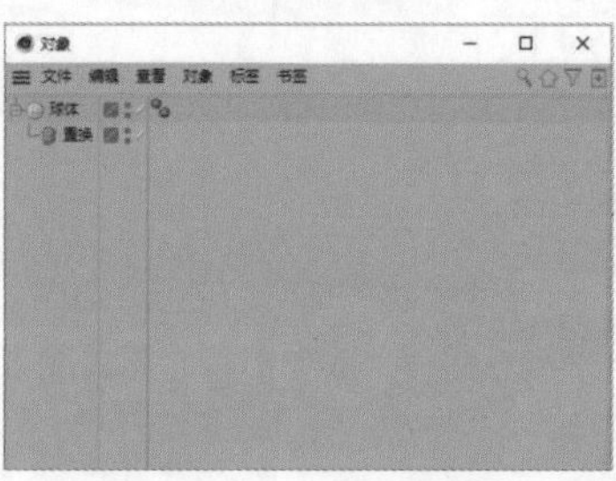

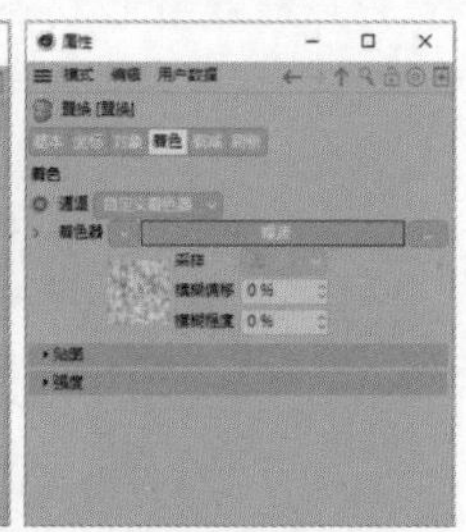

图5-4

03 单击“着色器”右侧的“噪波”，设置“相对比例”为（300%,0%,0%）、“动画速率”为1，如图5-5所示，效果如图5-6所示。

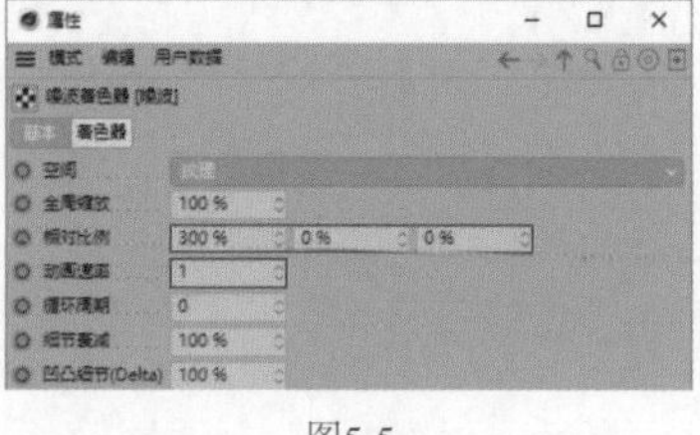

图5-5

图5-6

04 执行“创建>变形器>螺旋”菜单命令，在“对象”面板中移动“螺旋”对象至“球体”对象内，使其位于“置换”对象的下方，如图5-7所示。在“时间轴”面板中设置时间轴时长为0～150F，当前帧为30F，如图5-8所示。

图5-7

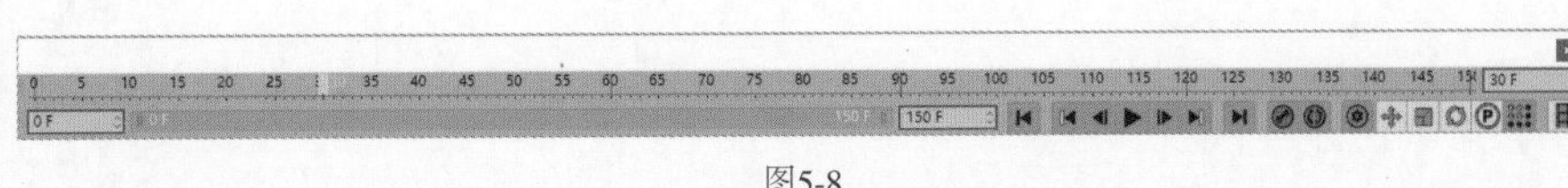

图5-8

05 选择“置换”对象，在“属性”面板中设置“强度”为0%、“高度”为20cm，然后单击“强度”左侧的◎按钮，记录当前参数的变化，如图5-9所示。

06 选择“螺旋”对象，分别单击R.P、R.B左侧的◎按钮，然后单击“角度”左侧的◎按钮，如图5-10所示。在“时间轴”面板中设置当前帧为60F，如图5-11所示。

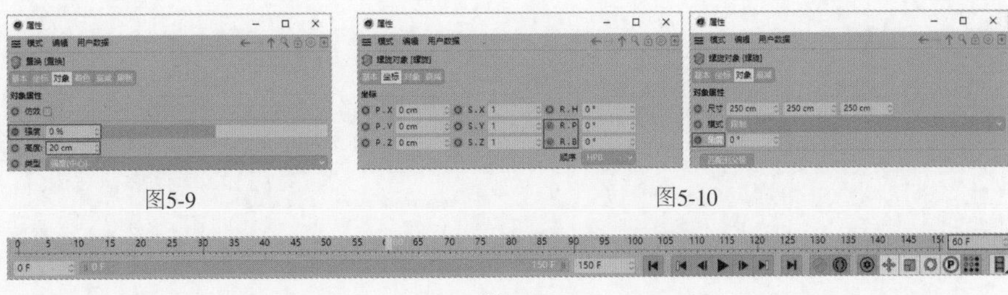

图5-9

图5-10

图5-11

07 选择“置换”对象，在“属性”面板中设置“强度”为100%并单击其左侧的◎按钮，记录当前参数的变化，如图5-12所示。此时观察“时间轴”面板，可发现在30F和60F的位置上，分别出现了两个关键帧，如图5-13所示，效果如图5-14所示。

08 选择“螺旋”对象，在“属性”面板中设置R.P为-180°、R.B为360°，然后单击它们左侧的◎按钮，如图5-15所示。设置“角度”为200°并单击其左侧的◎按钮，如图5-16所示。最终模型效果如图5-17所示。

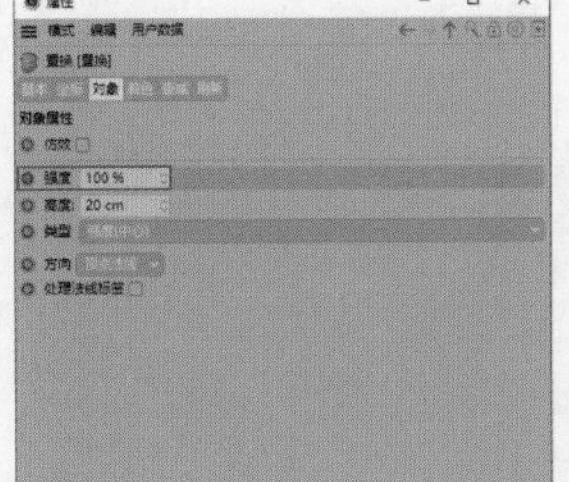

图5-12

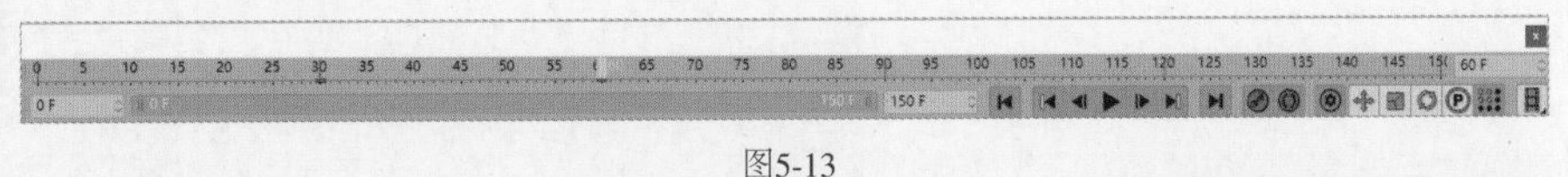

图5-13

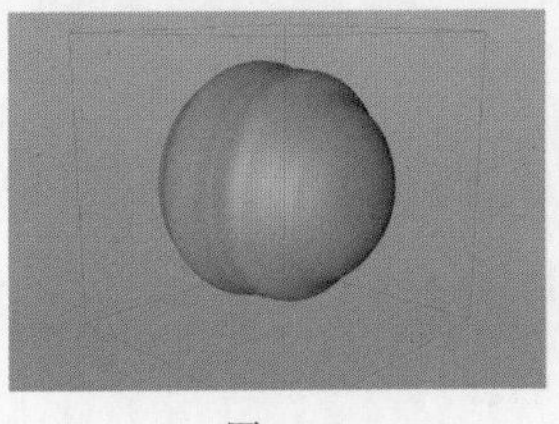

图5-14

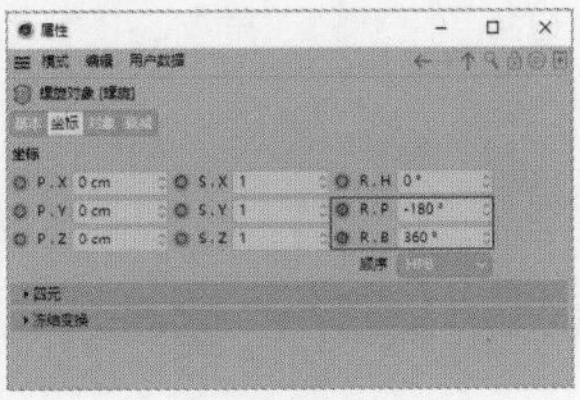

图5-15

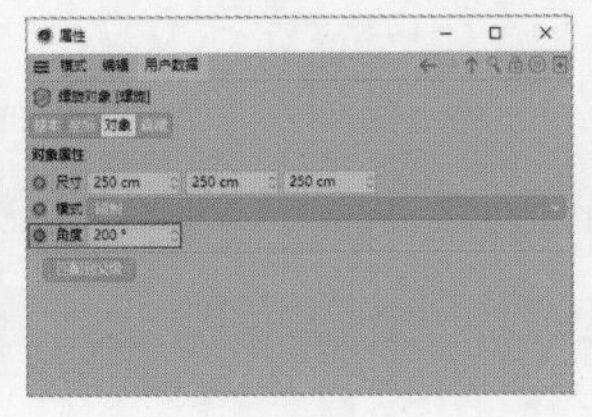

图5-16

图5-17

◎ AI助手模型渲染

01 执行“Octane>Octane Dialog”菜单命令，在图5-18所示的对话框中执行“Materials>Octane Glossy Material”菜单命令。此时“材质”面板中新增一个材质球，如图5-19所示。双击材质球打开“材质编辑器”面板，如图5-20所示。

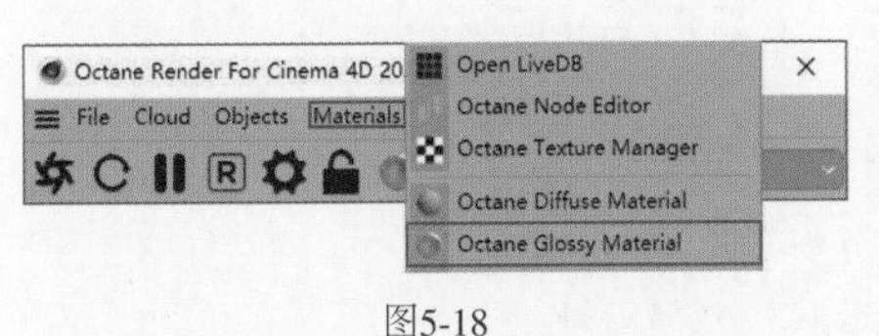

图5-18

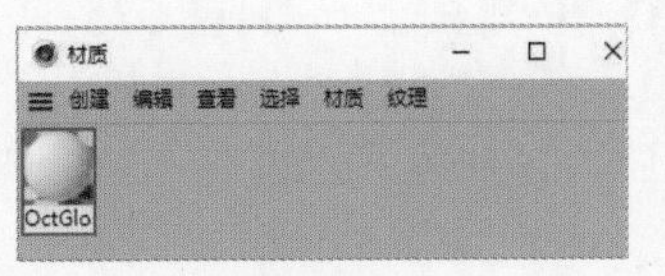

图5-19

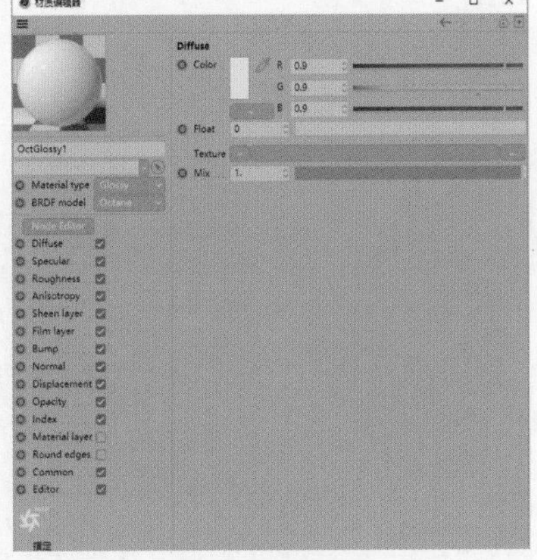

图5-20

02 在“材质编辑器”面板中选择Diffuse，设置Texture为“渐变”，如图5-21所示。单击“渐变”进入“着色器”选项卡，如图5-22所示。

03 双击渐变色条左侧的色标，在弹出的对话框中设置H为240°、S为100%、V为100%，然后双击渐变色条右侧的色标，设置H为268°、S为100%、V为100%，如图5-23所示。

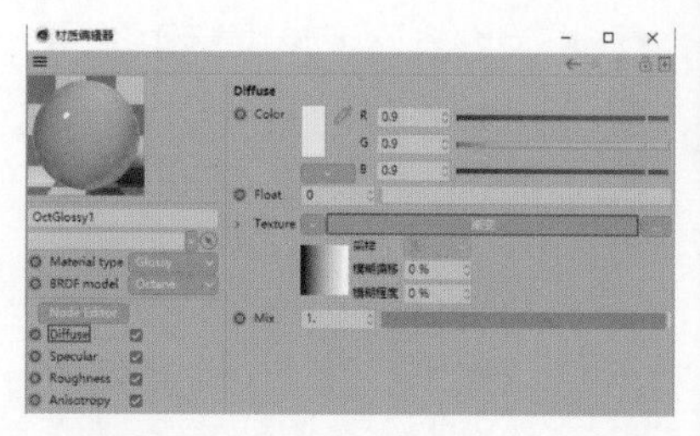

图5-21

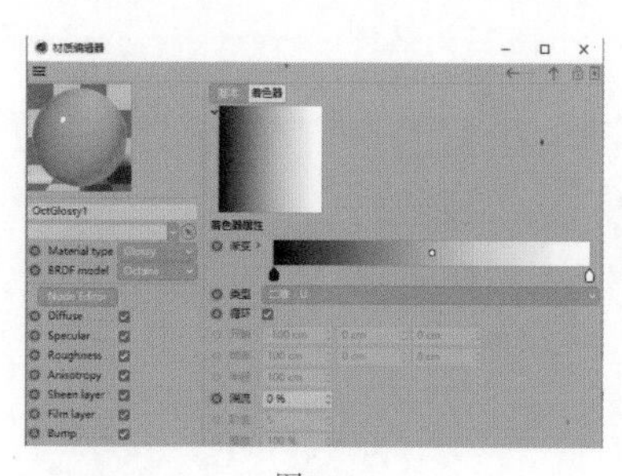
图5-22

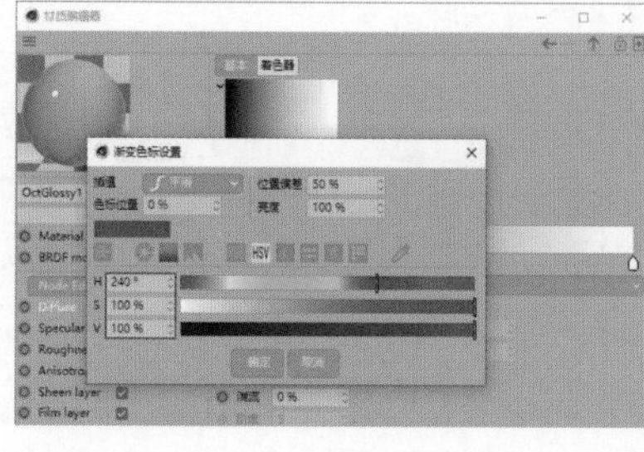

图5-23

04 保持当前选择不变，在“材质编辑器”面板中设置“类型”为“二维-V”，然后单击Roughness，设置Float为1，如图5-24所示。

05 移动“材质”面板中的材质球至“对象”面板的“球体”对象上，如图5-25所示。执行“渲染>编辑渲染设置”菜单命令，在“渲染设置”对话框中设置“渲染器”为Octane Renderer，如图5-26所示。

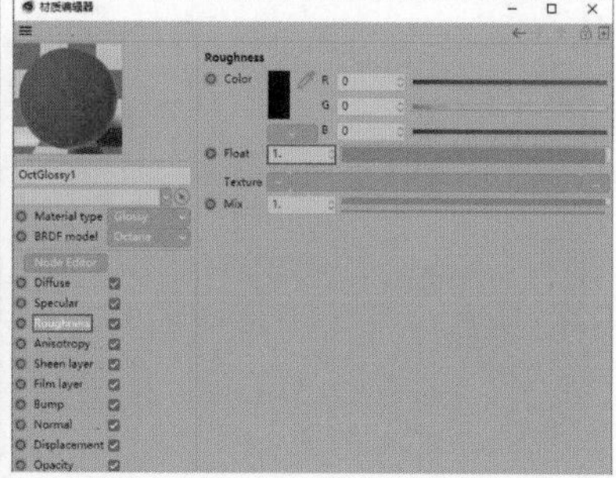
图5-24

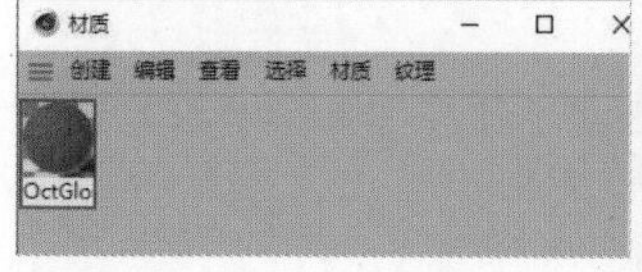

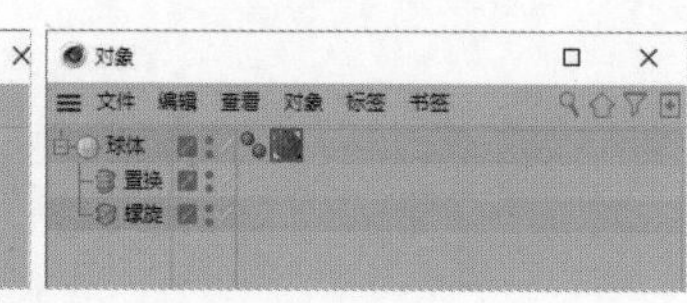

图5-25

图5-26

06 执行“渲染>渲染活动视图”菜单命令，渲染后的效果如图5-27所示。此时模型有明显的颜色分段现象，需要修改材质贴图的投射方式来解决这个问题。

07 单击“对象”面板中“球体”右侧的材质球，然后在“属性”面板中设置“投射”为“球状”，如图5-28所示，效果如图5-29所示。

08 执行“渲染>编辑渲染设置”菜单命令，选择“输出”，设置“帧范围”为“全部帧”、“起点”为0F、“终点”为150F，如图5-30所示。

图5-27

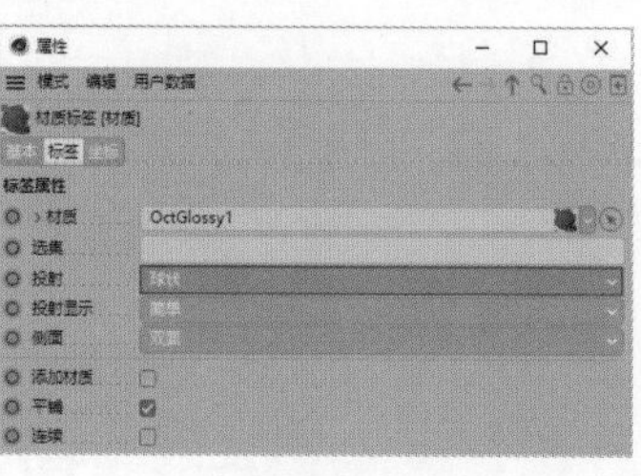

图5-28

图5-29

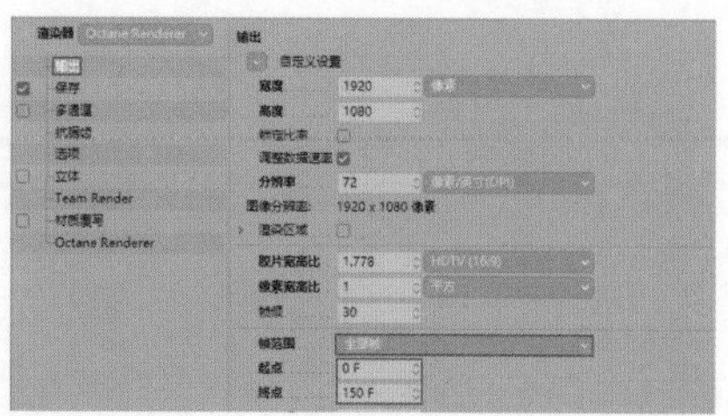

图5-30

09 选择“保存”选项卡，设置“格式”为JPG，然后单击“文件”右侧的按钮，选择保存路径，接着将文件命名为“AI助手激活”，如图5-31所示。执行“渲染>渲染到图片查看器”菜单命令，最终效果如图5-32所示。

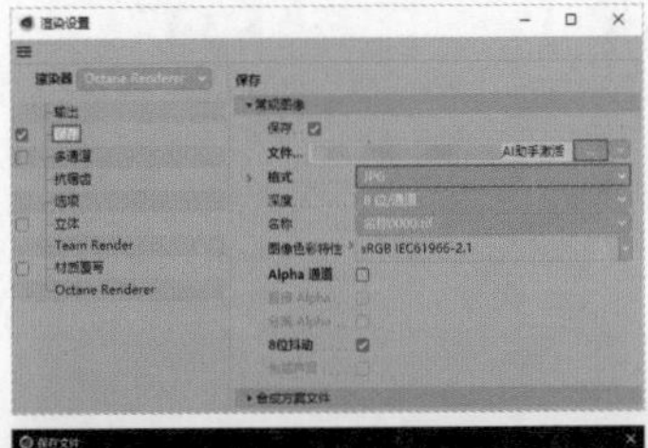

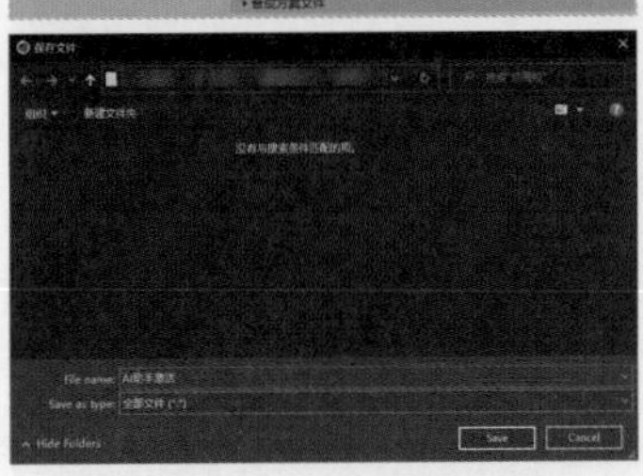

图5-31

图5-32

◎ AI助手激活动效制作

01 打开After Effects，创建一个合成，将其命名为“AI助手激活”，设置“宽度”为1920px、“高度”为1080px、“帧速率”为30帧/秒、“持续时间”为0:00:05:00，如图5-33所示。

02 执行“文件>导入>多个文件”菜单命令，选择“场景文件>CH05>实战：AI助手激活>AI助手激活0000.jpg”文件，单击“导入”按钮，然后单击“完成”按钮，如图5-34所示。

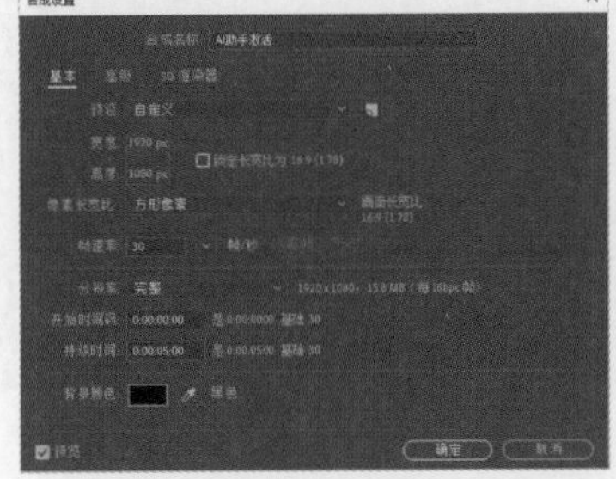

图5-33

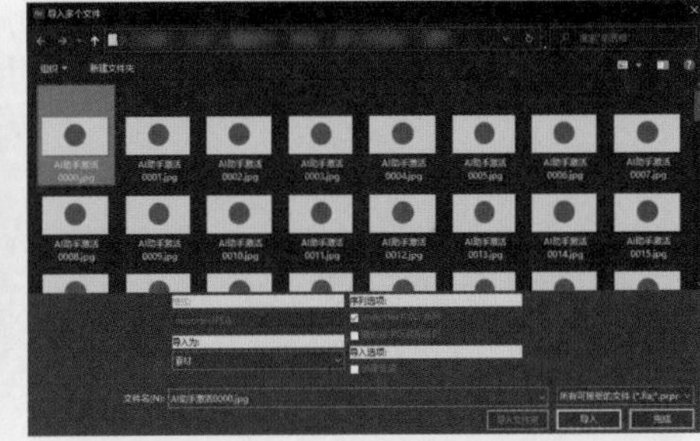

图5-34

03 此时可以观察到“项目”面板中新增了一个“AI助手激活[0000-0150].jpg”文件，移动其至“时间轴”面板中，如图5-35所示。

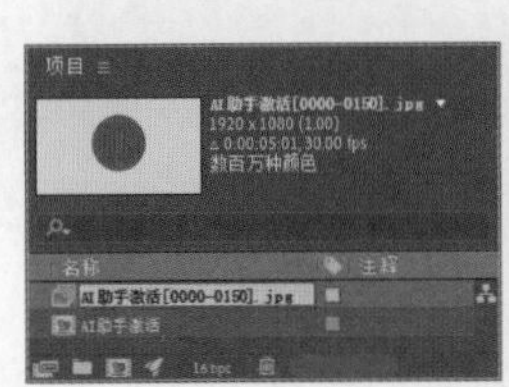

图5-35

04 创建一个“纯色”图层，将其命名为“粒子”，如图5-36所示。选择“粒子”图层，执行“效果>RG Trapcode>Form”菜单命令，此时“效果控件”面板如图5-37所示。

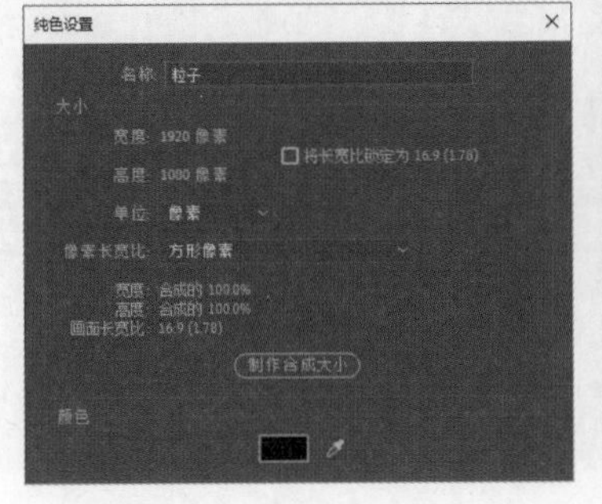

图5-36

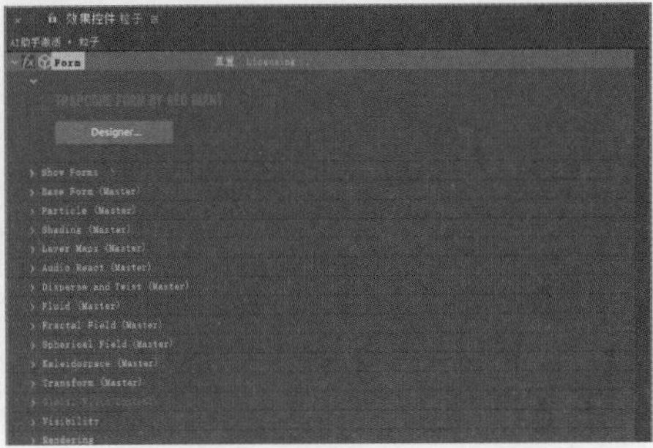

图5-37

05 展开Base Form(Master)卷展栏，设置Base Form为Sphere-Layered、Size XYZ为640、Particles in X为900、Particles in Y为1、Sphere Layers为1、Position为(977,516,0)、X Rotation为0x+90°，如图5-38所示。此时球体外侧有一个白色圆环，如图5-39所示。

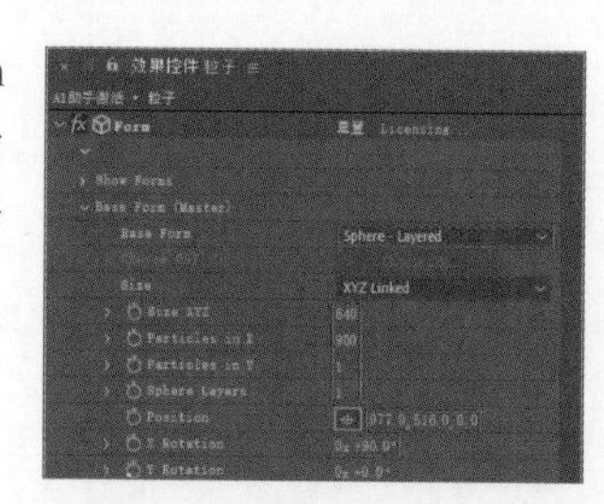

图5-38

图5-39

06 在“时间轴”面板中设置时间码为0:00:00:10，如图5-40所示。展开Base Form(Master)卷展栏，然后单击Size XYZ左侧的按钮，如图5-41所示。展开Particle(Master)卷展栏，单击Color左侧的按钮，如图5-42所示。

图5-40

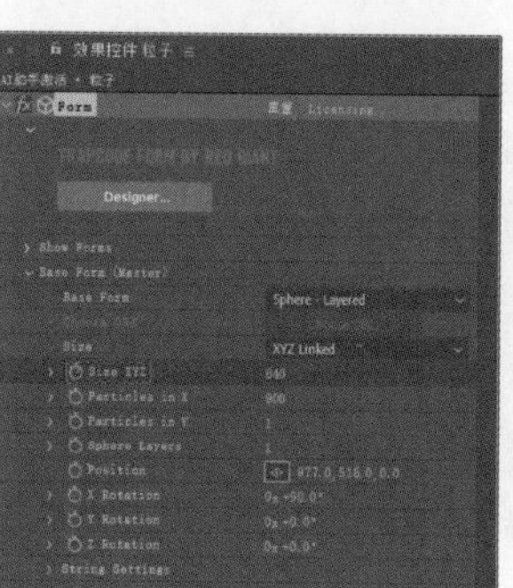

图5-41

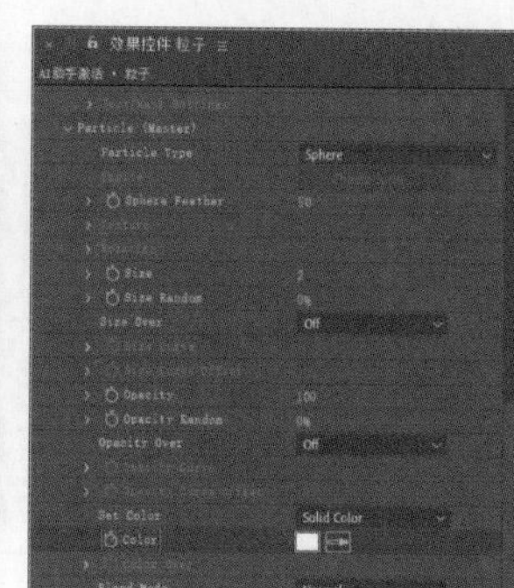

图5-42

07 设置时间码为0:00:00:20，如图5-43所示。展开Base Form(Master)卷展栏，设置Size XYZ为790，如图5-44所示。展开Particle(Master)卷展栏，设置Color为紫色(R:171,G:125,B:255)，如图5-45所示。

图5-43

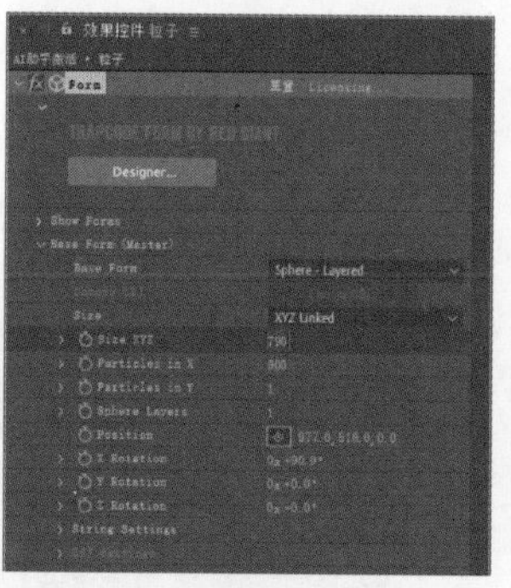

图5-44

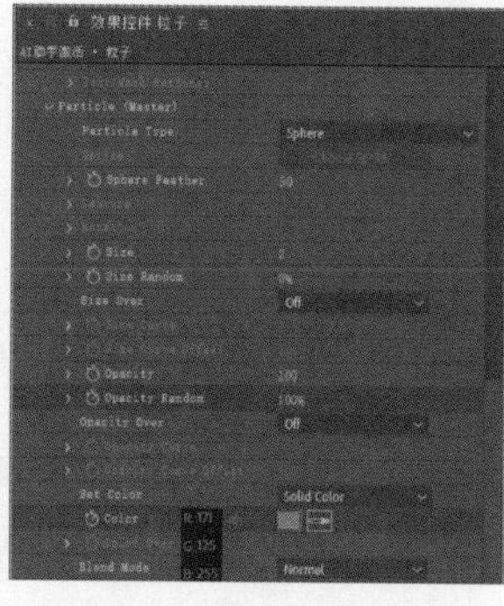

图5-45

08 设置时间码为0:00:01:10，如图5-46所示。展开Particle(Master)卷展栏，单击Opacity Random左侧的按钮；展开Disperse and Twist(Master)卷展栏，单击Disperse左侧的按钮；展开Fractal Field(Master)卷展栏，单击Displace左侧的按钮，如图5-47所示。

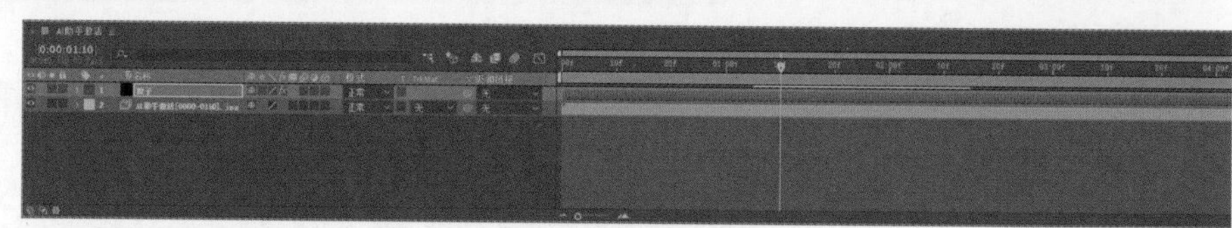

图5-46

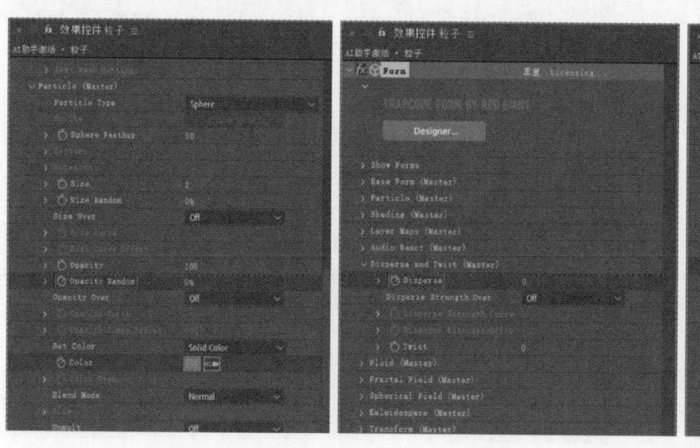

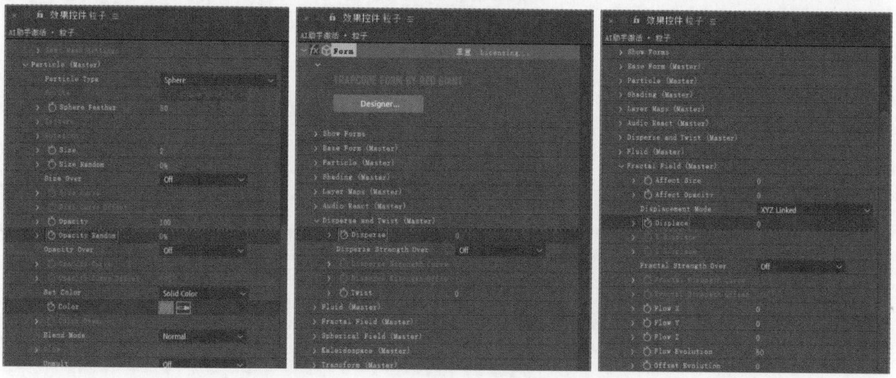

图5-47

09 设置时间码为0:00:01:20，然后展开Particle（Master）卷展栏，设置Opacity Random为80%，接着展开Disperse and Twist（Master）卷展栏，设置Disperse为70，如图5-48所示。

10 展开Fractal Field（Master）卷展栏，设置Displace为70，效果如图5-49所示。执行“窗口>预览”菜单命令，单击“预览”面板中的“播放/停止”按钮▶，如图5-50所示，也可以按Space键预览动画效果。至此动画效果制作完成。

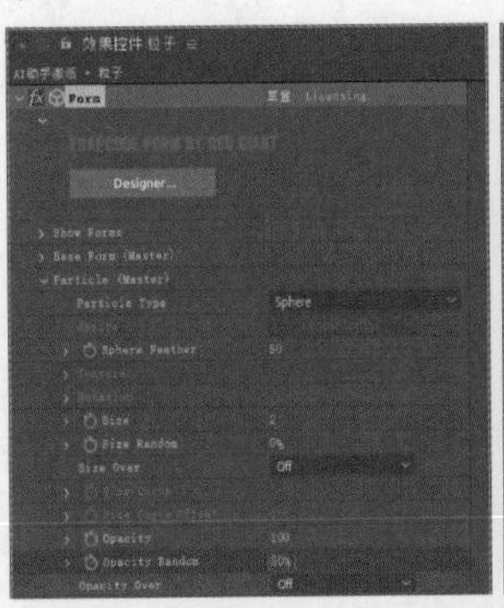

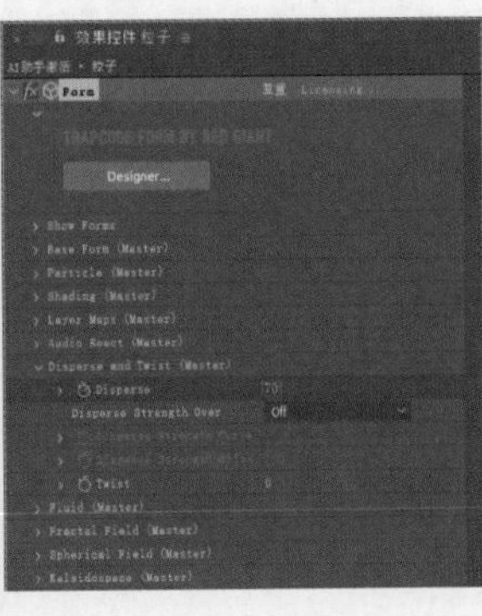

图5-48

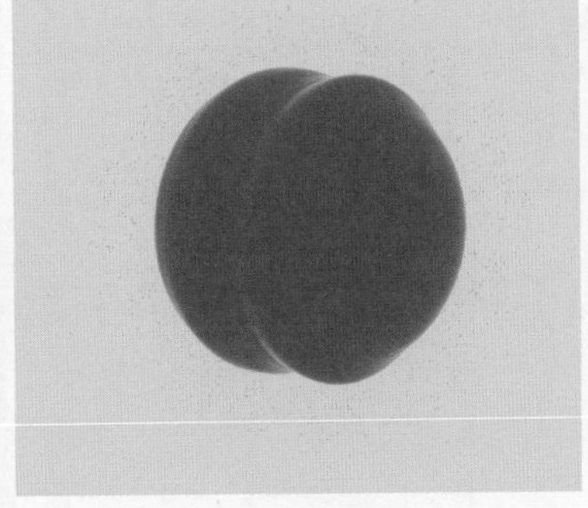

图5-49

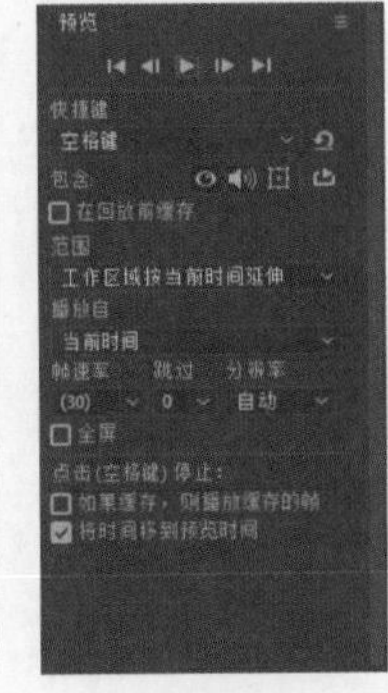

图5-50

实战：环境激活

场景位置	场景文件>CH05>实战：环境激活
实例位置	实例文件>CH05>实战：环境激活
难易程度	★★★★☆
学习目标	掌握“摄像机镜头模糊”效果的使用方法

环境激活的效果如图5-51所示，制作分析如下。

第1点：在Cinema 4D中渲染模型时，可以通过提高采样率来优化渲染的效果和减少噪点，其数值越大，渲染精度越高，渲染效果越好。

第2点：“摄像机镜头模糊”效果可用于制作影片的景深效果，通过设置“模糊半径”参数的值可以增加模糊度。

图5-51

◎ 环境激活模型制作

01 打开Cinema 4D，执行“渲染>编辑渲染设置”菜单命令，然后在“渲染设置”对话框中选择“输出”，设置“宽度”为1920像素、“高度”为1080像素，如图5-52所示。

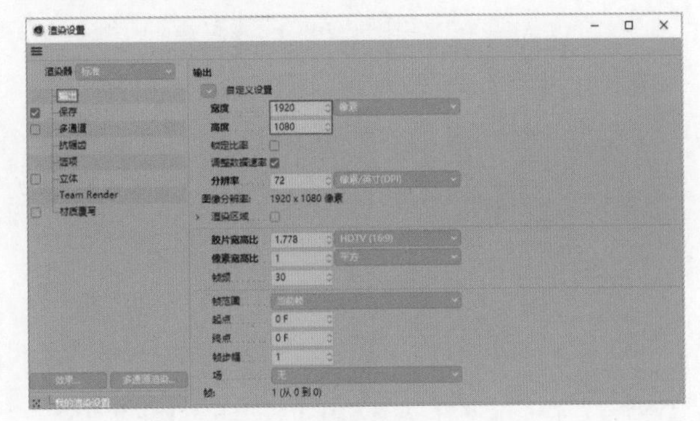

图5-52

02 执行“创建>样条>多边”菜单命令，在“属性”面板中设置“半径”为10cm，然后执行“创建>生成器>挤压”菜单命令，接着在“对象”面板中移动“多边”对象至“挤压”对象内，如图5-53所示。选择“挤压”对象，在“属性”面板中设置“移动”为（0cm,0cm,5cm），如图5-54所示，效果如图5-55所示。

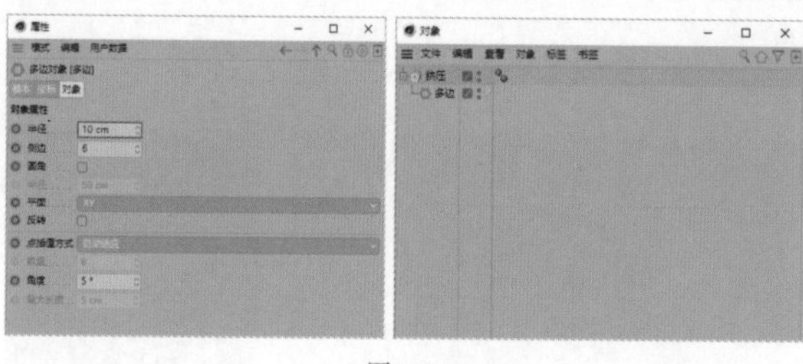

图5-53

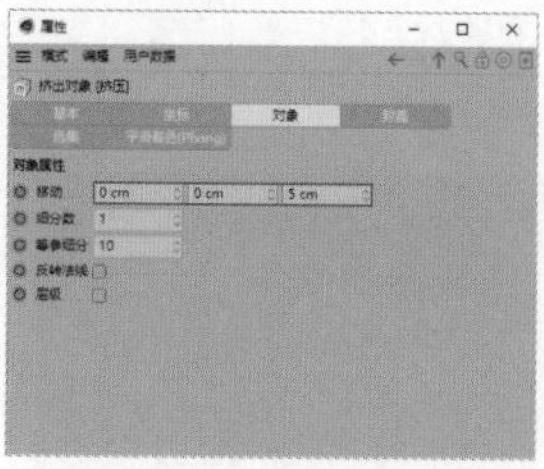

图5-54

图5-55

03 选择“挤压”对象，然后执行“网格>转换>转为可编辑对象”菜单命令，此时“对象”面板如图5-56所示。执行“运动图形>克隆”菜单命令，然后在“对象”面板中移动“挤压”对象至“克隆”对象内，如图5-57所示。

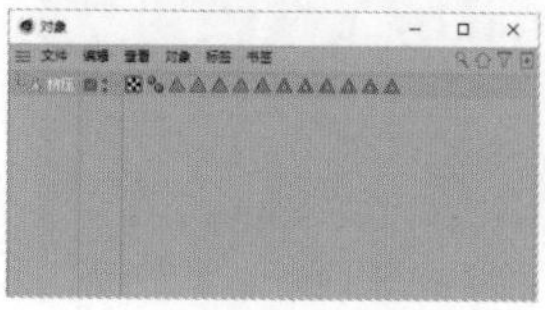

图5-56

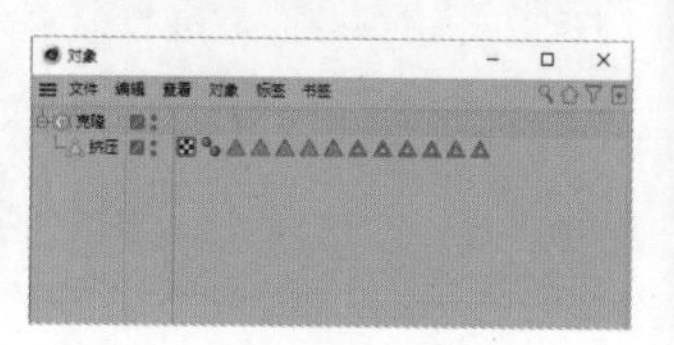

图5-57

04 选择“克隆”对象，在“属性”面板中设置“模式”为“蜂窝阵列”、“宽数量”为80、“高数量”为50、“宽尺寸”为18cm、“高尺寸”为20cm，如图5-58所示，效果如图5-59所示。将“克隆”对象重命名为“下层”，然后在“属性”面板中设置R.P为90°，如图5-60所示。

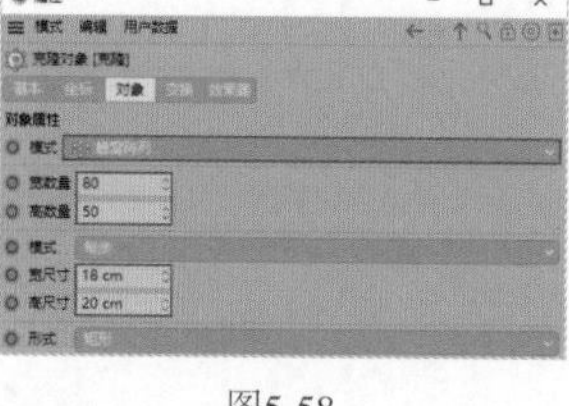

图5-58

图5-59

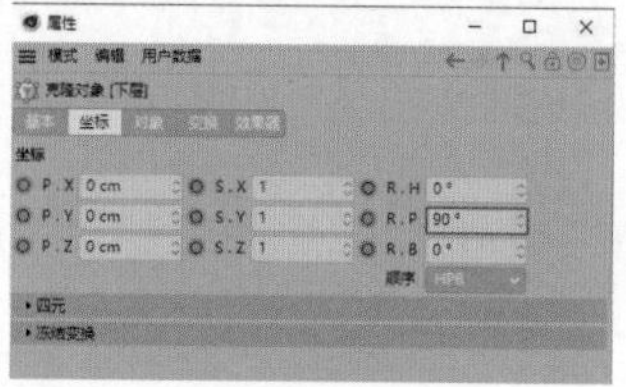

图5-60

05 选择“下层”对象，执行“编辑>复制”和“编辑>粘贴”菜单命令，将新增的“下层.1”对象重命名为“上层”，然后在“属性”面板中设置P.Y为5cm，如图5-61所示，效果如图5-62所示。

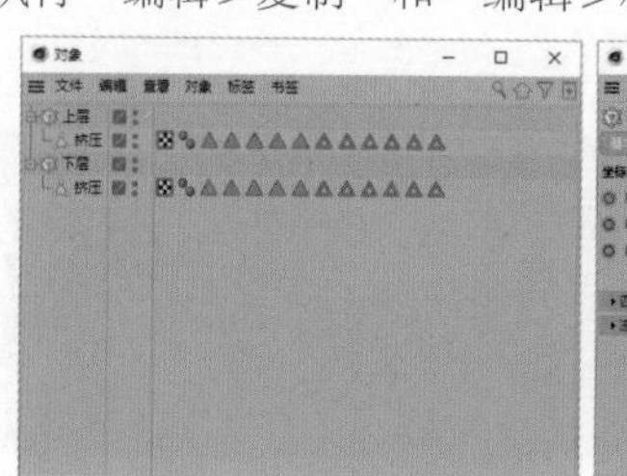

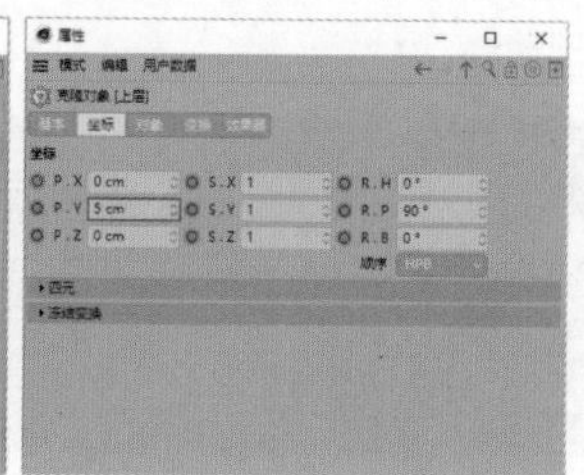

图5-61

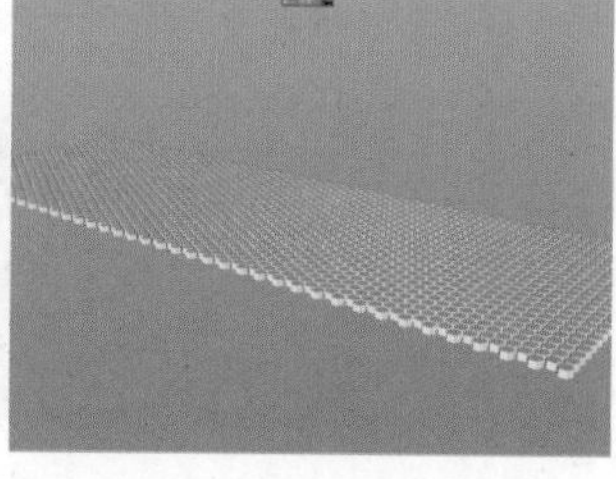

图5-62

06 执行“运动图形>效果器>随机”菜单命令，在“属性”面板中设置P.X为0cm、P.Y为0cm、P.Z为20cm，然后勾选“缩放”复选框，接着设置S.X为0、S.Y为0、S.Z为-20，如图5-63所示。选择“上层”对象，移动“对象”面板中的“随机”对象至“属性”面板的“效果器”列表框中，如图5-64所示，效果如图5-65所示。

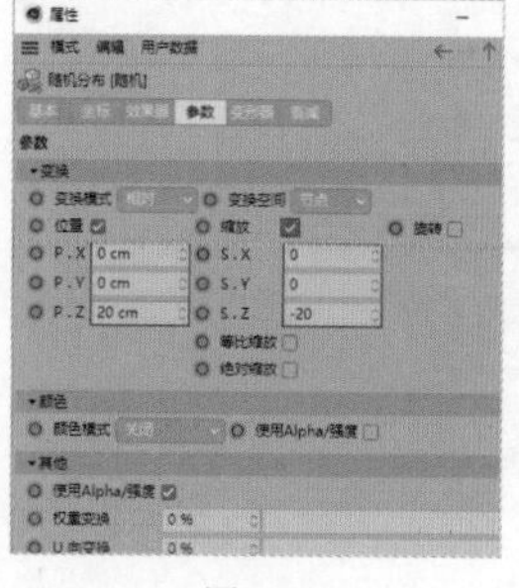

图5-63

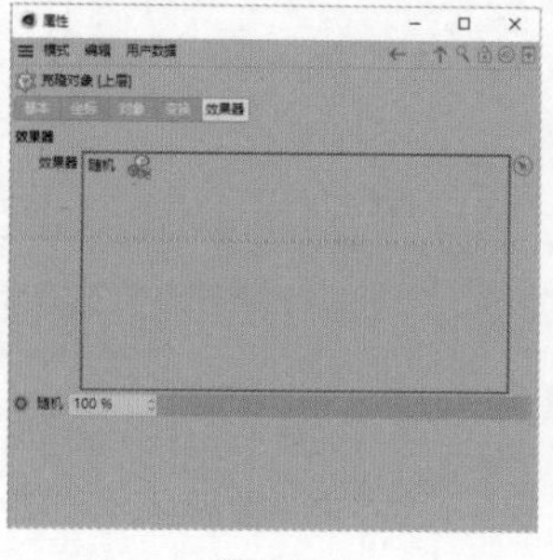

图5-64

图5-65

07 执行“创建>域>圆环体域”菜单命令，选择“随机”对象，然后移动“对象”面板中的“圆环体域”对象至“属性”面板的“域”列表框中，如图5-66所示，效果如图5-67所示。

08 设置当前帧为0F，然后选择“圆环体域”对象，在“域”选项卡中设置“半径”“厚度”均为0cm并单击它们左侧的◎按钮，如图5-68所示。在“重映射”选项卡中设置“强度”为0%并单击其左侧的◎按钮，如图5-69所示。

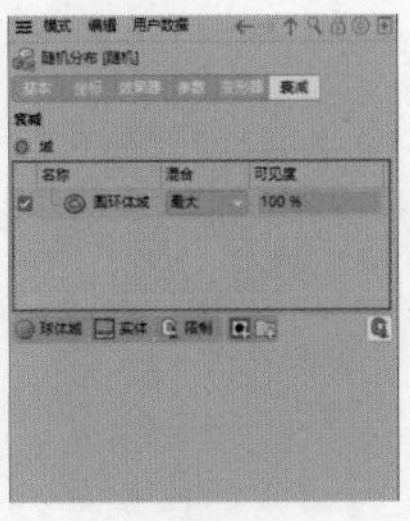

图5-66

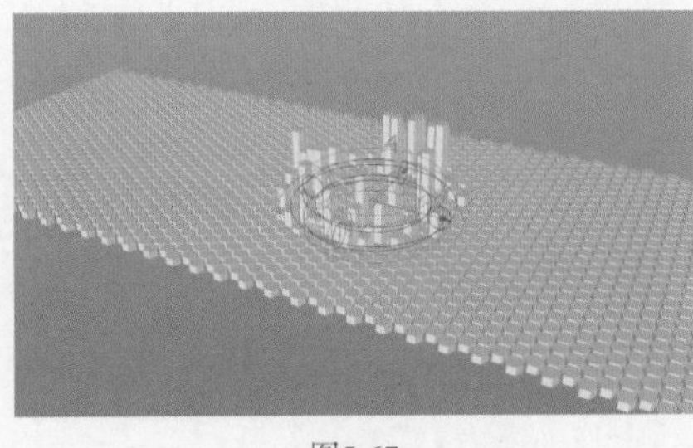

图5-67

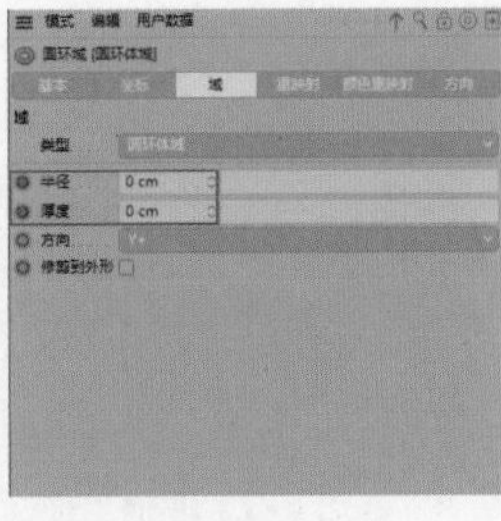

图5-68

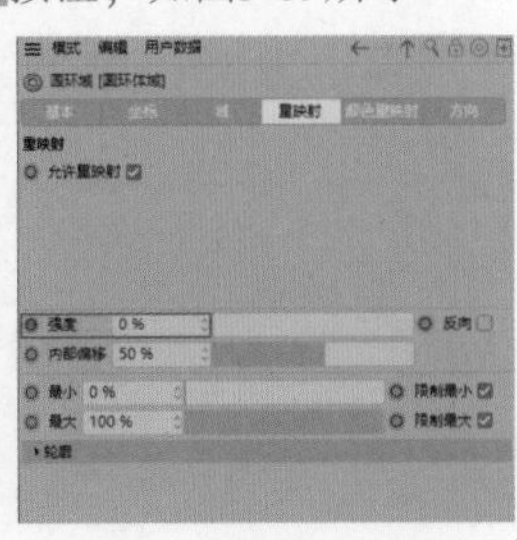

图5-69

09 保持当前选择不变，设置当前帧为15F，然后在“域”选项卡中设置“厚度”为200cm并单击其左侧的◎按钮，如图5-70所示。设置当前帧为30F，然后设置“厚度”为100cm并单击其左侧的◎按钮，接着设置“强度”为100%并单击其左侧的◎按钮，如图5-71所示。

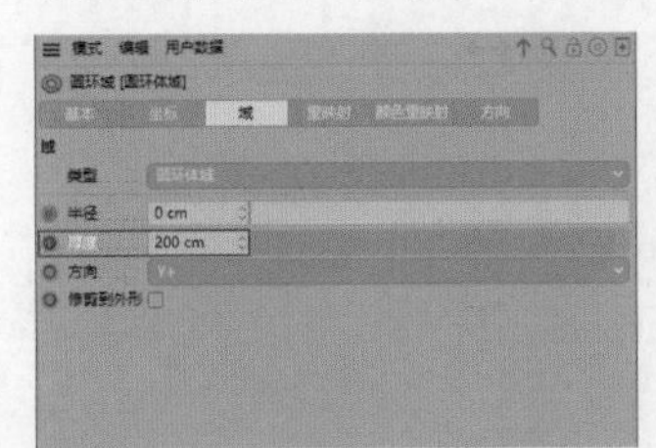

图5-70

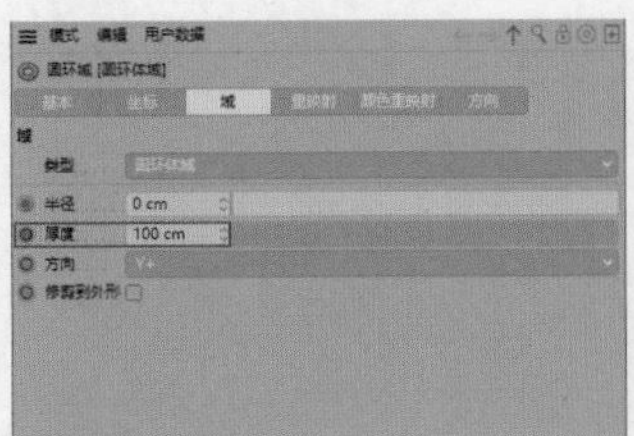

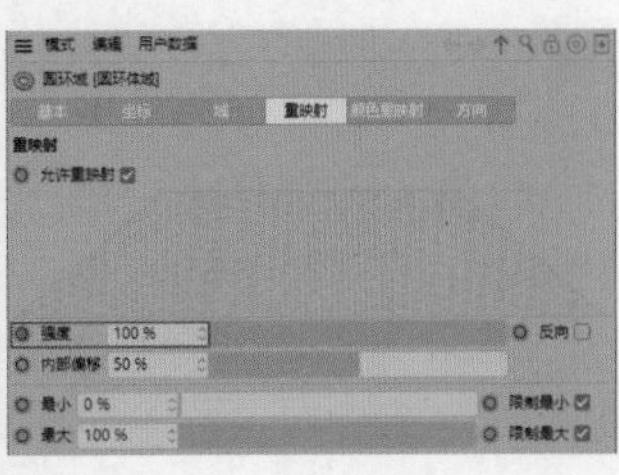

图5-71

10 设置当前帧为90F，然后设置“半径”为800cm、“厚度”为0cm并单击它们左侧的◎按钮，接着设置“强度”为0%并单击其左侧的◎按钮，如图5-72所示。

11 设置当前帧为0F，执行“运动图形>效果器>简易”菜单命令，然后选择“上层”对象，移动“对象”面板中的“简易”对象至“属性”面板的“效果器”列表框中，如图5-73所示。执行“创建>域>球体域”菜单命令，选择“简易”对象，然后移动“对象”面板中的“球体域”对象至“属性”面板的“域”列表框中，效果如图5-74所示。

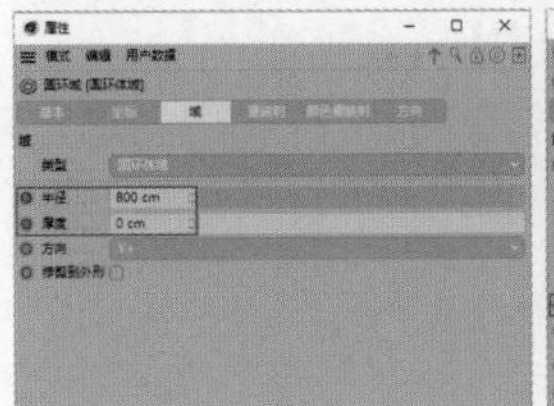

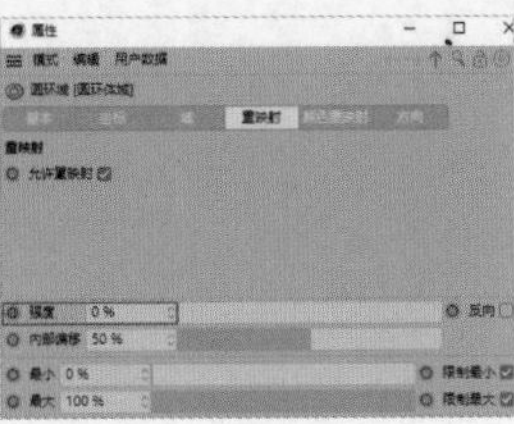

图5-72

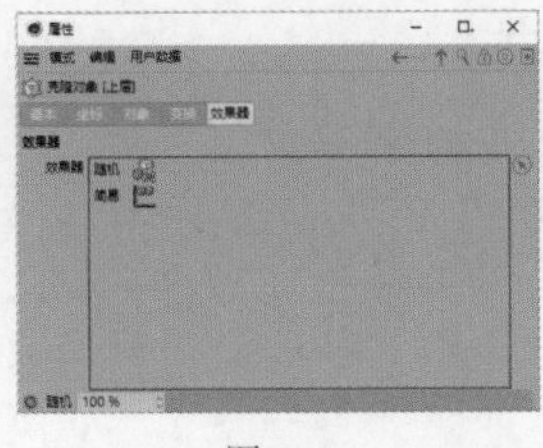

图5-73

图5-74

12 选择“简易”对象，取消勾选“位置”复选框，然后勾选“缩放”“等比缩放”复选框并设置“缩放”为-1，如图5-75所示。选择“球体域”对象，在“属性”面板中设置“内部偏移”为80%，如图5-76所示。设置当前帧为20F，然后设置“尺寸”为0cm并单击其左侧的◎按钮，如图5-77所示。

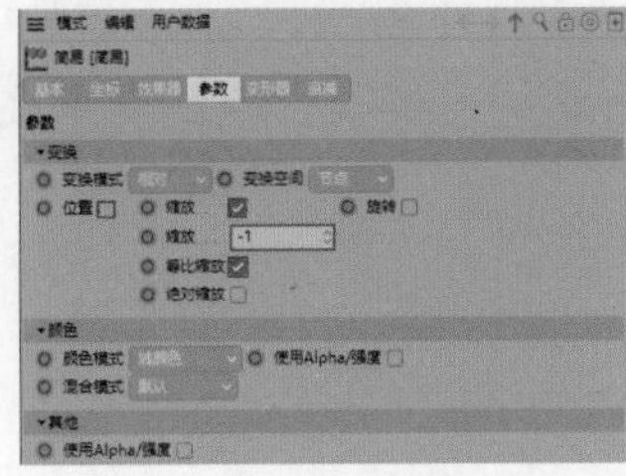

图5-75

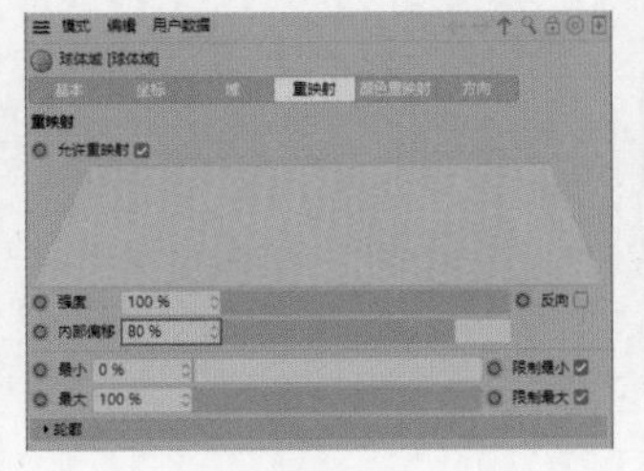

图5-76

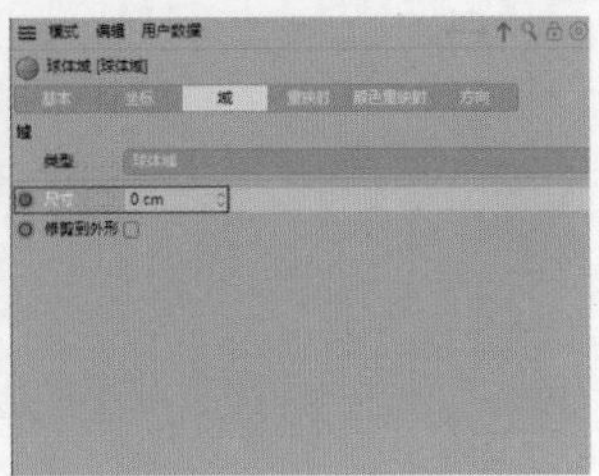

图5-77

13 设置当前帧为90F，然后设置“尺寸”为1000cm并单击其左侧的按钮，如图5-78所示。至此主体就制作完成了，如图5-79所示。

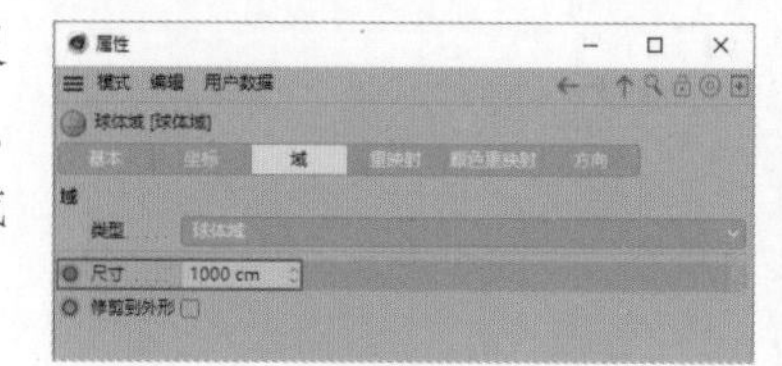

图5-78

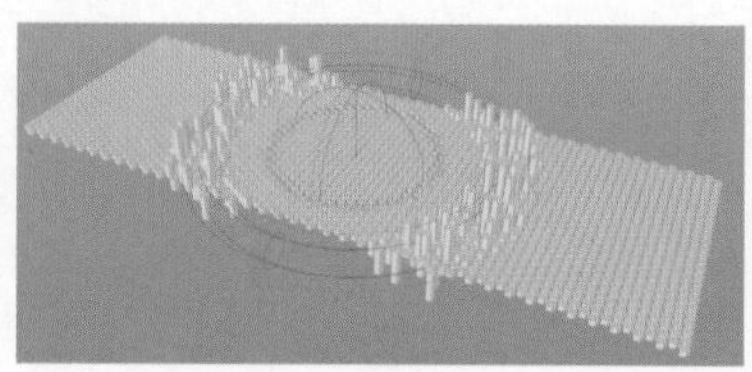
图5-79

◎ 环境激活模型渲染

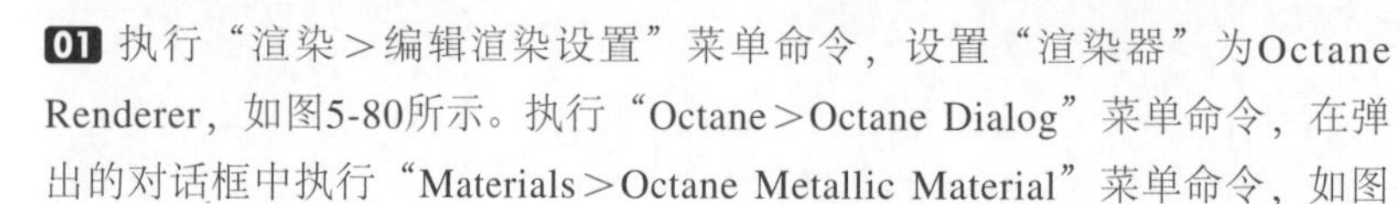
01 执行“渲染>编辑渲染设置”菜单命令，设置“渲染器”为Octane Renderer，如图5-80所示。执行“Octane>Octane Dialog”菜单命令，在弹出的对话框中执行“Materials>Octane Metallic Material”菜单命令，如图5-81所示。

02 双击“材质”面板中的材质球打开“材质编辑器”面板，选择Specular，然后设置Texture为“颜色”，如图5-82所示。

03 单击“颜色”，设置H为0°、S为0%、V为20%，如图5-83所示。选择Roughness，设置Texture为“菲涅耳（Fresnel）”，然后选择Normal，设置Texture为“菲涅耳（Fresnel）”，如图5-84所示。

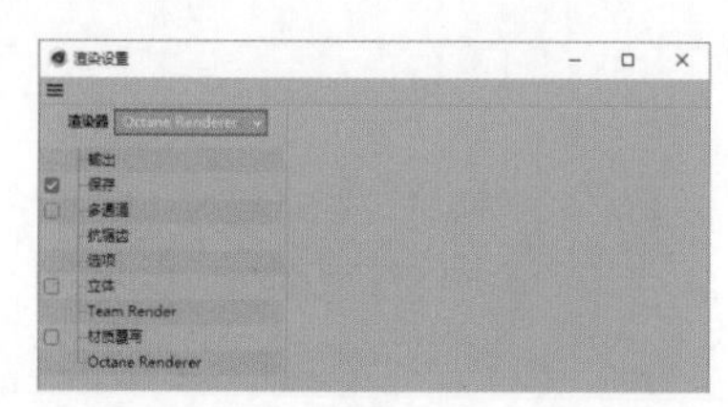

图5-80

图5-81

图5-82

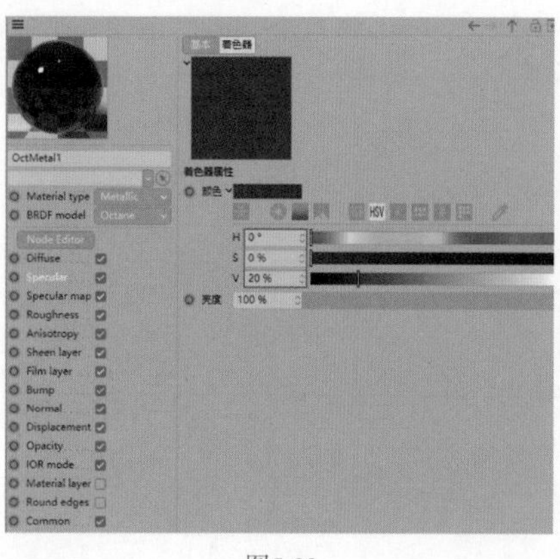
图5-83

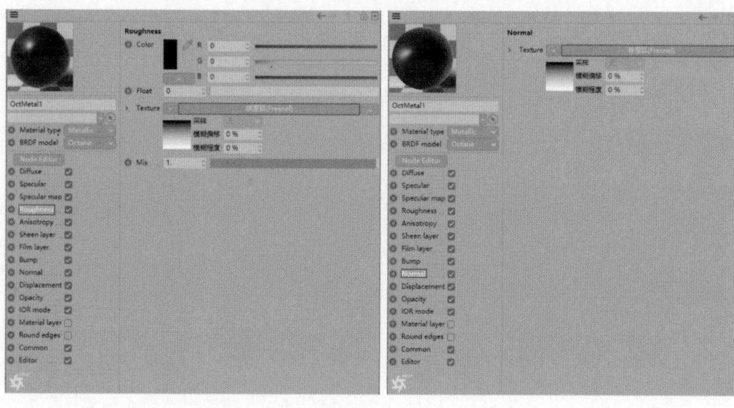
图5-84

04 移动“材质”面板中的OctMetal1材质球至“对象”面板中的“上层”对象上，如图5-85所示。执行“渲染>渲染活动视图”菜单命令，渲染后的效果如图5-86所示。

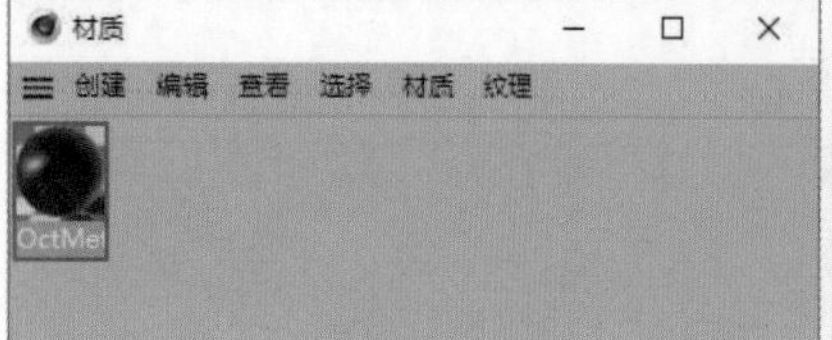

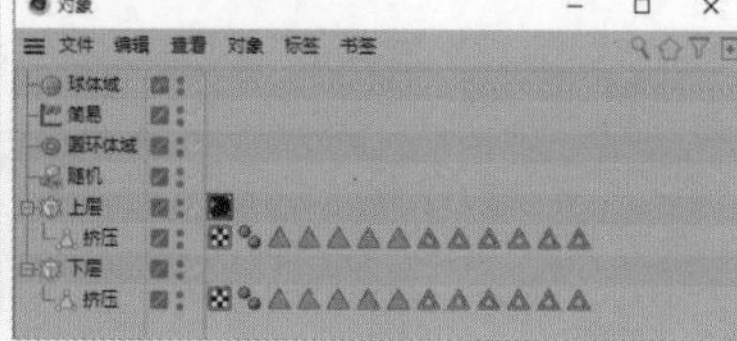

图5-85

图5-86

05 选择“材质”面板中的材质球并在“材质”面板中执行“材质>编辑>复制”菜单命令，然后执行“材质>编辑>粘贴”菜单命令，此时“材质”面板中新增了一个材质球，如图5-87所示。

06 双击新增的材质球打开“材质编辑器”面板，设置名称为OctMetal2，然后选择Specular，单击Texture右侧的“颜色”，接着设置H为50°、S为60%、V为90%，如图5-88所示。

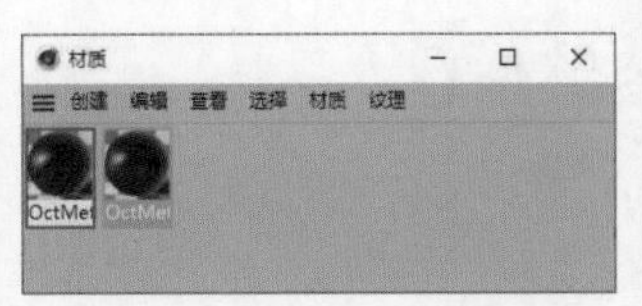

图5-87

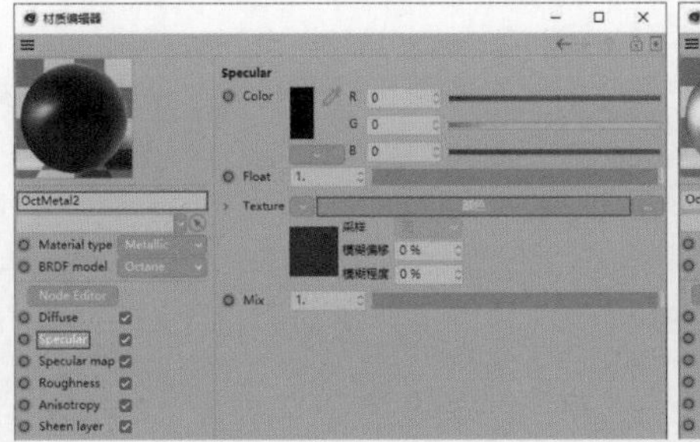

图5-88

07 移动“材质”面板中的OctMetal2材质球至“对象”面板的“下层”对象上，如图5-89所示。执行“渲染>渲染活动视图”菜单命令，渲染后的效果如图5-90所示。

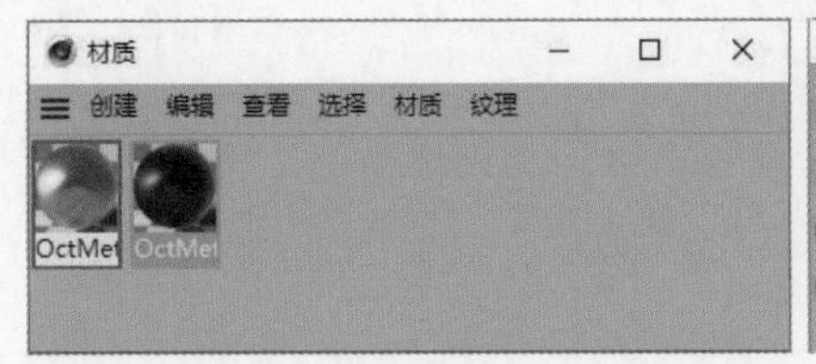

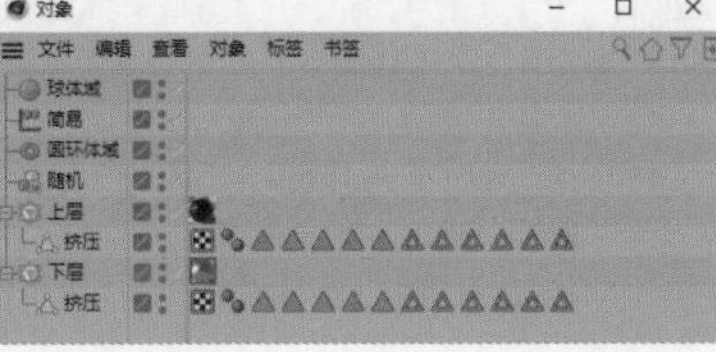

图5-89

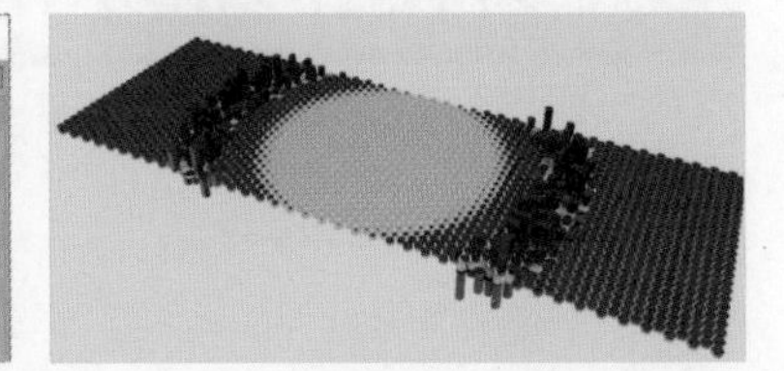

图5-90

08 执行“Octane>Octane Dialog”菜单命令，在弹出的对话框中执行“Objects>Hdri Environment”菜单命令，此时“对象”面板中新增了一个OctaneSky对象，如图5-91所示。

09 单击OctaneSky右侧的图标，然后单击“属性”面板中Texture右侧的按钮，选择材质文件“场景文件>CH05>实战：环境激活>环境天空材质_1.exr”，如图5-92所示。

10 设置Power为7、RotX为-0.44、RotY为0，如图5-93所示。执行“渲染>渲染活动视图”菜单命令，渲染后的效果如图5-94所示。

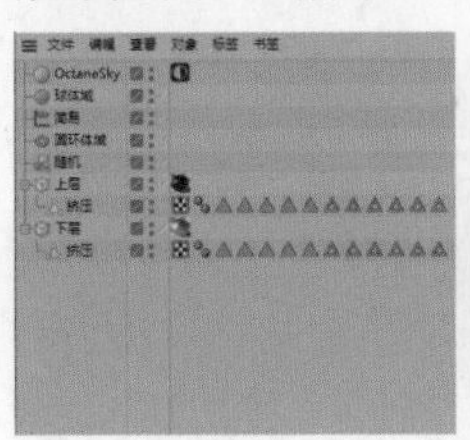

图5-91

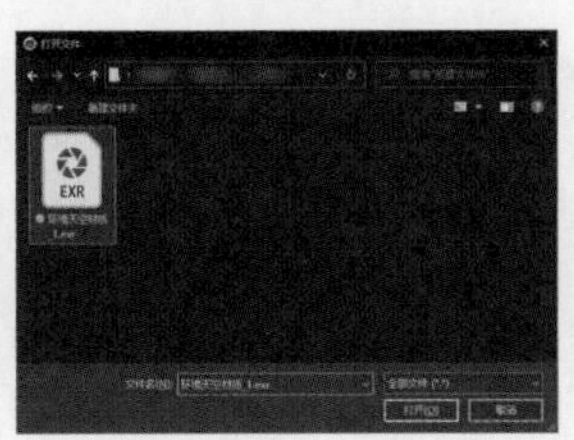

图5-92

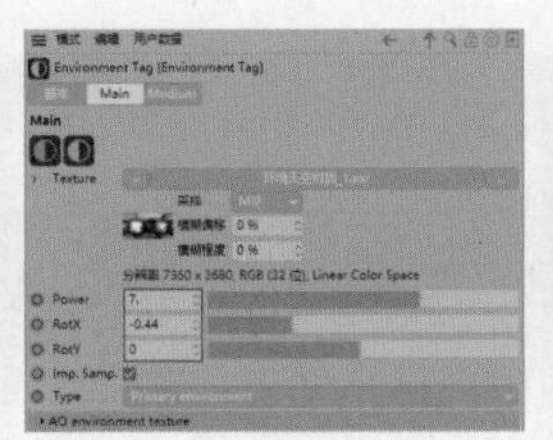

图5-93

图5-94

11 执行“渲染>编辑渲染设置”菜单命令，在“渲染设置”对话框中选择“输出”，设置“帧范围”为“全部帧”、“起点”为0F、“终点”为90F，如图5-95所示。

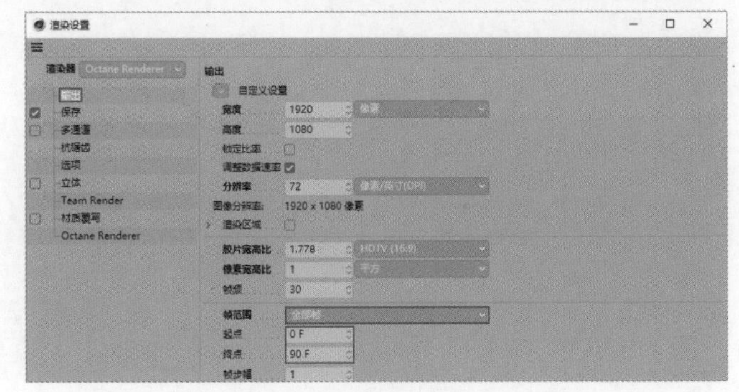

图5-95

12 选择“保存”选项卡，设置“格式”为JPG，然后单击“文件”右侧的■按钮，选择保存路径，将文件命名为“环境激活”，如图5-96所示。执行“渲染>渲染到图片查看器”菜单命令，进行效果预览，如图5-97所示。

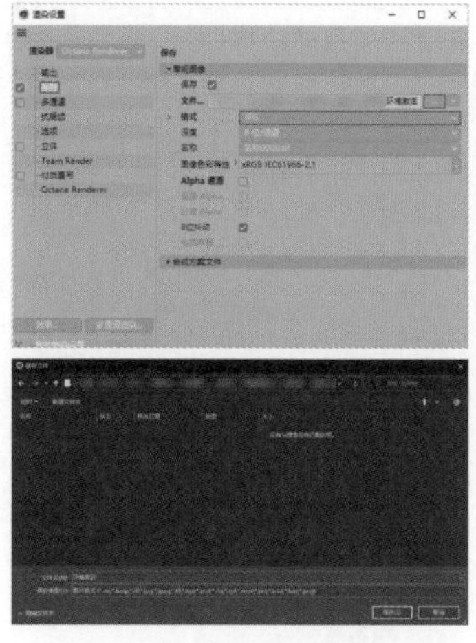

图5-96

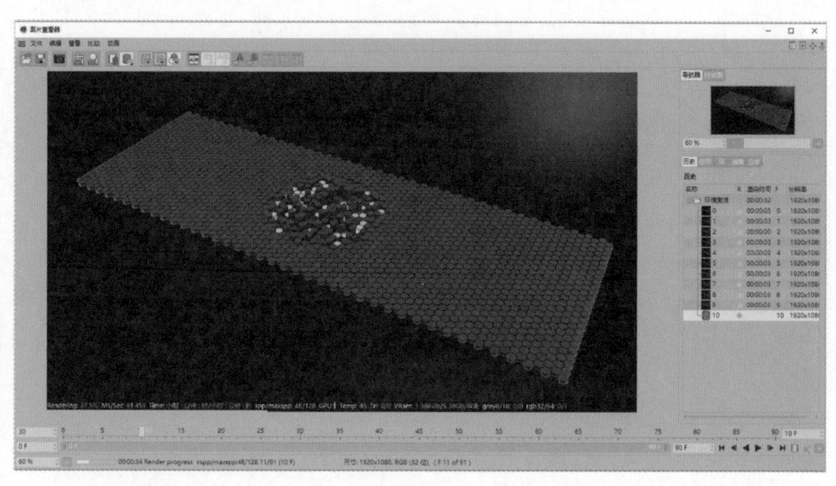

图5-97

◎ 环境激活动效制作

01 打开After Effects，创建一个合成，将其命名为“环境激活”，设置“宽度”为1920px、“高度”为1080px、“帧速率”为30帧/秒、“持续时间”为0:00:03:00，如图5-98所示。

02 导入文件“场景文件>CH05>实战：环境激活>环境激活0000.jpg”，然后移动“项目”面板中的“环境激活[0000-0090].jpg”文件至“时间轴”面板中，如图5-99所示。效果如图5-100所示。

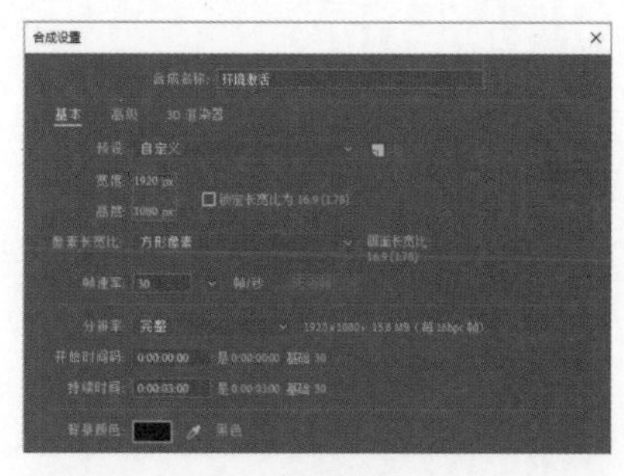

图5-98

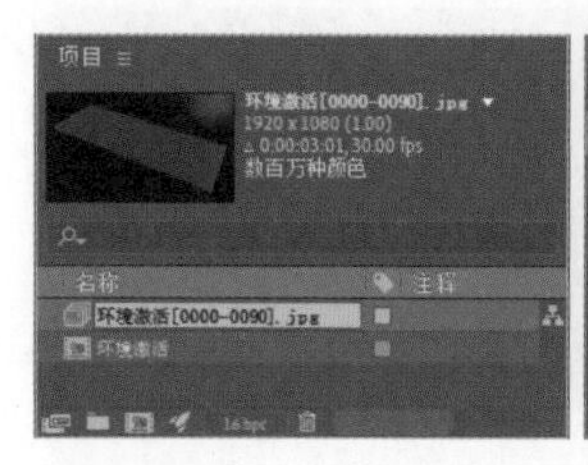

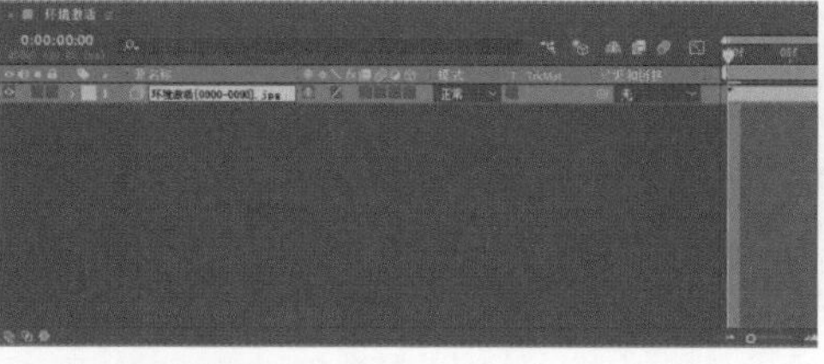

图5-99

图5-100

03 选择“环境激活[0000-0090].jpg”图层，执行“编辑>复制”和“编辑>粘贴”菜单命令，选择位于上方的“环境激活[0000-0090].jpg”图层，设置其“模式”为“相加”，如图5-101所示。效果如图5-102所示。

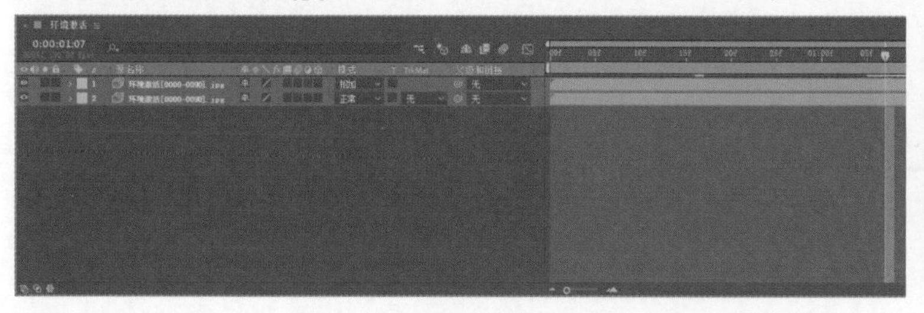

图5-101

图5-102

04 创建一个调整图层，然后选择该图层，执行“效果>模糊和锐化>摄像机镜头模糊”菜单命令。保持当前选择不变，选择“钢笔”工具，在“合成”面板中绘制图5-103所示的闭合图形。

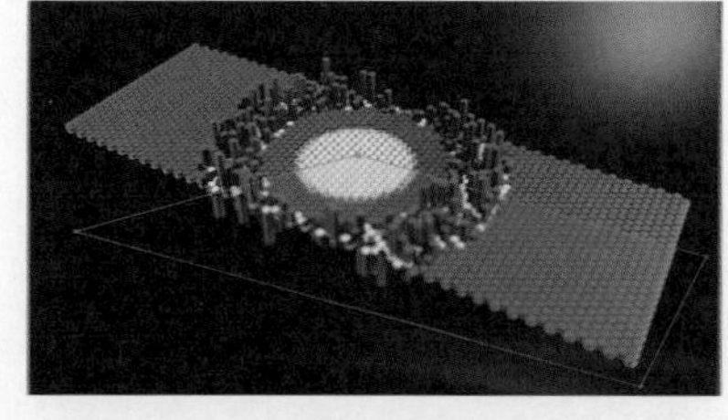
图5-103

05 依次展开“调整图层”“蒙版”“蒙版1”卷展栏，然后勾选“反转”复选框，设置“蒙版羽化”为（150,150）像素、“蒙版扩展”为50像素，如图5-104所示。效果如图5-105所示。

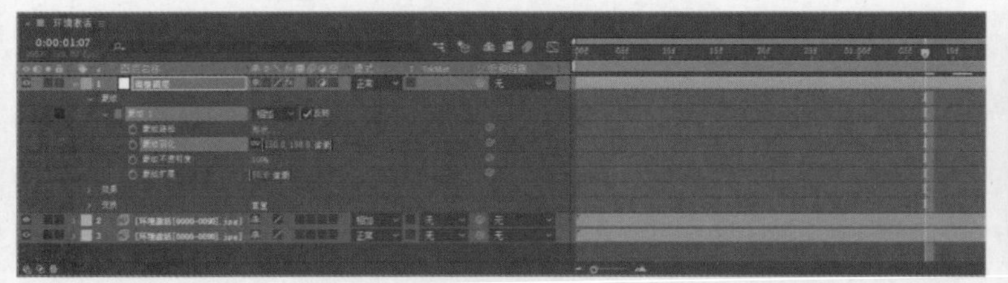
图5-104

图5-105

06 在“效果控件”面板中设置“增益”为50，如图5-106所示。此时环境激活效果制作完成，可以执行“窗口>预览”菜单命令预览动画效果。

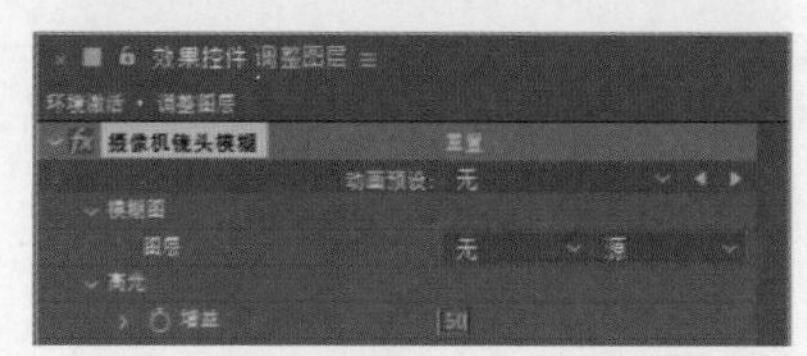

图5-106

5.2 装载场景

装载场景是指在人机交互的等待过程中，设计师们设计的有趣的插画和动画，用来缓解用户在等待过程中产生的负面情绪。

实战：时之沙漏

场景位置	场景文件>CH05>实战：时之沙漏
实例位置	实例文件>CH05>实战：时之沙漏
难易程度	★★★☆☆
学习目标	掌握Cinema 4D中模型“分段”参数与After Effects中粒子效果的联动关系

时之沙漏的效果如图5-107所示，制作分析如下。

第1点：为了避免OBJ格式的模型与主体模型渲染图在导出时出现模型重叠的情况，可以将其分成两个文件进行保存。

第2点：如果在Cinema 4D中制作模型时增大“分段”参数的值并导出OBJ格式的模型，那么在After Effects中发射的粒子会更密集。

图5-107

◎ 沙漏模型制作

01 打开Cinema 4D，执行“渲染>编辑渲染设置”菜单命令，在“渲染设置”对话框中选择“输出”，设置“宽度”为1920像素、“高度”为1080像素，如图5-108所示。

02 创建一个圆柱体，在“属性”面板中设置“高度分段”“旋转分段”均为80，如图5-109所示。效果如图5-110所示。执行“创建>变形器>膨胀”菜单命令，然后在“对象”面板中移动“膨胀”对象至“圆柱”对象内，如图5-111所示。

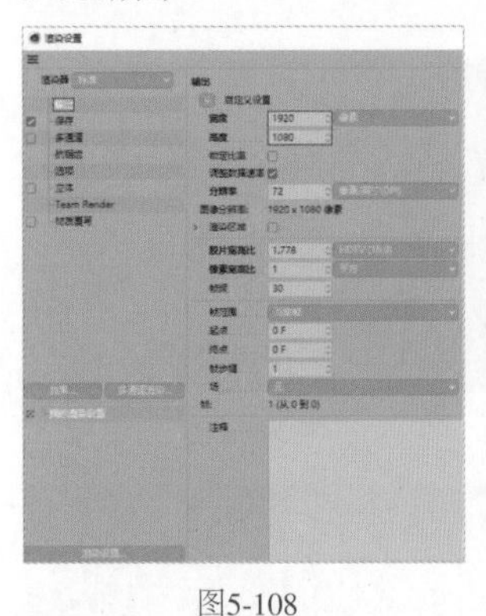

图5-108

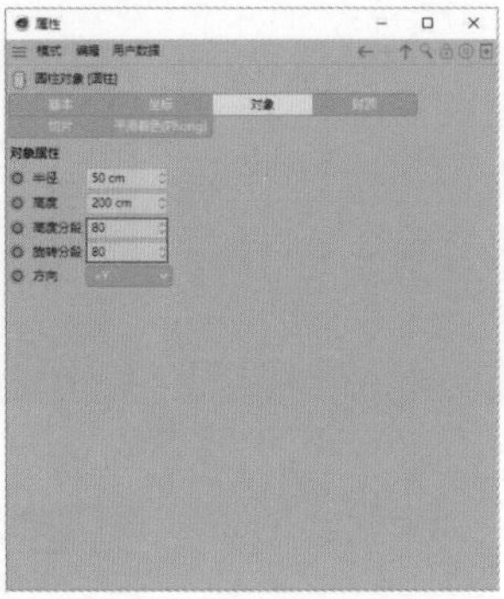

图5-109

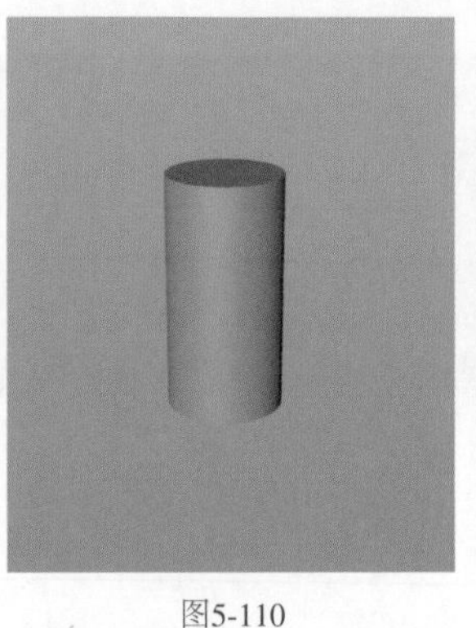

图5-110

图5-111

03 选择“膨胀”对象，单击“属性”面板中的“匹配到父级”按钮 匹配到父级，然后设置“尺寸”为（100cm,180cm,100cm）、“强度”为-95%，接着勾选“圆角”复选框，如图5-112所示。效果如图5-113所示。

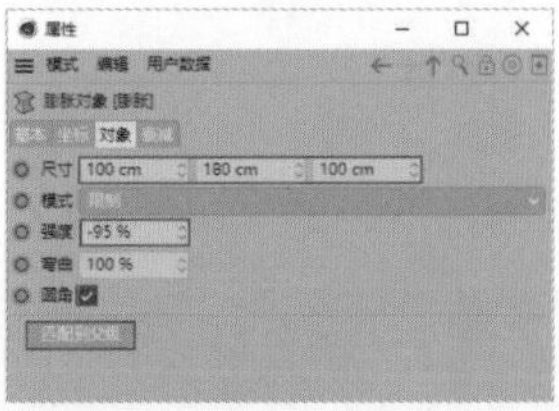

图5-112

图5-113

◎ 沙漏模型渲染

01 执行“创建>对象>空白”菜单命令，将“空白”对象重命名为“主体”，然后在“对象”面板中移动“圆柱”对象至“主体”对象内，如图5-114所示。执行“创建>摄像机>摄像机”菜单命令，在“属性”面板中设置P.X为0cm、P.Y为0cm、P.Z为-500cm、R.H为0°、R.P为0°，如图5-115所示。

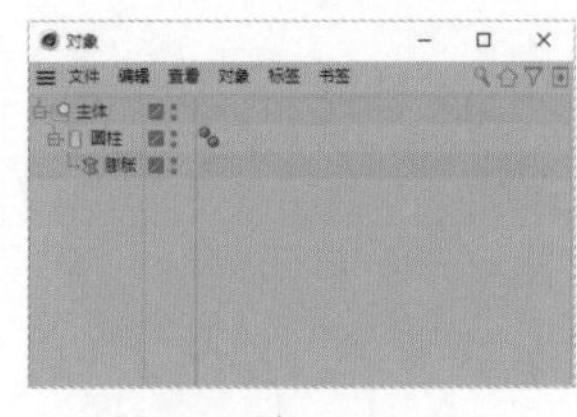

图5-114

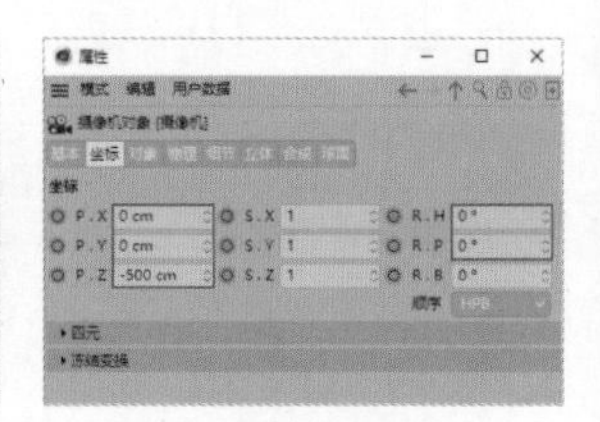

图5-115

02 在“对象”面板中单击“摄像机”右侧的按钮，此时模型的位置如图5-116所示。执行“创建>材质>新的默认材质”菜单命令，双击“材质”面板中的材质球打开“材质编辑器”面板，然后勾选“反射”、Alpha复选框，如图5-117所示。

图5-116

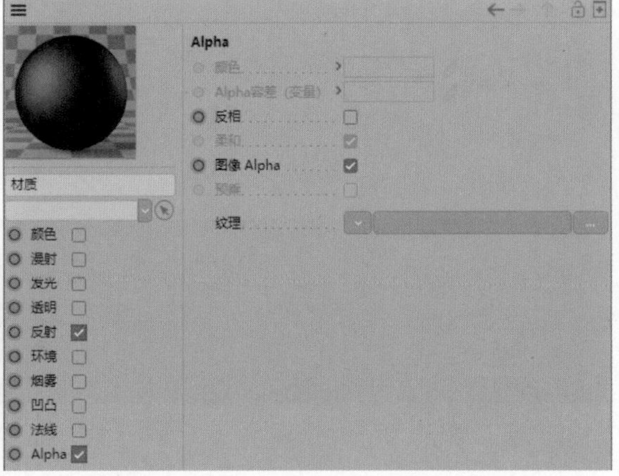

图5-117

03 设置“纹理”为“菲涅耳（Fresnel）”，如图5-118所示。移动“材质”面板中的材质球至“对象”面板中的“主体”对象上，如图5-119所示。效果如图5-120所示。

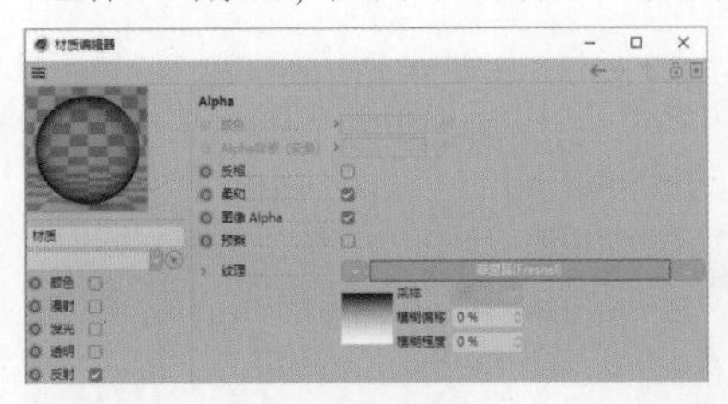

图5-118

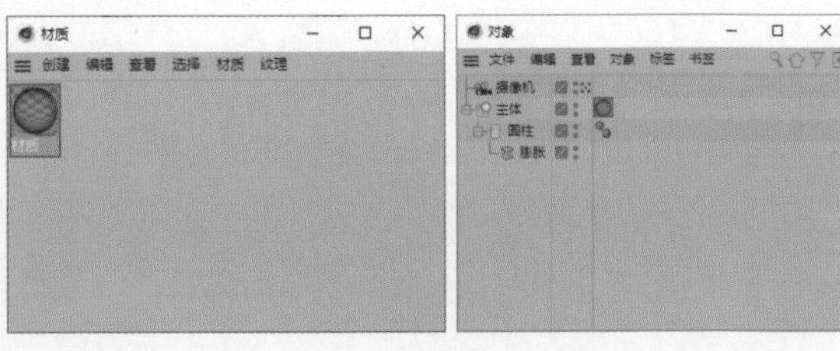

图5-119

图5-120

04 执行“创建>灯光>灯光”菜单命令两次，此时“对象”面板中新增了“灯光”和“灯光.1”对象。选择“灯光”对象，在“属性”面板中设置P.X为-240cm；选择“灯光.1”对象，在“属性”面板中设置P.X为240cm，如图5-121所示。效果如图5-122所示。

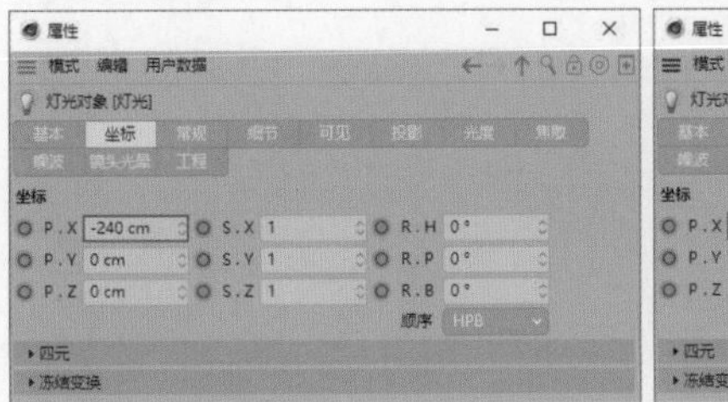

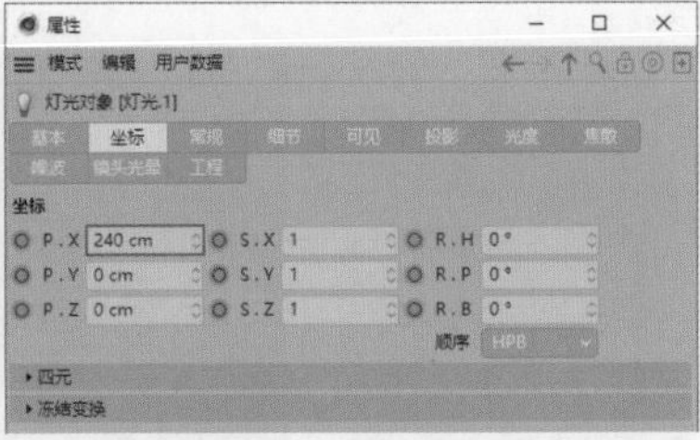

图5-121

图5-122

05 执行“渲染>编辑渲染设置”菜单命令，然后保存文件，将该文件命名为“沙漏主体”，如图5-123所示。回到“渲染设置”对话框，设置“格式”为PNG并勾选“Alpha通道”复选框，如图5-124所示。

图5-123

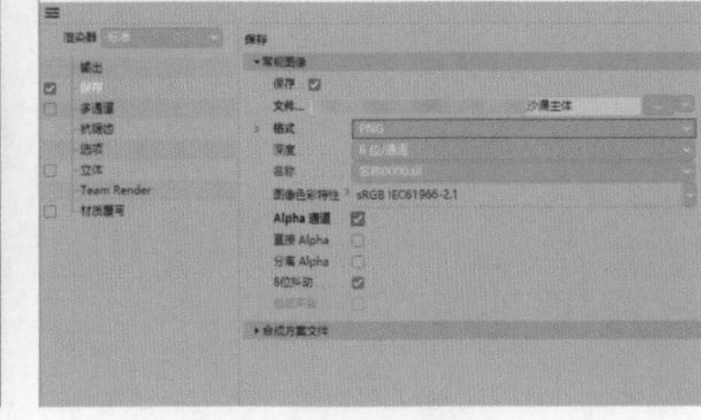

图5-124

06 执行“渲染>渲染到图片查看器”菜单命令，效果如图5-125所示。执行“文件>另存项目为”菜单命令，在弹出的对话框中，将文件命名为“一半沙漏”，如图5-126所示。

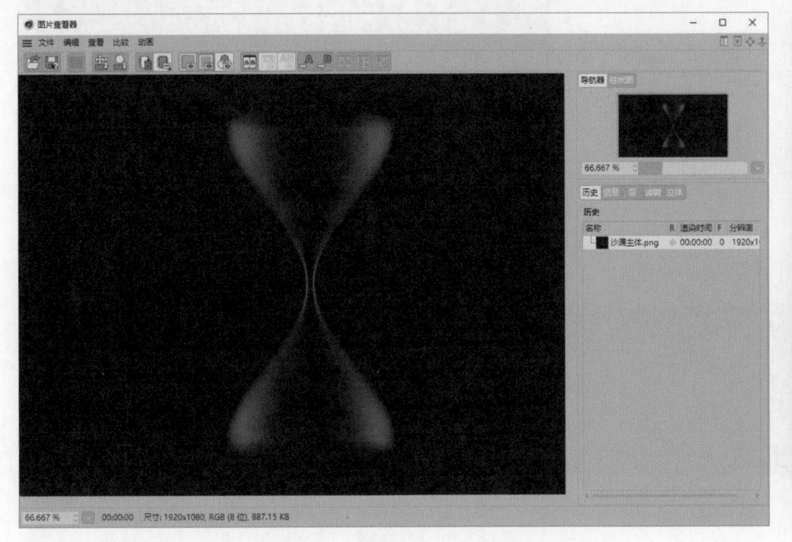

图5-125

图5-126

07 导入文件“场景文件>CH05>实战：时之沙漏>一半沙漏.c4d”，在“对象”面板中移动“圆柱”对象至“主体”对象之后，然后选择“圆柱”对象，执行“网格>转换>当前状态转对象”菜单命令。同时选择“灯光.1”“灯光”“摄像机”“主体”“圆柱”对象，执行“编辑>删除”菜单命令，模型效果如图5-127所示。

08 选择“点”工具和“框选”工具，在左视图中将模型调整至图5-128所示的位置。框选图5-129所示的模型的一半区域，执行“编辑>删除”菜单命令。此时模型效果如图5-130所示。

图5-127

图5-128

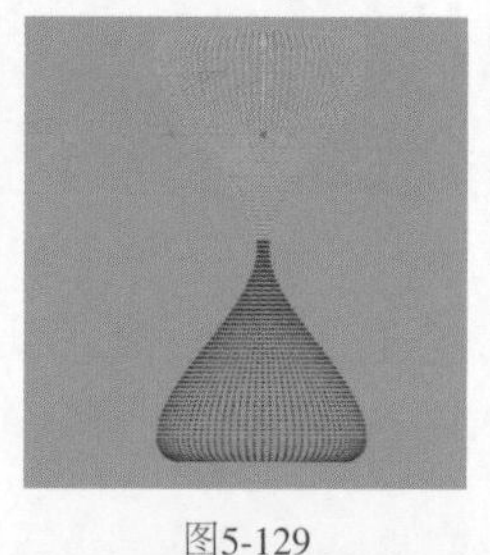

图5-129

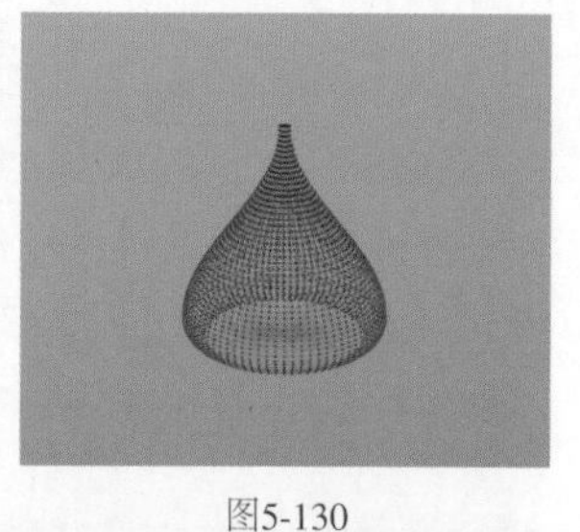

图5-130

09 执行“文件>导出>Wavefront OBJ(*.obj)”菜单命令，在弹出的对话框中保持默认参数设置，然后单击“确定”按钮，将文件命名为“一半沙漏”，如图5-131所示。

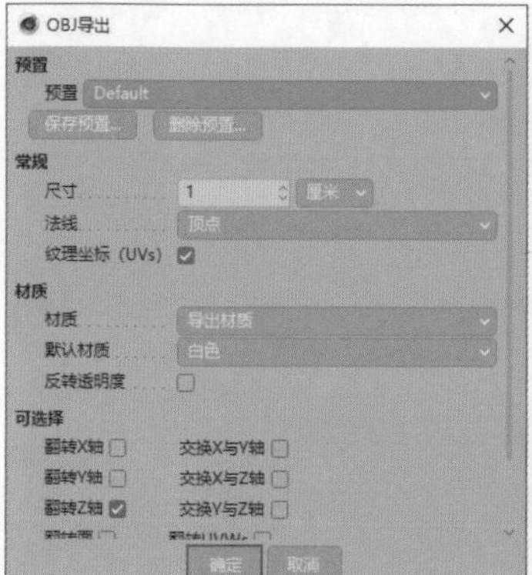

图5-131

◎ 时之沙漏动效制作

01 打开After Effects，创建一个合成，将其命名为“时之沙漏”，设置“宽度”为1920px、“高度”为1080px、“帧速率”为30帧/秒、“持续时间”为0:00:30:00，如图5-132所示。

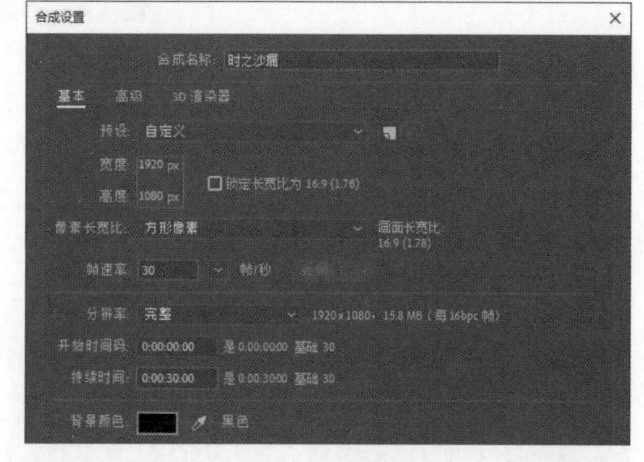

图5-132

02 导入“场景文件>CH05>实战：时之沙漏>沙漏主体.png”文件和“场景文件>CH05>实战：时之沙漏>一半沙漏.obj”文件，然后从“项目”面板中移动“沙漏主体.png”“一半沙漏.obj”文件至“时间轴”面板中，如图5-133所示。效果如图5-134所示。

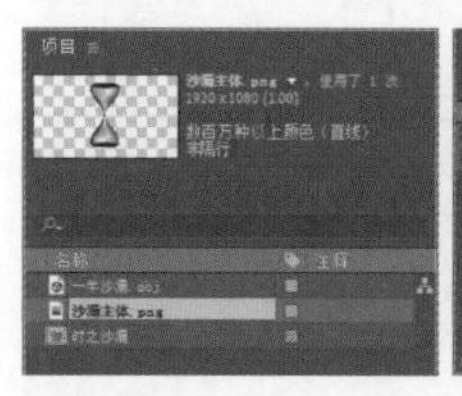

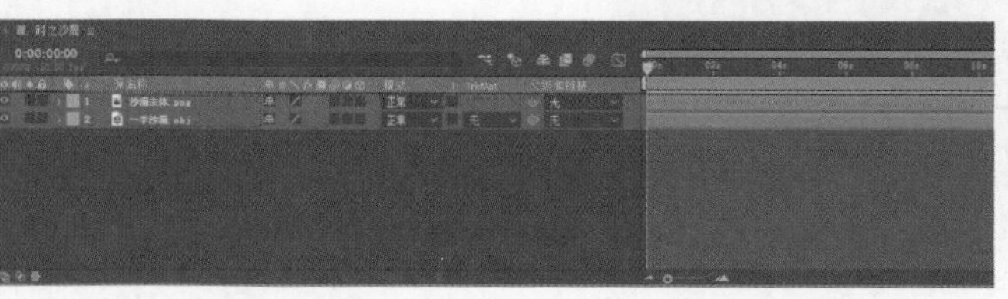

图5-133

图5-134

03 新建一个“纯色”图层，将其命名为“下半部分”。选择该图层，然后执行“效果>RG Trapcode>Particular”菜单命令，完成后“效果控件”面板如图5-135所示。展开Emitter(Master)卷展栏，设置Particles/sec为2500、Emitter Type为OBJ Model、Velocity为20，如图5-136所示。

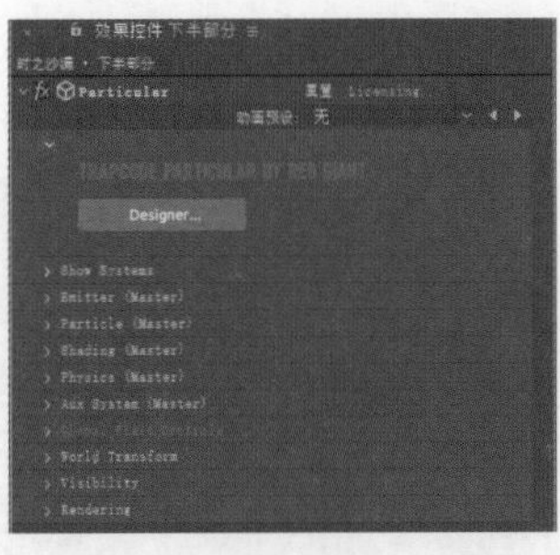

图5-135

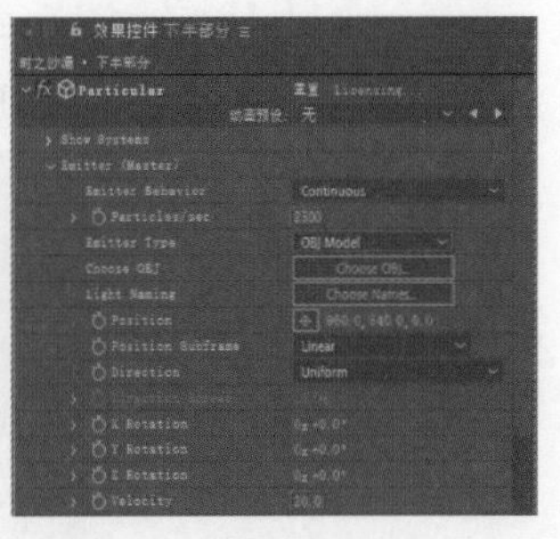

图5-136

04 展开OBJ Emitter卷展栏，设置3D Model中的第1项参数为“3.一半沙漏.obj”、Emit From为Faces，如图5-137所示。展开Emission Extras卷展栏，设置Pre Run为100%。展开World Transform卷展栏，设置Y Offset W为240、Z Offset W为900，如图5-138所示。效果如图5-139所示。

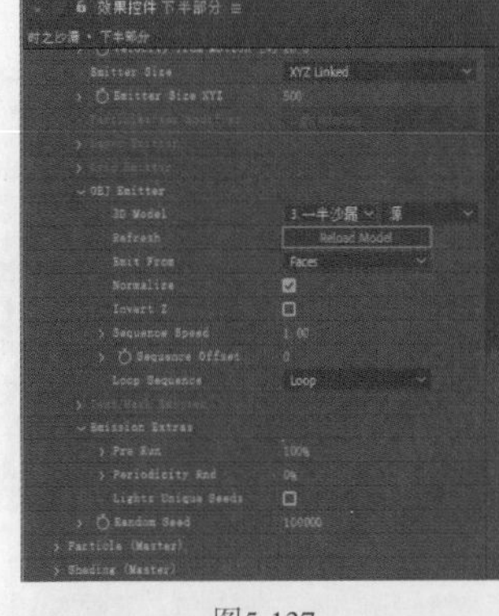

图5-137

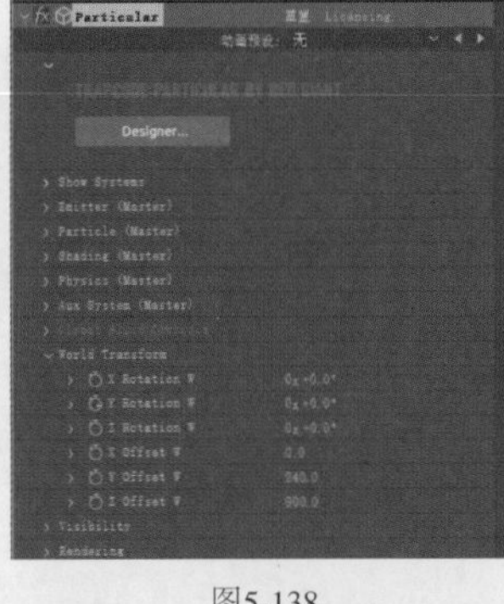

图5-138

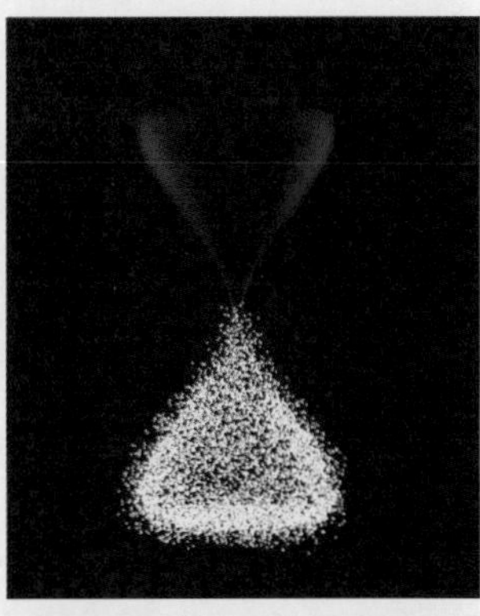

图5-139

05 展开Particle (Master) 卷展栏，设置Size为1.3、Opacity Random为100%、Color为黄色（R:196,G:179,B:111），如图5-140所示。展开Physics (Master) 卷展栏，设置Gravity为10，如图5-141所示。效果如图5-142所示。

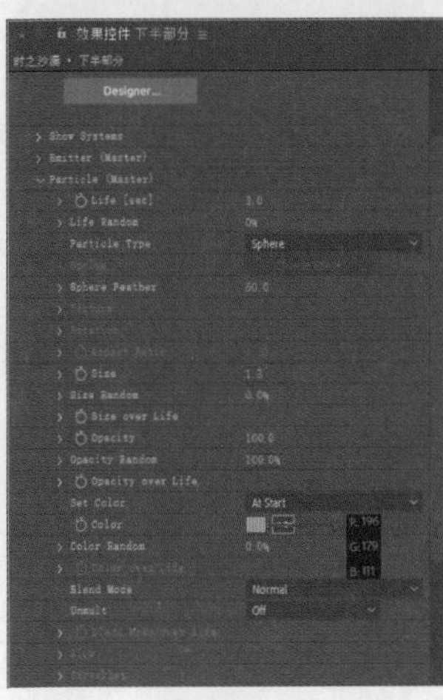

图5-140

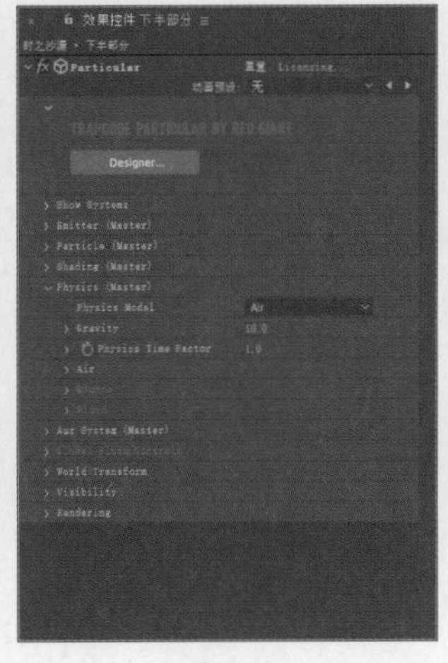

图5-141

图5-142

06 选择“下半部分”图层，执行“编辑>重复”菜单命令，然后选择新增的“下半部分”图层，将其重命名为“上半部分”，如图5-143所示。选择“上半部分”图层，展开World Transform卷展栏，设置Z Rotation W为0x＋180°、Y Offset W为-240，如图5-144所示。

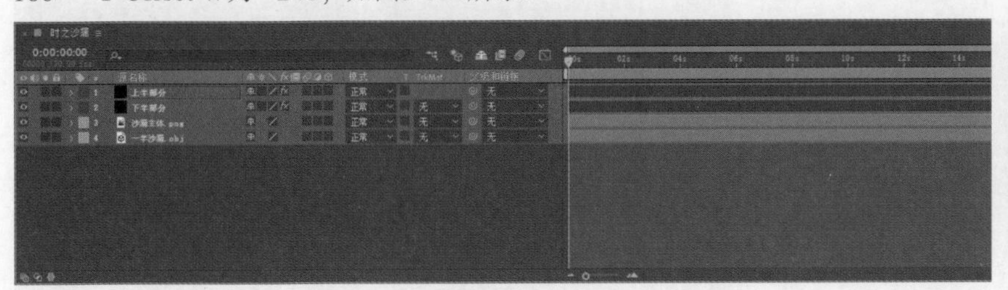

图5-143

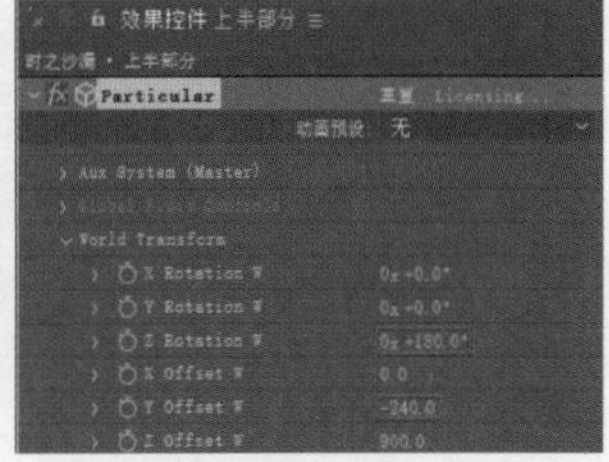

图5-144

07 展开Physics(Master)卷展栏，设置Gravity为-10，然后依次展开Emitter(Master)和OBJ Emitter卷展栏，设置Emit From为Vertices，如图5-145所示。效果如图5-146所示。

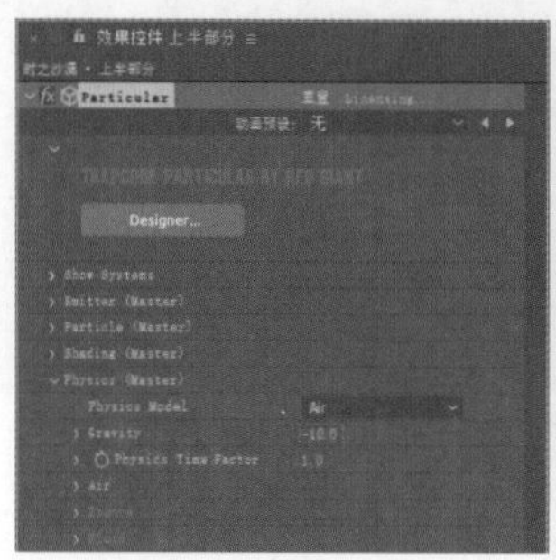

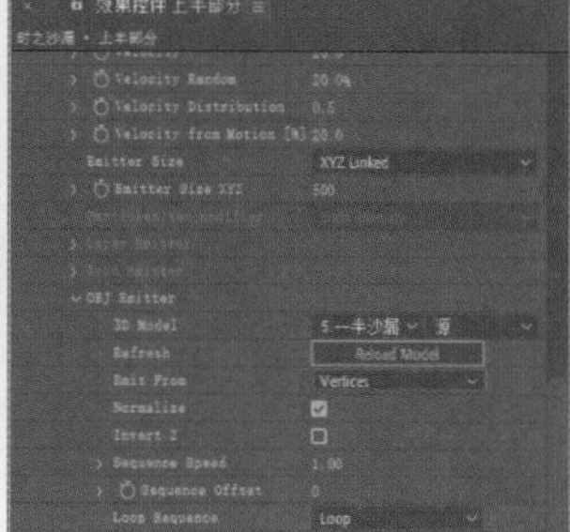

图5-145

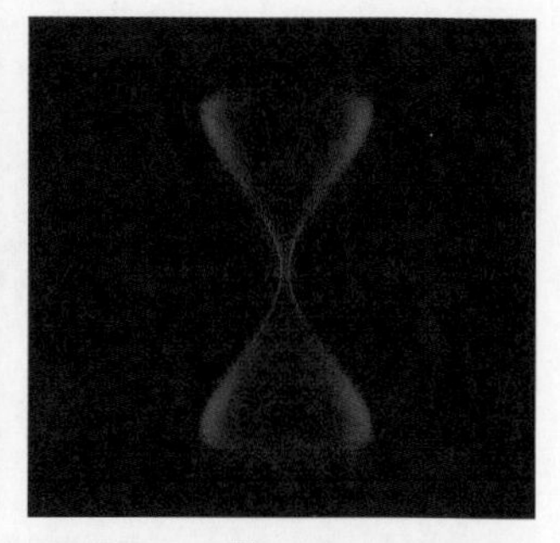

图5-146

08 新建一个“纯色”图层，将其命名为“流沙”。选择“流沙”图层，执行“效果>RG Trapcode>Particular”菜单命令，完成后“效果控件”面板如图5-147所示。

09 展开Emitter(Master)卷展栏，具体参数设置如图5-148所示。效果如图5-149所示。

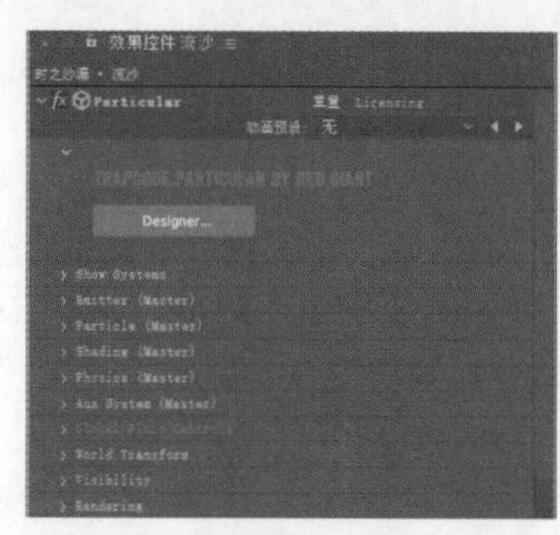

图5-147

图5-149

设置步骤

①设置Emitter Type为Box、Velocity为5。

②设置Emitter Size为XYZ Individual。

③设置Emitter Size X为10、Emitter Size Y为10。

④展开Emission Extras卷展栏，设置Pre Run为100%。

⑤展开Physics(Master)卷展栏，设置Gravity为30。

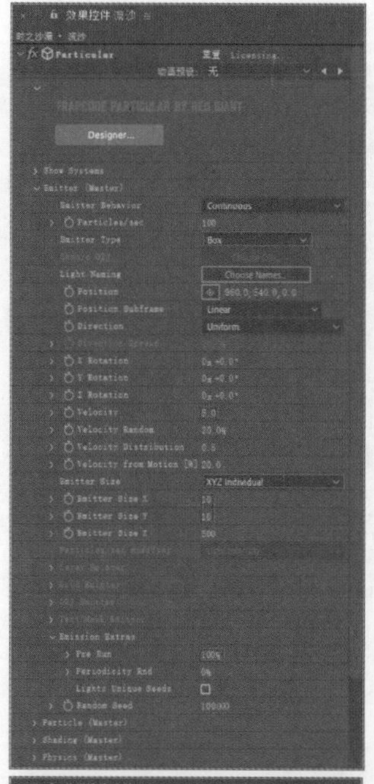

图5-148

10 展开Particle(Master)卷展栏，具体参数设置如图5-150所示。效果如图5-151所示。

设置步骤

①设置Size为1.3、Opacity Random为50%。

②展开Opacity over Life卷展栏，选择PRESETS下拉列表中的第2个选项，然后单击Randomize右侧的◀▶按钮，此时所选曲线图反转。

③设置Color为黄色（R:196,G:179,B:111）。

至此，时之沙漏效果制作完成。

图5-150

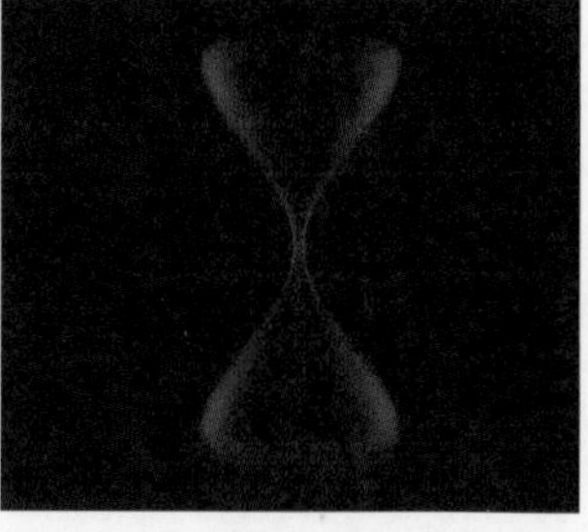

图5-151

实战：仿生AI形象

场景位置	场景文件＞CH05＞实战：仿生AI形象
实例位置	实例文件＞CH05＞实战：仿生AI形象
难易程度	★★★☆☆
学习目标	掌握使用“噪波”着色器制作循环动画的方法

仿生AI形象的效果如图5-152所示，制作分析如下。

第1点：在Cinema 4D中使用“噪波”着色器制作循环动画时，需要设置“循环周期”参数的值和动画的“帧频”参数值；如果“帧频”为30帧/秒，总共300帧，那么设置“循环周期”为10。

第2点：无论是Octane渲染器，还是Cinema 4D中的原生渲染器，在使用镜面材质制作效果时一定要注意环境光源是否充足，动画效果会受太阳光的折射与反射的影响。

图5-152

◎ 仿生AI模型制作

01 打开Cinema 4D，执行“渲染＞编辑渲染设置”菜单命令，然后选择“输出”，设置“宽度”为1920像素、“高度”为1080像素，如图5-153所示。在“时间轴”面板中设置时间轴时长为0～300F，当前帧为0F，如图5-154所示。

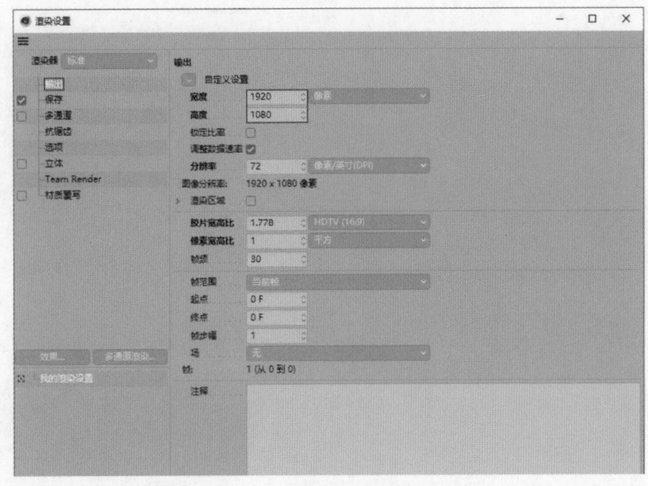

图5-153

02 创建一个球体，在“属性”面板中设置“分段”为512、“类型”为“六面体”，如图5-155所示。执行“创建＞变形器＞置换”菜单命令，在“对象”面板中移动“置换”对象至“球体”对象内，如图5-156所示。选择“置换”对象，在“属性”面板中设置“高度”为20cm，然后设置“着色器”为“噪波”，如图5-157所示。效果如图5-158所示。

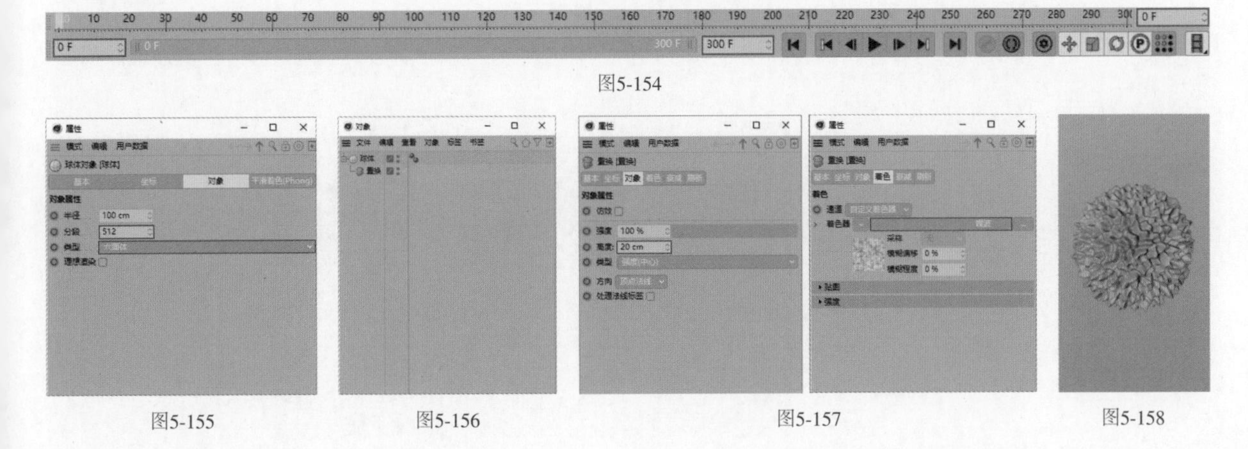

图5-154

图5-155　图5-156　图5-157　图5-158

03 单击“噪波”，然后设置“噪波”为“哈玛”、“阶度”为1、“全局缩放”为1600%、“动画速率”为1、“循环周期”为10，如图5-159所示。效果如图5-160所示。

04 执行“创建>变形器>平滑”菜单命令，移动“平滑”对象至“球体”对象内，使其位于“置换”对象下方，如图5-161所示。选择“平滑”对象，在“属性”面板中设置“迭代”为100、“硬度”为0%，如图5-162所示。效果如图5-163所示。

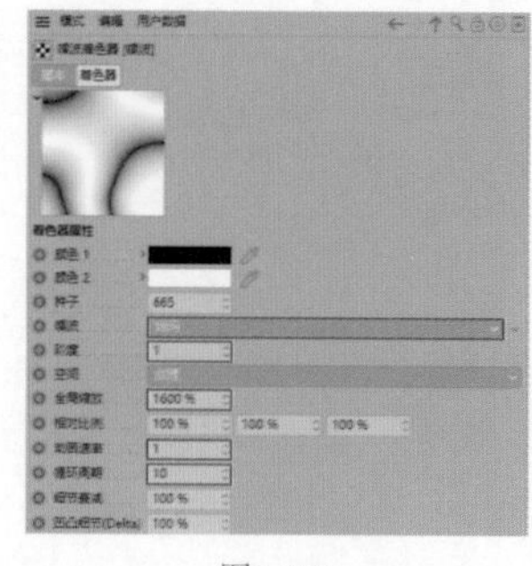

图5-159

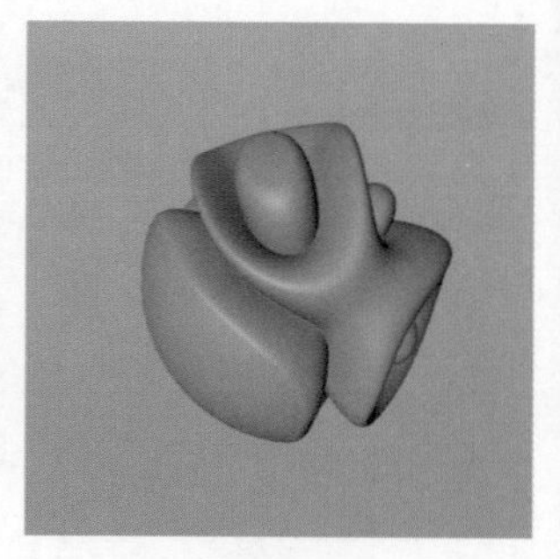

图5-160

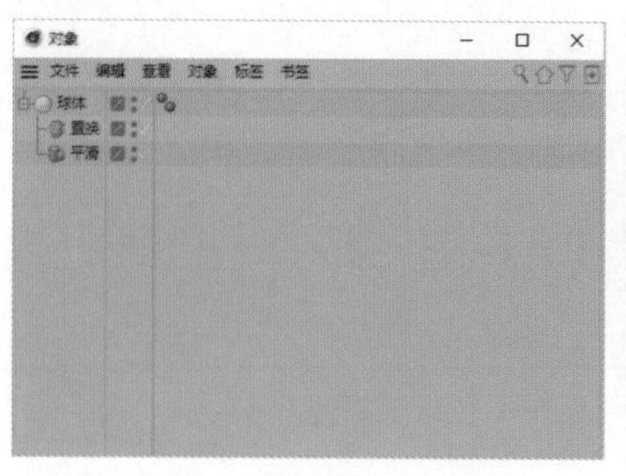

图5-161

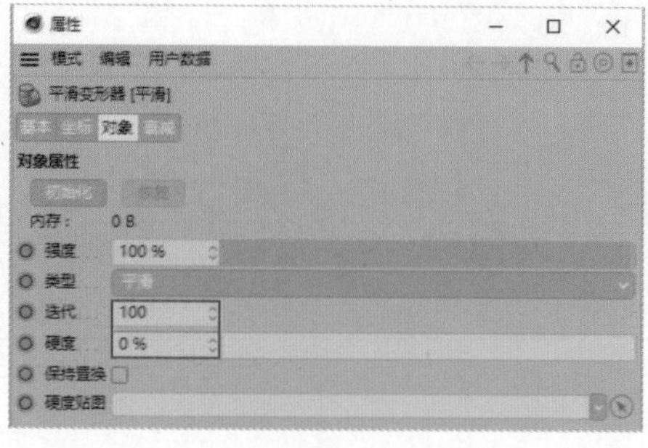

图5-162

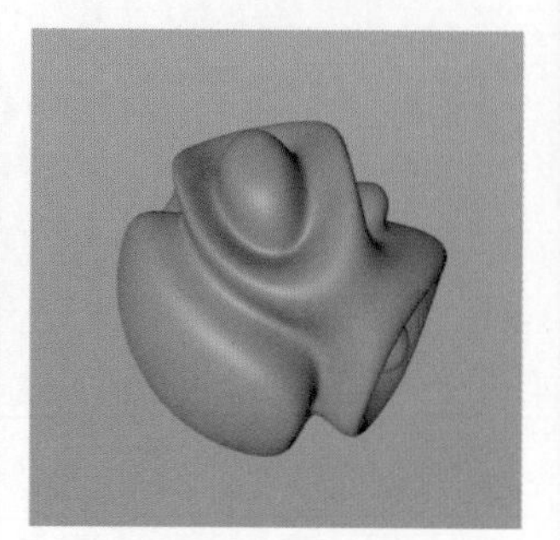

图5-163

05 执行“创建>摄像机>摄像机”菜单命令，选择创建的“摄像机”对象，在“属性”面板中设置P.X为600cm、P.Z为-600cm、R.H为45°，如图5-164所示。

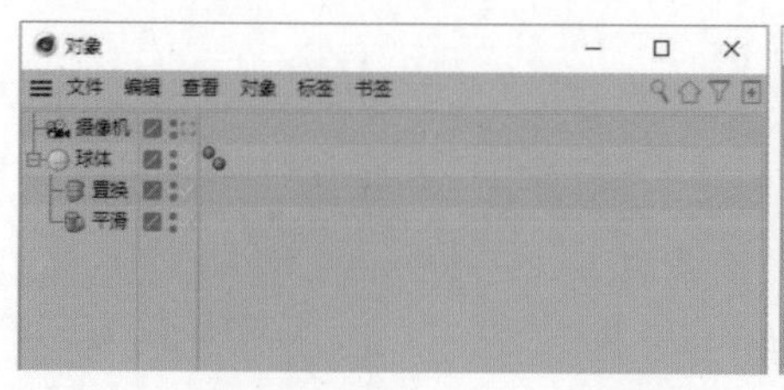

图5-164

◎ 仿生AI模型渲染

01 在“对象”面板中单击“摄像机”右侧的按钮切换至摄像机视角。执行“渲染>编辑渲染设置”菜单命令，在“渲染设置”对话框中设置“渲染器”为Octane Renderer，如图5-165所示。执行“Octane>Octane Dialog”菜单命令，然后执行“Materials>Octane Specular Material”菜单命令，如图5-166所示。

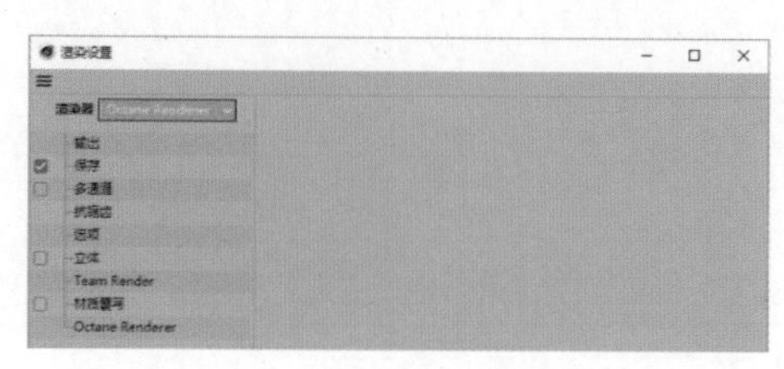

图5-165

图5-166

02 双击“材质”面板中的材质球打开“材质编辑器”面板，然后选择Dispersion，设置Dispersion_coefficient_B为0.005，接着选择Index，设置Index为1.1，如图5-167所示。

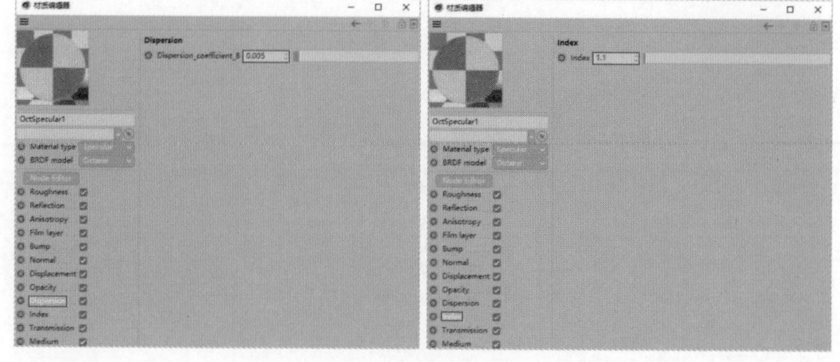

图5-167

03 移动“材质”面板中的材质球至“对象”面板中的“球体”对象上，如图5-168所示。执行“渲染>渲染活动视图”菜单命令，渲染后的效果如图5-169所示。

04 执行“Octane>Octane Dialog”菜单命令，然后执行“Objects>Hdri Environment”菜单命令，此时“对象”面板中新增一个OctaneSky对象，然后单击OctaneSky右侧的图标，如图5-170所示。

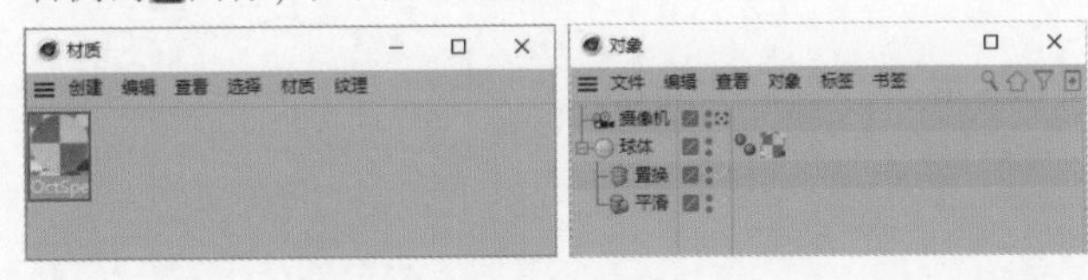

图5-168

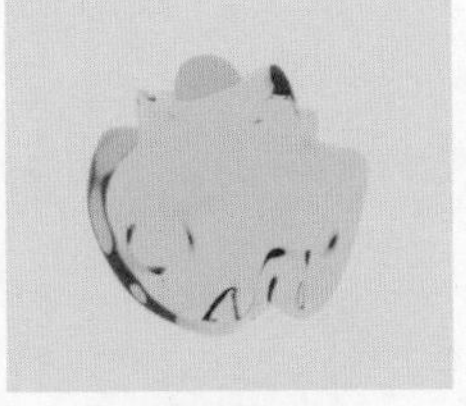

图5-169

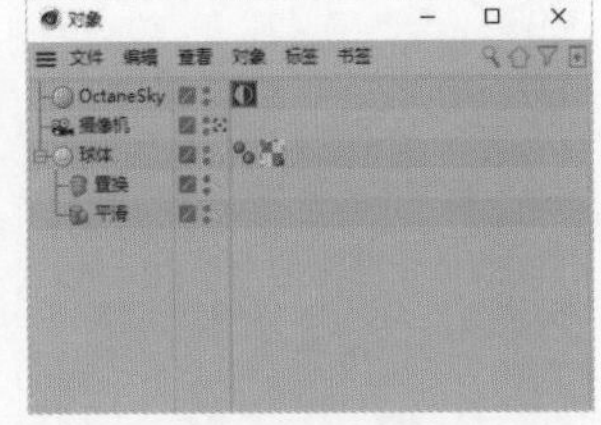

图5-170

05 在“属性”面板中单击Texture右侧的按钮，选择文件“场景文件>CH05>实战：仿生AI形象>环境天空材质_2.exr”，然后设置Power为1.5，如图5-171所示。执行“渲染>渲染活动视图”菜单命令，效果如图5-172所示。

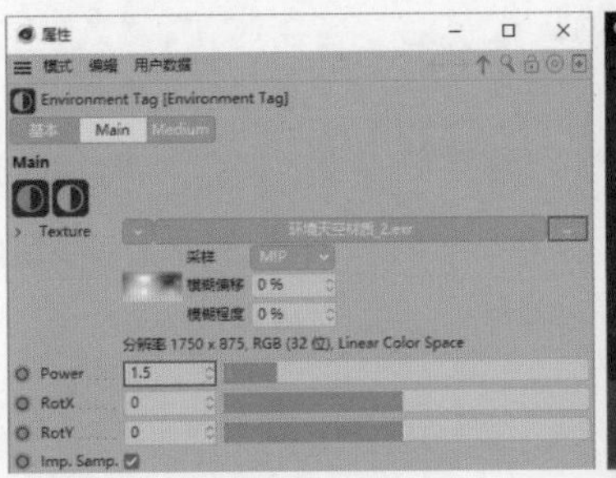

图5-171

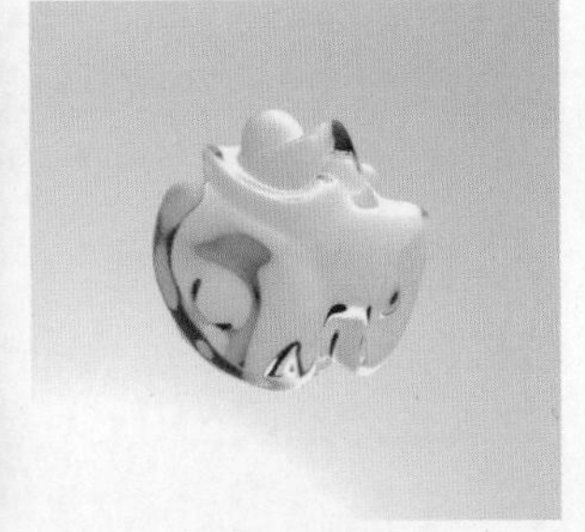

图5-172

06 执行“渲染>编辑渲染设置”菜单命令，在“渲染设置”对话框中选择“输出”，设置“帧范围”为“全部帧”、“起点”为0F、“终点”为300F，如图5-173所示。

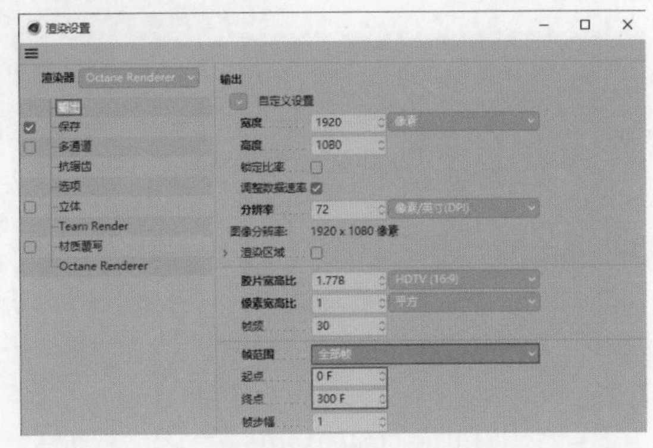

图5-173

07 保存文件。选择“保存”选项卡，然后单击“文件”右侧的按钮，将文件命名为“仿生AI形象”，如图5-174所示。执行“渲染>渲染到图片查看器”菜单命令，效果如图5-175所示。

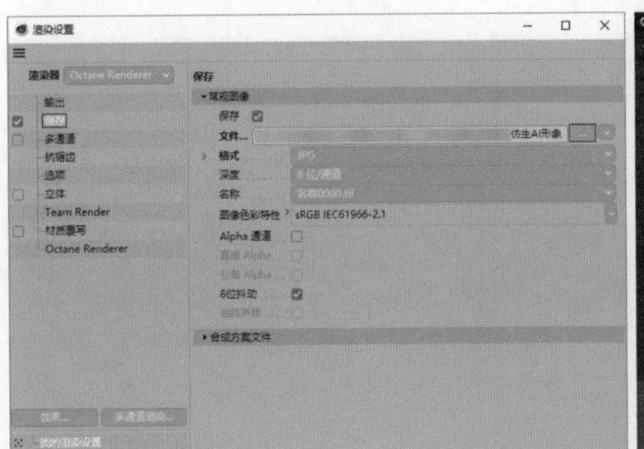

图5-174

图5-175

◎ 仿生AI动效制作

01 打开After Effects，新建一个合成，将其命名为“仿生AI形象”，设置“宽度”为1920px、“高度”为1080px、“帧速率”为30帧/秒、“持续时间”为0:00:10:00，如图5-176所示。

02 导入文件“场景文件>CH05>实战：仿生AI形象>仿生AI形象0000.jpg”，移动“项目”面板中的“仿生AI形象[0000-0300].jpg”文件至“时间轴”面板中，如图5-177所示。

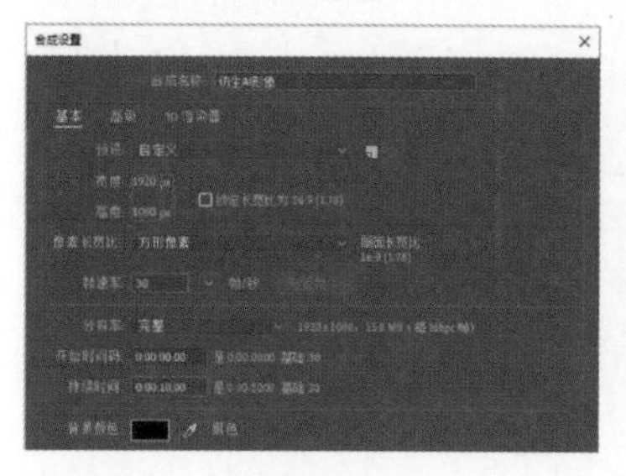

图5-176

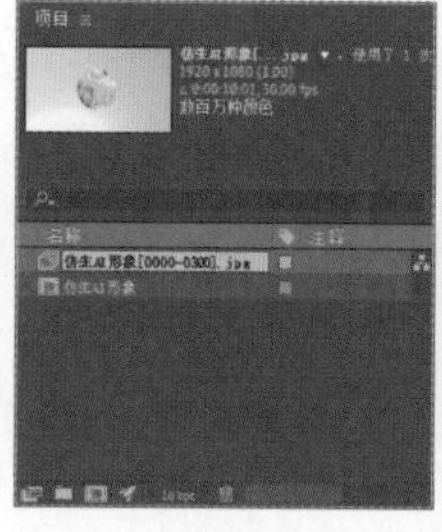

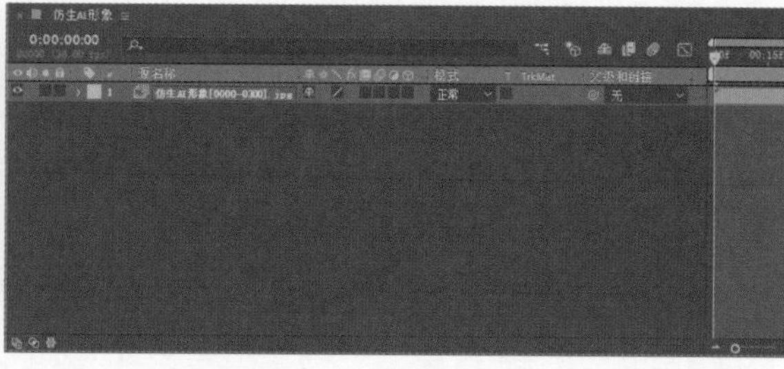

图5-177

03 选择“仿生AI形象[0000-0300].jpg”图层，执行“编辑>复制”和“编辑>粘贴”菜单命令。选择位于上方的“仿生AI形象[0000-0300].jpg”图层，设置其“模式”为“模板亮度”，如图5-178所示。效果如图5-179所示。

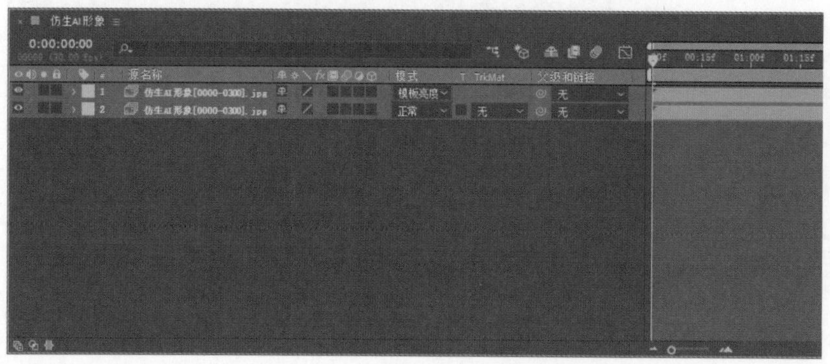

图5-178

图5-179

04 保持当前选择不变，执行“效果>模糊和锐化>CC Radial Fast Blur”菜单命令，展开CC Radial Fast Blur卷展栏，设置Amount为95、Zoom为Brightest，如图5-180所示。效果如图5-181所示。至此，仿生AI形象制作完成，执行“窗口>预览”菜单命令预览动画效果。

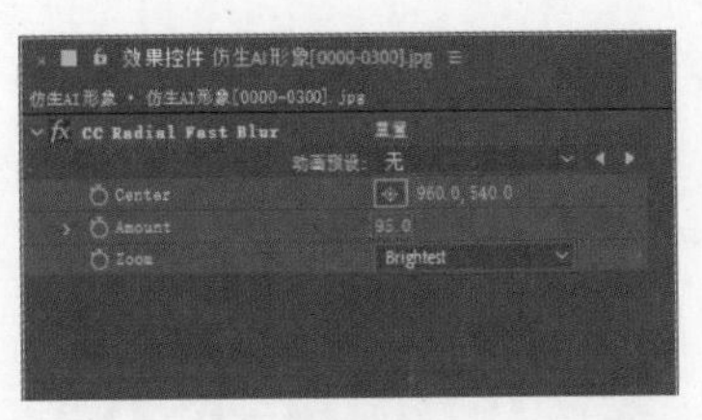

图5-180

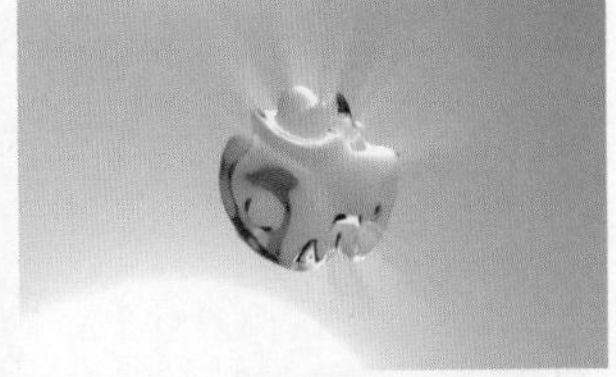

图5-181

5.3 等待场景

等待场景是装载场景的一部分，用于提醒用户此时正在执行的指令。

实战：黑洞

场景位置	场景文件>CH05>实战：黑洞
实例位置	实例文件>CH05>实战：黑洞
难易程度	★★★★☆
学习目标	掌握“螺旋”变形器的使用方法

黑洞的效果如图5-182所示，制作分析如下。

在制作循环动画时，只要视觉效果已实现循环，就不用将首、尾帧的“角度”参数值设置为相同。

图5-182

◎ 黑洞模型制作

01 打开Cinema 4D，执行“渲染>编辑渲染设置”菜单命令，在“渲染设置”对话框选择“输出”选项卡，设置“宽度”为1920像素、“高度”为1080像素，如图5-183所示。设置时间轴时长为0~300F，当前帧为0F，如图5-184所示。

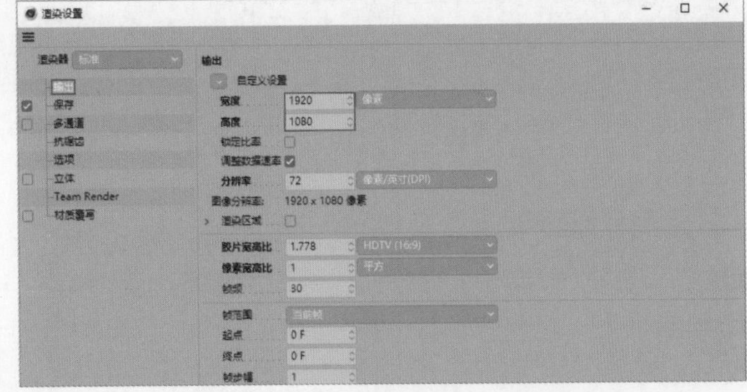

图5-183

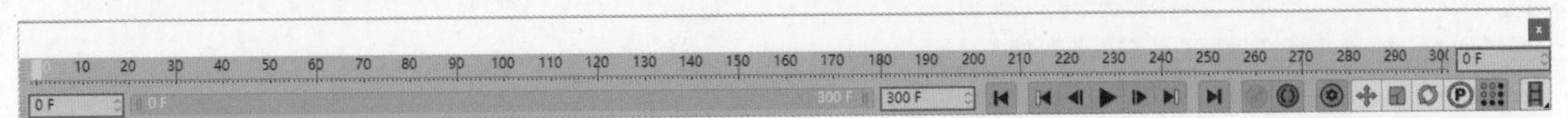

图5-184

02 执行“创建>对象>圆盘”菜单命令，在“属性”面板中设置“旋转分段”为256，如图5-185所示。执行“创建>变形器>螺旋”菜单命令，在“对象”面板中移动“螺旋”对象至“圆盘”对象内，如图5-186所示。

03 设置当前帧为0F，选择“圆盘”对象，在“属性”面板中设置R.H为0°并单击其左侧的◎按钮，然后设置当前帧为300F，接着在“属性”面板中设置R.H为360°并单击其左侧的◎按钮，如图5-187所示。

图5-185

图5-186

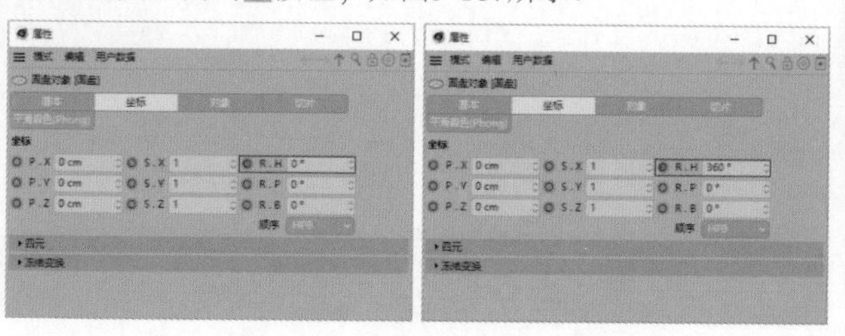

图5-187

04 设置当前帧为0F，然后选择“螺旋”对象，在“属性”面板中设置R.P为0°并单击其左侧的◎按钮，接着设置当前帧为150F，在“属性”面板中设置R.P为360°并单击其左侧的◎按钮，如图5-188所示。

05 设置当前帧为300F，然后在“属性”面板中设置R.P为720°并单击其左侧的◎按钮，接着设置当前帧为60F，在“属性”面板中设置“角度”为180°并单击其左侧的◎按钮，如图5-189所示。

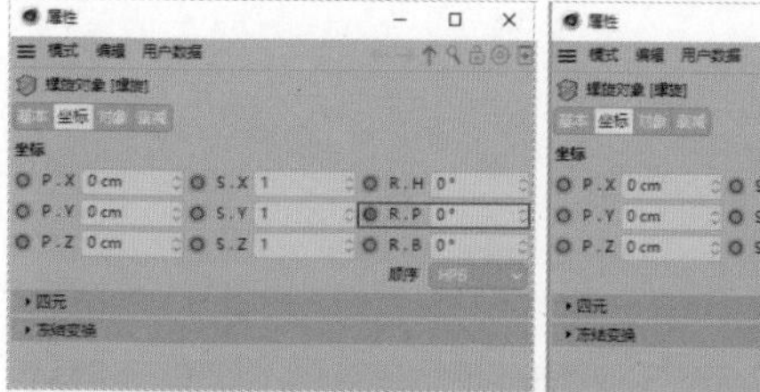

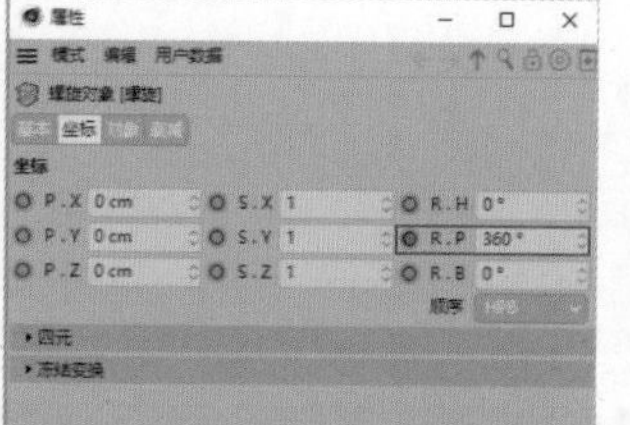

图5-188

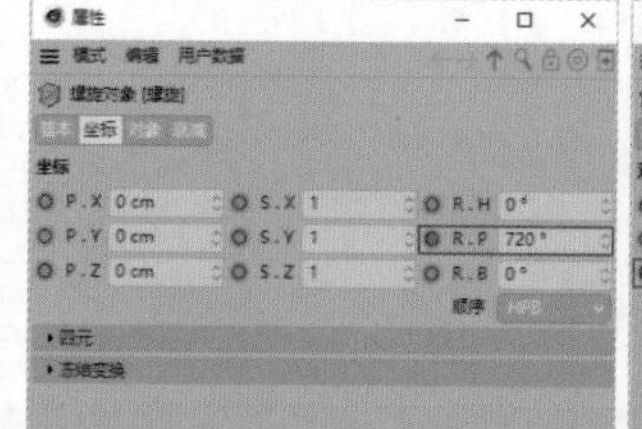

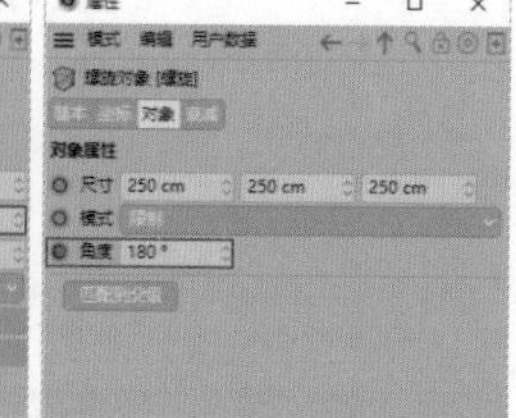

图5-189

06 设置当前帧为150F，然后在“属性”面板中设置“角度”为360°并单击其左侧的◎按钮，如图5-190所示。执行“创建>摄像机>摄像机”菜单命令，然后选择创建的“摄像机”对象，在“属性”面板中设置P.X为410cm、P.Y为200cm、P.Z为-410cm、R.H为45°、R.P为-20°，如图5-191所示。

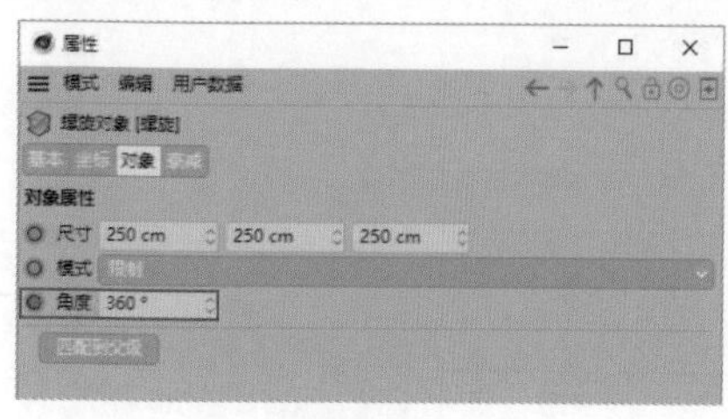

图5-190

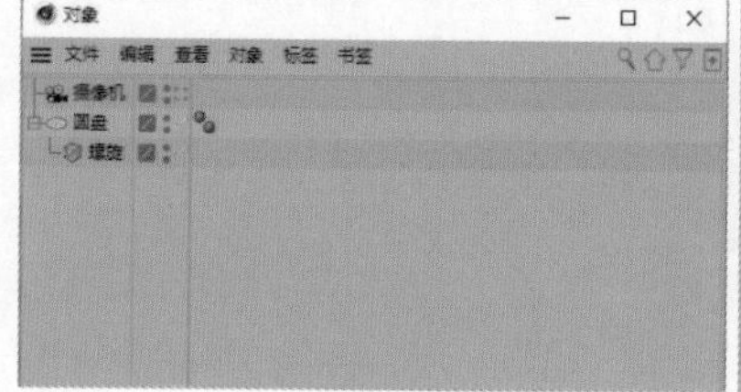

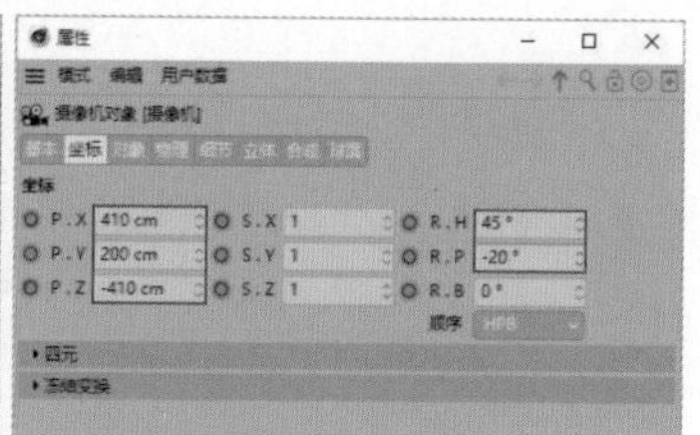

图5-191

◎ 黑洞模型渲染

01 在“对象”面板中单击“摄像机”右侧的▣按钮切换至摄像机视角。执行“创建>材质>新的默认材质”菜单命令，双击“材质”面板中的材质球打开“材质编辑器”面板，然后勾选Alpha复选框，如图5-192所示。

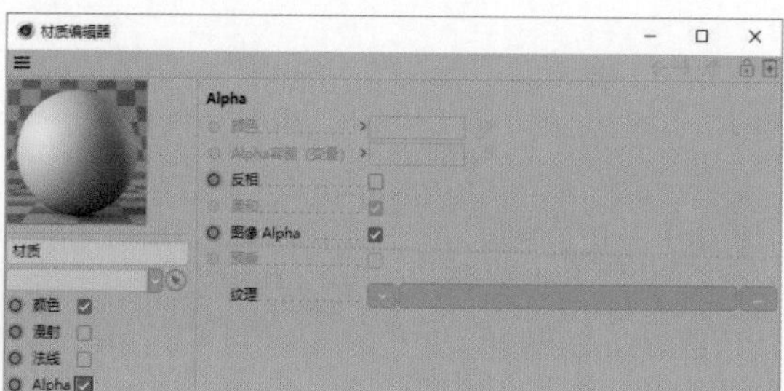

图5-192

02 设置“纹理”为“菲涅耳（Fresnel）”，如图5-193所示。移动“材质”面板中的材质球至“对象”面板中的“圆盘”对象上，如图5-194所示。执行“渲染>渲染活动视图”菜单命令，渲染后的效果如图5-195所示。

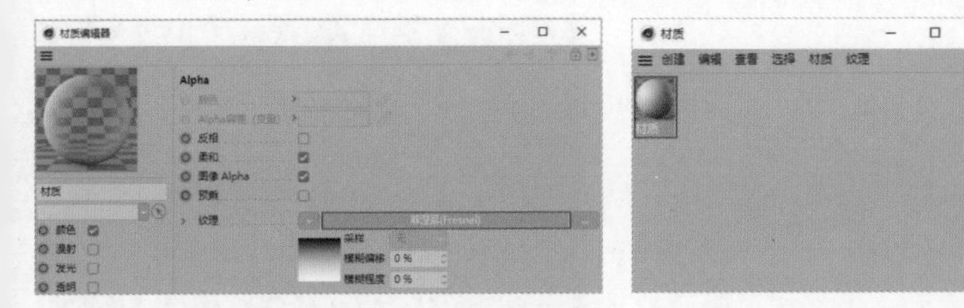

图5-193

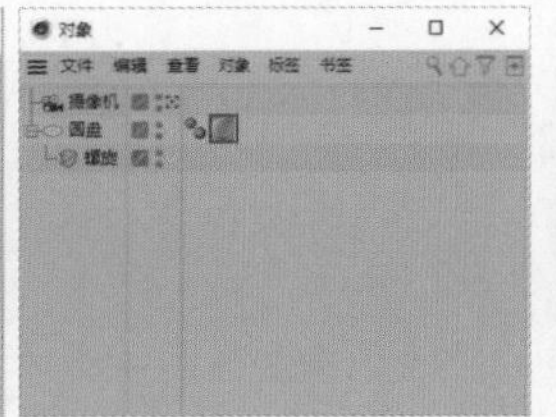

图5-194

图5-195

03 执行“渲染>编辑渲染设置”菜单命令，设置“渲染器”为“物理”，然后选择“输出”，设置“帧范围”为“全部帧”、“起点”为0F、“终点”为300F，如图5-196所示。

04 选择“保存”选项卡，然后设置“格式”为PNG，勾选“Alpha通道”复选框，接着单击“文件”右侧的按钮选择保存路径，将文件命名为“EHT黑洞”，如图5-197所示。执行“渲染>渲染到图片查看器”菜单命令，效果如图5-198所示。

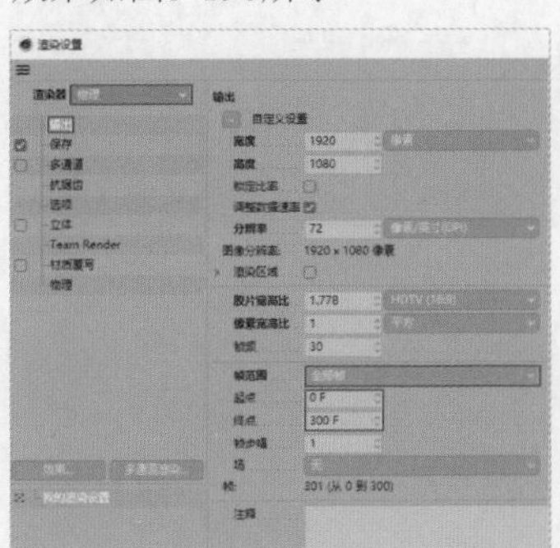

图5-196

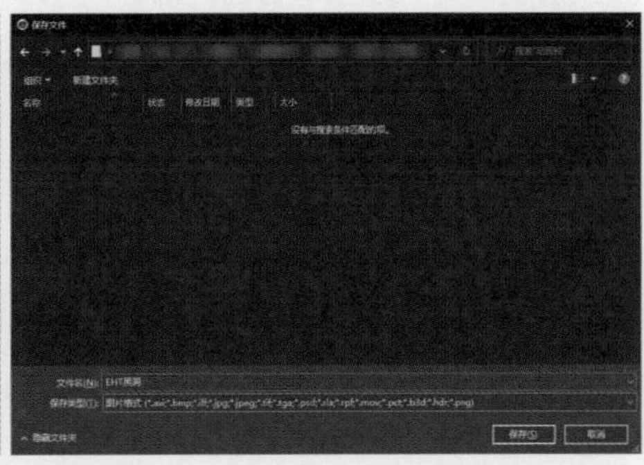

图5-197

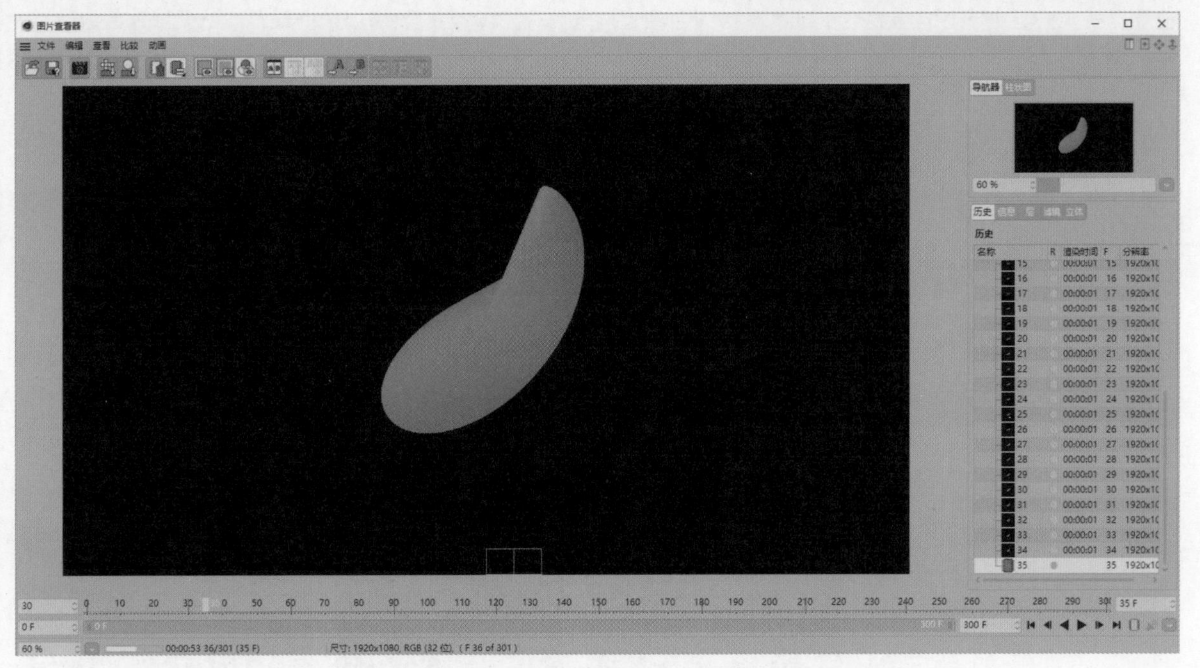

图5-198

◎ 黑洞动效制作

01 打开After Effects，创建一个合成，将其命名为“黑洞”，设置“宽度”为1920px、“高度”为1080px、“帧速率”为30帧/秒、“持续时间”为0:00:10:00、“背景颜色”为黑色（R:0,G:0,B:0），如图5-199所示。

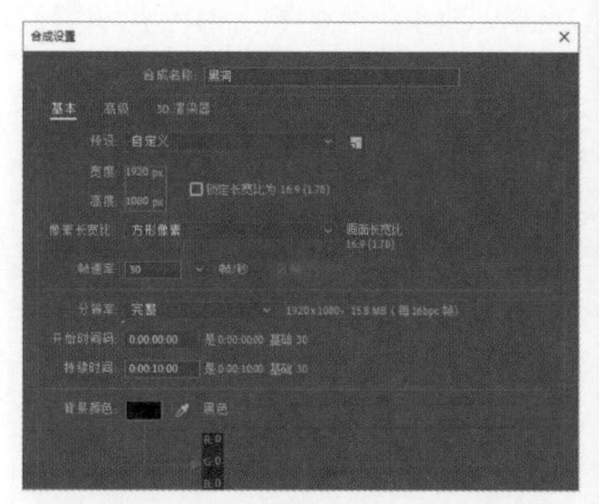

图5-199

02 导入“场景文件>CH05>实战：黑洞>黑洞0000.png”文件，然后移动“项目”面板中的“黑洞[0000-0300].png”文件至“时间轴”面板中，如图5-200所示。效果如图5-201所示。

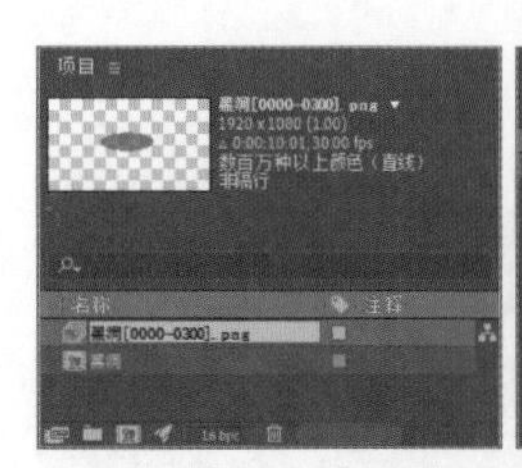

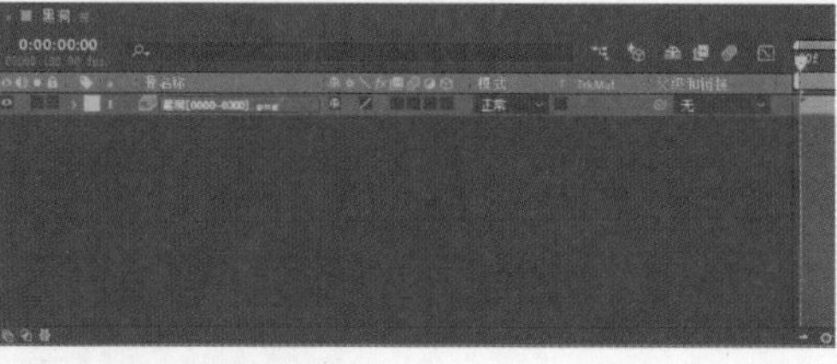

图5-200

图5-201

03 选择“黑洞[0000-0300].png”图层，然后执行“效果>颜色校正>三色调”菜单命令。展开“三色调”卷展栏，设置“中间调”为粉色（R:255,G:0,B:204）、“阴影”为紫色（R:174,G:0,B:255），如图5-202所示。

04 为了方便观察颜色，在“时间轴”面板中设置时间码为0:00:02:00，如图5-203所示。效果如图5-204所示。设置时间码为0:00:00:00，然后选择“黑洞[0000-0300].png”图层，将其重命名为“边缘”，设置其“模式”为“相加”，如图5-205所示。

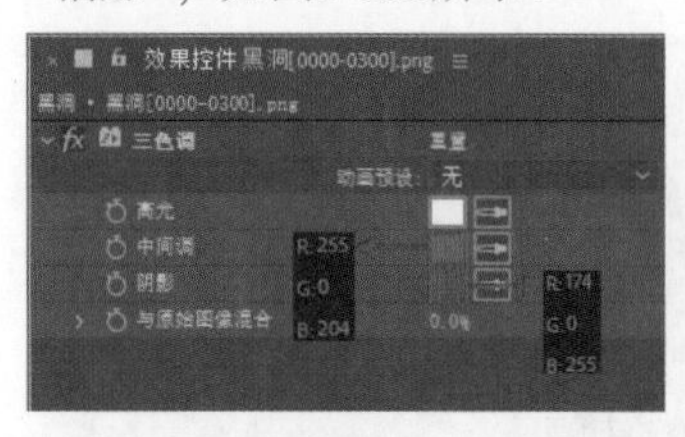

图5-202

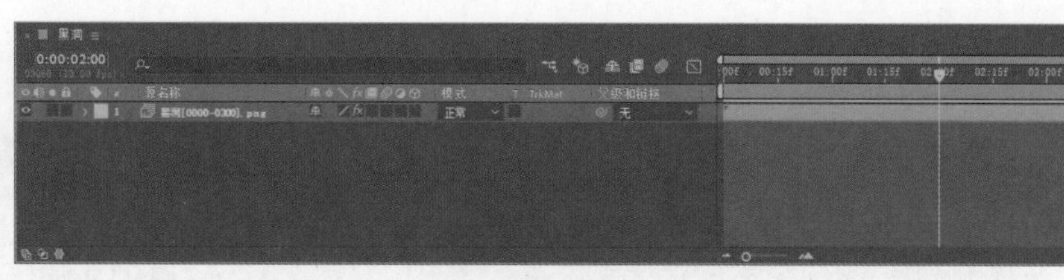

图5-203

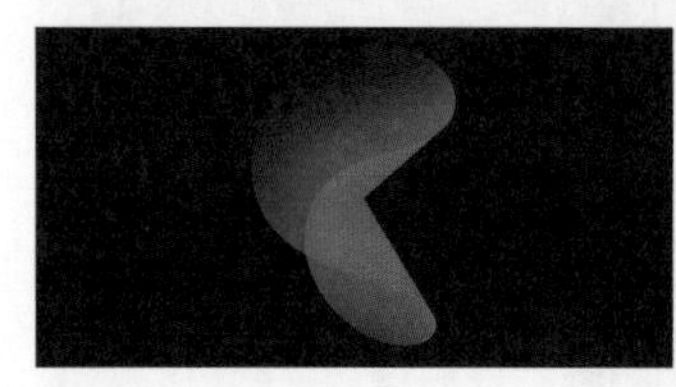

图5-204

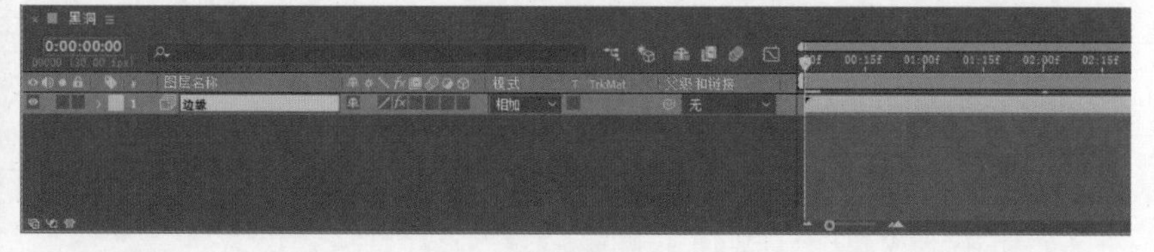

图5-205

05 执行“效果>透视>CC Sphere”菜单命令，依次展开CC Sphere和Rotation卷展栏，然后设置Rotation X为0x＋90°，如图5-206所示。效果如图5-207所示。执行“效果>模糊和锐化>CC Radial Blur”菜单命令，展开CC Radial Blur卷展栏，设置Amount为140，如图5-208所示。

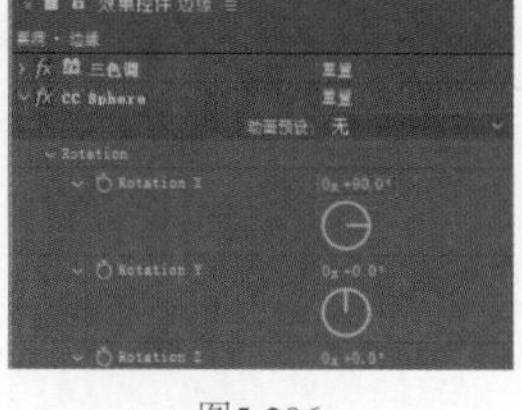

图5-206

图5-207

图5-208

06 选择“边缘”图层，执行“编辑>复制”和“编辑>粘贴”菜单命令，然后选择新增的“边缘2”图层，将其重命名为“变化1”，如图5-209所示。依次展开CC Sphere和Rotation卷展栏，设置Rotation X为0x+60°、Rotation Z为0x -30°，如图5-210所示。展开CC Radial Blur卷展栏，设置Amount为40。效果如图5-211所示。

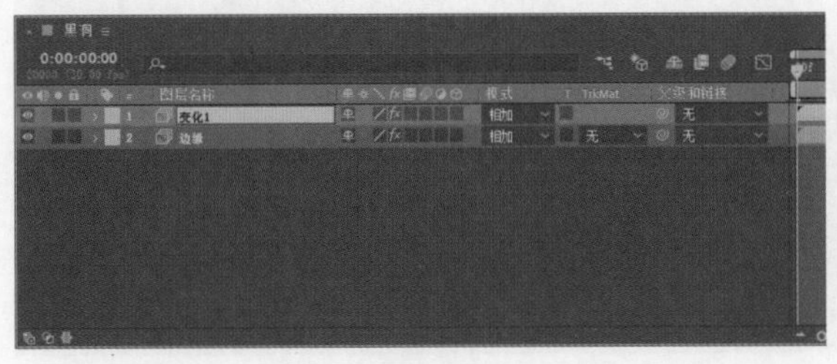
图5-209

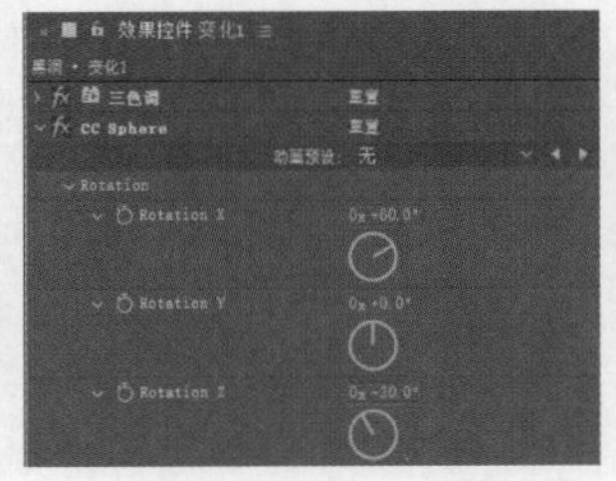
图5-210

图5-211

07 选择“变化1”图层，执行“编辑>复制”和“编辑>粘贴”菜单命令，得到新增的“变化2”图层。选择“变化2”图层，依次展开CC Sphere和Rotation卷展栏，设置Rotation X为0x+30°、Rotation Y为0x+20°、Rotation Z为0x+0°，如图5-212所示。效果如图5-213所示。

08 选择“变化2”图层，执行“编辑>复制”和“编辑>粘贴”菜单命令，得到新增的“变化3”图层。选择“变化3”图层，依次展开CC Sphere和Rotation卷展栏，设置Rotation X为0x -30°、Rotation Y为0x -60°，如图5-214所示。

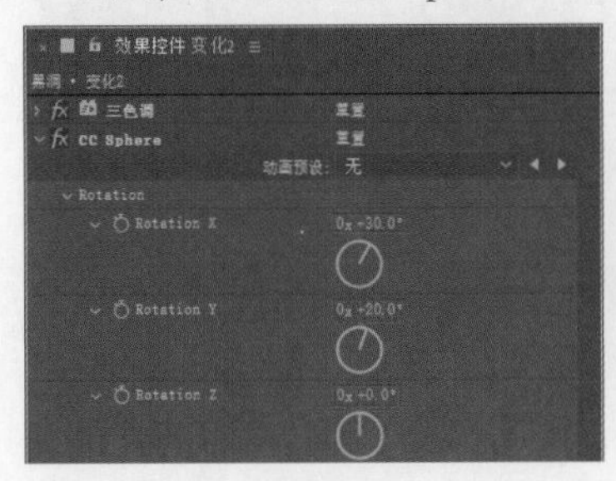
图5-212

图5-213

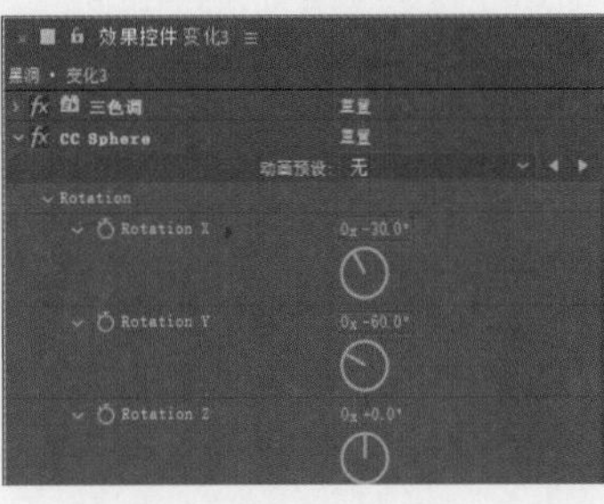
图5-214

09 单击Rotation Y左侧的按钮，设置时间码为0:00:09:29，然后设置Rotation Y为0x+300°，如图5-215所示。执行“效果>模糊和锐化>CC Radial Fast Blur”菜单命令，展开CC Radial Fast Blur卷展栏，设置Amount为90、Zoom为Brightest，如图5-216所示。效果如图5-217所示。

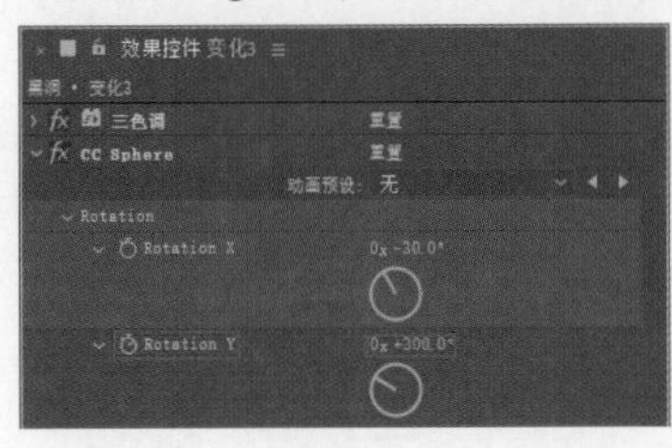
图5-215

图5-216

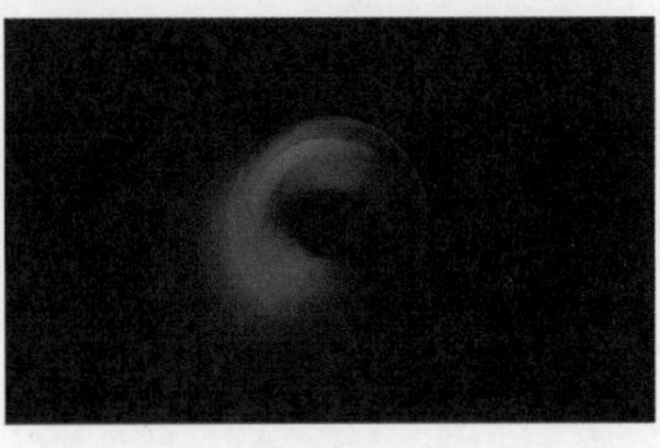
图5-217

10 选择“变化3”图层，执行“编辑>复制”和“编辑>粘贴”菜单命令，得到新增的“变化4”图层，然后设置时间码为0:00:00:00，如图5-218所示。选择“变化4”图层，依次展开CC Sphere和Rotation卷展栏，设置Rotation Y为0x+120°，如图5-219所示。

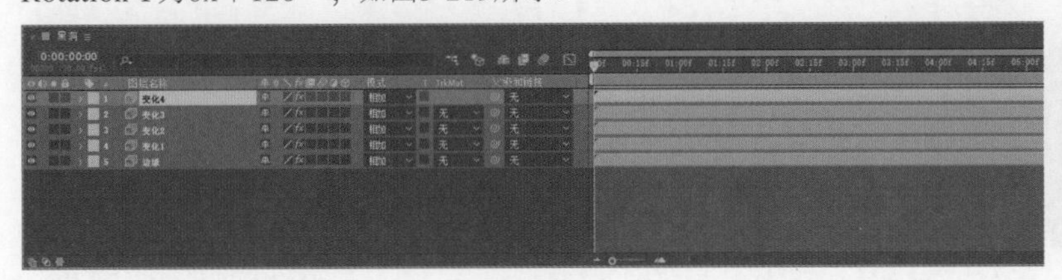
图5-218

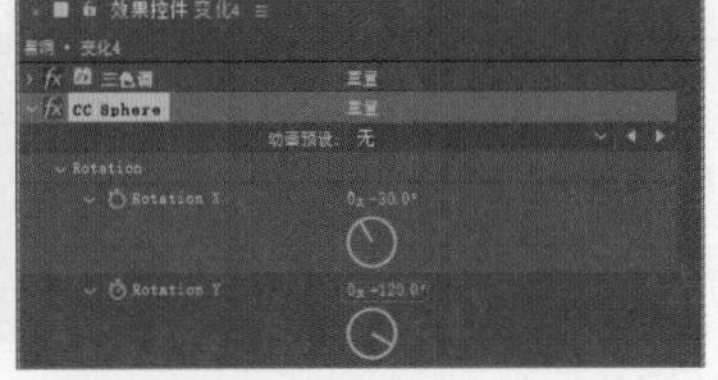
图5-219

11 保持当前选择不变，设置时间码为0:00:09:29，然后设置Rotation Y为1x+120°，如图5-220所示。效果如图5-221所示。至此，黑洞效果就制作完成了。

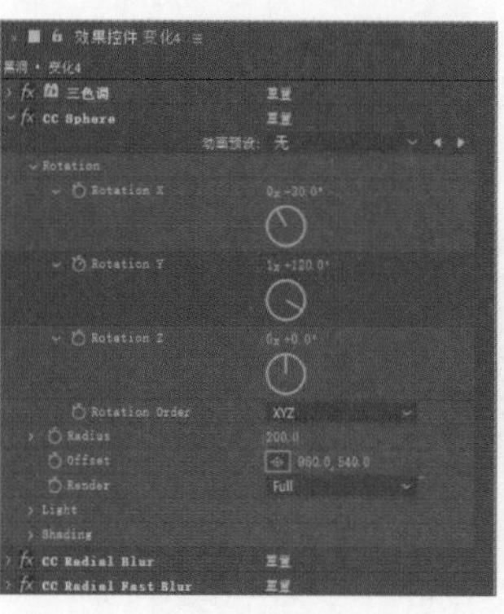

图5-220

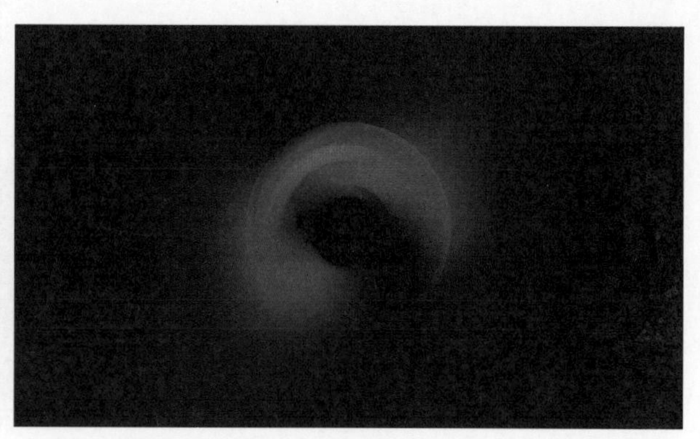

图5-221

技巧提示

下面介绍“AEC合成方案文件”的启用方法。打开Cinema 4D的安装目录，找到以下两个文件。

第1个：\Exchange Plugins\aftereffects\C4DFormat\Win\CS5-CS6\C4DFormat.aex。

第2个：\Exchange Plugins\aftereffects\Importer\Win\CS_CC\C4DImporter.aex或\Exchange Plugins\aftereffects\Importer\Win\CS5-CS6\C4DImporter.aex。

其中第1个文件为必选项，第2个文件根据After Effects的版本选择其中一个即可，然后打开After Effects的安装目录，依次打开Support Files和Plug-ins文件夹，将Cinema 4D中的两个文件复制到该文件夹中，如图5-222所示。

复制完成后，重新启动After Effects即可。

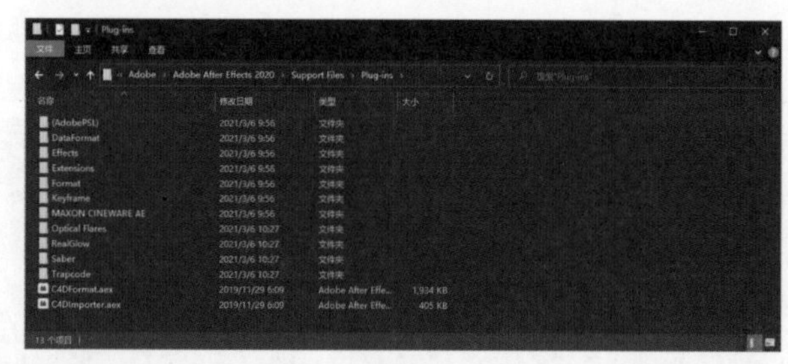

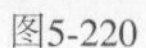

图5-222

5.4 转场场景

在产品层面上，转场场景的本质意义是装载。在视觉层面上，转场场景能够使用户感知整个界面发生的变化。转场场景在制作方面的设定会更加宏大，涉及的动画范围也更广。

实战：虚幻星图

场景位置	场景文件>CH05>实战：虚幻星图
实例位置	实例文件>CH05>实战：虚幻星图
难易程度	★★★☆☆
学习目标	掌握“灯光”的使用方法

虚幻星图的效果如图5-223所示，制作分析如下。

AEC文件中记录的灯光在Plexus粒子插件中使用时，一个灯光产生一个粒子；在Particular粒子插件中使用时，每个灯光会成为粒子发射点，发射多个粒子。

图5-223

◎ 星体模型制作

01 打开Cinema 4D，执行“渲染>编辑渲染设置”菜单命令，在“渲染设置”对话框中选择“输出”，然后设置“宽度”为1920像素、“高度”为1080像素，如图5-224所示。

02 创建一个球体，在“属性”面板中设置“半径”为4cm、“分段”为64，如图5-225所示。效果如图5-226所示。执行“运动图形>克隆”菜单命令，将创建的“克隆”对象重命名为“星体”，然后在“对象”面板中移动“球体”对象至“星体”对象内，如图5-227所示。

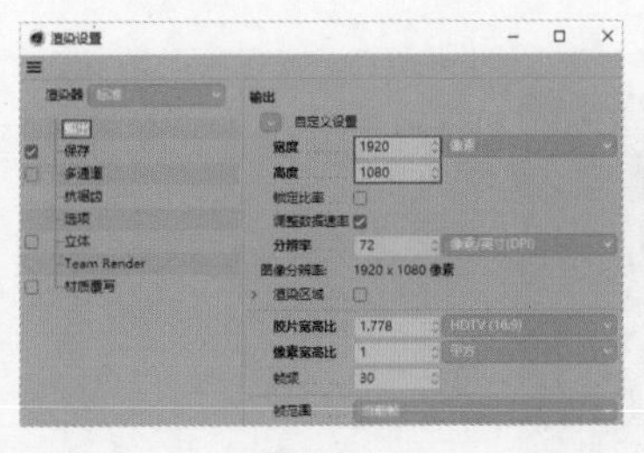
图5-224

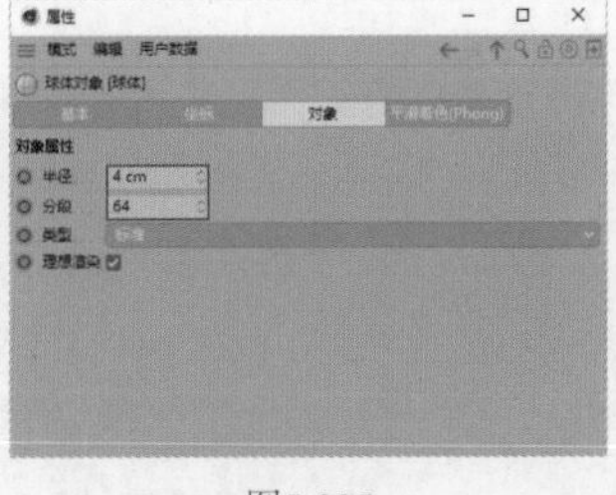
图5-225

图5-226

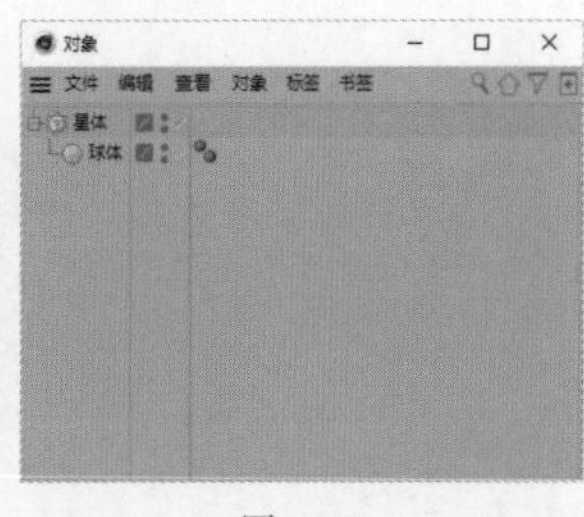

图5-227

03 选择“星体”对象，在“属性”面板中设置“数量”为(3,3,3)、“尺寸”为(80cm,80cm,80cm)，如图5-228所示。效果如图5-229所示。执行“运动图形>效果器>随机”菜单命令，然后勾选“缩放”“等比缩放”复选框，设置“缩放”为1.24，如图5-230所示。

图5-228

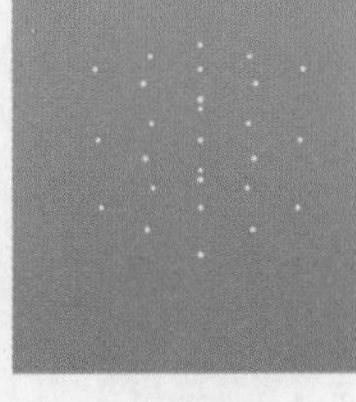
图5-229

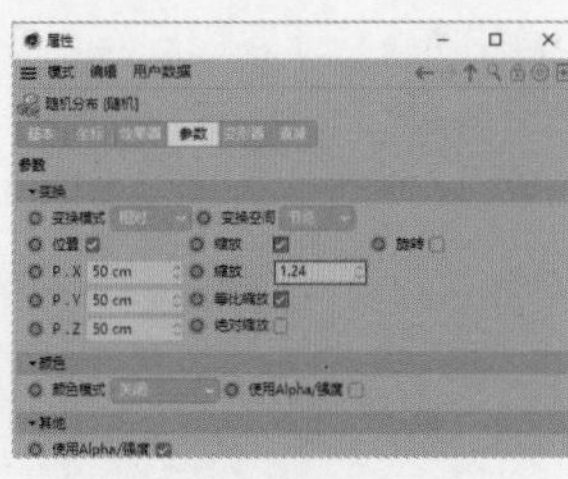
图5-230

04 选择“星体”对象，移动“对象”面板中的“随机”对象至“属性”面板的“效果器”列表框中，如图5-231所示。设置时间轴时长为0～300F，当前帧为0F。选择“星体”对象，在“属性”面板中设置R.H为0°并单击其左侧的◉按钮；设置当前帧为300F，在“属性”面板中设置R.H为360°并单击其左侧的◉按钮，如图5-232所示。

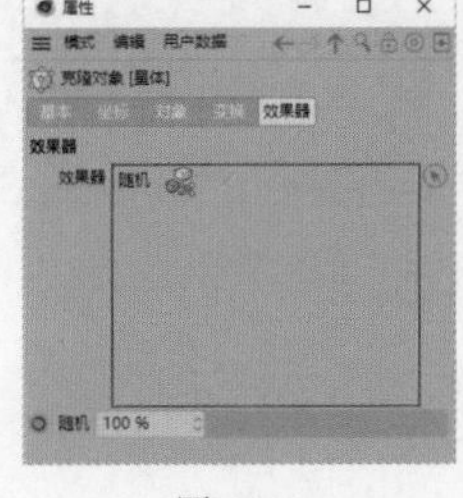
图5-231

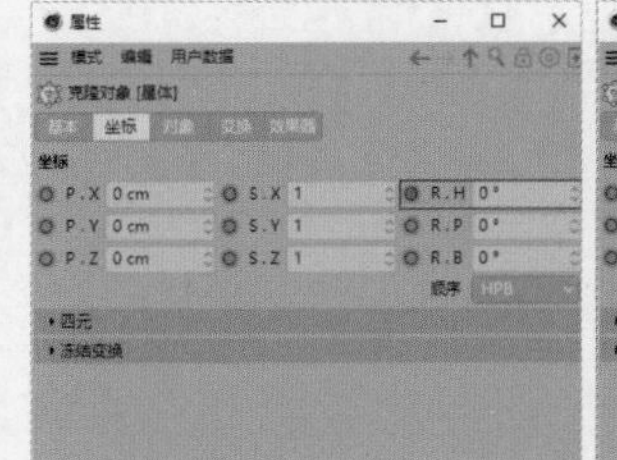
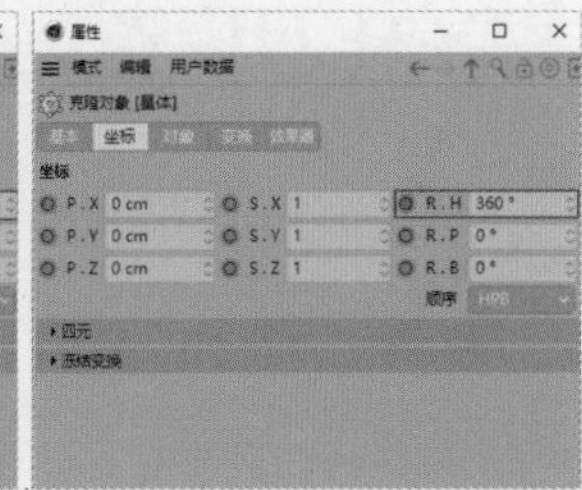
图5-232

05 选择“星体”对象，执行“编辑>复制”和“编辑>粘贴”菜单命令，将新增的“克隆.1”对象重命名为“星体粒子”。执行“创建>灯光>灯光”菜单命令，然后移动“灯光”对象至“星体粒子”对象内，接着选择“星体粒子”对象内的“球体”对象，执行“编辑>删除”菜单命令，如图5-233所示。效果如图5-234所示。

06 执行“创建>摄像机>摄像机”菜单命令，在“属性”面板中设置P.X为500cm、P.Y为220cm、P.Z为-500cm、R.H为45°、R.P为-20°，如图5-235所示。至此模型主体就制作完成了。

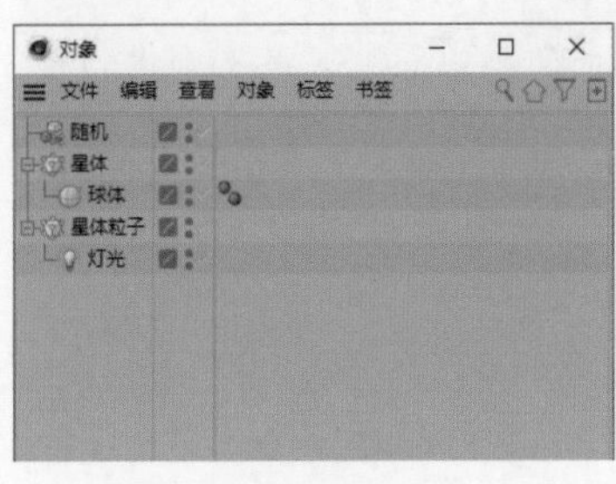

图5-233

图5-234

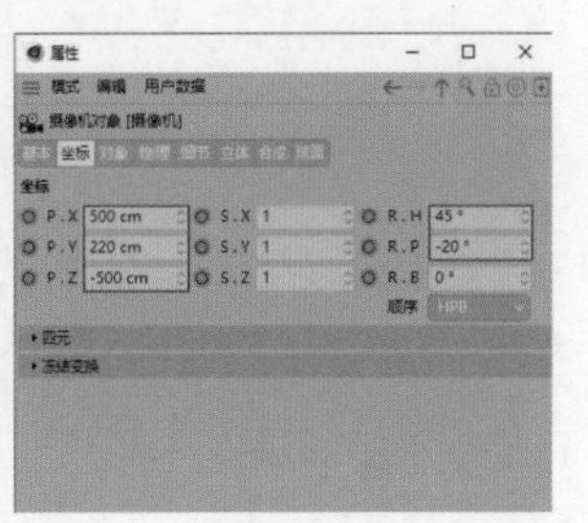
图5-235

◎ 星体模型渲染

01 在“对象”面板中单击“摄像机”右侧的■按钮，执行“渲染>编辑渲染设置”菜单命令，然后设置“渲染器”为Octane Renderer，如图5-236所示。执行“Octane>Octane Dialog”菜单命令，在弹出的对话框中执行“Objects>Hdri Environment”菜单命令，此时“对象”面板中新增一个OctaneSky对象，如图5-237所示。

02 单击OctaneSky右侧的■图标，然后在“属性”面板中单击Texture右侧的■按钮，选择文件“场景文件>CH05>实战：虚幻星图>环境天空材质_1.exr”，如图5-238所示。回到“属性”面板，设置Power为4.77、RotX为0.19、RotY为-0.07，如图5-239所示。

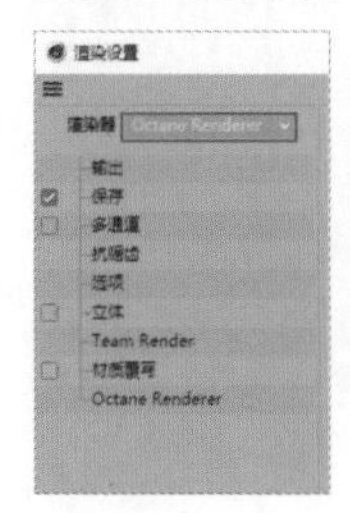

图5-236

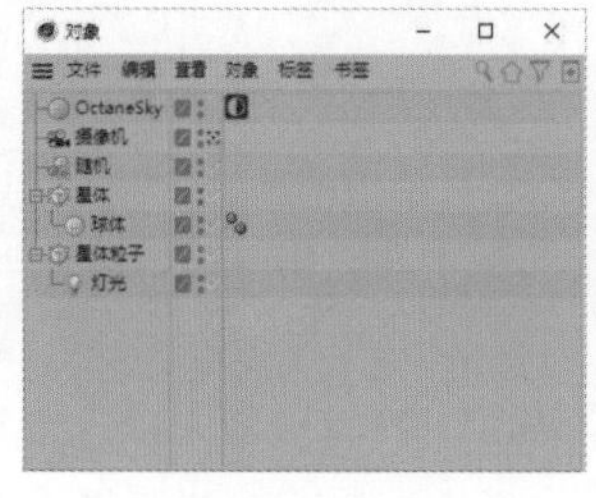

图5-237

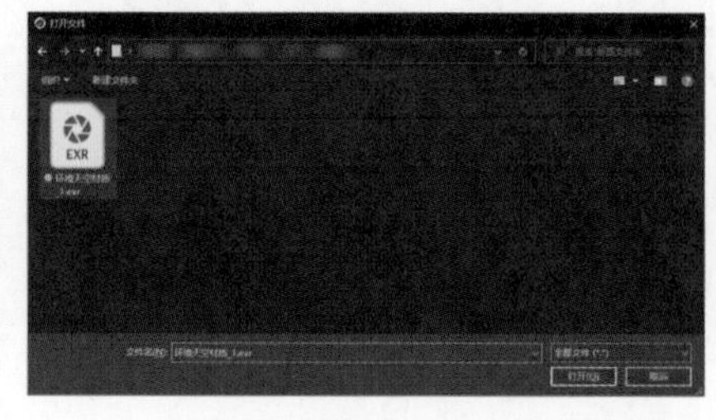

图5-238

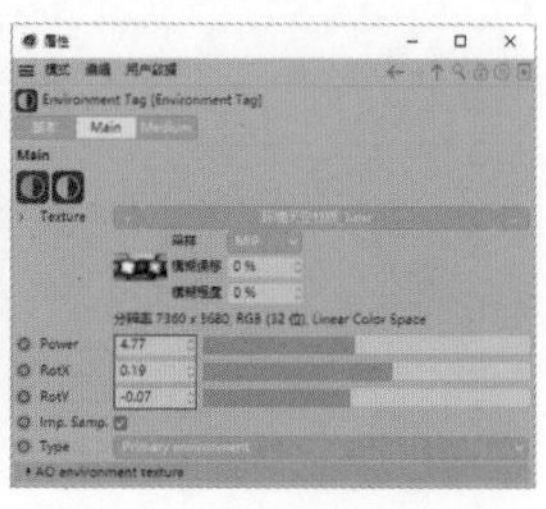

图5-239

03 执行“Octane>Octane Dialog”菜单命令，然后在弹出的对话框中执行“Materials>Octane Specular Material”菜单命令。双击“材质”面板中的材质球打开“材质编辑器”面板，接着选择Roughness，设置Float为0.01，如图5-240所示。

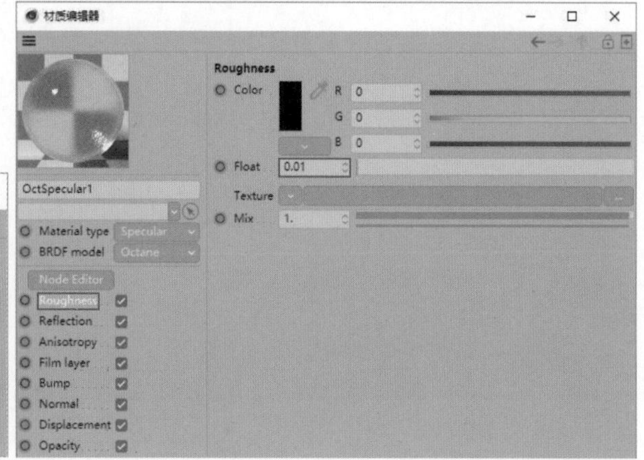

图5-240

04 选择Reflection，设置Texture为“菲涅耳（Fresnel）”，然后选择Index，设置Index为1.6，接着选择Transmission，设置Texture为“渐变”，如图5-241所示。单击“渐变”进入“着色器”选项卡，展开“渐变”卷展栏，如图5-242所示。

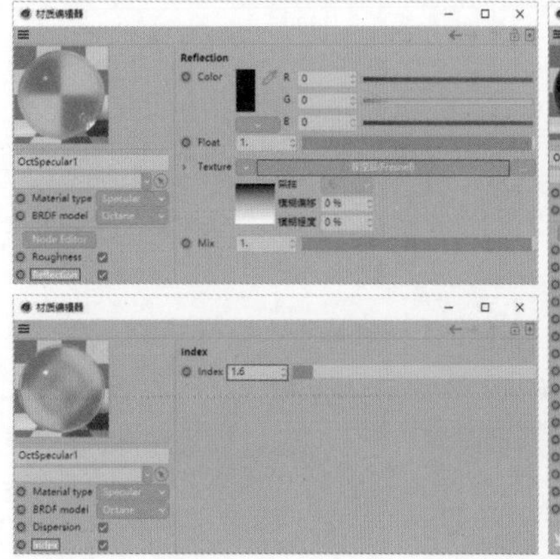

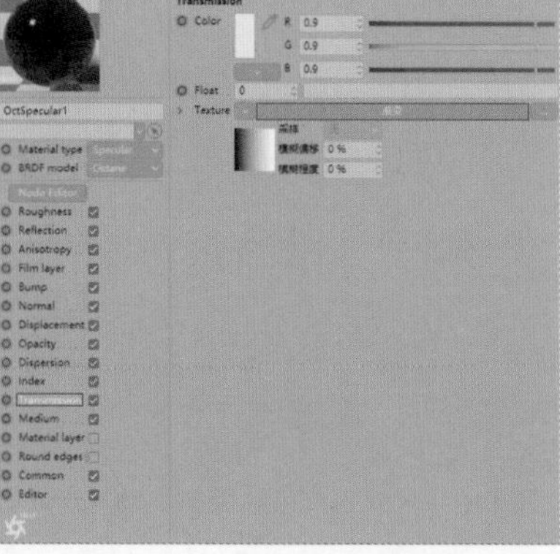

图5-241

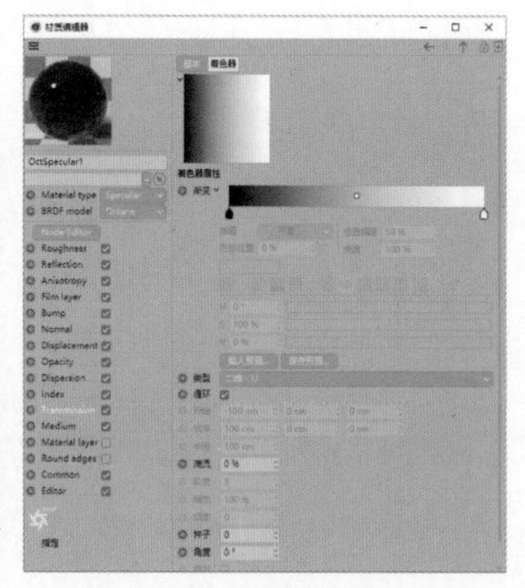

图5-242

05 单击“载入预置”按钮，选择Heat 1选项，如图5-243所示。移动“材质”面板中的材质球至“对象”面板的“星体”对象上，如图5-244所示。

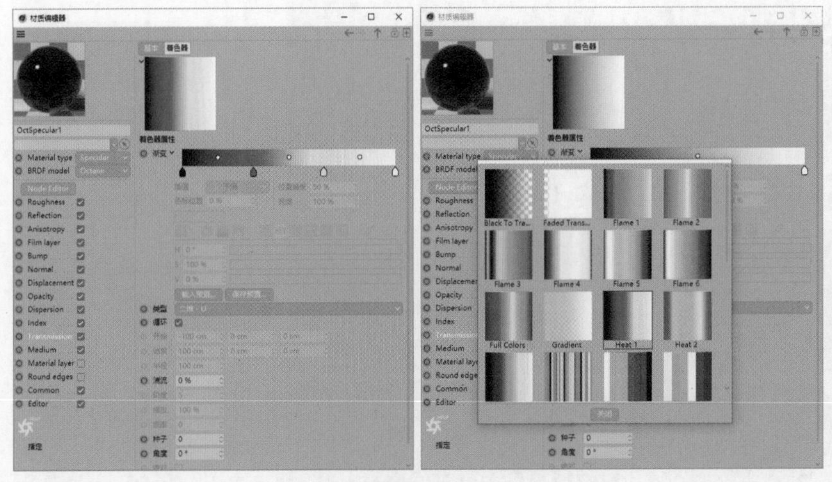

图5-243

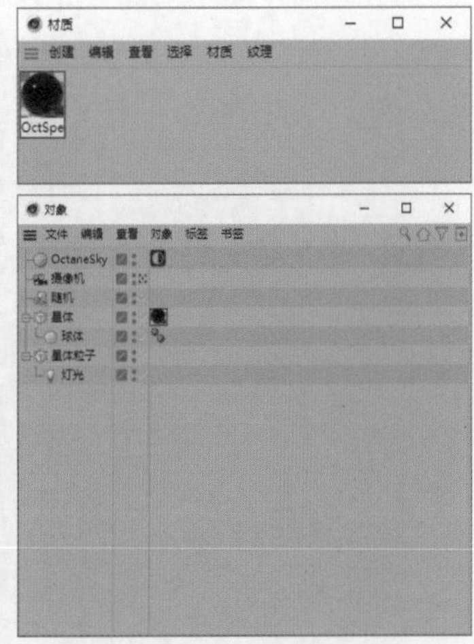

图5-244

06 执行“渲染>渲染活动视图”菜单命令，渲染后的效果如图5-245所示。选择“星体粒子”对象，执行“创建>标签>CINEMA 4D标签>外部合成”菜单命令，然后在“对象”面板中单击“星体粒子”右侧的图标，在“属性”面板中勾选“子集”复选框，如图5-246所示。

07 执行“渲染>编辑渲染设置”菜单命令，在“渲染设置”对话框中选择“输出”，设置“帧范围”为“全部帧”、“起点”为0F、“终点”为300F，如图5-247所示。

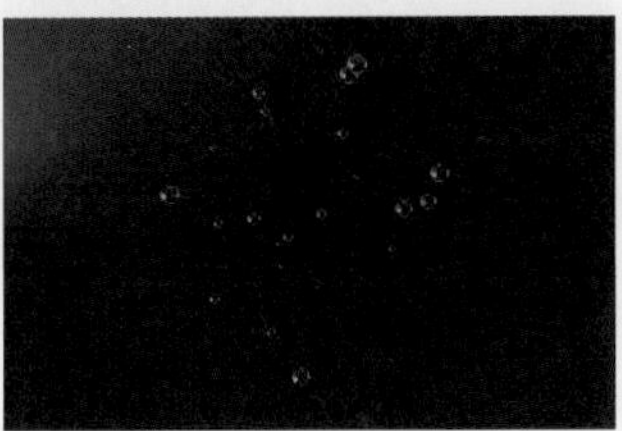

图5-245

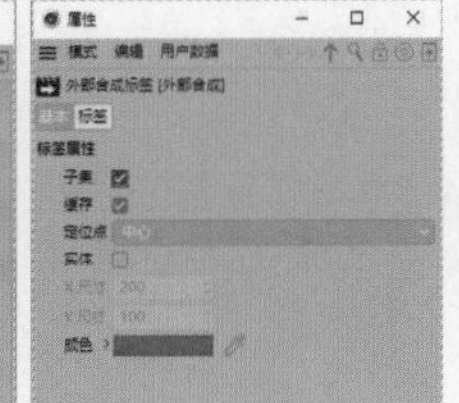

图5-246

图5-247

08 保存文件，将文件命名为“虚幻星图”，然后设置“格式”为PNG，勾选“Alpha通道”复选框，接着展开“合成方案文件”卷展栏，勾选“保存”“相对”“包括时间线标记”“包括3D数据”复选框，如图5-248所示。

09 执行“Octane>Octane Settings”菜单命令，在Octane Settings对话框中勾选Alpha channel复选框，如图5-249所示。执行“渲染>渲染到图片查看器”菜单命令，渲染效果如图5-250所示。

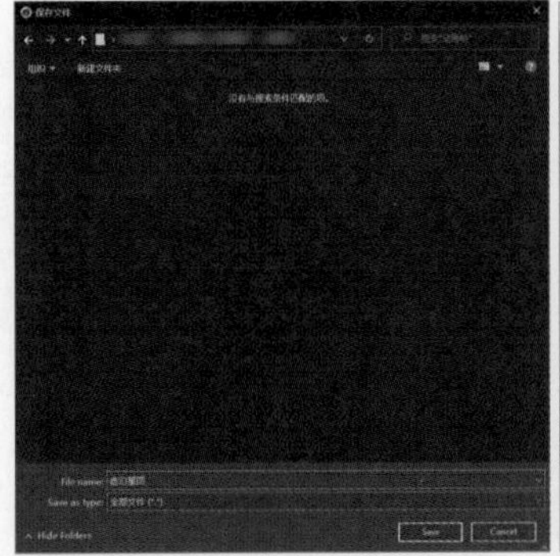

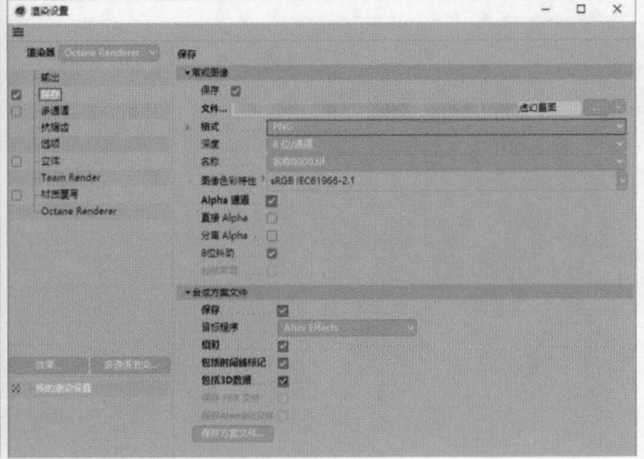

图5-248

图5-249

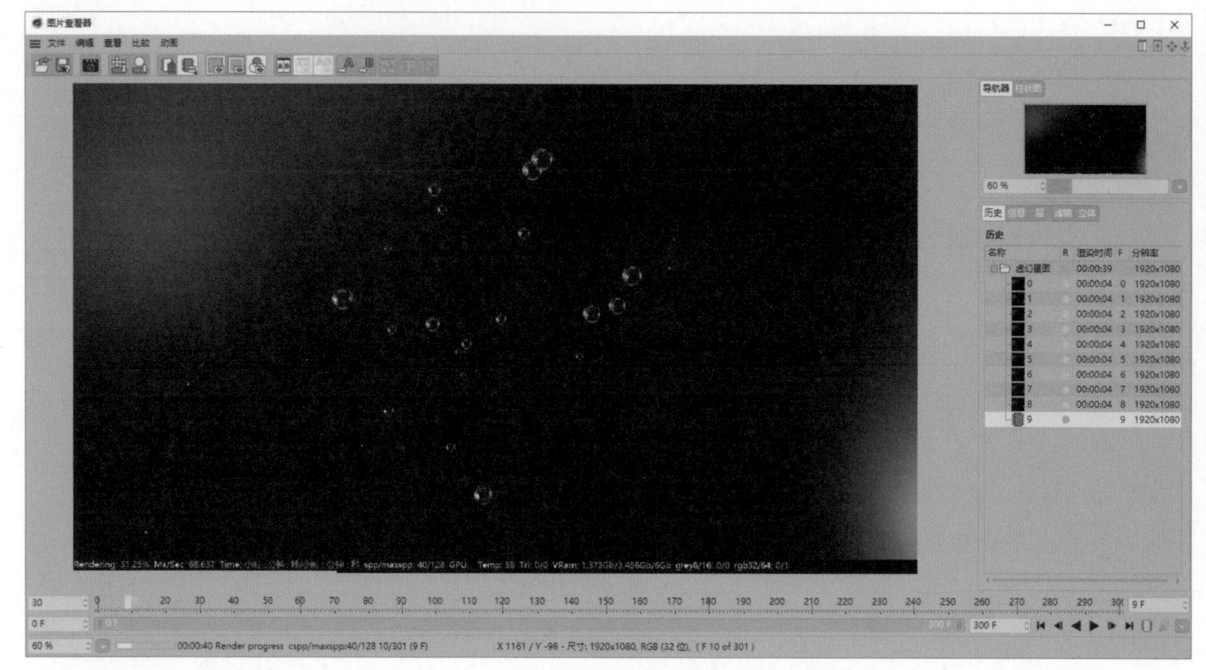

图5-250

◎ 虚幻星图动效制作

01 打开After Effects，导入文件“场景文件>CH05>实战：虚幻星图>虚幻星图.aec”，如图5-251所示。展开“项目”面板中的“虚幻星图”卷展栏，双击“虚幻星图”，进入合成中。在“时间轴”面板中删除“空白”图层，然后新建一个“纯色”图层，将其命名为“背景”，如图5-252所示。

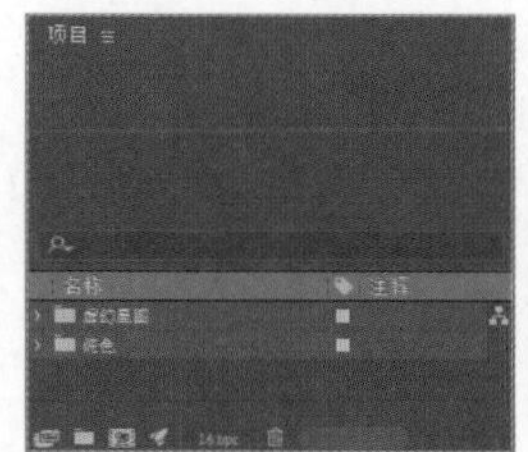

图5-251

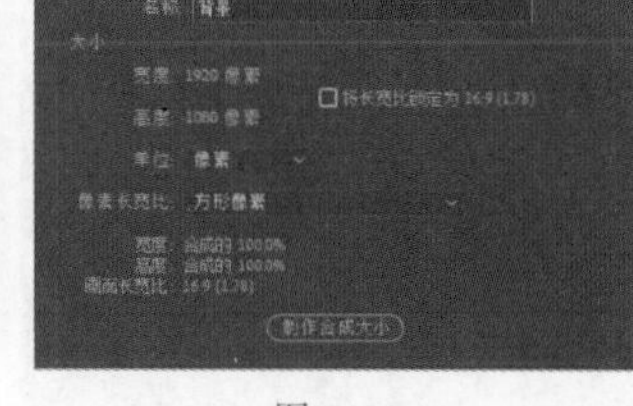

图5-252

02 在“时间轴”面板中移动“背景”图层至图层列表的底部，如图5-253所示。执行“效果>生成>梯度渐变”菜单命令，在“效果控件”面板中展开“梯度渐变”卷展栏，设置“起始颜色”为紫色(R:43,G:18,B:70)、“结束颜色”为深紫色（R:10,G:5,B:27），如图5-254所示。

图5-253

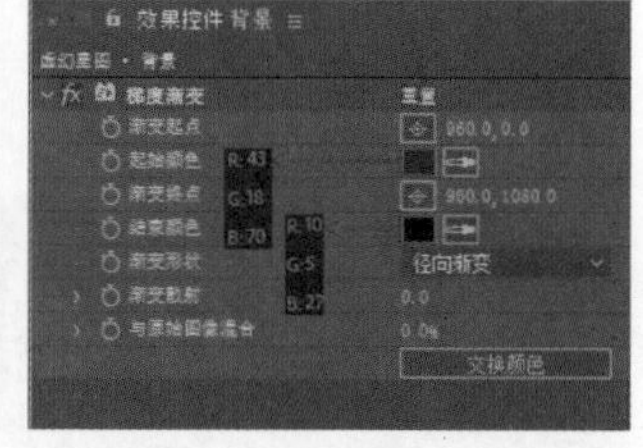

图5-254

03 设置“渐变形状”为“径向渐变”，如图5-255所示。执行“视图>显示图层控件”菜单命令，隐藏“灯光”图层，效果如图5-256所示。新建一个“纯色”图层，将其命名为“星辰”，然后移动“星辰”图层至“虚幻星图[0000-0300].png”图层上方，如图5-257所示。

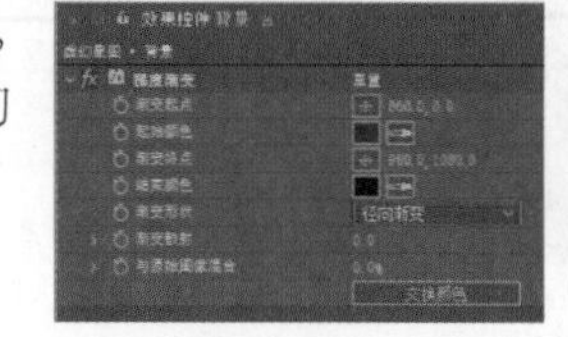

图5-255

图5-256

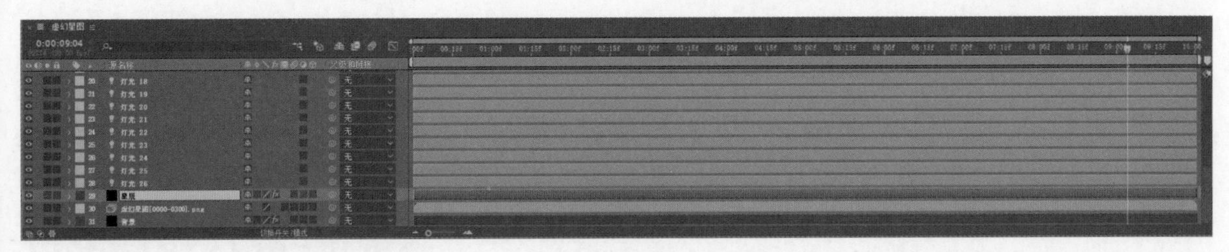

图5-257

04 执行"效果>Rowbyte>Plexus"菜单命令，打开Plexus面板。在Plexus面板中选择"Add Geometry>Layers"选项，然后选择Plexus Points Renderer指令，接着在"效果控件"面板中设置Points Size为1，最后取消勾选Get Color From Vertices复选框，如图5-258所示。

05 选择Plexus面板中的"Add Renderer>Lines"选项，然后选择Plexus Lines Renderer指令，如图5-259所示。在"效果控件"面板中设置Maximum Distance为120，然后取消勾选Get Colors From Vertices、Get Opacity From Vertices复选框，接着设置Lines Color为紫色（R:157,G:66,B:255）、Line Thickness为0.2，如图5-260所示。

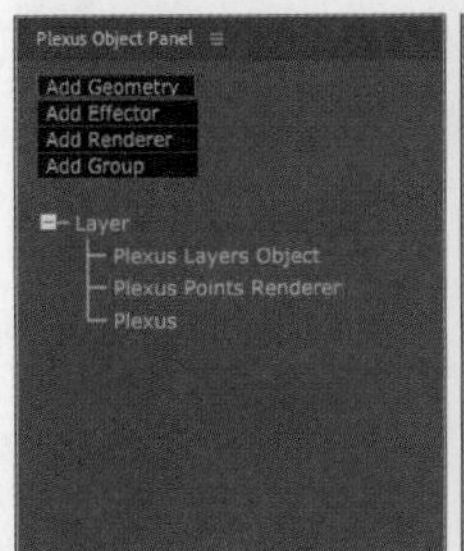

图5-258

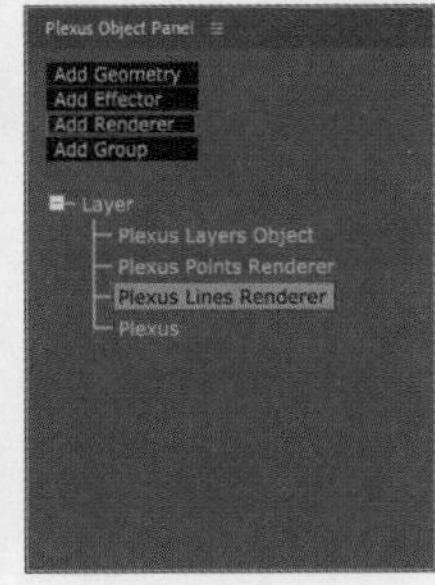

图5-259

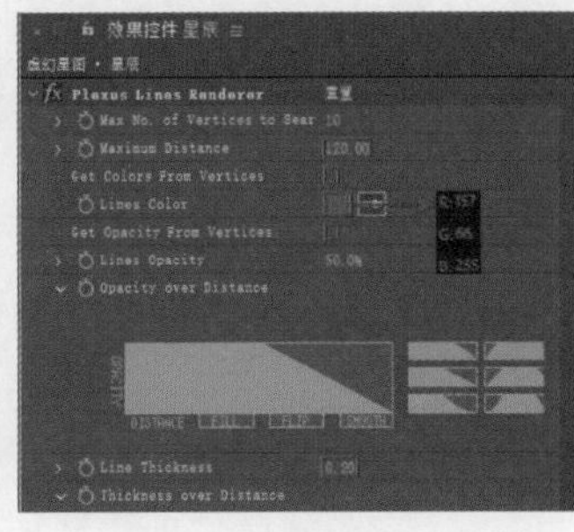

图5-260

06 选择"星辰"图层，执行"效果>风格化>发光"菜单命令，效果如图5-261所示。选择"星辰"图层，然后执行"编辑>复制"和"编辑>粘贴"菜单命令，将新增的"星辰"图层重命名为"星辰环境"，如图5-262所示。

07 选择"星辰环境"图层，选择Plexus面板中的Plexus Lines Renderer指令，然后在"效果控件"面板中设置Maximum Distance为80、Lines Color为白色(R:255,G:255,B:255)，接着设置Lines Opacity为5%，如图5-263所示。

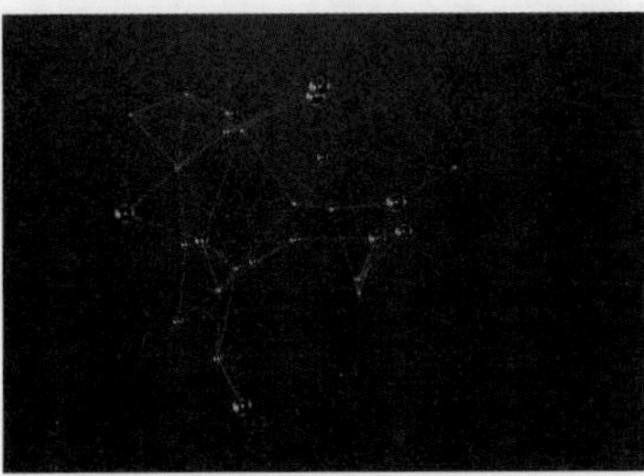

图5-261

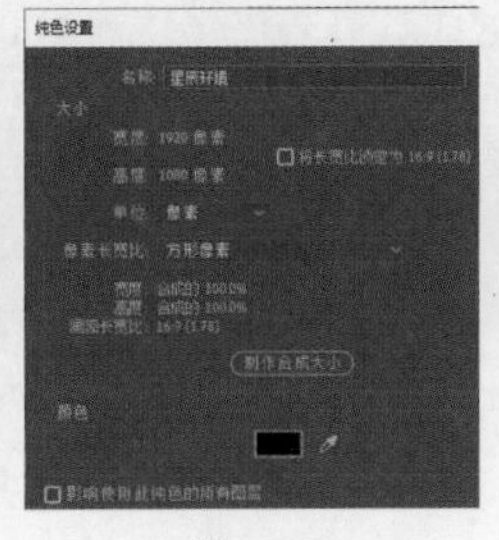

图5-262

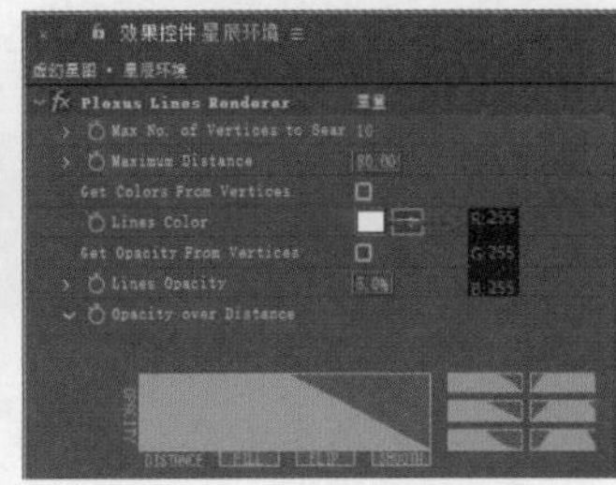

图5-263

08 选择Plexus面板中的"Add Effector>Noise"选项两次，然后选择Plexus Noise Effector指令，如图5-264所示。在"效果控件"面板中展开Plexus Noise Effector卷展栏，设置Noise Amplitude为500，如图5-265所示。

09 选择Plexus面板中的Plexus Noise Effector 2指令。在"效果控件"面板中展开Plexus Noise Effector 2卷展栏，设置Apply Noise To(Vertices)为Scale、Noise Amplitude为200，如图5-266所示。

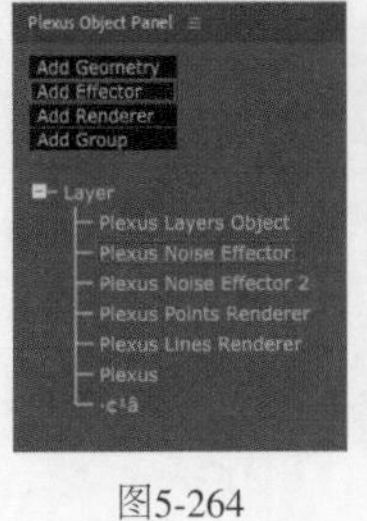

图5-264

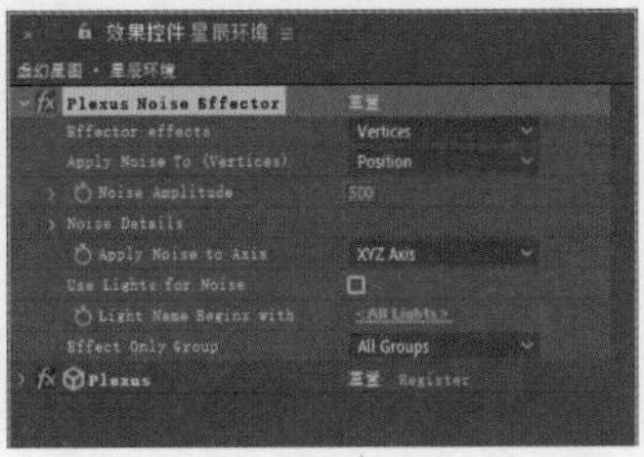

图5-265

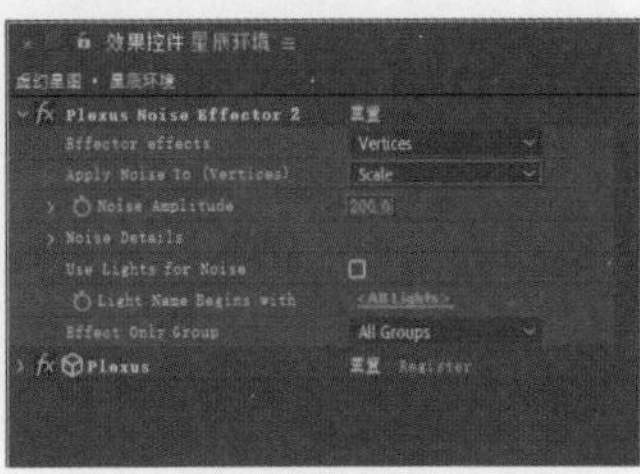

图5-266

10 选择Plexus面板中的Plexus Points Renderer指令，然后在“效果控件”面板中设置Points Size为0.5，如图5-267所示。选择“虚幻星图[0000-0300].png”图层，执行“编辑>复制”和“编辑>粘贴”菜单命令，然后设置位于上方的“虚幻星图[0000-0300].png”图层的“模式”为“相加”，如图5-268所示。

11 保持当前选择不变，执行“效果>模糊和锐化>CC Radial Fast Blur”菜单命令，然后在“效果控件”面板中展开CC Radial Fast Blur卷展栏，设置Amount为15、Zoom为Brightest，如图5-269所示。至此虚幻星图效果就制作完成了，如图5-270所示。

图5-267

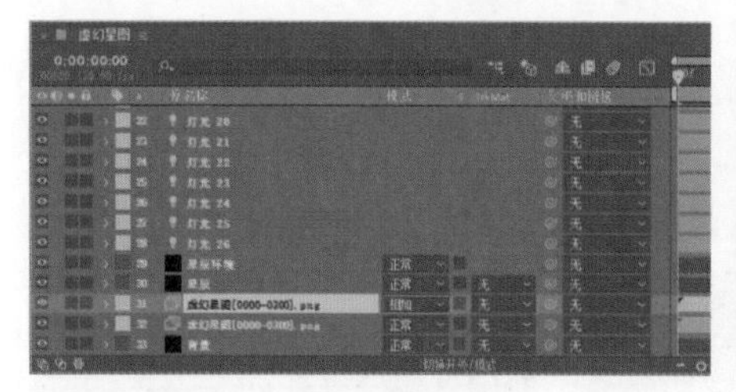

图5-268

图5-269

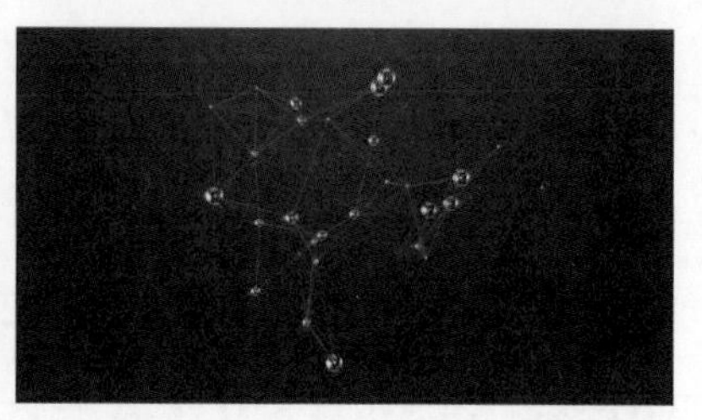

图5-270

实战：流体金属

场景位置	场景文件>CH05>实战：流体金属
实例位置	实例文件>CH05>实战：流体金属
难易程度	★★★☆☆
学习目标	掌握“四色渐变”效果的使用方法

流体金属的效果如图5-271所示，制作分析如下。

在After Effects中使用渐变效果容易出现“波纹”，这是颜色的色值不够造成的，可以通过“四色渐变”效果的“抖动”参数进行优化。

图5-271

◎ 金属模型制作

01 打开Cinema 4D，执行“渲染>编辑渲染设置”菜单命令，选择“输出”，设置“宽度”为1920像素、“高度”为1080像素，如图5-272所示。设置时间轴时长为0～180F、当前帧为0F，如图5-273所示。

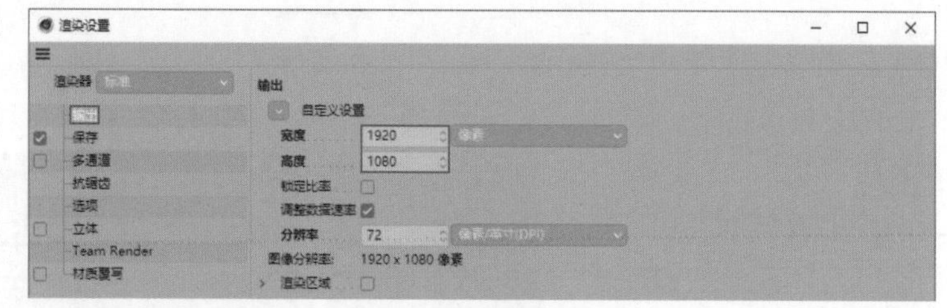

图5-272

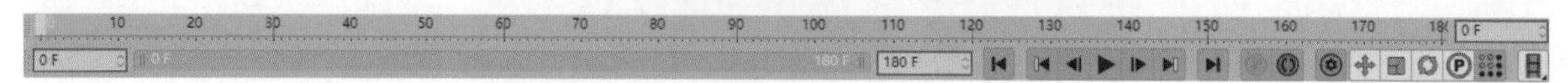

图5-273

02 执行“创建>变形器>螺旋”菜单命令，然后创建一个圆环体，将其命名为“基础样条”，在“对象”面板中移动“螺旋”对象至“基础样条”对象内，如图5-274所示。选择“螺旋”对象，在“属性”面板中设置“尺寸”为（250cm,250cm,250cm）、“模式”为“无限”，然后设置“角度”为0°并单击其左侧的按钮，设置R.P为360°，接着单击R.H、R.P左侧的按钮，如图5-275所示。

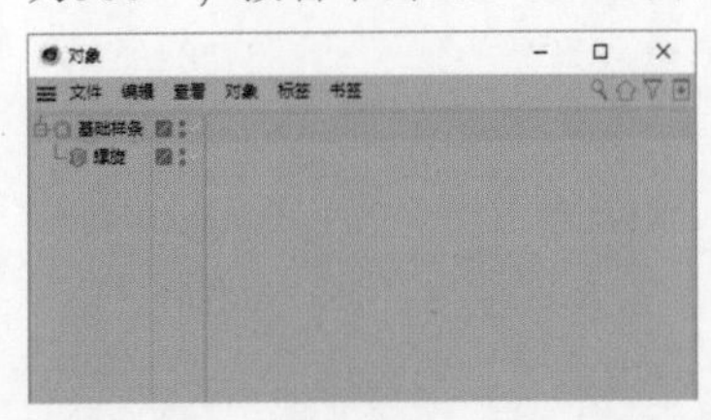

图5-274

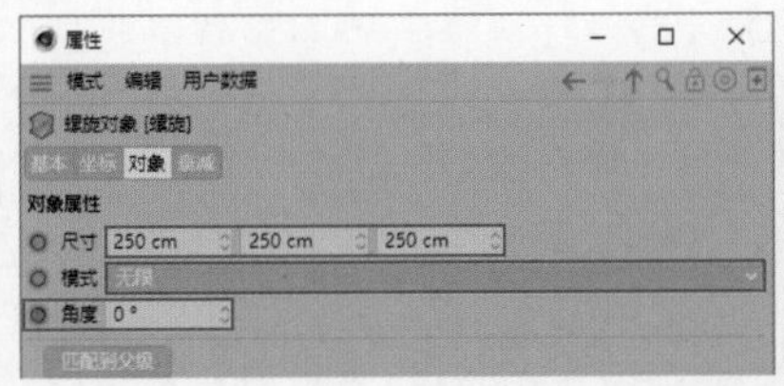

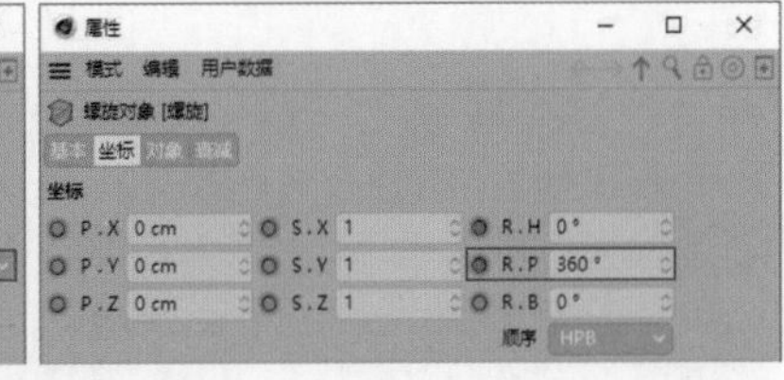

图5-275

03 设置当前帧为90F，选择“螺旋”对象，在“属性”面板中设置“角度”为180°并单击其左侧的按钮，然后设置当前帧为180F，选择“螺旋”对象，在“属性”面板中设置“角度”为0°并单击其左侧的按钮，接着设置R.H为360°、R.P为0°并单击它们左侧的按钮，如图5-276所示。

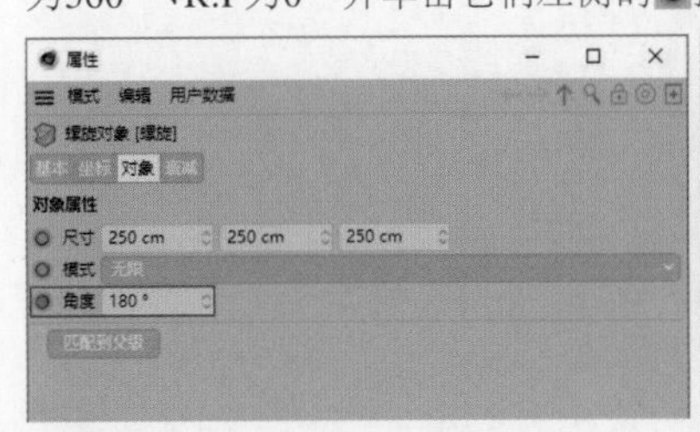

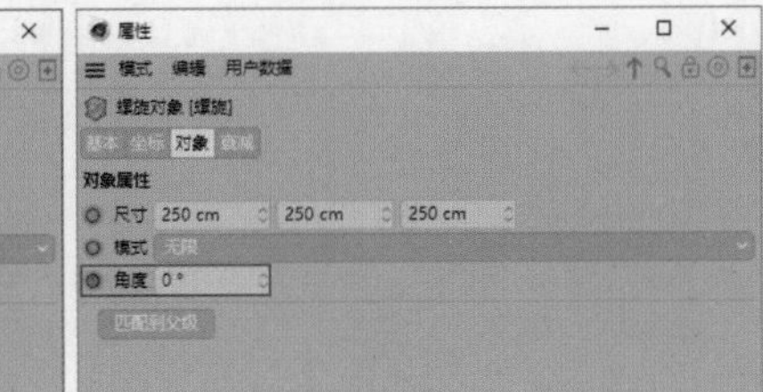

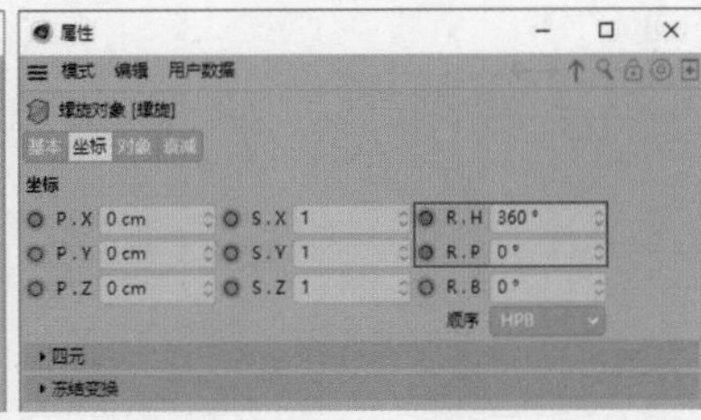

图5-276

04 选择“基础样条”对象，在“属性”面板中设置“数量”为256，如图5-277所示。创建一个立方体，将其重命名为“基础模型”，然后在“属性”面板中设置“尺寸.X”为15cm、“尺寸.Y”为3cm、“尺寸.Z”为20cm、“分段X”为300，如图5-278所示。选择“螺旋”对象，在“属性”面板中设置R.B为90°，如图5-279所示。

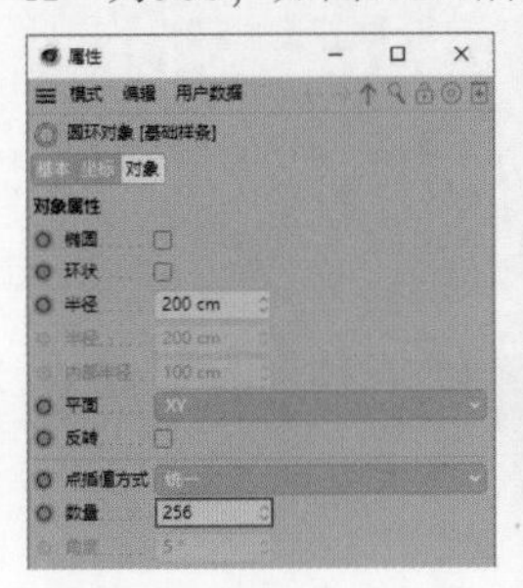

图5-277

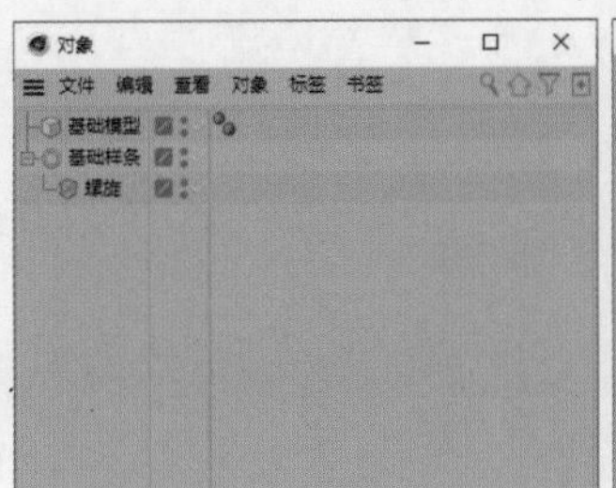

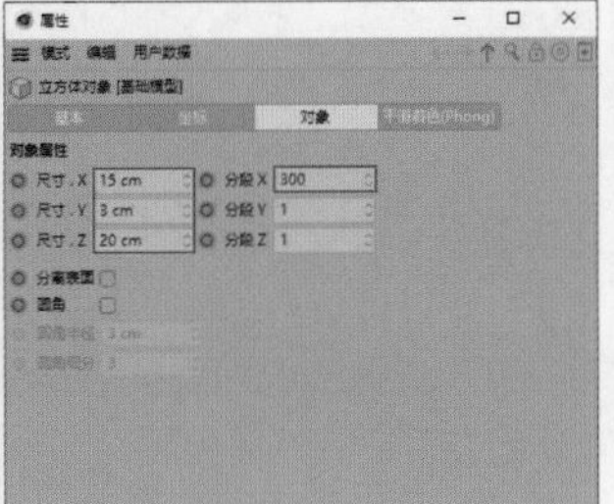

图5-278

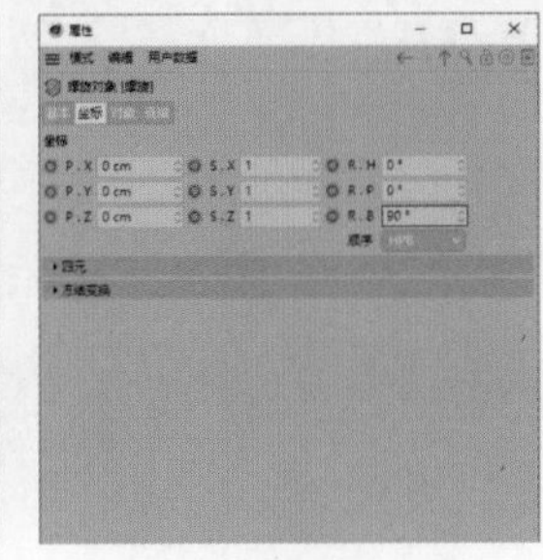

图5-279

05 执行“创建>变形器>样条约束”菜单命令，然后执行“创建>空白”菜单命令，将创建的“空白”对象重命名为“主体”，在“对象”面板中移动“样条约束”“基础模型”对象至“主体”对象内，如图5-280所示。

06 选择“样条约束”对象，然后移动“对象”面板中的“基础样条”对象至“属性”面板中的“样条”参数上，如图5-281所示。效果如图5-282所示。

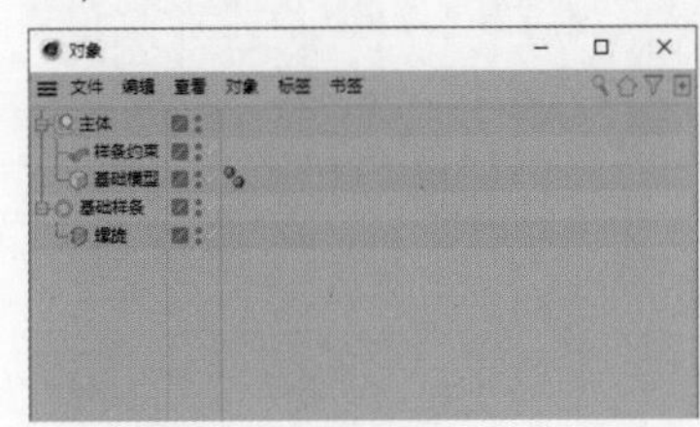

图5-280

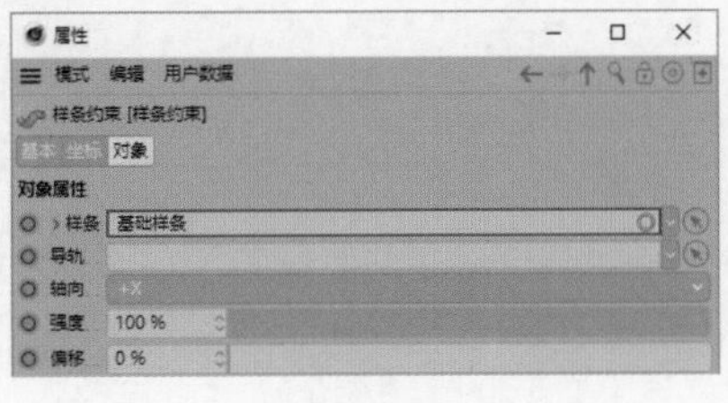

图5-281

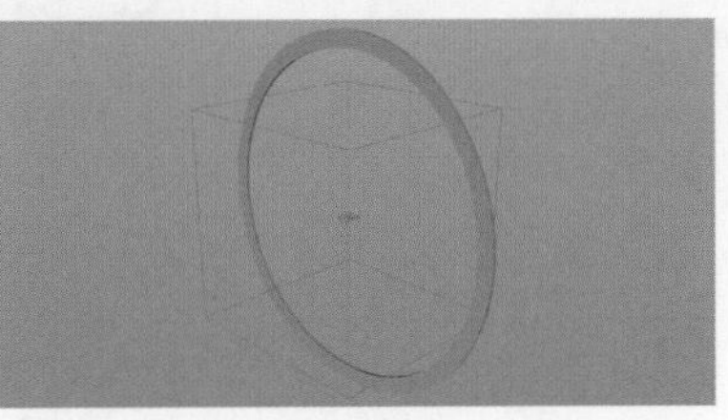

图5-282

07 执行“创建>样条>螺旋”菜单命令，将创建的“螺旋”对象重命名为“运镜轨道”，然后选择“运镜轨道”对象，在“属性”面板中设置“起始半径”为1300cm、“开始角度”为-185°、“终点半径”为95cm、“半径偏移”为100%、“高度”为1190cm、“高度偏移”为70%、“细分数”为100，如图5-283所示。

08 执行“创建>摄像机>摄像机”菜单命令，选择创建的“摄像机”对象，然后执行“创建>标签>CINEMA 4D标签>对齐曲线”和“创建>标签>CINEMA 4D标签>目标”菜单命令，此时“对象”面板如图5-284所示。

09 在“对象”面板中单击“摄像机”右侧的图标，移动“对象”面板中的“主体”对象至“属性”面板中的“目标对象”参数上，如图5-285所示。在“对象”面板中单击“摄像机”右侧的图标，移动“对象”面板中的“运镜轨道”对象至“属性”面板中的“曲线路径”参数上，如图5-286所示。

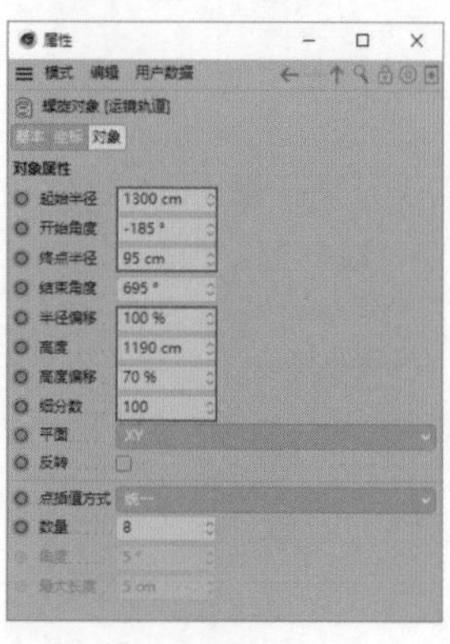

图5-283

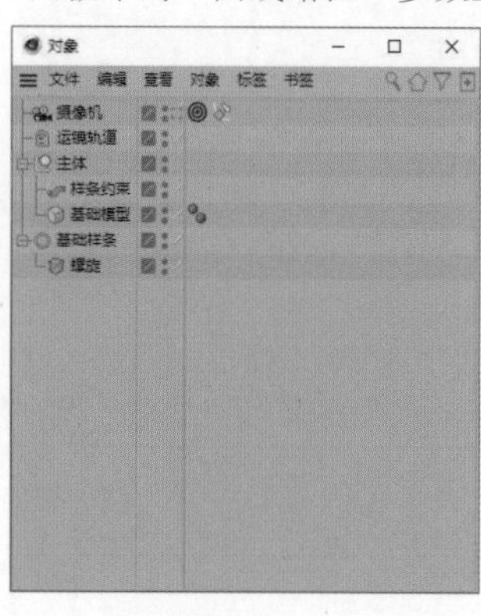

图5-284

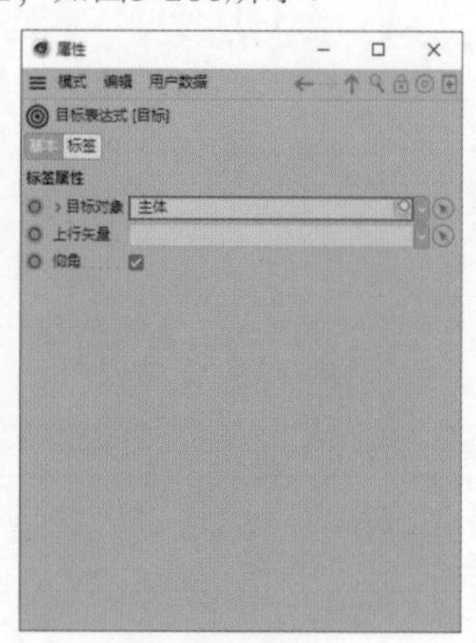

图5-285

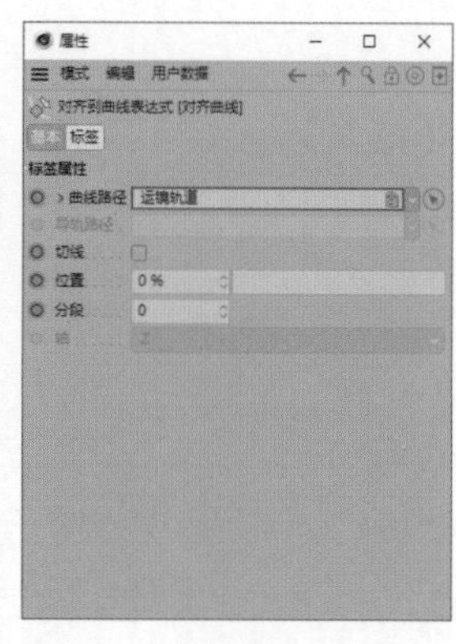

图5-286

10 设置当前帧为0F，单击“属性”面板中“位置”左侧的按钮，然后设置当前帧为180F、“位置”为100%并单击“位置”左侧的按钮，如图5-287所示。设置当前帧为0F，在“对象”面板中单击“摄像机”右侧的图标。模型如图5-288所示。

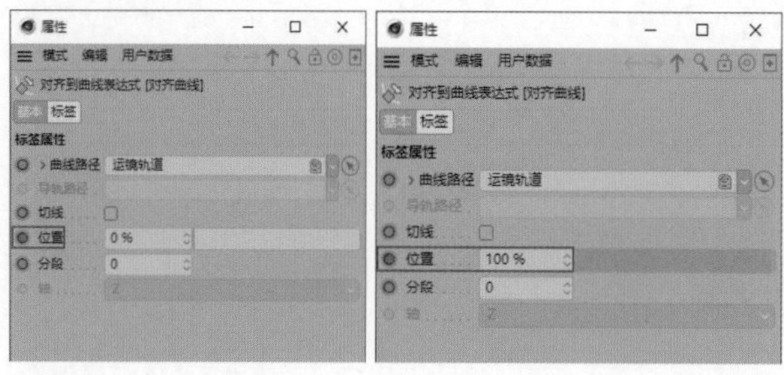

图5-287

图5-288

◎ 金属模型渲染

01 执行“渲染>编辑渲染设置”菜单命令，在“渲染设置”对话框中设置“渲染器”为Octane Renderer，如图5-289所示。执行“Octane>Octane Dialog”菜单命令，然后在弹出的对话框中执行“Materials>Octane Metallic Material”菜单命令，如图5-290所示。

图5-289

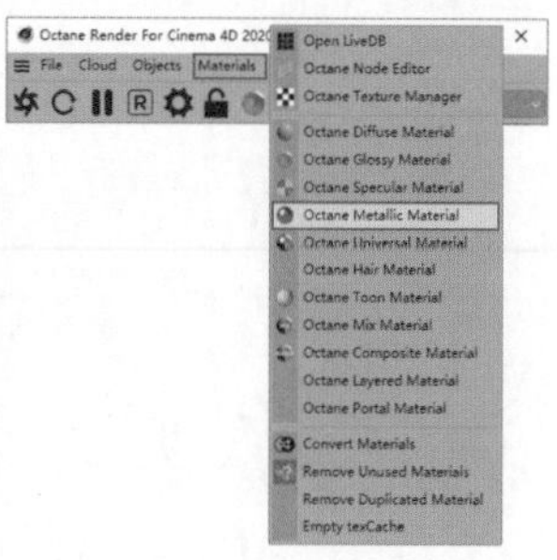

图5-290

02 双击OctMetal1材质球打开“材质编辑器”面板，选择Specular，设置Texture为“渐变”，如图5-291所示。单击“渐变”进入“着色器”选项卡，然后双击渐变色条左侧的色标，设置H为40°、S为25%、V为100%，接着双击右侧的色标，设置H为45°、S为30%、V为60%，如图5-292所示。

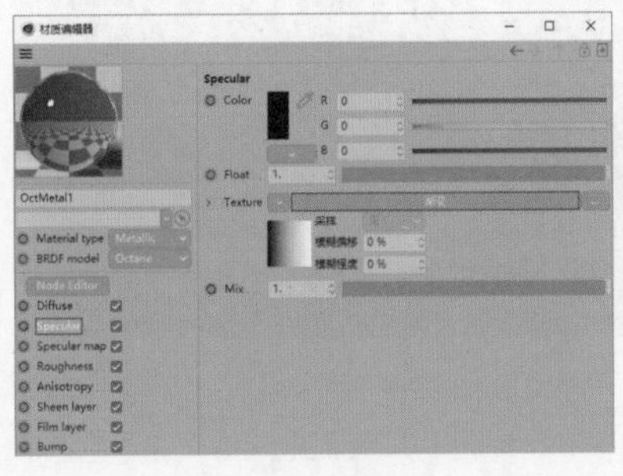

图5-291

图5-292

03 在“着色器”选项卡中，设置“类型”为“二维-V”，然后选择Roughness，设置Float为0.33，如图5-293所示。移动“材质”面板中的OctMetal1材质球至“对象”面板中的“主体”对象上，如图5-294所示。

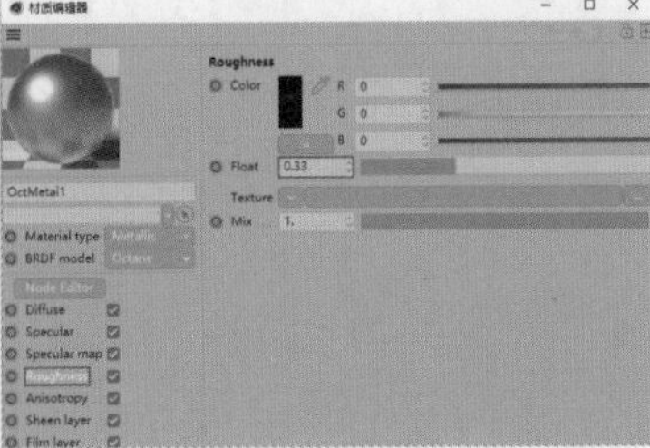

图5-293

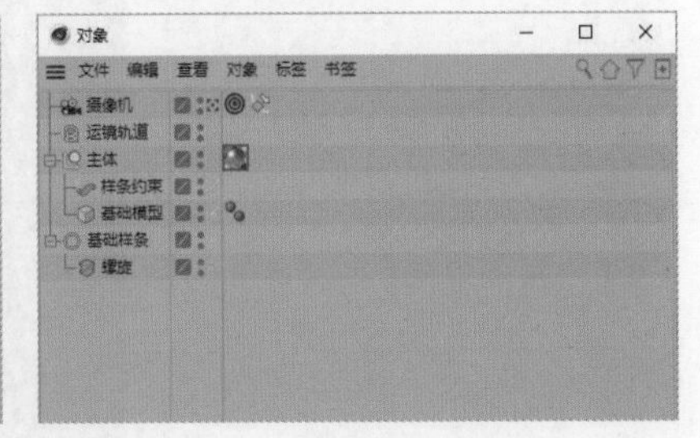

图5-294

04 执行“Octane>Octane Dialog”菜单命令，然后在弹出的对话框中执行“Objects>Hdri Environment”菜单命令，此时“对象”面板中新增了一个OctaneSky对象。单击OctaneSky右侧的图标，然后单击“属性”面板中Texture右侧的按钮，选择文件“场景文件>CH05>实战：流体金属>环境天空材质_1.exr”，如图5-295所示。

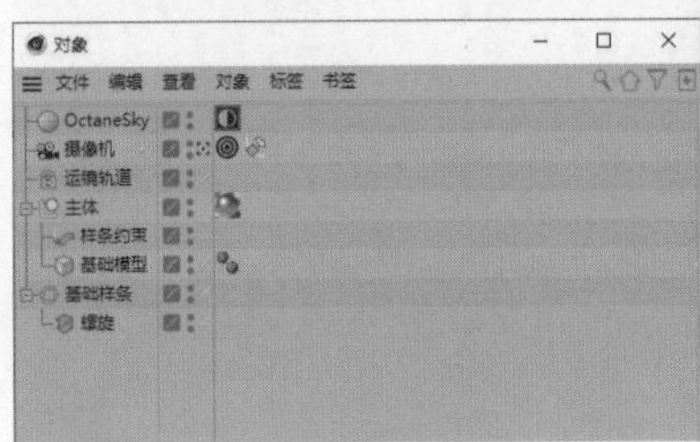

图5-295

05 在“属性”面板中，设置Power为1.7、RotX为-1、RotY为-1，然后单击RotX、RotY左侧的按钮，如图5-296所示。设置当前帧为90F，然后在“属性”面板中设置RotX为0.16、RotY为-0.5并单击它们左侧的按钮，如图5-297所示。效果如图5-298所示。

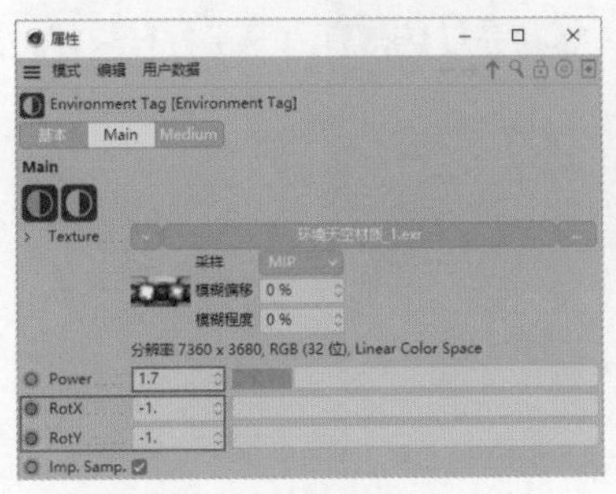

图5-296

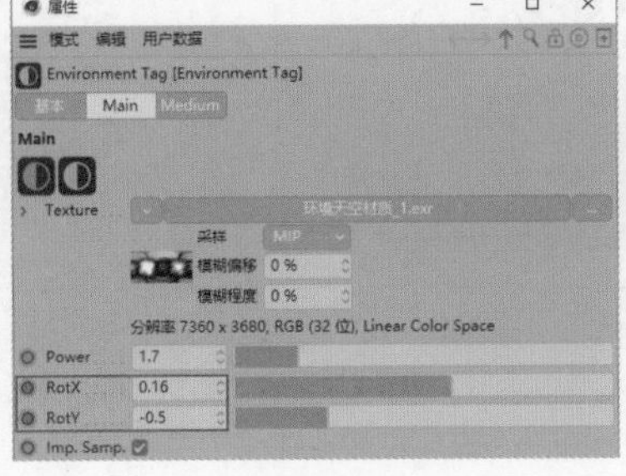

图5-297

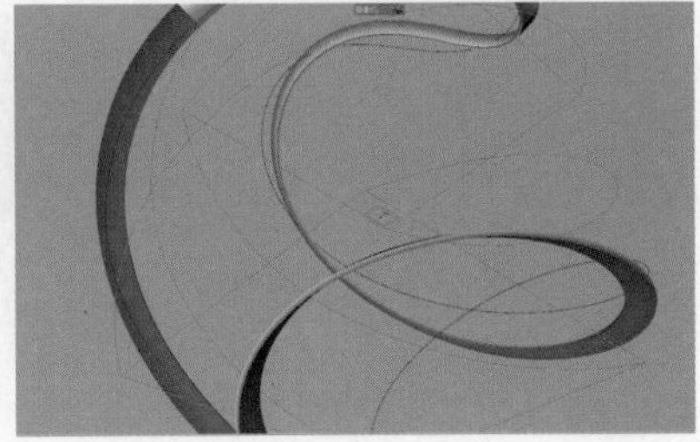

图5-298

06 设置当前帧为180F，然后在“属性”面板中设置RotX为0.1、RotY为0并单击它们左侧的◎按钮，如图5-299所示。执行“渲染>渲染活动视图”菜单命令，效果如图5-300所示。

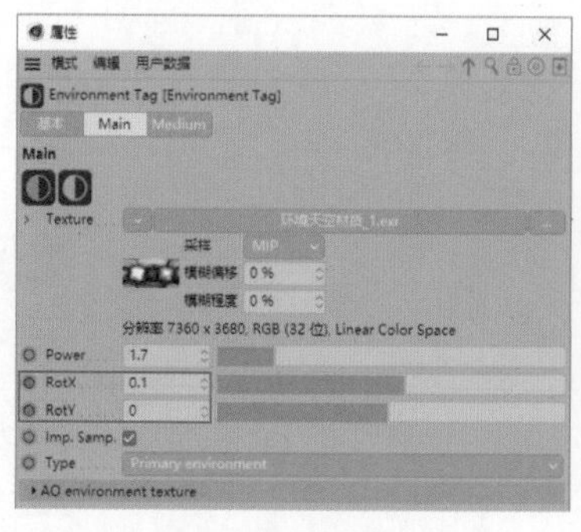

图5-299

图5-300

07 执行“渲染>编辑渲染设置”菜单命令，然后选择“输出”，设置“帧范围”为“全部帧”、“起点”为0F、“终点”为180F，如图5-301所示。保存文件，将其命名为“流体金属”，然后设置“格式”为PNG并勾选“Alpha通道”复选框，如图5-302所示。

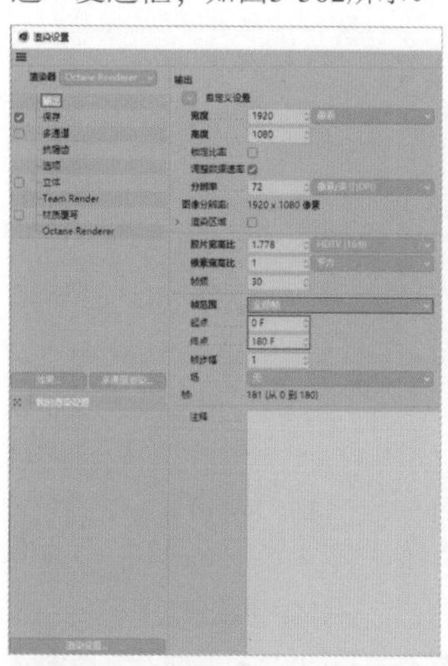

图5-301

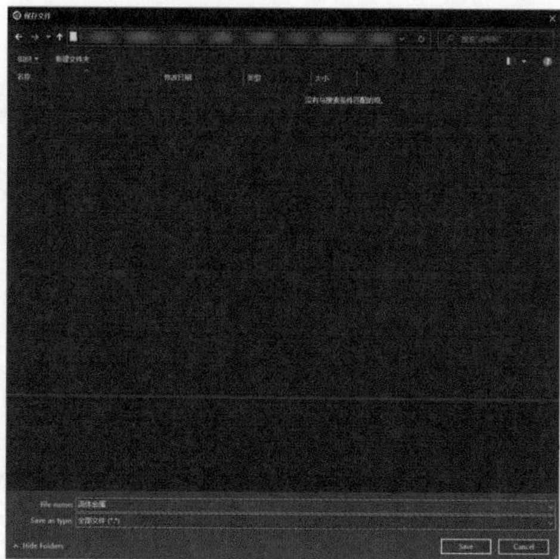

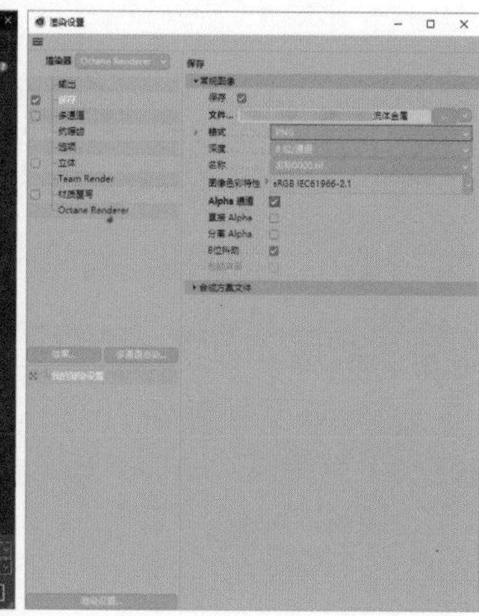

图5-302

08 执行“Octane>Octane Settings”菜单命令，选择Kernels选项卡，然后设置Max.samples为500，勾选Alpha channel复选框，如图5-303所示。执行“渲染>渲染到图片查看器”菜单命令，效果如图5-304所示。

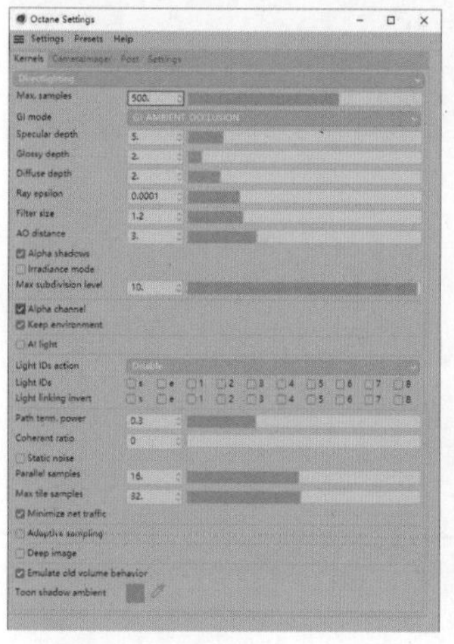

图5-303

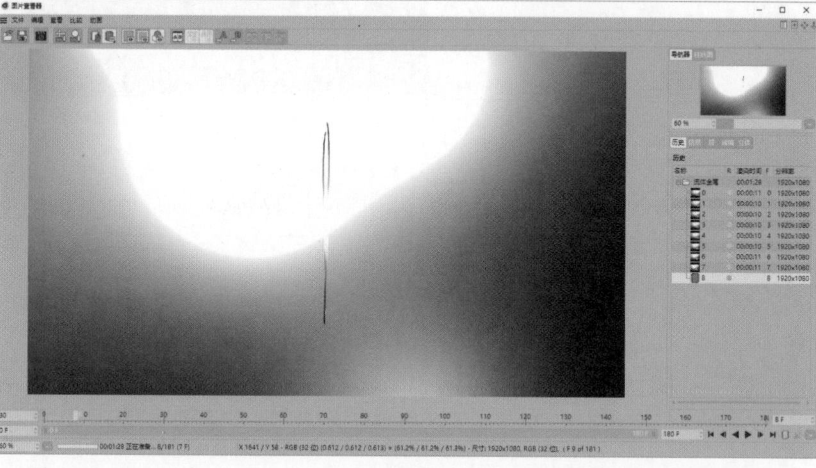

图5-304

◎ 流体金属动效制作

01 打开After Effects，导入文件“场景文件>CH05>实战：流体金属>流体金属0000.png”，此时“项目”面板中新增了“流体金属[0000-0180].png”文件，如图5-305所示。

02 新建一个合成，将其命名为“流体金属”，设置“宽度”为1920px、“高度”为1080px、“帧速率”为30帧/秒、“持续时间”为0:00:06:00，如图5-306所示。

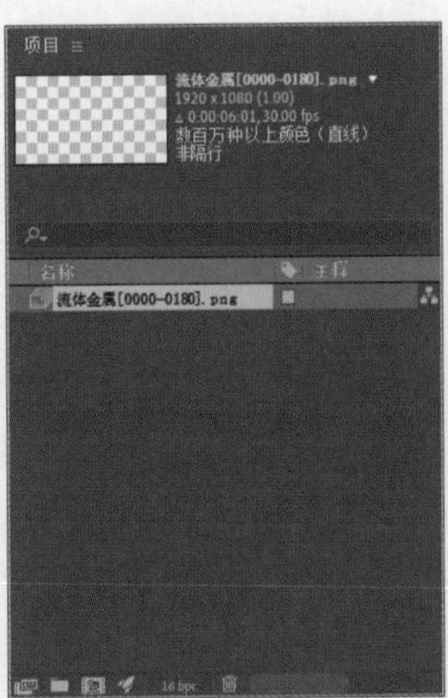

图5-305

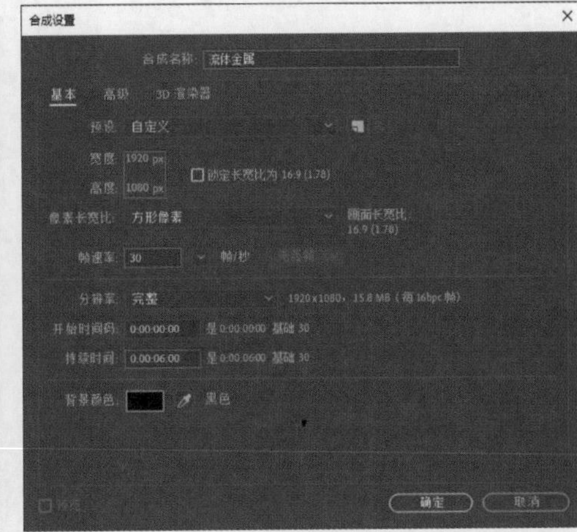

图5-306

03 移动“项目”面板中的“流体金属[0000-0180].png”文件至“时间轴”面板中，如图5-307所示。效果如图5-308所示。选择“流体金属[0000-0180].png”图层，执行“编辑>复制”和“编辑>粘贴”菜单命令。选择位于图层列表上方的“流体金属[0000-0180].png”图层，设置其“模式”为“相加”，如图5-309所示。

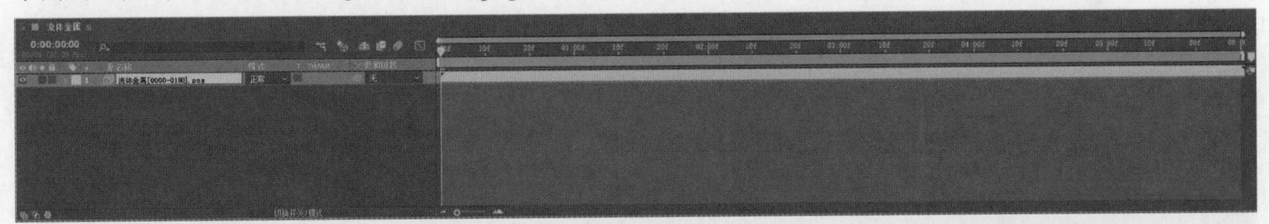

图5-307

图5-308

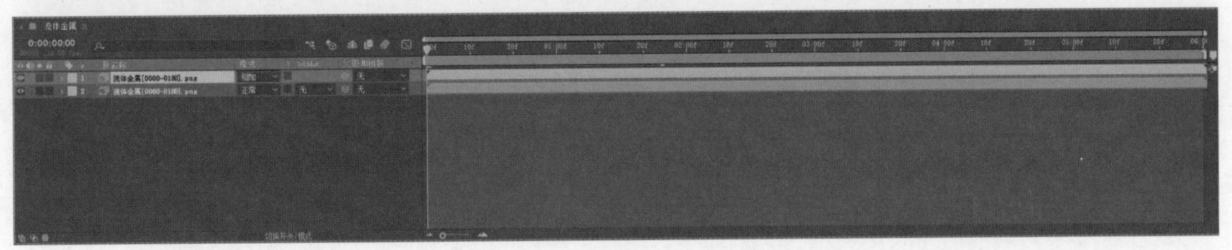

图5-309

04 保持当前选择不变，执行“效果>模糊和锐化>CC Radial Fast Blur”菜单命令，展开CC Radial Fast Blur卷展栏，设置Amount为80，如图5-310所示。设置时间码为0:00:02:00，效果如图5-311所示。

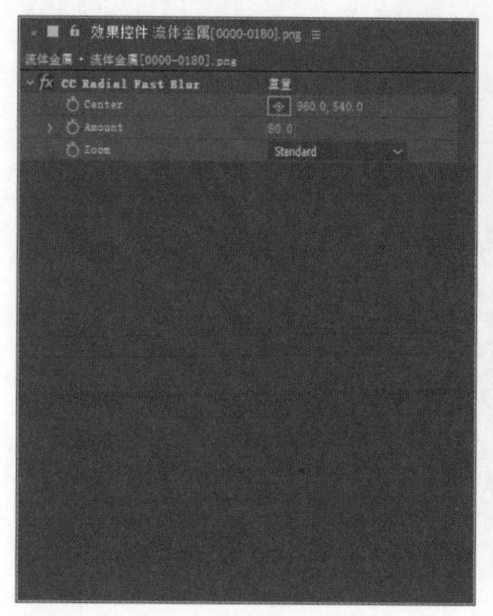

图5-310

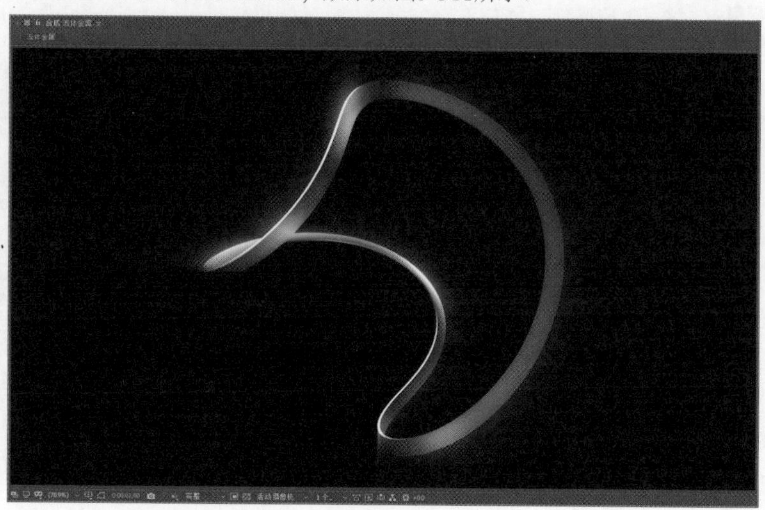

图5-311

05 新建一个“纯色”图层，将其命名为“背景”，并移动其至图层列表的最下方。执行“效果>生成>四色渐变”菜单命令，然后展开“四色渐变”卷展栏，具体参数设置如图5-312所示。最终效果如图5-313所示。

设置步骤

①设置“点1”为（-760, -520）、“点2”为（1650,290）、“点3”为（590,1100）、“点4”为（2580,1640）。

②设置“颜色1”为土黄色（R:165,G:165,B:140）、“颜色2”为黑色（R:0,G:0,B:0）、“颜色3”为黑色（R:0,G:0,B:0）、“颜色4”为土黄色（R:176,G:176,B:162）。

③设置“抖动”为50%。

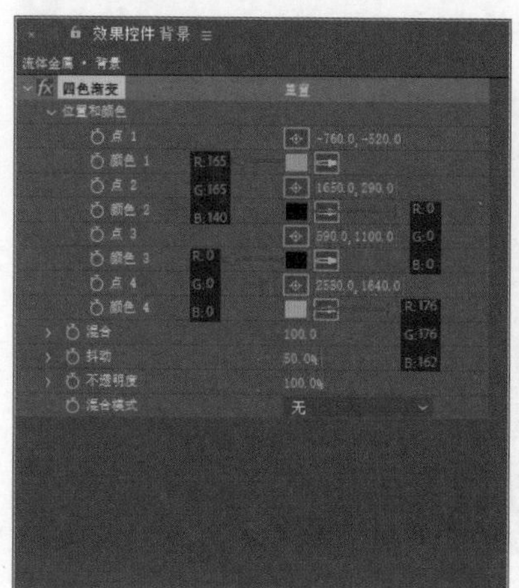

图5-312

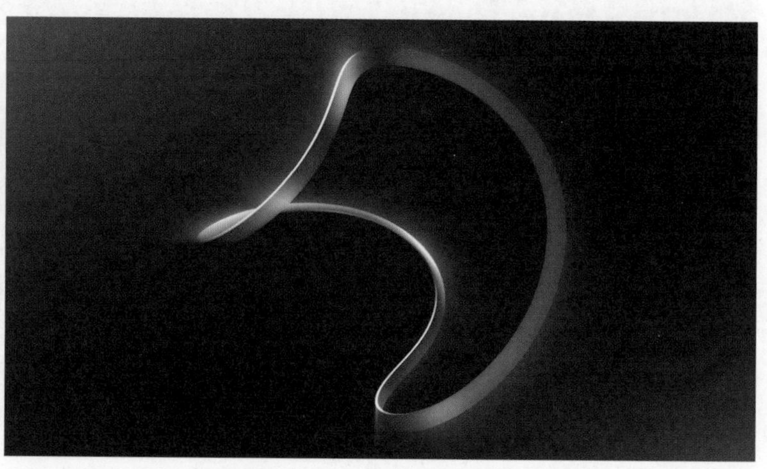

图5-313

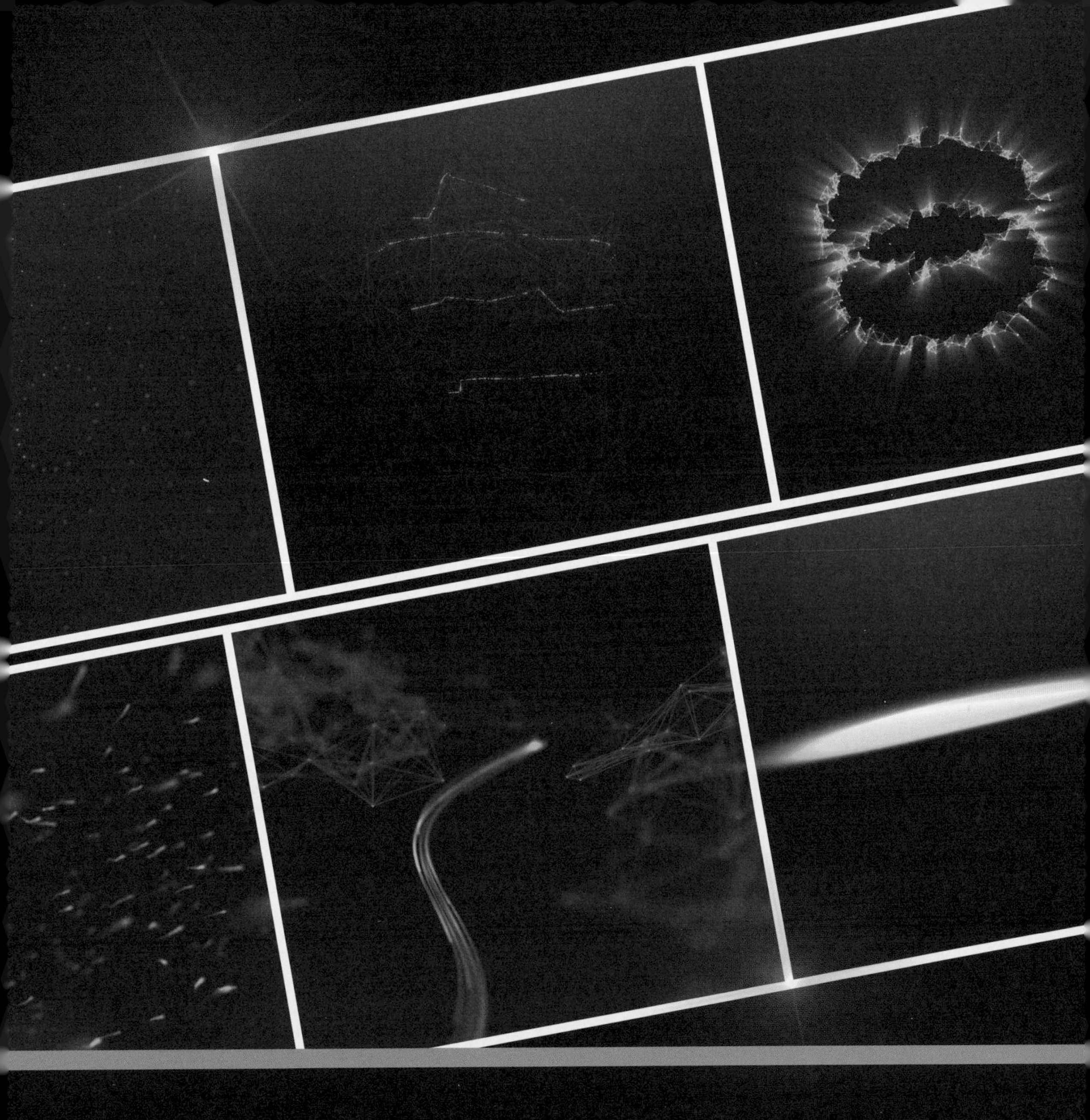

第6章 视觉类动效

本章主要讲解视觉类动效的制作，这类动效主要以光效、色彩、抽象图像为主，给人炫酷的视觉感受。制作这类动效，使用After Effects就可以做到，不过对于复杂的效果，仍然会使用Cinema 4D。

6.1 粒子线条动画效果

本节主要针对After Effects中的粒子效果进行讲解，通常粒子是以颗粒状态呈现的，而本节案例中将对粒子进行线条化。

实战：绕动圆

场景位置	场景文件＞CH06＞实战：绕动圆
实例位置	实例文件＞CH06＞实战：绕动圆
难易程度	★★★☆☆
学习目标	掌握“梯度渐变”效果的使用方法

绕动圆的效果如图6-1所示，制作分析如下。

第1点：如果当前关键帧数值与上一个关键帧数值相同，After Effects会默认关键帧没有发生变化，从而不记录数值。

第2点：使用“梯度渐变”效果时，设置“渐变散射”参数的值可以减少背景中不均匀的色带波纹。

图6-1

◎ 圆形模型制作

01 打开After Effects，执行“合成＞新建合成”菜单命令，设置“合成名称”为“绕动圆”、“宽度”为1920px、“高度”为1080px、“帧速率”为30帧/秒、“持续时间”为0:00:06:00，如图6-2所示。创建一个“纯色”图层，将其命名为“主体”，设置“宽度”为1920像素、“高度”为1080像素，如图6-3所示。

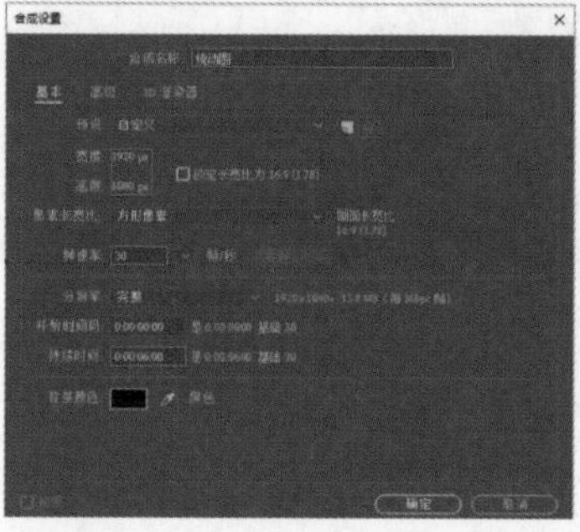

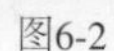

图6-2

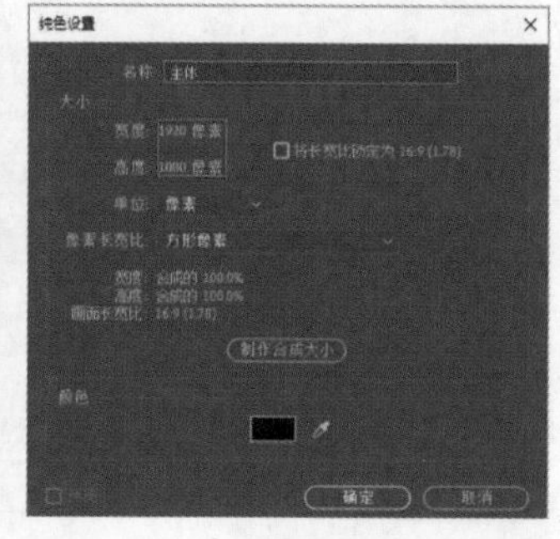

图6-3

02 选择“主体”图层，执行“效果＞RG Trapcode＞Form”菜单命令，效果如图6-4所示。展开Base Form (Master)卷展栏，设置Base Form为Sphere-Layered、Particles in X为3000、Particles in Y为1、Sphere Layers为1，如图6-5所示。效果如图6-6所示。

图6-4

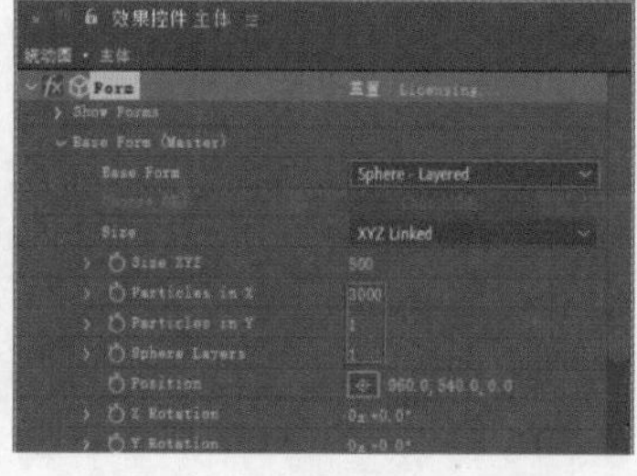

图6-5

图6-6

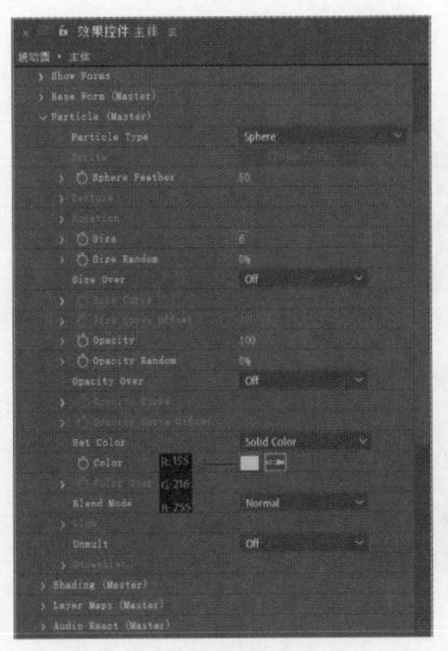

图6-7

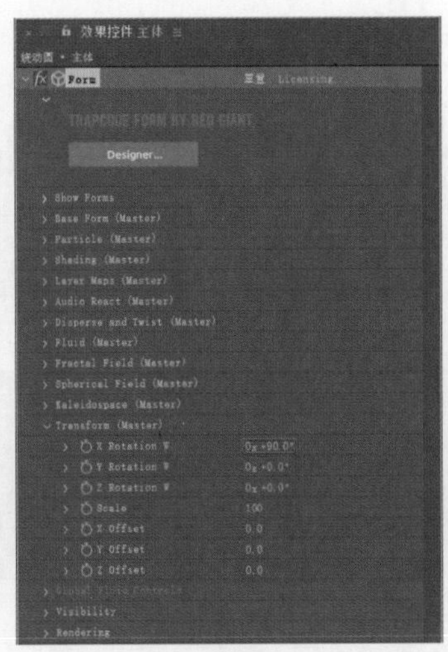

图6-8

03 展开Particle(Master）卷展栏，设置Size为6、Color为淡蓝色（R:155,G:216,B:255），如图6-7所示。展开Transform(Master）卷展栏，设置X Rotation W为0x＋90°，如图6-8所示。效果如图6-9所示。

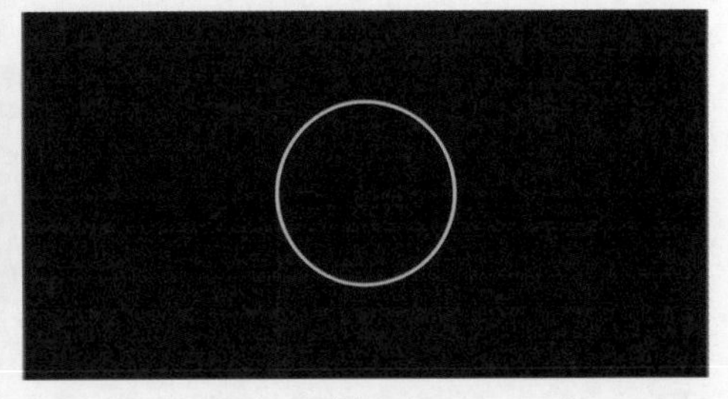

图6-9

◎ 绕动圆动效制作

01 设置时间码为0:00:01:05，然后在“效果控件”面板中展开Disperse and Twist(Master）卷展栏，单击Twist左侧的按钮，如图6-10所示。设置时间码为0:00:02:15，然后设置Twist为25，如图6-11所示。效果如图6-12所示。

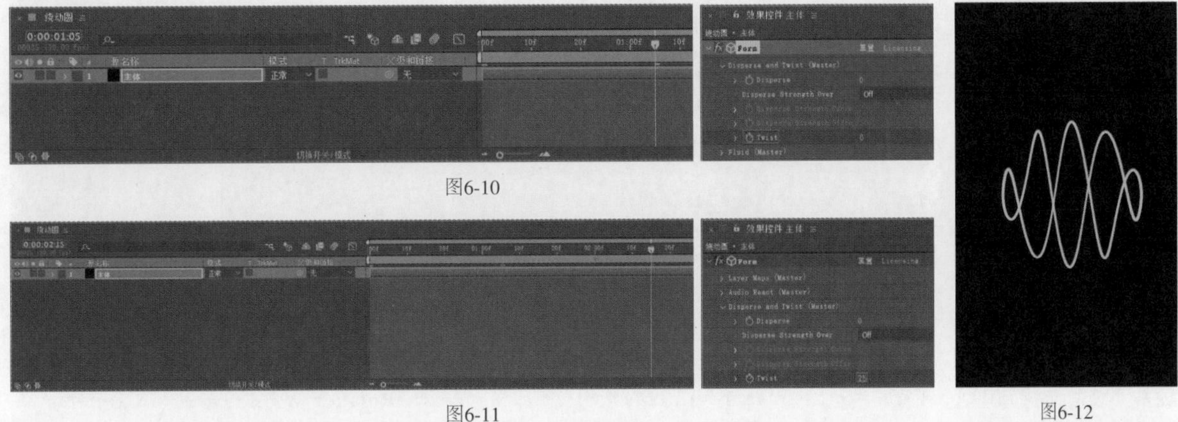

图6-10

图6-11

图6-12

02 设置时间码为0:00:03:15，设置Twist为25，如图6-13所示。设置时间码为0:00:04:15，然后设置Twist为0，如图6-14所示。效果如图6-15所示。

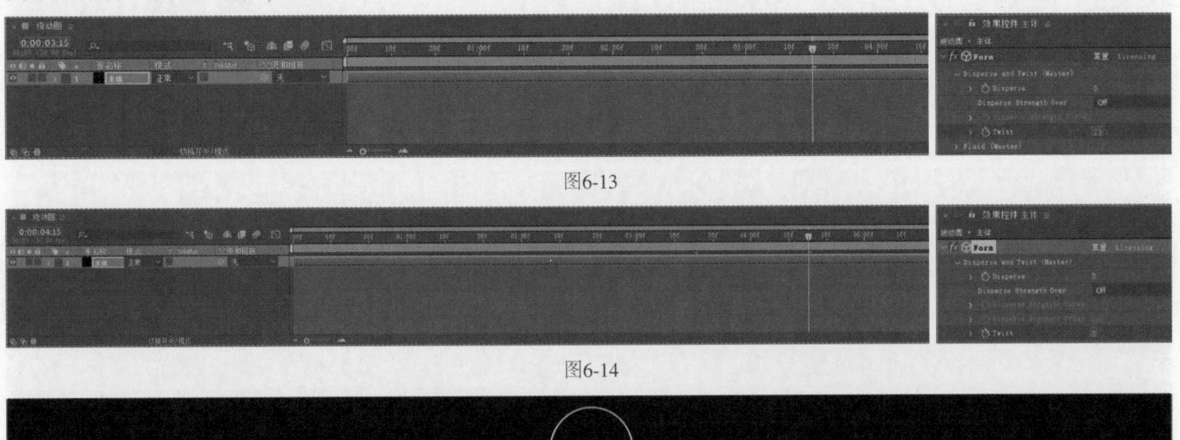

图6-13

图6-14

图6-15

03 设置时间码为0:00:00:00，然后展开Transform(Master）卷展栏，单击Z Rotation W左侧的按钮，如图6-16所示。设置时间码为0:00:01:05，然后单击X Rotation W、Y Rotation W左侧的按钮，如图6-17所示。

图6-16

图6-17

04 设置时间码为0:00:02:00，然后展开Transform(Master）卷展栏，设置Z Rotation W为－1x＋0°，如图6-18所示。效果如图6-19所示。设置时间码为0:00:04:00，然后设置Z Rotation W为－1x＋0°，如图6-20所示。效果如图6-21所示。

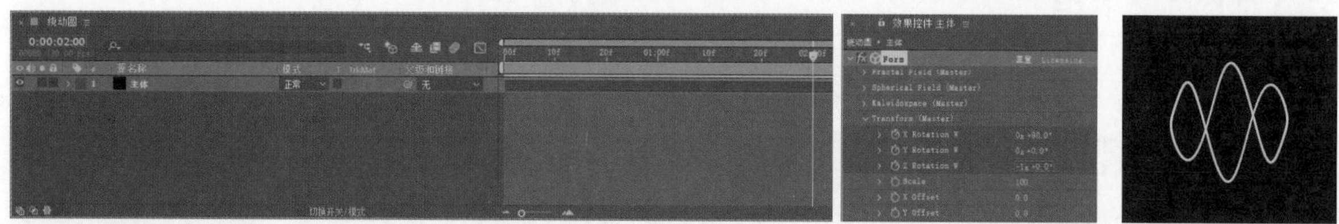

图6-18

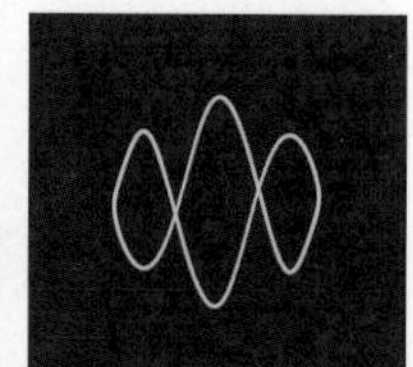

图6-19

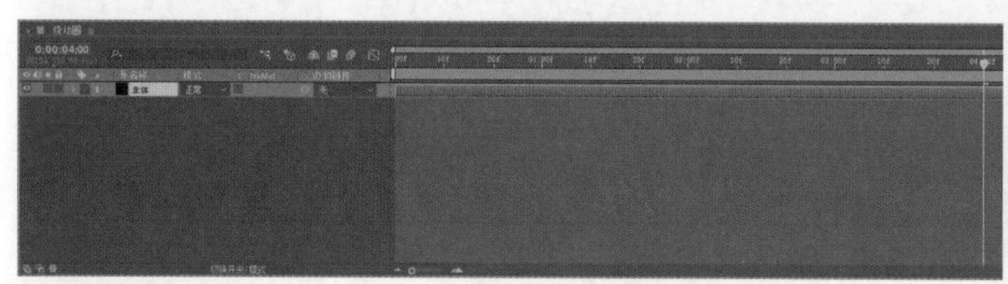

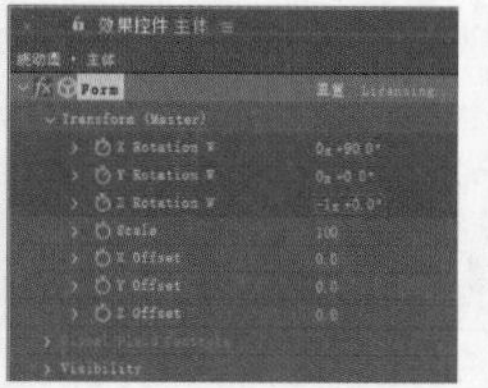

图6-20

图6-21

05 设置时间码为0:00:04:25，然后展开Transform(Master）卷展栏，设置X Rotation W为1x＋90°、Y Rotation W为－1x＋0°，如图6-22所示。设置时间码为0:00:05:29，然后设置Z Rotation W为－1x＋0°，如图6-23所示。效果如图6-24所示。

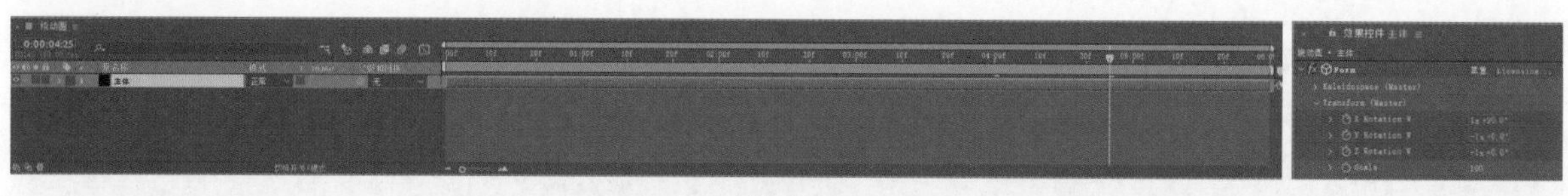

图6-22

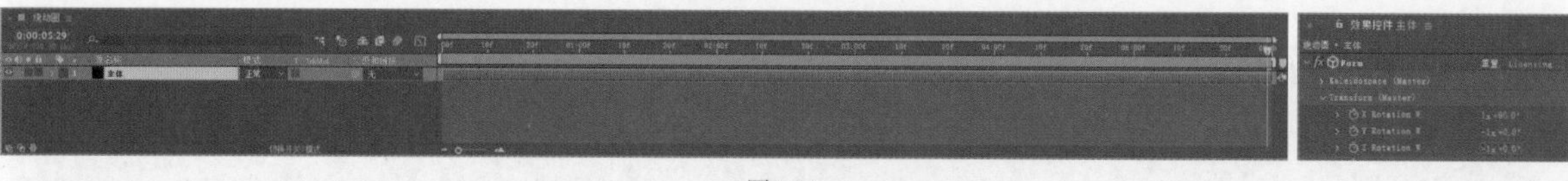

图6-23

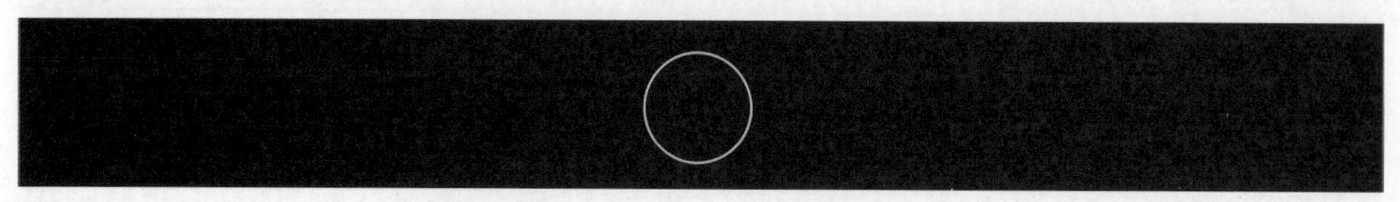

图6-24

06 选择“主体”图层，执行“动画>显示关键帧的属性”菜单命令，然后框选所有的关键帧，执行“动画>关键帧辅助>缓动”菜单命令，如图6-25所示。执行“编辑>重复”菜单命令，将新增的图层命名为“内环”并移至“主体”图层的下方，如图6-26所示。

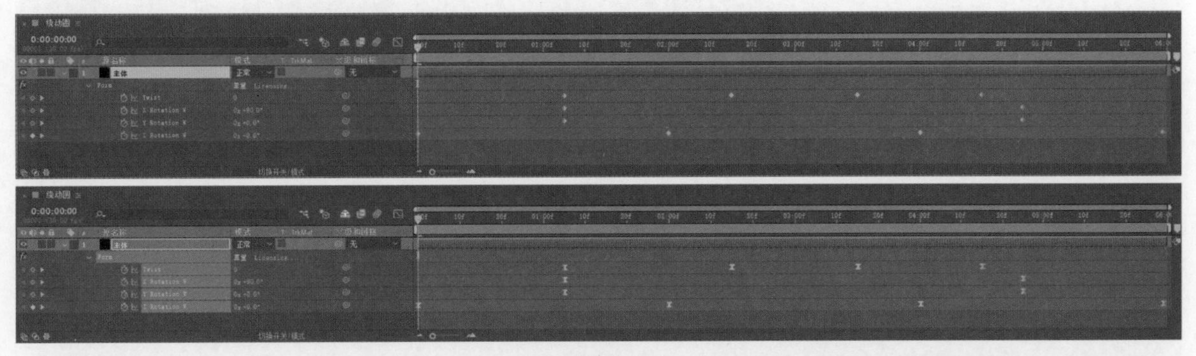

图6-25

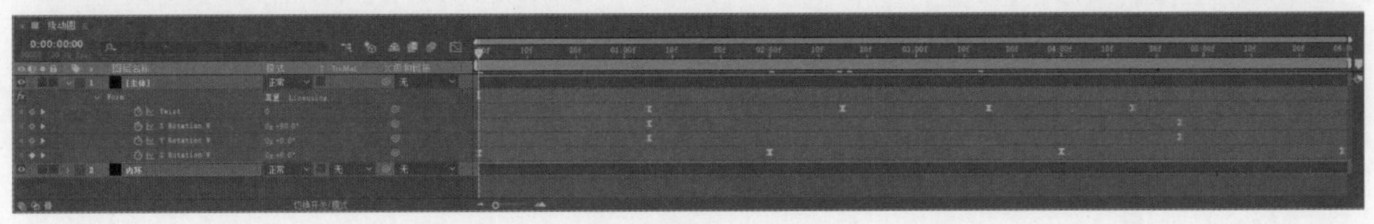

图6-26

07 选择“内环”图层，展开Base Form(Master)卷展栏，设置Size XYZ为488，如图6-27所示。展开Particle(Master)卷展栏，设置Color为蓝紫色（R:42,G:36,B:126），如图6-28所示。效果如图6-29所示。

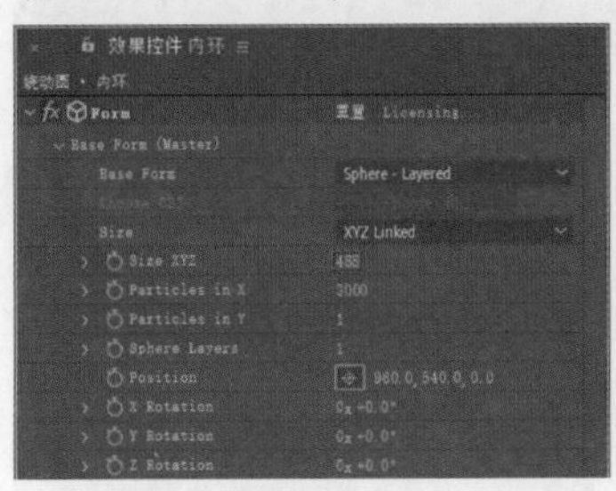

图6-27

图6-28

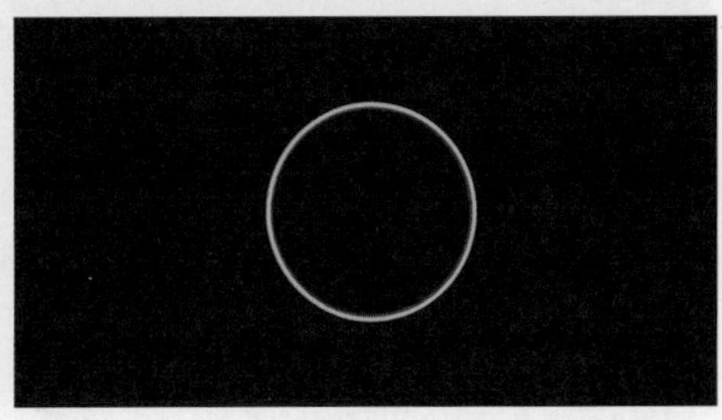

图6-29

◎ 背景设置

01 执行“效果>风格化>发光”菜单命令，在“效果控件”面板中设置“发光阈值”为20%、“发光半径”为60，如图6-30所示。新建一个“纯色”图层，将其命名为“背景”，设置“宽度”为1920像素、“高度”为1080像素，然后移动“背景”图层至图层列表的最下方，如图6-31所示。

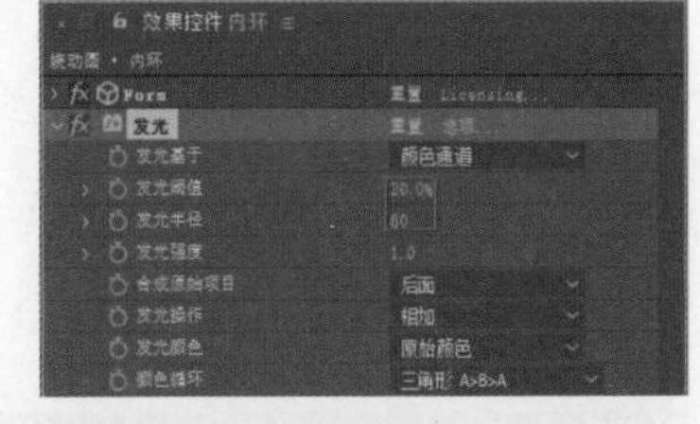

图6-30

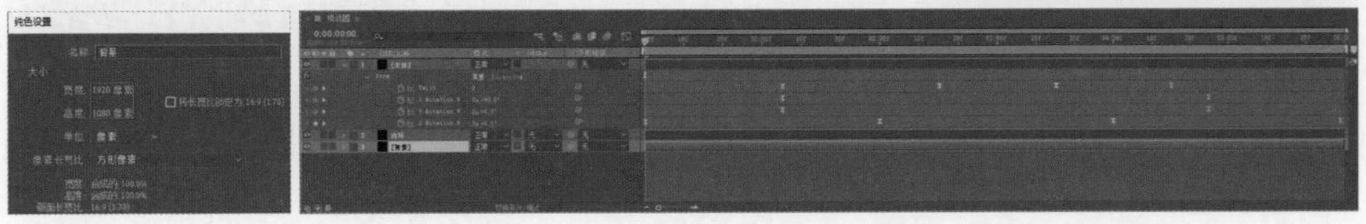

图6-31

02 选择“背景”图层，执行“效果>生成>梯度渐变”菜单命令。在“效果控件”面板中设置“渐变起点”为(960,-250)、“起始颜色”为蓝紫色(R:42,G:36,B:126)，然后设置“渐变终点”为(960,1040)、“结束颜色”为黑色(R:0,G:0,B:0)，接着设置“渐变形状”为“径向渐变”、“渐变散射”为200，如图6-32所示。至此绕动圆效果就制作完成了，如图6-33所示。

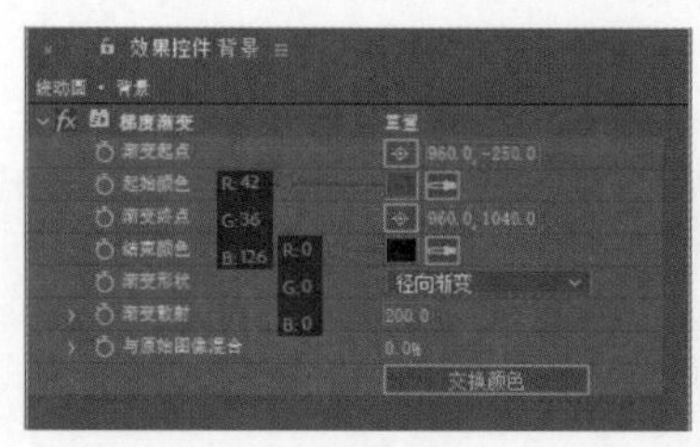
图6-32

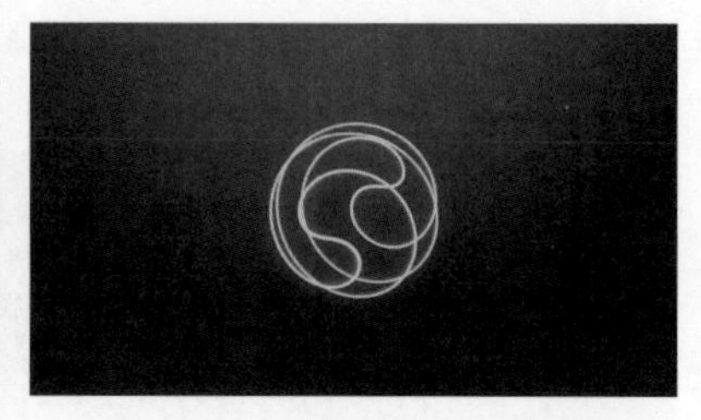
图6-33

实战：扭动圆环

场景位置	场景文件>CH06>实战：扭动圆环
实例位置	实例文件>CH06>实战：扭动圆环
难易程度	★★★☆☆
学习目标	掌握Displace参数的使用方法

扭动圆环的效果如图6-34所示，制作分析如下。

通过设置Fractal Field(Master)卷展栏中Displace参数的值，可以调整圆环上波浪的数量。如果想让波浪数量少一些，那么可以调整Base Form(Master)卷展栏中Size XYZ参数的值来减小粒子本身的大小。

图6-34

◎ 扭动圆环模型制作

01 打开After Effects，创建一个合成，将其命名为“扭动圆环”，设置“宽度”为1920px、“高度”为1080px、“帧速率”为30帧/秒、“持续时间”为0:00:10:00，如图6-35所示。创建一个“纯色”图层，将其命名为“主体”，设置“宽度”为1920像素、“高度”为1080像素，如图6-36所示。

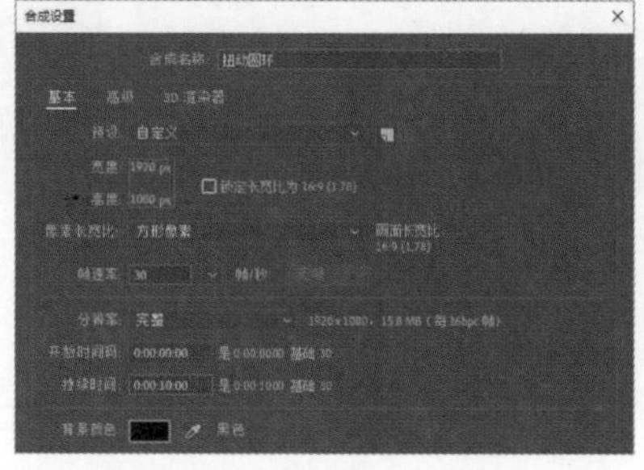
图6-35

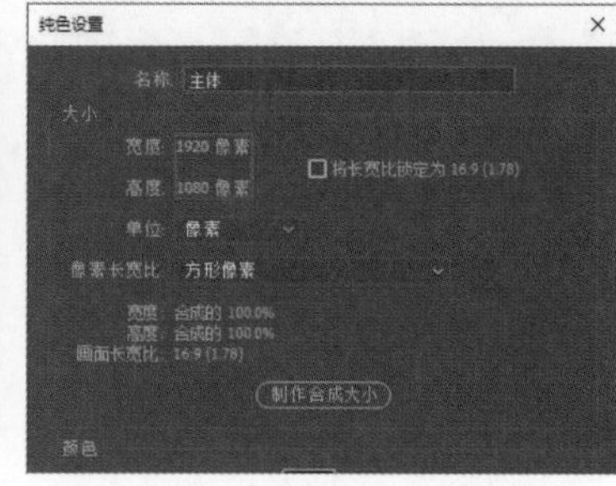
图6-36

02 选择“主体”图层，执行“效果>RG Trapcode>Form”菜单命令，效果如图6-37所示。在“效果控件”面板中展开Base Form(Master)卷展栏，设置Base Form为Sphere-Layered、Particles in X为500、Particles in Y为1、Sphere Layers为1、X Rotation为0x+90°，如图6-38所示。效果如图6-39所示。

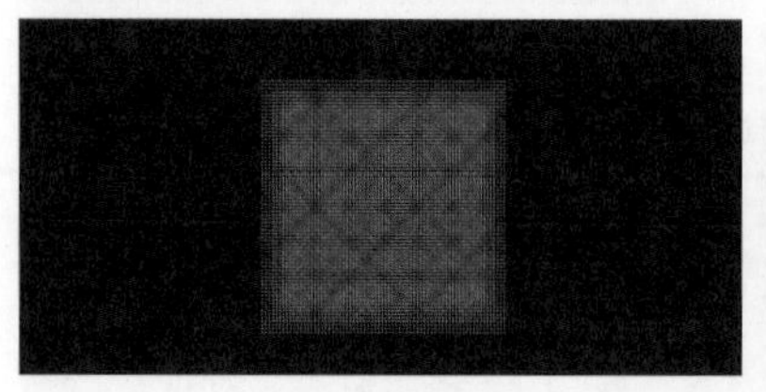
图6-37

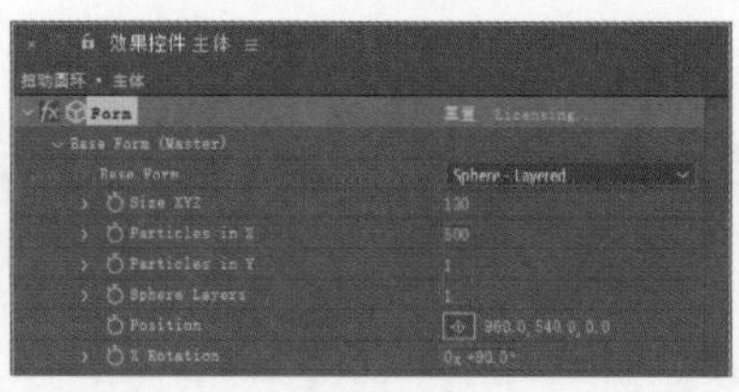
图6-38

图6-39

03 展开Particle(Master)卷展栏，设置Size为2、Color为蓝色（R:0,G:66,B:254）、Blend Mode为Add，如图6-40所示。效果如图6-41所示。展开Fractal Field(Master)卷展栏，设置Affect Size为5、Affect Opacity为1、Displace为50、Flow X为30、Flow Evolution为5，然后勾选Flow Loop复选框，如图6-42所示。效果如图6-43所示。

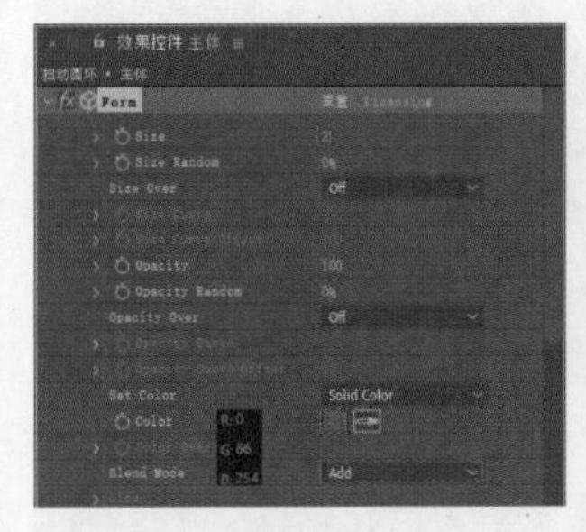
图6-40

图6-41

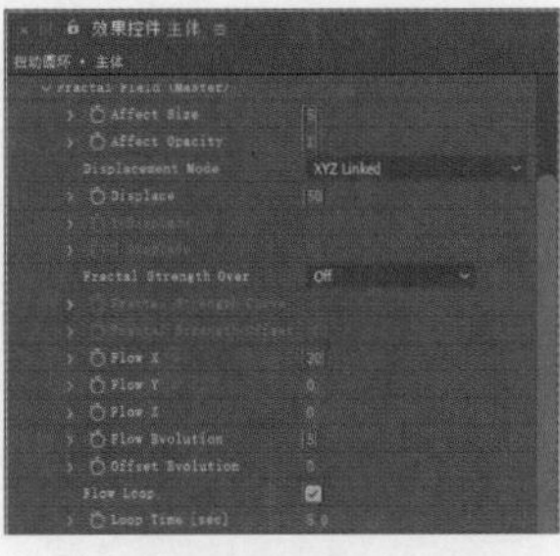
图6-42

图6-43

04 依次展开Spherical Field(Master)、Sphere 1卷展栏，设置Strength为100、Radius为80、Feather为0，如图6-44所示。展开Transform(Master)卷展栏，设置Scale为300，如图6-45所示。

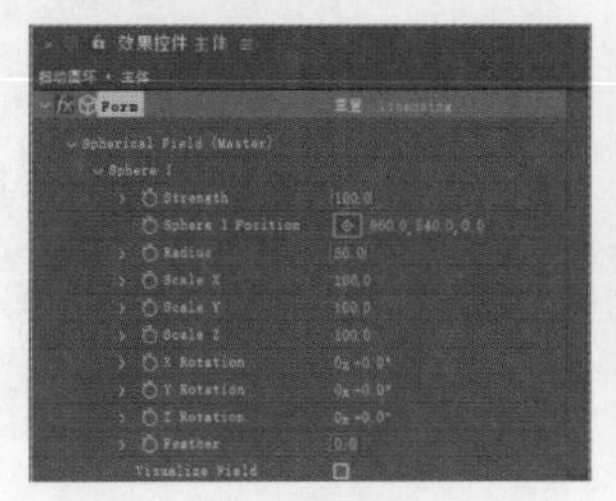
图6-44

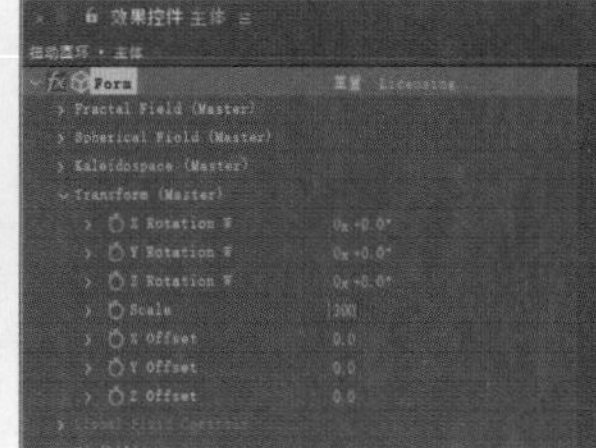
图6-45

◎ 扭动圆环动效制作

01 选择“主体”图层，执行“效果>模糊和锐化>CC Radial Blur”菜单命令。在“效果控件”面板中展开CC Radial Blur卷展栏，设置Type为Rotate Fading、Amount为30，如图6-46所示。效果如图6-47所示。

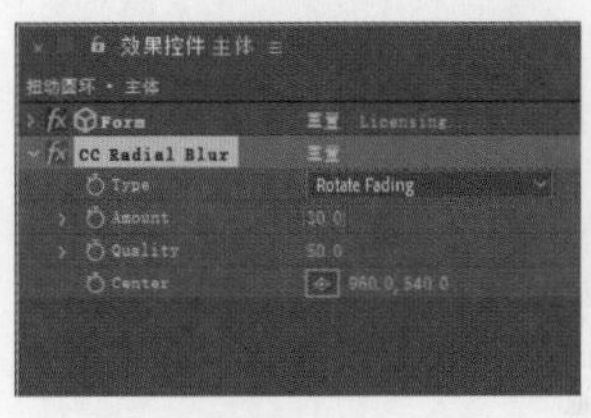
图6-46

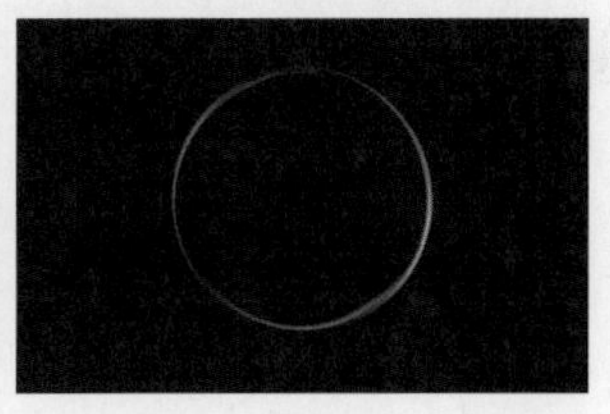
图6-47

02 保持当前选择不变，执行“编辑>重复”菜单命令，将新增的图层重命名为“投影”并移至“主体”图层的下方，如图6-48所示。选择“投影”图层，在“效果控件”面板中依次展开Form、Base Form(Master)卷展栏，然后设置Size XYZ为180、Particles in Y为2、Sphere Layers为50，如图6-49所示。

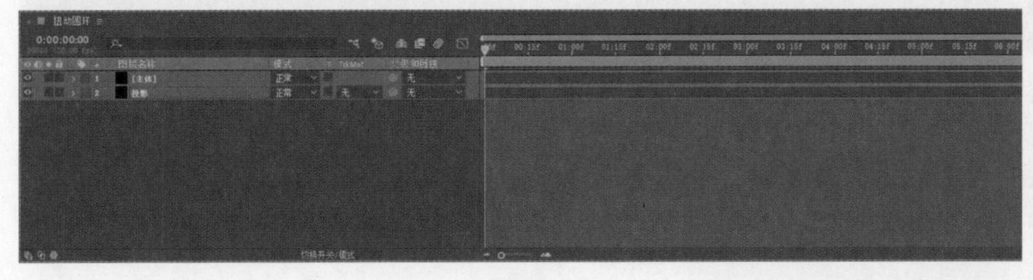
图6-48

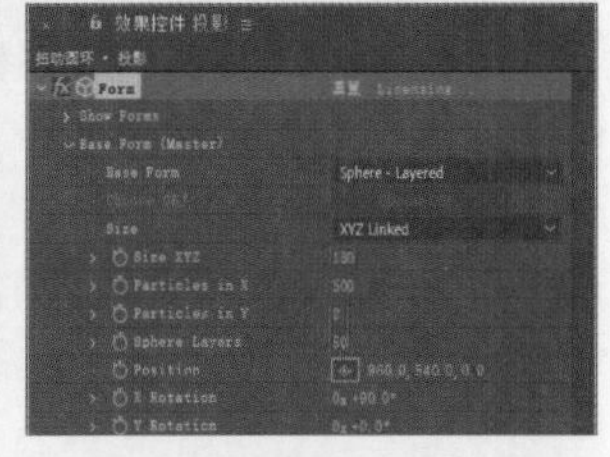
图6-49

03 展开Particle(Master)卷展栏，设置Color为深蓝色（R:3,G:14,B:63）、Blend Mode为Normal，如图6-50所示。效果如图6-51所示。

图6-50

图6-51

04 新建一个“纯色”图层，将其命名为“背景”，设置“宽度”为1920像素、“高度”为1080像素，然后移动“背景”图层至图层列表的最下方，如图6-52所示。

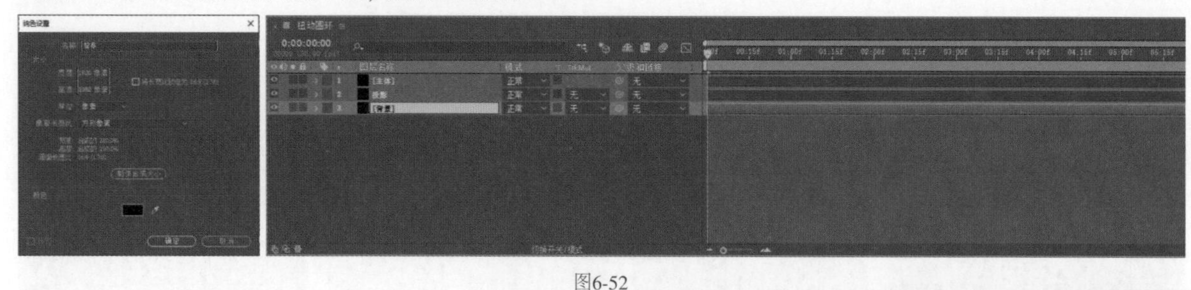

图6-52

05 选择“背景”图层，执行“效果>生成>梯度渐变”菜单命令，在“效果控件”面板中设置“渐变起点”为（960,-250）、“起始颜色”为蓝色（R:5,G:25,B:112）、“渐变终点”为（960,540）、“结束颜色”为黑色（R:0,G:0,B:0），接着设置“渐变形状”为“径向渐变”、“渐变散射”为200，如图6-53所示。最终效果如图6-54所示。

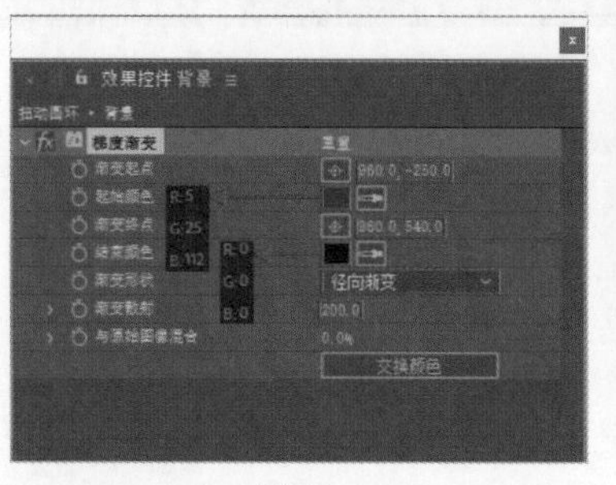

图6-53

图6-54

实战：环形波

场景位置	场景文件>CH06>实战：环形波
实例位置	实例文件>CH06>实战：环形波
难易程度	★★☆☆☆
学习目标	掌握“摄像机”的使用方法

环形波的效果如图6-55所示，制作分析如下。

使用“摄像机”功能可以从多个机位快速地捕捉到动画。

图6-55

01 在After Effects中设置背景以渲染氛围，效果如图6-56所示。

02 使用Plexus粒子插件和“摄像机”图层制作环形波主体，效果如图6-57所示。

03 将所有图形序列进行排列和叠加，设置图层的“模式”参数，然后使用CC Radial Fast Blur菜单命令制作出最终效果，部分效果如图6-58所示。

图6-56

图6-57

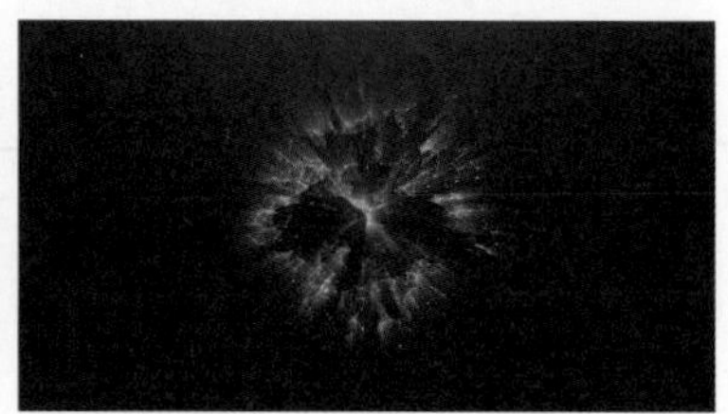

图6-58

6.2 扫光动画效果

“扫光动画”这一概念早在2D时代就有了，早期大多应用在文字或Logo上，以突显图形的质感，现在可以运用3D技术在三维空间里对立体图形进行三维扫描。

实战：矿物勘探

场景位置	场景文件 > CH06 > 实战：矿物勘探
实例位置	实例文件 > CH06 > 实战：矿物勘探
难易程度	★★★☆☆
学习目标	掌握Slicer的使用方法

矿物勘探的效果如图6-59所示，制作分析如下。

Slicer的原理可以简单理解为将绘制路径的投影从模型的四周向模型的本体进行投射。

图6-59

◎ 矿物模型制作

01 打开Cinema 4D，执行“渲染>编辑渲染设置”菜单命令，在“渲染设置”对话框中选择“输出”，设置“宽度”为1920像素、“高度”为1080像素，如图6-60所示。创建一个“宝石”对象，执行“创建>变形器>置换”菜单命令，移动“置换”对象至“宝石”对象内，如图6-61所示。

02 选择“宝石”对象，在“属性”面板中设置“分段”为4，然后设置S.Y为1.5，如图6-62所示。

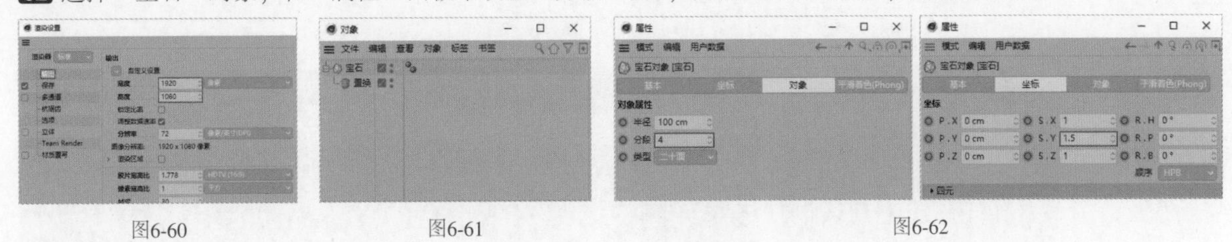

图6-60　图6-61　图6-62

03 选择“置换”对象，在“属性”面板中设置“着色器”为“噪波”，如图6-63所示。设置“高度”为50cm，如图6-64所示。效果如图6-65所示。

04 将文件命名为“模型_矿物勘探.obj”。保持默认参数设置导出文件，如图6-66所示。

图6-63

图6-64

图6-65

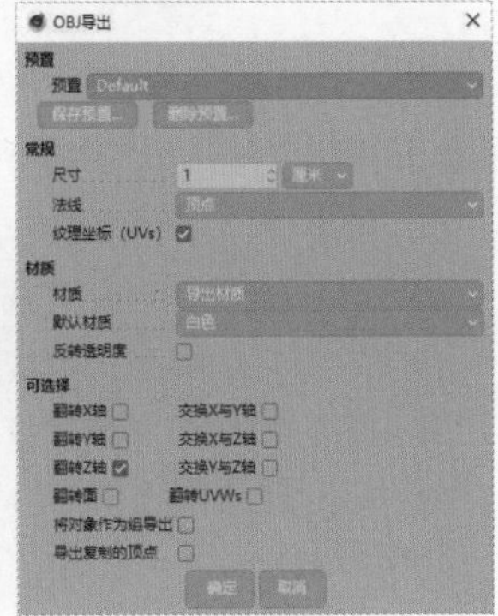

图6-66

◎ 背景设置

01 打开After Effects，导入文件“场景文件>CH06>实战：矿物勘探>模型_矿物勘探.obj”，如图6-67所示。新建一个合成，将其命名为“矿物勘探”，设置“宽度”为1920px、“高度”为1080px、“帧速率”为30帧/秒、“持续时间”为0:00:10:00，如图6-68所示。

02 创建一个“纯色”图层，将其命名为“背景”，设置“宽度”为1920像素、“高度”为1080像素，如图6-69所示。

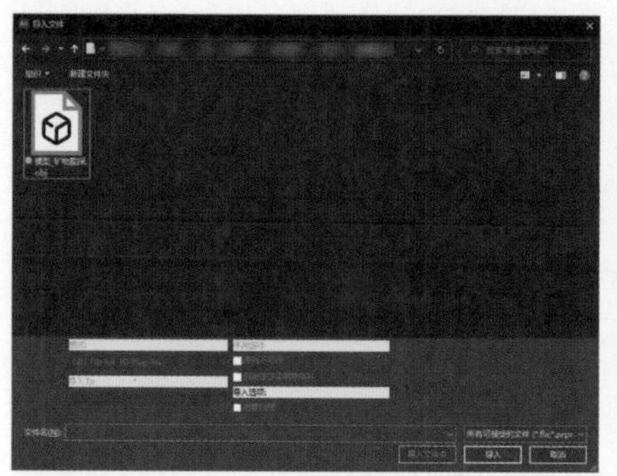

图6-67

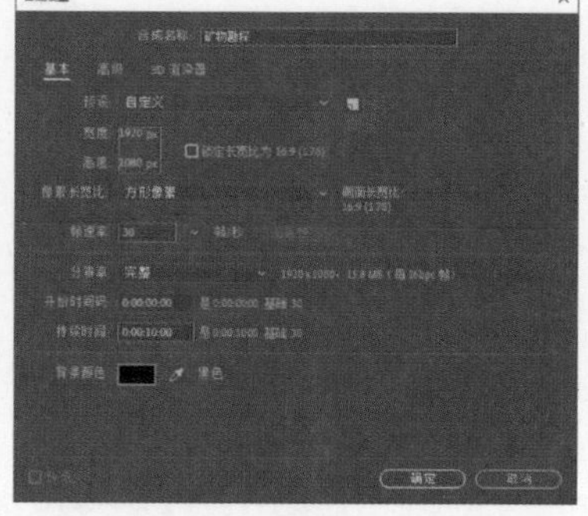

图6-68

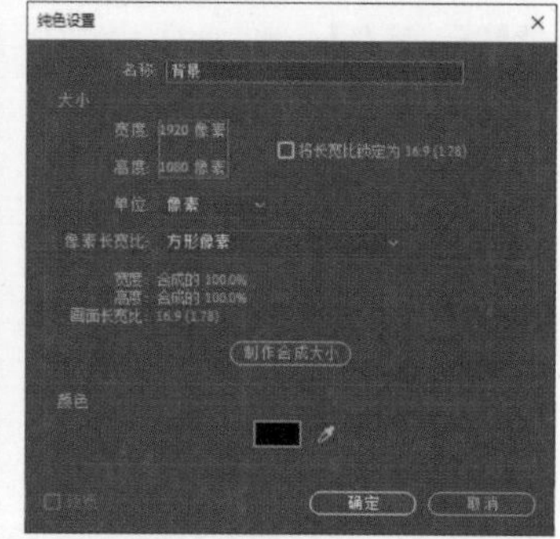

图6-69

03 执行“效果>生成>梯度渐变”菜单命令，设置“渐变起点”为（960,-220）、“起始颜色”为深紫色（R:77,G:61,B:150），然后设置“渐变终点”为（960,640）、“结束颜色”为黑色（R:0,G:0,B:0），接着设置“渐变形状”为“径向渐变”、“渐变散射”为400，如图6-70所示。效果如图6-71所示。

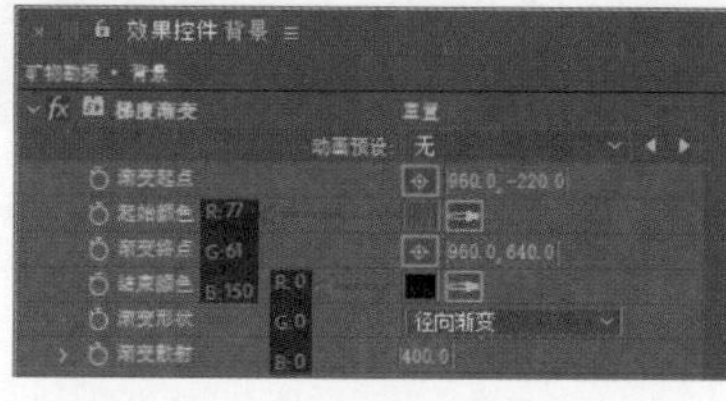

图6-70

图6-71

◎ 矿物勘探动效制作

01 新建一个“纯色”图层，将其命名为“矿物”，设置“宽度”为1920像素、“高度”为1080像素，如图6-72所示。将“项目”面板中的“模型_矿物勘探.obj”文件移动至“时间轴”面板中，使其位于图层列表的最下方，并移动“矿物”图层至图层列表的最上方，如图6-73所示。

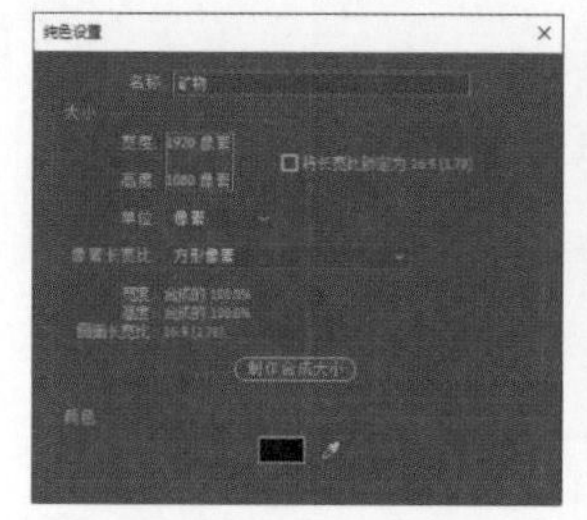

图6-72

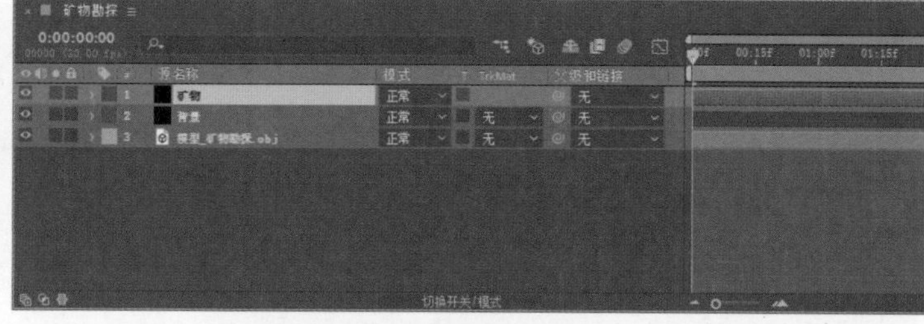

图6-73

02 选择“矿物”图层，执行“效果>Rowbyte>Plexus”菜单命令。选择Plexus面板中的“Add Geometry>OBJ”选项，然后选择Plexus OBJ Object指令，如图6-74所示。在“效果控件”面板中设置OBJ Layer为“3.模型_矿物勘探.obj”“源”，然后展开Transform OBJ卷展栏，勾选Invert Y复选框，设置OBJ Scale为300%，如图6-75所示。

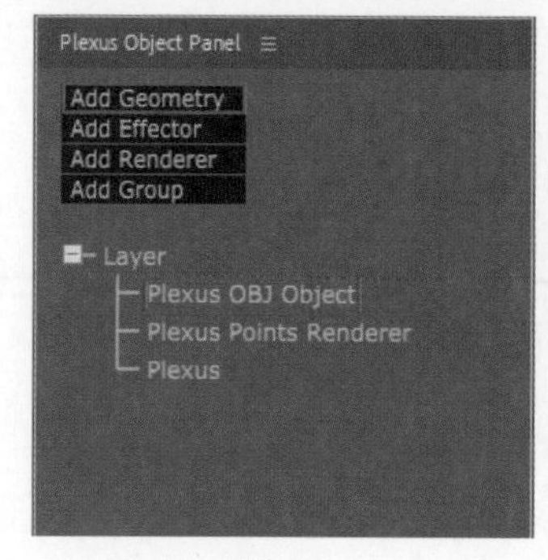

图6-74

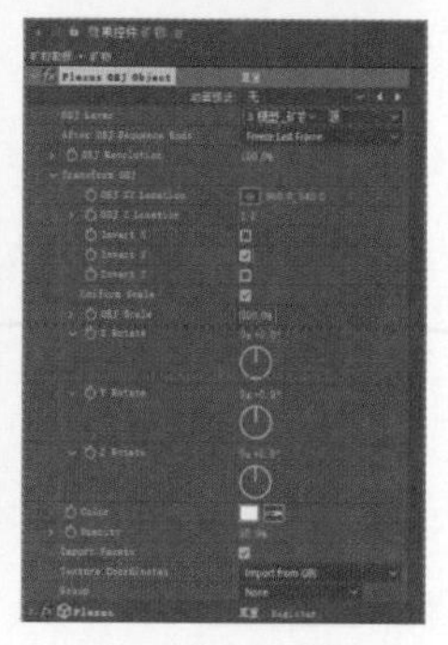

图6-75

03 选择Plexus面板中的Plexus Points Renderer指令，然后在“效果控件”面板中设置Points Size为1，取消勾选Get Color From Vertices复选框，设置Points Color为粉色（R:255,G:126,B:255），如图6-76所示。

04 选择Plexus面板中的“Add Renderer>Lines”选项，然后选择Plexus Lines Renderer指令，如图6-77所示。在“效果控件”面板中设置Maximum Distance为380，取消勾选Get Colors From Vertices复选框，然后设置Lines Color为深蓝色（R:40, G:38,B:119），取消勾选Get Opacity From Vertices复选框，接着设置Lines Opacity为30%、Line Thickness为0.5，如图6-78所示。

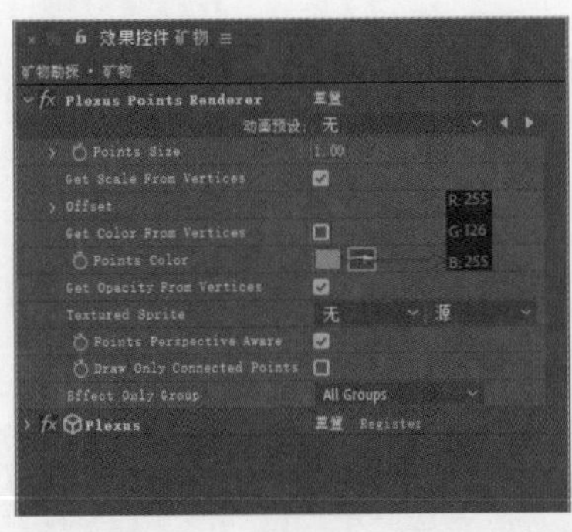

图6-76

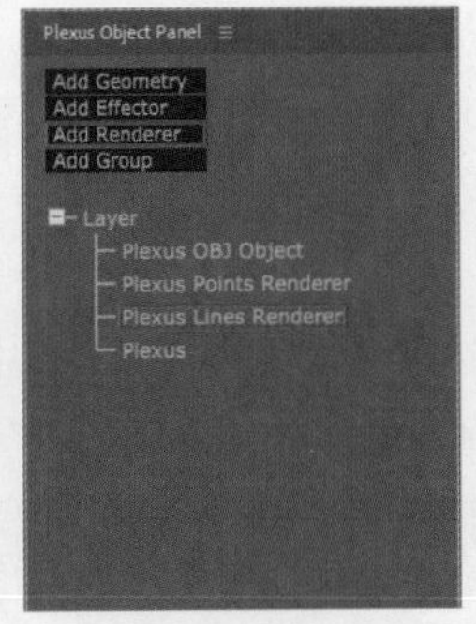

图6-77

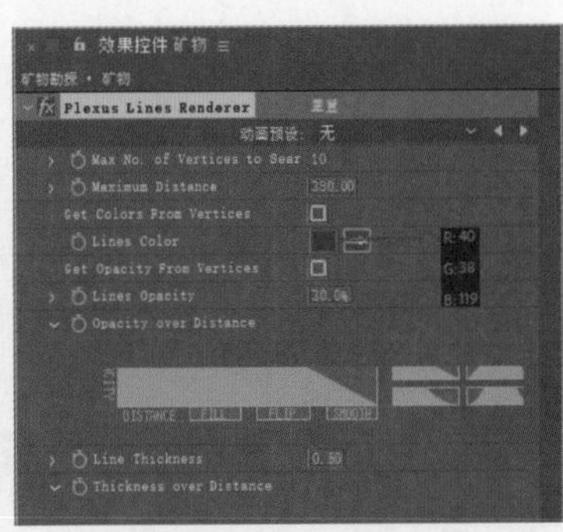

图6-78

05 选择Plexus面板中的“Add Effector>Transform”选项，设置时间码为0:00:00:00，如图6-79所示。选择Plexus面板中的Plexus Transform指令，然后在“效果控件”面板中单击Y Rotate、Z Rotate左侧的按钮，如图6-80所示。

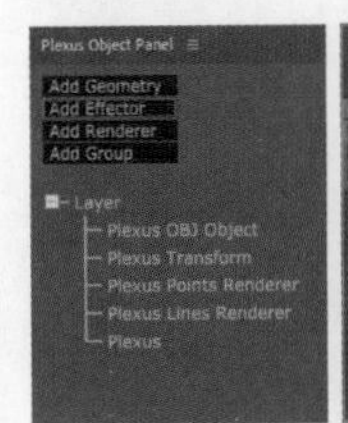

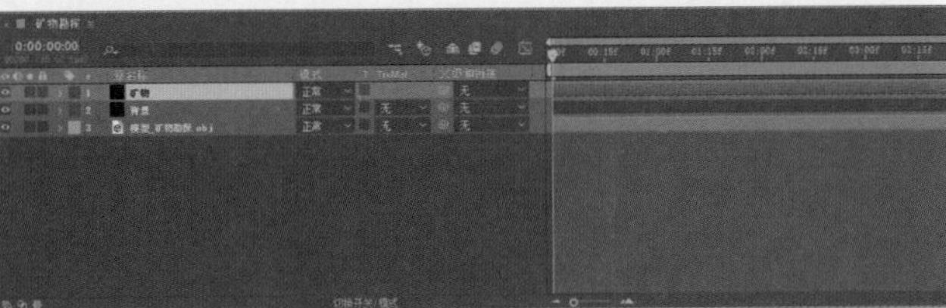
图6-79

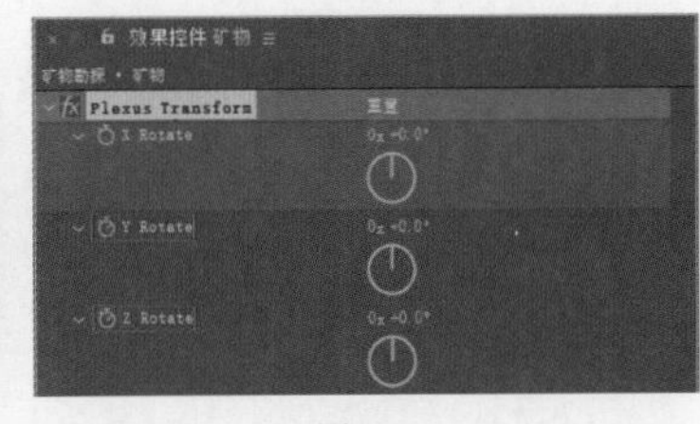

图6-80

06 设置时间码为0:00:09:29，然后选择Plexus面板中的Plexus Transform指令，接着在“效果控件”面板中设置Y Rotate为0x＋60°、Z Rotate为0x－60°，如图6-81所示。新建一个“纯色”图层，将其命名为“路径”，设置“宽度”为1920像素、“高度”为1080像素，并移动其至图层列表的最上方，如图6-82所示。

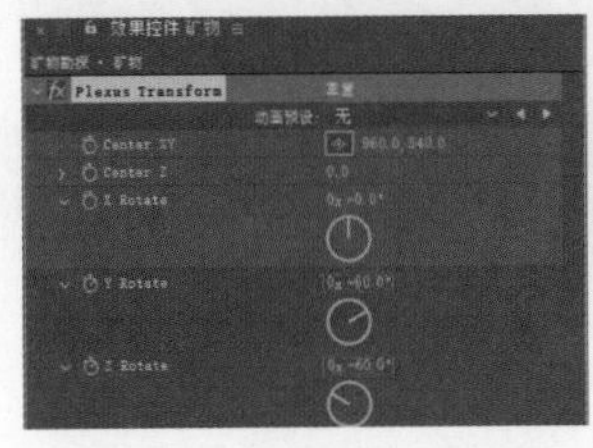
图6-81

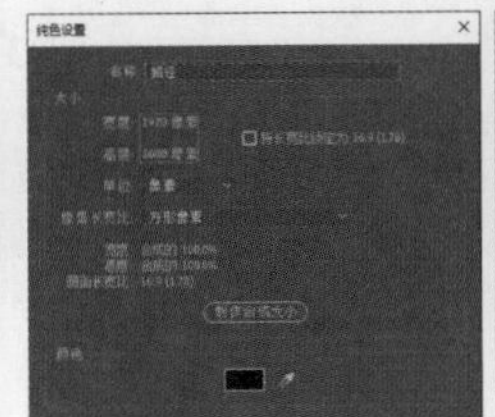

图6-82

07 执行“效果>Rowbyte>Plexus”菜单命令，然后选择Plexus面板中的“Add Geometry>Paths”选项，如图6-83所示。单击“椭圆工具”按钮，在“合成”面板中绘制图6-84所示的椭圆形。

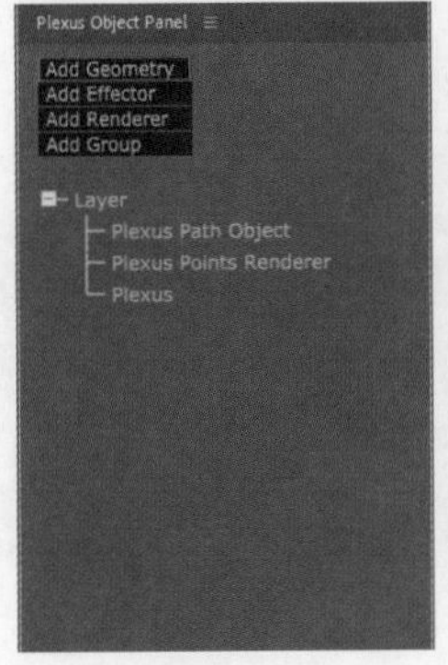

图6-83

图6-84

08 选择Plexus面板中的Plexus Path Object指令，在“效果控件”面板中展开Plexus Path Object卷展栏，具体参数设置如图6-85所示。

设置步骤

①设置Points on Each Mask为1000。

②展开Replication卷展栏，设置Total No.Copies为10、Extrude Depth为2000。

③展开X Rotation卷展栏，设置X Start Angle、X End Angle为0x＋45°。

④展开Y Rotation卷展栏，设置Y Start Angle为0x -20°。

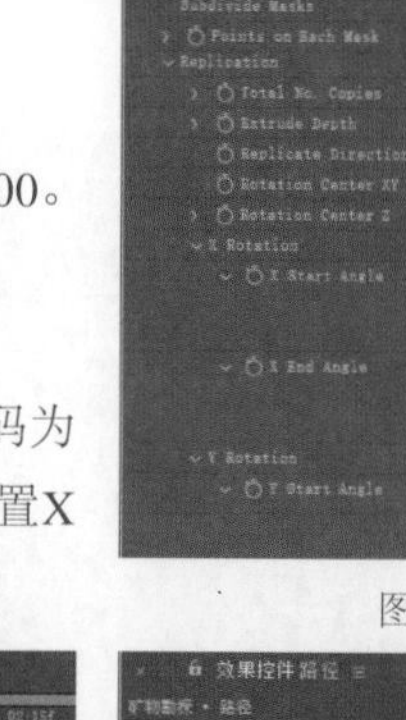

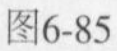

图6-85

09 选择Plexus面板中的“Add Effector＞Transform”选项，然后设置时间码为0:00:00:00，如图6-86所示。选择Plexus面板中的Plexus Transform指令，设置X Rotate为0x＋25°，接着单击Y Translate左侧的按钮，如图6-87所示。

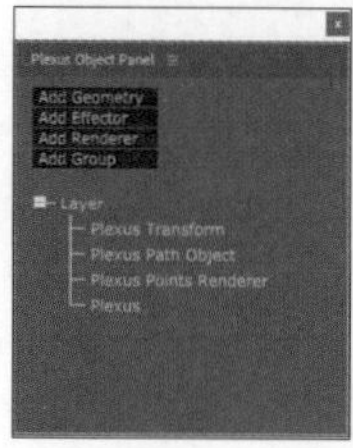

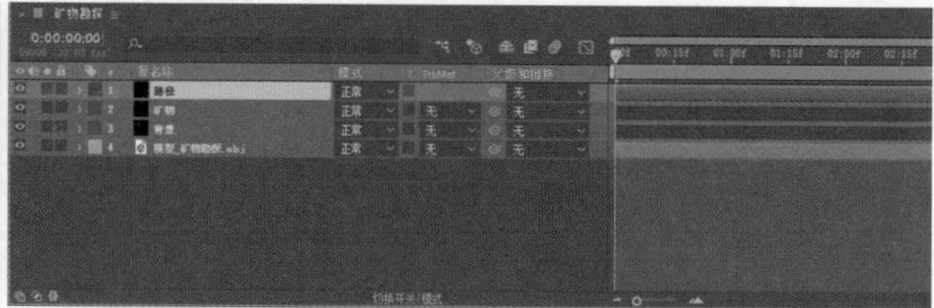

图6-86

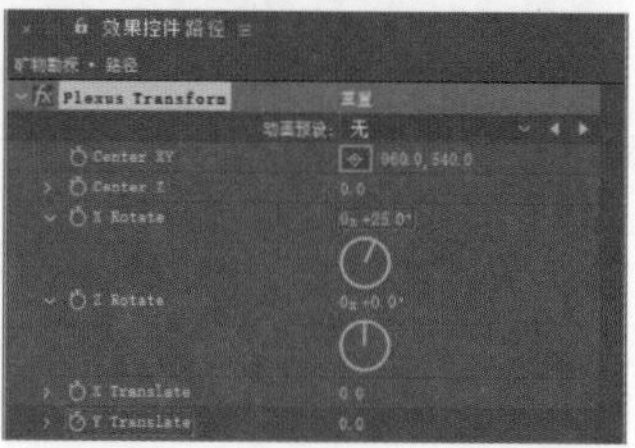

图6-87

10 设置时间码为0:00:09:29，然后选择Plexus面板中的Plexus Transform指令，接着在“效果控件”面板中设置Y Translate为 -570，如图6-88所示。效果如图6-89所示。新建一个“纯色”图层，将其命名为“扫描”，设置“宽度”为1920像素、“高度”为1080像素，并移动其至图层列表的最上方，如图6-90所示。

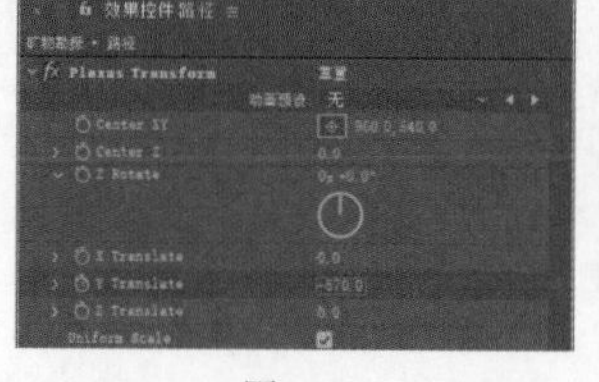

图6-88

图6-89

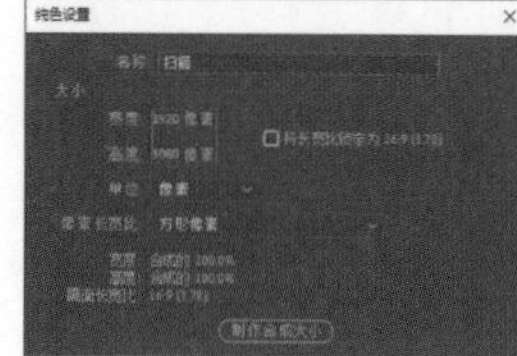

图6-90

11 执行“效果＞Rowbyte＞Plexus”菜单命令，选择Plexus面板中的“Add Geometry＞Slicer”选项，然后选择Plexus Slicer Object指令，如图6-91所示。设置From Mesh Layer为“2.路径”“源”、To Mesh Layer为“3.矿物”“源”、Color为粉色（R:238,G:123,B:255），如图6-92所示。

12 选择Plexus面板中的Plexus Points Renderer指令，设置Points Size为0.5，如图6-93所示。选择Plexus面板中的“Add Effector＞Noise”选项，然后选择Plexus Noise Effector指令，如图6-94所示。

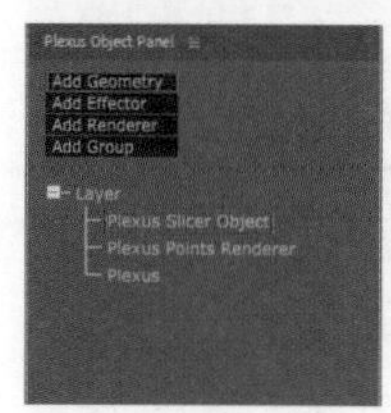

图6-91

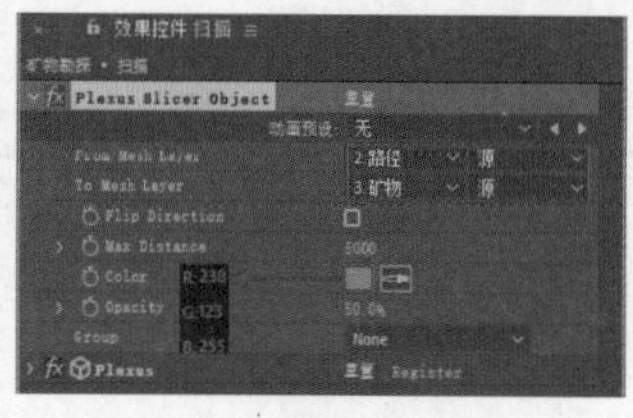

图6-92

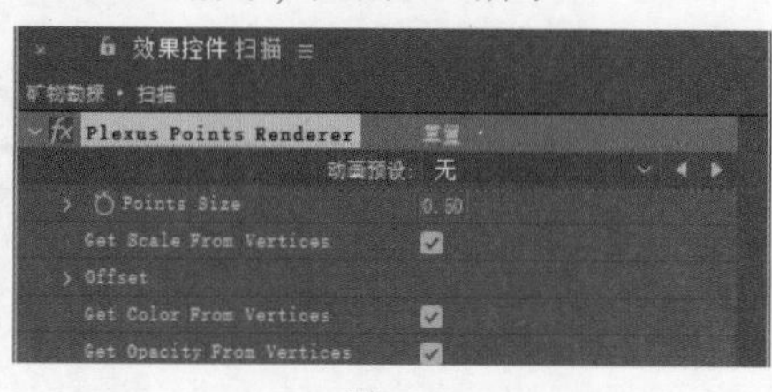

图6-93

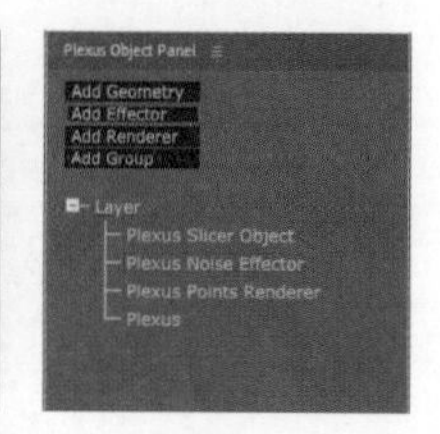

图6-94

13 展开Plexus Noise Effector卷展栏，设置Apply Noise To（Vertices）为Scale、Noise Amplitude为1000，如图6-95所示。执行“效果>风格化>发光”菜单命令，“效果控件”面板如图6-96所示。

14 隐藏“路径”图层，设置“扫描”“矿物”图层的“模式”均为“相加”，如图6-97所示。最终效果如图6-98所示。

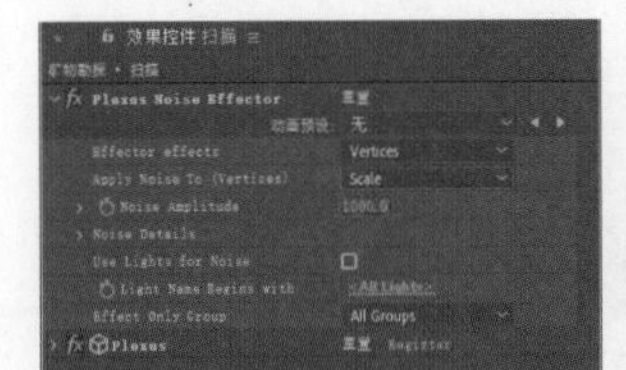

图6-95

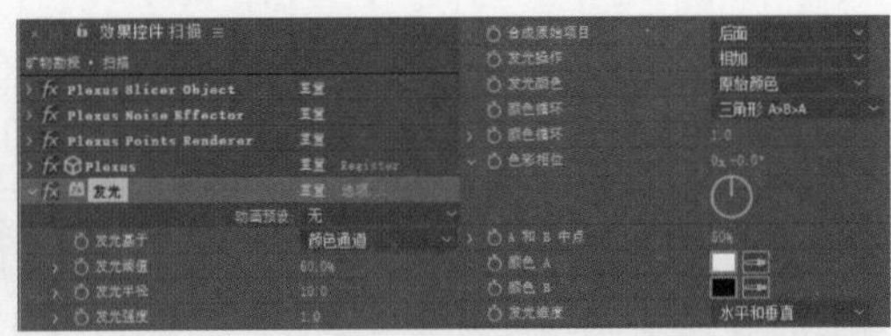

图6-96

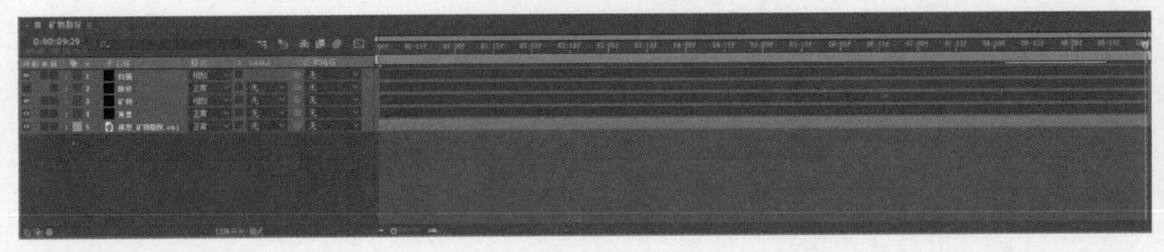

图6-97

图6-98

实战：人脸扫描

场景位置	场景文件 > CH06 > 实战：人脸扫描
实例位置	实例文件 > CH06 > 实战：人脸扫描
难易程度	★★★☆☆
学习目标	掌握Plexus粒子插件的使用方法

人脸扫描的效果如图6-99所示，制作分析如下。

在创建扫描路径时绘制的路径形状会让投射到模型上的粒子位置发生变化。

图6-99

01 在Cinema 4D中导入人脸造型预设，应用“细分曲面”菜单命令对人脸模型进行曲面细分，然后将其导出为OBJ格式的文件，相关参数设置如图6-100所示。

02 在After Effects中导入以上步骤中导出的图形序列，设置背景以渲染氛围，效果如图6-101所示。

03 使用Plexus粒子插件、“发光”、“色调”等工具对已有图形序列进行后期处理，效果如图6-102所示。

04 将所有图形序列进行排列和叠加，设置“模式”等参数，完成最终效果，部分效果如图6-103所示。

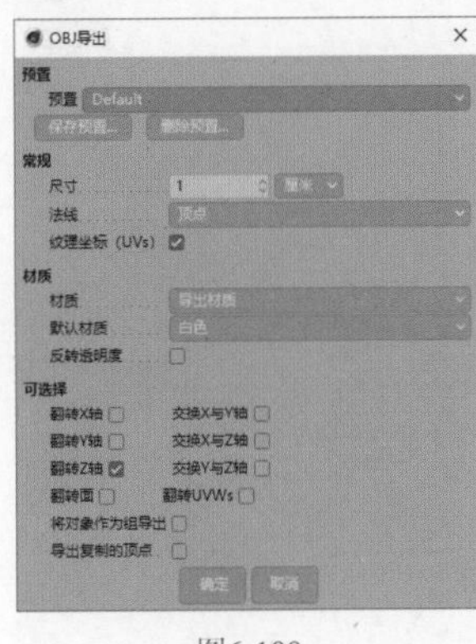

图6-100

图6-101

图6-102

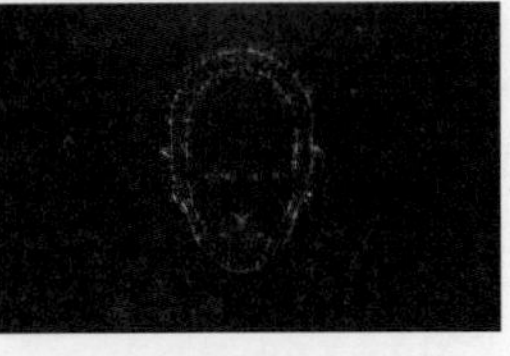

图6-103

6.3 击打动画效果

本节案例结合使用Cinema 4D与After Effects两个软件，借助其在灯光、摄像机等功能上的互通性，制作粒子击打的效果。

实战：空间涟漪

场景位置	场景文件 > CH06 > 实战：空间涟漪
实例位置	实例文件 > CH06 > 实战：空间涟漪
难易程度	★★★★☆
学习目标	掌握“时间线窗口”面板的使用方法

空间涟漪的效果如图6-104所示，制作分析如下。

第1点： 开启摄像机的“景深”功能可以呈现出影视的效果。

第2点： 使用Cinema 4D中的“时间线窗口”面板便于管理工程文件中的所有关键帧，当需要制作重复单元时需预留相同倍数的帧，例如循环每60帧为一个单元的动效，循环5次，那么就需要预留300帧。

图6-104

◎ 涟漪模型制作

01 打开Cinema 4D，执行“渲染>编辑渲染设置”菜单命令，选择“输出”，设置“宽度”为1920像素、“高度”为1080像素，如图6-105所示。执行“创建>样条>样条画笔”菜单命令，然后在顶视图中绘制图6-106所示的线段。

02 选择“实时选择”工具，选择线段的左侧顶点，在“坐标”面板中设置X为-8300cm、Z为0cm，然后选择右侧的顶点，在“坐标”面板中设置X为20000cm、Z为0cm，如图6-107所示。完成后切换回透视视图中。

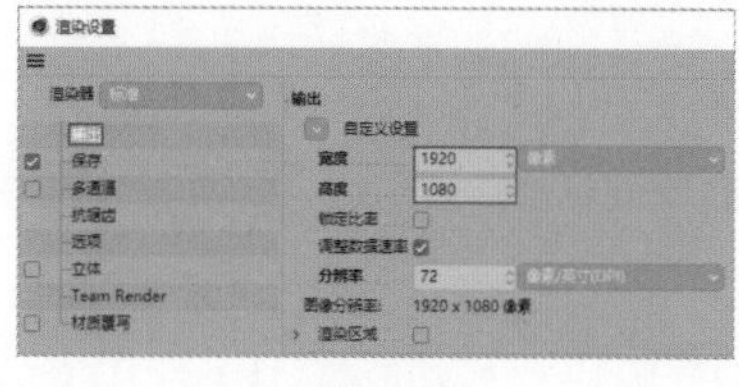

图6-105

图6-106

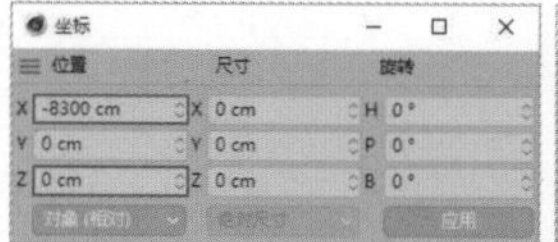

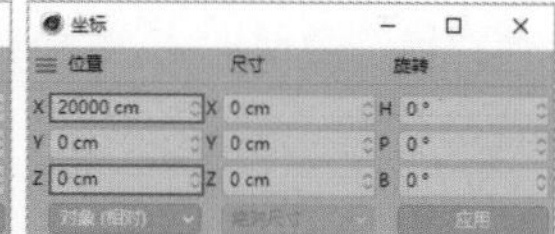

图6-107

03 在“对象”面板中将“样条”对象重命名为“坠落路径”，然后创建一个球体，在“属性”面板中设置“半径”为40cm、“分段”为5，接着将“球体”对象重命名为“晶体”，在“属性”面板中设置S.Y为5、R.B为90°，如图6-108所示。效果如图6-109所示。

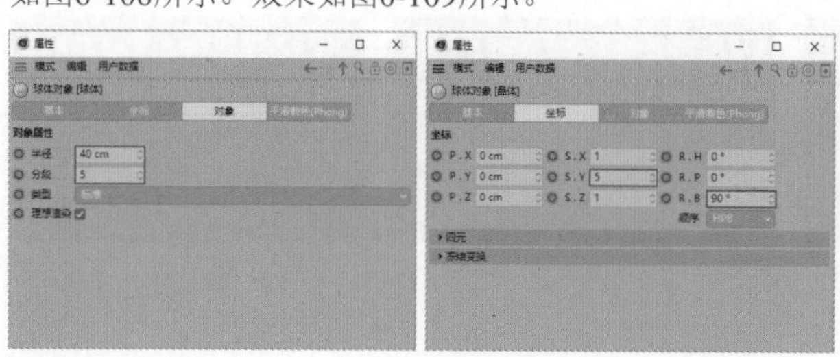

图6-108

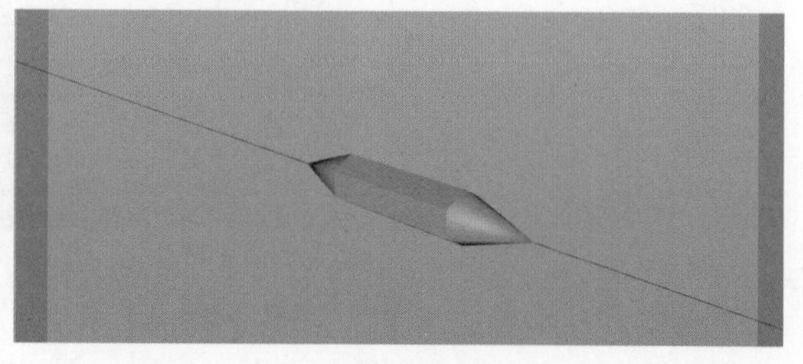

图6-109

04 执行“创建>对象>圆盘”菜单命令，将创建的“圆盘”对象重命名为“涟漪”。选择“涟漪”对象，在“属性”面板中设置“内部半径”为600cm、“外部半径”为40000cm、“圆盘分段”为70、“旋转分段”为20，然后设置R.B为90°，如图6-110所示。效果如图6-111所示。

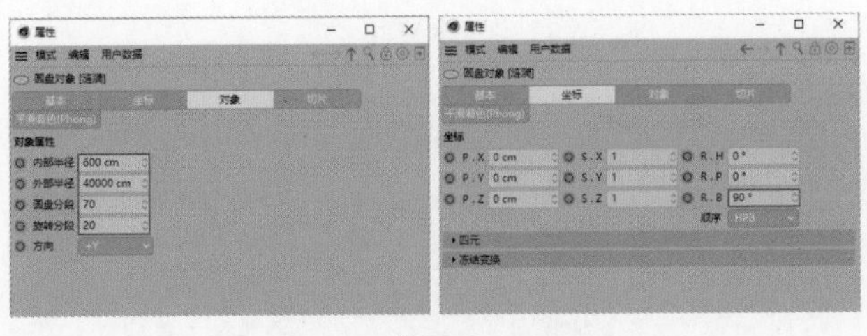

图6-110

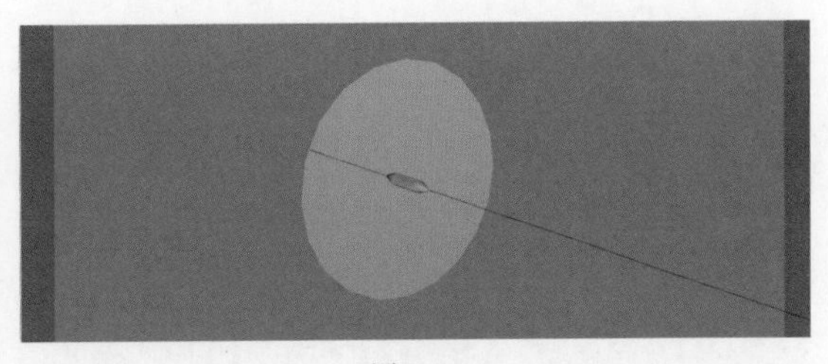

图6-111

05 执行“创建>变形器>公式”菜单命令，在“对象”面板中移动“公式”对象至“涟漪”对象内，如图6-112所示。选择“公式”对象，在“属性”面板中设置“尺寸”为（16000cm,3000cm,16000cm），然后设置R.B为0°，如图6-113所示。效果如图6-114所示。

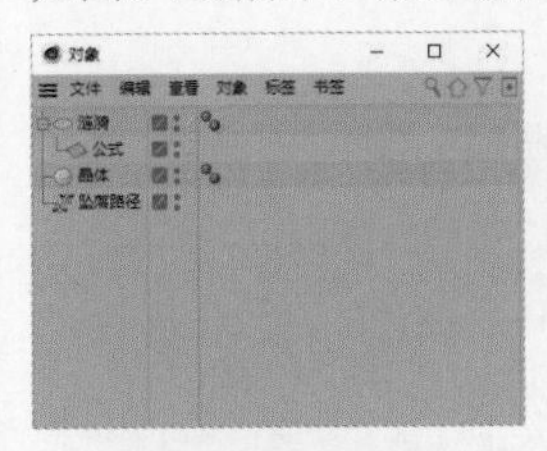

图6-112

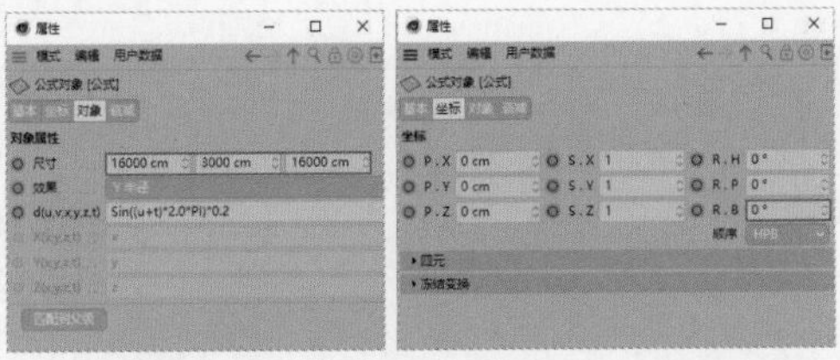

图6-113

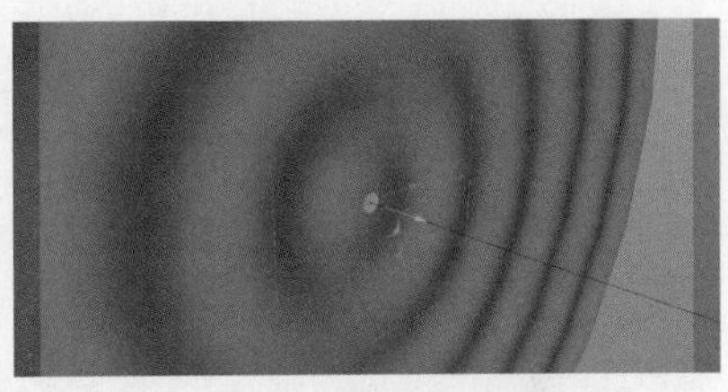

图6-114

06 设置时间轴时长为0～300F、当前帧为0F，如图6-115所示。选择“晶体”对象，执行“创建>标签>CINEMA 4D标签>对齐曲线”菜单命令。在“属性”面板中展开“标签属性”卷展栏，移动“对象”面板中的“坠落路径”对象至“属性”面板的“曲线路径”参数上，然后单击“位置”左侧的◎按钮，如图6-116所示。

图6-115

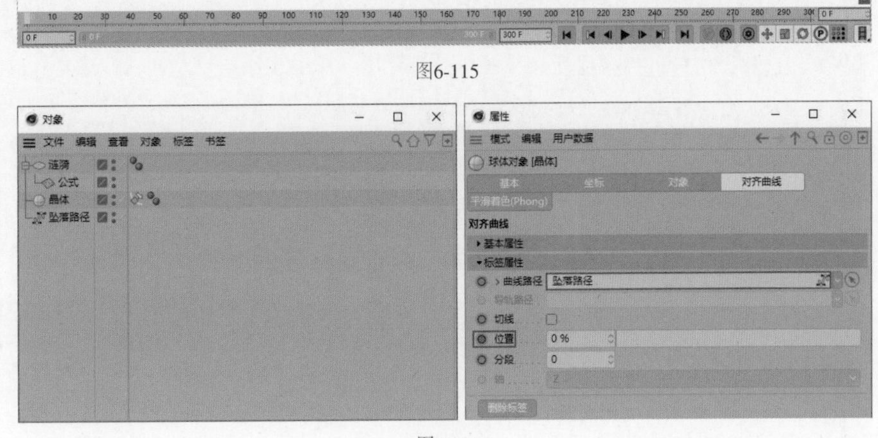

图6-116

07 设置当前帧为60F，然后选择“晶体”对象，在“属性”面板中设置“位置”为100%并单击其左侧的◎按钮，如图6-117所示。设置当前帧为50F，然后选择“晶体”对象，在“属性”面板中单击S.X、S.Y、S.Z左侧的◎按钮，如图6-118所示。

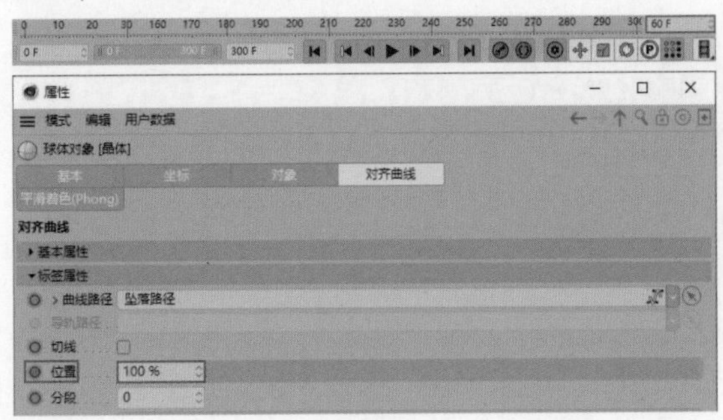

图6-117

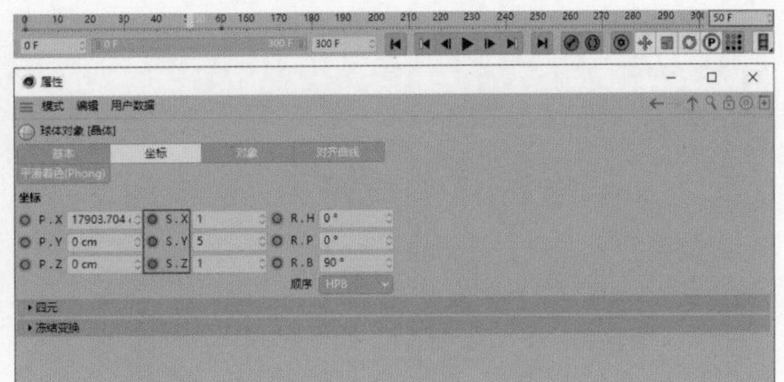

图6-118

08 设置当前帧为60F，然后选择“晶体”对象，在“属性”面板中设置S.X、S.Y、S.Z均为0，接着单击它们左侧的◎按钮，如图6-119所示。

09 执行“对话框>时间线（摄影表）”菜单命令，选择“时间线窗口”面板中的“晶体”对象，然后执行“关键帧>线性”菜单命令，接着执行“功能>轨迹之后>重复之后”菜单命令，如图6-120所示。

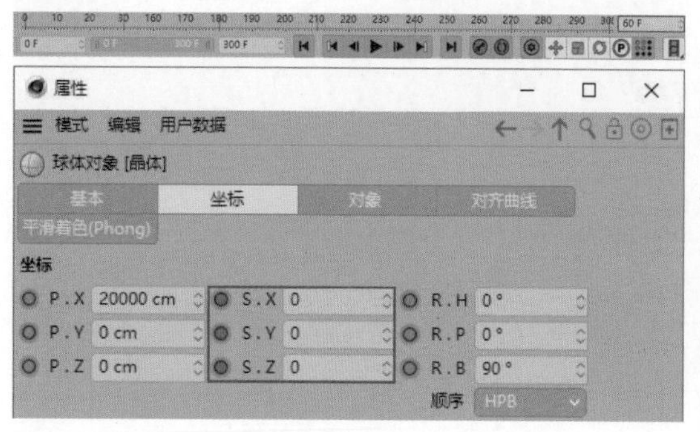

图6-119

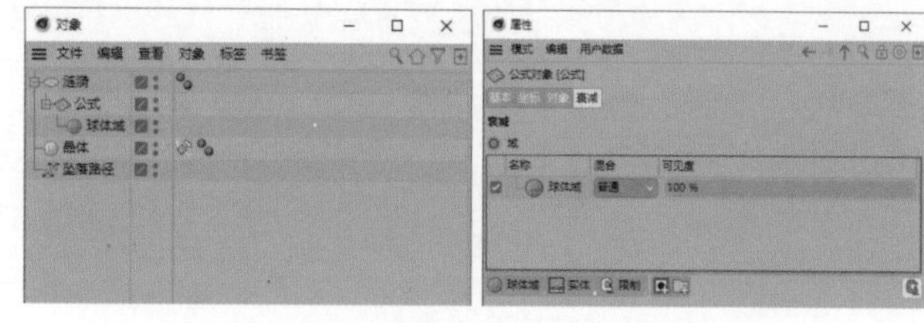

图6-120

10 设置当前帧为18F，如图6-121所示。执行“创建>域>球体域”菜单命令，选择“公式”对象，移动“对象”面板中的“球体域”对象至“属性”面板的“域”列表框中，如图6-122所示。

图6-121

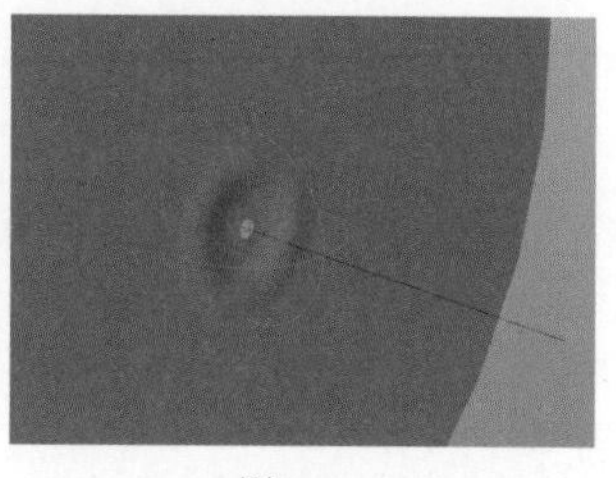

图6-122

11 选择“球体域”对象，在“属性”面板中设置“尺寸”为0cm并单击其左侧的◎按钮，如图6-123所示。设置当前帧为48F，然后选择“球体域”对象，在“属性”面板中设置“尺寸”为6000cm并单击其左侧的◎按钮，如图6-124所示。效果如图6-125所示。

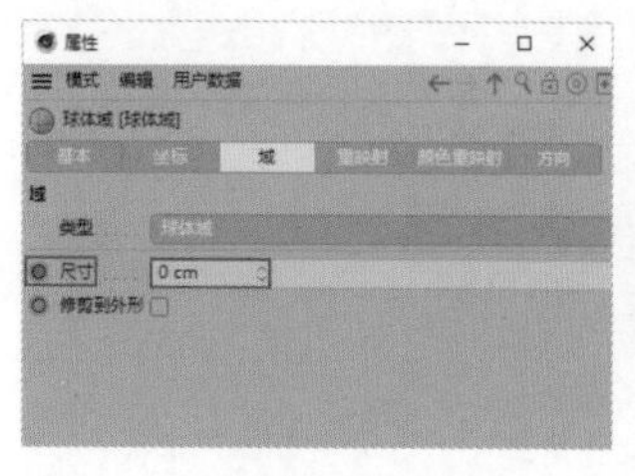

图6-123

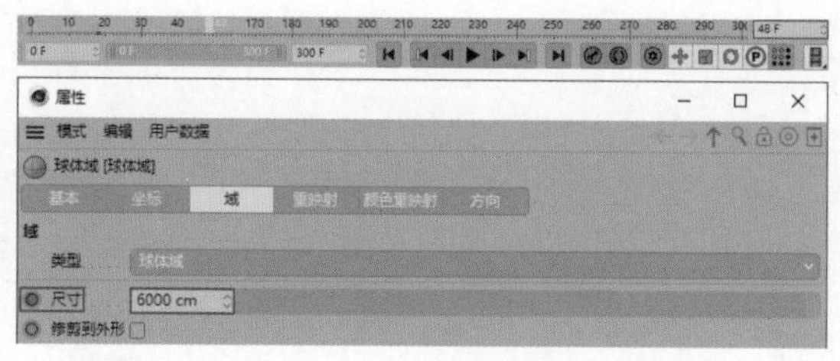

图6-124

图6-125

12 设置当前帧为78F，然后选择“球体域”对象，在“属性”面板中设置“尺寸”为0cm并单击其左侧的◎按钮，如图6-126所示。执行“对话框>时间线（摄影表）”菜单命令，选择“时间线窗口”面板中的“球体域”对象，然后执行“关键帧>线性”菜单命令，接着执行“功能>轨迹之后>重复之后”菜单命令，如图6-127所示。

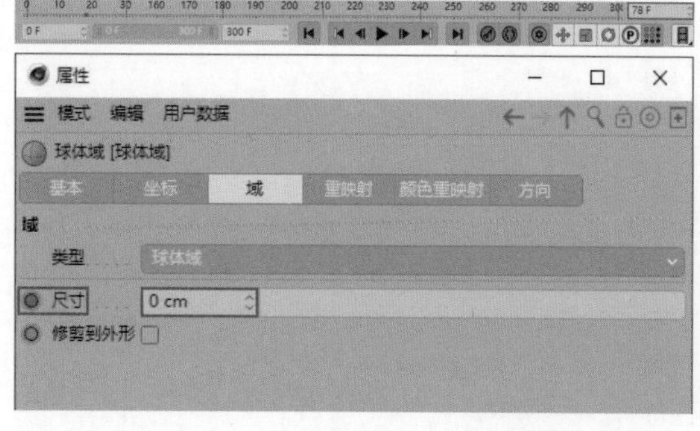

图6-126

图6-127

13 执行“创建>灯光>灯光”菜单命令，然后执行“运动图形>克隆”菜单命令，将创建的“克隆”对象重命名为“粒子灯光”，将“灯光”对象重命名为L，接着在“对象”面板中移动L对象至“粒子灯光”对象内，如图6-128所示。选择“粒子灯光”对象，执行“创建>标签>CINEMA 4D标签>外部合成”菜单命令。在“属性”面板的“外部合成”选项卡中勾选“子集”复选框，如图6-129所示。

14 选择“粒子灯光”对象，在“属性”面板中设置“模式”为“对象”。保持当前选择不变，移动“对象”面板中的“涟漪”对象至“属性”面板的“对象”参数上，然后设置“分布”为“顶点”，如图6-130所示。隐藏“涟漪”对象，如图6-131所示。效果如图6-132所示。

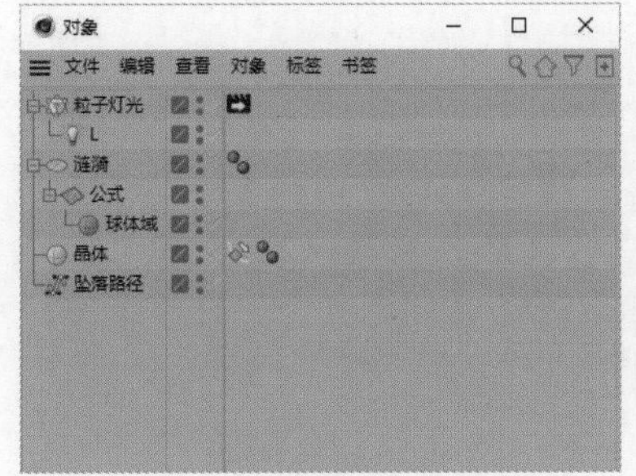

图6-128

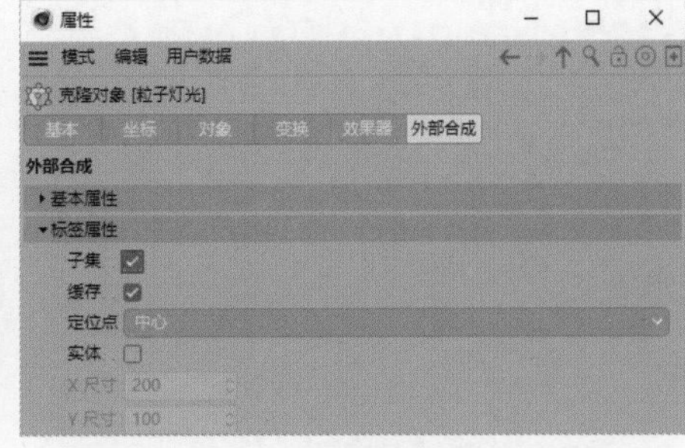

图6-129

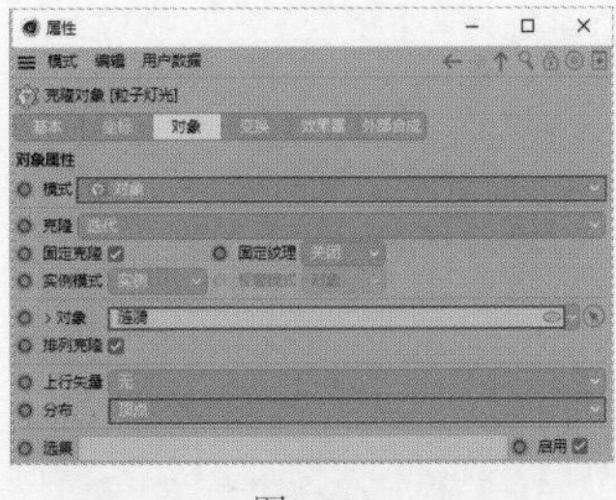

图6-130

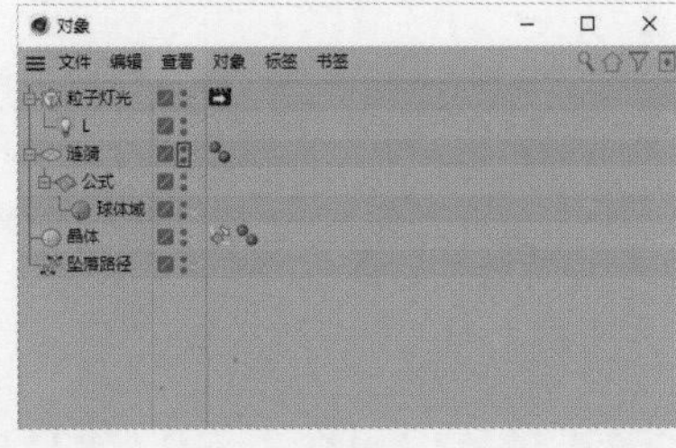

图6-131

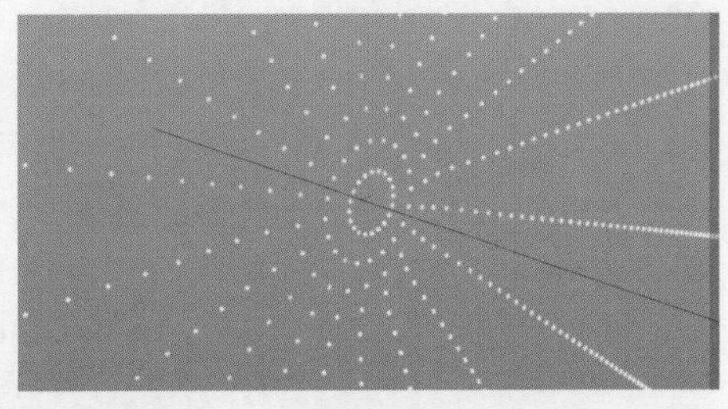

图6-132

15 执行“创建>样条>圆弧”菜单命令，将创建的“圆弧”对象重命名为“摄像机路径”，如图6-133所示。选择“摄像机路径”对象，在“属性”面板中设置“半径”为4430cm、“开始角度”为40°，如图6-134所示。保持当前选择不变，在“属性”面板中设置P.X为-4170cm、S.X为2.7、R.P为120°、R.B为-90°，如图6-135所示。效果如图6-136所示。

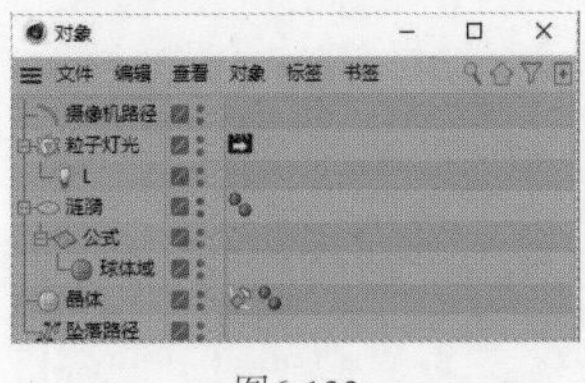

图6-133

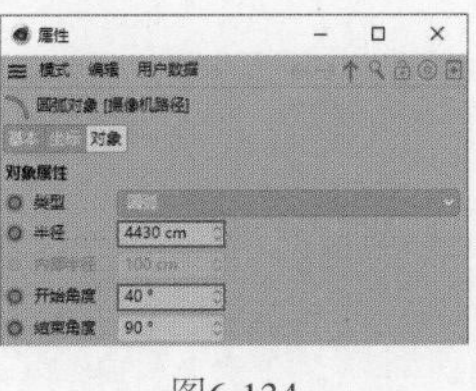

图6-134

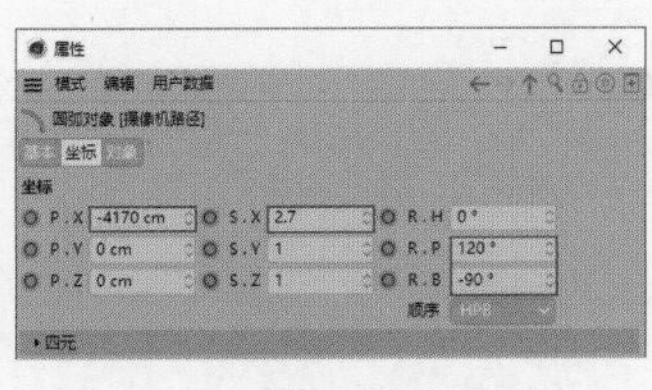

图6-135

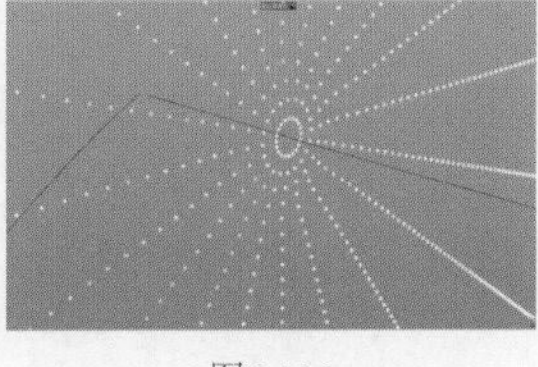

图6-136

16 执行“创建>对象>空白”菜单命令，将创建的“空白”对象重命名为“焦点”。执行“创建>摄像机>摄像机”菜单命令，选择“摄像机”对象，然后执行“创建>标签>CINEMA 4D标签>对齐曲线”菜单命令，接着执行“创建>标签>CINEMA 4D标签>目标”菜单命令，如图6-137所示。

17 选择“摄像机”对象，移动“对象”面板中的“焦点”至“属性”面板的“目标对象”参数上，如图6-138所示。保持当前选择不变，移动“对象”面板中的“摄像机路径”至“属性”面板的“曲线路径”参数上，如图6-139所示。

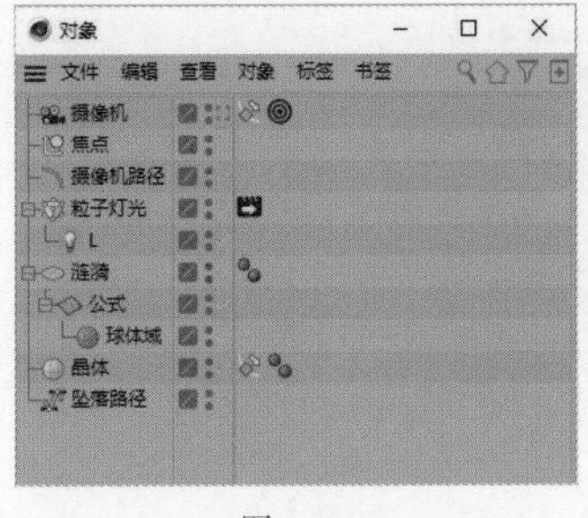

图6-137

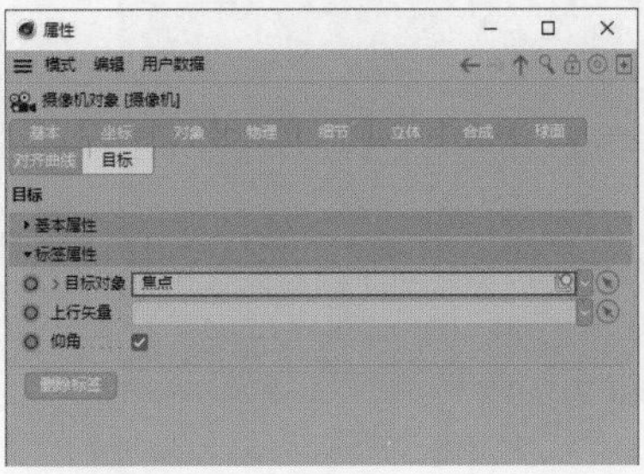

图6-138

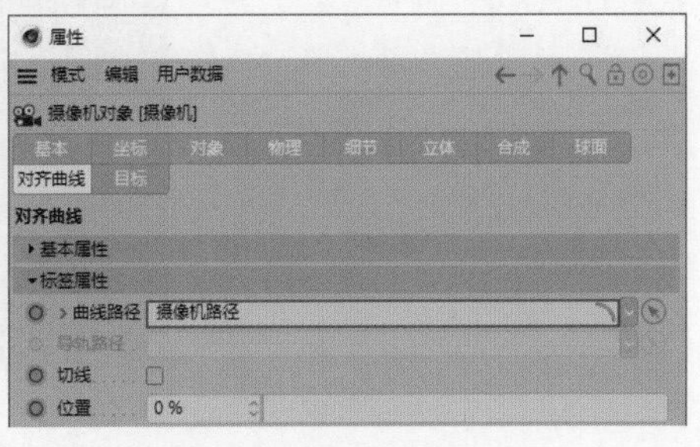

图6-139

18 设置当前帧为0F，然后在“属性”面板中设置“位置”为100%并单击其左侧的■按钮，如图6-140所示。设置当前帧为300F，然后在“属性”面板中设置“位置”为0%并单击其左侧的■按钮，如图6-141所示。

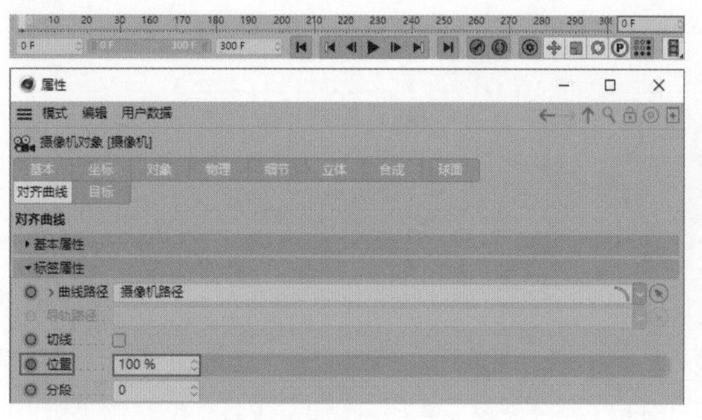
图6-140

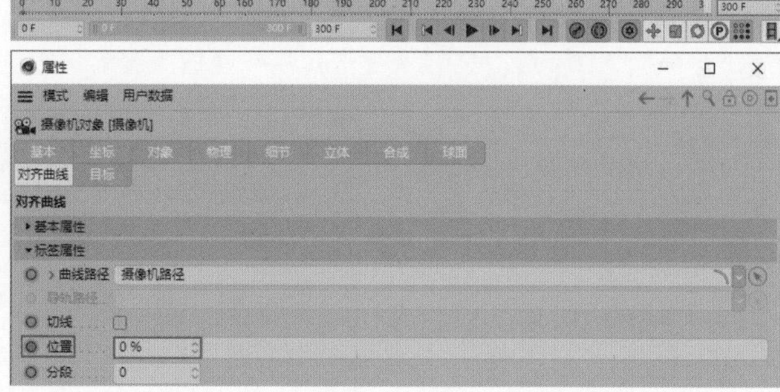
图6-141

◎ 涟漪模型渲染

01 在“对象”面板中单击“摄像机”右侧的■按钮，然后执行“渲染>编辑渲染设置”菜单命令，在“渲染设置”对话框中设置“渲染器”为Octane Renderer，如图6-142所示。

02 执行“Octane>Octane Dialog”菜单命令，然后在弹出的对话框中执行“Materials>Octane Metallic Material”菜单命令，如图6-143所示。双击“材质”面板中的材质球打开“材质编辑器”面板，选择Roughness，设置Float为0.02，如图6-144所示。

图6-142

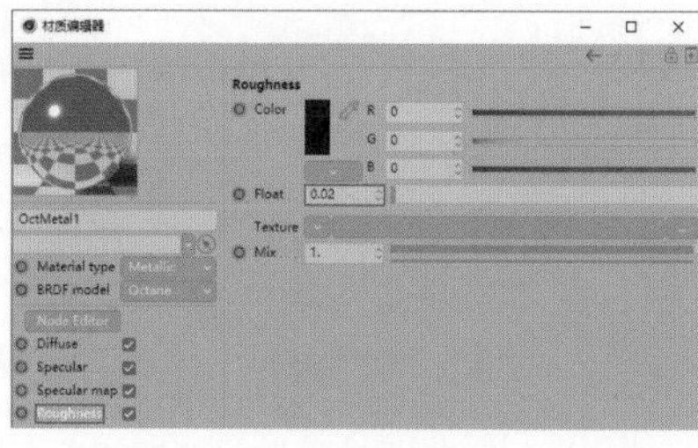
图6-144

图6-143

03 移动“材质”面板中的OctMetal1材质球至“对象”面板的“晶体”对象上，如图6-145所示。执行“Octane>Octane Dialog”菜单命令，然后执行“Objects>Hdri Environment”菜单命令，此时“对象”面板中新增了一个OctaneSky对象，如图6-146所示。

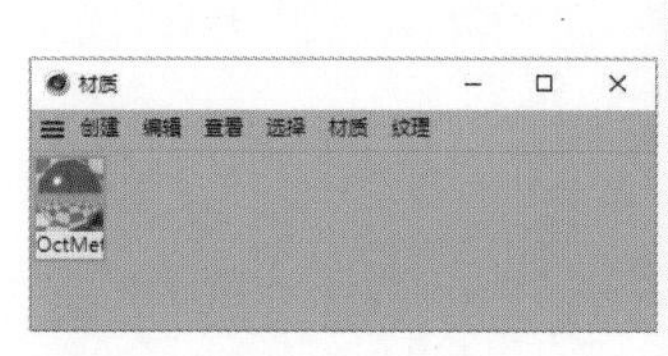

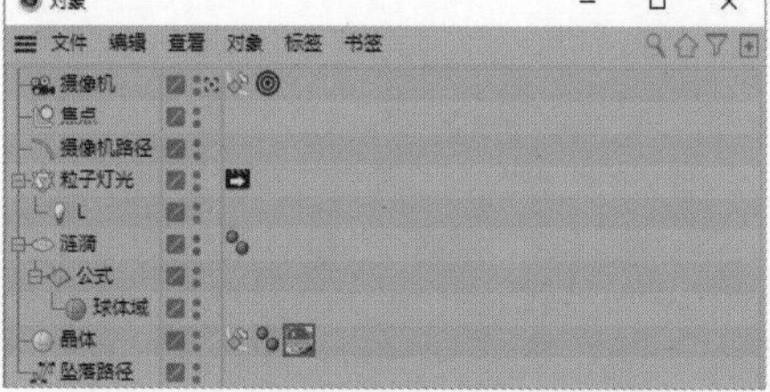
图6-145

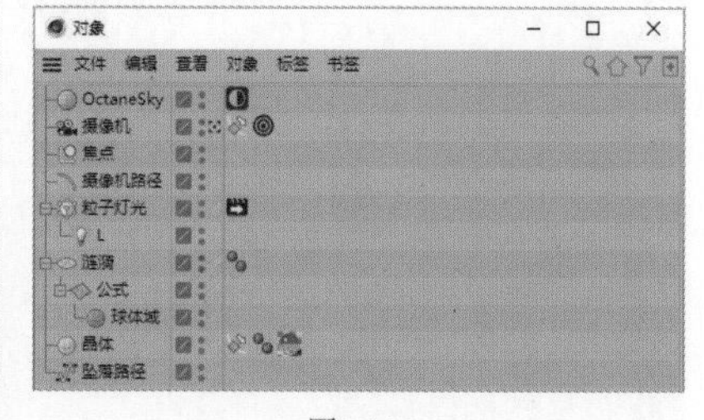
图6-146

04 选择OctaneSky对象，展开“属性”面板中的Main卷展栏，然后单击Texture右侧的■按钮。选择材质文件“场景文件>CH06>实战：空间涟漪>环境天空材质_1.exr”，如图6-147所示。

图6-147

05 保持当前选择不变，设置当前帧为0F，然后在“属性”面板中设置Power为11.56、RotX为 -1、RotY为 -1，接着单击RotX、RotY左侧的按钮，如图6-148所示。设置当前帧为60F，然后设置RotX为0.013、RotY为0.008并单击它们左侧的按钮，如图6-149所示。

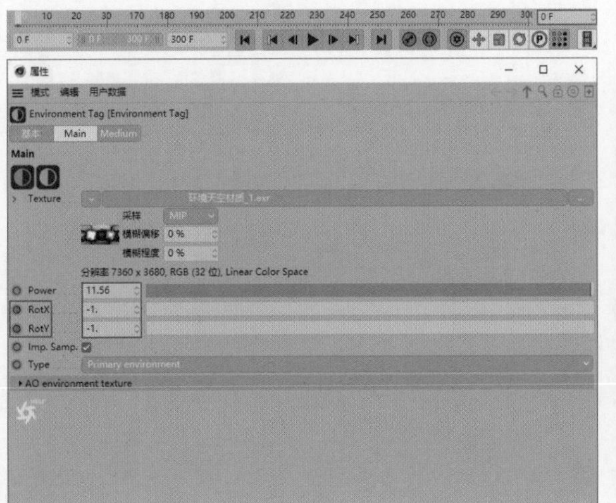

图6-148

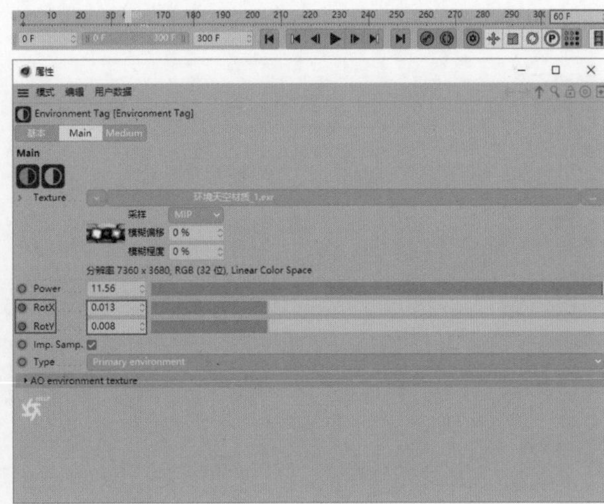

图6-149

06 执行“对话框>时间线（摄影表）”菜单命令，选择“时间线窗口”面板中的Environment Tag，然后执行“功能>轨迹之后>重复之后”菜单命令，“时间线窗口”面板如图6-150所示。效果如图6-151所示。

07 执行“渲染>编辑渲染设置”菜单命令，选择“输出”，设置“帧范围”为“全部帧”、“起点”为0F、“终点”为300F，如图6-152所示。

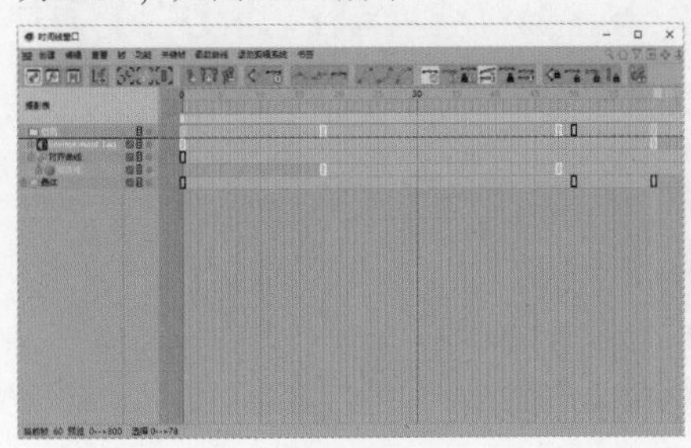

图6-150

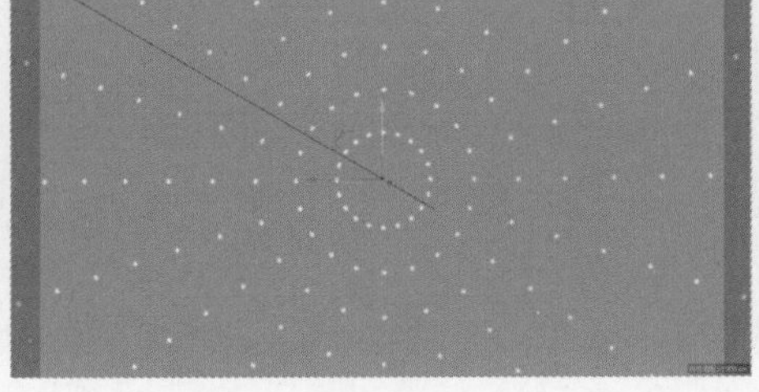

图6-151

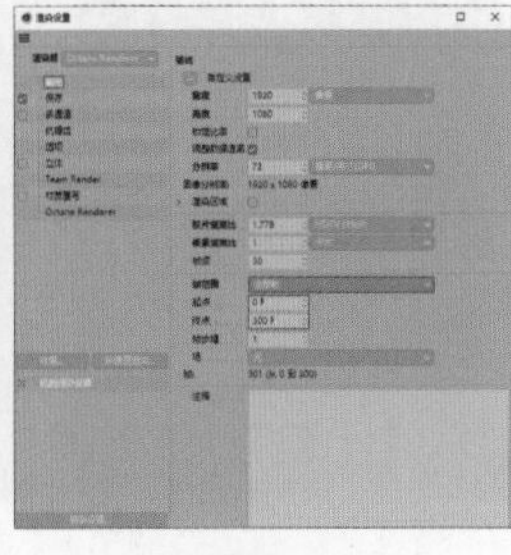

图6-152

08 保存文件，将文件命名为“空间涟漪”，然后设置“格式”为PNG，勾选“Alpha通道”复选框，接着展开“合成方案文件”卷展栏，勾选“保存”“相对”“包括时间线标记”“包括3D数据”复选框，如图6-153所示。

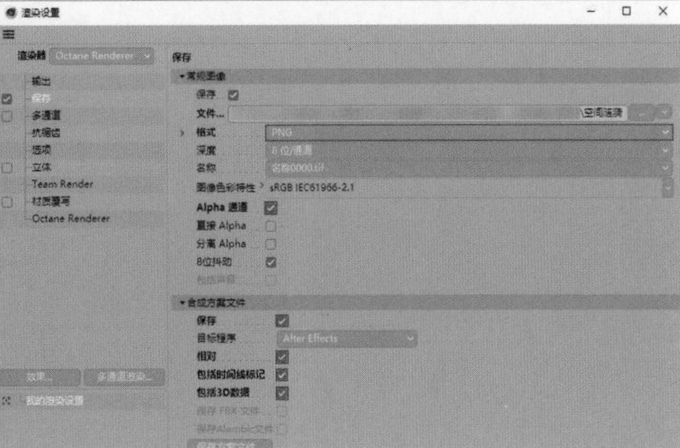

图6-153

09 执行“Octane>Octane Settings”菜单命令，在弹出的对话框中勾选Alpha channel复选框，如图6-154所示。执行“渲染>渲染到图片查看器”菜单命令，效果如图6-155所示。

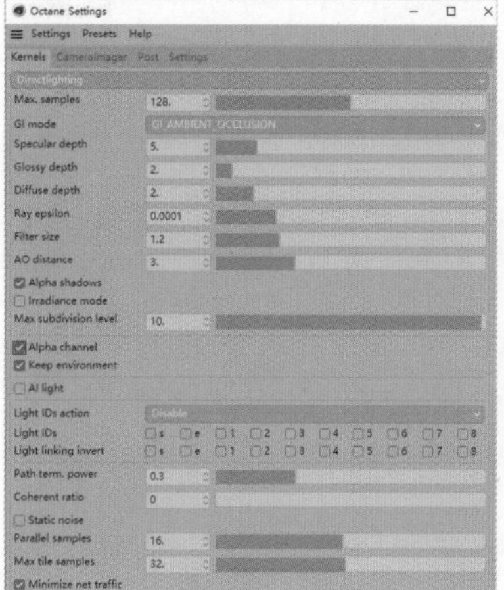

图6-154

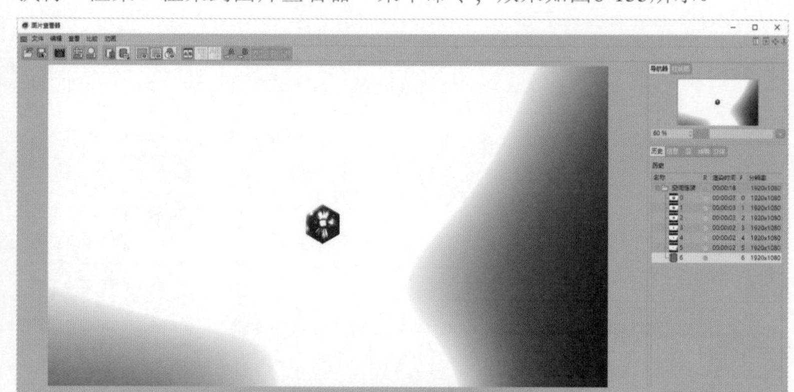

图6-155

◎ 空间涟漪动效制作

01 打开After Effects，导入文件“场景文件>CH06>实战：空间涟漪>空间涟漪.aec”。此时“项目”面板中新增一个“空间涟漪”文件，如图6-156所示。展开“空间涟漪”卷展栏并双击“空间涟漪”进入合成中。

02 删除“空白”图层，然后新建一个“纯色”图层，将其命名为“背景”，设置“宽度”为1920像素、“高度”为1080像素，接着在“时间轴”面板中将“背景”图层移至图层列表的底部，如图6-157所示。

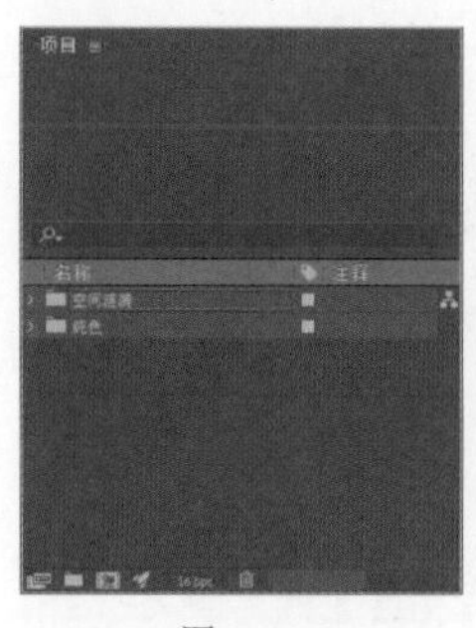

图6-156

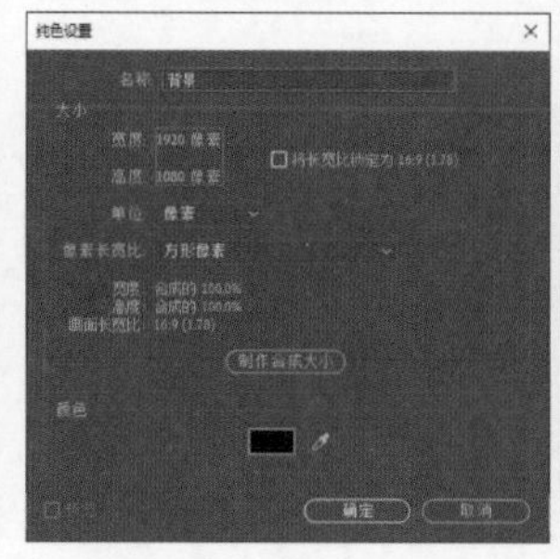

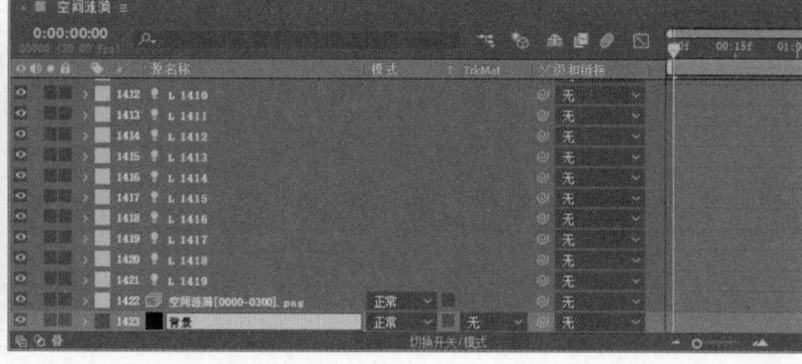

图6-157

03 执行“效果>生成>四色渐变”菜单命令，在“效果控件”面板中设置“颜色1”为蓝色（R:19,G:45,B:110）、“颜色2”和“颜色3”为黑色（R:0,G:0,B:0）、“点4”为（2150,1210）、“颜色4”为蓝色（R:6,G:46,B:92）、“抖动”为100%，如图6-158所示。

04 执行“视图>显示图层控件”菜单命令，隐藏“灯光”图层，效果如图6-159所示。新建一个“纯色”图层，将其命名为“粒子灯光”，设置“宽度”为1920像素、“高度”为1080像素，如图6-160所示。

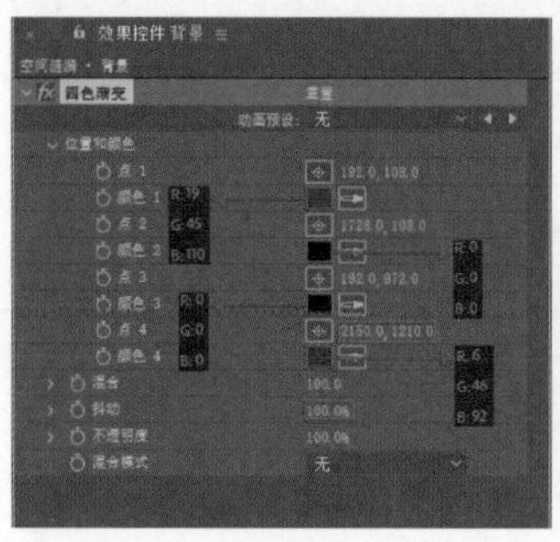

图6-158

图6-159

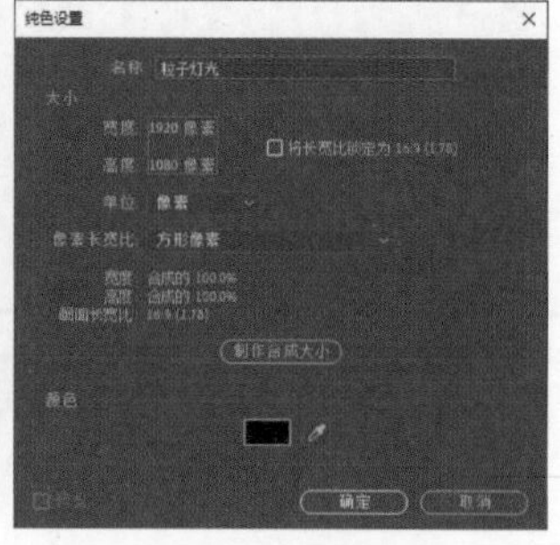

图6-160

05 选择“粒子灯光”图层，执行“效果>Rowbyte>Plexus”菜单命令。选择Plexus面板中的“Add Geometry>Layers”选项，然后选择Plexus Layers Object指令，如图6-161所示。取消勾选Get Color From Layers复选框，设置Color为蓝色（R:0,G:72,B:255），如图6-162所示。

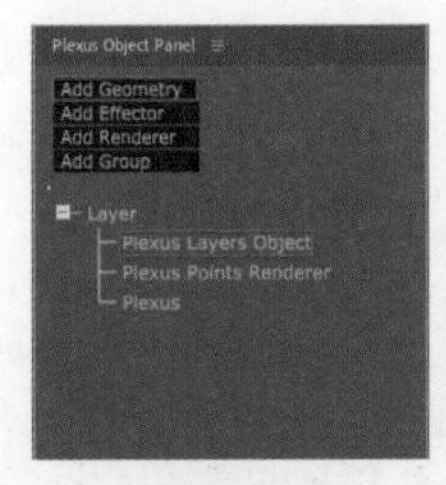

图6-161

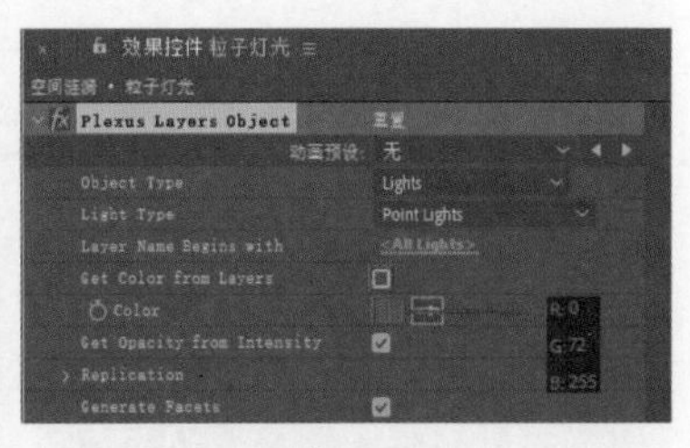
图6-162

06 在Plexus面板中选择Plexus Points Renderer指令，然后在“效果控件”面板中设置Points Size为7，如图6-163所示。效果如图6-164所示。在Plexus面板中选择Plexus指令，然后在“效果控件”面板中勾选Required for DoF & Motion复选框，设置Depth of Field为Camera Settings、Render Quality为8x，如图6-165所示。

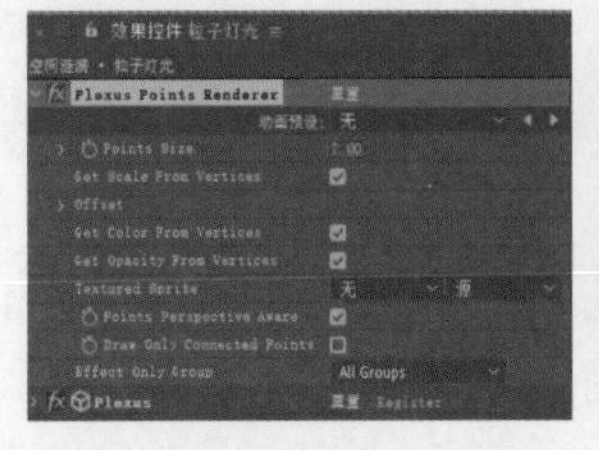
图6-163

图6-164

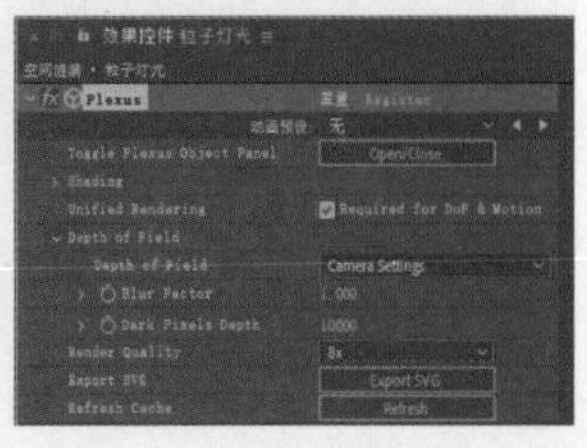
图6-165

07 执行“效果>风格化>发光”菜单命令，然后选择“粒子灯光”图层，执行“编辑>重复”菜单命令，将新增图层重命名为“随机变化”，并移至“粒子灯光”图层的上方，然后设置“模式”为“相加”，如图6-166所示。

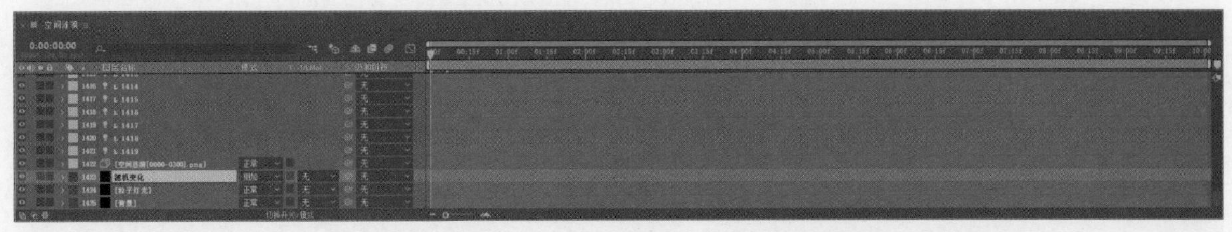
图6-166

08 设置时间码为0:00:00:00，选择“随机变化”图层。在Plexus面板中选择Plexus Layers Object指令。在“效果控件”面板中设置Color为淡蓝色（R:137,G:168,B:255），如图6-167所示。

09 选择Plexus面板中的“Add Effector>Noise”选项，然后选择Plexus Noise Effector指令，如图6-168所示。展开Plexus Noise Effector卷展栏，设置Apply Noise To（Vertices）为Scale、Noise Amplitude为510，然后展开Noise Details卷展栏，设置Noise X Scale为0并单击其左侧的按钮，如图6-169所示。

图6-167

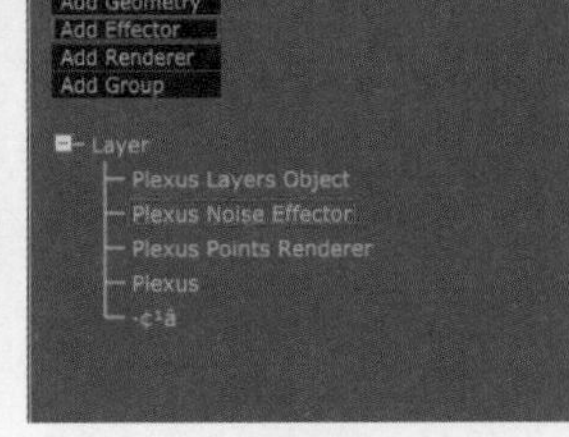

图6-168

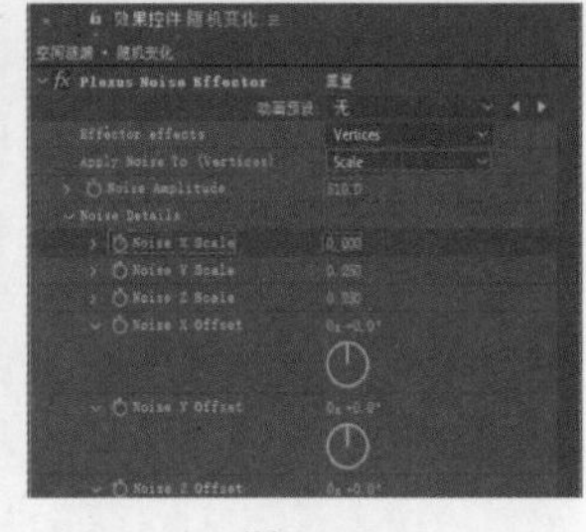
图6-169

10 设置时间码为0:00:10:00，然后设置Noise X Scale为0.01，如图6-170所示。选择Plexus面板中的Plexus Points Renderer指令，然后设置Points Size为3，如图6-171所示。效果如图6-172所示。

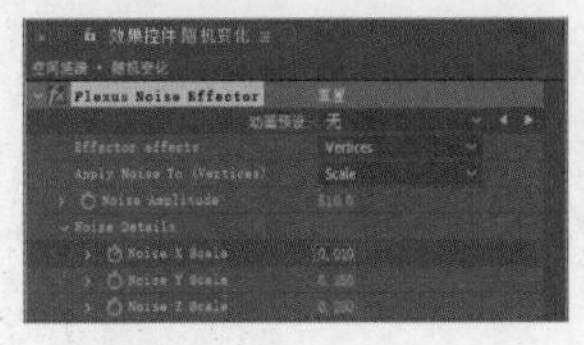
图6-170

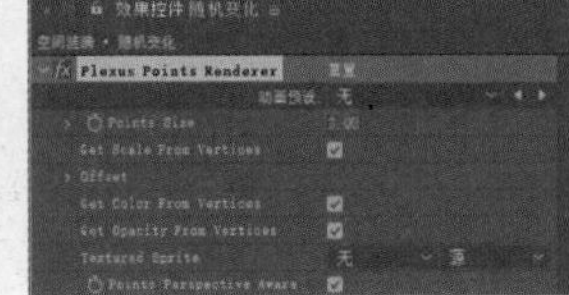
图6-171

图6-172

11 选择“空间涟漪[0000-0300].png”图层，将其重命名为“晶体1”。执行“效果>颜色校正>色调”菜单命令，在“效果控件”面板中展开“色调”卷展栏，设置“将黑色映射到”为深蓝色（R:12,G:0,B:255），如图6-173所示。

12 执行“效果>模糊和锐化>CC Radial Blur”菜单命令，然后展开CC Radial Blur卷展栏，设置Type为Straight Zoom、Amount为250，如图6-174所示。设置时间码为0:00:00:00，效果如图6-175所示。

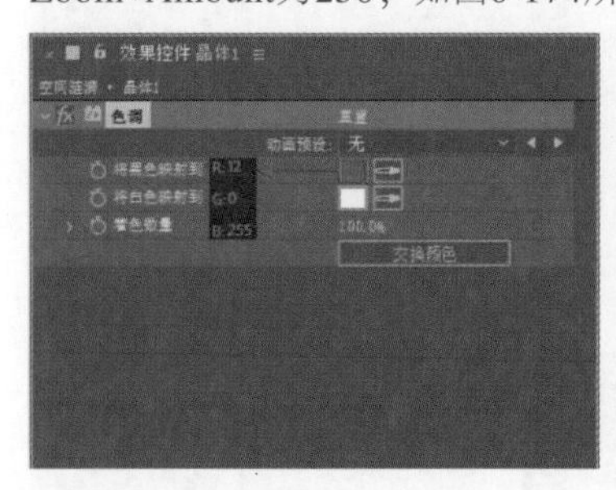

图6-173

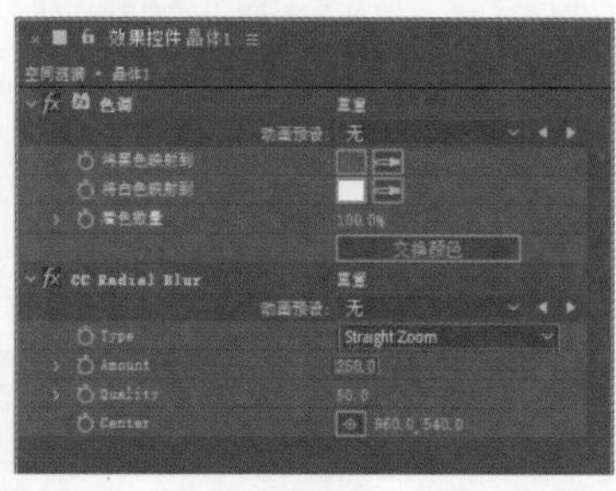

图6-174

图6-175

13 选择“晶体1”图层，执行“编辑>重复”菜单命令，将新增的“晶体2”图层的“模式”设置为“相加”，如图6-176所示。在“效果控件”面板中选择CC Radial Blur卷展栏，执行“编辑>清除”菜单命令。执行“效果>模糊和锐化>CC Cross Blur”菜单命令，在“效果控件”面板中设置Radius X为250、Transfer Mode为Add，如图6-177所示。效果如图6-178所示。

14 保持当前选择不变，执行“编辑>重复”菜单命令，然后选择新增的“晶体3”图层，在“效果控件”面板中选择CC Cross Blur卷展栏，执行“编辑>清除”菜单命令。执行“效果>风格化>发光”菜单命令，在“效果控件”面板中设置“发光半径”为105、“发光强度”为9，如图6-179所示。效果如图6-180所示。

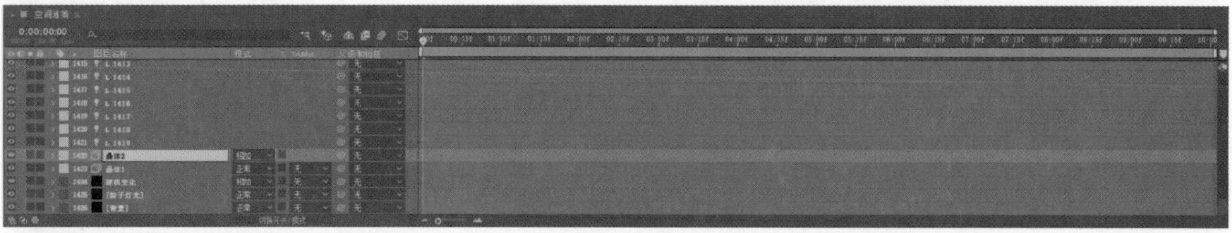

图6-176

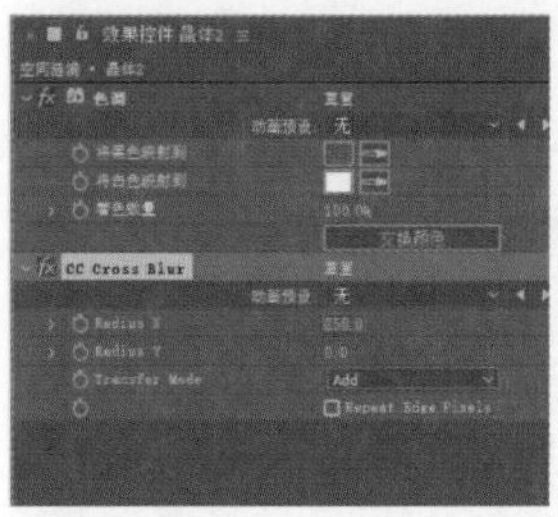

图6-177

图6-178

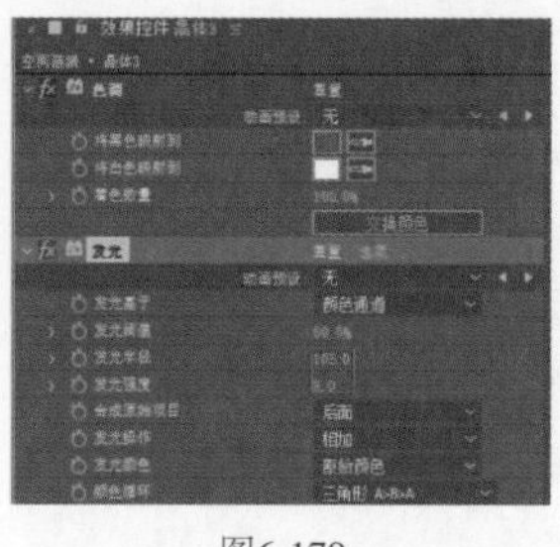

图6-179

图6-180

15 依次展开“摄像机”“摄像机选项”卷展栏，设置“景深”为“开”、“焦距”为11660像素、“光圈”为80像素、“模糊层次”为200%，如图6-181所示。设置时间码为0:00:00:11，最终效果如图6-182所示。

图6-181

图6-182

实战：人脸标注

场景位置	场景文件 > CH06 > 实战：人脸标注
实例位置	实例文件 > CH06 > 实战：人脸标注
难易程度	★★★★☆
学习目标	掌握OBJ格式模型文件的使用方法

人脸标注的效果如图6-183所示，制作分析如下。

OBJ模型中的顶点个数会直接影响After Effects中Plexus读取的粒子数量。

图6-183

◎ 人脸模型渲染

01 打开Cinema 4D，执行“渲染>编辑渲染设置”菜单命令，选择“输出”，设置“宽度”为1920像素、“高度”为1080像素，如图6-184所示。执行“文件>合并项目”菜单命令，选择“场景文件>CH06>实战：人脸标注>人脸造型_1.obj”模型文件，如图6-185所示。效果如图6-186所示。

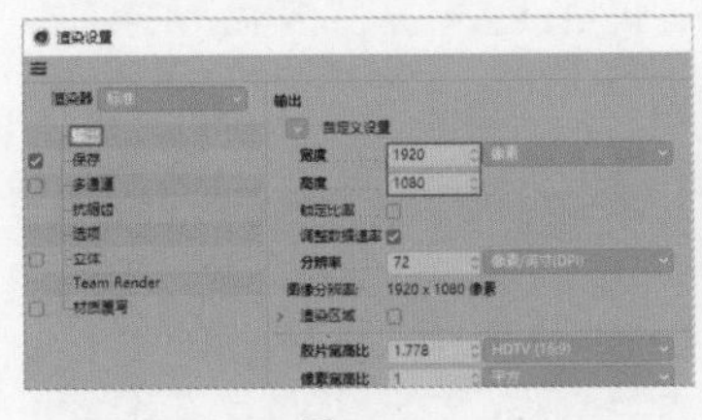

图6-184

图6-185

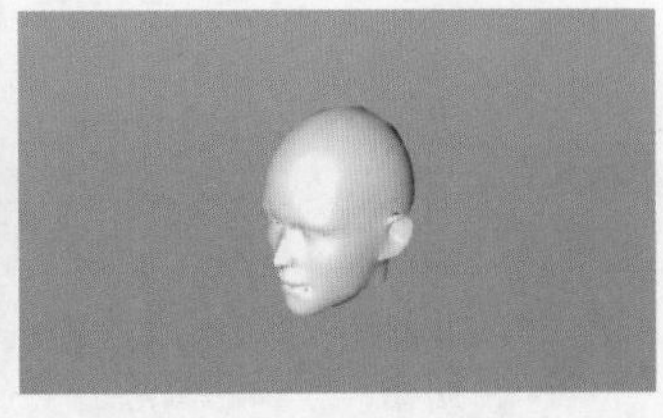

图6-186

02 在“对象”面板中将导入的模型重命名为“标准面部”，然后执行“创建>生成器>减面”菜单命令，将“减面”对象重命名为“简化面部”，然后在“对象”面板中移动“标准面部”对象至“简化面部”对象内，如图6-187所示。效果如图6-188所示。

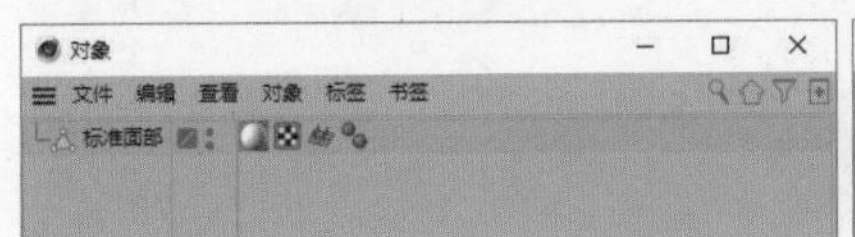

图6-187

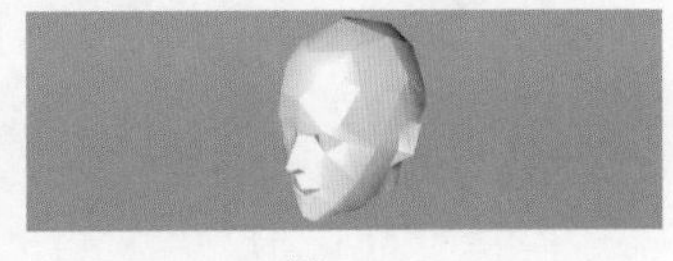

图6-188

03 执行“创建>灯光>灯光”菜单命令3次，分别将这3个“灯光”对象重命名为M、L、S，然后执行“运动图形>克隆”菜单命令两次，分别将两个“克隆”对象重命名为“标准”“简化”，接着移动L对象至“简化”对象内、S对象至“标准”对象内，如图6-189所示。

04 选择“简化”对象，在“属性”面板中设置“模式”为“对象”，然后移动“对象”面板中的“简化面部”对象至“属性”面板的“对象”参数上，接着设置“分布”为“顶点”，如图6-190所示。效果如图6-191所示。

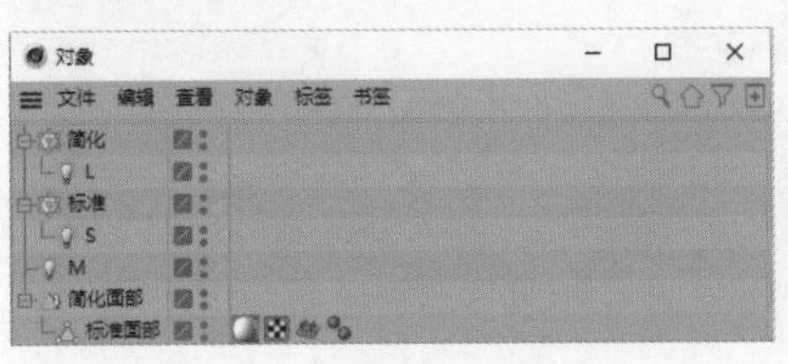

图6-189

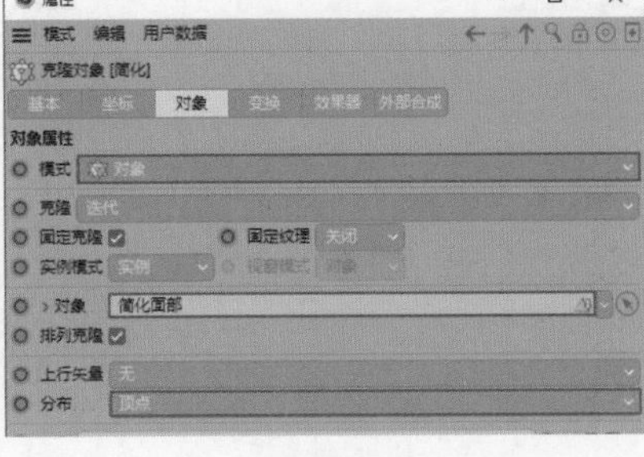

图6-190

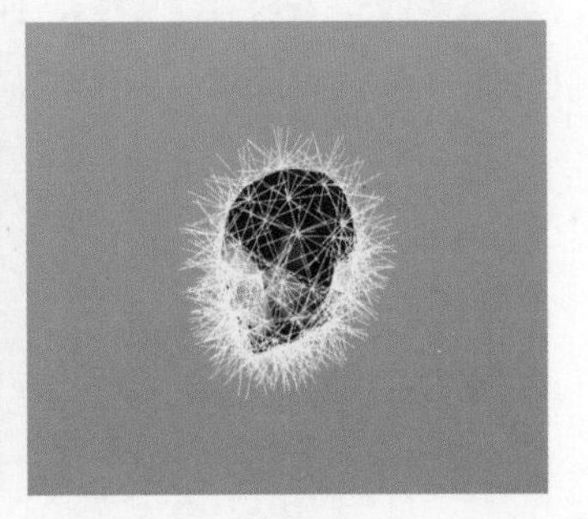

图6-191

05 选择“标准”对象，在“属性”面板中设置“模式”为“对象”，然后移动“对象”面板中的“标准面部”至“属性”面板的“对象”参数上，接着设置“分布”为“顶点”，如图6-192所示。效果如图6-193所示。

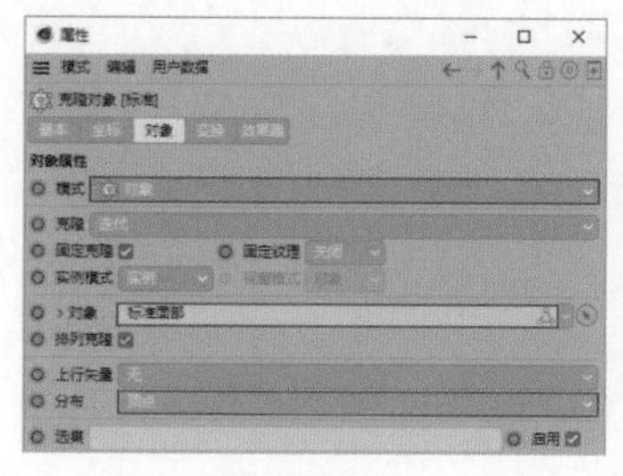

图6-192

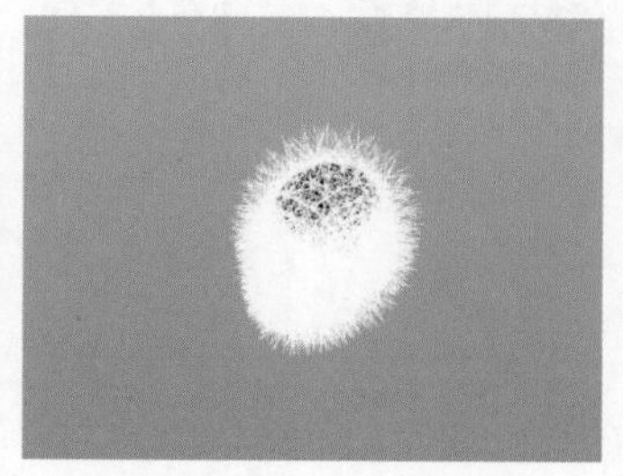

图6-193

06 执行“模拟>粒子>发射器”菜单命令，在“对象”面板中移动M对象至“发射器”对象内，如图6-194所示。选择“发射器”对象，在“属性”面板中设置“编辑器生成比率”和“渲染器生成比率”为20、“投射终点”为300F、“生命”为300F、“速度”为10cm、“变化”为100%，然后设置P.Z为-30cm，如图6-195所示。效果如图6-196所示。

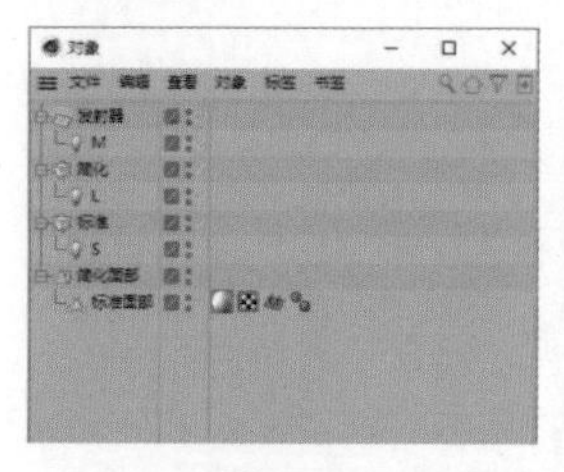

图6-194

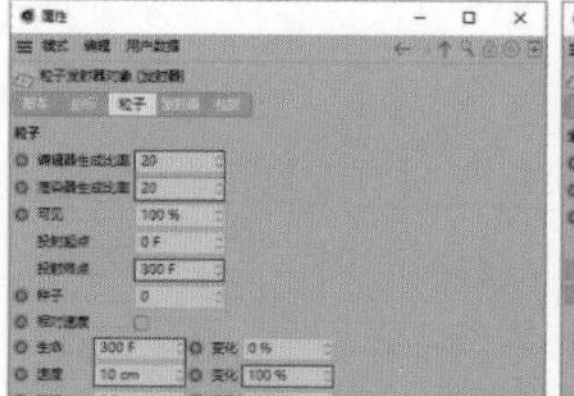

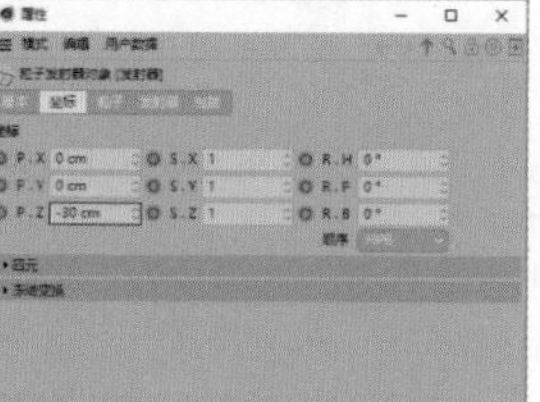

图6-195

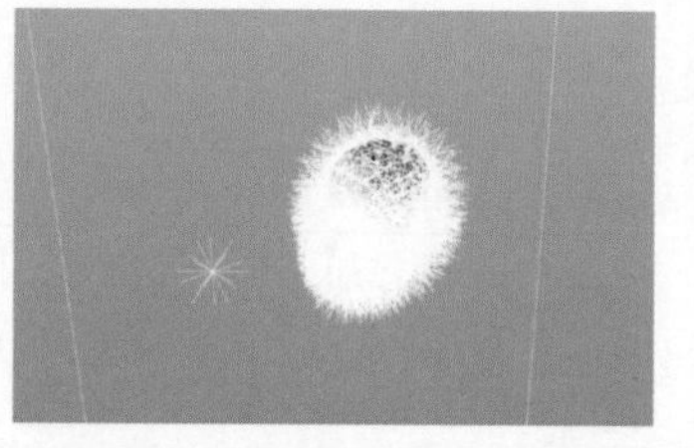

图6-196

07 设置时间轴时长为0～300F、当前帧为0F，如图6-197所示。执行“创建>摄像机>摄像机”菜单命令，选择“摄像机”对象，在“属性”面板中设置P.X、P.Y为0cm，接着设置R.H、R.P和R.B为0°，最后设置P.Z为-65cm并单击其左侧的按钮，如图6-198所示。

图6-197

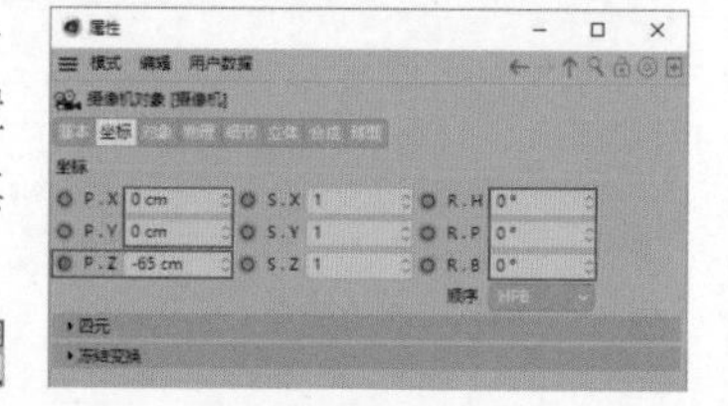

图6-198

08 设置当前帧为300F，然后在“属性”面板中设置P.Z为-55cm并单击其左侧的按钮，如图6-199所示。选择“发射器”“简化”“标准”对象，然后执行“创建>标签>CINEMA 4D标签>外部合成”菜单命令，“对象”面板如图6-200所示。单击“摄像机”右侧的按钮切换至摄像机视角，然后勾选“属性”面板中的“子集”复选框，如图6-201所示。效果如图6-202所示。

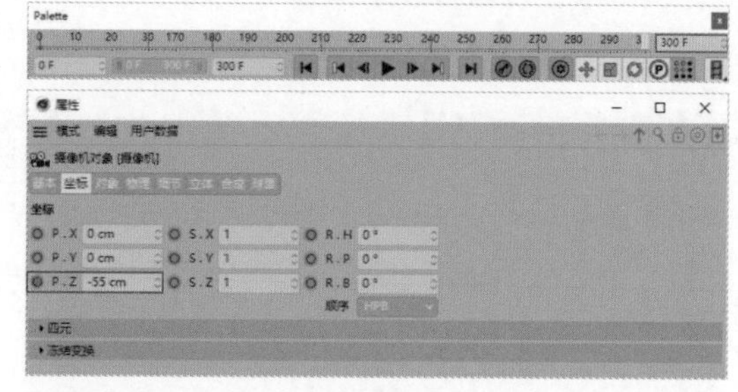

图6-199

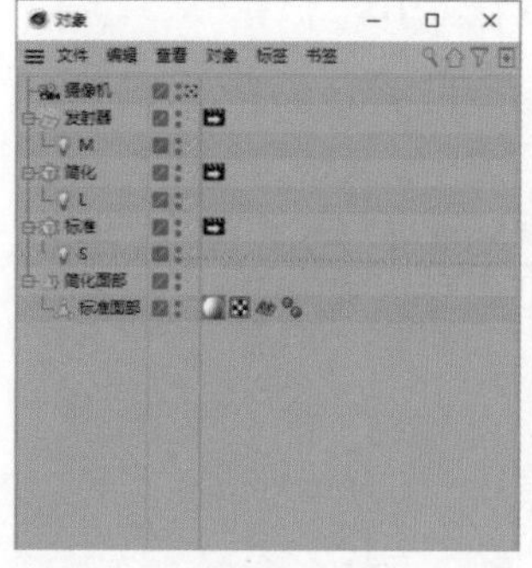

图6-200

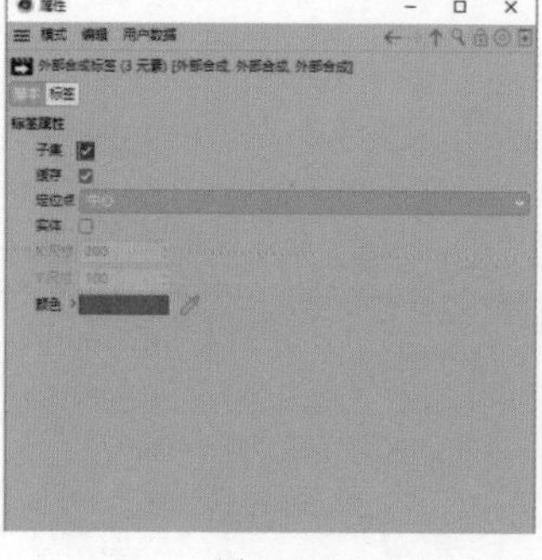

图6-201

图6-202

09 执行“渲染>编辑渲染设置”菜单命令，选择“输出”，设置“帧范围”为“全部帧”、“起点”为0F、“终点”为300F，如图6-203所示。

10 保存文件，将文件命名为“人脸标注”。展开“合成方案文件”卷展栏，勾选“保存”“相对”“包括时间线标记”“包括3D数据”复选框，如图6-204所示。执行“渲染>渲染到图片查看器”菜单命令，效果如图6-205所示。

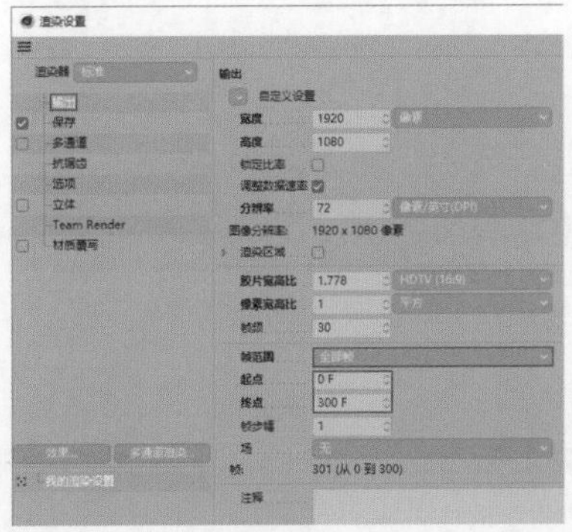

图6-203

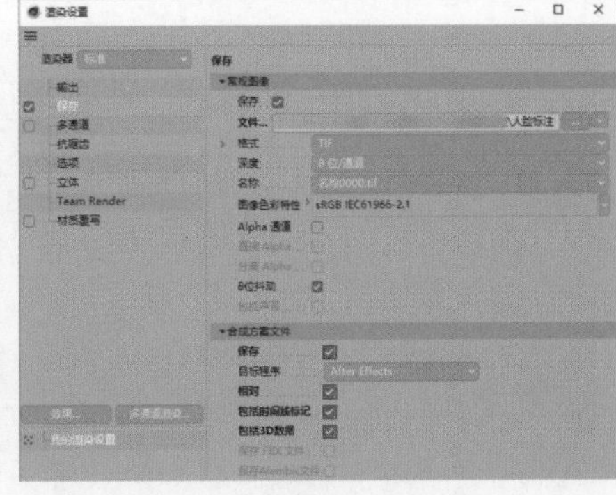

图6-204

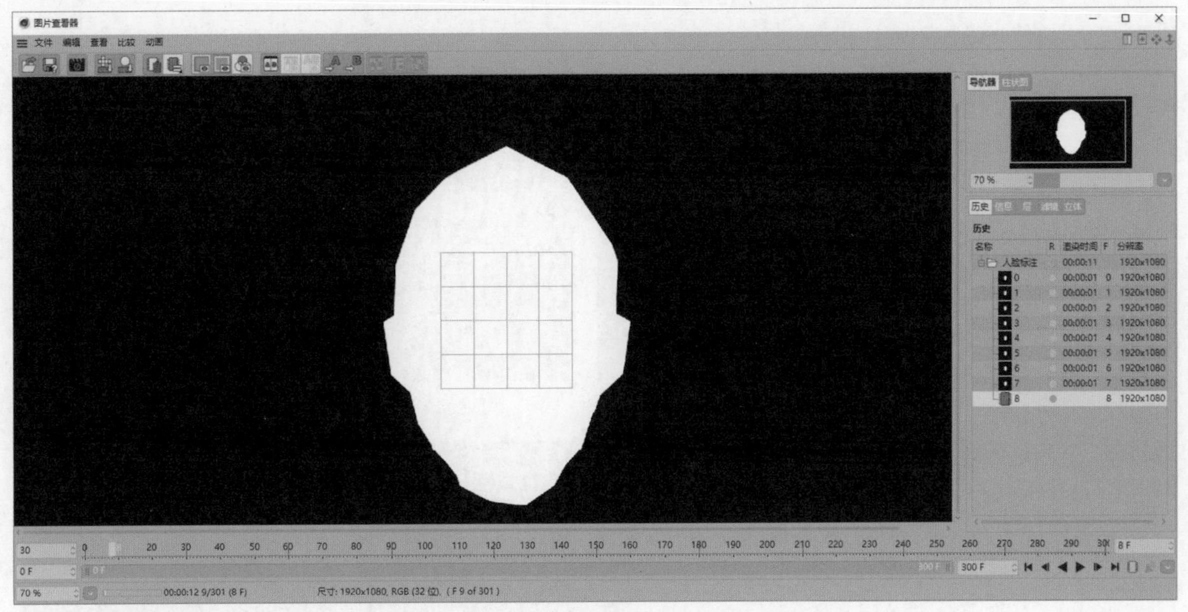

图6-205

◎ 背景设置

01 打开After Effects，导入文件“场景文件>CH06>实战：人脸标注>人脸标注.aec”，如图6-206所示。展开“项目”面板中的“人脸标注”卷展栏，双击“人脸标注”进入合成中。

02 选择图层列表中的“对象群组”“人脸标注[0000-0300].tif”图层和两个“空白”图层，执行“编辑>清除”菜单命令。执行“视图>显示图层控件”菜单命令，隐藏“灯光”图层。新建一个“纯色”图层，将其命名为“背景”，设置“宽度”为1920像素、“高度”为1080像素，并移动其至图层列表的底部，如图6-207所示。

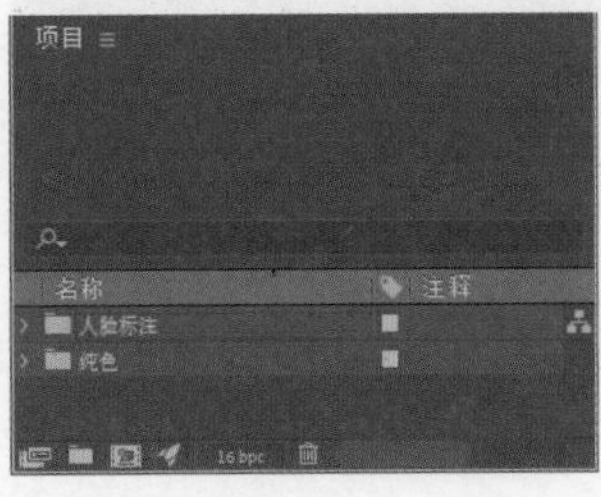

图6-206

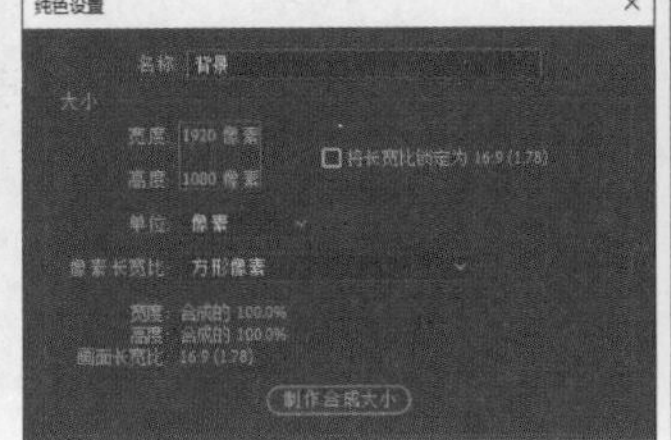

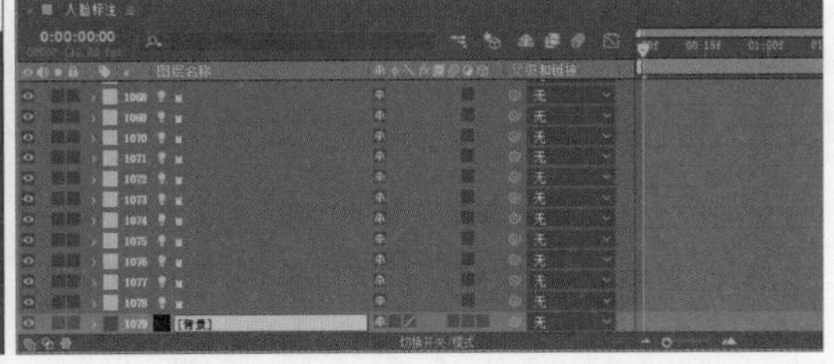

图6-207

03 选择“背景”图层，执行“效果>生成>梯度渐变”菜单命令，然后在“效果控件”面板中设置“渐变起点”为（960,－510）、“起始颜色”为深蓝色（R:0,G:44,B:124）、“渐变终点”为（960,530）、“结束颜色”为黑色（R:0,G:0,B:0）、“渐变形状”为“径向渐变”、“渐变散射”为400，如图6-208所示。效果如图6-209所示。

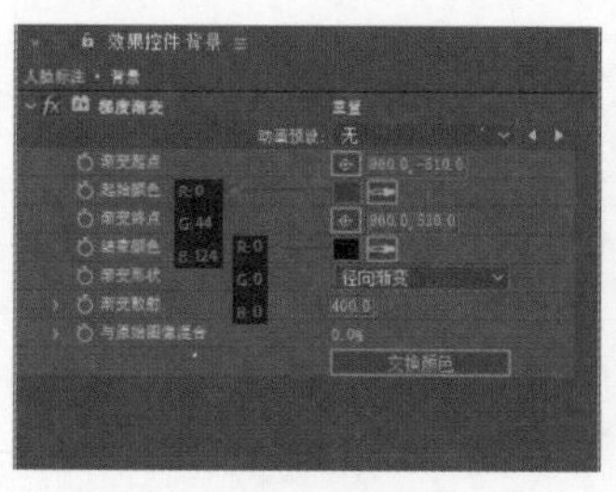

图6-208

图6-209

◎ 人脸标注动效制作

01 新建一个“纯色”图层，将其命名为“标准面部”，设置“宽度”为1920像素、“高度”为1080像素，如图6-210所示。选择“标准面部”图层，执行“效果>Rowbyte>Plexus”菜单命令，选择Plexus面板中的“Add Geometry>Layers”选项，然后选择Plexus Points Renderer指令，如图6-211所示。选择“效果控件”面板中的Plexus Points Renderer，执行“编辑>清除”菜单命令。

02 选择Plexus面板中的Plexus Layers Object指令。在“效果控件”面板中单击Layer Name Begins with右侧的<All Lights>，在弹出的对话框中输入S，如图6-212所示。

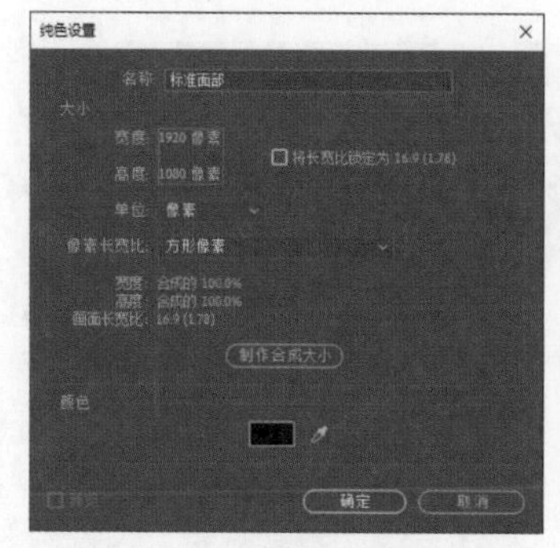

图6-210

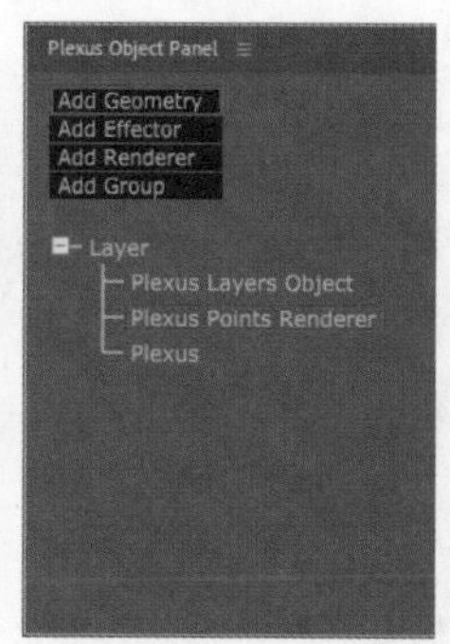

图6-211

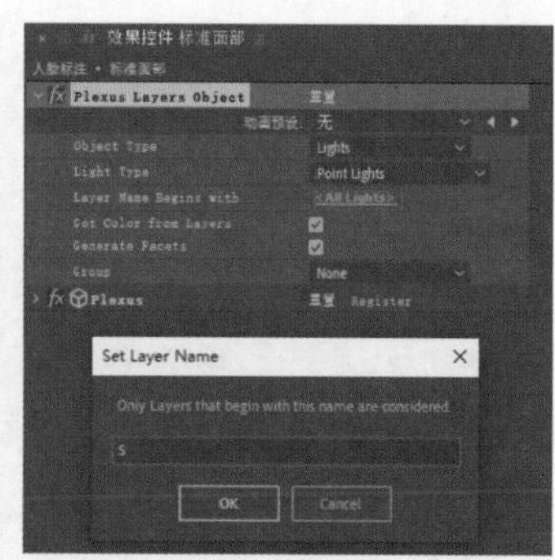

图6-212

03 选择Plexus面板中的“Add Renderer>Lines”选项，然后选择Plexus Lines Renderer指令，如图6-213所示。在“效果控件”面板中取消勾选Get Colors From Vertices、Get Opacity From Vertices复选框，然后设置Lines Color为蓝色（R:1,G:115,B:255）、Lines Opacity为35%，接着设置Line Thickness为0.01，如图6-214所示。

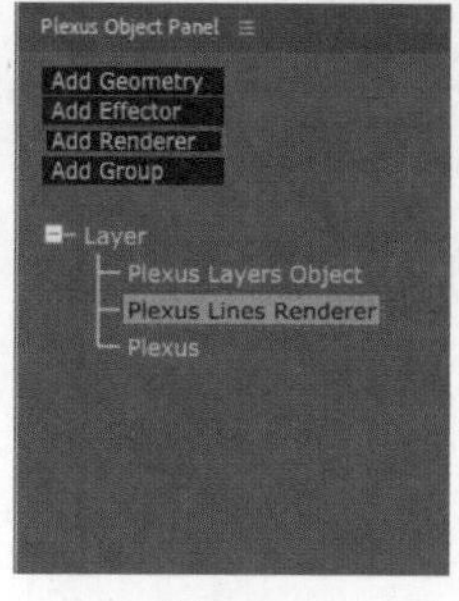

图6-213

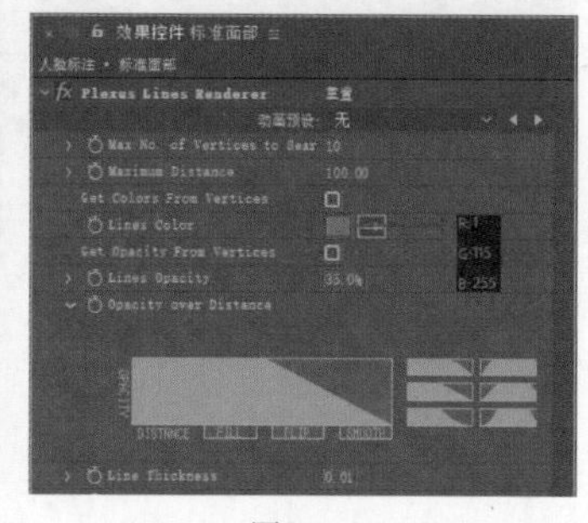

图6-214

04 在Plexus面板中选择Plexus指令，在“效果控件”面板中勾选Required for DoF & Motion复选框，然后设置Depth of Field为Camera Settings、Blur Factor为0.01，接着设置Near Fade为10、Render Quality为8x，如图6-215所示。执行“效果>风格化>发光”菜单命令，效果如图6-216所示。

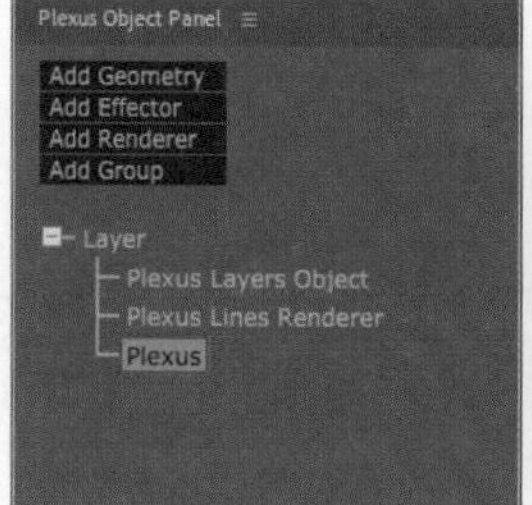

图6-215

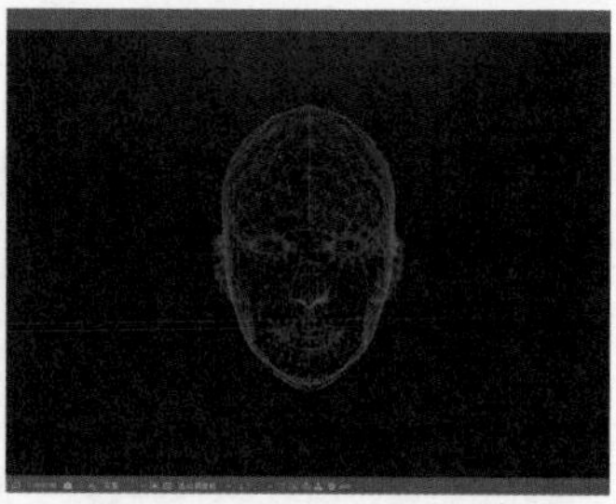

图6-216

05 选择“标准面部”图层，在“时间轴”面板中单击“切换开关/模式”按钮 切换开关/模式 ，设置“标准面部”图层的“模式”为“相加”，然后执行“编辑>重复”菜单命令3次，得到3个“标准面部”图层，分别将它们重命名为“采样机”“数据点”“标注线”，如图6-217所示。

06 选择“标注线”图层，然后选择Plexus面板中的“Add Geometry>Layers”选项，接着选择Plexus Layers Object指令，如图6-218所示。在“效果控件”面板中单击Layer Name Begins with右侧的图标，在弹出的对话框中输入L，然后设置Group为Group 1，如图6-219所示。

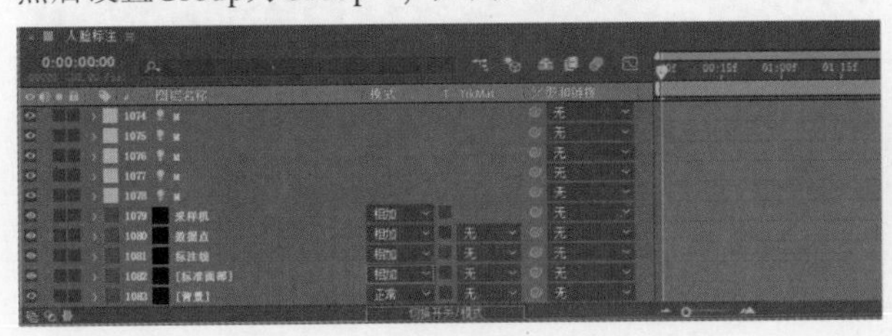

图6-217

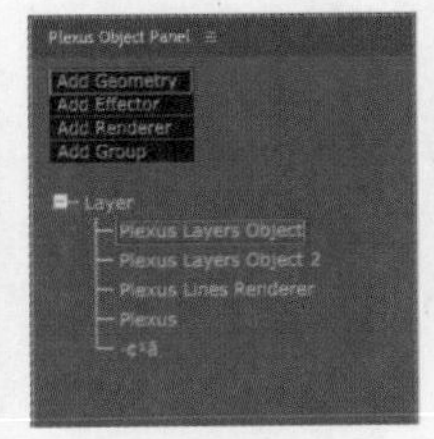

图6-218

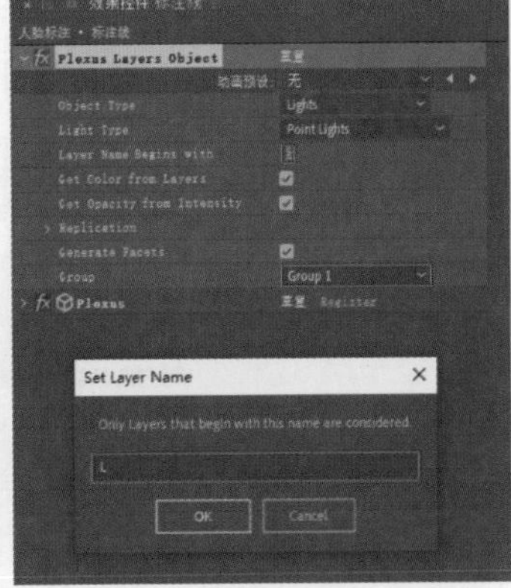

图6-219

07 选择Plexus面板中的Plexus Layers Object 2指令，然后在“效果控件”面板中单击Layer Name Begins with右侧的<All Lights>，在弹出的对话框中输入M，接着设置Group为Group 2，如图6-220所示。

08 选择Plexus面板中的Plexus Lines Renderer指令，然后在“效果控件”面板中设置Maximum Distance为10、Lines Opacity为100%、Line Thickness为0.02、Draw Lines Between为Two Groups，如图6-221所示。设置时间码为0:00:08:10，效果如图6-222所示。

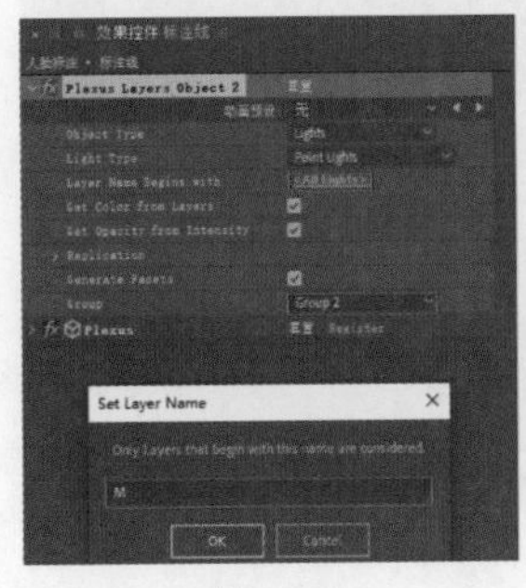

图6-220

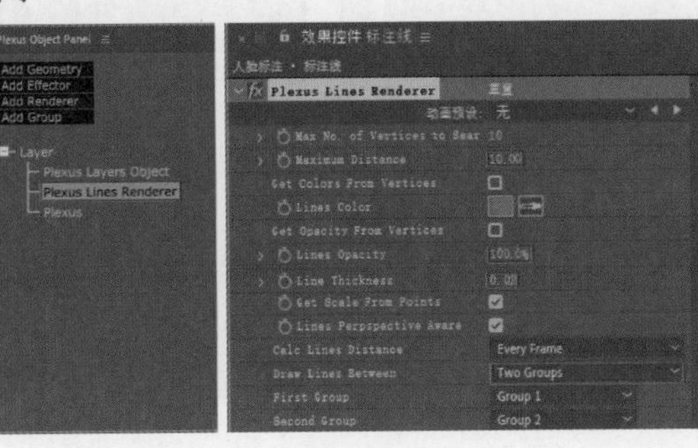

图6-221

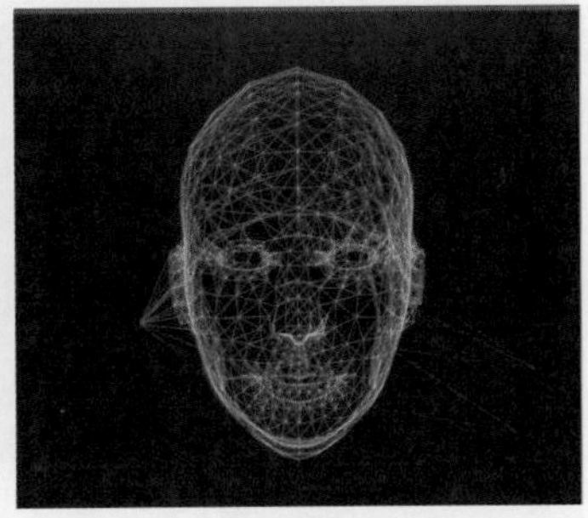

图6-222

09 选择“采样机”图层，然后选择Plexus面板中的Plexus Lines Renderer指令，执行“编辑>清除”菜单命令。选择Plexus面板中的“Add Renderer>Points”选项，然后选择Plexus Points Renderer指令，在“效果控件”面板中设置Points Size为0.1，如图6-223所示。效果如图6-224所示。

10 选择“数据点”图层，然后选择Plexus面板中的Plexus Lines Renderer指令，执行“编辑>清除”菜单命令。选择Plexus面板中的“Add Effector>Noise”选项，然后选择“Add Renderer>Points”选项，接着选择Plexus Layers Object指令，最后在“效果控件”面板中单击Layer Name Begins with右侧的图标，在弹出的对话框中输入L，如图6-225所示。

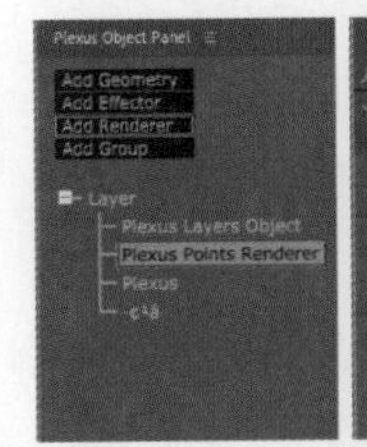

图6-223

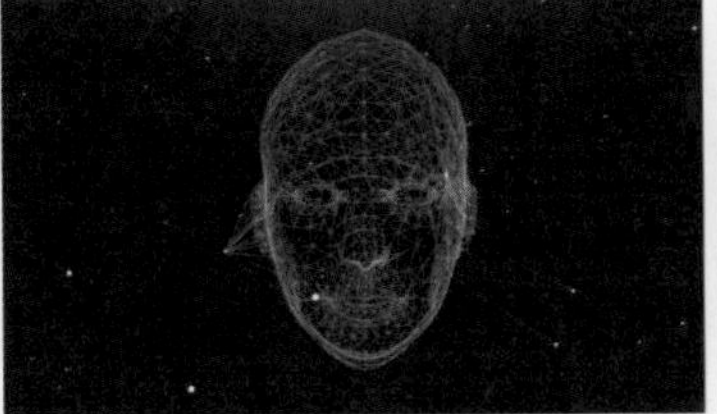

图6-224

图6-225

11 选择Plexus面板中的Plexus Points Renderer指令，然后在“效果控件”面板中设置Points Size为0.04，如图6-226所示。设置时间码为0:00:00:00，如图6-227所示。

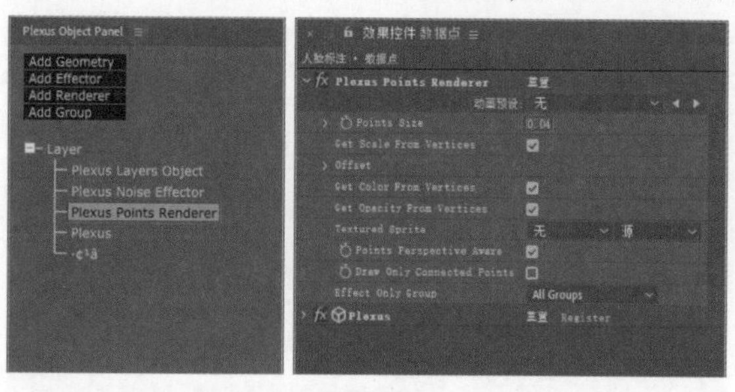

图6-226

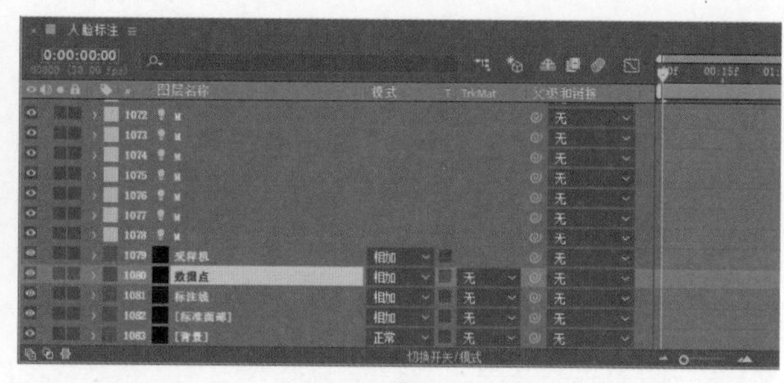

图6-227

12 选择Plexus面板中的Plexus Noise Effector指令，然后在“效果控件”面板中设置Apply Noise To (Vertices)为Scale、Noise Amplitude为200，接着单击Noise X Offset、Noise Y Offset、Noise Z Offset左侧的按钮，如图6-228所示。

13 设置时间码为0:00:10:00，然后在“效果控件”面板中设置Noise X Offset、Noise Y Offset、Noise Z Offset均为0x＋30°，如图6-229所示。效果如图6-230所示。设置时间码为0:00:00:00，然后依次展开“摄像机”“摄像机选项”卷展栏，设置“景深”为“开”、“焦距”为57像素并单击其左侧的按钮，接着设置“模糊层次”为200%，如图6-231所示。

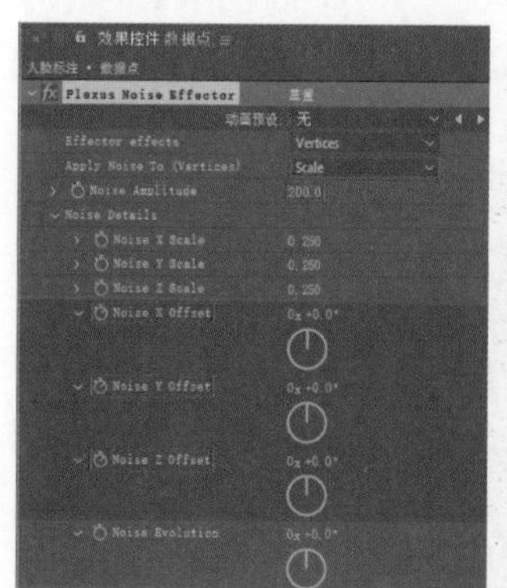

图6-228

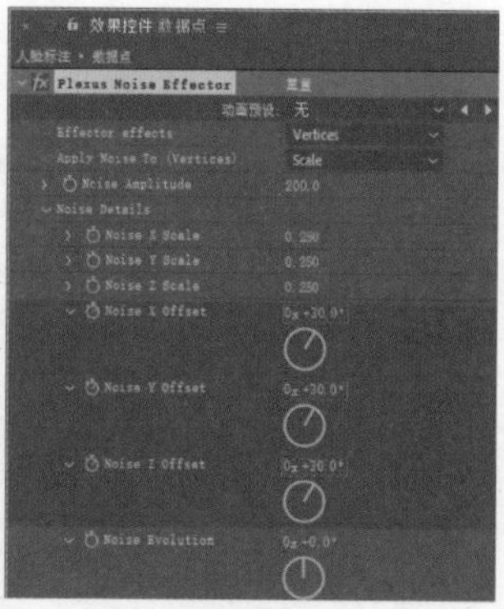

图6-229

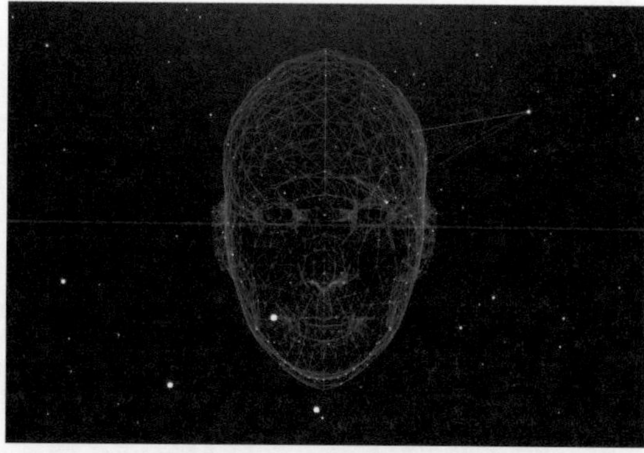

图6-230

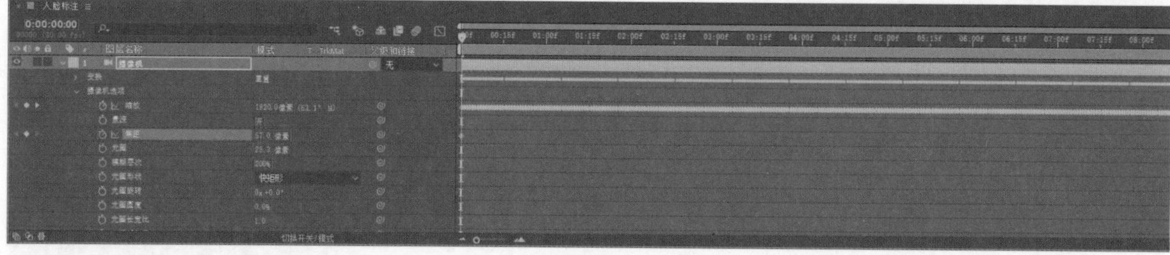

图6-231

14 设置时间码为0:00:10:00，然后设置“摄像机选项”中的“焦距”为47像素，如图6-232所示。设置时间码为0:00:04:17，最终效果如图6-233所示。

图6-232

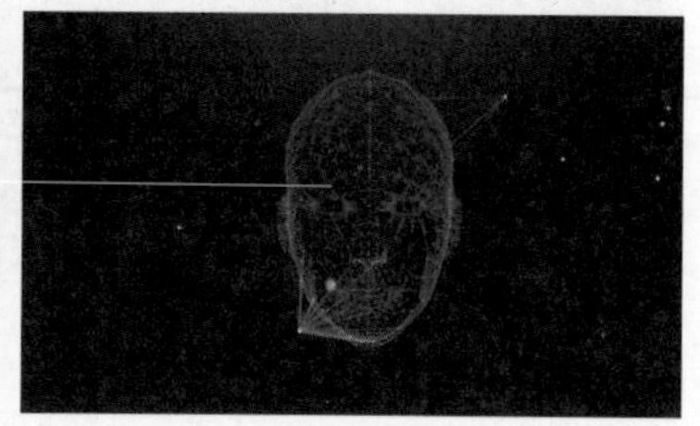

图6-233

实战：雨滴坠落

场景位置	场景文件 > CH06 > 实战：雨滴坠落
实例位置	实例文件 > CH06 > 实战：雨滴坠落
难易程度	★★★☆☆
学习目标	掌握“摄像机”中“光圈”的使用方法

雨滴坠落的效果如图6-234所示，制作分析如下。

设置“摄像机”中的“光圈”参数可以增强画面的层次感。

图6-234

01 在Cinema 4D中使用参数化对象、“灯光”、“摄像机”等工具制作主体动画模型，如图6-235所示。

02 在进行外部合成后导出图形序列，如图6-236所示。

图6-235

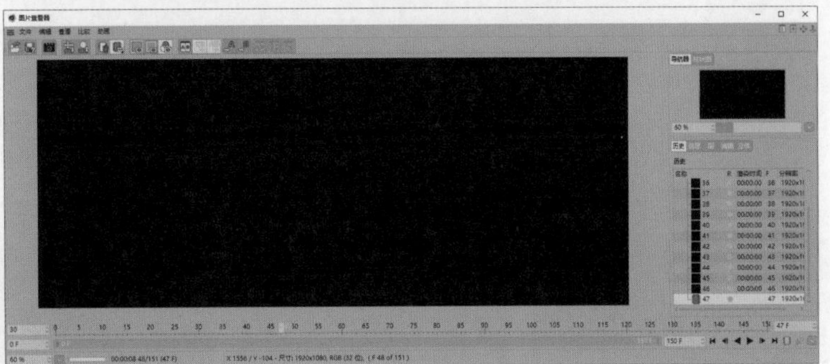

图6-236

03 在After Effects中导入以上步骤中导出的图形序列，设置背景以渲染氛围，效果如图6-237所示。

04 使用Particular粒子插件制作雨滴坠落动效，最终效果如图6-238所示。

图6-237

图6-238

6.4 拖尾动画效果

判定粒子动效制作是否已经达到进阶水准，有一个简单的标准，即是否能熟练地做出“粒子拖尾”的动画效果。本节的案例中将运用灯光图层发射粒子，这是After Effects与Cinema 4D结合的一个技术重点。

实战：蝌蚪

场景位置	场景文件 > CH06 > 实战：蝌蚪
实例位置	实例文件 > CH06 > 实战：蝌蚪
难易程度	★★★☆☆
学习目标	掌握灯光图层的使用方法

蝌蚪的效果如图6-239所示，制作分析如下。

搭配使用Particular与Motion Path 1灯光图层，可以制作出粒子拖尾的效果。注意图层的名称需要区分大小写以及有无空格，Motion Path 1中的1对应的是“效果控件”面板中Motion Path的参数。

图6-239

◎ 背景设置

01 打开After Effects，新建一个合成，设置“合成名称”为“蝌蚪”、“宽度”为1920px、“高度”为1080px、“帧速率”为30帧/秒、“持续时间”为0:00:10:00，如图6-240所示。创建一个“纯色”图层，将其命名为“背景”，设置“宽度”为1920像素、“高度”为1080像素，如图6-241所示。

02 执行“效果＞生成＞四色渐变”菜单命令，在“效果控件”面板中设置“颜色1”为深蓝色（R:14,G:19,B:61）、“颜色2”为黑色（R:0,G:0,B:0）、“颜色3”为黑色（R:0,G:0,B:0）、“颜色4”为深蓝色（R:14,G:19,B:61）、“抖动”为100%，如图6-242所示。效果如图6-243所示。

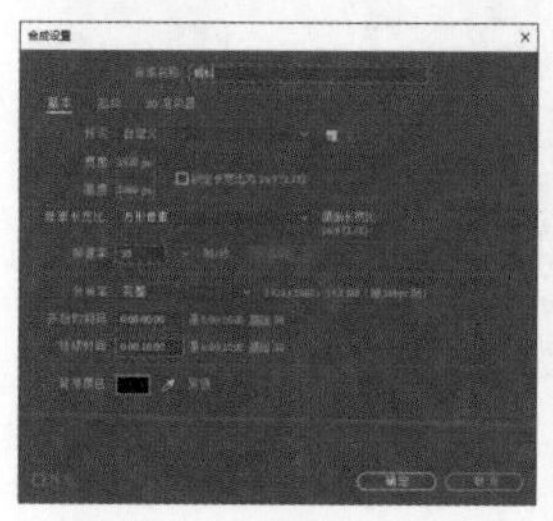

图6-240

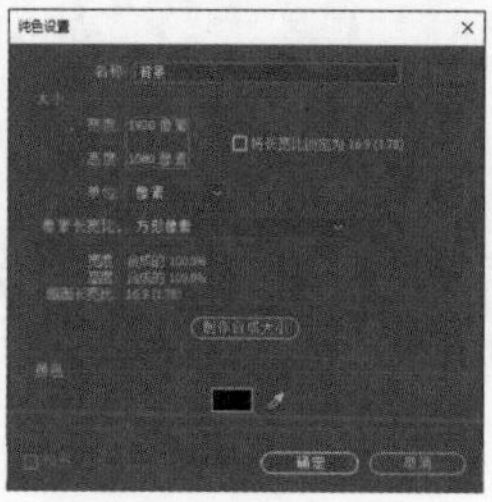

图6-241

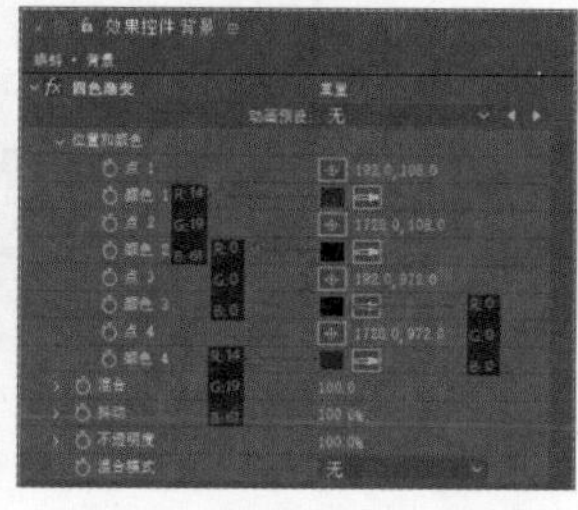

图6-242

图6-243

◎ 蝌蚪主体及动效制作

01 执行“图层＞新建＞灯光”菜单命令，将创建的灯光图层命名为Motion Path 1，然后设置时间码为0:00:00:00，如图6-244所示。依次展开Motion Path 1、“变换”卷展栏，然后单击“位置”左侧的按钮，接着设置“位置”为（340,875,-666.7），如图6-245所示。

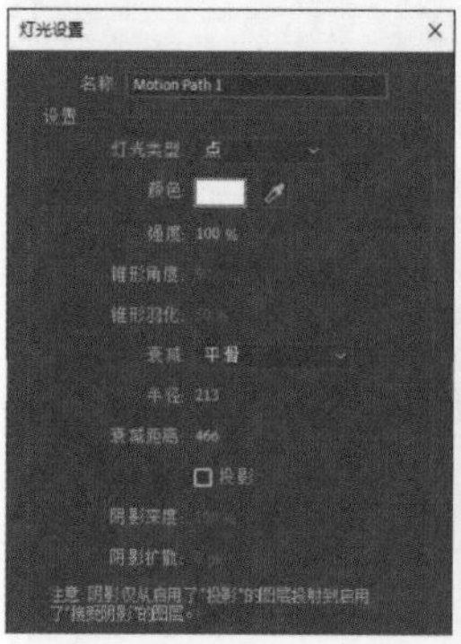

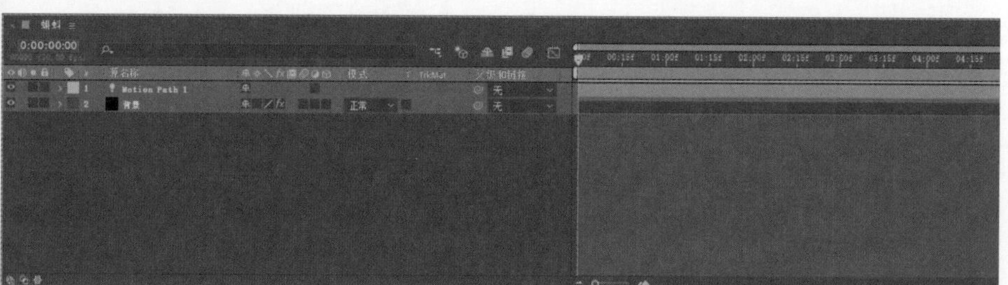

图6-244

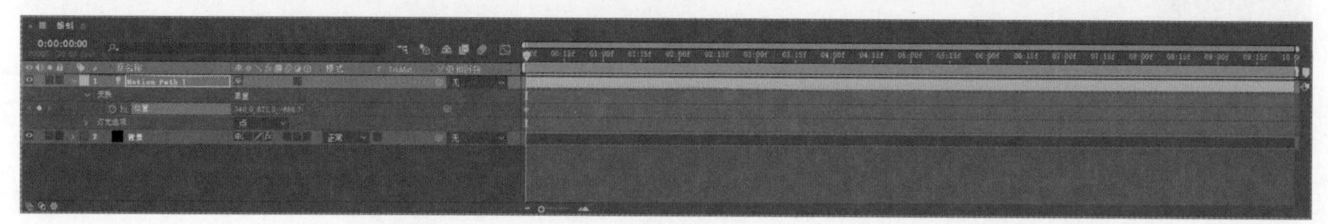

图6-245

02 设置时间码为0:00:09:29，然后设置“位置”为（1540,265,-666.7），如图6-246所示。效果如图6-247所示。设置时间码为0:00:05:00，单击“选取工具”按钮▶，在“合成”面板中拖曳路径的两个端点，效果如图6-248所示。新建一个“纯色”图层，将其命名为“主体”，设置“宽度”为1920像素、“高度”为1080像素，如图6-249所示。

图6-246

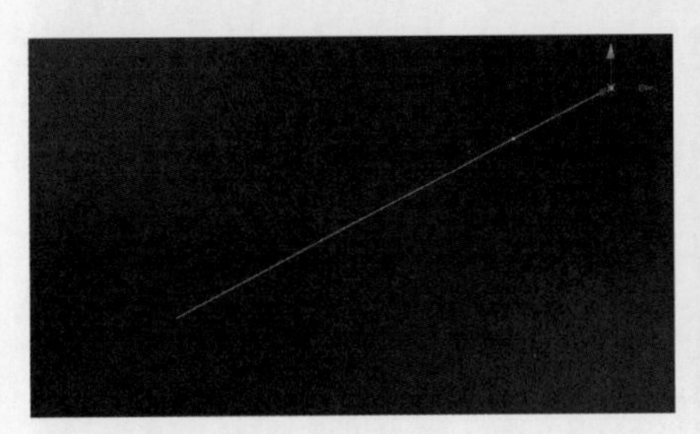

图6-247

图6-248

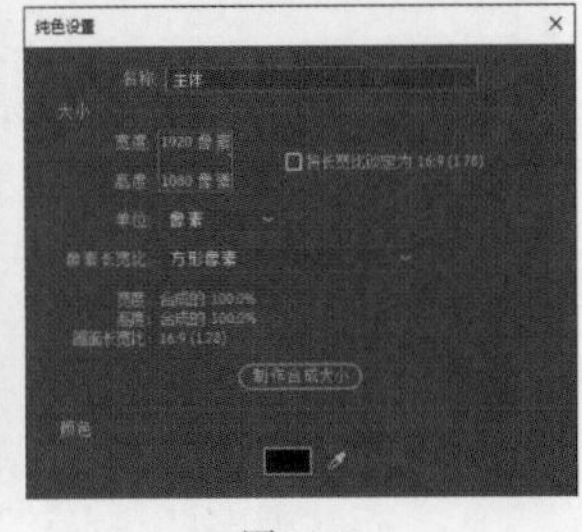

图6-249

03 选择“主体”图层，然后执行“效果>RG Trapcode>Particular”菜单命令。在“效果控件”面板中展开Emitter(Master）卷展栏，设置Particles/sec为30、Emitter Type为Box，然后设置Velocity为0、Velocity Random为0%、Velocity Distribution为0、Velocity from Motion[%]为0，接着设置Emitter Size XYZ为750，如图6-250所示。

04 依次展开“主体”、“效果”、Particular和Emitter(Master）卷展栏，选择Position参数，如图6-251所示。执行“动画>添加表达式”菜单命令，在“表达式:Position”右侧输入代码thisComp.layer("Motion Path 1").transform.position.key(1)，如图6-252所示。

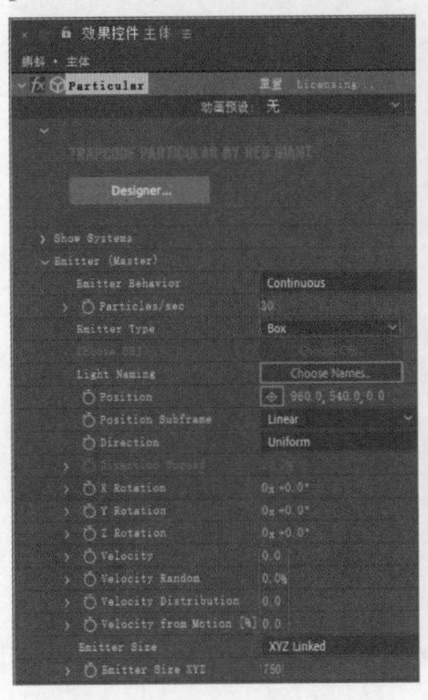

图6-250

图6-251

图6-252

05 保持当前选择不变，展开Particle(Master）卷展栏，设置Life[sec]为10、Size为0，如图6-253所示。依次展开Physics(Master)、Air卷展栏，设置Motion Path为1、Spin Amplitude为50，然后展开Turbulence Field卷展栏，设置Scale为50，如图6-254所示。

06 展开Aux System(Master）卷展栏，设置Emit为Continuously、Particles/sec为150、Blend Mode为Add；展开Size over Life卷展栏，选择PRESETS下拉列表中的第2个选项，然后设置Opacity为20、Color为蓝色(R:0,G:138,B:255)；展开Physics(Air&Fluid mode only）卷展栏，设置Turbulence Position为50，如图6-255所示。效果如图6-256所示。

07 执行“图层>新建>摄像机”菜单命令，设置“类型”为“双节点摄像机”、“名称”为“摄像机”，如图6-257所示。

08 依次在“时间轴”面板中展开“摄像机”“变换”卷展栏，设置“目标点”为（960,540,-660.0)、“位置”为（960,540,-1030)，然后展开“摄像机选项”卷展栏，设置“缩放”为360像素、“景深”为“开”、“焦距”为360像素、“光圈”为350像素，如图6-258所示。

09 设置时间码为0:00:07:20，执行“视图>显示图层控件”菜单命令，隐藏“灯光”图层，最终效果如图6-259所示。

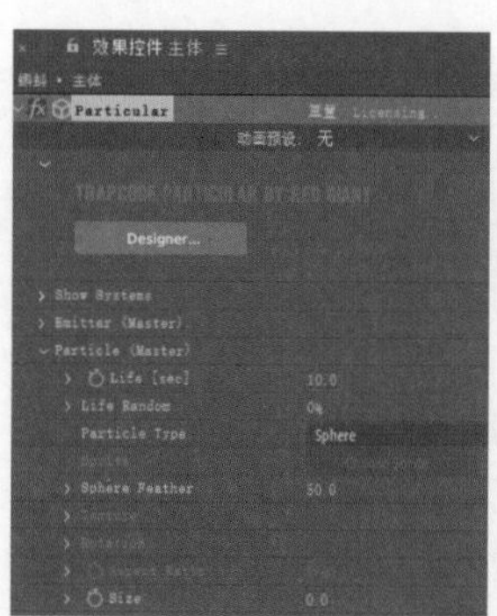

图6-253

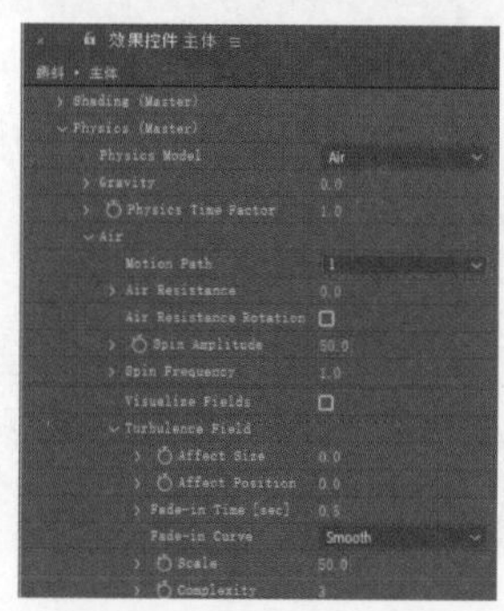

图6-254

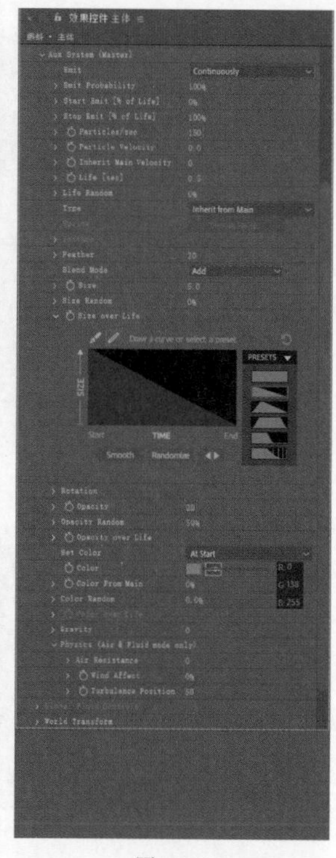

图6-255

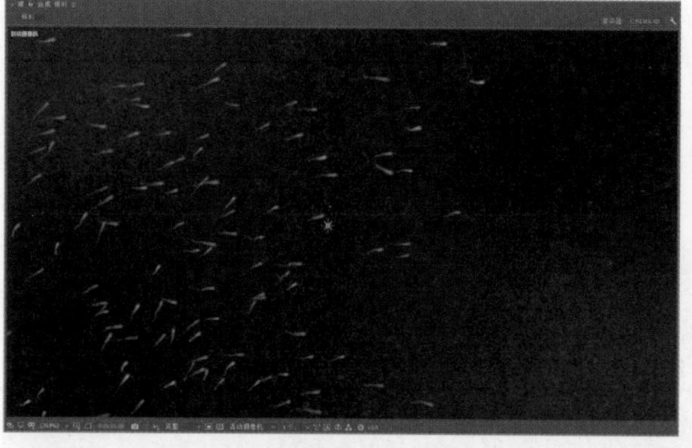

图6-256

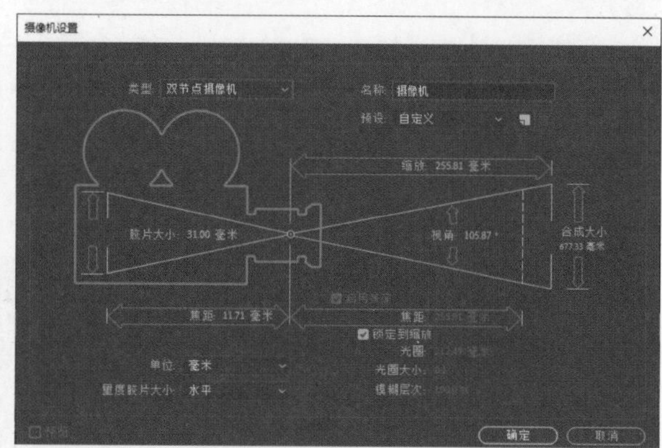

图6-257

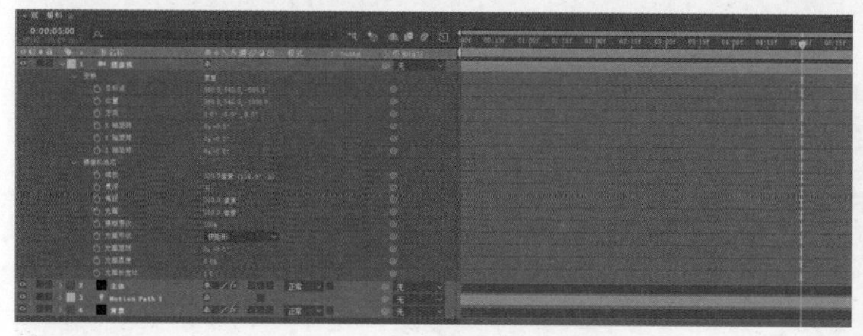

图6-258

图6-259

实战：高速车流

场景位置	场景文件 > CH06 > 实战：高速车流
实例位置	实例文件 > CH06 > 实战：高速车流
难易程度	★★★★☆
学习目标	掌握灯光图层的使用方法

高速车流的效果如图6-260所示，制作分析如下。

使用灯光图层引导并发射粒子，可以让粒子的可操作面变得更广阔，不仅在After Effects中可以自由地创建"灯光"，也可以直接将其置入Cinema 4D中进行制作。

图6-260

◎ 地面场景制作

01 打开Cinema 4D，执行"渲染>编辑渲染设置"菜单命令，选择"输出"，设置"宽度"为1920像素、"高度"为1080像素，如图6-261所示。

02 执行"创建>对象>地形"菜单命令，在"属性"面板中设置"尺寸"为（3000cm,655cm,1620cm）、"宽度分段"和"深度分段"均为10、"海平面"为25%，然后设置P.Z为830cm，如图6-262所示。

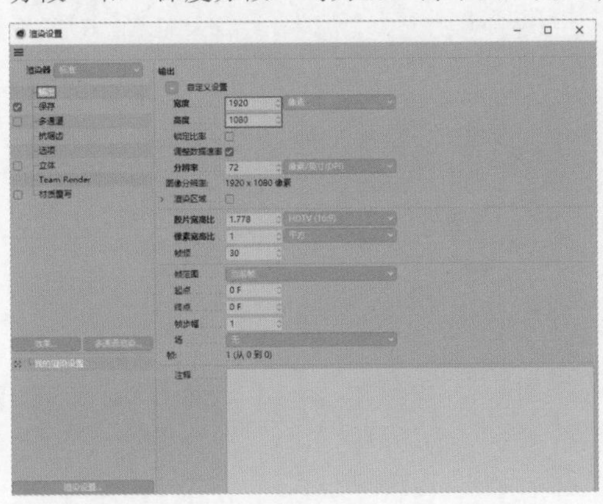

图6-261

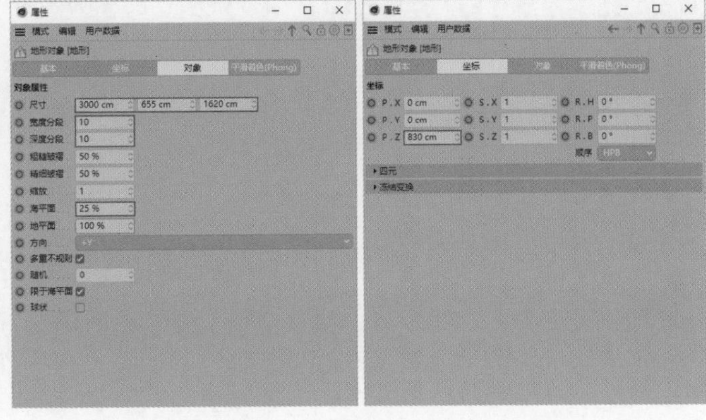

图6-262

03 执行"创建>对象>地形"菜单命令，选择"地形.1"对象，设置"尺寸"为（3000cm,925cm,1620cm）、"宽度分段"和"深度分段"均为10、"海平面"为45%，然后设置P.Z为-830cm，如图6-263所示。效果如图6-264所示。

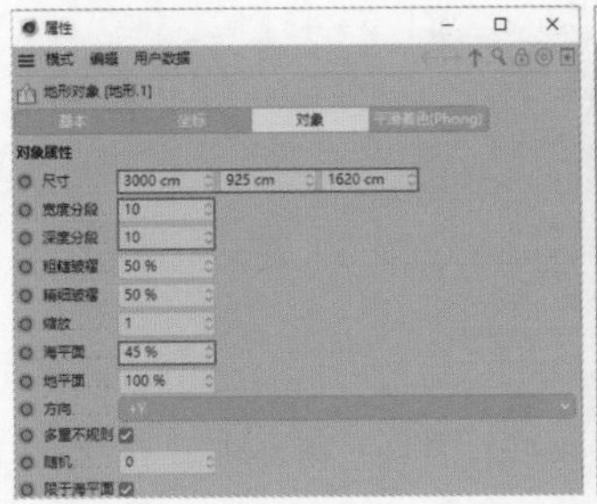

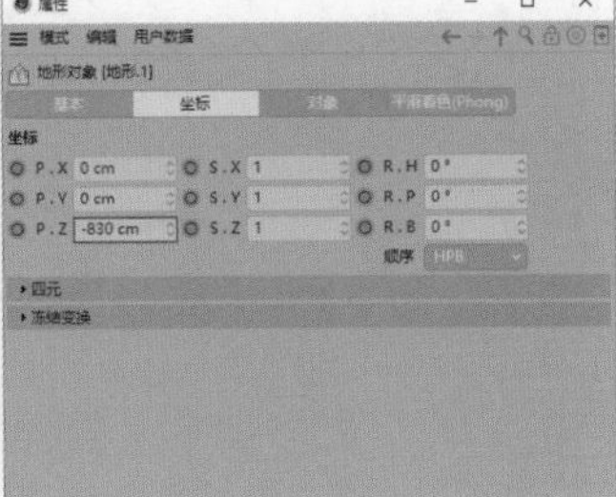

图6-263

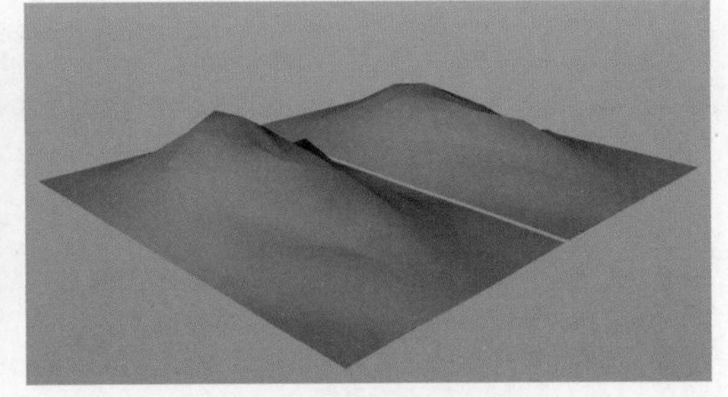

图6-264

04 选择“地形”“地形.1”对象，执行“网格>转换>连接对象+删除”菜单命令，将“地形.1”对象重命名为“山”，如图6-265所示。执行“创建>灯光>灯光”菜单命令，然后执行“运动图形>克隆”菜单命令，将“克隆”对象重命名为“山形”，将“灯光”对象重命名为L，移动L对象至“山形”对象内，如图6-266所示。

05 选择“山形”对象，在“属性”面板中设置“模式”为“对象”，然后移动“对象”面板中的“山”对象至“属性”面板的“对象”参数上，接着设置“分布”为“体积”、“数量”为500，如图6-267所示。

图6-265

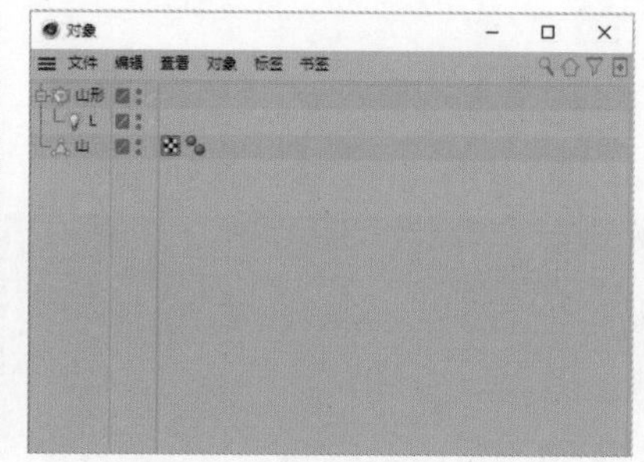

图6-266

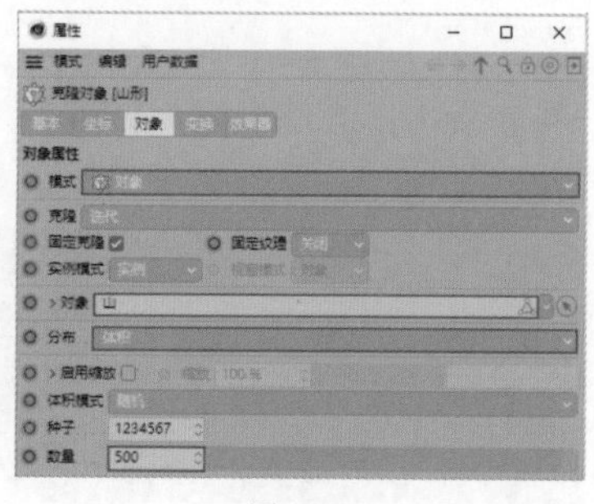

图6-267

◎ 行驶路径制作

01 隐藏“山”对象，效果如图6-268所示。执行“创建>样条>公式”菜单命令，将创建的“公式”对象命名为“行驶路径”，如图6-269所示。选择“行驶路径”对象，在“属性”面板中设置X(t)为1000.0 * t、Y(t)为200.0 * Sin(t * PI)、“采样”为256，如图6-270所示。

图6-268

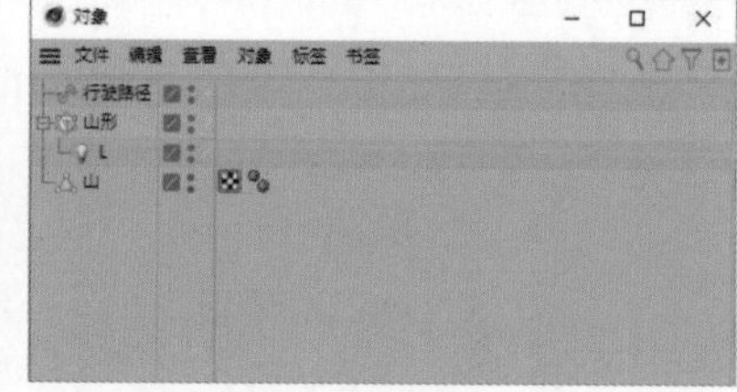

图6-269

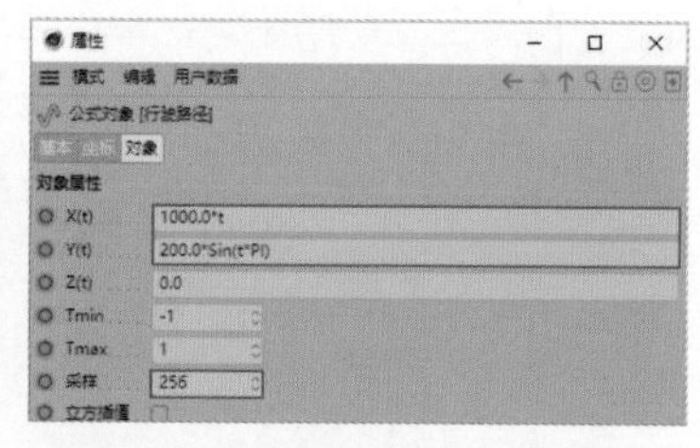

图6-270

02 保持当前选择不变，在“属性”面板中设置P.X为105cm、P.Y为35cm、P.Z为-18cm、R.P为-90°，如图6-271所示。效果如图6-272所示。执行“创建>灯光>灯光”菜单命令，将创建的“灯光”对象重命名为M。设置时间轴时长为0～150F、当前帧为0F，如图6-273所示。

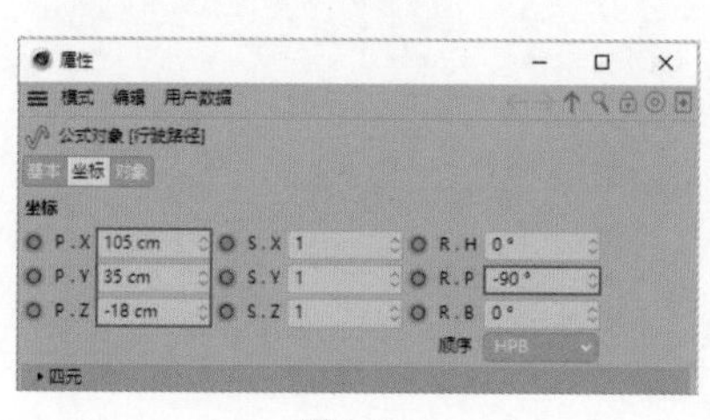

图6-271

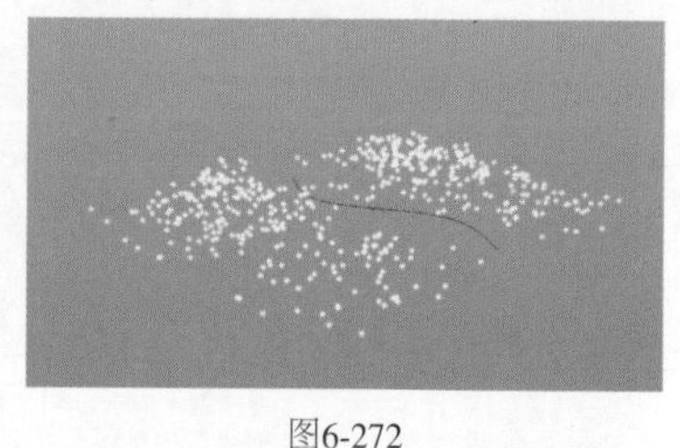

图6-272

图6-273

03 选择M对象，执行“创建>标签>CINEMA 4D标签>对齐曲线”菜单命令，移动“对象”面板中的“行驶路径”至“属性”面板的“曲线路径”参数上，然后单击“位置”左侧的按钮，如图6-274所示。

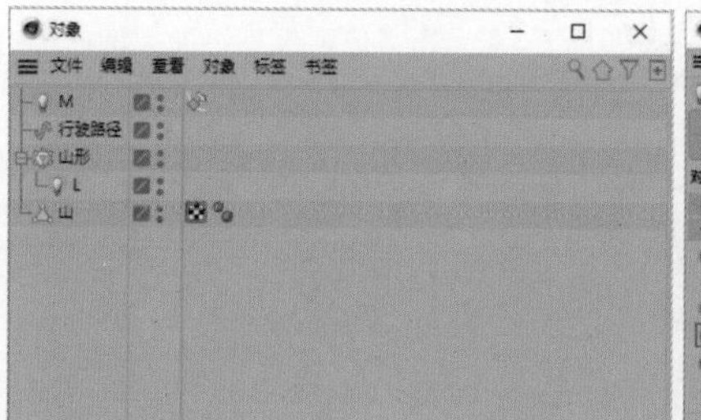

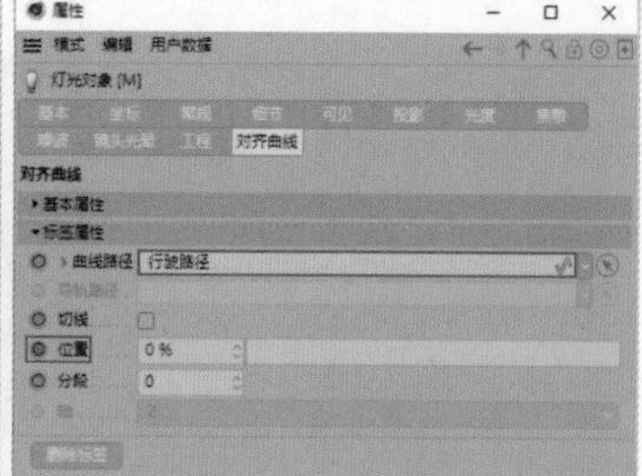

图6-274

04 设置当前帧为60F，然后设置“位置”为100%并单击其左侧的按钮，如图6-275所示。执行“创建>样条>圆弧”菜单命令，将创建的“圆弧”对象命名为“摄像机路径”，如图6-276所示。选择“摄像机路径”对象，在“属性”面板中设置P.X为1785cm、P.Y为865cm、P.Z为425cm、R.P为-90°、R.B为20°，如图6-277所示。

05 执行“创建>摄像机>摄像机”菜单命令，选择“摄像机”对象，执行“创建>标签>CINEMA 4D标签>对齐曲线”菜单命令，然后执行“创建>标签>CINEMA 4D标签>目标”菜单命令，“对象”面板如图6-278所示。

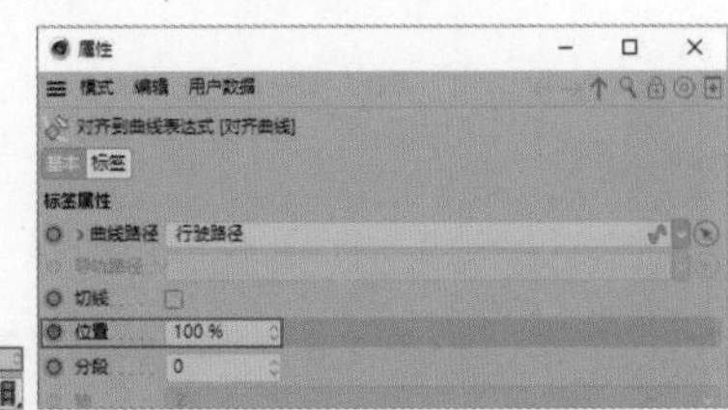

图6-275

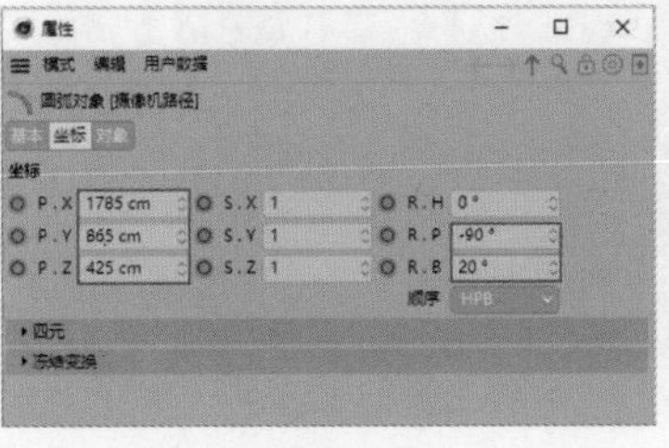

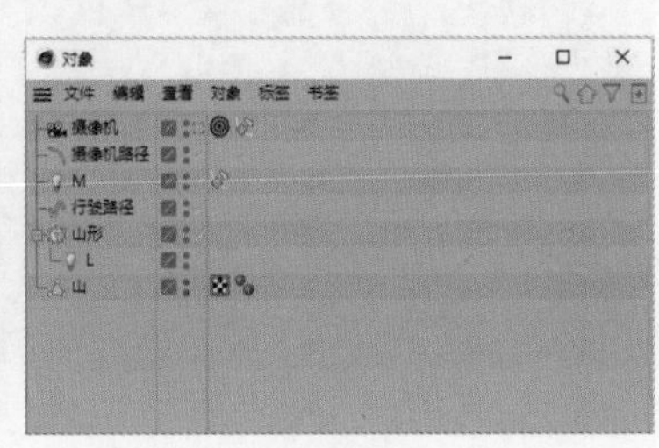

图6-276　　图6-277　　图6-278

06 选择“摄像机”对象，移动“对象”面板中的“山”对象至“属性”面板的“目标对象”参数上，如图6-279所示。移动“对象”面板中的“摄像机路径”对象至“属性”面板的“曲线路径”参数上，如图6-280所示。

07 设置当前帧为0F，然后设置“位置”为0%，完成后单击其左侧的按钮，如图6-281所示。设置当前帧为150F，然后设置“位置”为100%并单击其左侧的按钮，如图6-282所示。

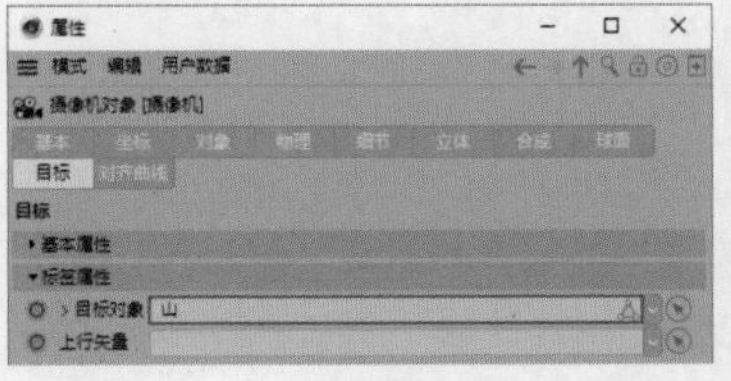

图6-279

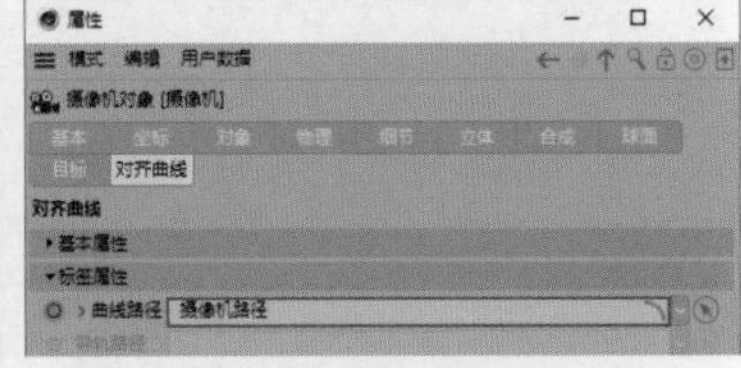

图6-280

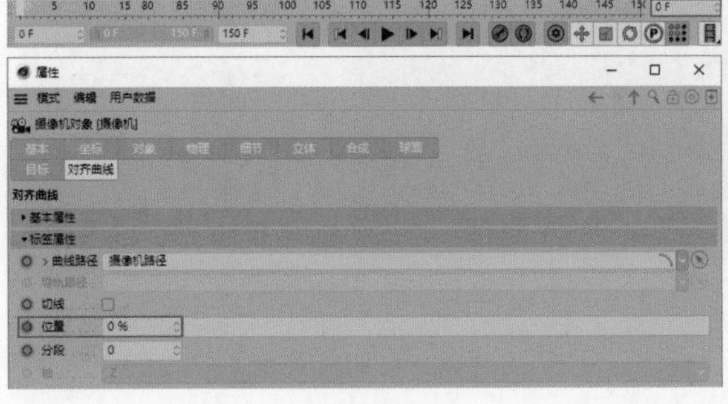

图6-281

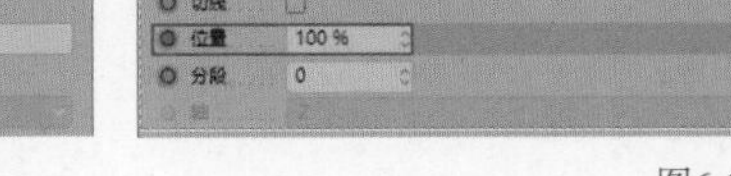

图6-282

08 选择“山形”、M对象，执行“创建>标签>CINEMA 4D标签>外部合成”菜单命令，“对象”面板如图6-283所示。选择“山形”对象，勾选“属性”面板中的“子集”复选框，如图6-284所示。在“对象”面板中单击“摄像机”右侧的按钮，效果如图6-285所示。

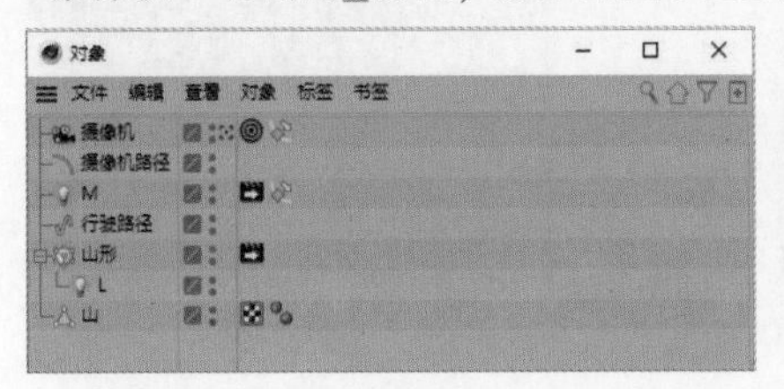

图6-283

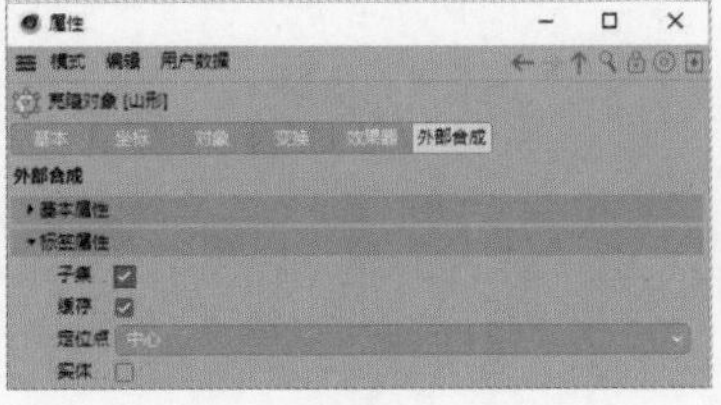

图6-284

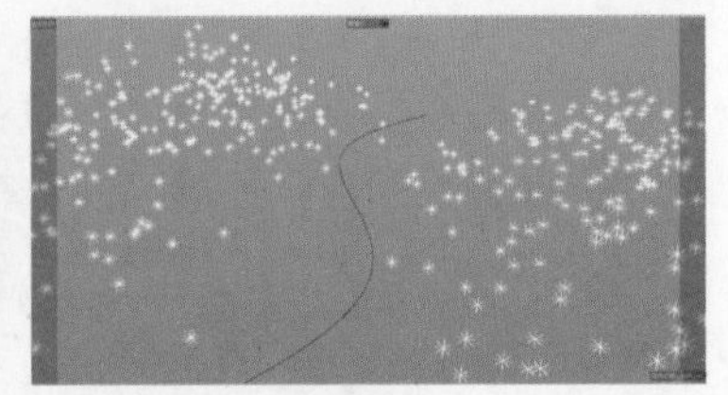

图6-285

09 执行“渲染>编辑渲染设置”菜单命令，选择“输出”，设置“帧范围”为“全部帧”、“起点”为0F、“终点”为150F，如图6-286所示。保存文件，将文件命名为“高速车流”，然后展开“合成方案文件”卷展栏，勾选“保存”“相对”“包括时间线标记”“包括3D数据”复选框，如图6-287所示。

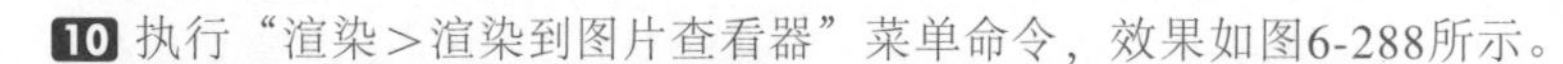

10 执行“渲染>渲染到图片查看器”菜单命令，效果如图6-288所示。

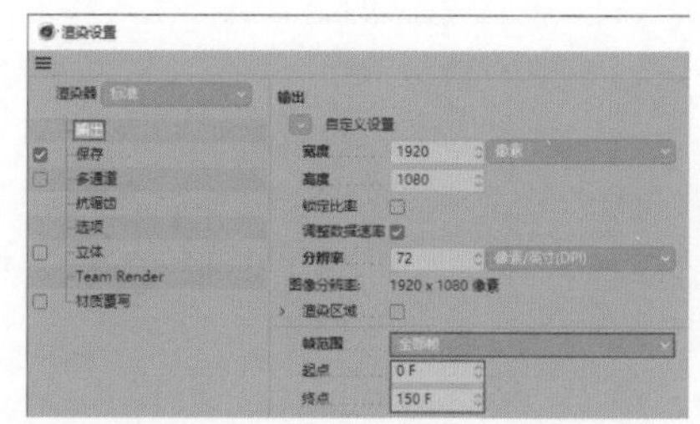

图6-286

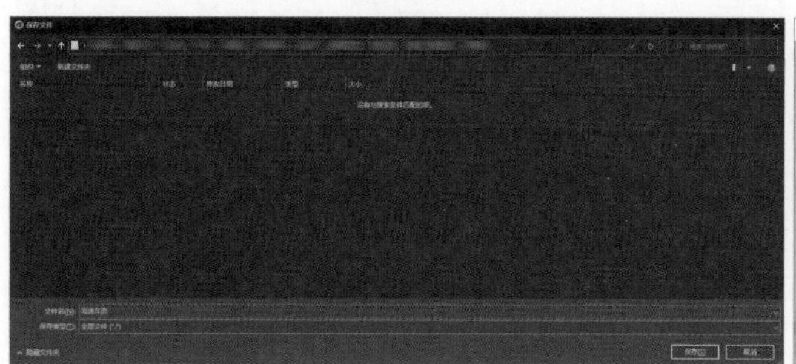

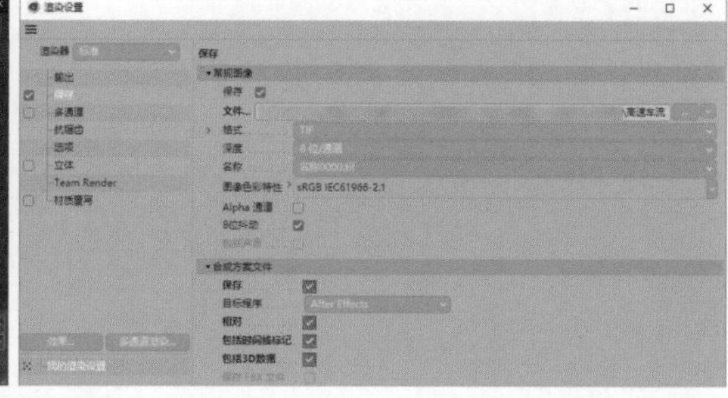

图6-287

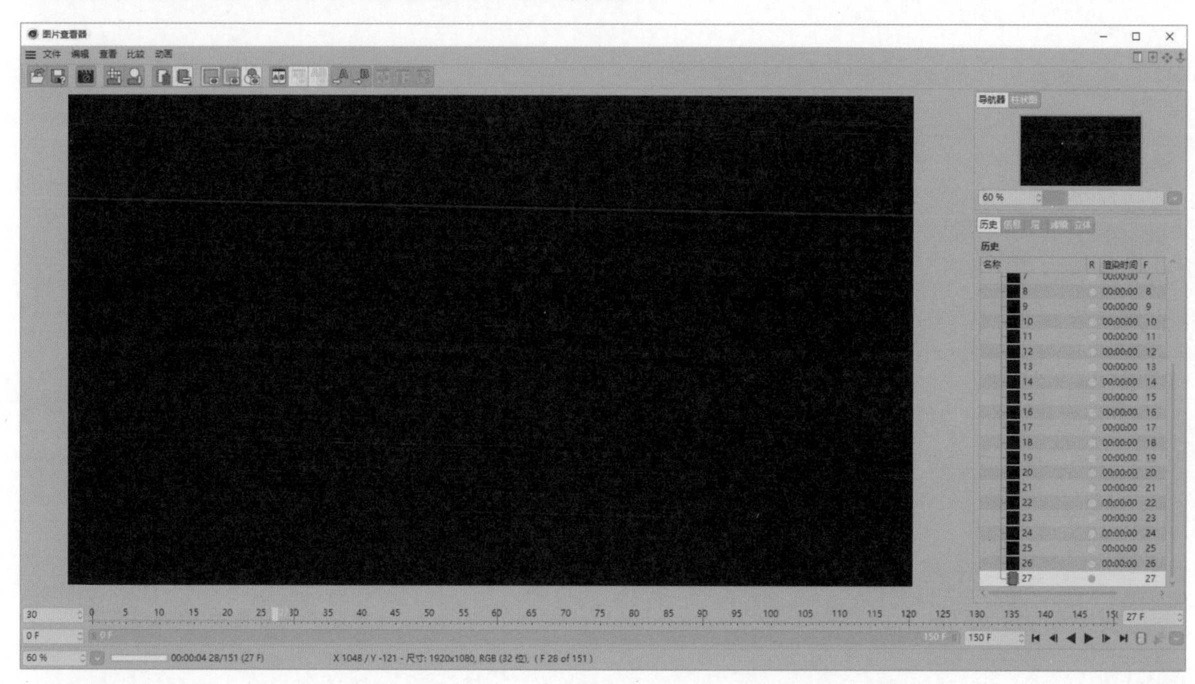

图6-288

◎ 背景设置

01 打开After Effects，导入文件“场景文件>CH06>实战：高速车流>高速车流.aec”，如图6-289所示。展开“项目”面板中的“高速车流”卷展栏，然后双击“高速车流”进入合成中。

02 选择“高速车流[0000-0150].tif”“空白”图层，执行“编辑>清除”菜单命令。新建一个“纯色”图层，将其命名为“背景”，设置“宽度”为1920像素、“高度”为1080像素，如图6-290所示。在“时间轴”面板中移动“背景”图层至“摄像机”图层下方。将M图层重命名为Motion Path 1，如图6-291所示。

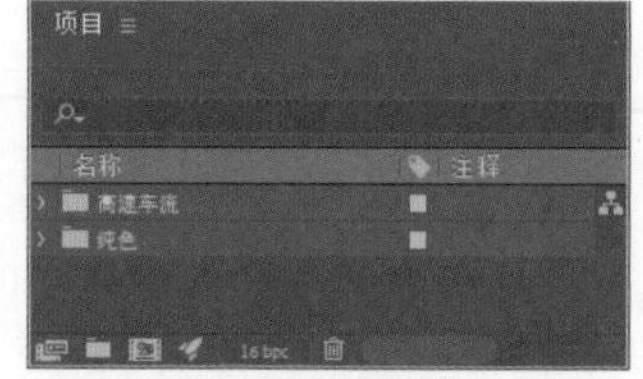

图6-289

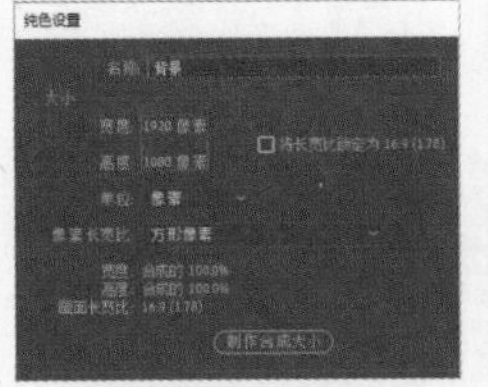
图6-290

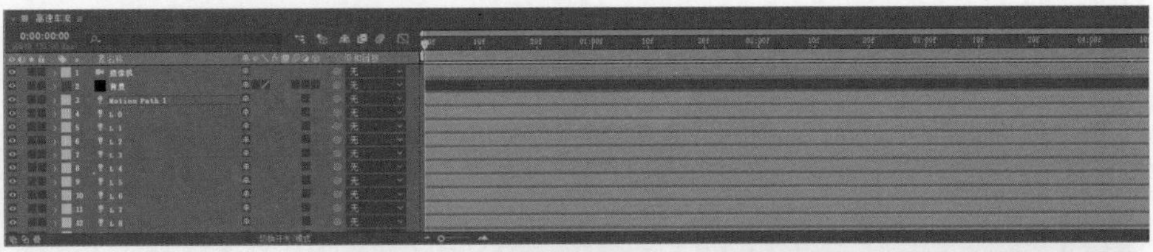

图6-291

03 选择“背景”图层，执行“效果>生成>四色渐变”菜单命令，设置“颜色1”和“颜色2”为黑色（R:0,G:0,B:0）、“颜色3”和“颜色4”为深蓝色（R:0,G:25,B:49）、“点3”为（150,1050）、“抖动”为100%，然后执行“视图>显示图层控件”菜单命令，隐藏“灯光”图层，如图6-292所示。效果如图6-293所示。

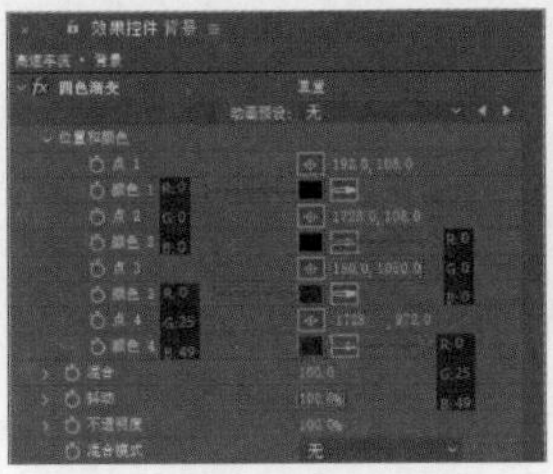

图6-292

图6-293

◎ 高速车流动效制作

01 新建一个“纯色”图层，将其命名“山形”，设置“宽度”为1920像素、“高度”为1080像素，如图6-294所示。选择“山形”图层，执行“效果>Rowbyte>Plexus”菜单命令，选择Plexus面板中的“Add Geometry>Layers”选项，然后选择Plexus Layers Object指令，如图6-295所示。

02 在“效果控件”面板中单击Layer Name Begins with右侧的<All Lights>，在弹出的对话框中输入L，如图6-296所示。选择Plexus面板中的Plexus Points Renderer指令，然后在“效果控件”面板中设置Points Size为2.5，如图6-297所示。选择Plexus面板中的“Add Renderer>Lines”选项，然后选择Plexus Lines Renderer指令，如图6-298所示。

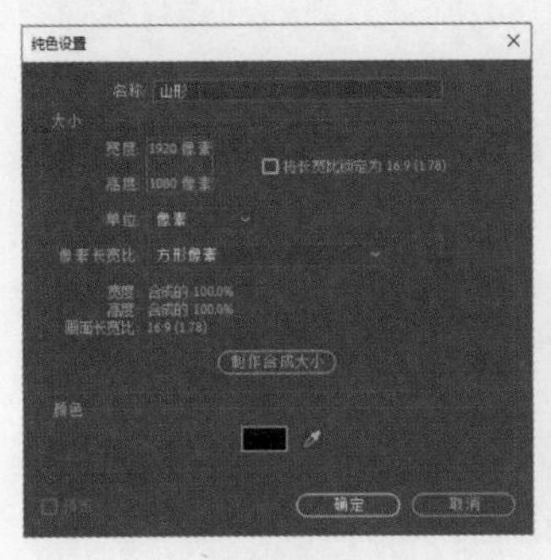
图6-294

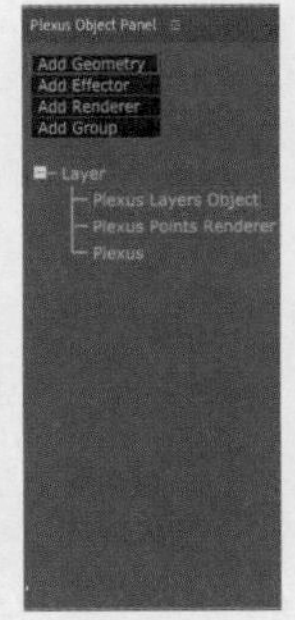
图6-295

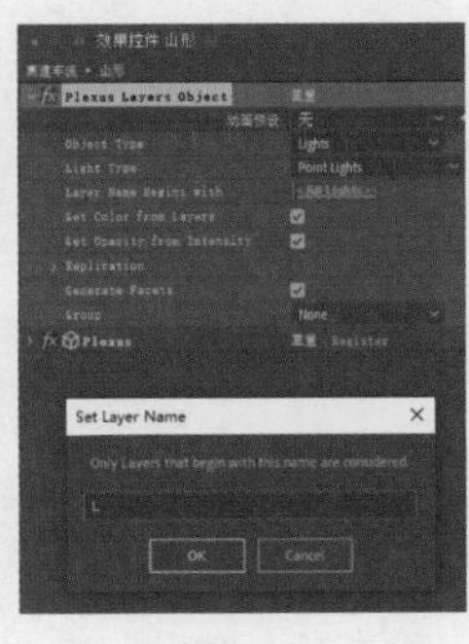
图6-296

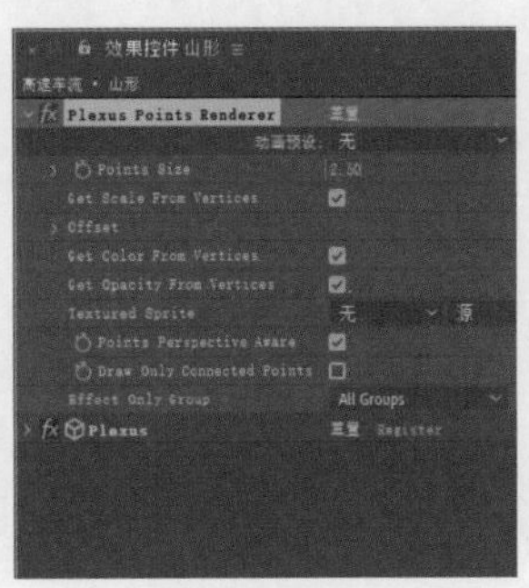
图6-297

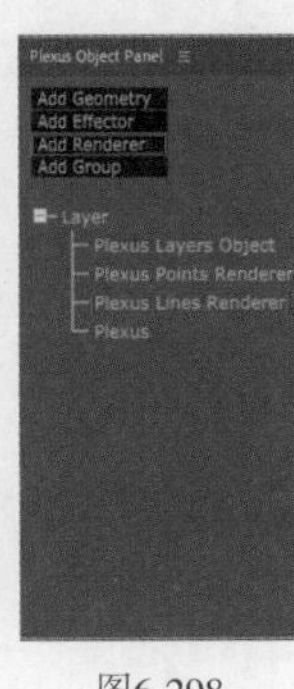
图6-298

03 在“效果控件”面板中设置Maximum Distance为414，然后取消勾选Get Colors From Vertices复选框，接着设置Lines Color为蓝色（R:19,G:102,B:255），最后设置Line Thickness为0.3，如图6-299所示。

04 在Plexus面板中选择Plexus指令，然后在“效果控件”面板中勾选Required for DoF & Motion复选框，接着设置Depth of Field为Camera Settings、Blur Factor为0.1，最后设置Render Quality为8x，如图6-300所示。执行“效果>风格化>发光”菜单命令，效果如图6-301所示。

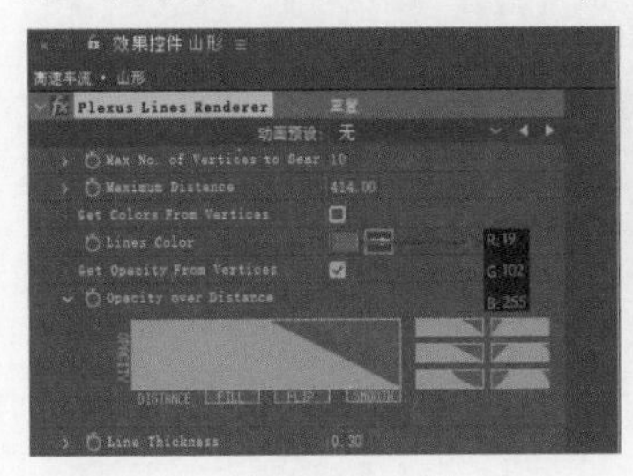
图6-299

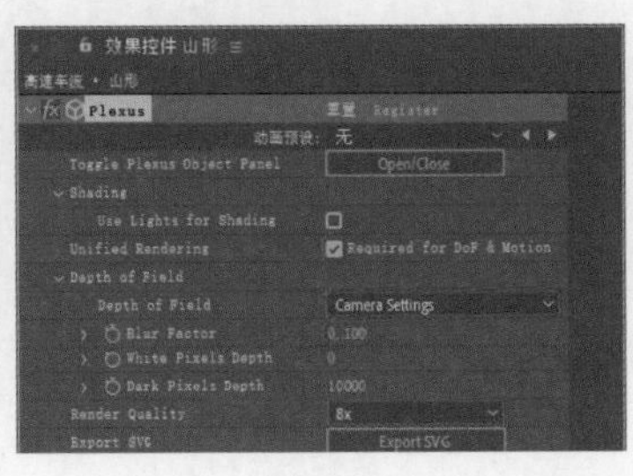
图6-300

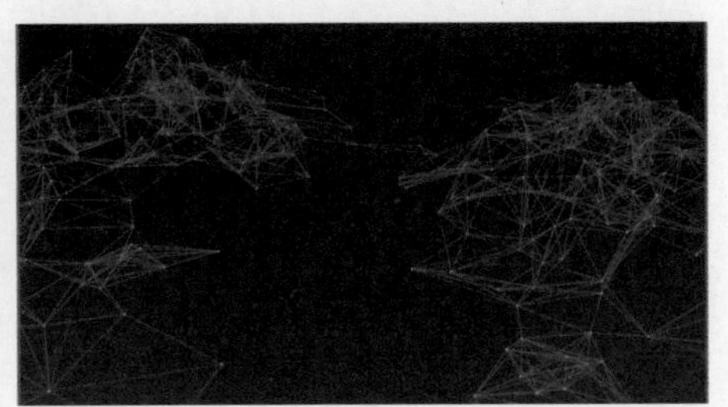
图6-301

05 新建一个“纯色”图层，将其命名为“车流”，设置“宽度”为1920像素、“高度”为1080像素，并将其移动至“摄像机”图层的下方，如图6-302所示。

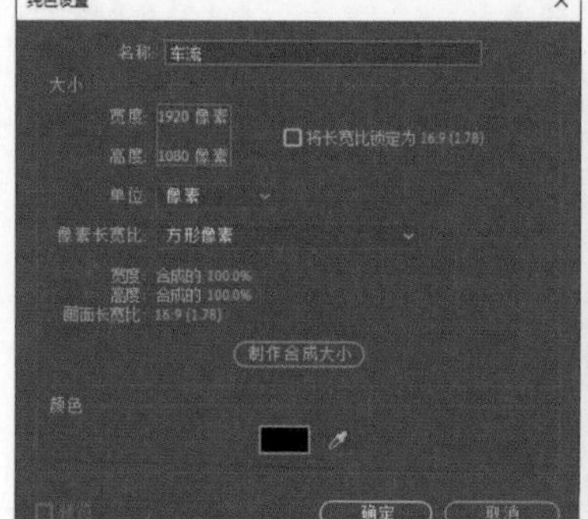

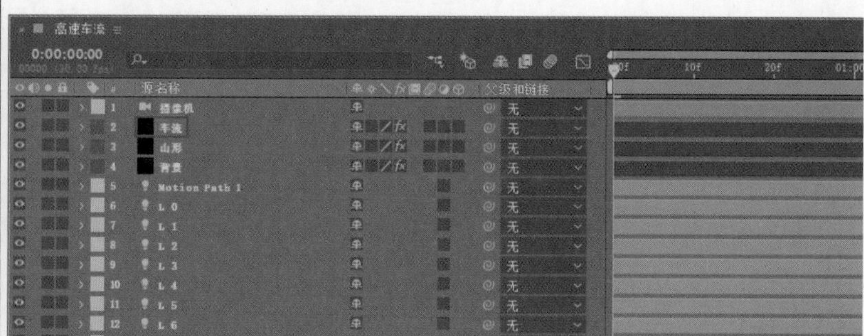

图6-302

06 选择“车流”图层，执行“效果>RG Trapcode>Particular”菜单命令，在“效果控件”面板中展开Emitter（Master）卷展栏，设置Particles/sec为10、Emitter Type为Box，接着设置Velocity为20、Velocity Random为0%、Velocity Distribution为0、Velocity from Motion[%]为400、Emitter Size XYZ为30，如图6-303所示。

07 依次展开“车流”、“效果”、Particular、Emitter（Master）卷展栏，选择Position参数，如图6-304所示。执行“动画>添加表达式”菜单命令，在“表达式:Position”右侧输入代码thisComp.layer("Motion Path 1").transform.position.key(1)，如图6-305所示。

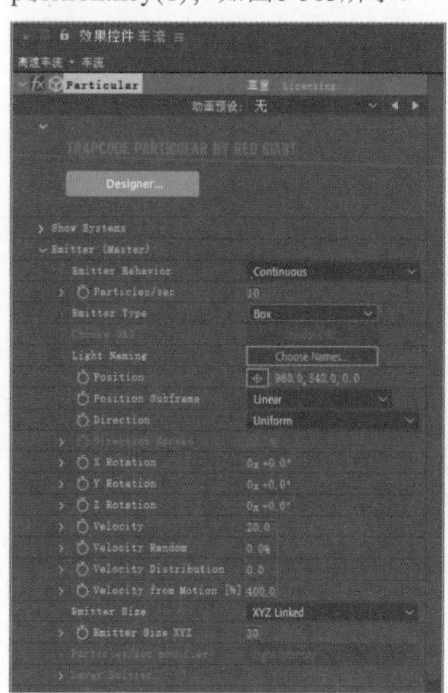

图6-303

图6-304

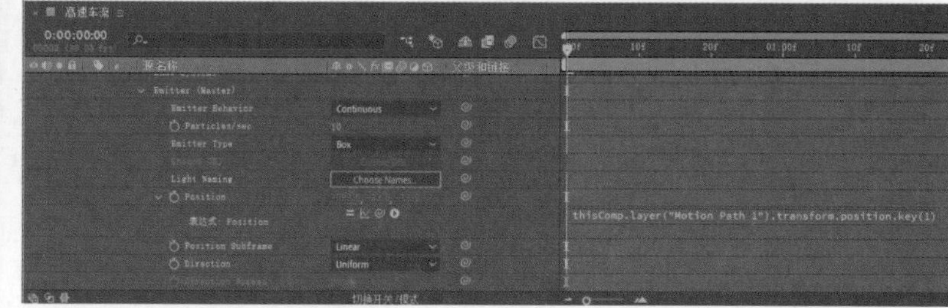

图6-305

08 展开Particle(Master)卷展栏，设置Life[sec]为2.5、Size为0，如图6-306所示。依次展开Physics(Master)、Air卷展栏，设置Motion Path为1，如图6-307所示。

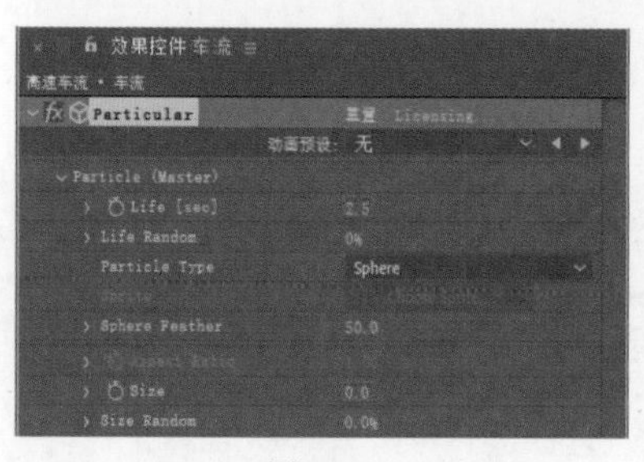

图6-306

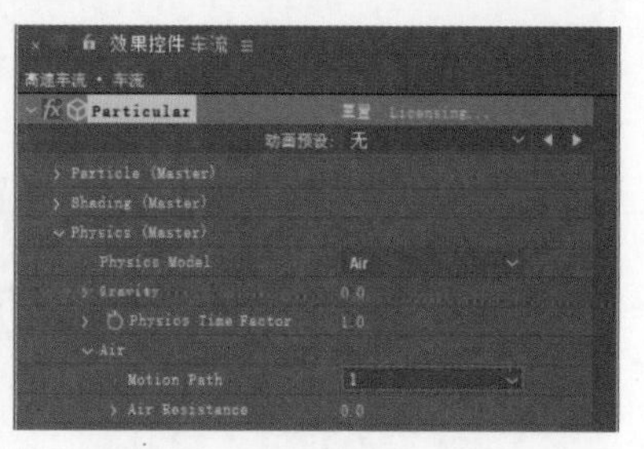

图6-307

09 展开Aux System(Master) 卷展栏，设置Emit为Continuously、Particles/sec为720、Life [sec]为2、Blend Mode为Add、Size为3；展开Size over Life卷展栏，选择PRESETS下拉列表中的第2个选项，设置Opacity为30；展开Opacity over Life卷展栏，选择PRESETS下拉列表中的第2个选项，设置Color为蓝色（R:0,G:90,B:255），如图6-308所示。

10 展开World Transform卷展栏，设置Y Offset W为200、Z Offset W为 -150，如图6-309所示。设置时间码为0:00:03:00，如图6-310所示。效果如图6-311所示。

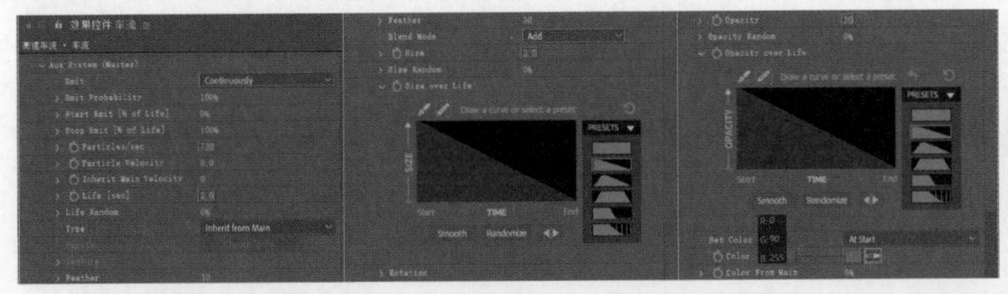

图6-308

图6-309

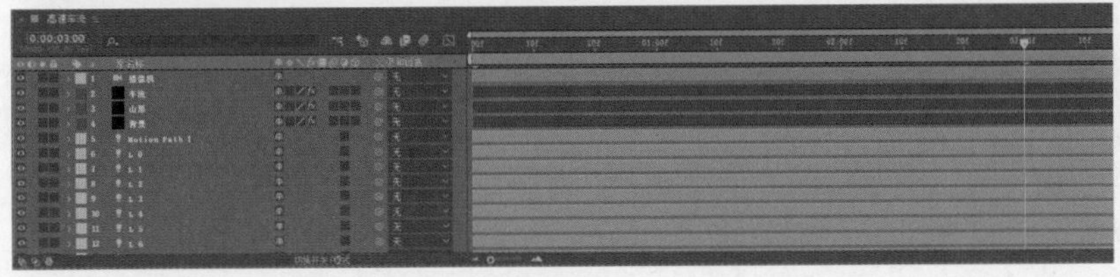

图6-310

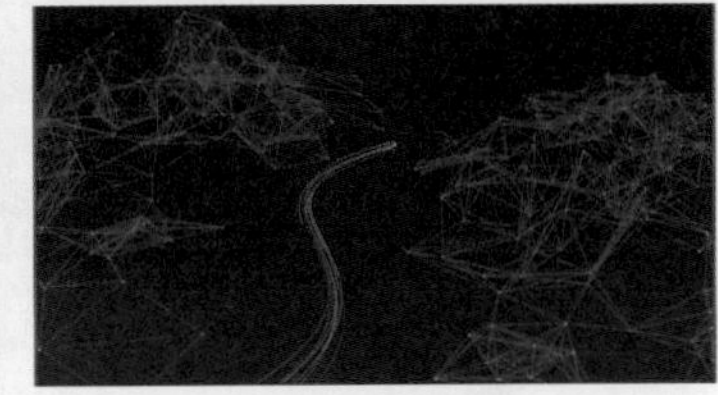

图6-311

11 在“时间轴”面板中依次展开“摄像机”“摄像机选项”卷展栏，设置“景深”为“开”、“焦距”为2230像素、“光圈”为200像素、“模糊层次”为300%，如图6-312所示。最终效果如图6-313所示。

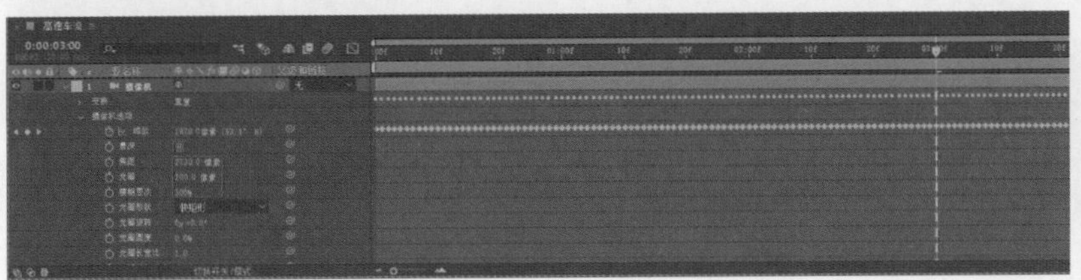

图6-312

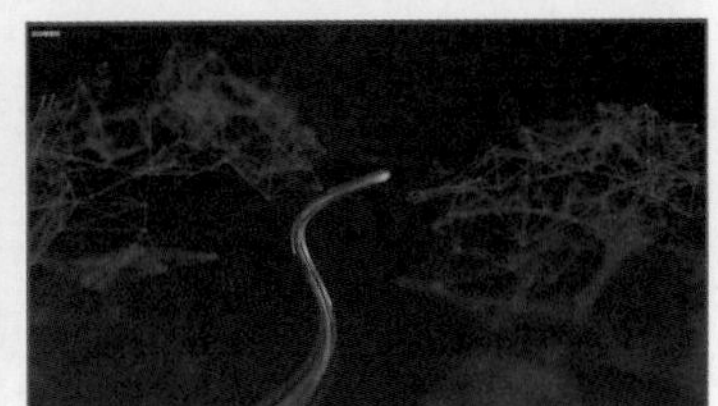

图6-313

实战：星轨环绕

场景位置	场景文件 > CH06 > 实战：星轨环绕
实例位置	实例文件 > CH06 > 实战：星轨环绕
难易程度	★★★★☆
学习目标	掌握“表达式：Position”的使用方法

星轨环绕的效果如图6-314所示，制作分析如下。

在使用多个Motion Path灯光发射粒子时，除了要修改Physics(Master) 卷展栏中Motion Path的序号，还要修改Emitter(Master) 卷展栏中的Position表达式，否则粒子不会按照既定路径运行。

图6-314

◎ 星轨模型制作

01 打开Cinema 4D，执行“渲染>编辑渲染设置”菜单命令，选择“输出”，设置“宽度”为1920像素、“高度”为1080像素，如图6-315所示。创建一个球体，在“属性”面板中设置“类型”为“六面体”，如图6-316所示。

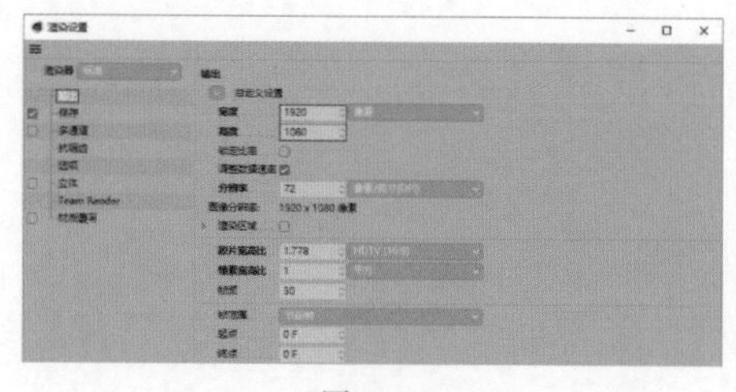

图6-315

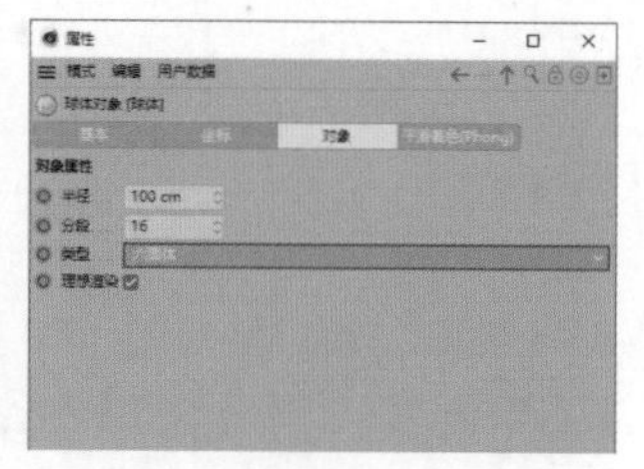

图6-316

02 执行“创建>生成器>减面”菜单命令，将“减面”对象重命名为“球1”，移动“球体”对象至“球1”对象内，如图6-317所示。选择“球1”对象，在“属性”面板中设置“减面强度”为35%，然后勾选“透显”复选框，如图6-318所示。为“球1”对象设置“光影着色（线条）”模式，效果如图6-319所示。

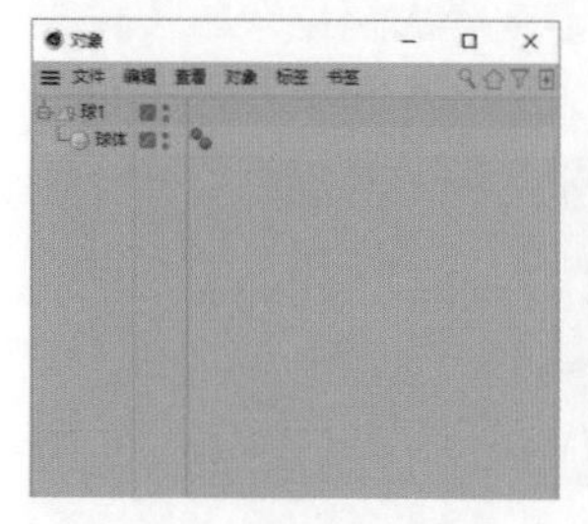

图6-317

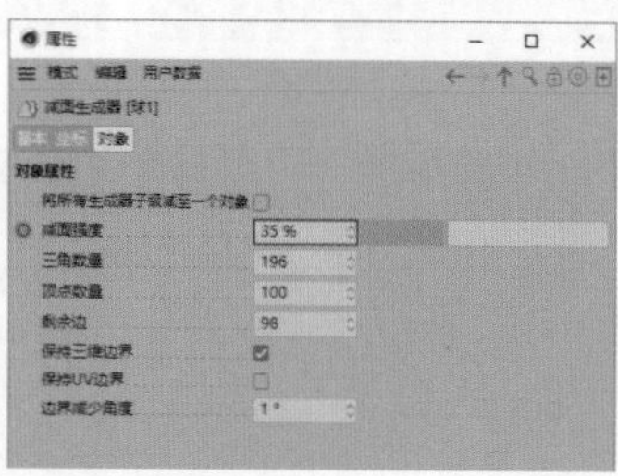

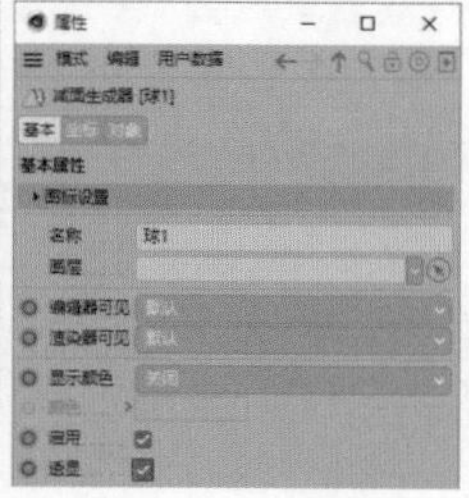

图6-318

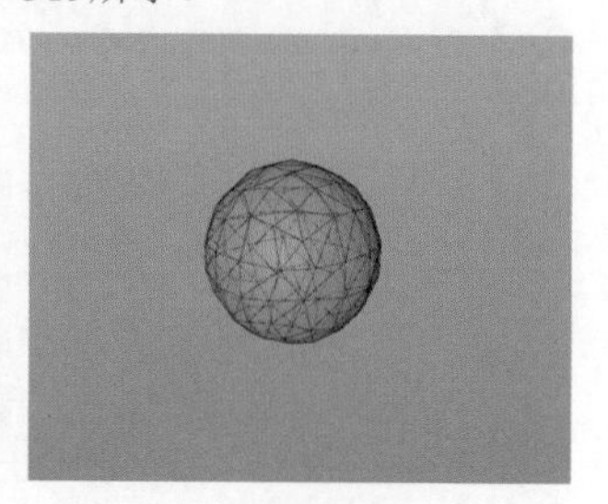

图6-319

03 选择“球1”对象，执行“编辑>复制”菜单命令，然后执行“编辑>粘贴”菜单命令3次，将新增的3个对象分别重命名为“球2”“球3”“球4”，如图6-320所示。

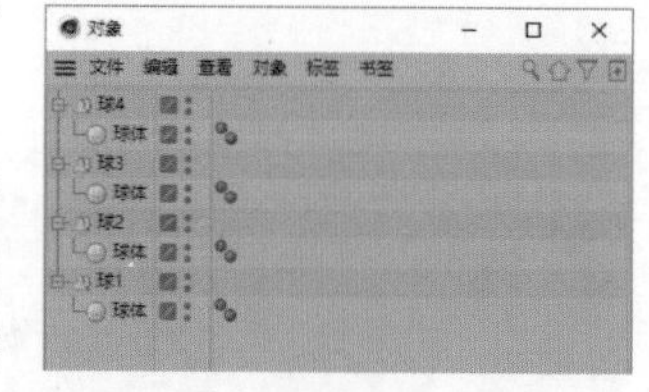

图6-320

04 选择“球2”对象，在“属性”面板中设置“减面强度”为60%，然后选择“球2”对象内的“球体”对象，在“属性”面板中设置“半径”为75cm，如图6-321所示。选择“球3”对象，在“属性”面板中设置“减面强度”为90%，然后选择“球3”对象内的“球体”对象，在“属性”面板中设置“半径”为50cm，如图6-322所示。选择“球4”对象，在“属性”面板中设置“减面强度”为98%，然后选择“球4”对象内的“球体”对象，在“属性”面板中设置“半径”为15cm，如图6-323所示。效果如图6-324所示。

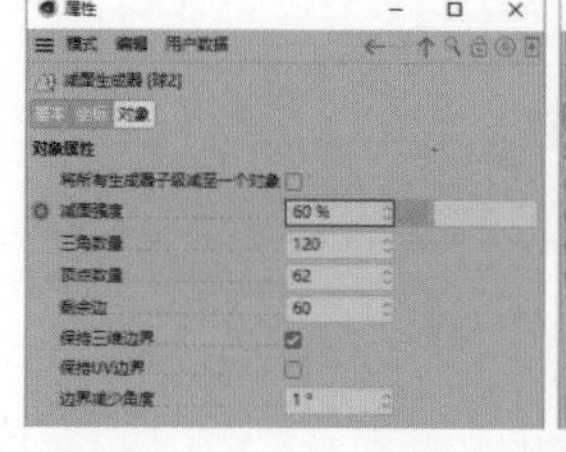

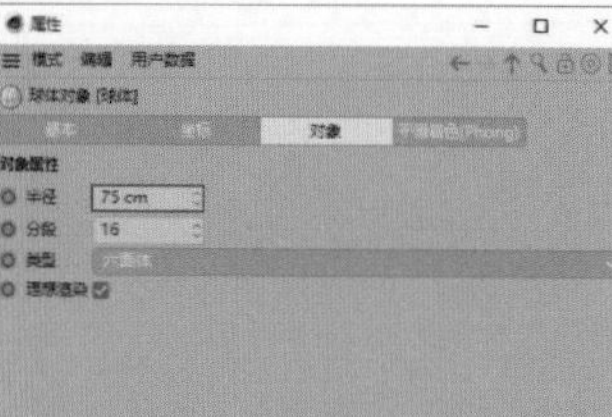

图6-321

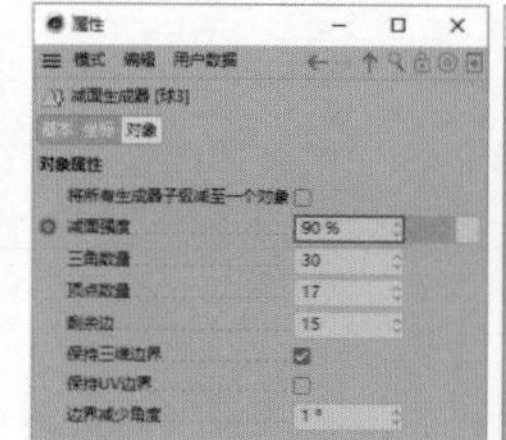

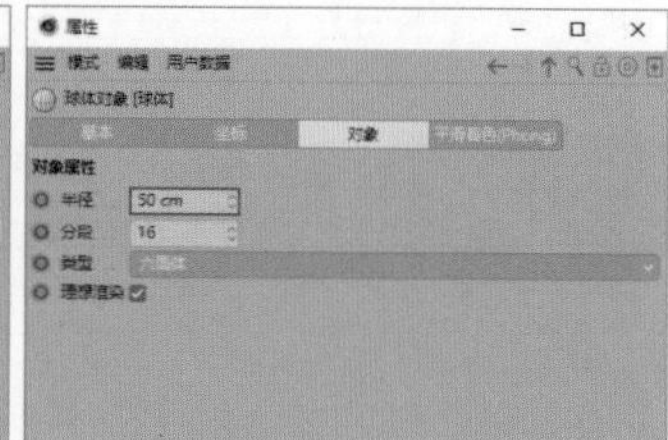

图6-322

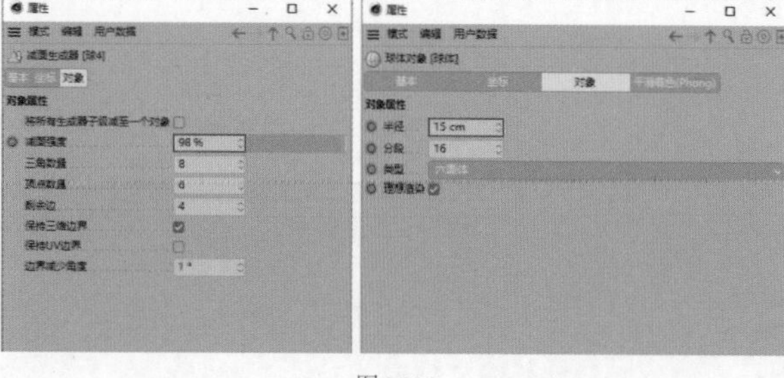

图6-323

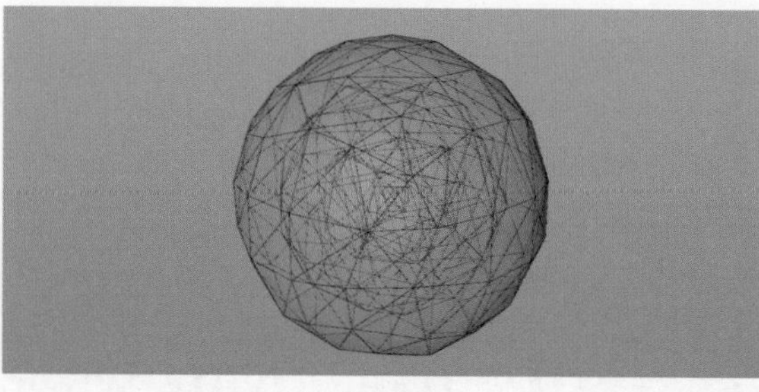

图6-324

05 同时选择“球1”“球2”“球3”“球4”对象，然后执行“样条>转换>连接对象+删除”菜单命令，将新增对象重命名为“多重球体”，如图6-325所示。

06 执行“创建>灯光>灯光”菜单命令，然后执行“运动图形>克隆”菜单命令，将“克隆”对象重命名为“球体结构”，将“灯光”对象重命名为L，接着移动L对象至“球体结构”对象内，如图6-326所示。选择“球体结构”对象，执行“创建>标签>CINEMA 4D标签>外部合成”菜单命令，然后在“属性”面板中勾选“子集”复选框，如图6-327所示。

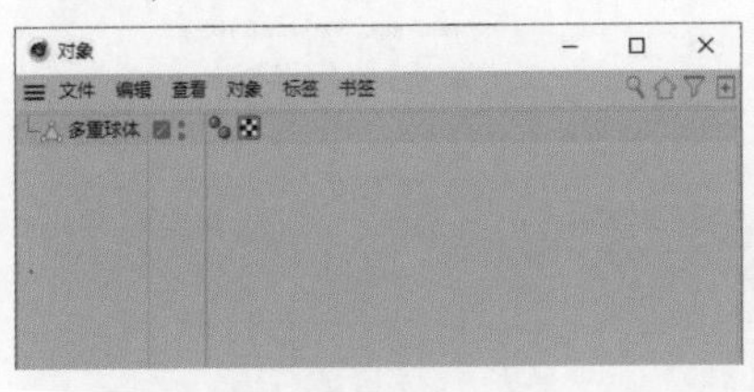

图6-325

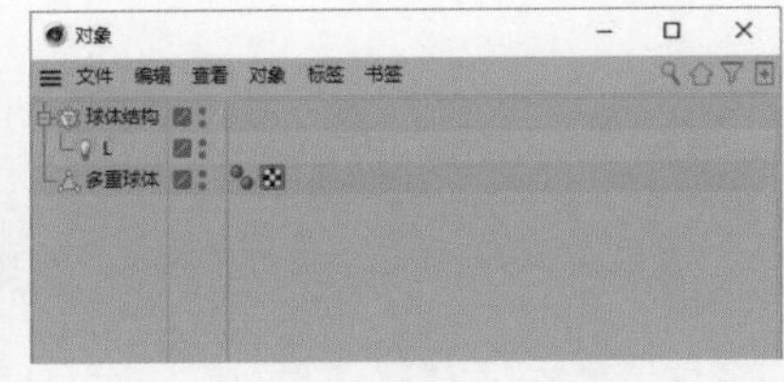

图6-326

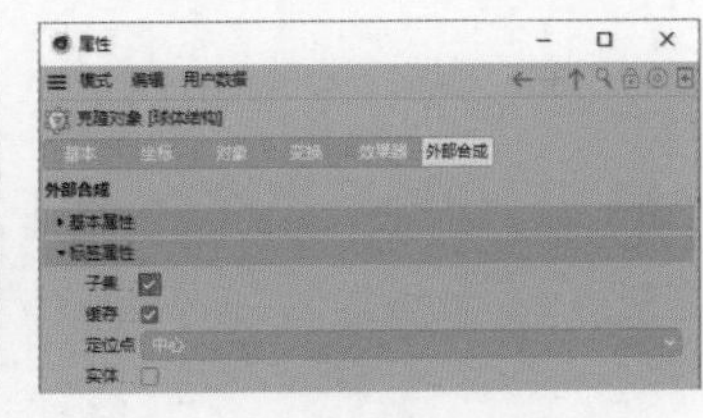

图6-327

07 选择“球体结构”对象，在“属性”面板中设置“模式”为“对象”，然后移动“对象”面板中的“多重球体”至“属性”面板的“对象”参数上，接着设置“分布”为“顶点”，如图6-328所示。效果如图6-329所示。

08 执行“创建>样条>圆环”菜单命令，在“属性”面板中设置“半径”为120cm，如图6-330所示。执行“创建>灯光>灯光”菜单命令，然后将“灯光”对象重命名为M。设置时间轴时长为0～300F、当前帧为0F，如图6-331所示。

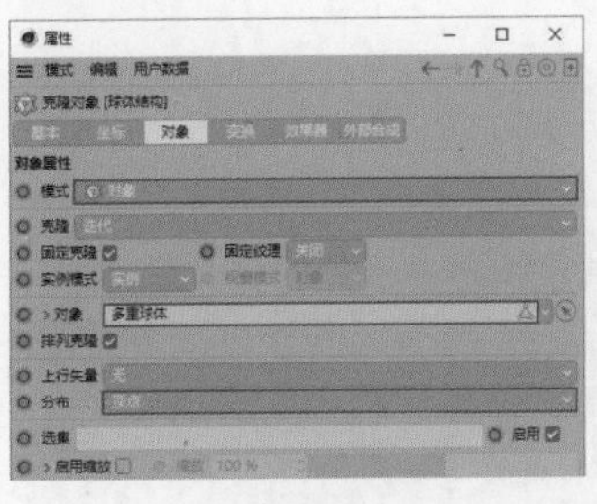

图6-328

图6-329

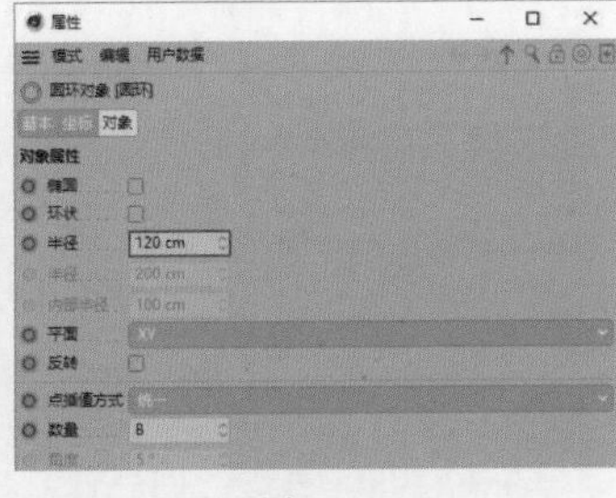

图6-330

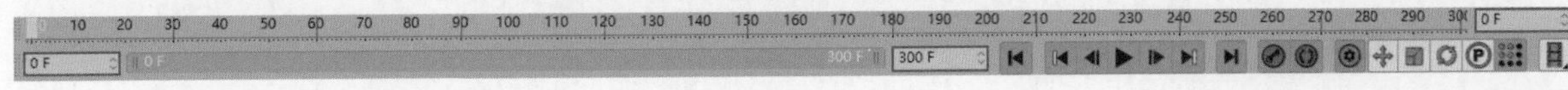

图6-331

09 选择M对象，执行“创建>标签>CINEMA 4D标签>对齐曲线”菜单命令，然后移动“对象”面板中的“圆环”对象至“属性”面板的“曲线路径”参数上，接着设置“位置”为100%并单击其左侧的●按钮，如图6-332所示。

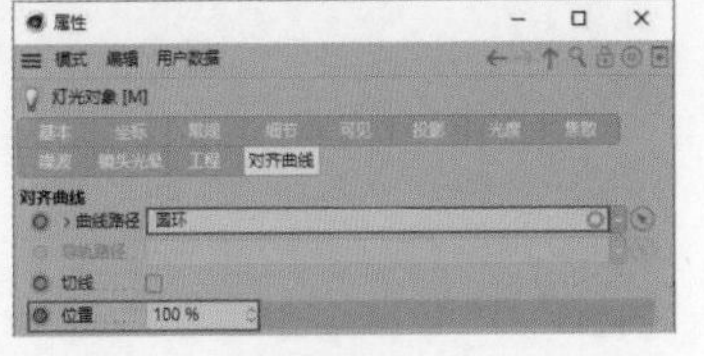

图6-332

10 设置当前帧为300F，然后设置“位置”为0%并单击其左侧的●按钮，如图6-333所示。执行“创建>对象>空白”菜单命令，将“空白”对象重命名为“星轨1”，然后将M、“圆环”对象移动至“星轨1”对象内，接着选择“星轨1”对象，执行“创建>标签>CINEMA 4D标签>外部合成”菜单命令，“对象”面板如图6-334所示。

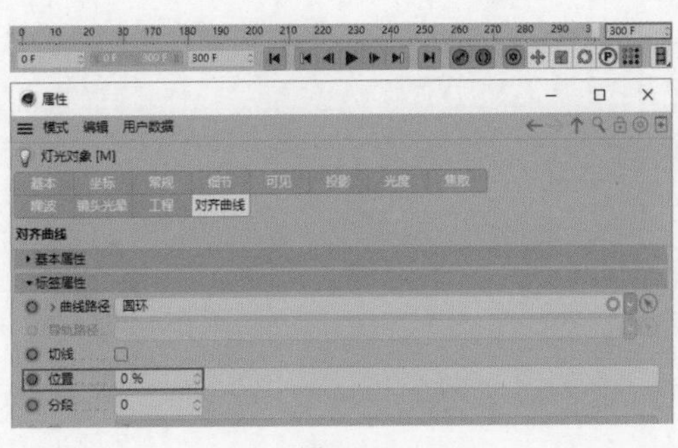

图6-333

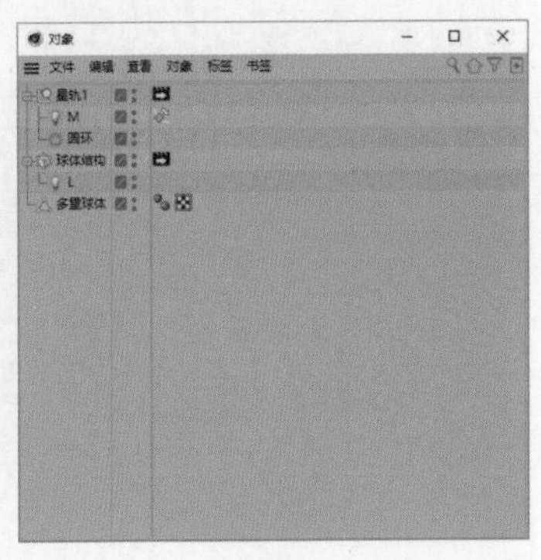

图6-334

11 选择“星轨1”对象，执行“编辑>复制”菜单命令，然后执行“编辑>粘贴”菜单命令两次，得到两个新增的对象，将它们分别命名为“星轨2”“星轨3”，如图6-335所示。

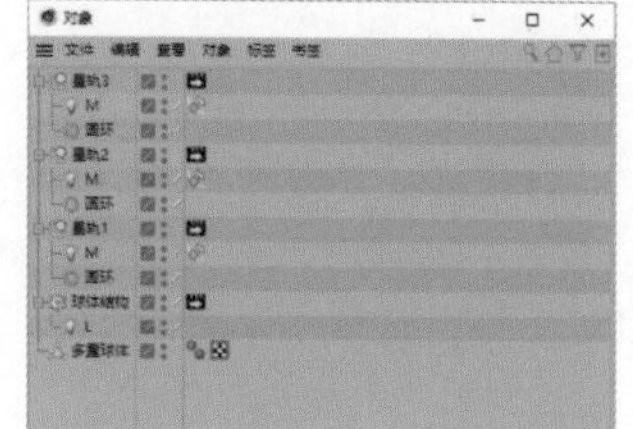

图6-335

12 选择“星轨1”对象内的“圆环”对象，在“属性”面板中设置R.B为-10°，如图6-336所示。选择“星轨2”对象内的“圆环”对象，在“属性”面板中设置R.H为185°、R.P为35°、R.B为30°，如图6-337所示。选择“星轨3”对象内的“圆环”对象，在“属性”面板中设置R.H为145°、R.P为70°、R.B为305°，如图6-338所示。效果如图6-339所示。

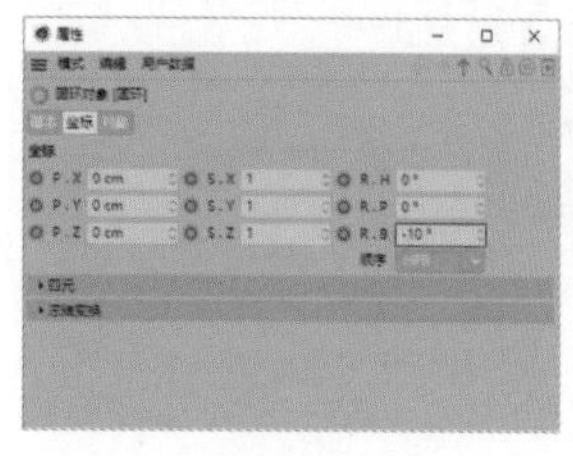

图6-336

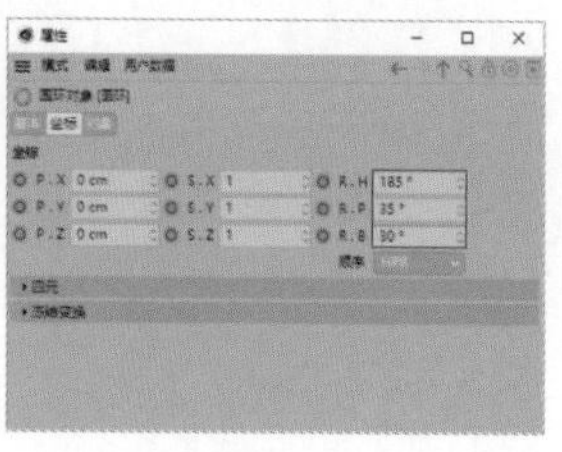

图6-337

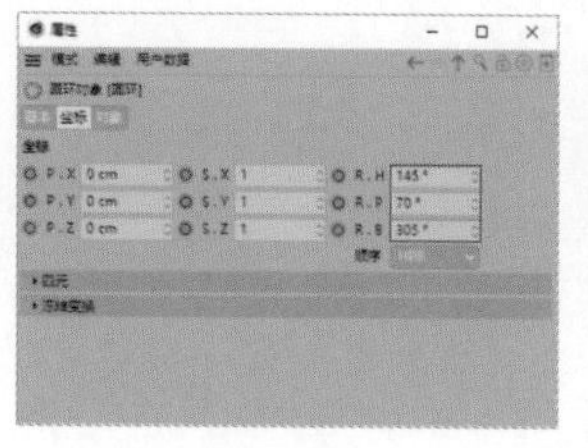

图6-338

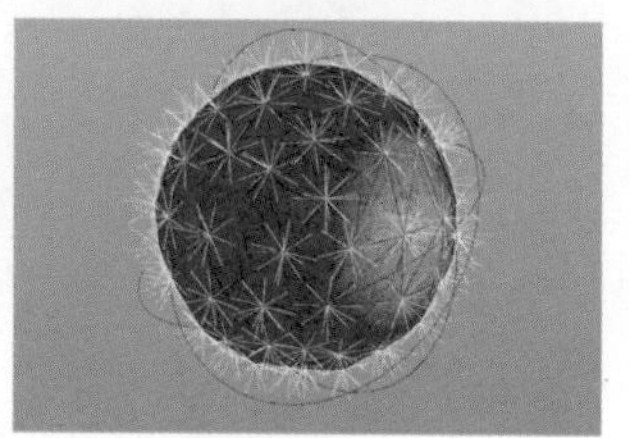

图6-339

13 执行“创建>样条>圆环”菜单命令，在“属性”面板中设置“半径”为790 cm，然后将“圆环”对象重命名为“摄像机路径”，在“属性”面板中设置R.P为90°，如图6-340所示。

14 执行“创建>摄像机>摄像机”菜单命令，选择“摄像机”对象，执行“创建>标签>CINEMA 4D标签>对齐曲线”菜单命令，然后执行“创建>标签>CINEMA 4D标签>目标”菜单命令。在“对象”面板中单击“摄像机”右侧的按钮，切换至摄像机视角，如图6-341所示。

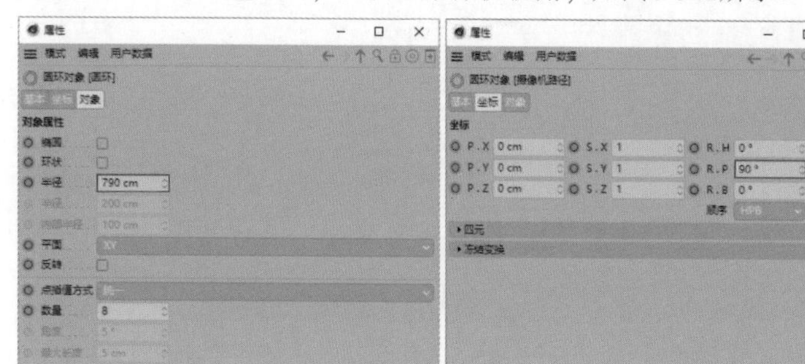

图6-340

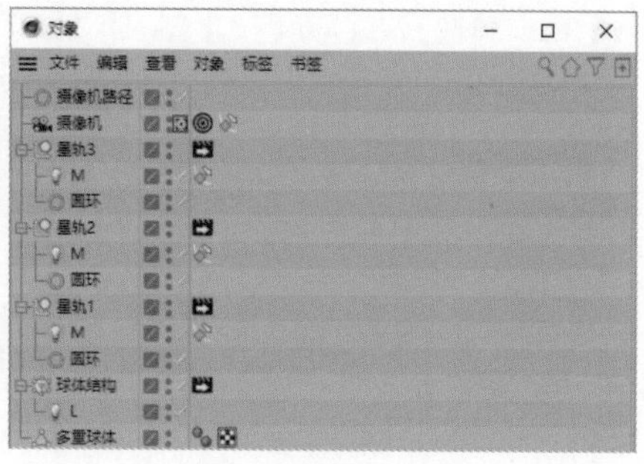

图6-341

15 移动“对象”面板中的“球体结构”对象至“属性”面板的“目标对象”参数上，如图6-342所示。设置当前帧为0F，然后选择“摄像机”对象，移动“对象”面板中的“摄像机路径”对象至“属性”面板中的“曲线路径”参数上，接着设置“位置”为100%并单击其左侧的按钮，如图6-343所示。

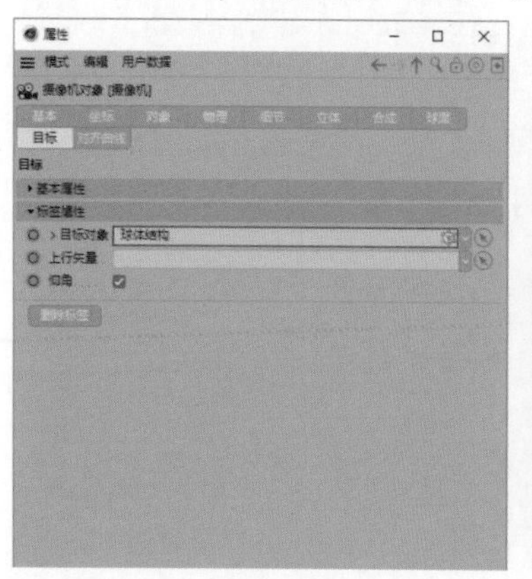

图6-342

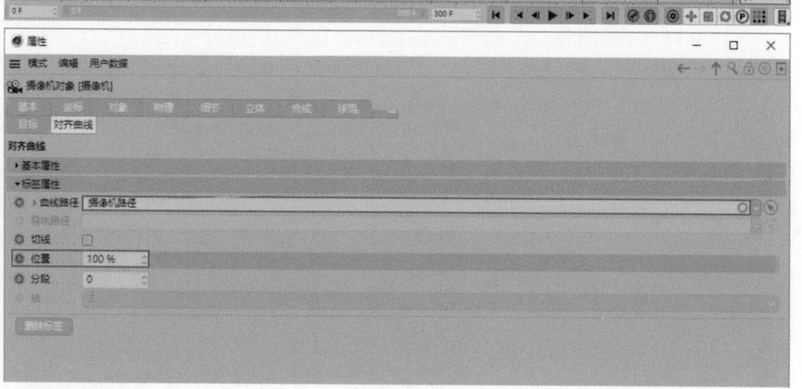

图6-343

16 设置当前帧为300F，然后设置“位置”为0%并单击其左侧的◎按钮，如图6-344所示。执行“窗口>时间线（摄影表）”菜单命令，选择“时间线窗口”面板中“摄影表”下方的所有选项，如图6-345所示。执行“关键帧>线性”菜单命令，效果如图6-346所示。

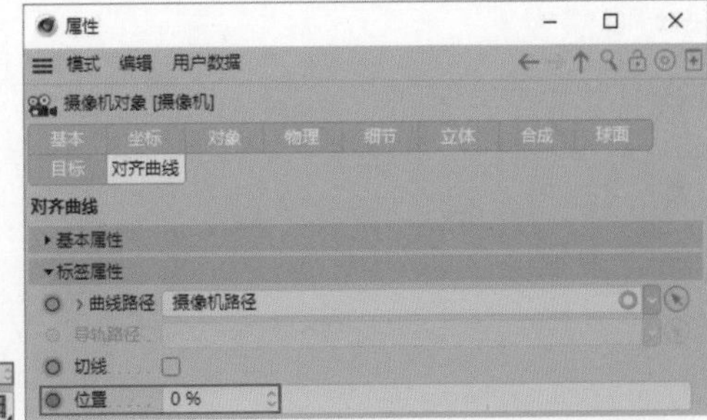

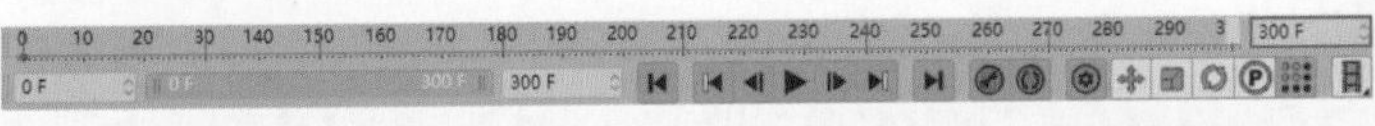

图6-344

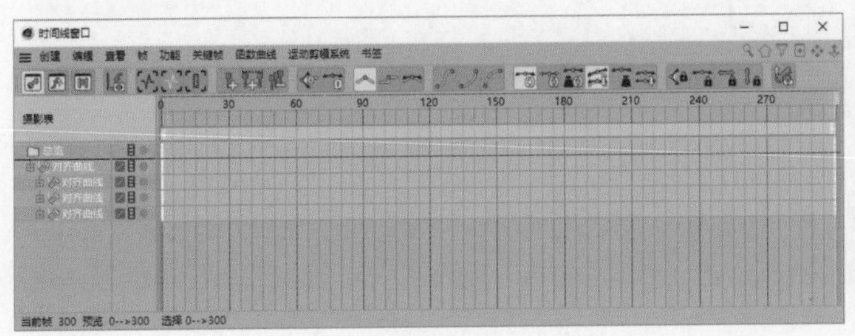

图6-345

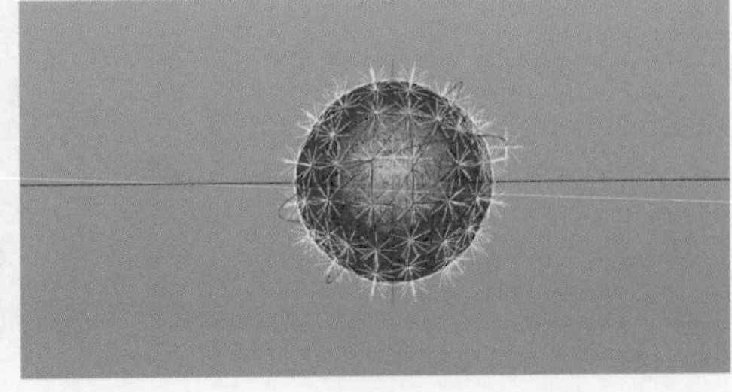

图6-346

17 执行“渲染>编辑渲染设置”菜单命令，选择“输出”，设置“帧范围”为“全部帧”、“起点”为0F、“终点”为300F，如图6-347所示。

18 保存文件，将文件命名为“星轨环绕”，然后展开“合成方案文件”卷展栏，勾选“保存”“相对”“包括时间线标记”“包括3D数据”复选框，如图6-348所示。执行“渲染>渲染到图片查看器”菜单命令，效果如图6-349所示。

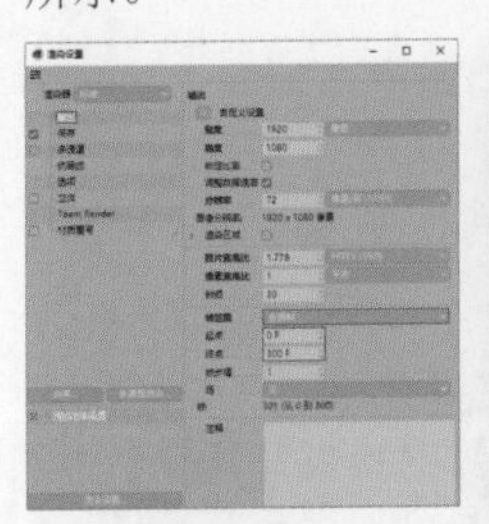

图6-347

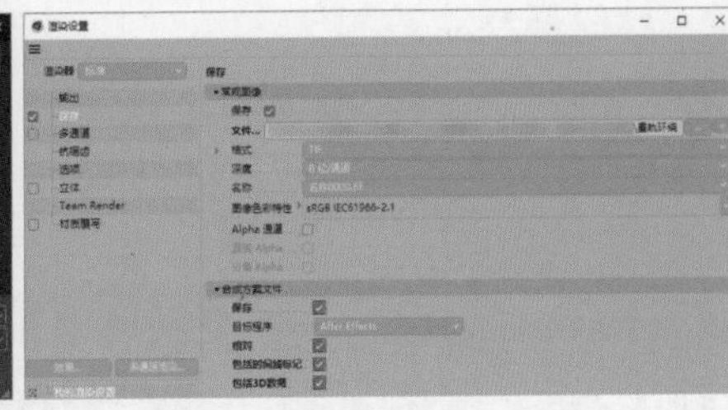

图6-348

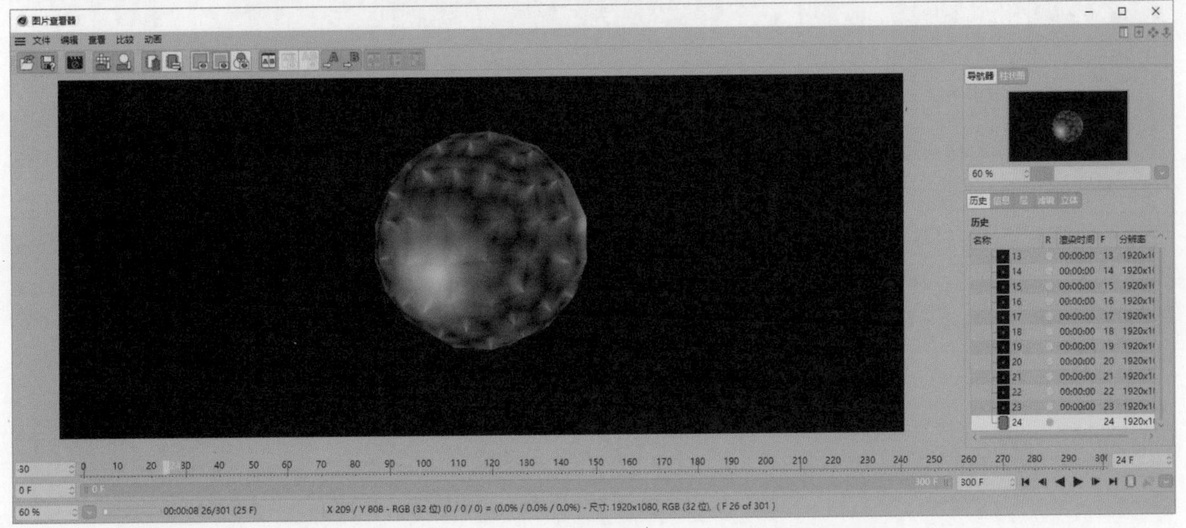

图6-349

◎ 背景设置

01 打开After Effects，导入模型文件“场景文件>CH06>实战：星轨环绕>星轨环绕.aec”，如图6-350所示。然后展开“项目”面板中的“星轨环绕”卷展栏，双击“星轨环绕”进入合成。

图6-350

02 选择“星轨环绕[0000-0300].tif”“空白”“星轨1”“星轨2”“星轨3”图层，执行“编辑>清除”菜单命令，然后将3个M图层分别重命名为Motion Path 1、Motion Path 2、Motion Path 3。新建一个“纯色”图层，将其命名为“背景”，设置“宽度”为1920像素、“高度”为1080像素，并将其移动至“摄像机”图层的下方，如图6-351所示。

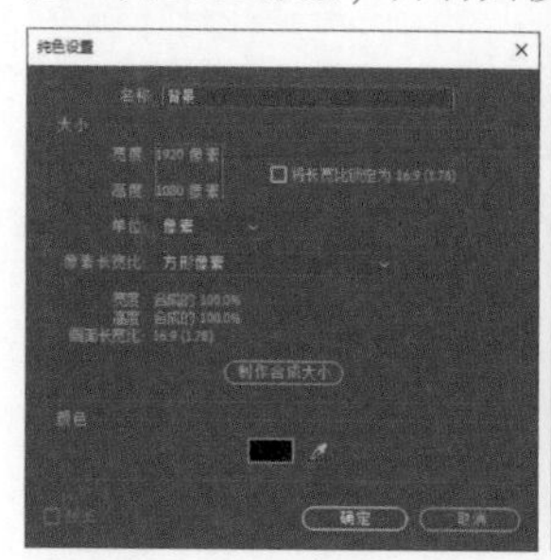

图6-351

03 执行“效果>生成>梯度渐变”菜单命令，在“效果控件”面板中设置“起始颜色”为深蓝色(R:0,G:11,B:51)、“结束颜色”为黑色（R:0,G:0,B:0)、“渐变形状”为“径向渐变”、“渐变散射”为200，如图6-352所示。执行“视图>显示图层控件”菜单命令，隐藏“灯光”图层，效果如图6-353所示。

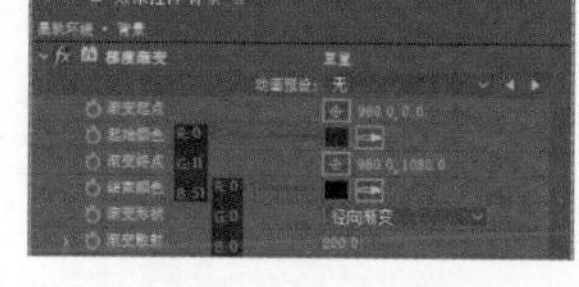

图6-352

图6-353

◎ 星轨环绕动效制作

01 新建一个“纯色”图层，将其命名为“多重球体_亮点”，设置“宽度”为1920像素、“高度”为1080像素，如图6-354所示。移动“多重球体_亮点”图层至“背景”图层的上方，并设置其“模式”为“相加”，如图6-355所示。

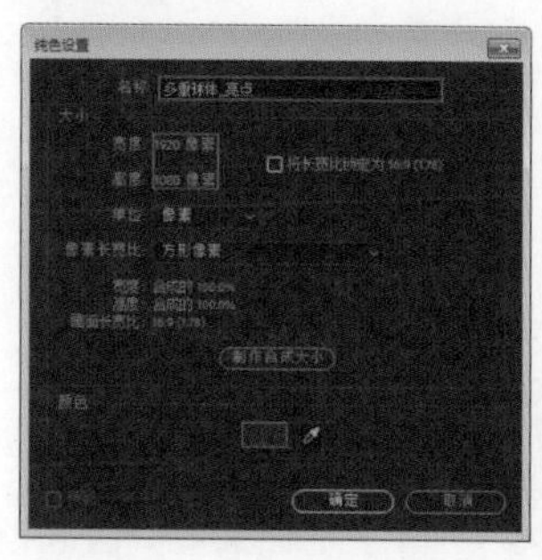

图6-354

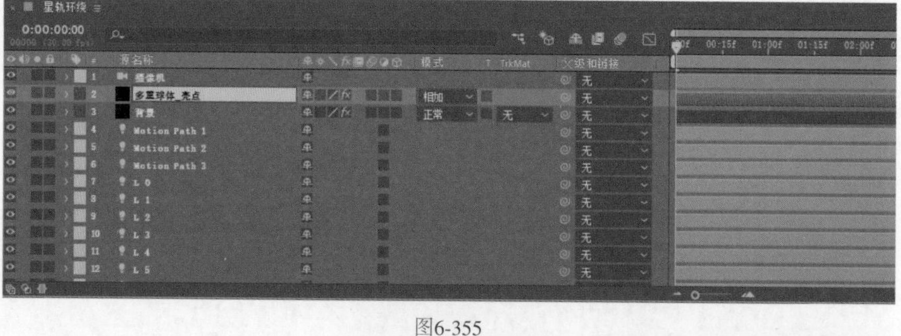

图6-355

02 选择“多重球体_亮点”图层，执行“效果>Rowbyte>Plexus”菜单命令。选择Plexus面板中的“Add Geometry>Layers”选项，然后选择Plexus Layers Object指令，如图6-356所示。在“效果控件”面板中单击Layer Name Begins with右侧的<All Lights>，在弹出的对话框中输入L，如图6-357所示。

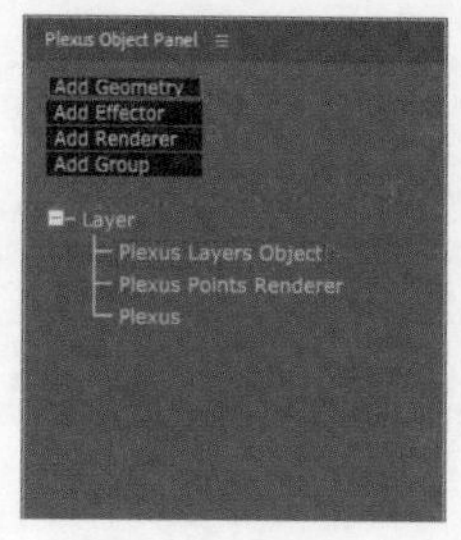

图6-356

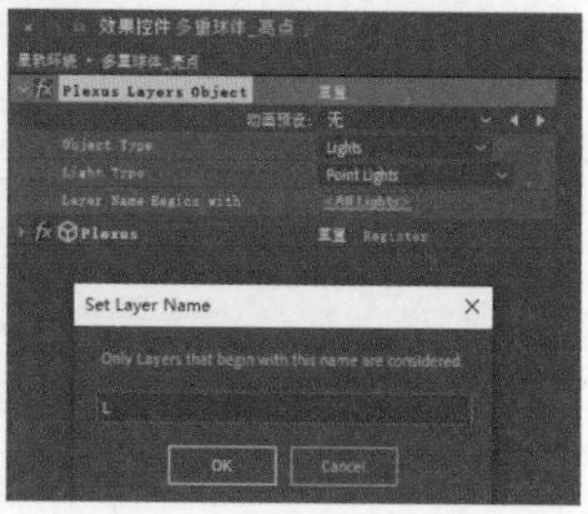

图6-357

03 选择Plexus面板中的Plexus Points Renderer指令，然后设置Points Size为0.4，接着取消勾选Get Color From Vertices复选框，如图6-358所示。选择Plexus面板中的“Add Effector>Noise”选项，然后选择Plexus Noise Effector指令，如图6-359所示。

04 在“效果控件”面板中设置Apply Noise To (Vertices)为Scale、Noise Amplitude为500，如图6-360所示。选择Plexus面板中的Plexus指令，然后勾选“效果控件”面板中的Required for DoF & Motion复选框，接着设置Depth of Field为Camera Settings、Blur Factor为0.025，最后设置Render Quality为8x，如图6-361所示。效果如图6-362所示。

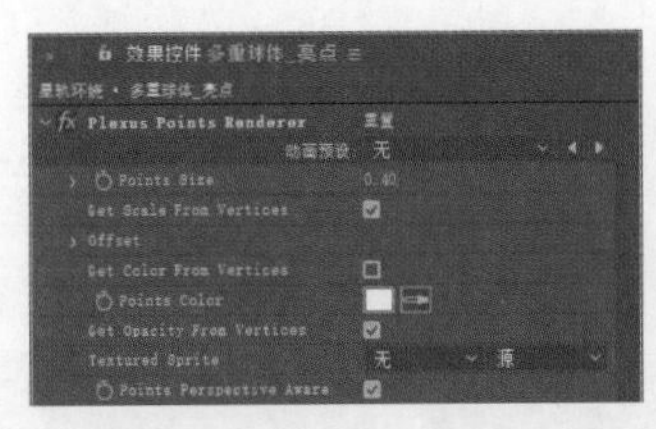

图6-358

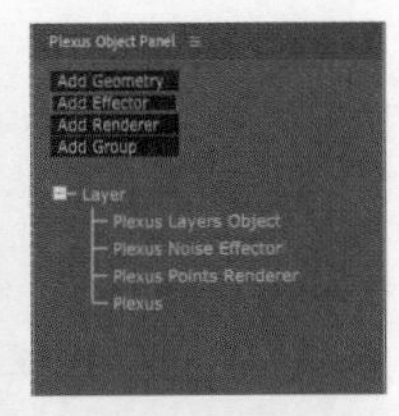

图6-359

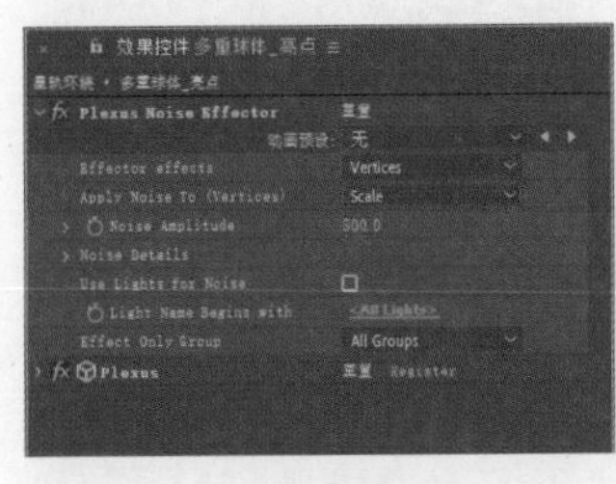

图6-360

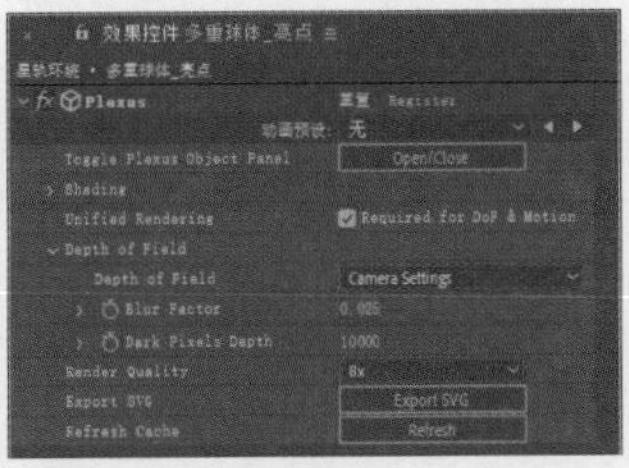

图6-361

图6-362

05 保持当前选择不变，执行“编辑>重复”菜单命令，将新增的图层重命名为“多重球体_结构”，将其移动至“多重球体_亮点”图层的下方，并设置“模式”为“正常”，如图6-363所示。

06 选择“多重球体_结构”图层，在“效果控件”面板中选择Plexus Noise Effector和Plexus Points Renderer参数，然后执行“编辑>清除”菜单命令。选择Plexus面板中的“Add Renderer>Lines”选项，然后选择Plexus Lines Renderer指令，如图6-364所示。

图6-363

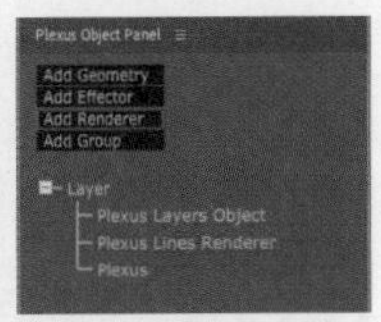

图6-364

07 在“效果控件”面板中取消勾选Get Colors From Vertices复选框，然后设置Lines Color为蓝色（R:0,G:75,B:255），接着取消勾选Get Opacity From Vertices复选框，设置Lines Opacity为30%，最后设置Line Thickness为0.3，如图6-365所示。效果如图6-366所示。

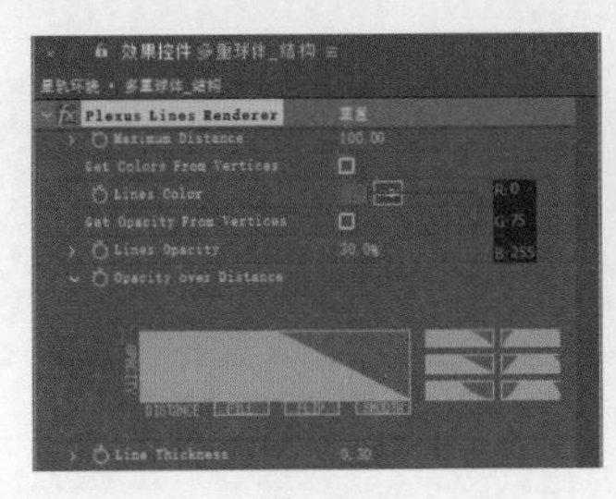

图6-365

图6-366

08 新建一个“纯色”图层，将其命名为“星轨1”，设置“宽度”为1920像素、“高度”为1080像素，并将其移动至“摄像机”图层的下方，如图6-367所示。

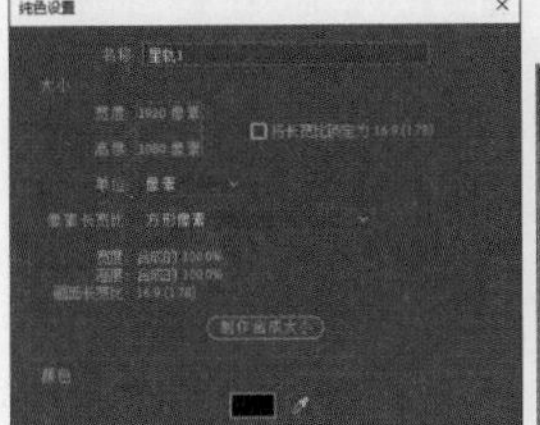

图6-367

09 选择“车流”图层，执行“效果>RG Trapcode>Particular”菜单命令。展开Emitter(Master）卷展栏，设置Particles/sec为1、Velocity为5，如图6-368所示。

10 依次展开“星轨1”、“效果”、Particular、Emitter(Master）卷展栏，然后选择Position参数，如图6-369所示。执行“动画>添加表达式”菜单命令，在“表达式:Position”右侧输入代码thisComp.layer("Motion Path 1").transform.position.key(1)，如图6-370所示。

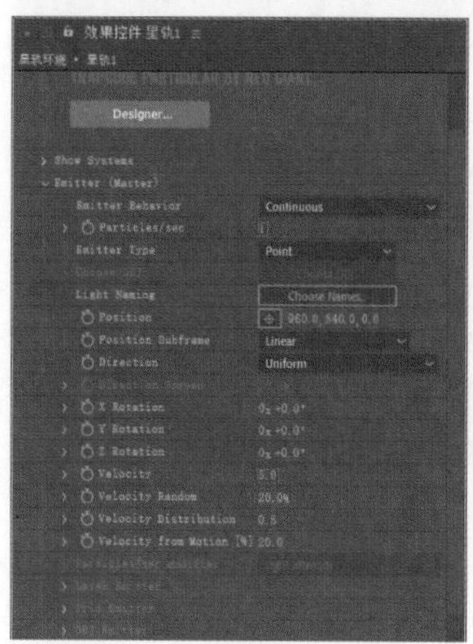

图6-368

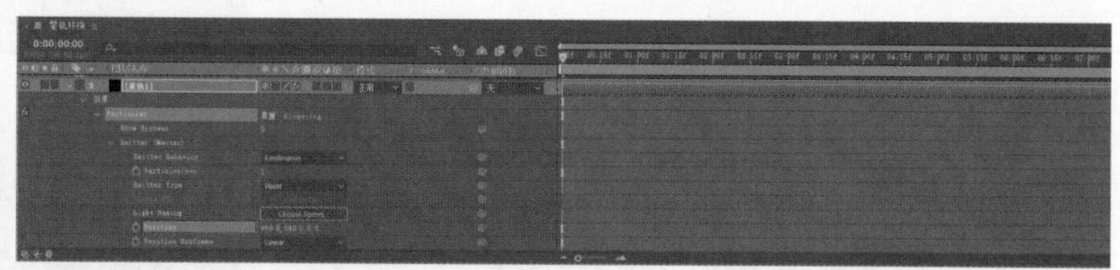

图6-369

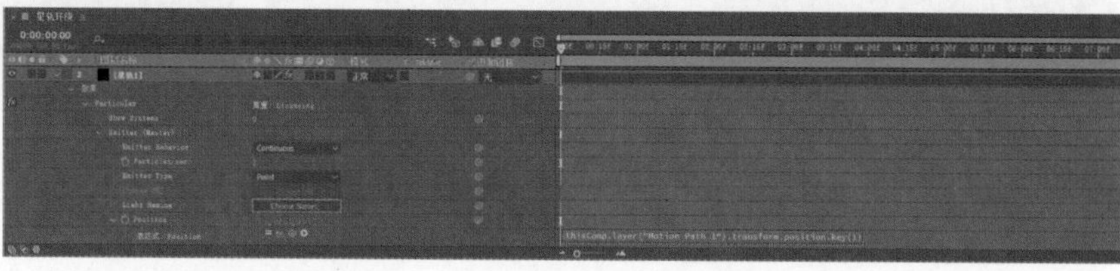

图6-370

11 展开Particle(Master）卷展栏，设置Life[sec]为10、Size为0，然后展开Air卷展栏，设置Motion Path为1，如图6-371所示。

12 展开Aux System(Master）卷展栏，设置Emit为Continuously、Particles/sec为230、Life [sec]为2、Blend Mode为Add、Size为1；展开Size over Life卷展栏，选择PRESETS下拉列表中的第2个选项；展开Opacity over Life卷展栏，选择PRESETS下拉列表中的第2个选项，设置Color为蓝色（R:13,G:80,B:233），如图6-372所示。

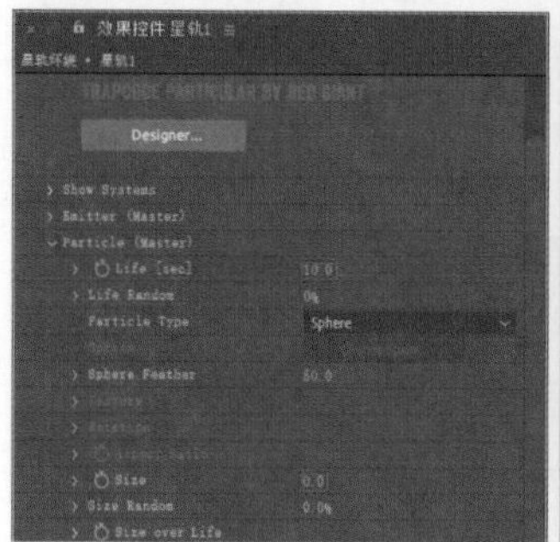

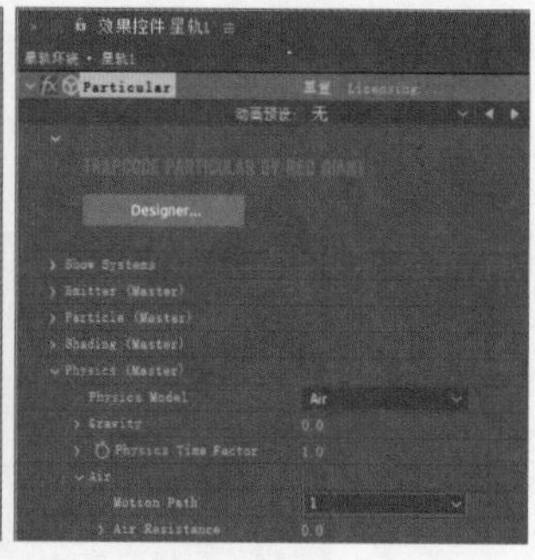

图6-371

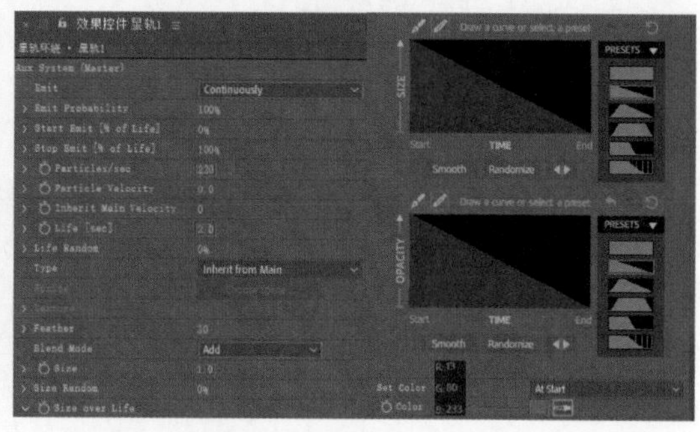

图6-372

13 执行“编辑>重复”菜单命令两次，将新增的图层分别重命名为“星轨2”“星轨3”，如图6-373所示。

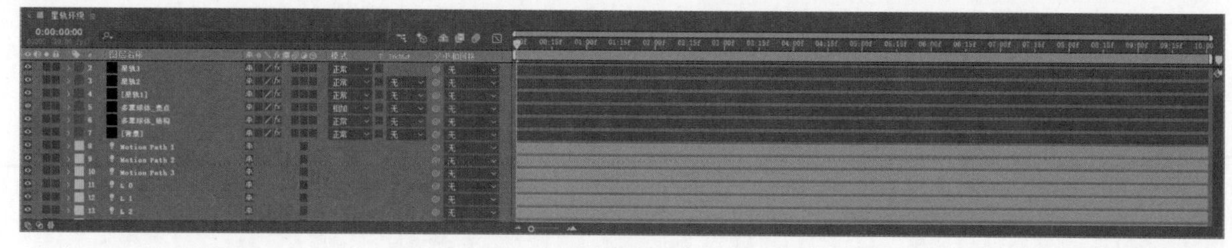

图6-373

14 依次展开“星轨2”、“效果”、Particular、Emitter(Master)卷展栏，选择Position参数，然后在“表达式：Position”右侧输入代码thisComp.layer("Motion Path 2").transform.position.key(1)，如图6-374所示。

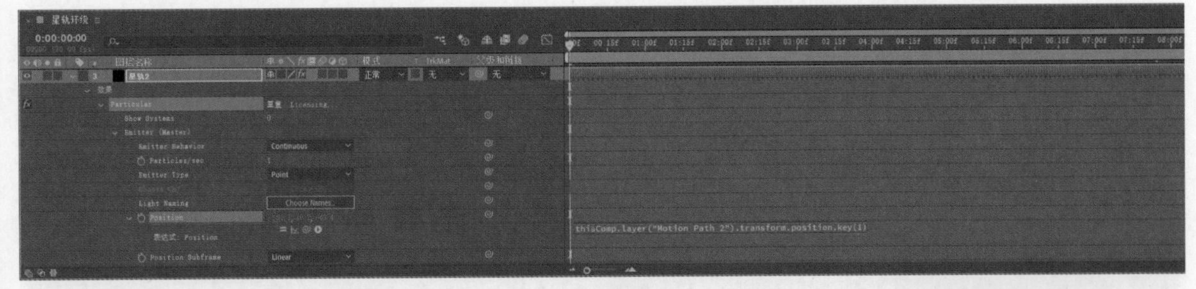

图6-374

15 选择“星轨2”图层，然后依次展开Physics(Master)、Air卷展栏，设置Motion Path为2，如图6-375所示。依次展开“星轨3”、“效果”、Particular、Emitter(Master)卷展栏，选择Position参数，在“表达式：Position”右侧输入代码thisComp.layer("Motion Path 3").transform.position.key(1)，如图6-376所示。

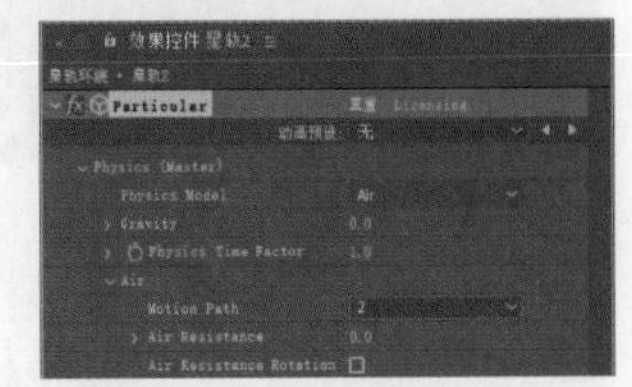

图6-375

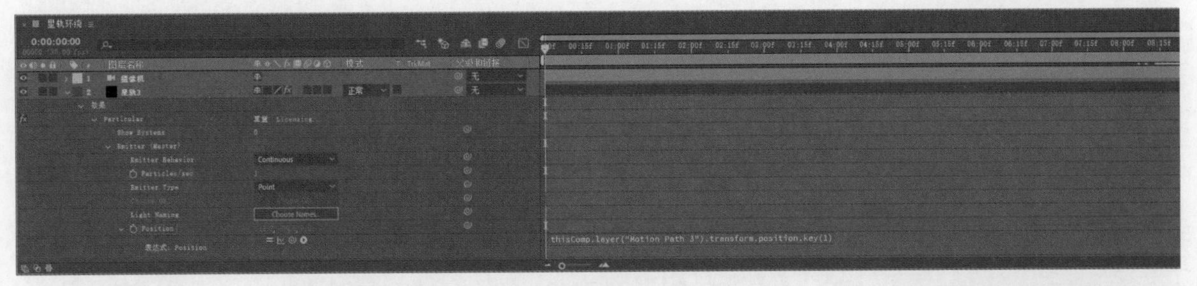

图6-376

16 选择“星轨3”图层，在“效果控件”面板中依次展开Physics(Master)、Air卷展栏，设置Motion Path为3，如图6-377所示。设置时间码为0:00:06:00，然后在“时间轴”面板中依次展开“摄像机”“摄像机选项”卷展栏，设置“景深”为“开”、“焦距”为696像素、“光圈”为450像素，如图6-378所示。最终效果如图6-379所示。

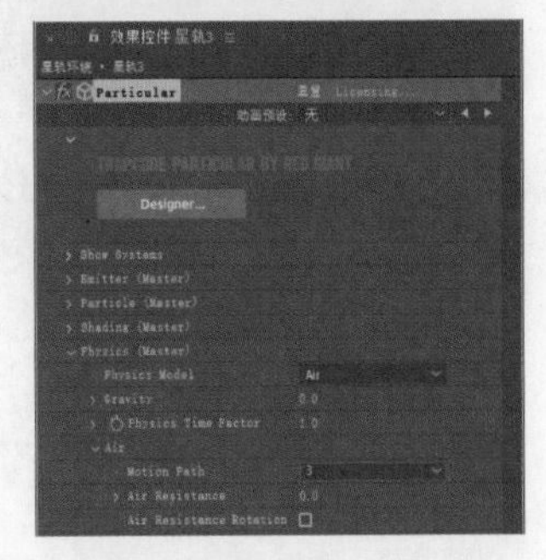

图6-377

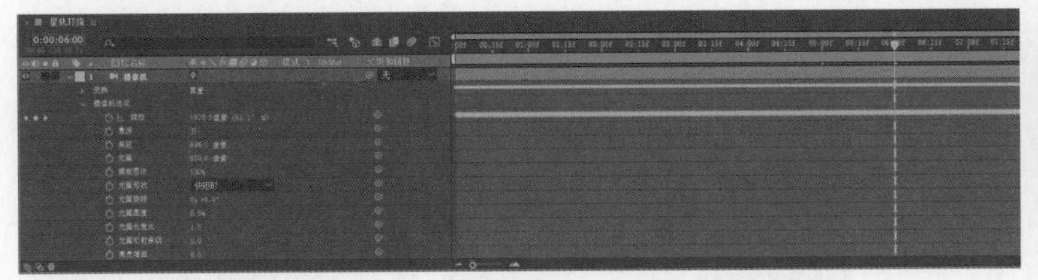

图6-378

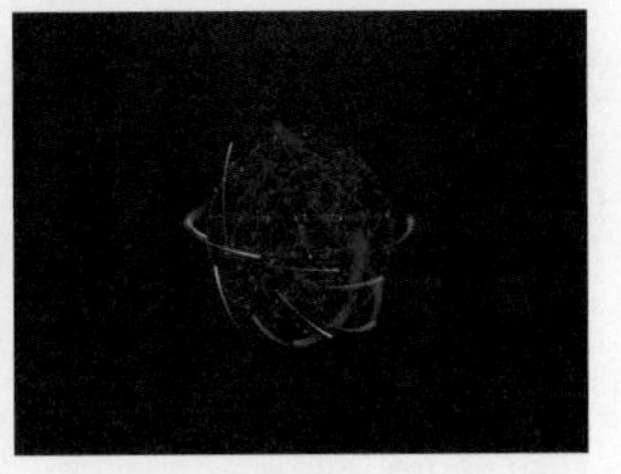

图6-379

实战：天体彗星

场景位置	场景文件 > CH06 > 实战：天体彗星
实例位置	实例文件 > CH06 > 实战：天体彗星
难易程度	★★★☆☆
学习目标	掌握“相加”模式的使用方法

天体彗星的效果如图6-380所示，制作分析如下。

彗星高亮的部分是依靠粒子的数目与粒子的混合模式实现的，当混合模式为“相加”时，粒子的数量越多，高亮效果越强。

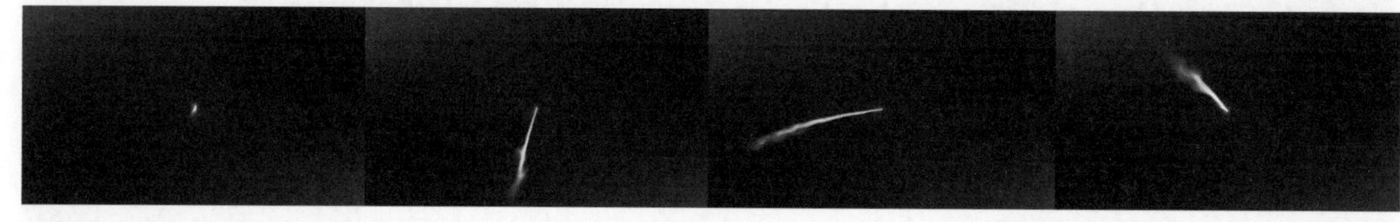

图6-380

01 在Cinema 4D中使用参数化对象、“克隆”、“效果器”、“灯光”等工具制作出彗星的主体动画模型，如图6-381所示。

02 在赋予主体动画模型材质后导出图形序列，如图6-382所示。

图6-381

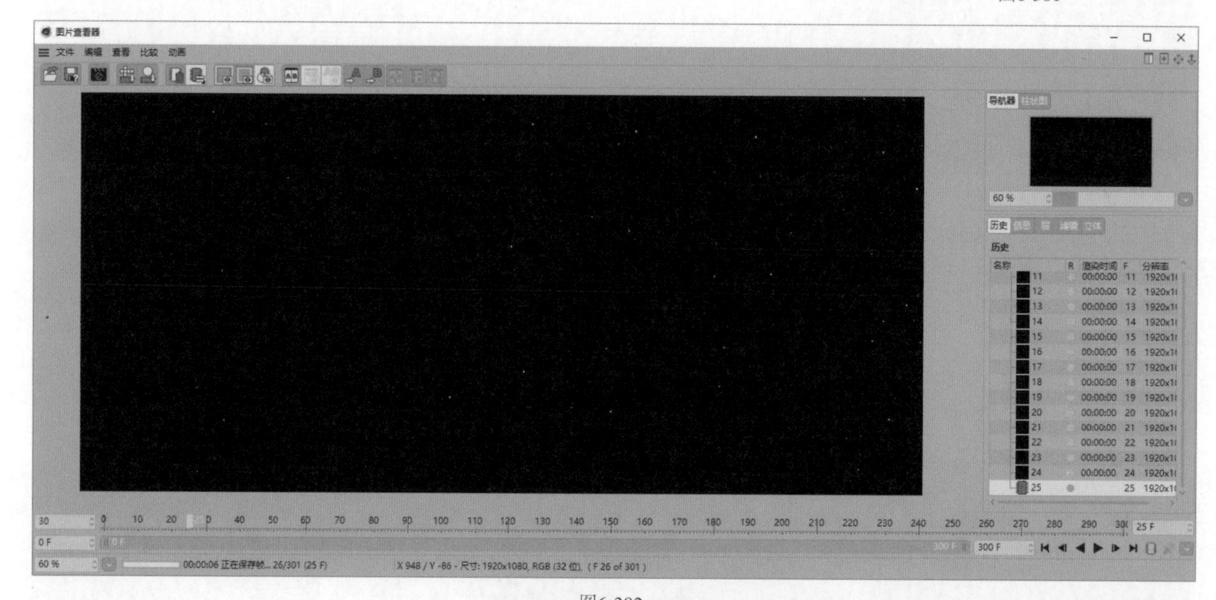

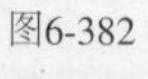

图6-382

03 在After Effects中导入以上步骤中导出的图形序列，设置背景以渲染氛围，效果如图6-383所示。

04 使用Particular粒子插件和CC Radial Fast Blur功能制作天体彗星动效，最终效果如图6-384所示。

图6-383

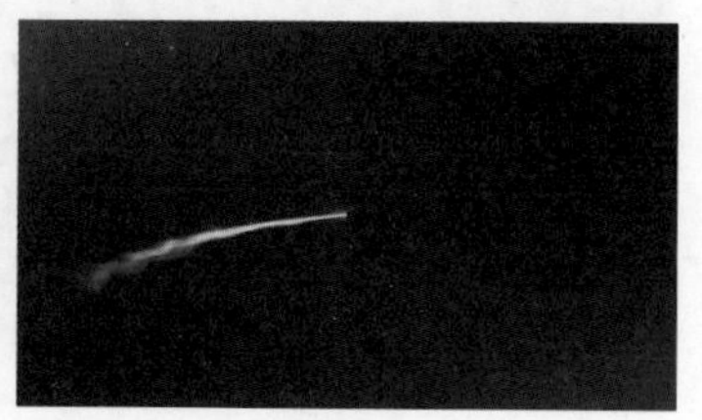

图6-384

6.5 球形扰动动画效果

本节案例侧重于使用Cinema 4D建模，再搭配After Effects进行后期加工，制作球形扰动类动画效果。

实战：多彩能量体

场景位置	场景文件 > CH06 > 实战：多彩能量体
实例位置	实例文件 > CH06 > 实战：多彩能量体
难易程度	★★★☆☆
学习目标	掌握Hdri Environment效果的使用方法

多彩能量体的效果如图6-385所示，制作分析如下。

在使用Octane渲染器制作纯黑的环境效果时，可以新增一个Hdri Environment效果，不赋予它任何材质，也不设置任何参数，这样渲染出来的环境效果就是纯黑色的。

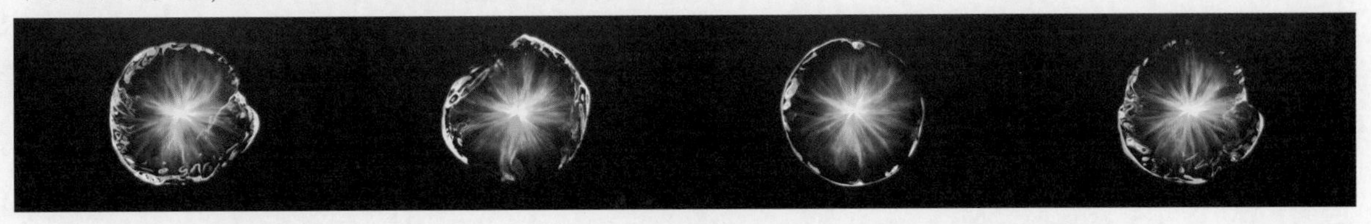

图6-385

◎ 能量体模型制作

01 打开Cinema 4D，执行“渲染>编辑渲染设置”菜单命令，选择“输出”，设置“宽度”为1920像素、“高度”为1080像素，如图6-386所示。创建一个球体，并将其命名为“能量外形”，在“属性”面板中设置“半径”为115cm、“分段”为256、“类型”为“六面体”，如图6-387所示。

02 执行“创建>变形器>置换”菜单命令，移动“置换”对象至“能量外形”对象内，如图6-388所示。选择“置换”对象，在“属性”面板中设置“高度”为20cm，如图6-389所示。

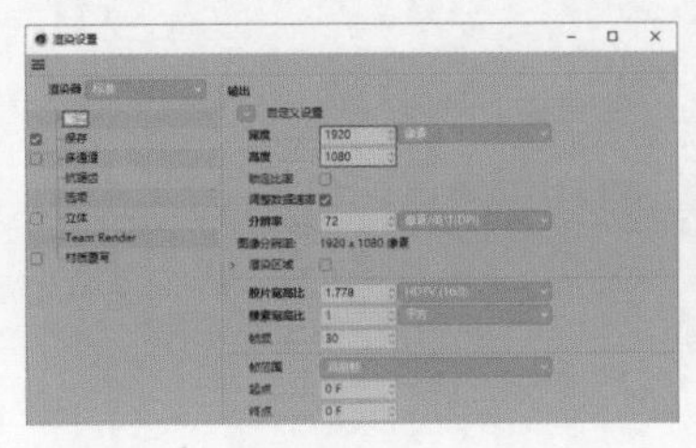

图6-386

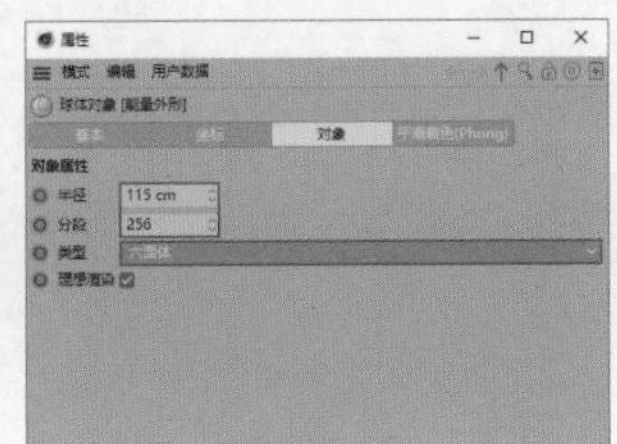

图6-387

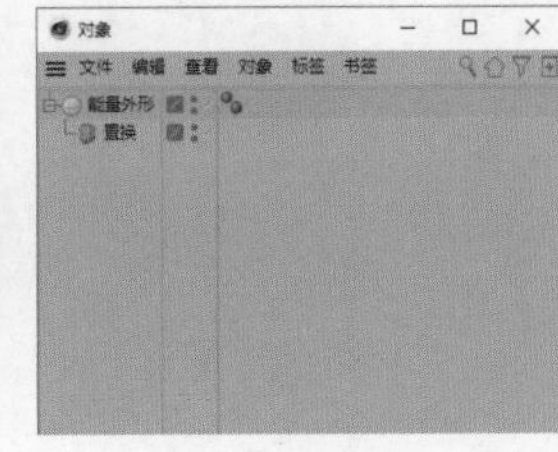

图6-388

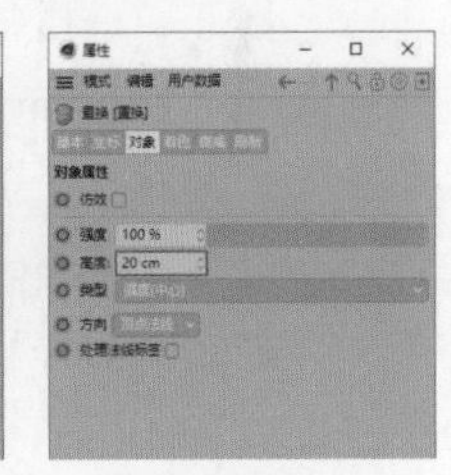

图6-389

03 选择“置换”对象，在“属性”面板中设置“着色器”为“噪波”，如图6-390所示。单击“噪波”，然后设置“噪波”为“斯达”、“全局缩放”为2500%、“相对比例”为（100%,100%,700%）、“动画速率”为0.01、“循环周期”为10，如图6-391所示。

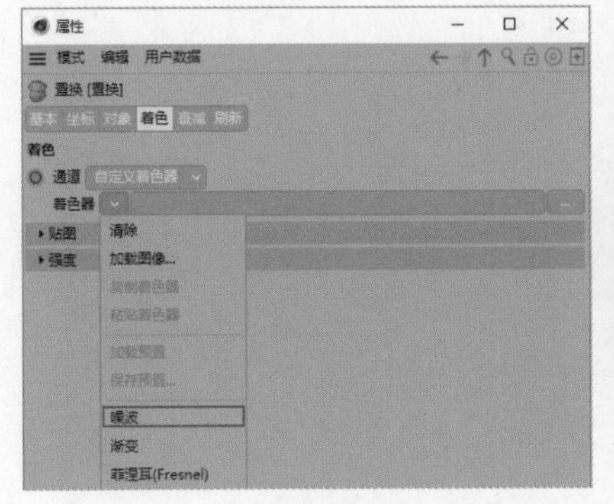

图6-390

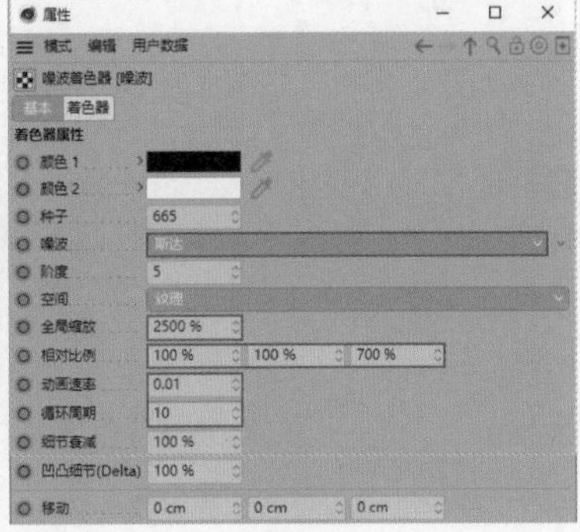

图6-391

04 执行“创建>变形器>平滑”菜单命令，移动“平滑”对象至“能量外形”对象内，使其位于“置换”对象的下方，如图6-392所示。在“属性”面板中设置“硬度”为80%，如图6-393所示。效果如图6-394所示。

05 执行“创建>摄像机>摄像机”菜单命令，在“对象”面板中单击“摄像机”右侧的■按钮切换至摄像机视角，如图6-395所示。在“属性”面板中设置P.X为0cm、P.Y为0cm、P.Z为-560cm，然后设置R.H、R.P、R.B均为0°。设置时间轴时长为0~300F、当前帧为0F，如图6-396所示。

图6-392

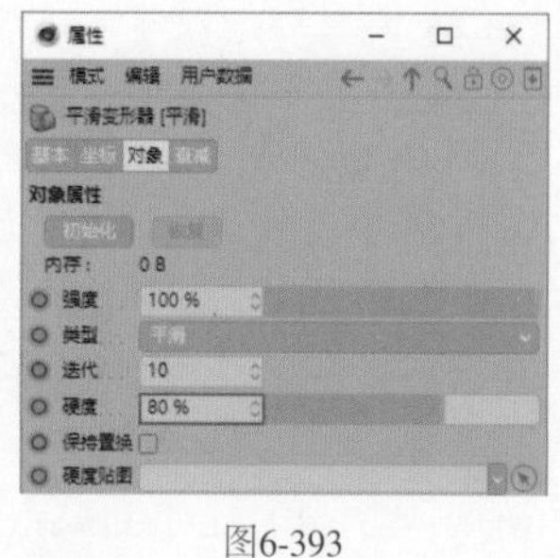

图6-393

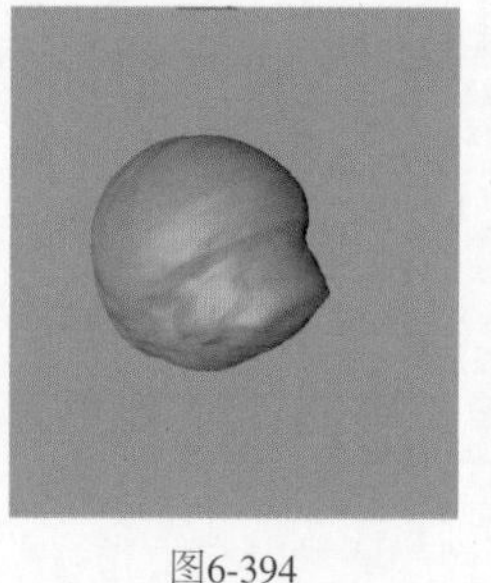

图6-394

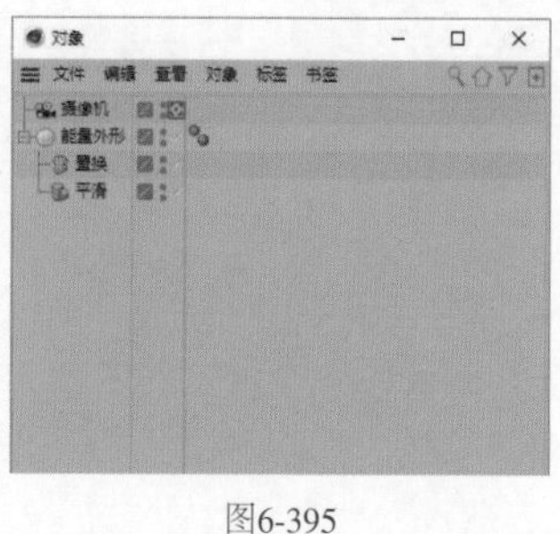

图6-395

图6-396

◎ 能量体模型渲染

01 执行“渲染>编辑渲染设置”菜单命令，设置“渲染器”为Octane Renderer，如图6-397所示。执行“Octane>Octane Dialog”菜单命令，然后在弹出的对话框中执行“Materials>Octane Specular Material”菜单命令，如图6-398所示。

图6-397

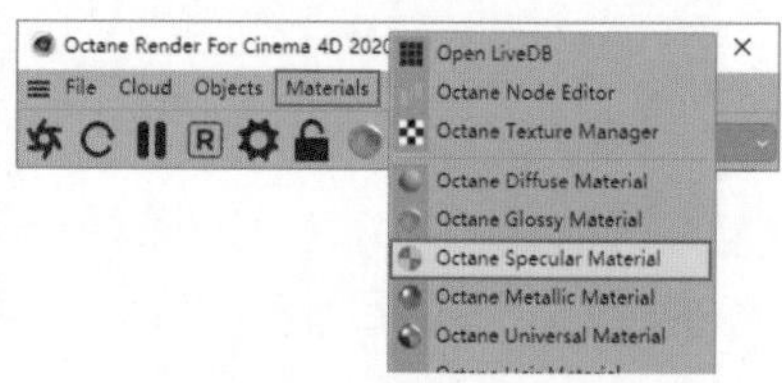

图6-398

02 双击“材质”面板中的材质球打开“材质编辑器”面板，选择Transmission，然后设置Texture为“菲涅耳(Fresnel)”，如图6-399所示。移动“材质”面板中的OctSpecular1材质球至“对象”面板的“能量外形”对象上，如图6-400所示。

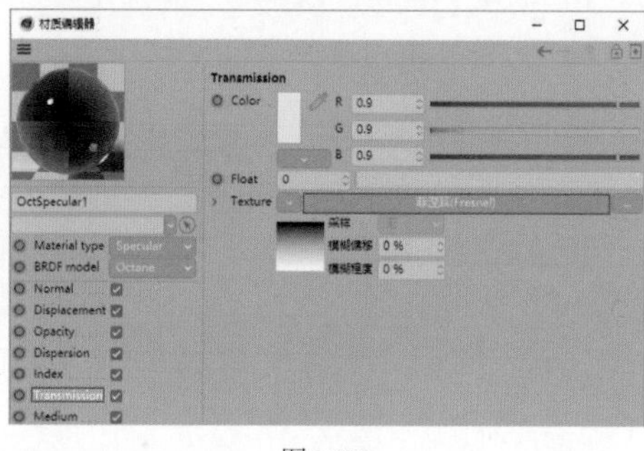

图6-399

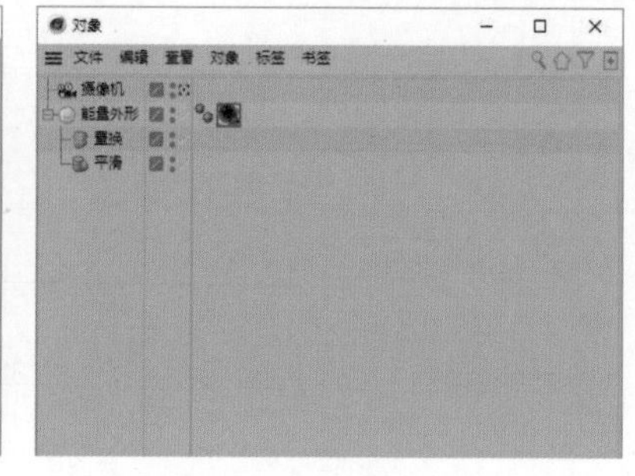

图6-400

03 执行“Octane>Octane Dialog”菜单命令，然后在弹出的对话框中执行“Objects>Hdri Environment”菜单命令，此时“对象”面板中新增了一个OctaneSky对象，如图6-401所示。

04 执行“Octane>Octane Dialog”菜单命令，然后在弹出的对话框中执行“Objects>Lights>Octane Arealight”菜单命令，此时“对象”面板中新增了一个OctaneLight对象，如图6-402所示。

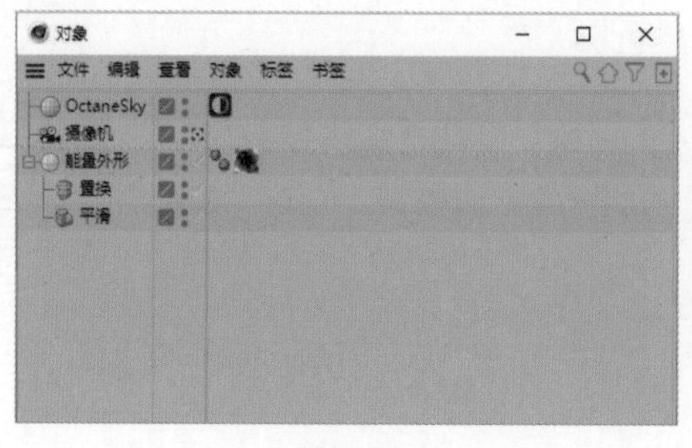

图6-401

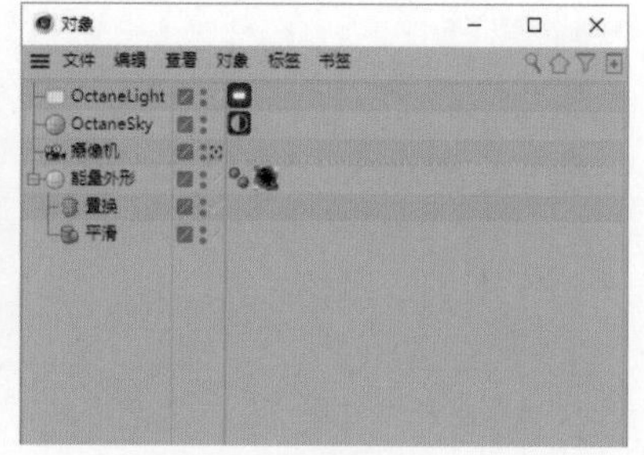

图6-402

05 选择OctaneLight对象，“属性”面板中的具体参数设置如图6-403～图6-406所示。

设置步骤

①设置“形状”为“球体”、“水平尺寸”和“垂直尺寸”为250cm、“纵深尺寸”为1950cm。

②设置P.Z为410cm。

③设置Power为5、Opacity为0、Texture为“渐变”。

④单击Texture右侧的“渐变”。

⑤展开“渐变”卷展栏，单击“载入预置”按钮载入预置...，然后选择Heat 2选项，接着设置“类型”为“三维-球面”。

图6-403

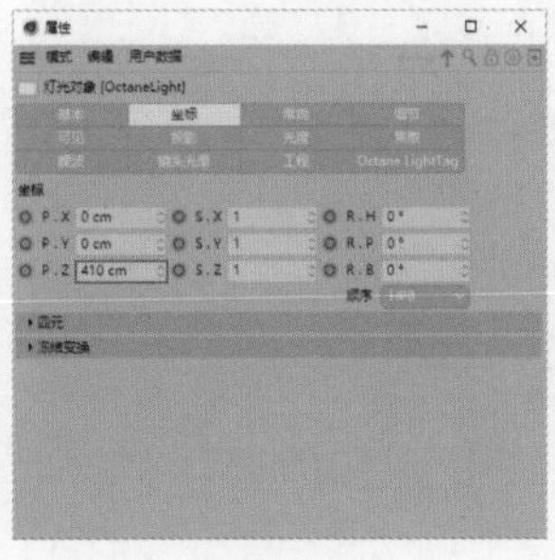

图6-404

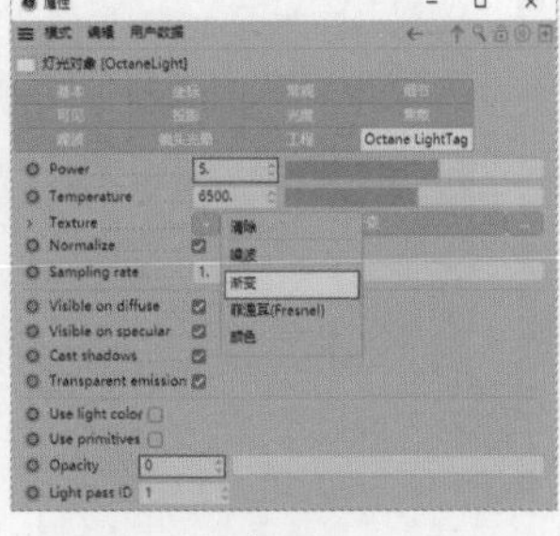

图6-405

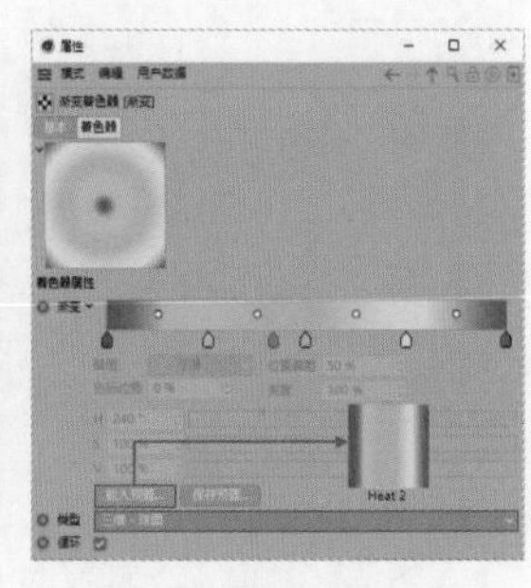

图6-406

06 执行“渲染>渲染活动视图”菜单命令，渲染效果如图6-407所示。执行“渲染>编辑渲染设置”菜单命令，选择“输出”，设置“帧范围”为“全部帧”、“起点”为0F、“终点”为300F，如图6-408所示。

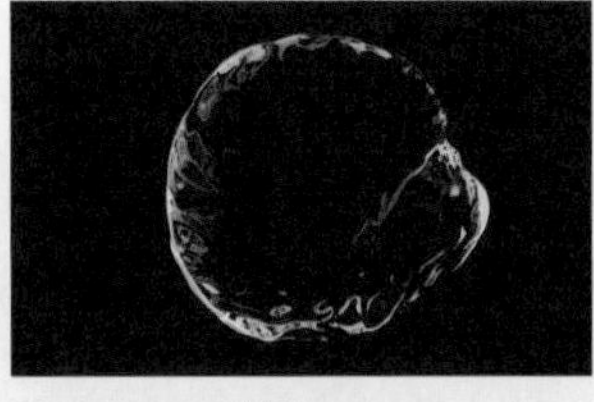

图6-407

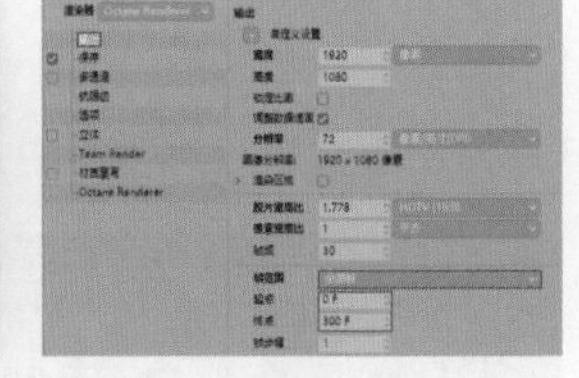

图6-408

07 保存文件，将文件命名为“多彩能量体”，然后设置“格式”为PNG，勾选“Alpha通道”复选框，如图6-409所示。执行“Octane>Octane Settings”菜单命令，然后在Octane Settings对话框中选择Kernels选项卡，设置第1行的参数为Pathtracing，然后设置Max.samples为500，并勾选Alpha channel复选框，如图6-410所示。执行“渲染>渲染到图片查看器”菜单命令，效果如图6-411所示。

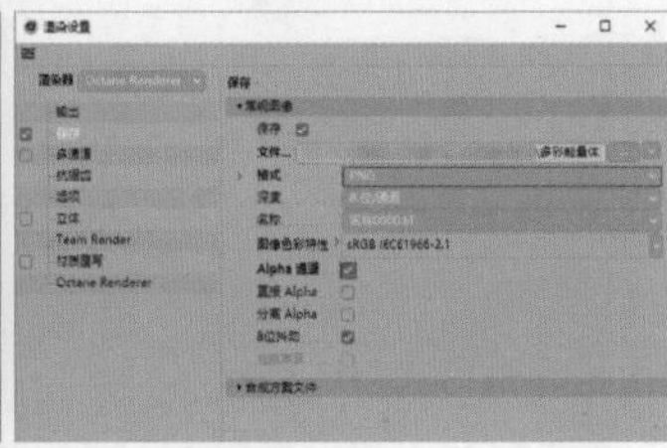

图6-409

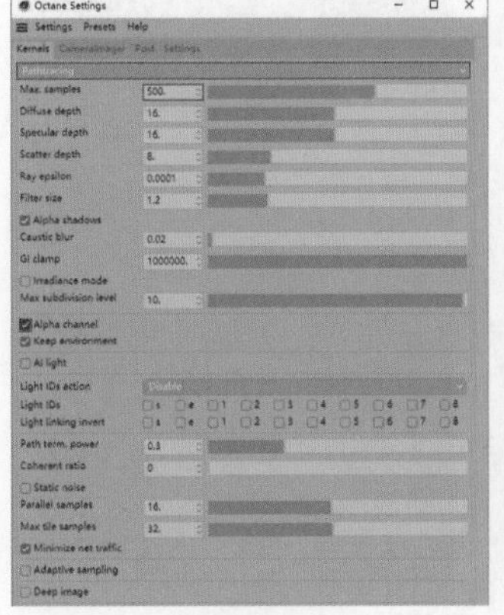

图6-410

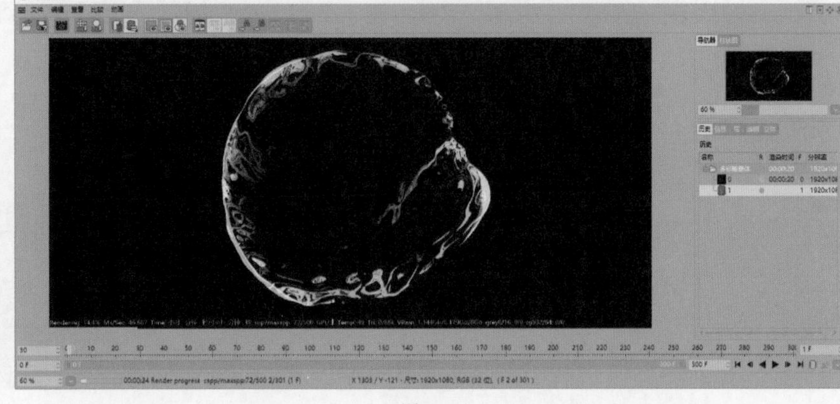

图6-411

◎ 背景设置

01 打开After Effects，创建一个合成，设置“合成名称”为“多彩能量体”、“宽度”为1920px、“高度”为1080px、“帧速率”为30帧/秒、“持续时间”为0:00:10:00，如图6-412所示。新建一个“纯色”图层，将其命名为“背景”，设置“宽度”为1920像素、“高度”为1080像素，如图6-413所示。

02 执行“效果>生成>梯度渐变”菜单命令，在“效果控件”面板中设置“渐变起点”为（960,-580）、“起始颜色”为绿色（R:15,G:77,B:64）、“结束颜色”为黑色（R:0,G:0,B:0）、“渐变形状”为“径向渐变”、“渐变散射”为200，如图6-414所示。效果如图6-415所示。

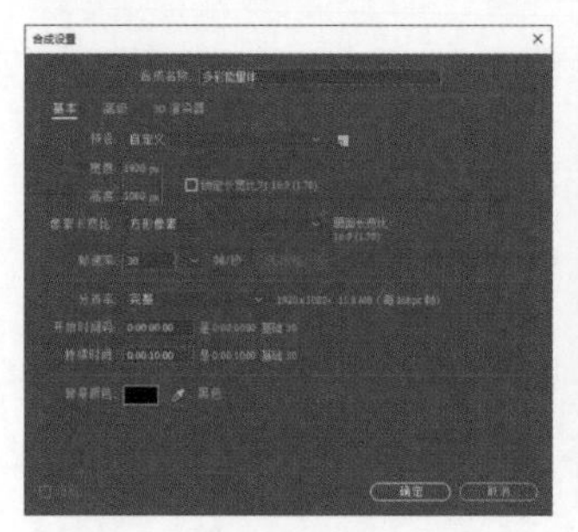

图6-412

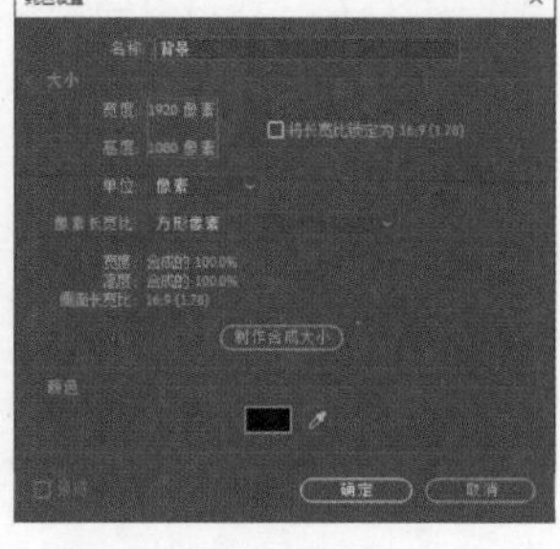

图6-413

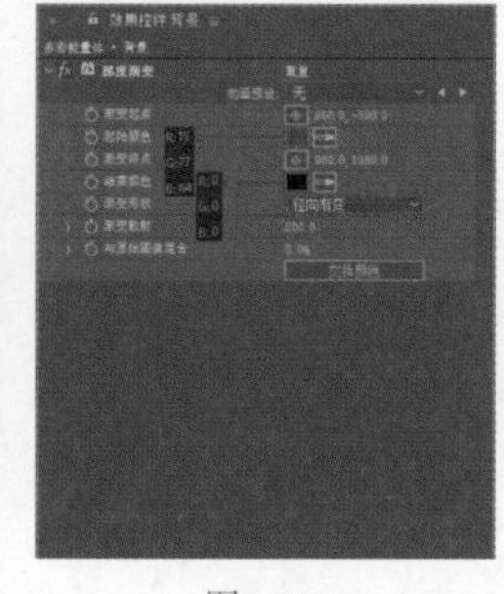

图6-414

图6-415

◎ 多彩能量体动效制作

01 导入模型文件“场景文件>CH06>实战：多彩能量体>多彩能量体0000.png”，然后移动“项目”面板中的“多彩能量体[0000-0300].png”文件至“时间轴”面板中，使其位于“背景”图层的上方，并将其重命名为“能量外形”，接着设置“模式”为“相加”，如图6-416所示。

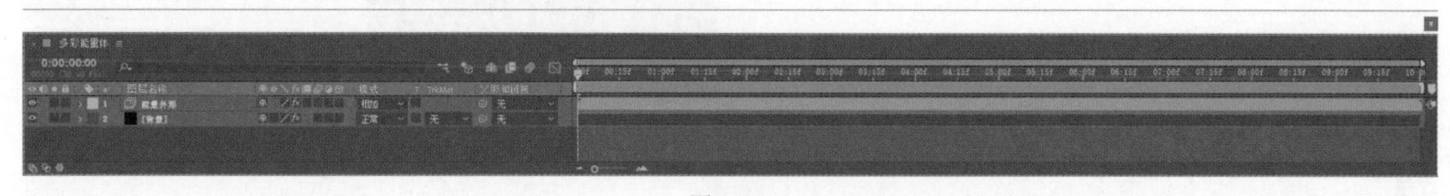

图6-416

02 选择“能量外形”图层，执行“编辑>重复”菜单命令，将新增的图层重命名为“强化”，并移动其至“能量外形”图层的上方，如图6-417所示。选择“能量外形”图层，执行“效果>模糊和锐化>CC Radial Fast Blur”菜单命令，然后展开“效果控件”面板中的CC Radial Fast Blur卷展栏，设置Amount为10，如图6-418所示。效果如图6-419所示。

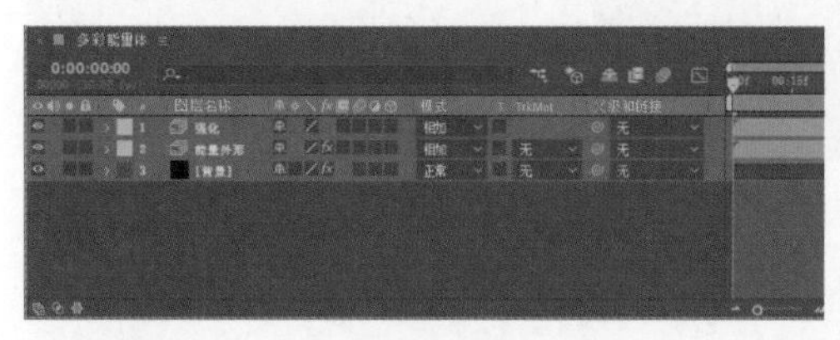

图6-417

图6-418

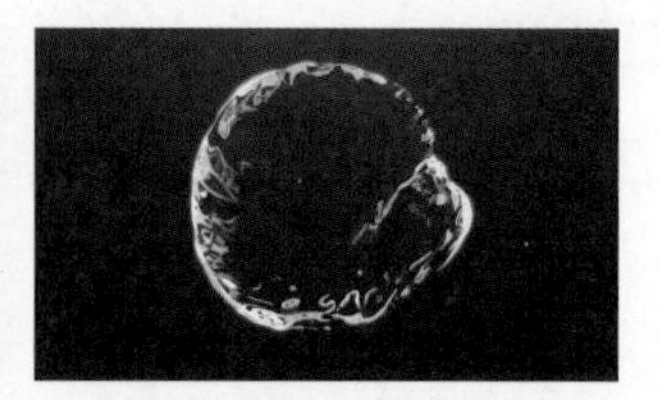

图6-419

03 新建一个“纯色”图层，将其命名为“能量核心”，设置“宽度”为1920像素、“高度”为1080像素，如图6-420所示。在“时间轴”面板中选择“能量核心”图层，设置“模式”为“相加”，如图6-421所示。执行“效果>RG Trapcode>Form”菜单命令，效果如图6-422所示。

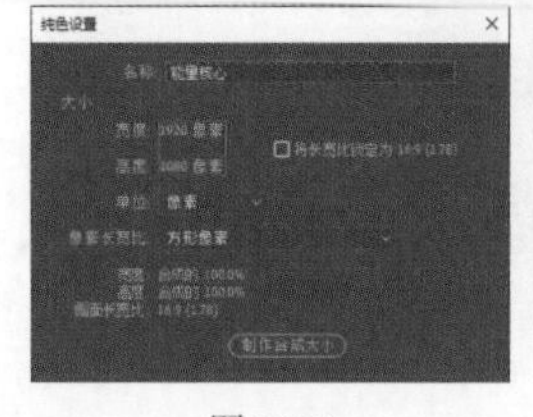

图6-420

图6-421

图6-422

04 展开Base Form(Master)卷展栏，设置Particles in X为200、Particles in Y为200、Particles in Z为10，然后设置X Rotation和Y Rotation为0x+45°，如图6-423所示。

05 展开Particle(Master)卷展栏，设置Size为1、Size Random为50%、Opacity Random为50%、Set Color为Over Y，然后设置Blend Mode为Add，如图6-424所示。

06 展开Fractal Field(Master)卷展栏，设置Affect Size为2、Affect Opacity为1、Displace为300、Flow Evolution为20、Offset Evolution为10，然后勾选Flow Loop复选框，如图6-425所示。依次展开Spherical Field(Master)、Sphere 1卷展栏，然后设置Strength为-100、Radius为580、Feather为100，如图6-426所示。

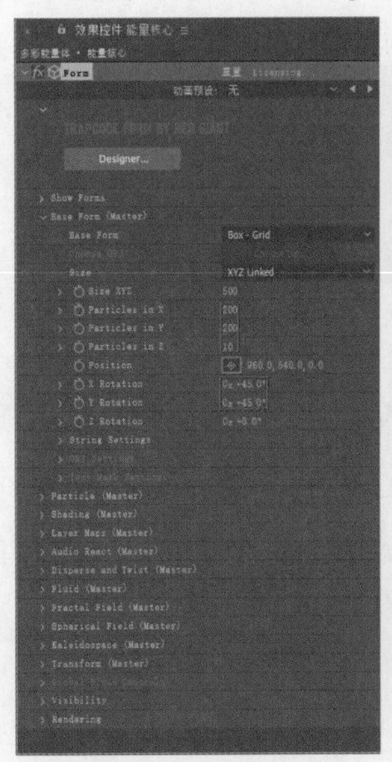

图6-423

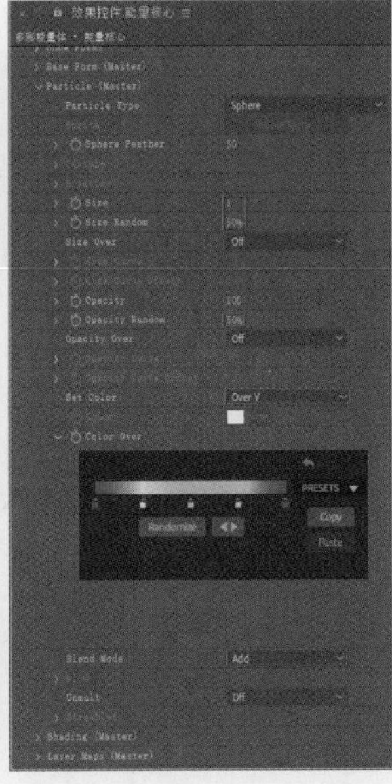

图6-424

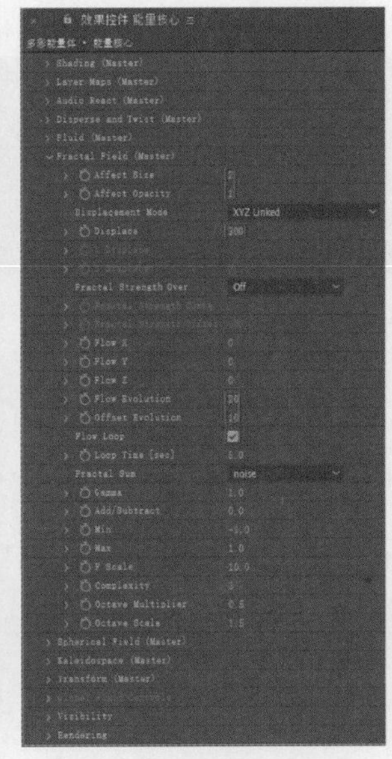

图6-425

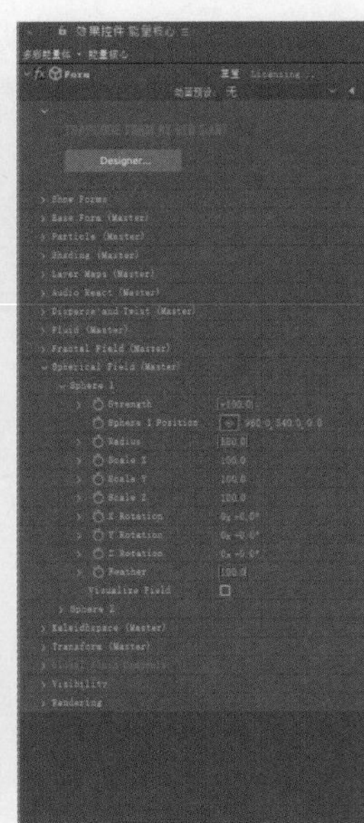

图6-426

07 执行“效果>模糊和锐化>CC Radial Fast Blur”菜单命令，然后展开CC Radial Fast Blur卷展栏，设置Amount为70，如图6-427所示。效果如图6-428所示。执行“效果>透视>CC Sphere”菜单命令，展开CC Sphere卷展栏，设置Radius为400，然后展开Light卷展栏，设置Light Height为100，如图6-429所示。

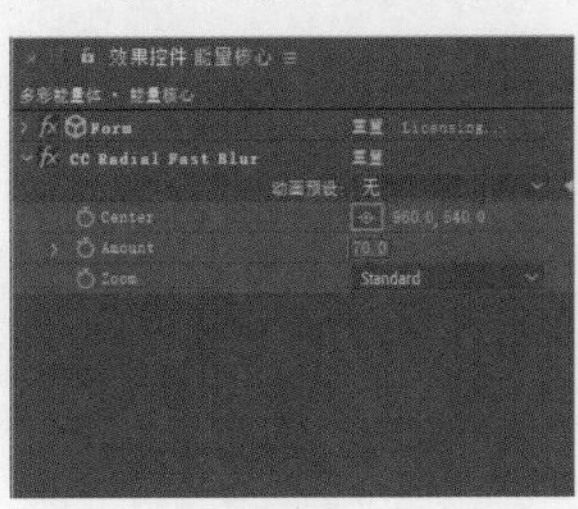

图6-427

图6-428

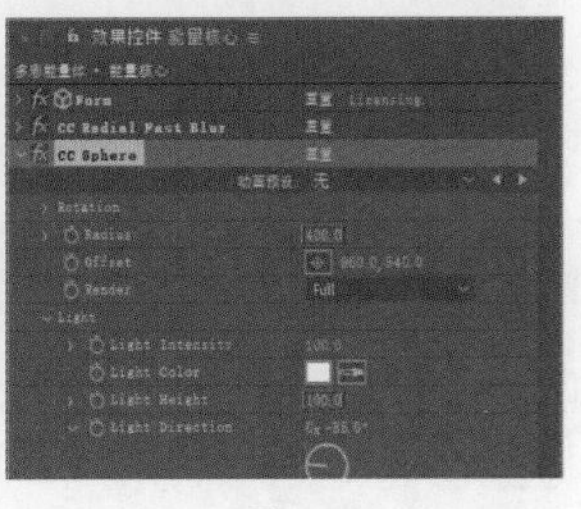

图6-429

08 选择“强化”图层，执行“编辑>重复”菜单命令，将新增的图层重命名为“遮罩”，并移动其至“能量核心”图层的上方，然后设置“模式”为“正常”。接着选择“能量核心”图层，设置TrkMat为“Alpha遮罩‘遮罩’”，如图6-430所示。最终效果如图6-431所示。

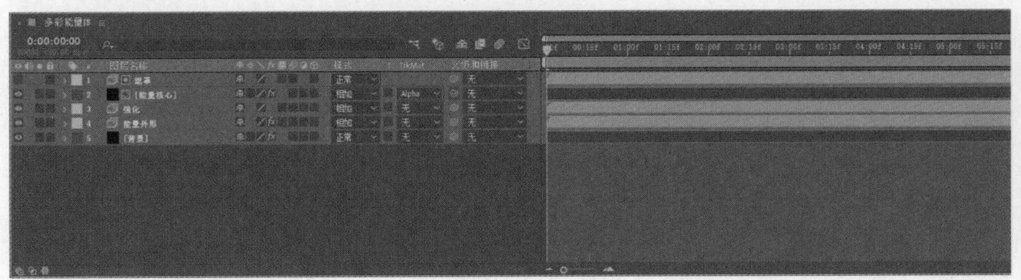

图6-430

图6-431

实战：动感莫比乌斯环

场景位置	场景文件 > CH06 > 实战：动感莫比乌斯环
实例位置	实例文件 > CH06 > 实战：动感莫比乌斯环
难易程度	★★★☆☆
学习目标	掌握“相加”模式的使用方法

动感莫比乌斯环的效果如图6-432所示，制作分析如下。

在After Effects中设置图层的“模式”为“相加”能够让制作的动效更有视觉冲击力。

图6-432

◎ 动感莫比乌斯环模型制作

01 打开Cinema 4D，执行“渲染>编辑渲染设置”菜单命令，选择“输出”，设置“宽度”为1920像素、“高度”为1080像素，如图6-433所示。执行“创建>对象>圆盘”菜单命令，在“属性”面板中设置“旋转分段”为128，如图6-434所示。将创建的“圆盘”对象重命名为“主体”。

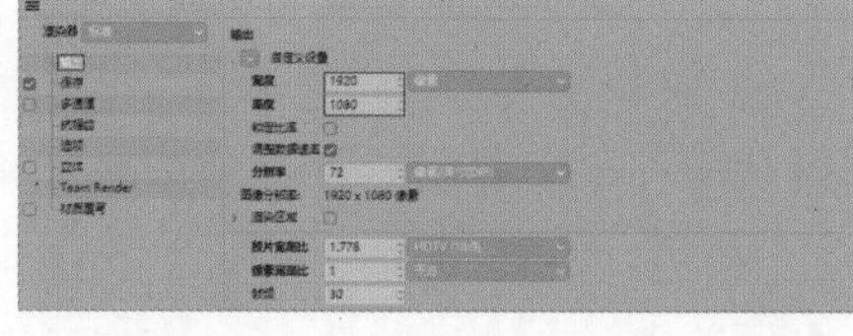

图6-433

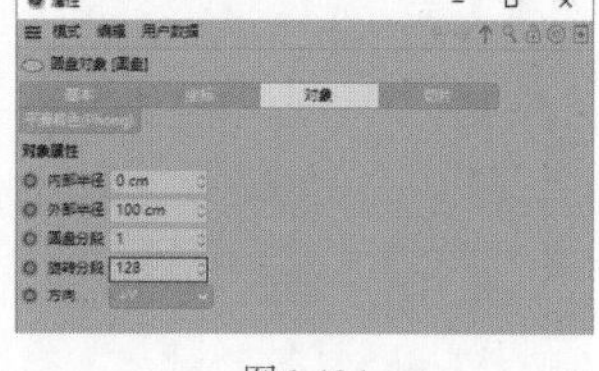

图6-434

02 执行“创建>变形器>螺旋”菜单命令，移动“螺旋”对象至“主体”对象内，如图6-435所示。选择“螺旋”对象，在“属性”面板中设置R.P为20°，如图6-436所示。接着设置“螺旋”对象的“尺寸”为(200cm,240cm,200cm)、“角度”为30°，如图6-437所示。效果如图6-438所示。

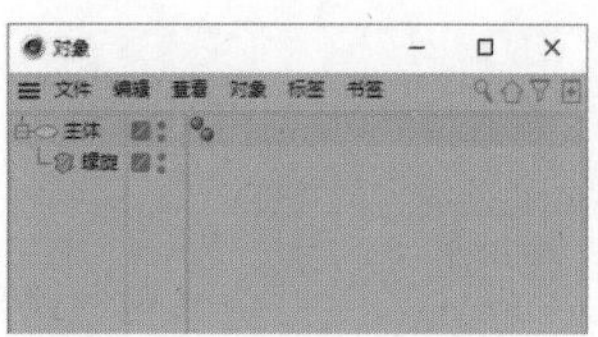

图6-435

图6-436

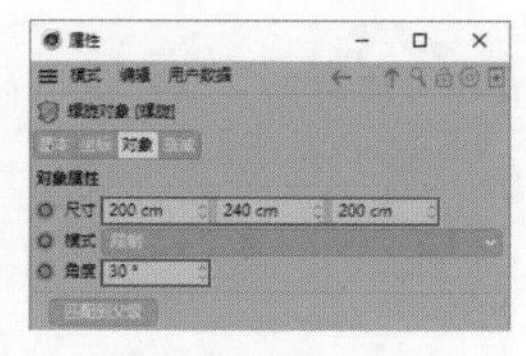

图6-437

图6-438

03 设置时间轴时长为0～300F、当前帧为0F，如图6-439所示。选择“主体”对象，然后在“属性”面板中单击R.H左侧的按钮，如图6-440所示。

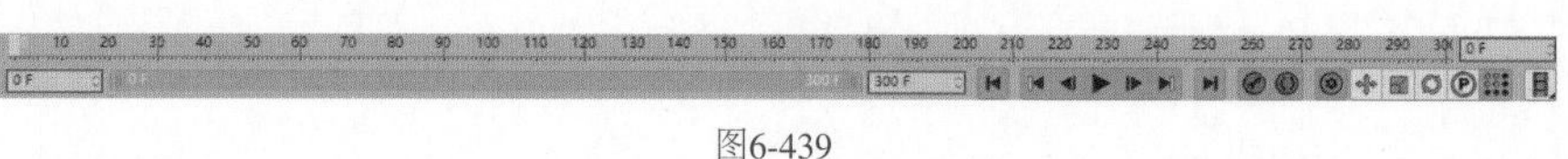

图6-439

图6-440

04 设置当前帧为300F，然后在“属性”面板中设置R.H为1440°并单击其左侧的按钮，如图6-441所示。执行“创建>摄像机>摄像机”菜单命令，选择“摄像机”对象，在“属性”面板中设置P.X、P.Y均为0cm，然后设置R.H、R.P、R.B均为0°，接着设置P.Z为-530cm，如图6-442所示。

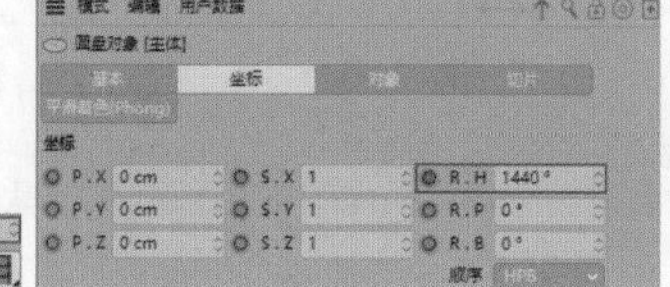

图6-441

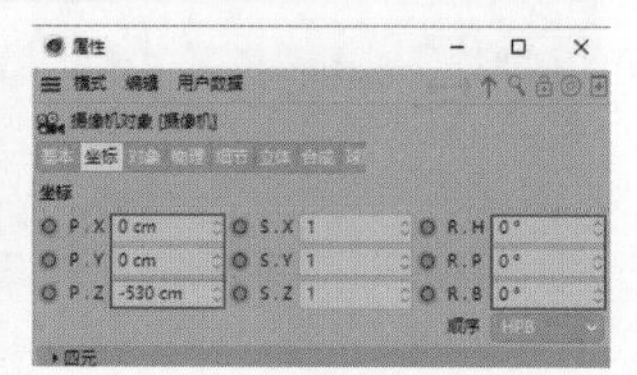

图6-442

◎ 动感莫比乌斯环模型渲染

01 在“对象”面板中单击“摄像机”右侧的按钮切换至摄像机视角。执行“渲染>编辑渲染设置”菜单命令，设置“渲染器”为Octane Renderer，如图6-443所示。执行“Octane>Octane Dialog”菜单命令，然后在弹出的对话框中执行“Materials>Octane Diffuse Material”菜单命令，如图6-444所示。

02 双击“材质”面板中的材质球打开“材质编辑器”面板，选择Diffuse，然后设置Texture为“渐变”，如图6-445所示。单击Texture右侧的“渐变”，然后展开“渐变”卷展栏，如图6-446所示。

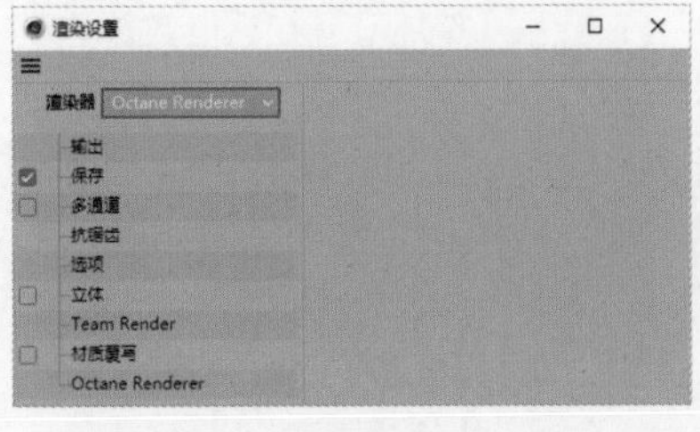

图6-443

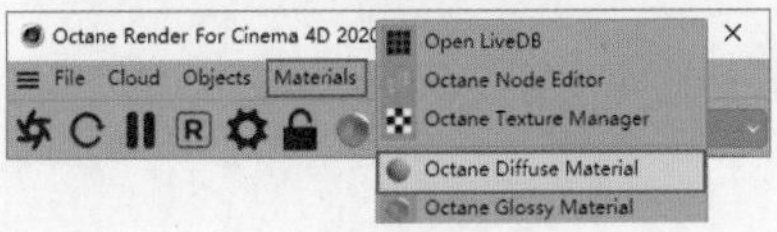

Octane Render For Cinema 4D 2020
File Cloud Objects Materials
Open LiveDB
Octane Node Editor
Octane Texture Manager
Octane Diffuse Material
Octane Glossy Material

图6-444

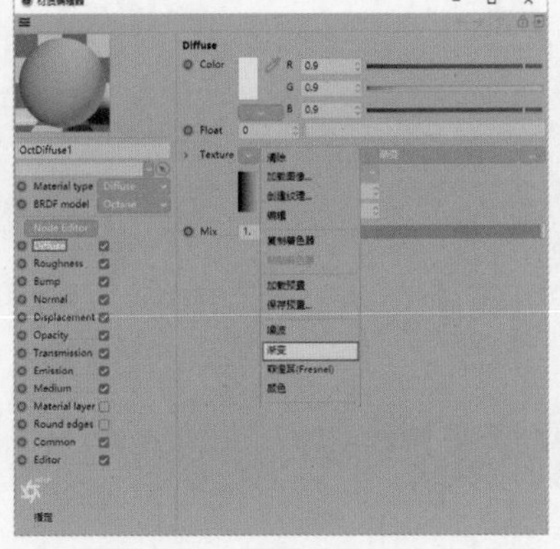

图6-445

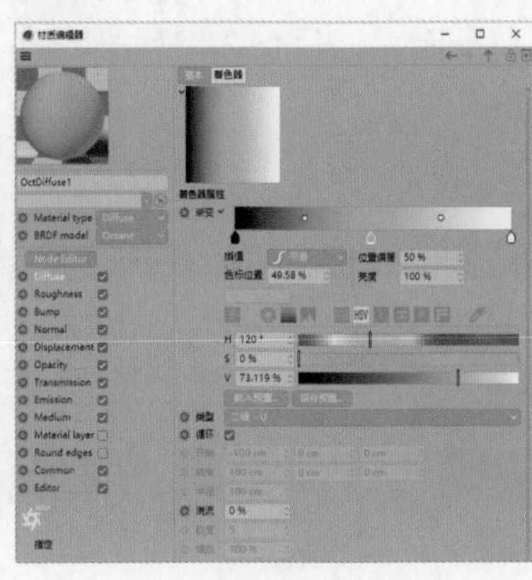

图6-446

03 此时渐变色条上从左到右依次有3个色标，选择第1个色标，设置H为174°、S为100%、V为100%，如图6-447所示。选择第2个色标，设置“色标位置”为40%、H为215°、S为100%、V为100%，如图6-448所示。选择第3个色标，设置H为260°、S为100%、V为100%，如图6-449所示。

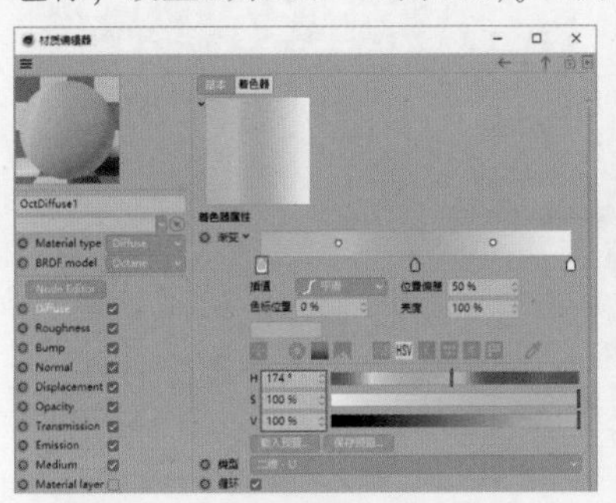

图6-447

图6-448

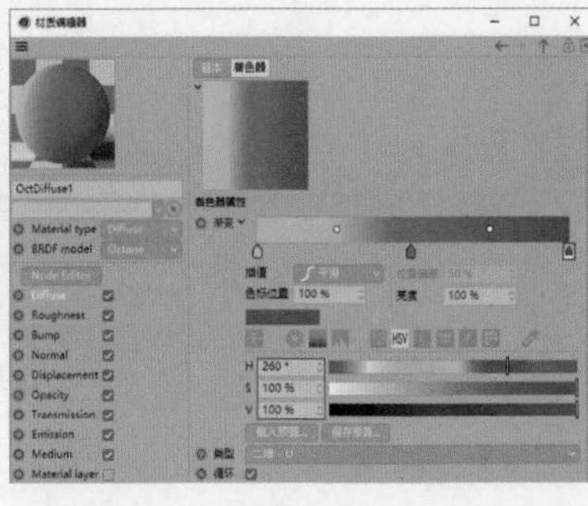

图6-449

04 选择Opacity，设置Texture为“菲涅耳（Fresnel）”，如图6-450所示。移动“材质”面板中的OctDiffuse1材质球至“对象”面板的“主体”对象上，如图6-451所示。

05 执行“渲染>渲染活动视图”菜单命令，渲染效果如图6-452所示。执行“渲染>编辑渲染设置”菜单命令，选择“输出”，设置“帧范围”为“全部帧”、“起点”为0F、“终点”为300F，如图6-453所示。

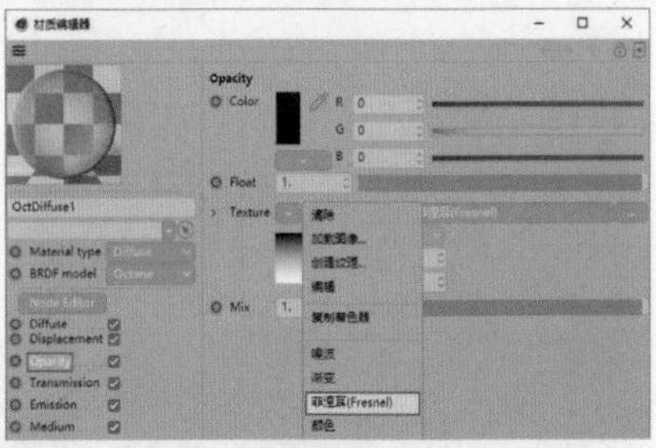

图6-450

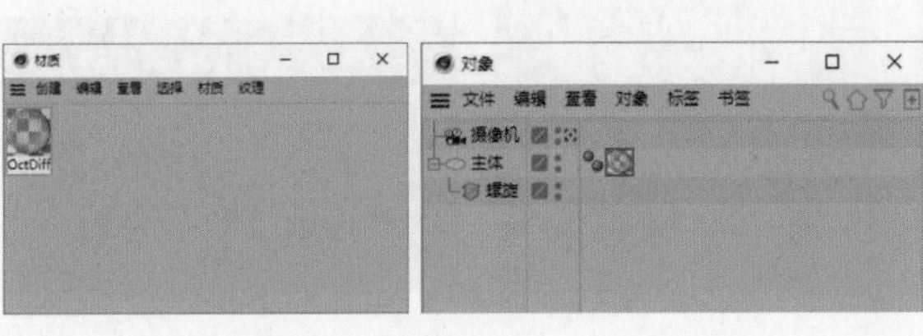

图6-451

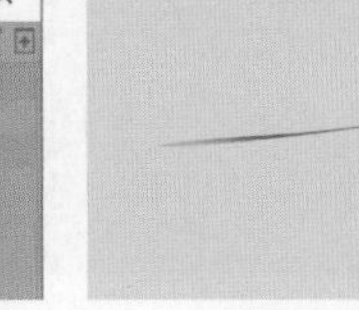

图6-452

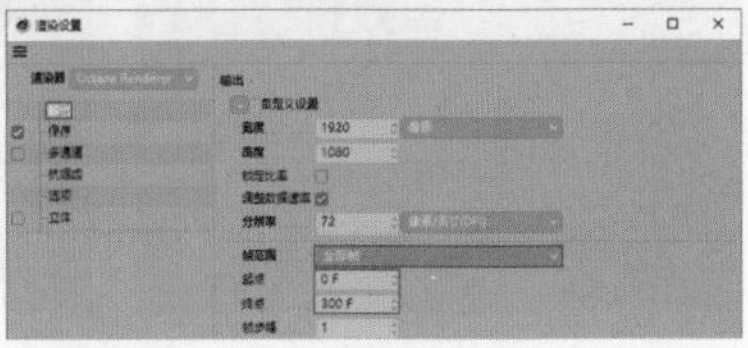

图6-453

06 保存文件，将文件命名为“动感莫比乌斯环”，然后设置“格式”为PNG，勾选“Alpha通道”复选框，如图6-454所示。执行“Octane＞Octane Settings”菜单命令，然后在弹出的Octane Settings对话框中选择Kernels选项卡，接着勾选Alpha channel复选框，如图6-455所示。

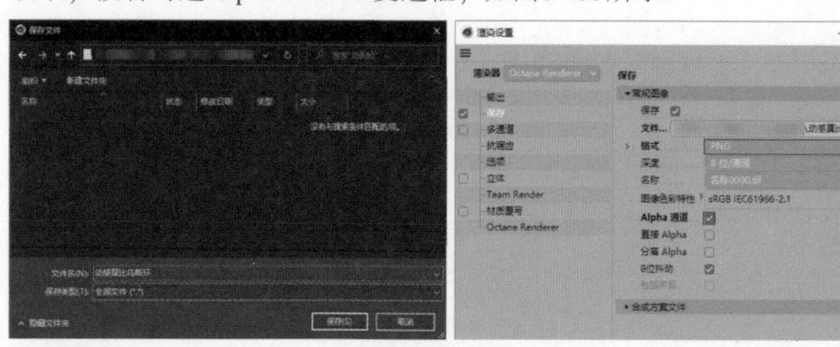

图6-454

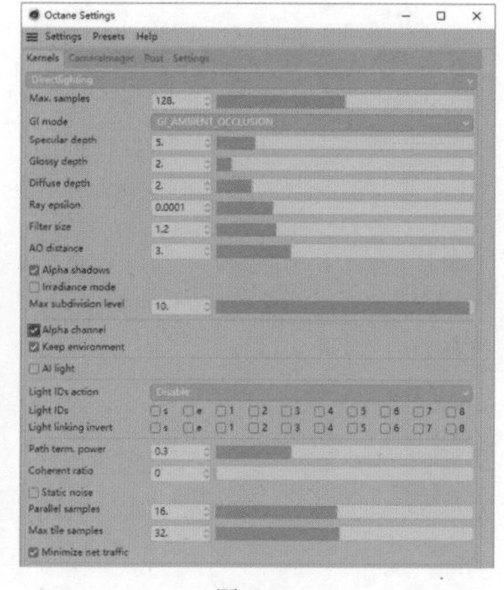

图6-455

07 执行“渲染＞渲染到图片查看器”菜单命令，效果如图6-456所示。

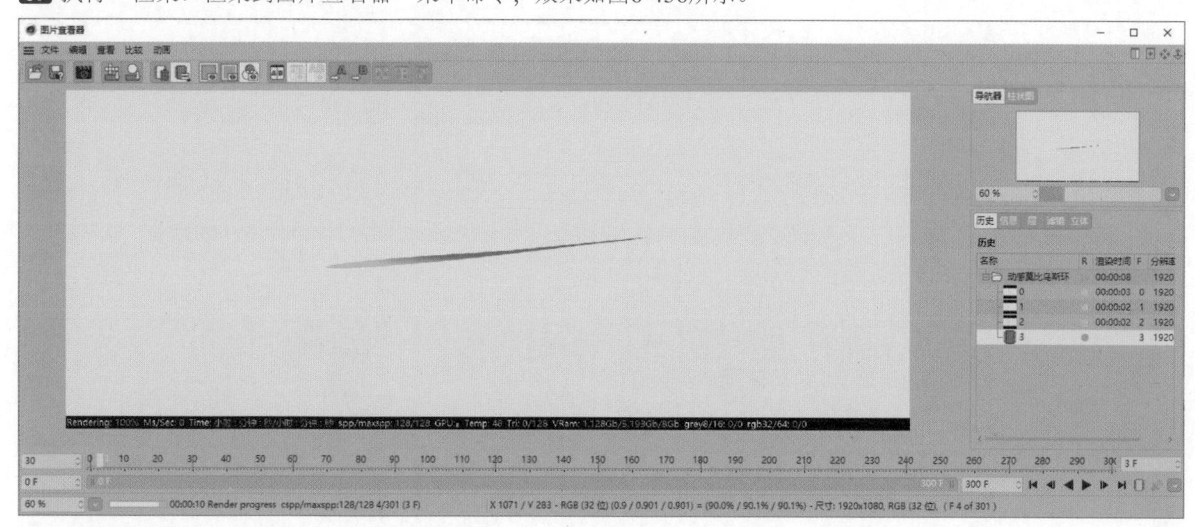

图6-456

◎ 背景设置

01 打开After Effects，创建一个合成，设置“合成名称”为“动感莫比乌斯环”、“宽度”为1920px、“高度”为1080px、“帧速率”为30帧/秒、“持续时间”为0:00:10:00，如图6-457所示。新建一个“纯色”图层，将其命名为“背景”，设置“宽度”为1920像素、“高度”为1080像素，如图6-458所示。

02 选择“背景”图层，执行“效果＞生成＞梯度渐变”菜单命令，在“效果控件”面板中设置“渐变起点”为(960,-360)、“起始颜色”为蓝色（R:15,G:45,B:158）、“渐变终点”为（960,710）、“结束颜色”为黑色（R:0,G:0,B:0）、“渐变形状”为“径向渐变”、“渐变散射”为400，如图6-459所示。效果如图6-460所示。

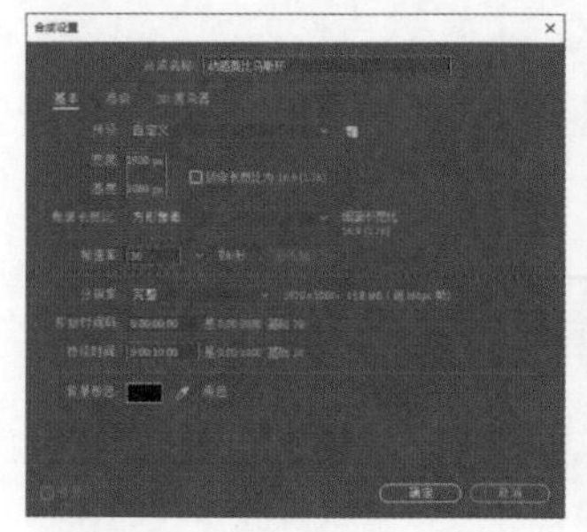

图6-457

图6-458

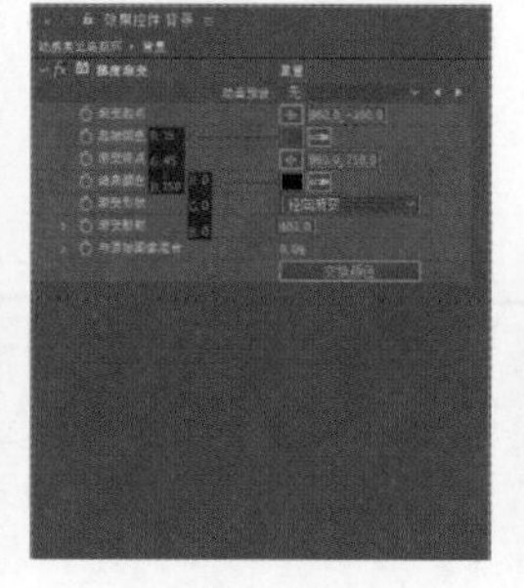

图6-459

图6-460

◎ 动感莫比乌斯环动效制作

01 导入模型文件“场景文件>CH06>实战：动感莫比乌斯环>动感莫比乌斯环0000.png”，移动“项目”面板中的“动感莫比乌斯环[0000-0300].png”文件至“时间轴”面板中，使其位于“背景”图层的上方，然后将其重命名为“主体”，如图6-461所示。

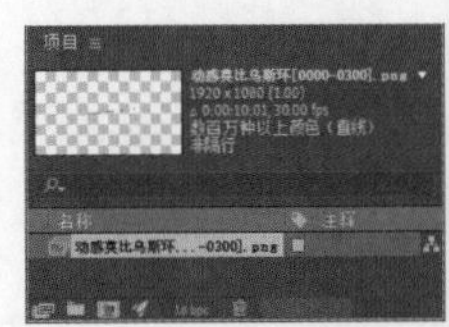
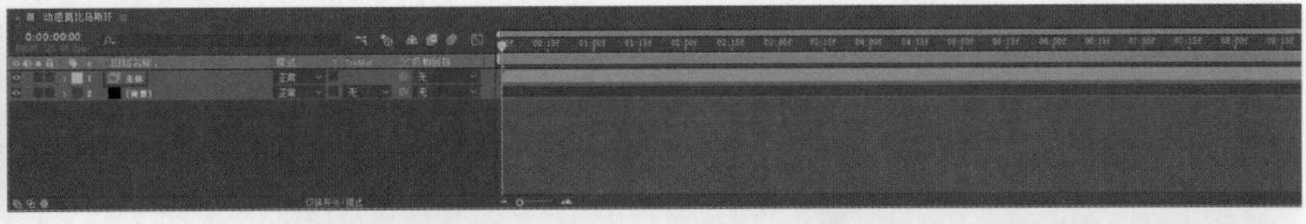

图6-461

02 选择“主体”图层，执行“效果>模糊和锐化>CC Radial Blur”菜单命令。在“效果控件”面板中展开CC Radial Blur卷展栏，设置Type为Fading Zoom、Amount为100，如图6-462所示。效果如图6-463所示。

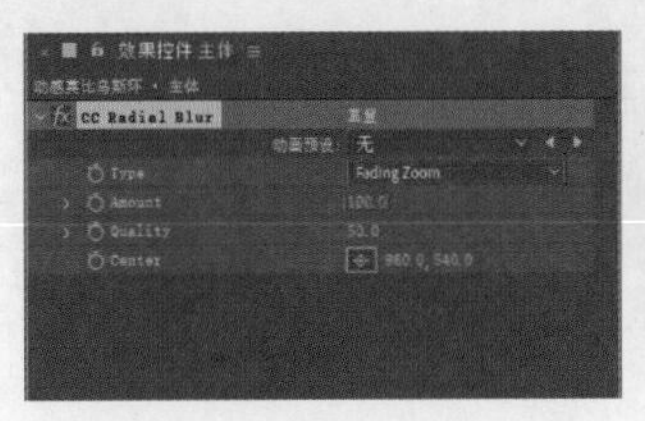

图6-462

图6-463

03 保持当前选择不变，执行“编辑>重复”菜单命令两次，将新增的两个图层均重命名为“加强”，然后移动它们至“主体”图层的上方，设置“模式”为“相加”，如图6-464所示。设置时间码为0:00:04:20，如图6-465所示。最终效果如图6-466所示。

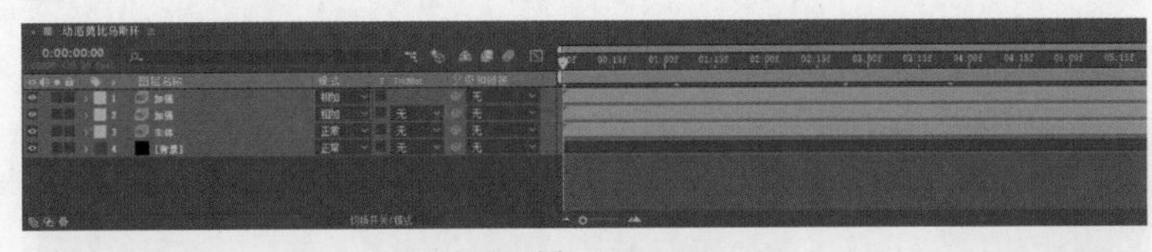

图6-464

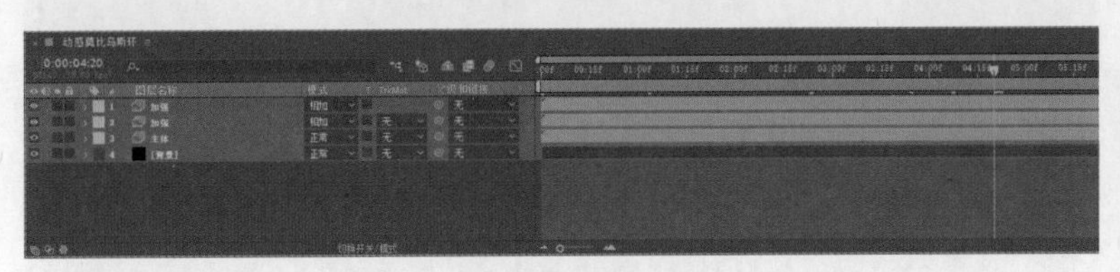

图6-465

图6-466

实战：经典三色球

场景位置	场景文件>CH06>实战：经典三色球
实例位置	实例文件>CH06>实战：经典三色球
难易程度	★★★☆☆
学习目标	掌握用After Effects处理从Cinema 4D中导出的PNG图形序列的方法

经典三色球的效果如图6-467所示，制作分析如下。

只使用一种软件很难制作出复杂抽象的动画效果，先在Cinema 4D中制作出基础的PNG图形序列后，在After Effects中进行后期处理，就可以制作出复杂抽象的动效。

图6-467

01 在Cinema 4D中使用参数化对象、"变形器"、"生成器" 等工具制作三色球主体动画模型，如图6-468所示。

02 在渲染三色模型和白色模型后分别导出图形序列，如图6-469和图6-470所示。

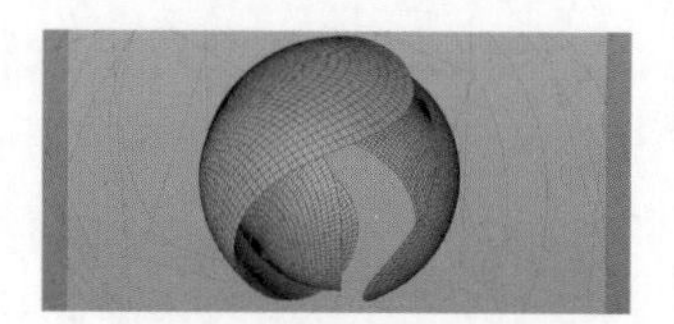

图6-468

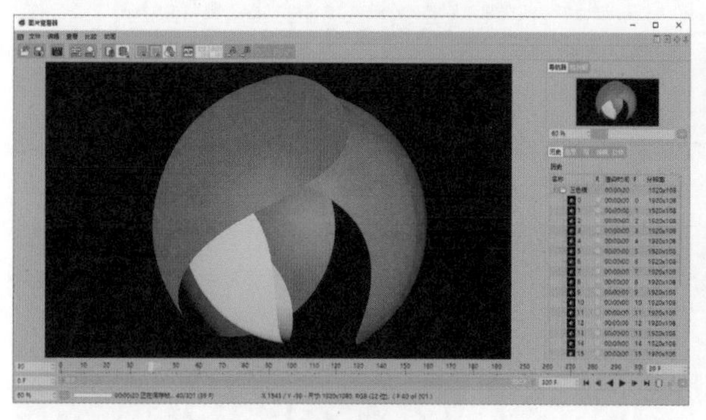

图6-469

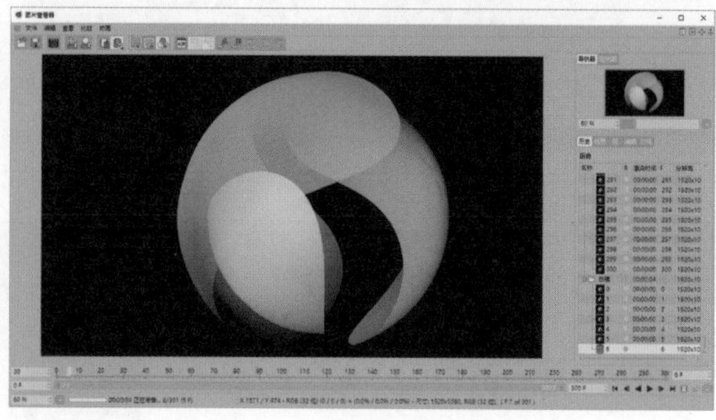

图6-470

03 在After Effects中设置背景以渲染氛围，效果如图6-471所示。

04 导入从Cinema 4D中导出的图形序列，对其进行模糊处理，并且叠加形状图层进行后期处理，效果如图6-472所示。

05 使用Form粒子插件制作三色球动效，然后将所有图形序列进行排列和叠加，完成最终效果，如图6-473所示。

图6-471

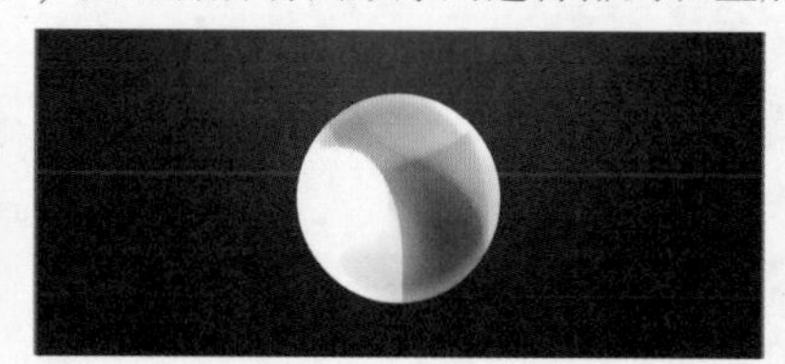

图6-472

图6-473

6.6 生长动画效果

本节案例主要讲解生长动画效果的制作，这类效果偏写实，对计算机的性能要求较高。

实战：花瓣循环

场景位置	场景文件 > CH06 > 实战：花瓣循环
实例位置	实例文件 > CH06 > 实战：花瓣循环
难易程度	★★★★☆
学习目标	掌握"步幅"效果器的使用方法

花瓣循环的效果如图6-474所示，制作分析如下。

使用Cinema 4D中的"步幅"效果器可以将"克隆"得到的模型分时序展现。

图6-474

◎ 循环花瓣模型制作

01 打开Cinema 4D，执行“渲染>编辑渲染设置”菜单命令，选择“输出”，设置“宽度”为1920像素、“高度”为1080像素，如图6-475所示。执行“创建>对象>平面”菜单命令，在“属性”面板中设置“宽度分段”为2、“高度分段”为1，如图6-476所示。

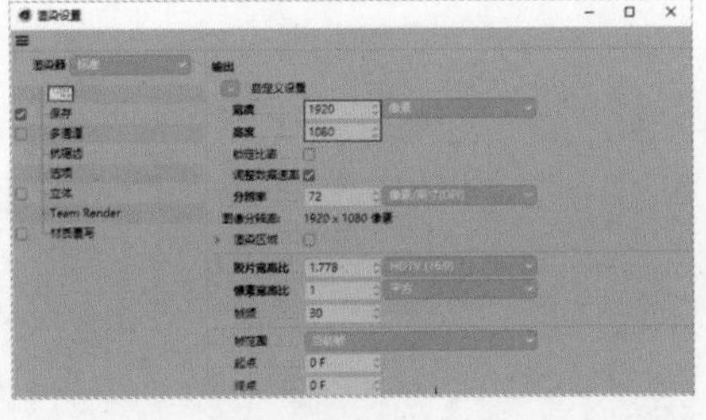
图6-475

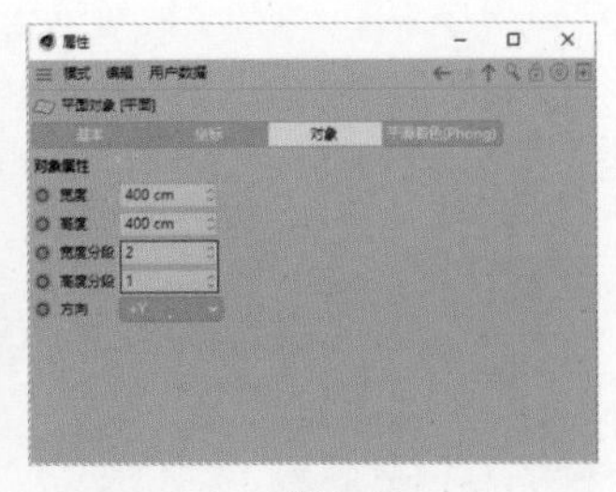
图6-476

02 执行“创建>变形器>修正”菜单命令。移动“修正”对象至“平面”对象内，如图6-477所示。效果如图6-478所示。选择“修正”对象，然后选择“点”工具和“实时选择”工具，在顶视图中选择图形顶边的中间顶点，接着在“坐标”面板中设置Z为290cm，如图6-479所示。

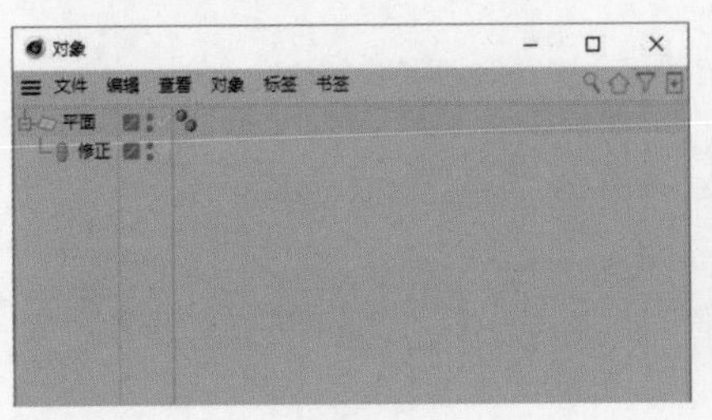
图6-477

图6-478

图6-479

03 应用同样的方法，选择图形底边左侧的顶点，在“坐标”面板中设置X为-120cm，然后选择底边右侧的顶点，在“坐标”面板中设置X为120cm，如图6-480所示。效果如图6-481所示。

04 切换至透视视图，执行“创建>生成器>细分曲面”菜单命令和“创建>变形器>扭曲”菜单命令。移动“平面”对象至“细分曲面”对象内，然后移动“扭曲”对象至“细分曲面”对象内，使其位于“平面”对象的下方，如图6-482所示。

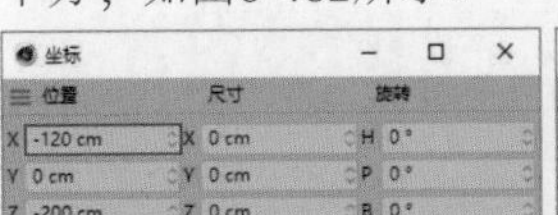
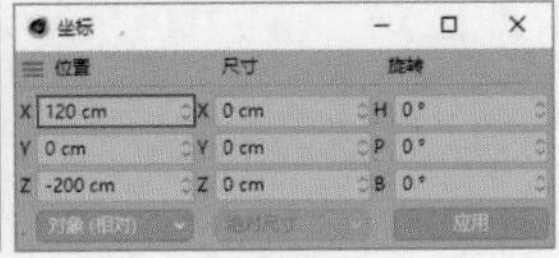
图6-480

图6-481

图6-482

05 选择“细分曲面”对象，在“属性”面板中设置“编辑器细分”“渲染器细分”均为4，如图6-483所示。选择“扭曲”对象，在“属性”面板中设置P.X为-100cm、R.B为-90°，如图6-484所示。设置“尺寸”为(10cm,200cm,400cm)、“模式”为“无限”、“强度”为100°，然后勾选“保持纵轴长度”复选框，如图6-485所示。效果如图6-486所示。

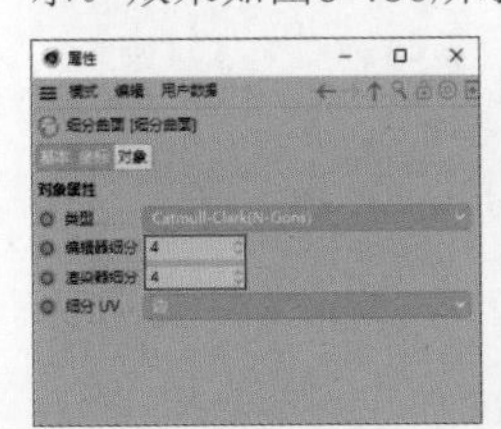
图6-483

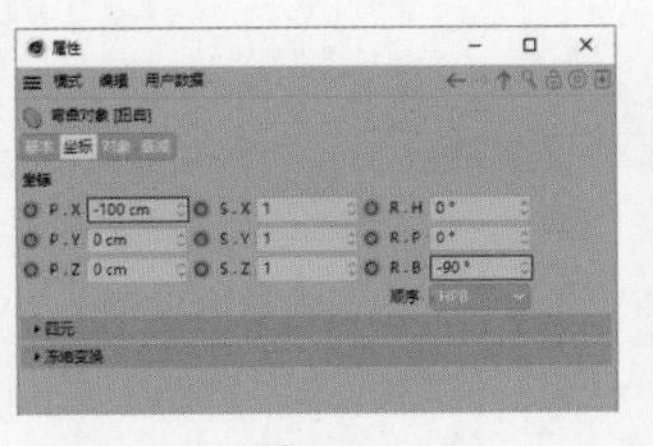
图6-484

图6-485

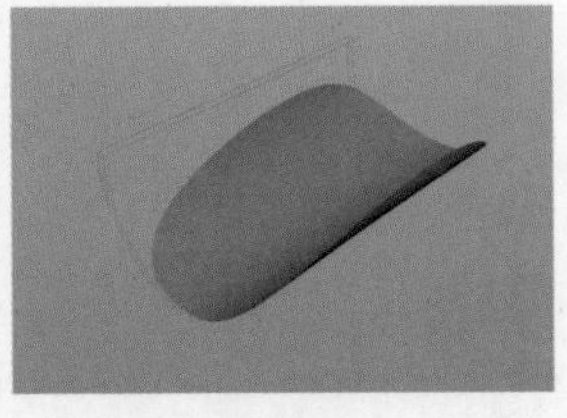
图6-486

06 执行“创建>变形器>扭曲”菜单命令，将新生成的“扭曲”对象重命名为“二次扭曲”，移动“二次扭曲”对象至“细分曲面”对象内，使其位于“扭曲”对象的下方，如图6-487所示。选择“二次扭曲”对象，在“属性”面板中设置P.Z为25cm，然后设置R.H、R.B为-90°，如图6-488所示。

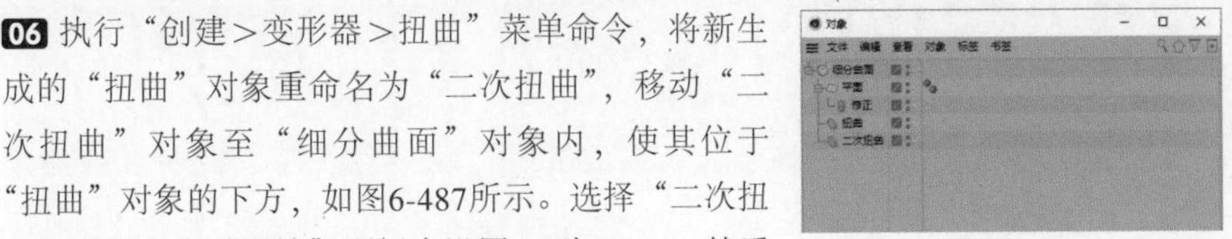
图6-487

图6-488

07 设置“尺寸”为（10cm,450cm,400cm）、“模式”为“无限”、“强度”为125°，然后勾选“保持纵轴长度”复选框，如图6-489所示。效果如图6-490所示。

08 设置时间轴时长为0～300F、当前帧为0F，如图6-491所示。选择“扭曲”对象，在“属性”面板中单击“强度”左侧的按钮，如图6-492所示。

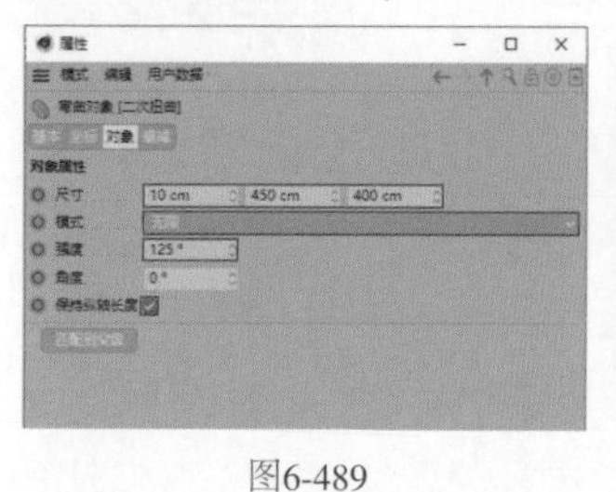

图6-489

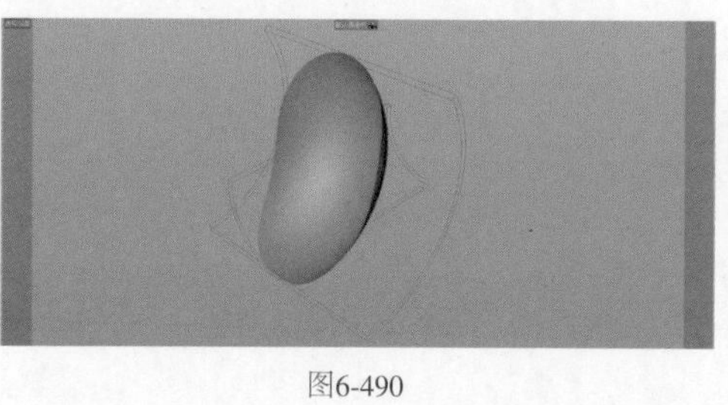

图6-490

图6-491

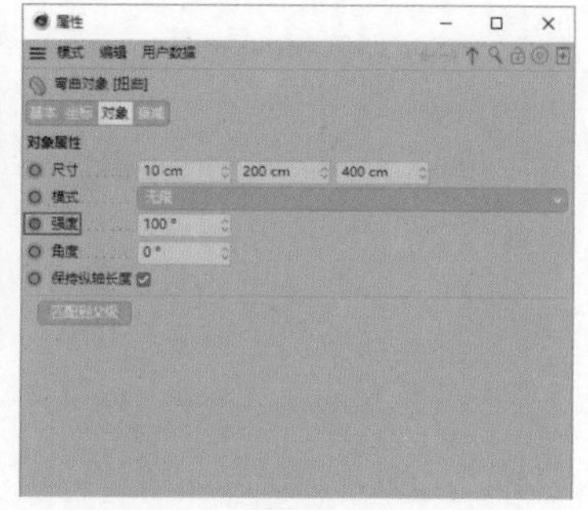

图6-492

09 设置当前帧为120F，然后在“属性”面板中设置“强度”为0°并单击其左侧的按钮，如图6-493所示。选择“二次扭曲”对象，设置当前帧为0F，然后在“属性”面板中单击“强度”左侧的按钮，如图6-494所示。设置当前帧为120F，然后在“属性”面板中设置“强度”为-360°并单击其左侧的按钮，如图6-495所示。效果如图6-496所示。

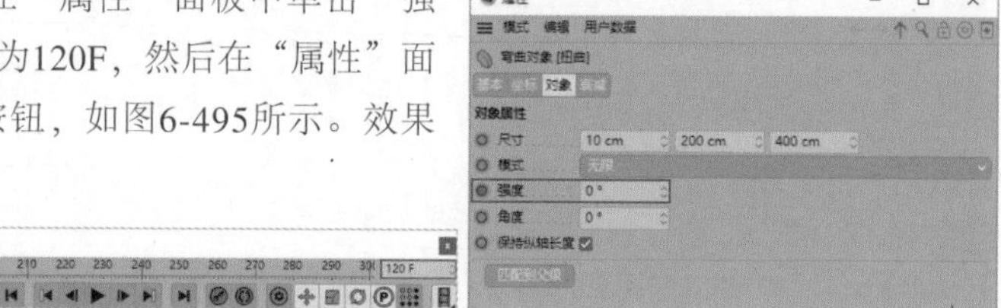

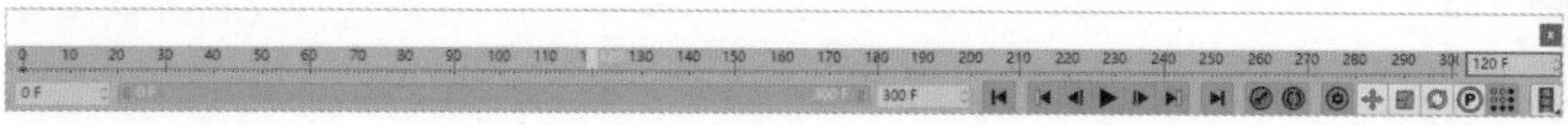

图6-493

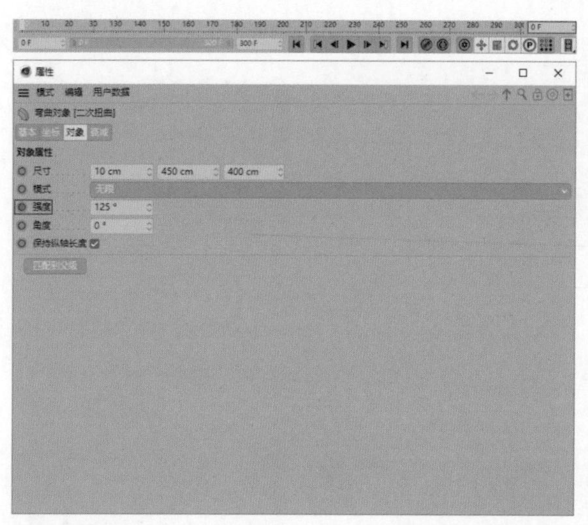

图6-494

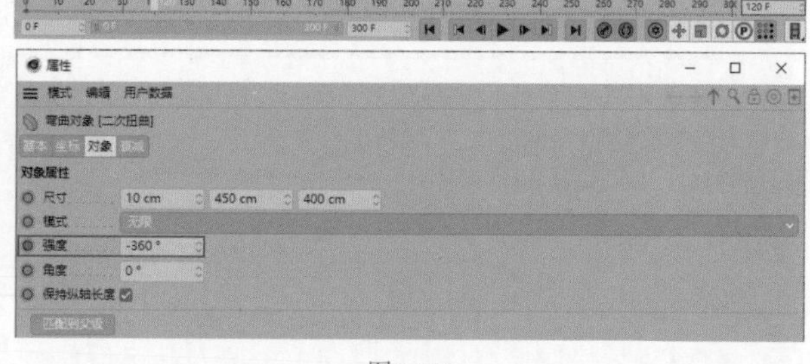

图6-495

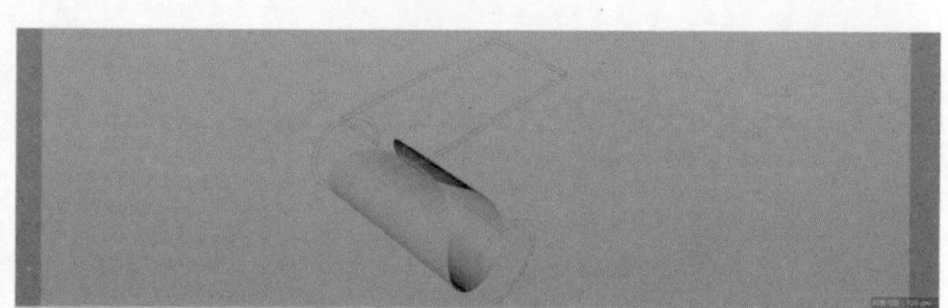

图6-496

10 执行“创建>对象>空白”菜单命令，将“空白”对象重命名为“循环单元”，移动“细分曲面”对象至“循环单元”对象内，如图6-497所示。选择“循环单元”对象，然后选择“模型”工具和“启用轴心”工具，在“坐标”面板中设置Z为-200cm，如图6-498所示。

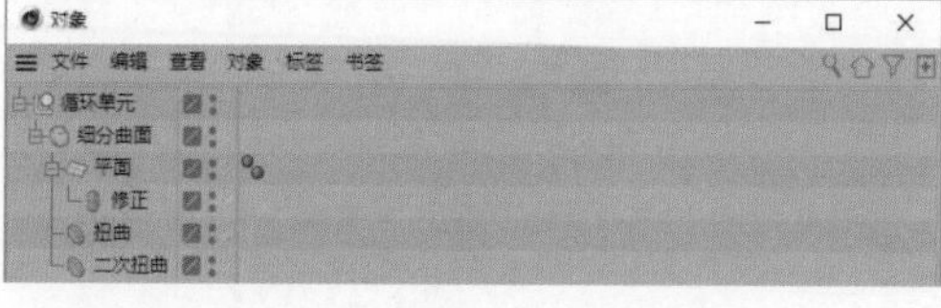

图6-497

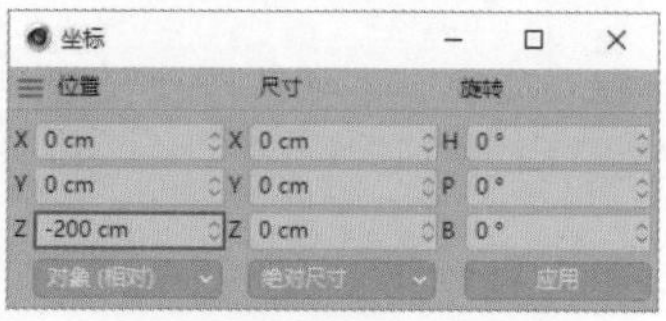

图6-498

11 设置当前帧为0F，选择“循环单元”对象，在“属性”面板中设置P.Y、P.Z均为0cm，然后设置S.X、S.Y、S.Z均为0，接着设置R.P为30°，如图6-499所示。设置当前帧为30F，然后在“属性”面板中设置P.Y为200cm、P.Z为50cm，并单击它们左侧的◉按钮，接着设置S.Y为1并单击其左侧的◉按钮，如图6-500所示。

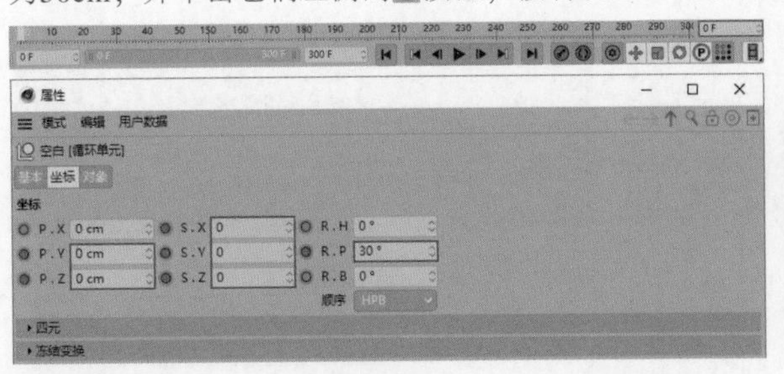

图6-499

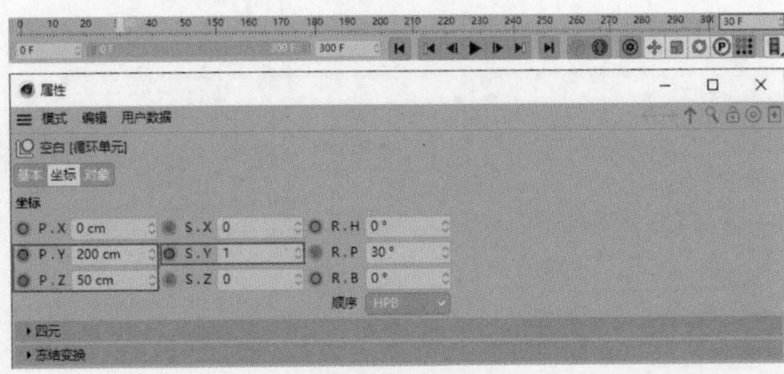

图6-500

12 设置当前帧为50F，在“属性”面板中设置S.X、S.Z均为1，并单击它们左侧的◉按钮，如图6-501所示。设置当前帧为60F，然后在“属性”面板中设置P.Z为100cm并单击其左侧的◉按钮，接着设置R.P为15°并单击其左侧的◉按钮，如图6-502所示。

13 设置当前帧为120F，在“属性”面板中设置P.Y为50cm、P.Z为0cm，并单击它们左侧的◉按钮，然后设置S.X、S.Y、S.Z均为0并单击它们左侧的◉按钮，接着设置R.P为0°并单击其左侧的◉按钮，如图6-503所示。

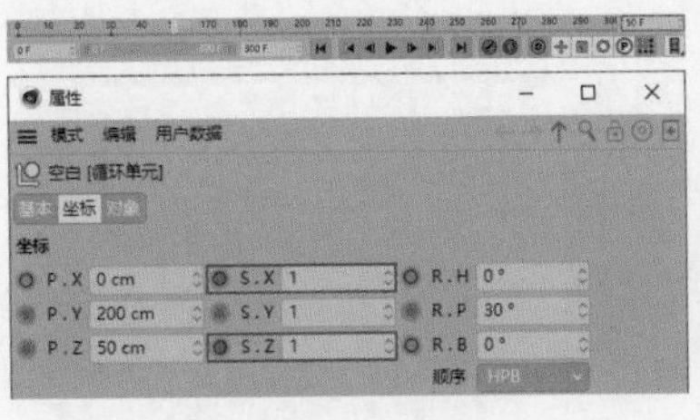

图6-501

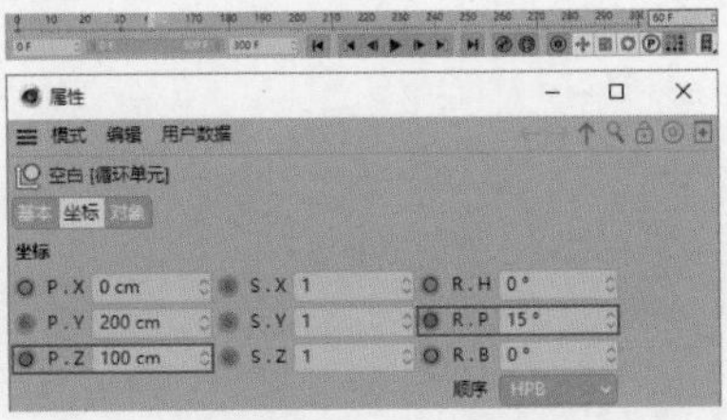

图6-502

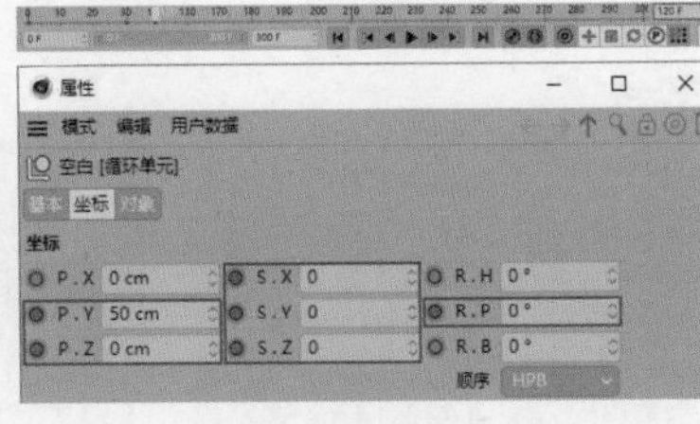

图6-503

14 执行“创建>对象>空白”菜单命令，将“空白”对象重命名为“花瓣”，然后移动“循环单元”对象至“花瓣”对象内，如图6-504所示。执行“运动图形>克隆”菜单命令，将“克隆”对象重命名为“生命周期”，移动“花瓣”对象至“生命周期”对象内，如图6-505所示。

15 选择“生命周期”对象，在“属性”面板中设置“数量”为80、“模式”为“终点”、“总计”为150%，然后设置“位置.Y”为0cm、“旋转.H”为3600°，如图6-506所示。

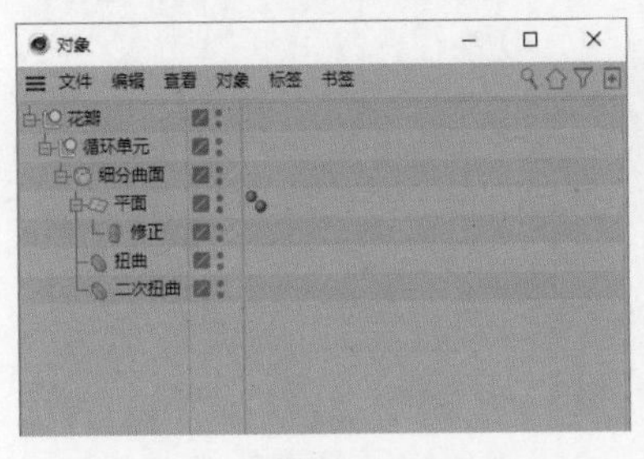

图6-504

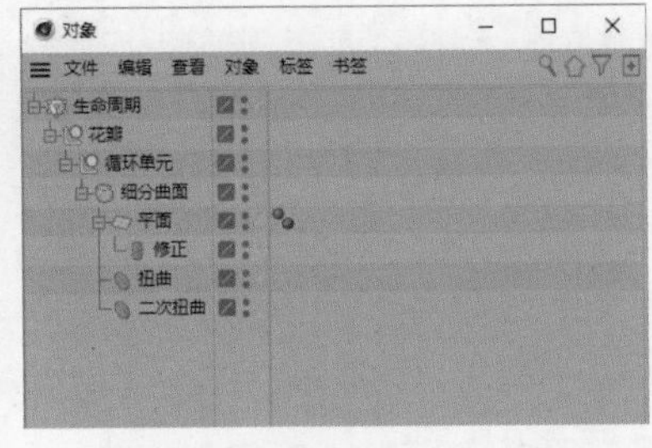

图6-505

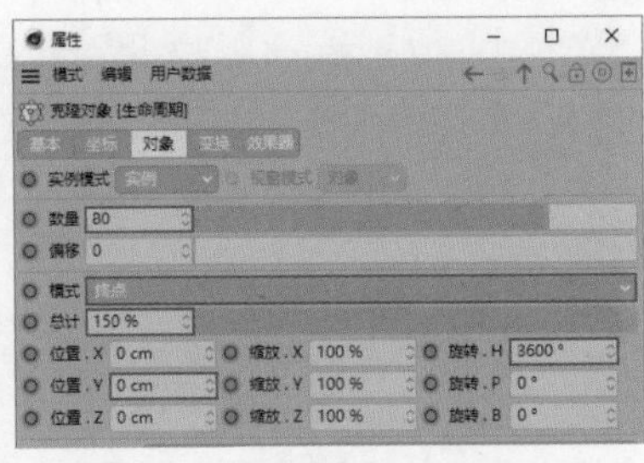

图6-506

16 执行“运动图形>效果器>步幅”菜单命令，取消勾选“缩放”复选框，设置“时间偏移”为170F，如图6-507所示。执行“创建>生成器>布料曲面”菜单命令，将“布料曲面”对象重命名为“厚度”。执行“创建>生成器>连接”菜单命令，移动“连接”对象至“厚度”对象内，如图6-508所示。

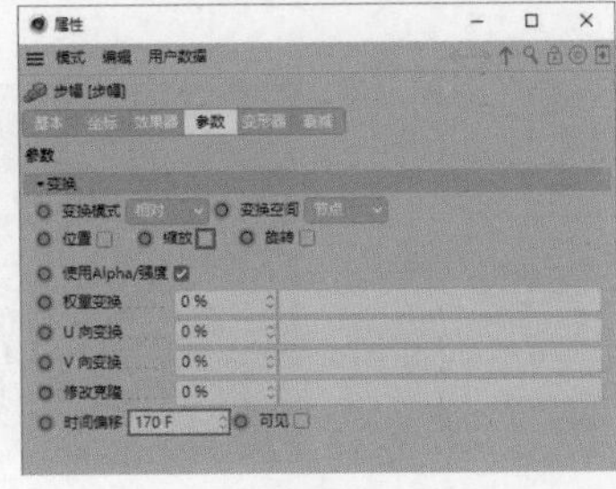

图6-507

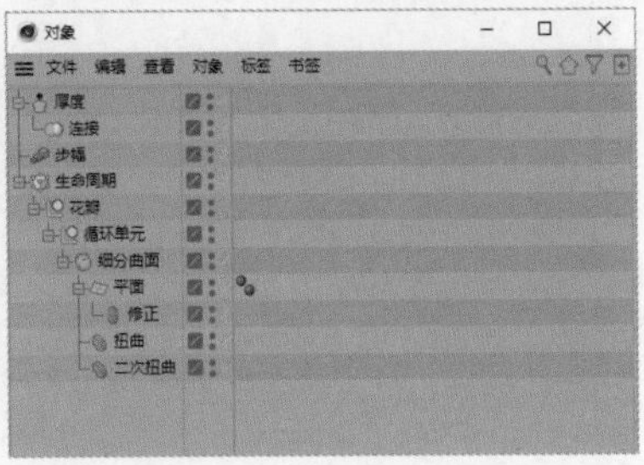

图6-508

17 选择“厚度”对象，设置“细分数”为0、“厚度”为1cm，如图6-509所示。选择“连接”对象，移动“对象”面板中的“生命周期”对象至“属性”面板的“对象”参数上，如图6-510所示。效果如图6-511所示。

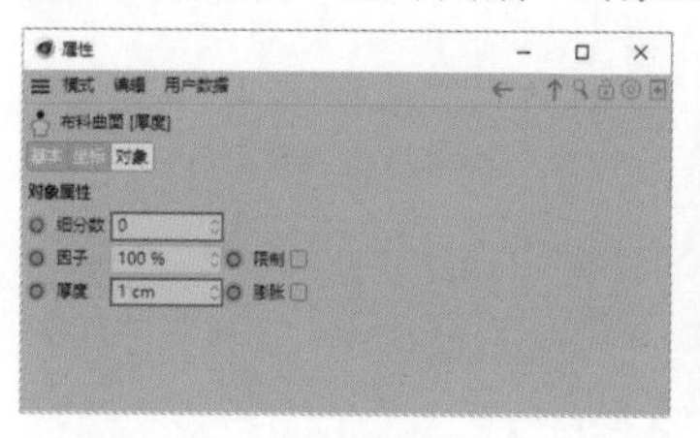
图6-509

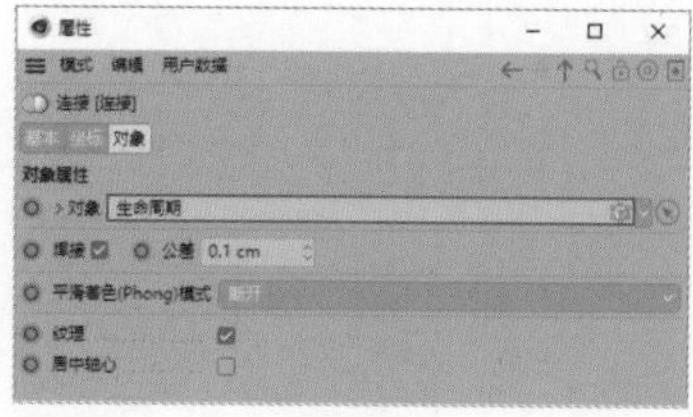
图6-510

图6-511

18 执行“创建>样条>圆弧”菜单命令，将“圆弧”对象重命名为“摄像机路径”，如图6-512所示。选择“摄像机路径”对象，在“属性”面板中设置P.X为1745cm、P.Y为2905cm、P.Z为 -300cm，如图6-513所示。

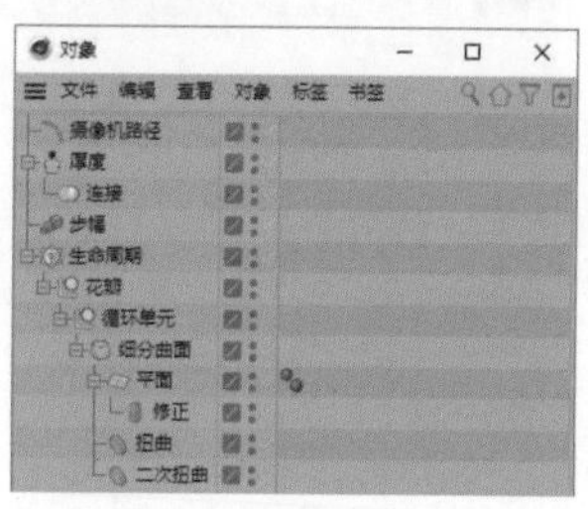
图6-512

19 执行“创建>摄像机>摄像机”菜单命令，选择“摄像机”对象，然后执行“创建>标签>CINEMA 4D标签>对齐曲线”菜单命令，接着执行“创建>标签>CINEMA 4D标签>目标”菜单命令，“对象”面板如图6-514所示。选择“摄像机”对象，移动“对象”面板中的“厚度”对象至“属性”面板的“目标对象”参数上，如图6-515所示。在“属性”面板中设置R.B为 -30°，如图6-516所示。

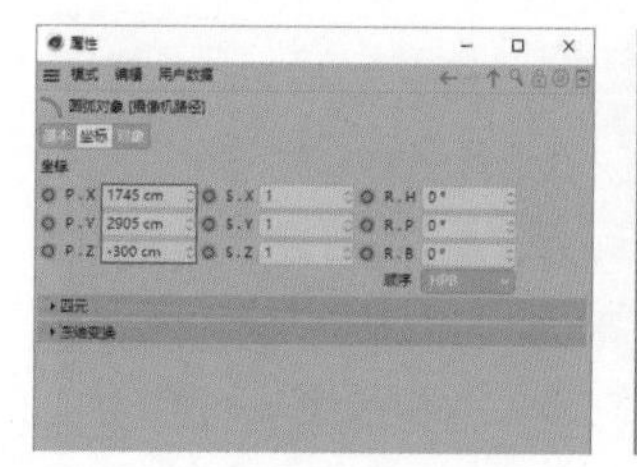
图6-513

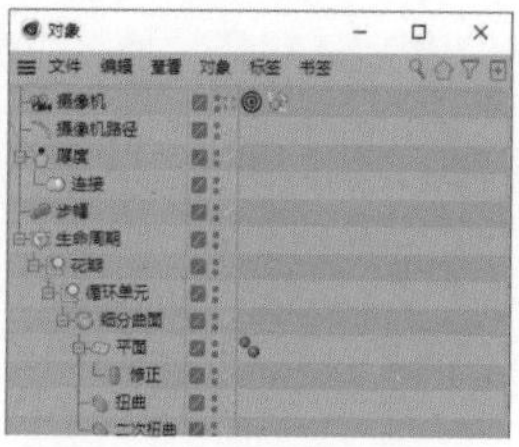

图6-514

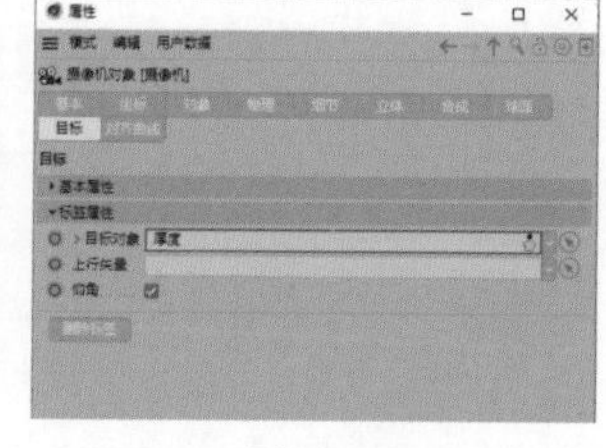
图6-515

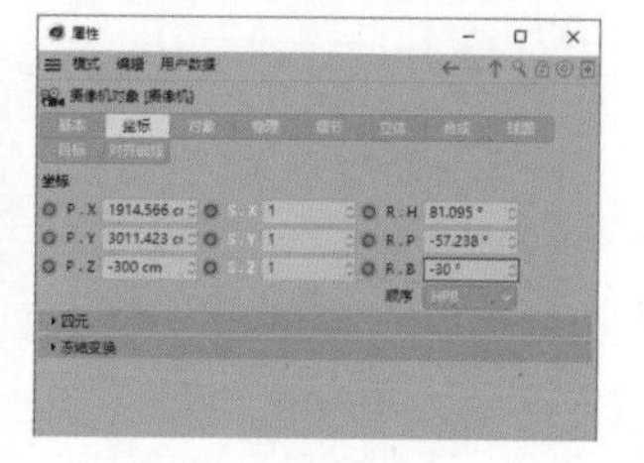
图6-516

20 设置当前帧为0F，选择“摄像机”对象，移动“对象”面板中的“摄像机路径”对象至“属性”面板的“曲线路径”参数上，然后在“属性”面板中单击“位置”左侧的按钮，如图6-517所示。

21 设置当前帧为300F，在“属性”面板中设置“位置”为100%并单击其左侧的按钮，如图6-518所示。在“对象”面板中单击“摄像机”右侧的按钮切换至摄像机视角。设置当前帧为60F，如图6-519所示。执行“渲染>渲染活动视图”菜单命令，渲染效果如图6-520所示。

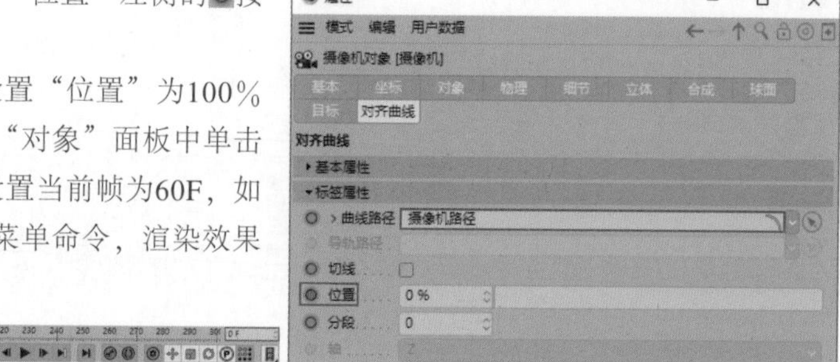
图6-517

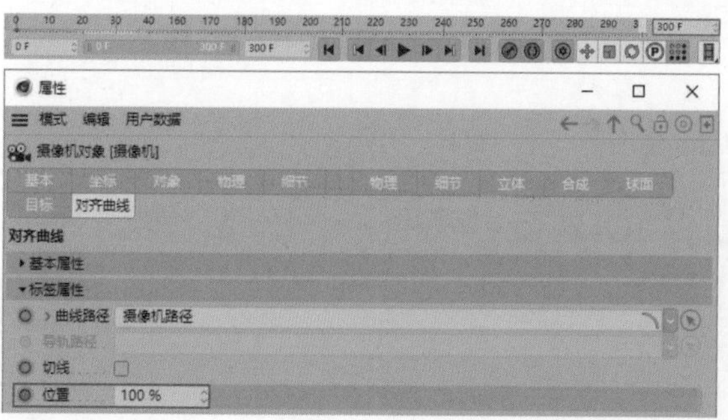
图6-518

图6-519

图6-520

◎ 循环花瓣模型渲染

01 执行“渲染＞编辑渲染设置”菜单命令，设置“渲染器”为Octane Renderer，如图6-521所示。执行“Octane＞Octane Dialog”菜单命令，然后在弹出的对话框中执行“Materials＞Octane Glossy Material”菜单命令，如图6-522所示。

02 双击“材质”面板中的材质球打开“材质编辑器”面板，选择Diffuse，设置Texture为“渐变”，如图6-523所示。单击Texture右侧的“渐变”，然后展开“渐变”卷展栏，单击渐变色条的中间位置，如图6-524所示。

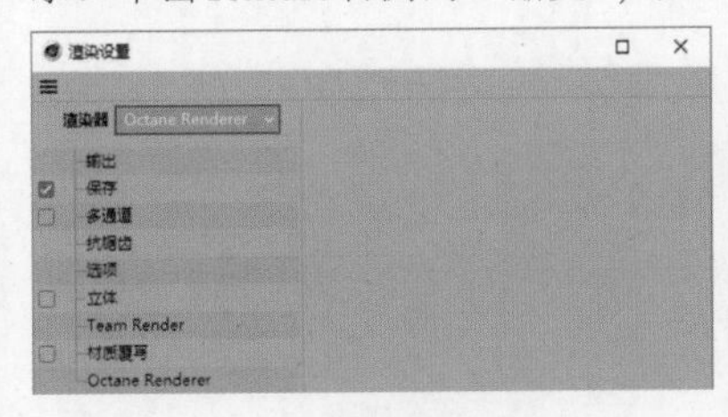

图6-521

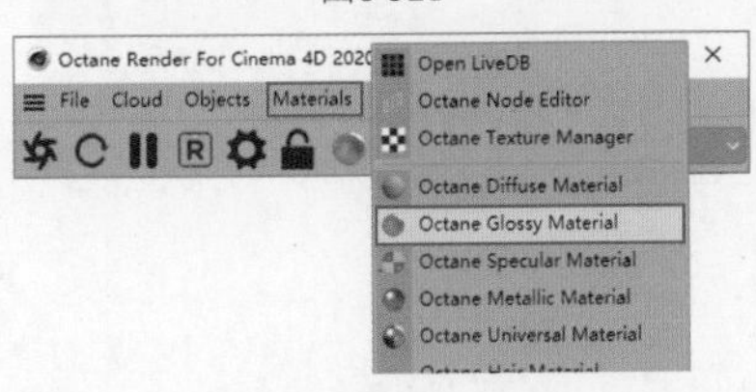

图6-522

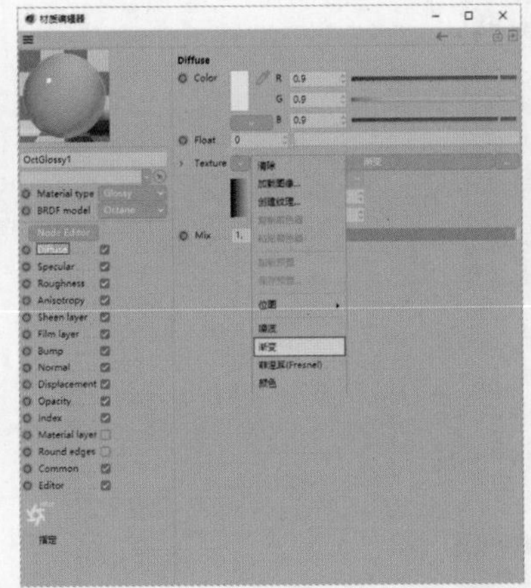

图6-523

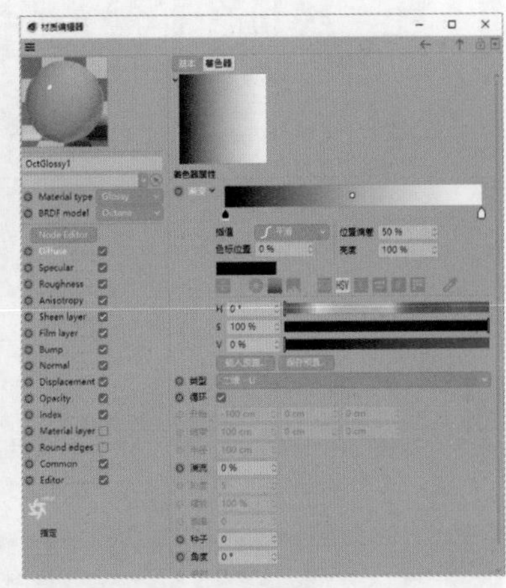

图6-524

03 选择渐变色条左侧的色标，设置H为0°、S为100%、V为100%，如图6-525所示。选择渐变色条右侧的色标，设置H为250°、S为100%、V为100%，然后设置“类型”为“二维-V”，如图6-526所示。

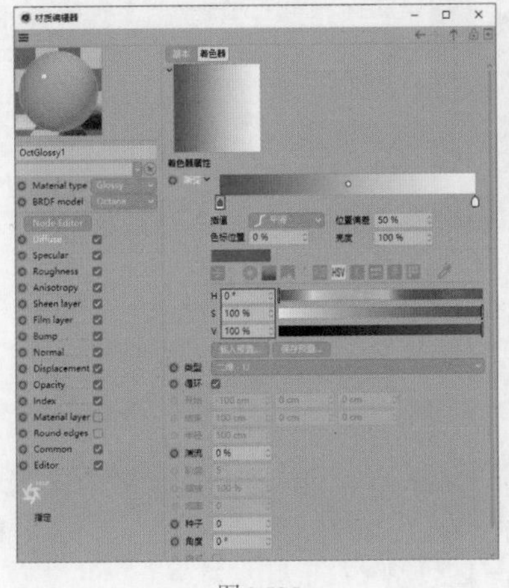

图6-525

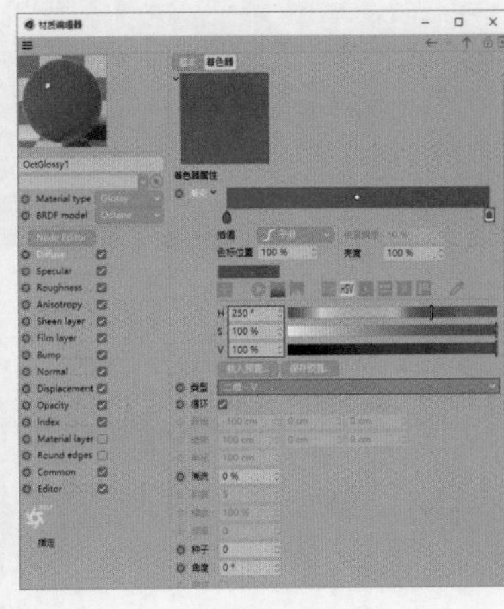

图6-526

04 移动“材质”面板中的OctGlossy1材质球至“对象”面板的“厚度”对象上，如图6-527所示。执行“Octane＞Octane Dialog”菜单命令，然后在弹出的对话框中执行“Objects＞Hdri Environment”菜单命令，此时“对象”面板中新增一个OctaneSky对象，如图6-528所示。

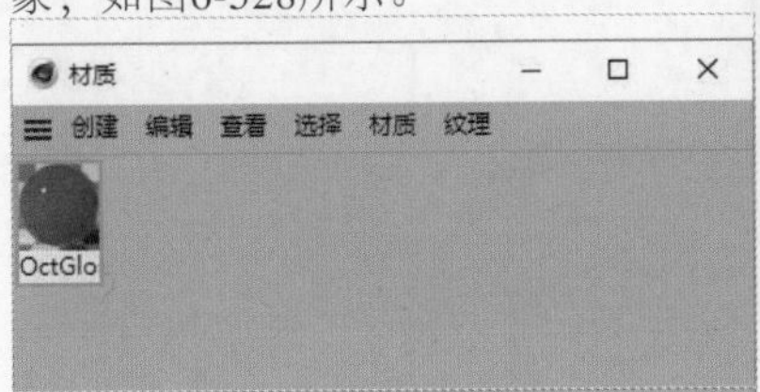

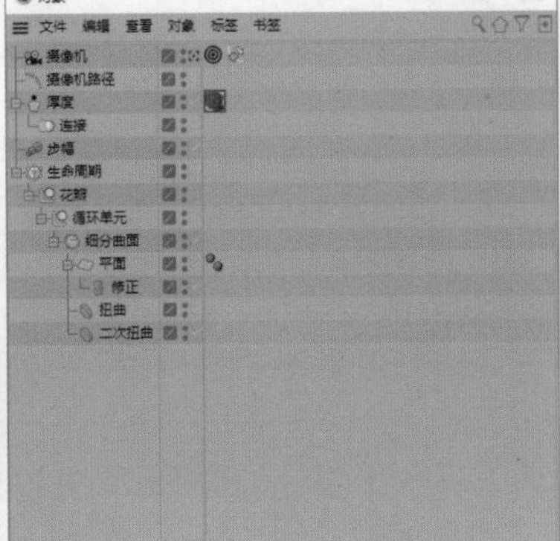

图6-527

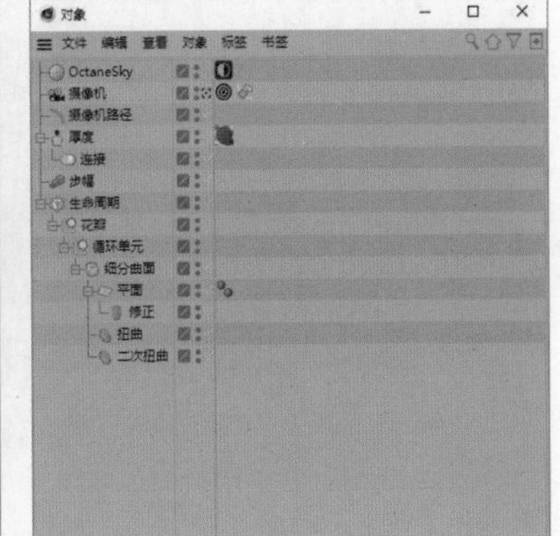

图6-528

05 选择OctaneSky对象，在“属性”面板中展开Main卷展栏，单击Texture右侧的■按钮。在打开的对话框中选择材质文件“场景文件>CH06>实战：花瓣循环>环境天空材质_1.exr”，如图6-529所示。

06 回到“属性”面板，设置Power为2.35、RotY为0.3，如图6-530所示。执行“渲染>编辑渲染设置”菜单命令，选择“输出”，设置“帧范围”为“全部帧”、“起点”为0F、“终点”为300F，如图6-531所示。

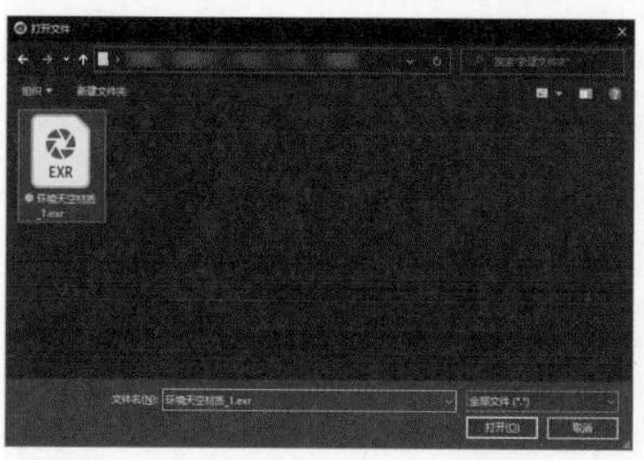

图6-529

图6-530

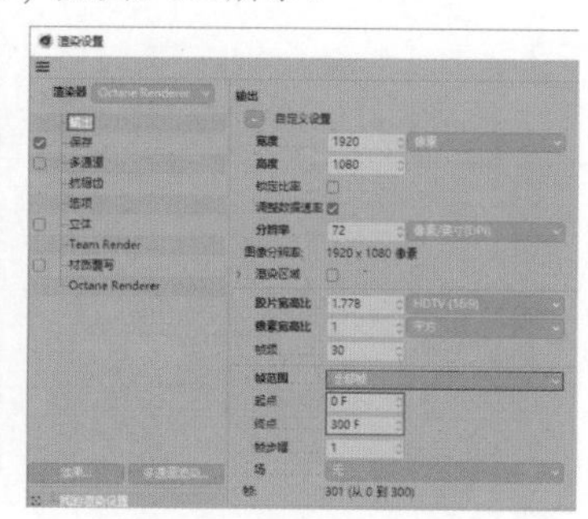

图6-531

07 保存文件，将文件命名为“花瓣循环”，然后设置“格式”为PNG，勾选“Alpha通道”复选框，如图6-532所示。执行“Octane>Octane Settings”菜单命令，在弹出的对话框中勾选Alpha channel复选框，如图6-533所示。执行“渲染>渲染到图片查看器”菜单命令，效果如图6-534所示。

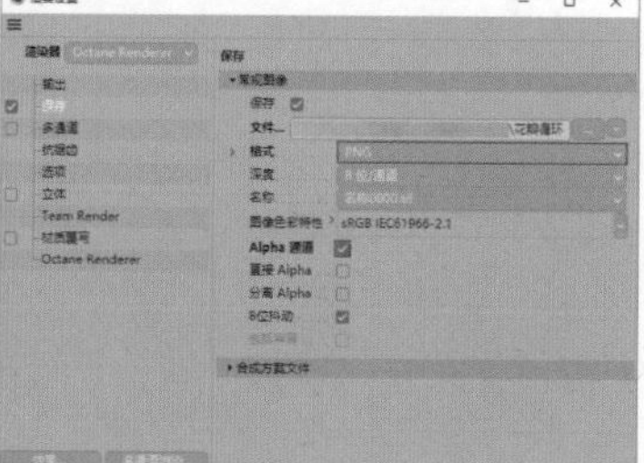

图6-532

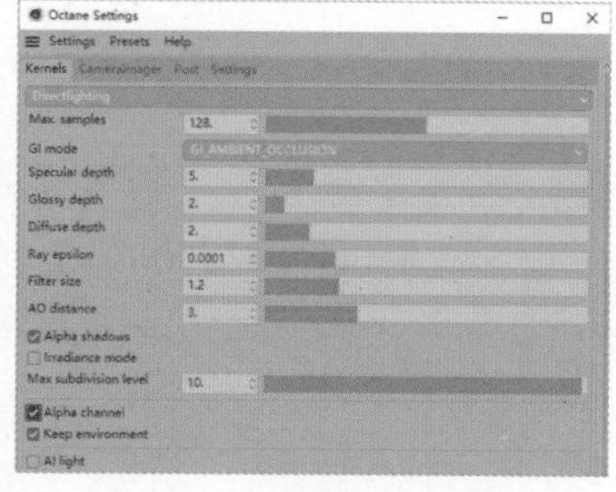

图6-533

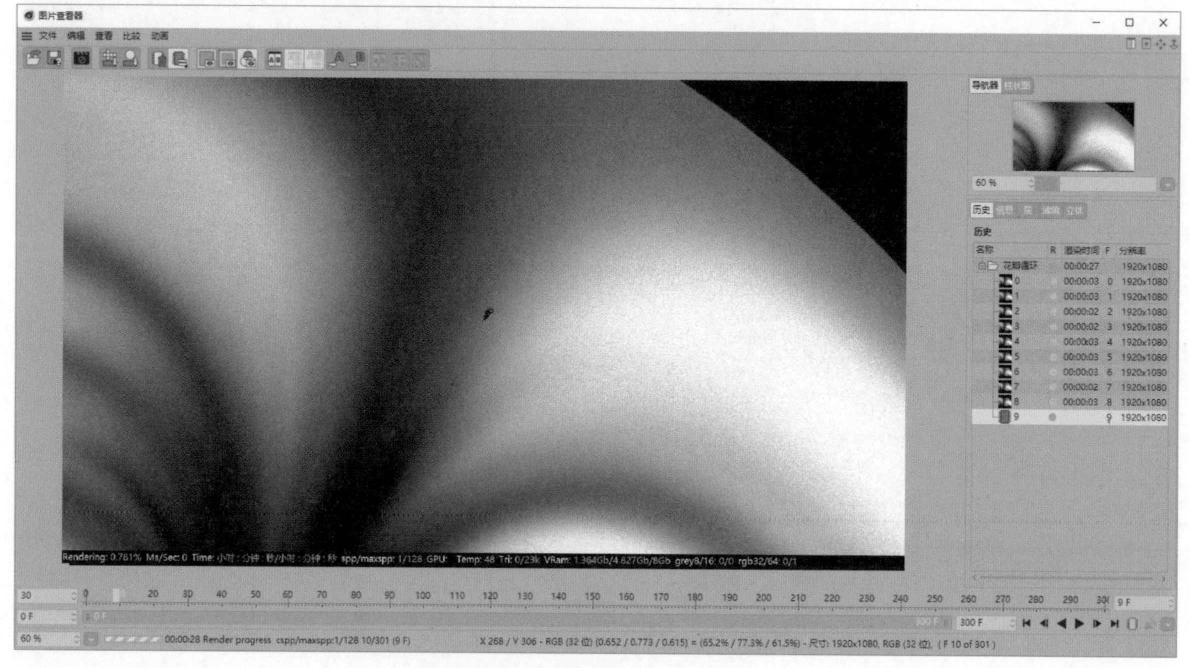

图6-534

◎ 背景设置

01 打开After Effects，创建一个合成，设置“合成名称”为“花瓣循环”、“宽度”为1920px、“高度”为1080px、“帧速率”为30帧/秒、“持续时间”为0:00:10:00，如图6-535所示。新建一个“纯色”图层，将其命名为“背景”，设置“宽度”为1920像素、“高度”为1080像素，如图6-536所示。

02 执行“效果>生成>梯度渐变”菜单命令，设置“起始颜色”为蓝色（R:0,G:10,B:87）、“结束颜色”为黑色（R:0,G:0,B:0）、“渐变形状”为“径向渐变”、“渐变散射”为400，如图6-537所示。效果如图6-538所示。

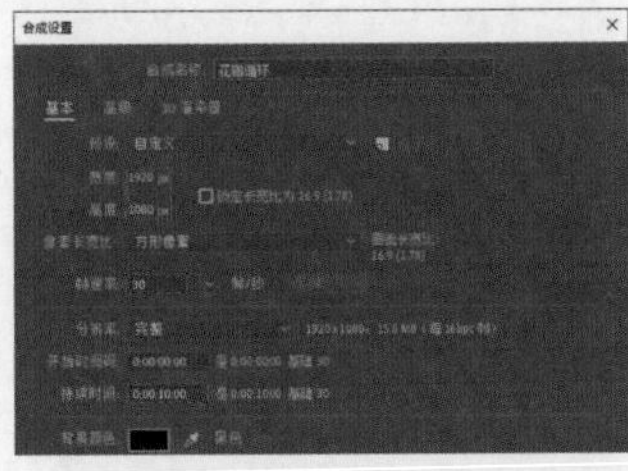

图6-535

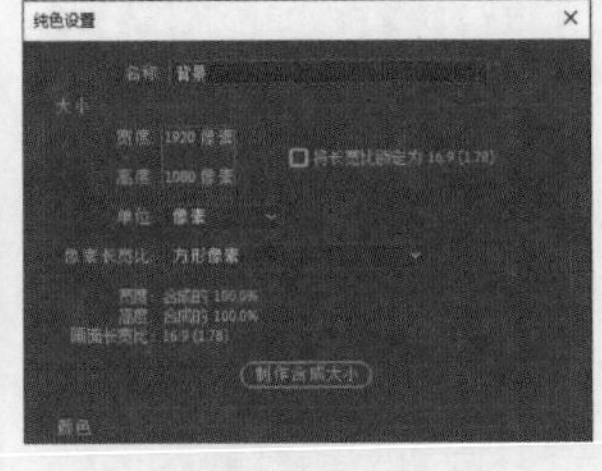

图6-536

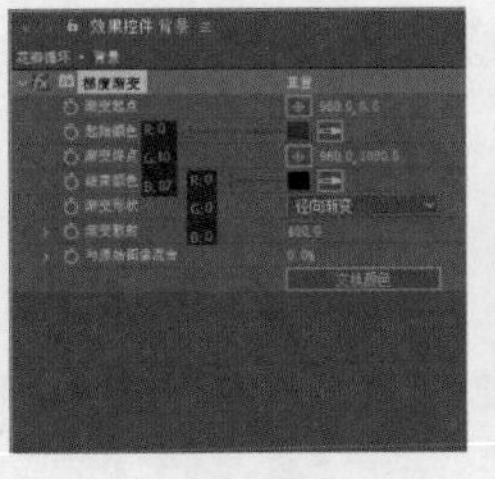

图6-537

图6-538

◎ 循环花瓣动效制作

01 导入模型文件“场景文件>CH06>实战：花瓣循环>花瓣循环0000.png”，移动“项目”面板中的“花瓣循环[0000-0300].png”文件至“时间轴”面板中，使其位于“背景”图层的上方，并将其重命名为“花瓣主体”，如图6-539所示。

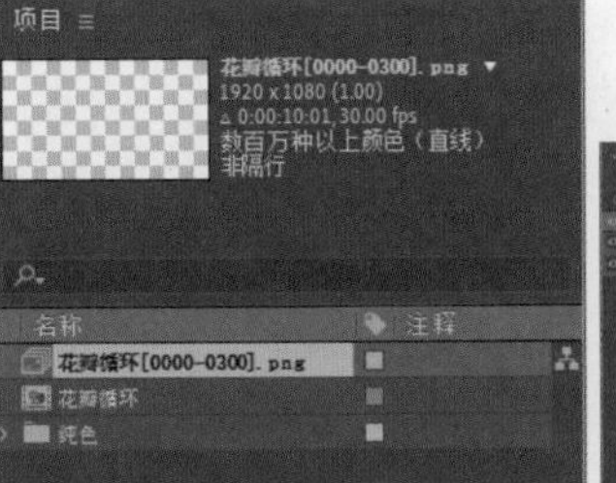

图6-539

02 选择“花瓣主体”图层，执行“编辑>重复”菜单命令，将新增的图层重命名为“光芒”，设置其“模式”为“屏幕”，移动“光芒”图层至“花瓣主体”图层的上方，如图6-540所示。选择“光芒”图层，执行“效果>模糊和锐化>CC Radial Fast Blur”菜单命令，在“效果控件”面板中展开CC Radial Fast Blur卷展栏，然后设置Amount为85，如图6-541所示。

图6-540

图6-541

03 设置时间码为0:00:01:00，如图6-542所示。新建一个“纯色”图层，将其命名为“花蕊”，设置“宽度”为1920像素、“高度”为1080像素，如图6-543所示。

图6-542

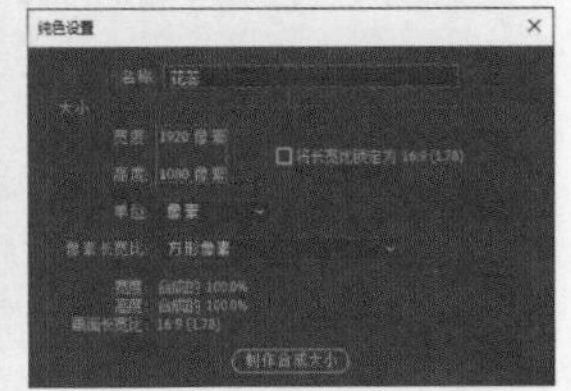

图6-543

04 设置“花蕊”图层的“模式”为“相加”，如图6-544所示。然后执行“效果>RG Trapcode>Particular”菜单命令，展开Emitter(Master)卷展栏，设置Emitter Type为Sphere、Position为（1030,470,0）、Emitter Size XYZ为0并单击其左侧的按钮，如图6-545所示。

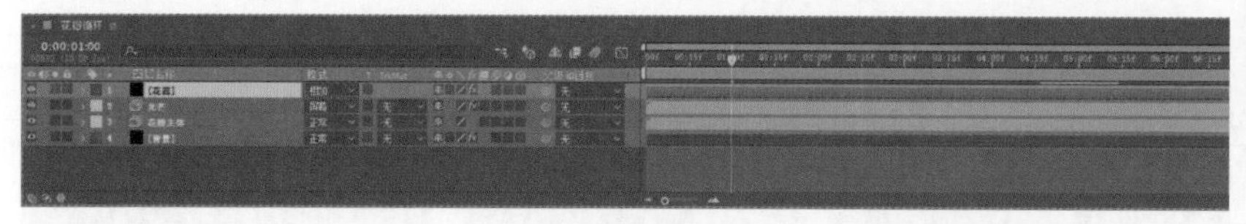

图6-544

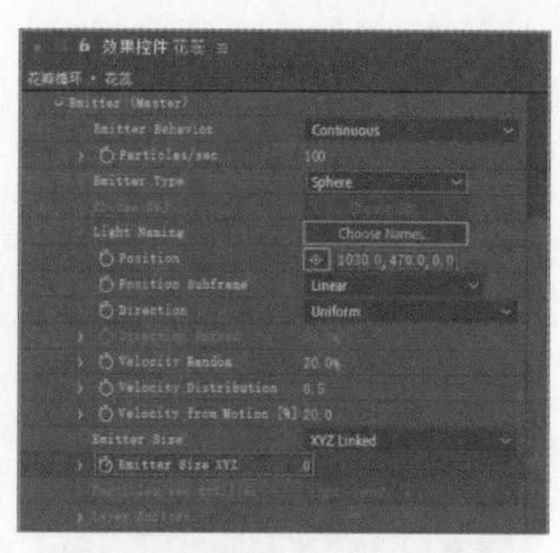

图6-545

05 设置时间码为0:00:01:10，如图6-546所示。设置Emitter Size XYZ为250，如图6-547所示。

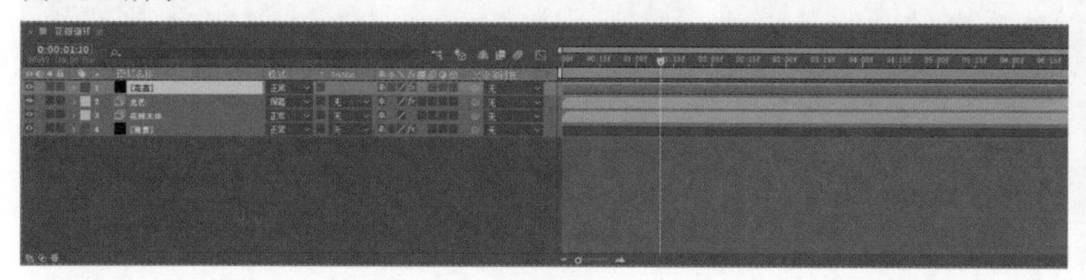

图6-546

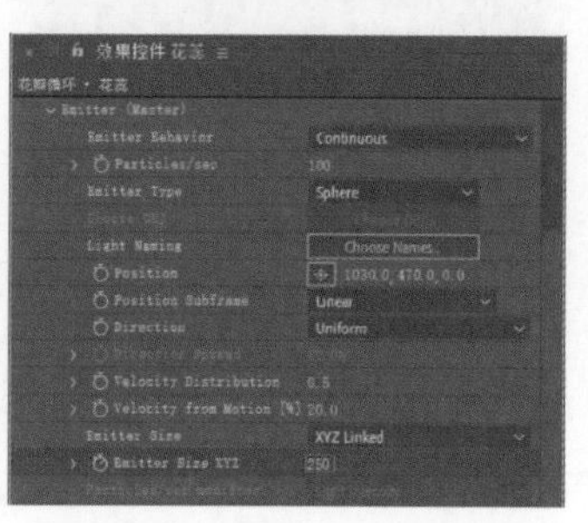

图6-547

06 设置时间码为0:00:01:00，在“效果控件”面板中展开Particle(Master)卷展栏，设置Life[sec]为0并单击其左侧的按钮，然后设置Size为2、Size Random为50%；展开Size over Life卷展栏，选择PRESETS下拉列表中的第2个选项，设置Opacity Random为50%；展开Opacity over Life卷展栏，选择PRESETS下拉列表中的第4个选项，如图6-548所示。

07 设置时间码为0:00:01:10，然后设置Life[sec]为3，如图6-549所示。设置时间码为0:00:07:00，然后设置Life[sec]为3，如图6-550所示。

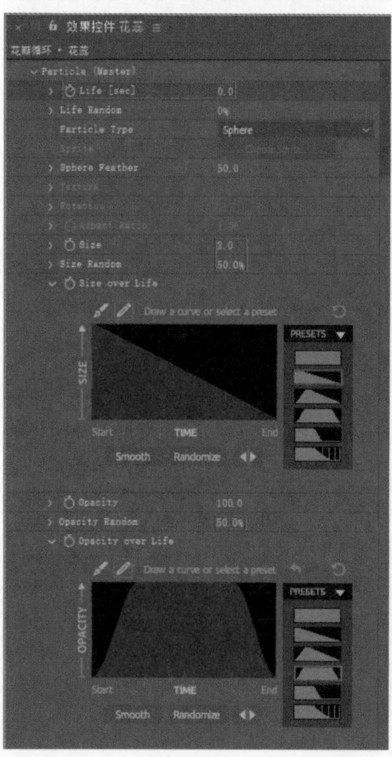

图6-548

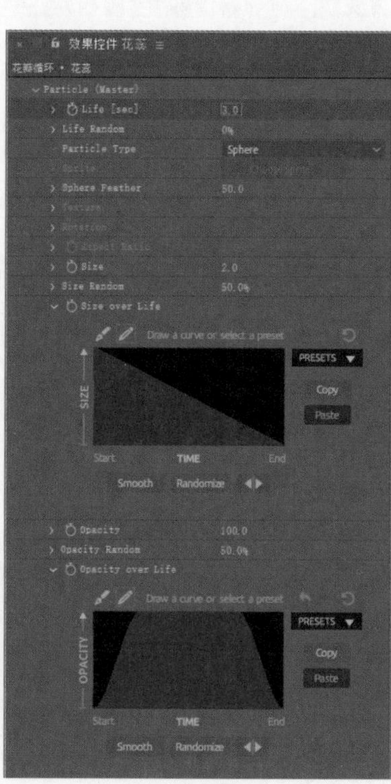

图6-549

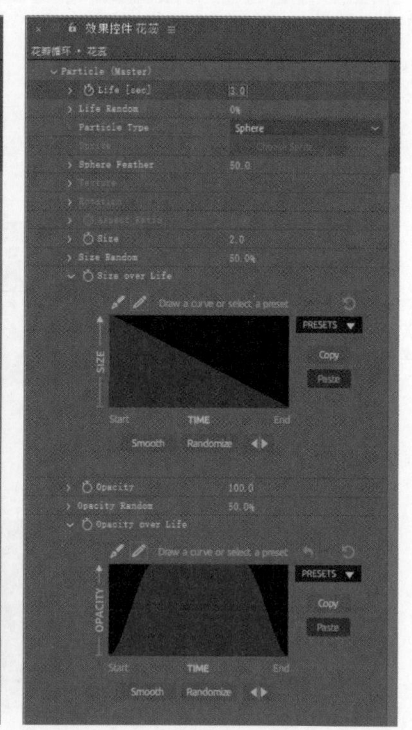

图6-550

08 设置时间码为0:00:07:10，然后设置Life[sec]为0，如图6-551所示。依次展开Physics(Master)、Air卷展栏，设置Wind X为40、Wind Y为-70，如图6-552所示。

09 执行“效果＞风格化＞发光”菜单命令，展开“发光”卷展栏，设置“发光强度”为10、“发光颜色”为“A和B颜色”，然后设置“颜色A”“颜色B”均为黄色(R:255,G:180,B:0)，如图6-553所示。设置时间码为0:00:04:07，最终效果如图6-554所示。

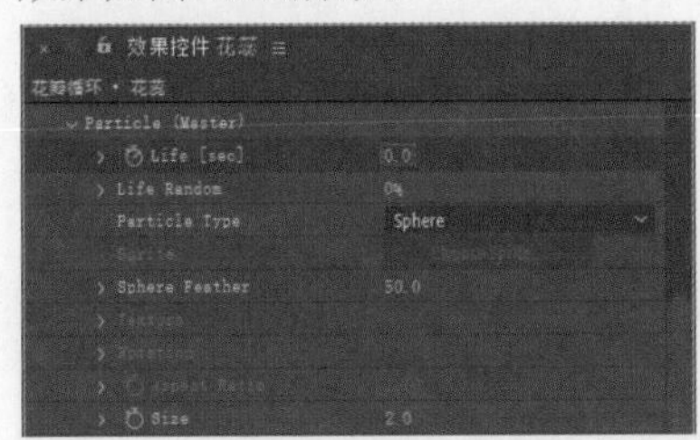

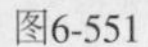
图6-551

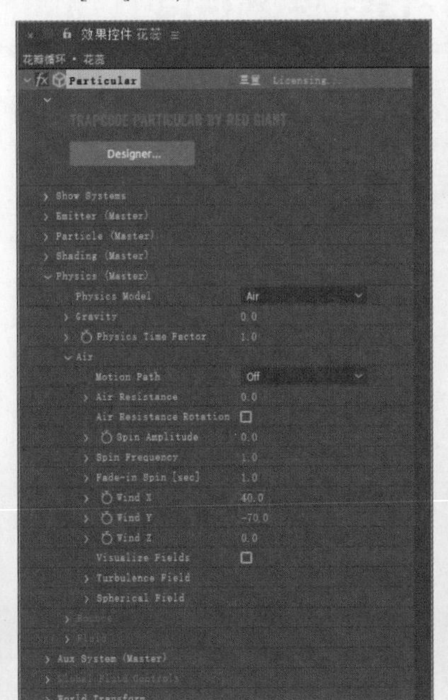

图6-552

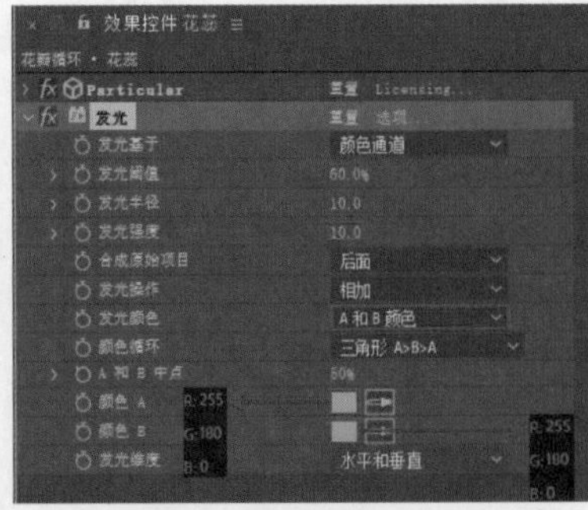

图6-553

图6-554

实战：真菌生长

场景位置	场景文件＞CH06＞实战：真菌生长
实例位置	实例文件＞CH06＞实战：真菌生长
难易程度	★★★☆☆
学习目标	掌握“景深”的处理方法

真菌生长的效果如图6-555所示，制作分析如下。

如果模型在Cinema 4D中已经进行了“景深”效果处理，那么后续在After Effects中处理时，整体的视觉效果会变差。

图6-555

01 在Cinema 4D中使用参数化对象、“粒子”、“变形器”等工具制作真菌生长的主体模型，如图6-556所示。

02 在赋予主体模型材质后导出图形序列，如图6-557所示。

03 在After Effects中导入以上步骤中导出的图形序列，使用Plexus粒子插件和“发光”等工具制作真菌生长的动画效果，最终效果如图6-558所示。

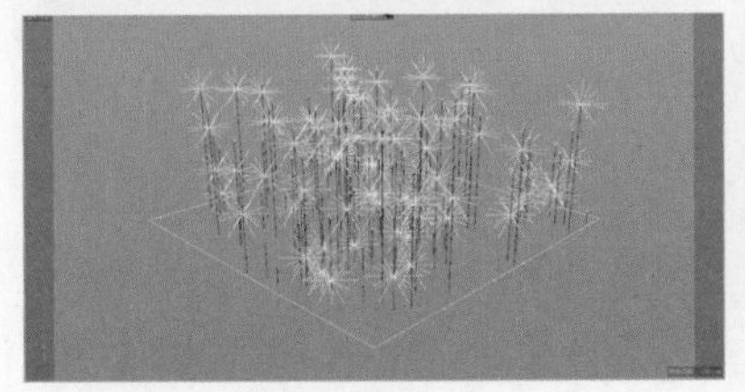

图6-556

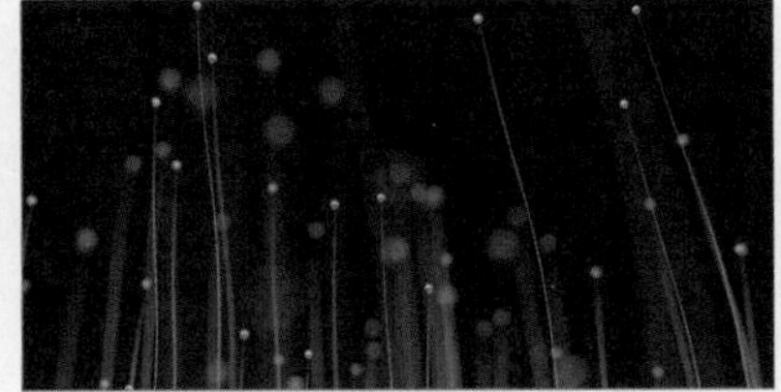

图6-557

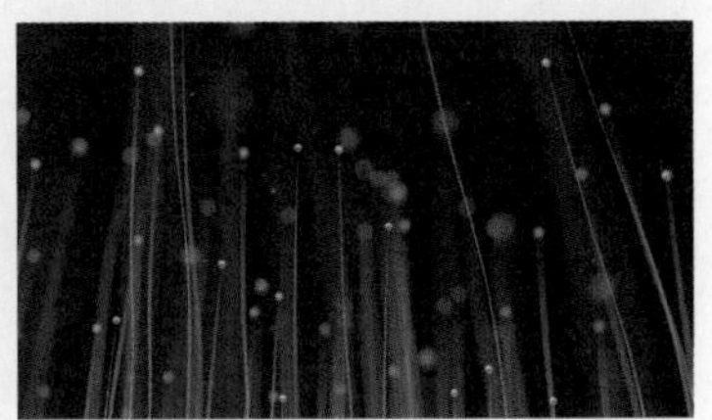

图6-558

6.7 破形动画效果

本节主要讲解破形动画效果的制作，并将“遮罩”功能应用在动画模型上。

实战：能量破碎

场景位置	场景文件 > CH06 > 实战：能量破碎
实例位置	实例文件 > CH06 > 实战：能量破碎
难易程度	★★★★☆
学习目标	掌握“远端修剪”的使用方法

能量破碎的效果如图6-559所示，制作分析如下。

第1点：在Cinema 4D中渲染的PNG图形序列可以作为后期的遮罩图层来制作效果，渲染时可以先去掉材质，以节省渲染时间。

第2点：使用“远端修剪”参数可以在场景中隐藏不需要的模型。

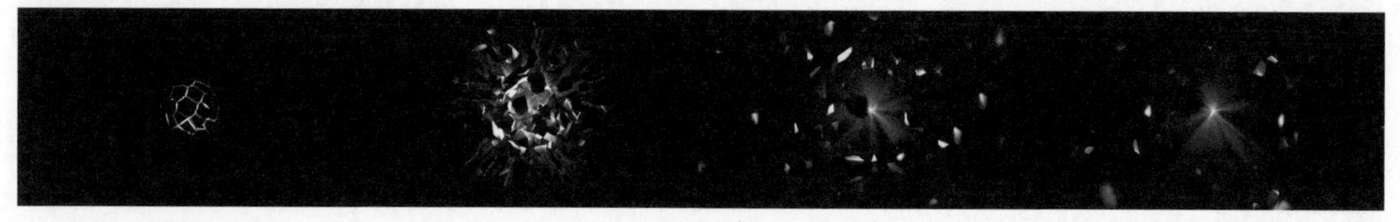

图6-559

◎ 破碎主体模型制作

01 打开Cinema 4D，执行“渲染>编辑渲染设置”菜单命令，选择“输出”，设置“宽度”为1920像素、“高度”为1080像素，如图6-560所示。执行“创建>对象>宝石”菜单命令，在“属性”面板中设置“半径”为150cm、“分段”为16，如图6-561所示。

02 执行“运动图形>破碎”菜单命令，将“破碎（Voronoi）”对象重命名为“破碎主体”，然后移动“宝石”对象至“破碎主体”对象内，如图6-562所示。

03 选择“破碎主体”对象，在“属性”面板中选择“来源”列表框中的“点生成器-分布”选项，然后展开下方的“点生成器-分布”卷展栏，设置“点数量”为120，如图6-563所示。

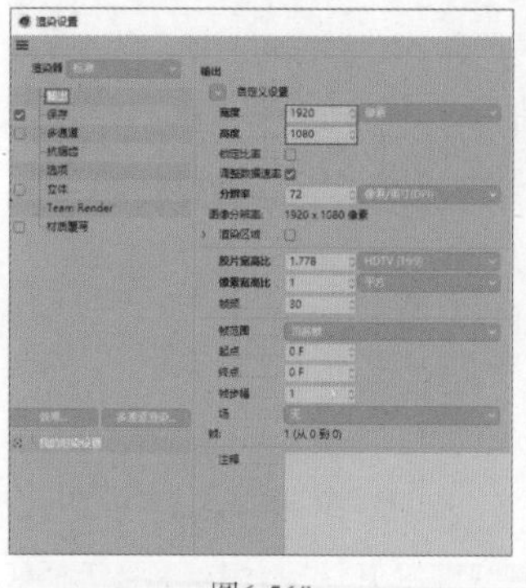

图6-560

图6-561

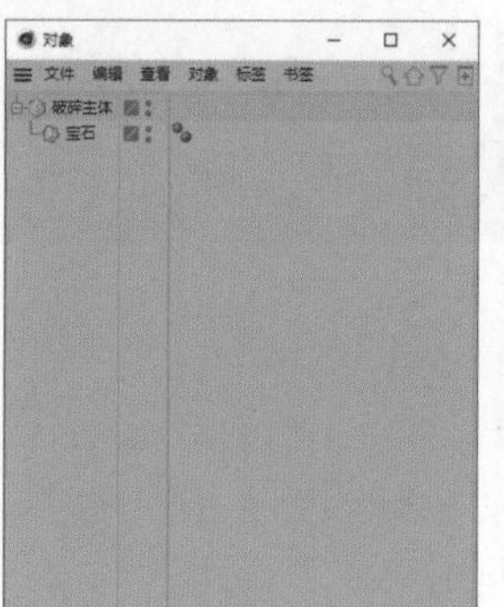

图6-562

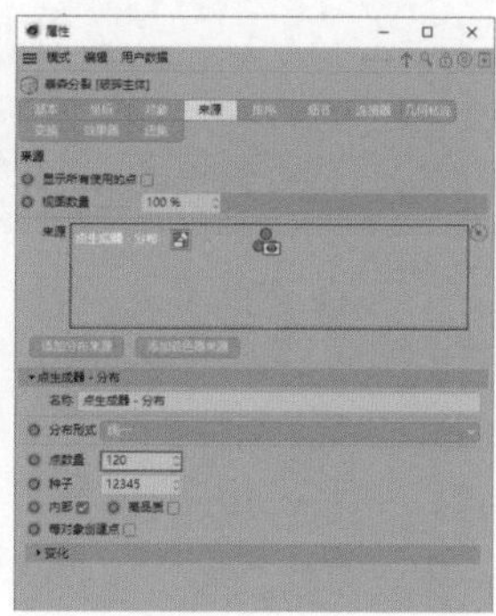

图6-563

04 设置时间轴时长为0～210F、当前帧为0F，如图6-564所示。在“属性”面板中单击“偏移碎片”左侧的◎按钮，如图6-565所示。设置当前帧为30F，然后设置“偏移碎片”为2cm并单击其左侧的◎按钮，如图6-566所示。效果如图6-567所示。

05 执行“创建>对象>空白”菜单命令，将“空白”对象重命名为“模型主体”，然后移动“破碎主体”对象至“模型主体”对象内，接着执行“创建>变形器>倒角”菜单命令，移动“倒角”对象至“模型主体”对象内，如图6-568所示。选择“倒角”对象，在“属性”面板中设置“偏移模式”为“按比例”，如图6-569所示。效果如图6-570所示。

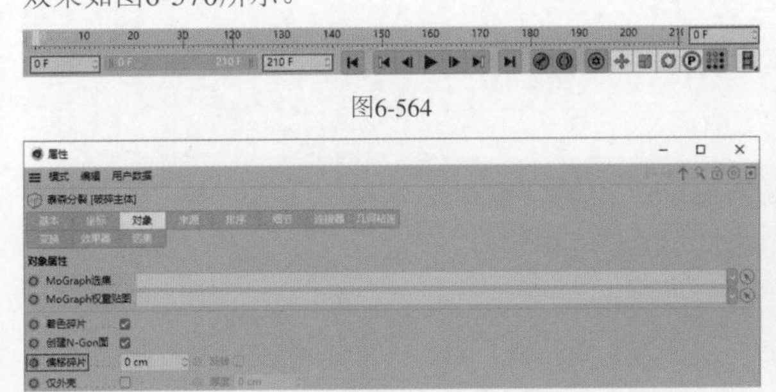

图6-564

图6-565

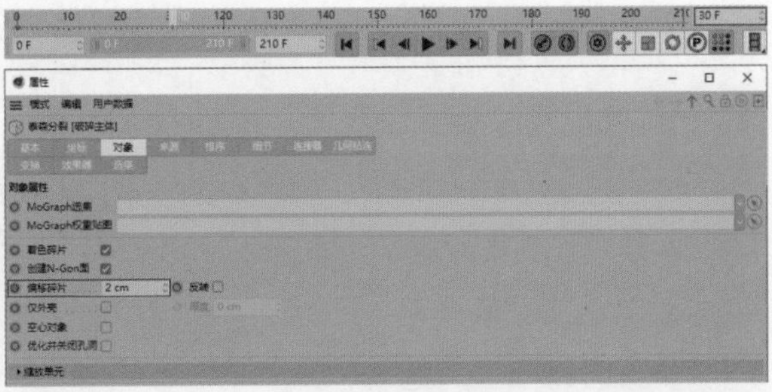

图6-566

图6-567

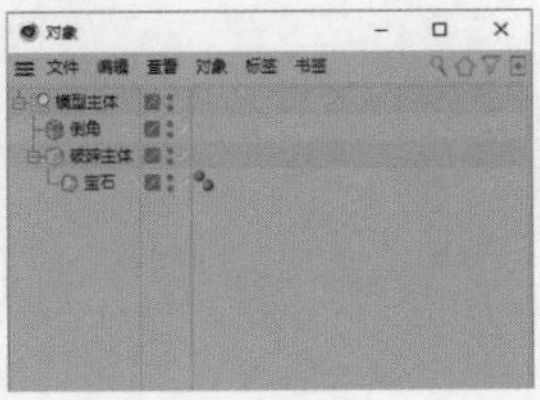

图6-568

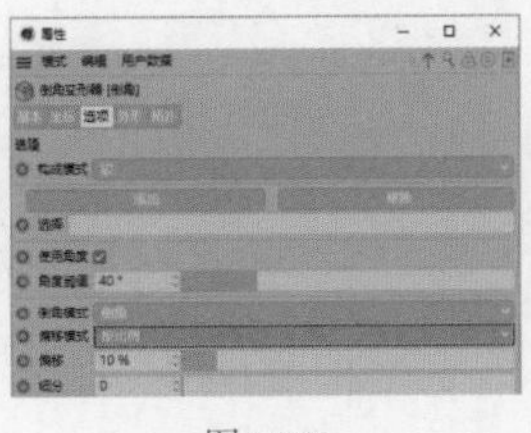

图6-569

图6-570

06 设置当前帧为40F，执行“运动图形>效果器>推散”菜单命令，然后选择“破碎主体”对象，移动“对象”面板中的“推散”对象至“属性”面板的“效果器”列表框中，如图6-571所示。

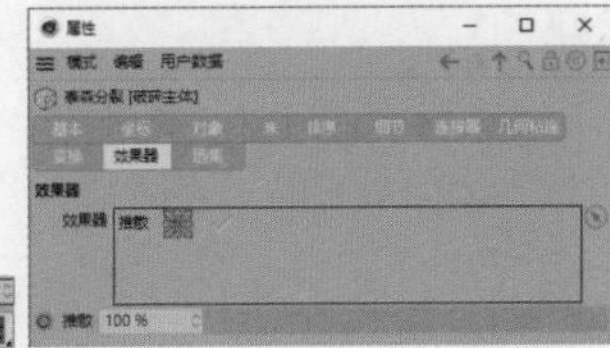

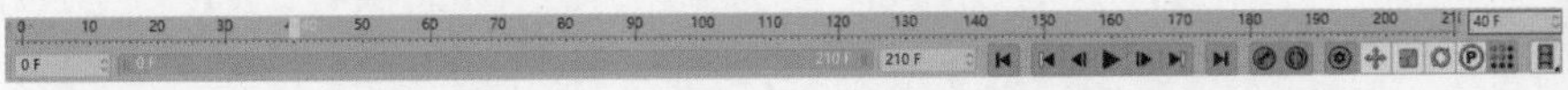

图6-571

07 选择“推散”对象，然后在“属性”面板中单击“半径”左侧的◎按钮，如图6-572所示。设置当前帧为210F，然后在“属性”面板中设置“半径”为200cm并单击其左侧的◎按钮，如图6-573所示。

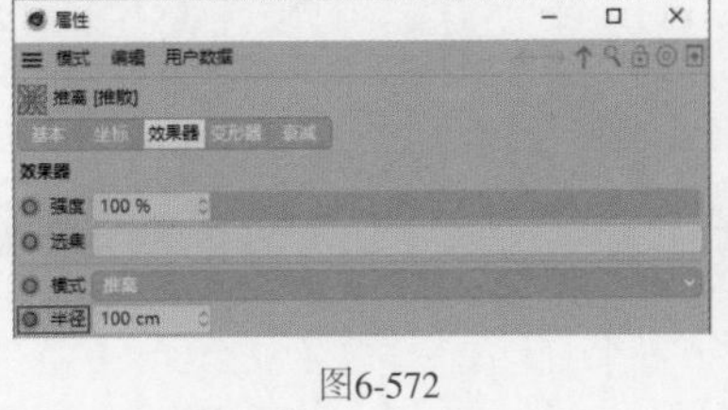

图6-572

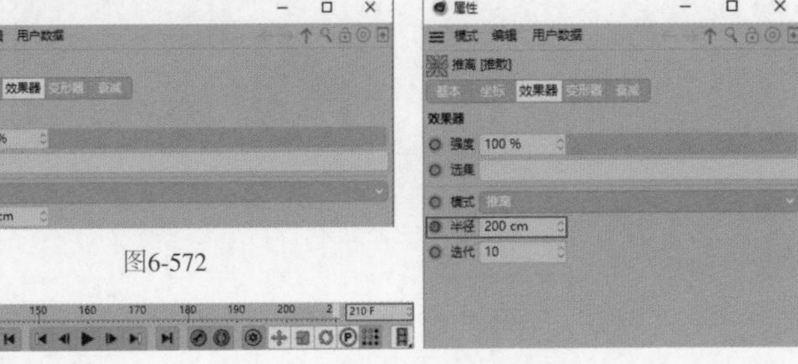

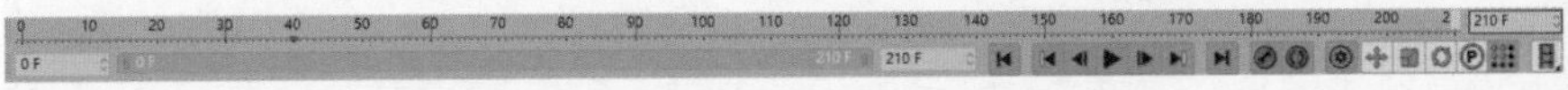

图6-573

08 设置当前帧为30F，执行“创建>域>球体域”菜单命令，选择“推散”对象，然后移动“对象”面板中的“球体域”对象至“属性”面板的“域”列表框中，接着移动“球体域”对象至“推散”对象内，如图6-574所示。效果如图6-575所示。

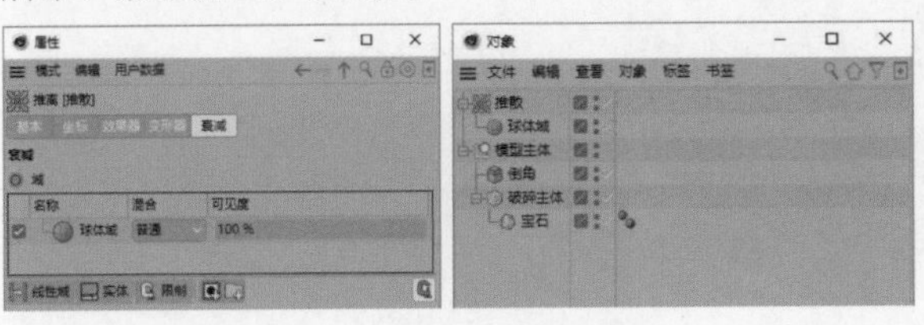

图6-574

图6-575

09 选择“球体域”对象，在“属性”面板中设置“尺寸”为0cm并单击其左侧的按钮，如图6-576所示。设置当前帧为40F，然后在“属性”面板中设置“尺寸”为120cm并单击其左侧的按钮，如图6-577所示。

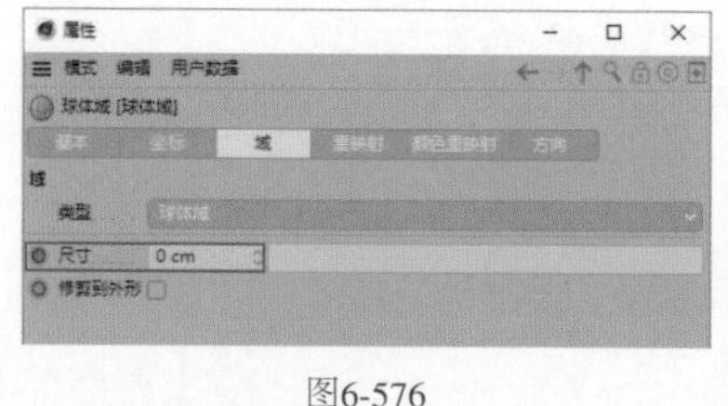

图6-576

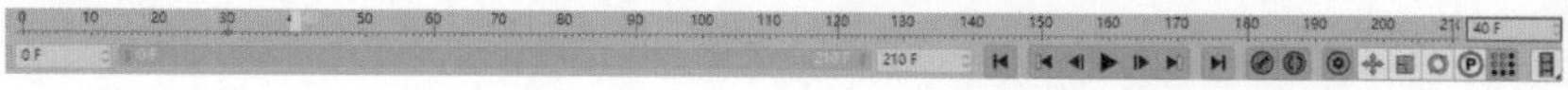

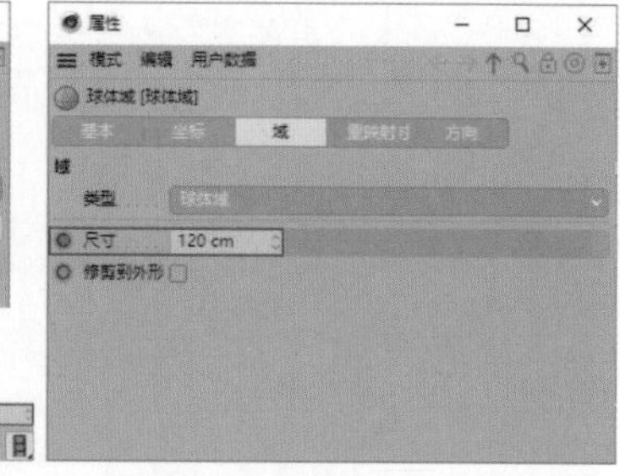

图6-577

10 设置当前帧为210F，然后在“属性”面板中设置“尺寸”为150cm并单击其左侧的按钮，如图6-578所示。设置“内部偏移”为0%，然后展开“轮廓”卷展栏，设置“轮廓模式”为“曲线”，如图6-579所示。效果如图6-580所示。

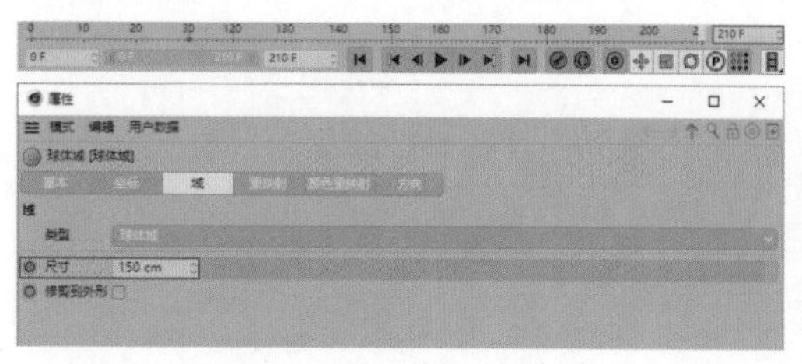

图6-578

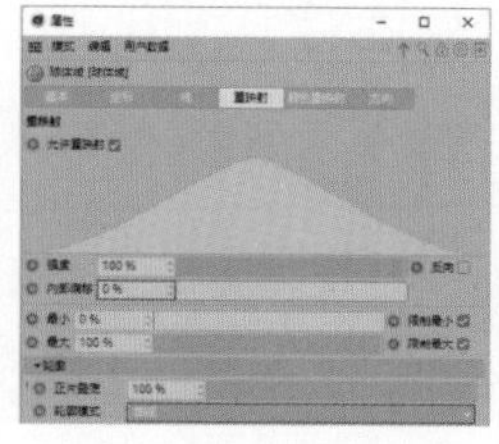

图6-579

图6-580

11 执行“运动图形>效果器>随机”菜单命令，选择“破碎主体”对象，移动“对象”面板中的“随机”对象至“属性”面板的“效果器”列表框中，如图6-581所示。设置当前帧为30F，选择“随机”对象，在“属性”面板中取消勾选“位置”复选框，然后勾选“旋转”复选框，接着分别单击R.H、R.P、R.B左侧的按钮，如图6-582所示。

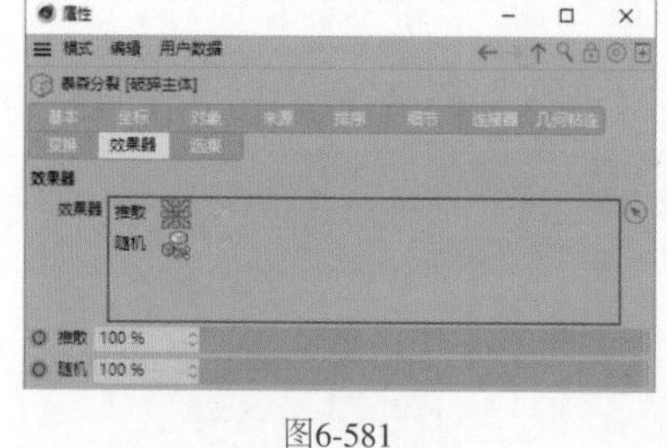

图6-581

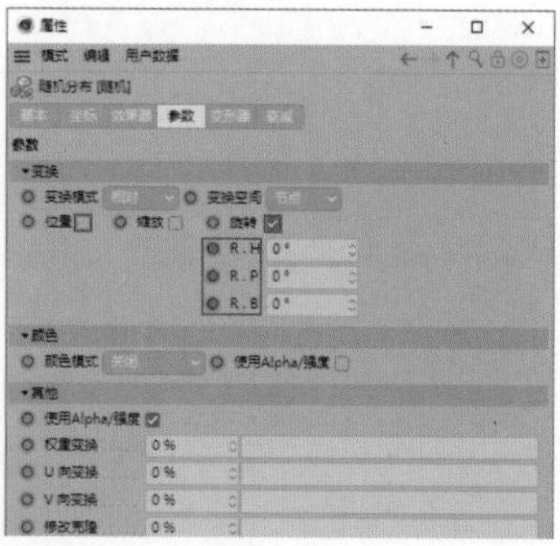

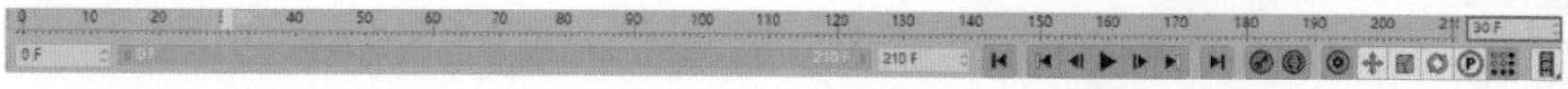

图6-582

12 设置当前帧为210F，选择“随机”对象，然后在“属性”面板中设置R.H为900°、R.P为900°、R.B为450°，接着分别单击R.H、R.P、R.B左侧的按钮，如图6-583所示。效果如图6-584所示。

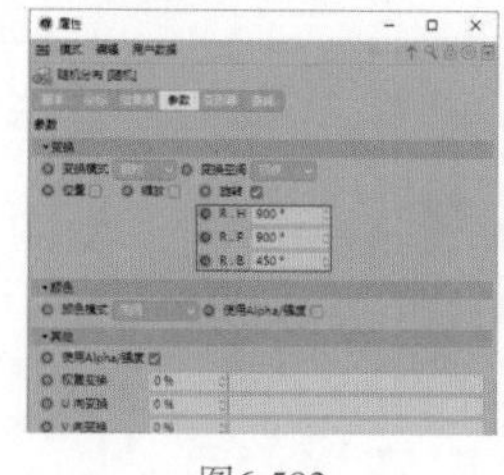

图6-583

图6-584

◎ 破碎主体模型渲染

01 执行“创建>对象>空白”菜单命令，将“空白”对象重命名为“焦点”。执行“渲染>编辑渲染设置”菜单命令，设置“渲染器”为Octane Renderer，如图6-585所示。

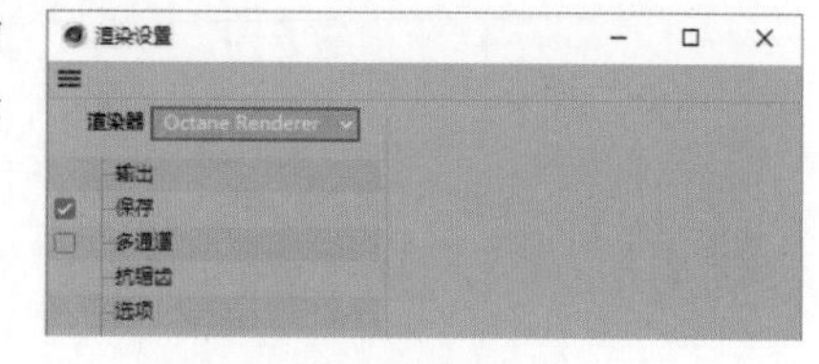

图6-585

02 执行“Octane＞Octane Dialog”菜单命令，在弹出的对话框中执行“Materials＞Octane Metallic Material”菜单命令，如图6-586所示，此时“材质”面板中新增一个材质球。

03 分别执行“Objects＞Lights＞Octane Arealight”“Objects＞OctaneCamera”“Objects＞Hdri Environment”菜单命令，“对象”面板中新增OctaneCamera、OctaneLight、OctaneSky这3个对象，如图6-587所示。

04 选择OctaneCamera对象，在“属性”面板中设置P.X为1410cm、P.Y为0cm、P.Z为0cm，然后设置R.H为90°、R.P为0°、R.B为0°，接着单击“对象”面板中OctaneCamera右侧的按钮切换至摄像机视角，效果如图6-588所示。

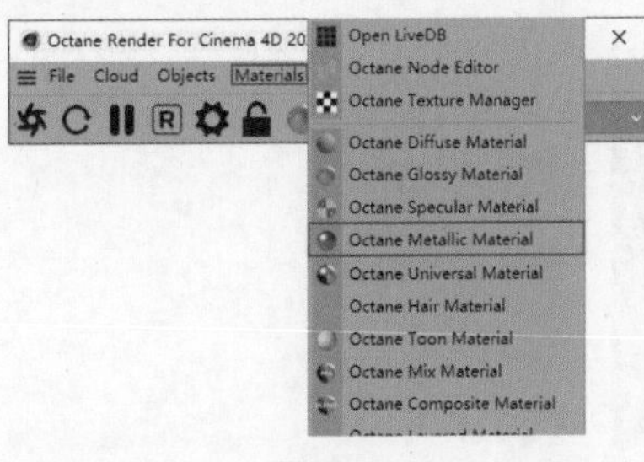

图6-586

图6-587

图6-588

05 移动“对象”面板中的“焦点”对象至“属性”面板的“焦点对象”参数上，如图6-589所示。在“属性”面板中展开Depth of field卷展栏，取消勾选Auto focus复选框，然后设置Aperture为24cm，如图6-590所示。

06 选择OctaneLight对象，在“属性”面板中设置“形状”为“球体”，如图6-591所示。在Octane LightTag选项卡中设置Power为15、Opacity为0，然后设置Texture为“颜色”，如图6-592所示。

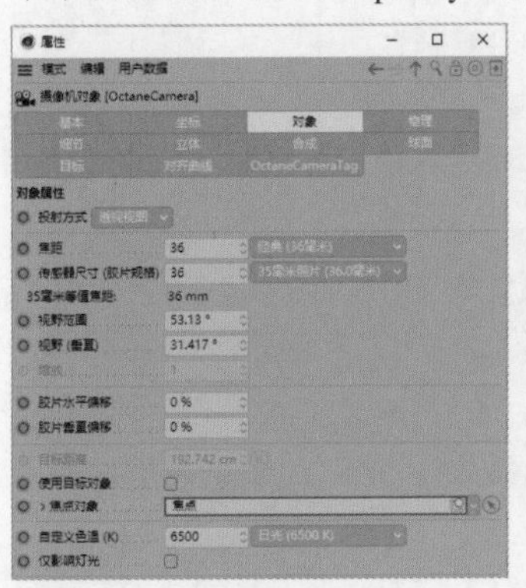
图6-589

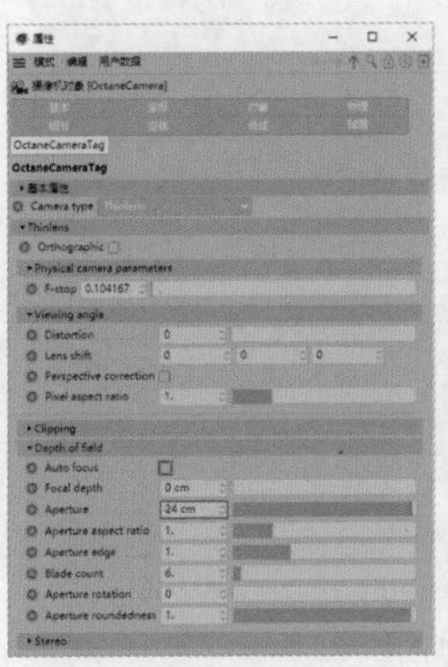
图6-590

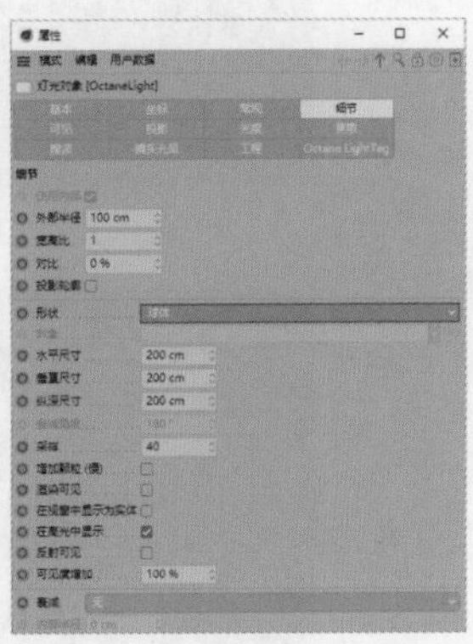
图6-591

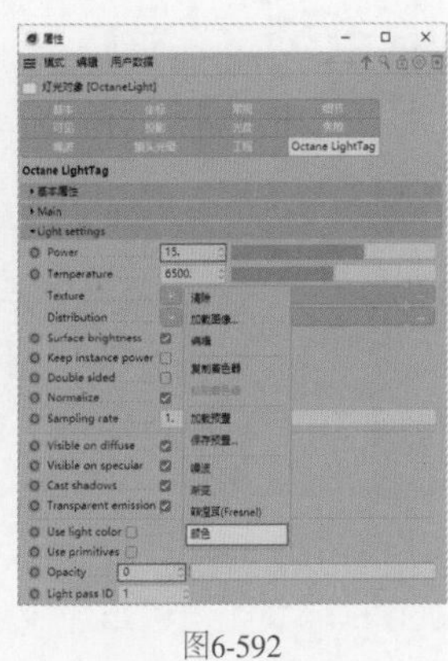
图6-592

07 单击Texture右侧的“颜色”，然后设置H为45°、S为30%、V为100%，如图6-593所示。双击“材质”面板中的OctMetal1材质球打开“材质编辑器”面板，然后选择Specular，设置Texture为“颜色”，如图6-594所示。

08 单击Texture右侧的“颜色”，然后设置H为55°、S为40%、V为50%，如图6-595所示。选择Roughness，设置Float为0.2，如图6-596所示。

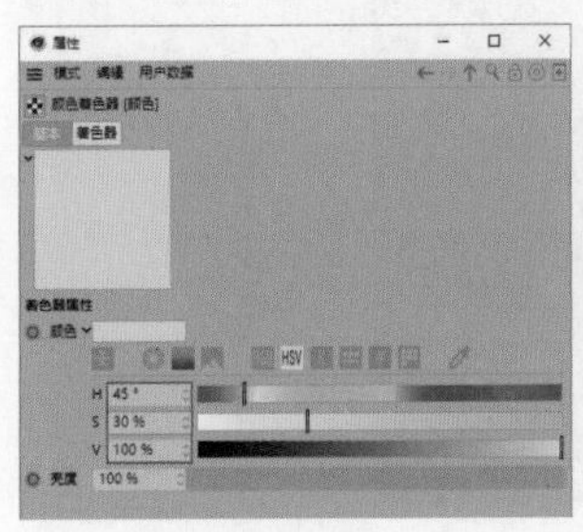
图6-593

图6-594

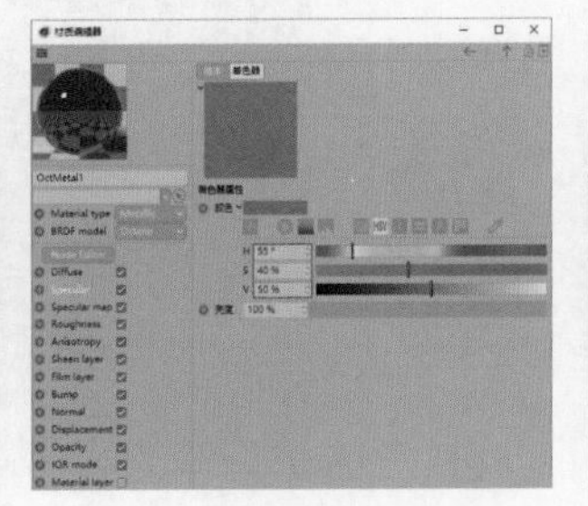
图6-595

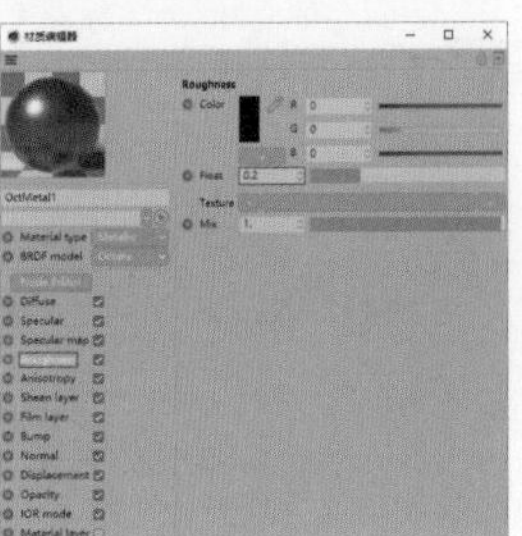
图6-596

09 移动“材质”面板中的OctMetal1材质球至“对象”面板的“破碎主体”对象上，如图6-597所示。执行“渲染>渲染活动视图”菜单命令，效果如图6-598所示。

10 执行“Octane>Octane Settings”菜单命令，在Octane Settings对话框中选择Kernels选项卡，设置第1行的参数为Pathtracing，然后设置Max.samples为1000，勾选Alpha channel、AI light复选框，接着设置Parallel samples为32、Max tile samples为64，最后勾选Adaptive sampling复选框，如图6-599所示。

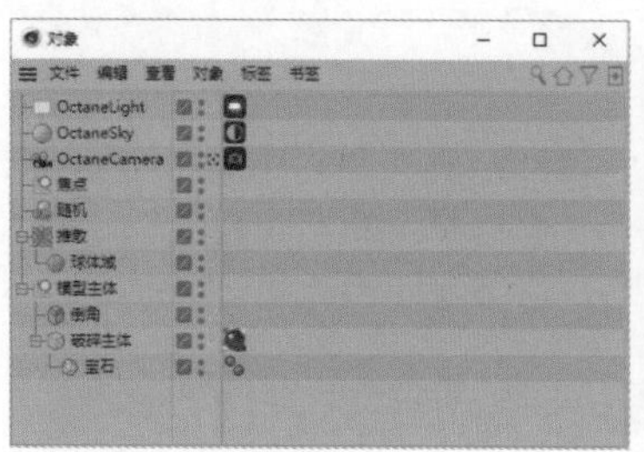

图6-597

图6-598

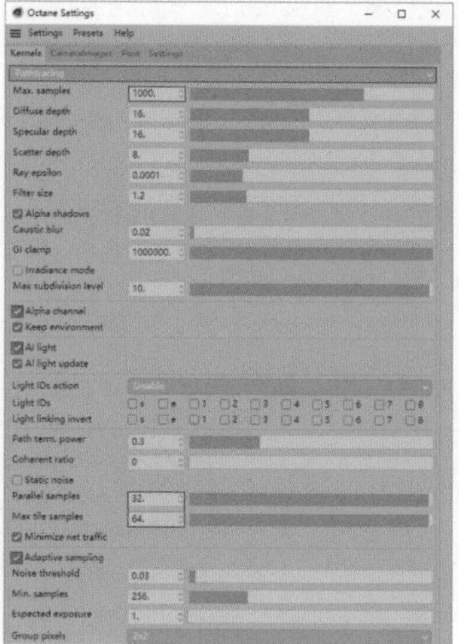

图6-599

11 执行“渲染>渲染活动视图”菜单命令，效果如图6-600所示。执行“渲染>编辑渲染设置”菜单命令，选择“输出”，设置“帧范围”为“全部帧”、“起点”为0F、“终点”为210F，如图6-601所示。

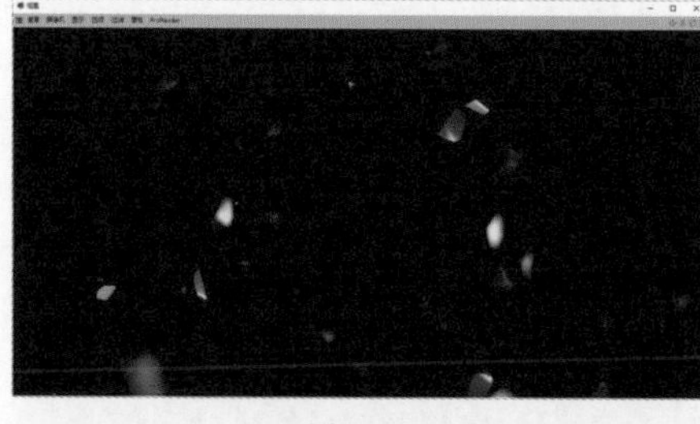

图6-600

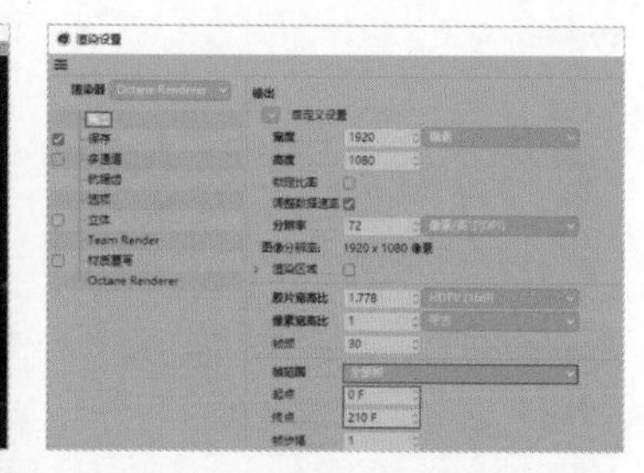

图6-601

12 保存文件，将文件命名为“能量破碎”，然后设置“格式”为PNG并勾选“Alpha通道”复选框，如图6-602所示。执行“渲染>渲染到图片查看器”菜单命令，效果如图6-603所示。

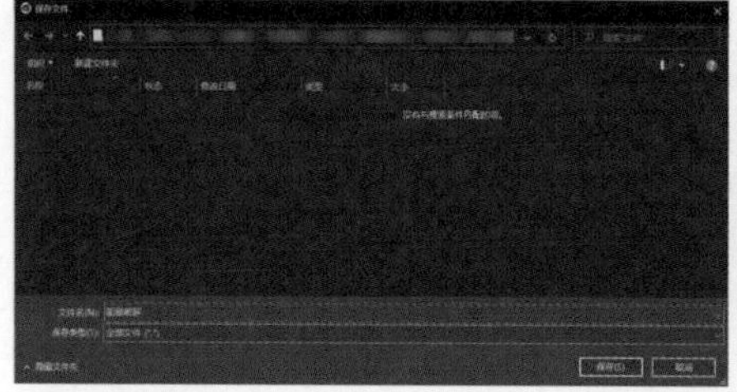

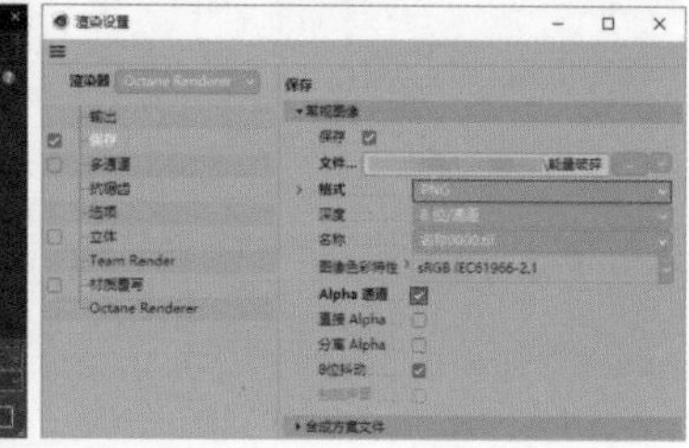

图6-602

13 选择OctaneCamera对象，然后在“属性”面板中勾选“启用远端修剪”复选框，设置“远端修剪”为1360cm，如图6-604所示。保存文件，将文件命名为“破碎遮罩”，如图6-605所示。执行“渲染>渲染到图片查看器”菜单命令，效果如图6-606所示。

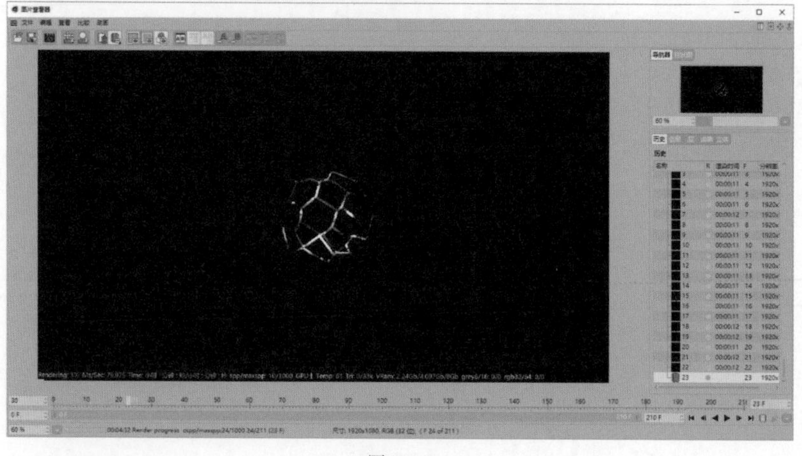

图6-603

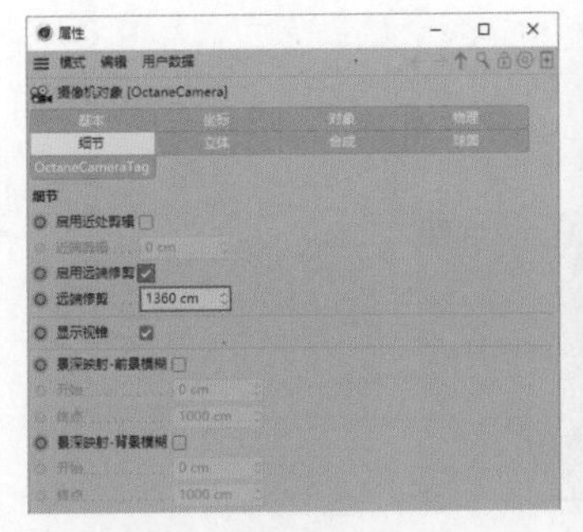

图6-604

图6-605

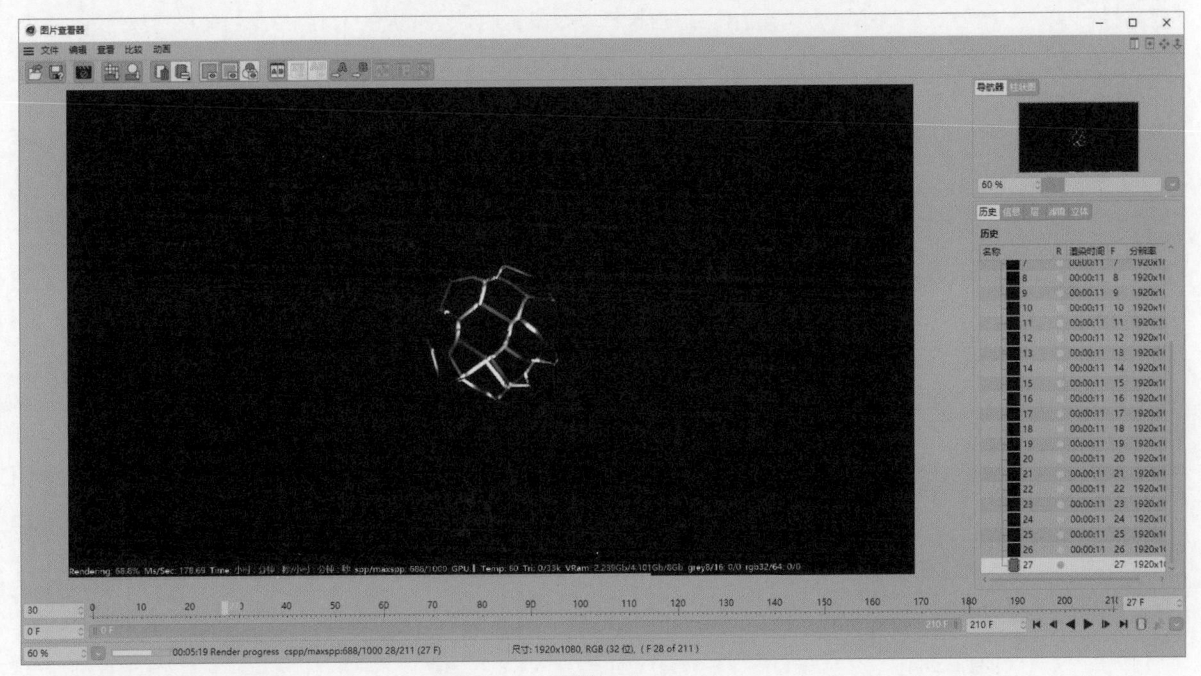

图6-606

◎ 能量破碎动效制作

01 打开After Effects，创建一个合成，设置“合成名称”为“能量破碎”、“宽度”为1920px、“高度”为1080px、“帧速率”为30帧/秒、“持续时间”为0:00:07:00，如图6-607所示。

02 新建一个合成，设置“合成名称”为“核心”、“宽度”为1920px、“高度”为1080px、“帧速率”为30帧/秒、“持续时间”为0:00:07:00，如图6-608所示。

03 新建一个合成，设置“合成名称”为“粒子爆发”、“宽度”为1920px、“高度”为1080px、“帧速率”为30帧/秒、“持续时间”为0:00:07:00，如图6-609所示。

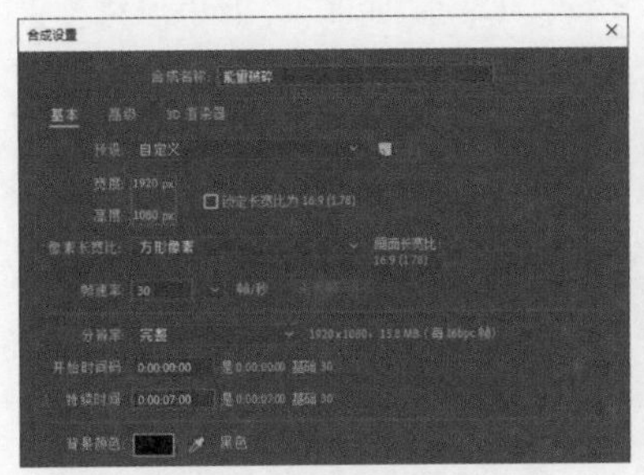

图6-607

图6-608

图6-609

04 在“项目”面板中双击进入“能量破碎”合成中，然后移动“项目”面板中的“核心”“粒子爆发”文件至“时间轴”面板中，如图6-610所示。在“项目”面板中双击进入“核心”合成中。新建一个“纯色”图层，将其命名为“主体”，设置“宽度”为1920像素、“高度”为1080像素，如图6-611所示。

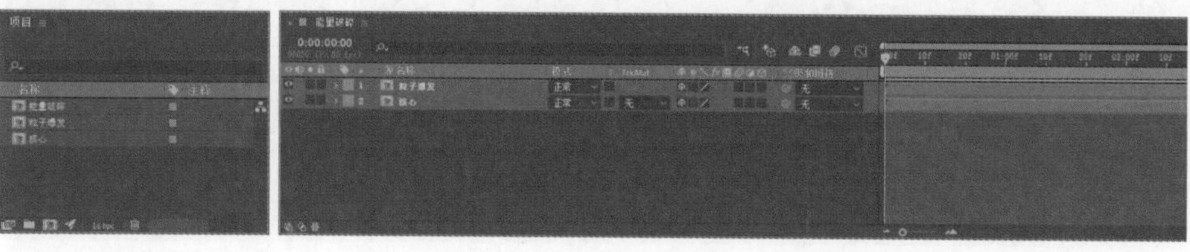
图6-610

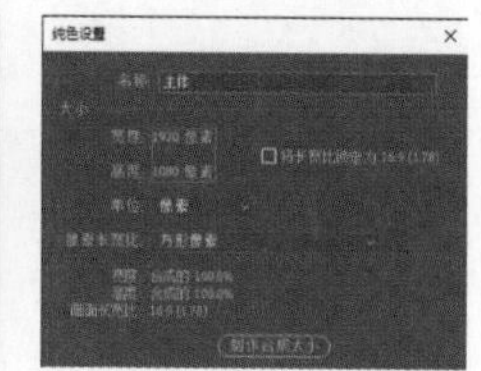
图6-611

05 设置“主体”图层的“模式”为“相加”，然后执行“效果>RG Trapcode>Form”菜单命令。设置时间码为0:00:00:01:00，展开Base Form(Master)卷展栏，然后设置Base Form为Sphere-Layered、Size XYZ为0并单击其左侧的按钮，接着设置Particles in X和Particles in Y均为30、Sphere Layers为3，如图6-612所示。

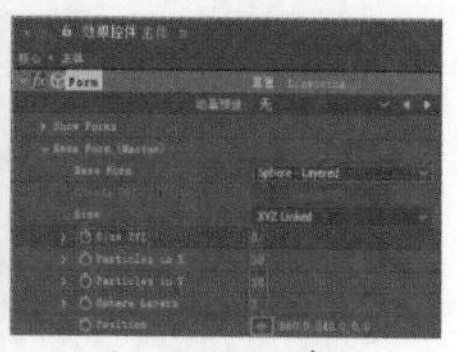
图6-612

06 设置时间码为0:00:01:10，然后设置Size XYZ为450，如图6-613所示。展开Particle(Master)卷展栏，设置Size为1，然后展开Fractal Field(Master)卷展栏，设置Affect Size为6、Affect Opacity为4、Displace为100，如图6-614所示。效果如图6-615所示。

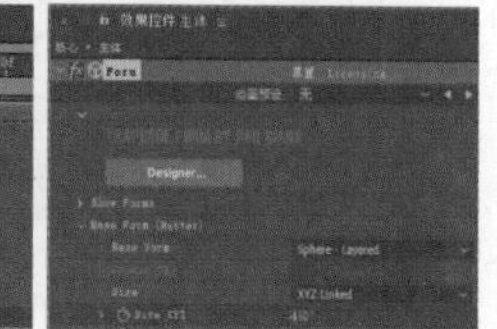
图6-613

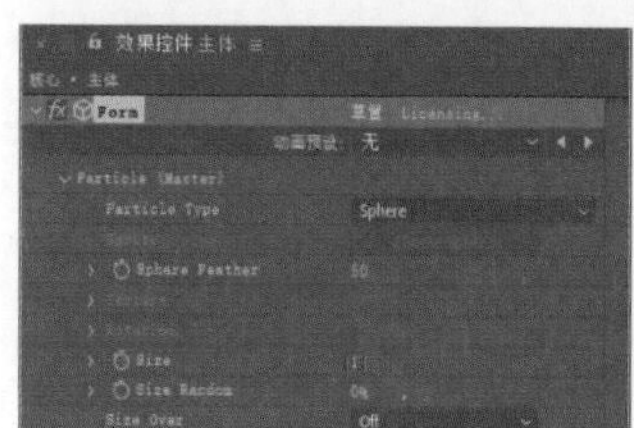
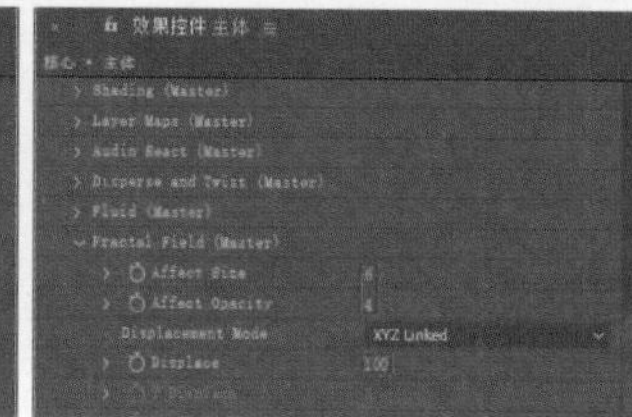
图6-614

图6-615

07 依次展开Spherical Field(Master)、Sphere 1卷展栏，设置Strength为-50、Radius为670、Feather为0，如图6-616所示。设置时间码为0:00:01:00，执行“效果>模糊和锐化>CC Radial Fast Blur”菜单命令，在“效果控件”面板中展开CC Radial Fast Blur卷展栏，设置Amount为40并单击其左侧的按钮，如图6-617所示。

08 设置时间码为0:00:01:10，执行“效果>模糊和锐化>CC Radial Fast Blur”菜单命令，在“效果控件”面板中展开CC Radial Fast Blur卷展栏，设置Amount为50，如图6-618所示。效果如图6-619所示。

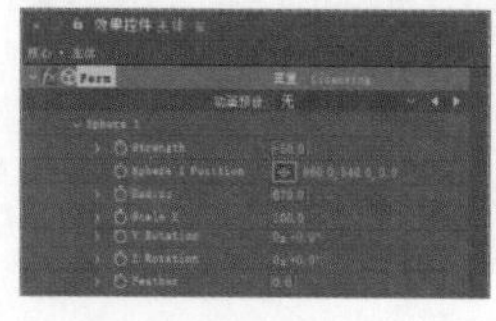
图6-616

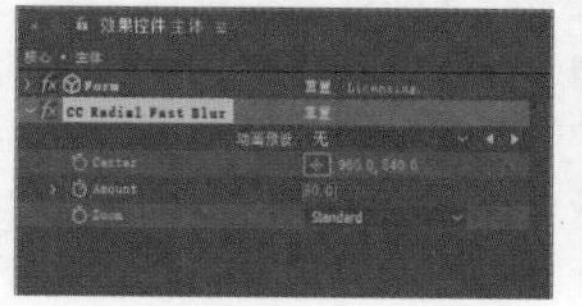
图6-617

图6-618

图6-619

09 创建一个“纯色”图层，将其命名为“光芒”，设置“宽度”为1920像素、“高度”为1080像素，然后移动“光芒”图层至“主体”图层的下方，接着设置时间码为0:00:01:00，如图6-620所示。

10 执行“效果>RG Trapcode>Form”菜单命令，然后展开Base Form(Master）卷展栏，设置Size XYZ为0并单击其左侧的按钮，接着设置Particles in X、Particles in Y均为100，如图6-621所示。

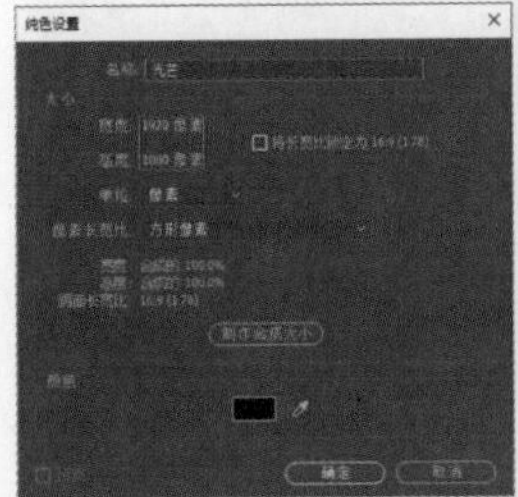
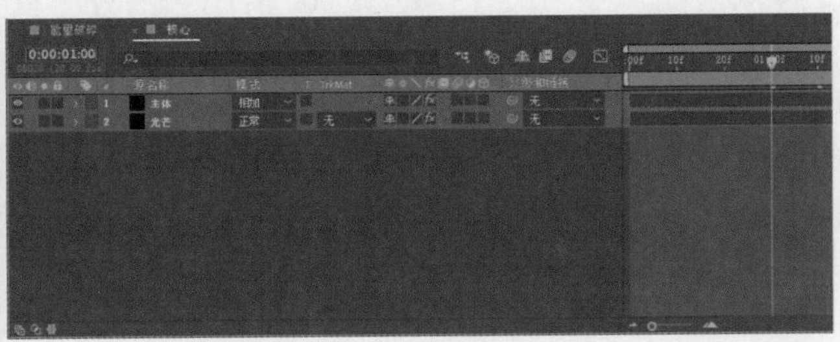

图6-620

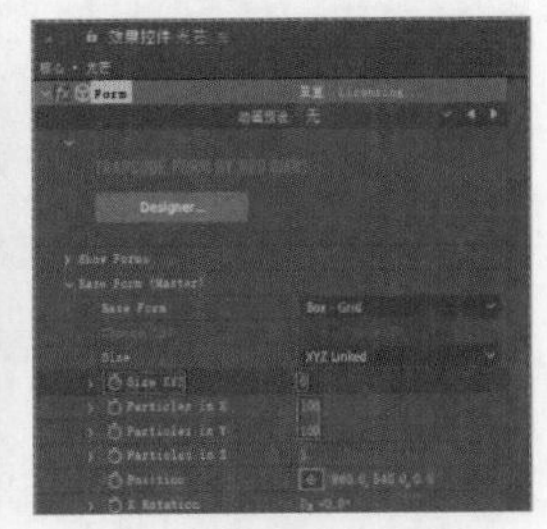

图6-621

11 设置时间码为0:00:01:10，然后设置Size XYZ为400，如图6-622所示。展开Particle(Master）卷展栏，设置Size为0.5、Set Color为Radial，然后展开Color Over卷展栏，选择PRESETS下拉列表中的第3个选项，如图6-623所示。

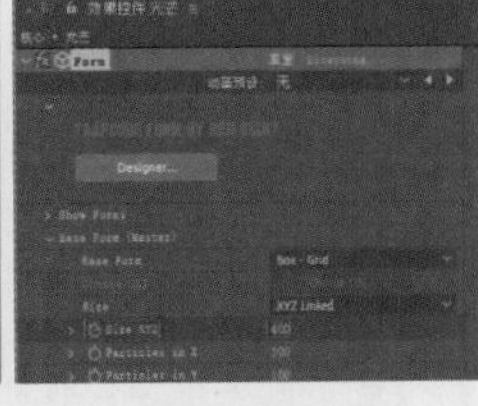

图6-622

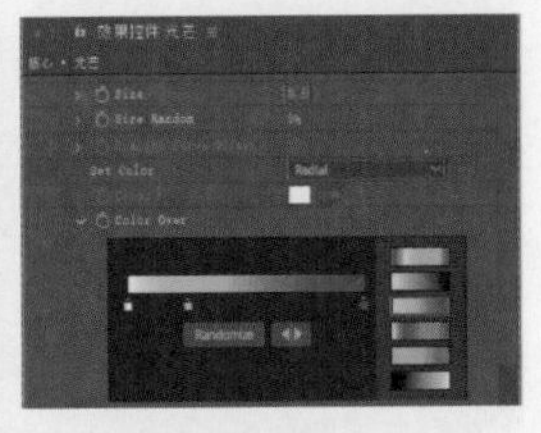

图6-623

12 展开Fractal Field(Master）卷展栏，设置Affect Size为6、Affect Opacity为4、Displace为100，如图6-624所示。效果如图6-625所示。依次展开Spherical Field(Master)、Sphere 1卷展栏，设置Strength为-50、Radius为670、Feather为0，如图6-626所示。

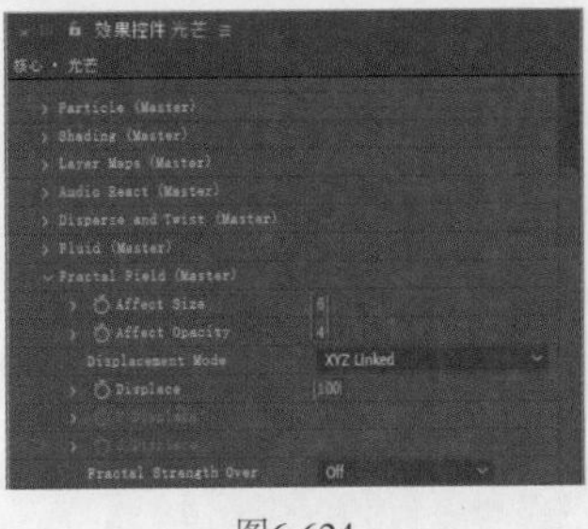

图6-624

图6-625

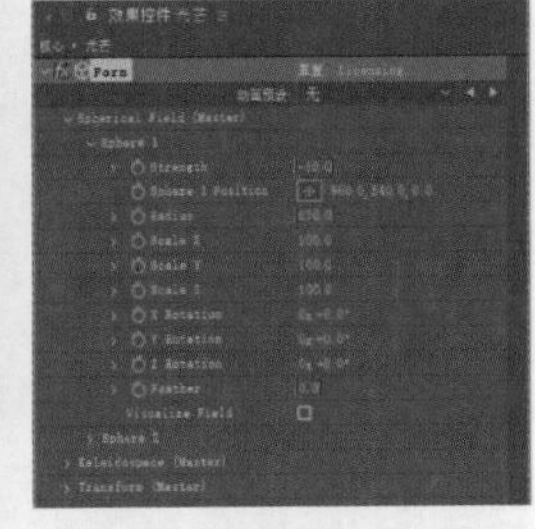

图6-626

13 设置时间码为0:00:01:00，执行“效果>模糊和锐化>CC Radial Fast Blur”菜单命令，在“效果控件”面板中展开CC Radial Fast Blur卷展栏，设置Amount为0并单击其左侧的按钮，如图6-627所示。

14 设置时间码为0:00:01:10，执行“效果>模糊和锐化>CC Radial Fast Blur”菜单命令，在“效果控件”面板中展开CC Radial Fast Blur卷展栏，设置Amount为95，如图6-628所示。效果如图6-629所示。

15 在“项目”面板中双击进入“粒子爆发”合成中。新建一个“纯色”图层，将其命名为“爆发”，设置“宽度”为1920像素、“高度”为1080像素，如图6-630所示。

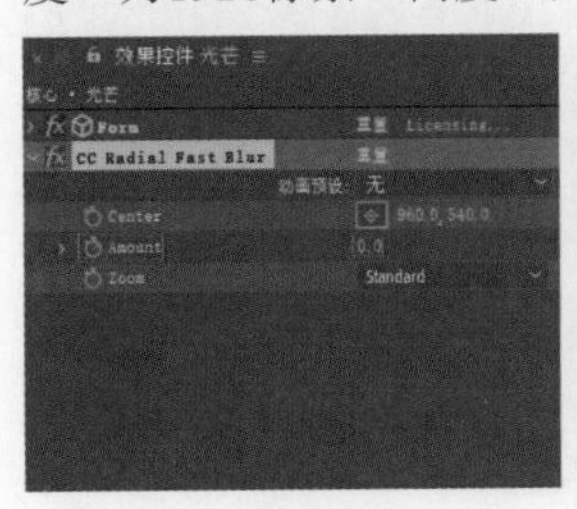

图6-627

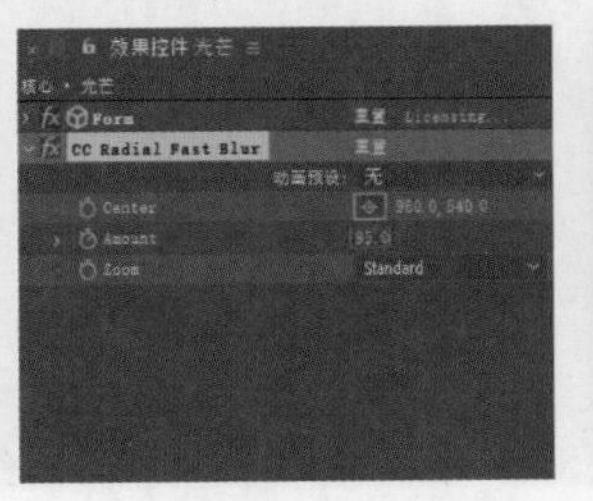

图6-628

图6-629

图6-630

16 设置时间码为0:00:00:26，选择“爆发”图层并移动时间指示器至当前时间码的位置，如图6-631所示。执行“效果>RG Trapcode>Particular”菜单命令，在“效果控件”面板中展开Emitter(Master)卷展栏，然后设置Emitter Behavior为Explode、Particles/sec为2500、Velocity为450，如图6-632所示。

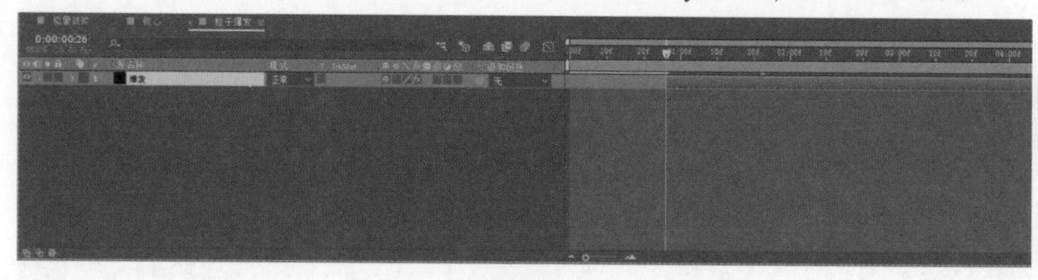

图6-631

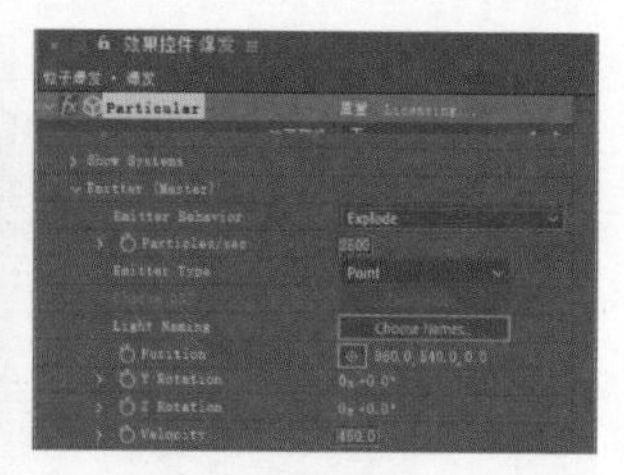

图6-632

17 展开Particle(Master)卷展栏，设置Sphere Feather为0、Size为2、Size Random为100%，然后展开Size over Life卷展栏，选择PRESETS下拉列表中的第2个选项，接着设置Opacity Random为100%，如图6-633所示。

18 展开Aux System(Master)卷展栏，具体参数设置如图6-634所示。

设置步骤

①设置Emit为Continuously、Particles/sec为400、Particle Velocity为70、Life [Sec]为3，然后设置Blend Mode为Add、Size为2、Size Random为100%。

②展开Size over Life卷展栏，选择PRESETS下拉列表中的第2个选项，然后设置Opacity Random为100%。

③展开Opacity over Life卷展栏，选择PRESETS下拉列表中的第2个选项。

④设置Color为蓝色（R:0,G:90,B:255）。

⑤展开Physics（Air & Fluid mode only）卷展栏，设置Air Resistance为10、Wind Affect为15%、Turbulence Position为200。

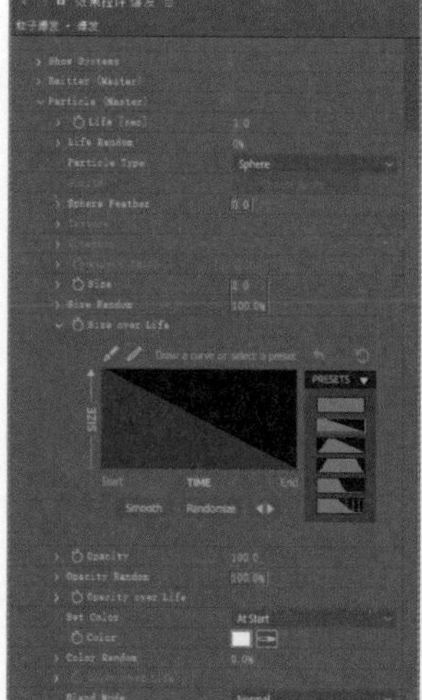

图6-633

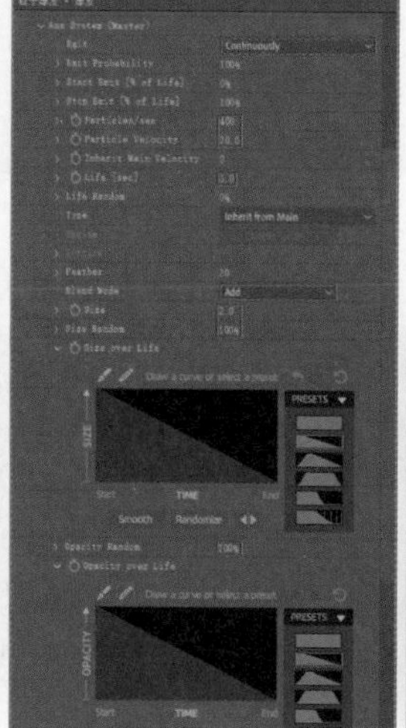

图6-634

19 设置时间码为0:00:02:10，效果如图6-635所示。新建一个“摄像机”图层，设置其“类型”为“双节点摄像机”、“名称”为“摄像机”，如图6-636所示。

图6-635

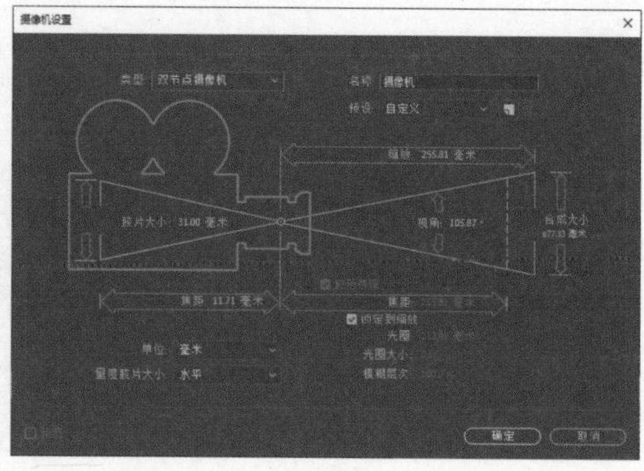

图6-636

20 在“时间轴”面板中依次展开“摄像机”“变换”卷展栏，设置“位置”为（960,540,-3333.3），然后展开“摄像机选项”卷展栏，设置“缩放”为3333.3像素、“景深”为“开”、“焦距”为3333.3像素、“光圈”为1500像素、“模糊层次”为200%，如图6-637所示。效果如图6-638所示。

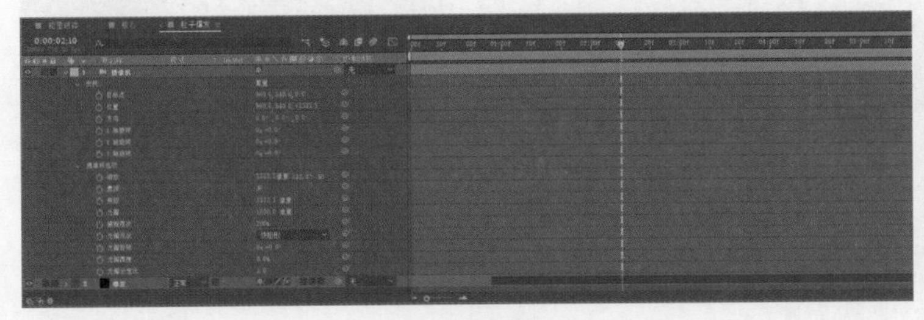

图6-637

图6-638

21 双击进入“项目”面板中的“能量破碎”合成中，设置“粒子爆发”图层的“模式”为“相加”，如图6-639所示。效果如图6-640所示。

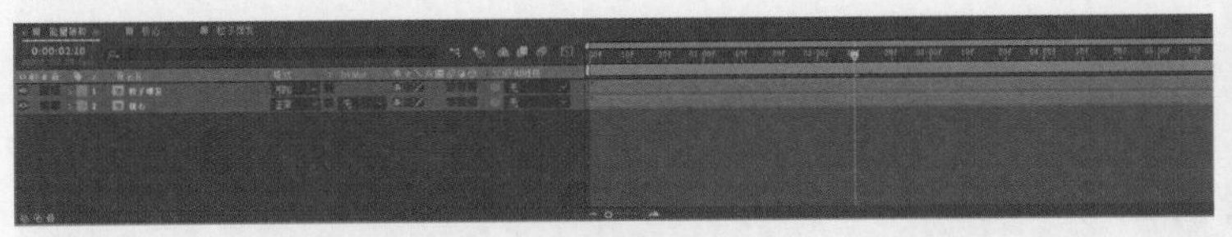

图6-639

图6-640

22 分别导入文件“场景文件>CH06>实战：能量破碎>能量破碎0000.png”和“场景文件>CH06>实战：能量破碎>破碎遮罩0000.png”，如图6-641所示。

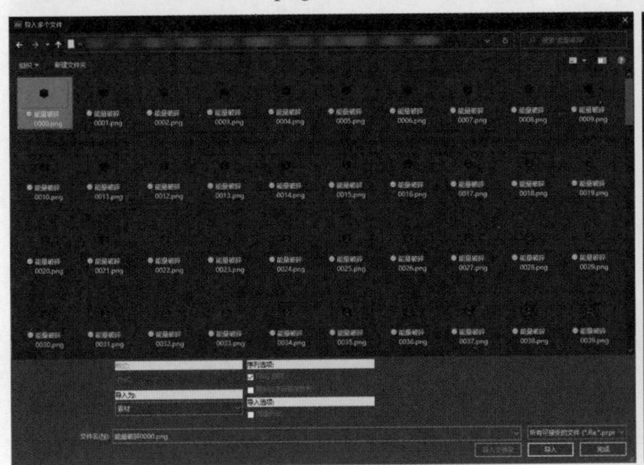

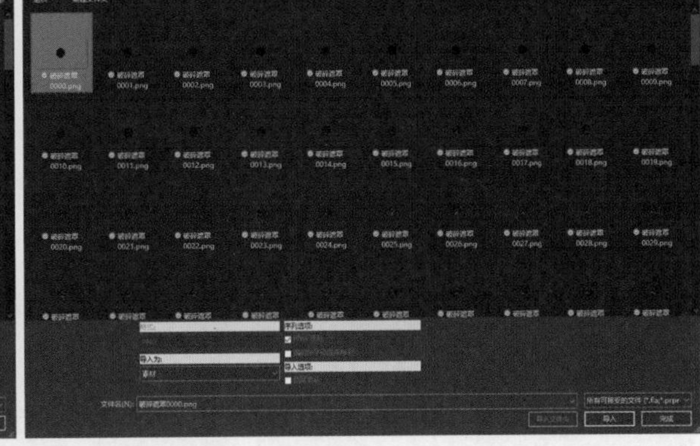

图6-641

23 移动“项目”面板中的“破碎遮罩[0000-0210].png”和“能量破碎[0000-0210].png”文件至“时间轴”面板中，具体参数设置如图6-642所示。最终效果如图6-643所示。

设置步骤

①将“破碎遮罩[0000-0210].png”图层重命名为“遮罩”，然后执行“编辑>重复”菜单命令，得到新增的“遮罩2”图层。

②将“能量破碎[0000-0210].png”图层重命名为“破碎主体”。

③移动“遮罩”图层至“核心”图层的上方，移动“遮罩2”图层至“粒子爆发”图层的上方。

④选择“核心”图层，设置TrkMat为“Alpha反转遮罩‘遮罩’”。

⑤选择“粒子爆发”图层，设置TrkMat为“Alpha反转遮罩‘遮罩2’”。

⑥设置“破碎主体”图层的“模式”为“相加”。

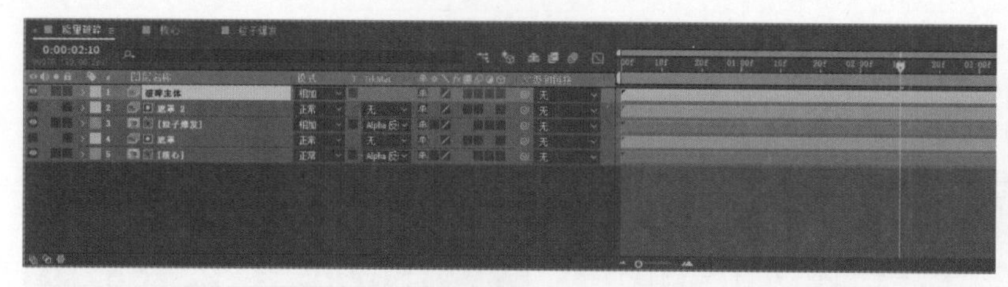
图6-642

图6-643

实战：高维空间异位

场景位置	场景文件 > CH06 > 实战：高维空间异位
实例位置	实例文件 > CH06 > 实战：高维空间异位
难易程度	★★★☆☆
学习目标	掌握CC Radial Fast Blur的使用方法

高维空间异位的效果如图6-644所示，制作分析如下。

使用Octane渲染器中的Pathtracing方式进行渲染时，对显卡的性能要求比较高，如果渲染时间过长，可以降低Max.samples参数的值，同时在After Effects中增大CC Radial Fast Blur卷展栏中Amount参数的值，以此减少噪点。

图6-644

01 在Cinema 4D中使用参数化对象、“克隆”、“变形器”、“粒子”等工具制作出高维空间异位的主体动画模型，如图6-645所示。

02 在赋予主体动画模型材质后导出图形序列，如图6-646所示。

03 在After Effects中导入以上步骤中导出的图形序列，使用Particular粒子插件和CC Radial Fast Blur菜单命令制作高维空间异位的动画效果，最终效果如图6-647所示。

图6-645

图6-646

图6-647

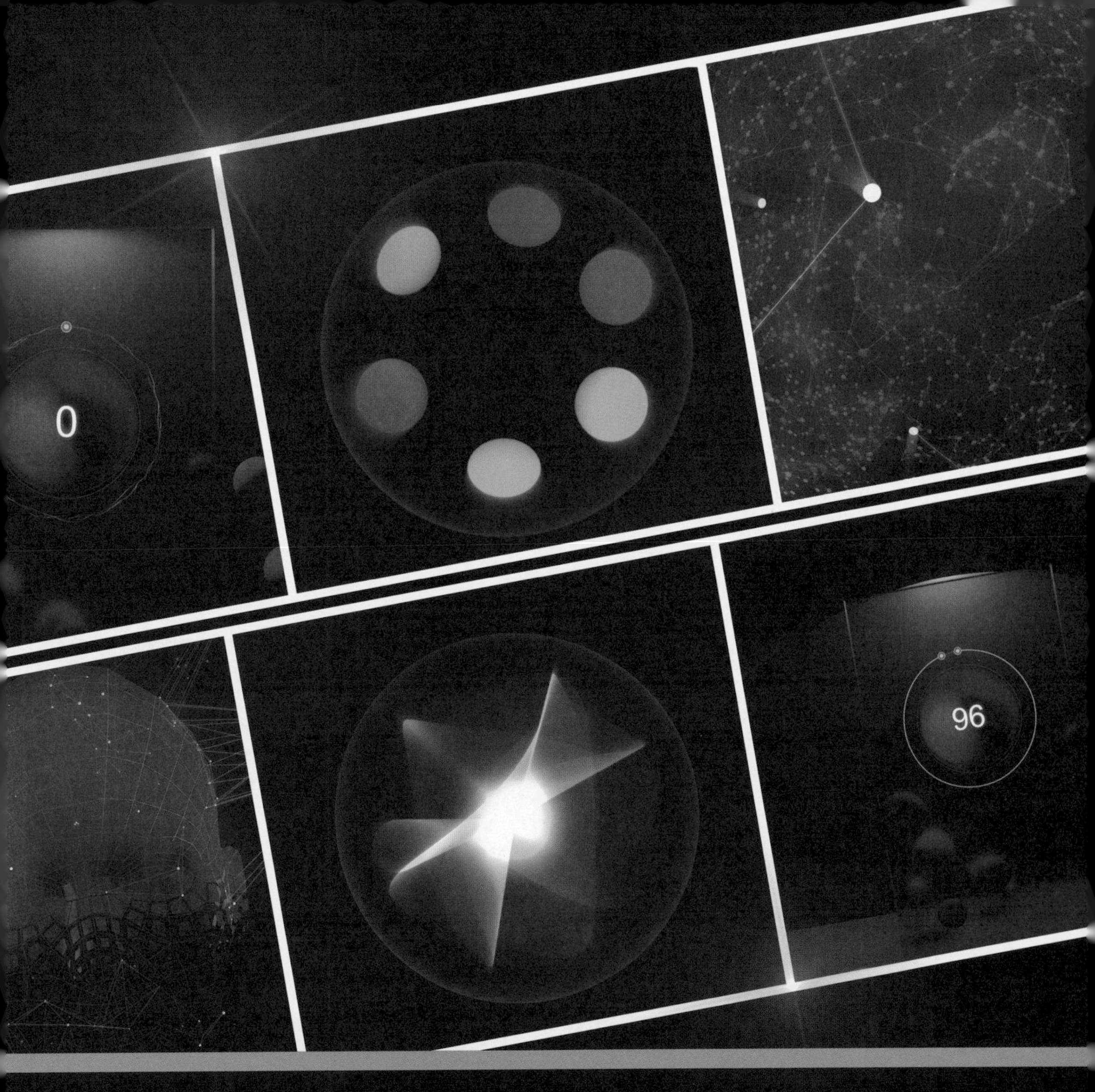

第7章 交互类动效

本章案例将讲解交互类动效制作，主要内容包括使用Cinema 4D制作基本的模型动画和Octane渲染器的使用方法，以及如何将Cinema 4D中导出的动画在After Effects中进行后期制作。

7.1 扫描系统

全息扫描是设计师们在制作具有科技感的作品时惯用的效果，在游戏、电影后期、综艺节目、舞台秀中，都可以应用此类效果。

实战：人脸识别

场景位置	场景文件 > CH07 > 实战：人脸识别
实例位置	实例文件 > CH07 > 实战：人脸识别
难易程度	★★★★☆
学习目标	掌握表达式的使用方法

人脸识别的效果如图7-1所示，制作分析如下。

第1点：应用“分裂”效果前可以使用“内部挤压”功能将模型的所有面拆分成独立的面。

第2点：表达式中的random用于控制随机数，toFixed用于控制小数点位数。

图7-1

◎ 人脸模型分裂

01 打开Cinema 4D，执行“渲染>编辑渲染设置”菜单命令，在“渲染设置”对话框中选择“输出”，设置“宽度”为1920像素、“高度”为1080像素，如图7-2所示。

02 执行“文件>合并项目”菜单命令，选择模型文件“场景文件>CH07>实战：人脸识别>人脸造型_2.obj”，如图7-3所示。单击Open按钮，然后在弹出的对话框中单击“确定”按钮，如图7-4所示。

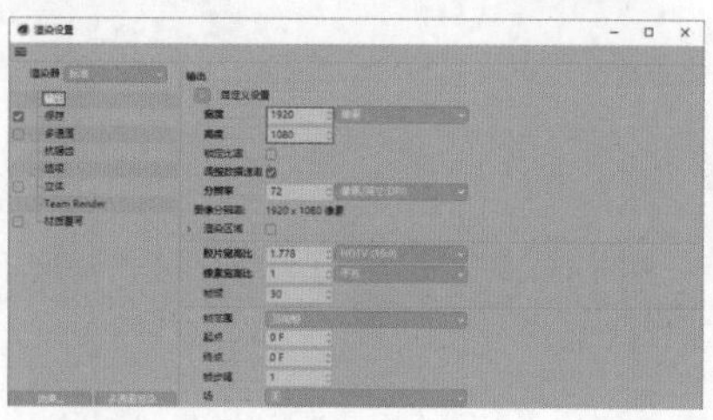

图7-2

图7-3

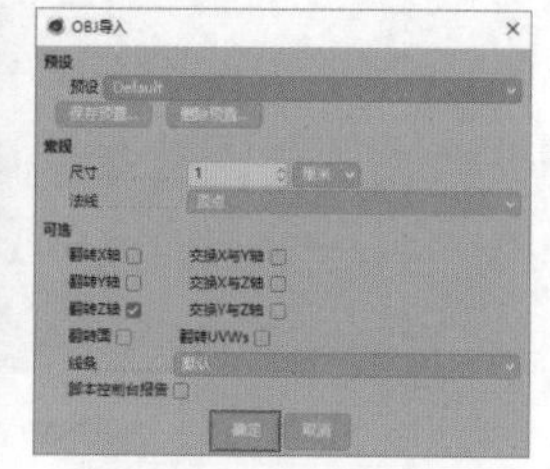

图7-4

03 保持当前状态不变，执行“工具>缩放”菜单命令，沿着x轴、y轴、z轴向外拖曳至1000.4%，如图7-5所示。在“对象”面板中将Female_Bust对象重命名为“人脸造型”。选择“人脸造型”对象，执行“编辑>复制”菜单命令，然后执行“编辑>粘贴”菜单命令，将新增的对象重命名为“克隆对象”。保持当前选择不变，选择“多边形”工具，然后执行“选择>全选”菜单命令，效果如图7-6所示。

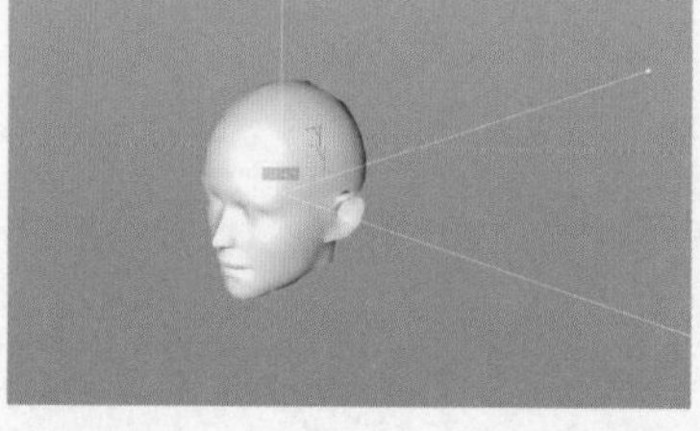

图7-5

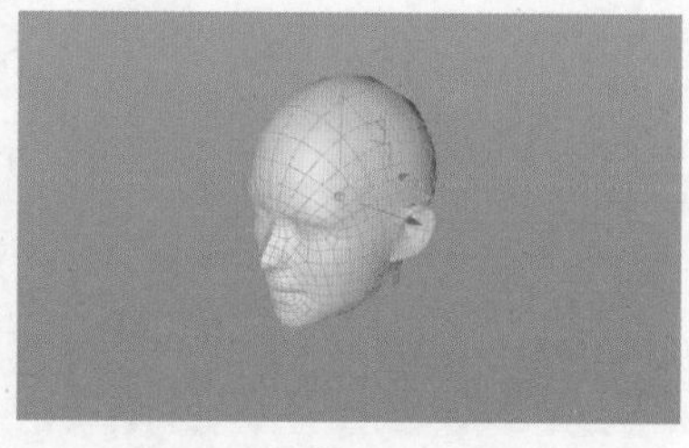

图7-6

04 执行“网格>创建工具>内部挤压”菜单命令，在“属性”面板中取消勾选“保持群组”复选框，然后设置“偏移”为0.1cm，接着单击“应用”按钮 应用 ，如图7-7所示。执行“编辑>剪切”菜单命令，在“对象”面板中执行“编辑>粘贴”菜单命令，将新增的对象重命名为“人脸拆解”，如图7-8所示。效果如图7-9所示。

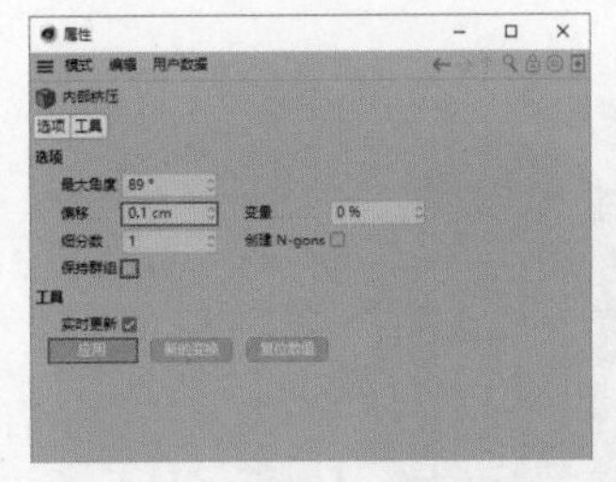
图7-7

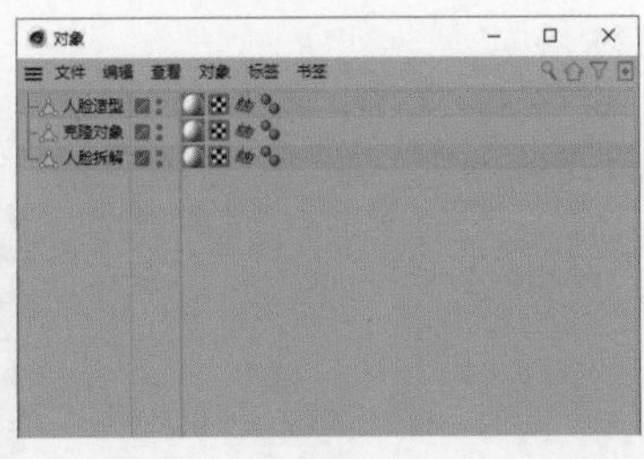
图7-8

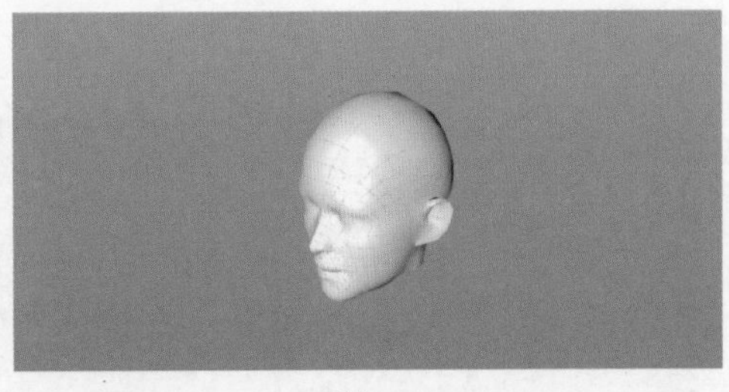
图7-9

05 执行“运动图形>分裂”菜单命令，在“属性”面板中设置“模式”为“分裂片段”，如图7-10所示。移动“人脸拆解”对象至“分裂”对象内，如图7-11所示。设置时间轴时长为0～300F、当前帧为75F，如图7-12所示。

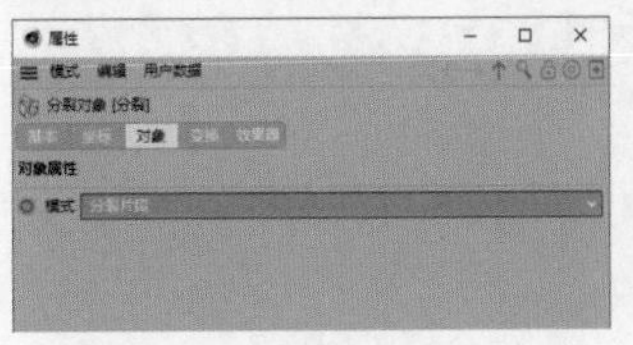
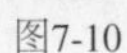
图7-10

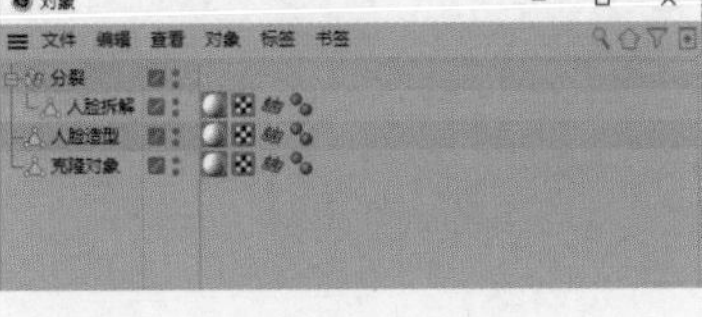
图7-11

图7-12

06 执行“运动图形>效果器>简易”菜单命令，然后在“属性”面板中设置P.Y为0cm、P.Z为-25cm，接着勾选“缩放”“等比缩放”复选框，设置“缩放”为-1，如图7-13所示。选择“分裂”对象，移动“对象”面板中的“简易”对象至“属性”面板的“效果器”列表框中，如图7-14所示。

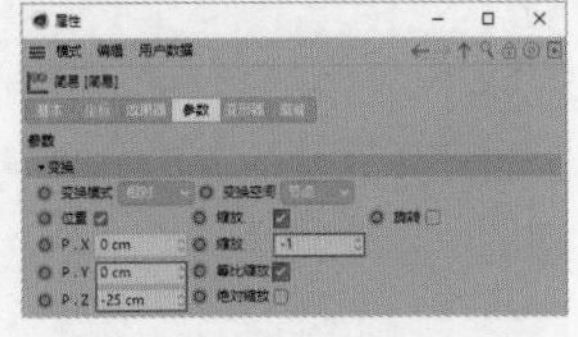
图7-13

07 执行“创建>域>线性域”菜单命令，选择“线性域”对象，在“属性”面板中设置“长度”为20cm、“方向”为Y-，如图7-15所示。选择“简易”对象，移动“对象”面板中的“线性域”对象至“属性”面板的“域”列表框中，如图7-16所示。设置当前帧为75F，然后在“属性”面板中设置P.Y为140cm并单击其左侧的按钮，如图7-17所示。

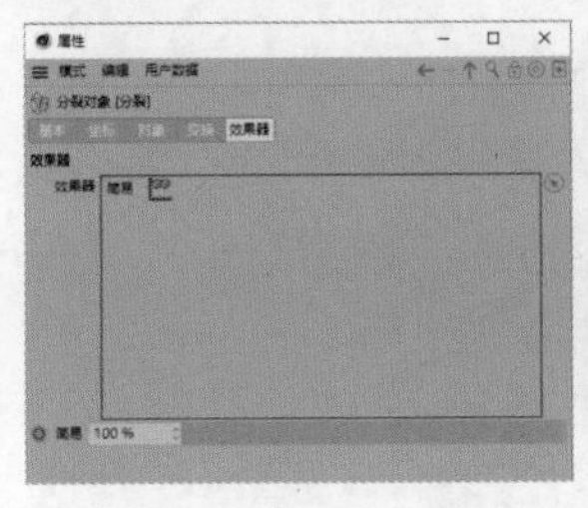
图7-14

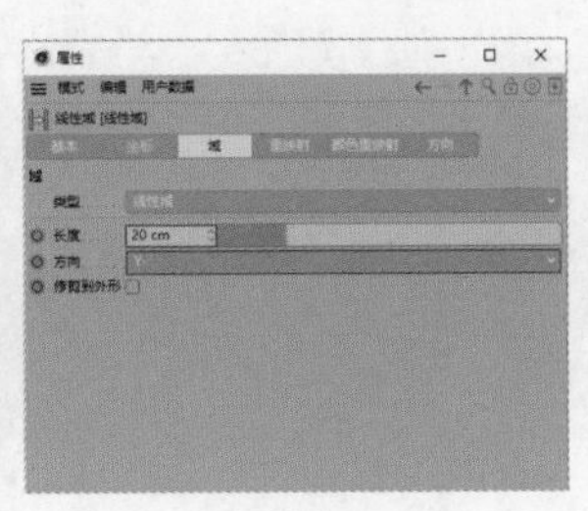
图7-15

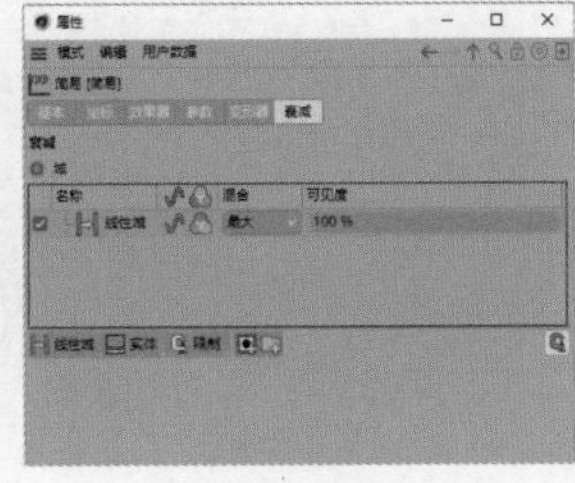
图7-16

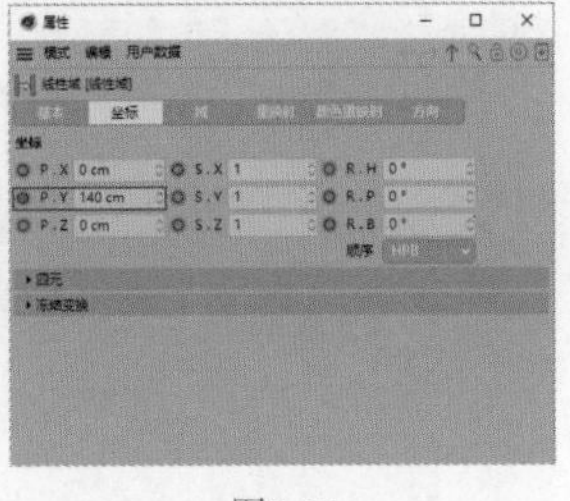
图7-17

08 设置当前帧为120F，然后在“属性”面板中设置P.Y为-130cm并单击其左侧的按钮，如图7-18所示。设置当前帧为255F，然后单击P.Y左侧的按钮，如图7-19所示。设置当前帧为300F，然后设置P.Y为140cm并单击其左侧的按钮，如图7-20所示。

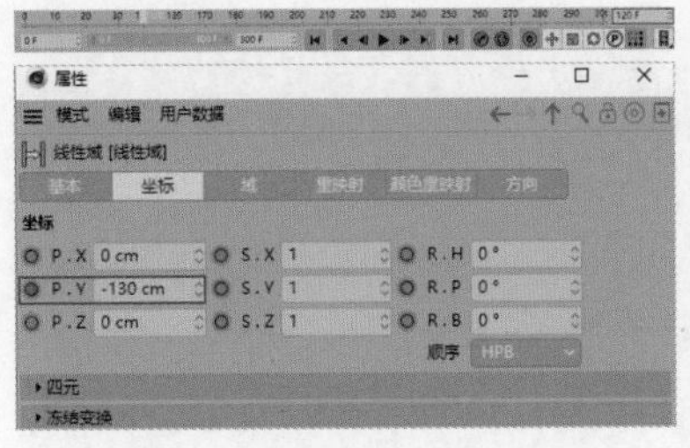
图7-18

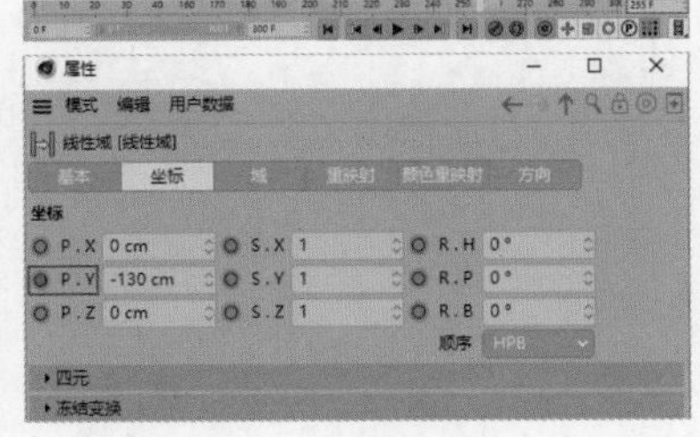
图7-19

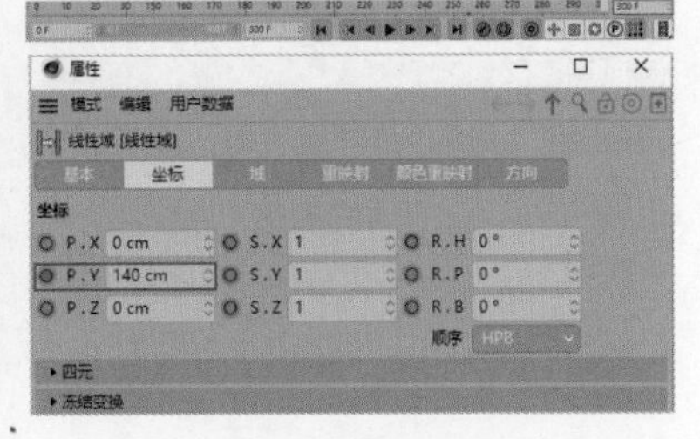
图7-20

09 执行“创建>摄像机>摄像机”菜单命令，选择“摄像机”对象，然后在“属性”面板中设置P.X为0cm、P.Y为0cm、P.Z为-580cm，接着设置R.H、R.P、R.B为0°，如图7-21所示。执行“创建>灯光>灯光”菜单命令3次，分别将3个“灯光”对象重命名为“右侧”“左侧”“正面”，然后单击“摄像机”右侧的■按钮切换至摄像机视角，如图7-22所示。设置当前帧为120F，如图7-23所示。效果如图7-24所示。

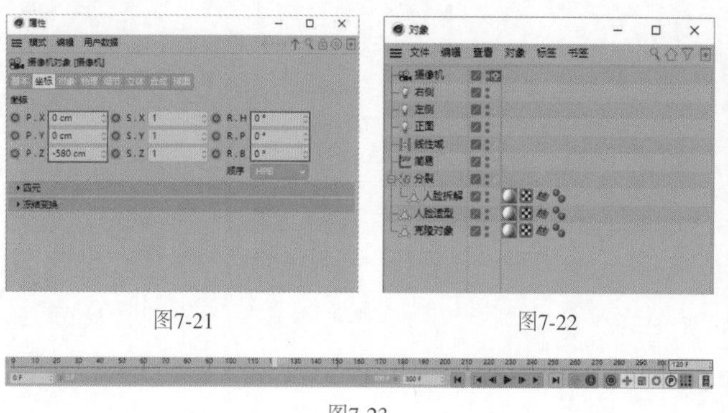

图7-21

图7-22

图7-23

图7-24

10 选择“正面”对象，然后在“属性”面板中设置“强度”为20%，接着设置P.Y为120cm、P.Z为-160cm，如图7-25所示。选择“右侧”对象，在“属性”面板中设置“强度”为30%，然后设置P.X为410cm、P.Z为210cm，如图7-26所示。选择“左侧”对象，在“属性”面板中设置“强度”为100%，然后设置P.X为-410cm、P.Z为210cm，如图7-27所示。效果如图7-28所示。

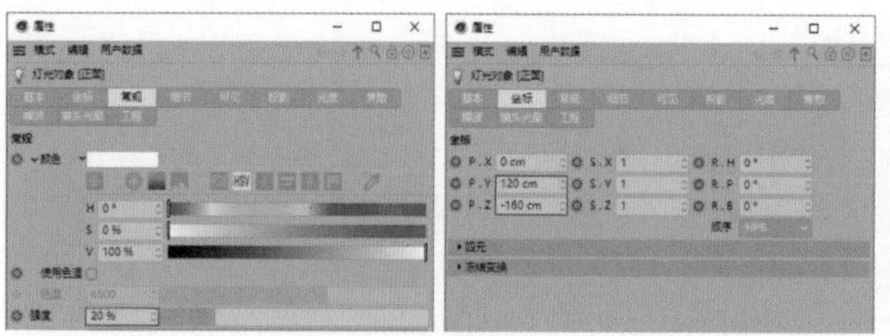

图7-25

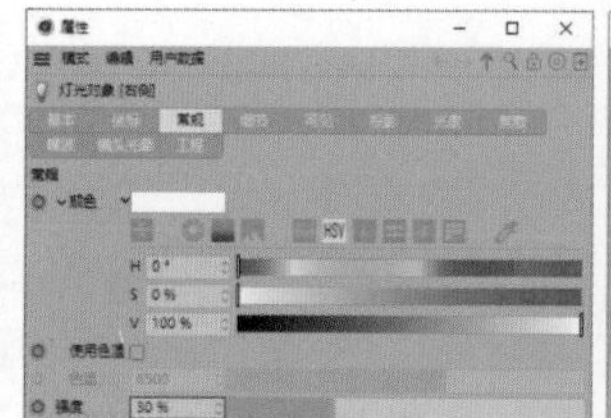

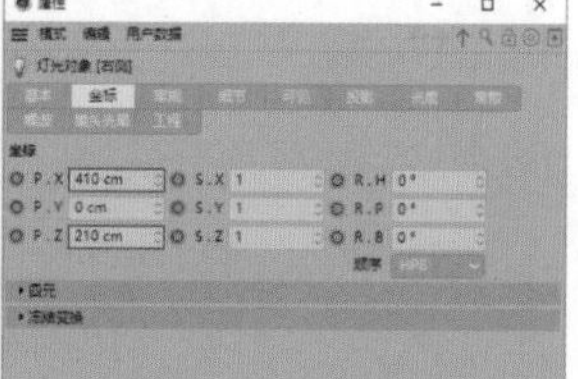

图7-26

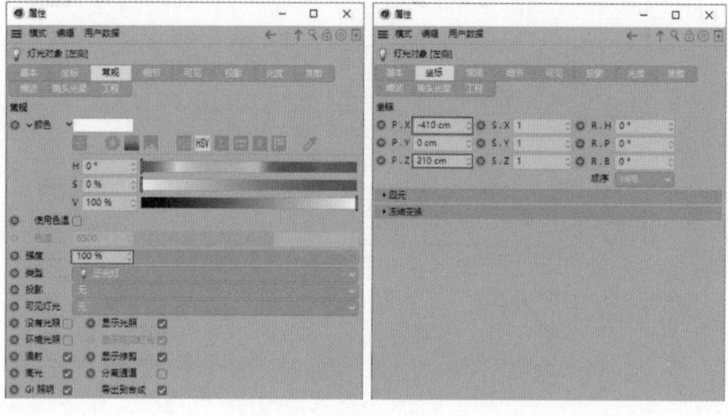

图7-27

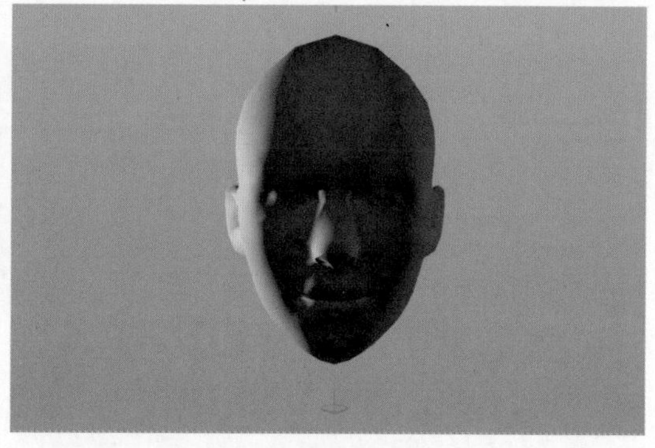

图7-28

11 执行“创建>对象>空白”菜单命令，将“空白”对象重命名为“人脸拆解”。在“对象”面板中选择除了“人脸造型”“克隆对象”“摄像机”以外的所有对象，将它们移动至“人脸拆解”对象内，如图7-29所示。

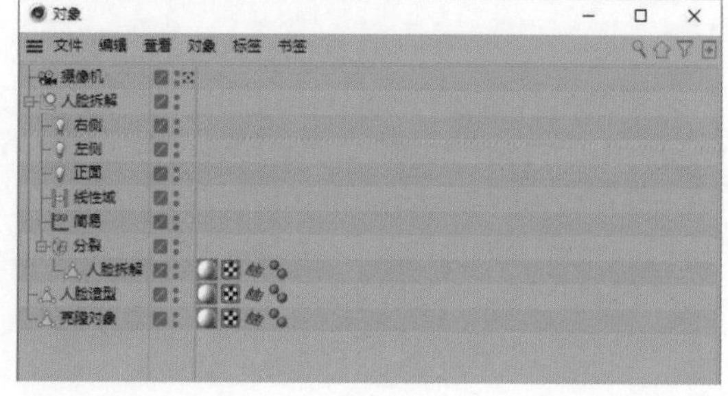

图7-29

12 执行“创建>灯光>灯光”菜单命令，然后执行“运动图形>克隆”菜单命令，将“克隆”对象重命名为“采样坐标”，将“灯光”对象重命名为L，接着移动L对象至“采样坐标”对象内。选择“采样坐标”对象，在“属性”面板中设置“模式”为“对象”，然后移动“对象”面板中的“克隆对象”对象至“属性”面板的“对象”参数上，接着设置“种子”为1234556、“数量”为80，如图7-30所示。效果如图7-31所示。

13 执行“创建>灯光>灯光”菜单命令，将“灯光”对象重命名为M。执行“模拟>粒子>发射器”菜单命令，然后移动M对象至“发射器”对象内。选择“发射器”对象，在“属性”面板中设置“编辑器生成比率”“渲染器生成比率”为15、“生命”为150F、“速度”为100cm，如图7-32所示。

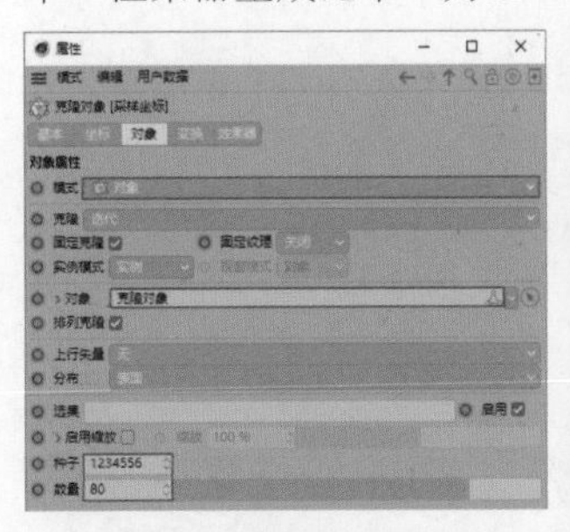

图7-30

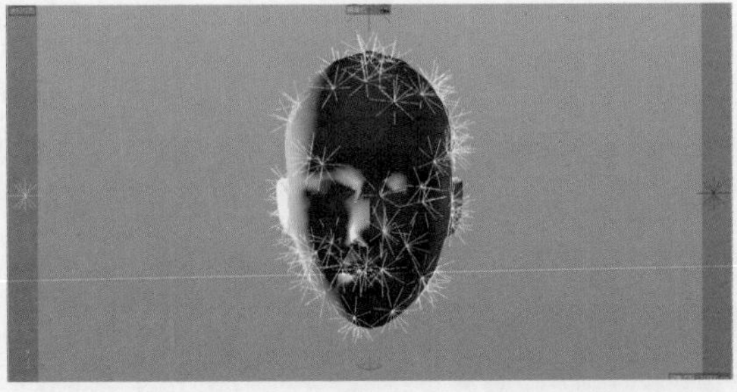

图7-31

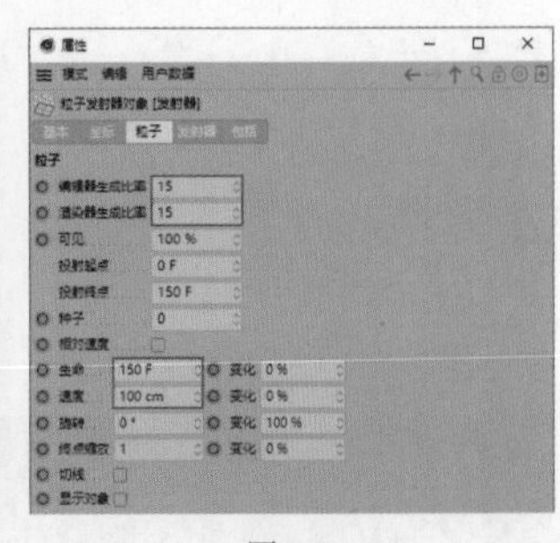

图7-32

14 保持当前选择不变，在“属性”面板中设置“水平尺寸”“垂直尺寸”为700cm，然后设置P.Z为-460cm，如图7-33所示。选择“发射器”和“采样坐标”对象，然后执行“创建>标签>CINEMA 4D标签>外部合成”菜单命令，接着在“属性”面板中勾选“子集”复选框，如图7-34所示。

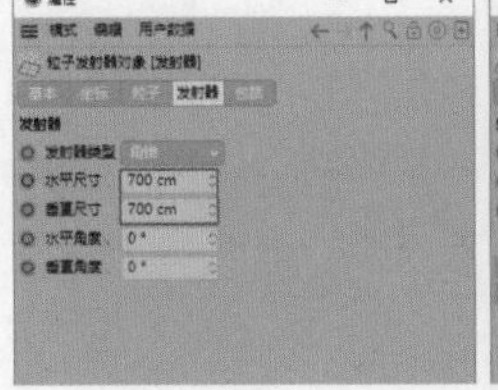

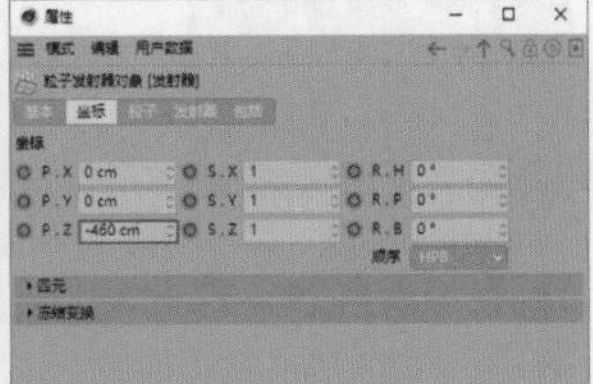

图7-33

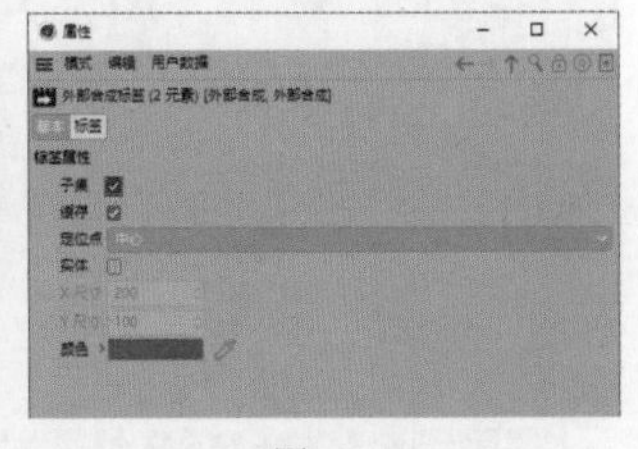

图7-34

15 执行“创建>对象>空白”菜单命令，将“空白”对象重命名为“采样机”，然后移动“克隆对象”“采样坐标”“发射器”对象至“采样机”对象内，接着隐藏“采样机”和“人脸拆解”对象，如图7-35所示。执行“渲染>编辑渲染设置”菜单命令，然后保存文件，将文件命名为“人脸静帧”，接着设置“格式”为PNG，勾选“Alpha通道”复选框，如图7-36所示。

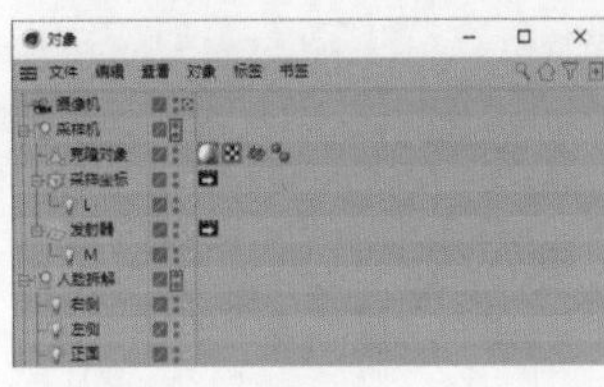

图7-35

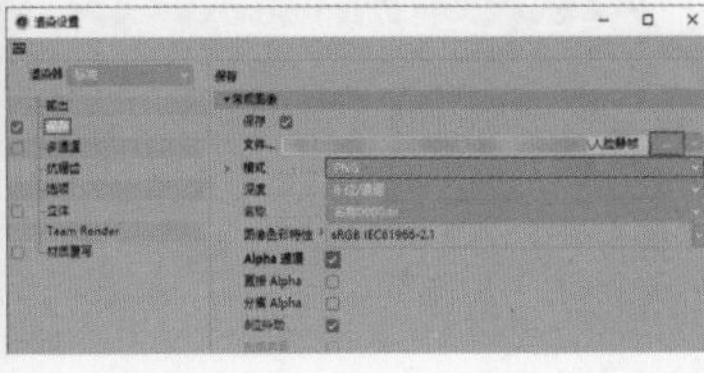

图7-36

16 执行“渲染>渲染到图片查看器”菜单命令，效果如图7-37所示。在“对象”面板中隐藏“人脸造型”对象，然后显示“人脸拆解”对象，如图7-38所示。执行“渲染>编辑渲染设置”菜单命令，选择“输出”，设置“帧范围”为“全部帧”、“起点”为0F、“终点”为300F，如图7-39所示。

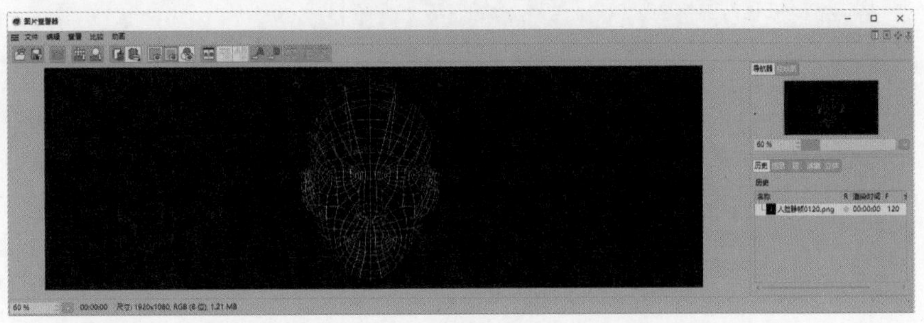

图7-37

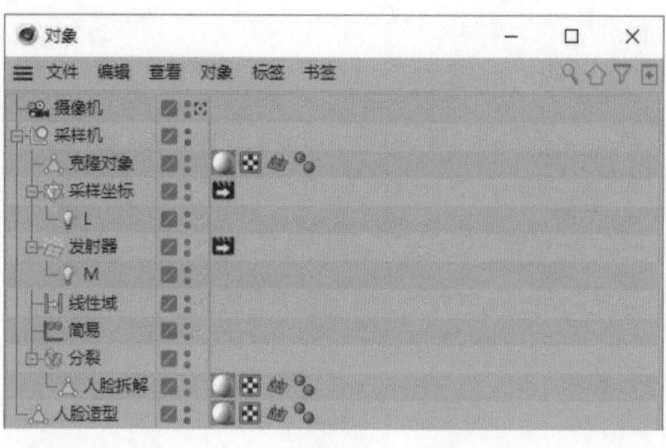

图7-38

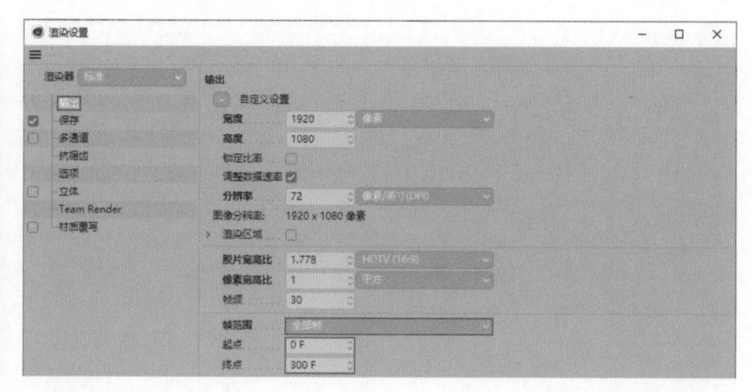

图7-39

17 保存文件，将文件命名为“人脸拆解”，然后设置“格式”为PNG，勾选“Alpha通道”复选框，如图7-40所示。执行“渲染>渲染到图片查看器”菜单命令，效果如图7-41所示。在“对象”面板中显示“采样机”对象，然后隐藏“人脸拆解”对象，如图7-42所示。

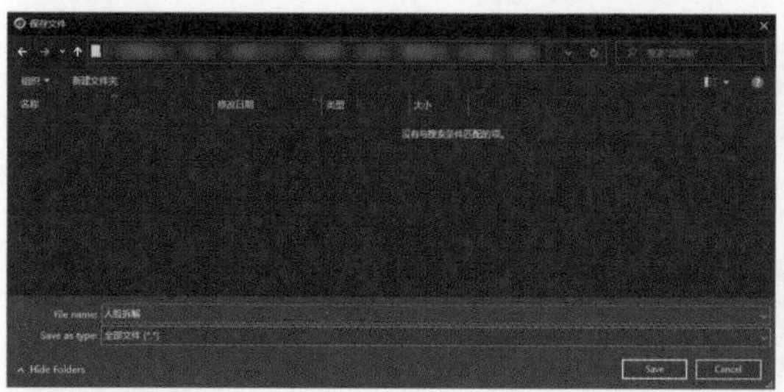

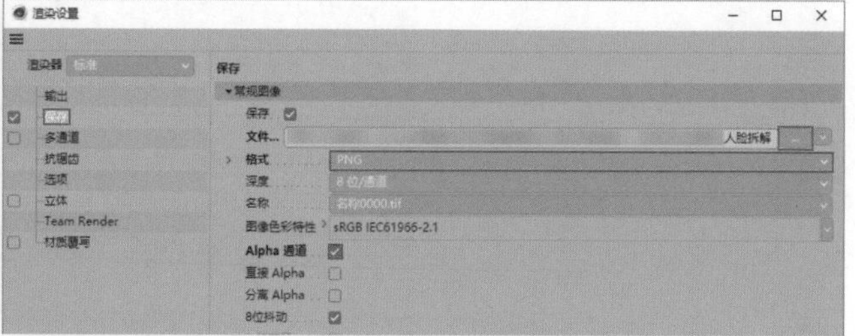

图7-40

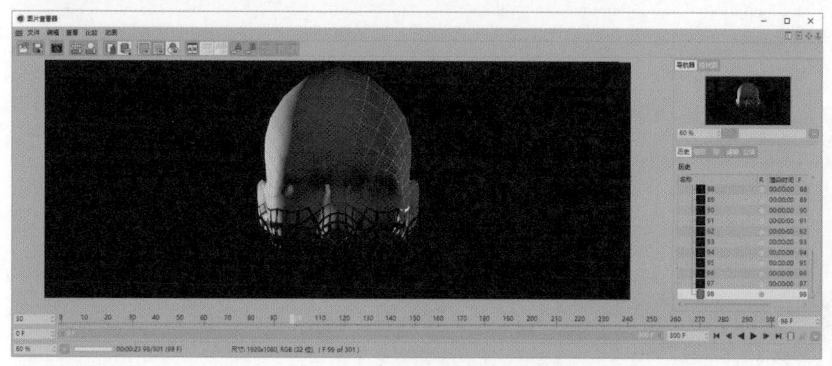

图7-41

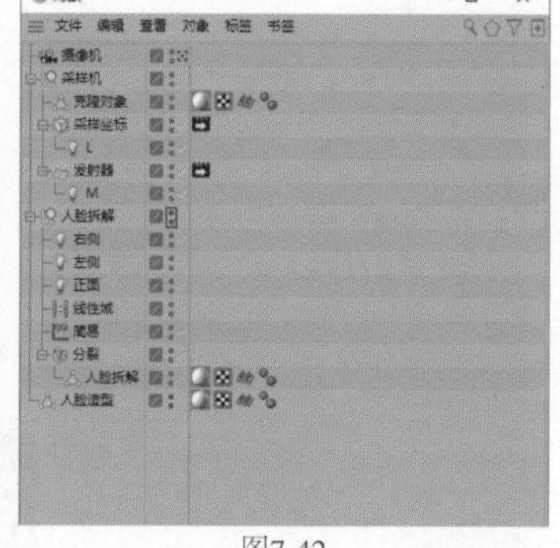

图7-42

18 执行“渲染>编辑渲染设置”菜单命令，然后保存文件，将文件命名为“采样机”，接着展开“合成方案文件”卷展栏，勾选“保存”“相对”“包括时间线标记”“包括3D数据”复选框，如图7-43所示。执行“渲染>渲染到图片查看器”菜单命令，效果如图7-44所示。

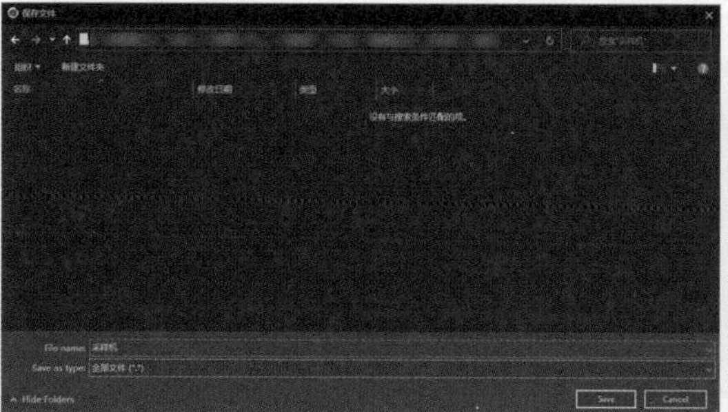

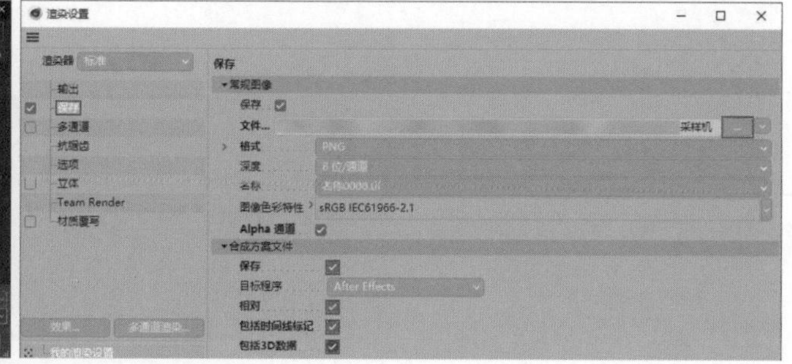

图7-43

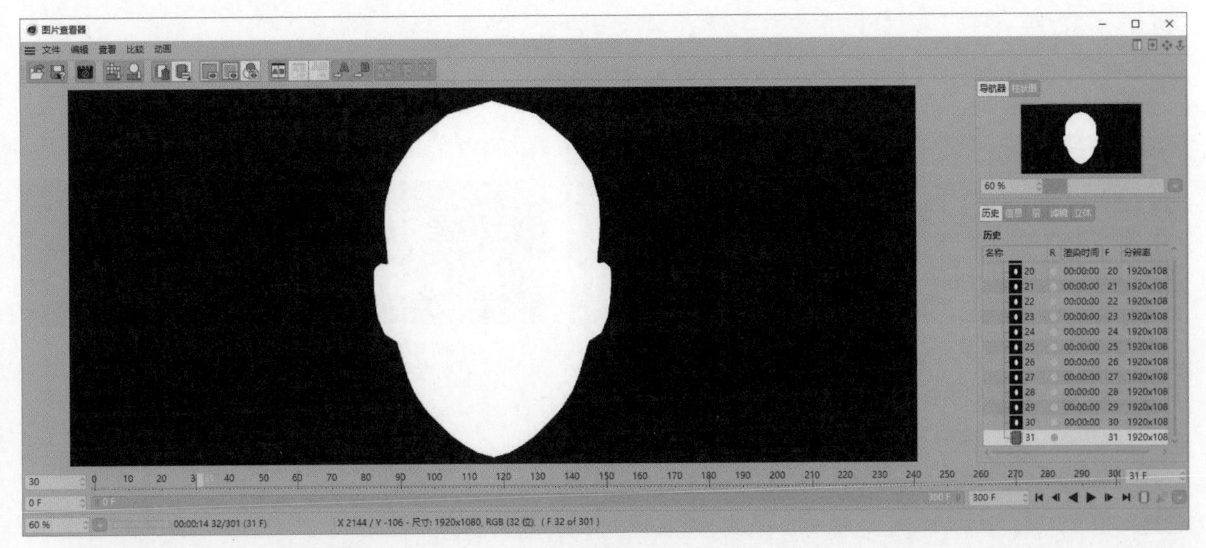

图7-44

◎ 背景设置

01 打开After Effects，分别导入“场景文件>CH07>实战：人脸识别>人脸拆解0000.png”文件、“场景文件>CH07>实战：人脸识别>人脸静帧0120.png”文件、“场景文件>CH07>实战：人脸识别>人脸造型_2.obj”文件和“场景文件>CH07>实战：人脸识别>采样机.aec”文件，如图7-45所示。

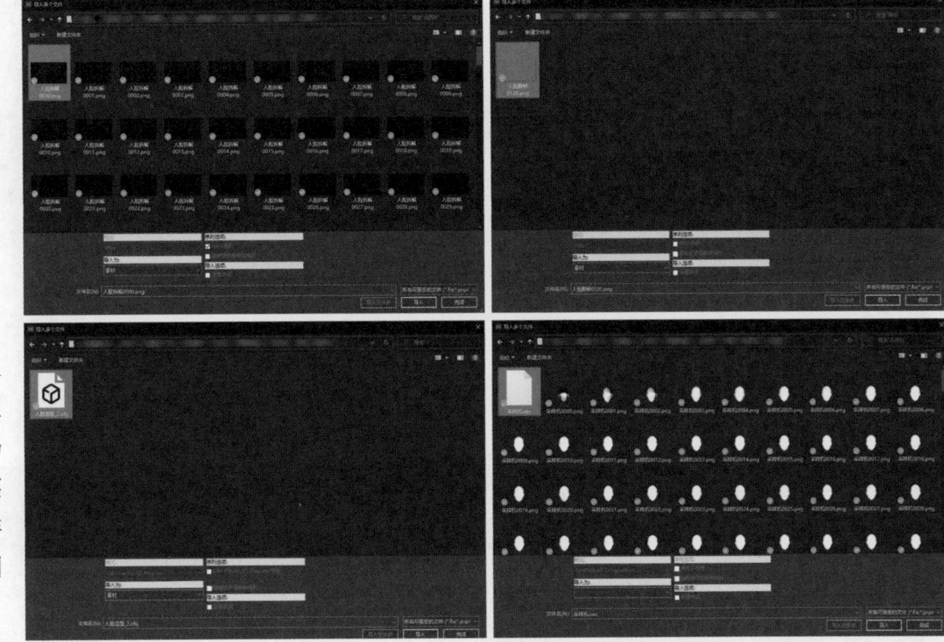

图7-45

02 在“项目”面板中展开“采样机”卷展栏，然后选择“采样机”合成，将其重命名为“主体”，然后双击进入“主体”合成中。在“时间轴”面板中选择“空白”“对象群组”“采样机[0000-0300].png”图层，执行“编辑>清除”菜单命令。新建一个“纯色”图层，设置“名称”为“背景”、“宽度”为1920像素、“高度”为1080像素，如图7-46所示。

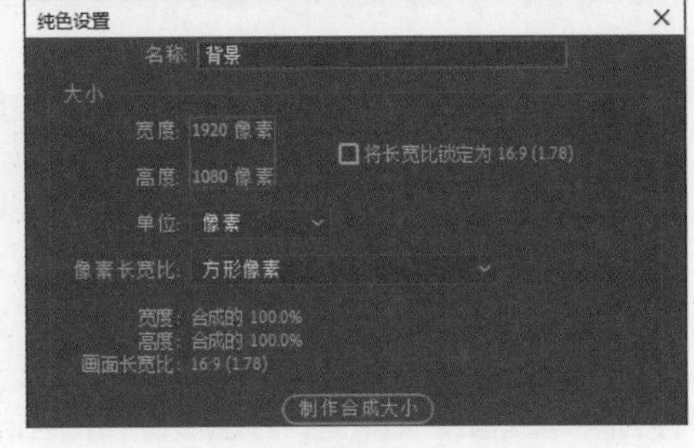

图7-46

03 移动“背景”图层至图层列表的底部，如图7-47所示。执行“效果>生成>梯度渐变”菜单命令，在“效果控件”面板中设置“渐变起点”为（960，-785）、“起始颜色”为深蓝色（R:0,G:2,B:72）、“渐变终点”为(960,815)、“结束颜色”为黑色（R:0,G:0,B:0）、“渐变形状”为“径向渐变”、“渐变散射”为400，如图7-48所示。效果如图7-49所示。

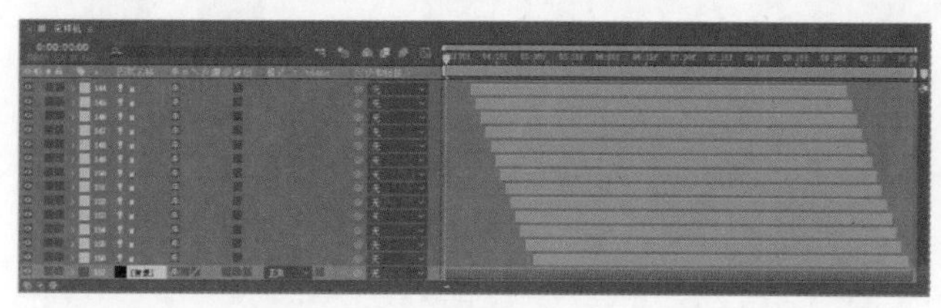

图7-47

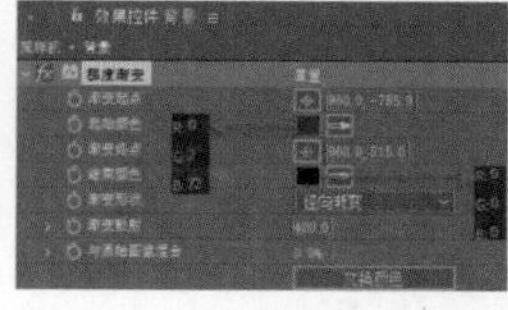

图7-48

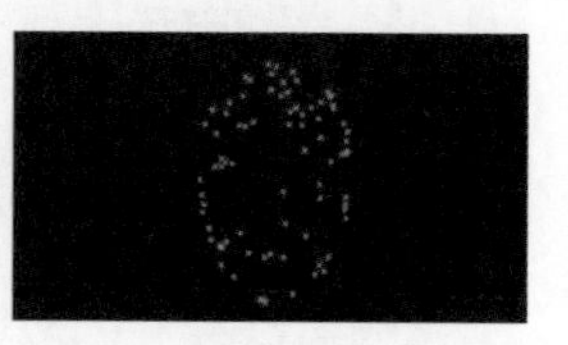

图7-49

◎ 人脸识别动效制作

01 新建一个合成，设置“合成名称”为“采样点”、“宽度”为100px、“高度”为50px、“帧速率”为30帧/秒、“持续时间”为0:00:10:00，如图7-50所示。

02 新建一个形状图层，然后展开“形状图层1”卷展栏，单击“内容”右侧的“添加”按钮，选择“矩形”选项，接着展开“矩形路径1”卷展栏，单击“大小”右侧的“约束比例”按钮，最后设置“大小”为(100,50)，如图7-51所示。

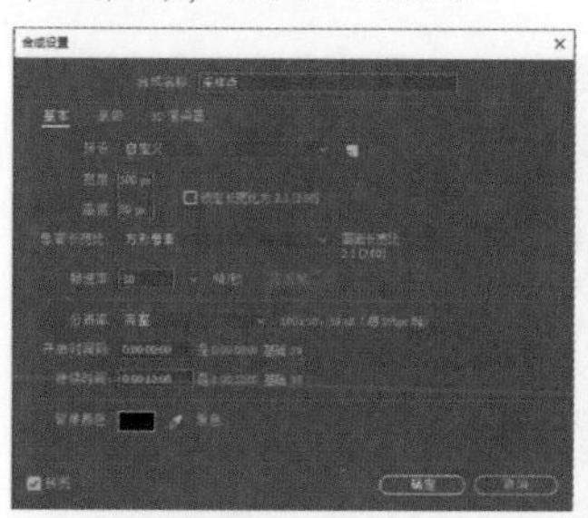

图7-50

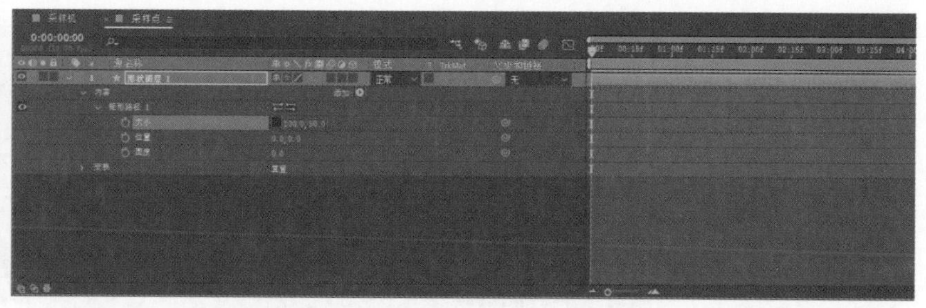

图7-51

03 单击“内容”右侧的“添加”按钮，选择“描边”选项，然后展开“描边1”卷展栏，设置颜色为蓝色(R:0,G:108,B:255)、“描边宽度”为4，如图7-52所示。新建一个“文本”图层，依次展开“<空文本图层>”“文本”卷展栏，然后按住Alt键并单击“源文本”左侧的按钮，接着在“表达式：源文本”的右侧输入“random(1,20).toFixed(2);”，如图7-53所示。

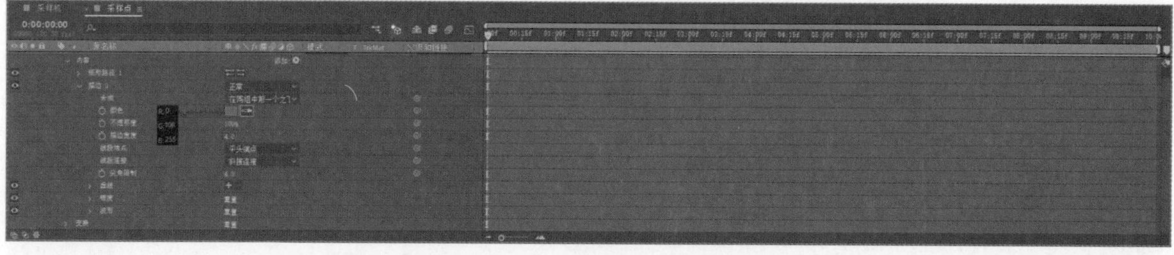

图7-52

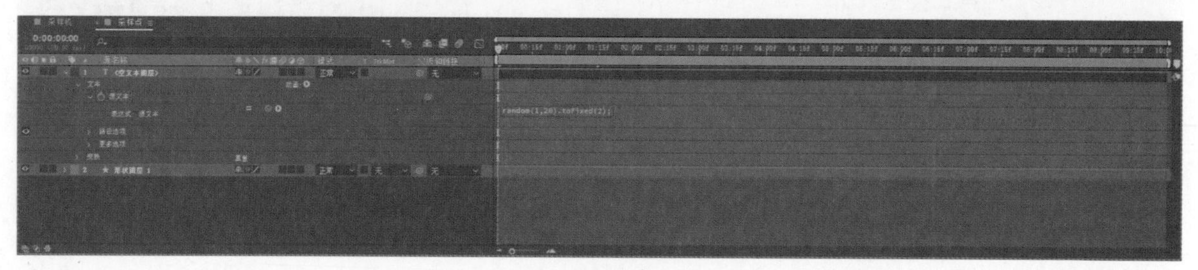

图7-53

04 展开“变换”卷展栏，设置“位置”为（50,35），如图7-54所示。执行“窗口>字符”菜单命令，在“字符”面板中设置“字体系列”为Arial、“字体样式”为Regular、“字体大小”为28像素、“填充颜色”为白色(R:255,G:255,B:255)，如图7-55所示。效果如图7-56所示。

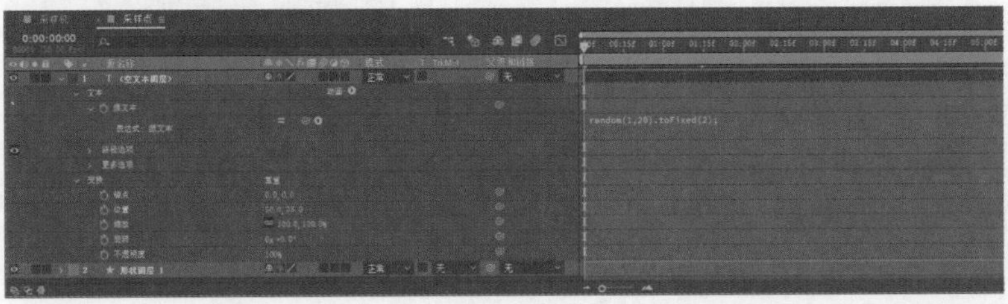

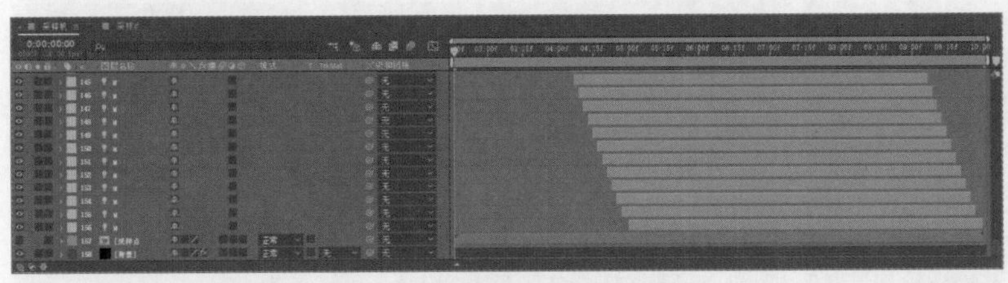

图7-54

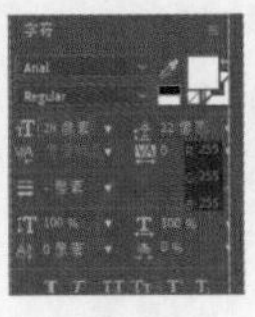

图7-55

图7-56

05 在“项目”面板中双击进入“采样机”合成，然后移动“项目”面板中的“采样点”文件至“时间轴”面板中，使其位于“背景”图层的上方并隐藏，如图7-57所示。新建一个合成，设置“合成名称”为“粒子背景”、“宽度”为1920px、“高度”为1080px、“帧速率”为30帧/秒、“持续时间”为0:00:10:00，如图7-58所示。

图7-57

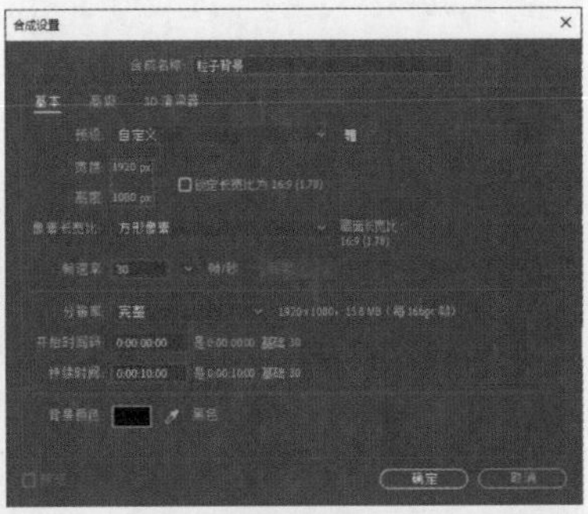

图7-58

06 新建一个“纯色”图层，设置“名称”为“背景氛围”、“宽度”为1920像素、“高度”为1080像素，如图7-59所示。保持当前选择不变，执行“效果>RG Trapcode>Form”菜单命令，在“效果控件”面板中展开Base Form (Master）卷展栏，设置Size XYZ为2000、Particles in X为160、Particles in Y为160、Particles in Z为1，如图7-60所示。

07 展开Particle(Master）卷展栏，设置Opacity为50、Opacity Random为100%、Color为蓝色（R:0,G:84,B:255），如图7-61所示。展开Fractal Field(Master）卷展栏，设置Affect Opacity为100、Flow Evolution为10，然后设置Fractal Sum为abs(noise)，接着设置Gamma为2、Add/Subtract为 -0.2、F Scale为30、Complexity为1，如图7-62所示。

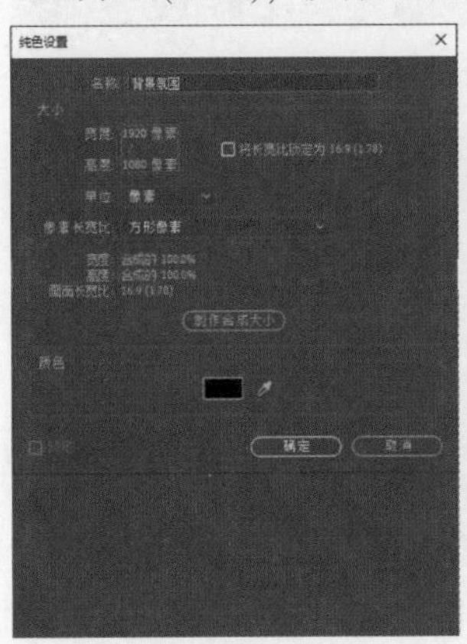

图7-59

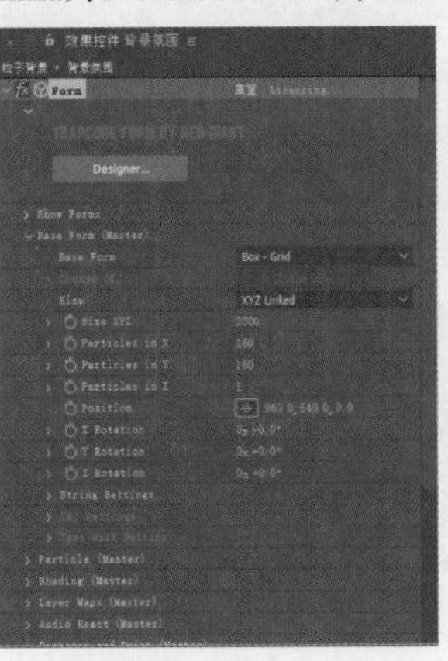

图7-60

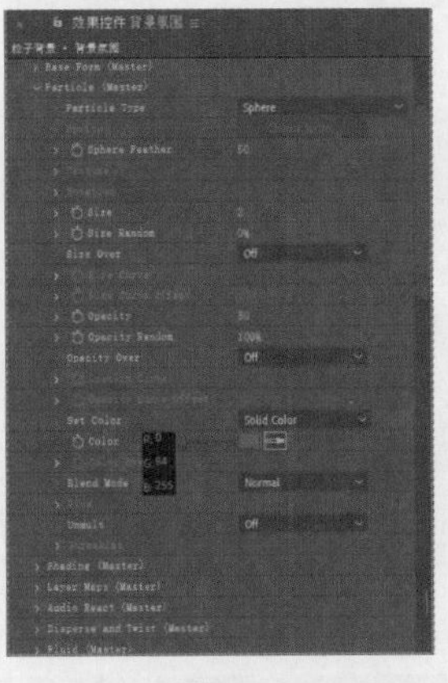

图7-61

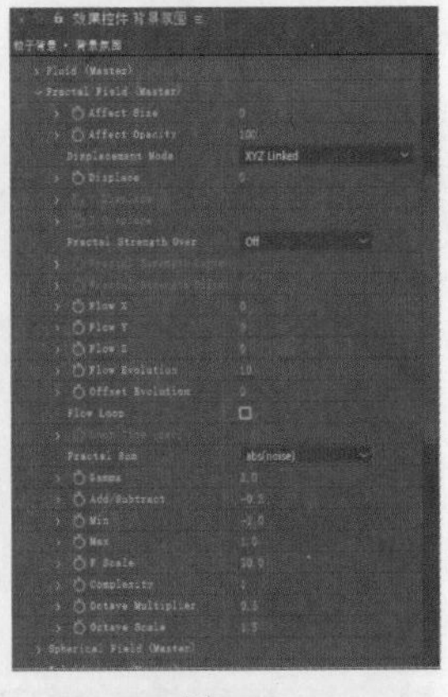

图7-62

08 执行“效果>风格化>发光”菜单命令，效果如图7-63所示。在“项目”面板中双击进入“采样机”合成，然后移动“项目”面板中的“粒子背景”文件至“时间轴”面板中，使其位于“采样点”图层的上方，如图7-64所示。执行“视图>显示图层控件”菜单命令，隐藏“灯光”图层，效果如图7-65所示。

图7-63

图7-64

图7-65

09 新建一个“纯色”图层，设置“名称”为“面部光点”、“宽度”为1920像素、“高度”为1080像素，如图7-66所示。执行“效果>Rowbyte>Plexus”菜单命令，选择Plexus面板中的“Add Geometry>Layers”选项，然后选择Plexus Layers Object指令，如图7-67所示。在“效果控件”面板中单击Layer Name Begins with右侧的<All Lights>，然后在弹出的对话框中输入L，如图7-68所示。

10 选择Plexus面板中的“Add Effector>Noise”选项两次，如图7-69所示。设置时间码为0:00:00:00，然后在Plexus面板中选择Plexus Noise Effector指令，接着在“效果控件”面板中设置Noise Amplitude为50并单击其左侧的按钮，如图7-70所示。

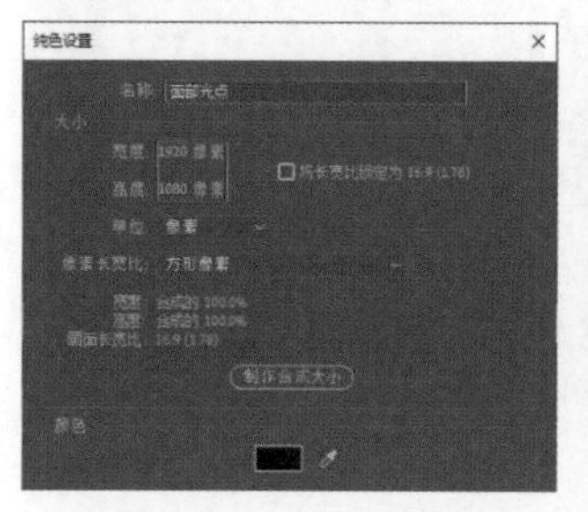

图7-66

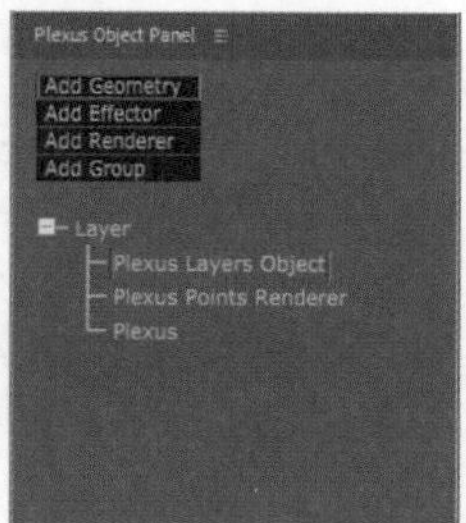

图7-67

图7-68

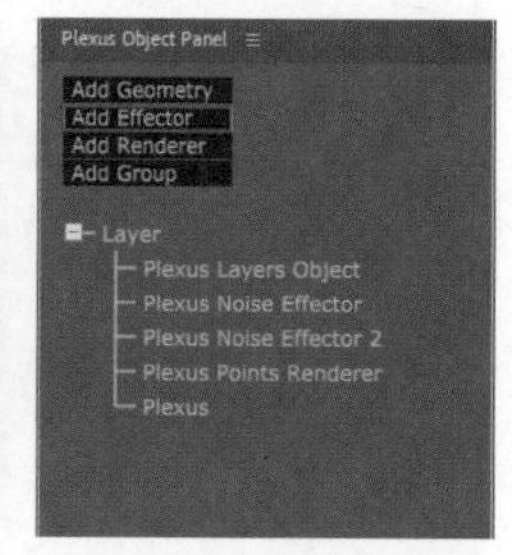

图7-69

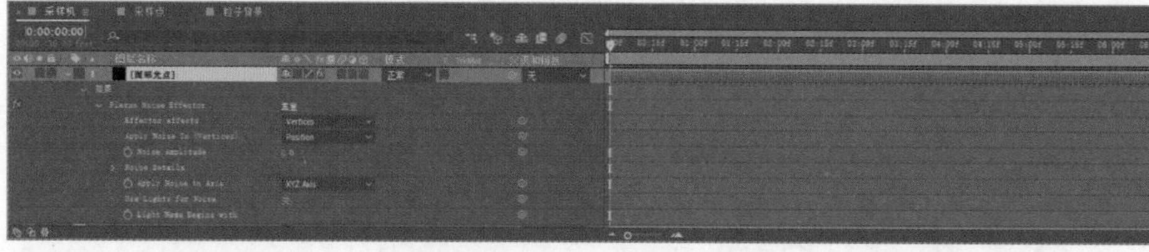

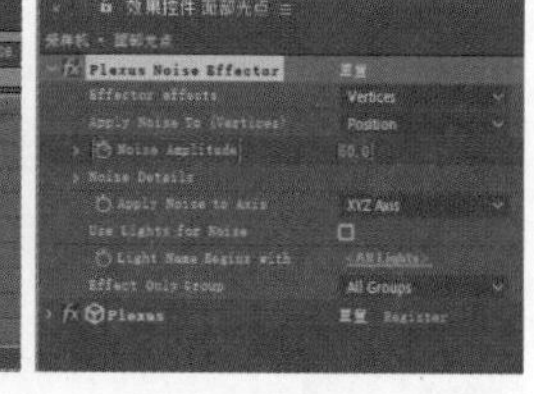

图7-70

11 设置时间码为0:00:01:00，然后在“效果控件”面板中设置Noise Amplitude为0，如图7-71所示。设置时间码为0:00:09:00，然后在“时间轴”面板中框选0:00:01:00处的关键帧，接着执行“编辑>复制”和“编辑>粘贴”菜单命令，如图7-72所示。

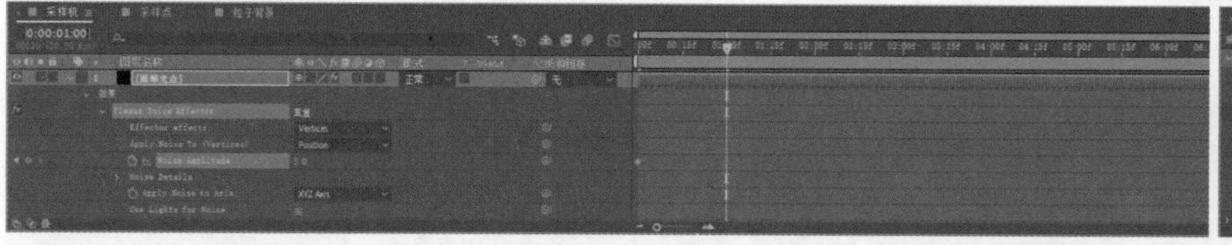

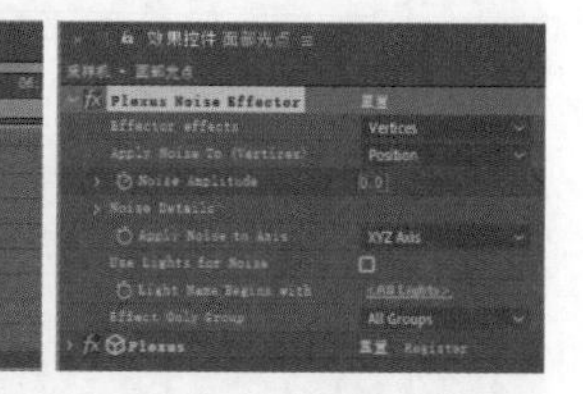

图7-71

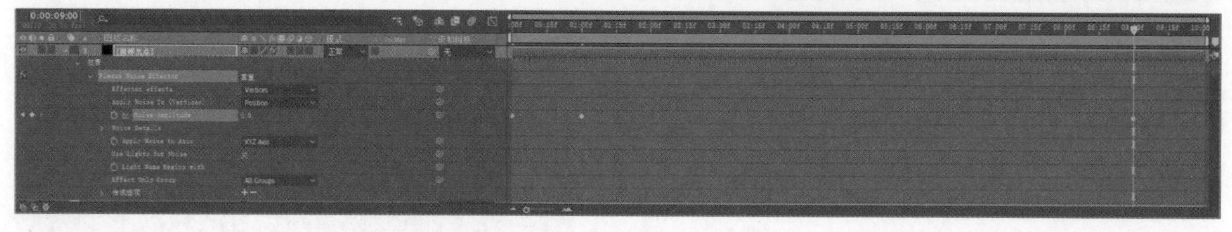

图7-72

12 设置时间码为0:00:10:00，然后框选0:00:00:00处的关键帧，接着执行“编辑>复制”和“编辑>粘贴”菜单命令，如图7-73所示。在Plexus面板中选择Plexus Noise Effector 2指令，然后在“效果控件”面板中设置Apply Noise To（Vertices）为Scale、Noise Amplitude为250，如图7-74所示。

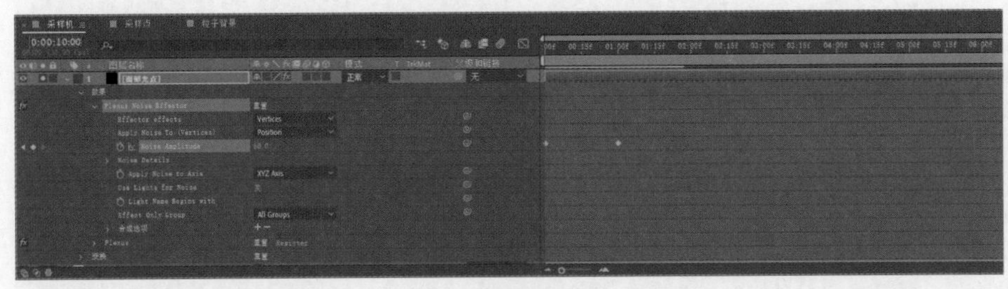
图7-73

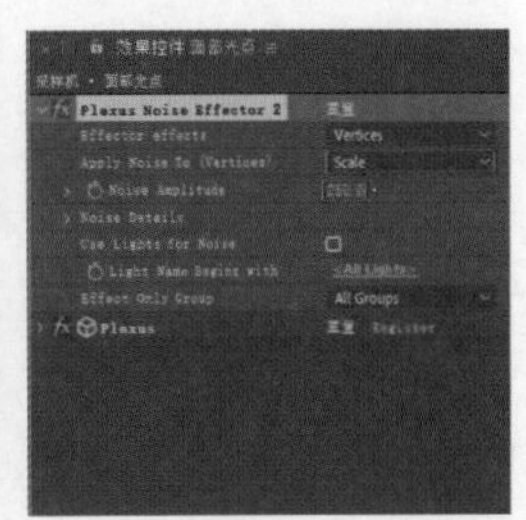
图7-74

13 设置时间码为0:00:00:00，然后在Plexus面板中选择Plexus Points Renderer指令，接着在“效果控件”面板中设置Points Size为0.5，取消勾选Get Color From Vertices、Get Opacity From Vertices复选框，最后设置Points Opacity为0%并单击其左侧的按钮，如图7-75所示。

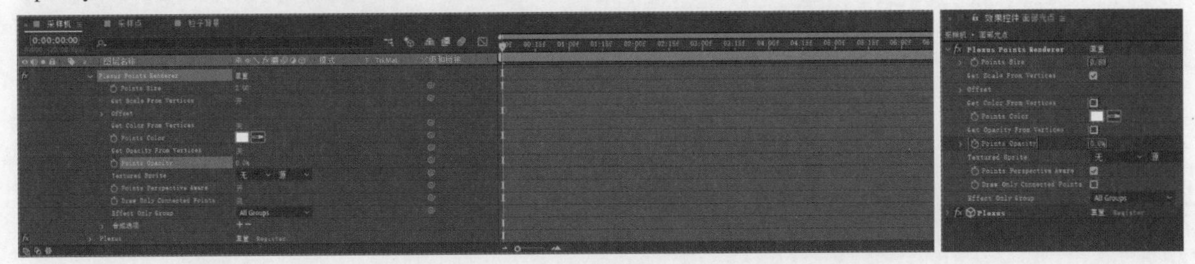
图7-75

14 设置当前帧为0:00:00:10，然后在“效果控件”面板中设置Points Opacity为100%，如图7-76所示。设置时间码为0:00:09:20，框选0:00:00:10处的关键帧，然后执行“编辑>复制”和“编辑>粘贴”菜单命令，如图7-77所示。设置时间码为0:00:10:00，框选0:00:00:00处的关键帧，然后执行“编辑>复制”和“编辑>粘贴”菜单命令，如图7-78所示。

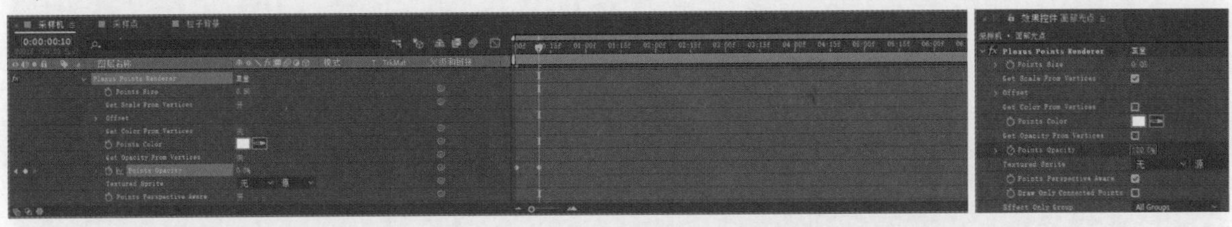
图7-76

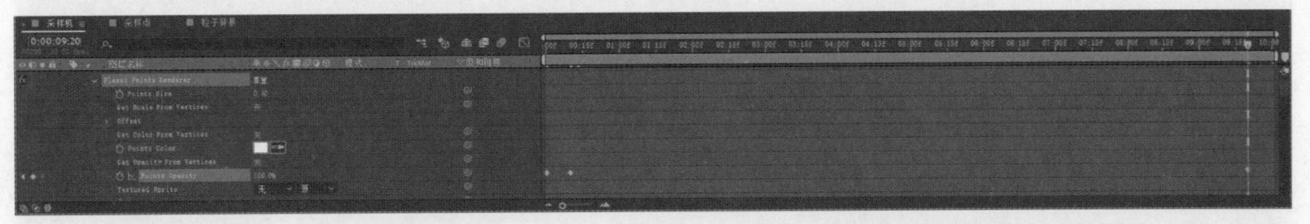
图7-77

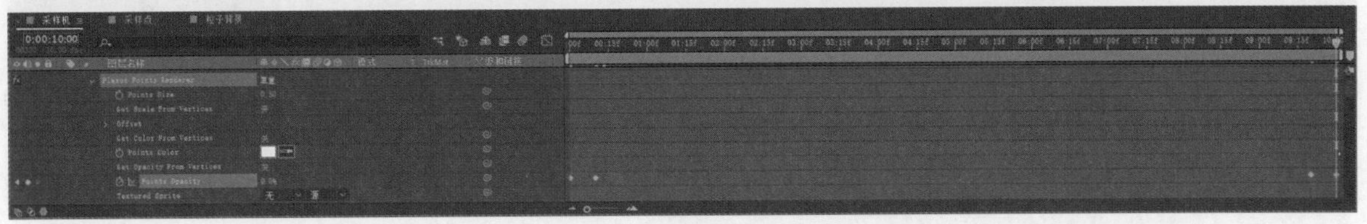
图7-78

15 设置时间码为0:00:00:00，然后选择Plexus面板中的“Add Renderer>Lines”选项，如图7-79所示。在Plexus面板中选择Plexus Lines Renderer指令，然后在“效果控件”面板中设置Max No. of Vertices to Sear为10、Maximum Distance为50，接着取消勾选Get Colors From Vertices、Get Opacity From Vertices复选框，最后设置Lines Color为蓝色（R:27,G:53,B:215）、Line Thickness为0.2，如图7-80所示。设置Lines Opacity为0%并单击其左侧的按钮，如图7-81所示。

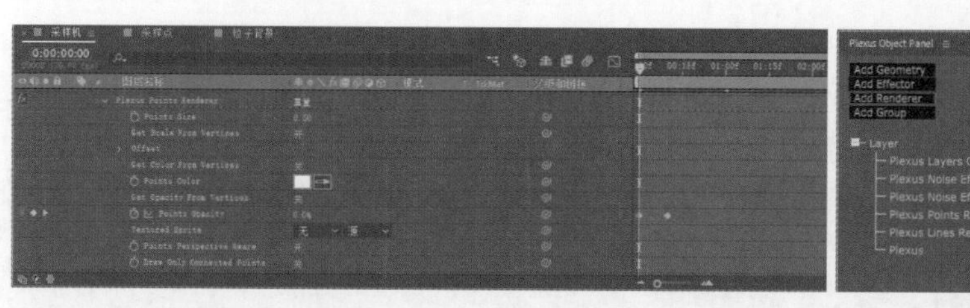

图7-79

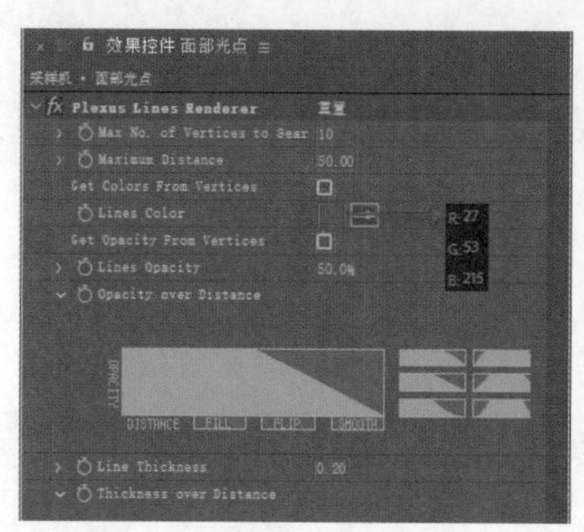

图7-80

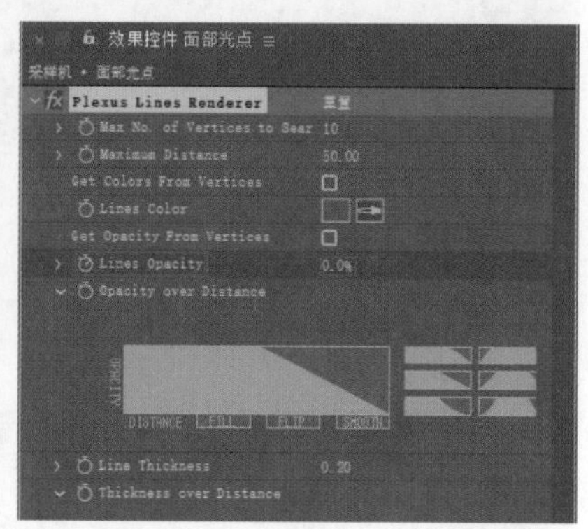

图7-81

16 设置时间码为0:00:01:00，然后在“效果控件”面板中设置Lines Opacity为50%，如图7-82所示。设置时间码为0:00:02:00，框选0:00:00:00处的关键帧，然后执行“编辑>复制”和“编辑>粘贴”菜单命令，如图7-83所示。设置时间码为0:00:08:00，然后框选0:00:00:00、0:00:01:00、0:00:02:00处的关键帧，接着执行“编辑>复制”和“编辑>粘贴”菜单命令，如图7-84所示。此时效果如图7-85所示。

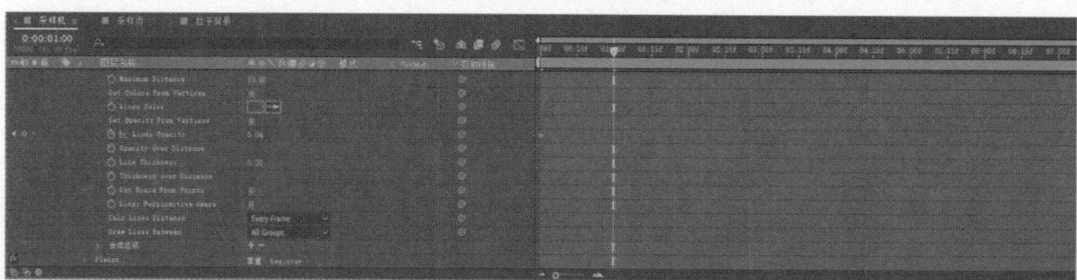

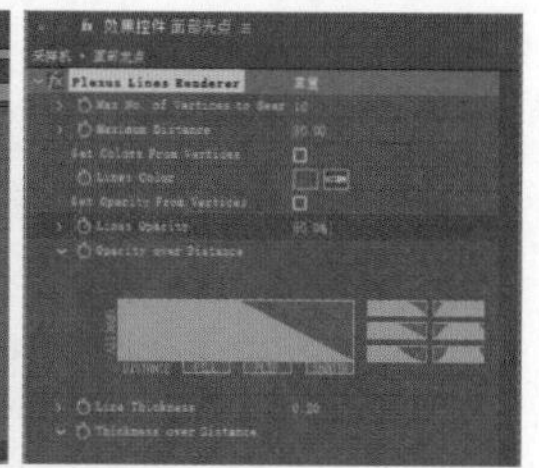

图7-82

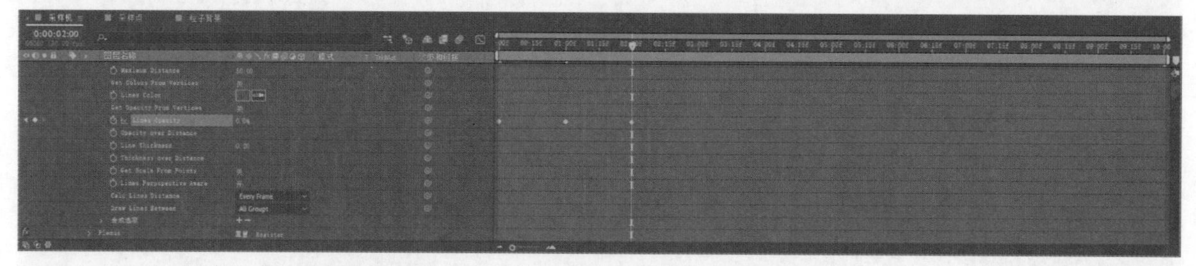

图7-83

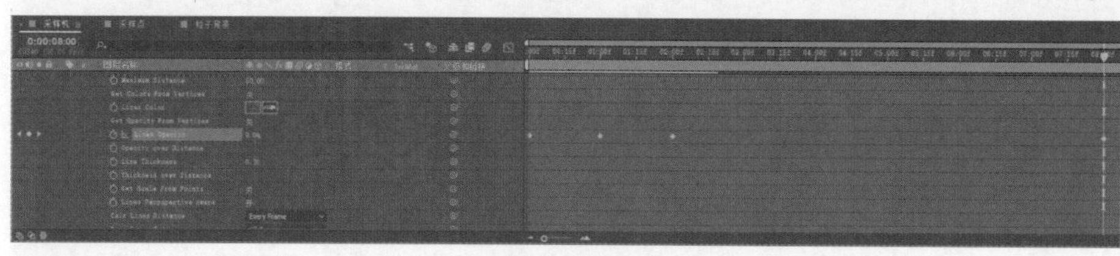

图7-84

图7-85

17 新建一个“纯色”图层，设置“名称”为“采样”、“宽度”为1920像素、“高度”为1080像素，如图7-86所示。保持当前选择不变，执行“效果>Rowbyte>Plexus”菜单命令，然后选择Plexus面板中的“Add Geometry>Layers”选项，接着选择Plexus Layers Object指令，如图7-87所示。

18 在“效果控件”面板中设置Group为Group 1，然后单击Layer Name Begins with右侧的<All Lights>，在弹出的对话框中输入M，如图7-88所示。在Plexus面板中选择“Add Geometry>Layers”选项，然后选择Plexus Layers Object 2指令，在“效果控件”面板中设置Group为Group 2，接着单击Layer Name Begins with右侧的<All Lights>，在弹出的对话框中输入L，如图7-89所示。

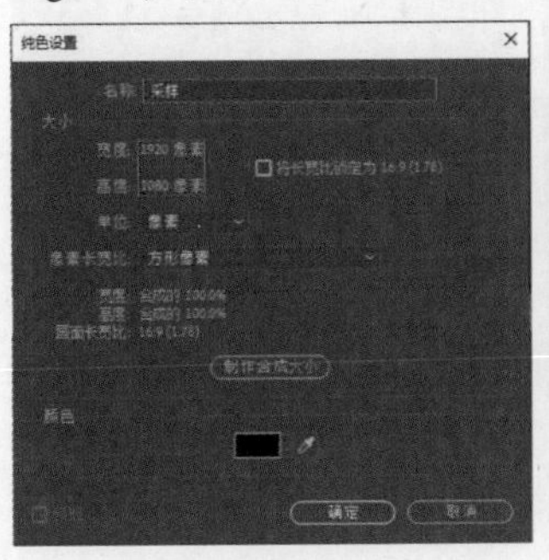

图7-86

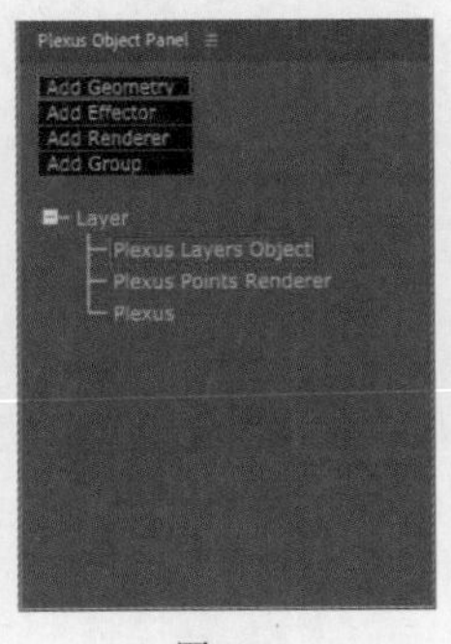

图7-87

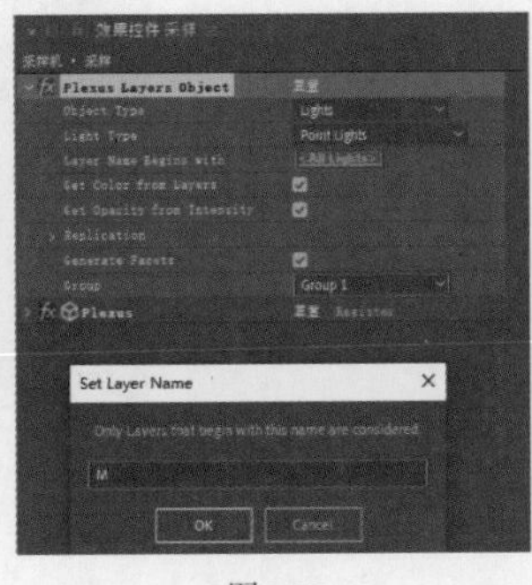

图7-88

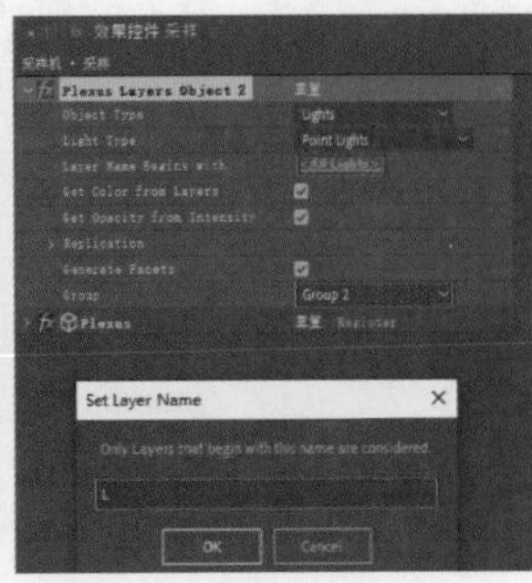

图7-89

19 选择Plexus面板中的“Add Renderer>Lines”选项，然后选择Plexus Lines Renderer指令，如图7-90所示。在“效果控件”面板中设置Maximum Distance为150，然后取消勾选Get Colors From Vertices、Get Opacity From Vertices复选框，接着设置Lines Color为蓝色（R:0,G:108,B:255）、Line Thickness为0.2、Draw Lines Between为Two Groups，如图7-91所示。

20 选择Plexus面板中的Plexus Points Renderer指令，然后在“效果控件”面板中设置Points Size为3.5、Textured Sprite为“160.采样点”和“源”、Effect Only Group为Group 1，如图7-92所示，接着执行“效果>风格化>发光”菜单命令。设置时间码为0:00:05:00，效果如图7-93所示。

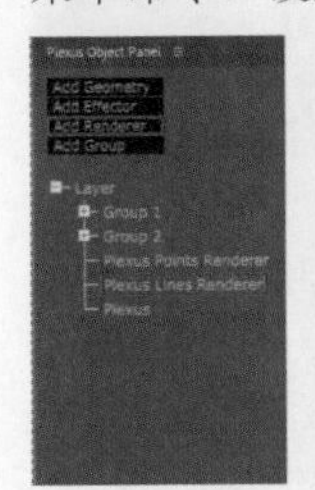

图7-90

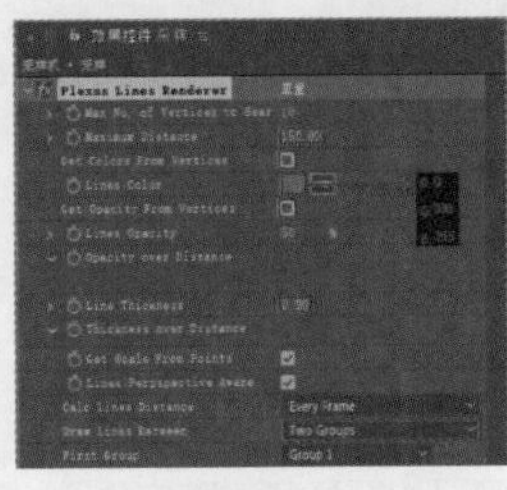

图7-91

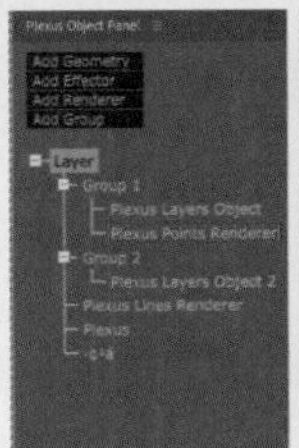

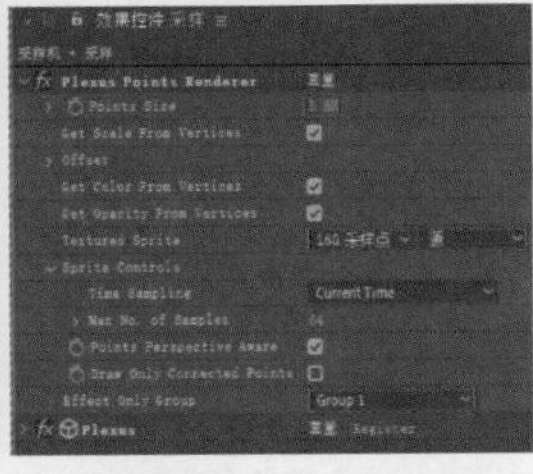

图7-92

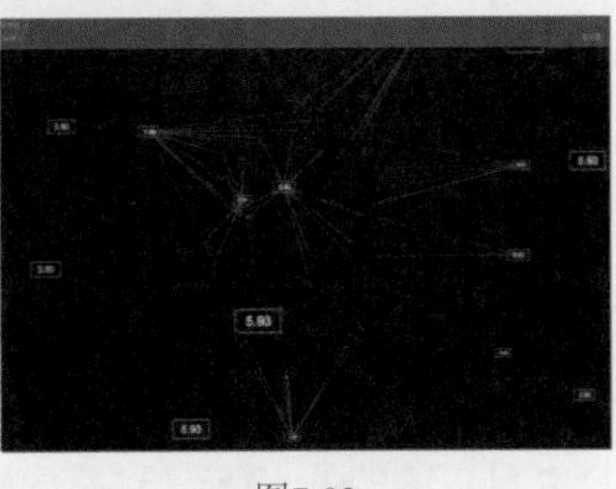

图7-93

21 新建一个合成，设置“合成名称”为“扫描”、“宽度”为1920px、“高度”为1080px、“帧速率”为30帧/秒、“持续时间”为0:00:10:00，如图7-94所示。移动“项目”面板中的“人脸造型_2.obj”文件至“时间轴”面板中，然后隐藏“人脸造型_2.obj”图层，如图7-95所示。

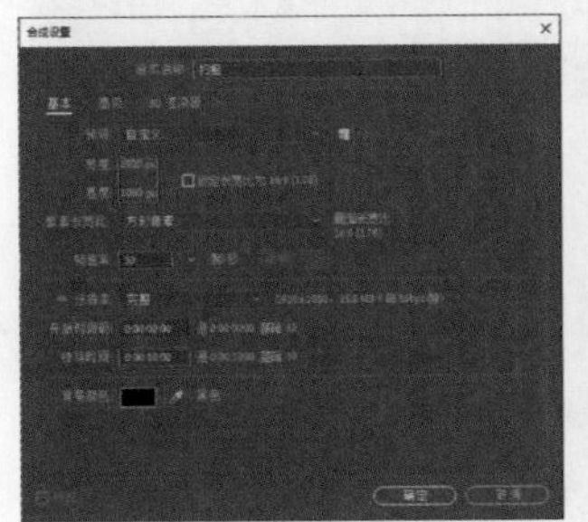

图7-94

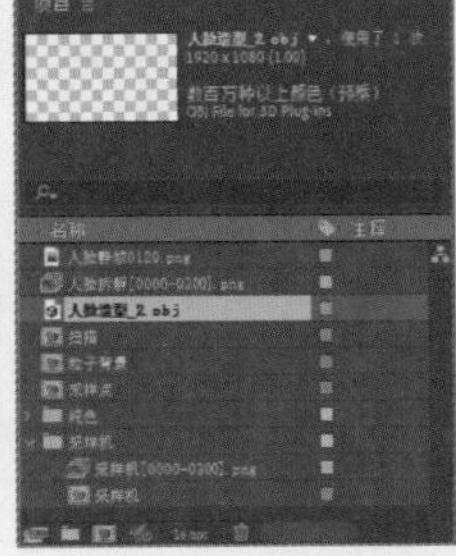

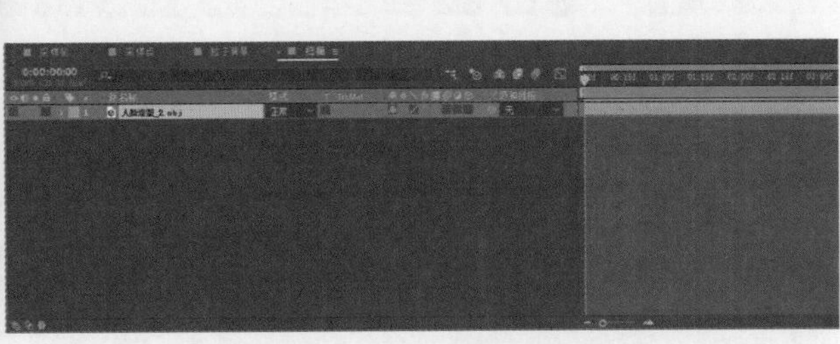

图7-95

22 新建一个“纯色”图层，设置“名称”为“模型”、“宽度”为1920像素、“高度”为1080像素，如图7-96所示。执行“效果>Rowbyte>Plexus”菜单命令，选择Plexus面板中的“Add Geometry>OBJ”选项，然后选择Plexus OBJ Object指令，如图7-97所示。

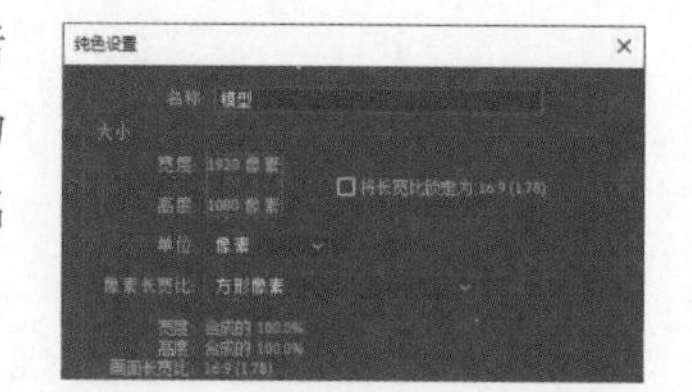

图7-96

23 在“效果控件”面板中设置“OBJ Layer”为“2.人脸造型_2.obj”“源”，然后展开Transform OBJ卷展栏，勾选Invert Y、Invert Z复选框，接着设置OBJ Scale为3330%，如图7-98所示。效果如图7-99所示。新建一个“纯色”图层，设置“名称”为“路径”、“宽度”为1920像素、“高度”为1080像素，如图7-100所示。

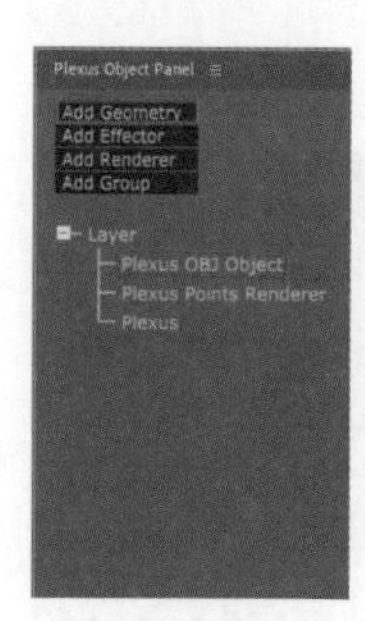

图7-97

图7-98

图7-99

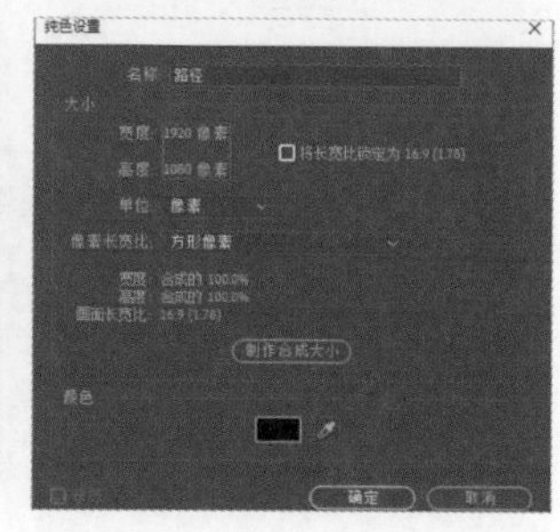

图7-100

24 执行“效果>Rowbyte>Plexus”菜单命令，选择Plexus面板中的“Add Geometry>Paths”选项，如图7-101所示。单击“矩形工具”按钮■，在“合成”面板中绘制图7-102所示的矩形。选择Plexus面板中的Plexus Path Object指令，然后在“效果控件”面板中设置Points on Each Mask为2000，接着展开Replication卷展栏，设置Total No. Copies为15、Extrude Depth为1000，如图7-103所示。

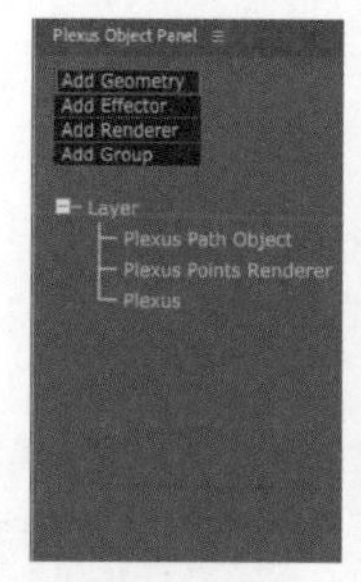

图7-101

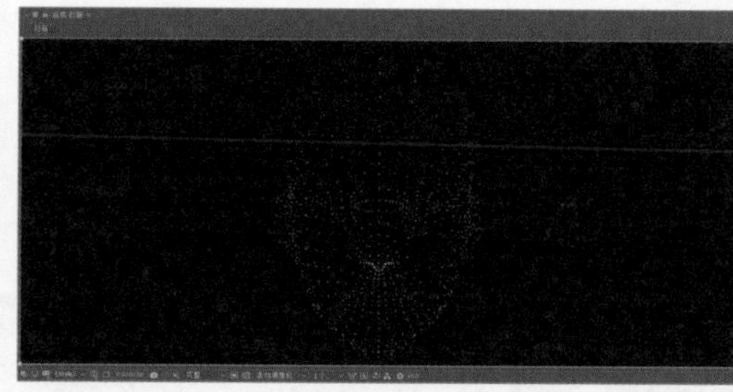

图7-102

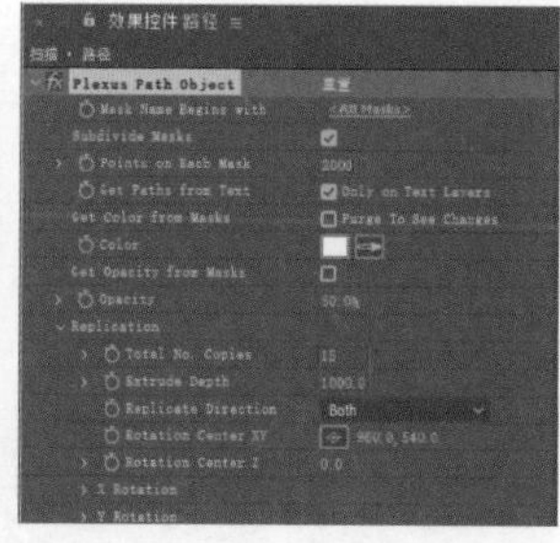

图7-103

25 选择Plexus面板中的“Add Effector>Transform”选项，如图7-104所示。设置时间码为0:00:00:00，然后选择Plexus面板中的Plexus Transform指令，接着在“效果控件”面板中设置Z Translate为-830并单击其左侧的■按钮，如图7-105所示。

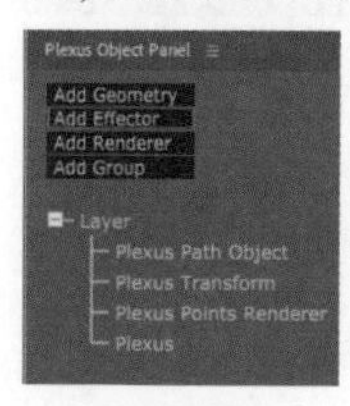

图7-104

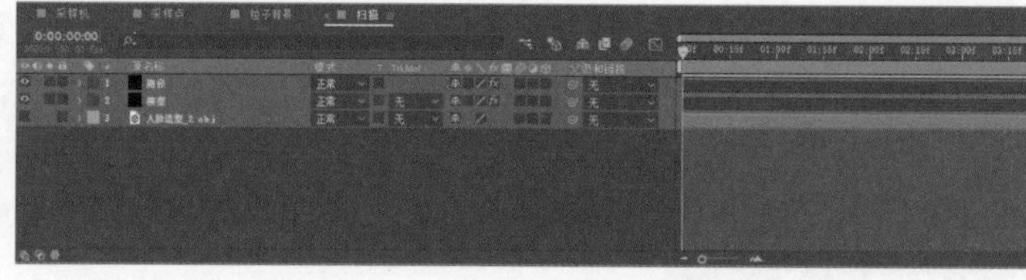

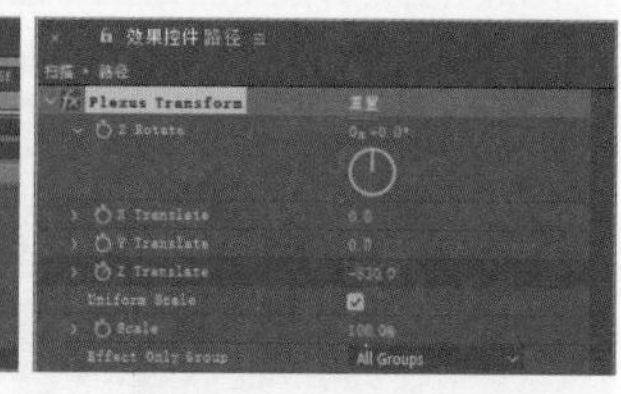

图7-105

26 设置时间码为0:00:09:00，然后选择Plexus面板中的Plexus Transform指令，接着在“效果控件”面板中设置Z Translate为830，如图7-106所示。效果如图7-107所示。隐藏“路径”“模型”图层，如图7-108所示。新建一个“纯色”图层，设置“名称”为“扫描”、“宽度”为1920像素、“高度”为1080像素，如图7-109所示。

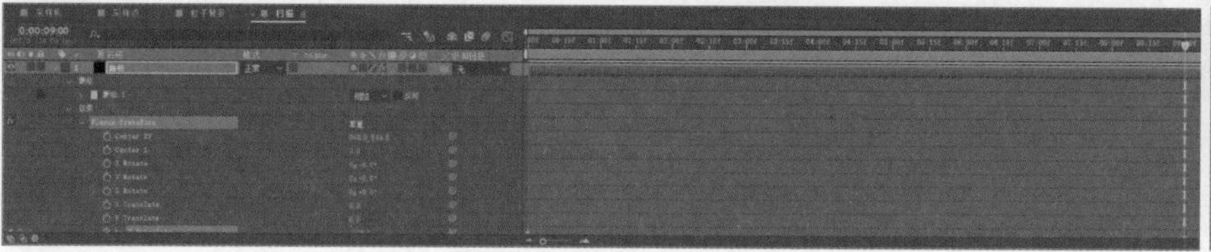

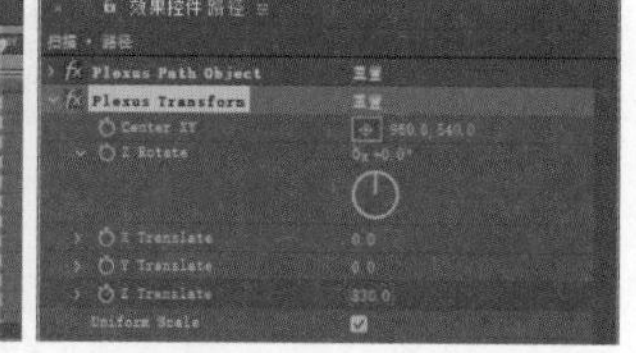

图7-106

图7-107

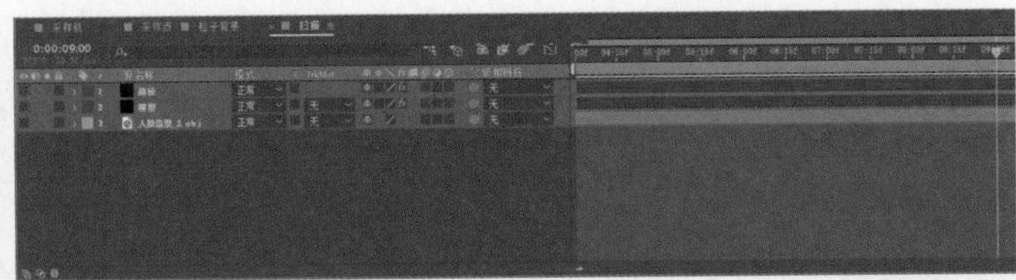
图7-108

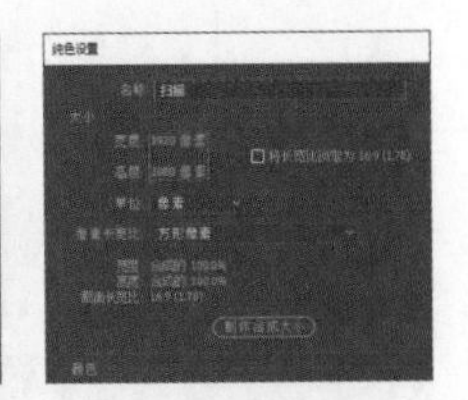
图7-109

27 移动“扫描”图层至图层列表的最上方，如图7-110所示，然后执行“效果>Rowbyte>Plexus”菜单命令。选择Plexus面板中的“Add Geometry>Slicer”选项，然后选择Plexus Slicer Object指令，如图7-111所示。在“效果控件”面板中设置From Mesh Layer为“2.路径”和“源”、To Mesh Layer为“3.模型”和“源”，如图7-112所示。

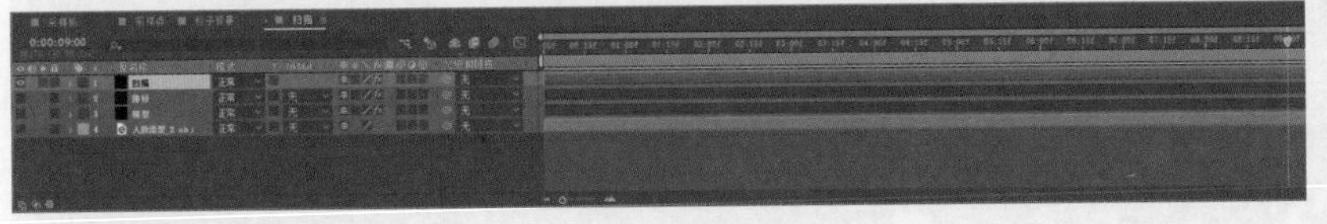
图7-110

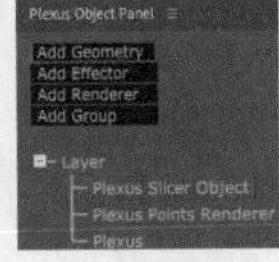

图7-111

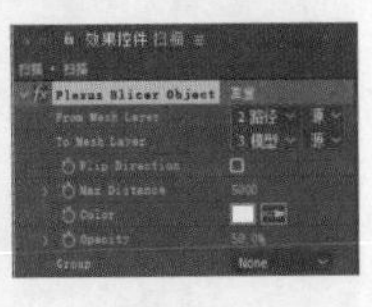
图7-112

28 选择Plexus面板中的“Add Effector>Noise”选项两次，然后选择Plexus Noise Effector指令，如图7-113所示。在“效果控件”面板中设置Apply Noise To(Vertices) 为Color、Color Type为Alpha、Noise Amplitude为500，然后展开Noise Details卷展栏，设置Noise Y Scale为4.9，如图7-114所示。

29 选择Plexus面板中的Plexus Noise Effector 2指令，然后在“效果控件”面板中设置Apply Noise To(Vertices)为Scale、Noise Amplitude为100，如图7-115所示。选择Plexus面板中的Plexus Points Renderer指令，然后设置Points Size为1.5，如图7-116所示。

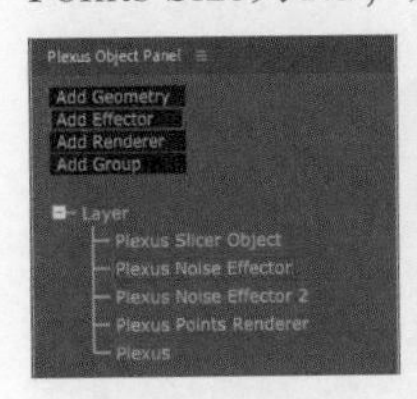

图7-113

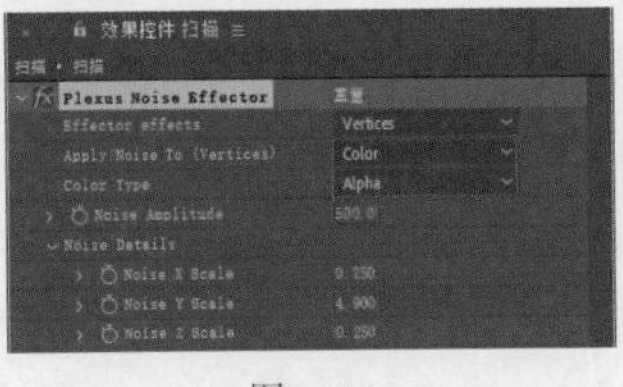
图7-114

图7-115

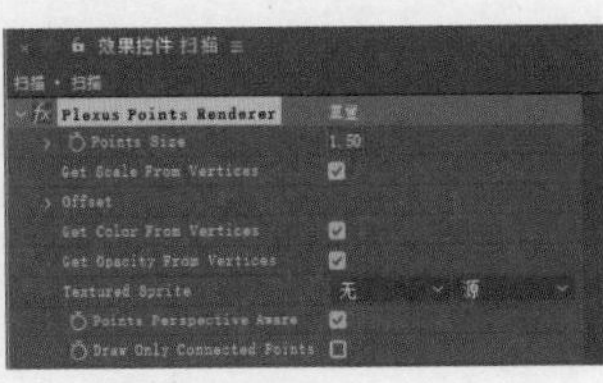
图7-116

30 执行“效果>风格化>发光”菜单命令，然后设置“发光阈值”为10%、“发光半径”和“发光强度”均为10、“发光颜色”为“A和B颜色”，接着设置“颜色A”为蓝色（R:0,G:36,B:255），最后设置时间码为0:00:02:00，如图7-117所示。效果如图7-118所示。

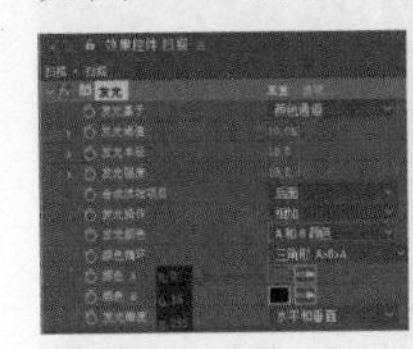
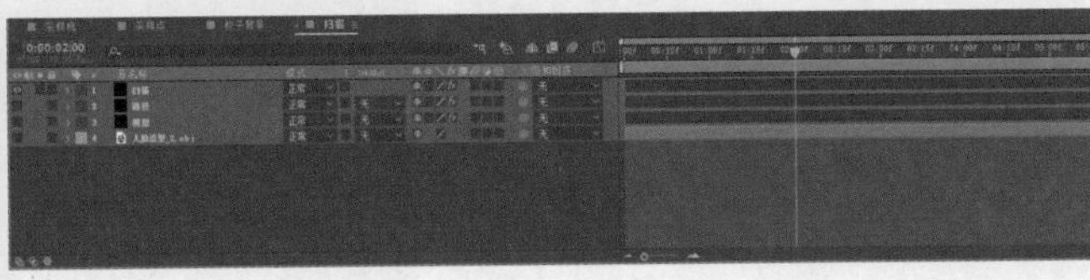
图7-117

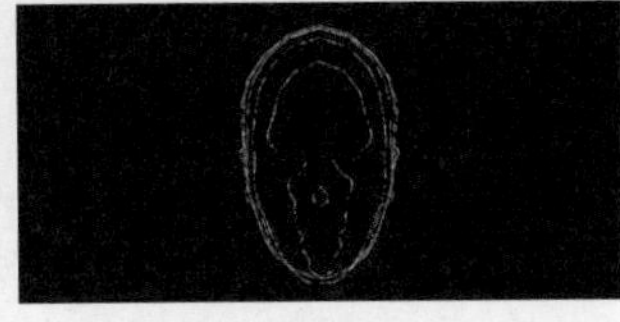
图7-118

31 在“项目”面板中双击进入“采样机”合成，然后移动“项目”面板中的“扫描”“人脸静帧0120.png”“人脸拆解[0000-0300].png”文件至“时间轴”面板中，接着移动“扫描”“人脸静帧0120.png”“人脸拆解[0000-0300].png”“采样”“面部光点”图层至“粒子背景”图层的上方，最后设置上述图层的“模式”为“相加”，如图7-119所示。效果如图7-120所示。

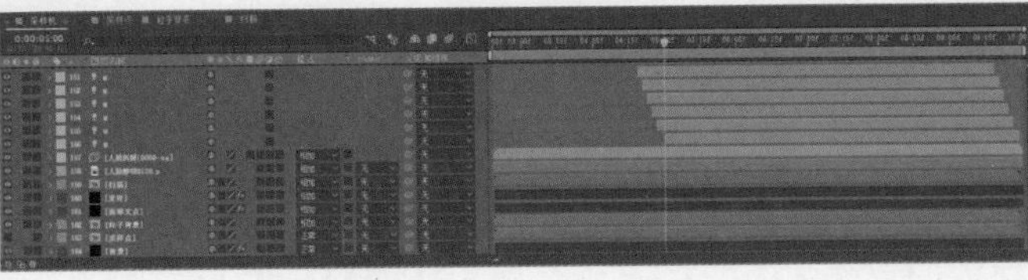
图7-119

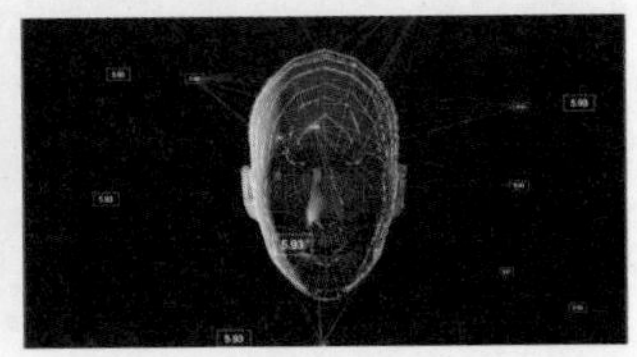
图7-120

32 将“人脸拆解[0000-0300].png”图层重命名为“主体”，如图7-121所示。执行“效果>颜色校正>色调”菜单命令，然后在“效果控件”面板中设置“将白色映射到”为蓝色（R:0,G:72,B:255），如图7-122所示。执行“效果>风格化>发光”菜单命令，在“效果控件”面板中设置“发光阈值”为15%、“发光半径”为150、“发光颜色”为“A和B颜色”，然后设置“颜色A”为蓝色（R:0,G:72,B:255），如图7-123所示。效果如图7-124所示。

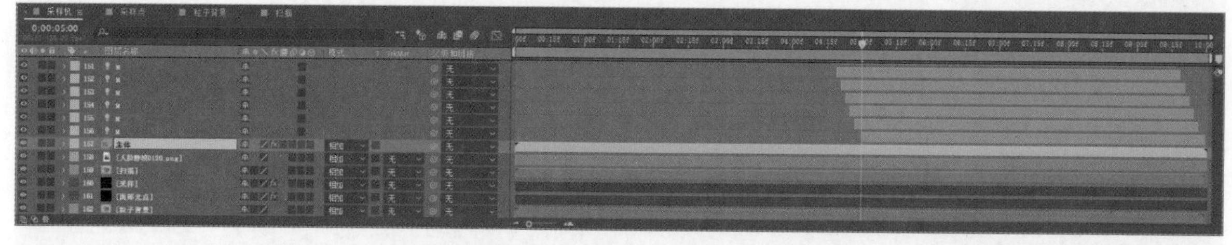

图7-121

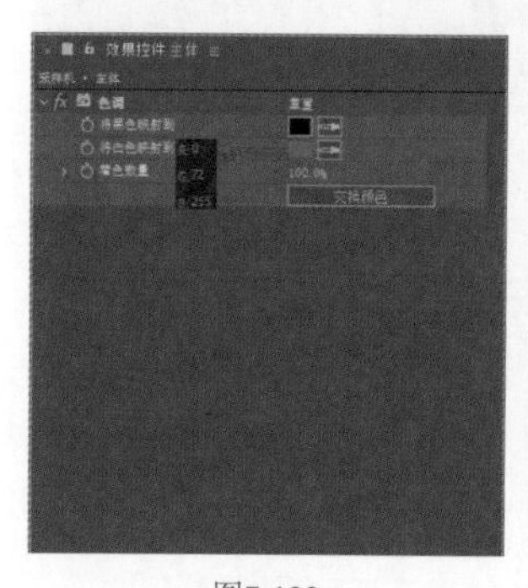

图7-122

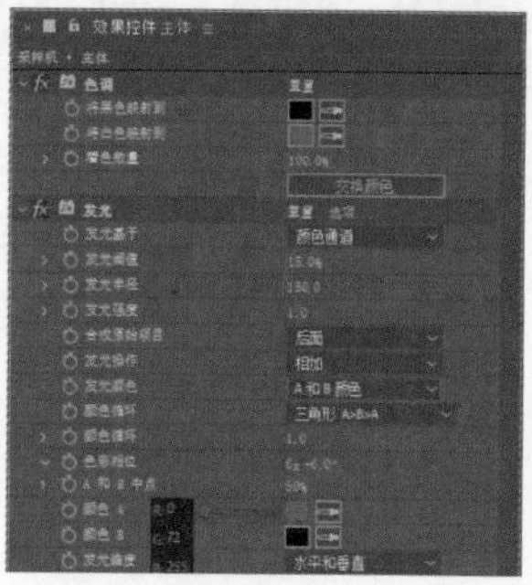

图7-123

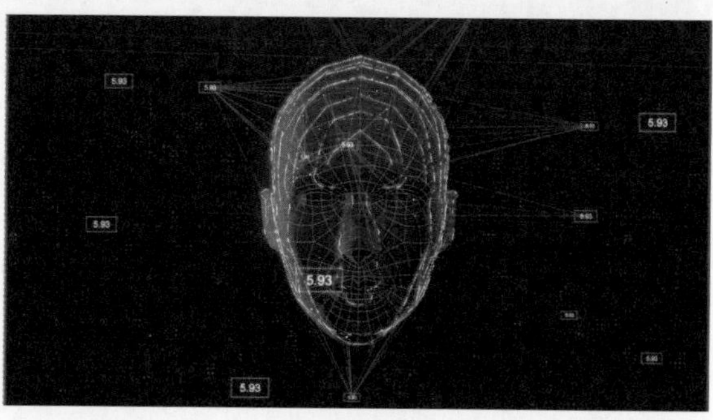

图7-124

33 保持当前选择不变，执行“编辑>重复”菜单命令，将新增的“主体2”图层重命名为“主体模糊”，如图7-125所示。选择“主体模糊”图层，执行“效果>模糊和锐化>高斯模糊”菜单命令，在“效果控件”面板中展开“高斯模糊”卷展栏，设置“模糊度”为160，如图7-126所示。效果如图7-127所示。

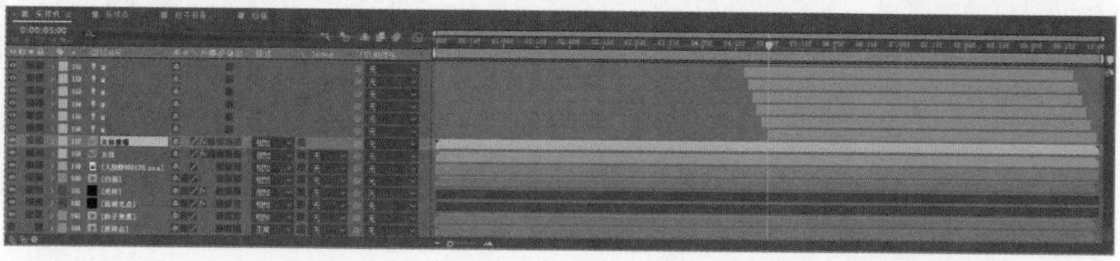

图7-125

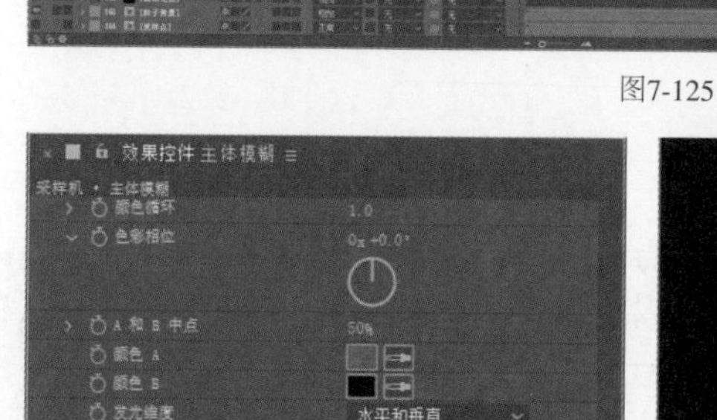

图7-126

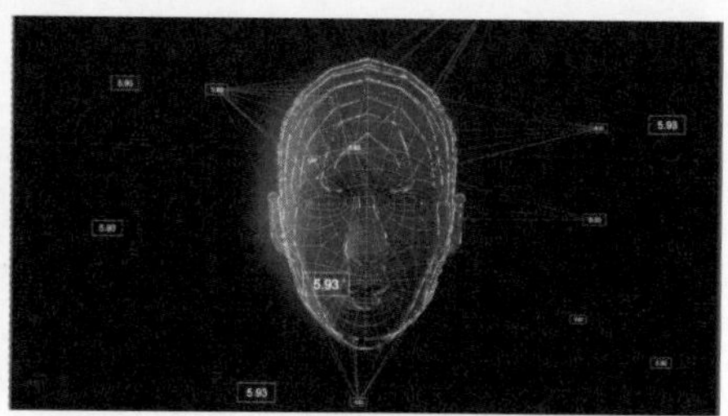

图7-127

34 将“人脸静帧0120.png”图层重命名为“网格”，如图7-128所示。执行“效果>颜色校正>色调”菜单命令，在“效果控件”面板中设置“将白色映射到”为蓝色（R:0,G:72,B:255），如图7-129所示。执行“效果>风格化>发光”菜单命令，然后在“效果控件”面板中设置“发光阈值”为10%、“发光半径”为1、“发光强度”为0.5，如图7-130所示。

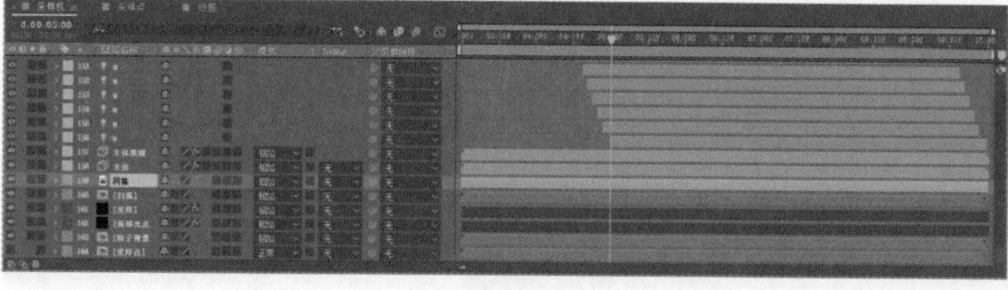

图7-128

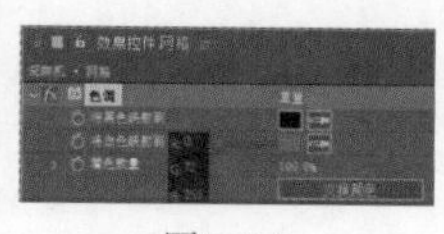

图7-129

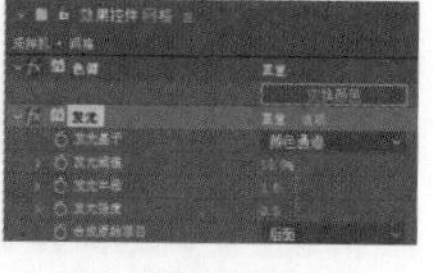

图7-130

35 设置时间码为0:00:02:00，然后在“时间轴”面板中依次展开“网格”“变换”卷展栏，设置“不透明度”为0%并单击其左侧的按钮。设置时间码为0:00:02:10，然后设置“不透明度”为100%。设置时间码为0:00:09:10，然后框选0:00:02:10处的关键帧，接着执行“编辑>复制”和“编辑>粘贴”菜单命令，如图7-131所示。设置时间码为0:00:09:20，框选0:00:02:00处的关键帧，然后执行“编辑>复制”和“编辑>粘贴”菜单命令，效果如图7-132所示。

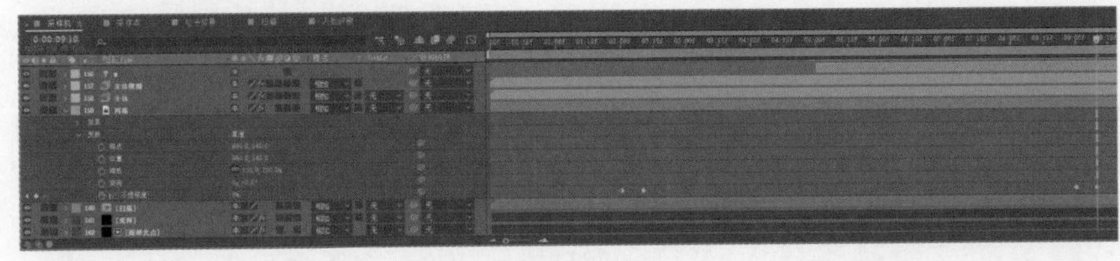

图7-131

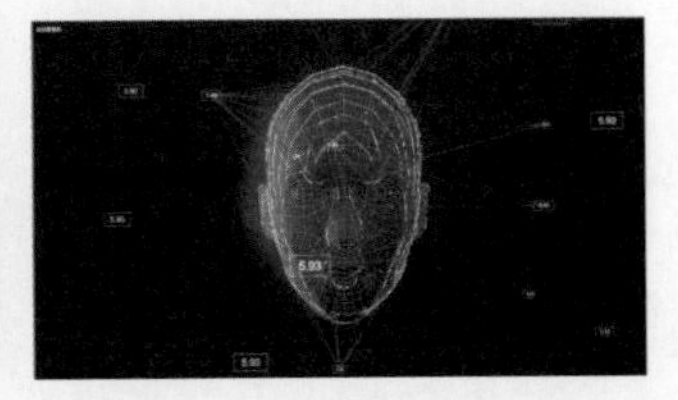

图7-132

36 选择“主体”图层，执行“编辑>重复”菜单命令，将新增的“主体2”图层重命名为“遮罩”，然后隐藏“遮罩”图层并移动其至“粒子背景”图层的上方，如图7-133所示。选择“粒子背景”图层，设置TrkMat为“Alpha反转遮罩‘遮罩’”，如图7-134所示。效果如图7-135所示。

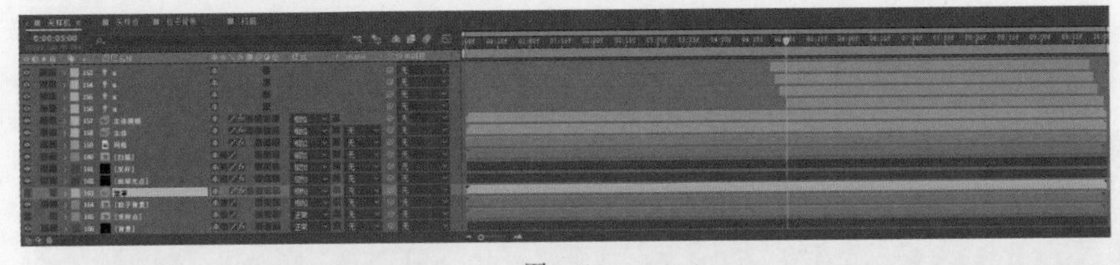

图7-133

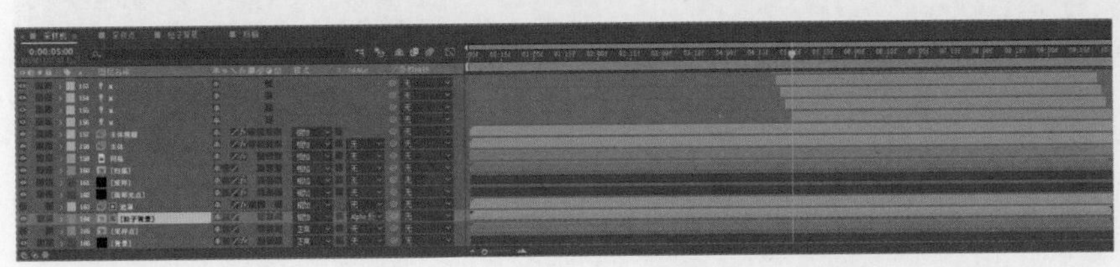

图7-134

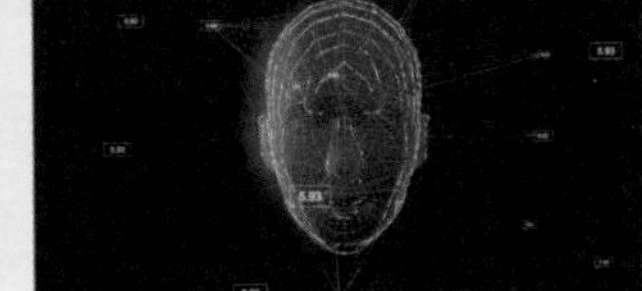

图7-135

37 创建一个合成，设置“合成名称”为“人脸识别”、“宽度”为1920px、“高度”为1080px、“帧速率”为30帧/秒、“持续时间”为0:00:10:00，如图7-136所示。新建一个“摄像机”图层，设置“类型”为“双节点摄像机”、“名称”为“摄像机”、“视角”为105°，取消勾选“启用景深”复选框，如图7-137所示。

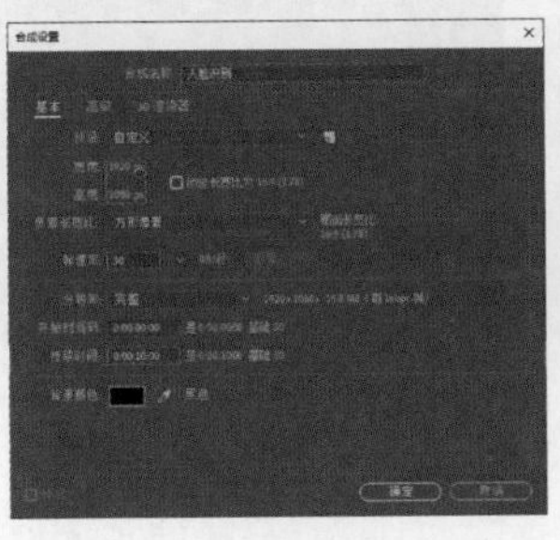

图7-136

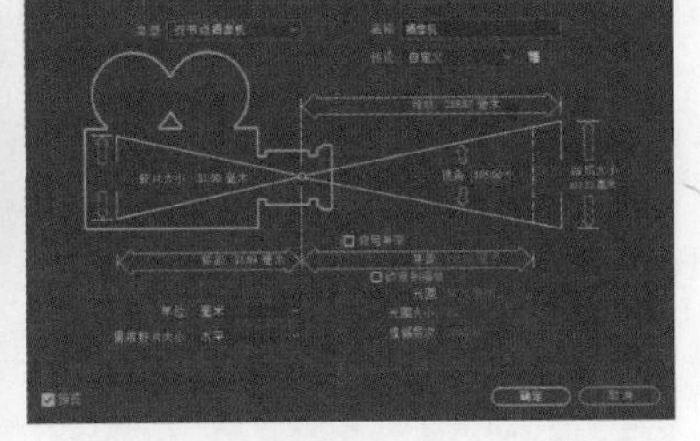

图7-137

38 设置时间码为0:00:00:00，然后在“时间轴”面板中依次展开“摄像机”“变换”卷展栏，设置“位置”为（960,540,-725）并单击其左侧的按钮。设置时间码为0:00:09:29，然后设置“位置”为（960,540,-590），如图7-138所示。选择“采样机”图层，然后执行“图层>3D图层”菜单命令。

图7-138

39 执行“效果>模糊和锐化>锐化”菜单命令，在“效果控件”面板中设置“锐化量”为20，如图7-139所示。设置时间码为0:00:05:00，最终效果如图7-140所示。

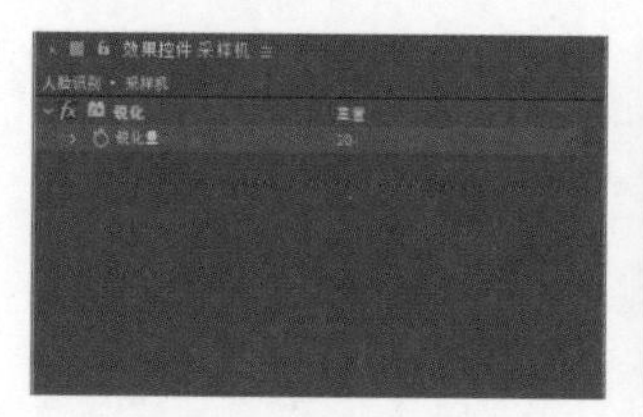

图7-139

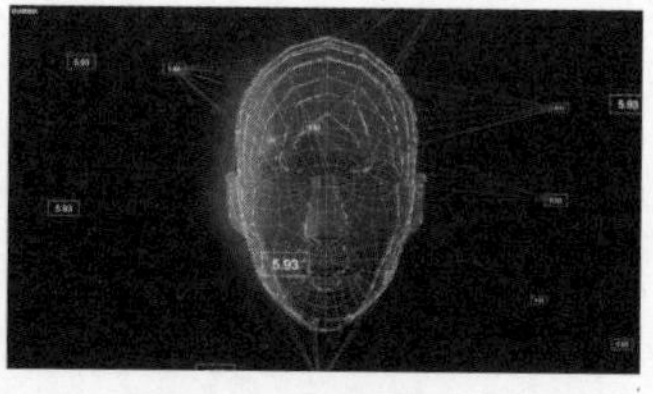

图7-140

实战：矿体勘测

场景位置	场景文件>CH07>实战：矿体勘测
实例位置	实例文件>CH07>实战：矿体勘测
难易程度	★★★☆☆
学习目标	掌握Octane渲染器的使用方法

矿体勘测的效果如图7-141所示，制作分析如下。

如果使用Octane渲染器时无法渲染使用“克隆”菜单命令复制的模型，那么可以检查“属性”面板中的“理想渲染”复选框是否未勾选。

图7-141

01 在Cinema 4D中使用参数化对象、“克隆”、“效果器”、“生成器”等工具制作矿体主体模型，如图7-142所示。

02 在赋予矿体主体模型材质后，导出图形序列，效果如图7-143所示。

03 在After Effects中导入以上步骤中导出的图形序列，然后设置背景以渲染氛围，效果如图7-144所示。

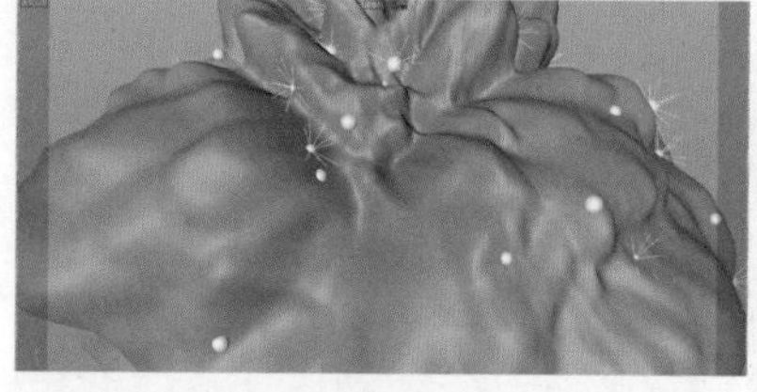

图7-142

图7-143

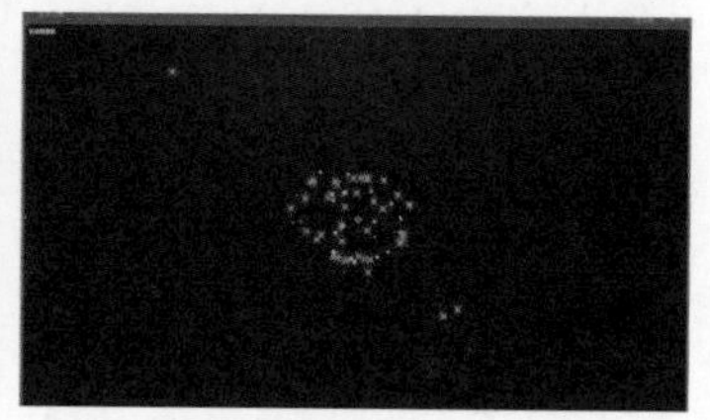

图7-144

04 对导入的图形序列进行模糊处理，效果如图7-145所示。

05 使用Plexus粒子插件和“模糊和锐化”工具制作矿体勘测动画，效果如图7-146所示。

图7-145

图7-146

7.2 语音交互系统

智能助手效果目前常见的形式有两种：一种是加载音频文件的形式，通过加载来读取音频文件中的分贝值，即在模拟语音输入时通过分贝值的波峰波谷的变化对语音效果进行可视化处理；另一种是不加载音频文件的形式，即动画效果是固定的，在模拟语音输入时通过对效果的修改来响应语音。

实战：仿Siri智能助手

场景位置	场景文件>CH07>实战：仿Siri智能助手
实例位置	实例文件>CH07>实战：仿Siri智能助手
难易程度	★★★★☆
学习目标	掌握“置换”变形器的使用方法

仿Siri智能助手的效果如图7-147所示，制作分析如下。

第1点：在使用“置换”变形器制作“外壳”对象时，设置其“类型”为“四面体”，可使制作的模型细节更丰富，这主要和此类型的球体表面的拓扑线条有关。

第2点：在After Effects中将已经制作好的效果粘贴至其他图层时，该效果中已经存在的关键帧也会被粘贴。

图7-147

◎ 仿Siri智能助手主体模型制作

01 打开Cinema 4D，执行“渲染>编辑渲染设置”菜单命令，选择“输出”，设置“宽度”为1920像素、“高度”为1080像素，如图7-148所示。执行“创建>对象>圆盘”菜单命令，将“圆盘”对象重命名为“盘1”，然后在“属性”面板中设置“旋转分段”为128，如图7-149所示。

02 执行“创建>变形器>螺旋”菜单命令，移动“螺旋”对象至“盘1”对象内，如图7-150所示。设置时间轴时长为0～400F、当前帧为0F，然后选择“螺旋”对象，接着在“属性”面板中单击R.B左侧的◎按钮，如图7-151所示。

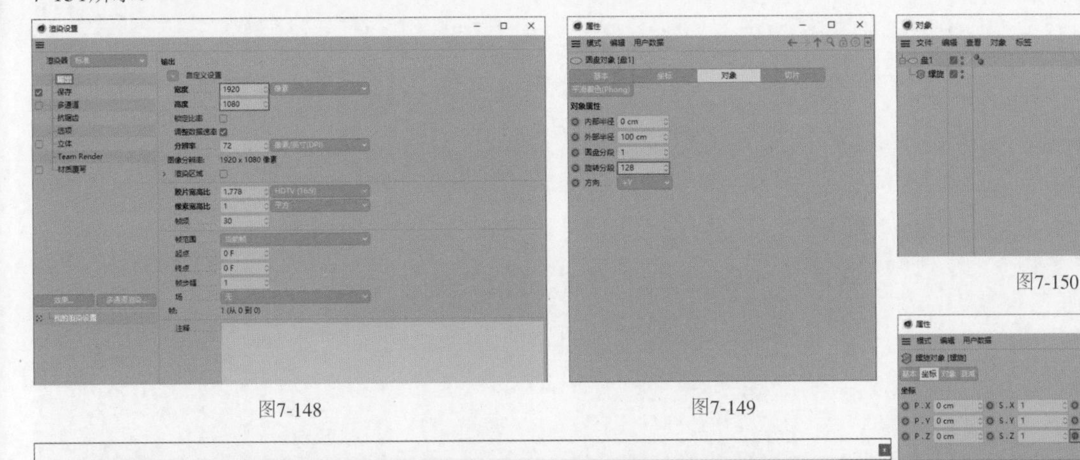

图7-148

图7-149

图7-150

图7-151

03 设置当前帧为30F，然后在“属性”面板中设置R.B为120°并单击其左侧的◎按钮，接着单击R.P左侧的◎按钮，如图7-152所示。设置当前帧为270F，然后在“属性”面板中设置R.P为100°、R.B为20°，接着单击它们左侧的◎按钮，如图7-153所示。

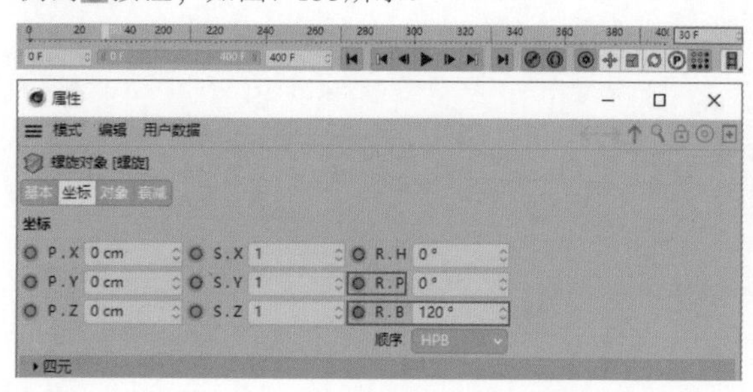

图7-152

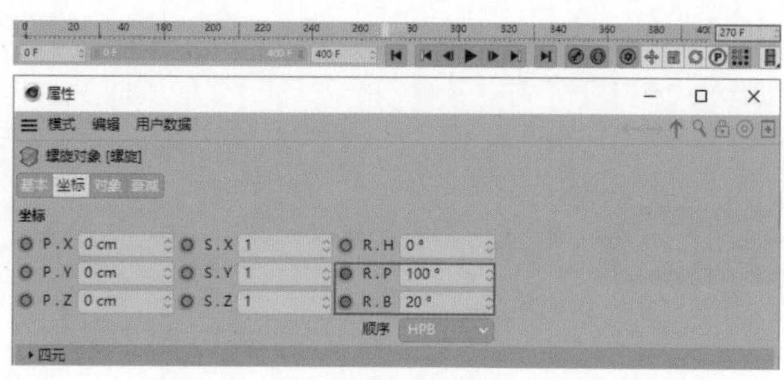

图7-153

04 设置当前帧为300F，然后在“属性”面板中设置R.P、R.B为0°并单击它们左侧的◎按钮，如图7-154所示。设置当前帧为270F，然后在“属性”面板中设置“角度”为130°并单击其左侧的◎按钮，如图7-155所示。效果如图7-156所示。设置当前帧为300F，然后在“属性”面板中设置“角度”为0°并单击其左侧的◎按钮，如图7-157所示。效果如图7-158所示。

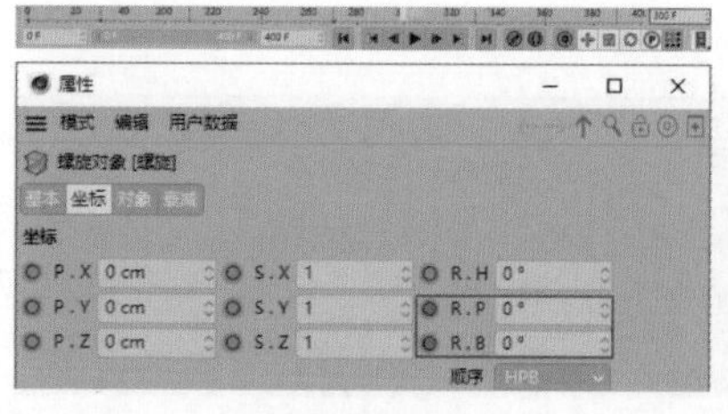

图7-154

图7-155

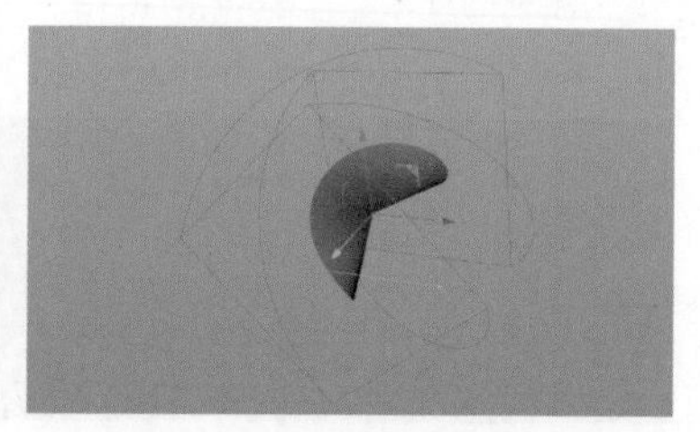

图7-156

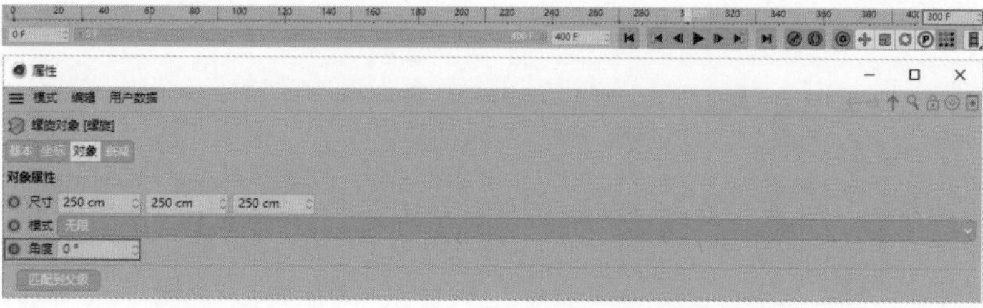

图7-157

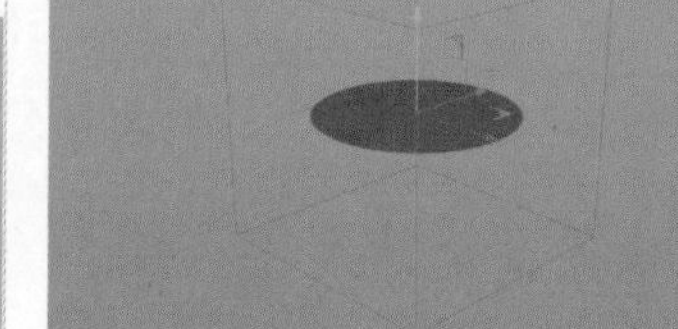

图7-158

05 设置当前帧为0F，执行“运动图形>克隆”菜单命令，将“克隆”对象重命名为“克隆盘1”，然后在“属性”面板中设置R.H为90°、R.P为210°、R.B为90°，如图7-159所示。

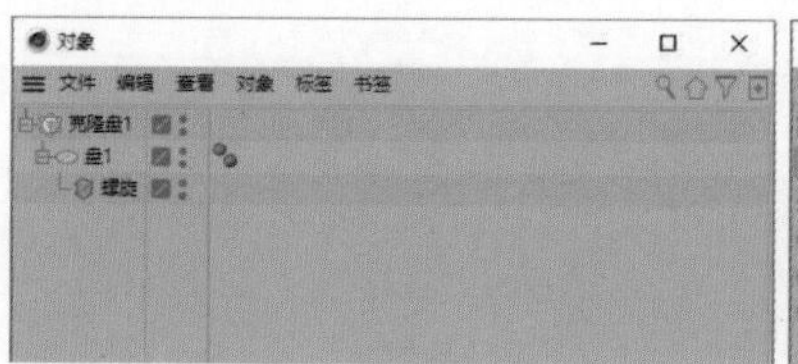

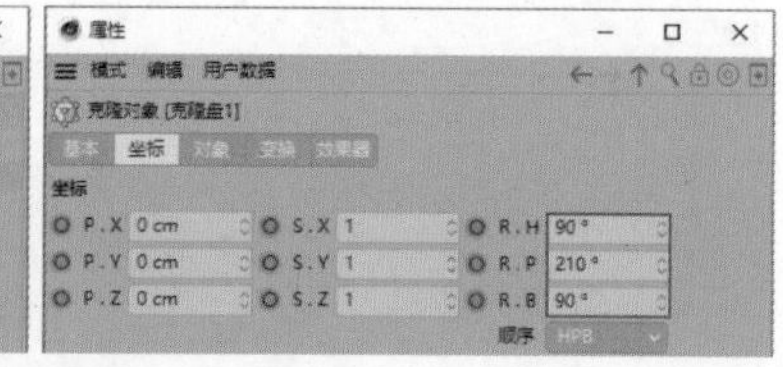

图7-159

06 保持当前选择不变，在“属性”面板中设置“模式”为“放射”、“克隆”为“随机”、“数量”为2，然后设置“半径”为170cm并单击其左侧的◎按钮，接着设置“开始角度”为470°，如图7-160所示。设置当前帧为20F，然后设置“半径”为0cm并单击其左侧的◎按钮，如图7-161所示。

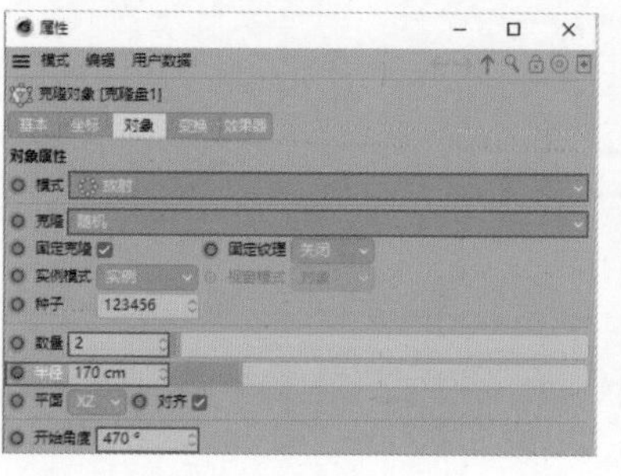

图7-160

图7-161

07 设置当前帧为280F，如图7-162所示，然后在“属性”面板中单击“半径”左侧的按钮。设置当前帧为300F，然后在“属性”面板中设置“半径”为170cm并单击其左侧的按钮，如图7-163所示。效果如图7-164所示。执行“运动图形>效果器>随机”菜单命令，在“属性”面板中取消勾选“位置”复选框，然后勾选“旋转”复选框，设置R.P为90°，如图7-165所示。

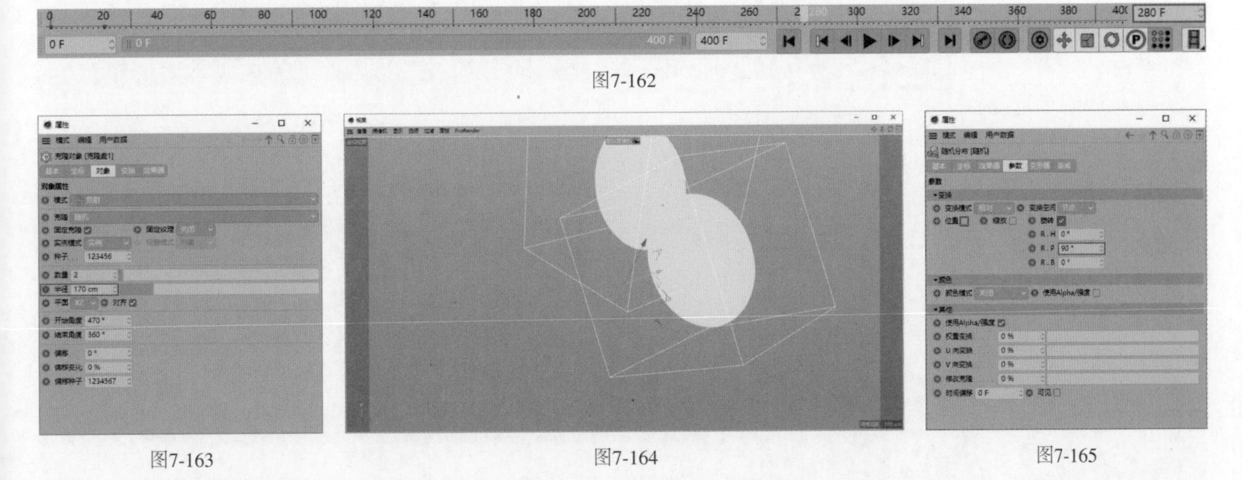

图7-162

图7-163 图7-164 图7-165

08 设置当前帧为0F，执行“运动图形>效果器>简易”菜单命令，然后在“属性”面板中取消勾选“位置”复选框，接着勾选“缩放”“等比缩放”复选框，最后设置“缩放”为-0.5并单击其左侧的按钮，如图7-166所示。设置当前帧为20F，然后在“属性”面板中设置“缩放”为1并单击其左侧的按钮，如图7-167所示。

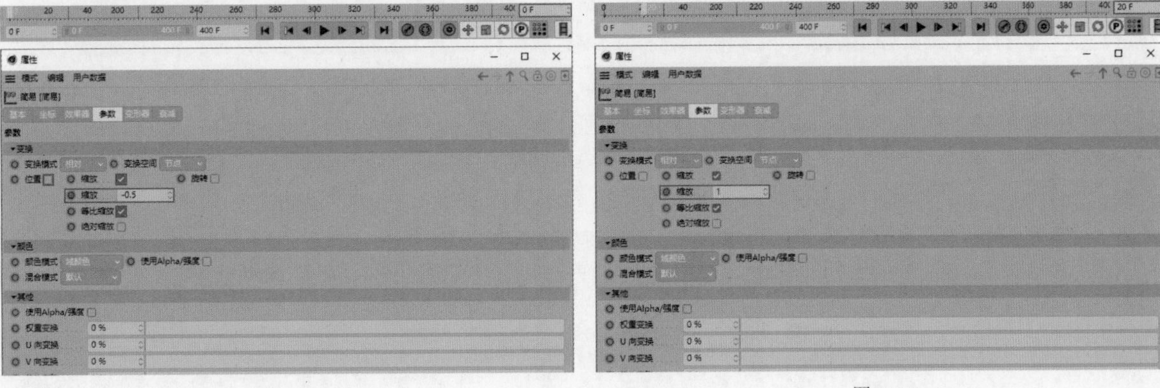

图7-166 图7-167

09 设置当前帧为280F，然后在“属性”面板中单击“缩放”左侧的按钮。设置当前帧为300F，然后在“属性”面板中设置“缩放”为-0.5并单击其左侧的按钮，如图7-168所示。选择“克隆盘1”对象，移动“对象”面板中的“简易”“随机”对象至“属性”面板的“效果器”列表框中，如图7-169所示。效果如图7-170所示。

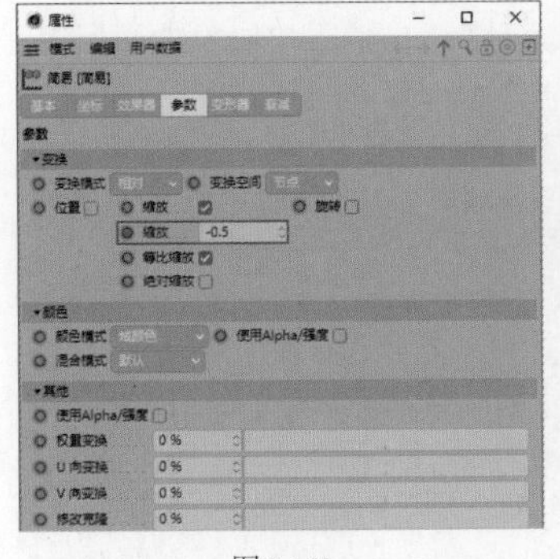

图7-168

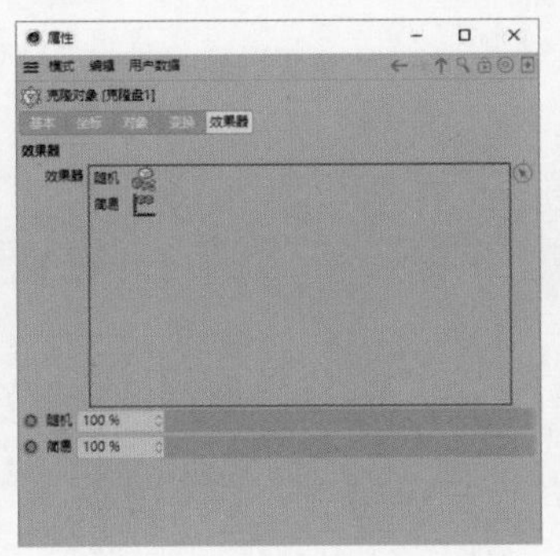

图7-169

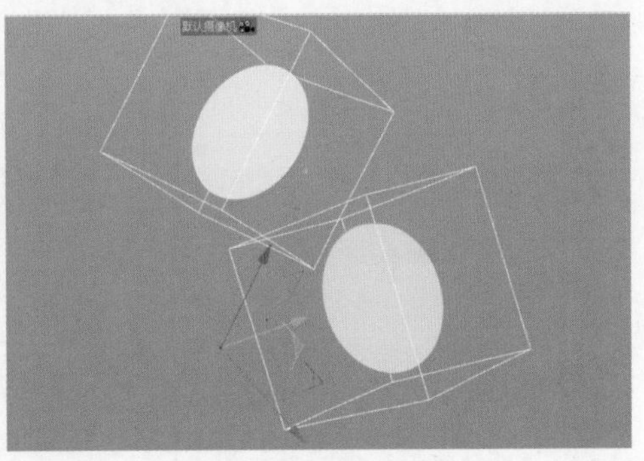

图7-170

10 保持当前选择不变，执行“编辑>复制”和“编辑>粘贴”菜单命令两次，然后将新增的对象分别重命名为“克隆盘2”“克隆盘3”，接着将它们的子级对象分别重命名为“盘2”“盘3”，如图7-171所示。选择“克隆盘2”对象，在“属性”面板中设置R.H为90°、R.P为150°、R.B为90°，然后设置“开始角度”为240°，如图7-172所示。

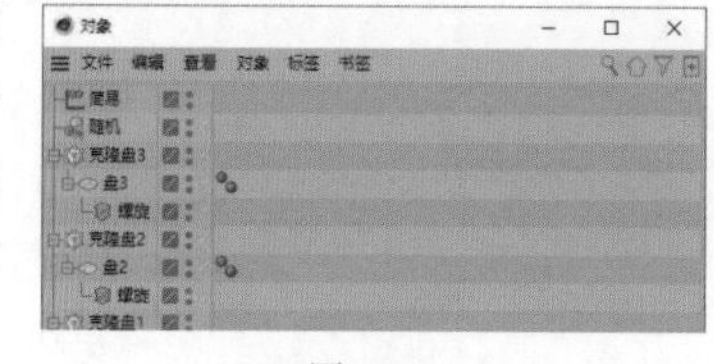

图7-171

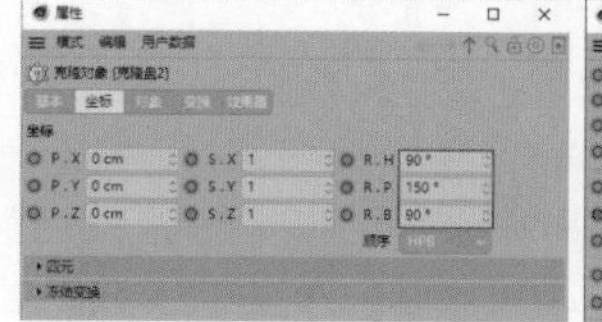

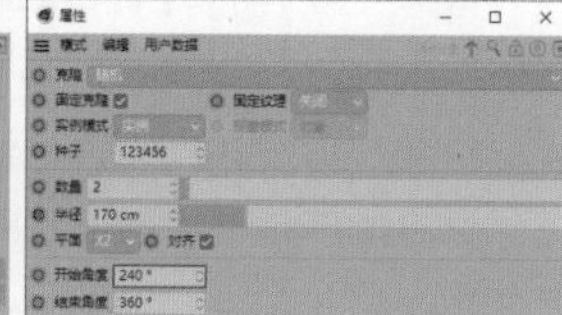

图7-172

11 选择“克隆盘3”对象，在“属性”面板中设置R.H为90°、R.P为270°、R.B为90°，然后设置“开始角度”为230°，如图7-173所示。效果如图7-174所示。设置当前帧为270F，选择“克隆盘2”中的“螺旋”对象，然后在“属性”面板中设置“角度”为90°并单击其左侧的按钮，如图7-175所示。

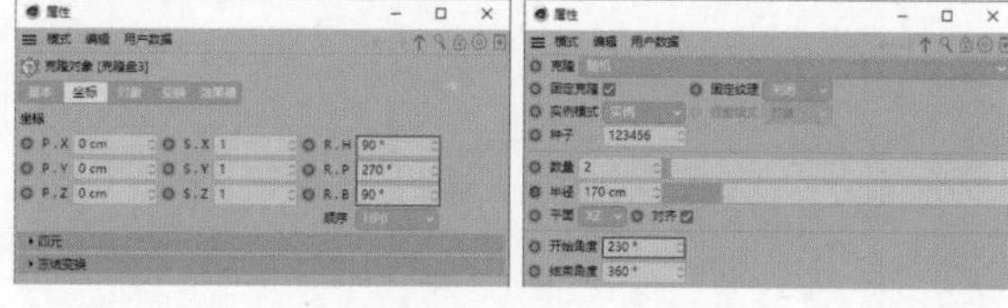

图7-173

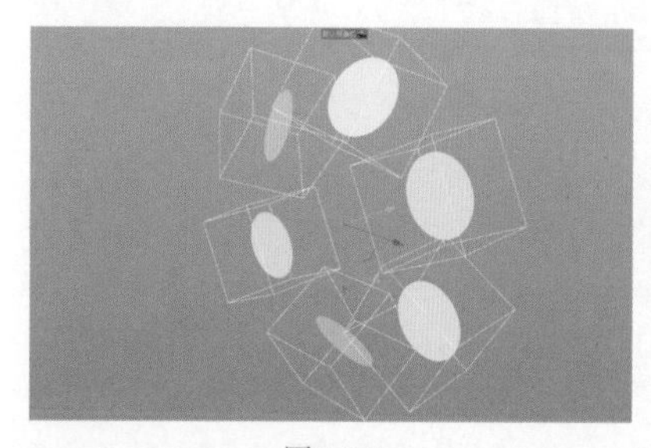

图7-174

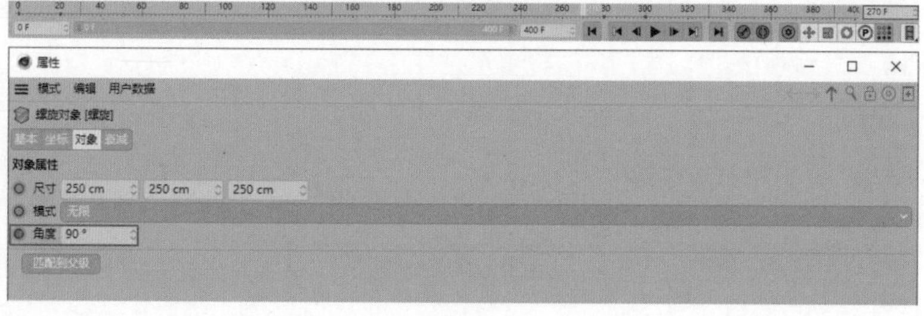

图7-175

12 选择“克隆盘3”中的“螺旋”对象，在“属性”面板中设置“角度”为60°并单击其左侧的按钮，如图7-176所示。效果如图7-177所示。执行“创建>摄像机>摄像机”菜单命令，选择“摄像机”对象，在“属性”面板中设置P.X为0cm、P.Y为0cm、P.Z为-1300cm，然后设置R.H、R.P、R.B为0°，如图7-178所示。

图7-176

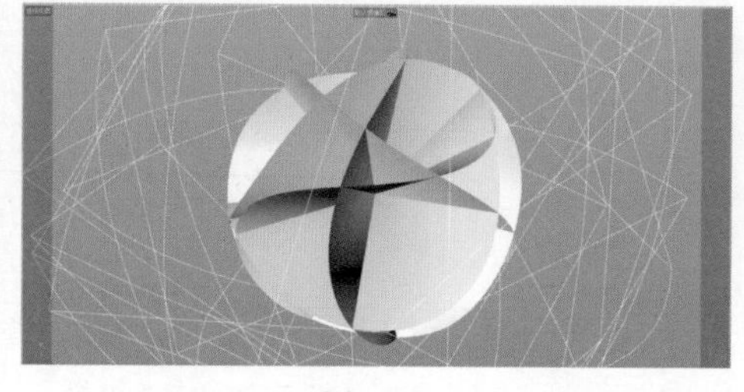

图7-177

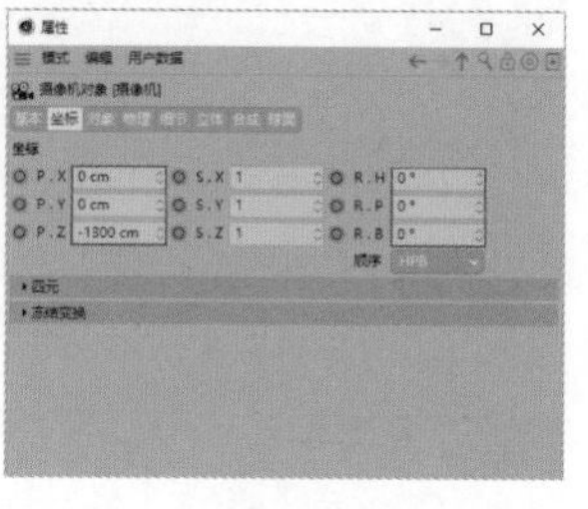

图7-178

13 执行“创建>灯光>灯光”菜单命令，然后选择“灯光”对象，在“属性”面板中设置“强度”为5%，接着勾选“环境光照”复选框，如图7-179所示。设置“衰减”为“平方倒数（物理精度）”，然后勾选“使用渐变”复选框，如图7-180所示。单击“对象”面板中“摄像机”右侧的按钮切换至摄像机视角，如图7-181所示。

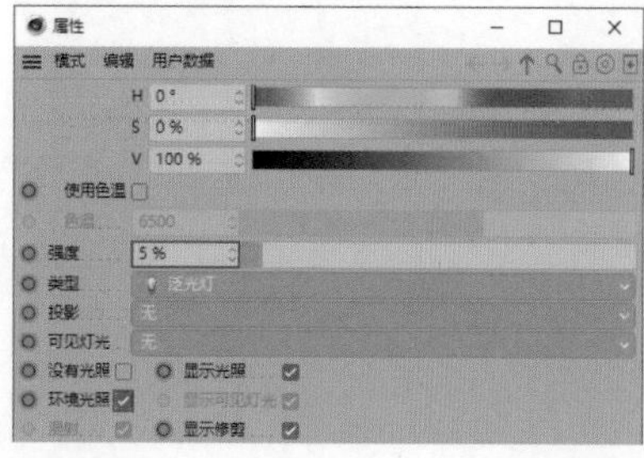

图7-179

图7-180

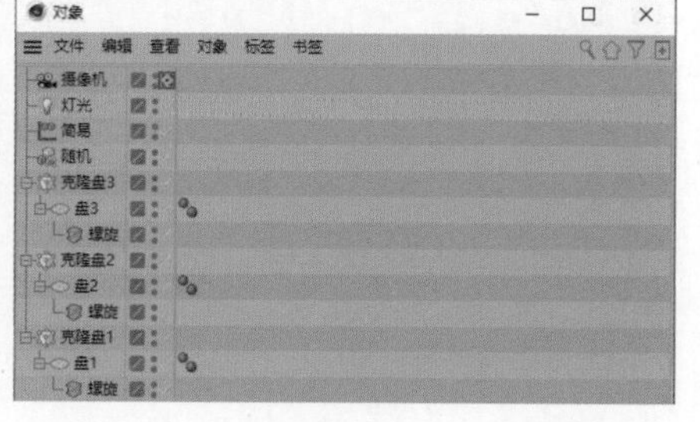

图7-181

14 创建一个球体，将其命名为“外壳”，然后在“属性”面板中设置“半径”为250cm、“分段”为128、“类型”为“四面体”，如图7-182所示。执行“创建>变形器>置换”菜单命令，移动“置换”对象至“外壳”对象内，如图7-183所示。

15 选择“置换”对象，在“属性”面板中设置“强度”为200%，然后设置“着色器”为“噪波”，如图7-184所示。单击“噪波”，然后设置“噪波”为“噪波”、“全局缩放”为6000%、“动画速率”为0.5、“循环周期”为13.33，如图7-185所示。效果如图7-186所示。

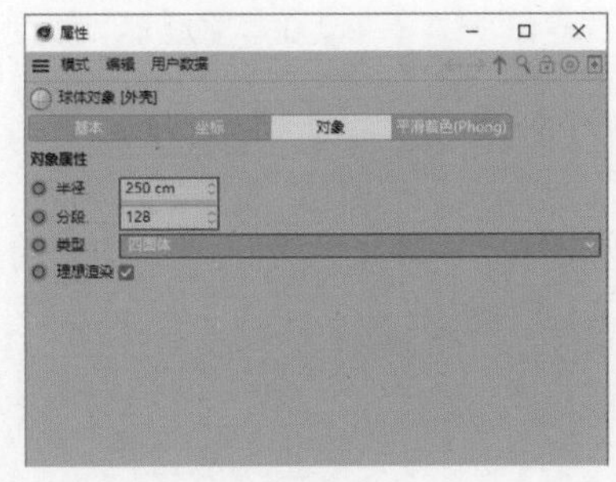

图7-182

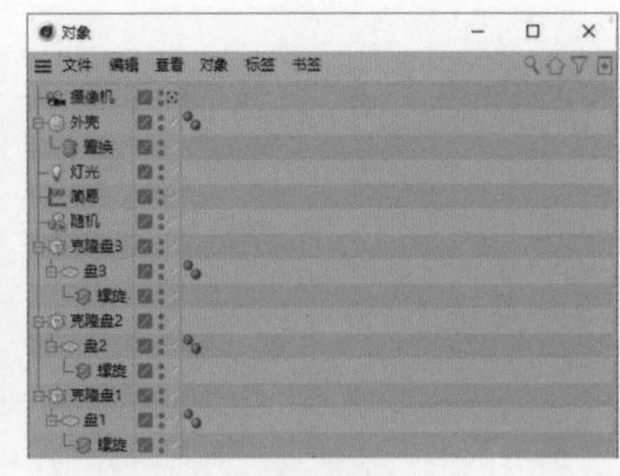

图7-183

图7-184

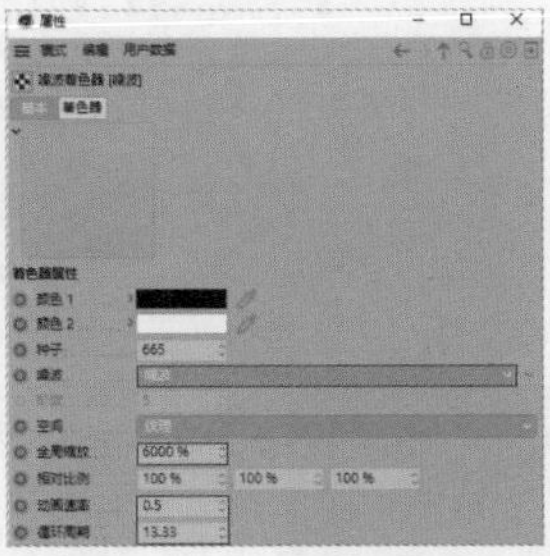

图7-185

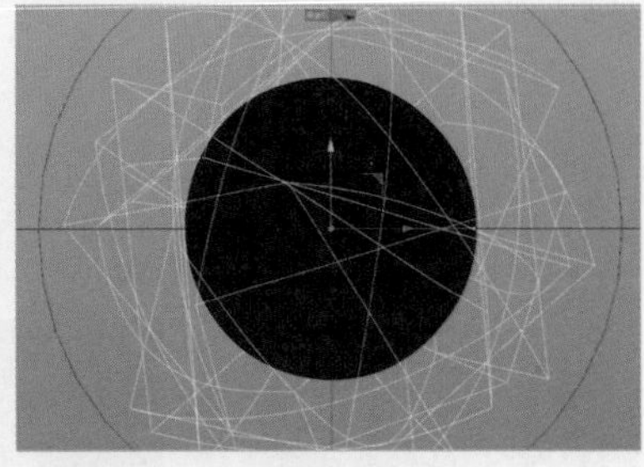

图7-186

◎ 仿Siri智能助手主体模型渲染

01 执行“创建>材质>新的默认材质”菜单命令，然后双击“材质”面板中的材质球打开“材质编辑器”面板，设置名称为“外壳”，接着选择“颜色”，设置H为0°、S为0%、V为100%，最后取消勾选“反射”复选框，如图7-187所示。

02 选择Alpha，设置“纹理”为“菲涅耳（Fresnel）”，如图7-188所示。单击“纹理”右侧的“菲涅耳（Fresnel）”，然后勾选“物理”复选框，如图7-189所示。

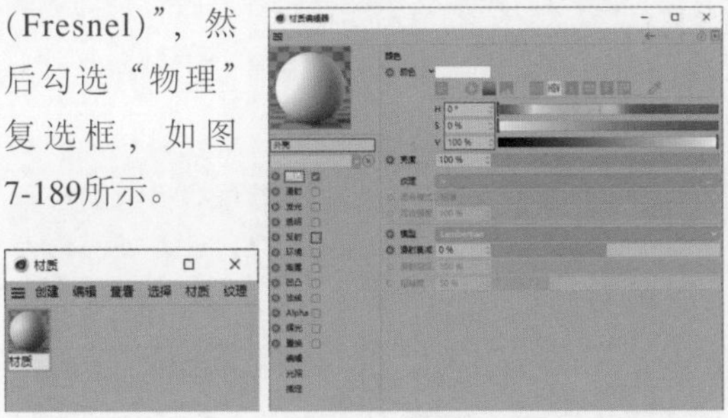

图7-187

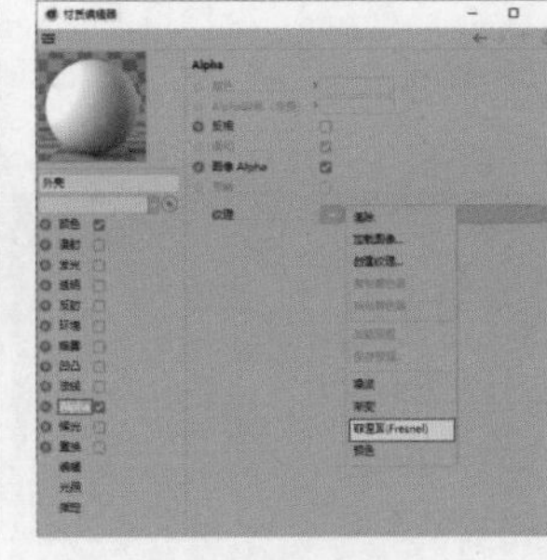

图7-188

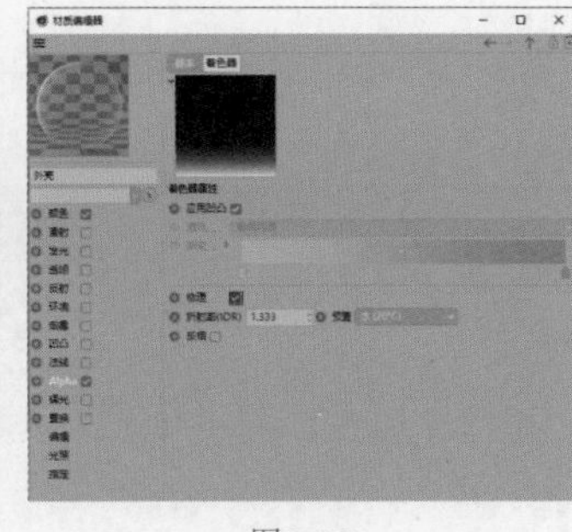

图7-189

03 设置当前帧为0F，在“材质”面板中选择“外壳”材质球，然后在“材质”面板中执行“编辑>复制”和“编辑>粘贴”菜单命令，接着将新增的材质球重命名为“白模”，如图7-190所示。

04 双击“白模”材质球打开“材质编辑器”面板，然后选择Alpha，设置“纹理”为“菲涅耳（Fresnel）”，接着单击“菲涅耳（Fresnel）”，设置“折射率（IOR）”为6并单击其左侧的按钮，如图7-191所示。

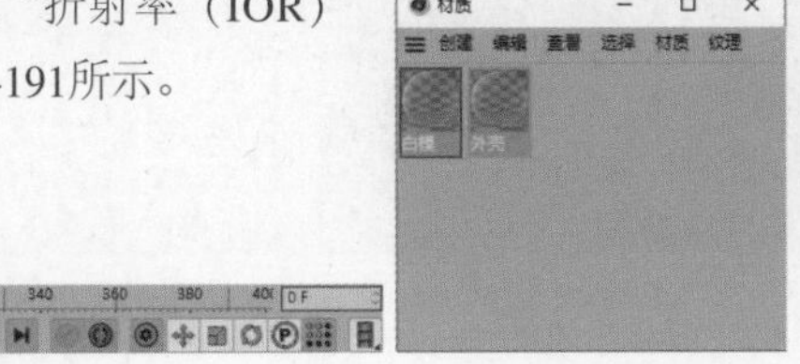

图7-190

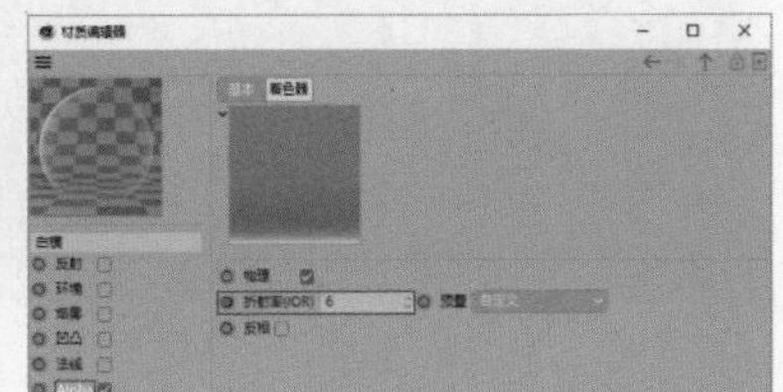

图7-191

05 设置当前帧为30F，然后在“材质编辑器”面板中设置“折射率（IOR）”为1.333并单击其左侧的◎按钮，如图7-192所示。设置当前帧为270F，然后单击“折射率（IOR）”左侧的◎按钮，如图7-193所示。设置当前帧为300F，设置“折射率（IOR）”为6并单击其左侧的◎按钮，如图7-194所示。

图7-192

图7-193

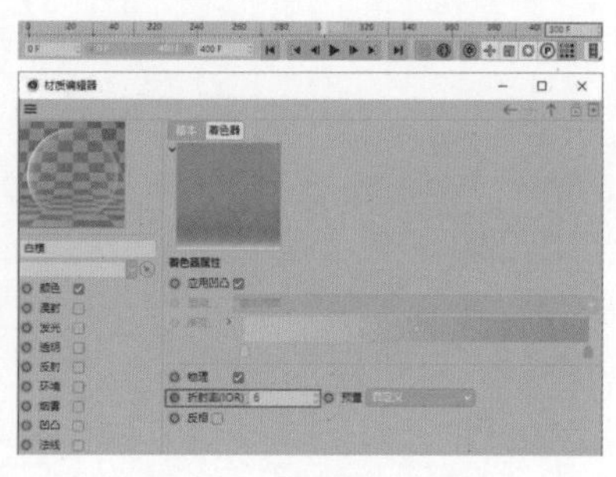

图7-194

06 分别移动“材质”面板中的“白模”材质球至“对象”面板的“克隆盘1”“克隆盘2”“克隆盘3”对象上，然后移动“外壳”材质球至“外壳”对象上，如图7-195所示。执行“渲染>编辑渲染设置”菜单命令，然后设置“渲染器”为“物理”，接着执行“渲染>渲染活动视图”菜单命令，效果如图7-196所示。

07 在“对象”面板中隐藏“克隆盘2”“克隆盘3”“外壳”对象，如图7-197所示。执行“渲染>编辑渲染设置”菜单命令，选择“输出”，设置“帧范围”为“全部帧”、“起点”为0F、“终点”为400F，如图7-198所示。

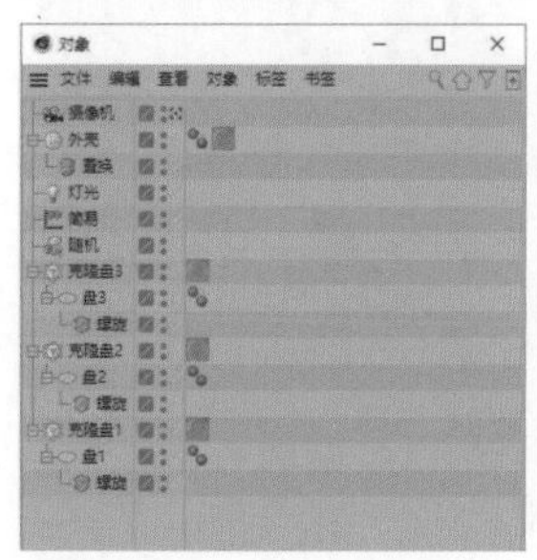

图7-195

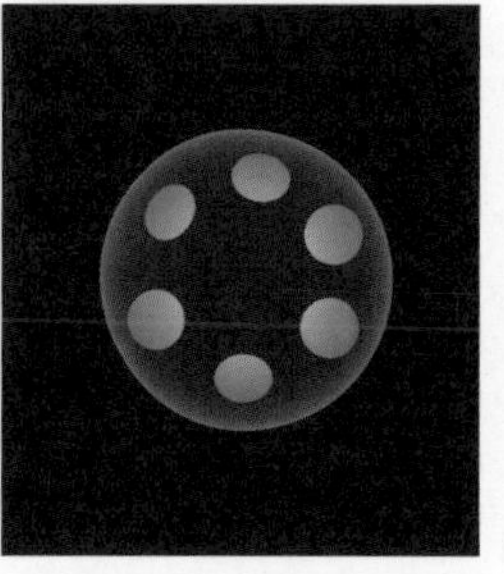

图7-196

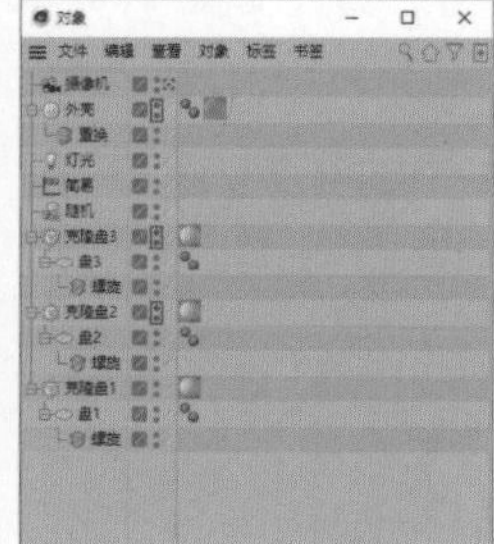

图7-197

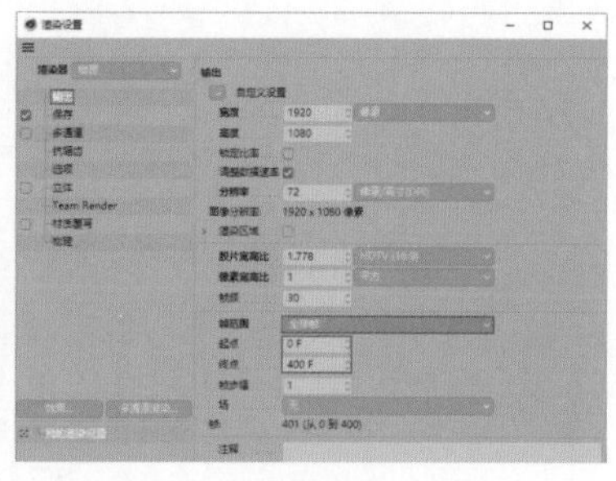

图7-198

08 在“渲染设置”对话框中选择“保存”，然后单击“文件”右侧的…按钮选择文件保存路径，将文件命名为“盘1”，接着设置“格式”为PNG并勾选“Alpha通道”复选框，如图7-199所示。执行“渲染>渲染到图片查看器”菜单命令，效果如图7-200所示。

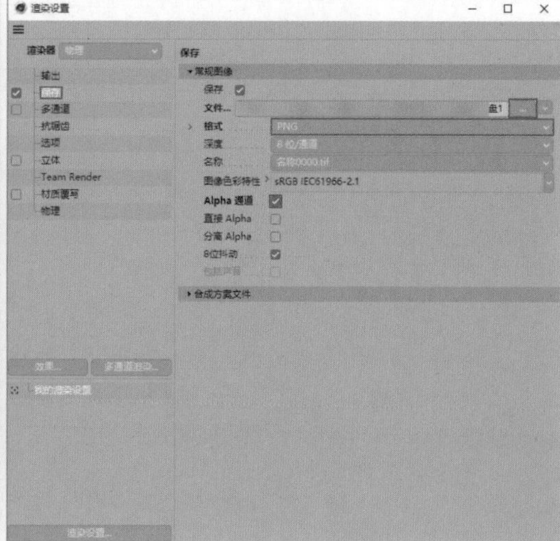

图7-199

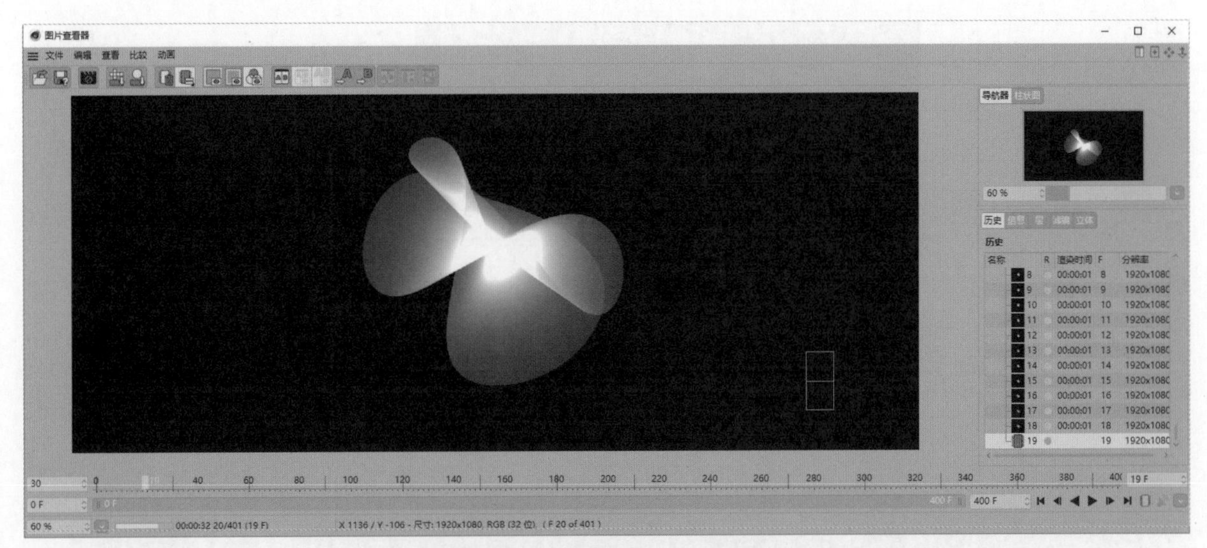

图7-200

09 在“对象”面板中显示“克隆盘2”对象，然后隐藏“克隆盘1”对象，如图7-201所示。执行“渲染>编辑渲染设置”菜单命令，选择“保存”，单击“文件”右侧的按钮选择文件保存路径，将文件命名为“盘2”，然后设置“格式”为PNG并勾选“Alpha通道”复选框，如图7-202所示。

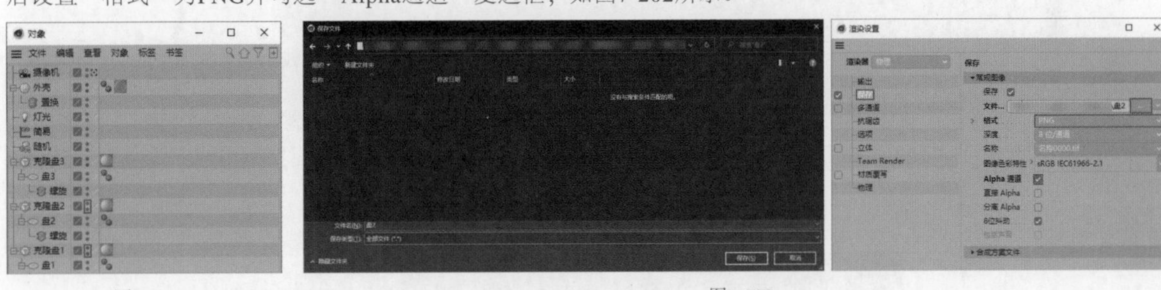

图7-201

图7-202

10 执行“渲染>渲染到图片查看器”菜单命令，效果如图7-203所示。在“对象”面板中隐藏“克隆盘2”对象，显示“克隆盘3”对象，如图7-204所示。执行“渲染>编辑渲染设置”菜单命令，选择“保存”，然后单击“文件”右侧的按钮选择文件保存路径，将文件命名为“盘3”，接着设置“格式”为PNG并勾选“Alpha通道”复选框，如图7-205所示。

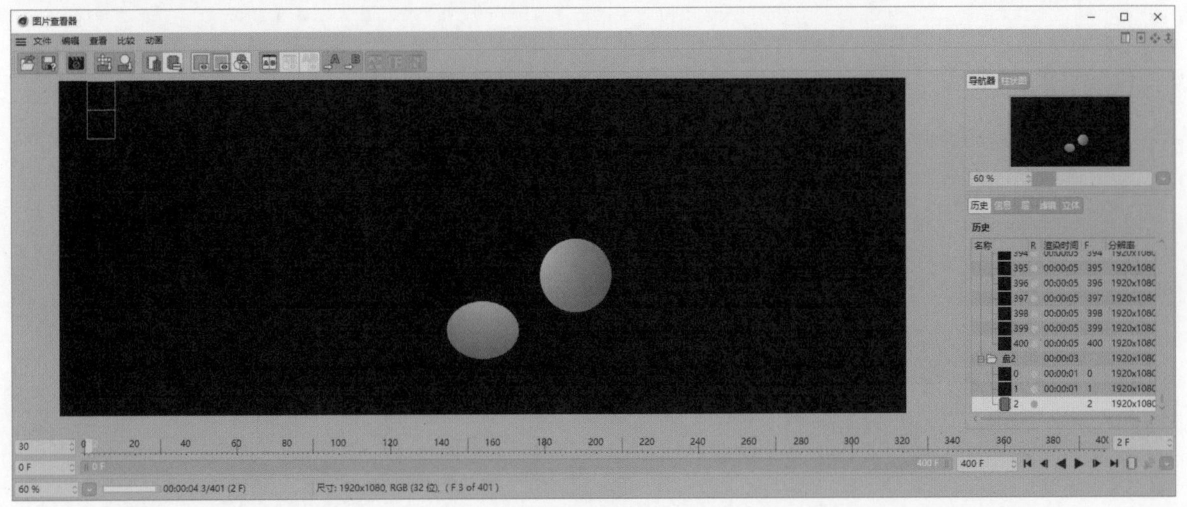

图7-203

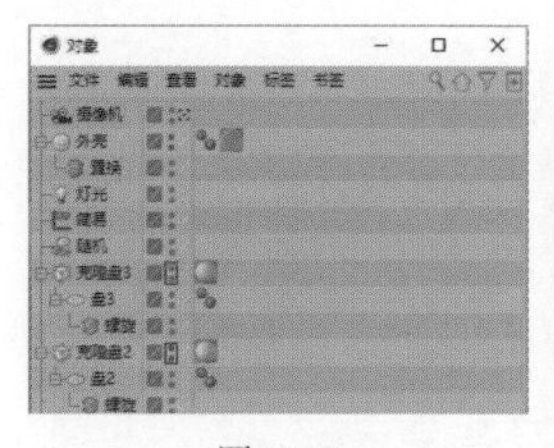

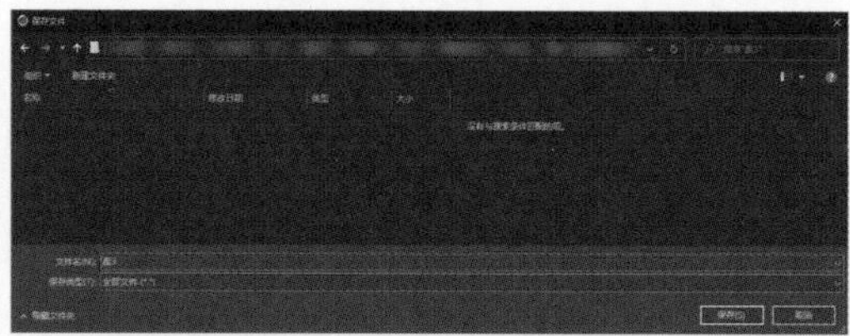

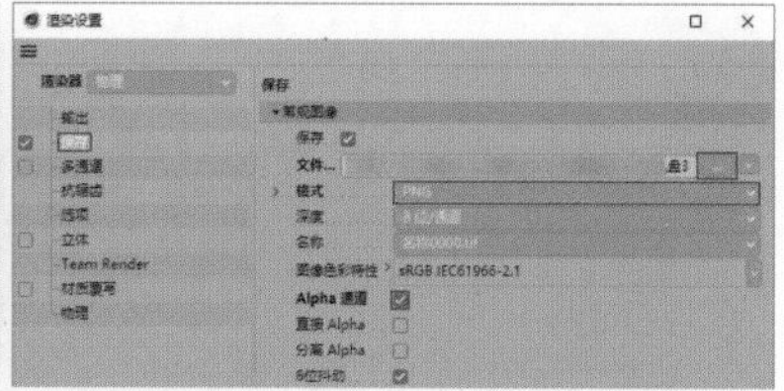

图7-204

图7-205

11 执行“渲染>渲染到图片查看器”菜单命令，效果如图7-206所示。在“对象”面板中隐藏“克隆盘3”对象，然后显示“外壳”对象，如图7-207所示。执行“渲染>编辑渲染设置”菜单命令，选择“保存”，然后单击“文件”右侧的按钮选择文件保存路径，将文件命名为“外壳”，接着设置“格式”为PNG并勾选“Alpha通道”复选框，如图7-208所示。

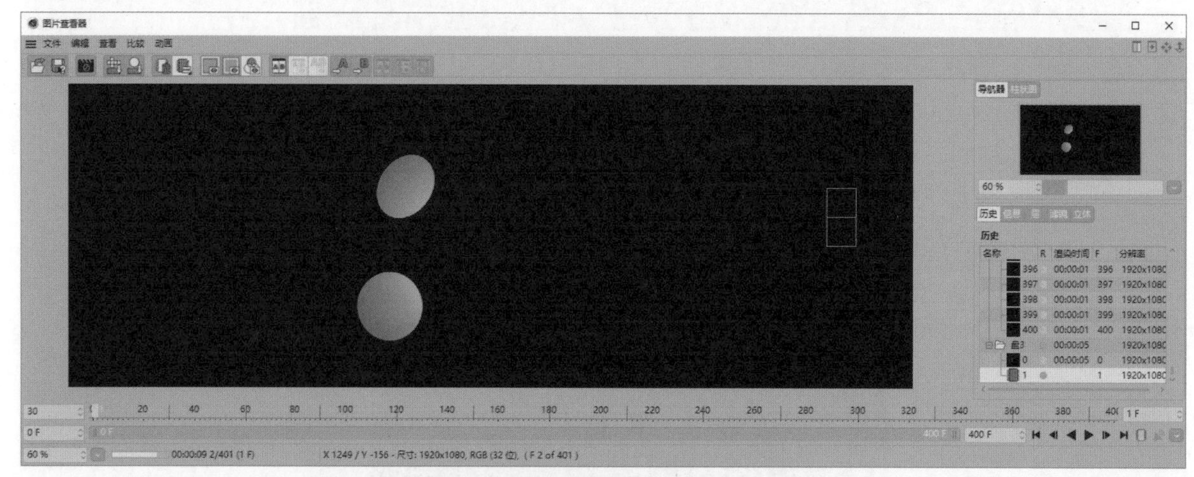

图7-206

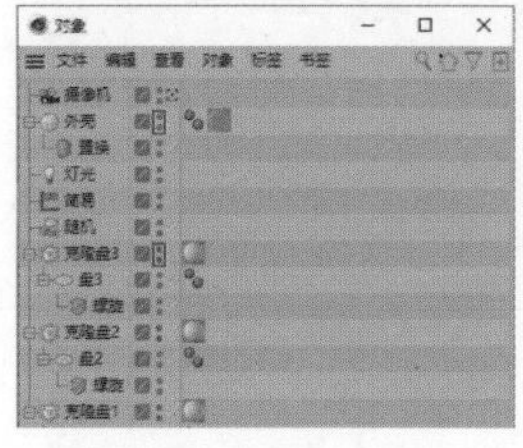

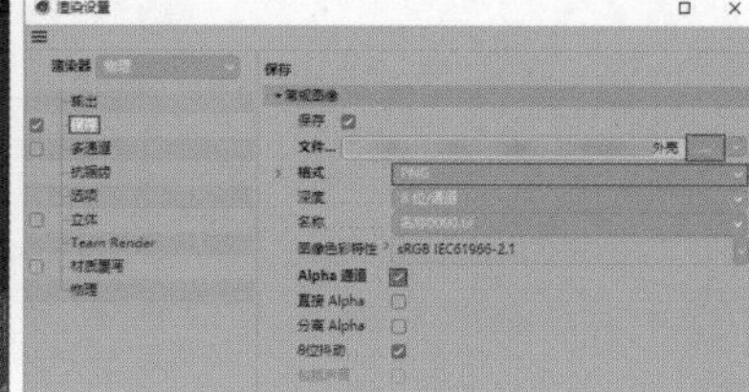

图7-207

图7-208

12 执行“渲染>渲染到图片查看器”菜单命令，效果如图7-209所示。

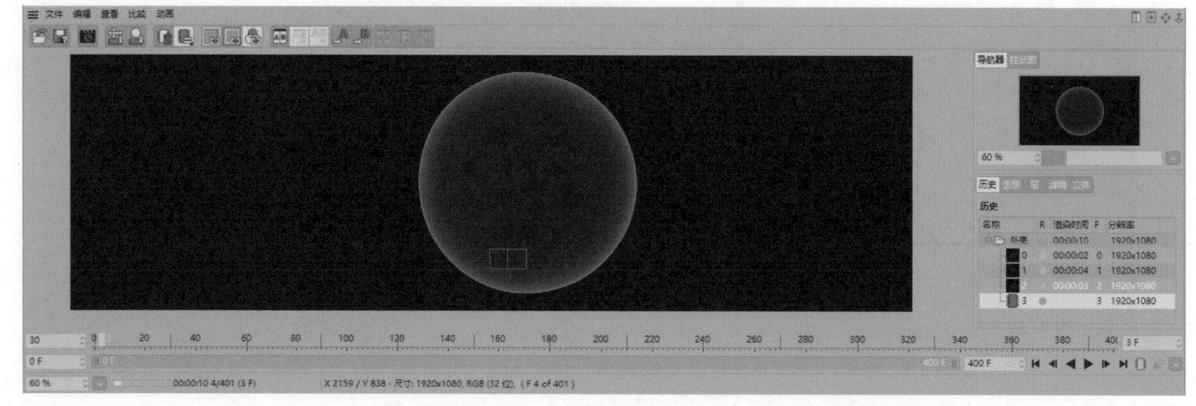

图7-209

◎ 仿Siri智能助手动效制作

01 打开After Effects，导入文件"场景文件>CH07>实战：仿Siri智能助手>外壳0000.png""场景文件>CH07>实战：仿Siri智能助手>盘1_0000.png""场景文件>CH07>实战：仿Siri智能助手>盘2_0000.png""场景文件>CH07>实战：仿Siri智能助手>盘3_0000.png"，如图7-210所示。

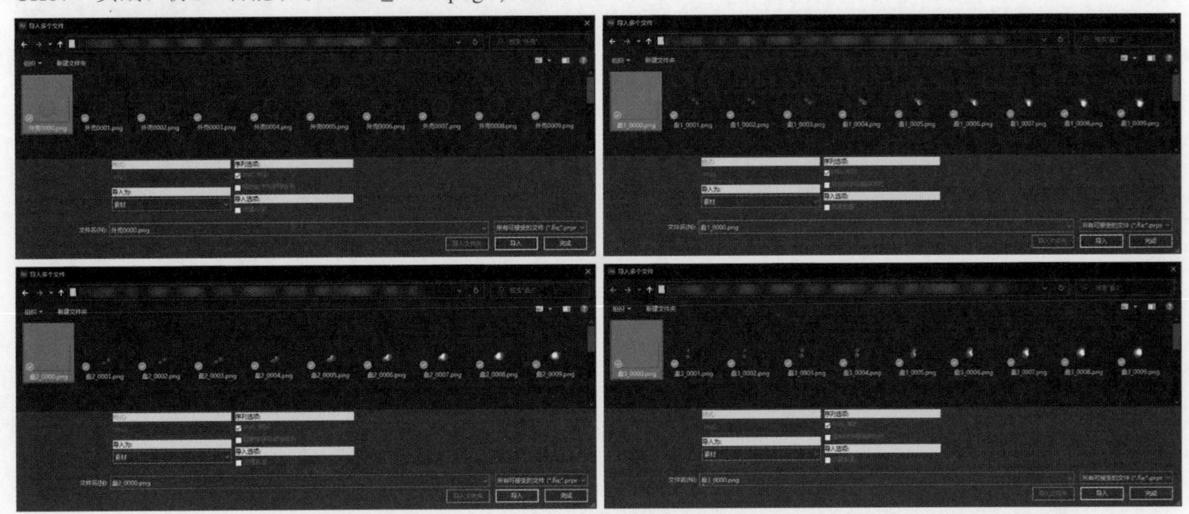

图7-210

02 新建一个合成，设置"合成名称"为"主体"、"宽度"为1920px、"高度"为1080px、"帧速率"为30帧/秒、"持续时间"为0:00:13:10，如图7-211所示。

03 移动"项目"面板中的"盘1_[0000-0400].png""盘2_[0000-0400].png""盘3_[0000-0400].png"至"时间轴"面板中，并设置它们的"模式"为"相加"，如图7-212所示。效果如图7-213所示。

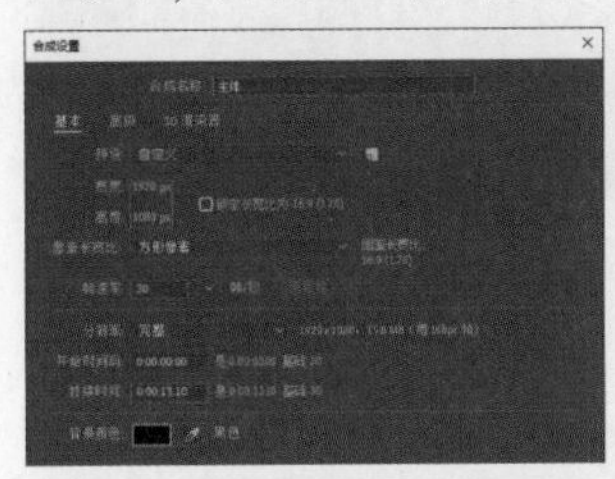

图7-211

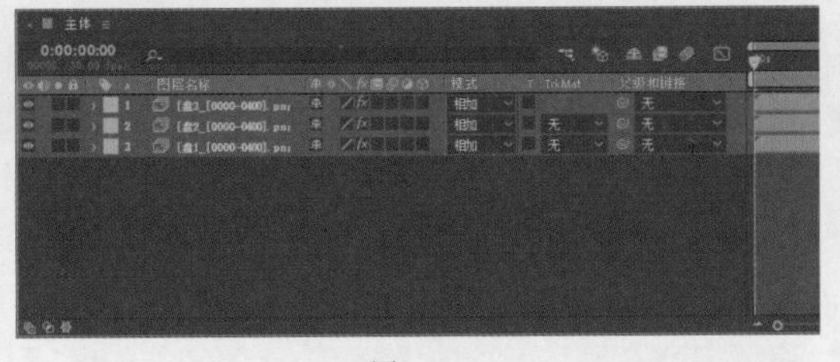

图7-212

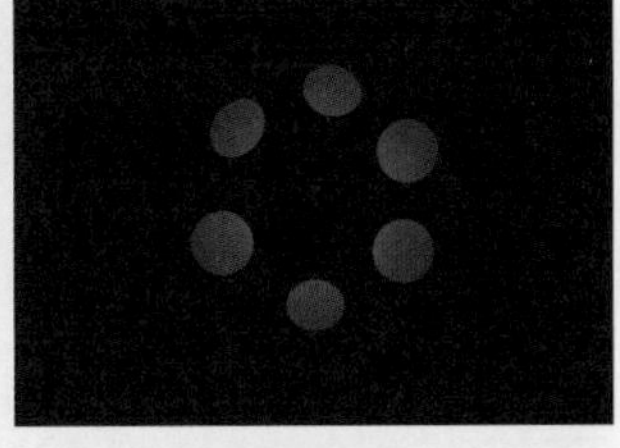

图7-213

04 选择"盘1_[0000-0400].png"图层，执行"效果>生成>四色渐变"菜单命令。在"效果控件"面板中展开"四色渐变"卷展栏，然后设置"点3"为（1185,210）、"点4"为（855,225）、"颜色4"为红色（R:255,G:0,B:0），如图7-214所示。效果如图7-215所示。

05 选择"盘2_[0000-0400].png"图层，执行"效果>生成>四色渐变"菜单命令，在"效果控件"面板中展开"四色渐变"卷展栏，设置"点2"为（1500,435）、"点3"为（880,885）、"颜色3"为蓝色（R:0,G:234,B:255），如图7-216所示。效果如图7-217所示。

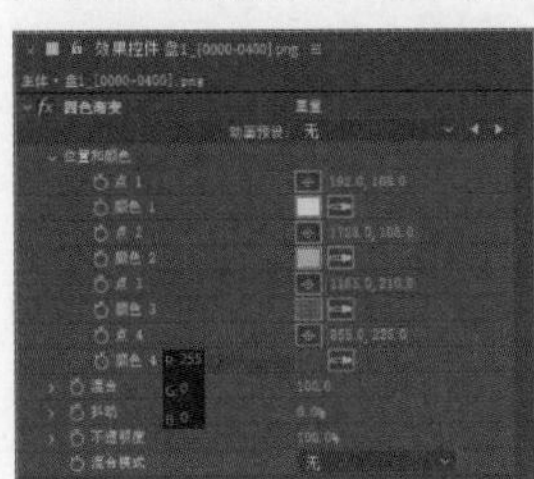

图7-214

图7-215

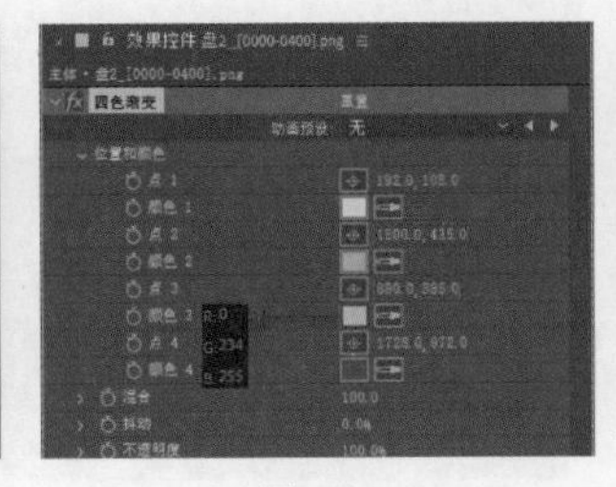

图7-216

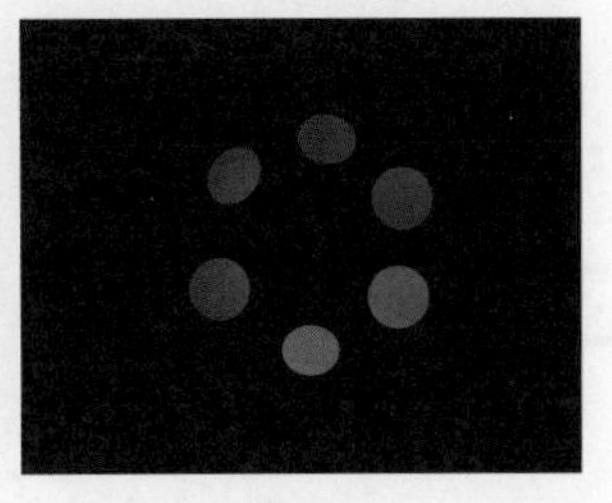

图7-217

06 选择“盘3_[0000-0400].png”图层，执行“效果>生成>四色渐变”菜单命令，然后在“效果控件”面板中展开“四色渐变”卷展栏，设置“点2”为（900,365）、“颜色2”为淡蓝色（R:0,G:192,B:255）、“点3”为（610,780）、“颜色3”为深蓝色（R:0,G:0,B:255），如图7-218所示。效果如图7-219所示。

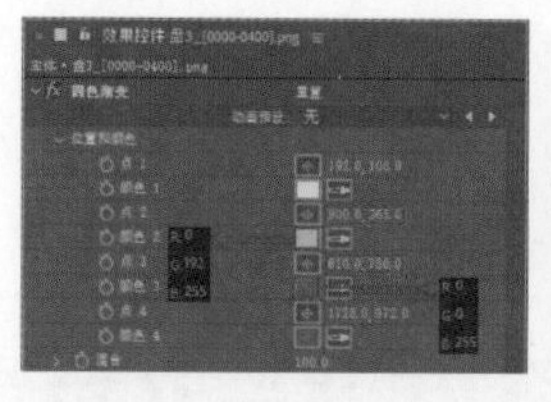
图7-218

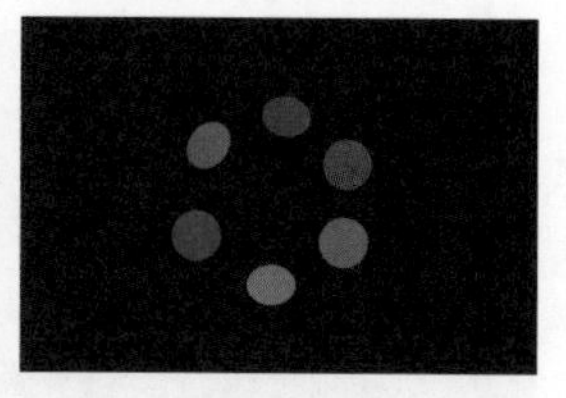
图7-219

07 选择所有的图层，执行“编辑>重复”菜单命令，将所有新增的图层重命名为“泛光”，如图7-220所示。选择所有的“泛光”图层，执行“效果>模糊和锐化>CC Radial Fast Blur”菜单命令，效果如图7-221所示。

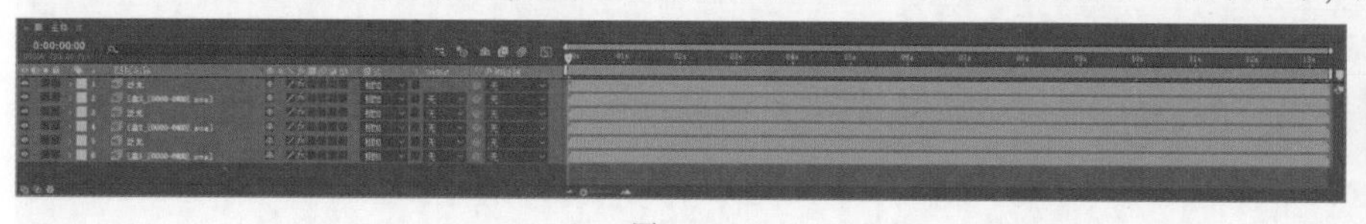
图7-220

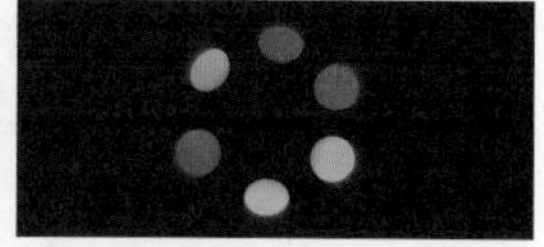
图7-221

08 新建一个合成，设置“合成名称”为“仿Siri智能助手”、“宽度”为1920px、“高度”为1080px、“帧速率”为30帧/秒、“持续时间”为0:00:13:10，如图7-222所示。新建一个“纯色”图层，设置“名称”为“背景”、“宽度”为1920像素、“高度”为1080像素，如图7-223所示。

09 选择“背景”图层，执行“效果>生成>四色渐变”菜单命令，在“效果控件”面板中展开“四色渐变”卷展栏，设置“点1”为（-765,-155）、“颜色1”为紫色（R:67,G:0,B:68）、“点2”为（2070,-150）、“颜色2”为深灰色（R:0,G:8,B:8）、“点3”为（-135,1190）、“颜色3”为黑色（R:0,G:0,B:0）、“点4”为（2250,1280）、“颜色4”为深蓝色（R:0,G:0,B:59），如图7-224所示。效果如图7-225所示。

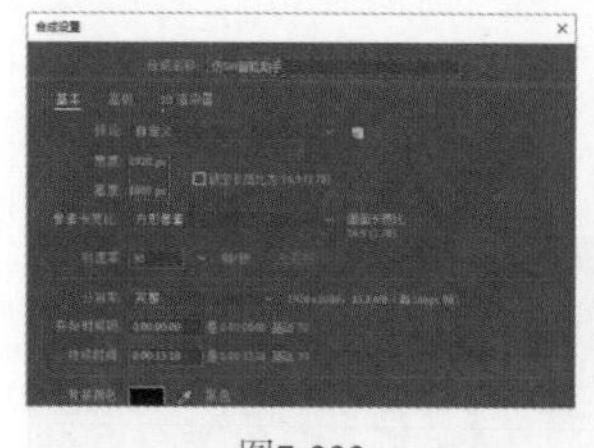
图7-222

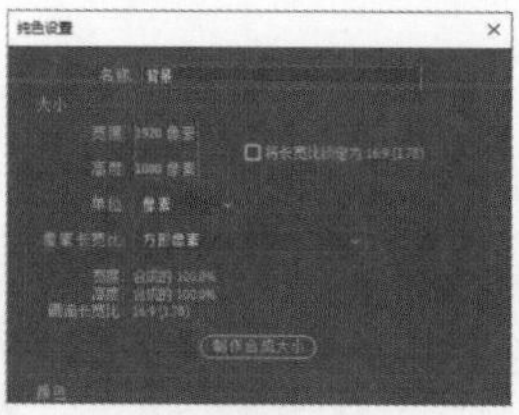

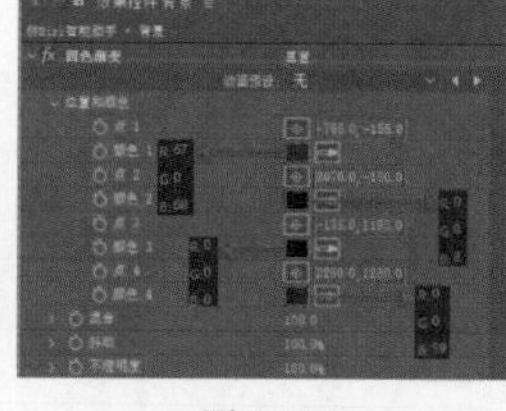
图7-223

图7-224

图7-225

10 移动“项目”面板中的“外壳[0000-0400].png”“主体”文件至“时间轴”面板中，图层的排列顺序从上到下依次为“主体”“外壳[0000-0400].png”“背景”，如图7-226所示。效果如图7-227所示。

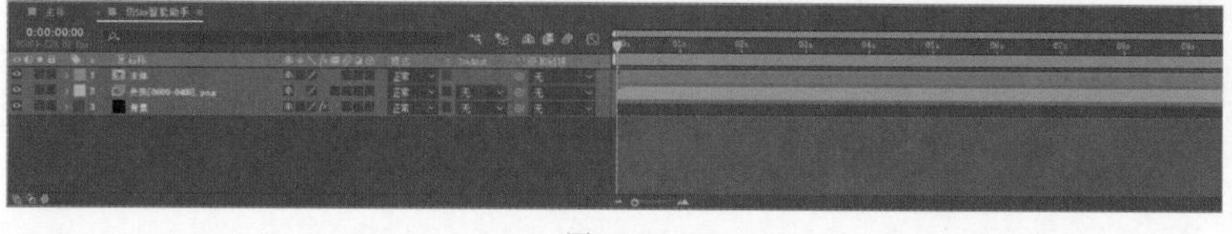
图7-226

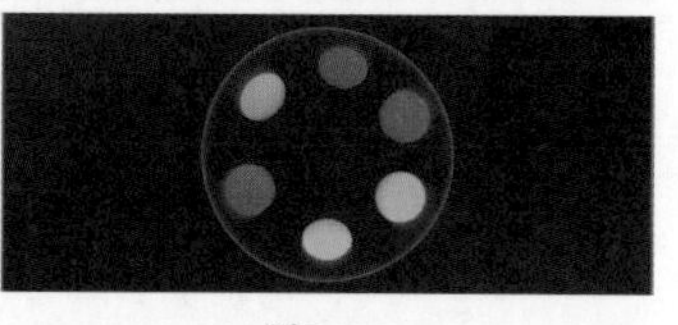
图7-227

11 选择“外壳[0000-0400].png”图层，执行“效果>生成>四色渐变”菜单命令，在“效果控件”面板中展开“四色渐变”卷展栏，设置“颜色1”为红色（R:128,G:0,B:0）、“颜色2”为绿色（R:0,G:128,B:29）、“颜色3”为深紫色（R:128,G:0,B:128）、“颜色4”为深蓝色（R:0,G:0,B:128），如图7-228所示。效果如图7-229所示。

12 选择“外壳[0000-0400].png”图层，然后执行“效果>模糊和锐化>高斯模糊”菜单命令，在“效果控件”面板中展开“高斯模糊”卷展栏，设置“模糊度”为30并单击其左侧的按钮，如图7-230所示。

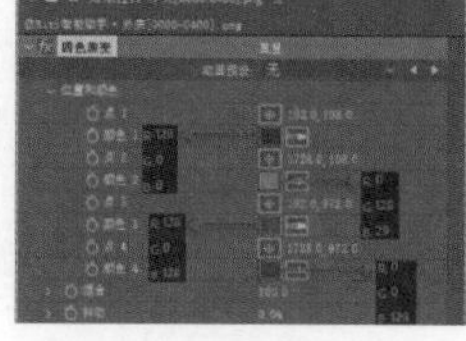
图7-228

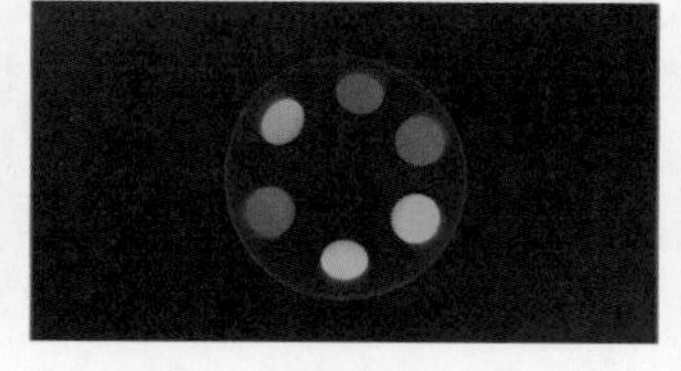
图7-229

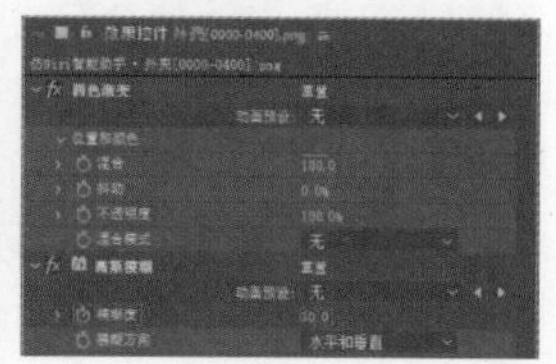
图7-230

13 设置时间码为0:00:01:00，然后在“效果控件”面板中设置“模糊度”为0，如图7-231所示。设置时间码为0:00:11:00，框选0:00:01:00处的关键帧，然后执行“编辑>复制”和“编辑>粘贴”菜单命令，如图7-232所示。

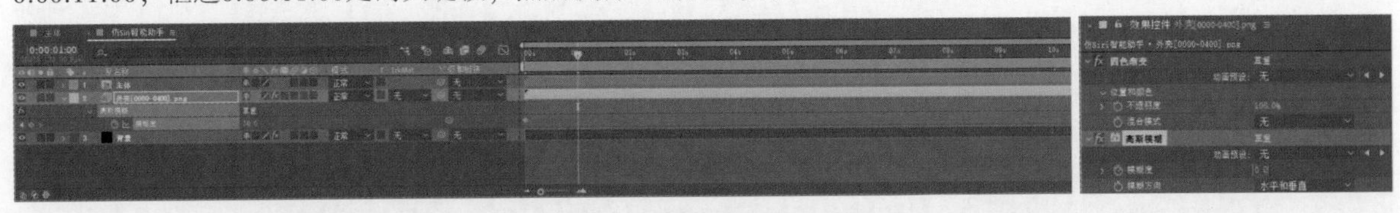

图7-231

图7-232

14 设置时间码为0:00:12:00，框选0:00:00:00处的关键帧，然后执行“编辑>复制”和“编辑>粘贴”菜单命令，如图7-233所示。效果如图7-234所示。设置时间码为0:00:00:00，选择“效果控件”面板中的“高斯模糊”参数，然后执行“编辑>复制”菜单命令。选择“主体”图层，在“效果控件”面板中执行“编辑>粘贴”菜单命令，如图7-235所示。效果如图7-236所示。

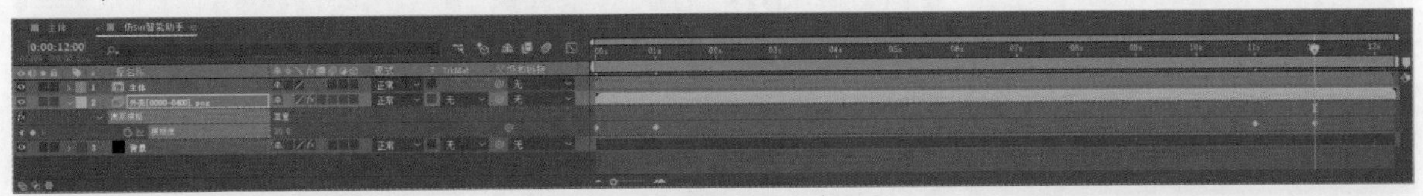

图7-233

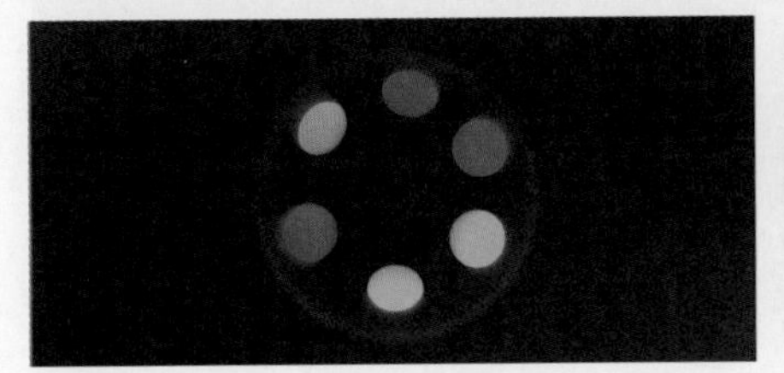

图7-234

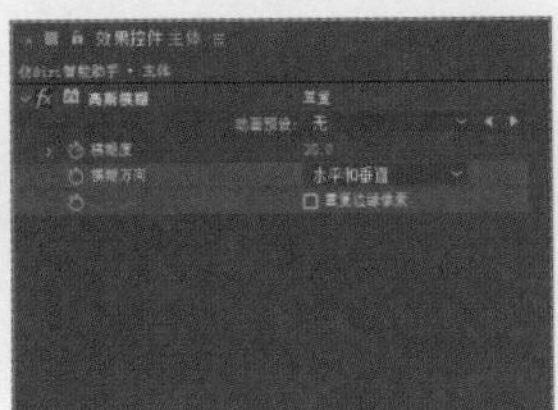

图7-235

图7-236

实战：音频波谱

场景位置	场景文件>CH07>实战：音频波谱
实例位置	实例文件>CH07>实战：音频波谱
难易程度	★★★☆☆
学习目标	掌握“属性关联器”的用法

音频波谱的效果如图7-237所示，制作分析如下。

将从Cinema 4D中导出的模型位置信息在After Effects中通过“属性关联器”，与“3D图层”化后的合成进行关联，这是Cinema 4D与After Effects紧密结合的方式之一。

图7-237

01 在Cinema 4D中使用参数化对象、"效果器"、"变形器"等工具制作音频波谱的主体动画模型，如图7-238所示。

02 在赋予主体动画模型材质后，导出图形序列，效果如图7-239所示。

图7-238

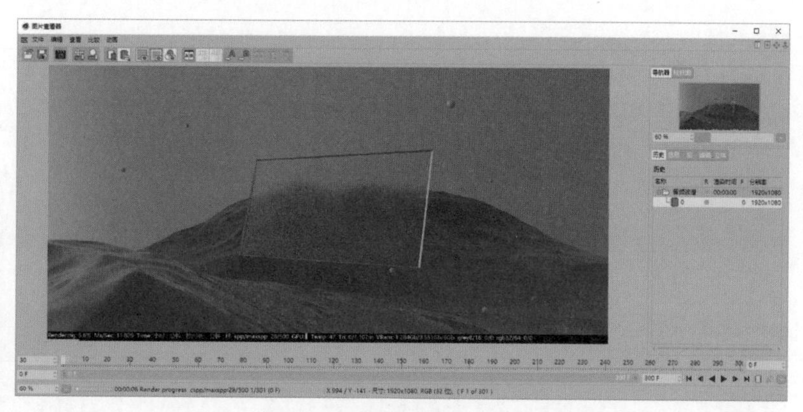

图7-239

03 在After Effects中导入以上步骤中导出的图形序列，使用"音频频谱""发光"等菜单命令制作单个音频波谱效果，如图7-240所示。

04 复制并叠加图形效果，然后设置"音频频谱"的相关参数，效果如图7-241所示。

05 通过"属性关联器"按钮将使用"3D图层"菜单命令处理后的合成进行关联，完成最终效果，如图7-242所示。

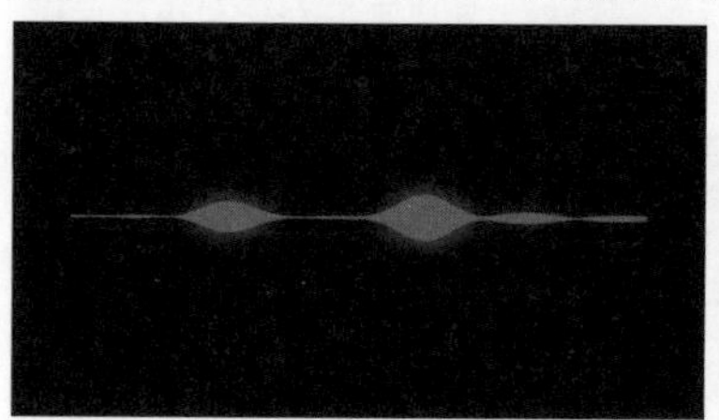

图7-240

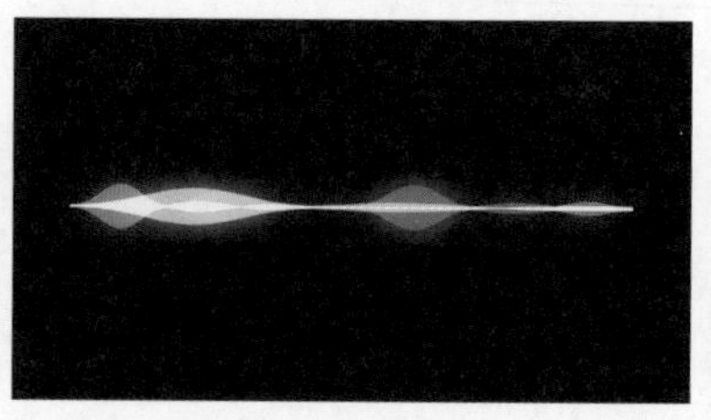

图7-241

图7-242

7.3 GPS

全球定位系统（Global Positioning System，GPS）是5G时代不可或缺的，其促进了物流系统的发展。

实战：行踪定位

场景位置	场景文件 > CH07 > 实战：行踪定位
实例位置	实例文件 > CH07 > 实战：行踪定位
难易程度	★★★★☆
学习目标	掌握遮罩的用法

行踪定位的效果如图7-243所示，制作分析如下。

在进行粒子效果制作时，需要先预留粒子遮罩的部分，本案例中将圆柱体作为遮罩区域。圆柱体是实体模型，将其作为遮罩，可以使应用遮罩之后的动画效果更加自然。

图7-243

◎ 城市场景模型制作

01 打开Cinema 4D，执行“渲染>编辑渲染设置”菜单命令，选择“输出”，设置“宽度”为1920像素、“高度”为1080像素，如图7-244所示。执行“创建>对象>圆盘”菜单命令，将“圆盘”对象重命名为“路面”，然后在“属性”面板中设置“圆盘分段”为32、“旋转分段”为64，如图7-245所示。效果如图7-246所示。

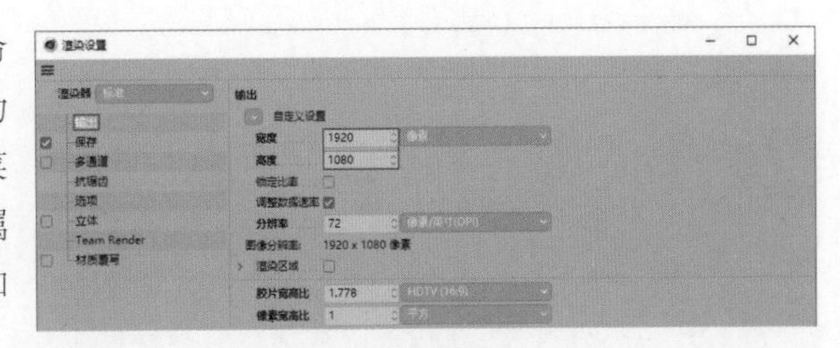

图7-244

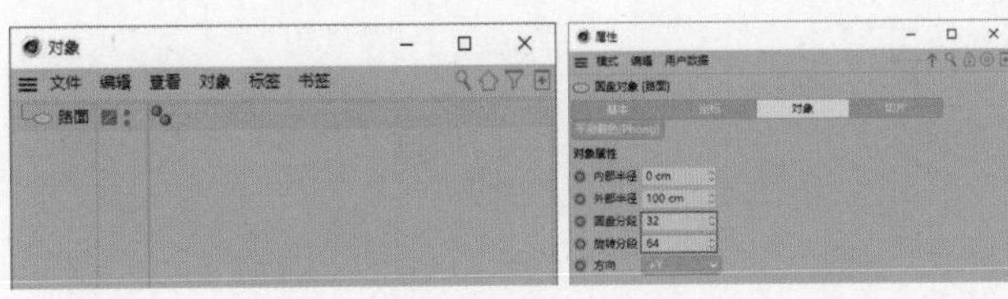

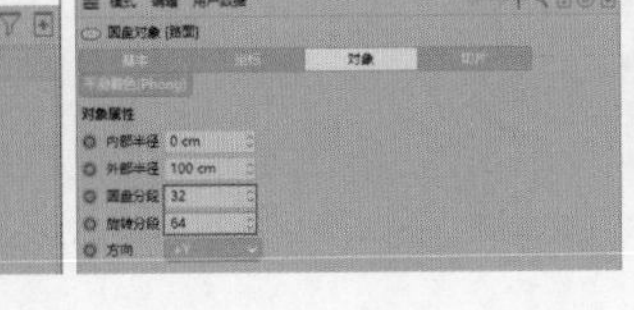

图7-245

图7-246

02 切换到顶视图，选择“路面”对象，执行“网格>转换>转为可编辑对象”菜单命令，然后选择“多边形”工具和“实时选择”工具，选择图7-247所示的边。

03 保持当前选择不变，执行“网格>命令>分裂”菜单命令，然后将新增的“路面.1”对象重命名为“楼体”，接着切换到透视视图。选择“楼体”对象，执行“扩展>Topoformer”菜单命令，然后移动Topoformer对象至“楼体”对象内，如图7-248所示。选择Topoformer对象，在“属性”面板中设置Topology Type为Beeple、Delta为28%，如图7-249所示。

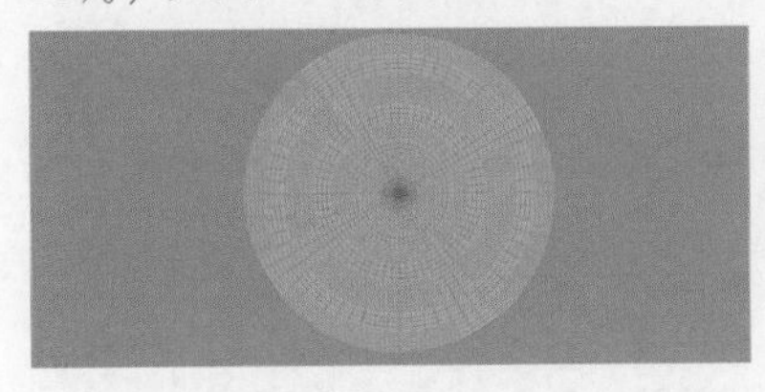

图7-247

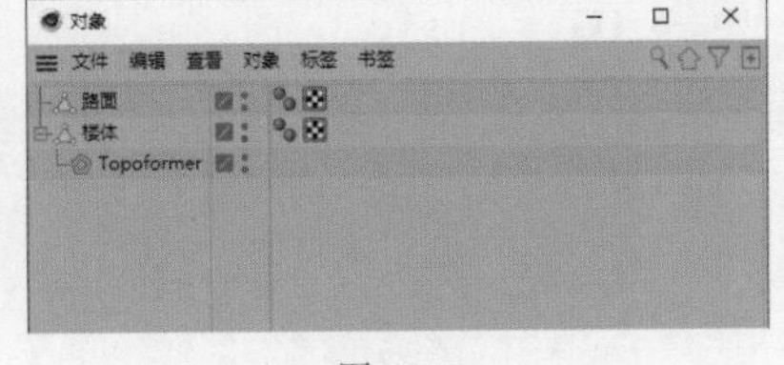

图7-248

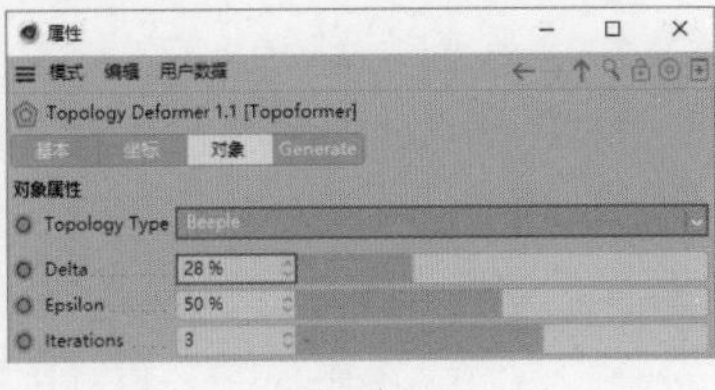

图7-249

04 保持当前选择不变，在“属性”面板中单击Generate选项卡中的Create按钮 Create ，如图7-250所示。效果如图7-251所示。执行“创建>域>球体域”菜单命令，然后选择“楼体”对象中的Extrude对象，将“对象”面板中的“球体域”对象移动至“属性”面板的“域”列表框中，如图7-252所示。

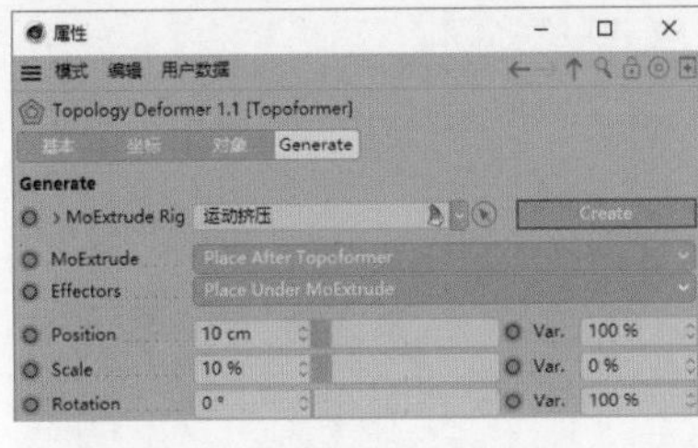

图7-250

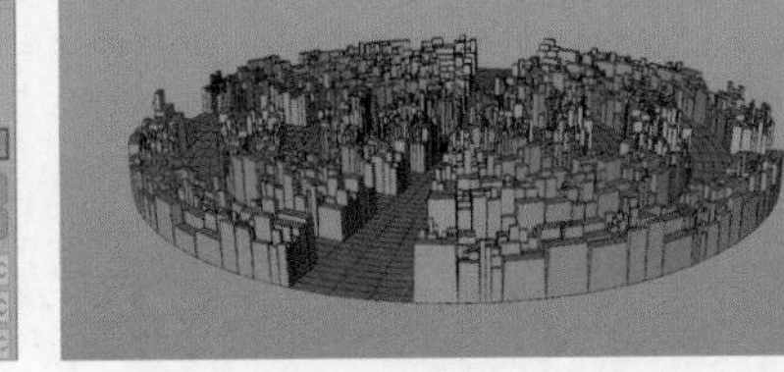

图7-251

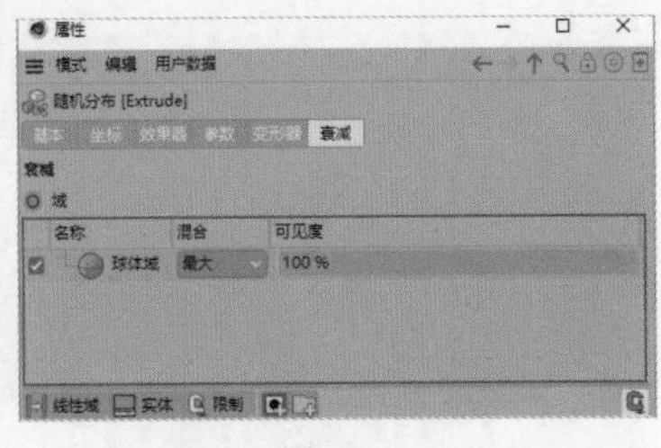

图7-252

05 移动“球体域”对象至Extrude对象内，然后将“球体域”对象重命名为“楼体域”，如图7-253所示。效果如图7-254所示。切换到顶视图，选择“路面”对象，选择图7-255所示的部分。

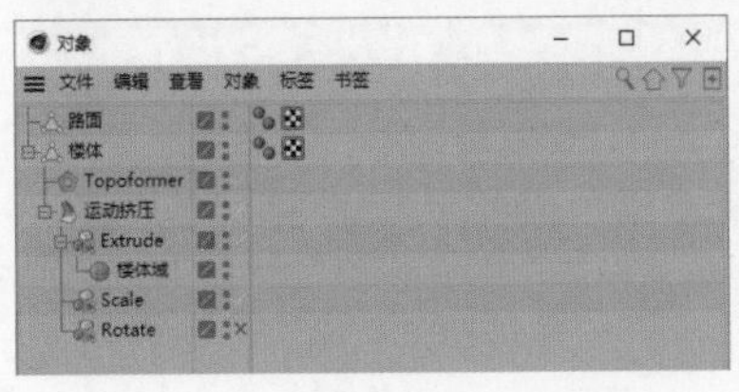

图7-253

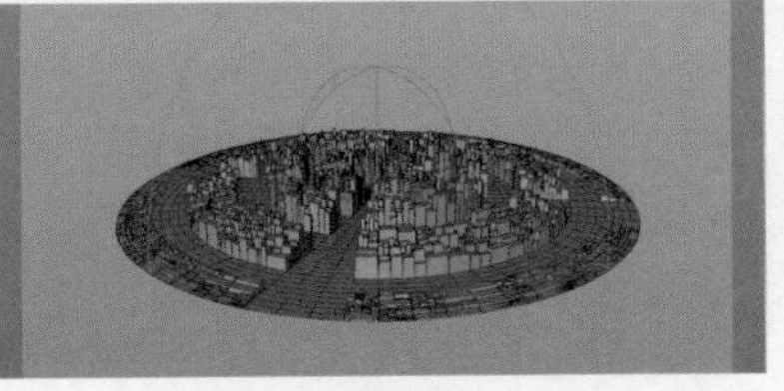

图7-254

图7-255

06 执行“网格>命令>分裂”菜单命令，选择新增的对象“路面.1”，执行“网格>命令>消除”菜单命令。选择“多边形”工具，执行“选择>全选”菜单命令，然后执行“网格>命令>提取样条”菜单命令，得到新增的对象“路面.1.样条”，接着将“路面.1.样条”对象重命名为“行踪路径”并移动至“路面.1”对象之后，最后选择“路面.1”对象，执行“编辑>删除”菜单命令，如图7-256所示。

07 切换到透视视图，选择“行踪路径”对象，在“属性”面板中设置P.X为0cm、P.Y为1cm、P.Z为0cm，然后勾选“闭合样条”复选框，设置“角度”为2°，如图7-257所示。效果如图7-258所示。设置时间轴时长为0～300F、当前帧为0F，如图7-259所示。

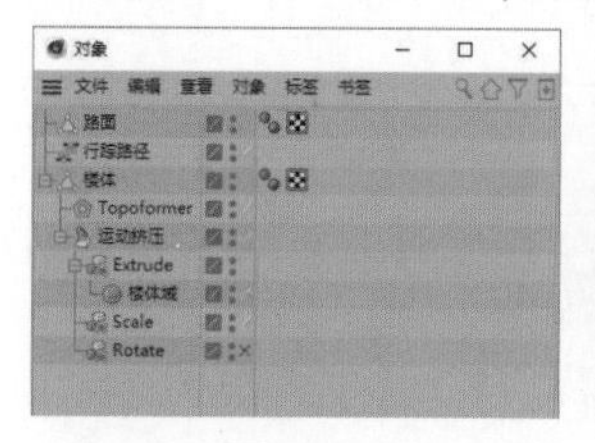
图7-256

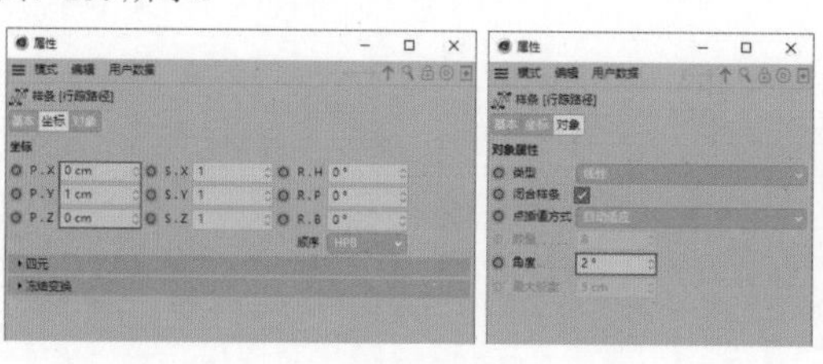
图7-257

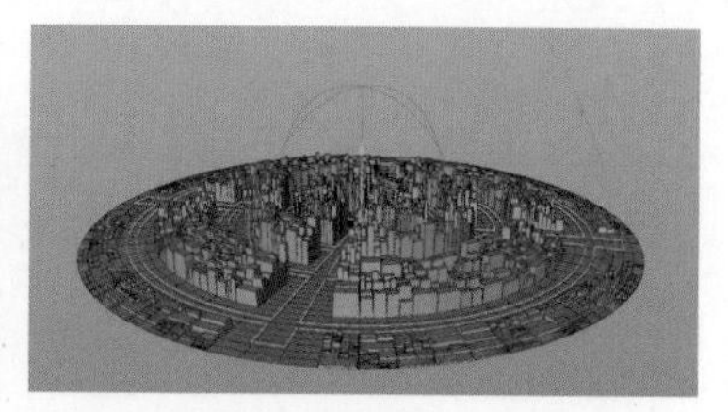
图7-258

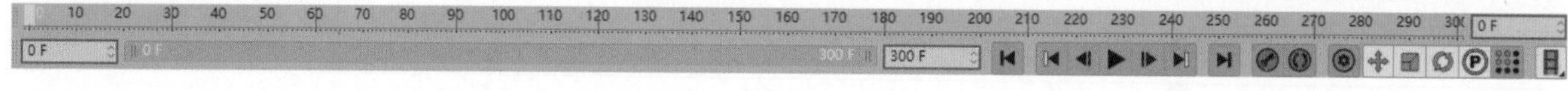
图7-259

08 执行“创建>灯光>灯光”菜单命令，然后执行“运动图形>克隆”菜单命令，将“克隆”对象重命名为“行踪”，将“灯光”对象重命名为M，接着移动M对象至“行踪”对象内。选择“行踪”对象，在“属性”面板中设置“模式”为“对象”，然后移动“对象”面板中的“行踪路径”对象至“属性”面板的“对象”参数上，接着设置“数量”为20、“偏移变化”为100%，最后单击“偏移”左侧的按钮，如图7-260所示。

09 设置当前帧为300F，然后设置“偏移”为100%并单击其左侧的按钮，如图7-261所示。效果如图7-262所示。选择“行踪”对象，执行“编辑>复制”和“编辑>粘贴”菜单命令，然后将新增的对象重命名为“灯光遮罩”，接着创建一个圆柱体，在“属性”面板中设置“半径”为0.125cm、“高度”为20cm，如图7-263所示。

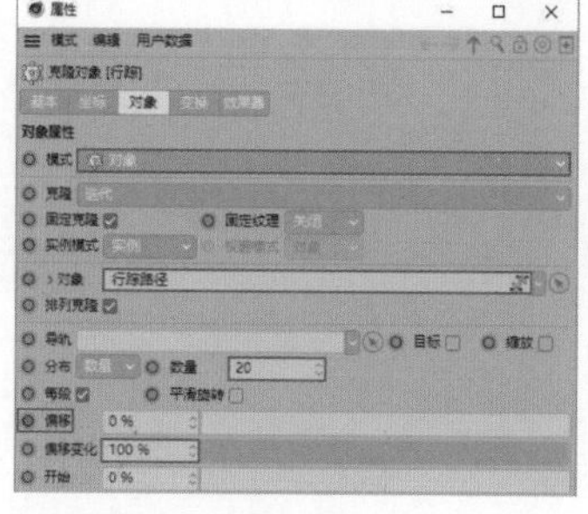
图7-260

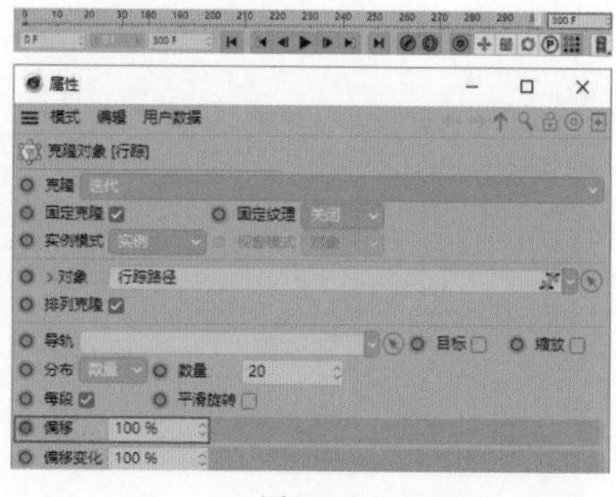
图7-261

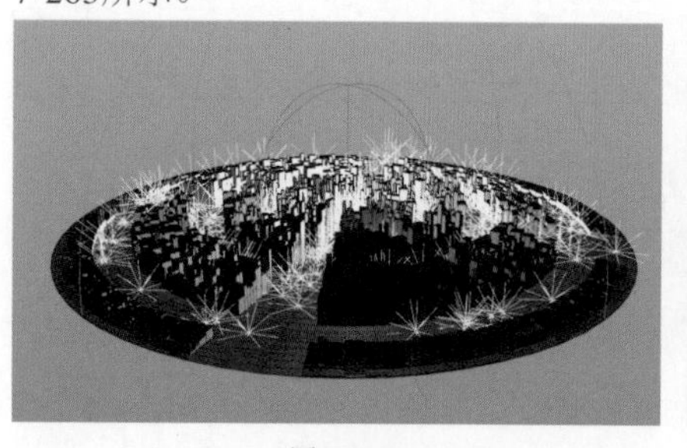
图7-262

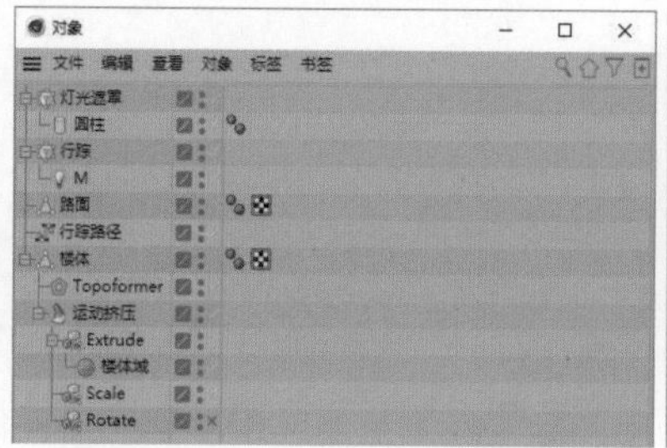
图7-263

10 执行“运动图形>效果器>简易”菜单命令，在“属性”面板中取消勾选“位置”复选框，然后勾选“缩放”“等比缩放”复选框，设置“缩放”为-1，如图7-264所示。设置当前帧为0F，然后执行“创建>域>球体域”菜单命令，在“属性”面板中设置“尺寸”为0cm并单击其左侧的按钮，如图7-265所示。

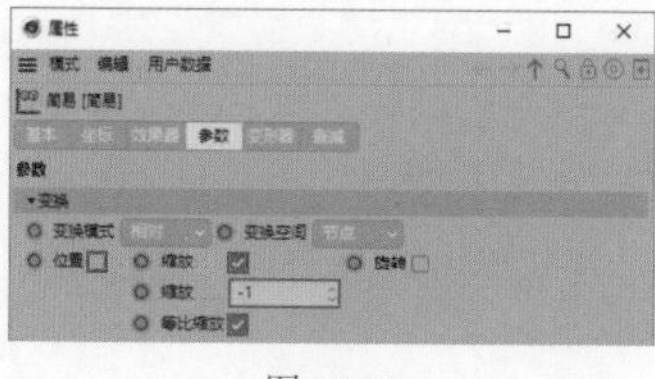
图7-264

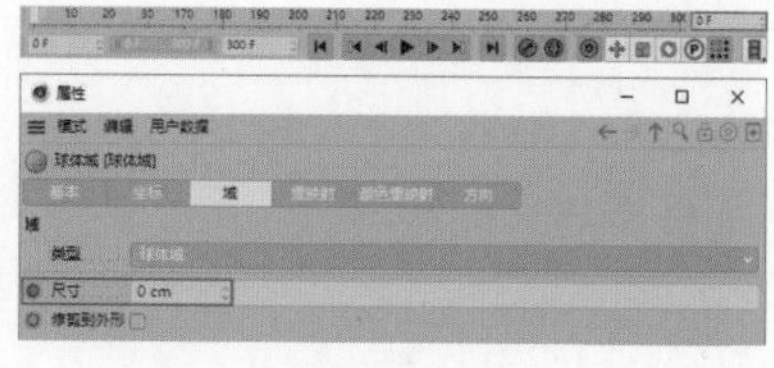
图7-265

11 保持当前选择不变，设置当前帧为300F，然后在“属性”面板中设置“尺寸”为200cm并单击其左侧的按钮，接着勾选“反向”复选框，如图7-266所示。选择“简易”对象，移动“对象”面板中的“球体域”对象至“属性”面板的“域”列表框中，如图7-267所示。移动“球体域”对象至“简易”对象内，然后将“球体域”对象重命名为“遮罩域”，如图7-268所示。

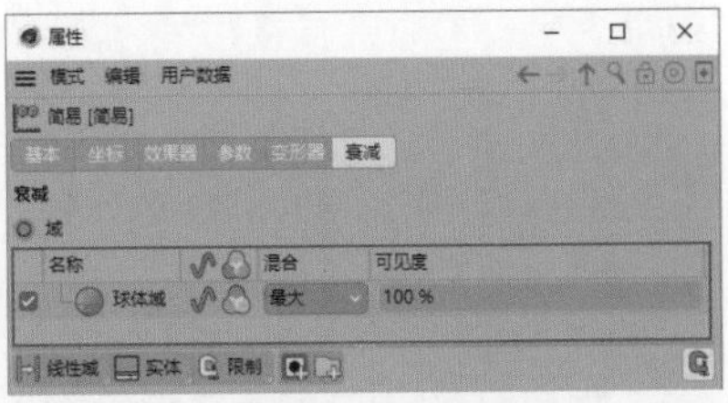

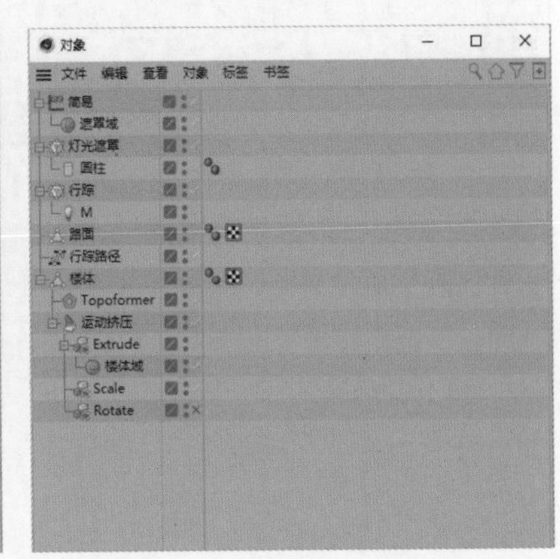

图7-267

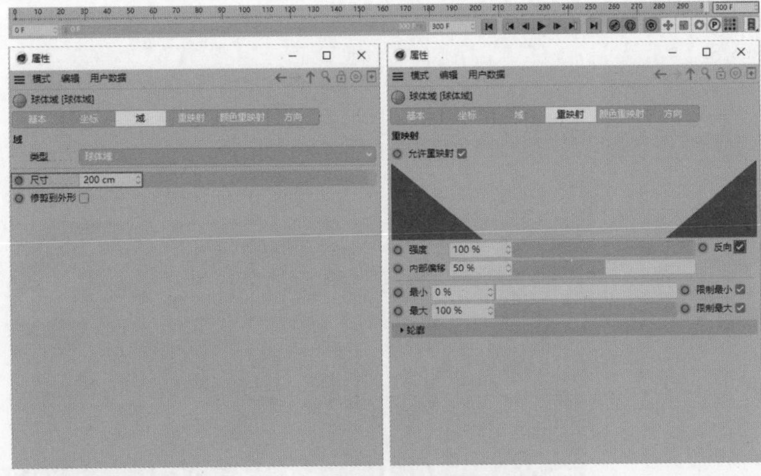

图7-266

图7-268

12 选择“灯光遮罩”对象，移动“对象”面板中的“简易”对象至“属性”面板的“效果器”列表框中，如图7-269所示。效果如图7-270所示。执行“创建>样条>圆弧”菜单命令，将“圆弧”对象重命名为“摄像机路径”，然后选择“摄像机路径”对象，在“属性”面板中设置P.X为-55cm、P.Y为-3.5cm、P.Z为100cm、R.H为-70°、R.P为155°、R.B为40°，如图7-271所示。

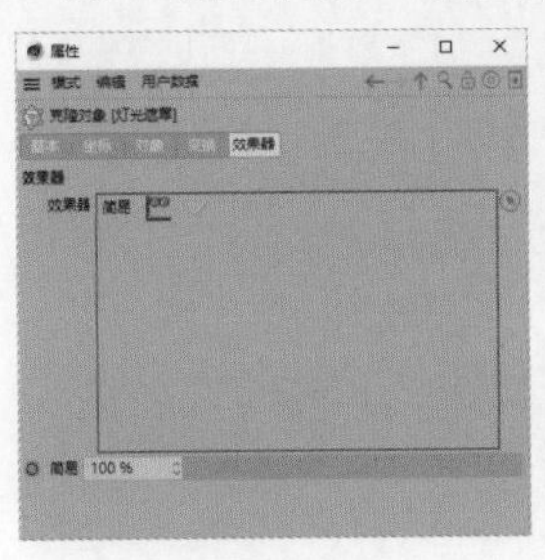

图7-269

图7-270

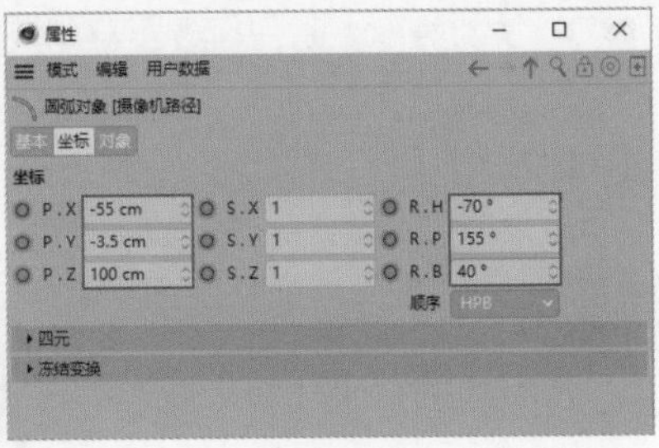

图7-271

13 执行“创建>摄像机>摄像机”菜单命令，选择“摄像机”对象，然后执行“创建>标签>CINEMA 4D标签>对齐曲线”菜单命令，接着执行“创建>标签>CINEMA 4D标签>目标”菜单命令，“对象”面板如图7-272所示。选择“摄像机”对象，移动“对象”面板中的“楼体”对象至“属性”面板的“目标对象”参数上，如图7-273所示。

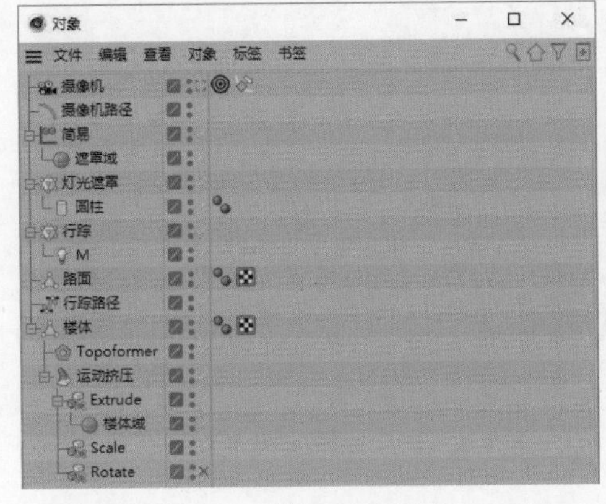

图7-272

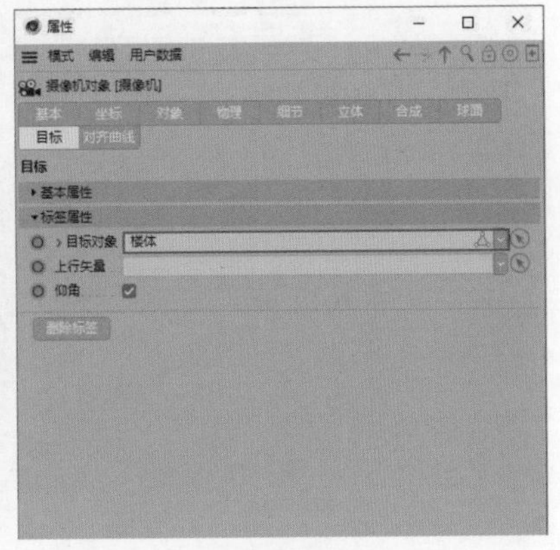

图7-273

14 设置当前帧为0F，选择“摄像机”对象，然后移动“对象”面板中的“摄像机路径”对象至“属性”面板的“曲线路径”参数上，接着单击“位置”左侧的◎按钮，如图7-274所示。保持当前选择不变，设置当前帧为300F，然后在“属性”面板中设置“位置”为25%并单击其左侧的◎按钮，如图7-275所示。

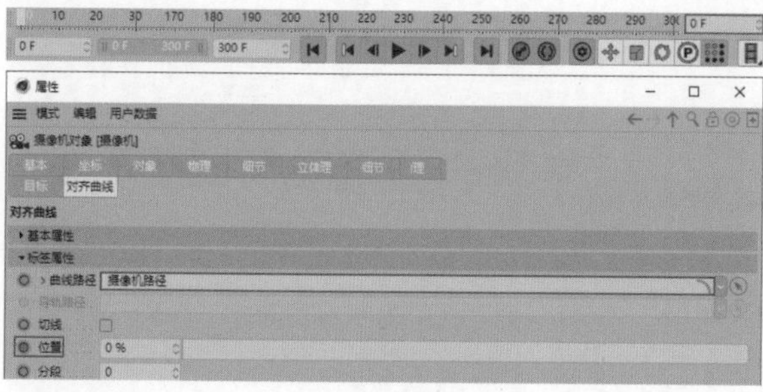

图7-274

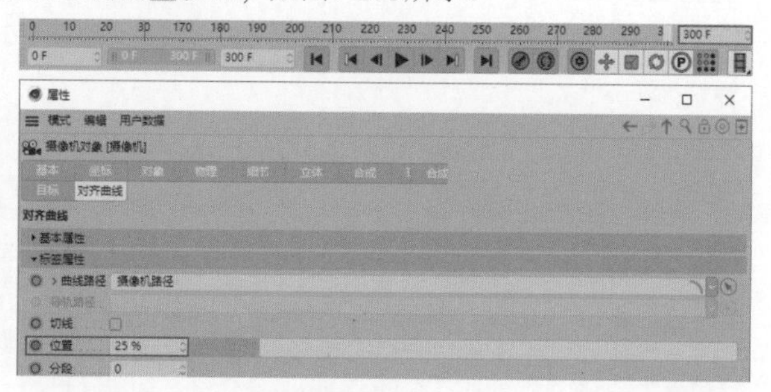

图7-275

15 在透视视图中执行“查看>作为渲染视图”菜单命令，然后单击“对象”面板中“摄像机”右侧的按钮切换至摄像机视角，效果如图7-276所示。

图7-276

◎ 城市场景模型渲染

01 执行“渲染>编辑渲染设置”菜单命令，在“渲染设置”对话框中设置“渲染器”为Octane Renderer，如图7-277所示。执行“Octane>Octane Dialog”菜单命令，然后在弹出的对话框中执行“Materials>Octane Glossy Material”菜单命令，如图7-278所示。

图7-277

02 双击“材质”面板中的材质球打开“材质编辑器”面板，设置其名称为“楼体”，然后选择Diffuse，并单击Color右侧的色块，接着设置H为0°、S为0%、V为0%，如图7-279所示。

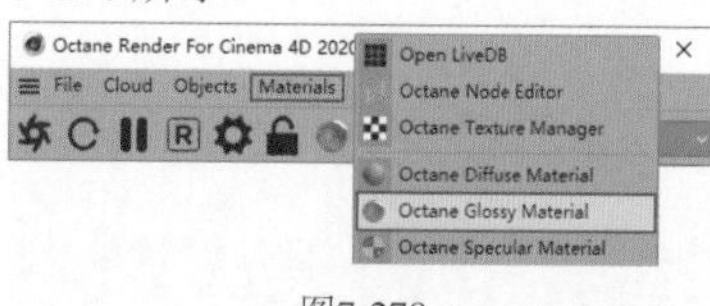

图7-278

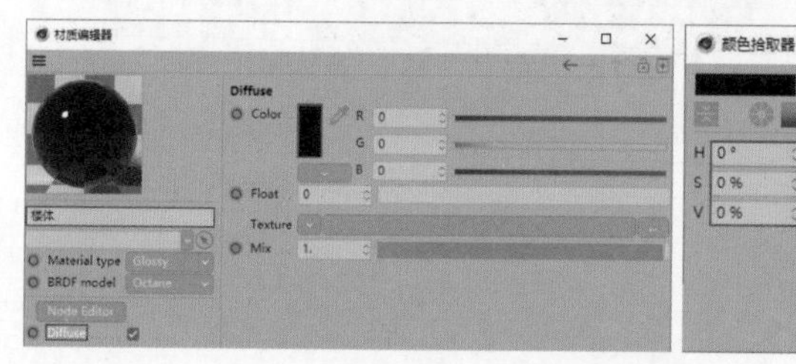

图7-279

03 在“材质编辑器”面板中，勾选Round edges复选框，然后单击Create round edges按钮 Create round edges ，接着单击Round edges右侧的RoundEdges，设置Radius为0.125cm，如图7-280所示。

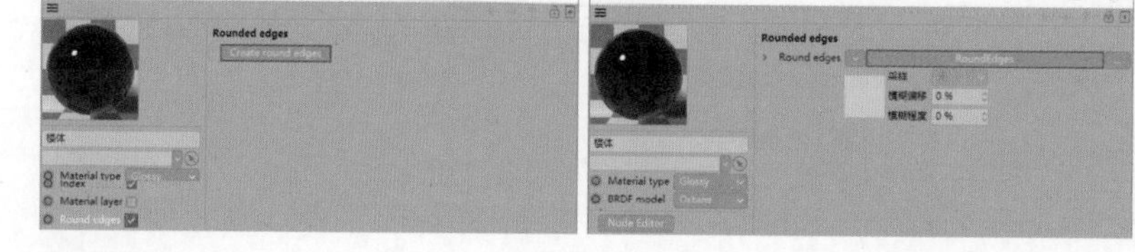

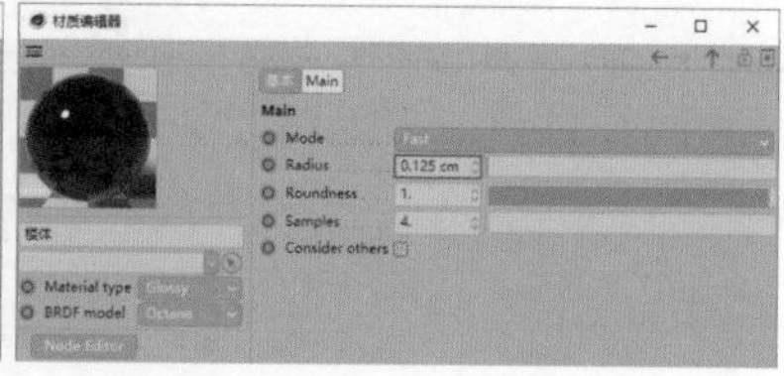

图7-280

04 单击Node Editor按钮 Node Editor ，打开Octane Node Editor对话框，具体参数设置如图7-281所示。

设置步骤

①拖曳Image texture、Transform、Projection至对话框右侧的空白区域。

②连接ImageTexture与“楼体”中的Bump。

③连接Transform与ImageTexture中的Transform。

④连接Texture Projection与ImageTexture中的Projection。

05 选择ImageTexture，然后在对话框右侧找到File，单击其右侧的按钮。选择材质文件“场景文件>CH07>实战：行踪定位>纹理_1.jpg”，如图7-282所示。

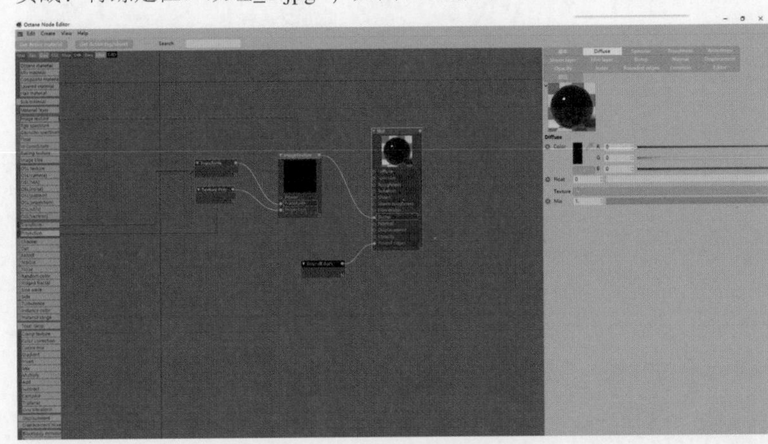

图7-281

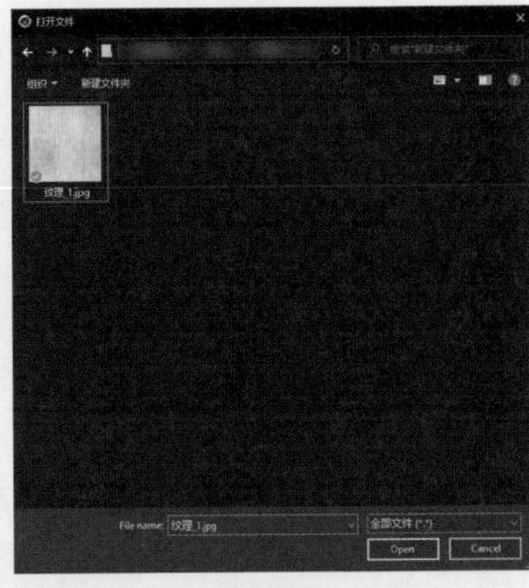

图7-282

06 回到Octane Node Editor对话框，设置Power为0.05，然后选择Transform，设置S.X、S.Y、S.Z为0.25，如图7-283所示。选择Texture Projection，然后设置Texture Projection为Box，如图7-284所示。

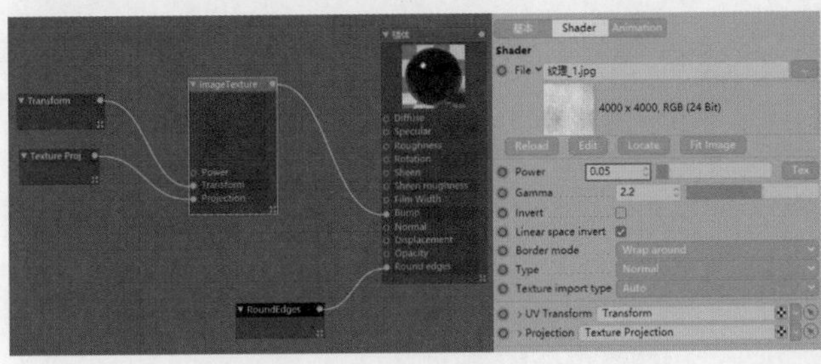

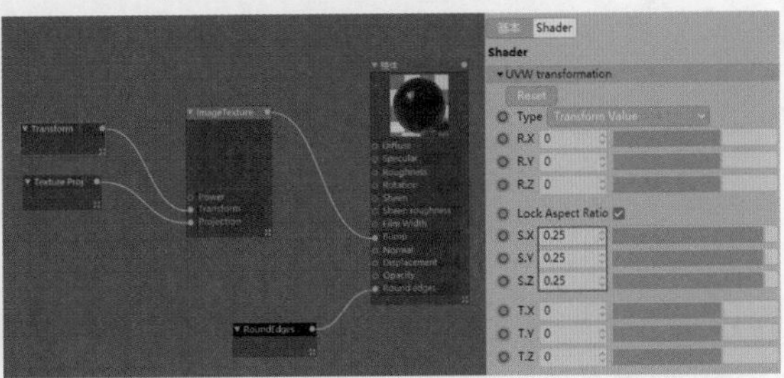

图7-283

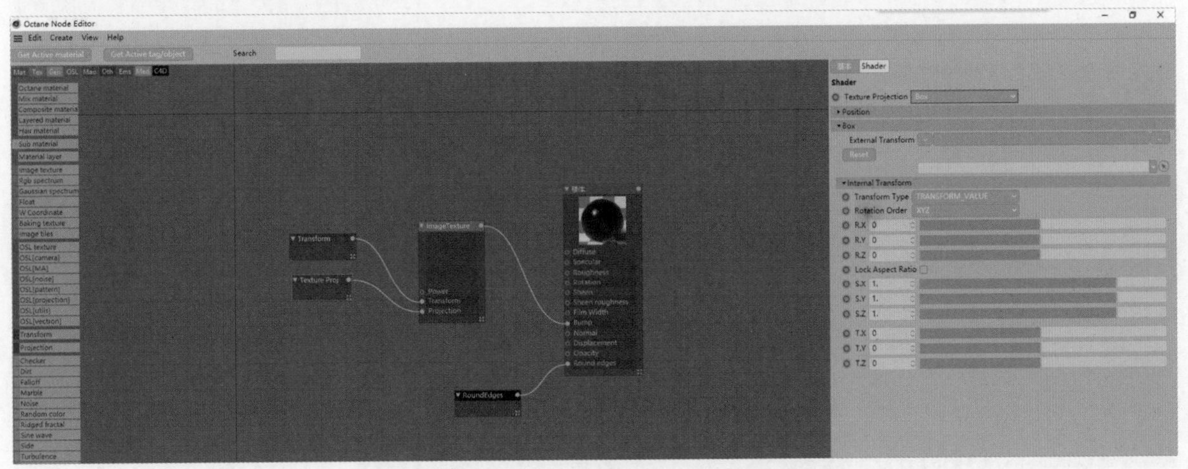

图7-284

07 执行“Octane>Octane Dialog”菜单命令，然后在弹出的对话框中执行“Objects>Lights>Octane Arealight”菜单命令。选择“对象”面板中的OctaneLight对象，将其重命名为“灯光1”。在“属性”面板中设置P.X为-80cm、P.Y为170cm、P.Z为-190cm，然后设置R.H为-20°、R.P为-40°、R.B为0°，如图7-285所示。

08 保持当前选择不变，在“属性”面板中设置Power为50、Opacity为0、Texture为“颜色”，如图7-286所示。单击Texture右侧的“颜色”，然后设置H为210°、S为100%、V为70%，如图7-287所示。

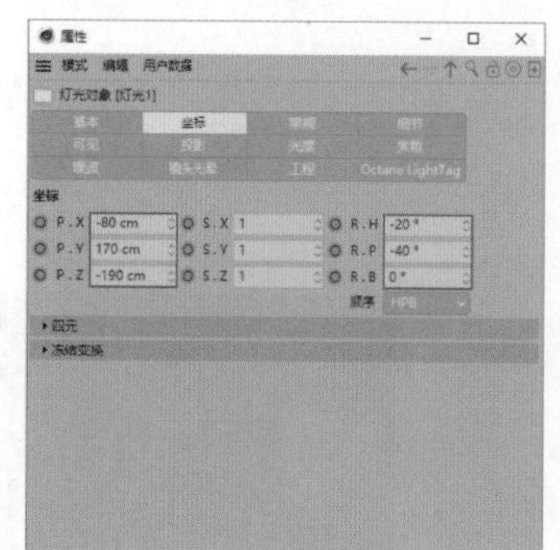

图7-285

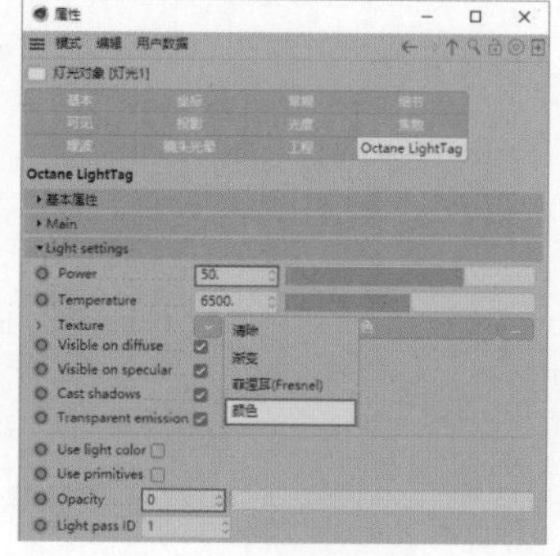

图7-286

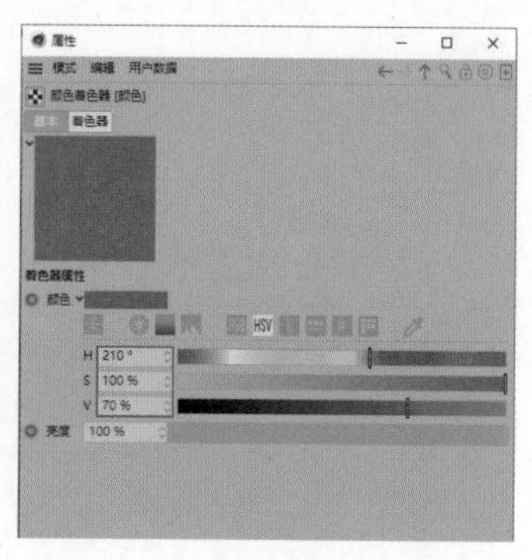

图7-287

09 选择“灯光1”对象，执行“编辑>复制”和“编辑>粘贴”菜单命令，将新增的对象重命名为“灯光2”。选择“灯光2”对象，然后在“属性”面板中设置P.X为160cm、P.Y为50cm、P.Z为120cm、R.H为130°、R.P为-15°、R.B为0°，如图7-288所示。

10 保持当前选择不变，设置Power为20、Opacity为0，然后单击Texture右侧的“颜色”，接着设置H为210°、S为100%、V为30%，如图7-289所示。

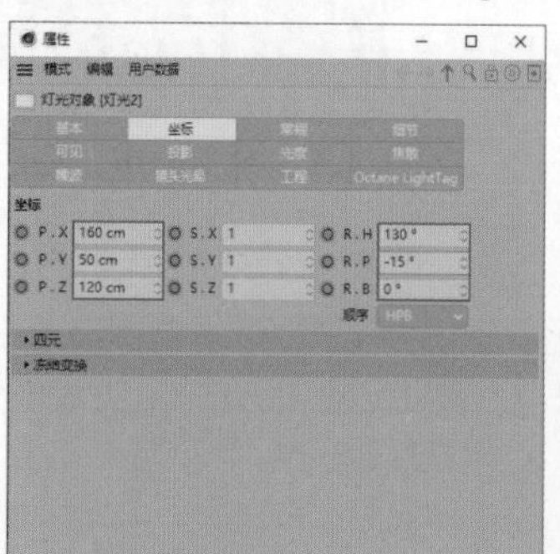

图7-288

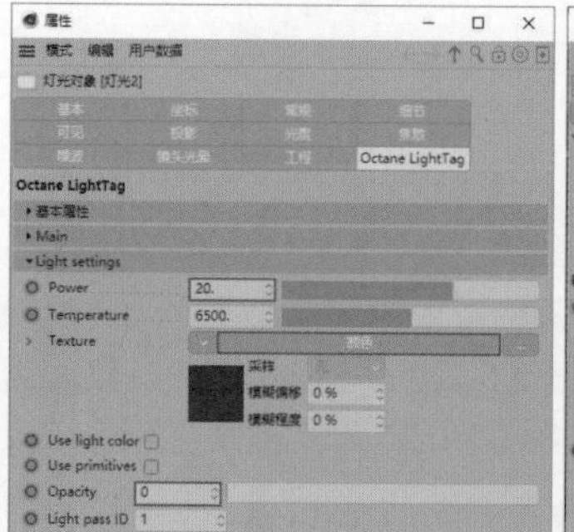

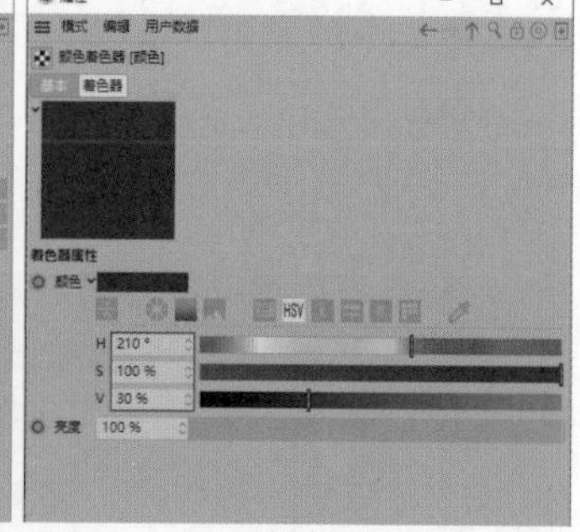

图7-289

11 执行“Octane>Octane Dialog”菜单命令，然后在弹出的对话框中执行“Objects>Hdri Environment”菜单命令。在“对象”面板中选择OctaneSky对象，然后在“属性”面板中单击Texture右侧的按钮，选择材质文件“场景文件>CH07>实战：行踪定位>环境天空材质_1.exr”，如图7-290所示。保持当前选择不变，在“属性”面板中设置Power为4、RotX为-0.4、RotY为-0.8，如图7-291所示。

图7-290

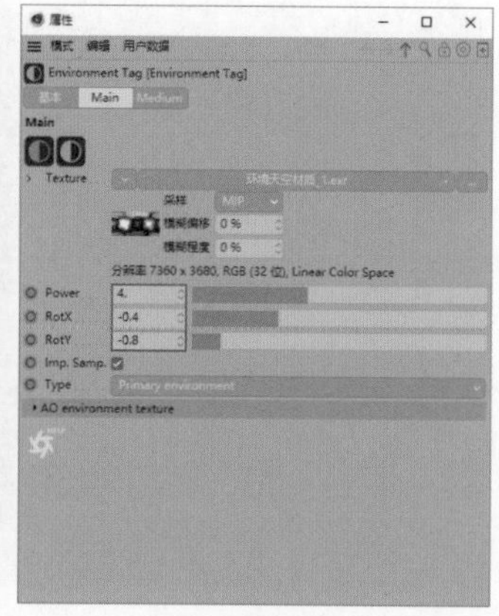

图7-291

12 移动“材质”面板中的“楼体”材质球至“对象”面板的“路面”“楼体”对象上，然后选择“行踪”对象，执行“创建>标签>CINEMA 4D标签>外部合成”菜单命令，在“属性”面板中勾选“子集”复选框，接着选择“灯光遮罩”对象，执行“创建>标签>CINEMA 4D标签>合成”菜单命令，在“属性”面板中展开“加入对象缓存”卷展栏，勾选第1行的“启用”复选框，最后隐藏“灯光遮罩”对象，如图7-292所示。

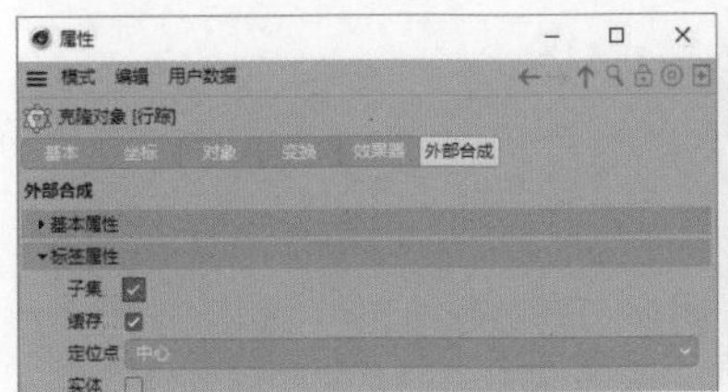

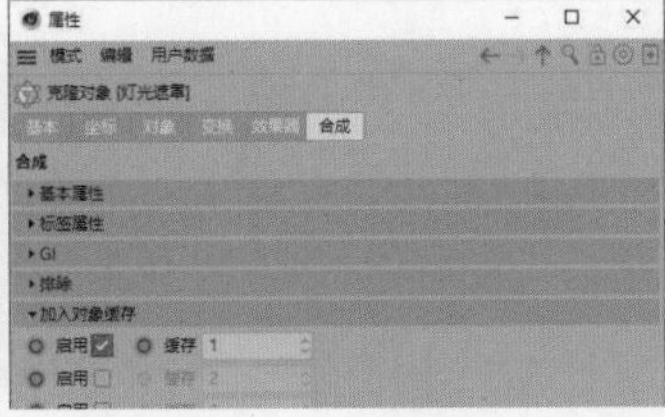

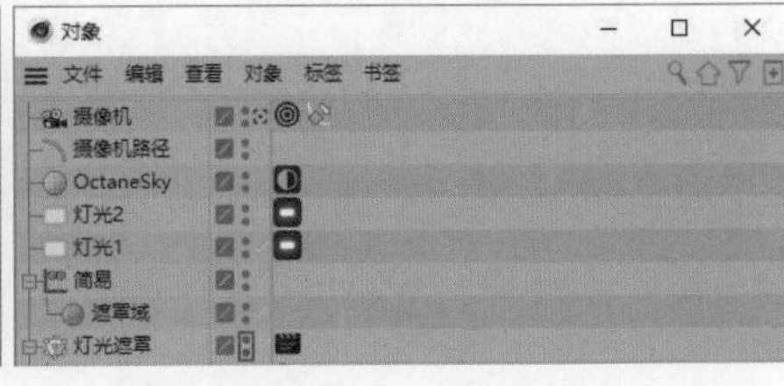

图7-292

13 执行“Octane>Octane Settings”菜单命令，在Octane Settings对话框中设置第1行参数为Pathtracing、Max. samples为500，如图7-293所示。执行“渲染>渲染活动视图”菜单命令，效果如图7-294所示。执行“渲染>编辑渲染设置”菜单命令，选择“输出”，设置“帧范围”为“全部帧”、“起点”为0F、“终点”为300F，如图7-295所示。

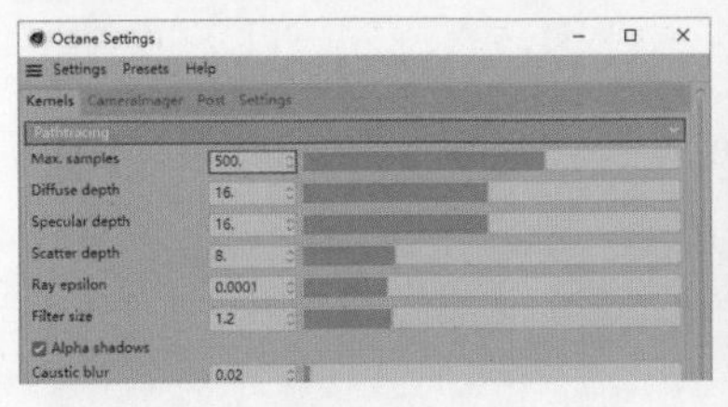

图7-293

图7-294

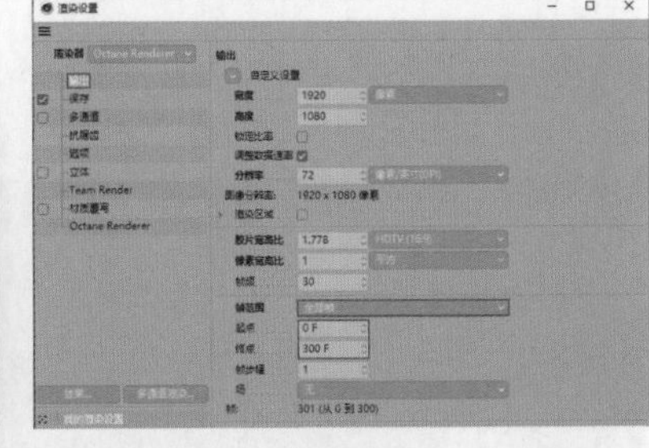

图7-295

14 选择“保存”，单击“文件”右侧的按钮选择文件保存路径，将文件命名为“行踪定位”，然后设置“格式”为PNG，接着展开“合成方案文件”卷展栏，勾选“保存”“相对”“包括时间线标记”“包括3D数据”复选框，如图7-296所示。

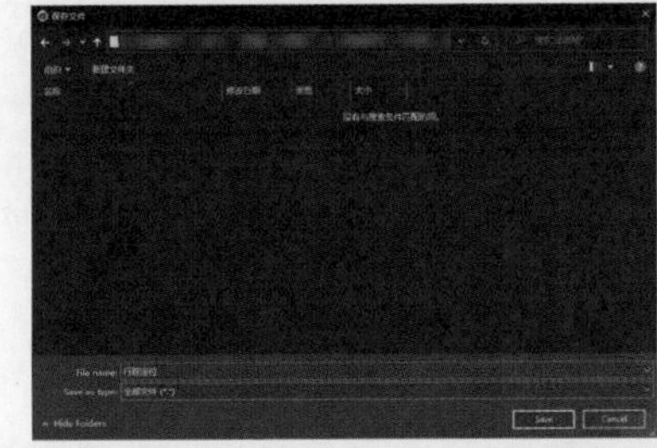

图7-296

15 执行“渲染>渲染活动视图”菜单命令，效果如图7-297所示。在“对象”面板中显示“灯光遮罩”对象，然后隐藏“行踪”对象，如图7-298所示。在“渲染设置”对话框中单击“多通道渲染”按钮 多通道渲染... ，然后选择“对象缓存”选项，完成后勾选“多通道”复选框，如图7-299所示。

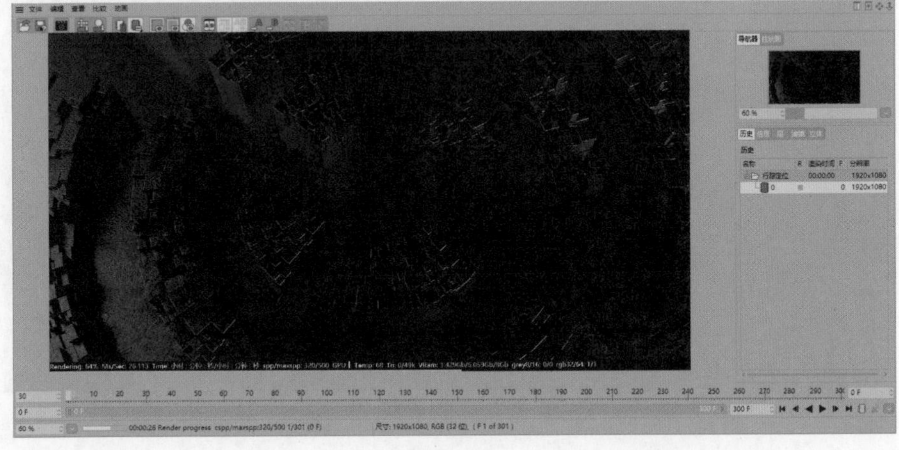

图7-297

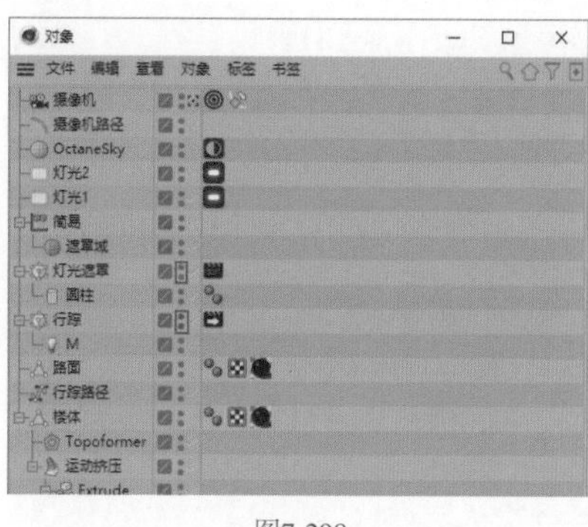

图7-298

图7-299

16 在“渲染设置”对话框中选择“保存”，取消勾选“常规图像”卷展栏中的“保存”复选框，然后取消勾选“合成方案文件”卷展栏中的“保存”“相对”“包括时间线标记”“包括3D数据”复选框，接着勾选“多通道图像”卷展栏中的“保存”复选框，最后单击“文件”右侧的按钮选择文件保存路径，将文件命名为“灯光遮罩”，并设置“格式”为PNG，如图7-300所示。

17 在“渲染设置”对话框中设置“渲染器”为“标准”，如图7-301所示。执行“渲染>渲染到图片查看器”菜单命令，效果如图7-302所示。

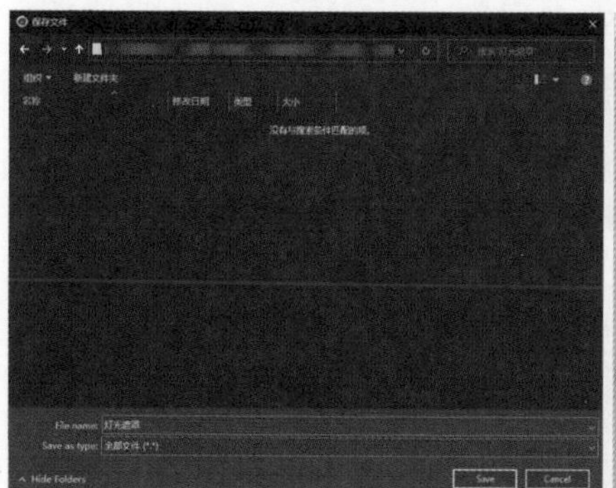

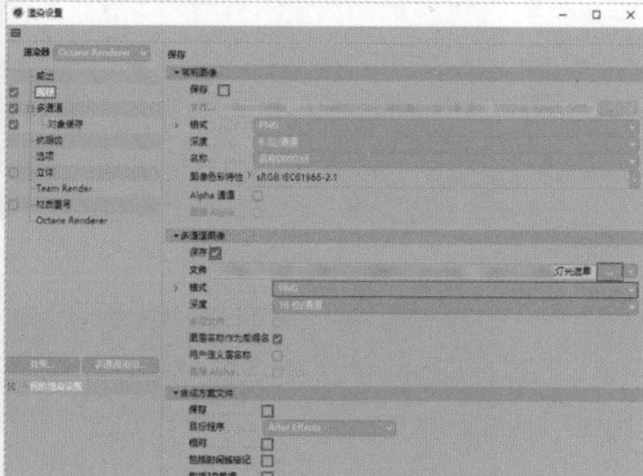

图7-300

图7-301

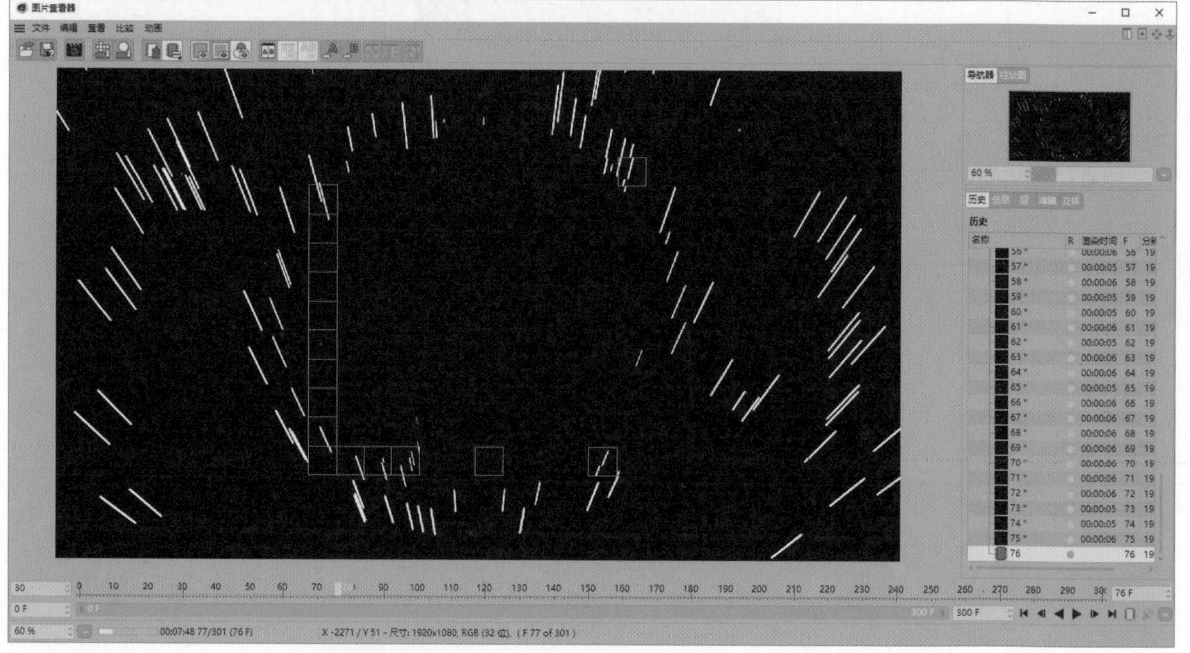

图7-302

◎ 行踪定位效果制作

01 打开After Effects，导入文件“场景文件>CH07>实战：行踪定位>行踪定位.aec”和“场景文件>CH07>实战：行踪定位>灯光遮罩_object_1_0000.png”，如图7-303所示。

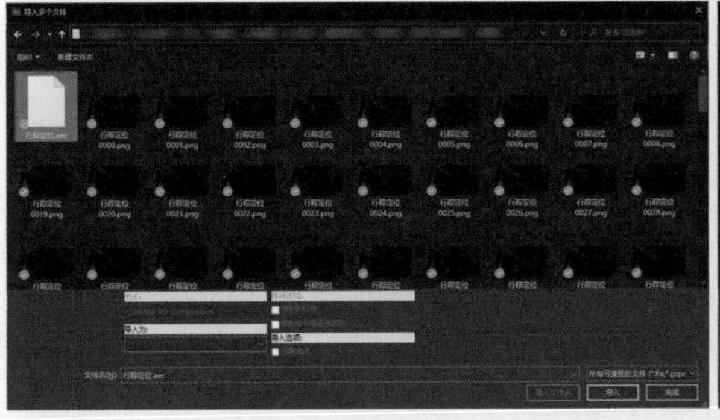
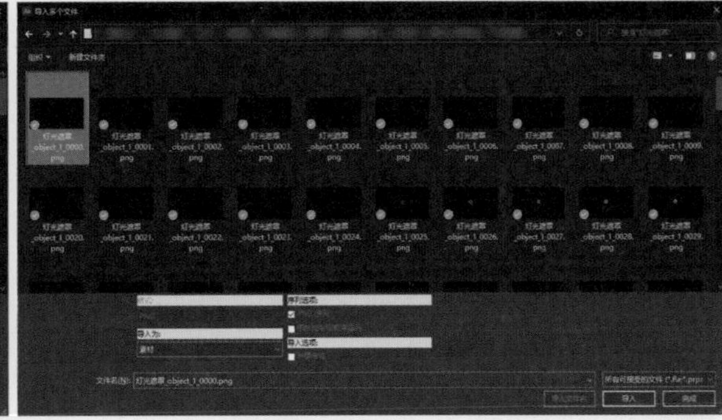

图7-303

02 展开“项目”面板中的“行踪定位”卷展栏，然后双击进入“行踪定位”合成中，接着选择“灯光1”“灯光2”“空白”“行踪定位[0000-0300].png”图层，执行“编辑>清除”菜单命令。新建一个“纯色”图层，设置“名称”为“白色粒子”、“宽度”为1920像素、“高度”为1080像素，如图7-304所示。

03 移动“白色粒子”图层至图层列表的底部，保持当前选择不变，执行“效果>Rowbyte>Plexus”菜单命令，“时间轴”面板如图7-305所示。选择Plexus面板中的“Add Geometry>Layers”选项，然后选择Plexus Layers Object指令，如图7-306所示。在“效果控件”面板中单击Layer Name Begins with右侧的<All Lights>，然后在弹出的对话框中输入M，如图7-307所示。

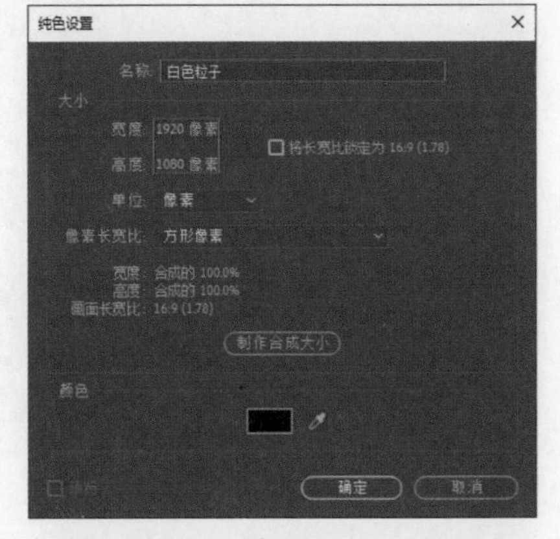

图7-304

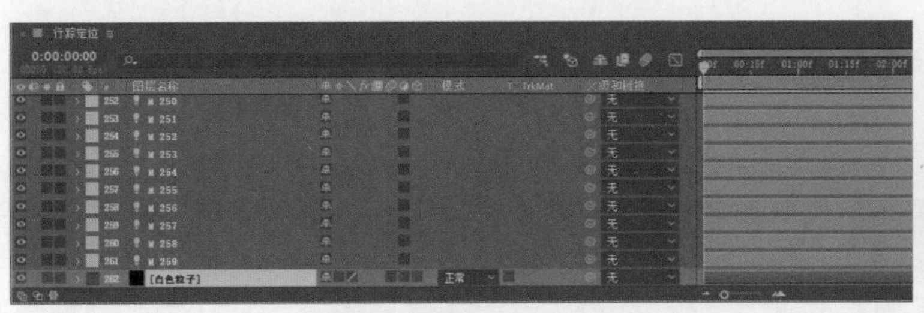

图7-305

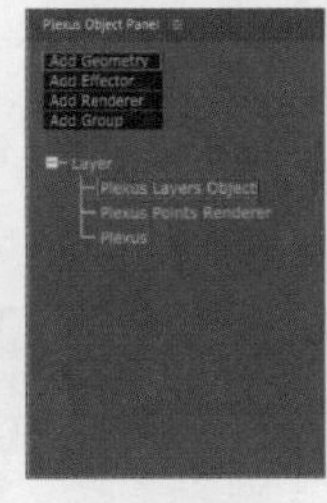

图7-306

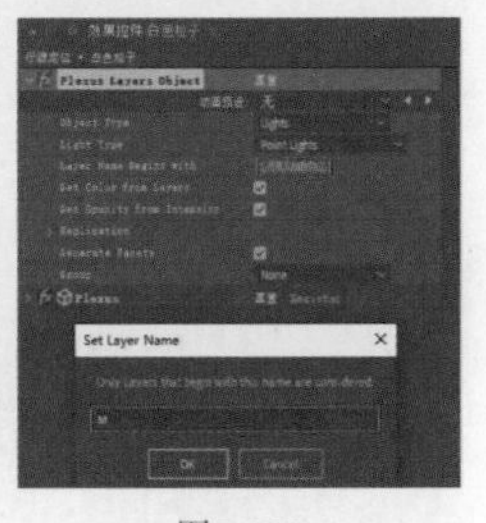

图7-307

04 选择Plexus面板中的Plexus Points Renderer指令，然后在“效果控件”面板中设置Points Size为0.05，取消勾选Get Color From Vertices、Get Opacity From Vertices复选框，接着设置Points Opacity为100%，如图7-308所示。选择Plexus面板中的“Add Effector>Noise”选项，然后选择Plexus Noise Effector指令，如图7-309所示。在“效果控件”面板中设置Apply Noise To（Vertices）为Scale、Noise Amplitude为500，如图7-310所示。

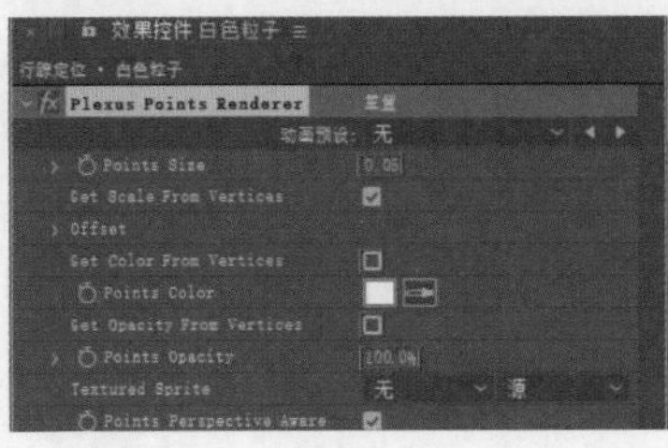

图7-308

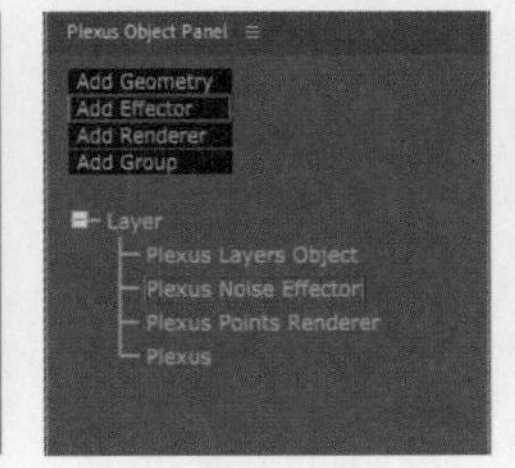

图7-309

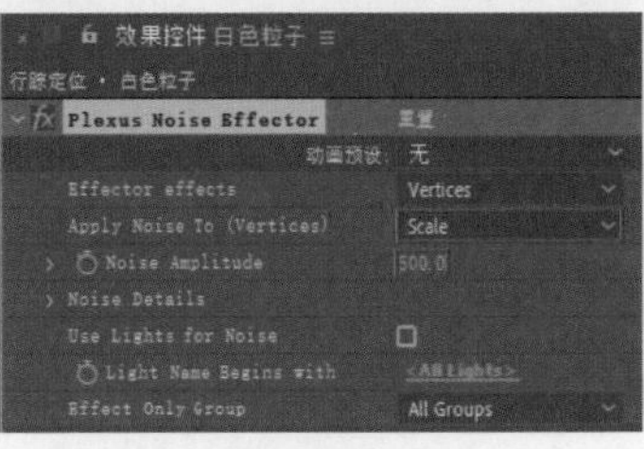

图7-310

05 执行“视图>显示图层控件”菜单命令，隐藏“灯光”图层，效果如图7-311所示。选择“白色粒子”图层，设置“模式”为“相加”，然后执行“编辑>复制”和“编辑>粘贴”菜单命令，将新增的图层重命名为“高位粒子”，如图7-312所示。

图7-311

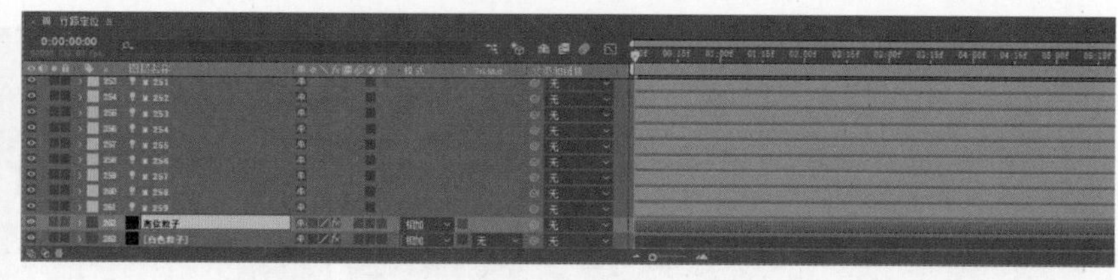

图7-312

06 选择“高位粒子”图层，然后选择Plexus面板中的Plexus Points Renderer指令，接着设置Points Size为0.13、Points Color为蓝色（R:80,G:142,B:255），最后勾选Get Opacity From Vertices复选框，如图7-313所示。选择Plexus面板中的Plexus Noise Effector指令，然后在“效果控件”面板中设置Apply Noise To（Vertices）为Color、Color Type为Alpha，接着设置Noise Amplitude为3410，如图7-314所示。

07 选择Plexus面板中的“Add Effector>Transform”选项，如图7-315所示。选择Plexus面板中的Plexus Transform指令，然后在“效果控件”面板中设置Y Translate为-10，如图7-316所示。

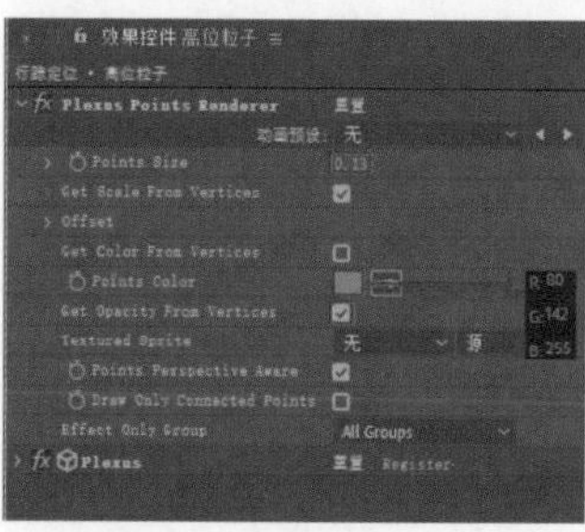

图7-313

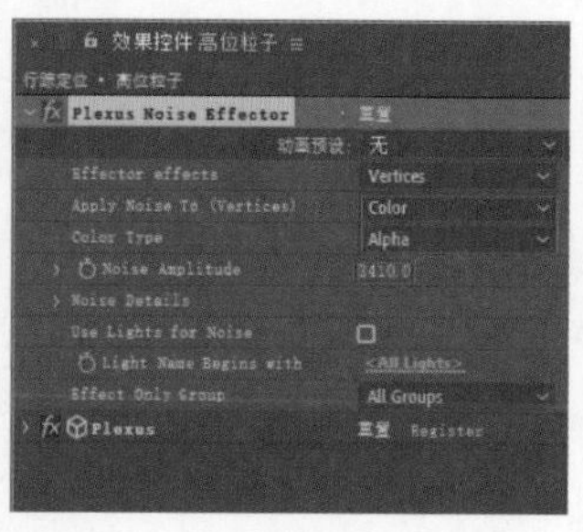

图7-314

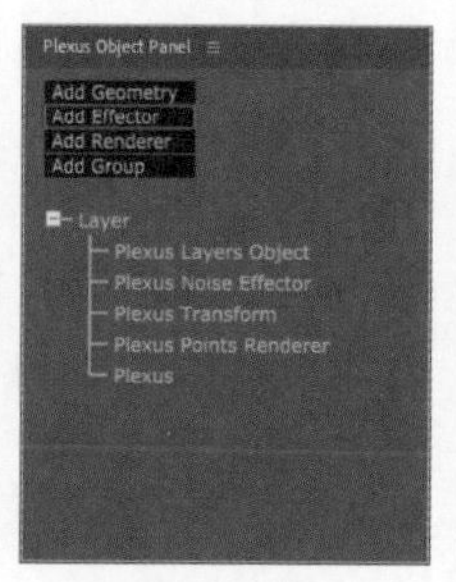

图7-315

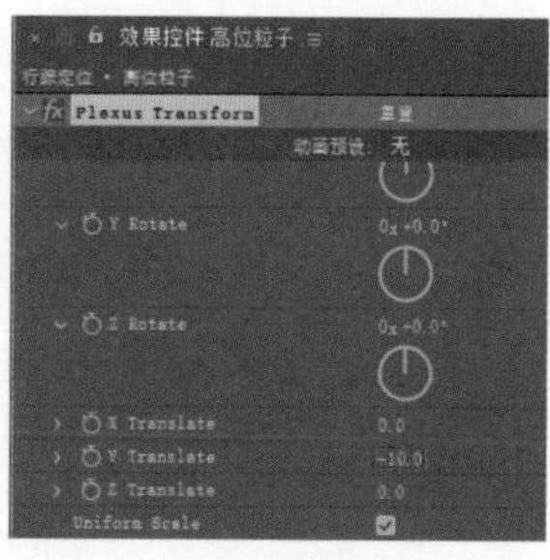

图7-316

08 执行“效果>风格化>发光”菜单命令，在“效果控件”面板中展开“发光”卷展栏，设置“发光基于”为“Alpha通道”，接着设置“发光阈值”为20%、“发光半径”为20、“发光强度”为5，最后设置“颜色B”为蓝色（R:0,G:24,B:255），如图7-317所示。效果如图7-318所示。

09 选择“高位粒子”图层，执行“编辑>复制”和“编辑>粘贴”菜单命令，然后将新增的图层重命名为“连线”，如图7-319所示。

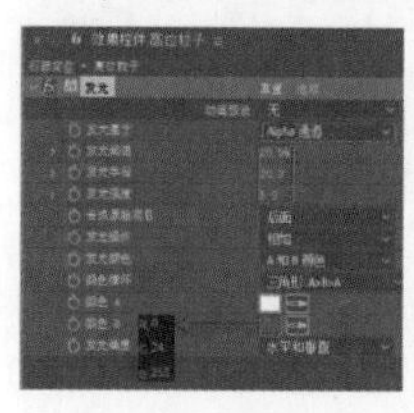

图7-317

图7-318

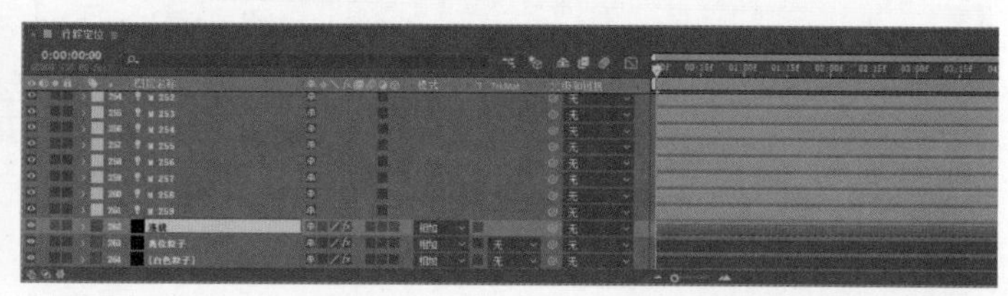

图7-319

10 选择“连线”图层，然后选择“效果控件”面板中的Plexus Points Renderer参数，执行“编辑>清除”菜单命令，接着选择Plexus Layers Object参数，执行“编辑>重复”菜单命令，此时“效果控件”面板中新增一个Plexus Layers Object 2参数，如图7-320所示。

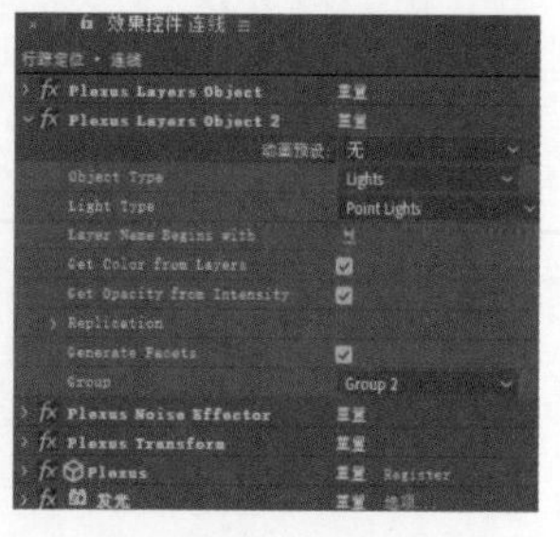

图7-320

11 选择Plexus面板中的Plexus Layers Object指令，然后在“效果控件”面板中设置Group为Group 1，接着取消勾选Get Opacity from Intensity复选框，最后设置Opacity为0%，如图7-321所示。选择Plexus面板中的Plexus Layers Object 2指令，然后设置Group为Group 2，接着取消勾选Get Opacity from Intensity复选框，最后设置Opacity为0%，如图7-322所示。

12 选择Plexus面板中的Plexus Transform指令，然后在“效果控件”面板中设置Group为Group 2，如图7-323所示。选择Plexus面板中的Plexus Noise Effector指令，然后在“效果控件”面板中设置Noise Amplitude为100，接着展开Noise Details卷展栏，设置Noise X Scale为0.45，如图7-324所示。

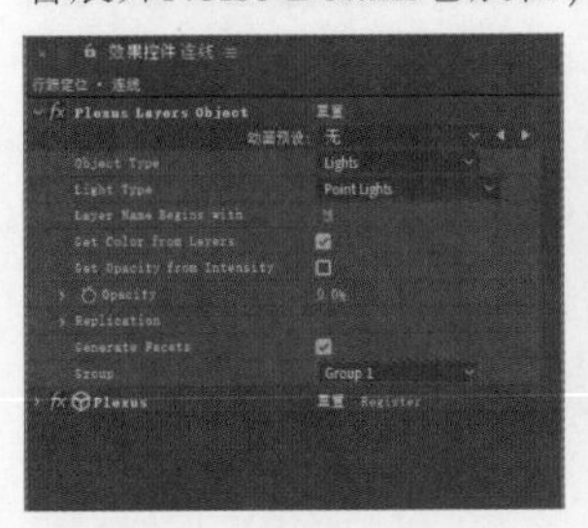

图7-321

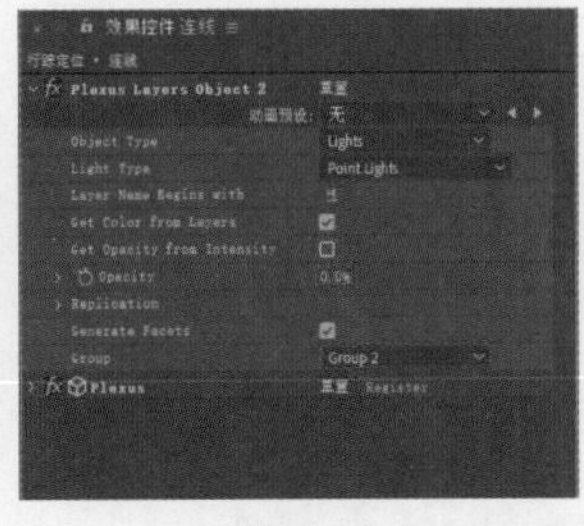

图7-322

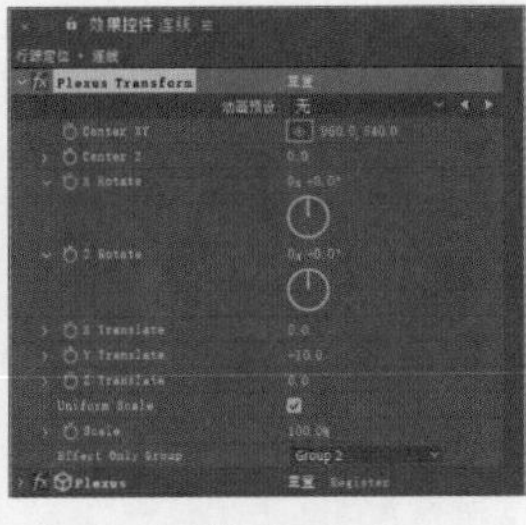

图7-323

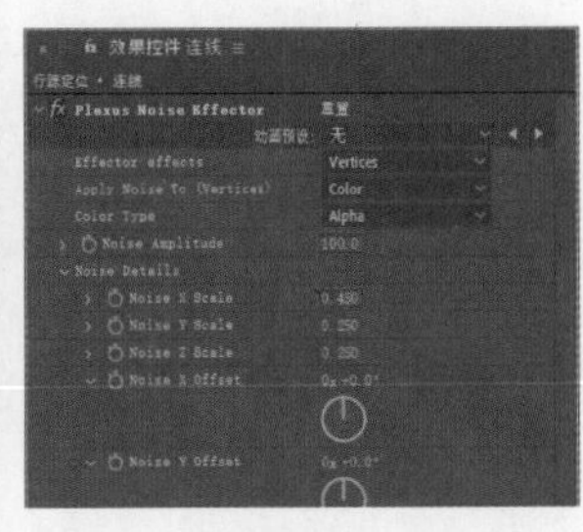

图7-324

13 选择Plexus面板中的“Add Renderer>Beams”选项两次，然后选择Plexus Beams Renderer指令，如图7-325所示。在“效果控件”面板中设置Beams Type为Groups、Time为20%、Start Thickness为0.2、End Thickness为0，然后取消勾选Get Colors From Vertices复选框，接着设置Beams Color为蓝色（R:0,G:90,B:255），如图7-326所示。

14 选择Plexus面板中的Plexus Beams Renderer 2指令，然后设置Beams Type为Groups、Start Thickness为0.08、End Thickness为0.03，接着取消勾选Get Colors From Vertices复选框，最后设置Beams Color为蓝色（R:0,G:90,B:255），如图7-327所示。

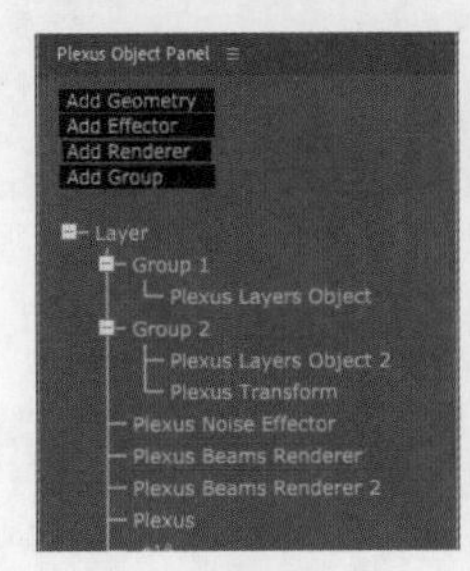

图7-325

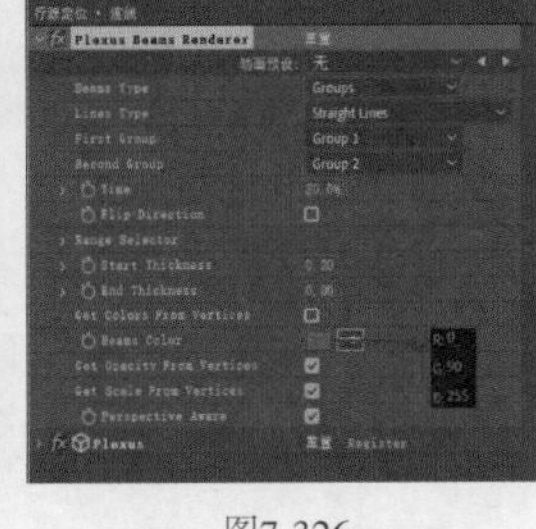

图7-326

图7-327

15 在“效果控件”面板中展开“发光”卷展栏，设置“发光阈值”为30%，效果如图7-328所示。新建一个合成，设置“合成名称”为“行踪定位（遮罩与背景）”、“宽度”为1920px、“高度”为1080px、“帧速率”为30帧/秒、“持续时间”为0:00:10:00，如图7-329所示。

16 移动“项目”面板中的“灯光遮罩_object_1_[0000-0300].png”“行踪定位[0000-0300].png”“行踪定位”文件至“时间轴”面板中，使“行踪定位[0000-0300].png”图层位于最下方、“灯光遮罩_object_1_[0000-0300].png”图层位于最上方，然后设置“行踪定位”图层的“模式”为“相加”、TrkMat为“亮度遮罩‘灯光遮罩_object_1_[0000-0300].png’”，如图7-330所示。

图7-328

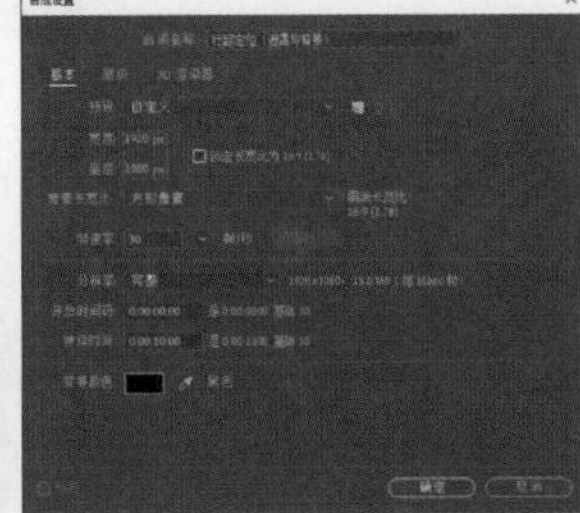

图7-329

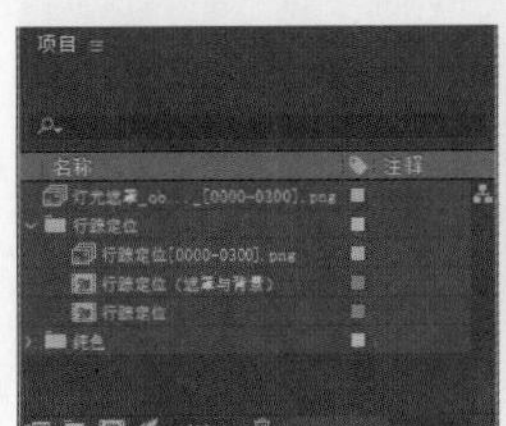

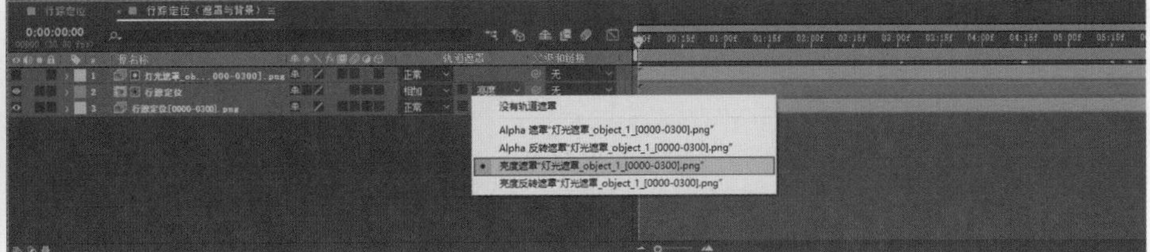

图7-330

17 选择“灯光遮罩_object_1_[0000-0300].png”图层，执行“效果>模糊和锐化>高斯模糊”菜单命令，然后在“效果控件”面板中设置“模糊度”为10，如图7-331所示。设置时间码为0:00:05:00，效果如图7-332所示。

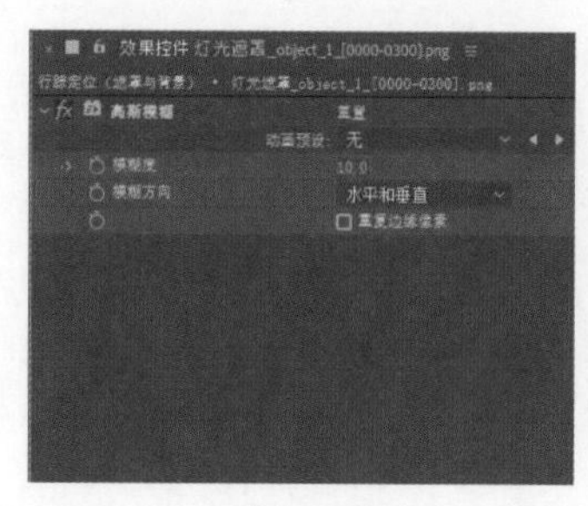

图7-331

图7-332

实战：网点聚合

场景位置	场景文件>CH07>实战：网点聚合
实例位置	实例文件>CH07>实战：网点聚合
难易程度	★★★☆☆
学习目标	掌握“显示图层控件”的使用方法

网点聚合的效果如图7-333所示，制作分析如下。

当存在过多的灯光时会影响机器的性能，可以使用“显示图层控件”来隐藏“灯光”图层。

图7-333

01 在Cinema 4D中使用参数化对象、“克隆”、“效果器”等工具制作主体动画模型，在赋予主体动画模型材质后导出图形序列，效果如图7-334所示。

02 在After Effects中导入以上步骤中导出的图形序列，设置背景以渲染氛围，效果如图7-335所示。

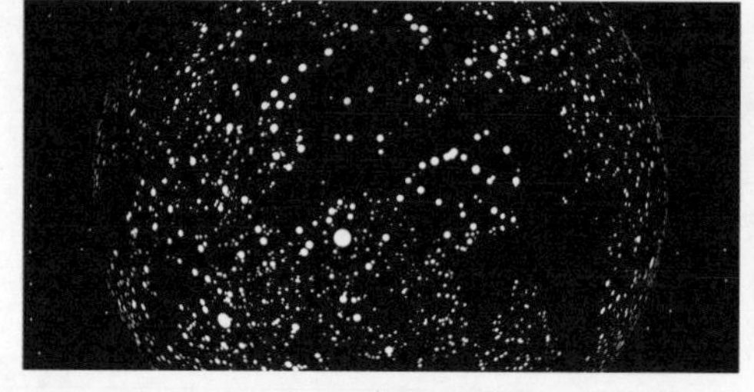
图7-334

图7-335

03 使用“色调”“模糊和锐化”等菜单命令对导入的图形序列进行处理，效果如图7-336所示。

04 使用Plexus粒子插件和“发光”菜单命令制作网点聚合的动画，效果如图7-337所示。

图7-336

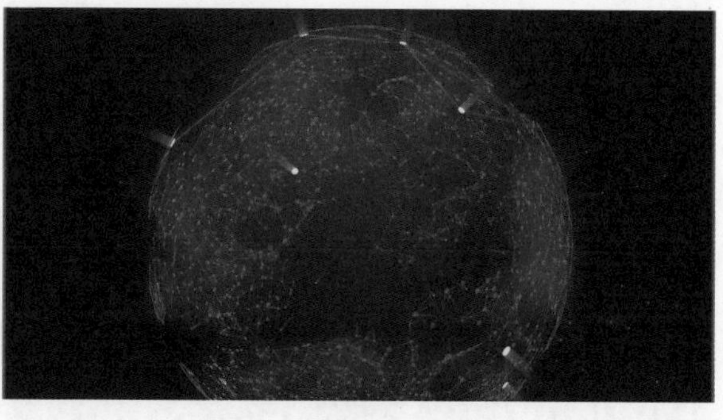
图7-337

7.4 医疗系统

本节主要讲解Cinema 4D中Octane Specular Material(镜面材质) 的用法，让读者了解微观世界。

实战：微生物观测

场景位置	场景文件 > CH07 > 实战：微生物观测
实例位置	实例文件 > CH07 > 实战：微生物观测
难易程度	★★★★☆
学习目标	掌握Index参数的使用方法

微生物观测的效果如图7-338所示，制作分析如下。

在Cinema 4D中将两个模型在一个轴向上重叠放置时，可以使用镜面材质从前景物体里透出背景物体，并且可以通过Index参数调整透显物体的清晰度。

图7-338

◎ 微生物模型制作

01 打开Cinema 4D，执行“渲染>编辑渲染设置”菜单命令，在“渲染设置”对话框中选择“输出”，设置“宽度”为1920像素、“高度”为1080像素，如图7-339所示。

02 执行“创建>对象>管道”菜单命令，将“管道”对象重命名为“主体”，然后在“属性”面板中设置“旋转分段”为6、“高度”为40cm、“高度分段”为1，如图7-340所示。效果如图7-341所示。

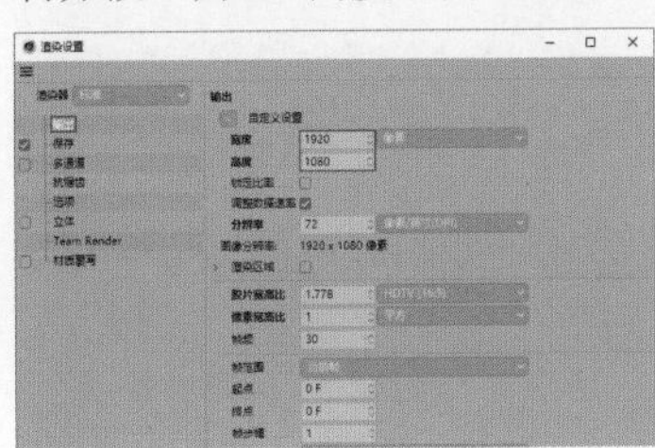

图7-339

图7-340

图7-341

03 选择“主体”对象，执行“网格>转换>转为可编辑对象”菜单命令。选择“多边形”工具和“实时选择”工具，然后选择图7-342所示的6个侧面。执行“选择>设置选集”菜单命令，“对象”面板如图7-343所示。

04 执行“运动图形>运动挤压”菜单命令，移动“运动挤压”对象至“主体”对象内，然后选择“运动挤压”对象。在“属性”面板中设置“挤出步幅”为70，然后移动“对象”面板中“主体”右侧的“多边形选集”图标至“属性”面板中的“多边形选集”参数上，如图7-344所示。

图7-342

图7-343

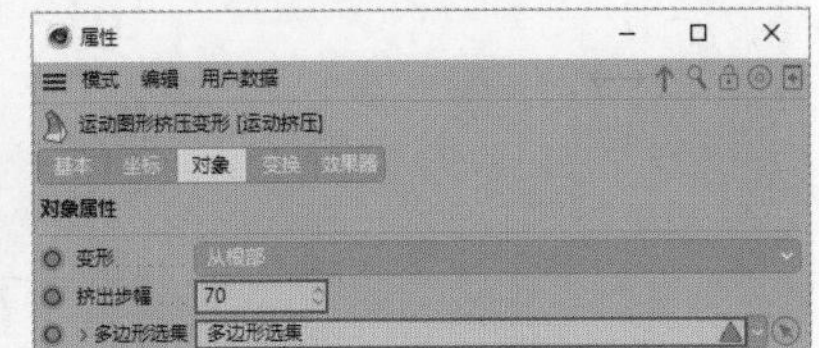

图7-344

05 保持当前选择不变，在“属性”面板中设置“旋转.H”为1°、“旋转.P”为2°、“旋转.B”为1°，如图7-345所示。效果如图7-346所示。执行“创建>对象>圆锥”菜单命令，然后在“属性”面板中设置P.X为0cm、P.Y为-110cm、P.Z为0cm，如图7-347所示。

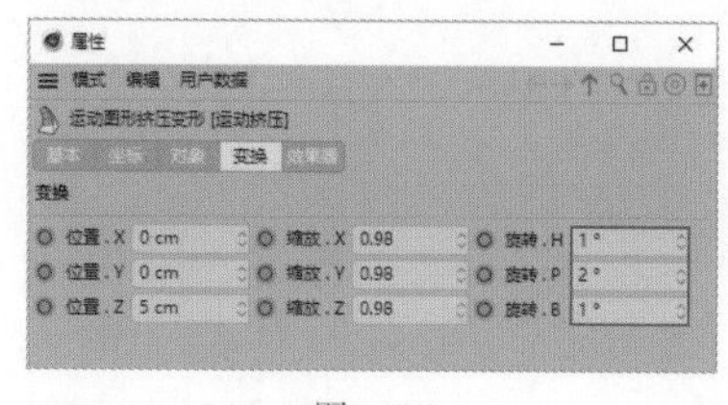
图7-345

图7-346

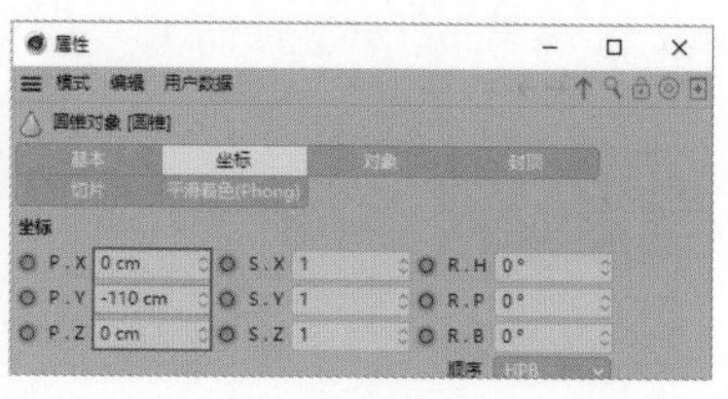
图7-347

06 保持当前选择不变，在“属性”面板中设置“顶部半径”为30cm、“底部半径”为60cm、“高度”为150cm、“高度分段”为1、“旋转分段”为32、“方向”为-Y，如图7-348所示。效果如图7-349所示。执行“创建>对象>圆环”菜单命令，然后在“属性”面板中设置P.X为0cm、P.Y为-30cm、P.Z为0cm，如图7-350所示。

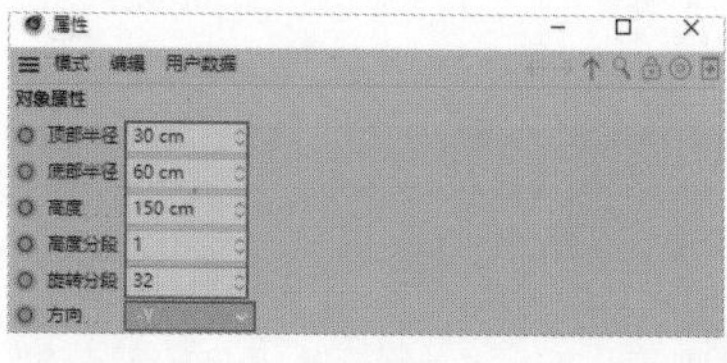
图7-348

图7-349

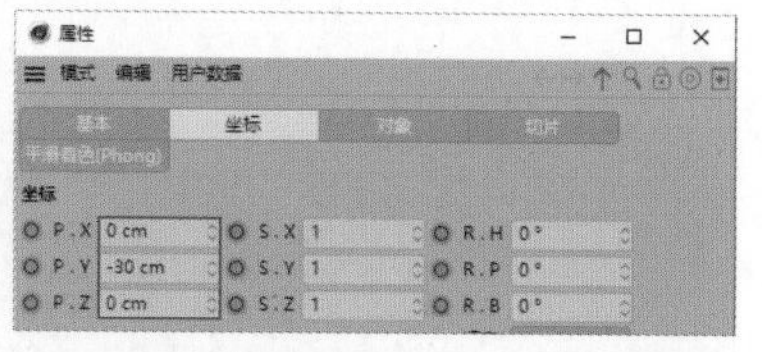
图7-350

07 保持当前选择不变，在“属性”面板中设置“圆环半径”为50cm、“导管半径”为25cm，如图7-351所示。效果如图7-352所示。执行“创建>对象>圆环”菜单命令，在“属性”面板中设置P.X为0cm、P.Y为40cm、P.Z为0cm，如图7-353所示。

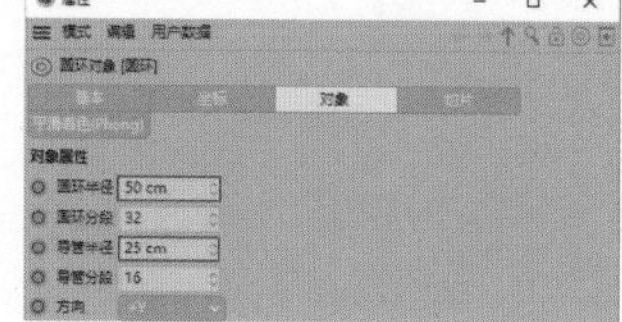
图7-351

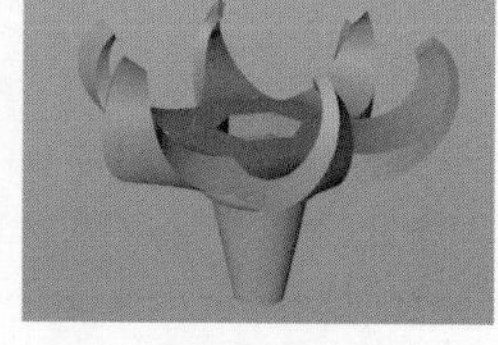
图7-352

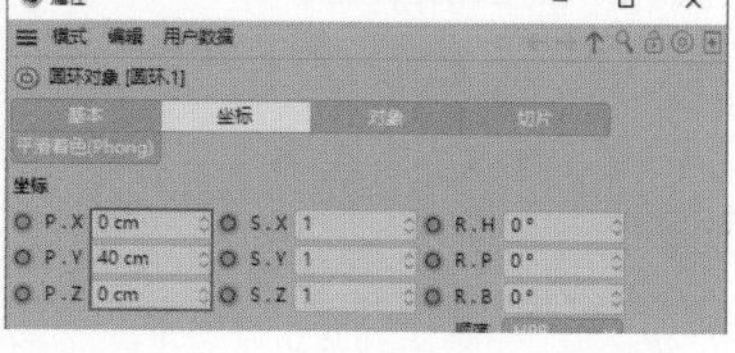
图7-353

08 保持当前选择不变，在“属性”面板中设置“圆环半径”为70cm、“导管半径”为3cm，如图7-354所示。效果如图7-355所示。创建一个球体，在“属性”面板中设置“半径”为35cm，如图7-356所示。

图7-354

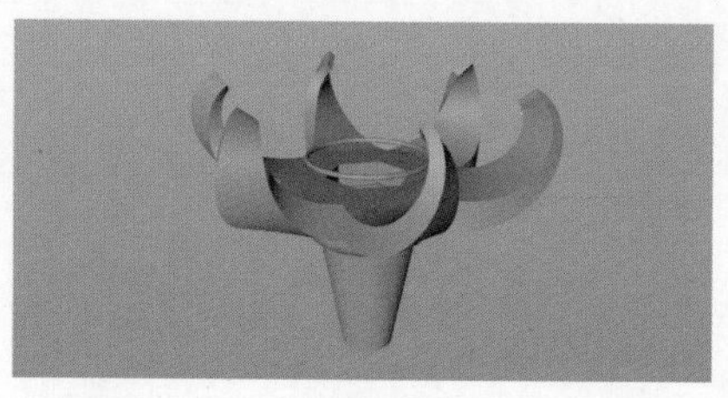
图7-355

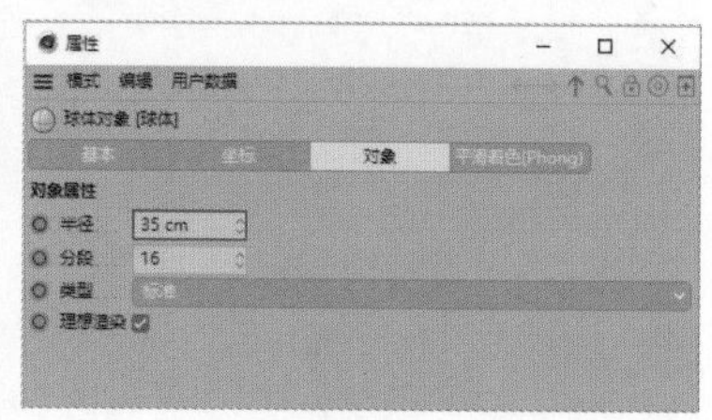
图7-356

09 执行“运动图形>克隆”菜单命令，然后移动“球体”对象至“克隆”对象内，如图7-357所示。选择“克隆”对象，在“属性”面板中设置“模式”为“对象”，然后移动“对象”面板中的“主体”对象至“属性”面板的“对象”参数上，接着设置“分布”为“顶点”，最后移动“对象”面板中“主体”右侧的“多边形选集”图标▲至“属性”面板的“选集”参数上，如图7-358所示。效果如图7-359所示。

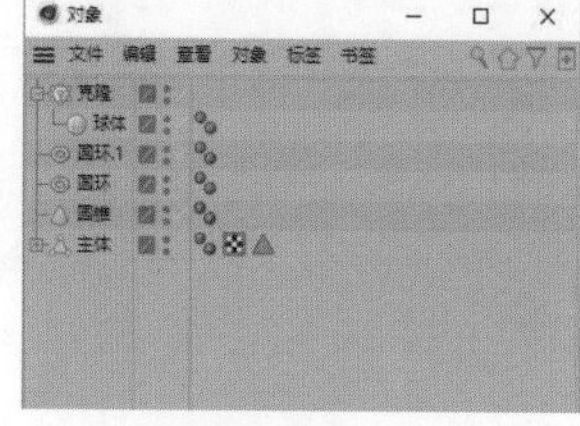
图7-357

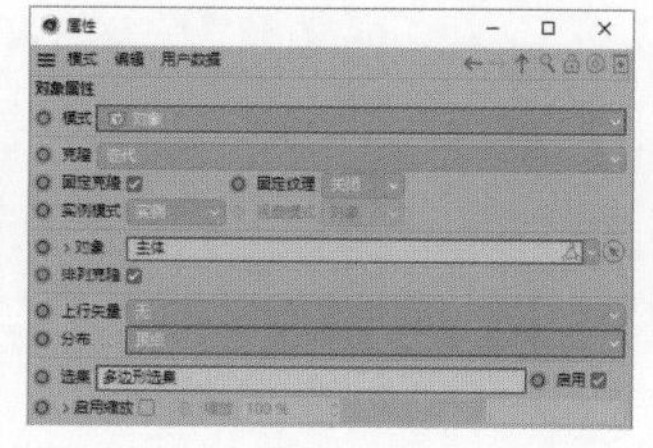
图7-358

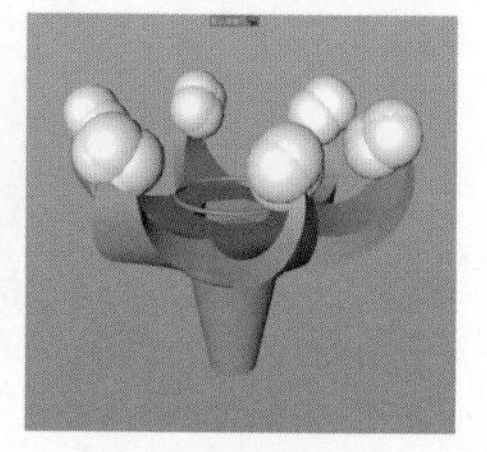
图7-359

10 选择所有对象，执行“网格>转换>连接对象+删除”菜单命令，“对象”面板如图7-360所示。依次执行“体积>体积生成”和“体积>体积网格”菜单命令，然后移动“克隆”对象至“体积生成”对象内、“体积生成”对象至“体积网格”对象内，如图7-361所示。选择“体积网格”对象，在“属性”面板中设置“体素范围阈值”为“90%”，如图7-362所示。效果如图7-363所示。

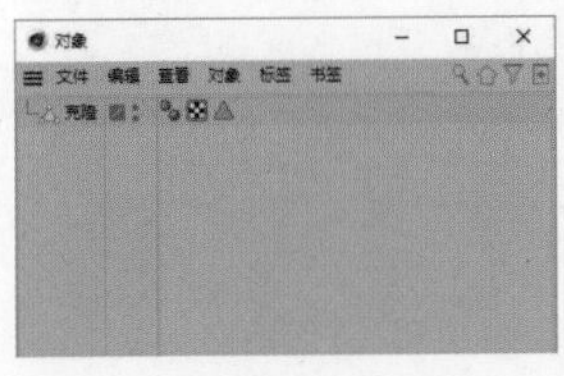
图7-360

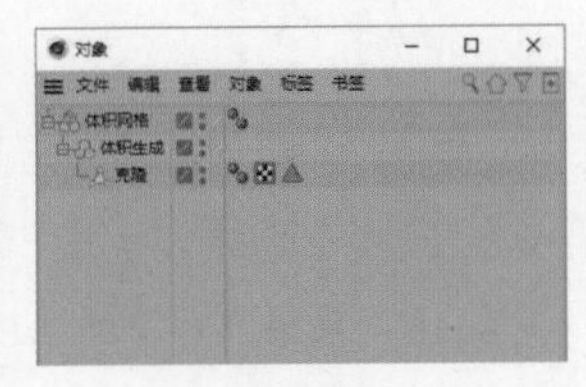
图7-361

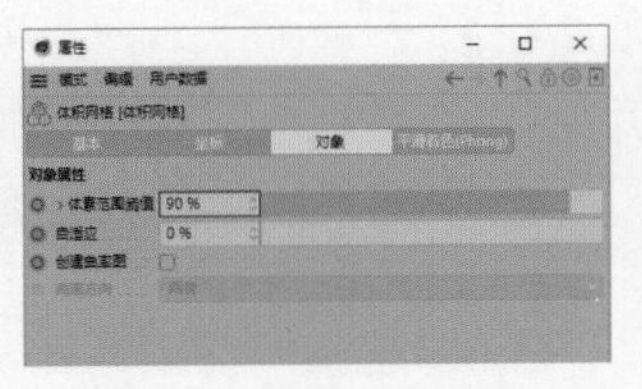
图7-362

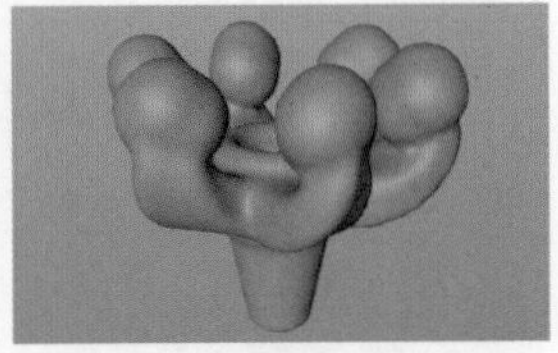
图7-363

11 选择所有对象，执行“网格>转换>连接对象+删除”菜单命令，“对象”面板如图7-364所示。执行“创建>变形器>置换”菜单命令，然后移动“置换”对象至“体积网格”对象内，如图7-365所示。选择“置换”对象，在“属性”面板中设置“着色器”为“噪波”，如图7-366所示。

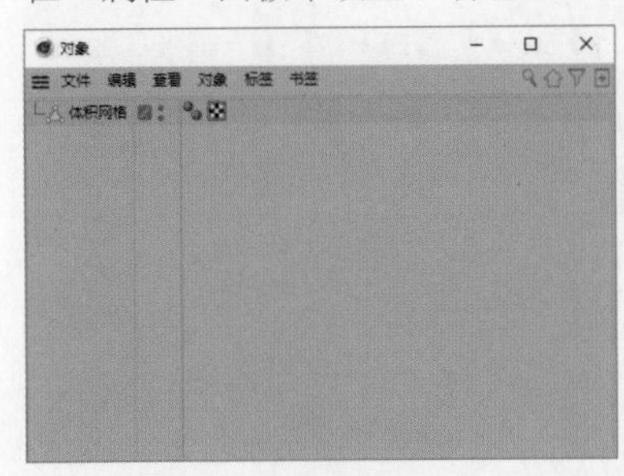
图7-364

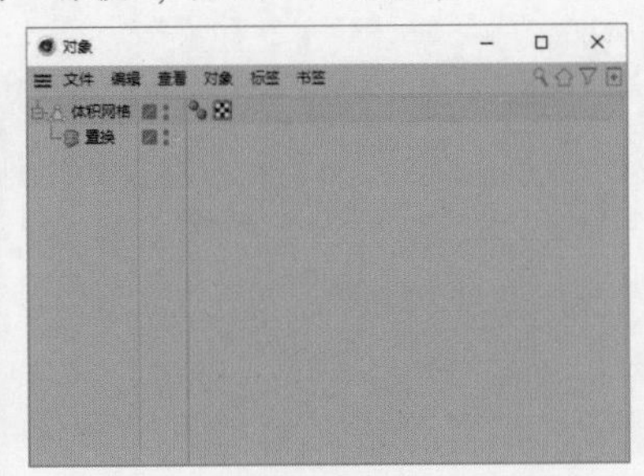
图7-365

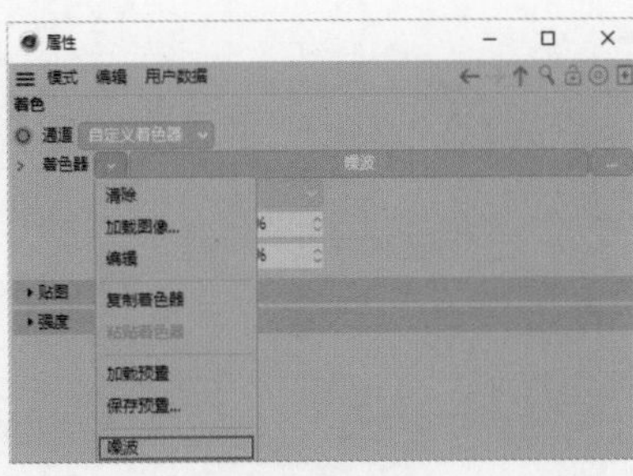
图7-366

12 单击“着色器”右侧的“噪波”，然后设置“相对比例”为（1000%,1000%,100%），如图7-367所示。执行“创建>生成器>细分曲面”菜单命令，然后在“对象”面板中移动“体积网格”对象至“细分曲面”对象内，如图7-368所示。效果如图7-369所示。

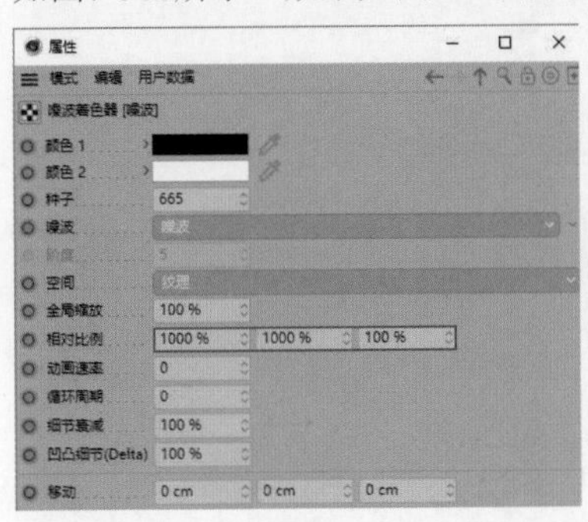
图7-367

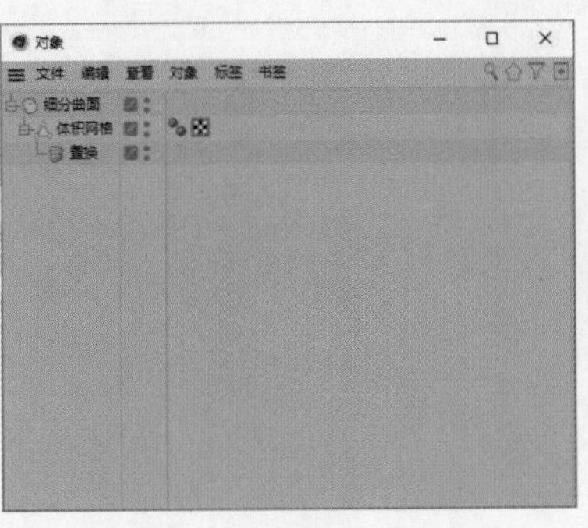
图7-368

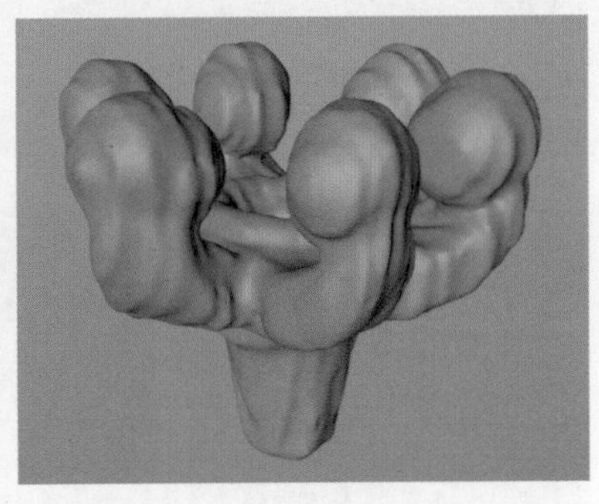
图7-369

13 执行“创建>对象>空白”菜单命令，然后在“对象”面板中移动“细分曲面”对象至“空白”对象内，如图7-370所示。选择“空白”对象，在“属性”面板中设置R.H为0°、R.P为-90°、R.B为0°，如图7-371所示。选择所有对象，执行“网格>转换>连接对象+删除”菜单命令，然后将得到的对象重命名为“子实体”，如图7-372所示。效果如图7-373所示。

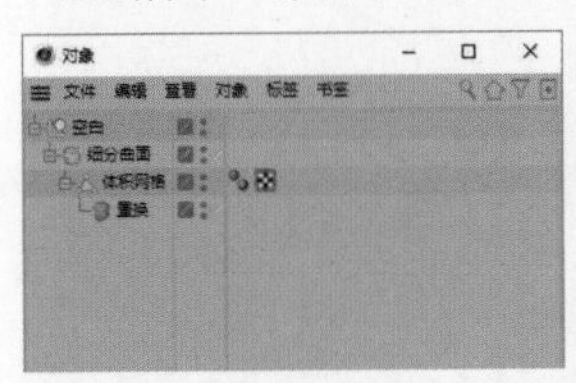
图7-370

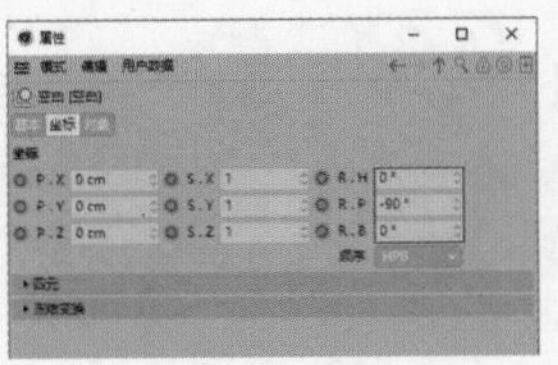
图7-371

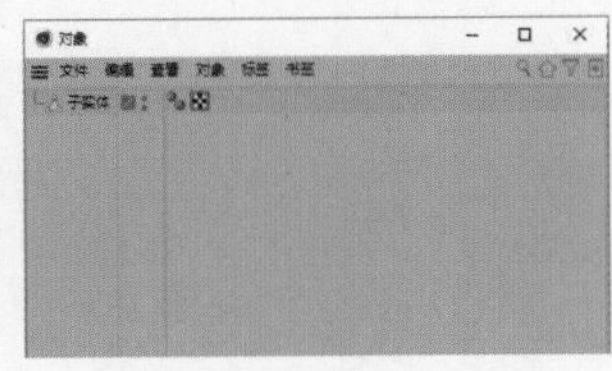
图7-372

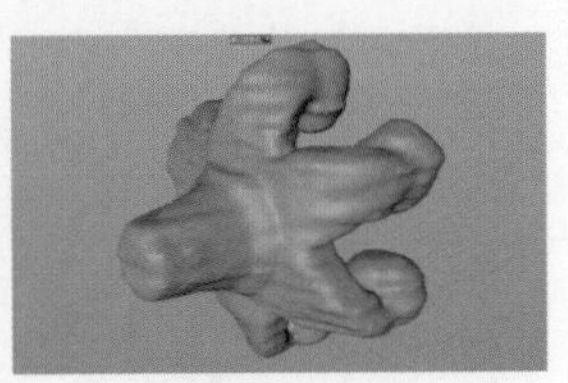
图7-373

14 创建一个球体，将其命名为“克隆体”，然后在“属性”面板中设置“半径”为460cm、“分段”为12、“类型”为“二十面体”，如图7-374所示。执行“运动图形>克隆”菜单命令，将“克隆”对象重命名为“子实体群”，然后移动“子实体”对象至“子实体群”对象内，如图7-375所示。

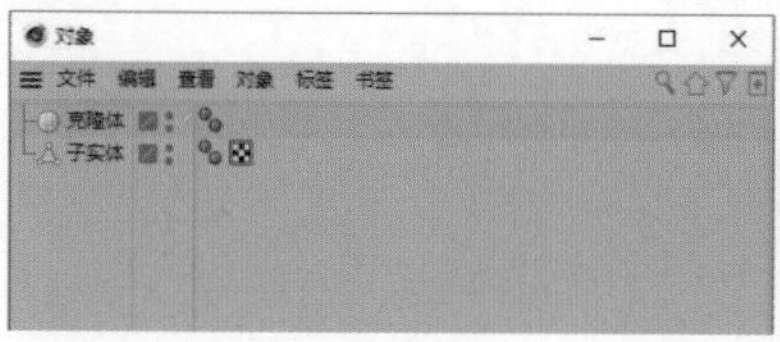

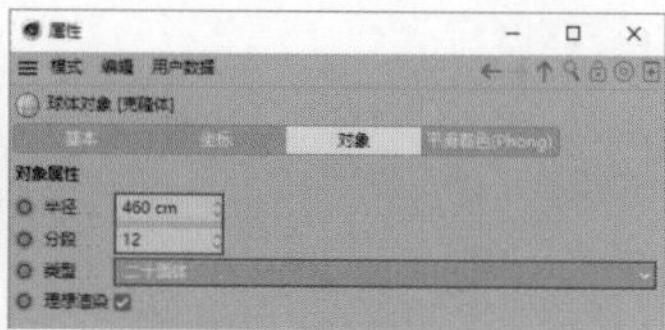

图7-374

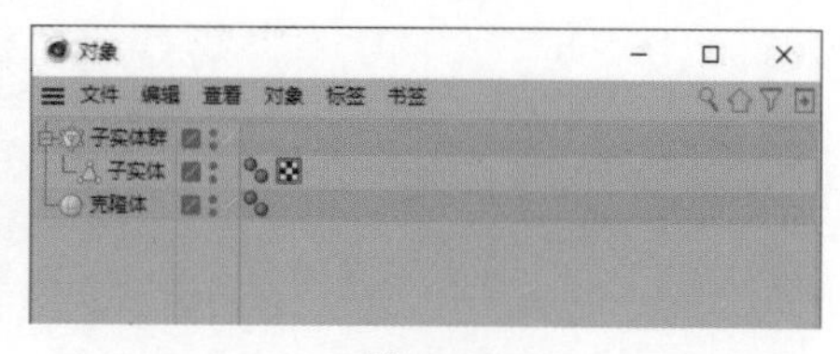

图7-375

15 选择“子实体群”对象，在“属性”面板中设置“模式”为“对象”，然后移动“对象”面板中的“克隆体”对象至“属性”面板的“对象”参数上，如图7-376所示。选择“子实体”对象，然后选择“模型”工具和“缩放”工具，在视图中将模型沿着x轴、y轴、z轴向外拖曳至35%左右，效果如图7-377所示。

图7-376

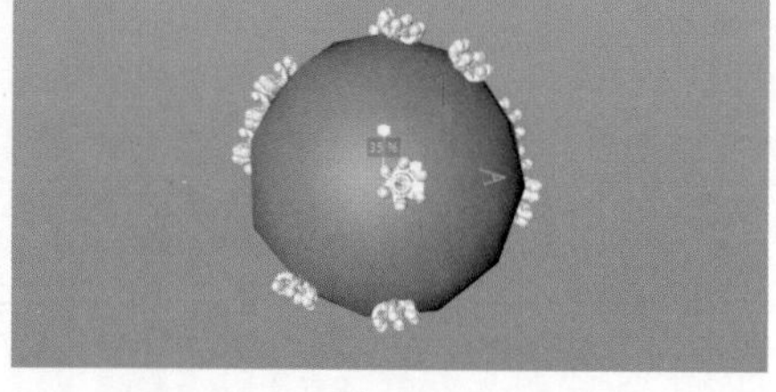

图7-377

16 选择“子实体群”对象，在“属性”面板中设置“分布”为“顶点”，如图7-378所示。效果如图7-379所示。选择“克隆体”对象，执行“编辑>复制”和“编辑>粘贴”菜单命令，然后将新增的对象重命名为“实体”，接着隐藏“克隆体”对象，如图7-380所示。

图7-378

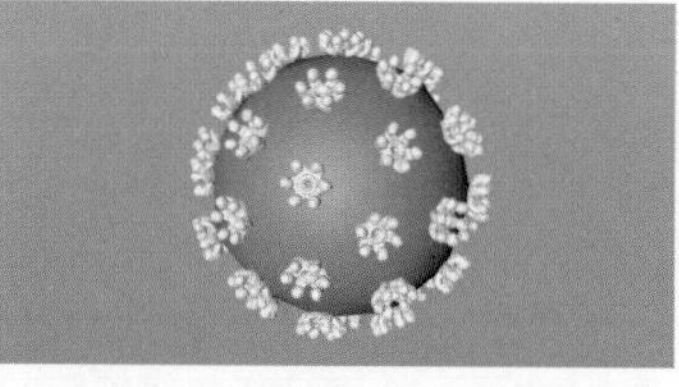

图7-379

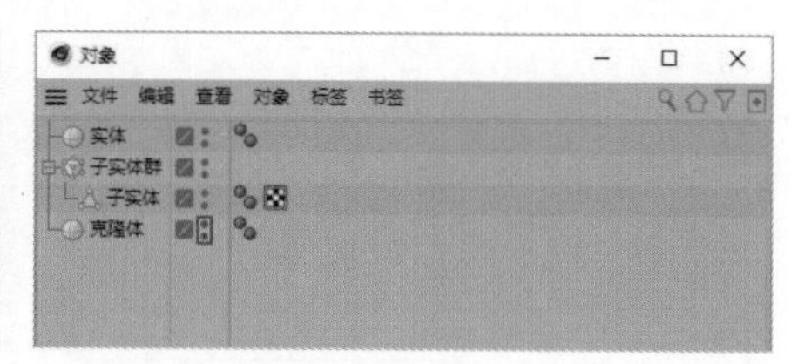

图7-380

17 选择“实体”对象，在“属性”面板中设置“半径”为405cm、“分段”为256，如图7-381所示。效果如图7-382所示。创建一个球体，将“球体”对象重命名为“外壳”，然后在“属性”面板中设置“半径”为650cm、“分段”为256、“类型”为“二十面体”，如图7-383所示。

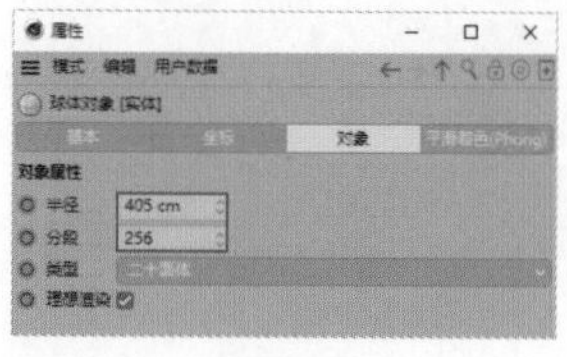

图7-381

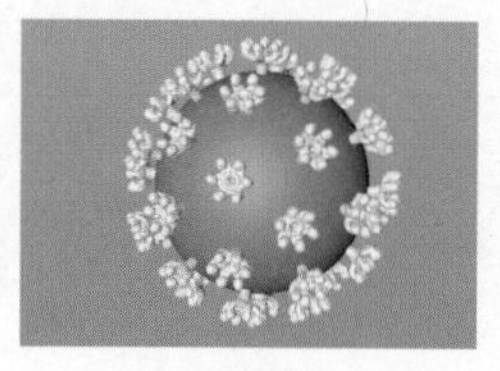

图7-382

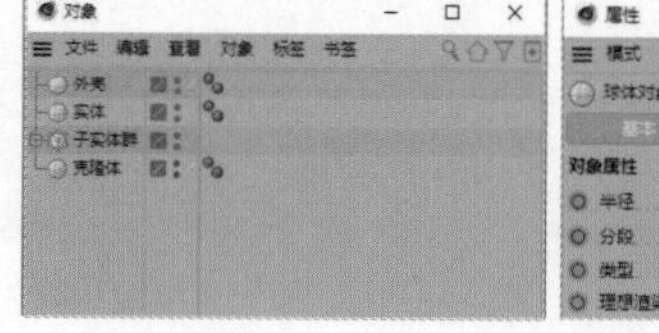

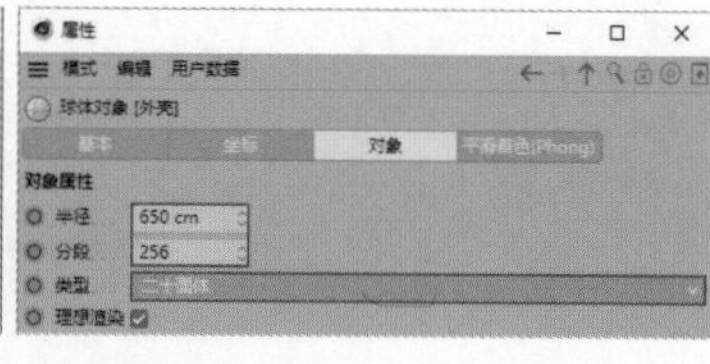

图7-383

18 执行“创建>变形器>置换”菜单命令，在“对象”面板中移动“置换”对象至“外壳”对象内，如图7-384所示。选择“置换”对象，在“属性”面板中设置“高度”为15cm，如图7-385所示。保持当前选择不变，在“属性”面板中设置“着色器”为“噪波”，如图7-386所示。

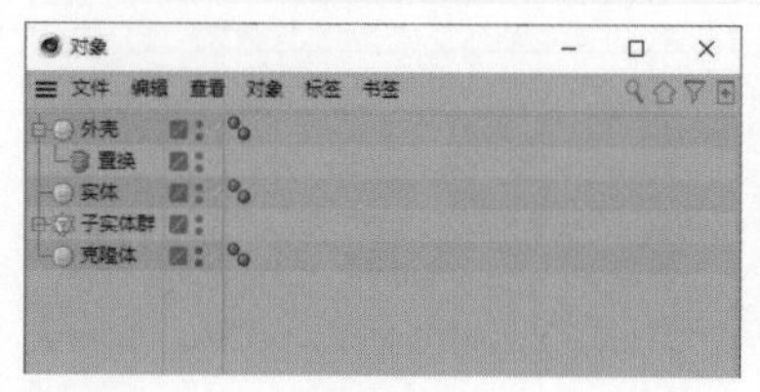

图7-384

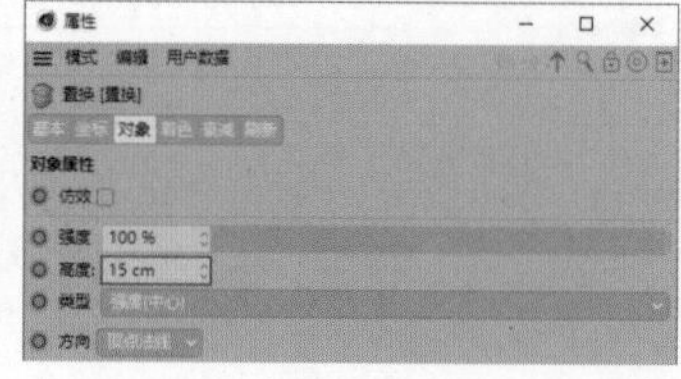

图7-385

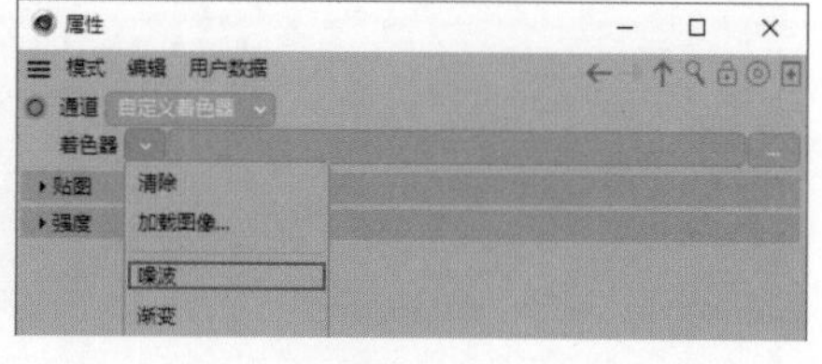

图7-386

19 单击“噪波”，然后设置“噪波”为“稀疏回旋”、“全局缩放”为2000%、“动画速率”为1、“循环周期”为1，如图7-387所示。效果如图7-388所示。

20 执行“创建＞对象＞空白”菜单命令，然后将“空白”对象重命名为“前景”，接着移动“实体”“子实体群”“克隆体”对象至“前景”对象内，如图7-389所示。

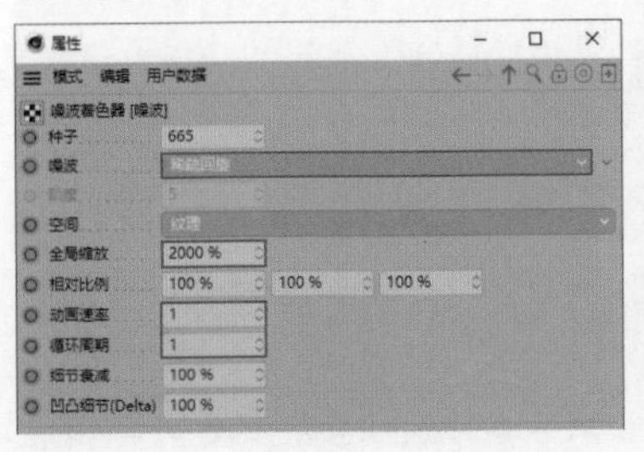

图7-387

图7-388

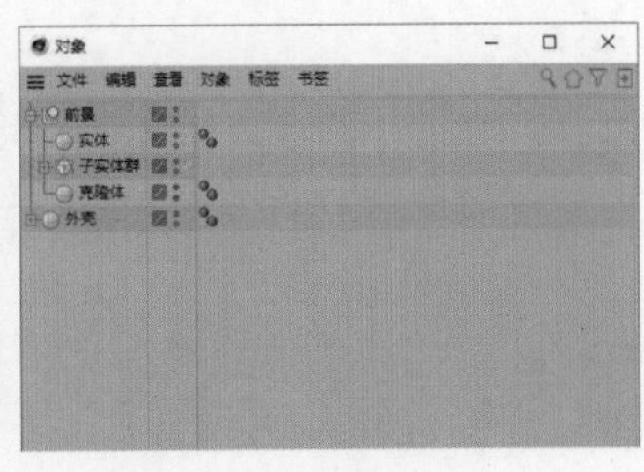

图7-389

21 选择“前景”对象，执行“编辑＞复制”和“编辑＞粘贴”菜单命令，将新增的对象重命名为“背景”。执行“创建＞摄像机＞摄像机”菜单命令，然后选择“摄像机”对象，在“属性”面板中设置P.X为0cm、P.Y为0cm、P.Z为-4150cm，接着设置R.H、R.P、R.B为0°，如图7-390所示。在“对象”面板中单击“摄像机”右侧的按钮切换至摄像机视角，如图7-391所示。

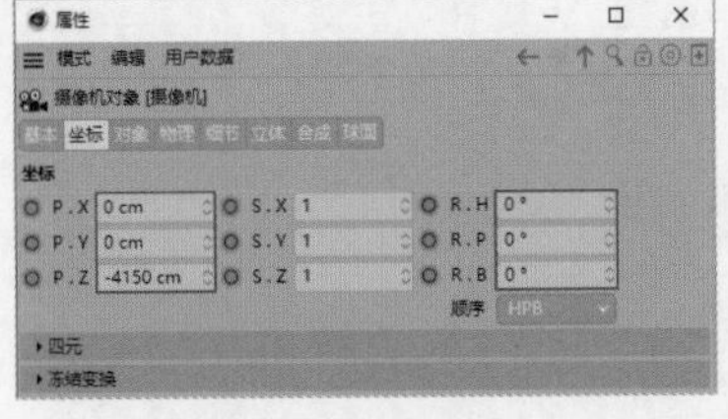

图7-390

图7-391

22 选择“背景”对象，在“属性”面板中设置P.X为0cm、P.Y为0cm、P.Z为2020cm，然后设置S.X、S.Y、S.Z为1.8，接着设置R.H、R.P、R.B为0°，如图7-392所示。选择“外壳”对象，然后在“属性”面板中勾选“透显”复选框，如图7-393所示。效果如图7-394所示。

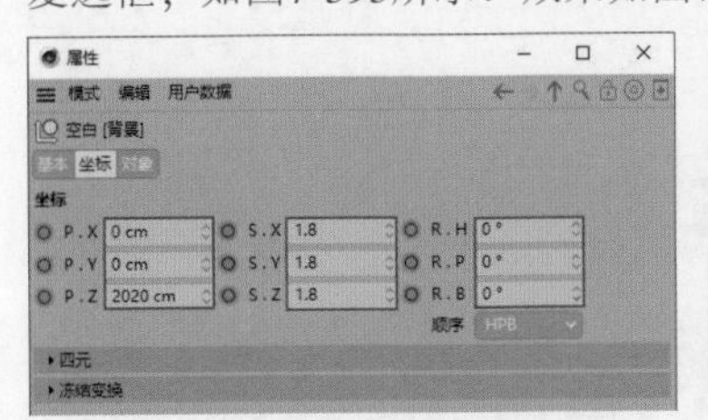

图7-392

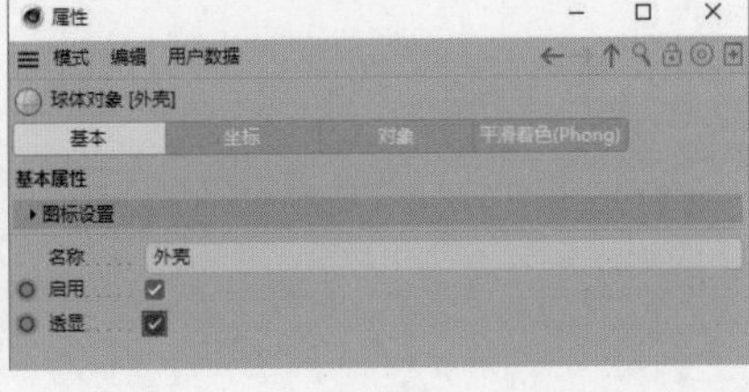

图7-393

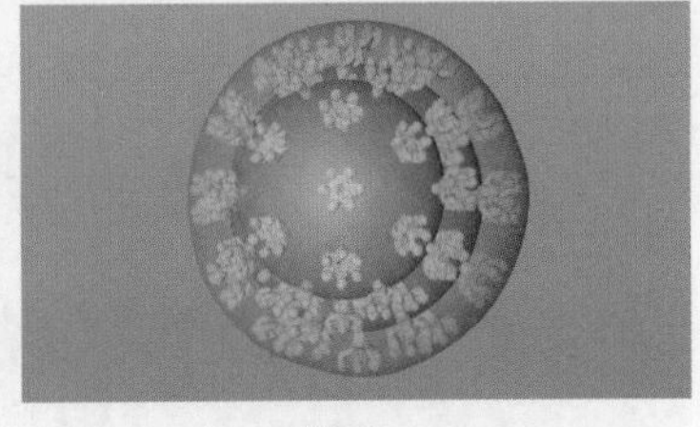

图7-394

23 设置当前帧为0F，然后选择“前景”对象，在“属性”面板中设置P.X为-60cm、P.Y为30cm、P.Z为0cm并单击它们左侧的按钮，接着单击R.H、R.P、R.B左侧的按钮，如图7-395所示。保持当前选择不变，设置当前帧为100F，然后在“属性”面板中设置P.X为75cm、P.Y为15cm、P.Z为30cm并单击它们左侧的按钮，如图7-396所示。

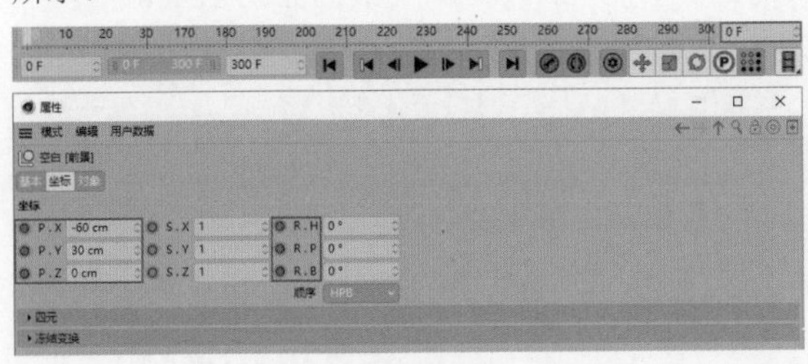

图7-395

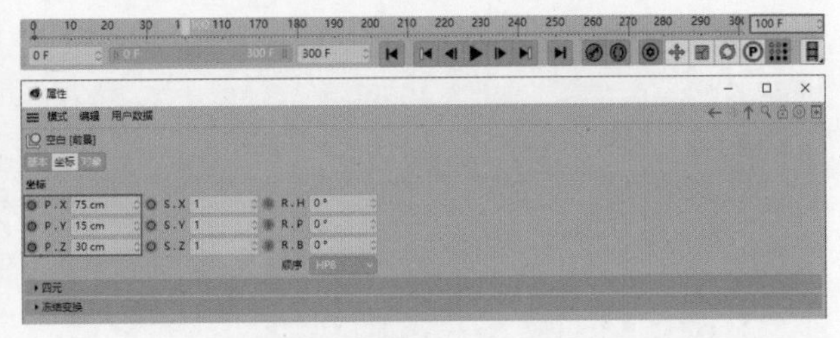

图7-396

24 设置当前帧为200F，然后在“属性”面板中设置P.X为15cm、P.Y为-60cm、P.Z为40cm并单击它们左侧的按钮，如图7-397所示。设置当前帧为300F，然后在“属性”面板中设置P.X为-60cm、P.Y为30cm、P.Z为0cm并单击它们左侧的按钮，如图7-398所示。

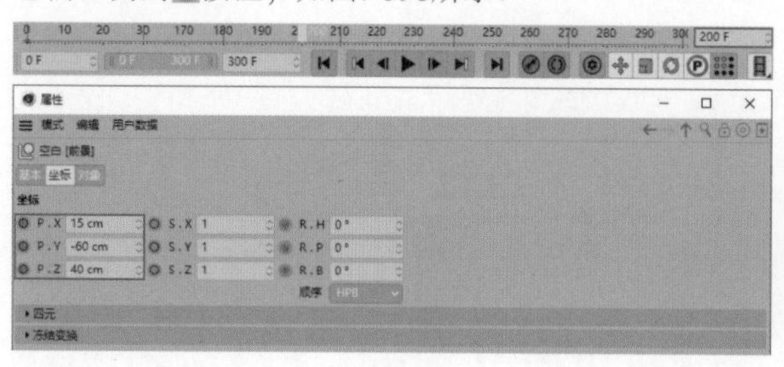

图7-397

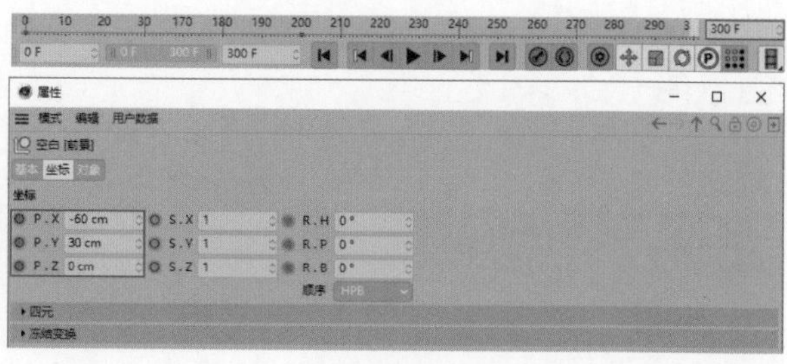

图7-398

25 设置当前帧为150F，然后在“属性”面板中设置R.H为10°、R.P为20°、R.B为30°并单击它们左侧的按钮，如图7-399所示。设置当前帧为0F，选择“背景”对象，然后在“属性”面板中单击R.H、R.P、R.B左侧的按钮，如图7-400所示。设置当前帧为150F，选择“背景”对象，然后在“属性”面板中设置R.H为30°、R.P为20°、R.B为10°并单击它们左侧的按钮，如图7-401所示。

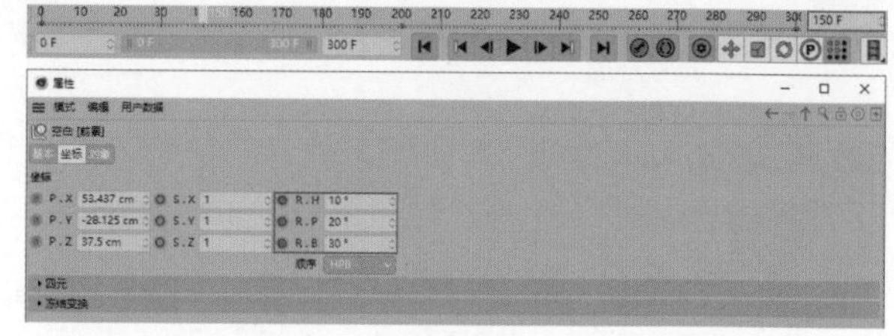

图7-399

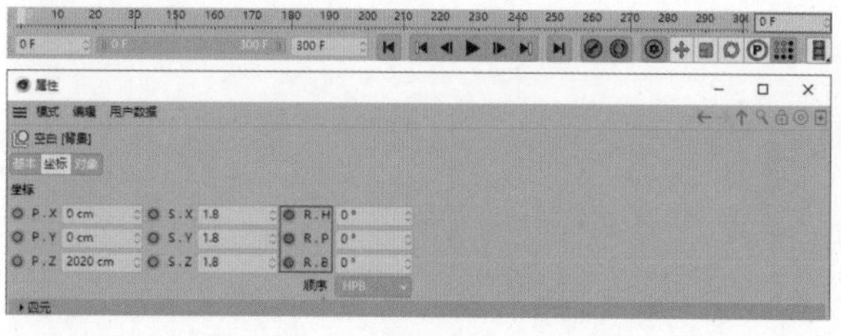

图7-400

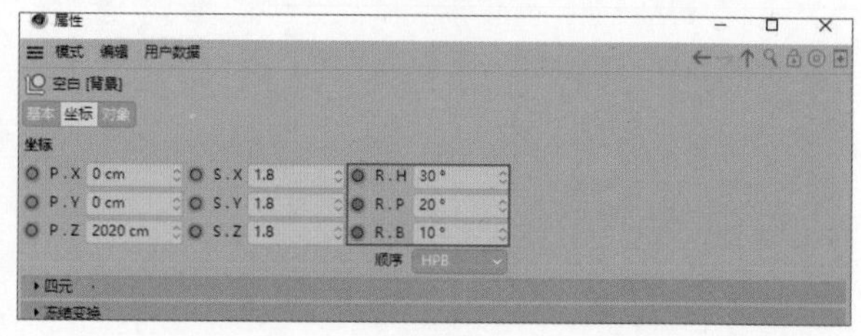

图7-401

26 设置当前帧为300F，然后选择“背景”对象，在“属性”面板中设置R.H、R.P、R.B为0°并单击它们左侧的按钮，如图7-402所示。效果如图7-403所示。

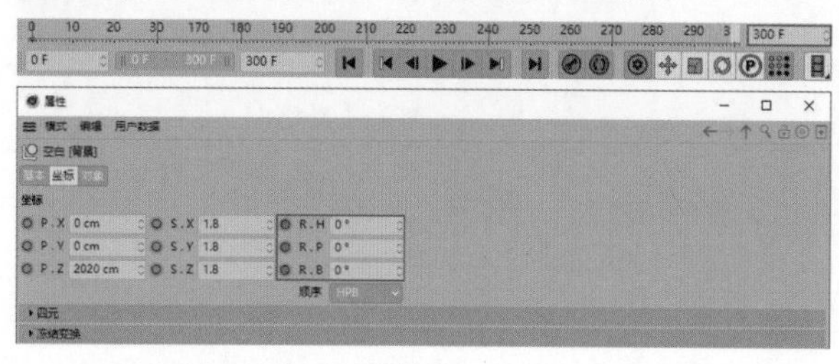

图7-402

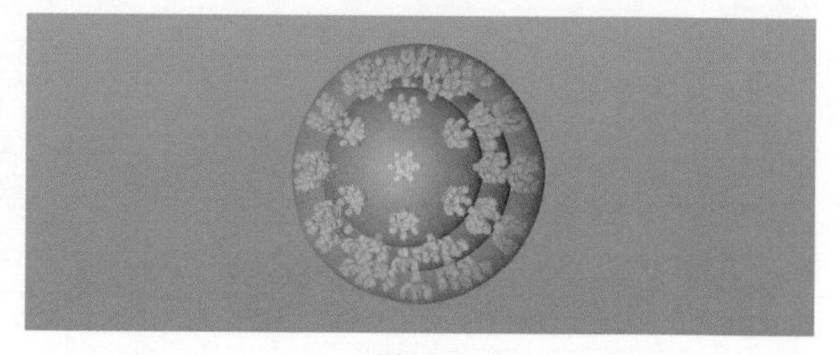

图7-403

◎ 微生物模型渲染

01 执行“渲染>编辑渲染设置”菜单命令，在“渲染设置”对话框中设置“渲染器”为Octane Renderer，如图7-404所示。执行“Octane>Octane Dialog”菜单命令，然后在弹出的对话框中执行“Materials>Octane Glossy Material”菜单命令，如图7-405所示。

图7-404

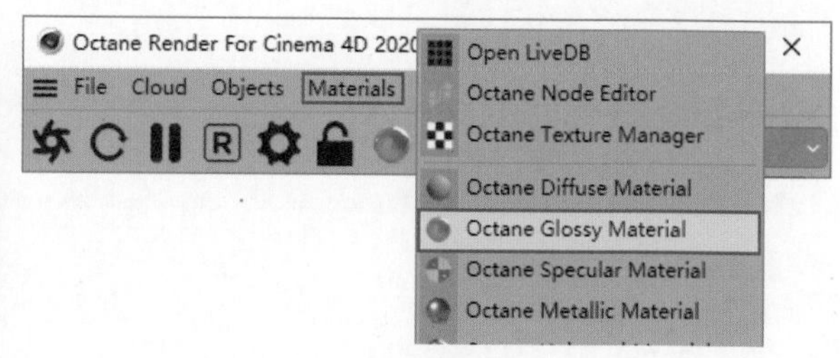

图7-405

02 双击“材质”面板中的材质球打开“材质编辑器”面板，设置其名称为“前景实体”，然后单击Node Editor按钮 Node Editor 打开Octane Node Editor对话框，如图7-406所示。移动Octane Node Editor对话框中的Color correction至右侧的空白区域，然后连接ColorCorrection与“前景实体”中的Diffuse，接着选择ColorCorrection，设置Texture为“渐变”，如图7-407所示。

图7-406

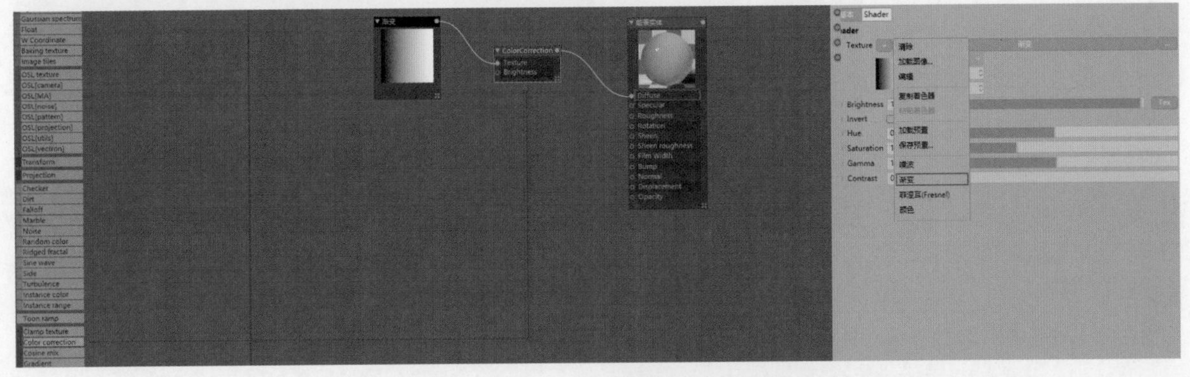

图7-407

03 展开“渐变”卷展栏，选择第1个色标，设置H为330°、S为90%、V为60%；选择第2个色标，设置“色标位置”为50%、H为330°、S为90%、V为60%；选择第3个色标，设置“色标位置”为100%、H为260°、S为100%、V为100%，如图7-408所示。

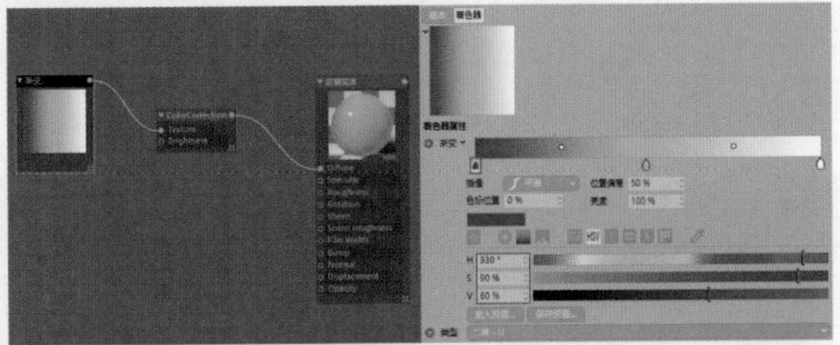
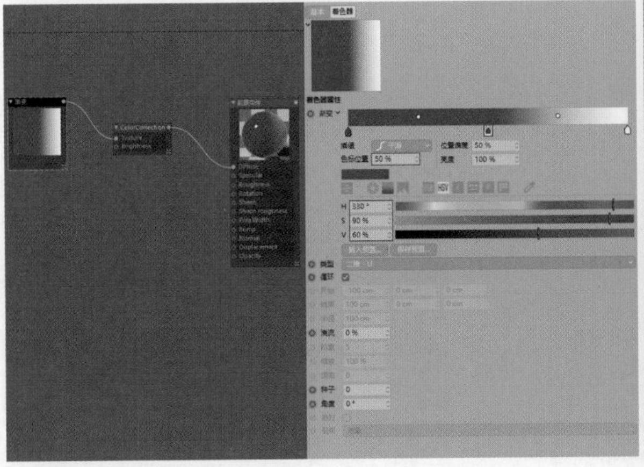
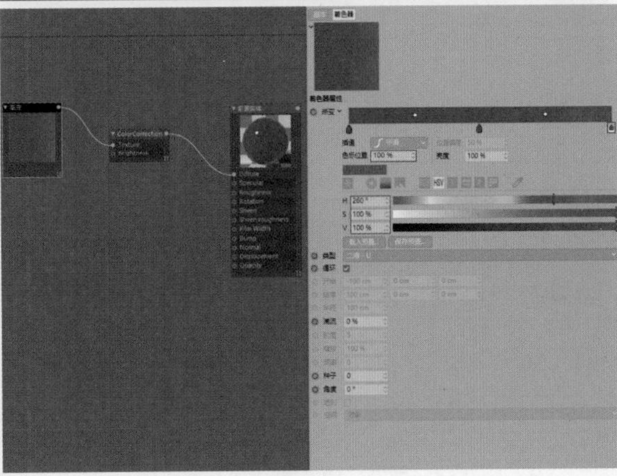

图7-408

04 回到“材质编辑器”面板，选择Bump，设置Texture为“加载图像”，然后选择材质文件“场景文件>CH07>实战：微生物观测>纹理_1.jpg”，如图7-409所示。

05 在“材质”面板中选择“前景实体”材质球，然后在“材质”面板中执行“编辑>复制”和“编辑>粘贴”菜单命令，将新增的材质球重命名为“背景实体”，如图7-410所示。

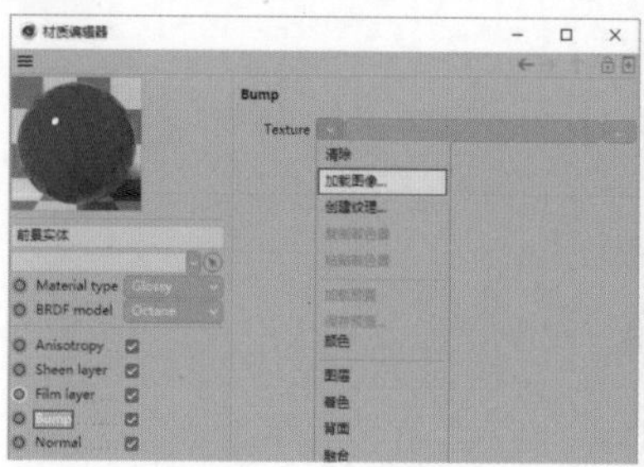
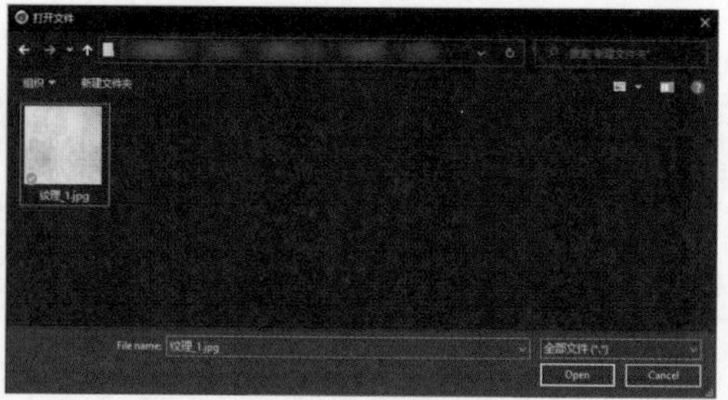

图7-409

图7-410

06 双击“背景实体”材质球打开“材质编辑器”面板，然后单击Node Editor按钮Node Editor打开Octane Node Editor对话框。在此对话框中选择“渐变”，然后在右侧展开“渐变”卷展栏，选择第2个色标，设置“色标位置”为100%，接着选择第3个色标，设置“色标位置”为“50%”、H为240°、S为100%、V为100%，如图7-411所示。

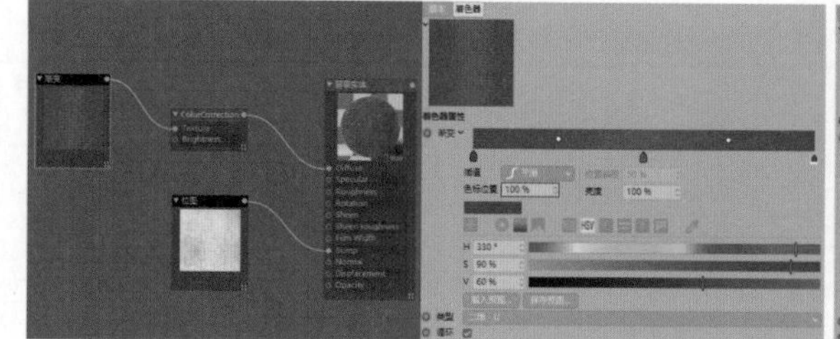

图7-411

07 执行“Octane>Octane Dialog”菜单命令，在弹出的对话框中执行“Materials>Octane Glossy Material”菜单命令，效果如图7-412所示。在“材质”面板中双击新增的材质球打开“材质编辑器”面板，然后设置其名称为“子实体”，如图7-413所示。选择Diffuse，设置Texture为“渐变”，如图7-414所示。

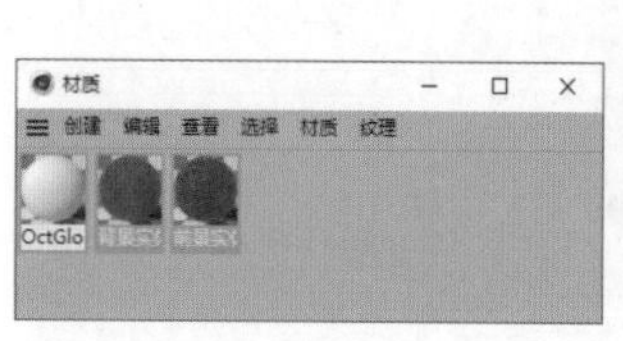

图7-412

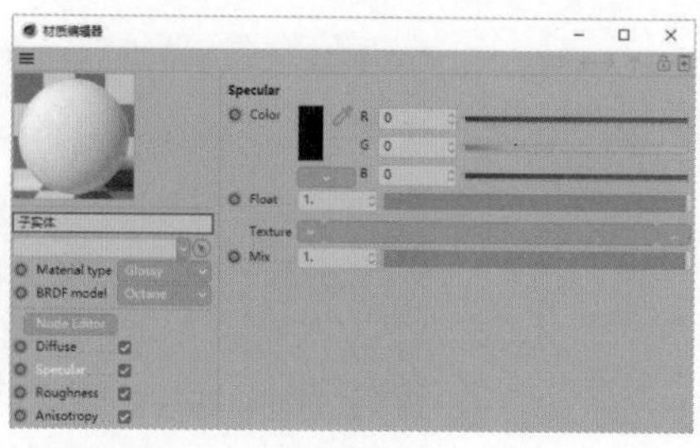

图7-413

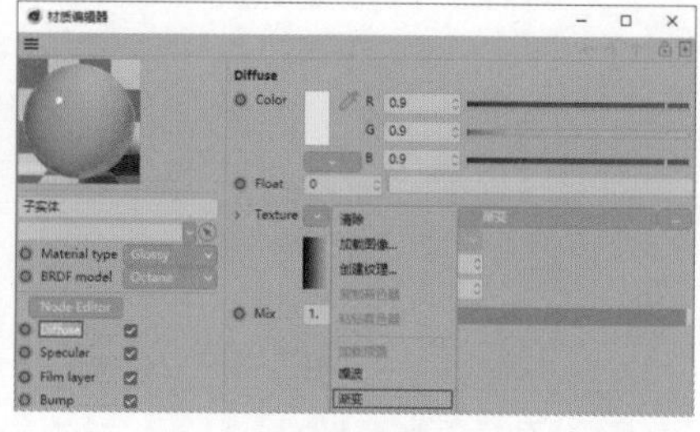

图7-414

08 单击“渐变”，设置“类型”为“二维-V”，然后展开“渐变”卷展栏，选择第1个色标，设置H为330°、S为90%、V为60%；选择第2个色标，设置“色标位置”为49.326%、H为270°、S为100%、V为40%，如图7-415所示。取消勾选Specular复选框，如图7-416所示。

图7-415

图7-416

09 执行“Octane＞Octane Dialog”菜单命令，然后在弹出的对话框中执行“Materials＞Octane Specular Material”菜单命令，效果如图7-417所示。双击“材质”面板中新增的材质球打开“材质编辑器”面板，设置其名称为“外壳”，然后取消勾选Reflection复选框，如图7-418所示。

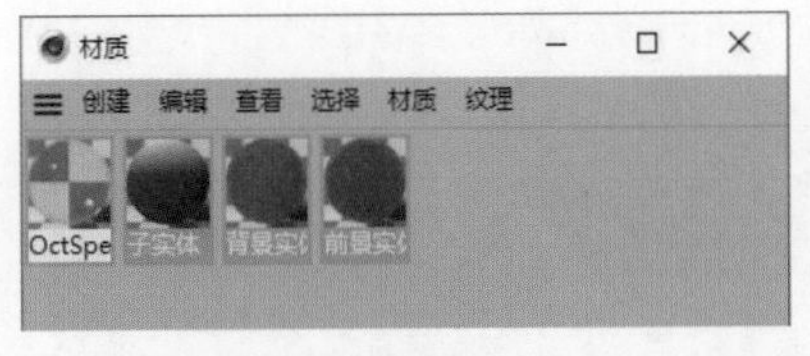

图7-417

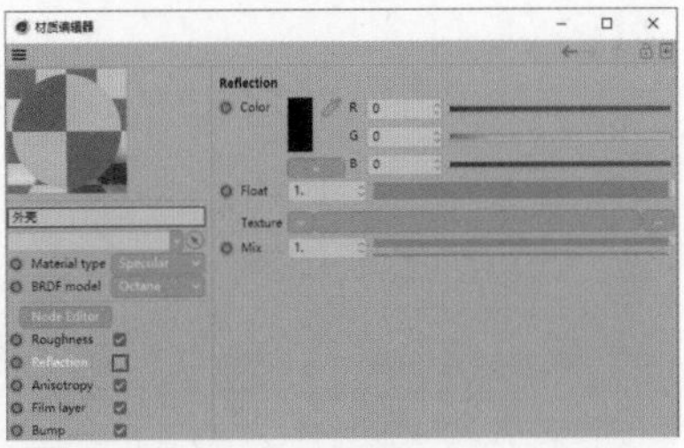

图7-418

10 选择Index，设置Index为1.034，如图7-419所示。选择Dispersion，然后设置Dispersion_coefficient_B为0.02，如图7-420所示。选择Common，然后勾选Fake shadows复选框，如图7-421所示。

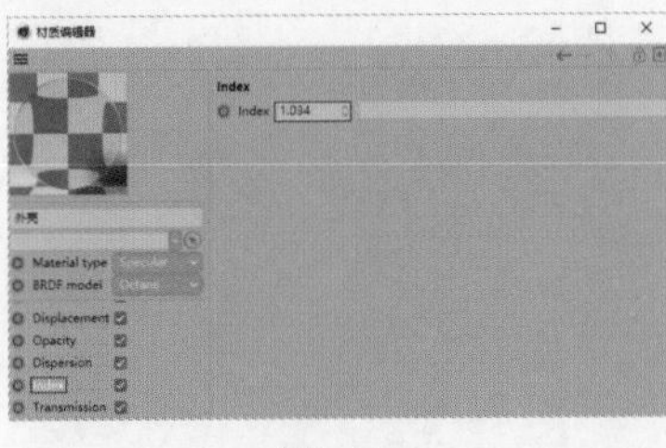

图7-419

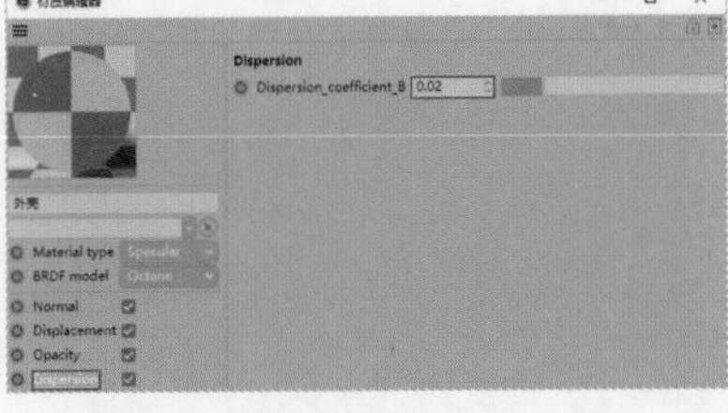

图7-420

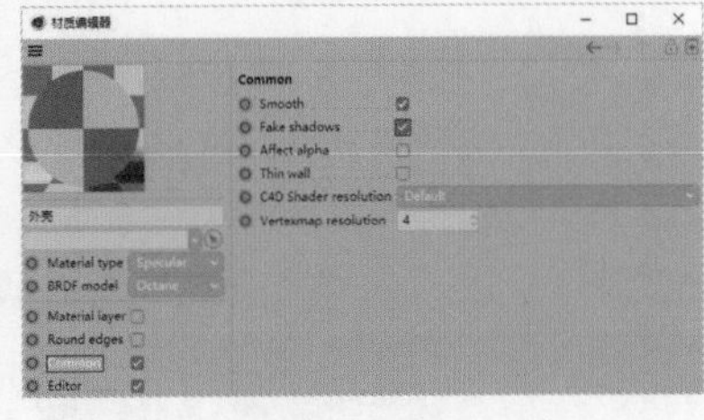

图7-421

11 移动“材质”面板中的“前景实体”材质球至“对象”面板的“前景”对象上，然后移动“背景实体”材质球至“背景”对象上、“子实体”材质球至“前景”和“背景”对象中的“子实体群”对象上、“外壳”材质球至“外壳”对象上，如图7-422所示。执行“渲染＞渲染活动视图”菜单命令，效果如图7-423所示。

12 执行“Octane＞Octane Dialog”菜单命令，在弹出的对话框中执行“Objects＞Hdri Environment”菜单命令，此时“对象”面板中新增一个OctaneSky对象，如图7-424所示。

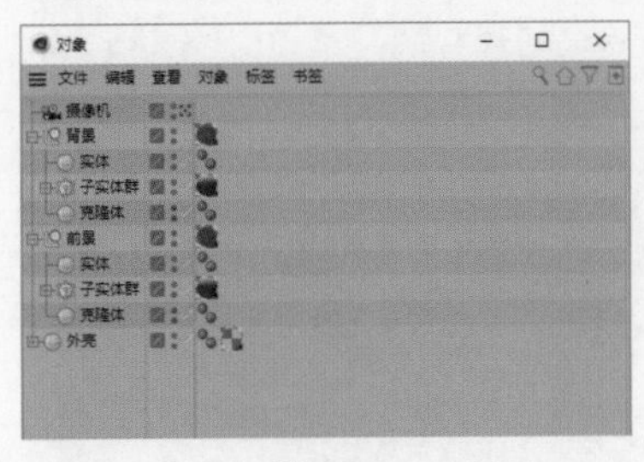

图7-422

图7-423

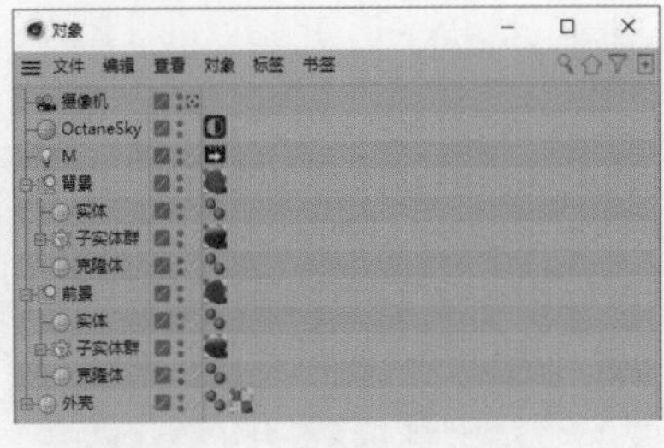

图7-424

13 选择OctaneSky对象，在“属性”面板中单击Texture右侧的按钮，选择材质文件“场景文件＞CH07＞实战：微生物观测＞环境天空材质_1.exr”，如图7-425所示。回到“属性”面板，设置Power为5、RotX为0.6、RotY为0.4，如图7-426所示。

14 选择“前景”对象，执行“Octane＞Octane Dialog”菜单命令，在弹出的对话框中执行“Objects＞Lights＞Octane Targetted Arealight”菜单命令，然后将以上操作重复两次，得到3个OctaneLight对象。接着分别将它们重命名为LT1、LT2、LT3，如图7-427所示。同时选择LT1、LT2、LT3对象，然后在“属性”面板中取消勾选Visible on specular复选框，设置Opacity为0，如图7-428所示。

图7-425

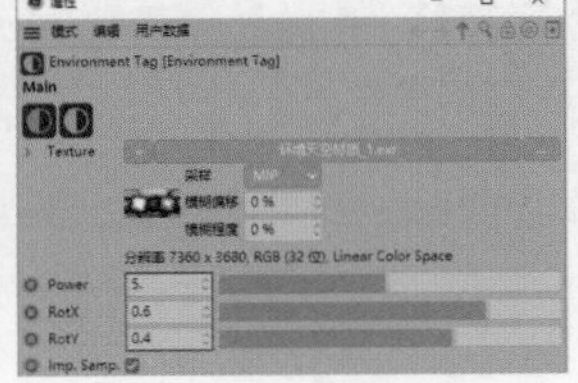

图7-426

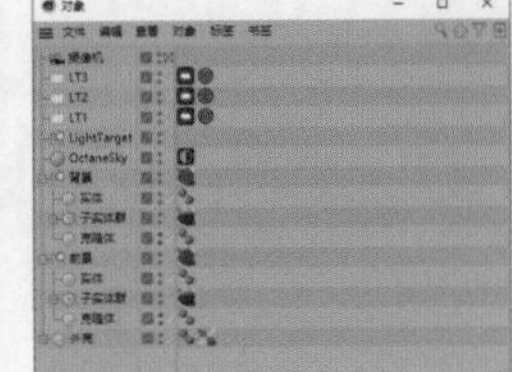

图7-427

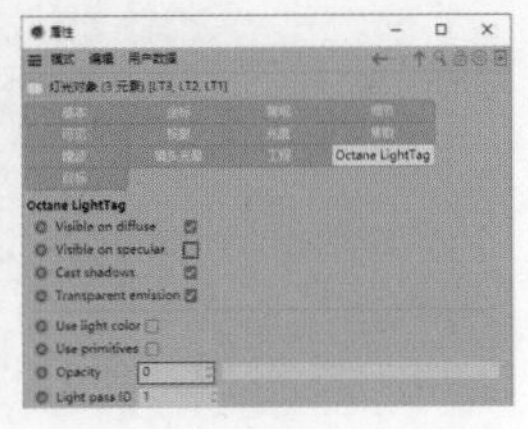

图7-428

15 选择LT1对象，在“属性”面板中设置P.X为50cm、P.Y为 -470cm、P.Z为 -300cm，如图7-429所示。选择LT2对象，在“属性”面板中设置P.X为460cm、P.Y为260cm、P.Z为 -470cm，如图7-430所示。选择LT3对象，在“属性”面板中设置P.X为 -410cm、P.Y为45cm、P.Z为 -430cm，如图7-431所示。

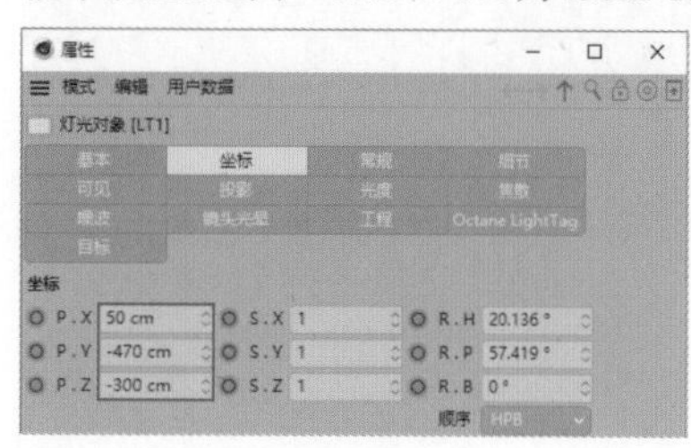

图7-429

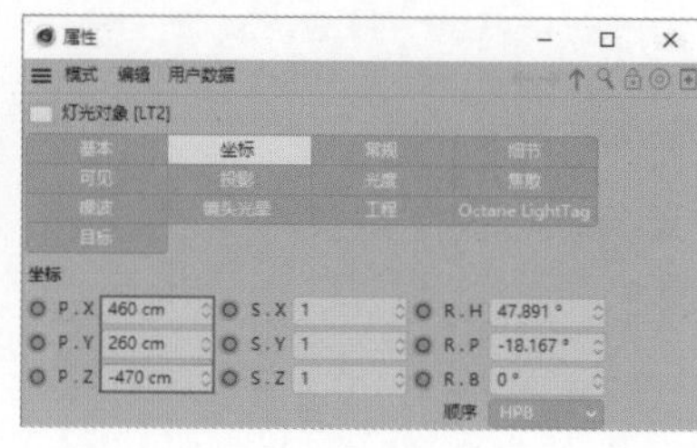

图7-430

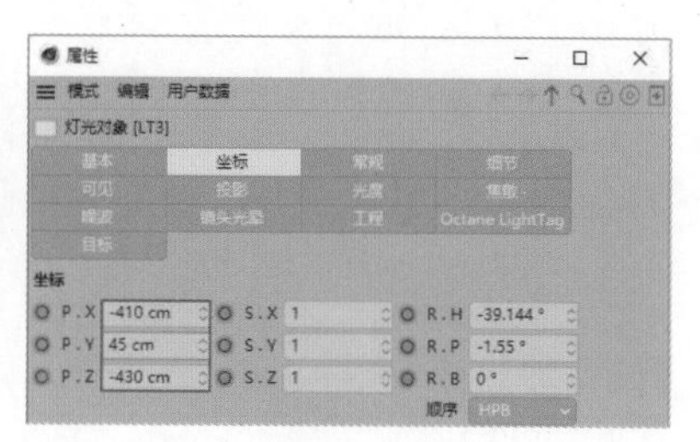

图7-431

16 设置当前帧为150F，执行“渲染>渲染活动视图”菜单命令，效果如图7-432所示。执行“Octane>Octane Settings”菜单命令，然后在Octane Settings对话框中设置Max.samples为500，接着勾选Alpha channel复选框，如图7-433所示。

17 执行“渲染>编辑渲染设置”菜单命令，然后在“渲染设置”对话框中选择“输出”，设置“帧范围”为“全部帧”、“起点”为0F、“终点”为300F，如图7-434所示。

图7-432

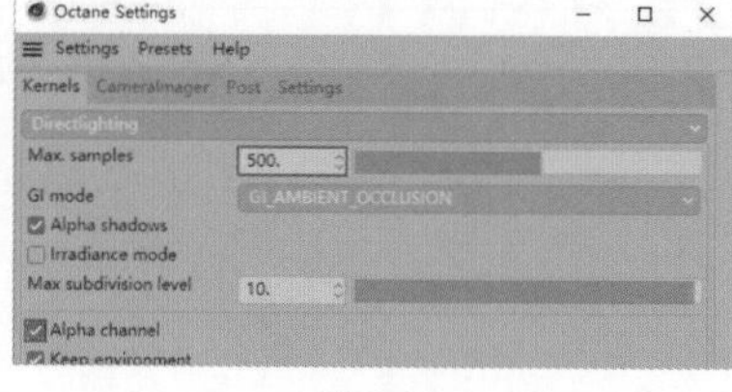

图7-433

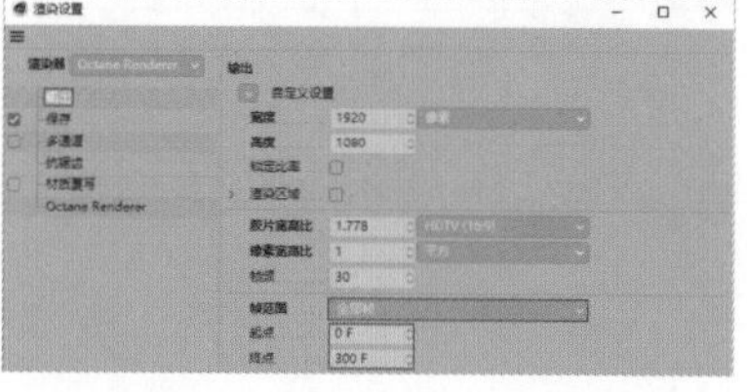

图7-434

18 选择“保存”，单击“文件”右侧的按钮选择文件保存路径，将文件命名为“微生物观测”，然后设置“格式”为PNG并勾选“Alpha通道”复选框，如图7-435所示。执行“渲染>渲染活动视图”菜单命令，效果如图7-436所示。

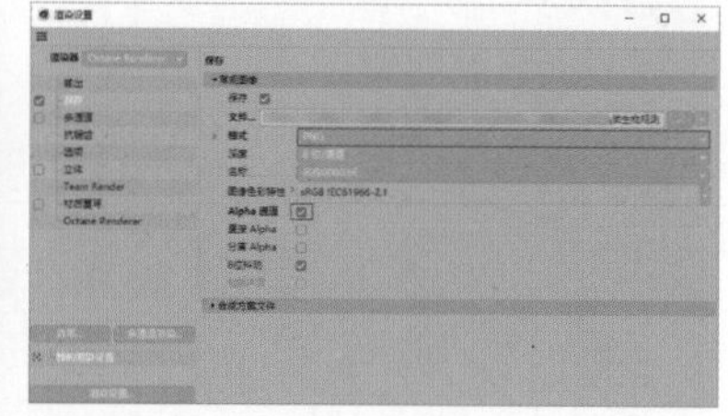

图7-435

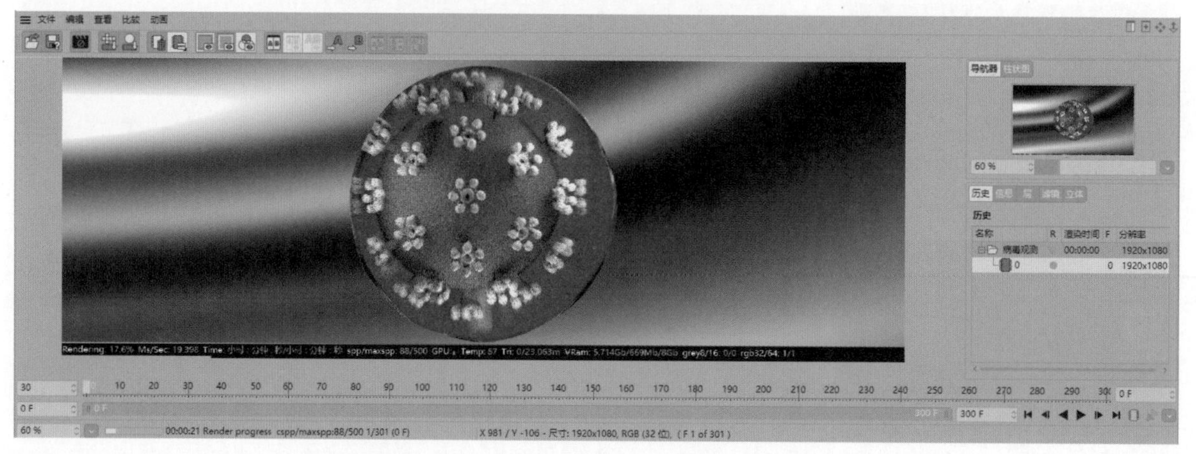

图7-436

◎ 微生物动效制作

01 打开After Effects，导入文件“场景文件＞CH07＞实战：微生物观测＞微生物观测0000.png”，如图7-437所示。新建一个合成，设置“合成名称”为“微生物观测”、“宽度”为1920px、“高度”为1080px、“帧速率”为30帧/秒、“持续时间”为0:00:10:00，如图7-438所示。

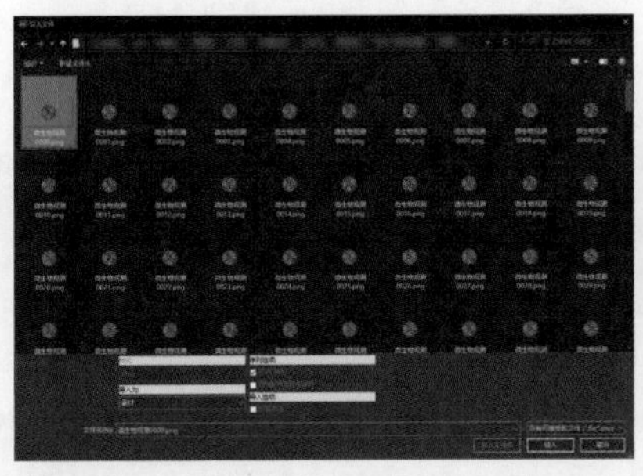

图7-437

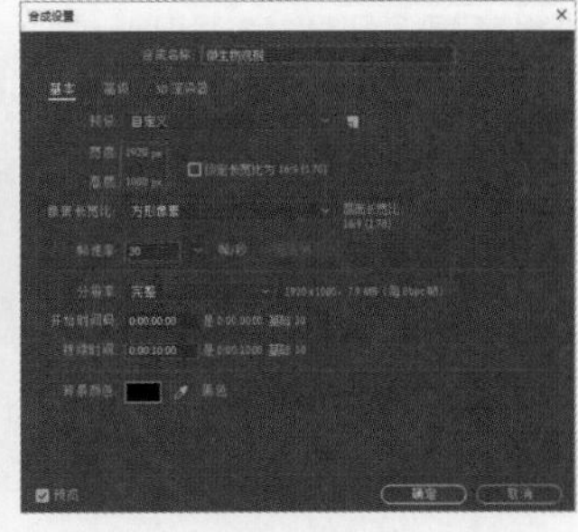

图7-438

02 移动“项目”面板中的“微生物观测[0000-0300].png”文件至“时间轴”面板中，如图7-439所示。新建一个“纯色”图层，设置“名称”为“背景”、“宽度”为1920像素、“高度”为1080像素，如图7-440所示。移动“背景”图层至图层列表的底部，如图7-441所示。

03 选择“背景”图层，执行“效果＞生成＞梯度渐变”菜单命令，在“效果控件”面板中展开“梯度渐变”卷展栏，设置“渐变起点”为（960,540）、“起始颜色”为蓝色（R:0,G:41,B:158）、“渐变终点”为（1650,575）、“结束颜色”为深蓝色（R:0,G:22,B:94）、“渐变形状”为“径向渐变”、“渐变散射”为512，如图7-442所示。效果如图7-443所示。

04 选择“微生物观测[0000-0300].png”图层，执行“编辑＞重复”菜单命令，然后将下方的“微生物观测[0000-0300].png”图层重命名为“背景亮光”，如图7-444所示。

图7-439

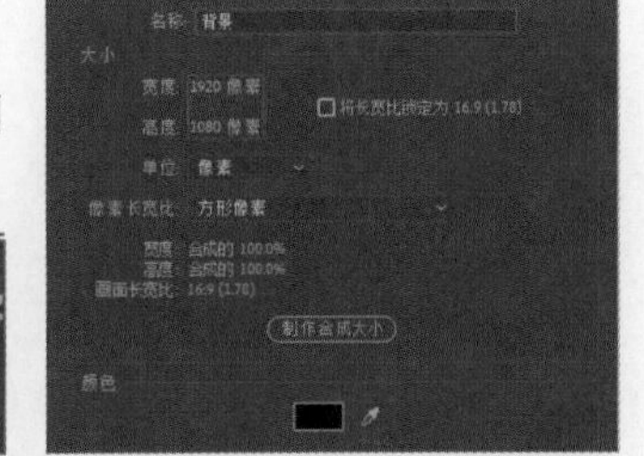

图7-440

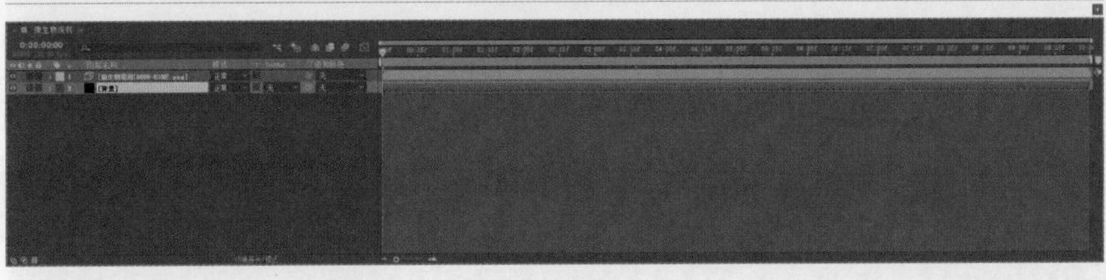

图7-441

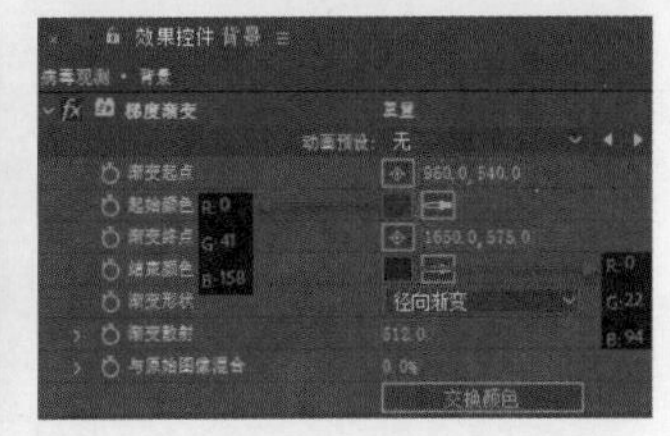

图7-442

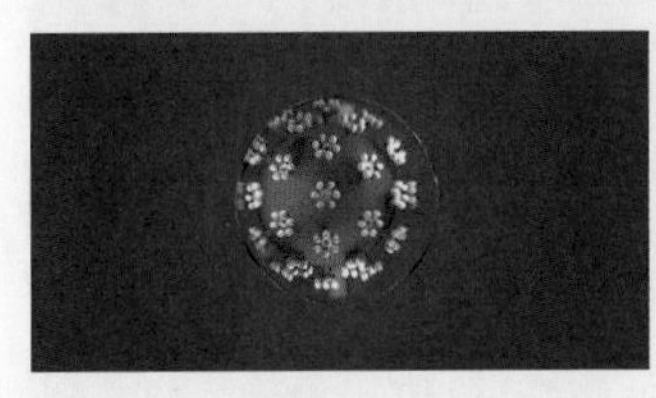

图7-443

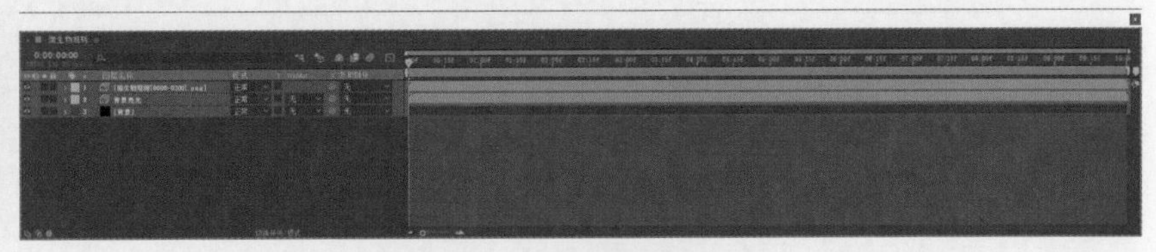

图7-444

05 选择“背景亮光”图层，执行“效果＞模糊和锐化＞高斯模糊”菜单命令，在“效果控件”面板中展开“高斯模糊”卷展栏，设置“模糊度”为200，如图7-445所示。

06 执行“效果＞颜色校正＞色调”菜单命令，展开“色调”卷展栏，设置“将黑色映射到”为深蓝色（R:0,G:44,B:159）、“将白色映射到”为蓝色（R:0,G:71,B:255），如图7-446所示。

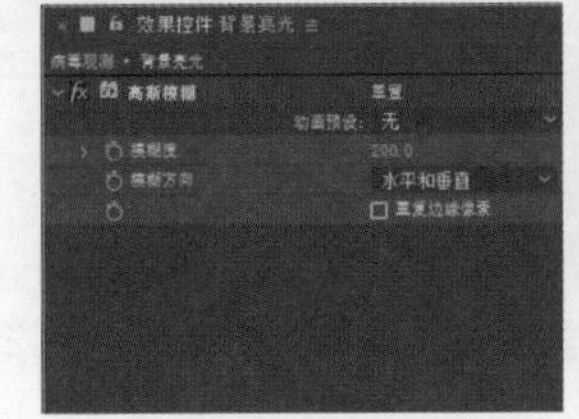

图7-445

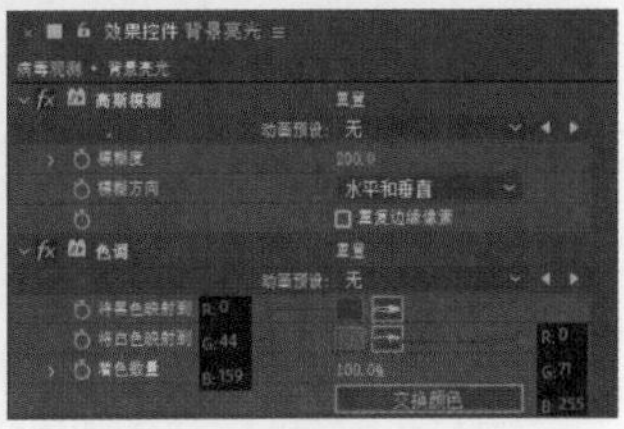

图7-446

07 新建一个“纯色”图层，设置“名称”为“光点”、“宽度”为1920像素、“高度”为1080像素，如图7-447所示。移动“光点”图层至“微生物观测[0000-0300].png”图层的下方，然后设置“光点”图层的“模式”为“相加”，如图7-448所示。

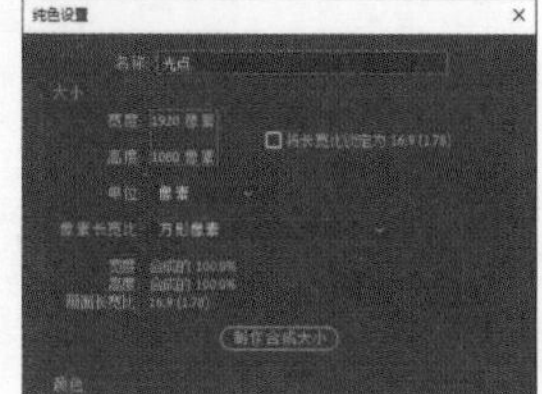
图7-447

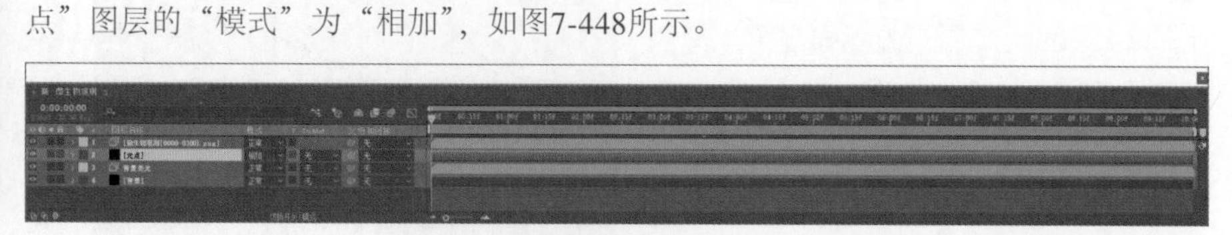
图7-448

08 选择“光点”图层，执行“效果>RG Trapcode>Particular”菜单命令。在“效果控件”面板中展开Emitter(Master)卷展栏，设置Particles/sec为1600、Emitter Type为Sphere、Emitter Size XYZ为800，然后展开Emission Extras卷展栏，设置Pre Run为100%，如图7-449所示。

09 保持当前选择不变，展开Particle(Master)卷展栏，设置Life[sec]为5、Size为3.5、Size Random为100%，然后展开Size over Life卷展栏，选择PRESETS下拉列表中的第2个选项，接着设置Opacity为40、Opacity Random为100%、Blend Mode为Normal，如图7-450所示。

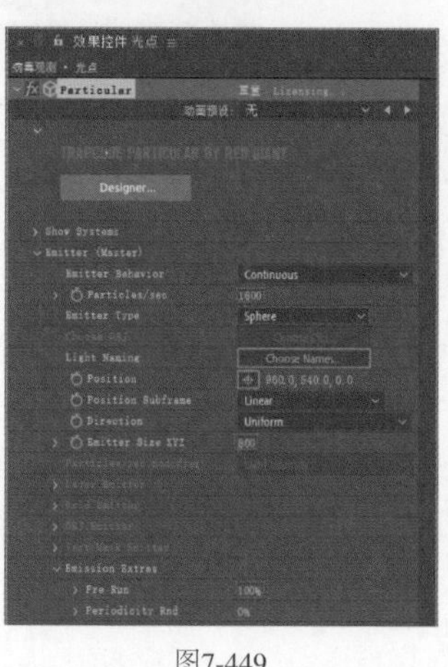
图7-449

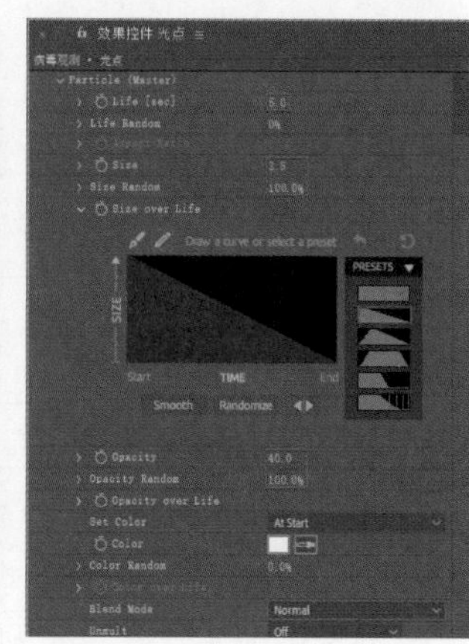
图7-450

10 设置时间码为0:00:00:00，然后在“时间轴”面板中依次展开“光点”“变换”卷展栏，设置“不透明度”为0%并单击其左侧的按钮，如图7-451所示。设置时间码为0:00:01:00，然后在“时间轴”面板中设置“不透明度”为100%；设置时间码为0:00:09:00，然后设置“不透明度”为100%；设置时间码为0:00:09:29，然后设置“不透明度”为0%，如图7-452所示。

图7-451

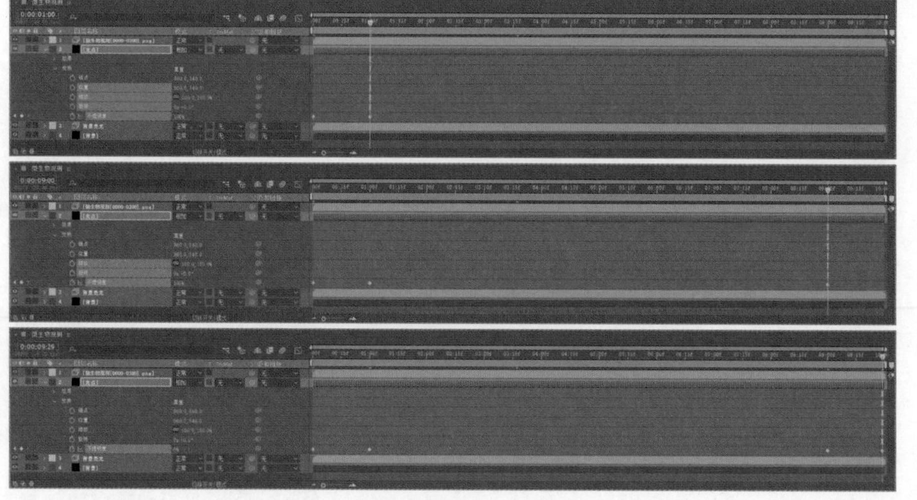
图7-452

11 选择“微生物观测[0000-0300].png”图层，执行“编辑>重复”菜单命令，选择下方的“微生物观测[0000-0300].png”图层，将其重命名为“光芒”，然后设置“模式”为“相加”，如图7-453所示。

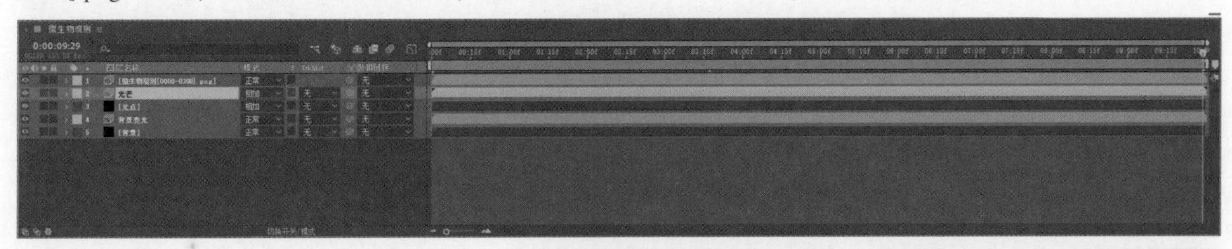

图7-453

12 选择“光芒”图层，执行“效果>模糊和锐化>CC Radial Fast Blur”菜单命令，在“效果控件”面板中展开CC Radial Fast Blur卷展栏，设置Amount为40，如图7-454所示。设置时间码为0:00:05:00，效果如图7-455所示。

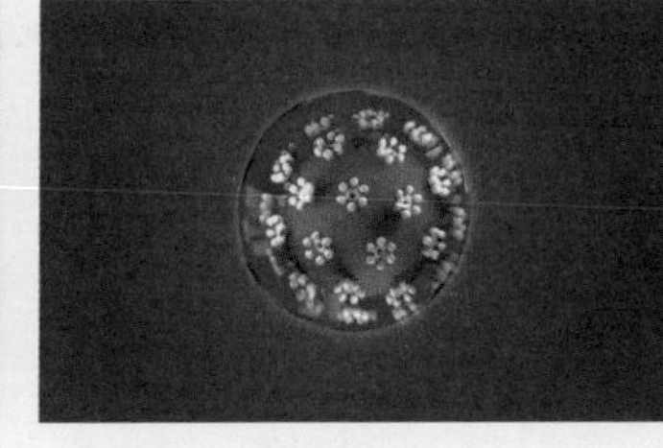

图7-454

图7-455

实战：细胞分裂

场景位置	场景文件>CH07>实战：细胞分裂
实例位置	实例文件>CH07>实战：细胞分裂
难易程度	★★★★☆
学习目标	掌握“体积生成”“体积网格”菜单命令的使用方法

细胞分裂的效果如图7-456所示，制作分析如下。

在Cinema 4D中将“体积生成”与“体积网格”菜单命令组合使用，可以制作出物体粘连的效果。

图7-456

01 在Cinema 4D中使用参数化对象、“变形器”、“生成器”等工具制作细胞的主体动画模型，效果如图7-457所示。

02 赋予主体动画模型材质，然后导出图形序列，如图7-458所示。

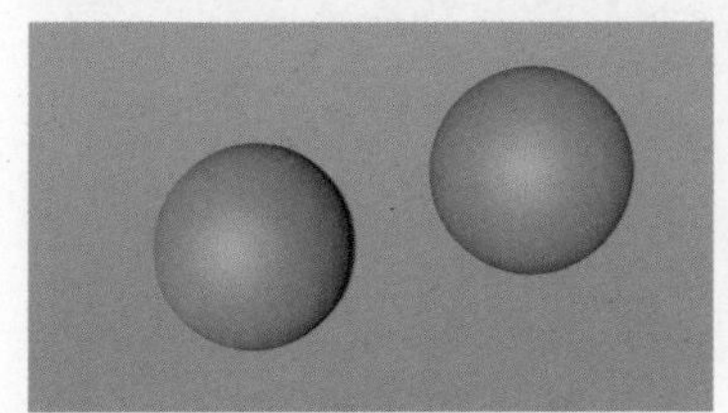

图7-457

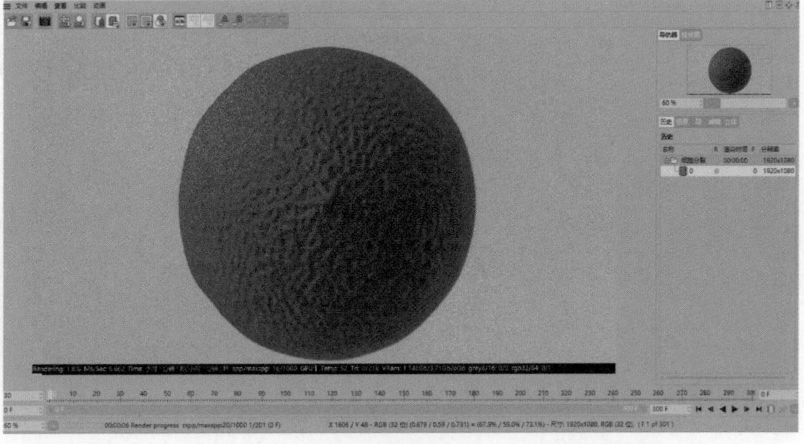

图7-458

03 在After Effects中导入以上步骤中导出的图形序列，然后设置背景以渲染氛围，效果如图7-459所示。

04 使用Form粒子插件和“摄像机”图层制作细胞分裂的动画，效果如图7-460所示。

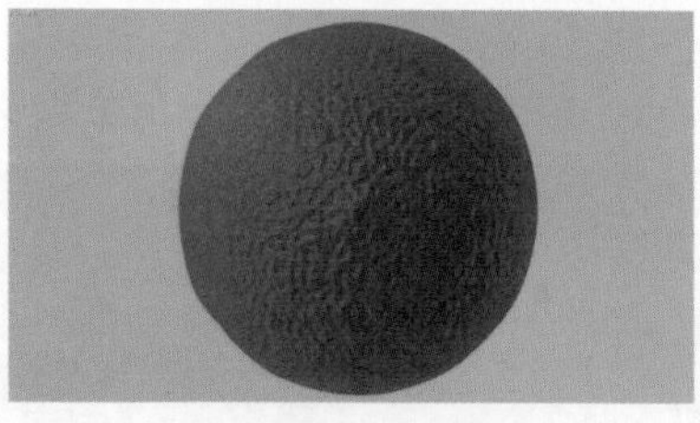

图7-459

图7-460

7.5 能量传输系统

本节主要讲解能量传输系统方面的案例。

实战：充能

场景位置	场景文件 > CH07 > 实战：充能
实例位置	实例文件 > CH07 > 实战：充能
难易程度	★★★★☆
学习目标	掌握“时间反向图层”菜单命令的使用方法

充能的效果如图7-461所示，制作分析如下。

在进行效果制作时要灵活变通，例如，Particular粒子沿着灯光路径发射粒子时，粒子会越来越发散，为了使粒子逆向运动，可以使用“时间反向图层”菜单命令。

图7-461

◎ 充能主体模型制作

01 打开Cinema 4D，执行“渲染>编辑渲染设置”菜单命令，然后在“渲染设置”对话框中选择“输出”，设置“宽度”为1920像素、“高度”为1080像素，如图7-462所示。创建一个立方体，将其命名为“显示板”，然后在“属性”面板中设置“尺寸.X”为140cm、“尺寸.Y”为440cm、“尺寸.Z”为10cm，如图7-463所示。效果如图7-464所示。

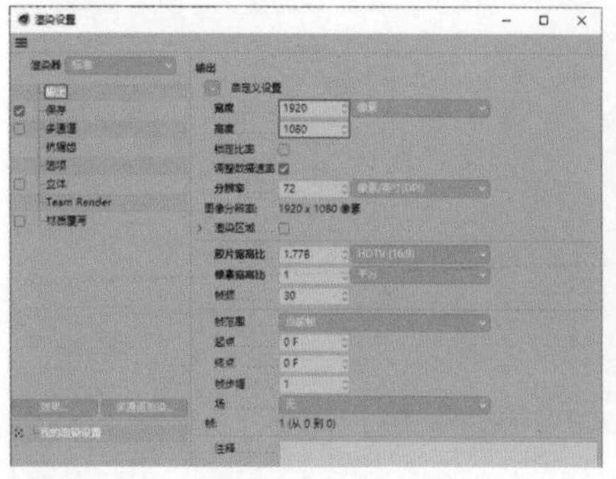

图7-462

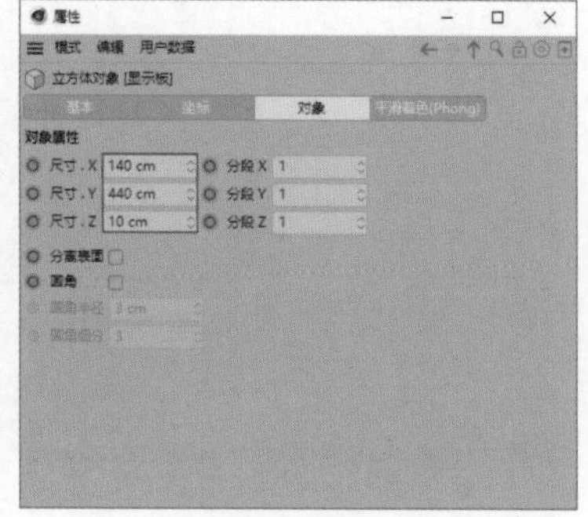

图7-463

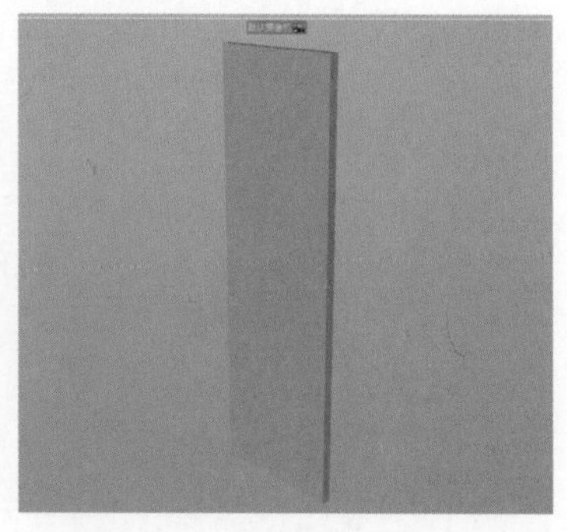

图7-464

02 执行“创建>对象>平面”菜单命令两次，将“平面”“平面.1”对象分别重命名为“背板”“地板”，然后选择“背板”对象，在“属性”面板中设置“宽度”为1000cm、“高度”为500cm，如图7-465所示。选择“地板”对象，然后在“属性”面板中设置“宽度”为1000cm、“高度”为500cm、“方向”为+Z，如图7-466所示。选择“背板”对象，在“属性”面板中设置P.X为0cm、P.Y为190cm、P.Z为300cm、R.P为90°，如图7-467所示。

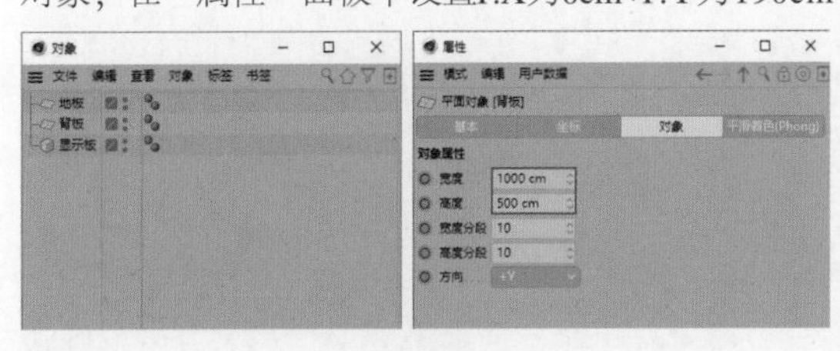
图7-465

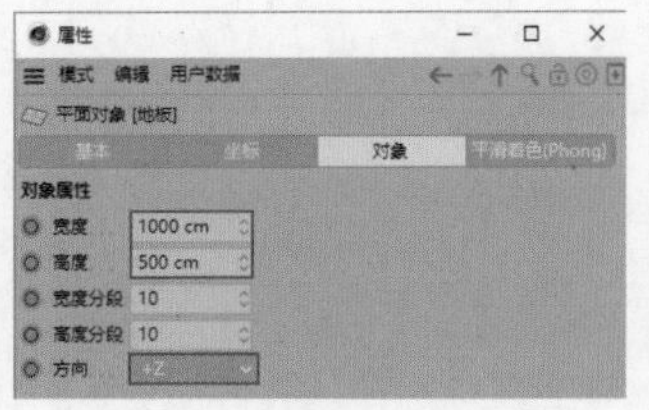
图7-466

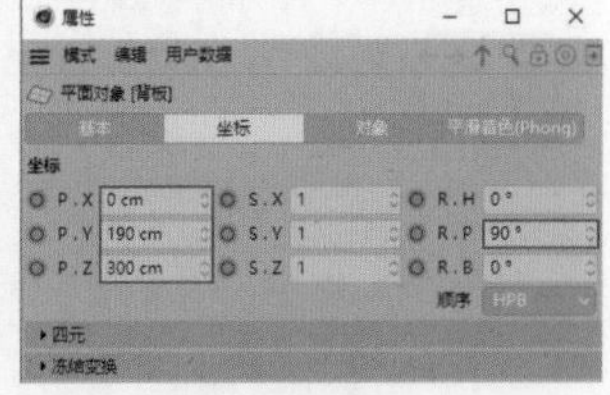
图7-467

03 执行“创建>对象>管道”菜单命令，将“管道”对象重命名为“顶板”，然后在“属性”面板中设置“内部半径”为400cm、“外部半径”为405cm、“旋转分段”为256、“封顶分段”为8、“高度”为275cm、“高度分段”为12、“方向”为+Z，如图7-468所示。

04 保持当前选择不变，在“属性”面板中设置P.X为0cm、P.Y为-135cm、P.Z为105cm，如图7-469所示。效果如图7-470所示。创建一个球体，在“属性”面板中设置“半径”为10cm、“分段”为64，如图7-471所示。执行“运动图形>克隆”菜单命令，移动“球体”对象至“克隆”对象内，如图7-472所示。

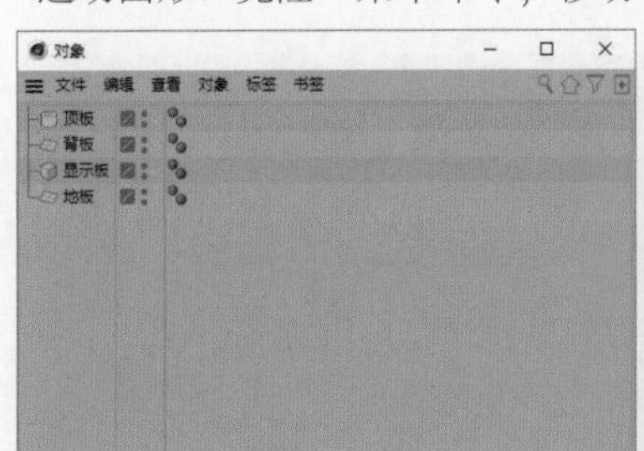
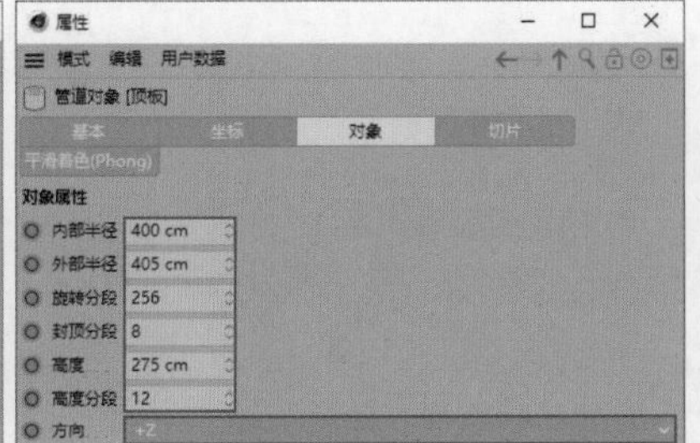
图7-468

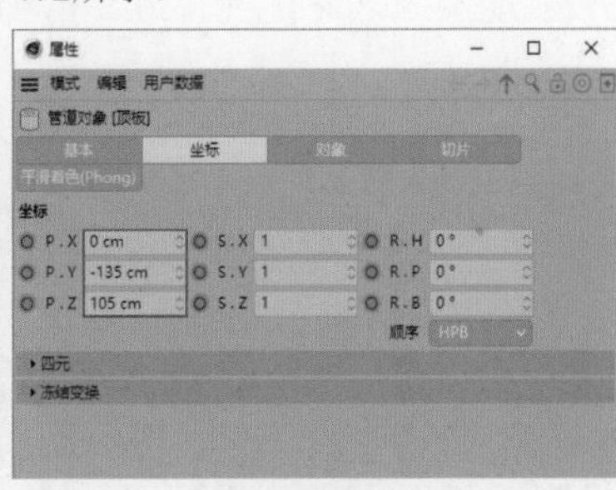
图7-469

图7-470

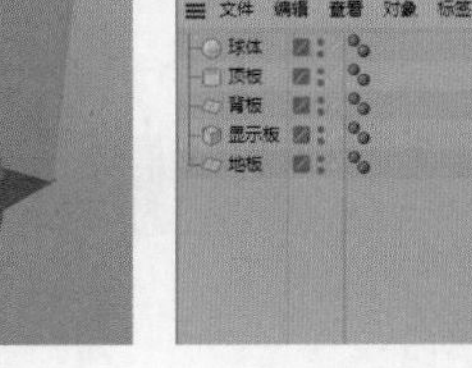
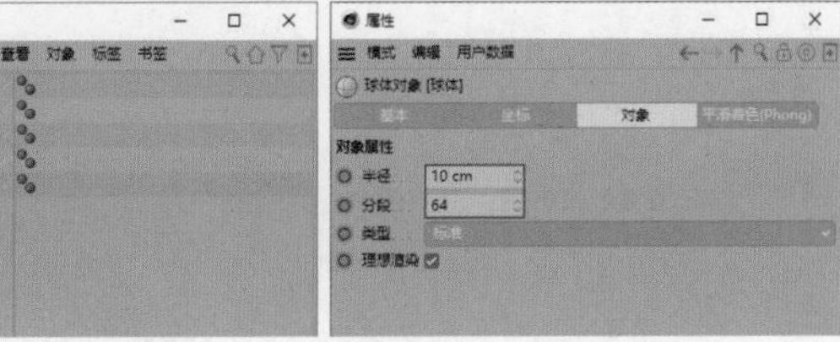
图7-471

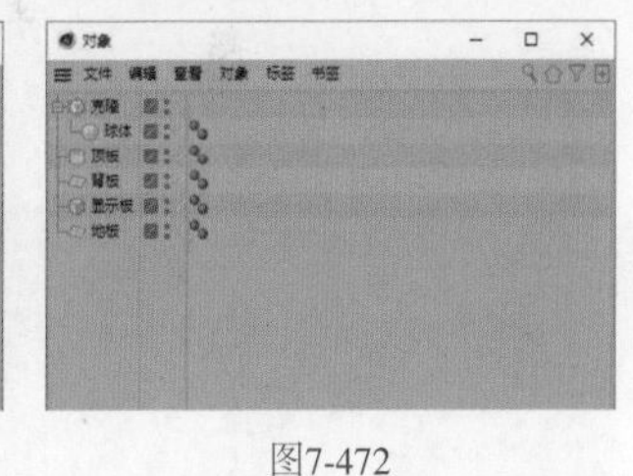
图7-472

05 选择“克隆”对象，在“属性”面板中设置“模式”为“网格排列”、“数量”为(6,3,3)、“尺寸”为(60cm,85cm,80cm)，如图7-473所示。执行“运动图形>效果器>随机”菜单命令，在“属性”面板中设置P.X、P.Y、P.Z分别为100cm、100cm、300cm，然后勾选“缩放”“等比缩放”复选框，设置“缩放”为-1，如图7-474所示。

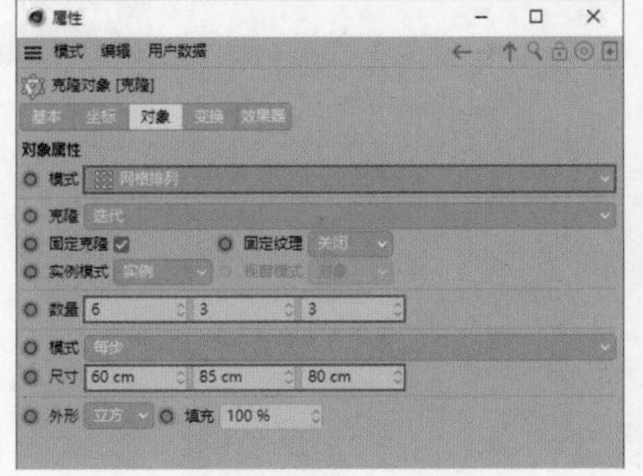
图7-473

图7-474

06 选择“克隆”对象，移动“对象”面板中的“随机”对象至“属性”面板的“效果器”列表框中，如图

7-475所示。效果如图7-476所示。选择“克隆”对象，执行“网格>转换>转为可编辑对象”菜单命令，然后选择“克隆”对象的所有子对象，执行“样条>转换>连接对象+删除”菜单命令，将得到的“球体0”对象移动至“克隆”对象之后。

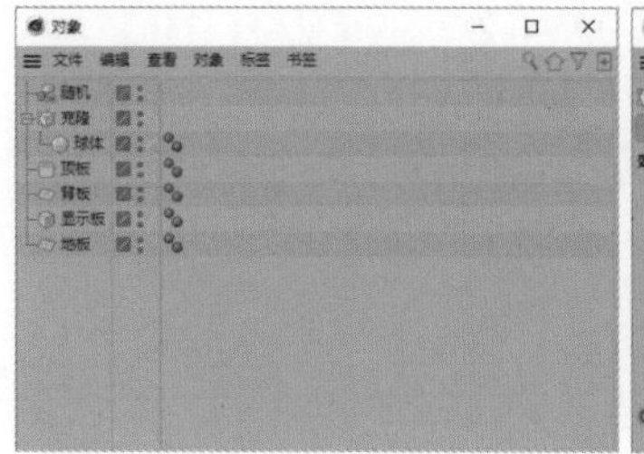

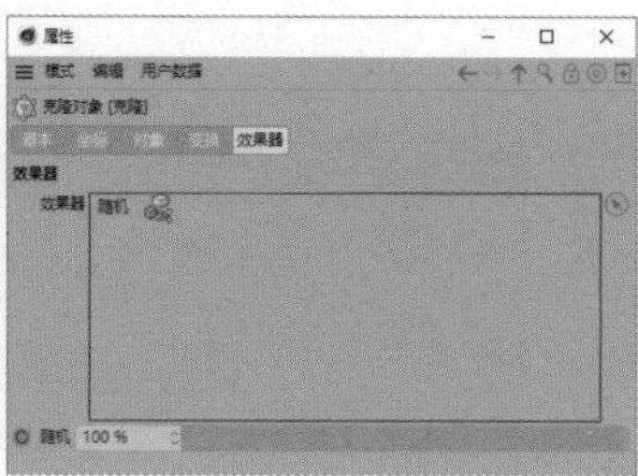

图7-475

图7-476

07 选择“克隆”对象，执行“编辑>删除”菜单命令；选择“随机”对象，执行“编辑>删除”菜单命令，然后将“球体0”对象重命名为“氛围球”，如图7-477所示。保持当前选择不变，在“属性”面板中设置P.X为0cm、P.Y为-5cm、P.Z为230cm，如图7-478所示。

08 设置时间轴时长为0～300F、当前帧为0F，如图7-479所示。执行“创建>摄像机>摄像机”菜单命令，选择“摄像机”对象，在“属性”面板中设置P.X为0cm、P.Y为130cm、P.Z为-440cm，然后单击P.Z左侧的◎按钮，接着设置R.H、R.P、R.B为0°，如图7-480所示。

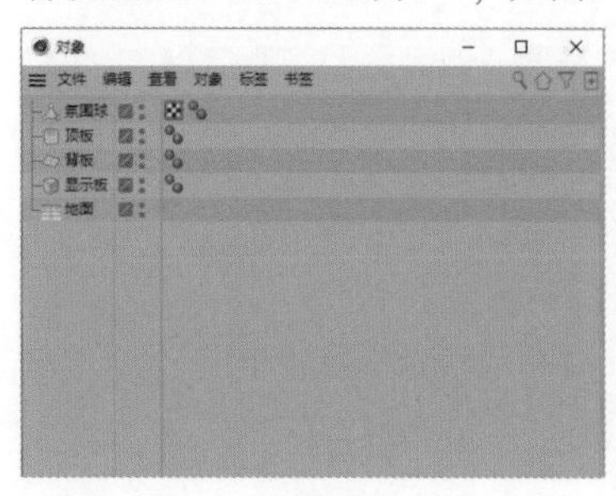

图7-477

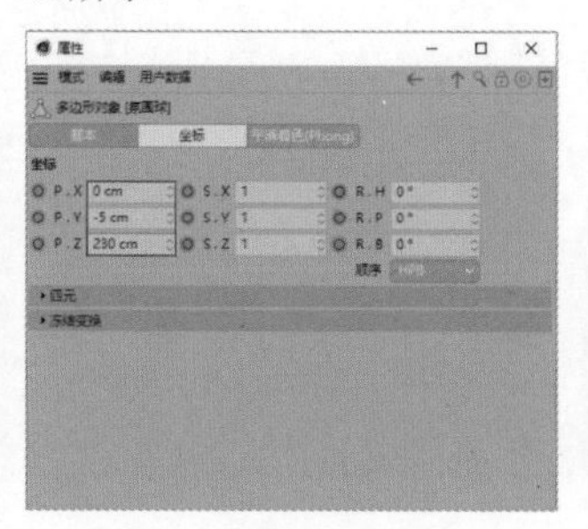

图7-478

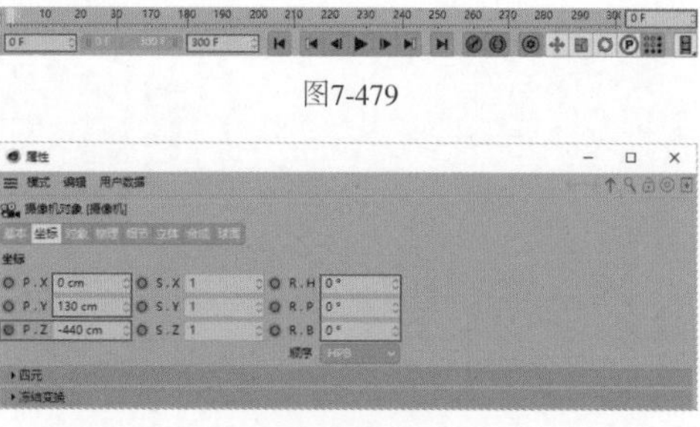

图7-479

图7-480

09 设置当前帧为300F，然后在“属性”面板中设置P.Z为-540cm并单击其左侧的◎按钮，如7-481所示。单击“对象”面板中“摄像机”右侧的▪按钮切换至摄像机视角，如图7-482所示。效果如图7-483所示。

图7-481

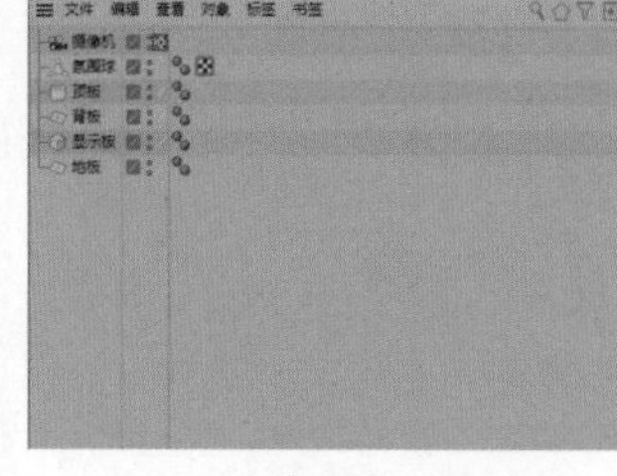

图7-482

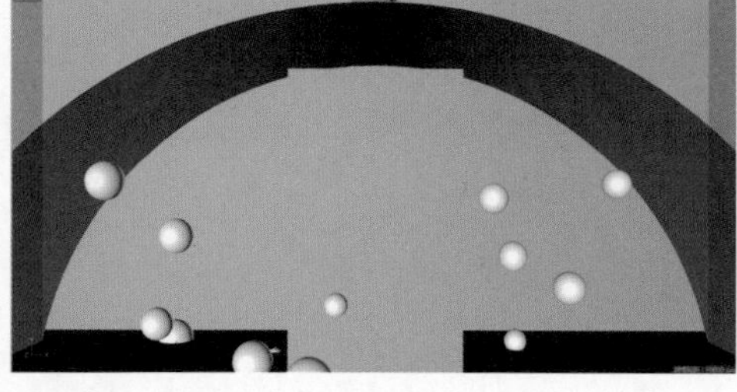

图7-483

◎ 充能主体模型渲染

01 执行“渲染>编辑渲染设置”菜单命令，在“渲染设置”对话框中设置“渲染器”为Octane Renderer，如图7-484所示。执行“Octane>Octane Dialog”菜单命令，在弹出的对话框中执行“Materials>Octane Glossy Material”菜单命令，如图7-485所示。

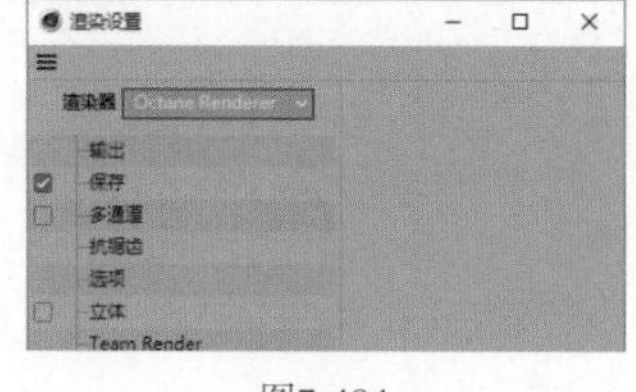

图7-484

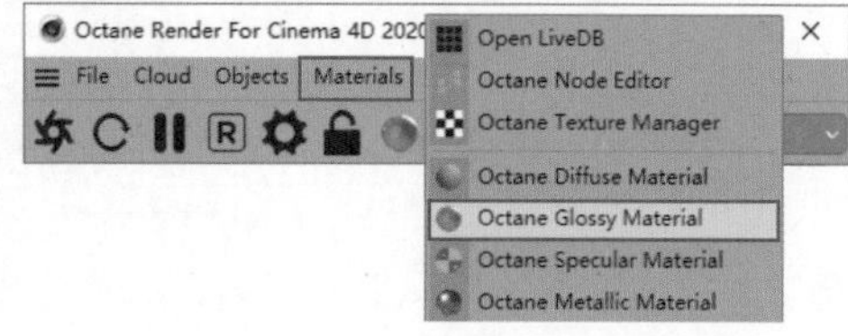

图7-485

02 双击“材质”面板中的材质球打开“材质编辑器”面板，设置其名称为“前景”，然后选择Diffuse，设置Texture为“颜色”，如图7-486所示。单击“颜色”，设置H为225°、S为100%、V为20%，如图7-487所示。选择Specular，设置Float为0.1，如图7-488所示。

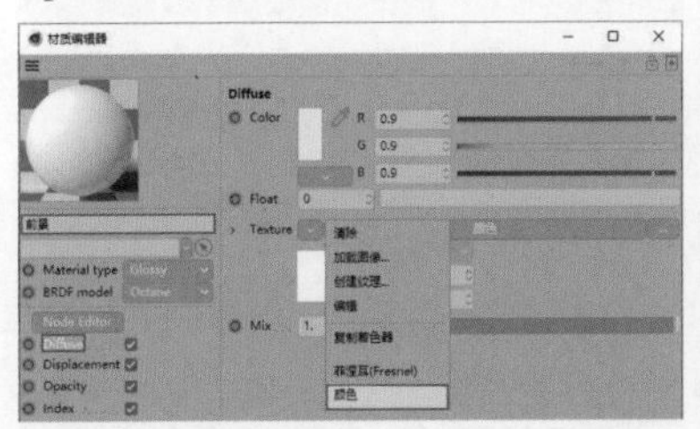

图7-486

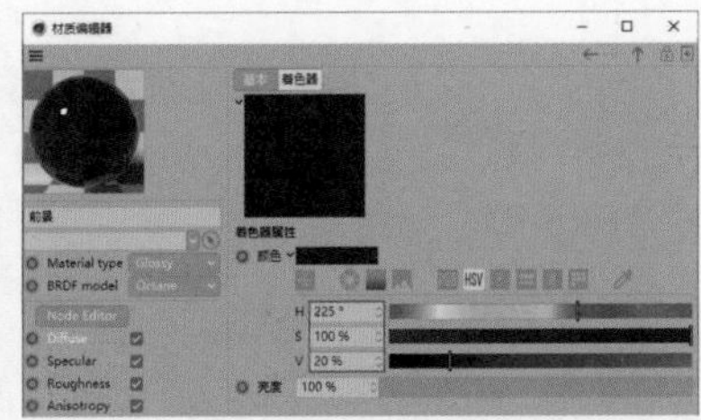

图7-487

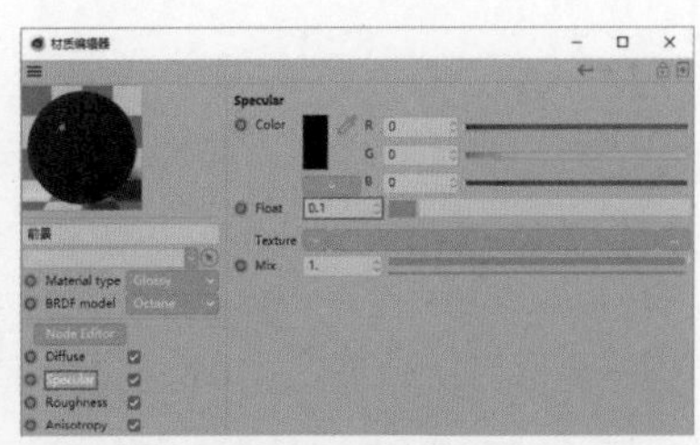

图7-488

03 执行“Octane＞Octane Dialog”菜单命令，在弹出的对话框中执行“Materials＞Octane Diffuse Material”菜单命令，此时“材质”面板如图7-489所示。双击“材质”面板中新增的材质球打开“材质编辑器”面板，设置其名称为“背景”，然后选择Diffuse，设置Texture为“颜色”，如图7-490所示。

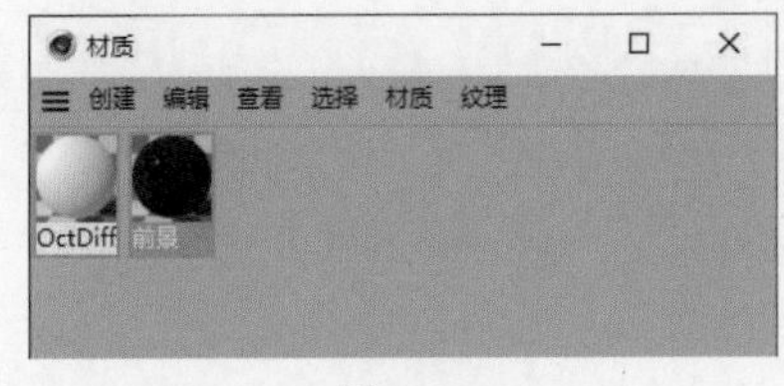

图7-489

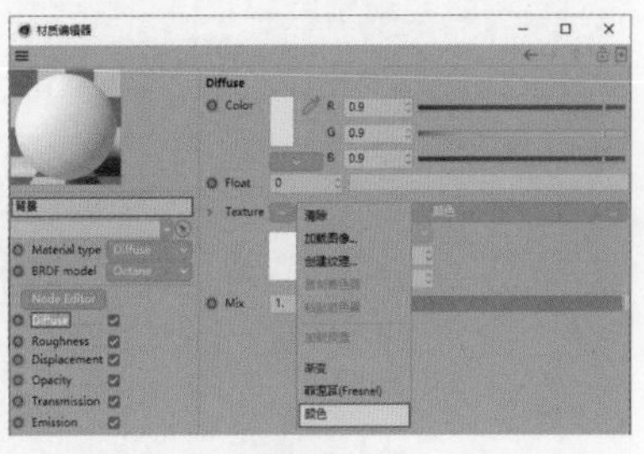

图7-490

04 单击“颜色”，设置H为220°、S为100%、V为10%，如图7-491所示。执行“Octane＞Octane Dialog”菜单命令，然后在弹出的对话框中执行“Materials＞Octane Diffuse Material”菜单命令，此时“材质”面板如图7-492所示。

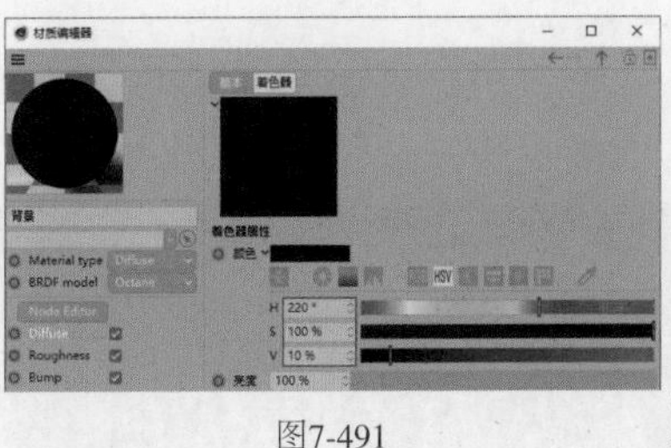

图7-491

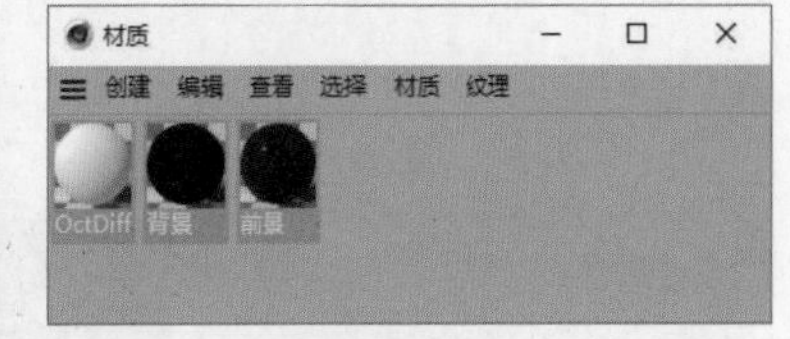

图7-492

05 双击“材质”面板中新增的材质球打开“材质编辑器”面板，设置其名称为“氛围”，然后选择Diffuse，单击Color右侧的色块，在“颜色拾取器”对话框中设置H为0°、S为0%、V为0%，接着设置Texture为“渐变”、Mix为0.12，如图7-493所示。

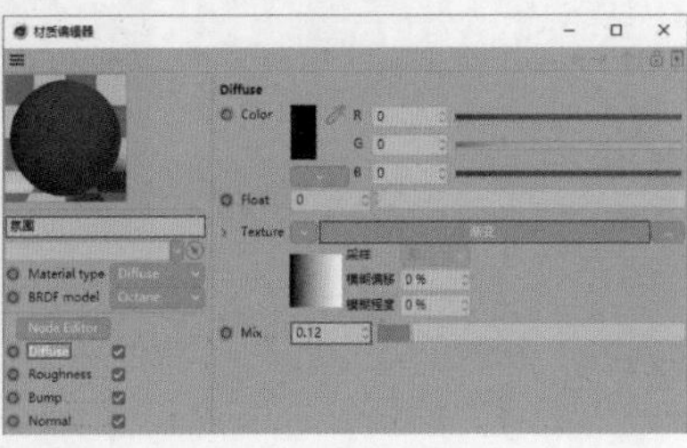

图7-493

06 单击“渐变”，设置“类型”为“二维-V”，然后展开“渐变”卷展栏，选择渐变色条上的第1个色标，设置H为215°、S为100%、V为100%，接着选择第2个色标，设置H为260°、S为100%、V为100%，如图7-494所示。

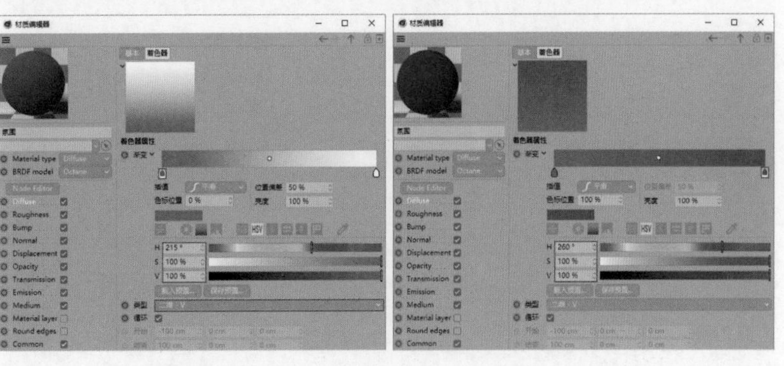

图7-494

07 执行“Octane＞Octane Dialog”菜单命令，然后在弹出的对话框中执行“Materials＞Octane Specular Material”菜单命令，此时“材质”面板如图7-495所示。

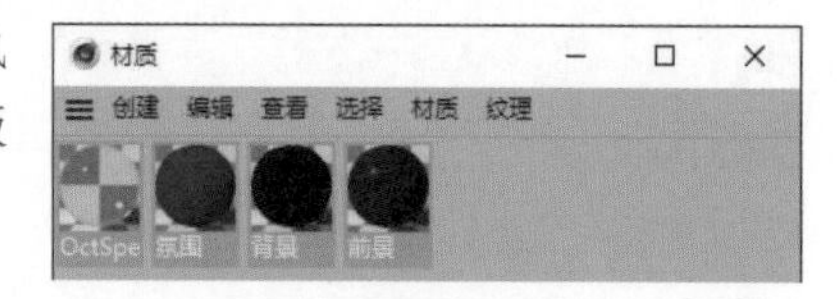

图7-495

08 双击“材质”面板中新增的材质球打开“材质编辑器”面板，设置其名称为“显示板”，然后选择Roughness，设置Float为0.008，如图7-496所示。选择Reflection，设置Float为0.18，如图7-497所示。选择Common，然后勾选Fake shadows复选框，如图7-498所示。

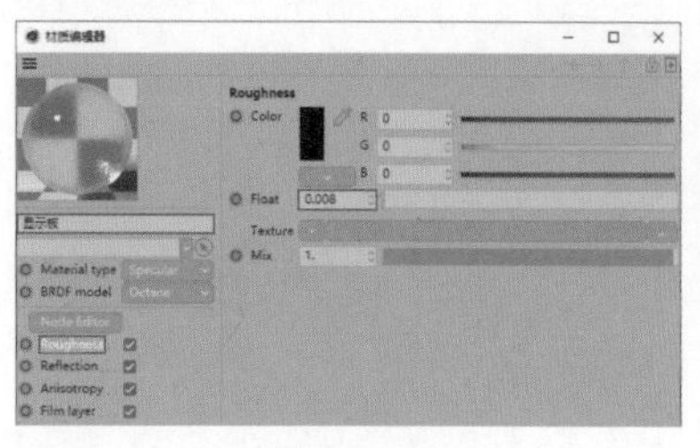

图7-496

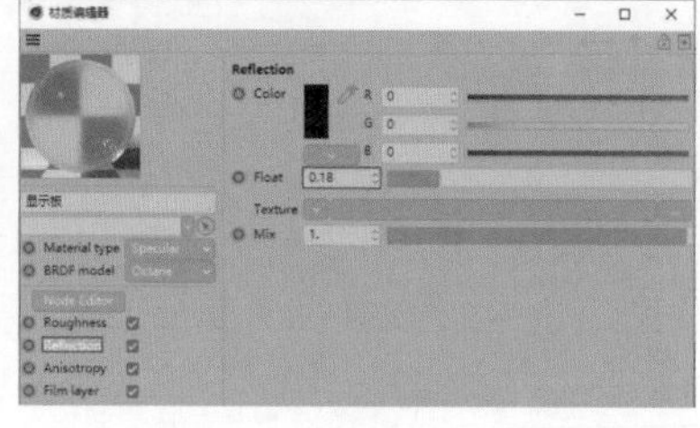

图7-497

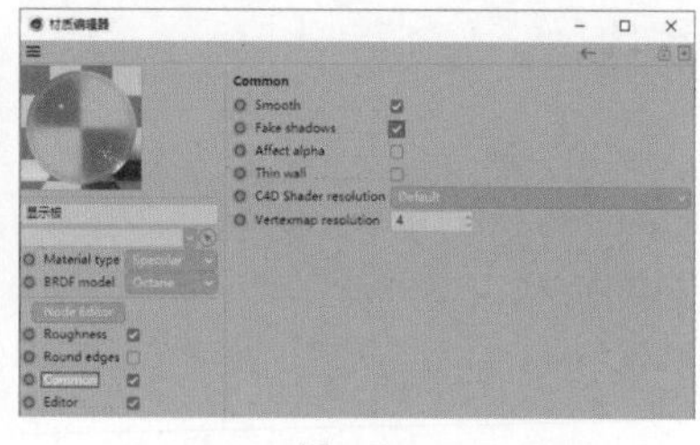

图7-498

09 移动“材质”面板中的“前景”材质球至“对象”面板中的“地面”“顶板”对象上，然后移动“背景”材质球至“背板”对象上、“氛围”材质球至“氛围球”对象上、“显示板”材质球至“显示板”对象上。选择“显示板”对象，执行“创建＞标签＞CINEMA 4D标签＞外部合成”菜单命令，然后执行“Octane＞Octane Dialog”菜单命令，接着在弹出的对话框中执行“Objects＞Hdri Environment”菜单命令，此时“对象”面板中新增一个OctaneSky对象，如图7-499所示。

10 选择OctaneSky对象，然后在“属性”面板中单击Texture右侧的按钮，选择材质文件“场景文件＞CH07＞实战：充能＞环境天空材质_1.exr”，如图7-500所示。回到“属性”面板，设置RotX为0.55，如图7-501所示。

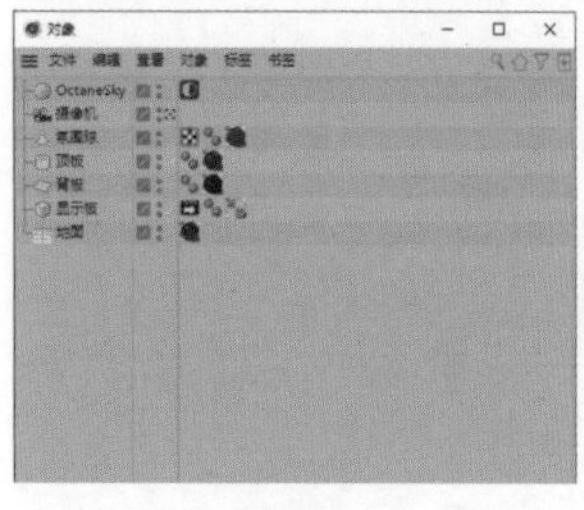

图7-499

图7-500

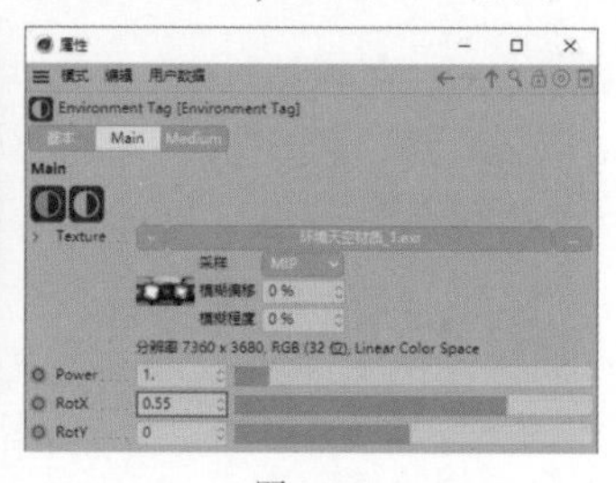

图7-501

11 执行“Octane＞Octane Dialog”菜单命令，在弹出的对话框中执行“Objects＞Lights＞Octane Arealight”菜单命令，然后将“对象”面板中新增的OctaneLight对象重命名为“逆光”。选择“逆光”对象，在“属性”面板中设置“外部半径”为40cm、“形状”为“圆柱（垂直的）”、“水平尺寸”为80cm、“垂直尺寸”为40cm、“纵深尺寸”为40cm，如图7-502所示。

12 保持当前选择不变，在“属性”面板中设置Power为400，取消勾选Visible on specular复选框，然后设置Opacity为0，如图7-503所示。设置P.X为0cm、P.Y为290cm、P.Z为275cm，如图7-504所示。

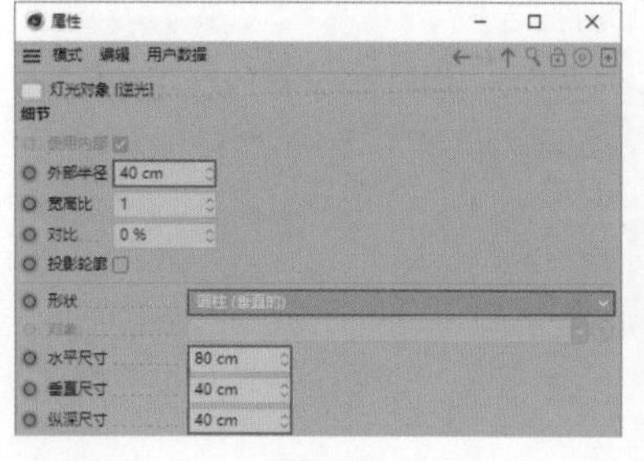

图7-502

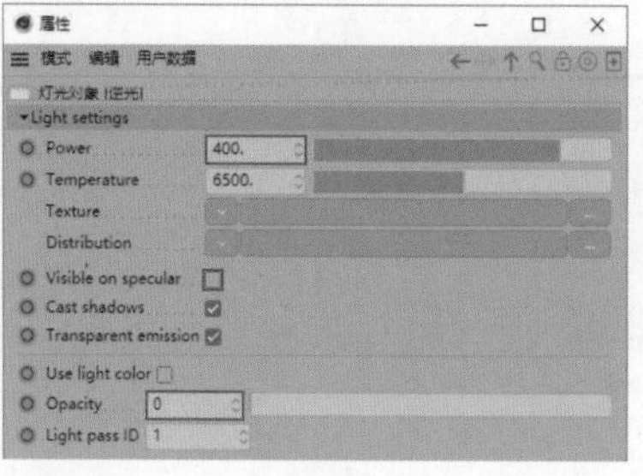

图7-503

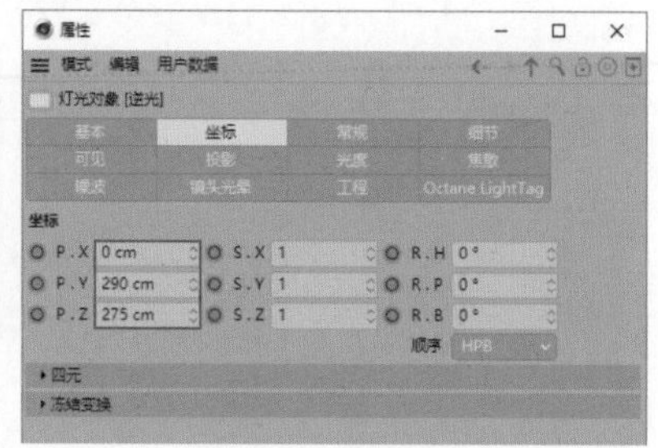

图7-504

13 选择“逆光”对象，执行“编辑>复制”和“编辑>粘贴”菜单命令，将新增的对象重命名为“正面光”，然后在“属性”面板中设置Power为15，如图7-505所示。保持当前选择不变，在“属性”面板中设置P.X为0cm、P.Y为290cm、P.Z为-220cm，如图7-506所示。

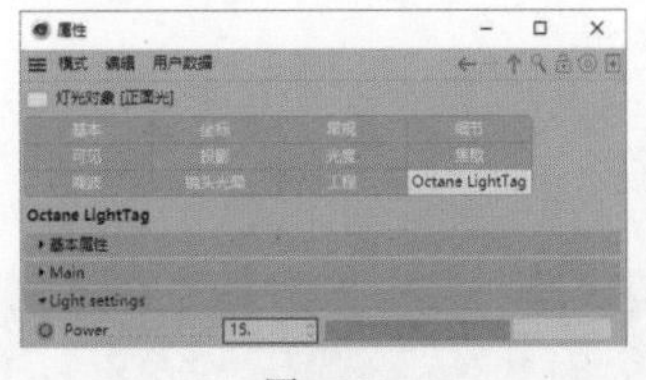

图7-505

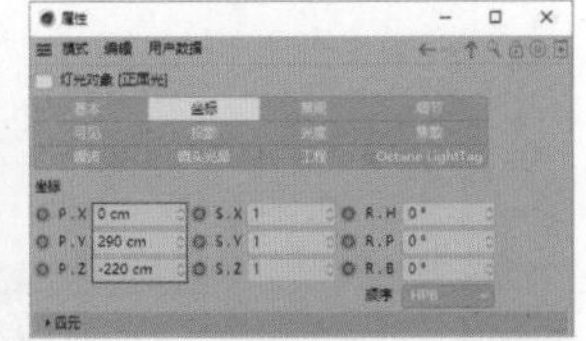

图7-506

14 执行“渲染>渲染活动视图”菜单命令，效果如图7-507所示。执行“Octane>Octane Settings”菜单命令，然后在Octane Settings对话框中设置第1行的参数为Pathtracing，接着设置Max.samples为500，如图7-508所示。

15 执行“渲染>编辑渲染设置”菜单命令，在“渲染设置”对话框中选择“输出”，设置“帧范围”为“全部帧”、“起点”为0F、“终点”为300F，如图7-509所示。

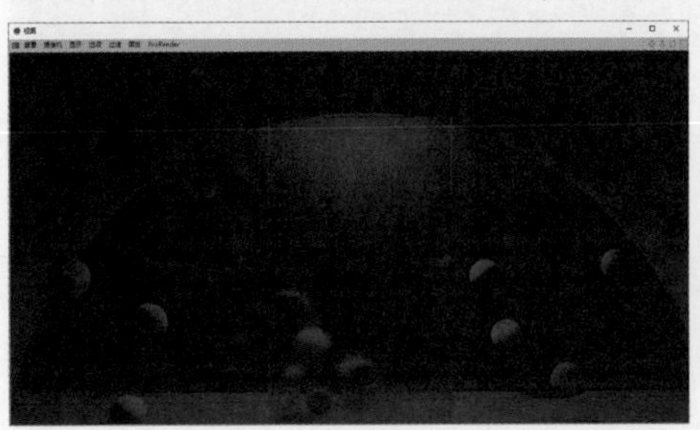

图7-507

图7-508

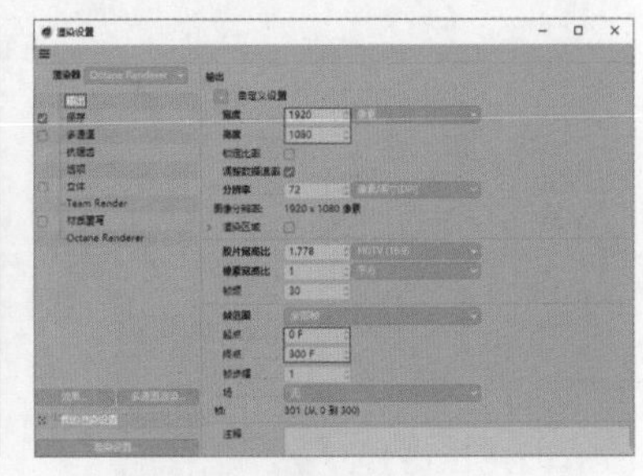

图7-509

16 在“渲染设置”对话框中选择“保存”，单击“文件”右侧的 按钮选择文件保存路径，将文件命名为“充能”，然后设置“格式”为PNG，接着展开“合成方案文件”卷展栏，勾选“保存”“相对”“包括时间线标记”“包括3D数据”复选框，如图7-510所示。执行“渲染>渲染活动视图”菜单命令，效果如图7-511所示。

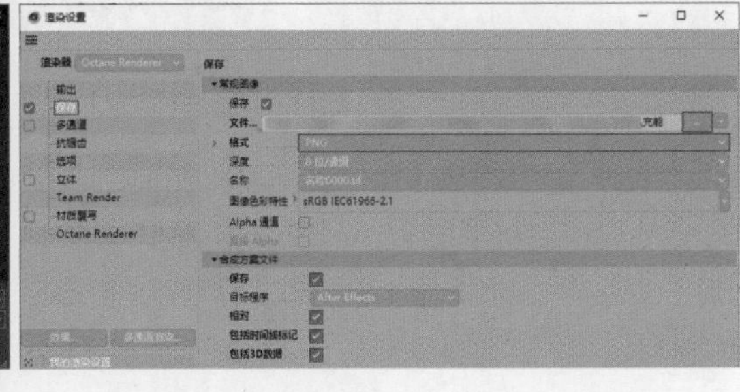

图7-510

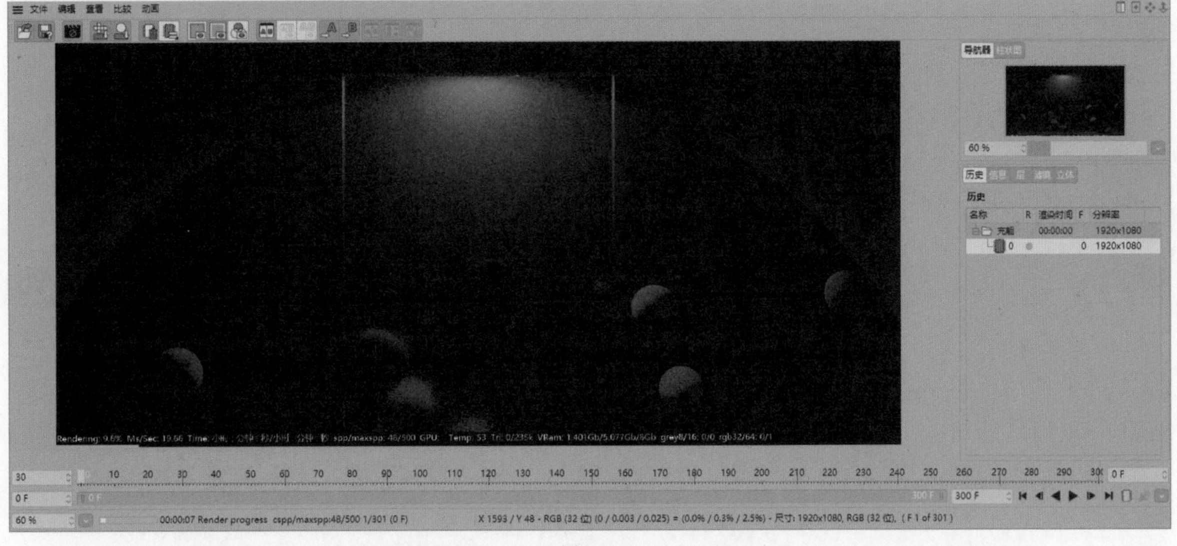

图7-511

◎ 充能动效制作

01 打开After Effects，导入文件“场景文件>CH07>实战：充能>充能.aec”，然后导入第6章中的文件“场景文件>CH06>实战：经典三色球>白模0000.png”，如图7-512所示。

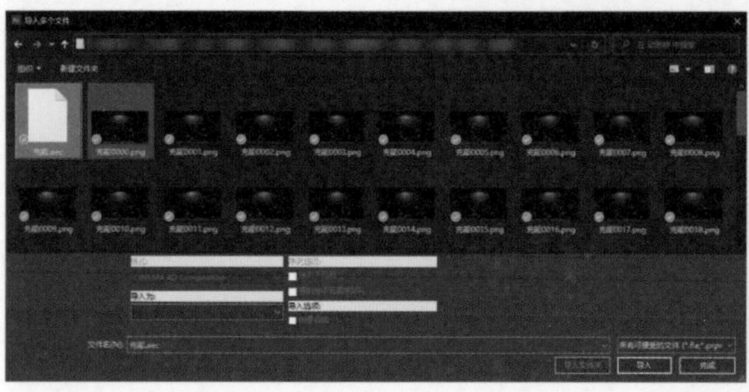
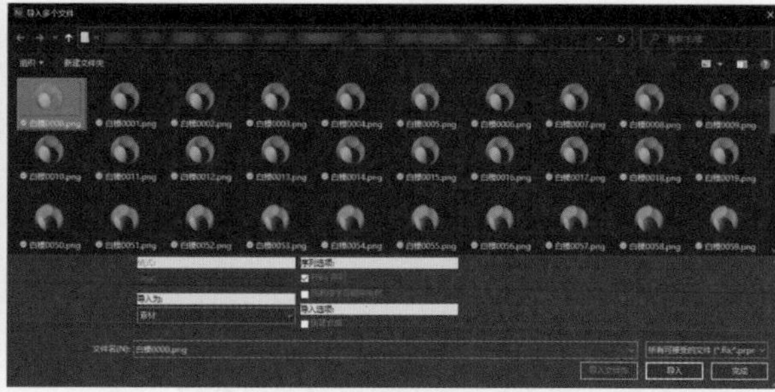

图7-512

02 新建一个合成，设置“合成名称”为“主体”、“宽度”为1920px、“高度”为1080px、“帧速率”为30帧/秒、“持续时间”为0:00:10:00，如图7-513所示。

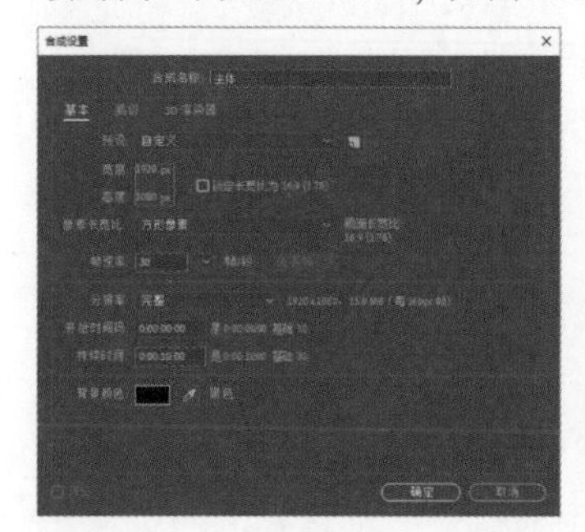

图7-513

03 设置时间码为0:00:00:00，然后新建一个“文本”图层，如图7-514所示。选择“<空文本图层>”图层，执行“效果>文本>编号”菜单命令，在弹出的“编号”对话框中设置“字体”为Arial（此处不做强制要求）、“对齐方式”为“居中对齐”，如图7-515所示。

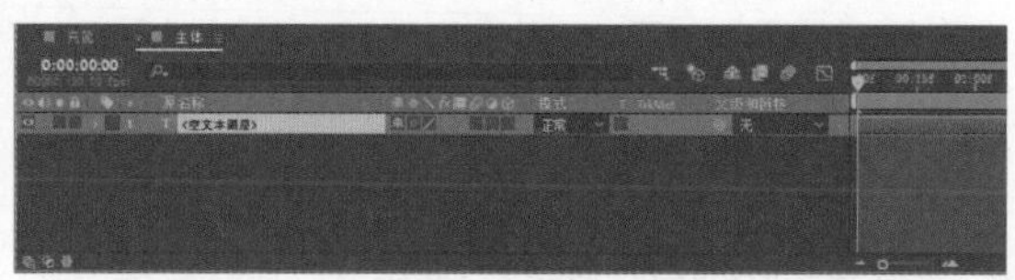

图7-514

图7-515

04 在“效果控件”面板中展开“编号”卷展栏，单击“数值/位移/随机最大”左侧的按钮，然后设置“小数位数”为0、“位置”为（950,530）、“填充颜色”为白色（R:255,G:255,B:255）、“大小”为200，如图7-516所示。设置时间码为0:00:09:29，然后设置“数值/位移/随机最大”为100，如图7-517所示。

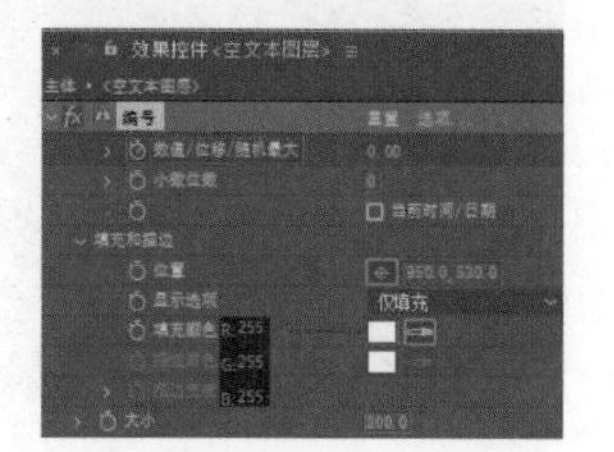

图7-516

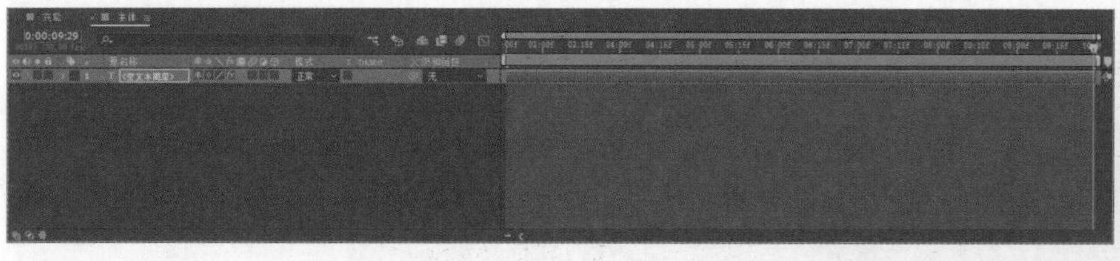
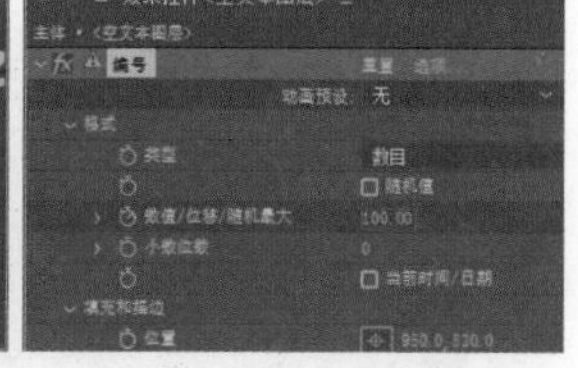

图7-517

05 执行“效果>风格化>发光”菜单命令，然后在“效果控件”面板中设置“发光半径”为30、“发光强度”为2、“发光颜色”为“A和B颜色”，接着设置“颜色A”为蓝色（R:0,G:53,B:252）、“颜色B”为深蓝色（R:0,G:4,B:93），如图7-518所示。效果如图7-519所示。

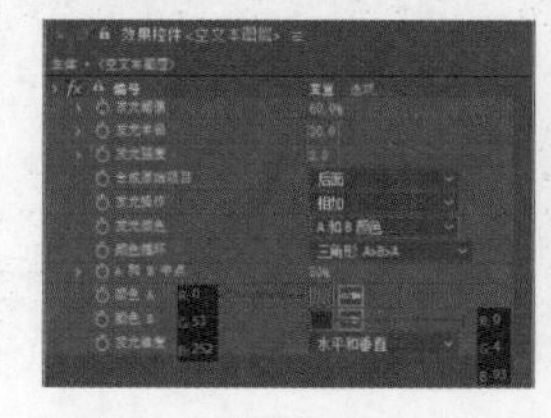

图7-518

图7-519

06 新建一个形状图层，将其命名为“边框”。在“时间轴”面板中展开“边框”卷展栏，单击“内容”右侧的“添加”按钮▶，选择“椭圆”选项，然后展开“椭圆路径1”卷展栏，设置“大小”为（700,700）。按照上述方法选择“描边”选项，然后展开“描边1”卷展栏，设置“颜色”为蓝色（R:0,G:53,B:252），如图7-520所示。执行“视图＞显示图层控件”菜单命令，效果如图7-521所示。

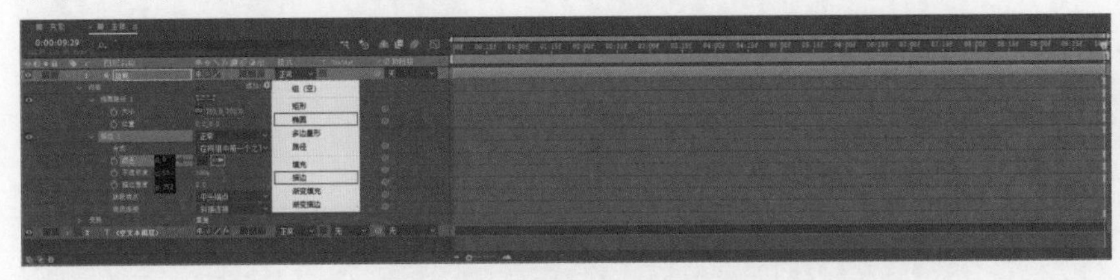

图7-520

图7-521

07 新建一个合成，设置“合成名称”为“涌动”、“宽度”为1920px、“高度”为1080px、“帧速率”为30帧/秒、“持续时间”为0:00:10:00，如图7-522所示。选择“白模[0000-0300].png”图层，执行“效果＞颜色校正＞三色调”菜单命令，在“效果控件”面板中展开“三色调”卷展栏，设置“高光”为蓝色（R:0,G:12,B:255）、“中间调”为黑色（R:0,G:0,B:0）、“阴影”为蓝色（R:0,G:12,B:255），如图7-523所示。

08 保持当前选择不变，执行“效果＞模糊和锐化＞CC Radial Blur”菜单命令，在“效果控件”面板中展开CC Radial Blur卷展栏，设置Amount为30，如图7-524所示。移动“项目”面板中的“涌动”文件至“时间轴”面板中，使其位于图层列表的底部，如图7-525所示。

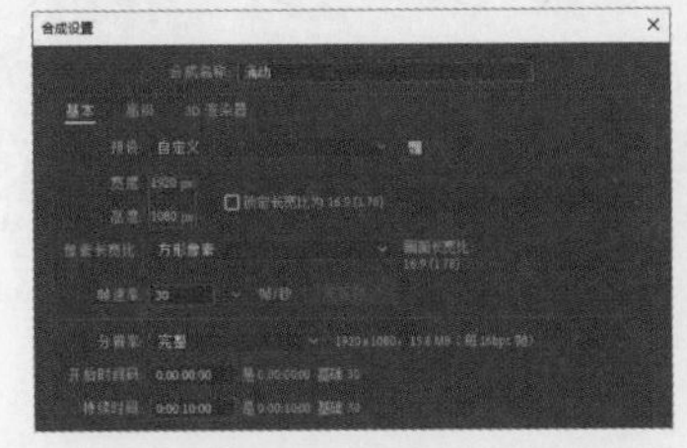

图7-522

图7-523

图7-524

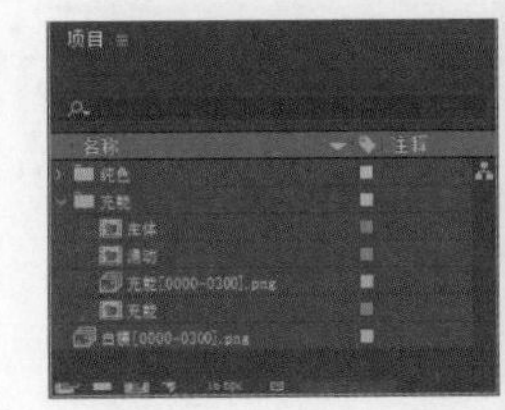

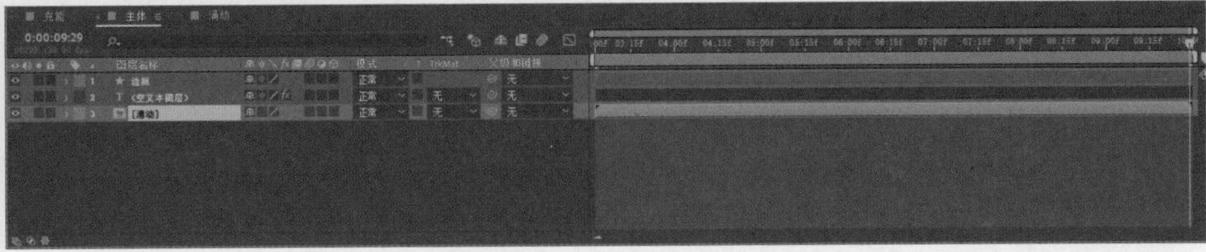

图7-525

09 选择“涌动”图层，执行“效果＞透视＞CC Sphere”菜单命令，在“效果控件”面板中展开CC Sphere卷展栏，设置Radius为340、Render为Outside，接着展开Light卷展栏，设置Light Height为100、Light Direction为0x＋0°，最后展开Shading卷展栏，设置Ambient为50，如图7-526所示。效果如图7-527所示。

10 新建一个合成，设置“合成名称”为“圆点”、“宽度”为1920px、“高度”为1080px、“帧速率”为30帧/秒、“持续时间”为0:00:10:00，如图7-528所示。

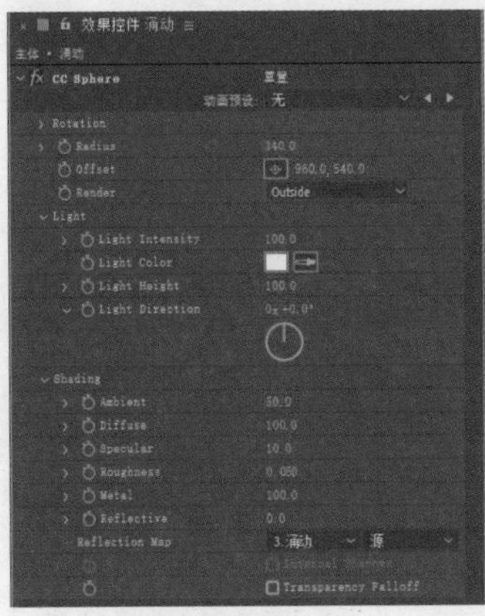

图7-526

图7-527

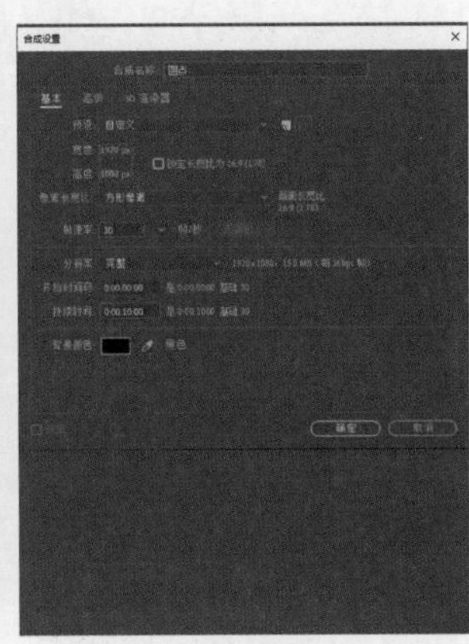

图7-528

11 新建一个形状图层，将其命名为“圆点”，然后在“时间轴”面板中展开“圆点”卷展栏，单击“内容”右侧的“添加”按钮▶，选择“椭圆”选项，接着展开“椭圆路径1”卷展栏，设置“大小”为（45,45）。按照上述方法选择“描边”选项，然后展开“描边1”卷展栏，设置“颜色”为绿色（R:55,G:255,B:255）、“描边宽度”为5；选择“填充”选项，然后展开“填充1”卷展栏，设置“颜色”为蓝色（R:5,G:41,B:173），如图7-529所示。

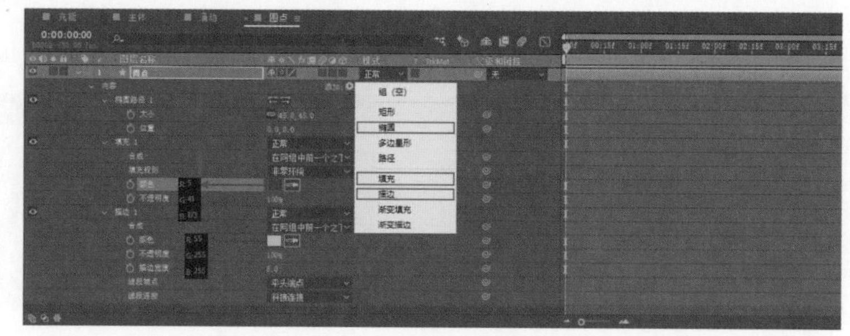

图7-529

12 选择“圆点”图层，执行“编辑>重复”菜单命令，将新增的“圆点1”图层重命名为“高亮”。在“时间轴”面板中依次展开“高亮”“内容”卷展栏，选择“描边1”卷展栏，执行“编辑>清除”菜单命令，然后展开“填充1”卷展栏，设置“颜色”为绿色（R:55,G:255,B:255），接着展开“椭圆路径1”卷展栏，设置“大小”为（22.5,22.5），如图7-530所示。效果如图7-531所示。

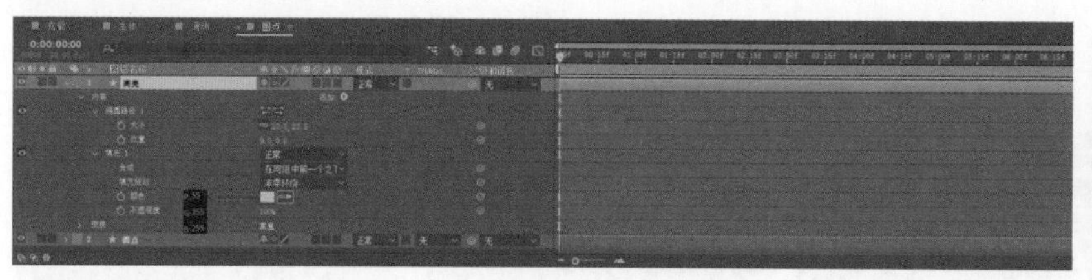

图7-530

图7-531

13 移动“项目”面板中的“圆点”文件至“时间轴”面板中，如图7-532所示。依次展开“圆点”“变换”卷展栏，设置“位置”为（960,95），如图7-533所示。效果如图7-534所示。

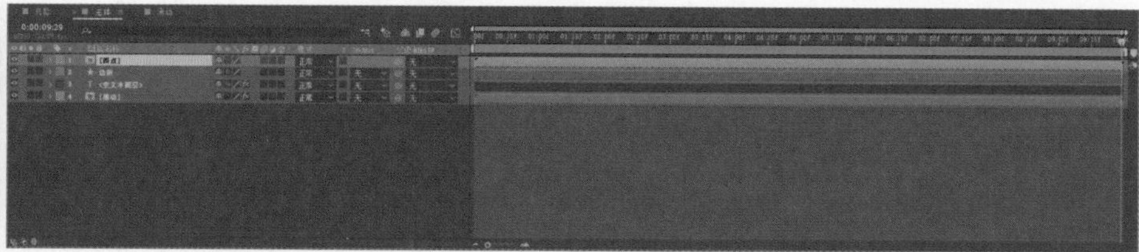

图7-532

图7-533

图7-534

14 新建一个形状图层，将其命名为“灯光路径”。在“时间轴”面板中展开“灯光路径”卷展栏，单击“内容”右侧的“添加”按钮▶，选择“椭圆”选项，然后展开“椭圆路径1”卷展栏，设置“大小”为（890,890）。选择“椭圆路径1”卷展栏，执行“图层>蒙版和形状路径>转换为贝塞尔曲线路径”菜单命令，将“椭圆路径1”卷展栏转换成“路径1”卷展栏，然后展开“路径1”卷展栏，如图7-535所示。

图7-535

15 新建一个灯光图层，设置“名称”为“顺时针”，如图7-536所示。设置时间码为0:00:00:00，选择“灯光路径”图层中的“路径”参数，执行“编辑>复制”菜单命令，然后依次展开“顺时针”“变换”卷展栏，接着选择“位置”参数，执行“编辑>粘贴”菜单命令，“时间轴”面板如图7-537所示。

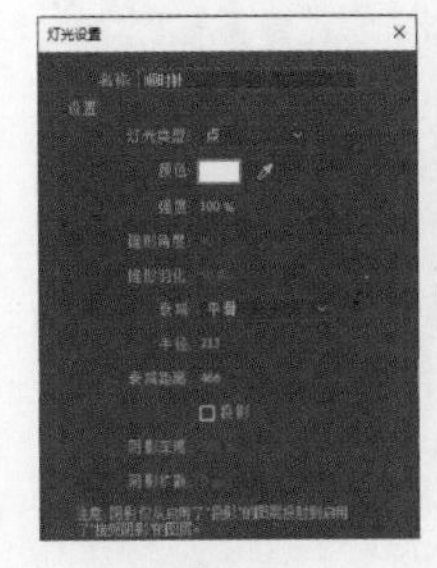
图7-536

图7-537

16 选择“顺时针”图层中的“位置”参数，然后单击其左侧的按钮，接着移动其左侧的图标至0:00:09:29处，最后选择“灯光路径”图层，执行“编辑>清除”菜单命令，“时间轴”面板如图7-538所示。

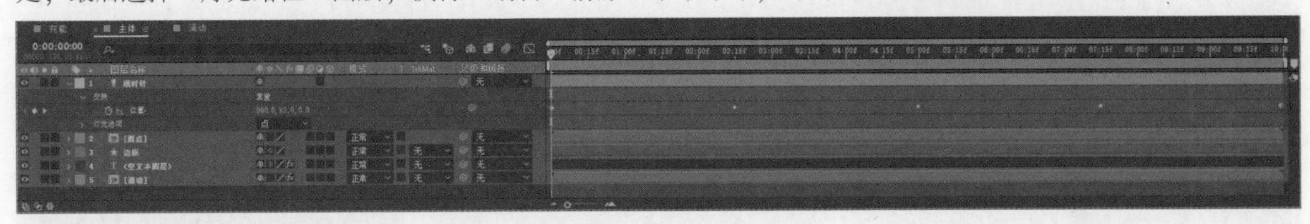
图7-538

17 选择“圆点”图层，执行“编辑>重复”菜单命令，将新增的“圆点”图层重命名为“圆点_顺时针”。依次展开“圆点_顺时针”“变换”卷展栏，然后移动“位置”右侧的“属性关联器”按钮至“顺时针”图层的“位置”参数上，如图7-539所示。

18 选择“顺时针”图层，执行“编辑>复制”菜单命令。新建一个合成，设置“合成名称”为“扰动”、“宽度”为1920px、“高度”为1080px、“帧速率”为30帧/秒、“持续时间”为0:00:10:00，如图7-540所示。

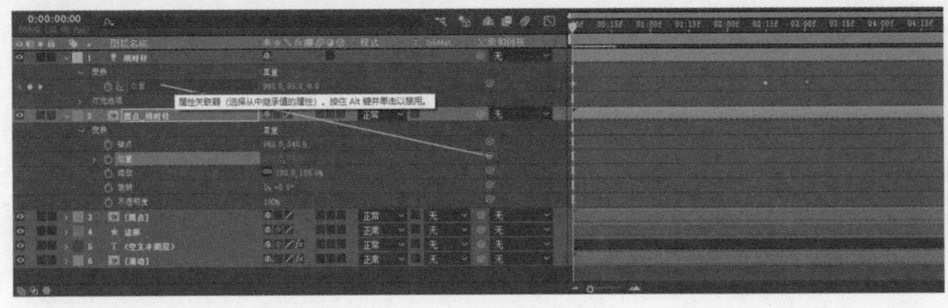
图7-539

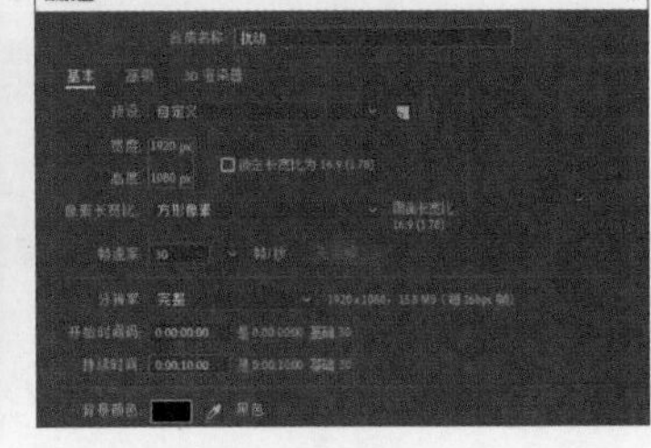
图7-540

19 执行“编辑>粘贴”菜单命令，将新增的图层重命名为“逆时针”，然后依次展开“逆时针”“变换”卷展栏，选择“位置”参数，接着执行“动画>关键帧辅助>时间反向关键帧”菜单命令，如图7-541所示。新建一个“纯色”图层，设置“名称”为“扰动”、“宽度”为1920像素、“高度”为1080像素，如图7-542所示。

图7-541

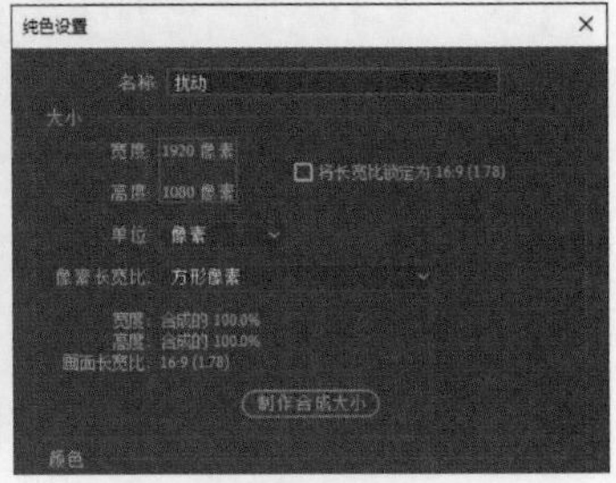

图7-542

20 选择“扰动”图层，执行“效果>RG Trapcode>Particular”菜单命令，在“效果控件”面板中展开Emitter（Master）卷展栏，设置Particles/sec为300、Emitter Type为Light(s)，接着单击Light Naming右侧的Choose Names按钮，在弹出的对话框中设置Light Emitter Name Starts With:为“逆时针”，如图7-543所示。保持当前选择不变，设置Velocity为0、Velocity Random为0%、Velocity Distribution为0、Velocity from Motion [%]为0、Emitter Size XYZ为0，如图7-544所示。

图7-543

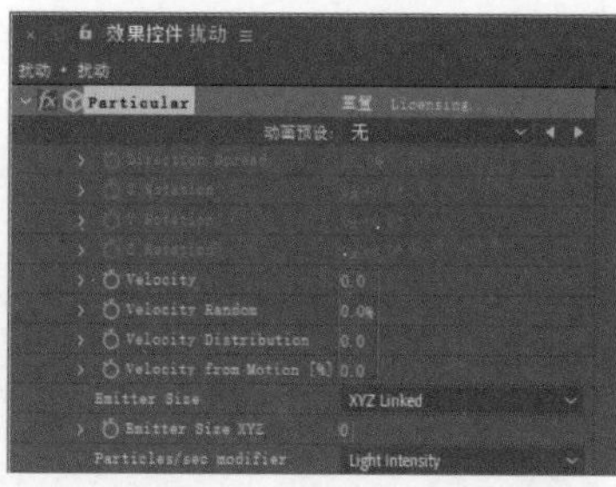

图7-544

21 展开Particle(Master）卷展栏，设置Life[sec]为10、Size为1，然后设置Color为蓝色（R:8,G:60,B:255)、Blend Mode为Add，如图7-545所示。依次展开Air、Turbulence Field卷展栏，设置Affect Size为5、Affect Position为50、Fade-in Time[sec]为1、Scale为12、Evolution Speed为35，如图7-546所示。设置时间码为0:00:09:29，效果如图7-547所示。

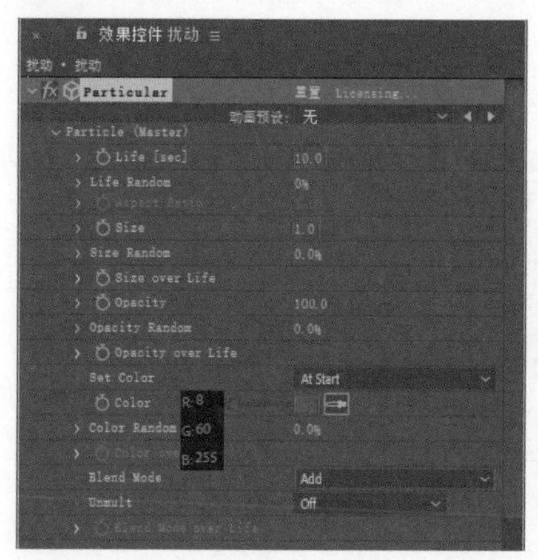

图7-545

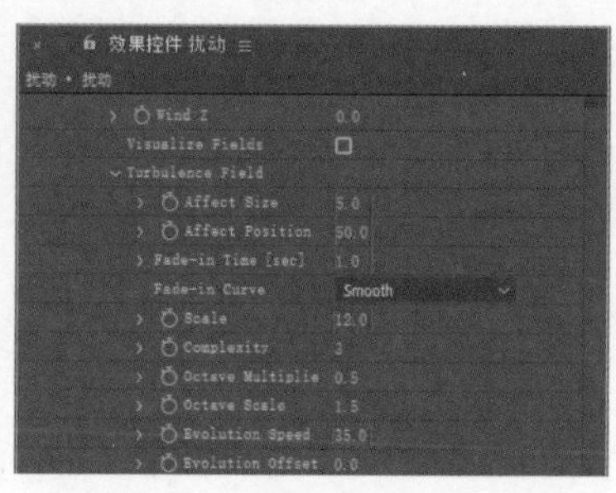

图7-546

图7-547

22 选择“扰动”图层，执行“编辑>重复”菜单命令两次，分别将新增的图层重命名为“扰动2”“扰动3”，然后设置“扰动”“扰动2”“扰动3”图层的“模式”为“相加”，如图7-548所示。

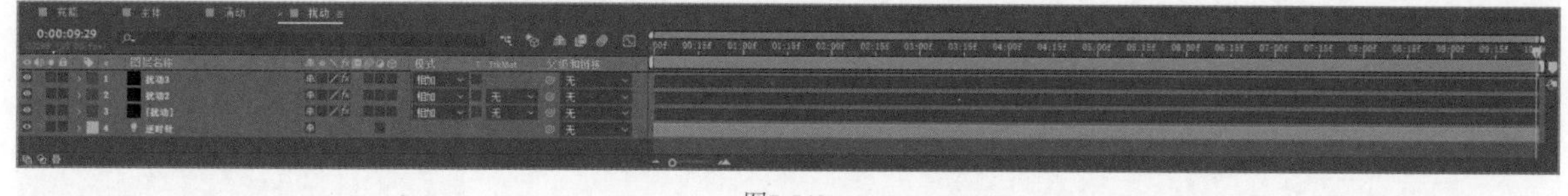

图7-548

23 选择“扰动2”图层，在“效果控件”面板中依次展开Physics(Master)、Air、Turbulence Field卷展栏，然后设置X Offset为100，如图7-549所示。

24 选择“扰动3”图层，在“效果控件”面板中依次展开Physics(Master)、Air、Turbulence Field卷展栏，然后设置Affect Position为100、Scale为6、X Offset为120，如图7-550所示。效果如图7-551所示。

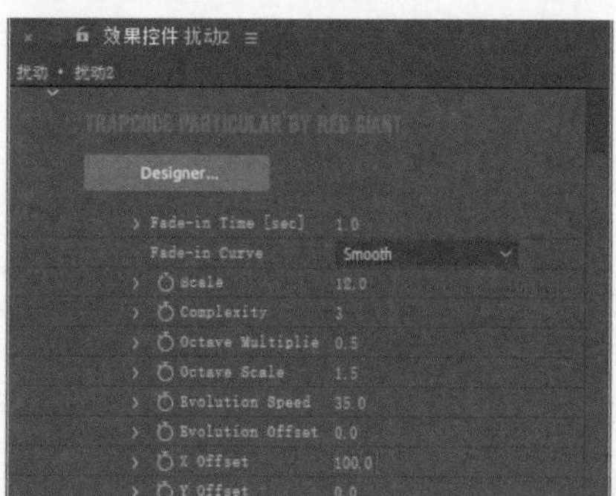

图7-549

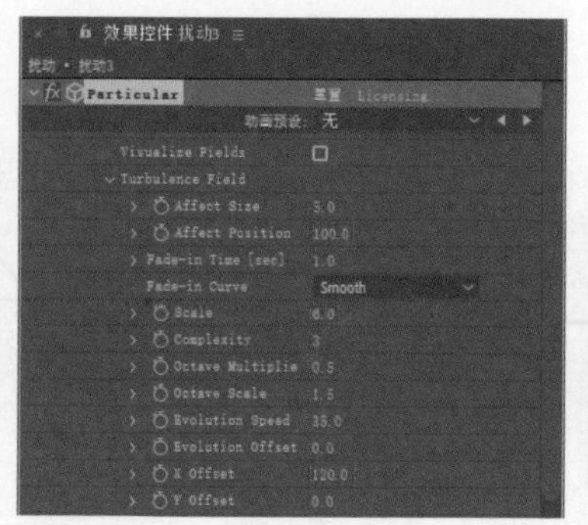

图7-550

图7-551

25 选择“扰动”图层，执行“编辑>复制”菜单命令。回到“主体”合成中，执行“编辑>粘贴”菜单命令，将新增的“扰动”图层重命名为“圆环_顺时针”，然后移动“项目”面板中的“扰动”文件至“时间轴”面板中，移动“扰动”“圆环_顺时针”图层至“边框”与“圆点”图层之间，并设置它们的“模式”为“相加”，如图7-552所示。设置时间码为0:00:09:29，效果如图7-553所示。

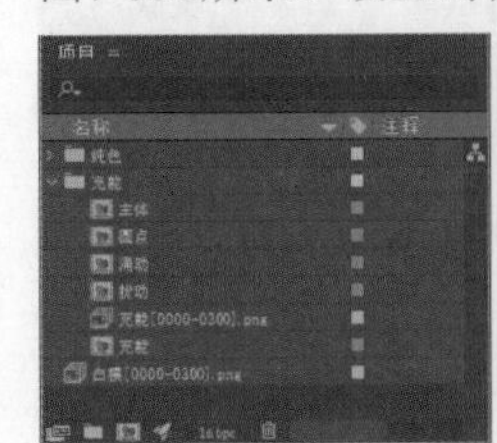

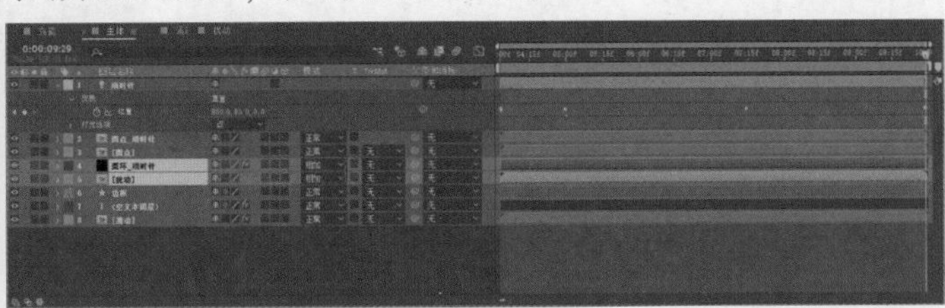

图7-552

图7-553

26 选择“圆环_顺时针”图层，在“效果控件”面板中展开Emitter(Master)卷展栏，单击Light Naming右侧的Choose Names按钮 Choose Names... ，然后在弹出的对话框中设置Light Emitter Name Starts With:为“顺时针”，如图7-554所示。展开Particle(Master)卷展栏，然后设置Size为4，如图7-555所示。

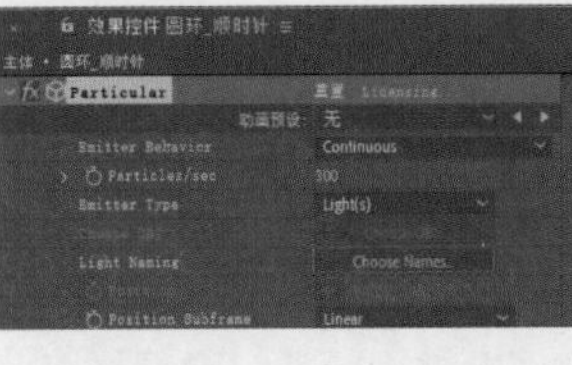

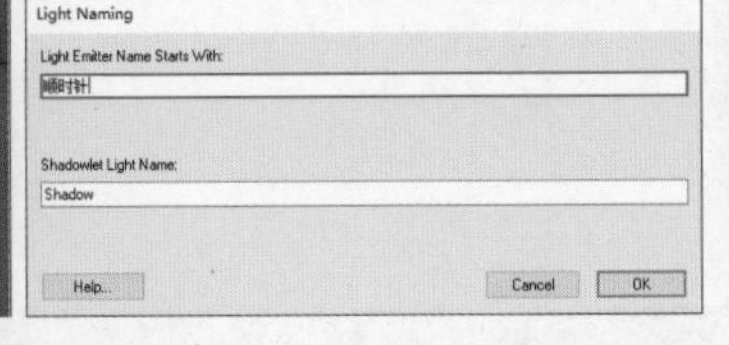

图7-554

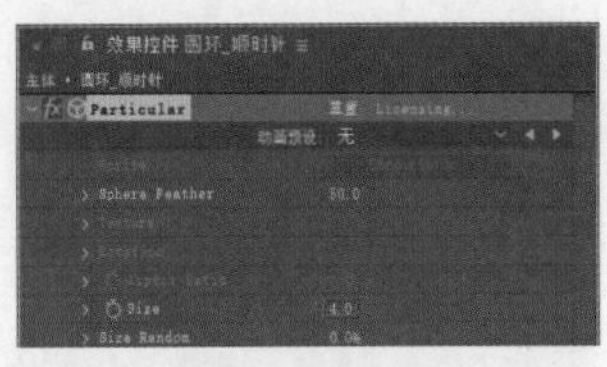

图7-555

27 依次展开Physics(Master)、Air、Turbulence Field卷展栏，然后设置Affect Size为0、Affect Position为0、Scale为0、Evolution Speed为50，如图7-556所示。选择“扰动”图层，执行“图层>时间>时间反向图层”菜单命令，效果如图7-557所示。

28 在“项目”面板中展开“充能”卷展栏，双击进入“充能”合成中。移动“项目”面板中的“主体”文件至“时间轴”面板中，使其位于“充能[0000-0300].png”图层的上方，如图7-558所示。

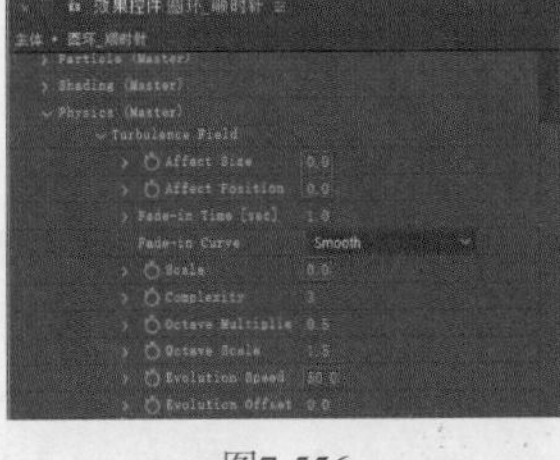

图7-556

图7-557

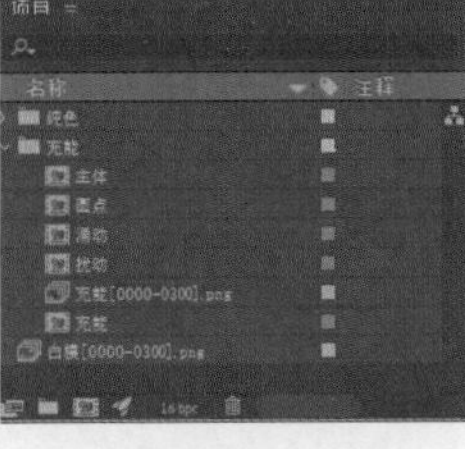

图7-558

29 选择“逆光”“正面光”图层，执行“编辑>清除”菜单命令，然后选择“主体”图层，执行“图层>3D图层”菜单命令。依次展开“主体”“变换”卷展栏，设置“缩放”为（10,10,10）%，然后依次展开“显示板”“变换”卷展栏，单击“位置”左侧的按钮，接着设置“位置”参数为（0,-130,0），最后移动“主体”图层中“位置”右侧的“属性关联器”按钮至“显示板”图层的“位置”参数上，如图7-559所示。

图7-559

30 设置时间码为0:00:02:00，然后设置“主体”图层的“模式”为“相加”，如图7-560所示。最终效果如图7-561所示。

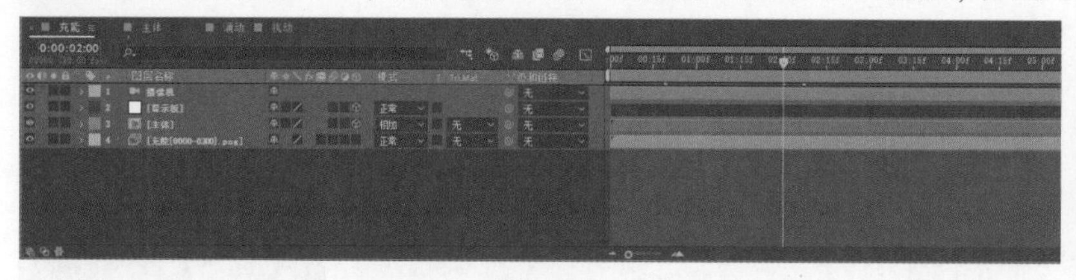

图7-560

图7-561

实战：神经元网

场景位置	场景文件 > CH07 > 实战：神经元网
实例位置	实例文件 > CH07 > 实战：神经元网
难易程度	★★★☆☆
学习目标	掌握“时间线窗口”面板的使用方法

神经元网的效果如图7-562所示，制作分析如下。

在Cinema 4D的“时间线窗口”面板中可以对关键帧进行管理与操作，不仅可以调整关键帧的位置，还可以设置关键帧的功能，例如制作关键帧循环动画。

图7-562

01 在Cinema 4D中使用参数化对象、“生成器”、“效果器”等工具制作神经元网的主体动画模型，如图7-563所示。

02 在赋予主体动画模型材质后导出图形序列，效果如图7-564所示。

03 在After Effects中导入以上步骤中导出的图形序列，然后设置背景以渲染氛围，效果如图7-565所示。

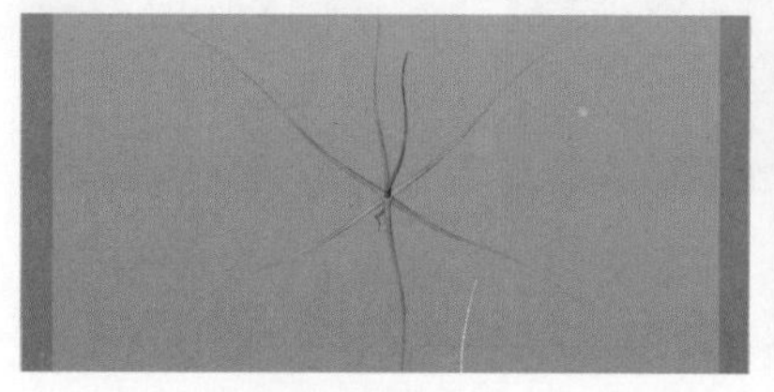

图7-563

图7-564

图7-565

04 使用CC Radial Fast Blur菜单命令对导入的图形序列进行模糊处理，效果如图7-566所示。

05 使用Form粒子插件和“发光”“色调”菜单命令等制作神经元网的动画效果，如图7-567所示。

图7-566

图7-567

第8章 科技类动效

本章将介绍一些具有代表性的科技类动效，例如“人脸扫描”“超脑”“神经元生长”等。

8.1 安全防控类动效产品

指纹识别、人脸扫描等是智慧型项目中常见的动画效果，本节的案例将以Cinema 4D为主要工具进行制作。

实战：指纹识别

场景位置	场景文件>CH08>实战：指纹识别
实例位置	实例文件>CH08>实战：指纹识别
难易程度	★★★★☆
学习目标	掌握纹理贴图的使用方法

指纹识别的效果如图8-1所示，制作分析如下。

在Cinema 4D中制作场景时，如果对模型精度要求不高（如远景），那么可以使用纹理贴图进行建模，这样可以缩短计算模型的时间，从而提高渲染效率。

图8-1

◎ 指纹模型制作

01 打开Cinema 4D，执行“渲染>编辑渲染设置”菜单命令，在“渲染设置”对话框中选择“输出”，然后设置“宽度”为1920像素、“高度”为1080像素，如图8-2所示。

02 执行“创建>对象>平面”菜单命令，将“平面”对象重命名为“地面场景”，然后在“属性”面板中设置P.X为0cm、P.Y为5.5cm、P.Z为0cm，接着设置“宽度分段”“高度分段”为50，如图8-3所示。

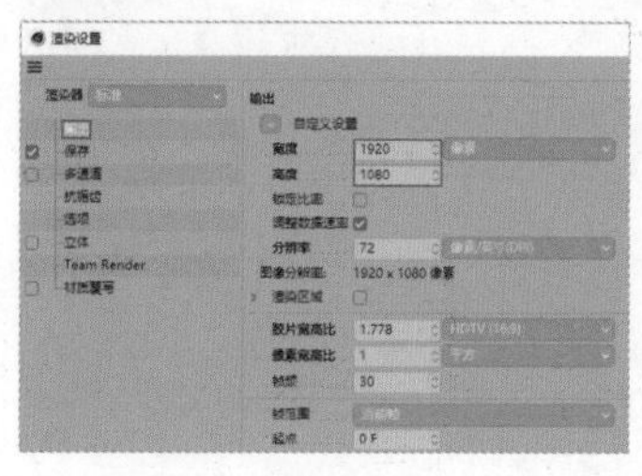

图8-2

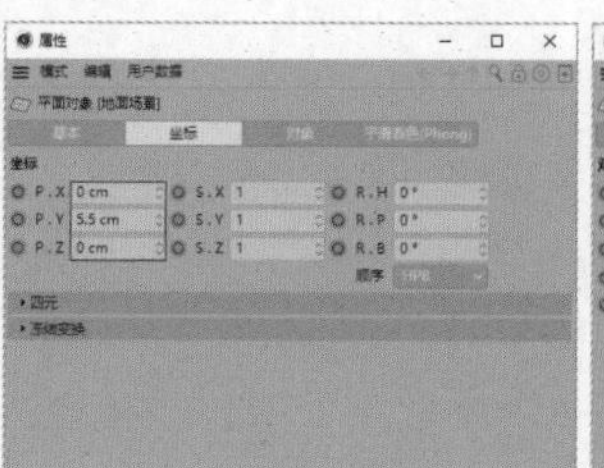

图8-3

03 选择“地面场景”对象，执行“扩展>Topoformer”菜单命令，然后移动Topoformer对象至“地面场景”对象内，如图8-4所示。选择Topoformer对象，在“属性”面板中设置Topology Type为Beeple，然后单击Create按钮 Create ，设置Position为5cm，如图8-5所示。效果如图8-6所示。

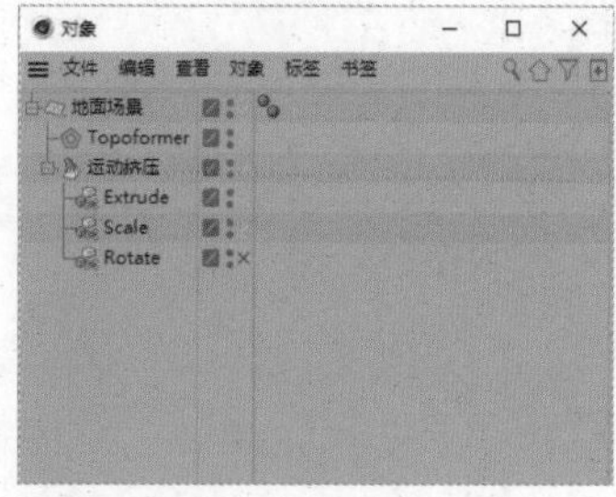

图8-4

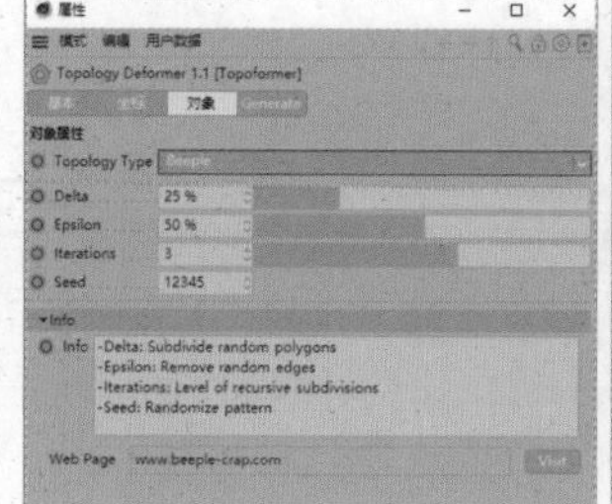

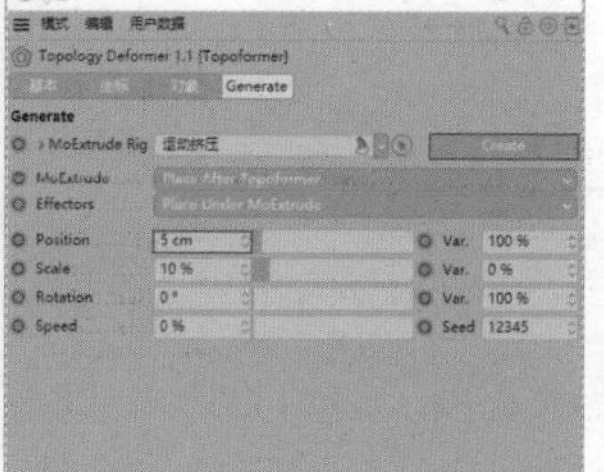

图8-5

图8-6

04 创建一个立方体，在“属性”面板中设置P.X为0cm、P.Y为10.5cm、P.Z为0cm，然后设置“尺寸.X”为30cm、“尺寸.Y”为20cm、“尺寸.Z”为30cm，如图8-7所示。

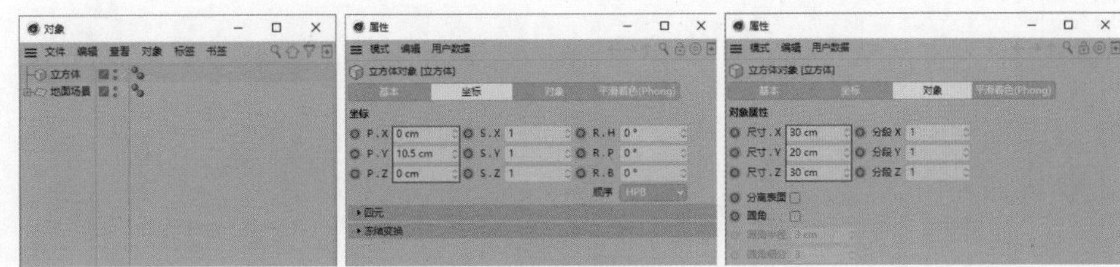

图8-7

05 选择“立方体”对象，执行“编辑>复制”和“编辑>粘贴”菜单命令，此时新增一个“立方体.1”对象。选择“立方体.1”对象，在“属性”面板中设置“尺寸.X”为35cm、“尺寸.Y”为2.5cm、“尺寸.Z”为35cm，然后设置P.X为0cm、P.Y为20.5cm、P.Z为0cm，如图8-8所示。

06 同时选择“立方体”“立方体.1”对象，执行“样条>转换>连接对象+删除”菜单命令，将得到的对象重命名为“基座”。选择“基座”对象，执行“创建>变形器>倒角”菜单命令，然后移动“倒角”对象至“基座”对象内，接着在“属性”面板中设置“偏移”为0.1cm，如图8-9所示。效果如图8-10所示。

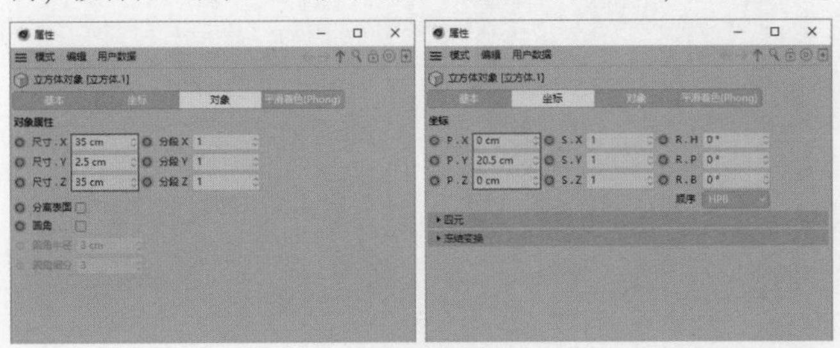

图8-8

图8-9

图8-10

07 执行“文件>合并项目”菜单命令两次，分别选择样条文件“场景文件>CH08>实战：指纹识别>样条_1.c4d”和“场景文件>CH08>实战：指纹识别>样条_2.c4d”，如图8-11所示。

图8-11

08 执行“创建>样条>圆环”菜单命令，在“属性”面板中设置“半径”为0.025cm，如图8-12所示。执行“创建>生成器>扫描”菜单命令，将“扫描”对象重命名为“指纹”，然后移动“圆环”“样条_指纹”对象至“指纹”对象内，如图8-13所示。

09 选择“指纹”对象，在“属性”面板中设置P.X为0cm、P.Y为22.5cm、P.Z为0cm，然后设置R.H为0°、R.P为-90°、R.B为0°，如图8-14所示。效果如图8-15所示。

图8-12

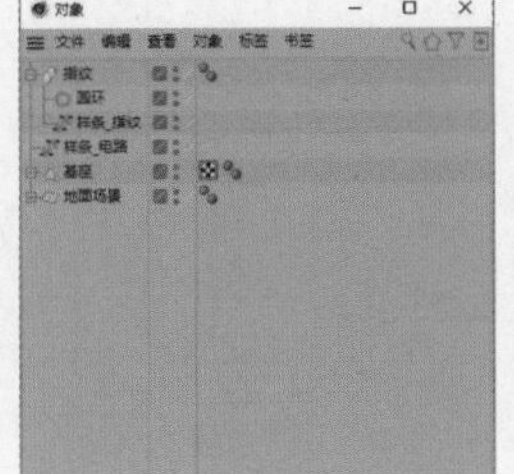

图8-13

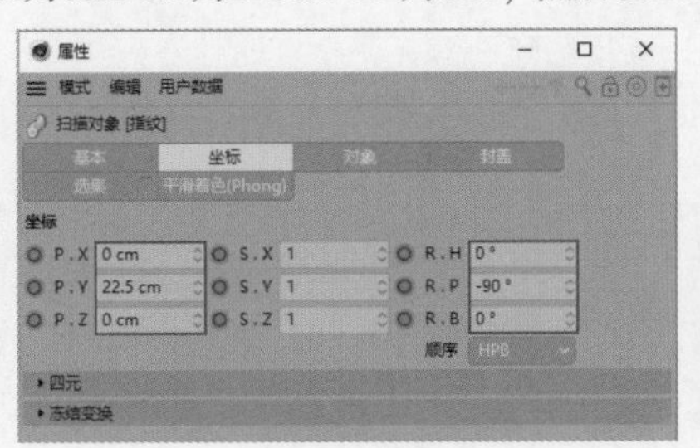

图8-14

图8-15

10 选择“指纹”对象，执行“编辑>复制”和“编辑>粘贴”菜单命令，将新增的对象重命名为“电路”，然后移动“样条_电路”对象至“电路”对象内，接着选择“样条_指纹”对象，执行“编辑>删除”菜单命令，“对象”面板如图8-16所示。选择“圆环”对象，在“属性”面板中设置“半径”为0.002cm，如图8-17所示。

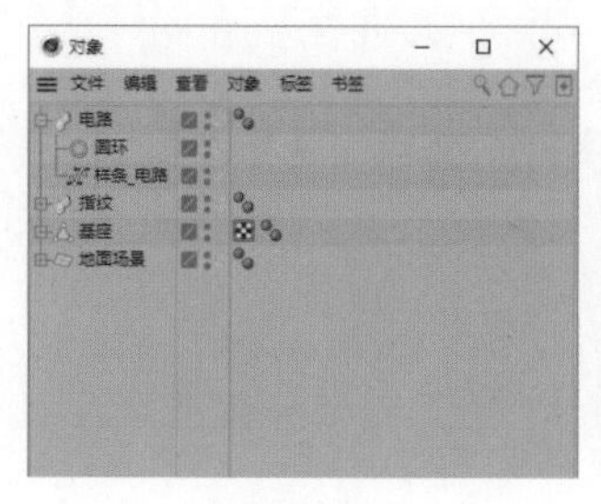
图8-16

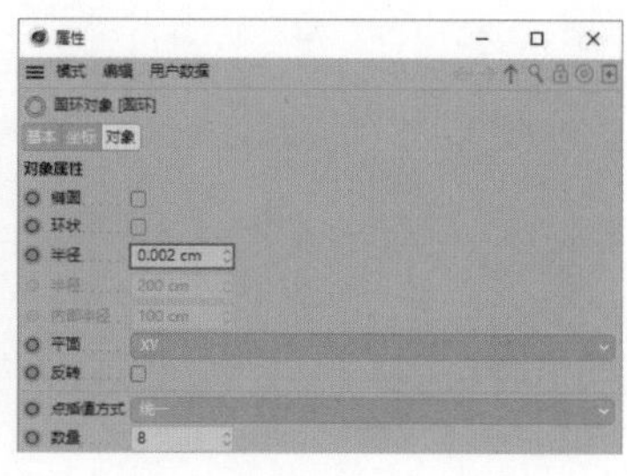
图8-17

11 选择“电路”对象，在“属性”面板中设置P.X为0cm、P.Y为38cm、P.Z为0cm，如图8-18所示。效果如图8-19所示。选择“样条_电路”对象，执行“编辑>复制”和“编辑>粘贴”菜单命令，将新增的对象重命名为“粒子路径”，如图8-20所示。

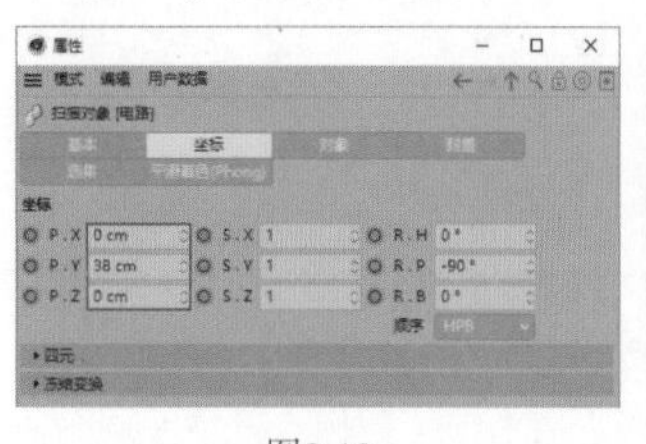
图8-18

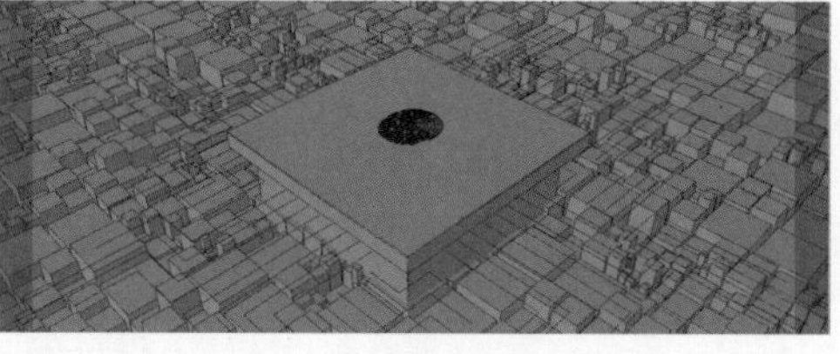
图8-19

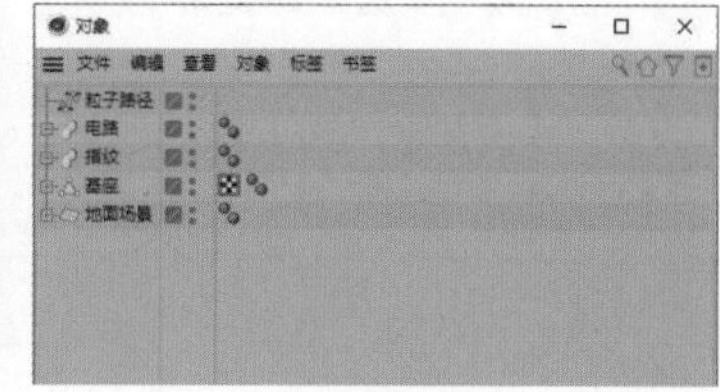
图8-20

12 执行“创建>灯光>灯光”菜单命令，然后执行“运动图形>克隆”菜单命令，将“克隆”对象重命名为“粒子灯光”，将“灯光”对象重命名为M，接着移动M对象至“粒子灯光”对象内，如图8-21所示。选择“粒子灯光”对象，在“属性”面板中设置“模式”为“对象”，然后移动“对象”面板中的“粒子路径”对象至“属性”面板的“对象”参数上，接着设置“率”为15%，如图8-22所示。效果如图8-23所示。

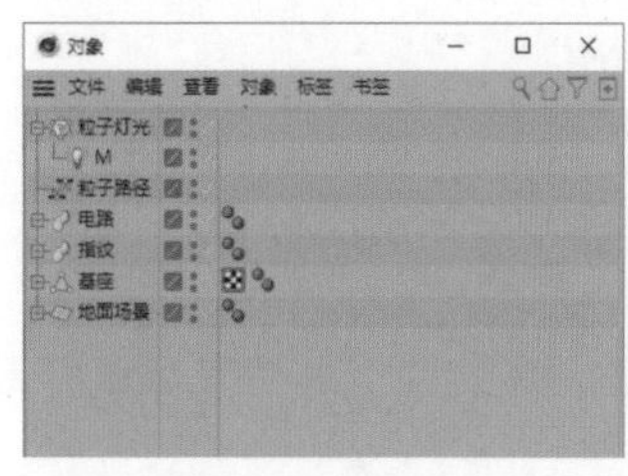
图8-21

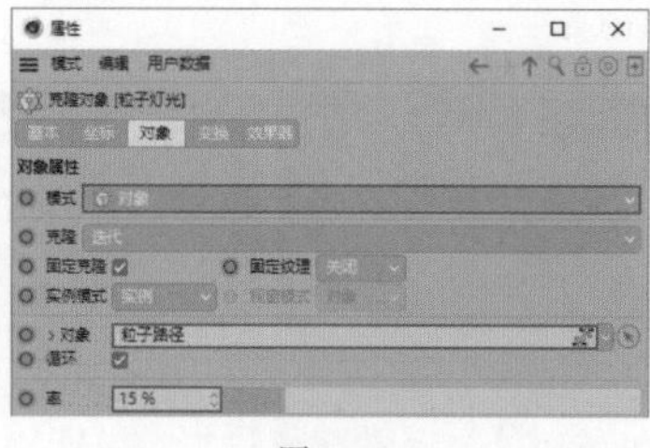
图8-22

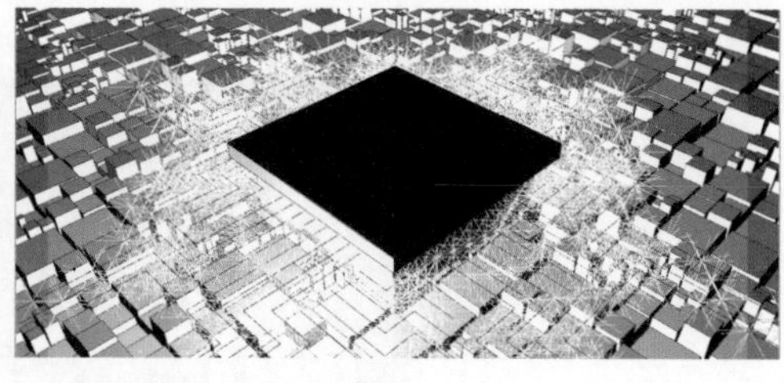
图8-23

13 设置时间轴时长为0～300F、当前帧为90F，如图8-24所示。创建一个球体，在“属性”面板中设置“半径”为0.025cm、“分段”为8，然后取消勾选“理想渲染”复选框，如图8-25所示。

14 选择“粒子灯光”对象，执行“编辑>复制”和“编辑>粘贴”菜单命令，将新增的对象重命名为“电路粒子”，然后移动“球体”对象至“电路粒子”对象内，接着选择M对象，执行“编辑>删除”菜单命令，最后执行“运动图形>效果器>随机”菜单命令，将“随机”对象重命名为“随机电路粒子”，“对象”面板如图8-26所示。选择“随机电路粒子”对象，在“属性”面板中取消勾选“位置”复选框，然后勾选“缩放”“等比缩放”复选框，设置“缩放”为1.5，如图8-27所示。

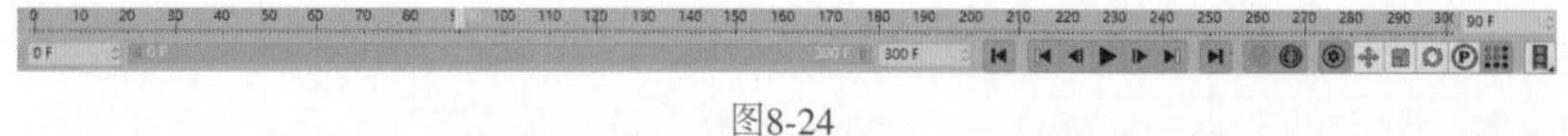
图8-24

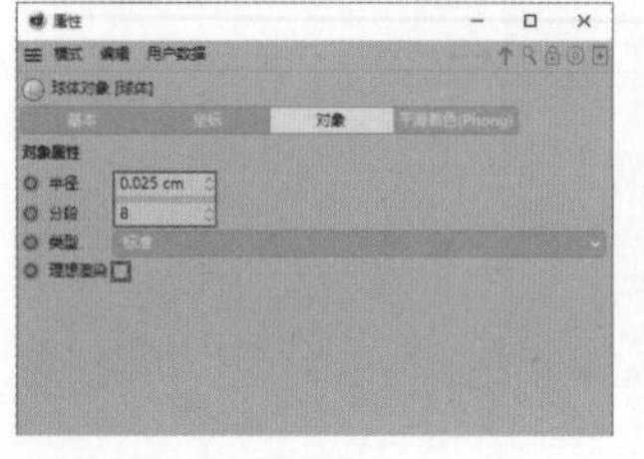
图8-25

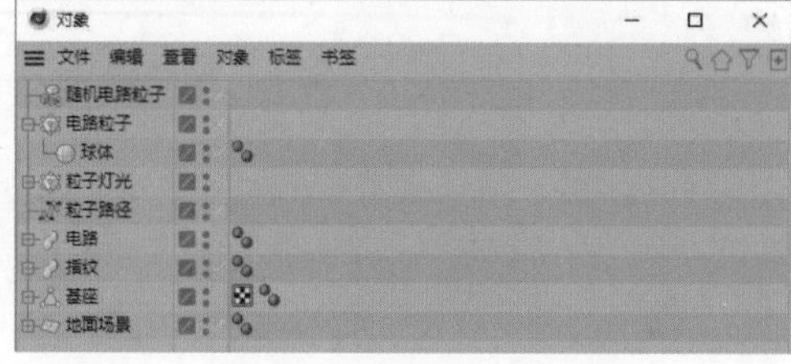
图8-26

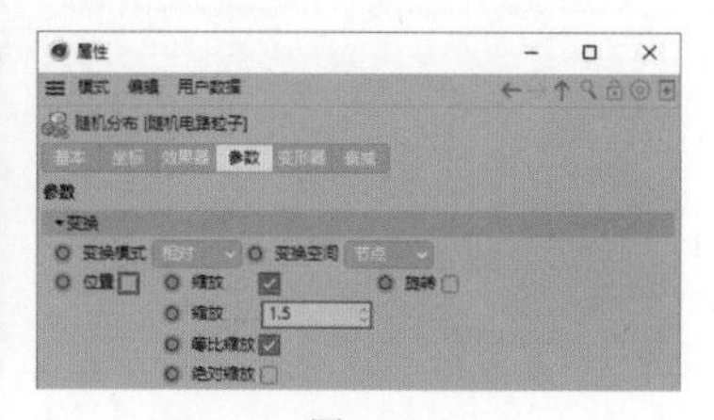
图8-27

15 选择“电路粒子”对象，移动“对象”面板中的“随机电路粒子”对象至“属性”面板的“效果器”列表框中，如图8-28所示。保持当前选择不变，在“属性”面板中设置S.X、S.Y、S.Z为0并单击它们左侧的按钮，如图8-29所示。设置当前帧为120F，然后在“属性”面板中设置S.X、S.Y、S.Z为1并单击它们左侧的按钮，如图8-30所示。效果如图8-31所示。

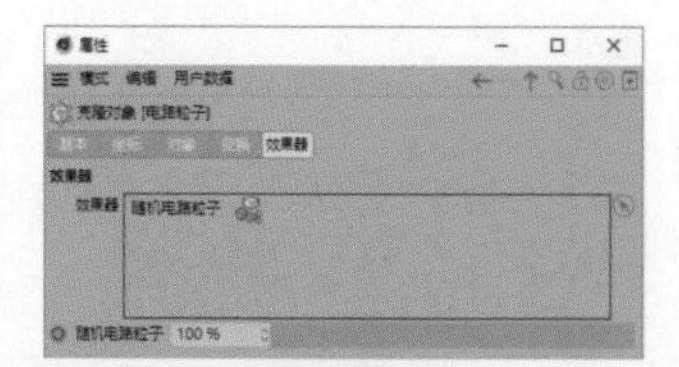
图8-28

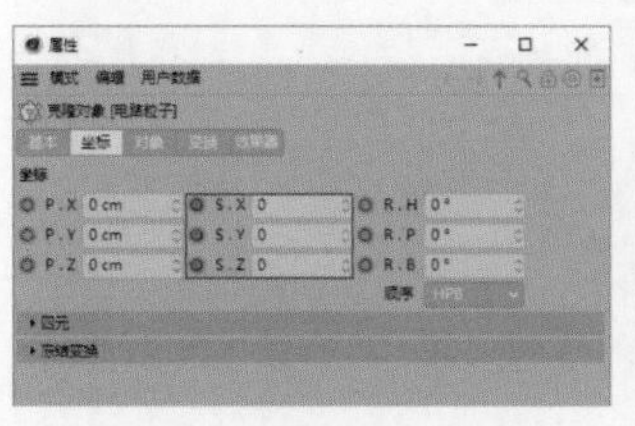
图8-29

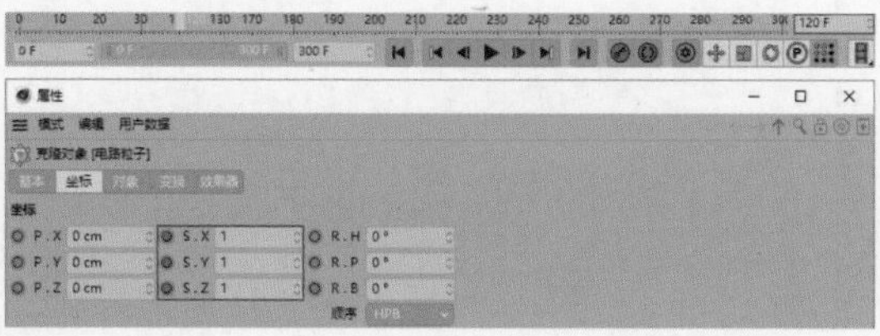

图8-30

图8-31

16 执行“创建>对象>平面”菜单命令，将“平面”对象重命名为“晶体消散”，选择“晶体消散”对象，然后在“属性”面板中设置P.X为0cm、P.Y为17.5cm、P.Z为0cm，接着设置“宽度”和“高度”为30.5cm、“宽度分段”和“高度分段”为40，如图8-32所示。

17 选择“晶体消散”对象，执行“网格>转换>转为可编辑对象”菜单命令。执行“运动图形>运动挤压”菜单命令，然后移动“运动挤压”对象至“晶体消散”对象内。选择“运动挤压”对象，在“属性”面板中设置“变形”为“每步”，然后设置“位置.X”为0cm、“位置.Y”为0cm、“位置.Z”为2cm，接着设置“缩放.X”“缩放.Y”“缩放.Z”为1，如图8-33所示。

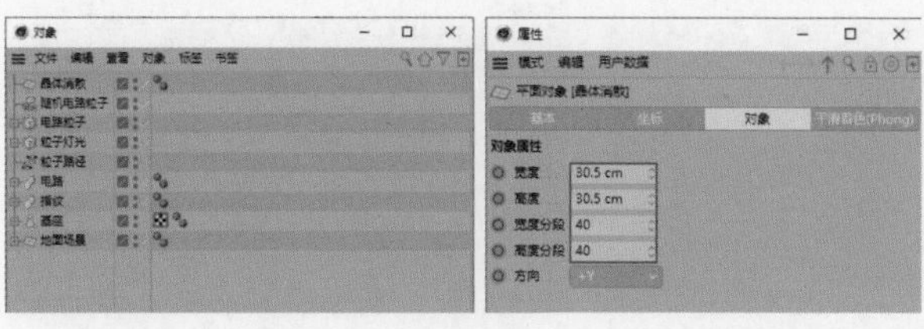
图8-32

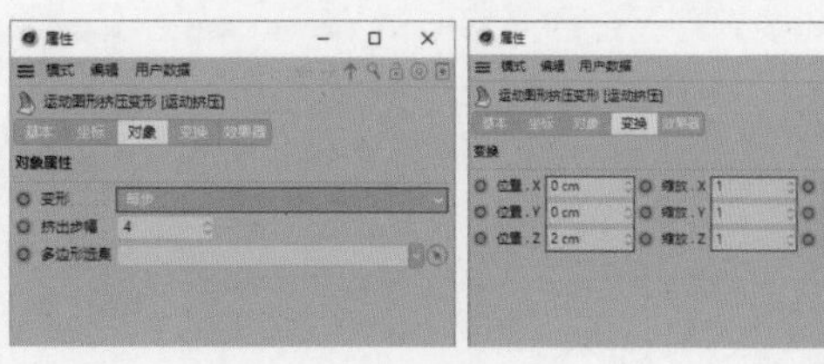
图8-33

18 执行“运动图形>效果器>简易”菜单命令，将“简易”对象重命名为“晶体消散简易”，然后选择“晶体消散简易”对象，在“属性”面板中取消勾选“位置”复选框，接着勾选“缩放”“等比缩放”复选框，设置“缩放”为-1，如图8-34所示。设置当前帧为0F，执行“创建>域>球体域”菜单命令，然后在“属性”面板中设置“尺寸”为17cm并单击其左侧的按钮，如图8-35所示。

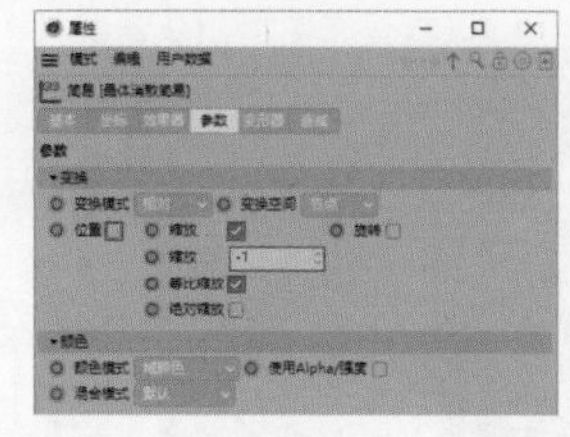
图8-34

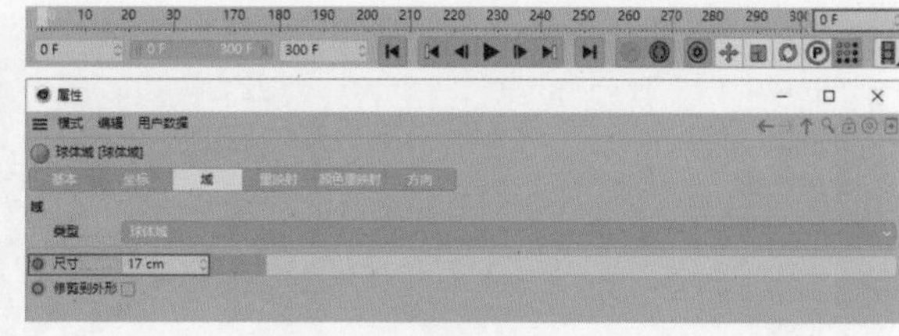
图8-35

19 保持当前选择不变，设置当前帧为60F，然后在“属性”面板中设置“尺寸”为18cm并单击其左侧的按钮，如图8-36所示。设置当前帧为180F，然后在“属性”面板中设置“尺寸”为60cm并单击其左侧的按钮，如图8-37所示。

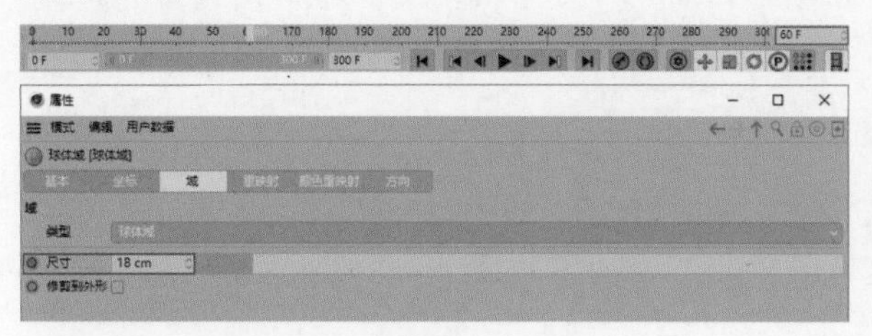
图8-36

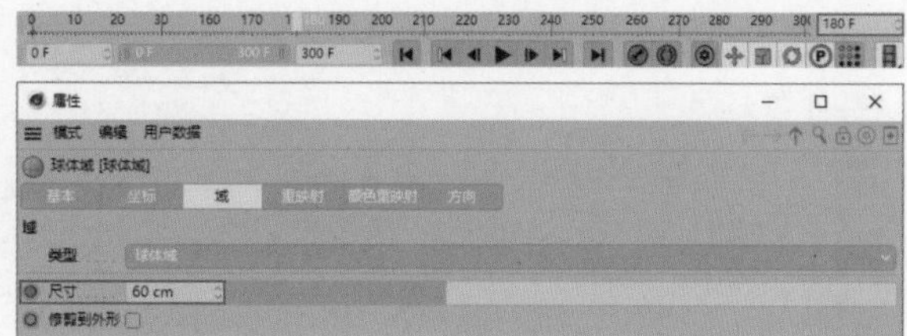
图8-37

20 选择“晶体消散简易”对象，移动“对象”面板中的“球体域”对象至“属性”面板的“域”列表框中，如图8-38所示。移动“球体域”对象至“晶体消散简易”对象内，如图8-39所示。执行“运动图形>效果器>随机”菜单命令，将“随机”对象重命名为“晶体消散随机”，然后在“属性”面板中设置P.X为0cm、P.Y为0cm、P.Z为-2cm，如图8-40所示。

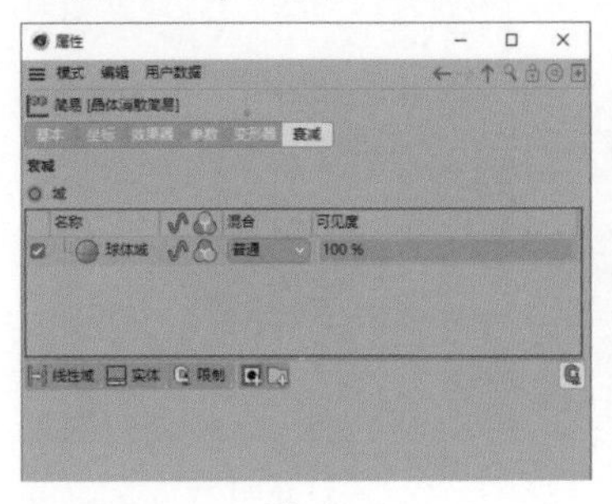

图8-38

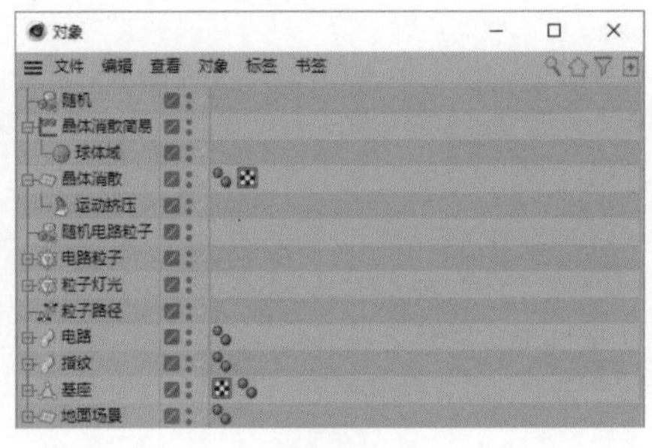

图8-39

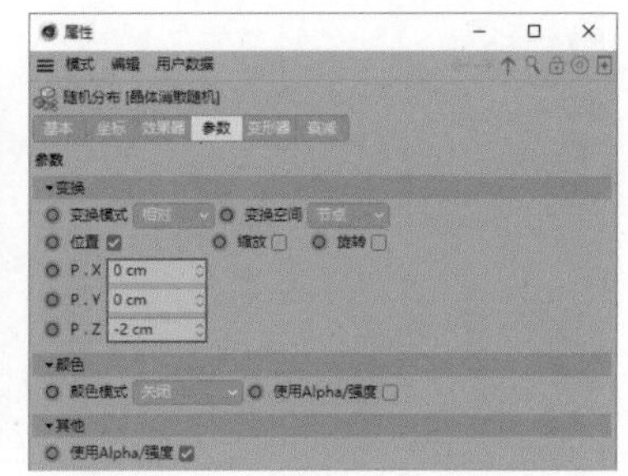

图8-40

21 设置当前帧为0F，执行“创建>域>球体域”菜单命令，在“属性”面板中设置“尺寸”为17cm并单击其左侧的按钮，如图8-41所示。设置当前帧为90F，在“属性”面板中设置“尺寸”为26cm并单击其左侧的按钮，如图8-42所示。选择“晶体消散随机”对象，然后移动“对象”面板中的“球体域”对象至“属性”面板的“域”列表框中，如图8-43所示。移动“球体域”对象至“晶体消散随机”对象内，如图8-44所示。

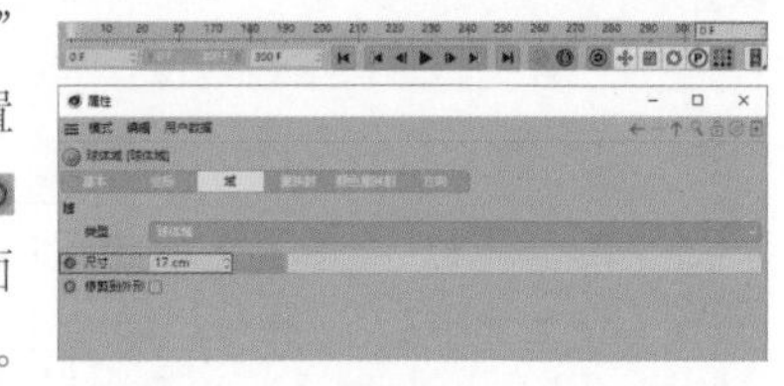

图8-41

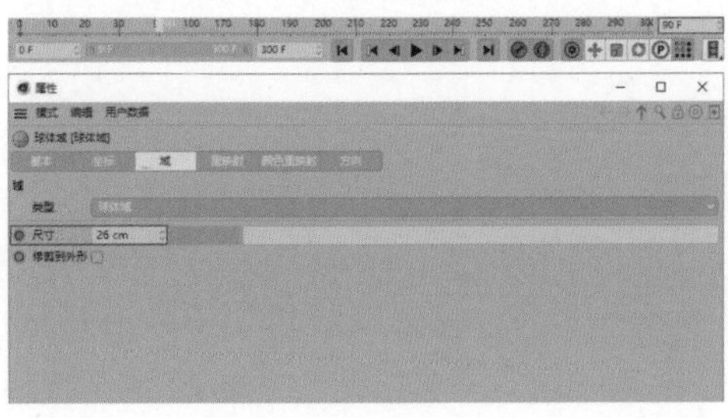

图8-42

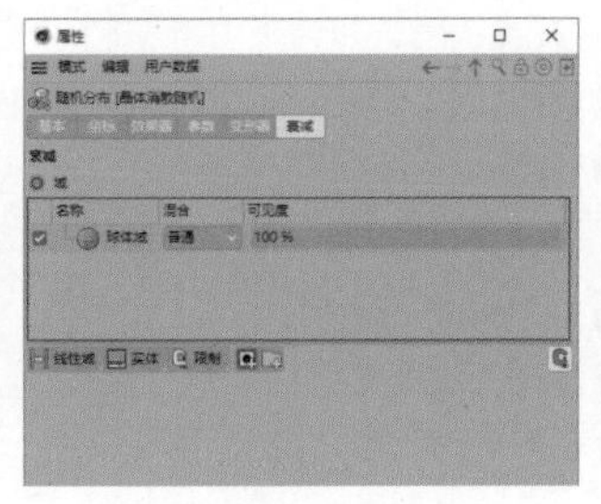

图8-43

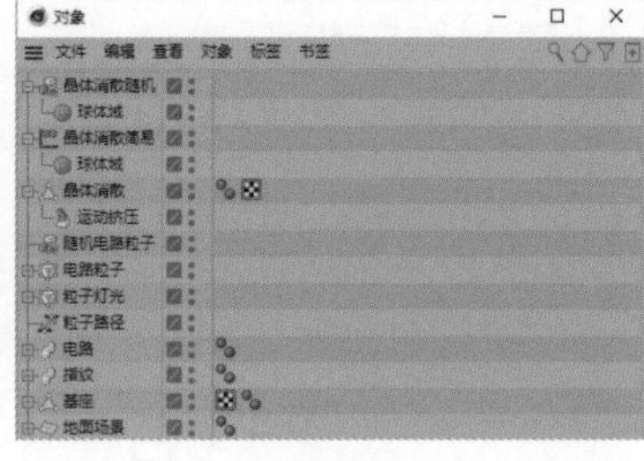

图8-44

22 选择“运动挤压”对象，移动“对象”面板中的“晶体消散简易”“晶体消散随机”对象至“属性”面板的“效果器”列表框中，如图8-45所示。效果如图8-46所示。设置当前帧为0F，执行“创建>样条>圆环”菜单命令，将“圆环”对象重命名为“摄像机路径”，然后在“属性”面板中设置“半径”为75.5cm，如图8-47所示。

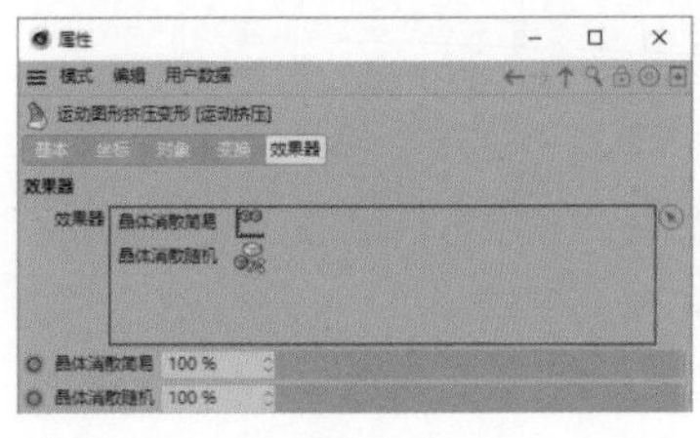

图8-45

图8-46

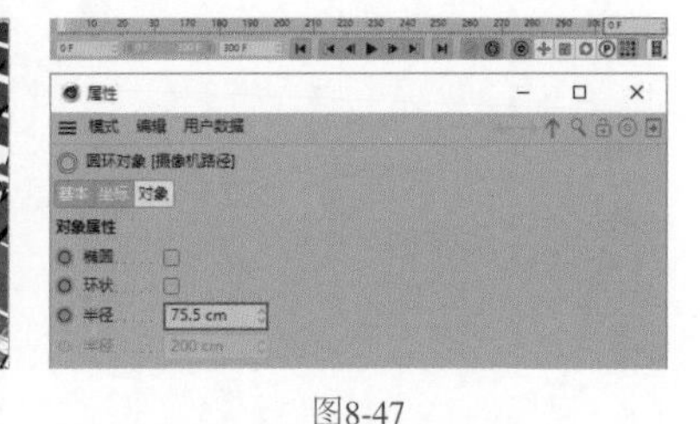

图8-47

23 保持当前选择不变，在“属性”面板中设置P.X为-4cm、P.Y为27cm、P.Z为-4cm，然后设置R.H为243°、R.P为-14°、R.B为14°并单击它们左侧的按钮，如图8-48所示。设置当前帧为300F，然后在“属性”面板中设置R.H为241°、R.P为6°、R.B为5°并单击它们左侧的按钮，如图8-49所示。

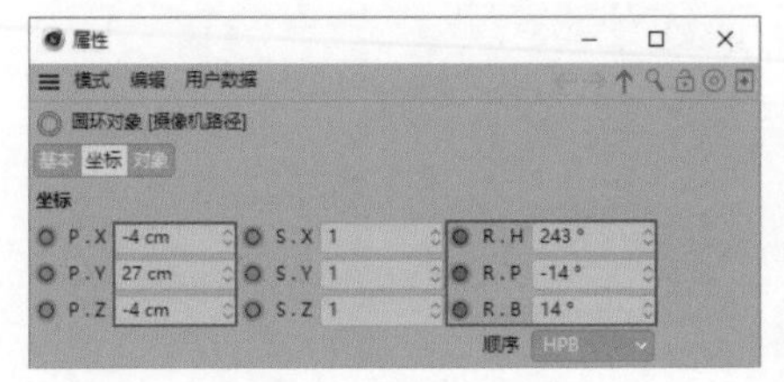

图8-48

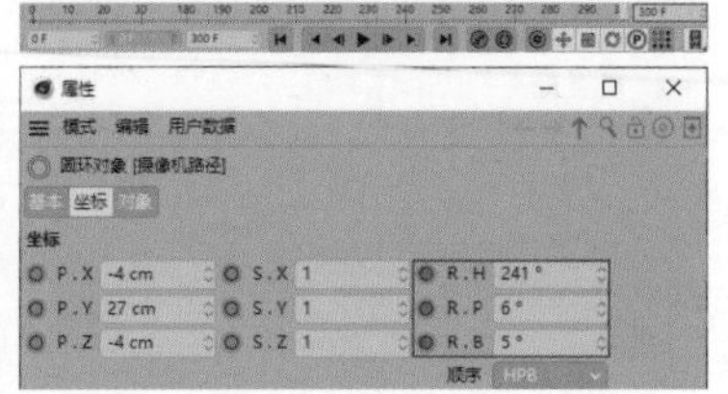

图8-49

24 执行“创建>对象>空白”菜单命令两次，分别将两个“空白”对象重命名为“摄像机目标”和“焦点”。选择“摄像机目标”对象，在“属性”面板中设置P.X为8cm、P.Y为0cm、P.Z为14.5cm，如图8-50所示。选择“焦点”对象，在“属性”面板中设置P.X为0cm、P.Y为23cm、P.Z为0cm，如图8-51所示。

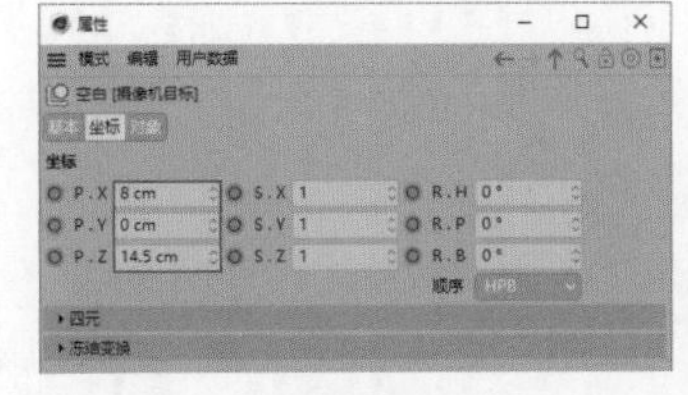

图8-50

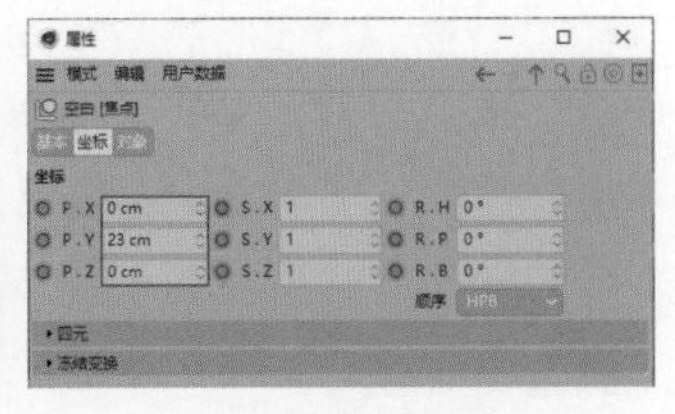

图8-51

◎ 指纹模型渲染

01 执行“渲染>编辑渲染设置”菜单命令，在“渲染设置”对话框中设置“渲染器”为Octane Renderer，如图8-52所示。执行“Octane>Octane Dialog”菜单命令，在弹出的对话框中分别执行“Objects>Octane Camera”和“Objects>Hdri Environment”菜单命令，如图8-53所示。

02 在“对象”面板中选择OctaneCamera对象，执行“创建>标签>CINEMA 4D标签>对齐曲线”和“创建>标签>CINEMA 4D标签>目标”菜单命令，如图8-54所示。单击OctaneCamera右侧的■按钮切换至摄像机视角。选择OctaneCamera对象，然后移动“对象”面板中的“摄像机目标”对象至“属性”面板的“目标对象”参数上，如图8-55所示。

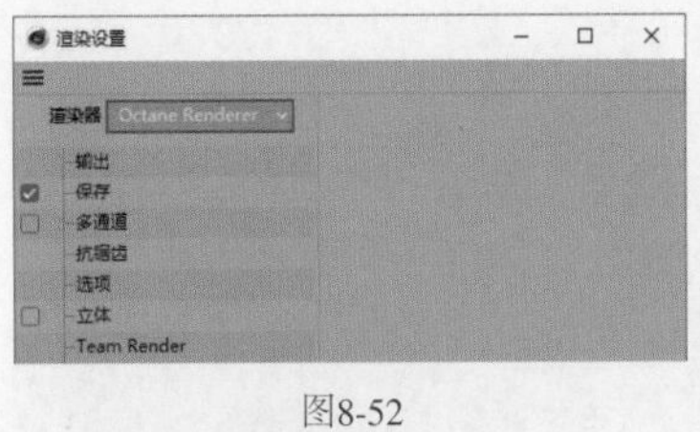

图8-52

图8-53

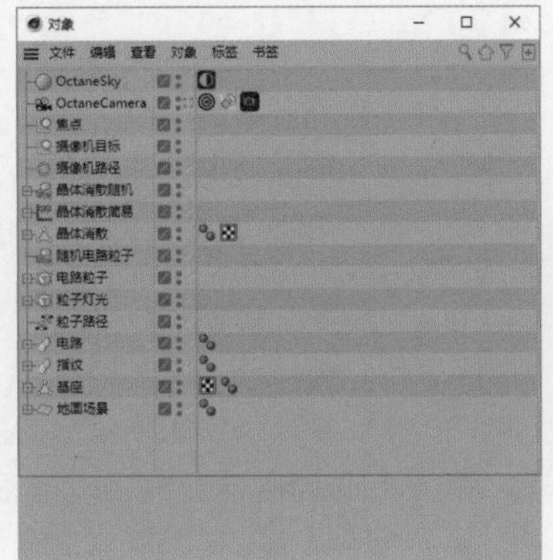

图8-54

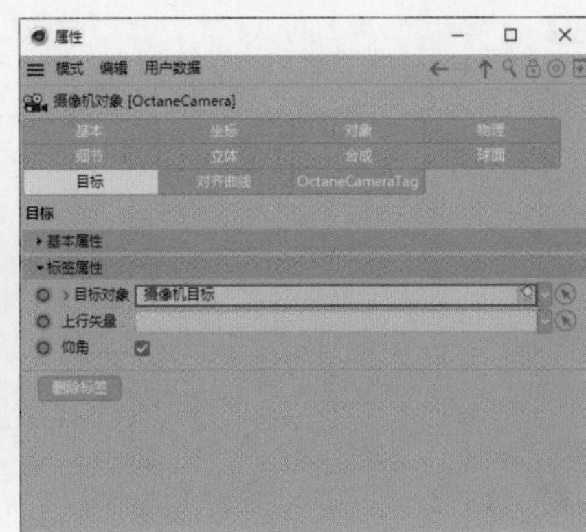

图8-55

03 保持当前选择不变，移动“对象”面板中的“摄像机路径”对象至“属性”面板的“曲线路径”参数上，然后设置“位置”为13%，如图8-56所示。移动“对象”面板中的“焦点”对象至“属性”面板的“焦点对象”参数上，如图8-57所示。在OctaneCameraTag选项卡中展开Depth of field卷展栏，然后取消勾选Auto focus复选框，接着设置Aperture为0.6cm，如图8-58所示。

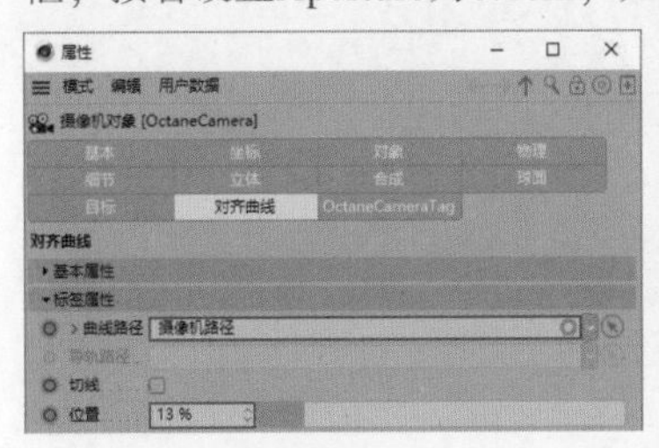

图8-56

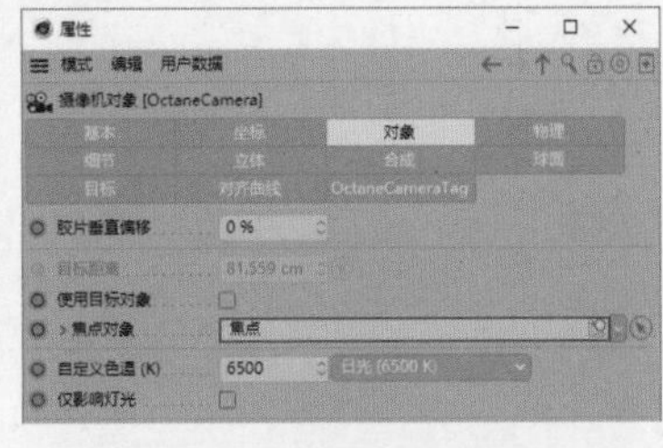

图8-57

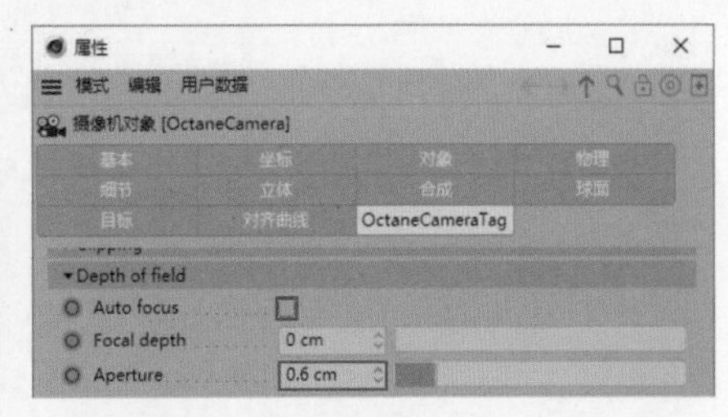

图8-58

04 选择OctaneSky对象，然后在“属性”面板中单击Texture右侧的■按钮，选择材质文件“场景文件>CH08>实战：指纹识别>环境天空材质_2.exr”，如图8-59所示。回到“属性”面板，设置RotX为-0.076、RotY为-0.235，如图8-60所示。

图8-59

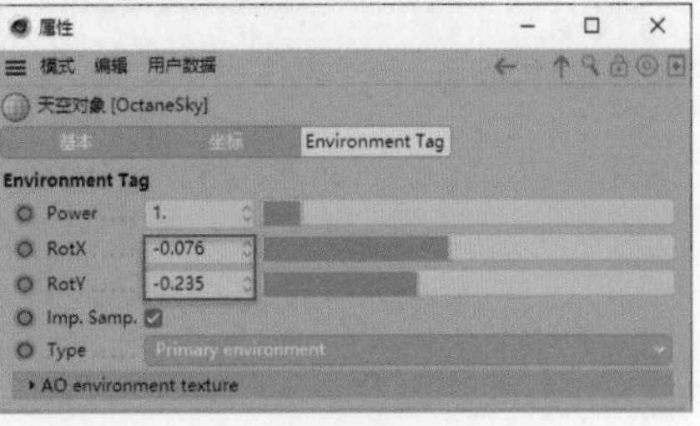

图8-60

05 选择“摄像机目标”对象，执行“Octane＞Octane Dialog”菜单命令，然后在弹出的对话框中执行“Objects＞Lights＞Octane Targetted Arealight”菜单命令两次，此时“对象”面板中新增了两个OctaneLight对象，接着分别将它们重命名为LT1、LT2，如图8-61所示。

06 选择LT1，设置Power为25、Texture为“颜色”，如图8-62所示。单击“颜色”，然后设置H为225°、S为75%、V为65%，接着设置P.X为165.5cm、P.Y为140cm、P.Z为-95cm，如图8-63所示。

图8-61

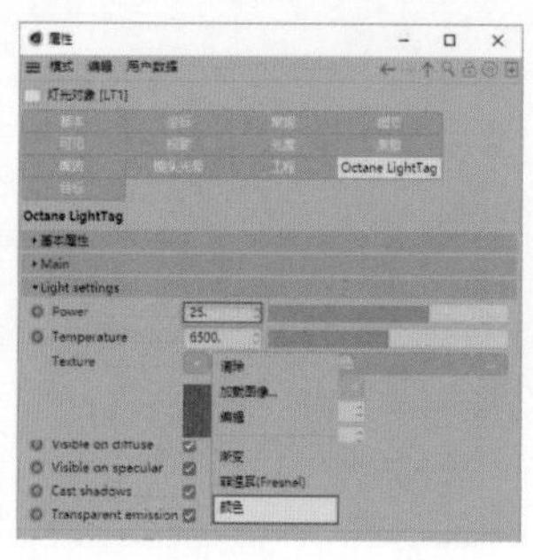

图8-62

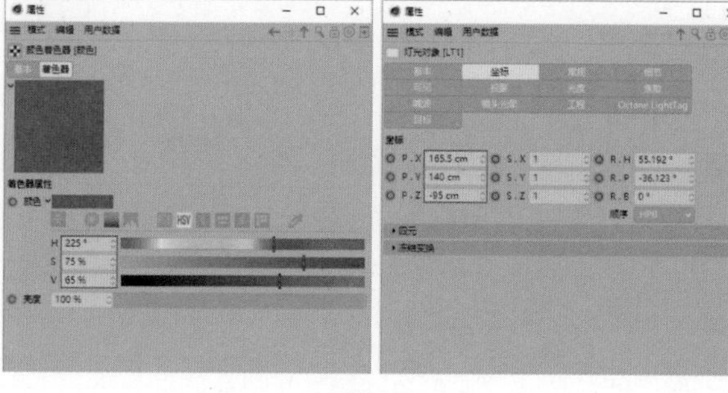

图8-63

07 选择LT2，设置Power为19.5、Texture为“颜色”，如图8-64所示。单击“颜色”，然后设置H为280°、S为50%、V为60%，接着设置P.X为-178cm、P.Y为96.5cm、P.Z为277cm，如图8-65所示。效果如图8-66所示。

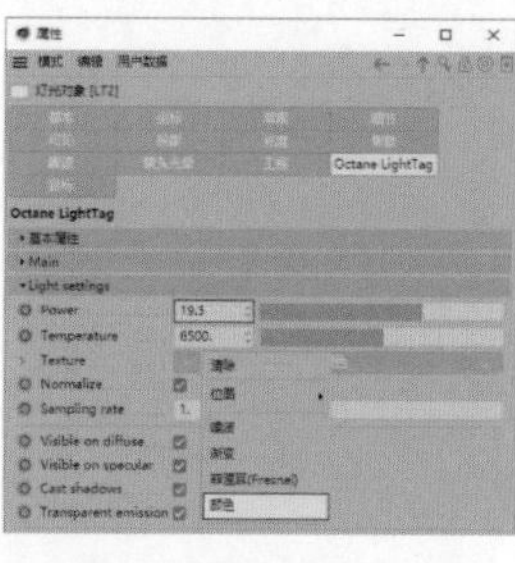

图8-64

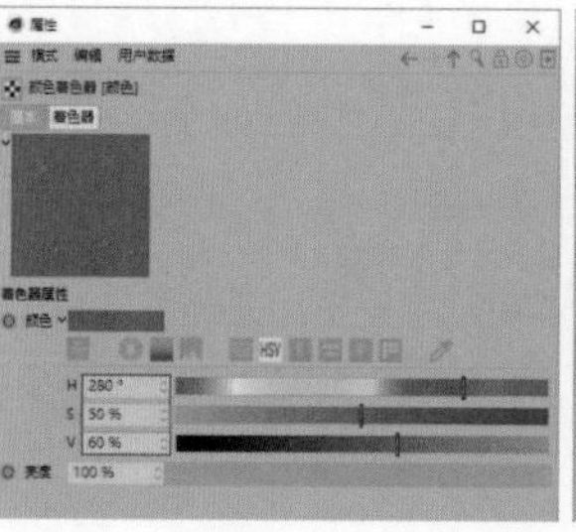

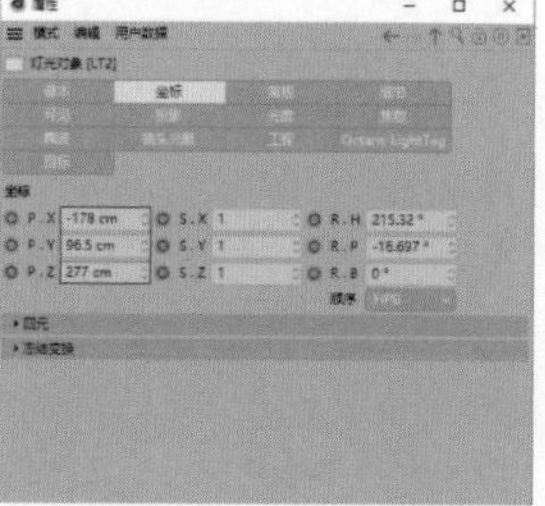

图8-65

图8-66

08 执行“Octane＞Octane Dialog”菜单命令，然后在弹出的对话框中执行“Materials＞Octane Glossy Material”菜单命令，此时“材质”面板如图8-67所示。在“材质”面板中双击新增的材质球打开“材质编辑器”面板，设置其名称为“地面”，然后选择Roughness，设置Float为0.1，接着选择Index，设置Index为2，如图8-68所示。

图8-67

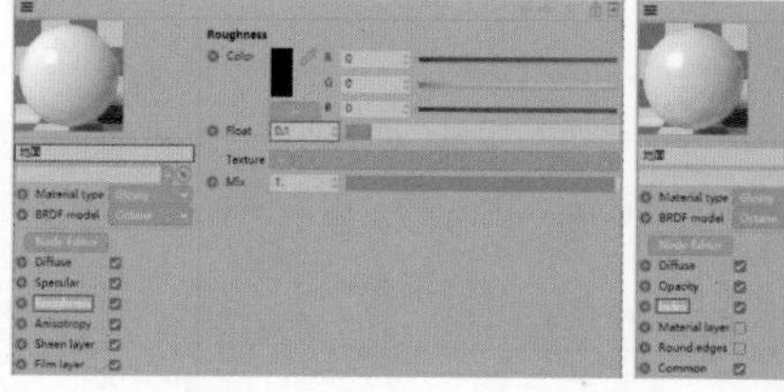

图8-68

09 选择Round edges，然后单击Create round edges按钮 Create round edges ，接着单击Round edges右侧的RoundEdges进入Main选项卡，设置Radius为0.05cm，如图8-69所示。单击Node Editor按钮 Node Editor ，打开Octane Node Editor对话框，如图8-70所示。

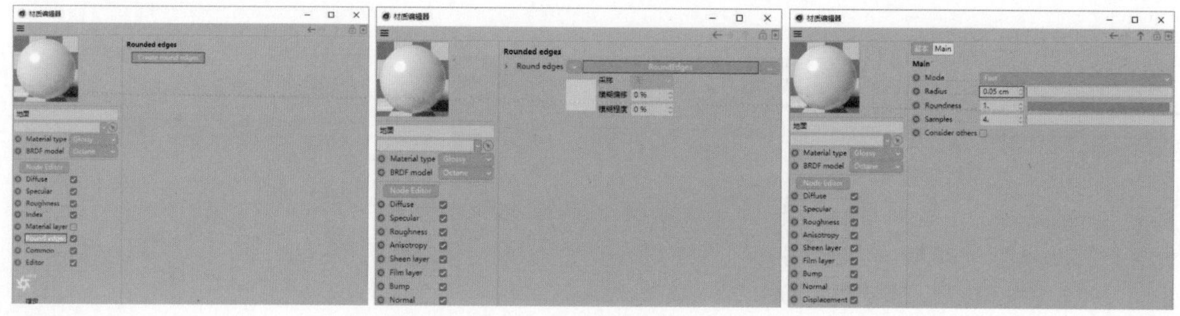

图8-69

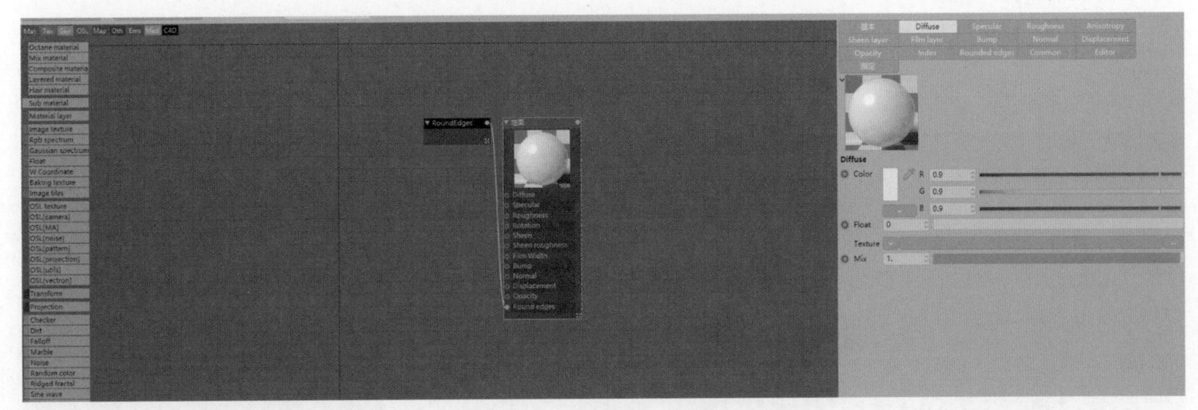

图8-70

10 移动Image texture、Transform、Projection至右侧的空白区域，然后连接Transform与ImageTexture中的Transform，接着连接Texture Projection与ImageTexture中的Projection，如图8-71所示。选择ImageTexture，在此对话框右侧找到File，然后单击其右侧的 按钮，选择材质文件“场景文件>CH08>实战：指纹识别>纹理_2.png”，如图8-72所示。

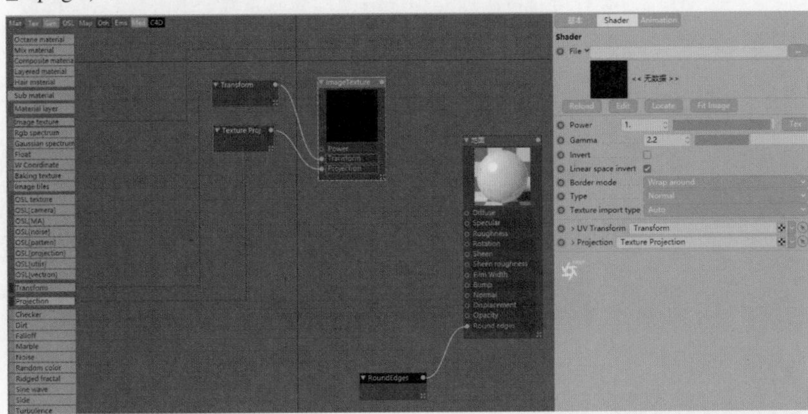

图8-71

图8-72

11 回到Octane Node Editor对话框，设置Power为0.1，如图8-73所示。选择Transform，设置S.X为0.85、S.Y为0.85、S.Z为0.85，如图8-74所示。选择Texture Projection，设置Texture Projection为Box，如图8-75所示。

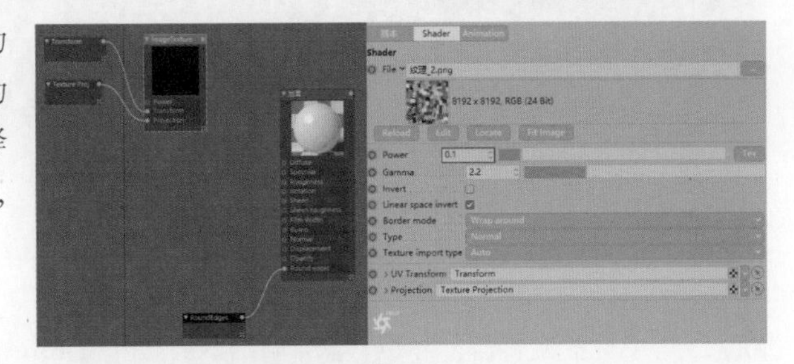

图8-73

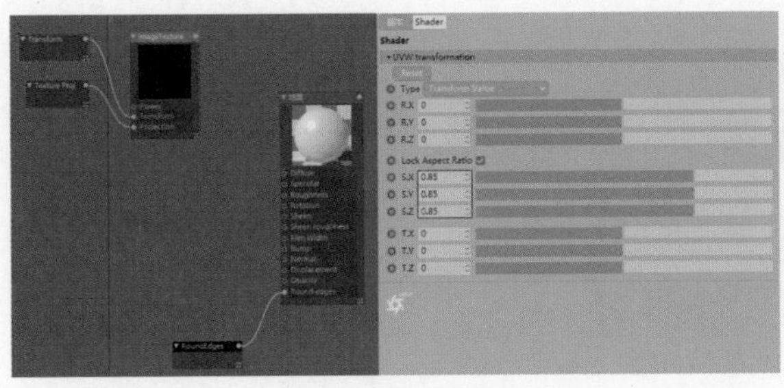

图8-74

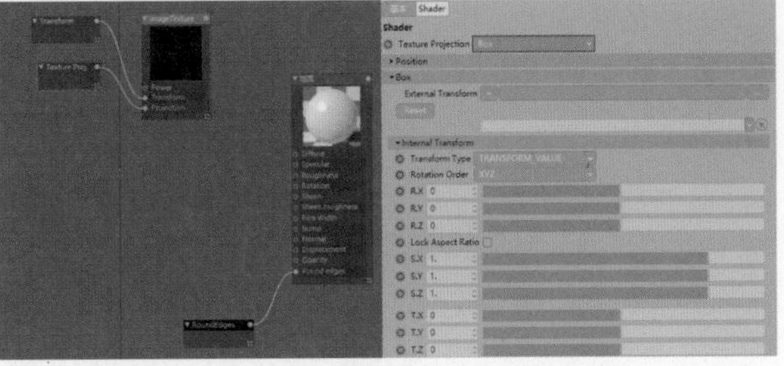

图8-75

12 移动Image texture、Transform、Projection至右侧的空白区域，然后连接Transform与ImageTexture中的Transform，接着连接Texture Projection与ImageTexture中的Projection，如图8-76所示。选择ImageTexture，单击File右侧的▬按钮，选择材质文件“场景文件>CH08>实战：指纹识别>纹理_2_法线.png”，如图8-77所示。

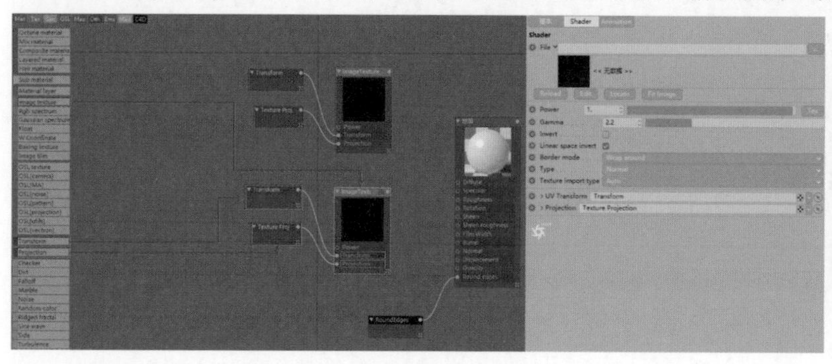

图8-76

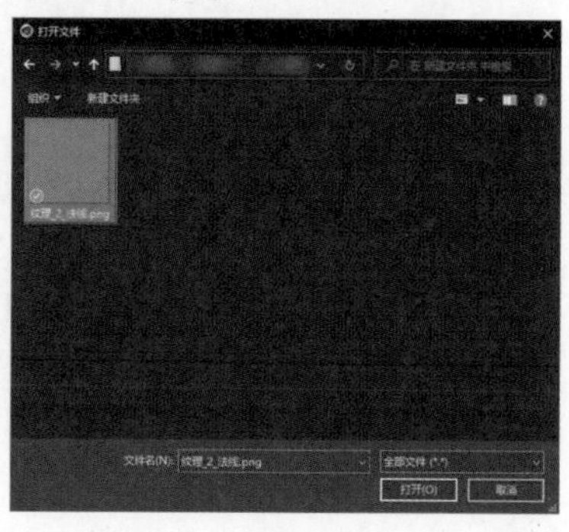

图8-77

13 回到Octane Node Editor对话框，设置Power为0.1，如图8-78所示。选择Transform，设置S.X、S.Y、S.Z为0.85，如图8-79所示。选择Texture Projection，设置Texture Projection为Box，如图8-80所示。将位于上方的ImageTexture与“地面”中的Bump进行连接，然后将位于下方的ImageTexture与“地面”中的Normal进行连接，如图8-81所示。

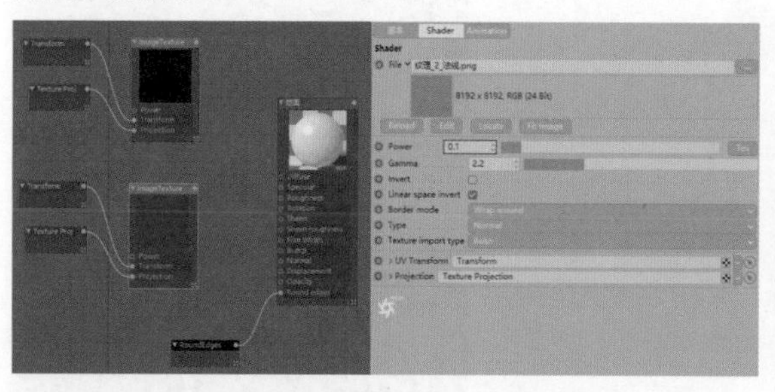

图8-78

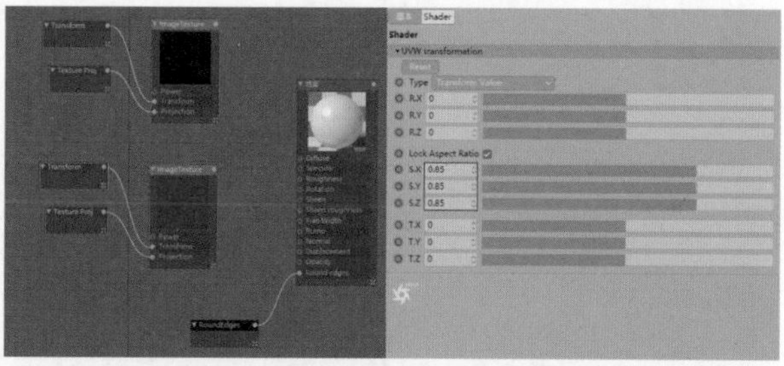

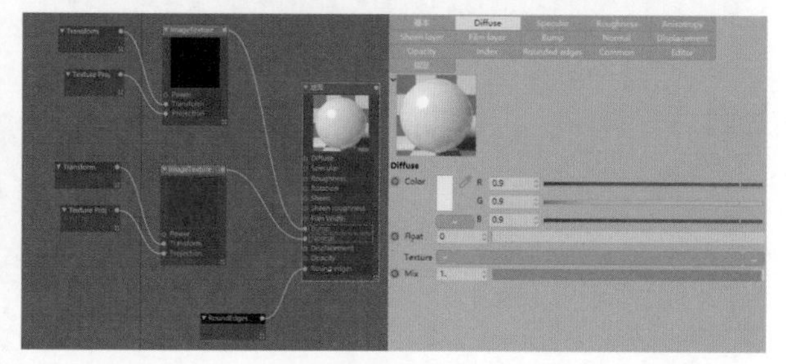

图8-79

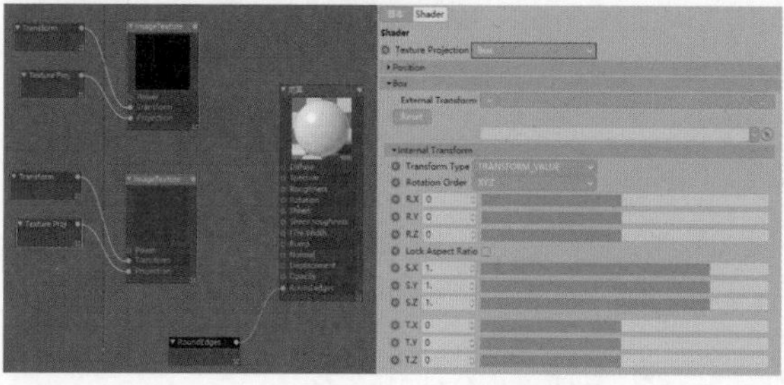

图8-80

图8-81

14 回到“材质编辑器”面板，选择Diffuse，单击Color右侧的色块，然后在“颜色拾取器”对话框中设置H为0°、S为0%、V为0%，如图8-82所示。在“材质”面板中选择“地面”材质球，然后在“材质”面板中执行“编辑>复制”和“编辑>粘贴”菜单命令，接着将新增的材质球重命名为“基座”，如图8-83所示。

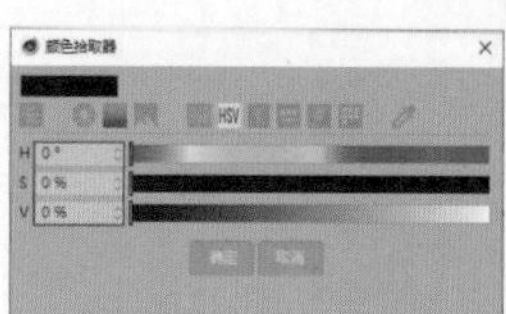

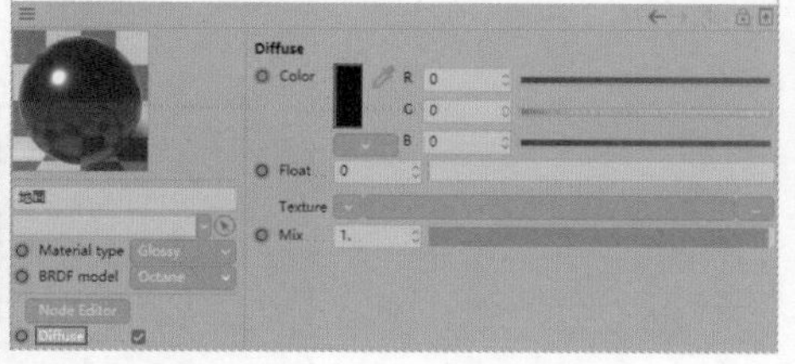

图8-82

图8-83

15 双击“基座”材质球进入“材质编辑器”面板，选择Round edges，然后设置Round edges为“清除”，接着取消勾选Round edges复选框，如图8-84所示。单击Node Editor按钮 Node Editor ，打开Octane Node Editor对话框，然后选择一个ImageTexture，设置Power为1，接着选择另一个ImageTexture，设置Power为1，如图8-85所示。

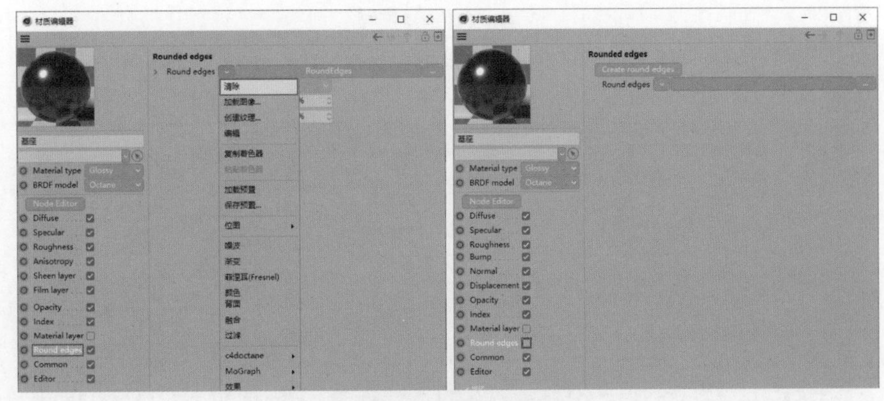

图8-84

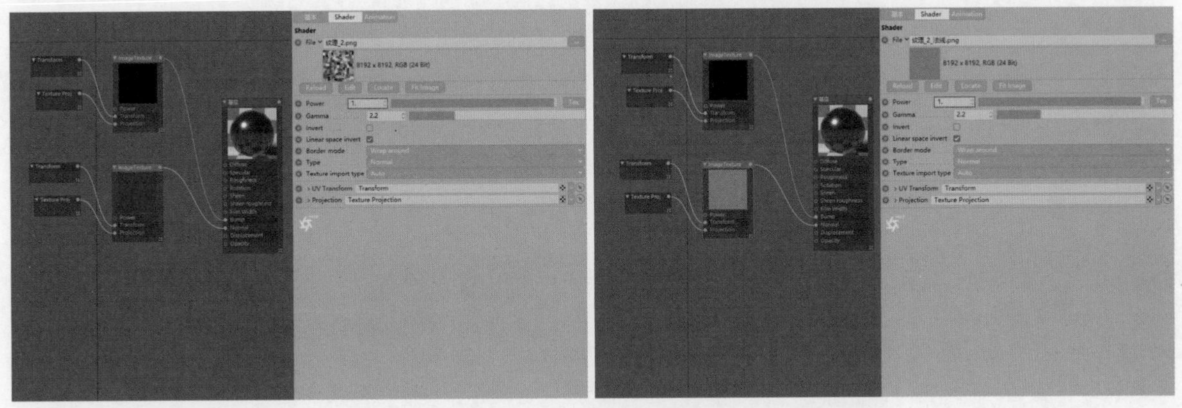

图8-85

16 设置当前帧为90F，执行“Octane＞Octane Dialog”菜单命令，然后在弹出的对话框中执行“Materials＞Octane Diffuse Material”菜单命令，“材质”面板如图8-86所示。双击OctDiffuse1材质球打开“材质编辑器”面板，设置其名称为“电路光源”，如图8-87所示。

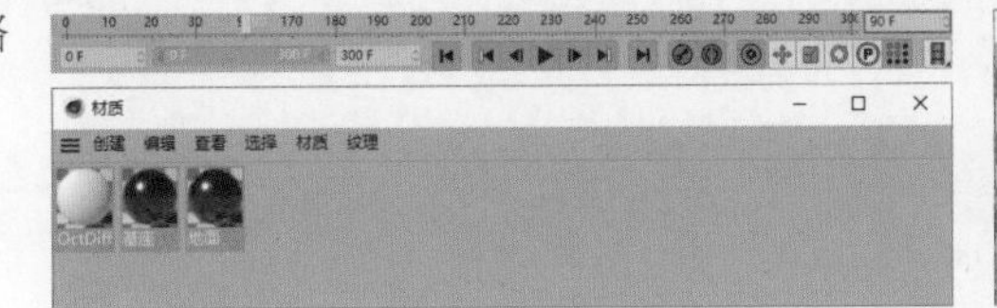

图8-86

图8-87

17 选择Emission，然后单击Blackbody emission按钮 Blackbody emission ，接着单击Texture右侧的Blackbody emission打开Shader选项卡，设置Texture为“颜色”、Power为0.01，如图8-88所示。单击Texture右侧的“颜色”，然后设置H为227°、S为70%、V为0%，接着单击“颜色”左侧的■按钮，如图8-89所示。

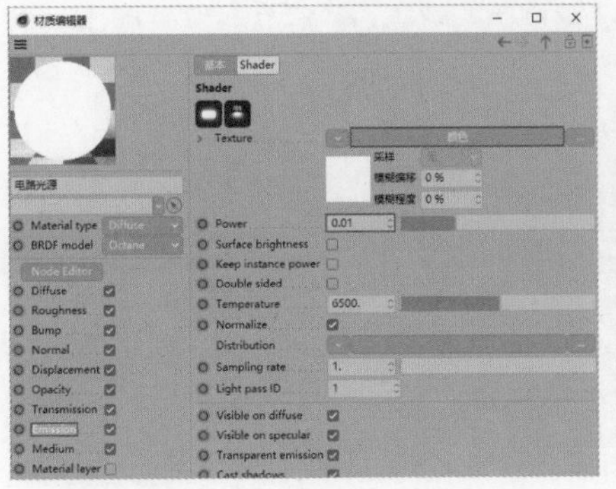

图8-88

图8-89

18 设置当前帧为120F，然后设置H为227°、S为70%、V为70%，接着单击“颜色”左侧的按钮，如图8-90所示。回到“材质编辑器”面板，选择Diffuse，然后单击Color右侧的色块，在“颜色拾取器”对话框中设置H为0°、S为0%、V为0%，如图8-91所示。

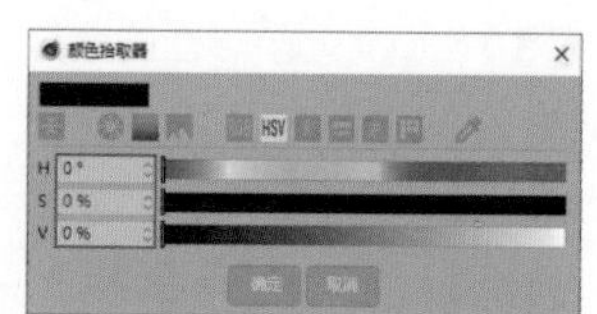

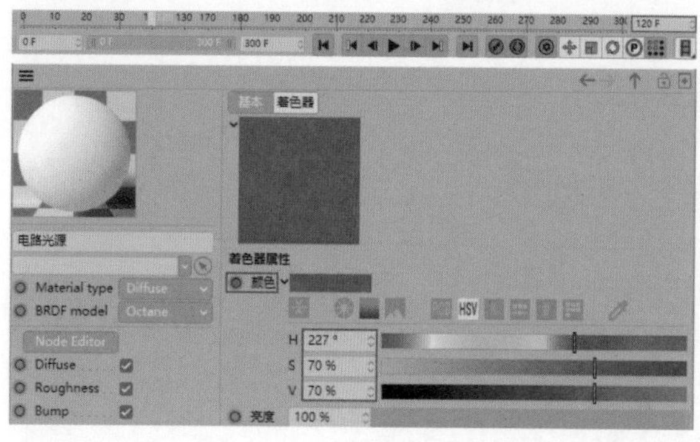

图8-90

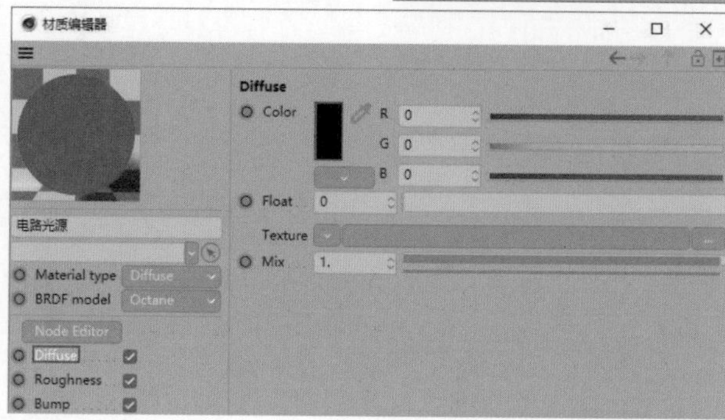

图8-91

19 回到“材质”面板，选择“电路光源”材质球，然后在“材质”面板中执行“编辑>复制”和“编辑>粘贴”菜单命令，将新增的材质球重命名为“电路粒子”，如图8-92所示。

20 双击“电路粒子”材质球打开“材质编辑器”面板，选择Emission，然后单击Blackbody emission按钮 Blackbody emission ，接着单击Texture右侧的Blackbody emission打开Shader选项卡，设置Texture为“颜色”、Power为0.0005，如图8-93所示。

21 单击“颜色”，然后设置H为227°、S为70%、V为10%，接着单击“颜色”左侧的按钮，如图8-94所示。

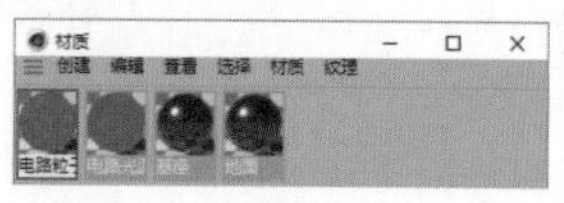

图8-92

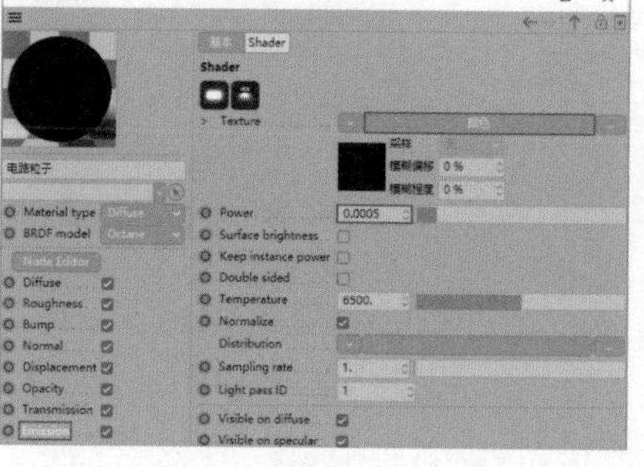

图8-93

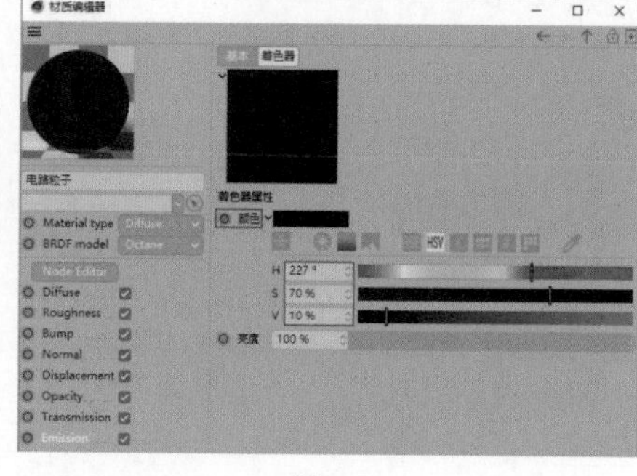

图8-94

22 执行“Octane>Octane Dialog”菜单命令，在弹出的对话框中执行“Materials>Octane Specular Material”菜单命令，“材质”面板如图8-95所示。双击“材质”面板中新增的材质球打开“材质编辑器”面板，设置其名称为“晶体”，然后选择Roughness，设置Float为0.01，如图8-96所示。

23 选择Index，设置Index为1.2，如图8-97所示。设置当前帧为0F，执行“Octane>Octane Dialog”菜单命令，然后在弹出的对话框中执行“Materials>Octane Diffuse Material”菜单命令，如图8-98所示。

图8-95

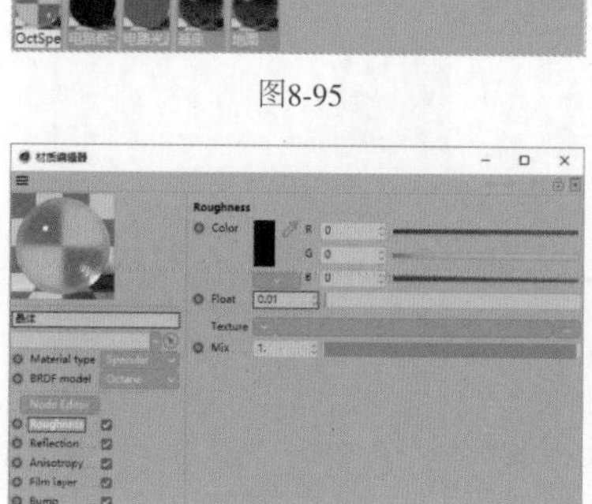

图8-96

图8-97

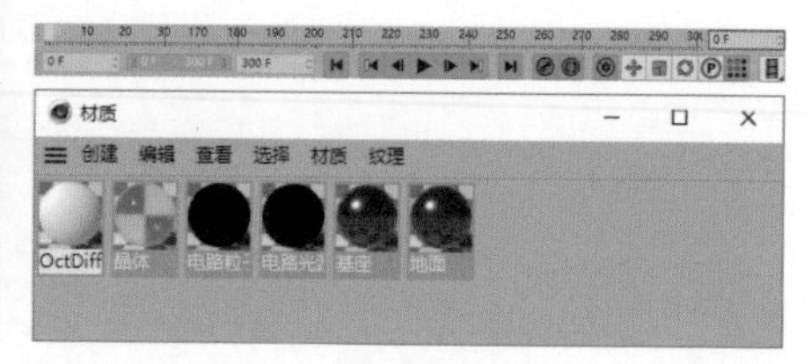

图8-98

24 双击OctDiffuse1材质球打开“材质编辑器”面板，设置其名称为“指纹光源”，如图8-99所示。选择Emission，然后单击Blackbody emission按钮Blackbody emission，接着单击Texture右侧的Blackbody Emission打开Shader选项卡，设置Texture为“颜色”、Power为0.05，如图8-100所示。

25 单击“颜色”，然后设置H为227°、S为0%、V为0%，接着单击“颜色”左侧的按钮，如图8-101所示。保持当前选择不变，设置当前帧为60F，然后设置H为227°、S为100%、V为100%，接着单击“颜色”左侧的按钮，如图8-102所示。

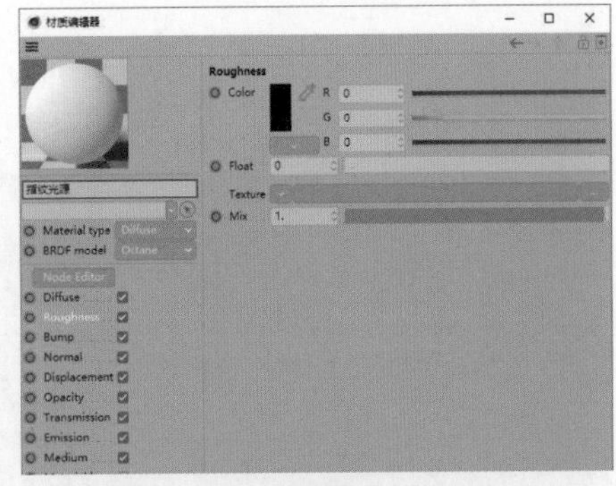
图8-99

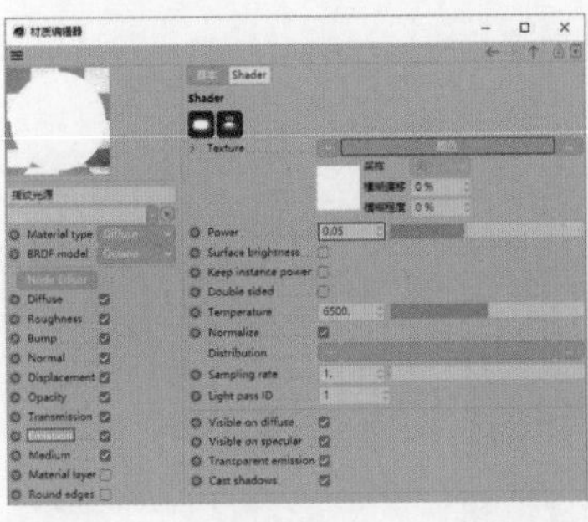
图8-100

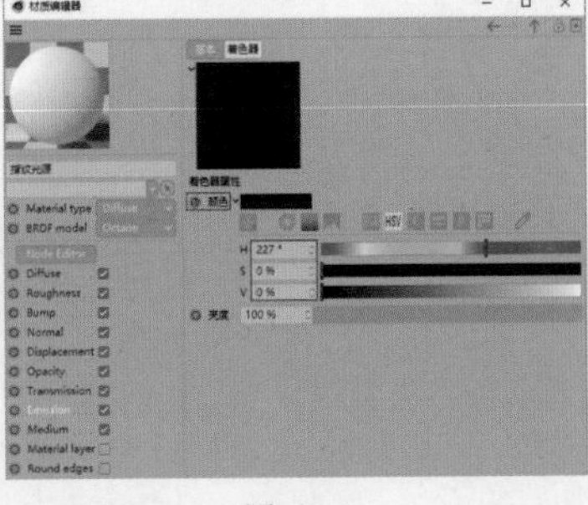
图8-101

图8-102

26 回到“材质编辑器”面板，选择Diffuse，然后单击Color右侧的色块，在“颜色拾取器”对话框中设置H为0°、S为0%、V为0%，如图8-103所示。

27 移动“材质”面板中的“地面”材质球至“对象”面板的“地面场景”对象上，按照上述方法，移动“基座”材质球至“基座”对象上、“电路光源”材质球至“电路”对象上、“电路粒子”材质球至“电路粒子”对象上、“晶体”材质球至“晶体消散”对象上、“指纹光源”材质球至“指纹”对象上，然后选择“粒子灯光”对象，执行“创建>标签>CINEMA 4D标签>外部合成”菜单命令，接着在“属性”面板中勾选“子集”复选框，如图8-104所示。

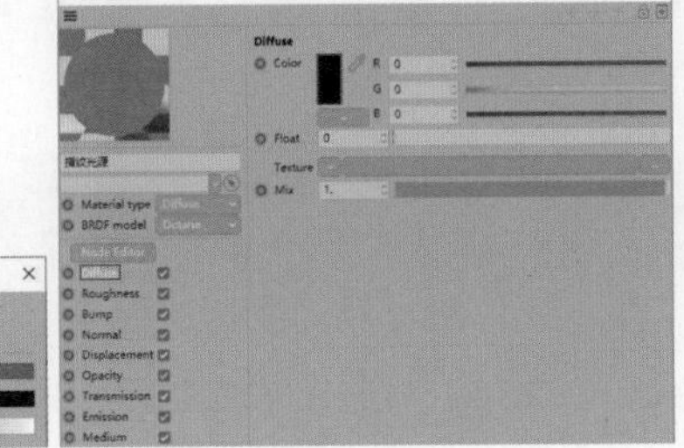
图8-103

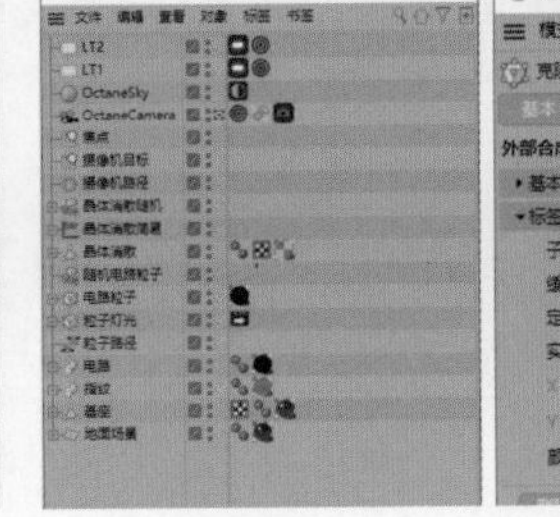
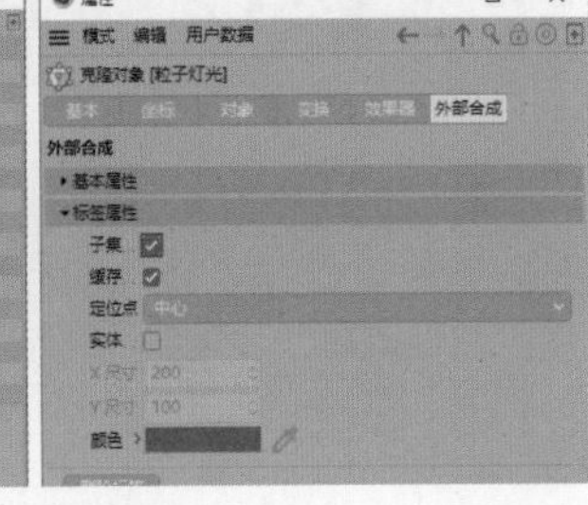
图8-104

28 执行“渲染>渲染活动视图”菜单命令，效果如图8-105所示。执行“Octane>Octane Settings”菜单命令，然后在Octane Settings对话框中设置第1行参数为Pathtracing，接着设置Max.samples为2000，如图8-106所示。执行“渲染>编辑渲染设置”菜单命令，在“渲染设置”对话框中选择“输出”，然后设置“帧范围”为“全部帧”、“起点”为0F、“终点”为300F，如图8-107所示。

图8-105

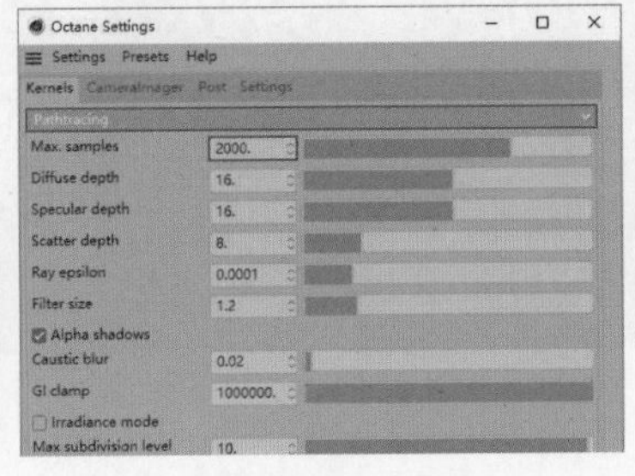
图8-106

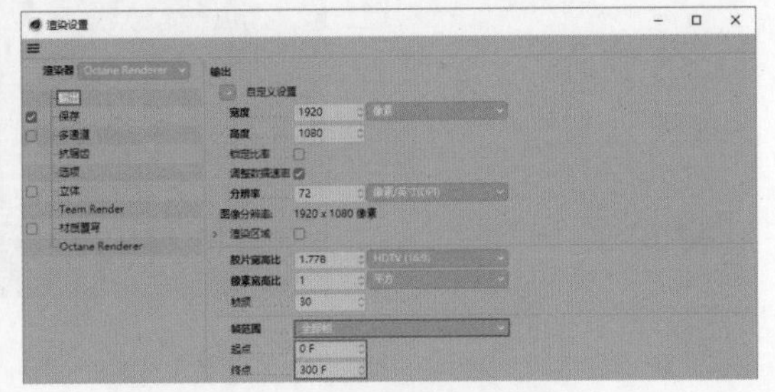
图8-107

29 在“渲染设置”对话框中选择“保存”，然后单击“文件”右侧的按钮选择文件保存路径，将文件命名为“指纹识别”，设置“格式”为PNG，接着展开“合成方案文件”卷展栏，勾选“保存”“相对”“包括时间线标记”“包括3D数据”复选框，如图8-108所示。执行“渲染>渲染活动视图”菜单命令，效果如图8-109所示。

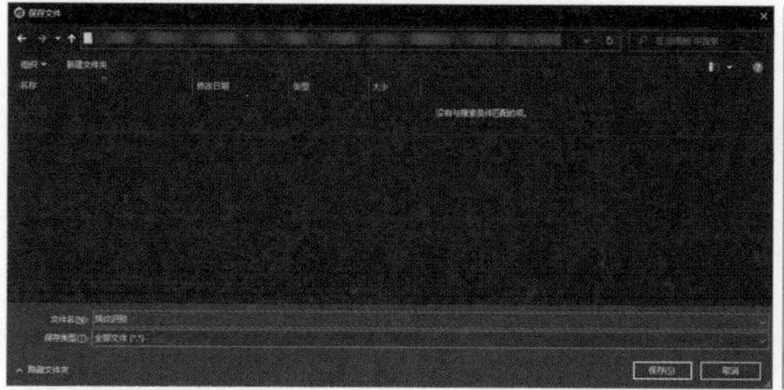
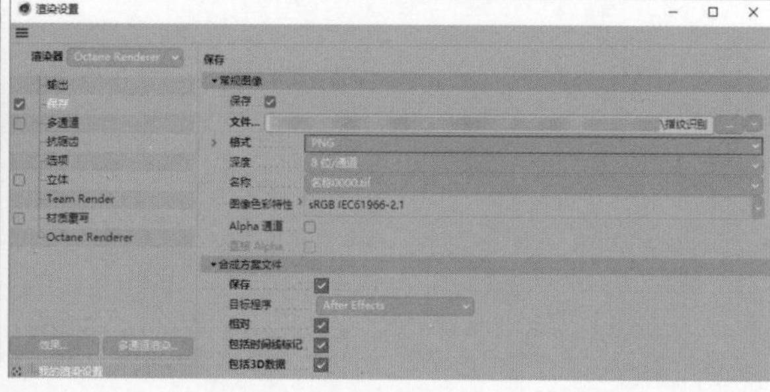

图8-108

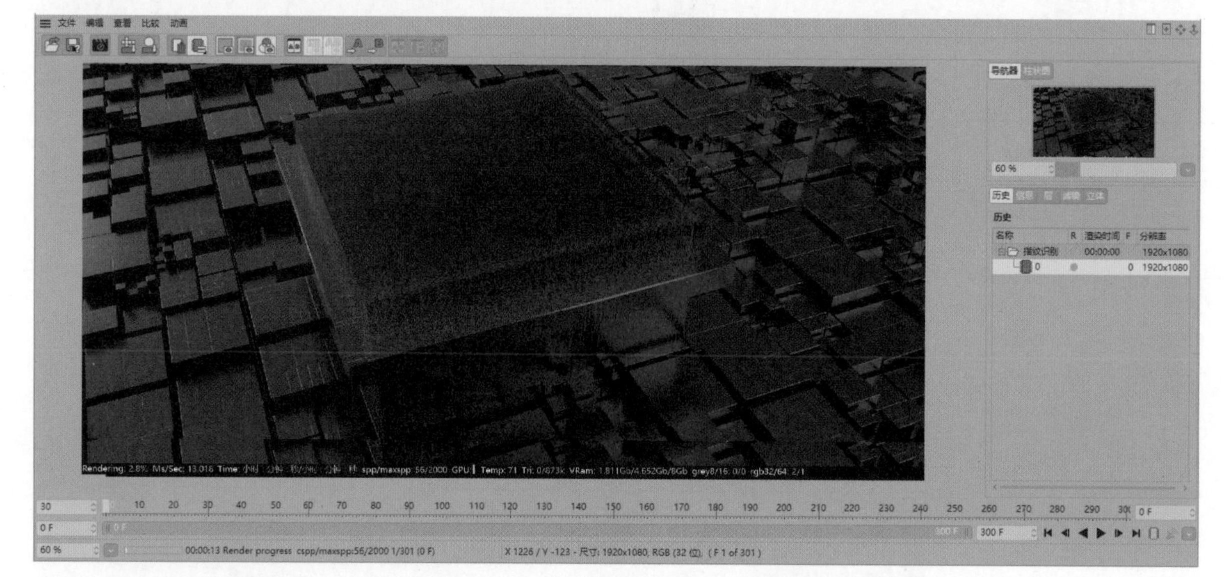

图8-109

◎ 指纹识别动效制作

01 打开After Effects，导入模型文件“场景文件>CH08>实战：指纹识别>指纹识别.aec”，如图8-110所示。在“项目”面板中展开“指纹识别”卷展栏，然后双击进入“指纹识别”合成中。在“时间轴”面板中选择LT1、LT2、“空白”图层，执行“编辑>清除”菜单命令。执行“视图>显示图层控件”菜单命令，然后新建一个“纯色”图层，设置“名称”为“氛围粒子”、“宽度”为1920像素、“高度”为1080像素，如图8-111所示。

02 移动“氛围粒子”图层至OctaneCamera图层的下方，然后设置其“模式”为“相加”，如图8-112所示。保持当前选择不变，执行“效果>Rowbyte>Plexus”菜单命令，选择Plexus面板中的“Add Geometry>Layers”选项，然后选择Plexus Layers Object指令，如图8-113所示。

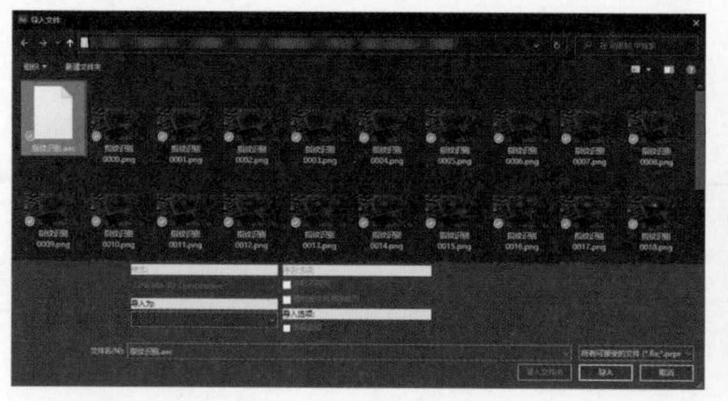

图8-110

图8-111

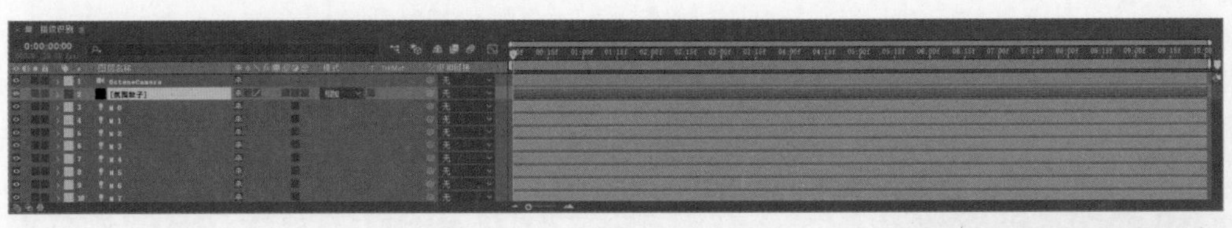

图8-112

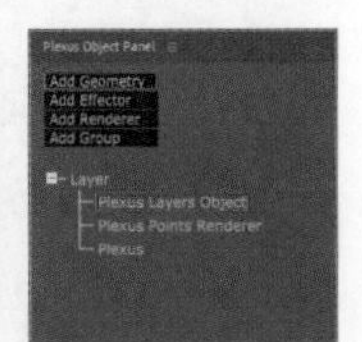

图8-113

03 在“效果控件”面板中单击Layer Name Begins with右侧的<All Lights>，然后在弹出的对话框中输入M，如图8-114所示。选择Plexus面板中的“Add Effector>Noise”选项3次，此时Plexus面板如图8-115所示。设置时间码为0:00:00:00，然后选择Plexus面板中的Plexus Noise Effector指令，接着在“效果控件”面板中设置Noise Amplitude为20，如图8-116所示。

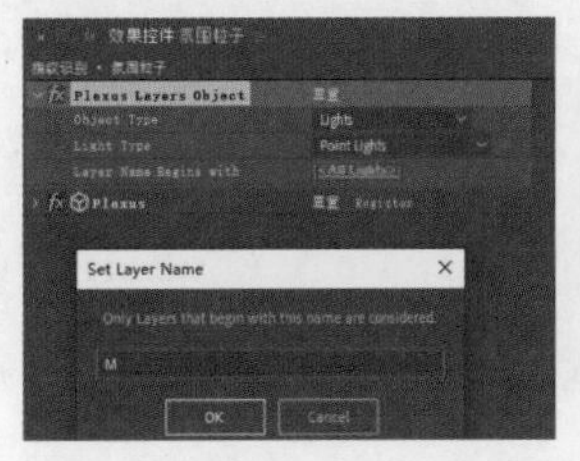

图8-114

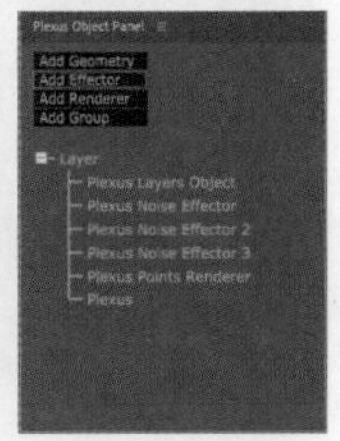

图8-115

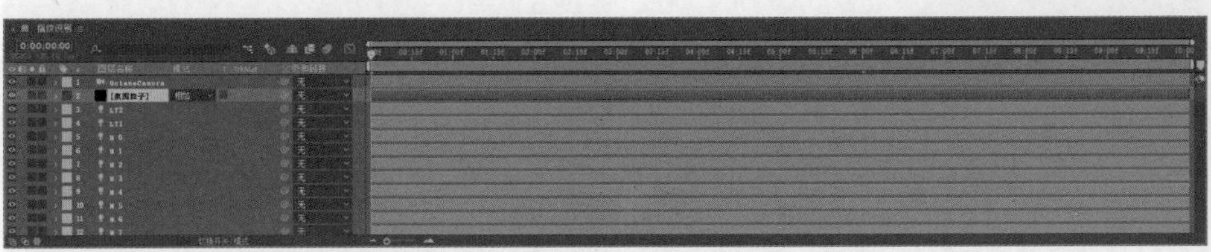

图8-116

04 设置时间码为0:00:03:00，选择Plexus面板中的Plexus Noise Effector 2指令，然后在“效果控件”面板中设置Apply Noise To(Vertices)为Scale、Noise Amplitude为200，接着展开Noise Details卷展栏，单击Noise X Scale左侧的按钮，如图8-117所示。

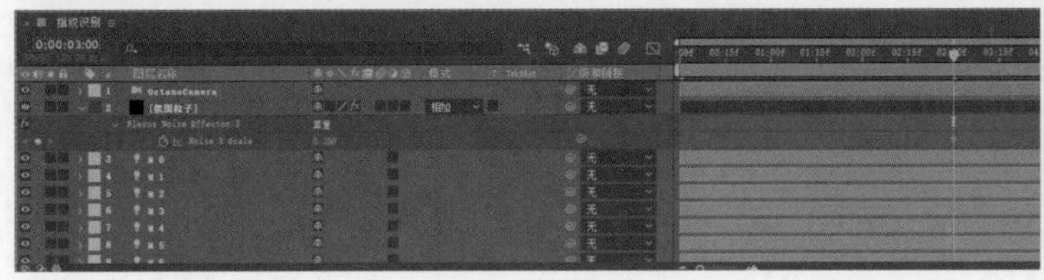

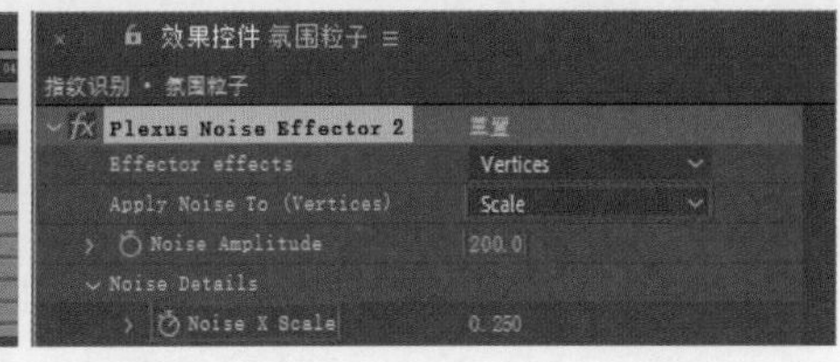

图8-117

05 设置时间码为0:00:10:00，然后在“效果控件”面板中设置Noise X Scale为1，如图8-118所示。选择Plexus面板中的Plexus Noise Effector 3指令，然后在“效果控件”面板中设置Apply Noise To(Vertices)为Color、Color Type为Alpha、Noise Amplitude为500，如图8-119所示。

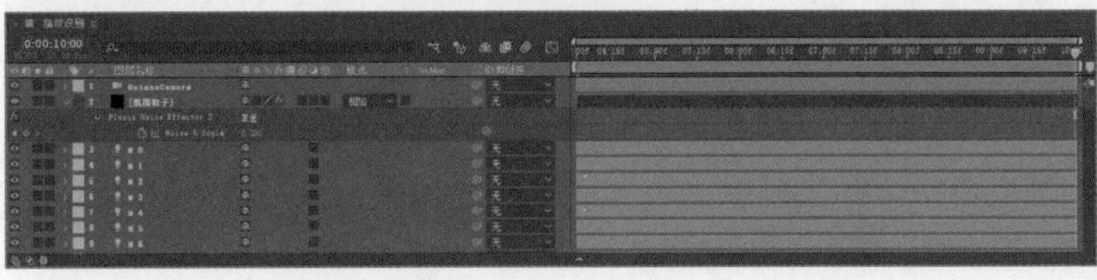

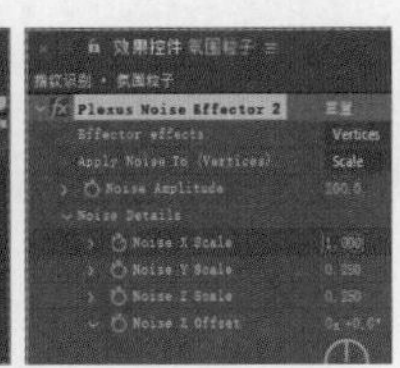

图8-118

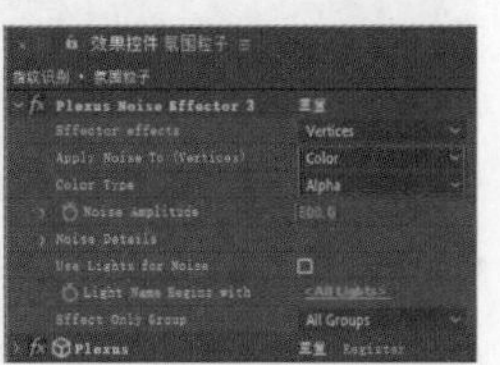

图8-119

06 设置时间码为0:00:03:00，然后选择Plexus面板中的Plexus Points Renderer指令，接着在“效果控件”面板中设置Points Size为0，并单击其左侧的按钮，如图8-120所示。

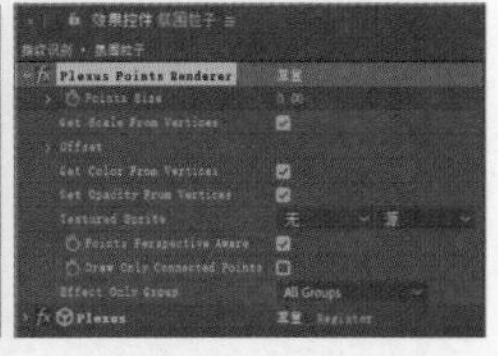

图8-120

07 设置时间码为0:00:03:10，然后在“效果控件”面板中设置Points Size为0.1并单击其左侧的按钮，如图8-121所示。选择Plexus面板中的“Add Effector>Transform”选项，然后选择Plexus Transform指令，如图8-122所示。在“效果控件”面板中设置Y Translate为 -8，如图8-123所示。设置时间码为0:00:03:20，最终效果如图8-124所示。

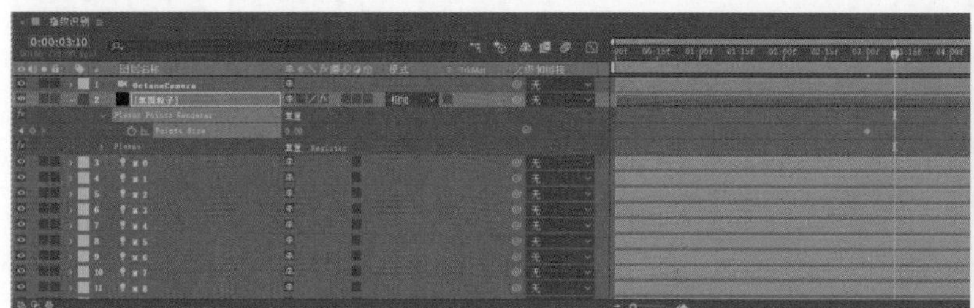

图8-121

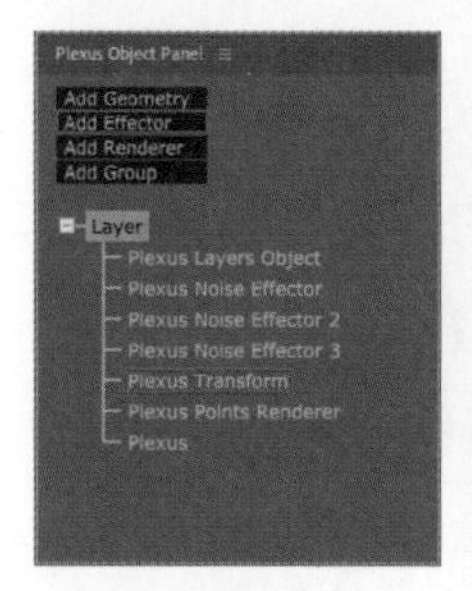

图8-122

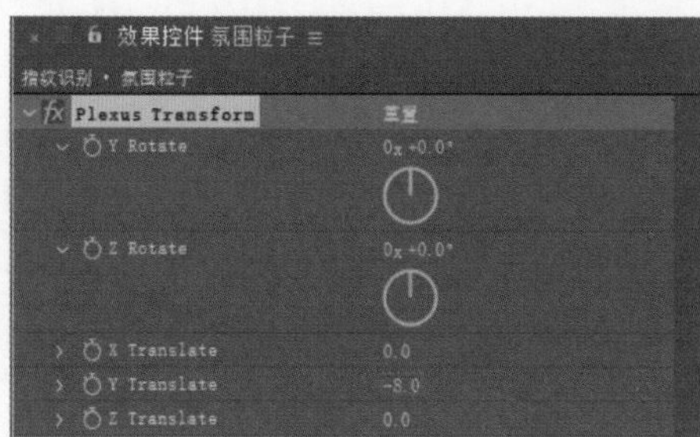

图8-123

图8-124

实战：人脸扫描终极版

场景位置	场景文件 > CH08 > 实战：人脸扫描终极版
实例位置	实例文件 > CH08 > 实战：人脸扫描终极版
难易程度	★★★☆☆
学习目标	掌握偏3D动效的制作方法

人脸扫描终极版的效果如图8-125所示，制作分析如下。

人脸系列的动画效果在之前已经讲解过，本案例制作偏3D的动效。

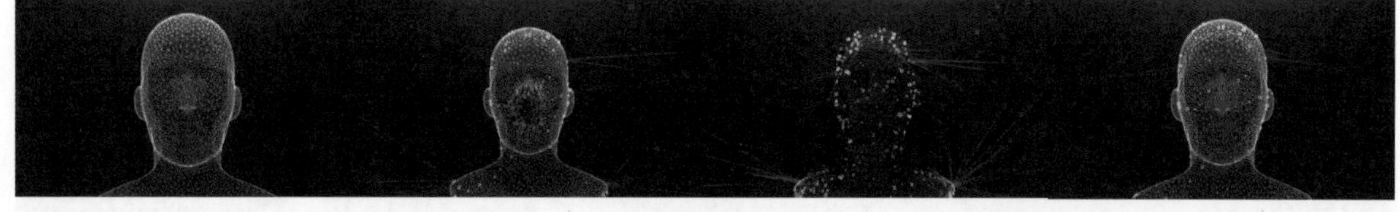

图8-125

01 在Cinema 4D中导入人脸造型预设文件，在为其赋予相应材质后，导出图形序列，效果如图8-126所示。

02 使用“克隆”菜单命令对人脸造型的表面进行“立方体”复制，以此模拟人脸表面数据矩阵的采点。在为其赋予相应材质后，导出图形序列，效果如图8-127所示。

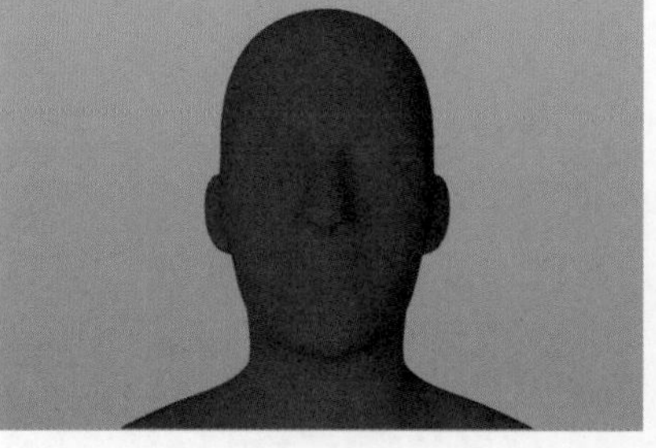

图8-126

图8-127

03 使用“晶格”菜单命令对人脸造型的表面进行晶格化，然后使用效果器对人脸表面进行碎裂处理。在为其赋予相应材质后，导出图形序列，效果如图8-128所示。

04 使用粒子插件模拟冲击人脸的采样机以及停留在人脸表面的数据点，然后导出AEC文件，效果如图8-129所示。

05 在After Effects中使用Plexus粒子插件对AEC文件进行后期处理，利用“发光”“色调”等菜单命令对已有图形序列进行后期处理，如图8-130所示。将所有图形序列进行排列叠加，设置“模式”、TrkMat等参数，完成最终效果。

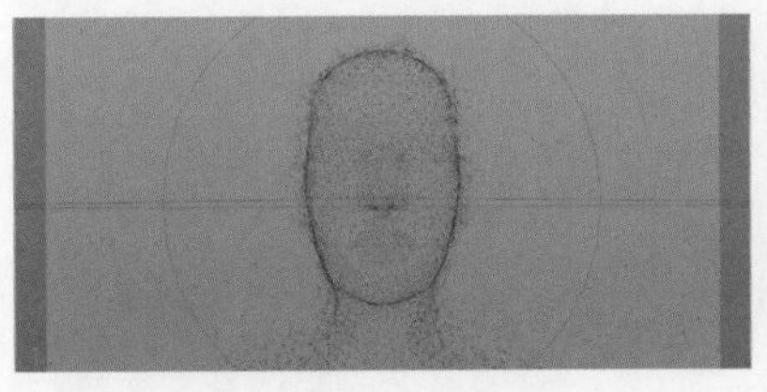
图8-128

图8-129

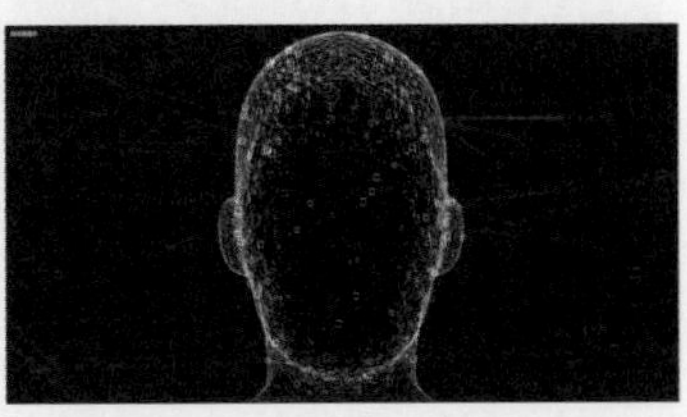
图8-130

8.2 智慧城市类动效产品

随着5G技术的成熟，城市中出现了越来越多的新能源代步工具，而驱动这些工具的硬件核心是芯片。本节通过制作芯片、车流的效果来讲解Topoformer插件在Cinema 4D中的应用。

实战：车流穿梭

场景位置	场景文件 > CH08 > 实战：车流穿梭
实例位置	实例文件 > CH08 > 实战：车流穿梭
难易程度	★★★★☆
学习目标	掌握“表达式:Position”中Key(1)代码的作用

车流穿梭的效果如图8-131所示，制作分析如下。

“表达式:Position”中的Key(1)代码的作用是沿着路径重复发射粒子。

图8-131

◎ 地面场景模型制作

01 打开Cinema 4D，执行“渲染 > 编辑渲染设置”菜单命令，在“渲染设置”对话框中选择“输出”，然后设置“宽度”为1920像素、“高度”为1080像素，如图8-132所示。

02 执行“创建 > 对象 > 平面”菜单命令，将“平面”对象重命名为“地面场景”，然后在“属性”面板中设置“宽度”和“高度”为2050cm、“宽度分段”和“高度分段”为75，如图8-133所示。

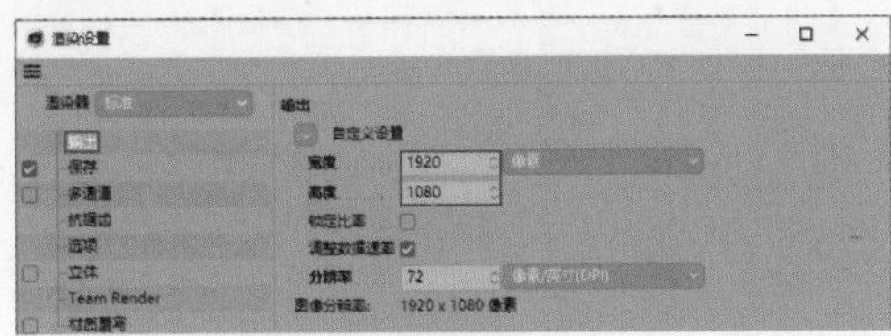
图8-132

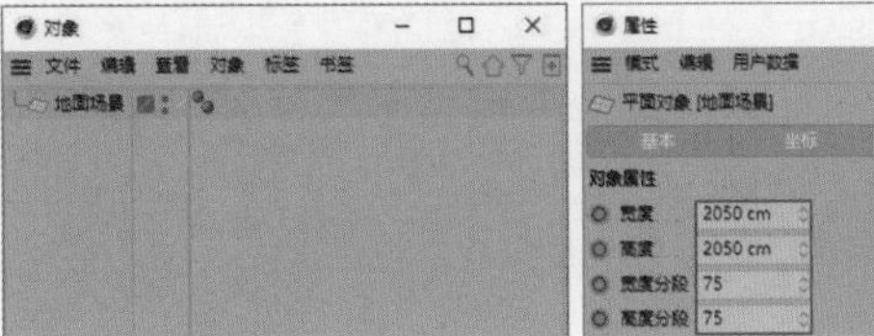
图8-133

03 选择“地面场景”对象，执行“扩展>Topoformer”菜单命令，然后移动Topoformer对象至“地面场景”对象内，如图8-134所示。选择Topoformer对象，在“属性”面板中设置Topology Type为Beeple、Delta为35%，然后单击Generate选项卡中的Create按钮Create，设置Position为4cm，如图8-135所示。效果如图8-136所示。

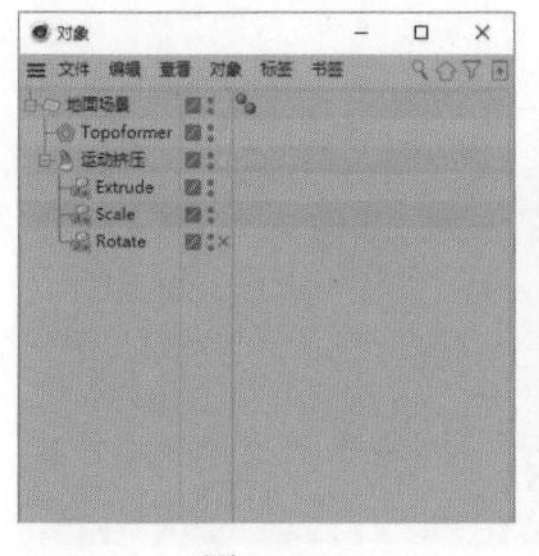

图8-134

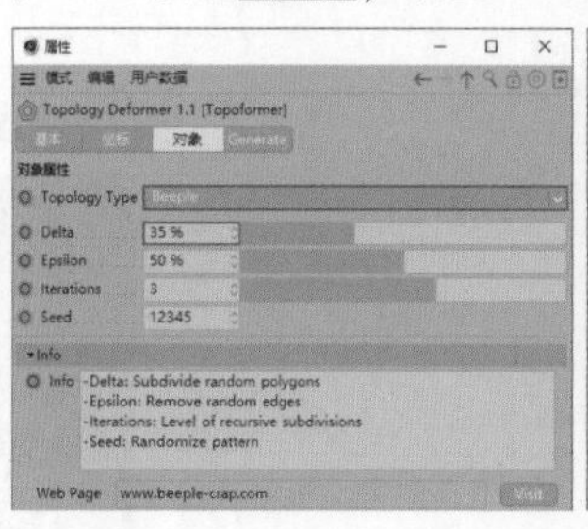

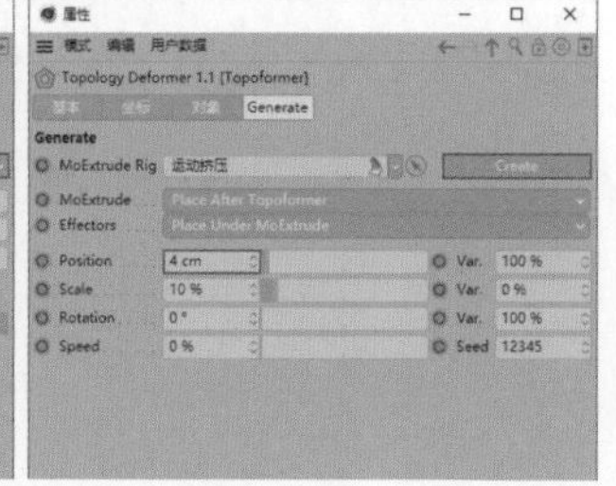

图8-135

图8-136

04 执行“文件>合并项目”菜单命令两次，分别选择样条文件“场景文件>CH08>实战：车流穿梭>地块造型_1.c4d”和“场景文件>CH08>实战：车流穿梭>样条_3.c4d”，如图8-137所示。

图8-137

05 回到“对象”面板，选择“地块造型_1”对象，然后执行“扩展>Topoformer”菜单命令，移动Topoformer对象至“地块造型_1”对象内，如图8-138所示。选择Topoformer对象，在“属性”面板中设置Topology Type为Beeple、Delta为65%，然后单击Generate选项卡中的Create按钮Create，设置Position为12cm，如图8-139所示。效果如图8-140所示。

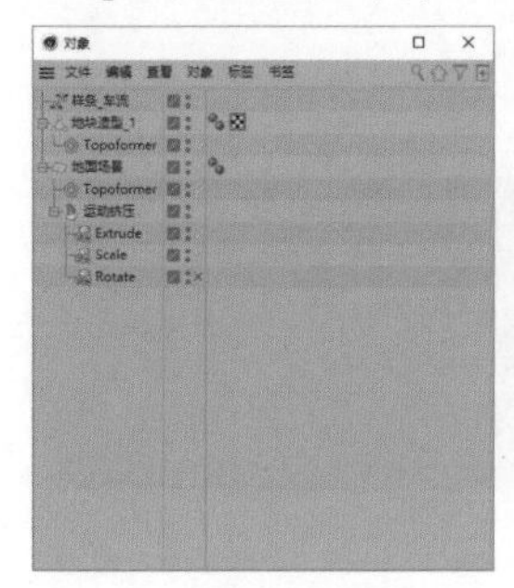

图8-138

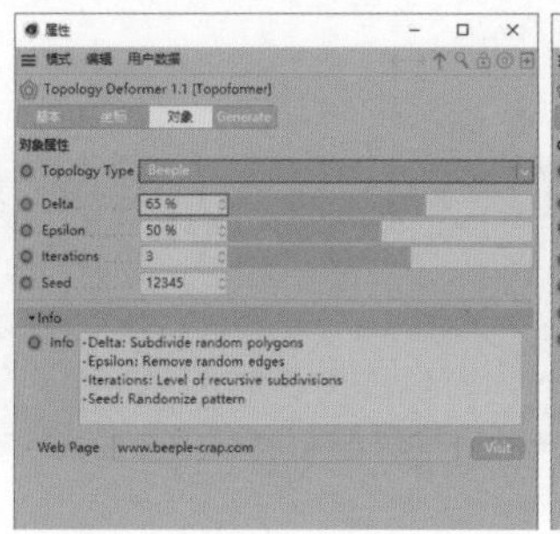

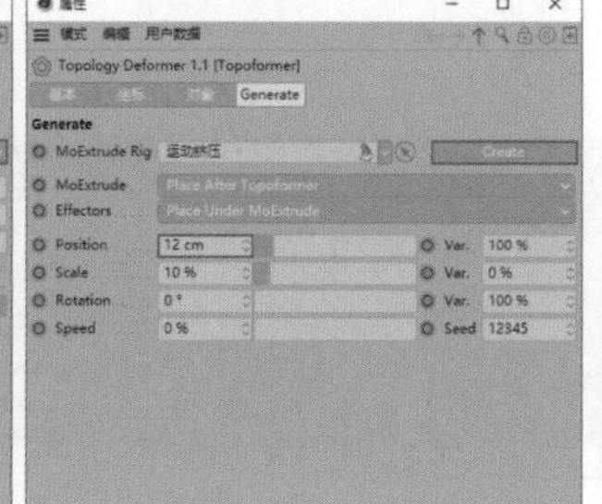

图8-139

图8-140

06 选择“地块造型_1”对象及其内部的对象，执行“编辑>复制”和“编辑>粘贴”菜单命令，得到新增的对象“地块造型_1.1”，如图8-141所示。选择“地块造型_1.1”对象中的Topoformer对象，在“属性”面板中设置Topology Type为Beeple、Delta为34%，然后单击Generate选项卡中的Create按钮Create，设置Position为20cm，接着设置Position右侧的Var.为200%，如图8-142所示。效果如图8-143所示。

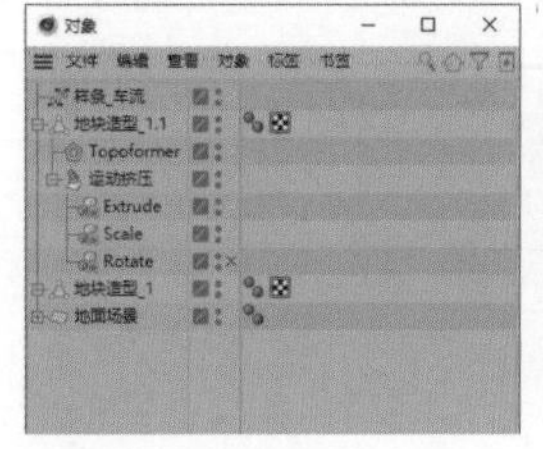

图8-141

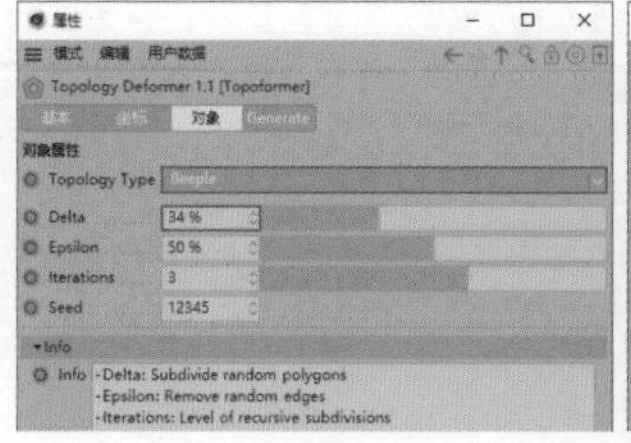

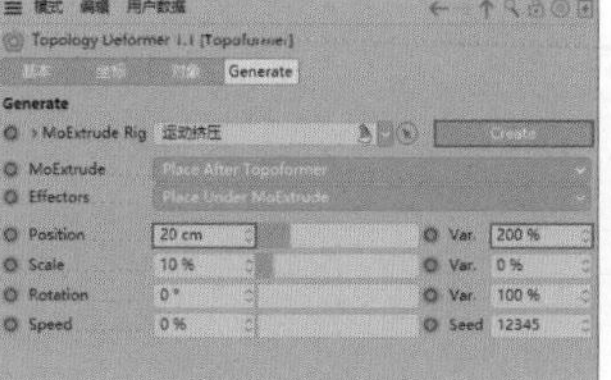

图8-142

图8-143

07 同时选择“地块造型_1”“地块造型_1.1”对象，然后执行“样条>转换>连接对象+删除”菜单命令，将得到的对象重命名为“楼体”，如图8-144所示。选择“楼体”对象，在“属性”面板中设置P.X为0cm、P.Y为60cm、P.Z为0cm，如图8-145所示。效果如图8-146所示。

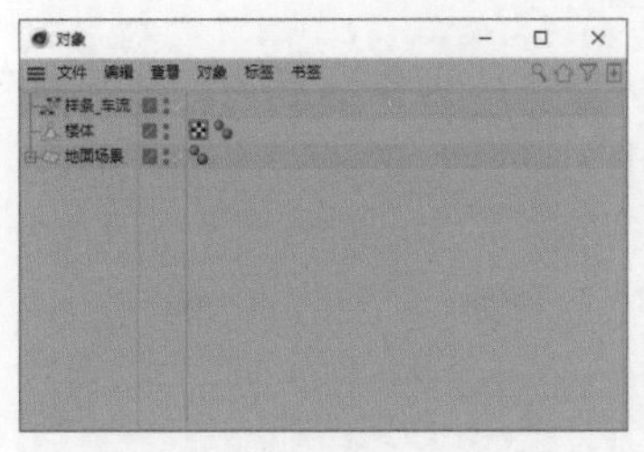
图8-144

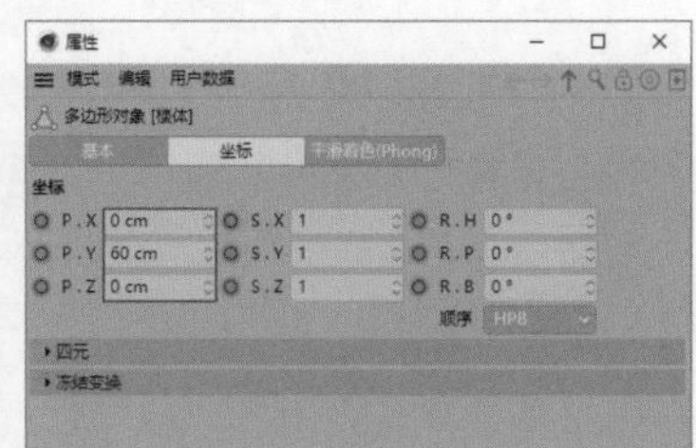
图8-145

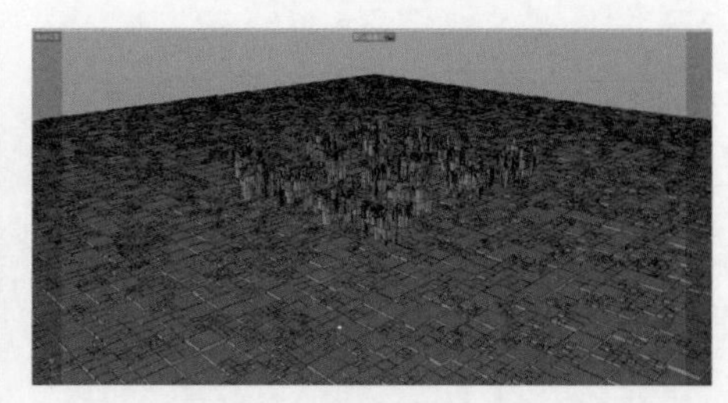
图8-146

08 创建一个立方体，在“属性”面板中设置“尺寸.X”为0.5cm、“尺寸.Y”为3cm、“尺寸.Z”为1.2cm，如图8-147所示。执行“文件>合并项目”菜单命令，选择样条文件“场景文件>CH08>实战：车流穿梭>地块造型_1.c4d”，如图8-148所示。

09 执行“运动图形>克隆”菜单命令，将“克隆”对象重命名为“楼体光源”，然后移动“立方体”对象至“楼体光源”对象内，如图8-149所示。选择“地块造型_1”对象，然后在“属性”面板中设置P.X为0cm、P.Y为60cm、P.Z为0cm，如图8-150所示。

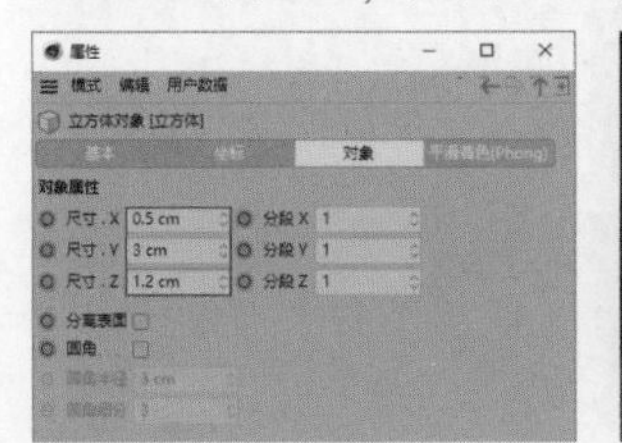
图8-147

图8-148

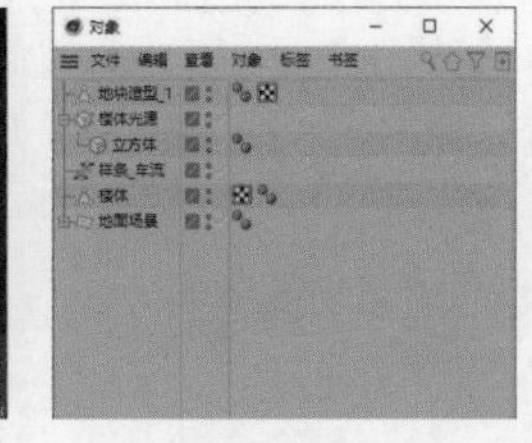
图8-149

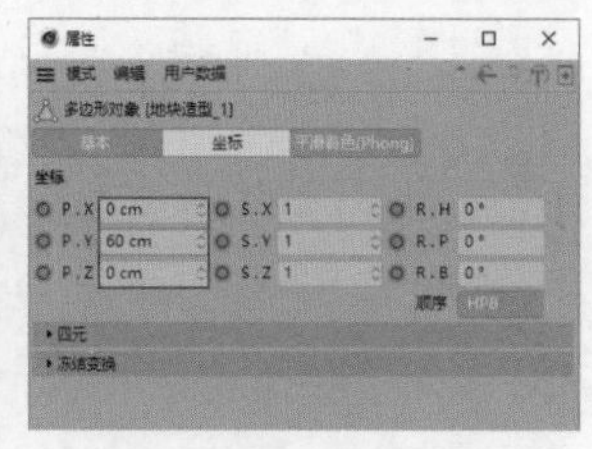
图8-150

10 选择“楼体光源”对象，在“属性”面板中设置“模式”为“对象”，然后移动“对象”面板中的“地块造型_1”对象至“属性”面板的“对象”参数上，接着取消勾选“排列克隆”复选框，最后设置“数量”为200，如图8-151所示。

11 执行“运动图形>效果器>随机”菜单命令，将“随机”对象重命名为“随机楼体光源”。选择“随机楼体光源”对象，在“属性”面板中设置P.X为0cm、P.Y为12cm、P.Z为0cm，然后勾选“缩放”复选框，接着设置S.X为10、S.Y为10、S.Z为3，如图8-152所示。

图8-151

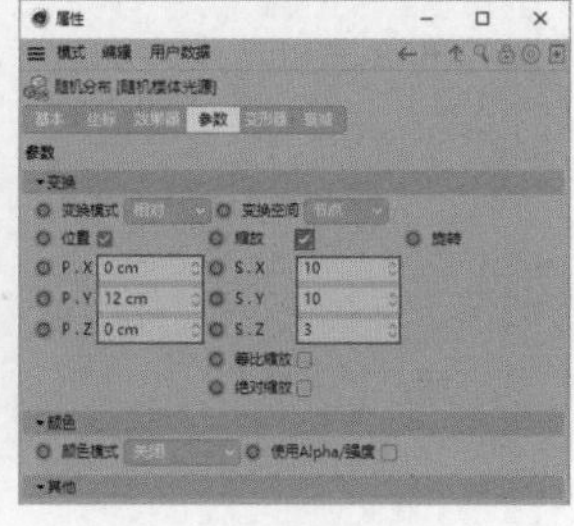
图8-152

12 选择“楼体光源”对象，移动“对象”面板中的“随机楼体光源”对象至“属性”面板的“效果器”列表框中，如图8-153所示。效果如图8-154所示。选择“样条_车流”对象，在“属性”面板中设置P.X为0cm、P.Y为25cm、P.Z为0cm，如图8-155所示。

13 执行“创建>灯光>灯光”菜单命令，然后执行“运动图形>克隆”菜单命令，将“克隆”对象重命名为“穿梭粒子”，将“灯光”对象重命名为M，然后移动M对象至“穿梭粒子”对象内。设置时间轴时长为0～300F、当前帧为0F，如图8-156所示。

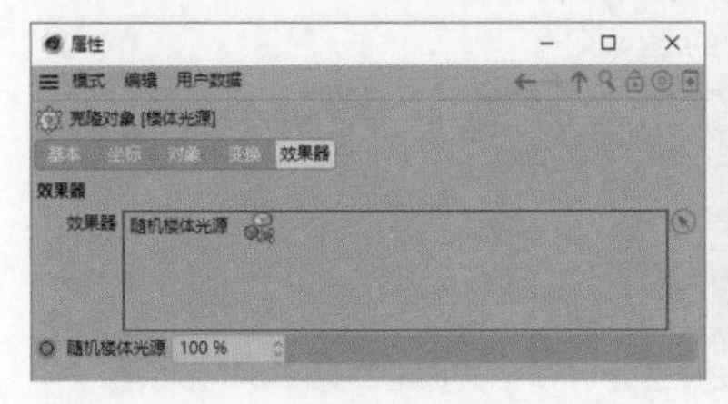
图8-153

图8-154

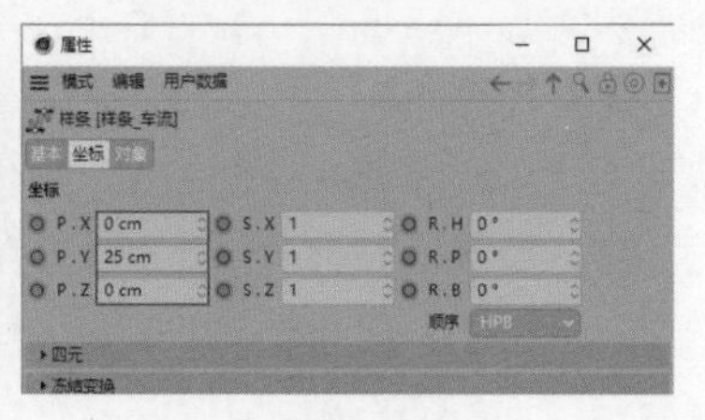
图8-155

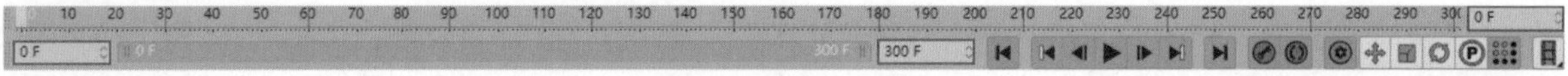

图8-156

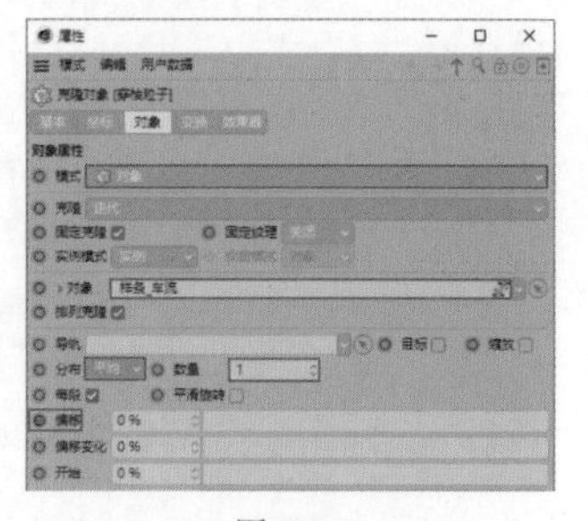

图8-157

14 选择“穿梭粒子”对象，在“属性”面板中设置“模式”为“对象”，然后移动“对象”面板中的“样条_车流”对象至“属性”面板的“对象”参数上，接着设置“分布”为“平均”、“数量”为1，最后单击“偏移”左侧的◎按钮，如图8-157所示。

15 设置当前帧为300F，然后在“属性”面板中设置“偏移”为100%并单击其左侧的◎按钮，如图8-158所示。效果如图8-159所示。设置当前帧为0F，执行“创建>样条>圆环”菜单命令，将“圆环”对象重命名为“摄像机路径”，然后在“属性”面板中设置“半径”为446.5cm，如图8-160所示。

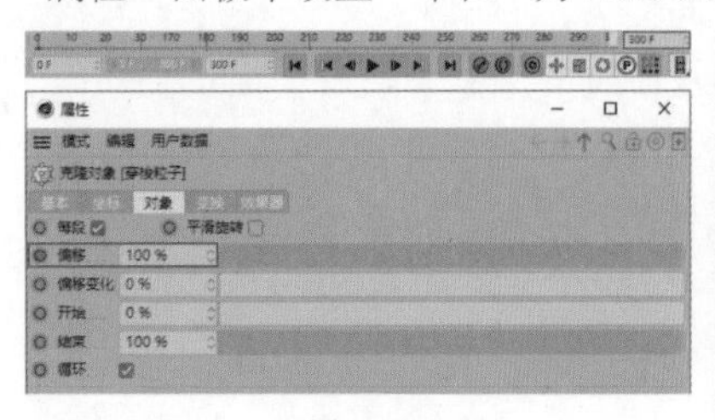

图8-158

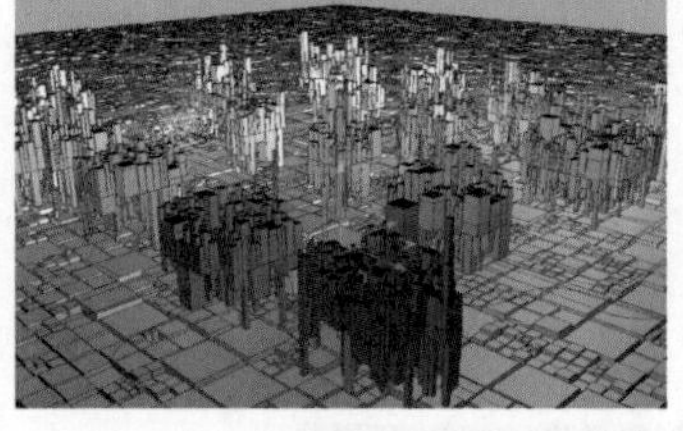

图8-159

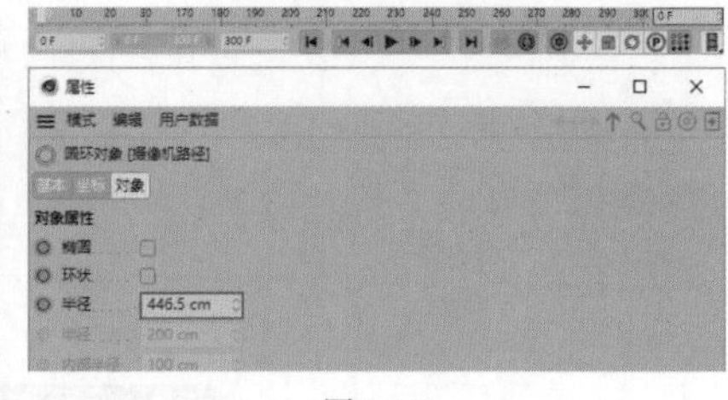

图8-160

16 保持当前选择不变，设置S.X为1、S.Y为0.85、S.Z为1，然后设置R.H为40°、R.P为-38°、R.B为0°，如图8-161所示。执行“创建>对象>空白”菜单命令两次，分别将两个“空白”对象重命名为“摄像机目标”和“焦点”。选择“焦点”对象，在“属性”面板中设置P.X为40cm、P.Y为110cm、P.Z为90cm，如图8-162所示。

17 执行“创建>生成器>扫描”菜单命令，将“扫描”对象重命名为“车流区域”。选择“样条_车流”对象，执行“编辑>复制”和“编辑>粘贴”菜单命令，将新增的对象重命名为“样条_车流区域”。选择“样条_车流区域”对象，在“属性”面板中设置P.X为0cm、P.Y为25cm、P.Z为0cm，如图8-163所示。

18 执行“创建>样条>圆环”菜单命令，然后选择“圆环”对象，在“属性”面板中设置“半径”为8cm，如图8-164所示。移动“圆环”“样条_车流区域”对象至“车流区域”对象内。

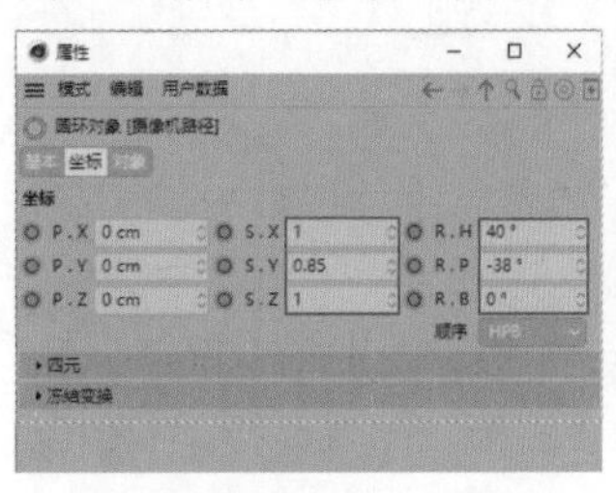

图8-161

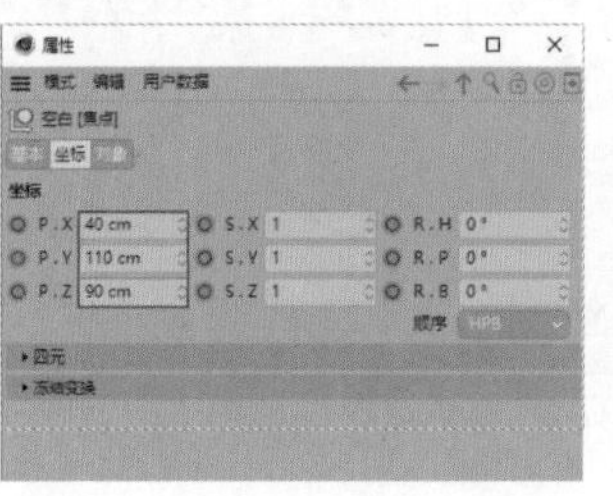

图8-162

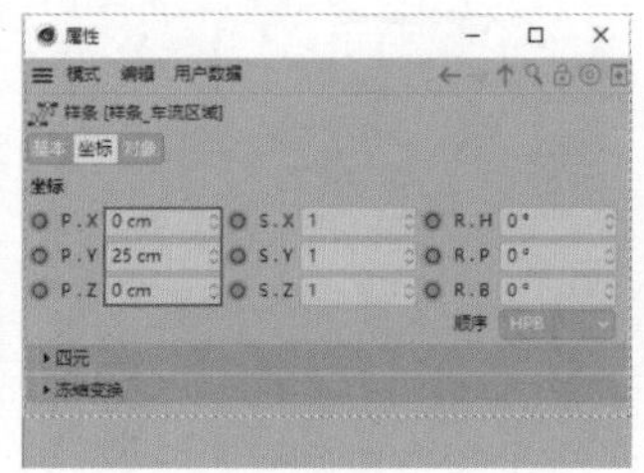

图8-163

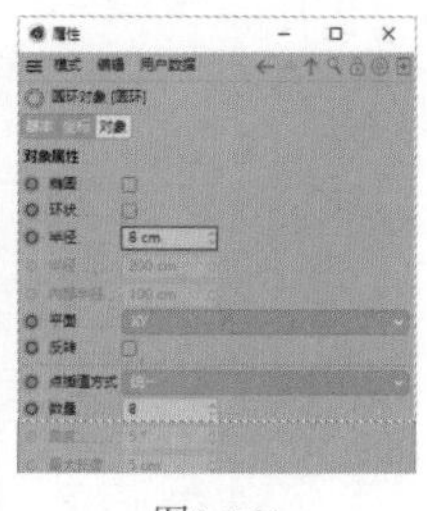

图8-164

◎ 地面场景模型渲染

01 执行“渲染>编辑渲染设置”菜单命令，在“渲染设置”对话框中设置“渲染器”为Octane Renderer，如图8-165所示。

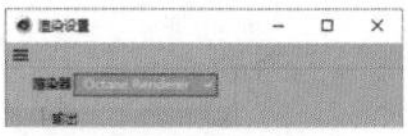

图8-165

02 执行“Octane>Octane Dialog”菜单命令，然后在弹出的对话框中分别执行“Objects>Octane Camera”和“Objects>Hdri Environment”菜单命令，如图8-166所示。在“对象”面板中选择OctaneCamera对象，执行“创建>标签>CINEMA 4D标签>对齐曲线”和“创建>标签>CINEMA 4D标签>目标”菜单命令，“对象”面板如图8-167所示。

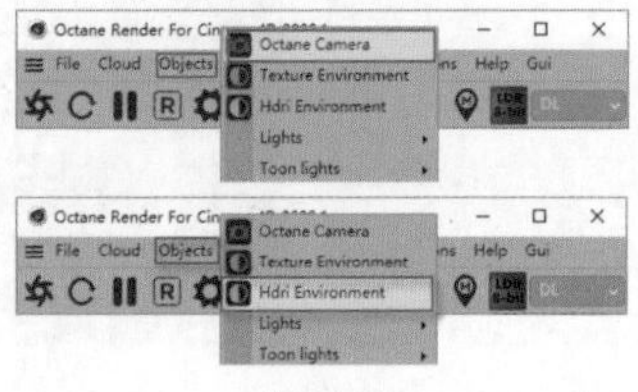

图8-166

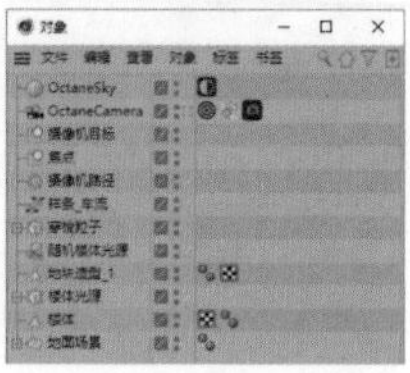

图8-167

03 单击OctaneCamera右侧的按钮切换至摄像机视角。选择OctaneCamera对象，然后移动“对象”面板中的“摄像机目标”对象至“属性”面板的“目标对象”参数上，如图8-168所示。

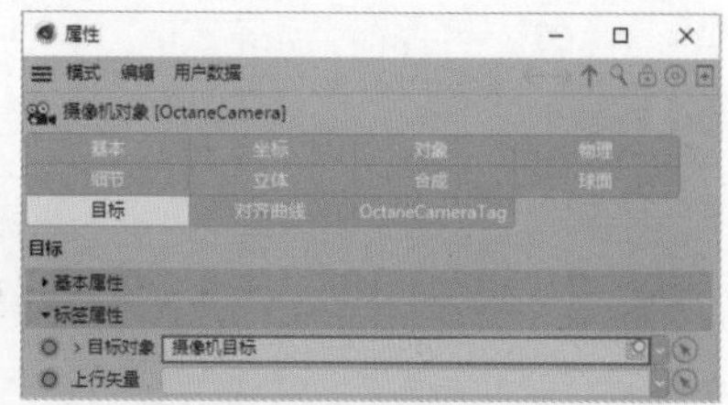

图8-168

04 设置当前帧为0F，然后选择OctaneCamera对象，移动“对象”面板中的“摄像机路径”对象至“属性”面板的“曲线路径”参数上，接着设置“位置”为10%并单击其左侧的按钮，如图8-169所示。保持当前选择不变，设置当前帧为300F，然后在“属性”面板中设置“位置”为“25%”并单击其左侧的按钮，如图8-170所示。

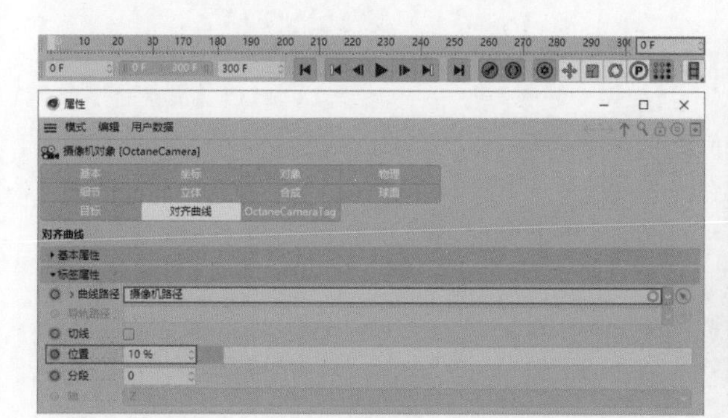

图8-169

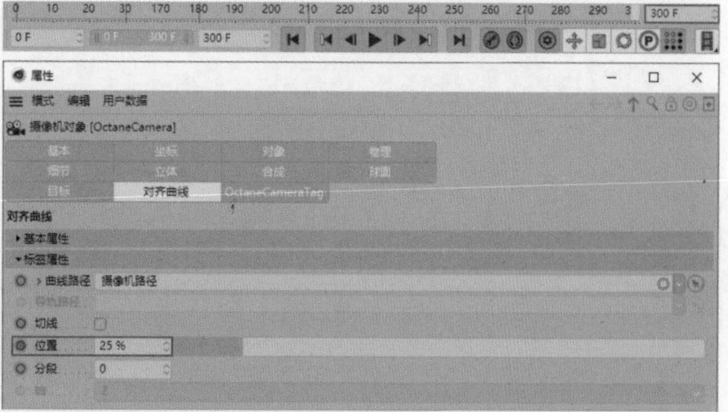

图8-170

05 移动“对象”面板中的“焦点”对象至“属性”面板的“焦点对象”参数上，如图8-171所示。在“属性”面板中展开OctaneCameraTag选项卡中的Depth of field卷展栏，然后取消勾选Auto focus复选框，接着设置Aperture为3cm、Aperture edge为3，如图8-172所示。

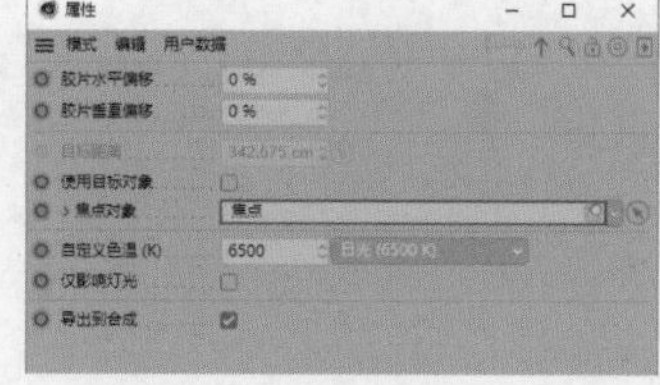

图8-171

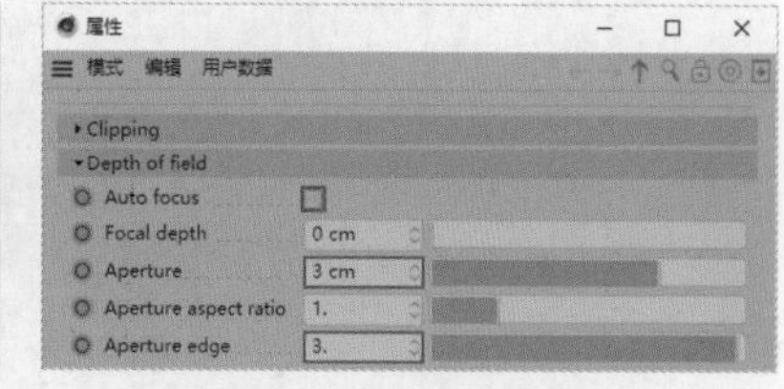

图8-172

06 选择OctaneSky对象，在“属性”面板中单击Texture右侧的按钮，选择材质文件“场景文件>CH08>实战：车流穿梭>环境天空材质_1.exr”，如图8-173所示。回到“属性”面板，设置Power为0.4、RotX为-0.44、RotY为0.81，如图8-174所示。效果如图8-175所示。

图8-173

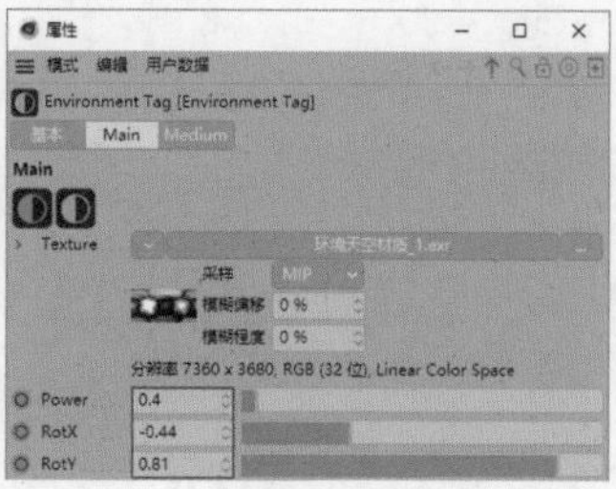

图8-174

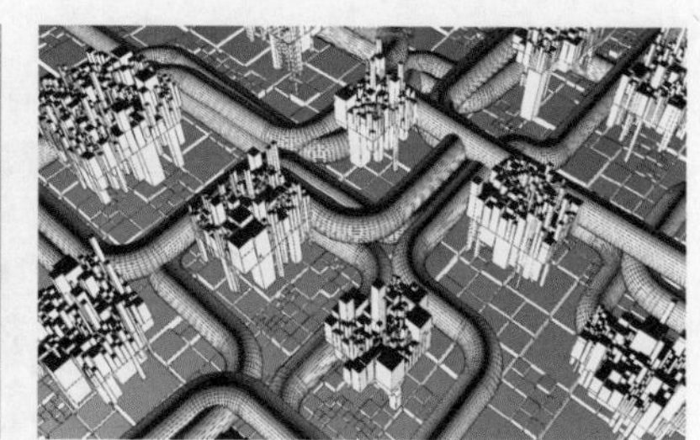

图8-175

07 执行“Octane>Octane Dialog”菜单命令，然后在弹出的对话框中执行“Materials>Octane Glossy Material”菜单命令，此时“材质”面板中新增一个材质球，如图8-176所示。双击材质球打开“材质编辑器”面板，设置其名称为“主体”，然后选择Diffuse，设置Texture为“颜色”，如图8-177所示。

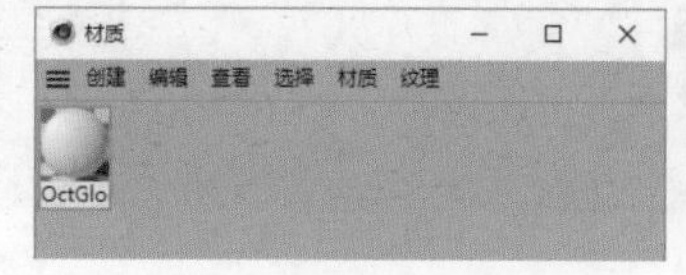

图8-176

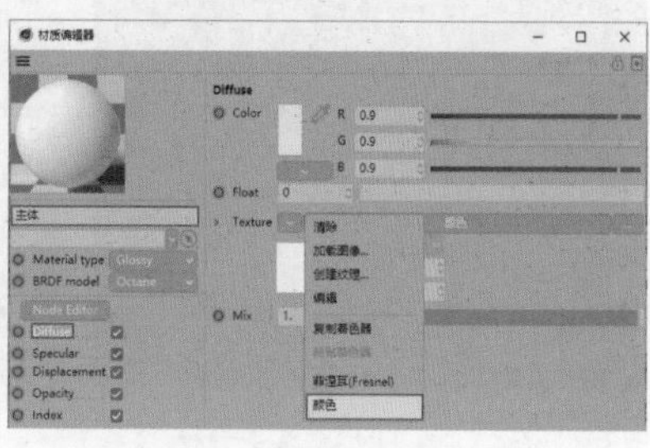

图8-177

08 单击“颜色”，然后设置H为215°、S为90%、V为15%，如图8-178所示。勾选Round edges复选框，然后单击右侧的Create round edges按钮 Create round edges ，接着单击RoundEdges，设置Radius为0.25cm，如图8-179所示。

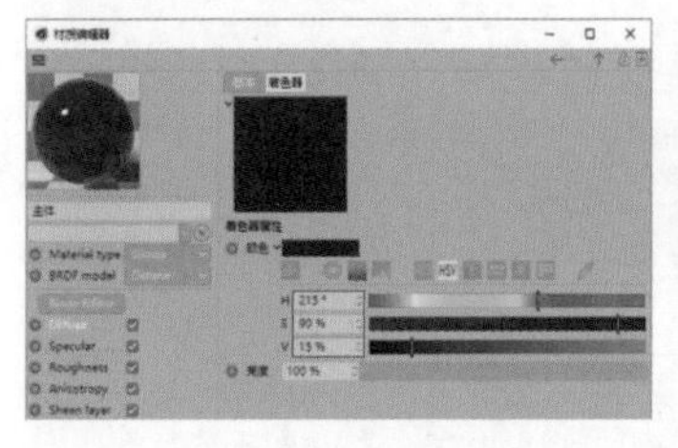

图8-178

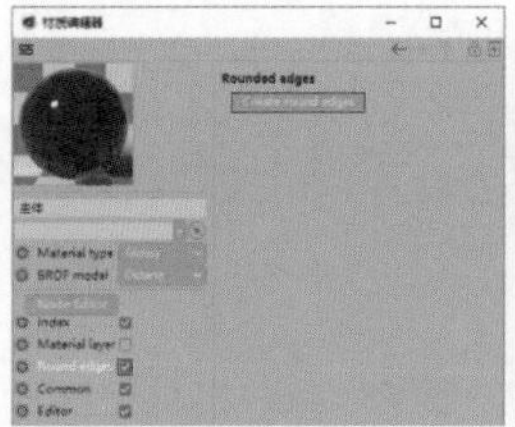

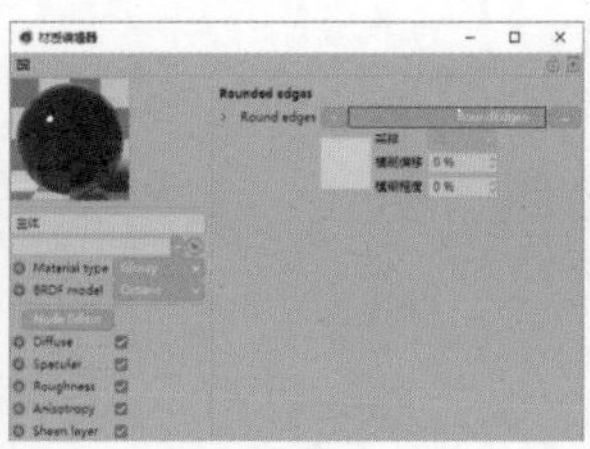

图8-179

09 单击Node Editor按钮 Node Editor ，打开Octane Node Editor对话框，然后移动Image texture、Transform、Projection至右侧的空白区域，接着连接Transform与ImageTexture中的Transform、Texture Projection与ImageTexture中的Projection、ImageTexture与“主体”中的Bump，如图8-180所示。

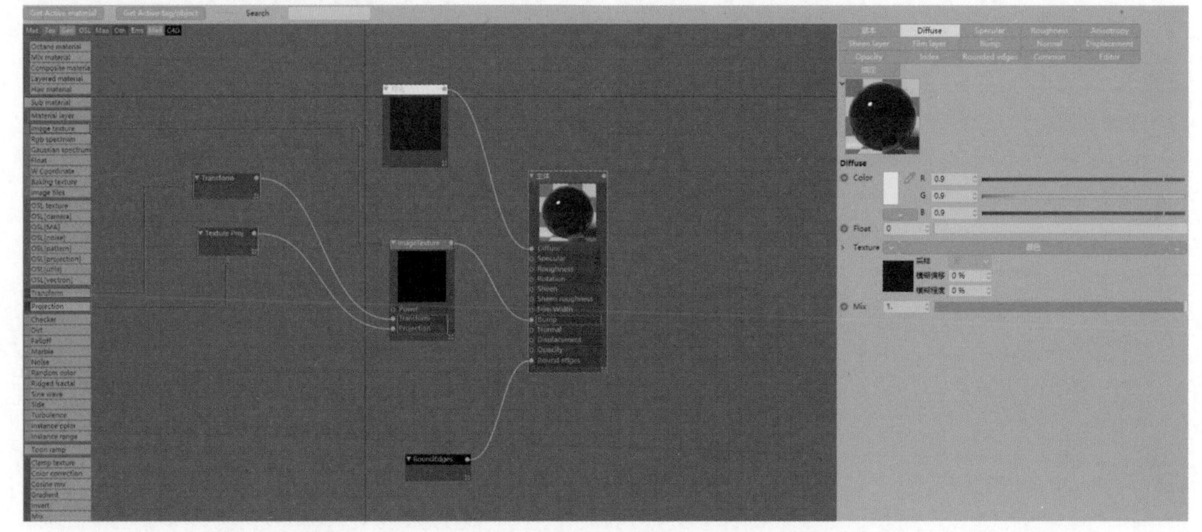

图8-180

10 选择ImageTexture，在对话框右侧找到File，然后单击其右侧的 按钮，选择材质文件“场景文件>CH08>实战：车流穿梭>纹理_1.jpg”，如图8-181所示。回到Octane Node Editor对话框，设置Power为0.2，如图8-182所示。

图8-181

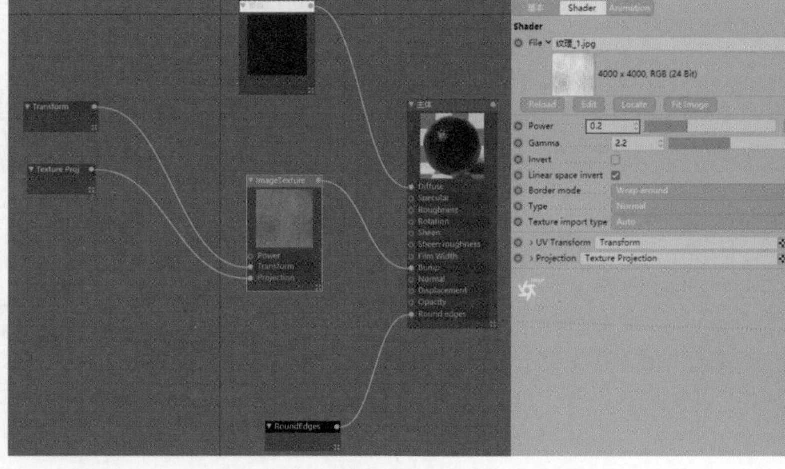

图8-182

11 执行“Octane＞Octane Dialog”菜单命令，在弹出的对话框中执行“Materials＞Octane Diffuse Material”菜单命令，此时“材质”面板如图8-183所示。双击OctDiffuse1材质球打开“材质编辑器”面板，设置其名称为“楼体光源”，如图8-184所示。

12 选择Emission，然后单击右侧的Blackbody emission按钮Blackbody emission，接着单击Texture右侧的Blackbody Emission打开Shader选项卡，设置Texture为“颜色”、Power为0.003，如图8-185所示。单击“颜色”，设置H为227°、S为50%、V为100%，如图8-186所示。

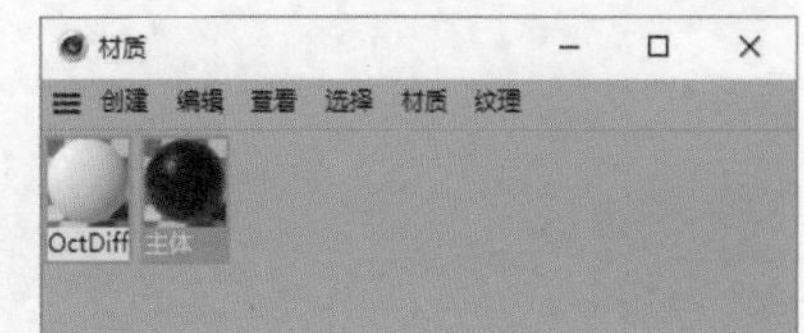

图8-183

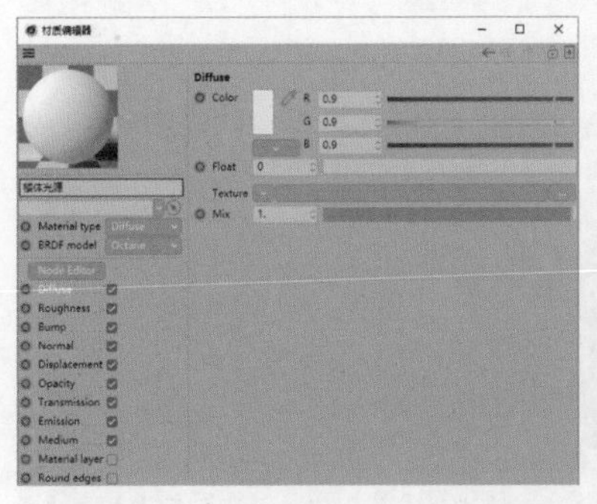

图8-184

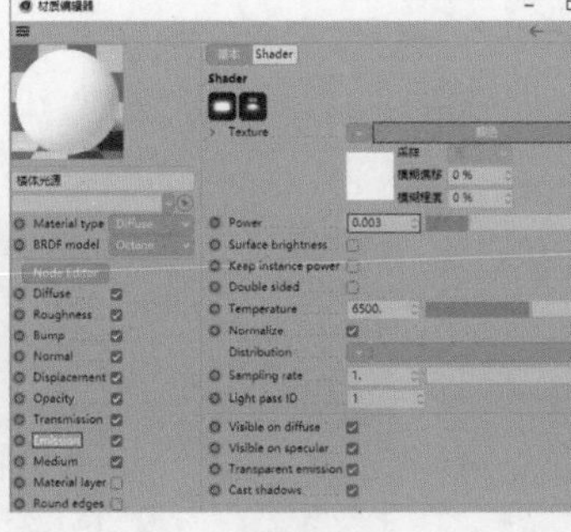

图8-185

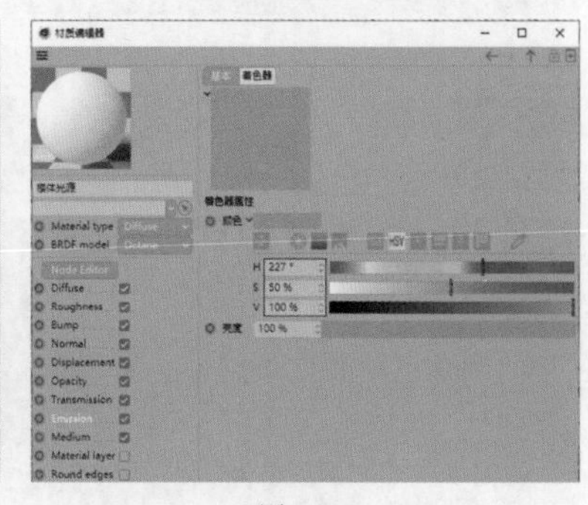

图8-186

13 单击Node Editor按钮Node Editor，打开Octane Node Editor对话框，然后移动Image texture、Transform、Projection至右侧的空白区域，接着连接Transform与ImageTexture中的Transform、Texture Projection与ImageTexture中的Projection、ImageTexture与Blackbody emission中的Distribution，如图8-187所示。

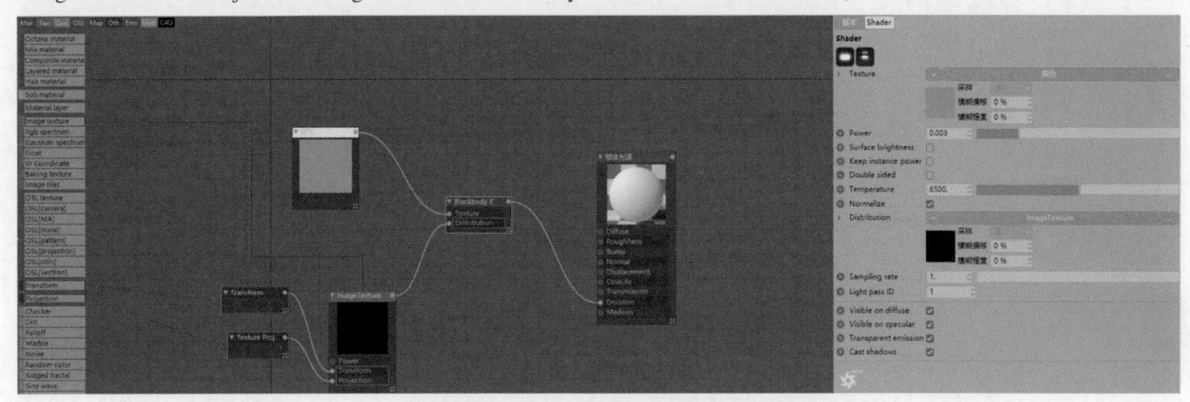

图8-187

14 选择Texture Projection，设置Texture Projection为Box，如图8-188所示。选择ImageTexture，然后单击File右侧的...按钮，选择材质文件“场景文件＞CH08＞实战：车流穿梭＞纹理_1.jpg”，如图8-189所示。回到Octane Node Editor对话框，设置Gamma为8，如图8-190所示。

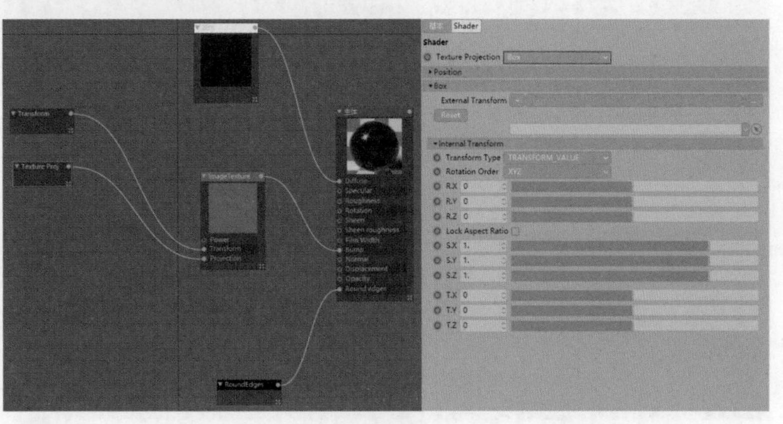

图8-188

图8-189

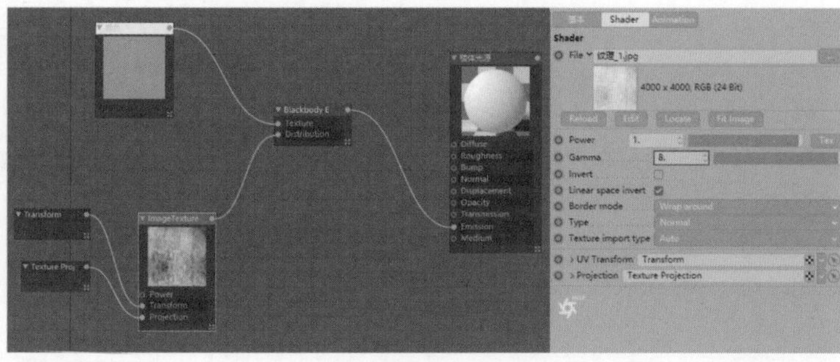

图8-190

15 选择Transform，设置S.X、S.Y、S.Z为0.12，如图8-191所示。选择Texture Projection，设置Texture Projection为Box，然后勾选Lock Aspect Ratio复选框，接着设置S.X为0.15，如图8-192所示。

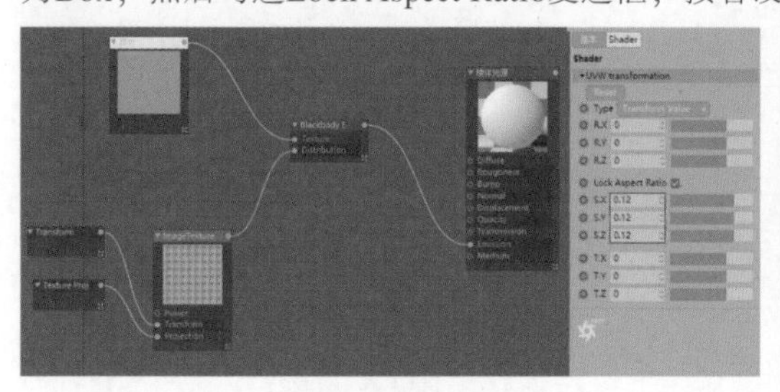

图8-191

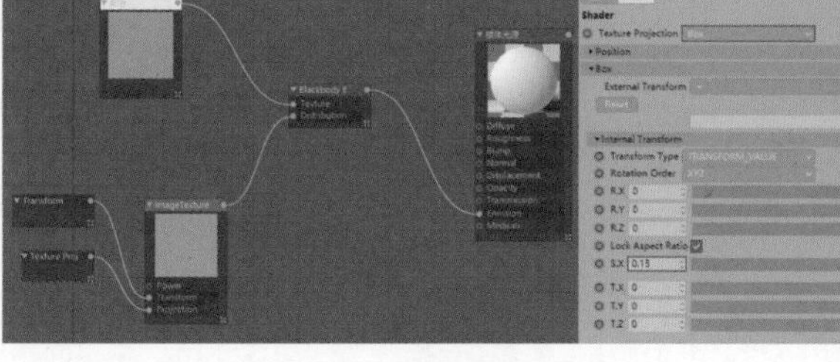

图8-192

16 移动“材质”面板中的“主体”材质球至“对象”面板中的“地面场景”和“楼体”对象上，移动“楼体光源”材质球至“楼体光源”对象上。选择“穿梭粒子”对象，执行“创建>标签>CINEMA 4D标签>外部合成”菜单命令，然后在“属性”面板中勾选“子集”复选框，如图8-193所示。

17 选择“车流区域”对象，执行“创建>标签>CINEMA 4D标签>合成”菜单命令，然后在“属性”面板的“合成”选项卡中展开“加入对象缓存”卷展栏，勾选第1行的“启用”复选框，接着在“对象”面板中隐藏“车流区域”对象，如图8-194所示。

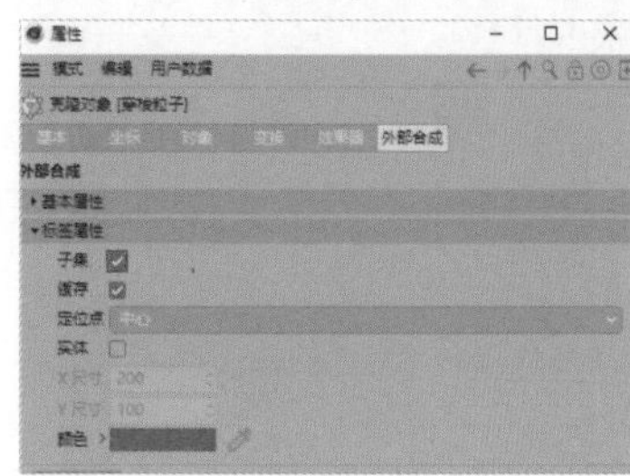

图8-193

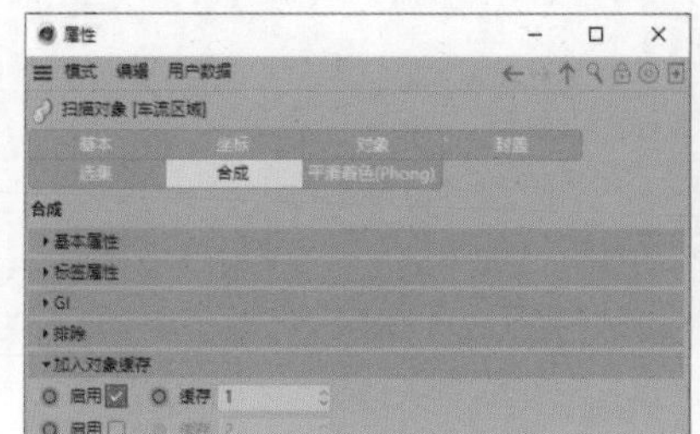

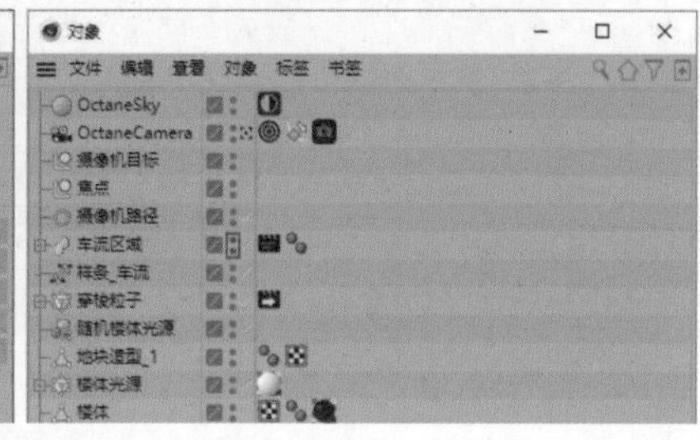

图8-194

18 执行“渲染>渲染活动视图”菜单命令，效果如图8-195所示。执行“Octane>Octane Settings”菜单命令，在Octane Settings对话框中设置第1行的参数为Pathtracing，然后设置Max.samples为500，如图8-196所示。

19 执行“渲染>编辑渲染设置”菜单命令，在“渲染设置”对话框中选择“输出”，设置“帧范围”为“全部帧”、“起点”为0F、“终点”为300F，如图8-197所示。

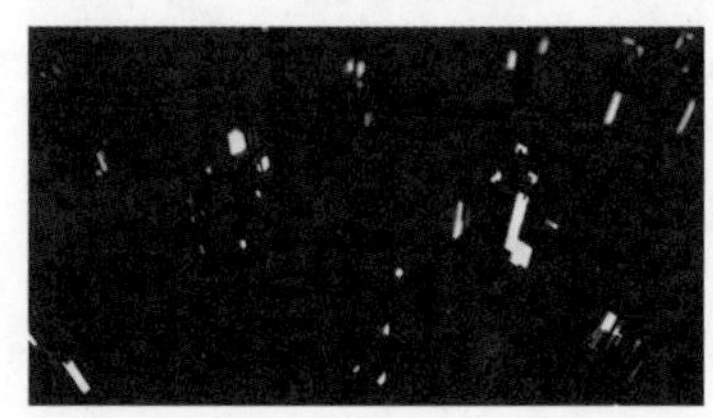

图8-195

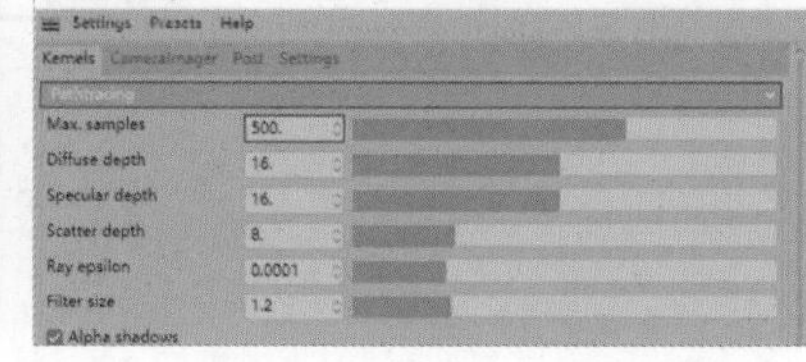

图8-196

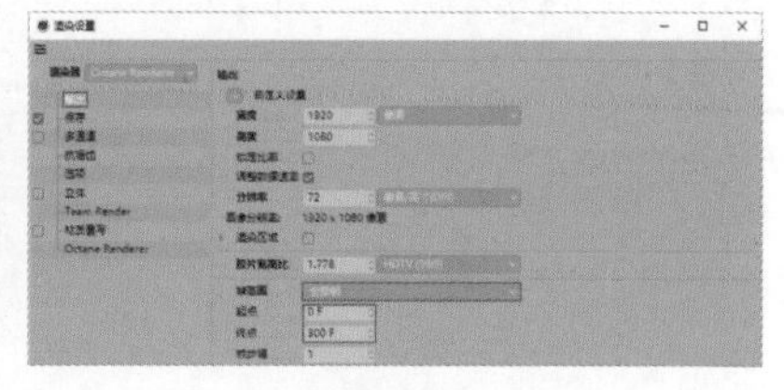

图8-197

20 在“渲染设置”对话框中选择“保存”，单击“文件”右侧的按钮，选择保存路径，将文件命名为“车流穿梭”，设置“格式”为PNG，然后展开“合成方案文件”卷展栏，勾选“保存”“相对”“包括时间线标记”“包括3D数据”复选框，如图8-198所示。

图8-198

21 执行“渲染>渲染活动视图”菜单命令，效果如图8-199所示。在“对象”面板中显示“车流区域”对象，然后在“渲染设置”对话框中单击“多通道渲染”按钮多通道渲染...，接着选择“对象缓存”选项，完成后勾选“多通道”复选框，如图8-200所示。

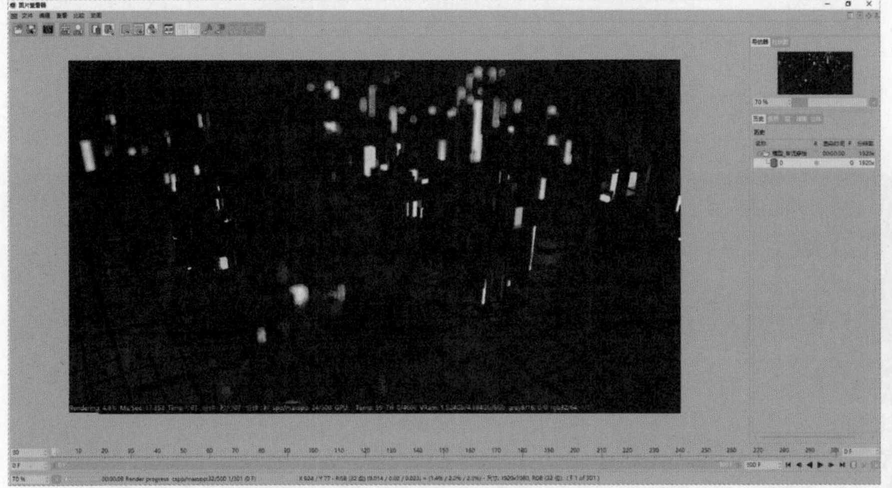

图8-199

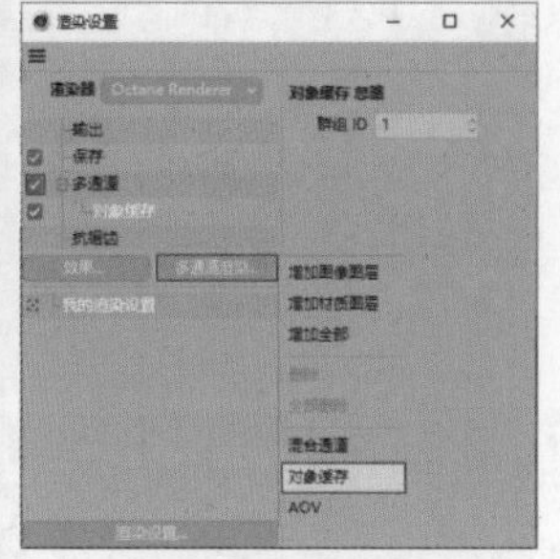

图8-200

22 选择“保存”，取消勾选“常规图像”卷展栏中的“保存”复选框，然后取消勾选“合成方案文件”卷展栏中的“保存”“相对”“包括时间线标记”“包括3D数据”复选框，接着勾选“多通道图像”卷展栏中的“保存”复选框。单击“文件”右侧的按钮选择文件保存路径，将文件命名为“车流区域”，然后设置“格式”为PNG，如图8-201所示。

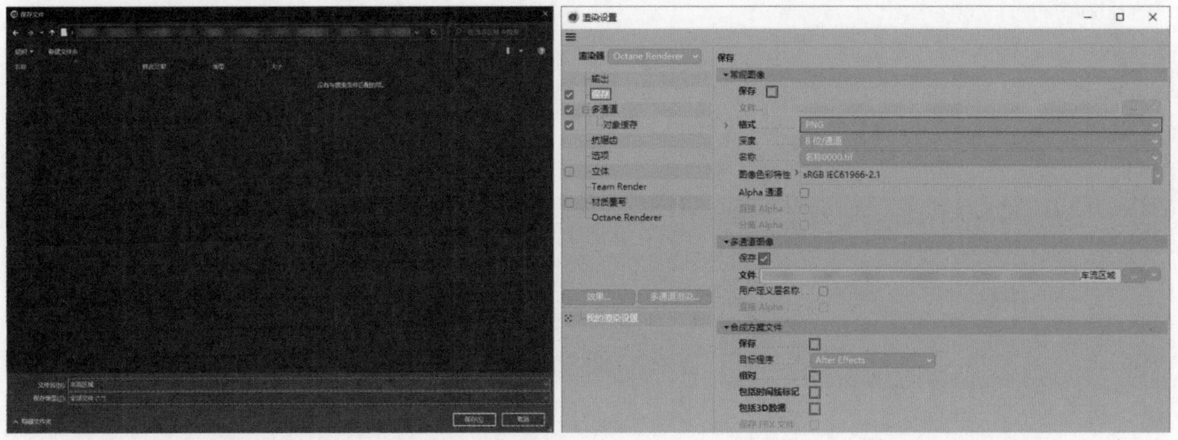

图8-201

23 在“渲染设置”对话框中设置“渲染器”为“标准”，如图8-202所示。执行“渲染>渲染到图片查看器”菜单命令，效果如图8-203所示。

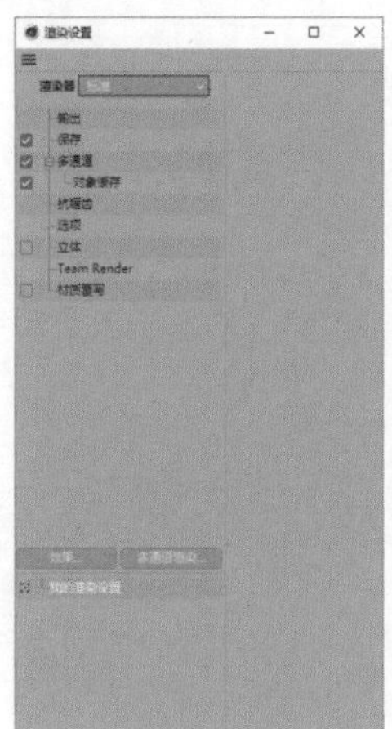

图8-202

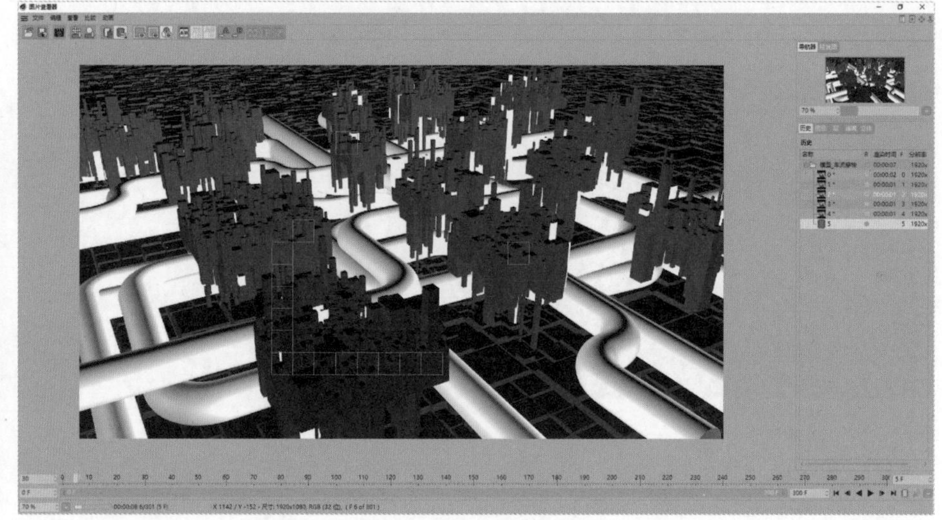

图8-203

◎ 车流穿梭动效制作

01 打开After Effects，导入模型文件“场景文件>CH08>实战：车流穿梭>车流区域_object_1_0000.png”和“场景文件>CH08>实战：车流穿梭>车流穿梭.aec”，如图8-204所示。

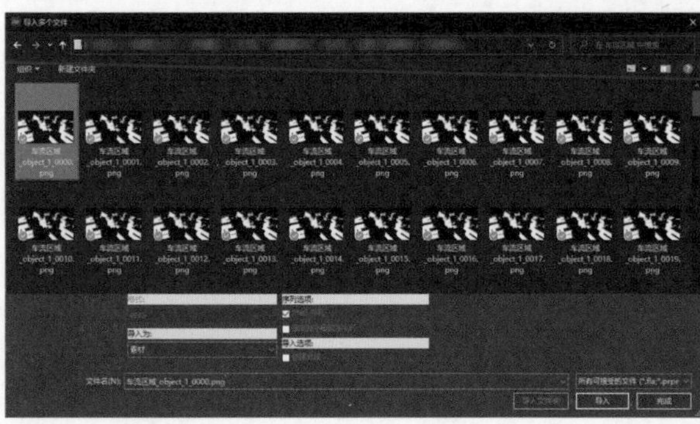

图8-204

02 展开“项目”面板中的“车流穿梭”卷展栏，然后双击进入“车流穿梭”合成中。在“时间轴”面板中选择“空白”、M9图层，执行“编辑>清除”菜单命令，然后将M0、M1、M2、M3、M4、M5、M6、M7、M8图层分别重命名为Motion Path 1、Motion Path 2、Motion Path 3、Motion Path 4、Motion Path 5、Motion Path 6、Motion Path 7、Motion Path 8、Motion Path 9，接着执行“视图>显示图层控件”菜单命令，如图8-205所示。

03 在“时间轴”面板中同时选择Motion Path 1～Motion Path 9图层和OctaneCamera图层，然后执行“编辑>剪切”菜单命令，如图8-206所示。新建一个合成，设置“合成名称”为“车流”、“宽度”为1920px、“高度”为1080px、“帧速率”为30帧/秒、“持续时间”为0:00:10:00，如图8-207所示。

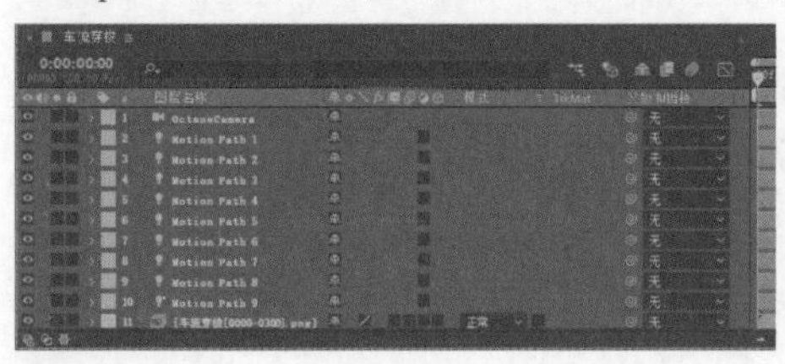

图8-205

图8-206

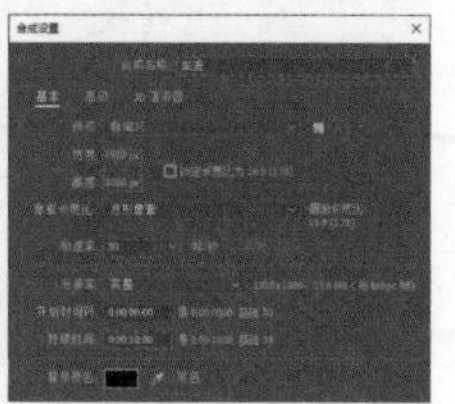

图8-207

04 在“车流”合成中执行“编辑>粘贴”菜单命令，移动OctaneCamera图层至图层列表的最上方，如图8-208所示。新建一个“纯色”图层，设置“名称”为“车流1”、“宽度”为1920像素、“高度”为1080像素，如图8-209所示。

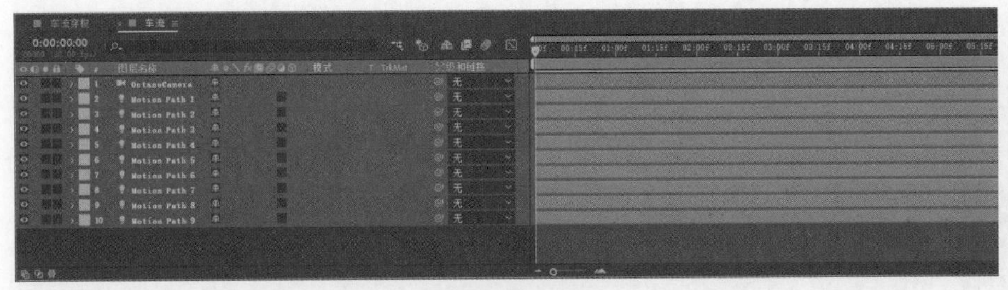

图8-208

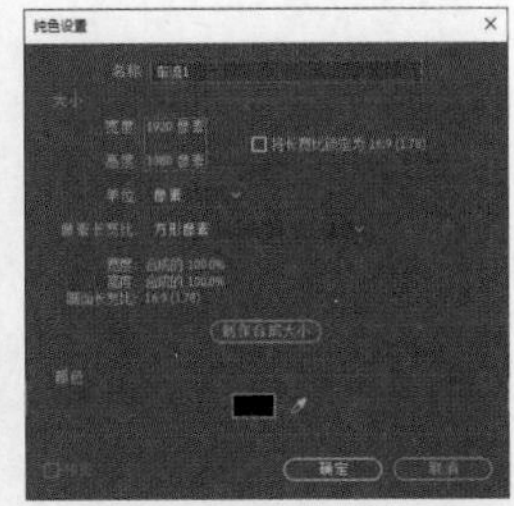

图8-209

05 移动“车流1”图层至OctaneCamera图层的下方，设置其“模式”为“相加”，然后选择“车流1”图层，执行“效果>RG Trapcode>Particular”菜单命令，效果如图8-210所示。

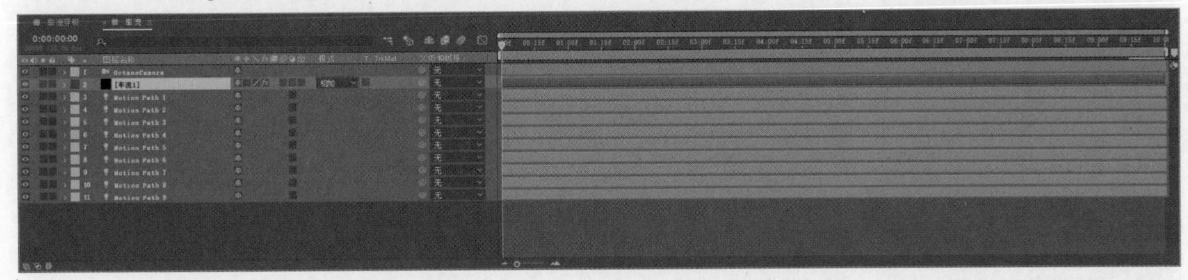

图8-210

06 在“效果控件”面板中展开Emitter(Master)卷展栏，设置Particles/sec为60、Velocity为0、Velocity Random为0%、Velocity Distribution为0、Velocity from Motion [%]为0、Emitter Size XYZ为5，如图8-211所示。展开Particle(Master)卷展栏，设置Life[sec]为10、Size为0，如图8-212所示。

07 依次展开Physics(Master)、Air卷展栏，然后设置Motion Path为1，如图8-213所示。展开Aux System(Master)卷展栏，设置Particles/sec为600、Blend Mode为Add、Size为0.3、Size Random为100%；展开Size over Life卷展栏，选择PRESETS下拉列表中的第3个选项，设置Opacity Random为100%；展开Opacity over Life卷展栏，选择PRESETS下拉列表中的第3个选项，如图8-214所示。

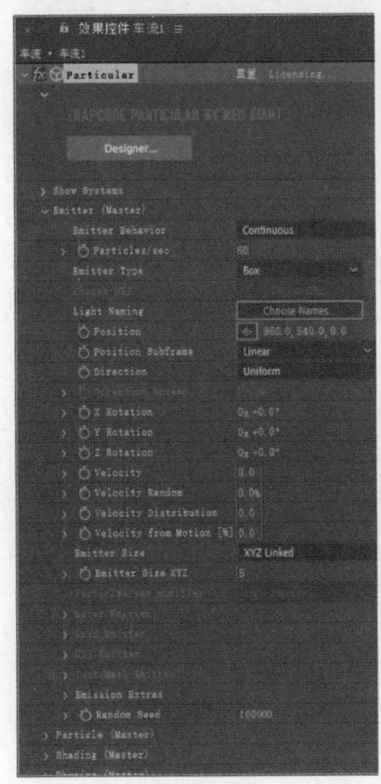

图8-211

图8-212

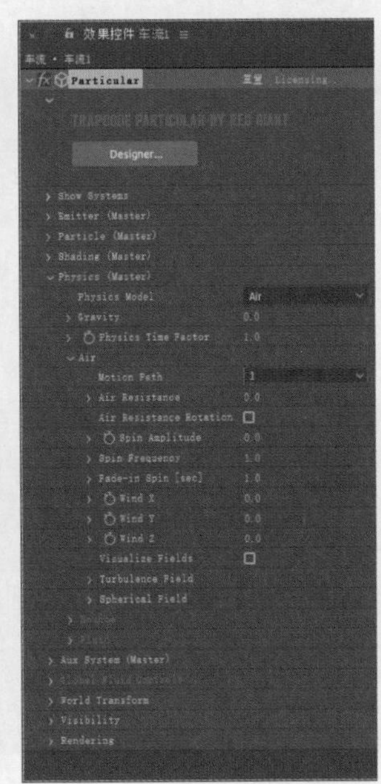

图8-213

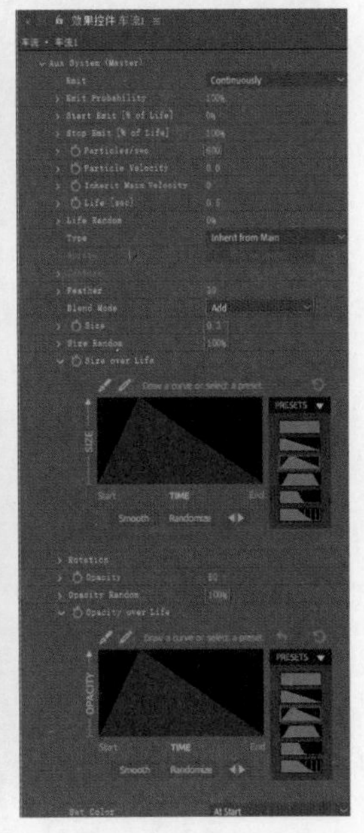

图8-214

08 设置Set Color为Over Life，然后展开Color over Life卷展栏，删除渐变色条上的第2个和第4个色标，此时渐变色条上还剩下3个色标。双击第1个色标，设置颜色为橙色（R:255,G:144,B:0）；双击第2个色标，设置颜色为橙色（R:255,G:102,B:0）；双击第3个色标，设置颜色为橙色（R:255,G:174,B:1），如图8-215所示。

09 在“时间轴”面板中依次展开“车流1”、“效果”、Particular和Emitter(Master）卷展栏，然后依次展开Motion Path 1、“变换”卷展栏，接着在“车流1”卷展栏中找到Position参数，移动其右侧的“属性关联器”按钮至Motion Path 1卷展栏的“位置”参数上，如图8-216所示。

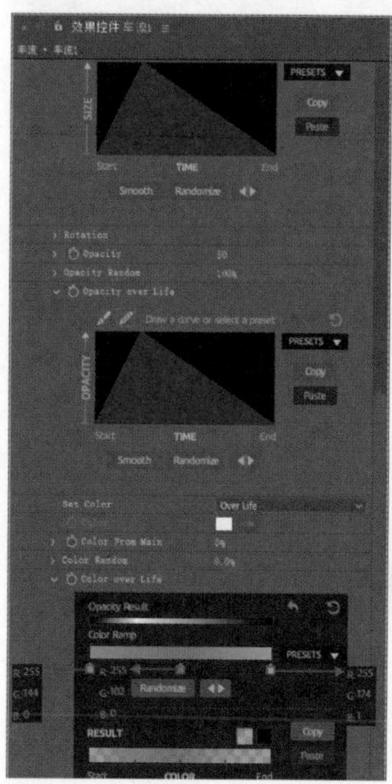

图8-215

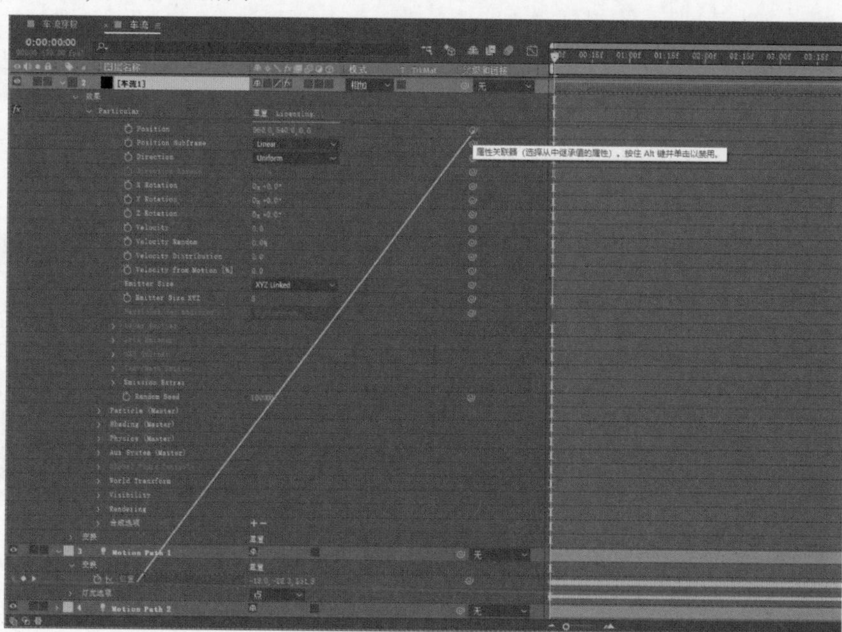

图8-216

10 依次展开“车流1”、Position卷展栏，然后在“表达式:Position”右侧输入代码“thisComp.layer("Motion Path 1").transform.position.key(1)”，完成后按Enter键，如图8-217所示。

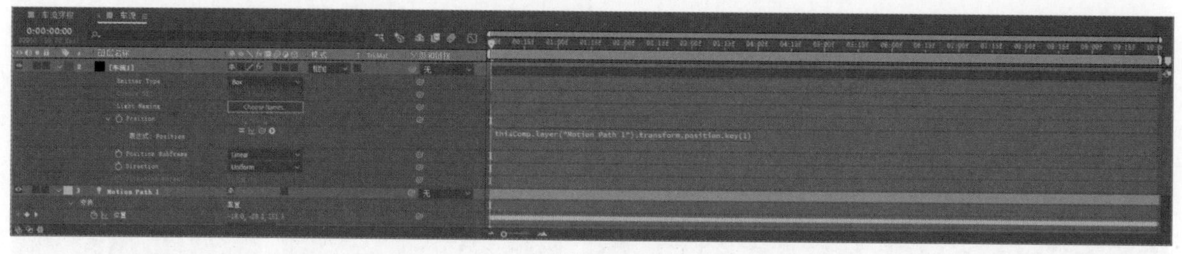

图8-217

11 选择“车流1”图层，执行“编辑>重复”菜单命令8次，分别将新增的8个图层重命名为“车流2”“车流3”“车流4”“车流5”“车流6”“车流7”“车流8”“车流9”，如图8-218所示。

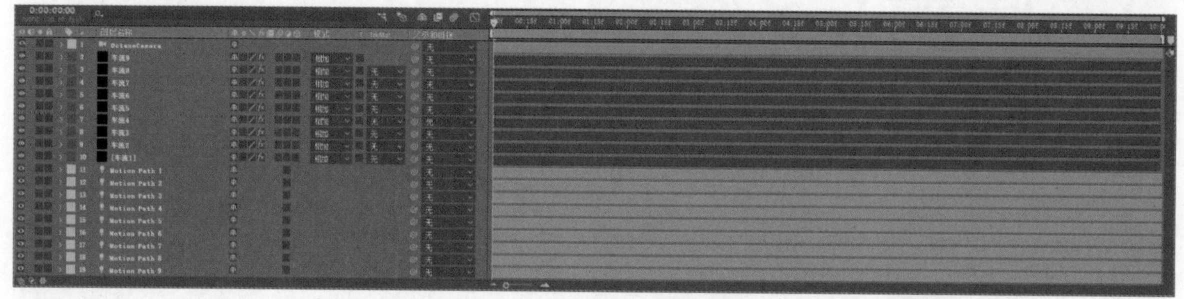

图8-218

12 选择“车流2”图层，在“效果控件”面板中依次展开Physics(Master)、Air卷展栏，然后设置Motion Path为2，如图8-219所示。在“时间轴”面板中依次展开“车流2”、“效果”、Particular和Emitter(Master)卷展栏，在“表达式:Position”的右侧修改代码为“thisComp.layer("Motion Path 2").transform.position.key(1)，注意这里只需将“Motion Path”后的数字修改为2即可，如图8-220所示。

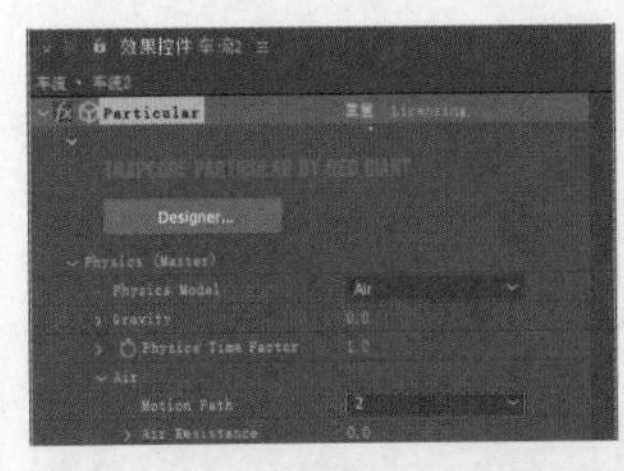

图8-219

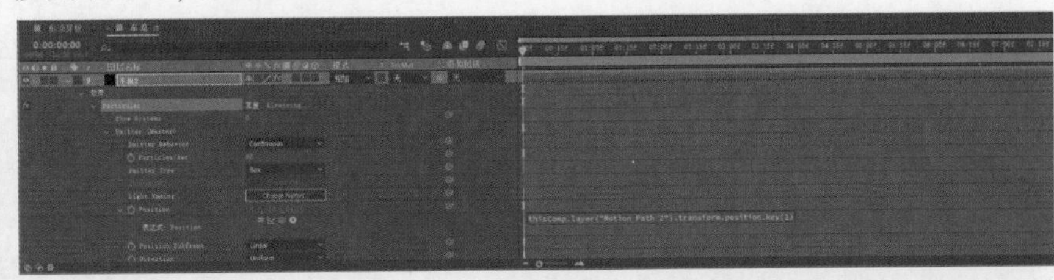

图8-220

13 分别选择“车流3”～“车流9”图层，然后在“效果控件”面板中依次展开Physics(Master)、Air卷展栏，接着设置Motion Path参数的值，“车流2”对应为2、“车流3”对应为3，以此类推。在“时间轴”面板中修改“表达式:Position”右侧代码中“Motion Path”后的数字，同样，“车流2”对应为2、“车流3”对应为3，以此类推。完成后，设置时间码为0:00:09:29，效果如图8-221所示。

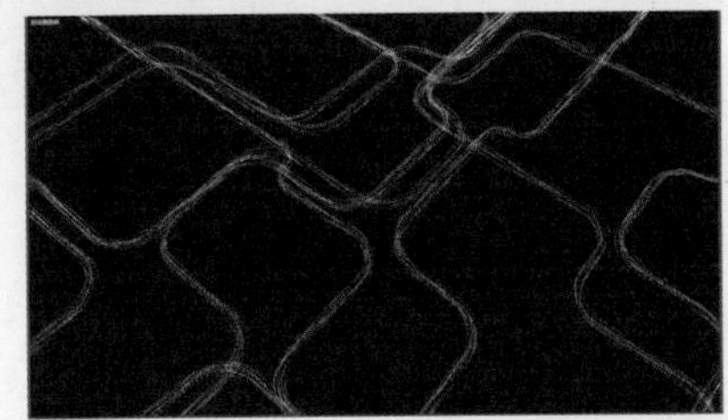

图8-221

14 依次展开OctaneCamera、“摄像机选项”卷展栏，然后设置“景深”为开、“焦距”为380像素、“模糊层次”为150%，如图8-222所示。效果如图8-223所示。

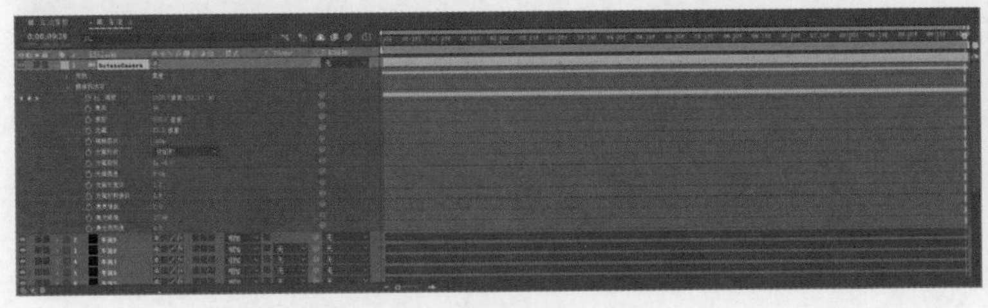

图8-222

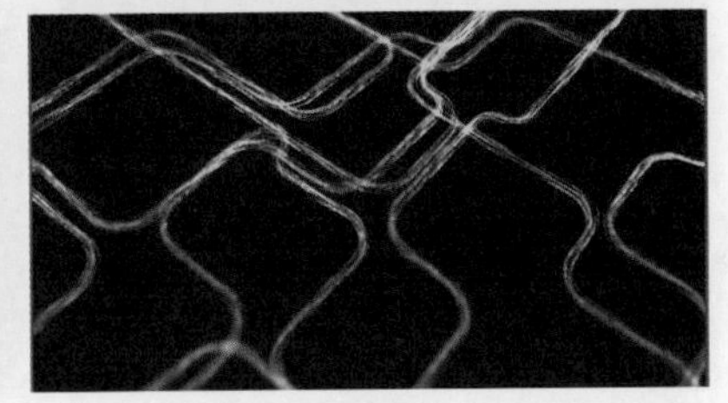

图8-223

15 回到“车流穿梭”合成，然后移动“项目”面板中的“车流”“车流区域_object_1_[0000-0300].png”文件至“时间轴”面板中，使“车流区域_object_1_[0000-0300].png”图层位于最上方，使“车流”图层位于中间，接着选择“车流”图层，设置TrkMat为“亮度遮罩‘[车流区域_object_1_[0000-0300].png]’”，如图8-224所示。

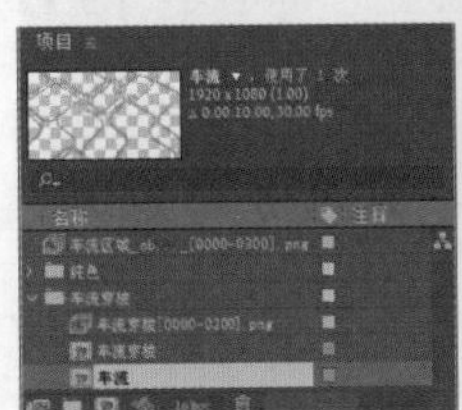

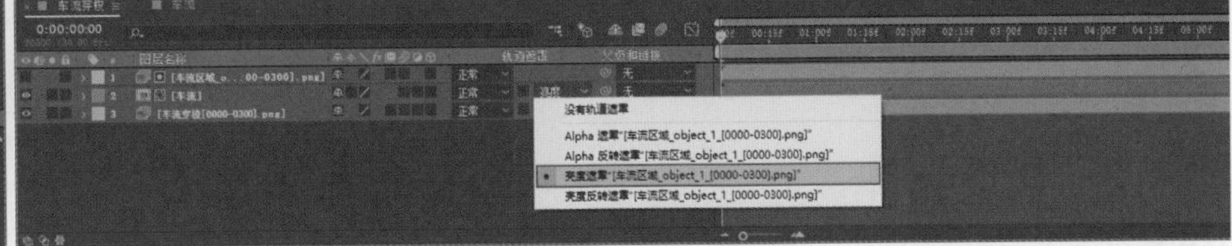

图8-224

16 选择“车流穿梭[0000-0300].png”图层，然后执行“编辑>重复”菜单命令，将新增的图层重命名为“颜色相加”，接着在“时间轴”面板中设置“模式”为“相加”，最后设置时间码为0:00:08:00，如图8-225所示。最终效果如图8-226所示。

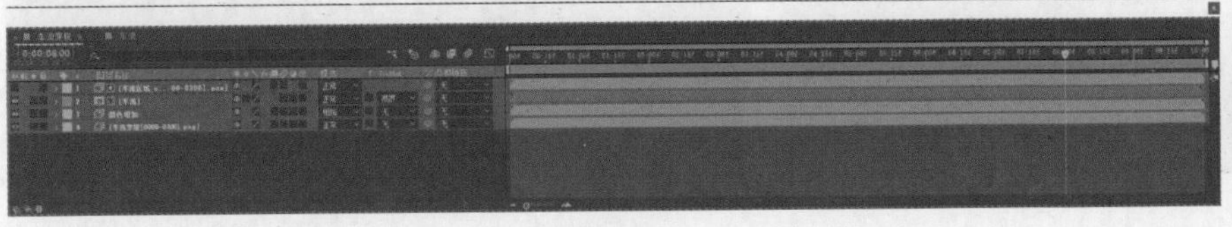

图8-225

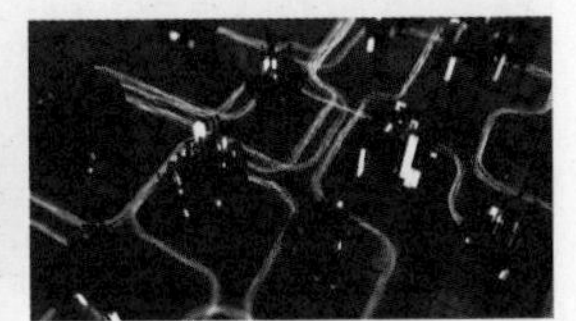

图8-226

实战：芯片启动概念

场景位置	场景文件 > CH08 > 实战：芯片启动概念
实例位置	实例文件 > CH08 > 实战：芯片启动概念
难易程度	★★★☆☆
学习目标	掌握“衰减”功能的使用方法

芯片启动概念效果如图8-227所示，制作分析如下。

Cinema 4D中的Topoformer插件本质上是对原生工具中的效果器进行了功能延展，因此可以结合“衰减”参数进行处理。

图8-227

01 在Cinema 4D中使用参数化对象和Topoformer粒子插件制作地面场景，效果如图8-228所示。

02 使用参数化对象、Topoformer、“挤压”等工具制作芯片模型。在为其赋予相应材质后，导出图形序列，效果如图8-229所示。

03 使用“克隆”“样条”菜单命令模拟粒子的运动轨迹。在为其赋予相应材质后，导出图形序列，效果如图8-230所示。

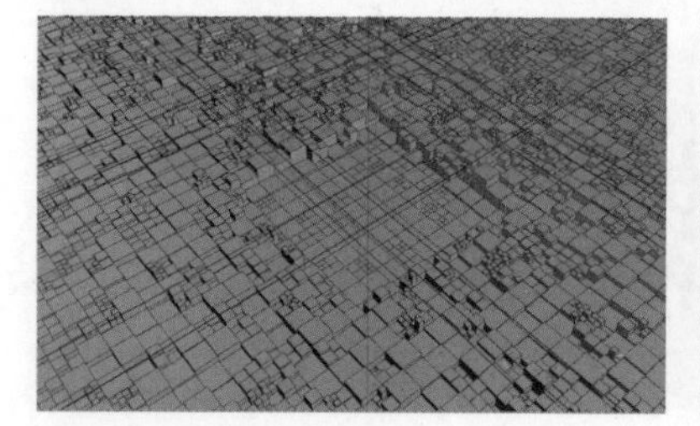

图8-228

图8-229

图8-230

04 将芯片模型的一部分通过“多通道”功能输出为多通道图形序列，效果如图8-231所示。

05 使用“克隆”“灯光”菜单命令创建粒子，然后导出AEC文件，效果如图8-232所示。

06 在After Effects中使用Particular粒子插件对AEC文件进行后期处理，然后使用“发光”等工具对已有图形序列进行后期处理，效果如图8-233所示。将所有图形序列进行排列叠加，设置“模式”、TrkMat等参数，完成最终效果。

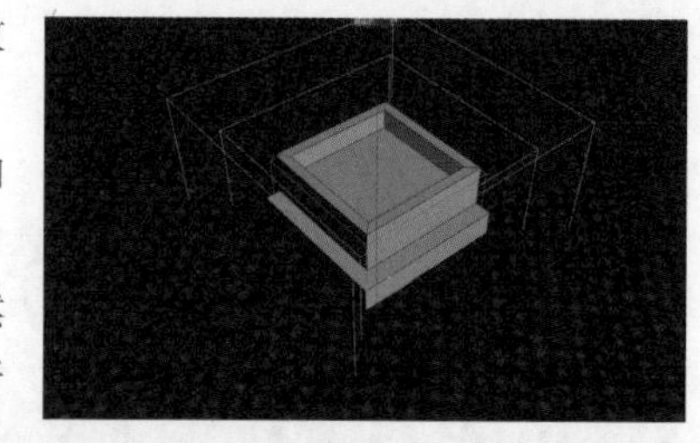

图8-231

图8-232

图8-233

8.3 AI仿生类动效产品

本节将模仿人脑和虹膜，并结合各自的生物性特点来制作动画效果，主要使用Cinema 4D中的X-Particles粒子插件。

实战：超脑

实战：	超脑
场景位置	场景文件 > CH08 > 实战：超脑
实例位置	实例文件 > CH08 > 实战：超脑
难易程度	★★★★☆
学习目标	掌握合理的渲染输出方式，提高渲染效率

超脑的效果如图8-234所示，制作分析如下。

通常情况下“外壳”和“主脑”两部分的动画会一起渲染输出，为了追求更好的视觉效果，可以将其分别输出，然后在After Effects中进行后期合成。因为“外壳”动画没有使用镜面材质，所以在渲染时计算机不用计算镜面、反射等材质，大大提高了渲染的效率。

图8-234

◎ 超脑模型制作

01 打开Cinema 4D，执行“渲染>编辑渲染设置”菜单命令，在“渲染设置”对话框中选择“输出”，然后设置“宽度”为1920像素、“高度”为1080像素，如图8-235所示。

02 执行“文件>合并项目”菜单命令两次，分别选择样条文件“场景文件>CH08>实战：超脑>样条_4.c4d”和“场景文件>CH08>实战：超脑>样条_5.c4d”，如图8-236所示。

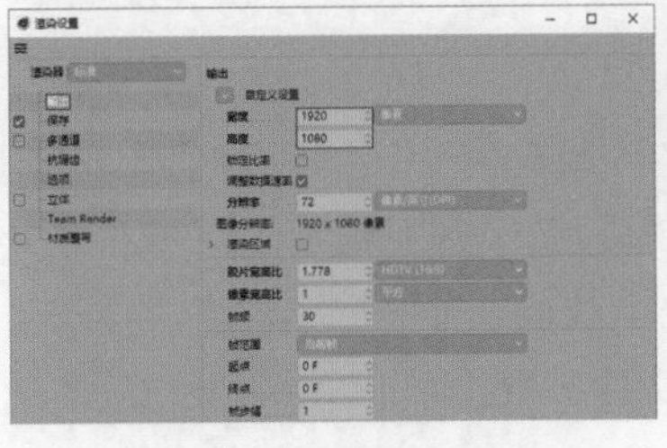

图8-235

图8-236

03 在“对象”面板中隐藏“样条_4”“样条_5”对象。创建一个圆柱体并将其命名为“中心生长”，然后设置“半径”为0.1cm、“高度”为12cm、“高度分段”为60、“旋转分段”为8，如图8-237所示。设置时间轴时长为0～300F、当前帧为0F，如图8-238所示。

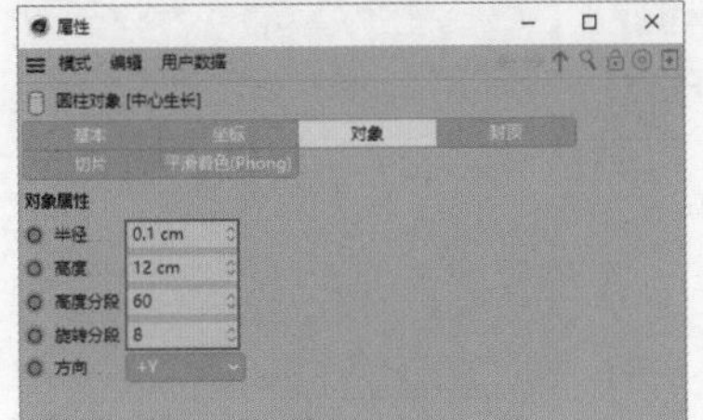

图8-237

图8-238

04 执行“创建>变形器>样条约束”菜单命令，移动“样条约束”对象至“中心生长”对象内。选择“样条约束”对象，然后移动“对象”面板中的“样条_4”对象至“属性”面板的“样条”参数上，接着在“属性”面板中设置“轴向”为+Y、“终点”为0%并单击其左侧的按钮，最后设置“结束模式”为“限制”，如图8-239所示。

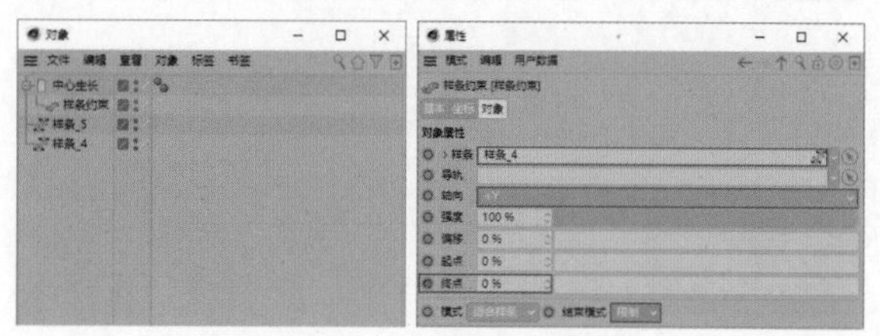

图8-239

05 保持当前选择不变，设置当前帧为150F，然后在“属性”面板中设置“终点”为70%并单击其左侧的按钮，如图8-240所示。设置当前帧为300F，然后在“属性”面板中设置“终点”为98%并单击其左侧的按钮，如图8-241所示。效果如图8-242所示。

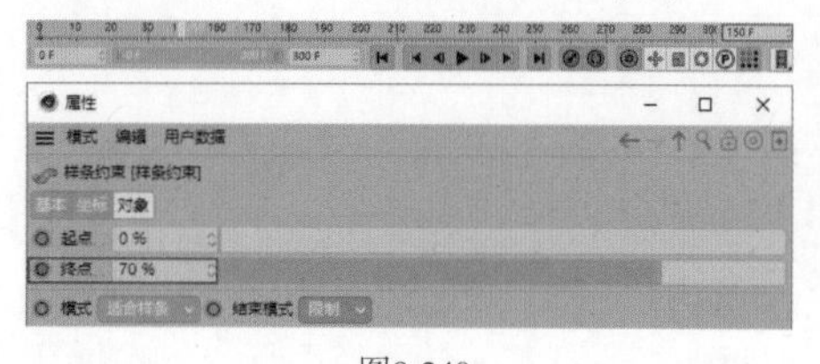

图8-240

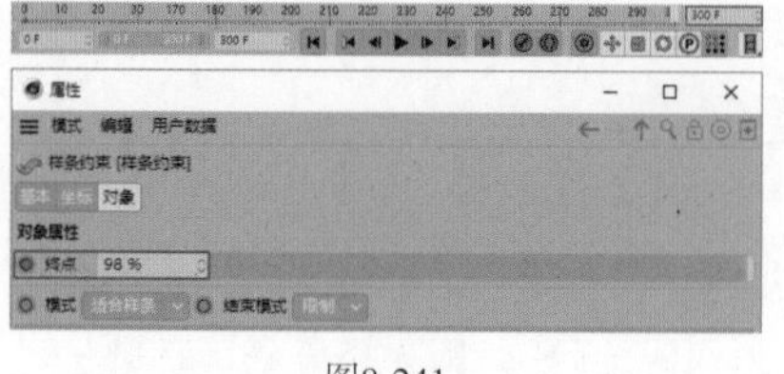

图8-241

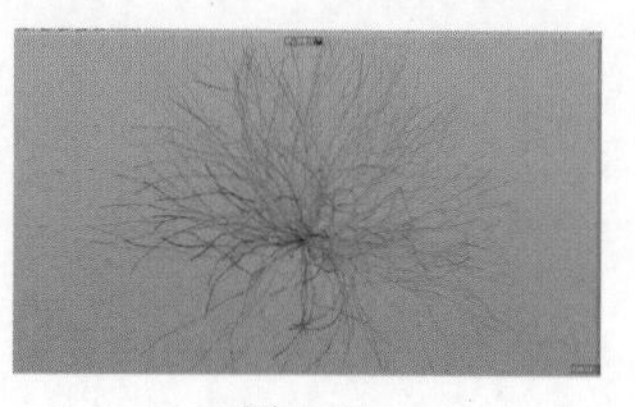

图8-242

06 执行“创建>对象>胶囊”菜单命令，将“胶囊”对象重命名为“顶点生长”，然后在“属性”面板中设置“半径”为0.12cm、“高度”为1cm、“高度分段”和“封顶分段”为8、“旋转分段”为36，如图8-243所示。

07 设置当前帧为0F，执行“创建>变形器>样条约束”菜单命令，然后移动“样条约束”对象至“顶点生长”对象内，如图8-244所示。选择“样条约束”对象，移动“对象”面板中的“样条_4”对象至“属性”面板的“样条”参数上，然后在“属性”面板中设置“轴向”为+Y、“终点”为1%，接着单击“偏移”左侧的按钮，最后设置“结束模式”为“限制”，如图8-245所示。

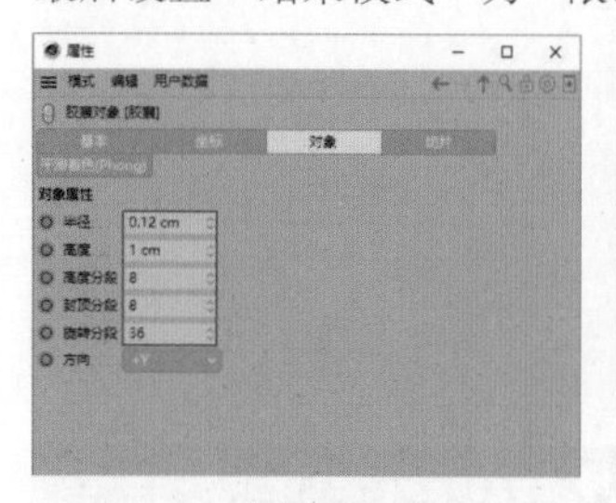

图8-243

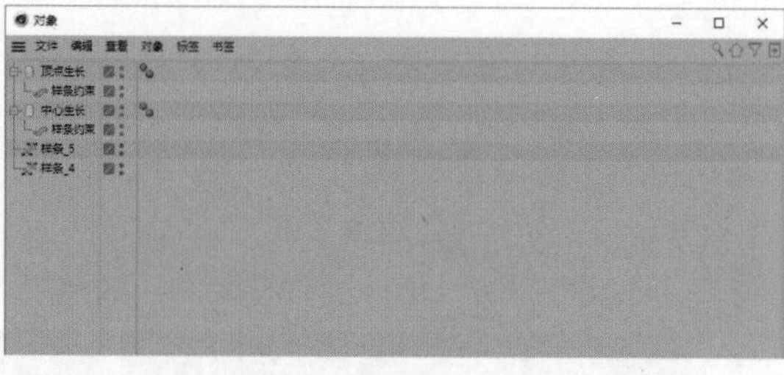

图8-244

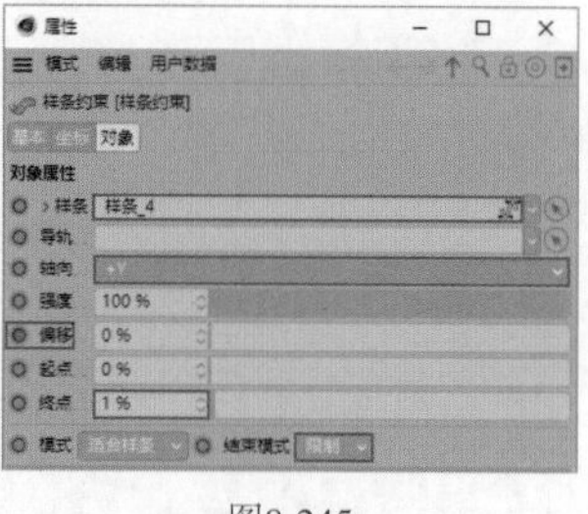

图8-245

08 设置当前帧为150F，在“属性”面板中设置“偏移”为70%并单击其左侧的按钮，如图8-246所示。设置当前帧为300F，然后在“属性”面板中设置“偏移”为98%并单击其左侧的按钮，如图8-247所示。效果如图8-248所示。

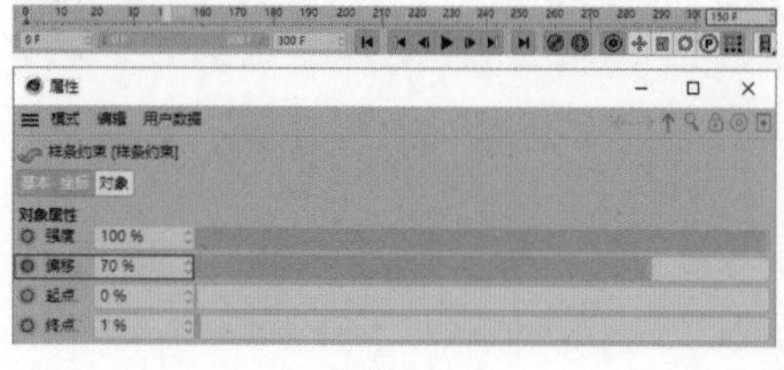

图8-246

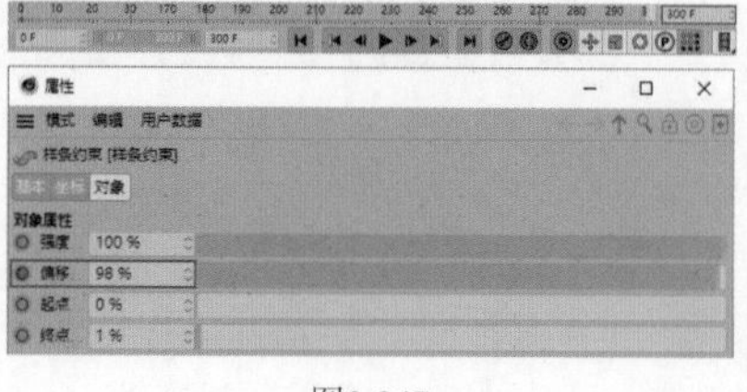

图8-247

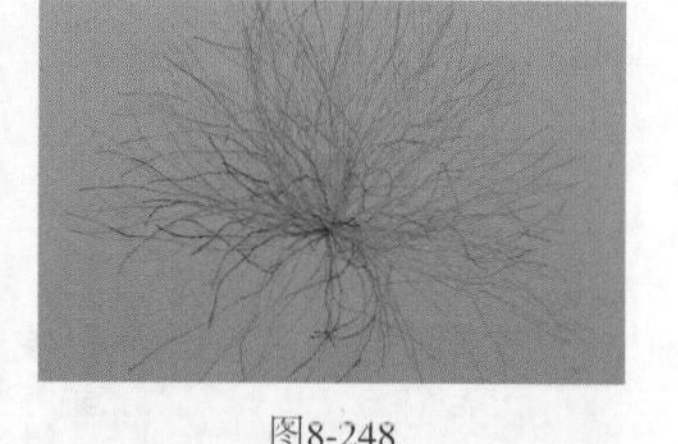

图8-248

09 设置当前帧为0F，然后执行“创建>对象>空白”菜单命令，将“空白”对象重命名为“主体”，然后移动“顶点生长”“中心生长”对象至“主体”对象内。选择“主体”对象，然后在“属性”面板中设置P.X为0cm、P.Y为-40cm、P.Z为0cm，接着设置S.X、S.Y、S.Z为0并单击它们左侧的按钮，如图8-249所示。

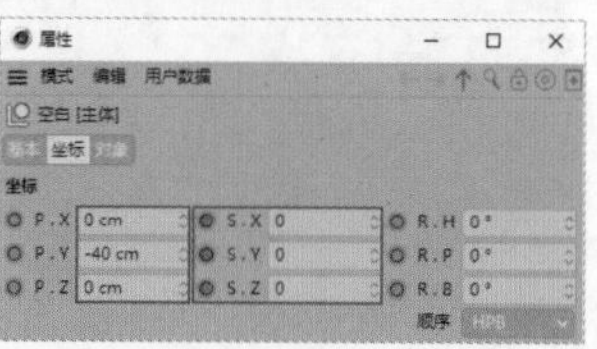

图8-249

10 设置当前帧为10F，然后设置S.X、S.Y、S.Z为1并单击它们左侧的按钮，如图8-250所示。创建一个圆柱体，将其命名为“脑外形生长”。在“属性”面板中设置“半径”为0.1cm、“高度”为12cm、“高度分段”为60，如图8-251所示。

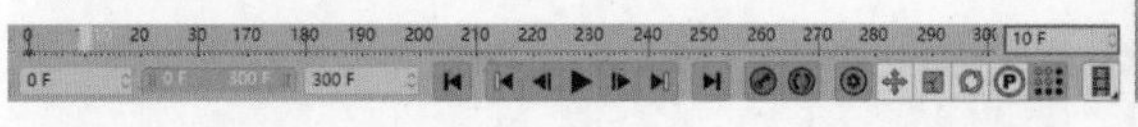

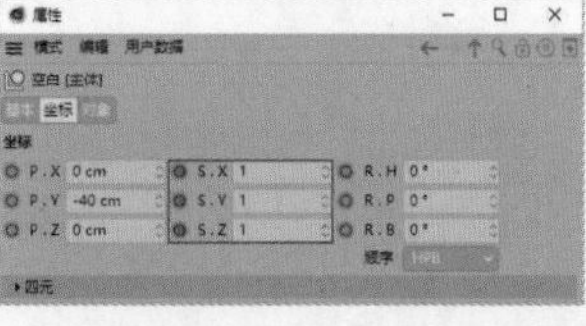

图8-250

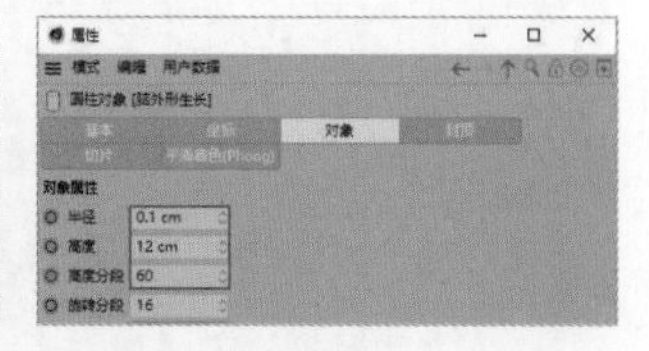

图8-251

11 设置当前帧为40F，执行“创建>变形器>样条约束”菜单命令，然后移动“样条约束”对象至“脑外形生长”对象内，如图8-252所示。选择“样条约束”对象，移动“对象”面板中的“样条_5”对象至“属性”面板的“样条”参数上，然后在“属性”面板中设置“轴向”为+Y、“终点”为0%并单击其左侧的按钮，接着设置“结束模式”为“限制”，如图8-253所示。

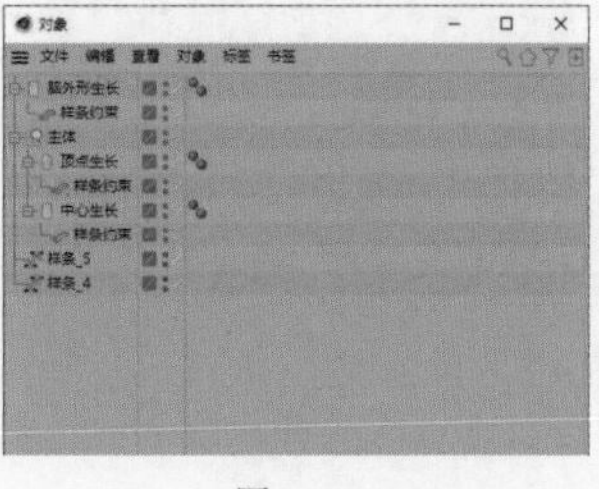

图8-252

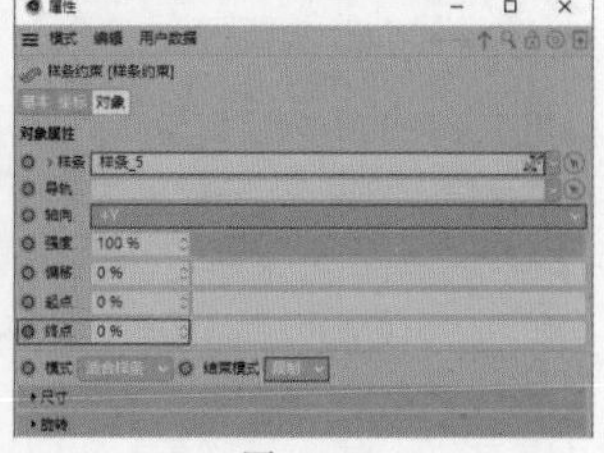

图8-253

12 设置当前帧为150F，然后在“属性”面板中设置“终点”为70%并单击其左侧的按钮，如图8-254所示。设置当前帧为300F，然后在“属性”面板中设置“终点”为100%并单击其左侧的按钮，如图8-255所示。

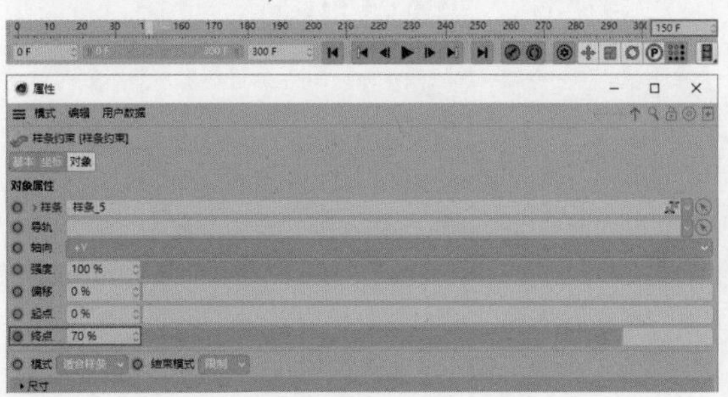

图8-254

图8-255

13 设置当前帧为40F，然后选择“脑外形生长”对象，在“属性”面板中设置P.X为0cm、P.Y为 -40cm、P.Z为0cm，接着设置S.X、S.Y、S.Z为0并单击它们左侧的按钮，如图8-256所示。设置当前帧为50F，然后在“属性”面板中设置S.X、S.Y、S.Z为1并单击它们左侧的按钮，如图8-257所示。效果如图8-258所示。

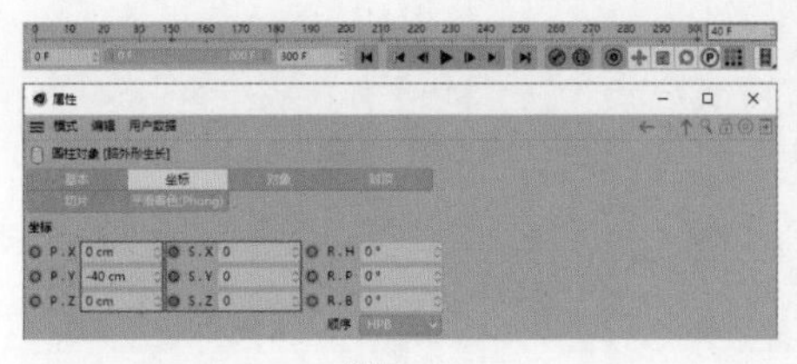

图8-256

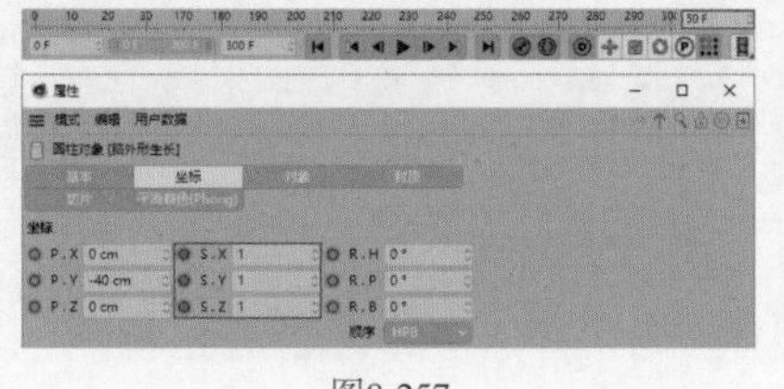

图8-257

图8-258

14 设置当前帧为0F，然后创建一个球体，在“属性”面板中设置“半径”为115cm并单击其左侧的按钮，接着设置“分段”为64、“类型”为“二十面体”，最后取消勾选“理想渲染”复选框，如图8-259所示。设置P.X为 -30cm、P.Y为 -140cm、P.Z为 -55cm并单击其左侧的按钮，如图8-260所示。

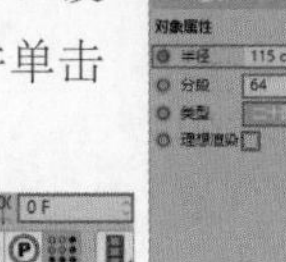

图8-259

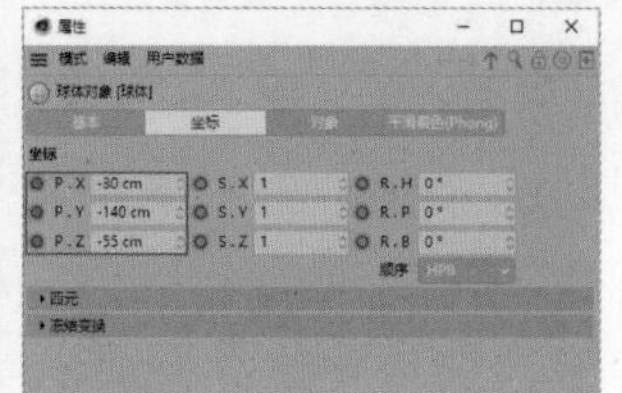

图8-260

15 保持当前选择不变，设置当前帧为60F，然后在“属性”面板中设置“半径”为70cm并单击其左侧的按钮，如图8-261所示。设置当前帧为210F，然后在“属性”面板中设置P.X为 -21.5cm、P.Y为7.5cm、P.Z为12cm并单击它们左侧的■按钮，如图8-262所示。

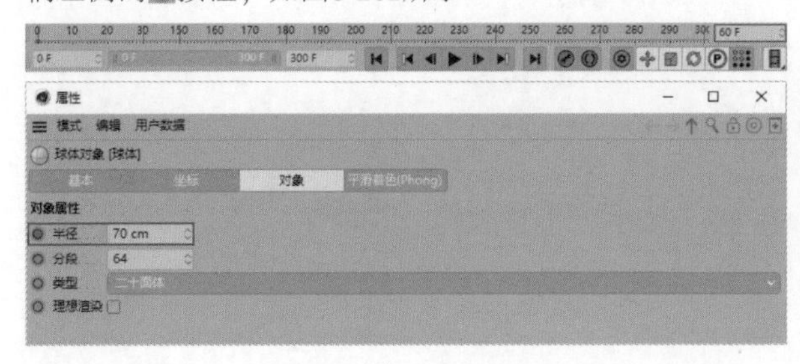

图8-261

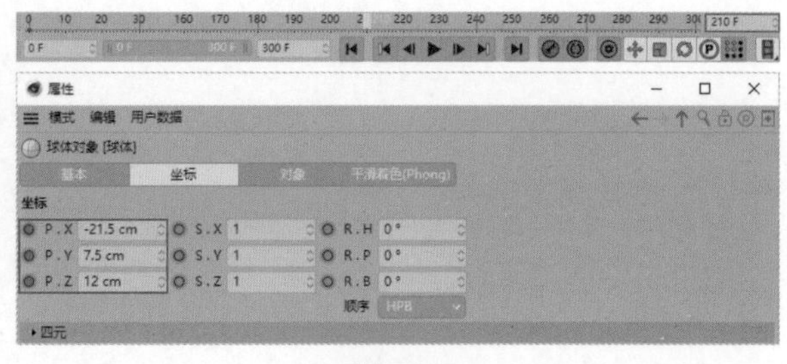

图8-262

16 执行“创建>变形器>置换”菜单命令，然后移动“置换”对象至“球体”对象内，选择“置换”对象，接着在“属性”面板中设置“高度”为50cm，如图8-263所示。保持当前选择不变，设置“着色器”为“噪波”，如图8-264所示。单击“噪波”，然后设置“全局缩放”为500%、“动画速率”为0.125，如图8-265所示。

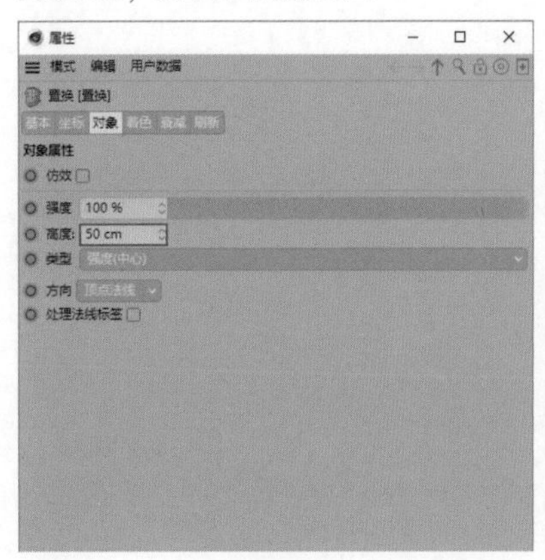

图8-263

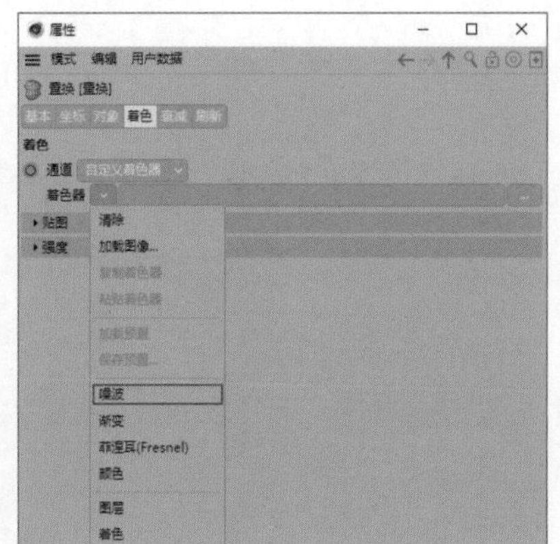

图8-264

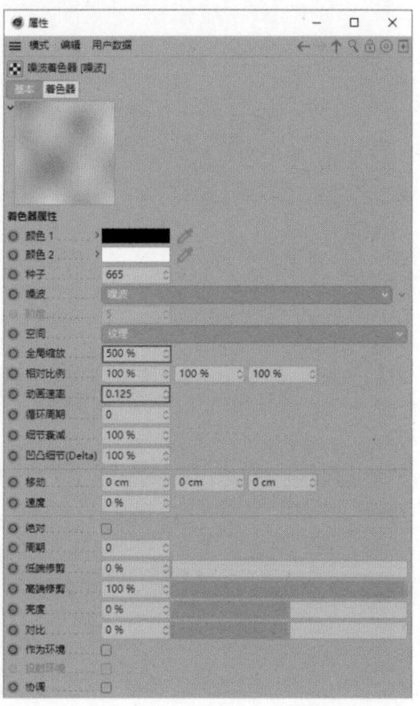

图8-265

17 执行“创建>生成器>细分曲面”菜单命令，将“细分曲面”对象重命名为“内部”，然后在“属性”面板中设置P.X为0.7cm、P.Y为90cm、P.Z为-95.5cm、R.H为59.5°、R.P为56°、R.B为-44°，接着移动“球体”对象至“内部”对象内，如图8-266所示。效果如图8-267所示。

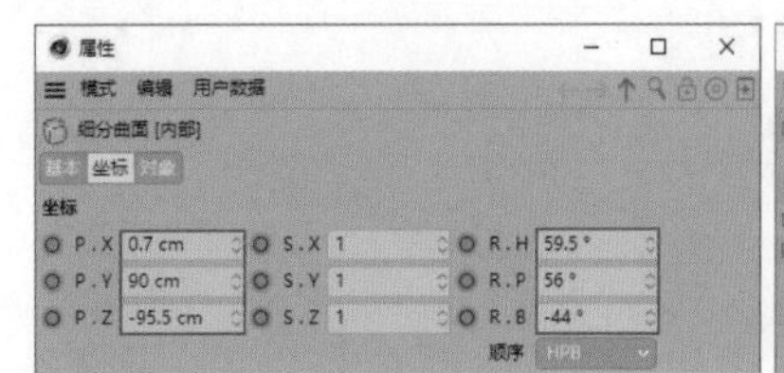

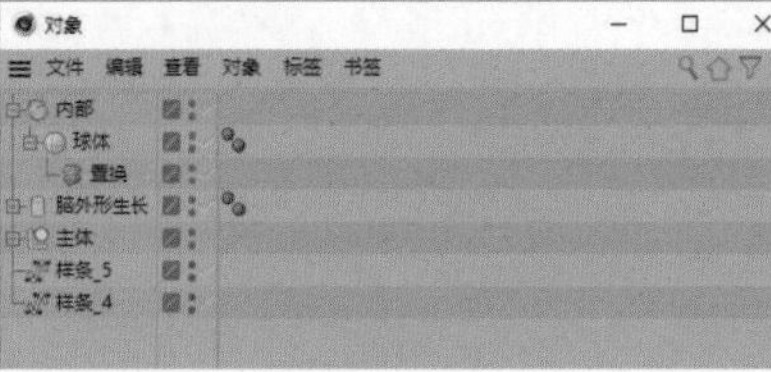

图8-266

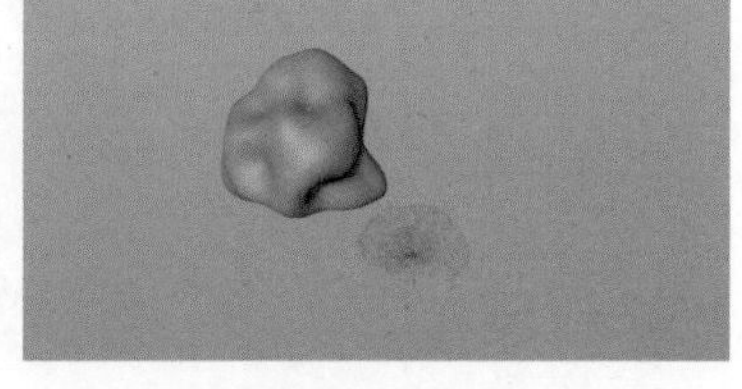

图8-267

18 创建一个球体对象，在“属性”面板中设置“半径”为65cm、“分段”为32、“类型”为“二十面体”，然后设置P.X为4cm、P.Y为-38cm、P.Z为43cm，如图8-268所示。执行“创建>变形器>置换”菜单命令，移动“置换”对象至“球体”对象内，然后选择“置换”对象，在“属性”面板中设置“着色器”为“噪波”，如图8-269所示。

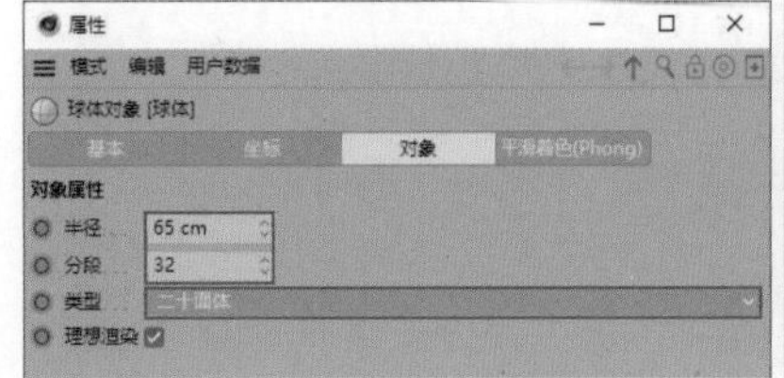

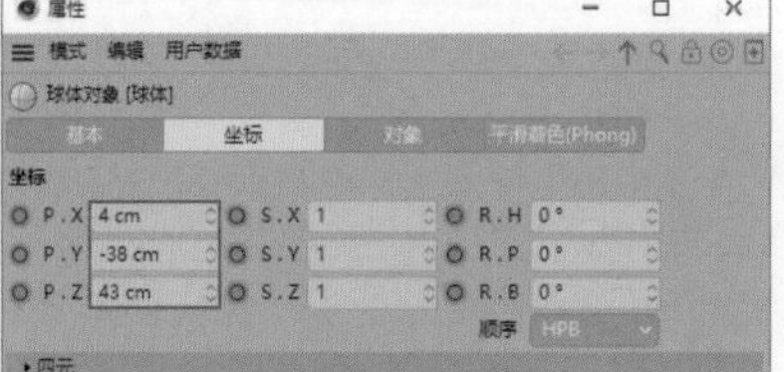

图8-268

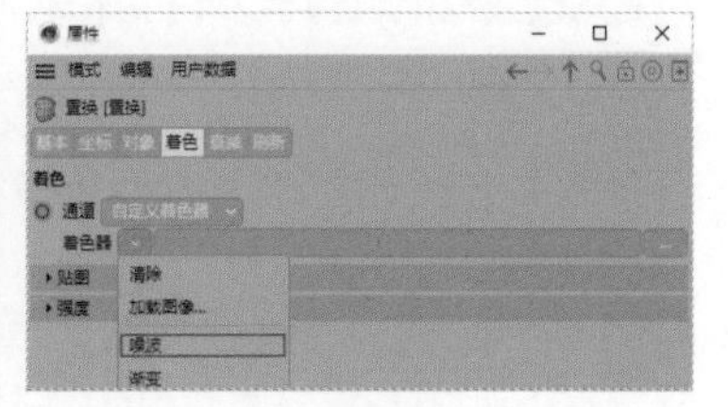

图8-269

19 单击“噪波”，然后设置“噪波”为“气体”、“全局缩放”为2400%、“动画速率”为0.125，如图8-270所示。执行“创建>生成器>布料曲面”菜单命令，然后移动“球体”对象至“布料曲面”对象内，接着设置“厚度”为0.2cm并勾选“膨胀”复选框，如图8-271所示。

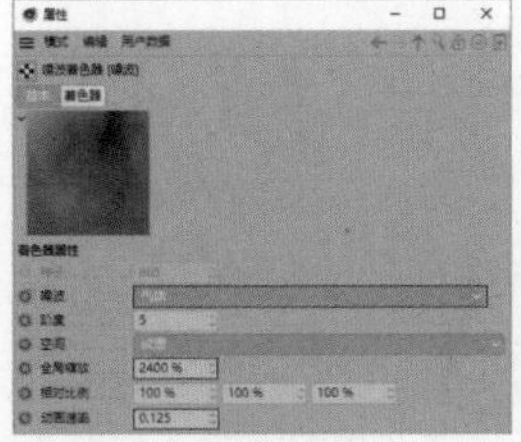

图8-270

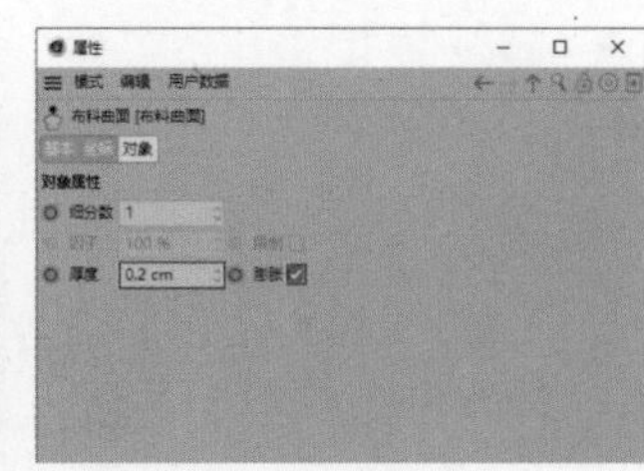

图8-271

20 执行“创建>生成器>细分曲面”菜单命令，将“细分曲面”对象重命名为“外部”，然后在“属性”面板中设置R.H为0°、R.P为50°、R.B为0°，接着移动“布料曲面”对象至“外部”对象内，如图8-272所示。效果如图8-273所示。

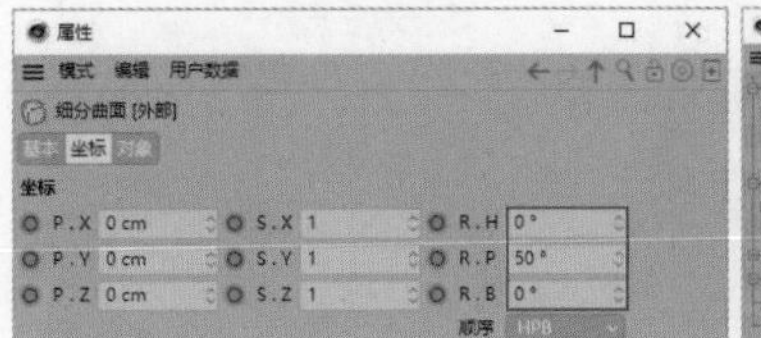

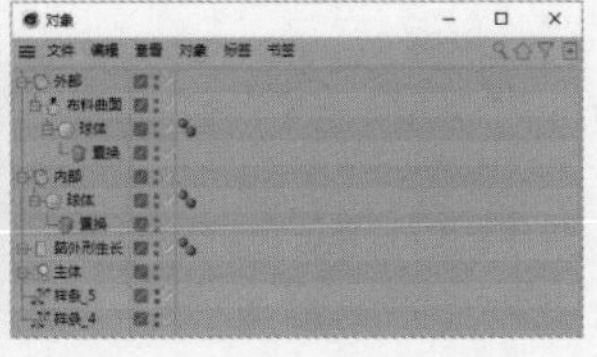

图8-272

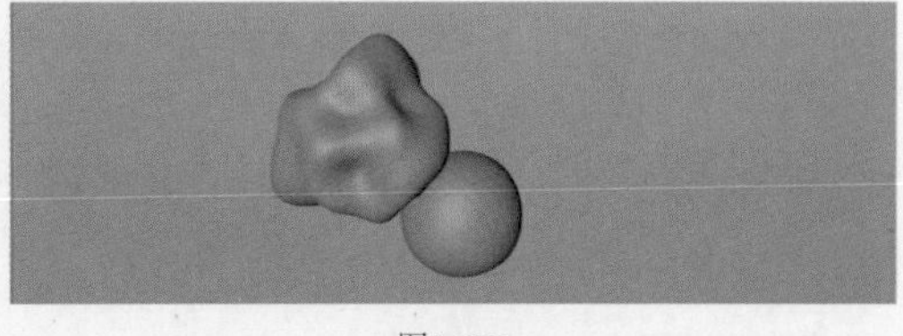

图8-273

21 执行“创建>生成器>布尔”菜单命令，将“布尔”对象重命名为“外壳”，然后移动“内部”“外部”对象至“外壳”对象内，如图8-274所示。选择“外壳”对象，在“属性”面板中勾选“透显”复选框，然后设置P.X为0cm、P.Y为-5cm、P.Z为0cm，如图8-275所示。效果如图8-276所示。

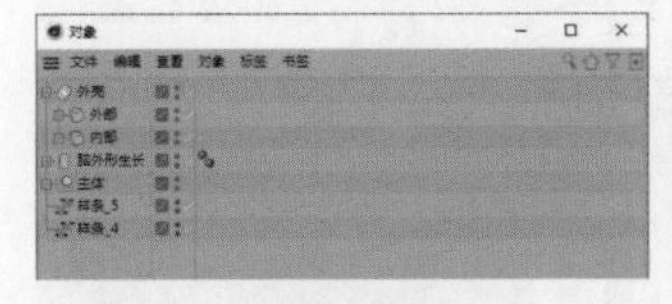

图8-274

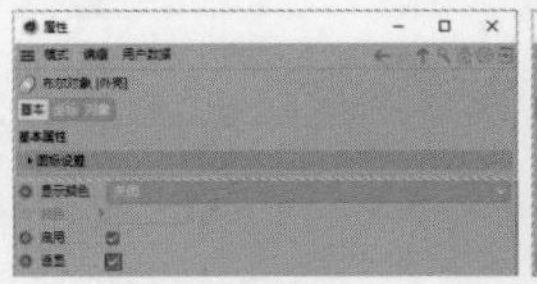

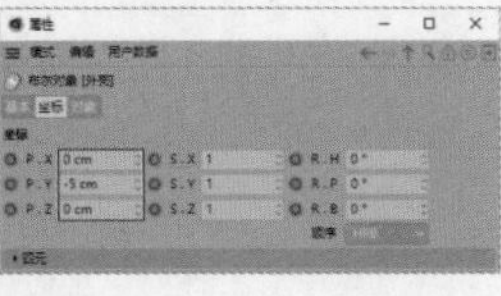

图8-275

图8-276

22 设置当前帧为0F，然后执行“创建>对象>空白”菜单命令两次，分别将两个“空白”对象重命名为“摄像机目标”和“焦点”。选择“焦点”对象，在“属性”面板中设置P.Y为-10cm、P.Z为0cm并单击它们左侧的◎按钮，如图8-277所示。

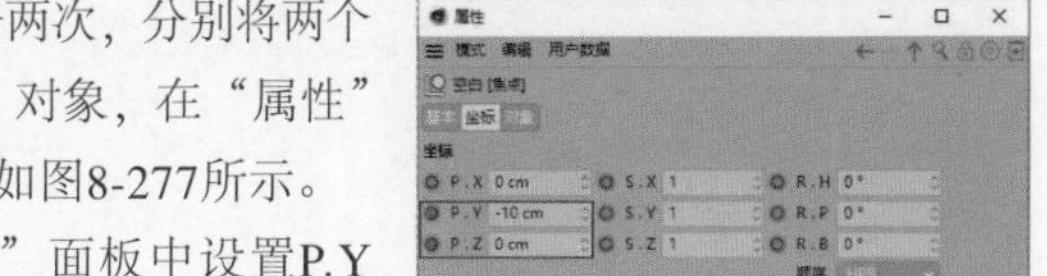

图8-277

23 保持当前选择不变，设置当前帧为300F，然后在“属性”面板中设置P.Y为32.5cm、P.Z为-32cm并单击它们左侧的◎按钮，如图8-278所示。选择“摄像机目标”对象，在“属性”面板中设置P.X为0cm、P.Y为-5.5cm、P.Z为0cm，如图8-279所示。

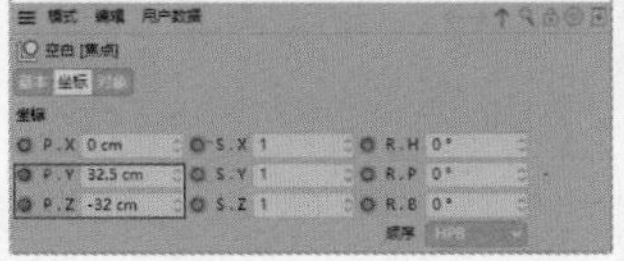

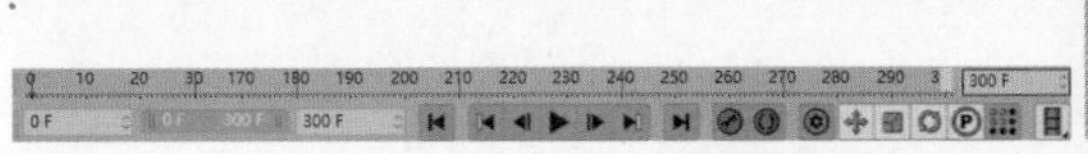

图8-278

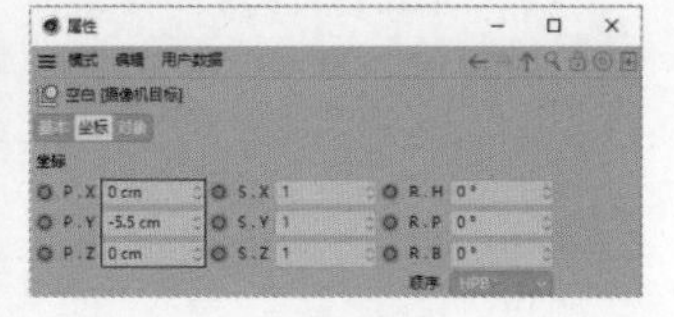

图8-279

24 执行“创建>对象>平面”菜单命令，将“平面”对象重命名为“背板”，然后在“属性”面板中设置“宽度”为740cm、“方向”为+Z，接着设置P.X为0cm、P.Y为-95cm、P.Z为260cm，如图8-280所示。执行“创建>标签>CINEMA 4D标签>目标”菜单命令，然后选择“背板”对象，移动“对象”面板中的“摄像机目标”对象至“属性”面板的“目标对象”参数上，如图8-281所示。效果如图8-282所示。

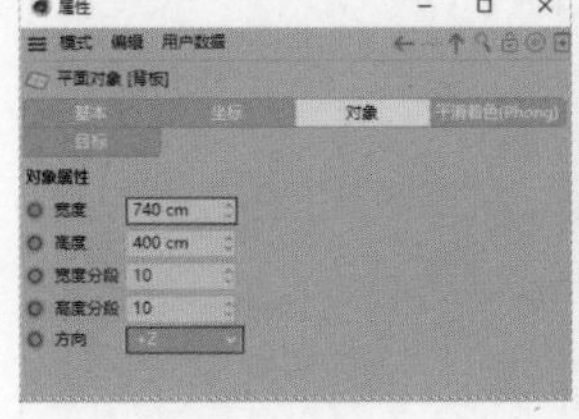

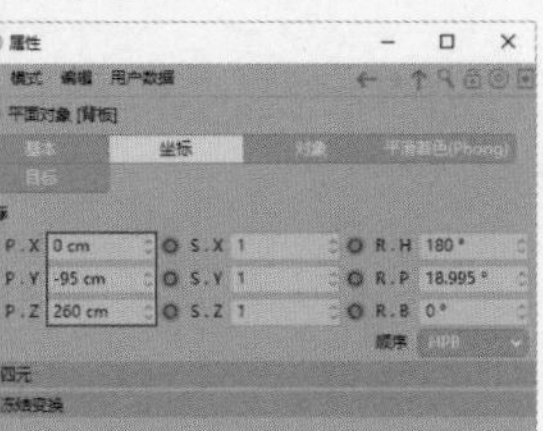

图8-280

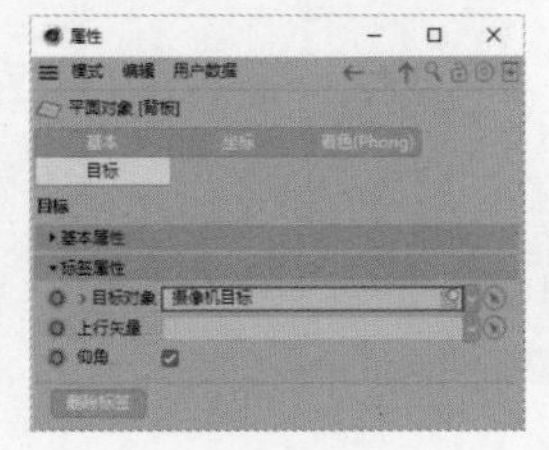

图8-281

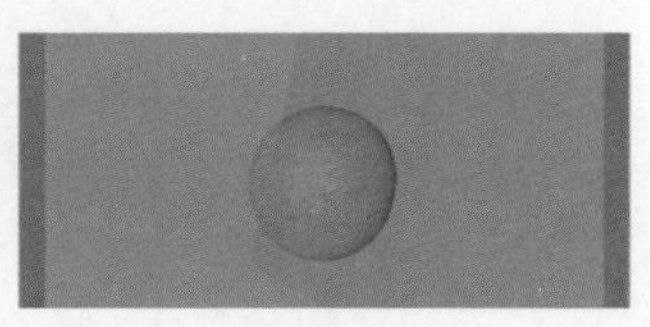

图8-282

◎ 超脑模型渲染

01 执行“渲染>编辑渲染设置”菜单命令，在“渲染设置”对话框中设置“渲染器”为Octane Renderer，如图8-283所示。执行Octane>Octane Dialog菜单命令，在弹出的对话框中依次执行“Objects>Octane Camera”“Objects>Hdri Environment”“Objects>Lights>Octane Arealight”菜单命令，如图8-284所示。

02 在“对象”面板中选择OctaneCamera对象，执行“创建>标签>CINEMA 4D标签>目标”菜单命令，如图8-285所示。

03 单击OctaneCamera右侧的■按钮切换至摄像机视角。选择OctaneCamera对象，移动“对象”面板中的“摄像机目标”对象至“属性”面板的“目标对象”参数上，如图8-286所示。在“属性”面板中设置P.X为0cm、P.Y为136cm、P.Z为-395cm，然后移动“对象”面板中的“焦点”对象至“属性”面板的“焦点对象”参数上，如图8-287所示。

图8-283

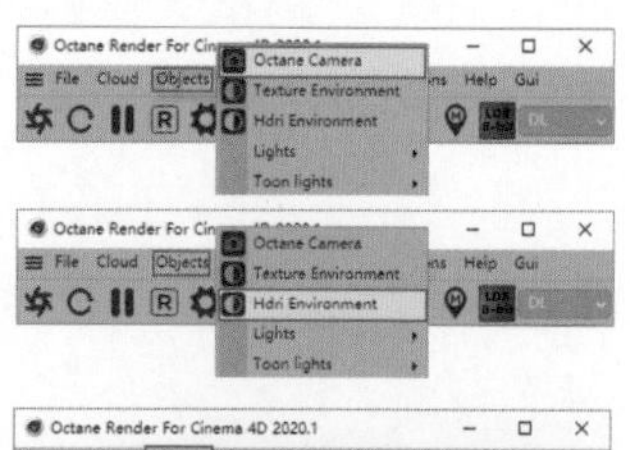
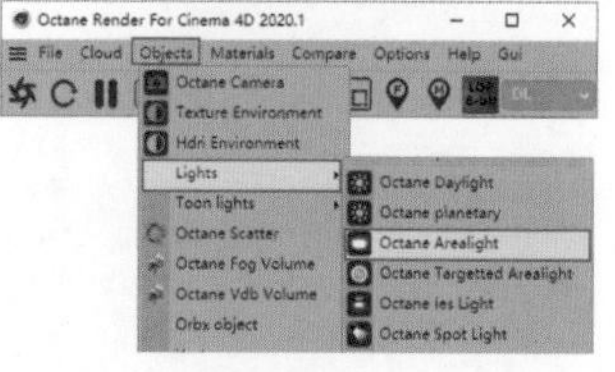

图8-284

图8-285

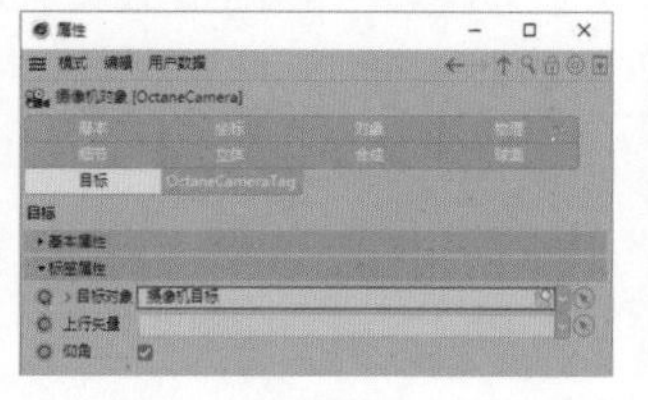

图8-286

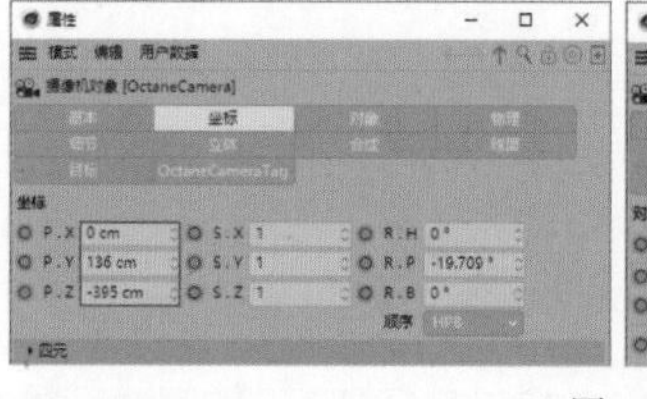
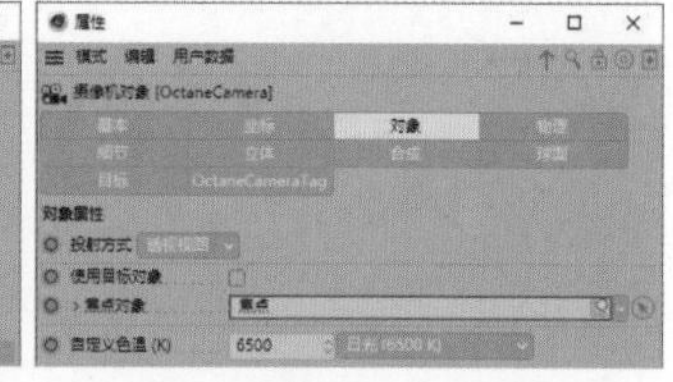

图8-287

04 保持当前选择不变，在“属性”面板中展开Depth of field卷展栏，然后取消勾选Auto focus复选框，接着设置Aperture为5cm，如图8-288所示。选择OctaneSky对象，在“属性”面板中单击Texture右侧的■按钮，选择材质文件“场景文件>CH08>实战：超脑>环境天空材质_1.exr”，如图8-289所示。

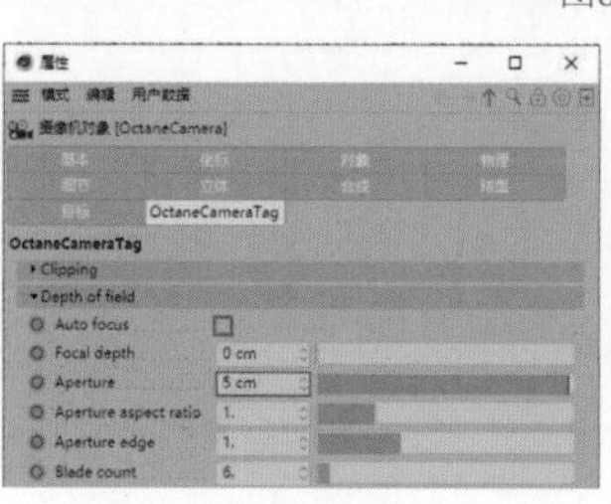

图8-288

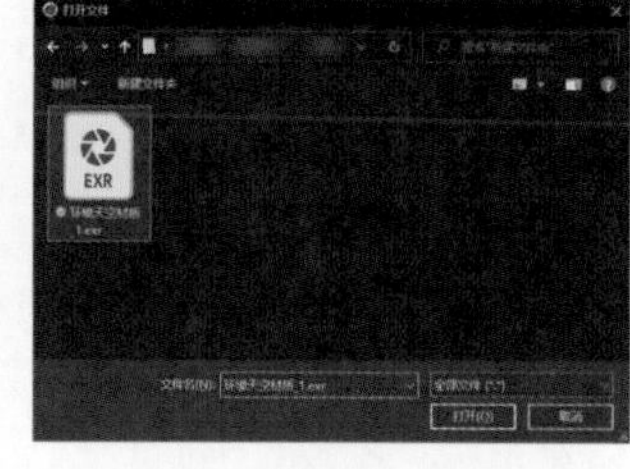

图8-289

05 回到“属性”面板，设置Power为3、RotX为-0.27、RotY为0.34，如图8-290所示。选择OctaneLight对象，然后设置P.X为0cm、P.Y为-38cm、P.Z为153cm、R.H为90°、R.P为0°、R.B为0°，如图8-291所示。

06 保持当前选择不变，在“属性”面板中设置Power为2，然后取消勾选Visible on specular复选框，接着设置Opacity为0，如图8-292所示。执行“Octane>Octane Dialog”菜单命令，然后在弹出的对话框中执行“Materials>Octane Diffuse Material”菜单命令，此时“材质”面板如图8-293所示。

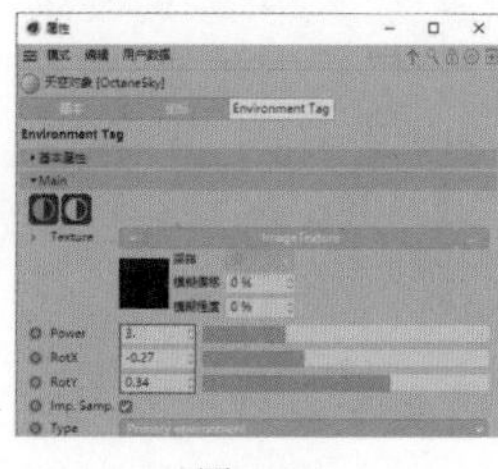

图8-290

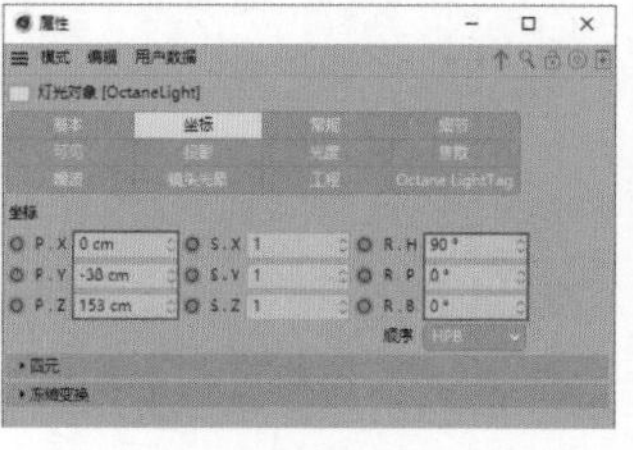

图8-291

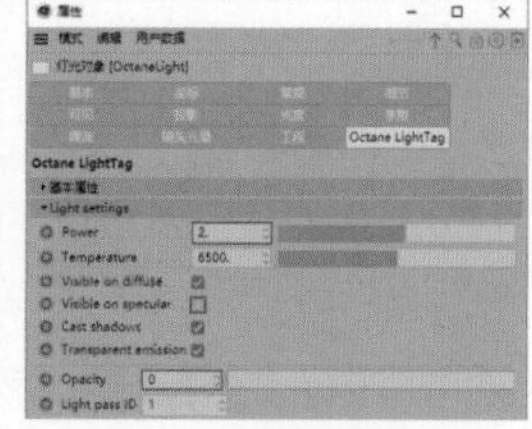

图8-292

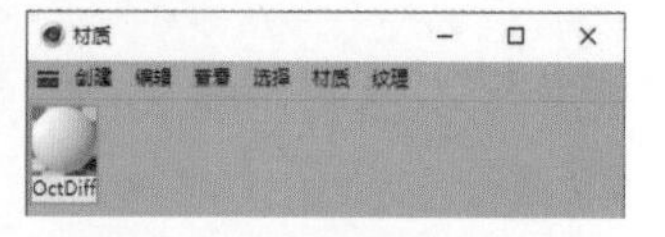

图8-293

07 在“材质”面板中双击材质球打开“材质编辑器”面板，设置其名称为“中心生长”，然后选择Diffuse，设置Texture为“颜色”，如图8-294所示。单击“颜色”，设置H为200°、S为10%、V为95%，如图8-295所示。

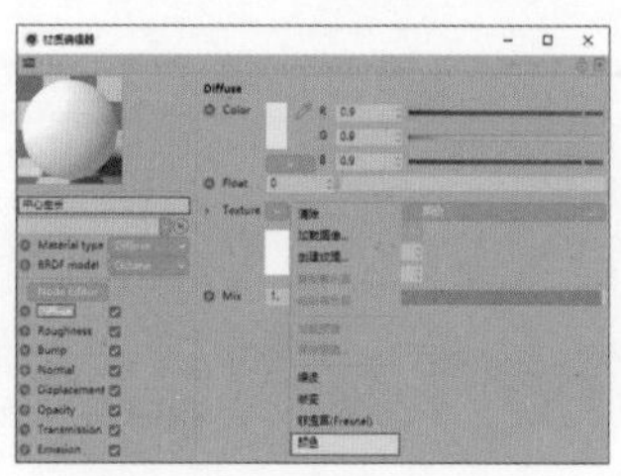

图8-294

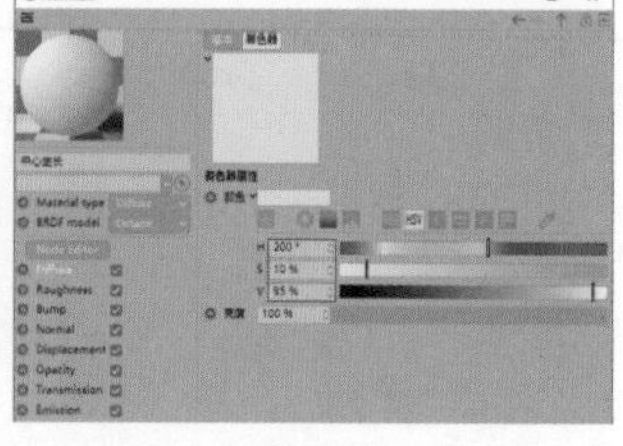

图8-295

08 选择Opacity，设置Float为0.25，如图8-296所示。执行“Octane＞Octane Dialog”菜单命令，然后在弹出的对话框中执行“Materials＞Octane Diffuse Material”菜单命令，此时“材质”面板如图8-297所示。

09 在“材质”面板中双击新增的材质球打开“材质编辑器”面板，设置其名称为“顶点生长”，然后选择Diffuse，设置Texture为“颜色”，如图8-298所示。

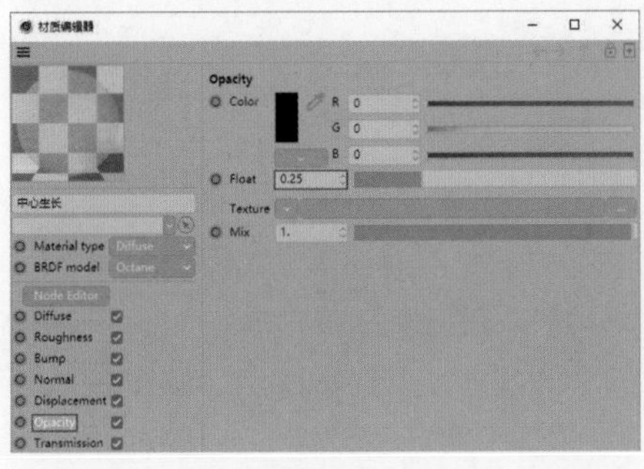

图8-296

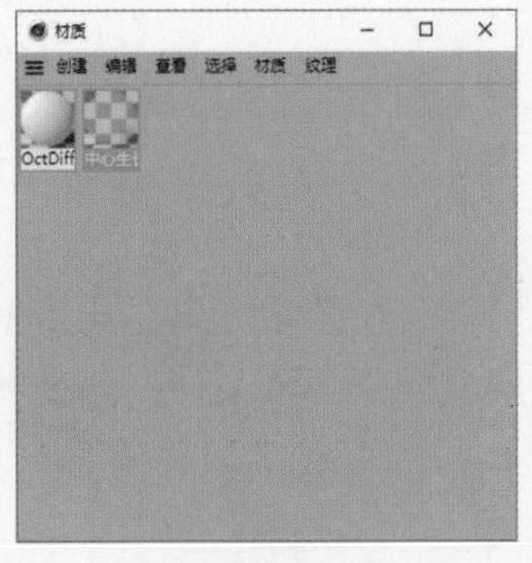

图8-297

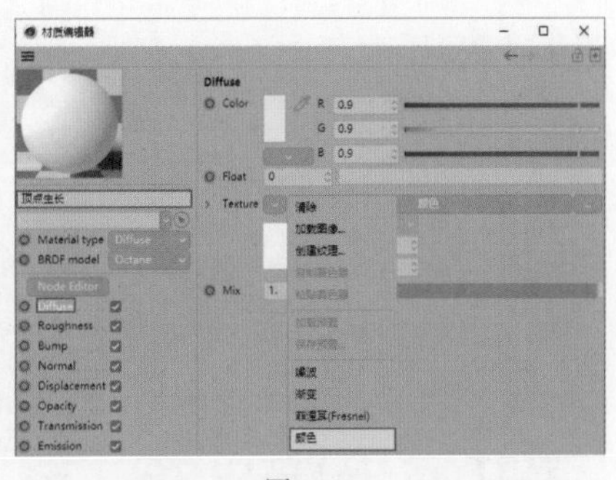

图8-298

10 单击“颜色”，然后设置H为200°、S为0%、V为100%，如图8-299所示。选择Emission，然后单击Blackbody emission按钮Blackbody emission，接着单击Texture右侧的Blackbody Emission打开Shader选项卡，设置Power为0.125，如图8-300所示。

图8-299

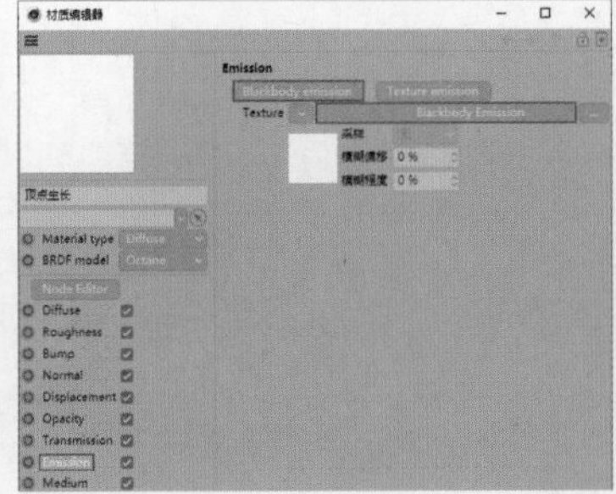

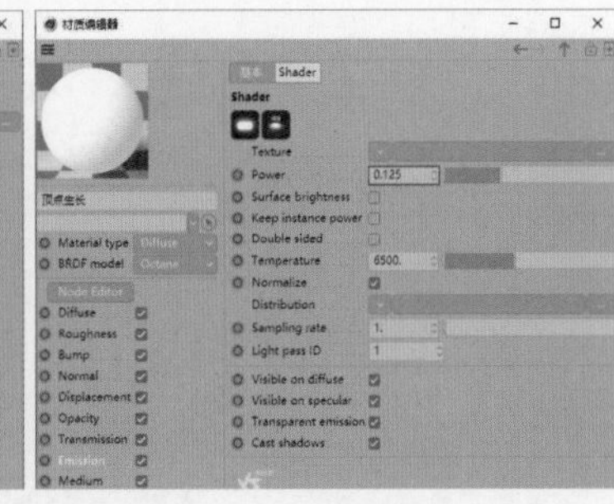

图8-300

11 执行“Octane＞Octane Dialog”菜单命令，在弹出的对话框中执行“Materials＞Octane Diffuse Material”菜单命令，如图8-301所示。双击“材质”面板中新增的材质球打开“材质编辑器”面板，设置其名称为“脑外形生长”，然后选择Diffuse，设置Texture为“颜色”，如图8-302所示。

图8-301

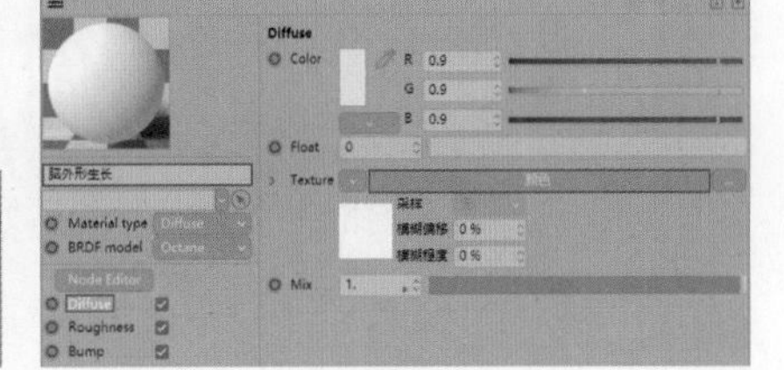

图8-302

12 单击“颜色”，设置H为200°、S为10%、V为90%，如图8-303所示。选择Transmission，设置Texture为“颜色”，如图8-304所示。单击“颜色”，然后设置H为200°、S为50%、V为100%，如图8-305所示。

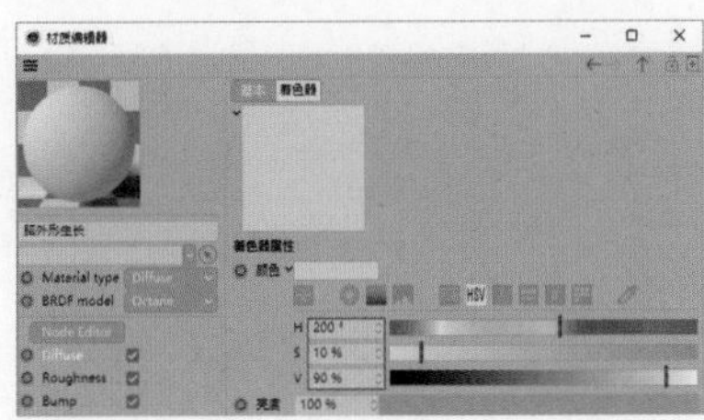

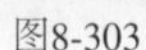

图8-303

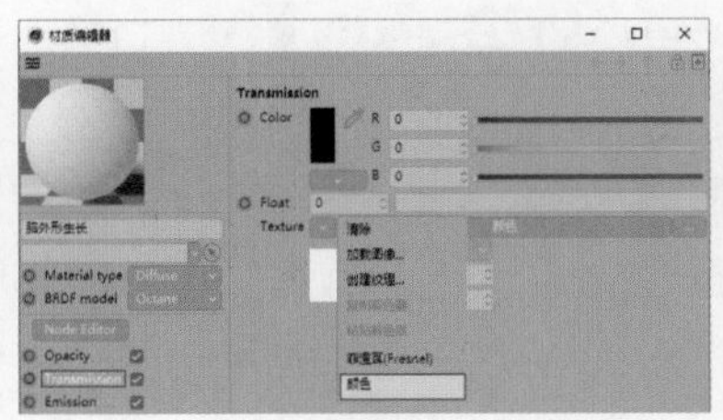

图8-304

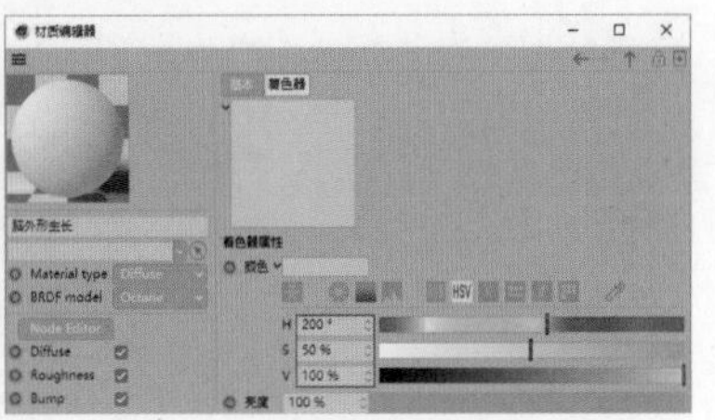

图8-305

13 执行"Octane>Octane Dialog"菜单命令，然后在弹出的对话框中执行"Materials>Octane Specular Material"菜单命令，此时"材质"面板如图8-306所示。在"材质"面板中双击新增的材质球打开"材质编辑器"面板，设置其名称为"外壳"，然后选择Index，设置Index为1.1，如图8-307所示。

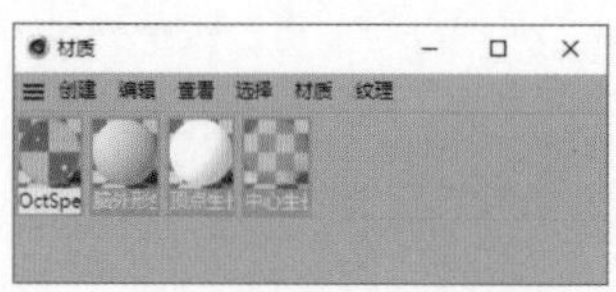

图8-306

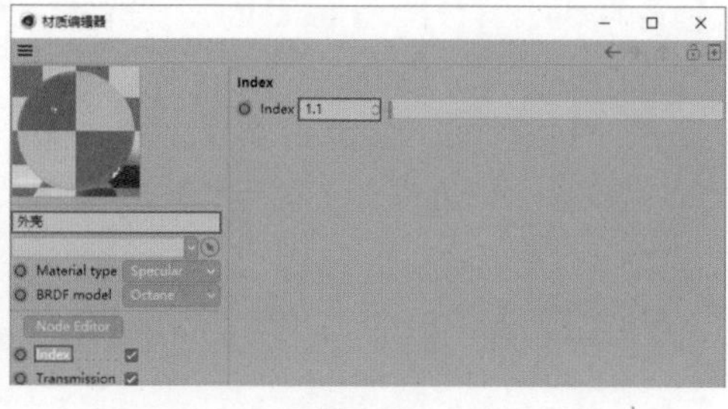

图8-307

14 选择Transmission，设置Texture为"颜色"，如图8-308所示。单击"颜色"，设置H为200°、S为0%、V为100%，如图8-309所示。执行"Octane>Octane Dialog"菜单命令，在弹出的对话框中执行"Materials>Octane Diffuse Material"菜单命令，此时"材质"面板如图8-310所示。

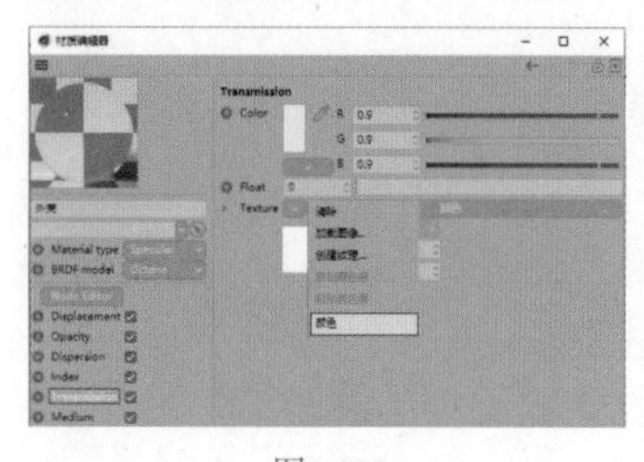

图8-308

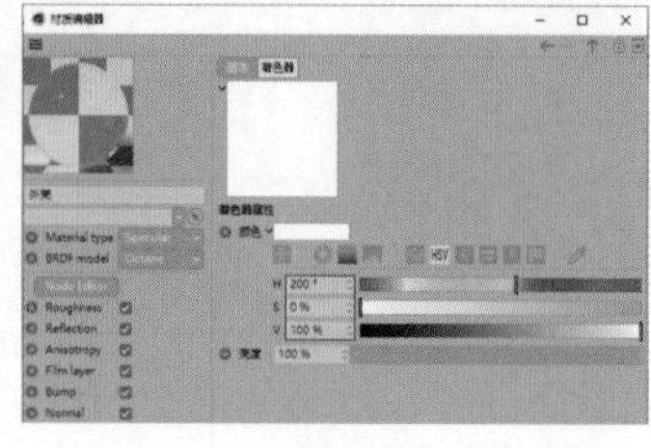

图8-309

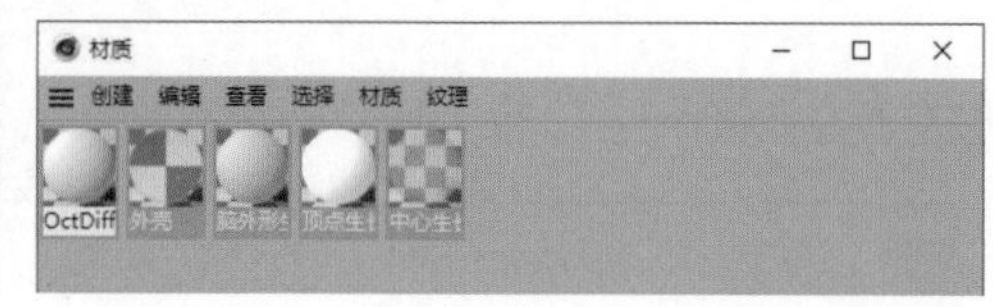

图8-310

15 双击"材质"面板中新增的材质球打开"材质编辑器"面板，设置其名称为"背板"，然后选择Diffuse，设置Texture为"颜色"，如图8-311所示。单击"颜色"，然后设置H为200°、S为10%、V为80%，如图8-312所示。

16 移动"材质"面板中的"中心生长"材质球至"对象"面板的"中心生长"对象上，然后移动"顶点生长"材质球至"顶点生长"对象上、"脑外形生长"材质球至"脑外形生长"对象上、"外壳"材质球至"外壳"对象上、"背板"材质球至"背板"对象上，如图8-313所示。

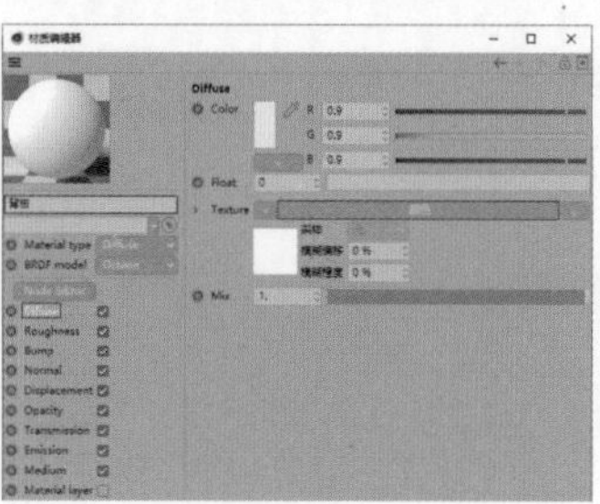

图8-311

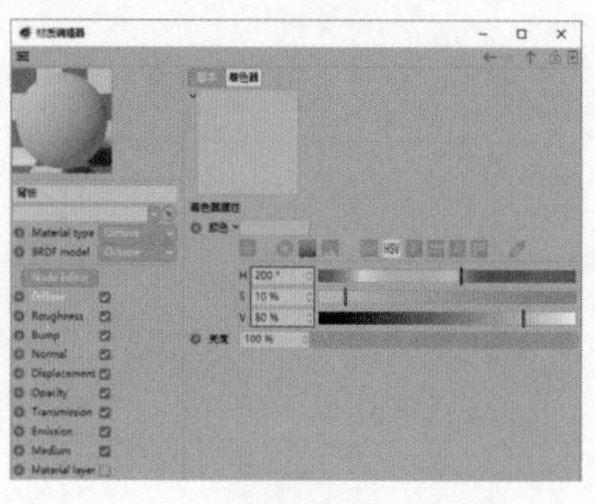

图8-312

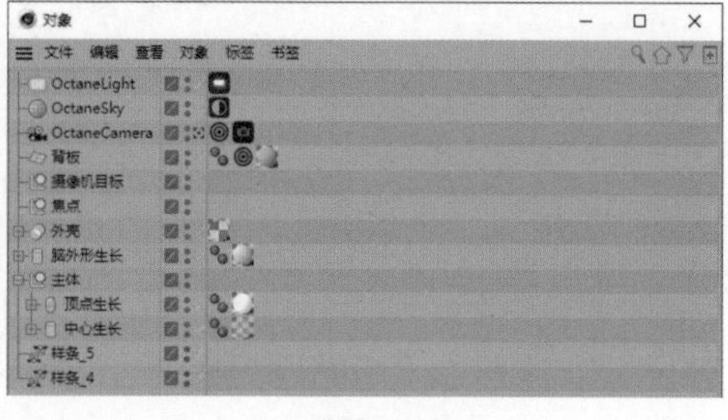

图8-313

17 执行"Octane>Octane Settings"菜单命令，在Octane Settings对话框中设置第1行参数为Pathtracing，然后设置Max.samples为500，如图8-314所示。执行"渲染>渲染活动视图"菜单命令，效果如图8-315所示。

18 执行"渲染>编辑渲染设置"菜单命令，在"渲染设置"对话框中选择"输出"，设置"帧范围"为"全部帧"、"起点"为0F、"终点"为300F，如图8-316所示。

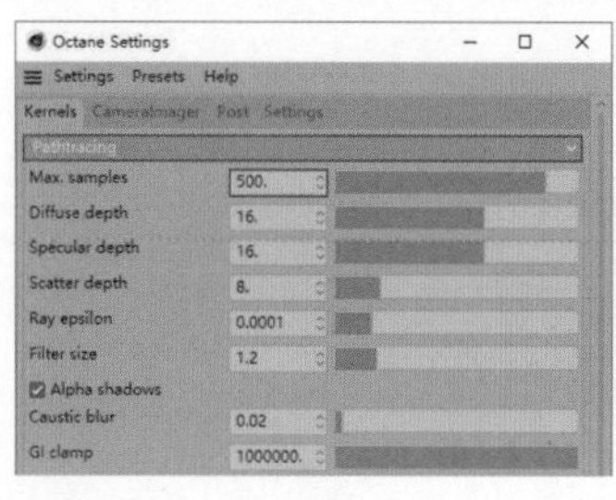

图8-314

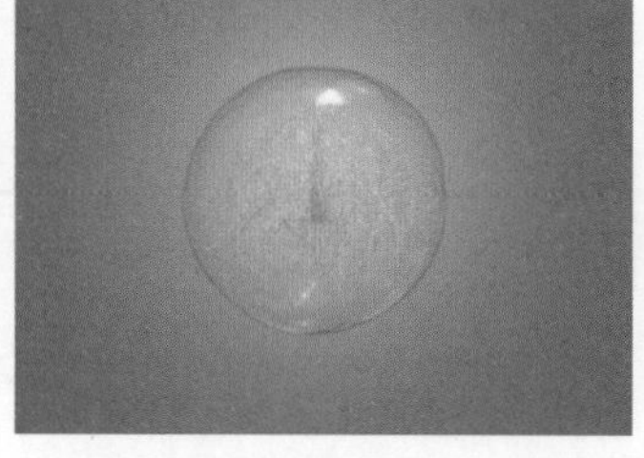

图8-315

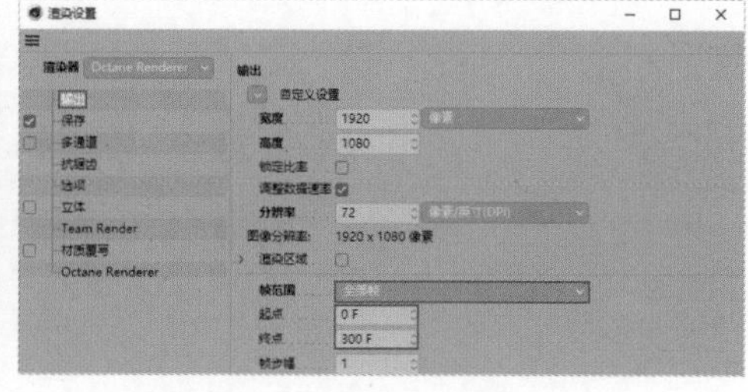

图8-316

19 在“渲染设置”对话框中选择“保存”，单击“文件”右侧的按钮选择文件保存路径，将文件命名为“主脑”，然后设置“格式”为PNG，如图8-317所示。在“对象”面板中隐藏“外壳”对象，如图8-318所示。

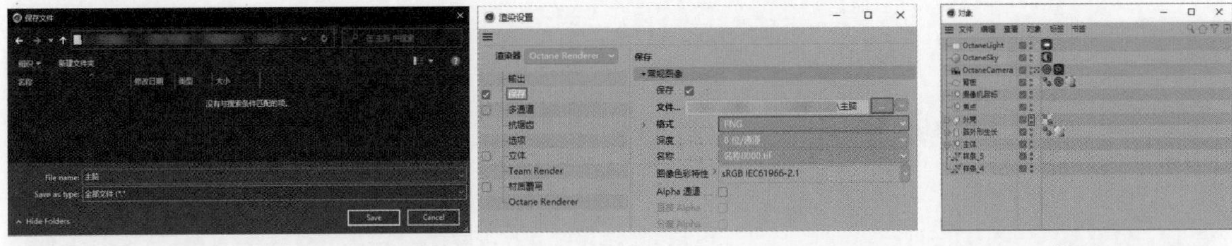

图8-317　　图8-318

20 执行“渲染>渲染活动视图”菜单命令，效果如图8-319所示。在“渲染设置”对话框中选择“保存”，单击“文件”右侧的按钮选择文件保存路径，将文件命名为“外壳”，然后设置“格式”为PNG，如图8-320所示。

图8-319

图8-320

21 在“对象”面板中显示“外壳”对象，然后隐藏“脑外形生长”“主体”对象，如图8-321所示。执行“渲染>渲染活动视图”菜单命令，效果如图8-322所示。

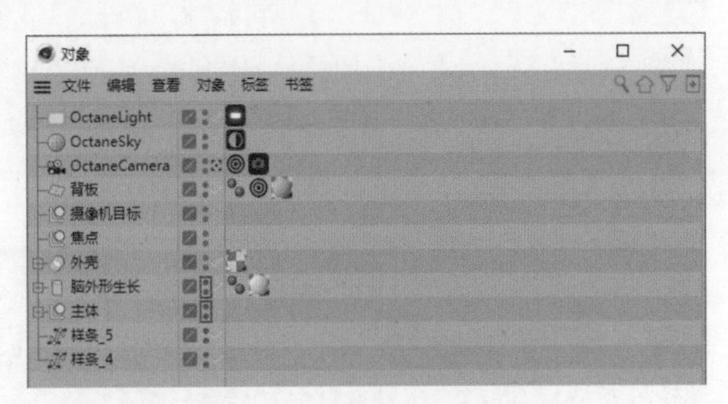

图8-321

图8-322

◎ 超脑动效制作

01 打开After Effects，导入模型文件“场景文件＞CH08＞实战：超脑＞主脑0000.png”和“场景文件＞CH08＞实战：超脑＞外壳0000.png”，如图8-323所示。

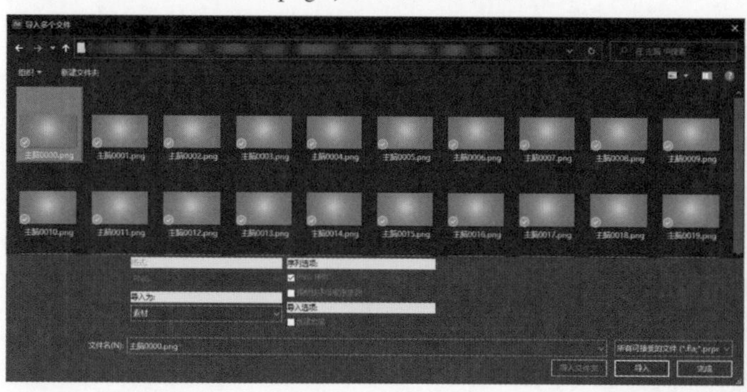

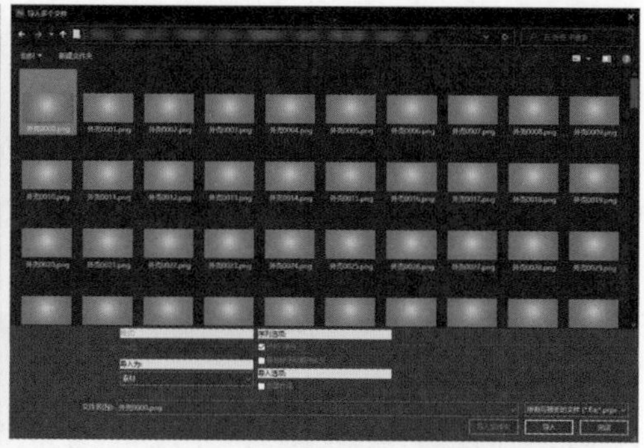

图8-323

02 新建一个合成，设置“合成名称”为“超脑”、“宽度”为1920px、“高度”为1080px、“帧速率”为30帧/秒、“持续时间”为0:00:10:00，如图8-324所示。

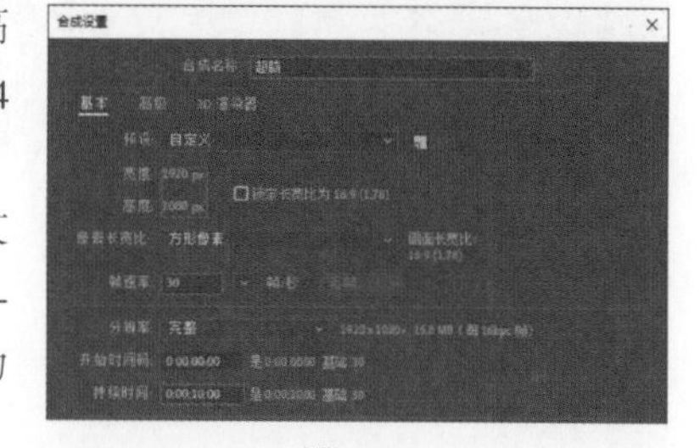

图8-324

03 移动“项目”面板中的“主脑[0000-0300].png”“外壳[0000-0300].png”文件至“时间轴”面板中，使“外壳[0000-0300].png”图层在“主脑[0000-0300].png”图层的上方，然后设置“外壳[0000-0300].png”图层的“模式”为“柔光”，接着设置时间码为0:00:05:00，如图8-325所示。效果如图8-326所示。

图8-325

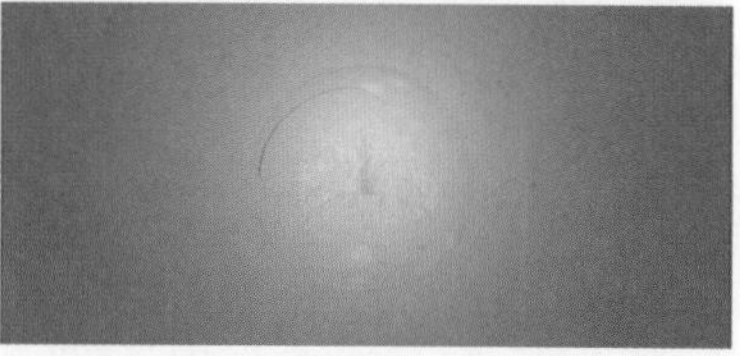

图8-326

04 新建一个“纯色”图层，设置“名称”为“氛围粒子”、“宽度”为1920像素、“高度”为1080像素，如图8-327所示。移动“氛围粒子”图层至图层列表的最上方，如图8-328所示。

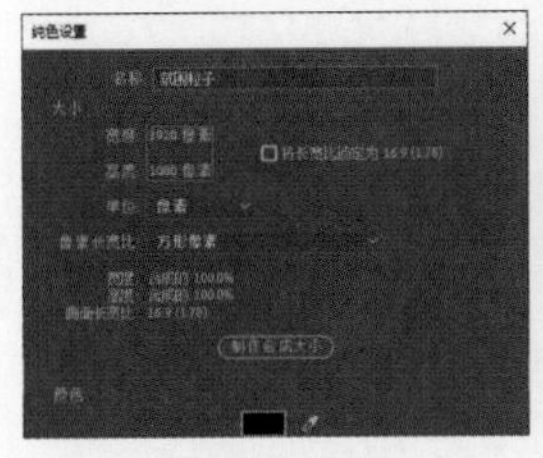

图8-327

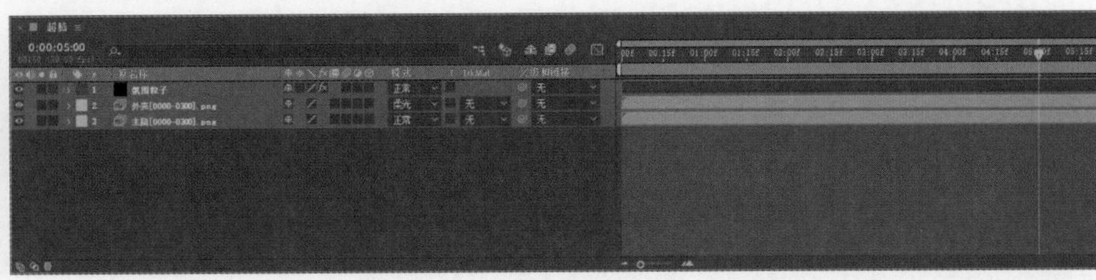

图8-328

05 选择“氛围粒子”图层，执行“效果>RG Trapcode>Particular”菜单命令。在“效果控件”面板中展开Emitter(Master)卷展栏，设置Particles/sec为400、Emitter Type为Box、Velocity为25、Emitter Size XYZ为1500，然后展开Emission Extras卷展栏，设置Pre Run为100%，如图8-329所示。

06 在“效果控件”面板中展开Particle(Master)卷展栏，设置Life[sec]为6、Sphere Feather为0、Size为2、Opacity Random为100%，如图8-330所示。

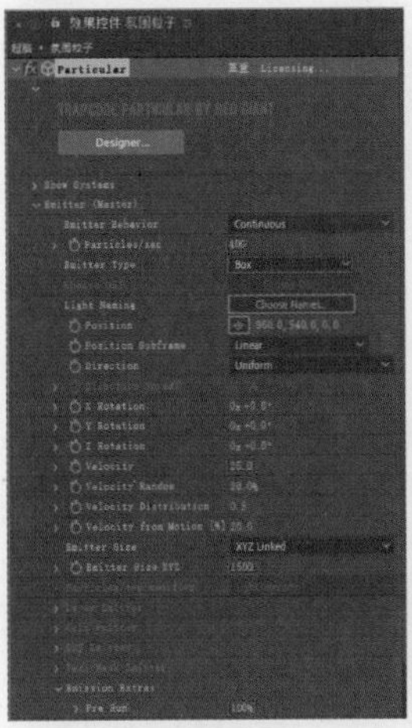

图8-329

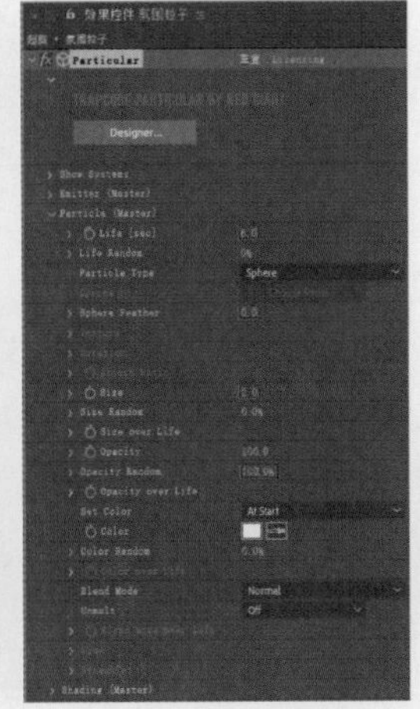

图8-330

07 新建一个形状图层，将其命名为“遮罩”，然后展开“遮罩”卷展栏，单击“内容”右侧的“添加”按钮，选择“椭圆”选项，接着展开“椭圆路径1”卷展栏，设置“大小”为(530,530)，最后按照相同方法添加一个“填充”，如图8-331所示。

图8-331

08 选择“遮罩”图层，执行“效果>模糊和锐化>高斯模糊”菜单命令，在“效果控件”面板中展开“高斯模糊”卷展栏，设置“模糊度”为100，如图8-332所示。选择“氛围粒子”图层，设置TrkMat为“Alpha反转遮罩‘遮罩’”，如图8-333所示。效果如图8-334所示。

图8-332

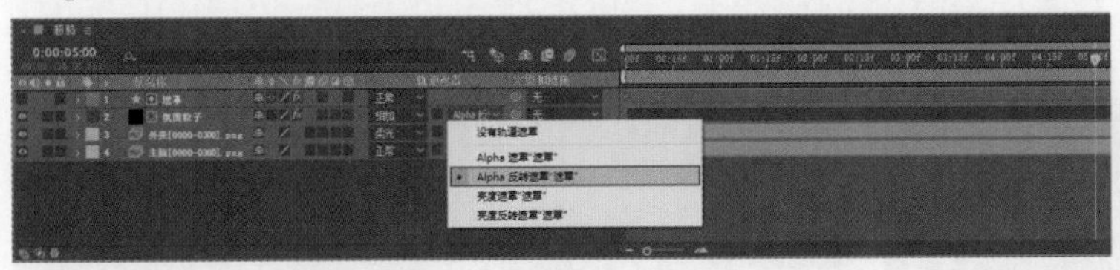

图8-333

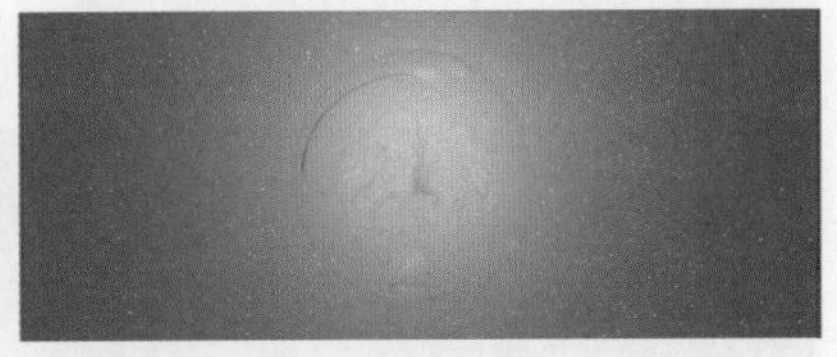

图8-334

09 新建一个“摄像机”图层，设置“类型”为“双节点摄像机”、“名称”为“摄像机”、“视角”为106°，然后勾选“启用景深”复选框，设置“光圈”为105毫米，如图8-335所示。至此，本案例就制作完成了。

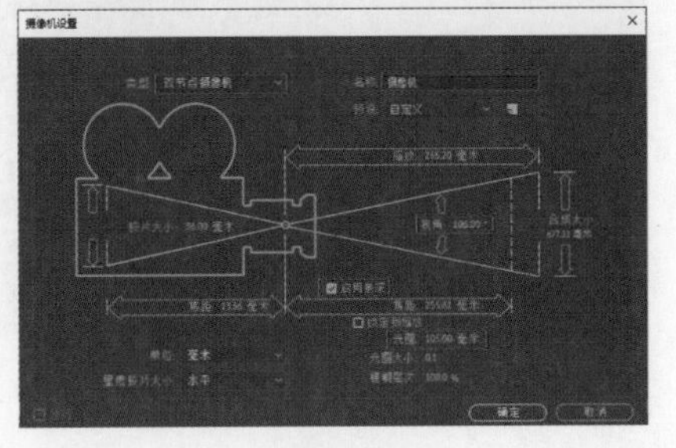

图8-335

实战：深空之瞳

场景位置	场景文件 > CH08 > 实战：深空之瞳
实例位置	实例文件 > CH08 > 实战：深空之瞳
难易程度	★★★☆☆
学习目标	掌握X-Particles粒子插件的使用方法

深空之瞳的效果如图8-336所示，制作分析如下。

通过X-Particles粒子插件不仅可以使用模型本身发射粒子，还可以使用模型的"选集"发射粒子。

图8-336

01 在Cinema 4D中使用"克隆""扫描"等菜单命令制作气旋动画。在为其赋予相应材质后，导出图形序列，效果如图8-337所示。

02 使用参数化对象、"摄像机"、"灯光"等工具制作主体动画模型。在为其赋予相应材质后，导出图形序列，效果如图8-338所示。

03 使用X-Particles粒子插件模拟粒子在主体动画模型上进行环绕运动，然后使用Octane ObjectTag菜单命令使其实体化。在为其赋予相应材质后，导出图形序列，效果如图8-339所示。

图8-337

图8-338

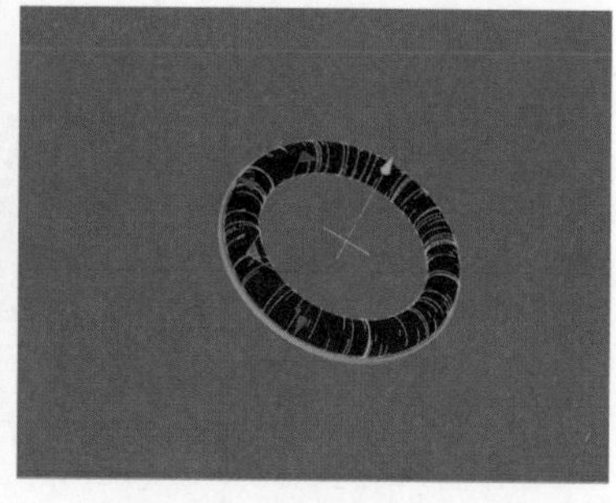

图8-339

04 在After Effects中导入以上步骤中导出的图形序列，设置背景以渲染氛围，效果如图8-340所示。

05 使用Particular粒子插件制作球形粒子动画，效果如图8-341所示。将所有图形序列进行排列叠加，设置"模式"、TrkMat等参数，完成最终效果。

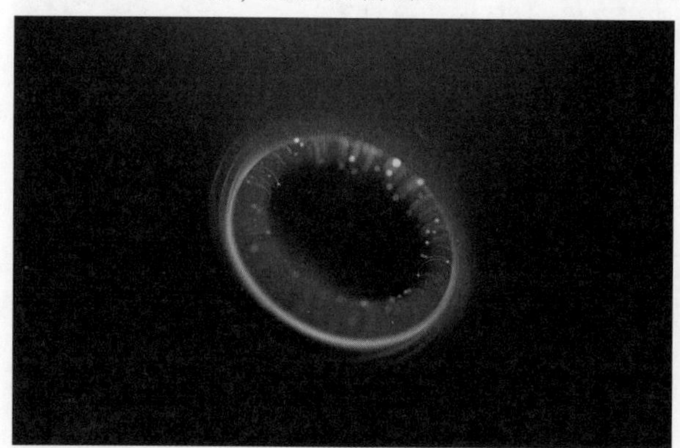

图8-340

图8-341

8.4 数据传输类动效产品

本节案例以数据传输为主题，主要使用X-Particles粒子插件与“添加毛发”菜单命令制作效果。

实战：光纤律动

场景位置	场景文件>CH08>实战：光纤律动
实例位置	实例文件>CH08>实战：光纤律动
难易程度	★★★★☆
学习目标	掌握Random Color节点的使用方法

光纤律动的效果如图8-342所示，制作分析如下。

当在Octane渲染器中使用Random Color节点时，如果对象是通过“克隆”菜单命令产生的，那么需要将该对象的“实例模式”修改为“渲染实例”，这样Random Color节点才能生效。

图8-342

◎ 光纤主体模型制作

01 打开Cinema 4D，执行“渲染>编辑渲染设置”菜单命令，在“渲染设置”对话框中选择“输出”，设置“宽度”为1920像素、“高度”为1080像素，如图8-343所示。

02 执行“创建>对象>平面”菜单命令，将“平面”对象重命名为“地面场景”，然后在“属性”面板中设置P.X为0cm、P.Y为0cm、P.Z为435.5cm，接着设置“宽度”“高度”为1578cm，如图8-344所示。

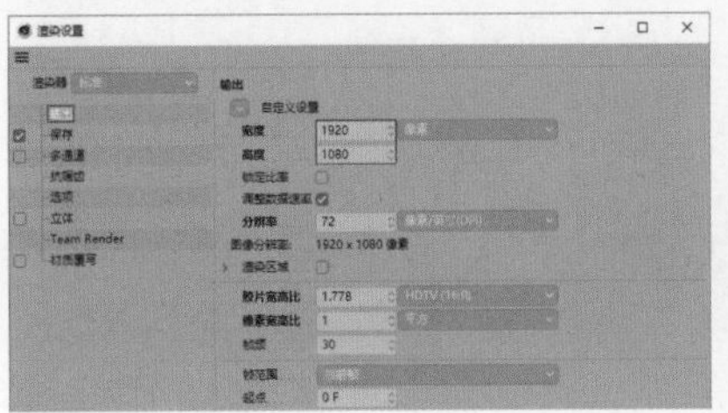

图8-343

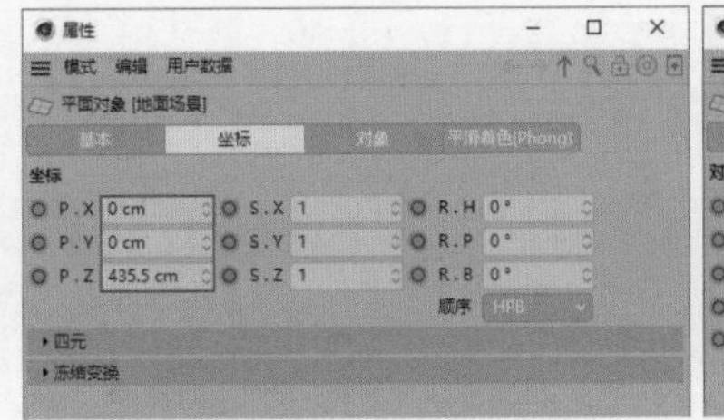

图8-344

03 执行“创建>对象>平面”菜单命令，将“平面”对象重命名为“毛发发射器”，如图8-345所示，然后在“属性”面板中设置“宽度”为350cm、“高度”为350cm。效果如图8-346所示。

04 执行“模拟>毛发对象>添加毛发”菜单命令，选择“毛发”对象，然后移动“对象”面板中的“毛发发射器”对象至“属性”面板的“链接”参数上，接着设置“数量”为100、“长度”为190cm，如图8-347所示。

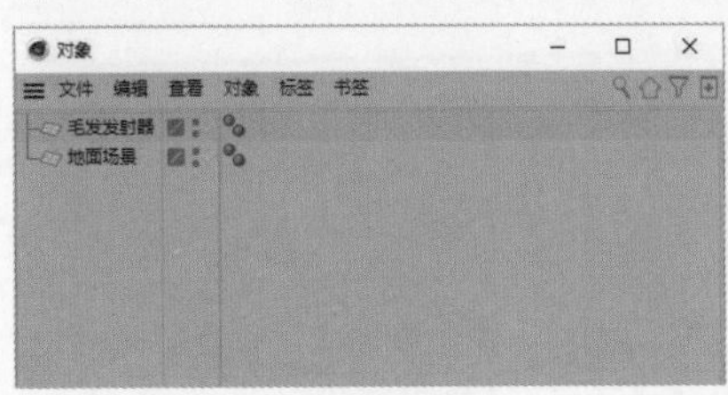

图8-345

图8-346

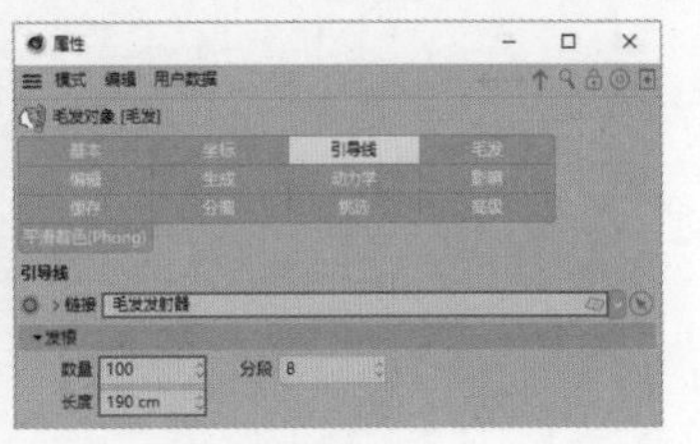

图8-347

05 在“属性”面板的“毛发”选项卡中设置“数量”为1200，然后展开“发根”卷展栏，设置“发根”为“多边形区域”，接着展开“克隆”卷展栏，设置“克隆”为6，如图8-348所示。

06 在“属性”面板的“生成”选项卡中设置“类型”为“样条”，如图8-349所示。在“属性”面板中的“动力学”选项卡中展开“属性”卷展栏，设置“粘滞”为6%、“保持发根”为100%，如图8-350所示。

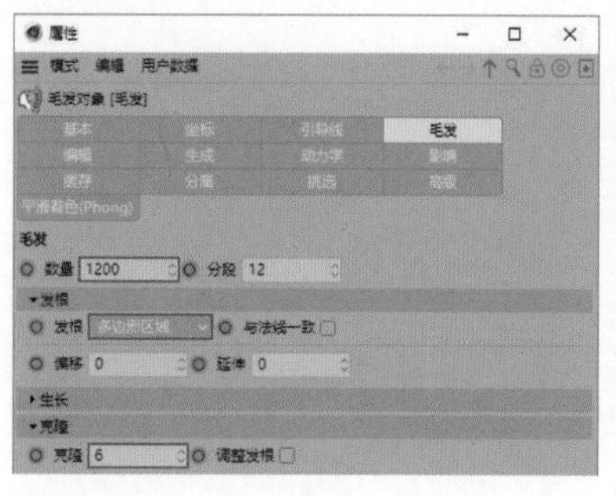

图8-348

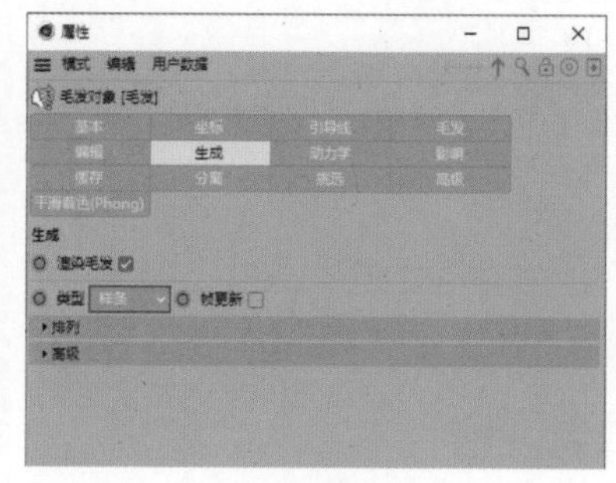

图8-349

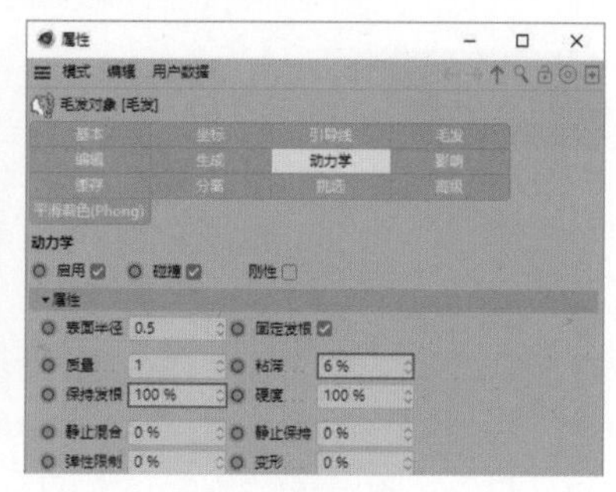

图8-350

07 在“属性”面板的“影响”选项卡中设置“重力”为0，如图8-351所示。在“对象”面板中将“毛发”对象重命名为“枝杆”，如图8-352所示。

08 创建一个圆柱体对象，然后执行“运动图形>克隆”菜单命令，将“克隆”对象重命名为“端点”，然后移动“圆柱”对象至“端点”对象内，如图8-353所示。选择“圆柱”对象，然后设置“半径”为0.25cm、“高度”为1cm、“方向”为+Z，如图8-354所示。

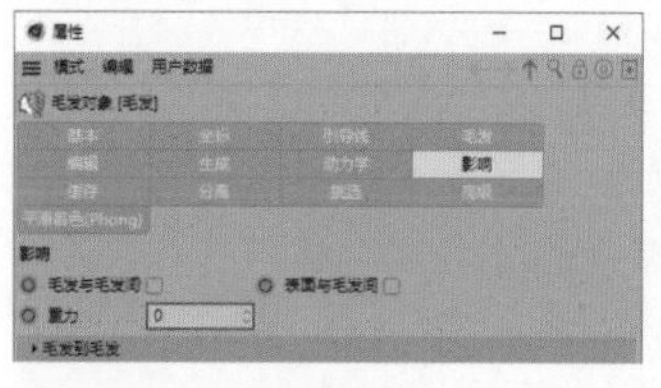

图8-351

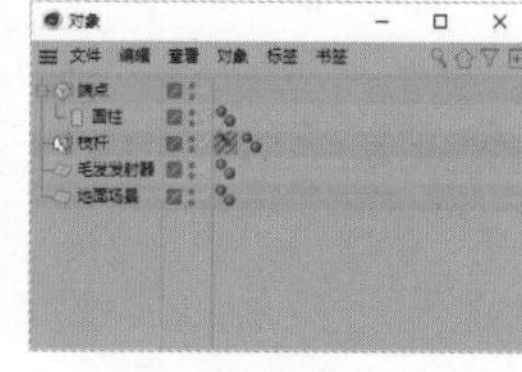

图8-352

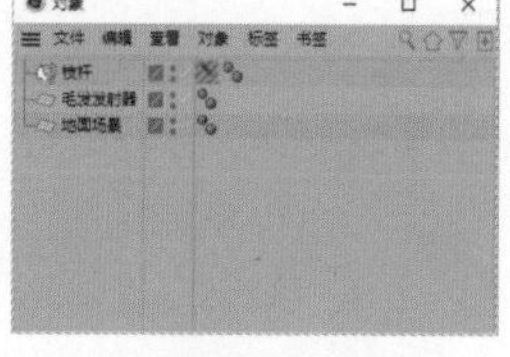

图8-353

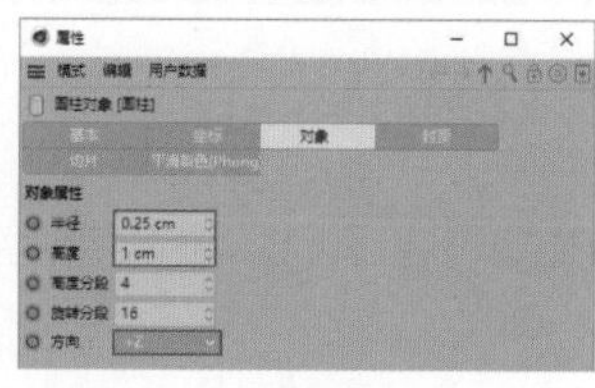

图8-354

09 选择“端点”对象，在“属性”面板中设置“模式”为“对象”，然后移动“对象”面板中的“枝杆”对象至“属性”面板中的“对象”参数上，设置“实例模式”为“渲染实例”，接着设置“数量”为1、“偏移”为99.9%，如图8-355所示。效果如图8-356所示。

10 设置时间轴时长为0~240F、当前帧为0F，如图8-357所示。执行“模拟>力场>域力场”菜单命令，然后执行“创建>域>球体域”菜单命令，此时“对象”面板如图8-358所示。

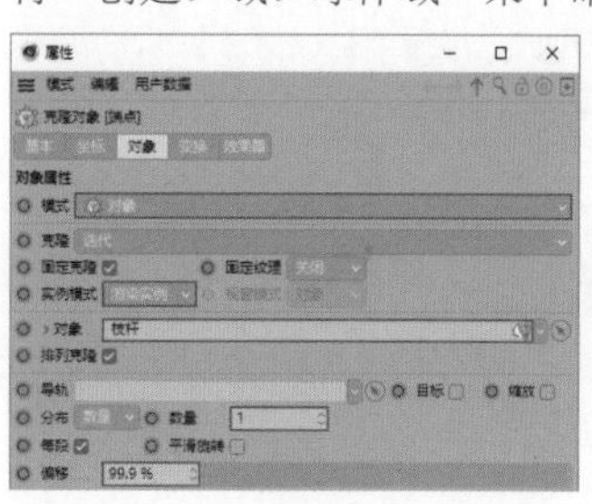

图8-355

图8-356

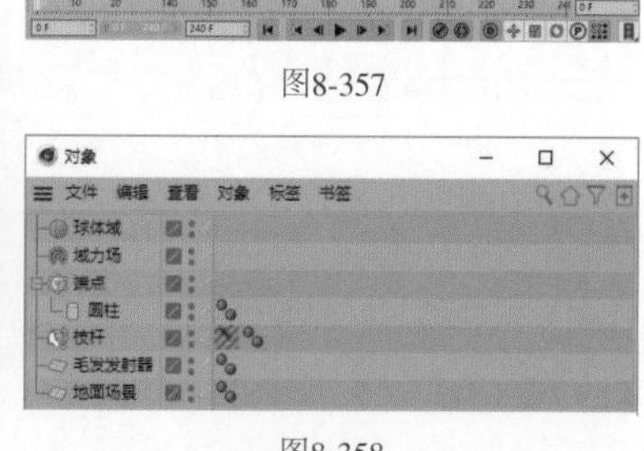

图8-357

图8-358

11 选择“域力场”对象，在“属性”面板中设置P.X为0cm、P.Y为235.5cm、P.Z为0cm，如图8-359所示。保持当前选择不变，移动“对象”面板中的“球体域”对象至“属性”面板的“域”列表框中，然后在“属性”面板中设置“球体域”对象的“混合”为“普通”、“强度”为-6并单击其左侧的按钮，如图8-360所示。

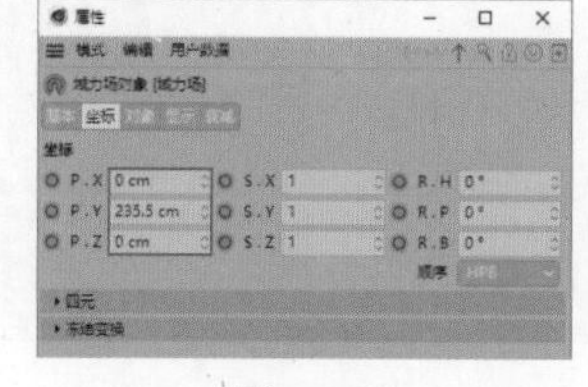

图8-359

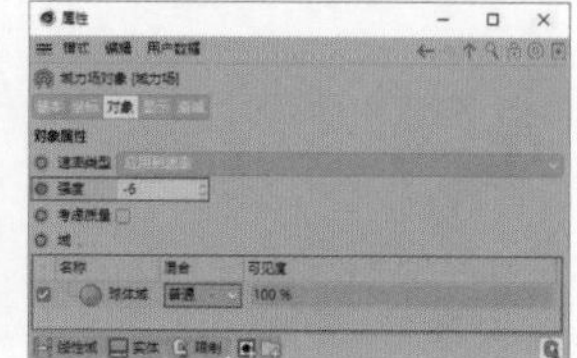

图8-360

12 保持当前选择不变，设置当前帧为60F，然后在“属性”面板中设置“强度”为3并单击其左侧的◎按钮，如图8-361所示。设置当前帧为120F，然后在“属性”面板中设置“强度”为-1并单击其左侧的◎按钮，如图8-362所示。

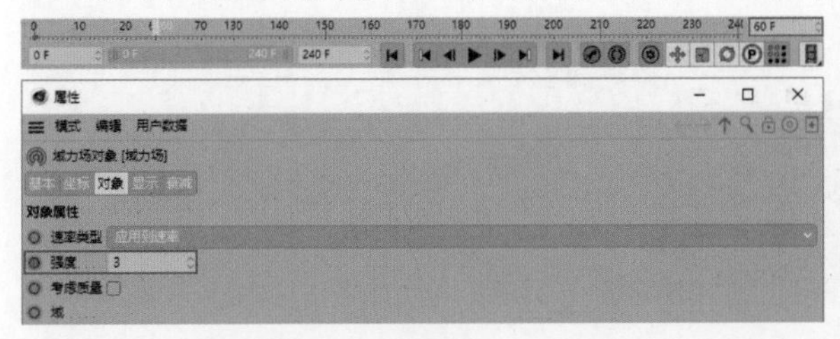

图8-361

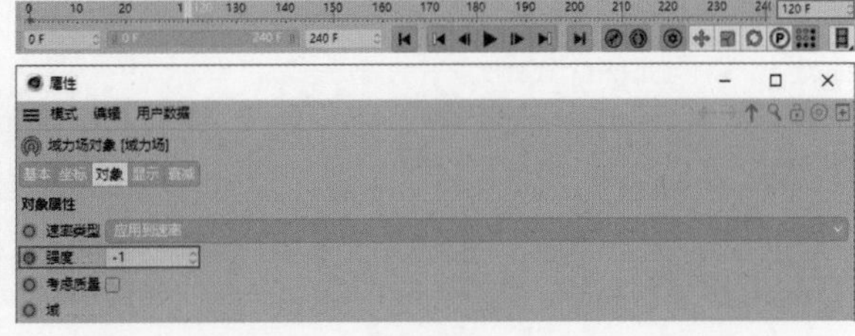

图8-362

13 选择“球体域”对象，然后在“属性”面板中设置P.X为0cm、P.Y为31.5cm、P.Z为0cm，接着设置“尺寸”为210cm，最后设置“内部偏移”为100%，如图8-363所示。

14 执行“创建>对象>空白”菜单命令，将“空白”对象重命名为“焦点”，然后选择“焦点”对象，在“属性”面板中设置P.X为-0.04cm、P.Y为207cm、P.Z为2.5cm，如图8-364所示。

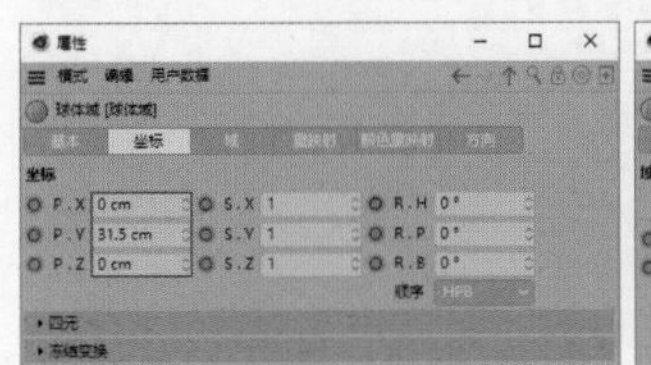

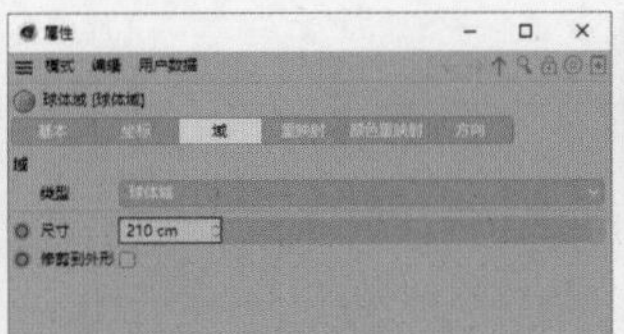

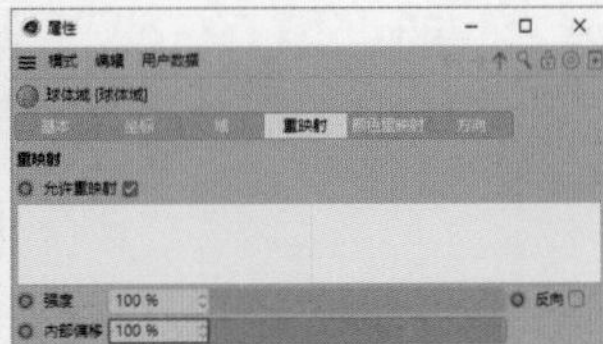

图8-363

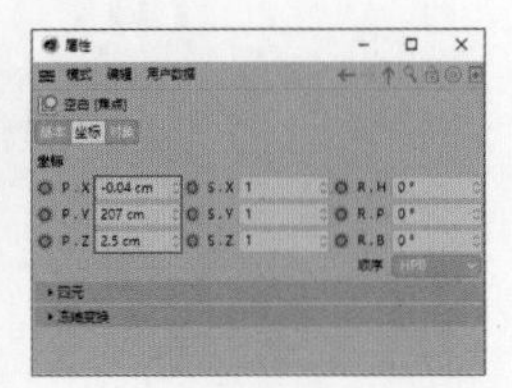

图8-364

◎ 光纤主体模型渲染

01 执行“渲染>编辑渲染设置”菜单命令，在“渲染设置”对话框中设置“渲染器”为Octane Renderer，如图8-365所示。

02 执行“Octane>Octane Dialog”菜单命令，然后在弹出的对话框中执行“Objects>Octane Camera”和“Objects>Hdri Environment”菜单命令，如图8-366所示。单击OctaneCamera右侧的■按钮切换至摄像机视角，然后选择OctaneCamera对象，接着移动“对象”面板中的“焦点”对象至“属性”面板的“焦点对象”参数上，如图8-367所示。

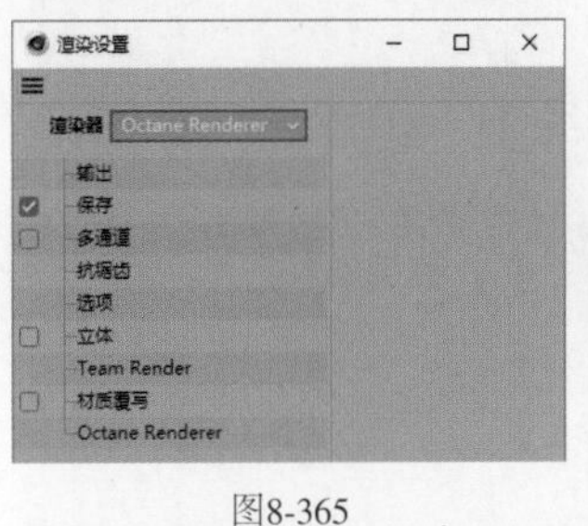

图8-365

图8-366

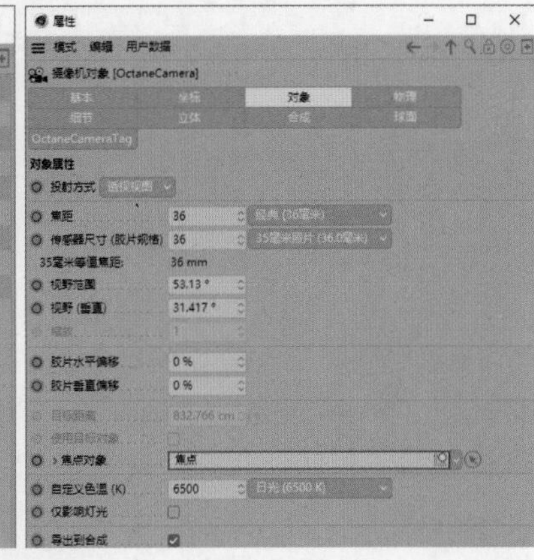

图8-367

03 在“属性”面板的OctaneCameraTag选项卡中展开Depth of field卷展栏，取消勾选Auto focus复选框，然后设置Aperture为4cm，如图8-368所示。保持当前选择不变，在“属性”面板中设置P.X为0cm、P.Y为290cm、P.Z为-215cm、R.H为0°、R.P为-30°、R.B为0°，如图8-369所示。

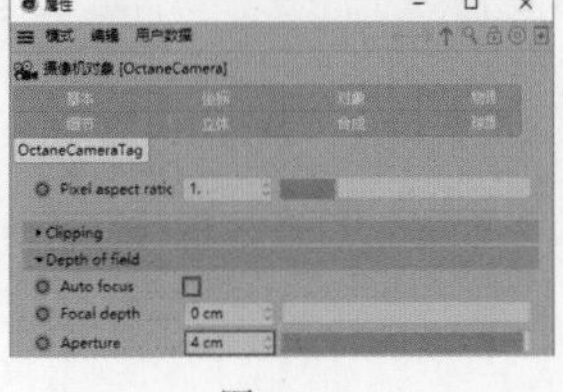

图8-368

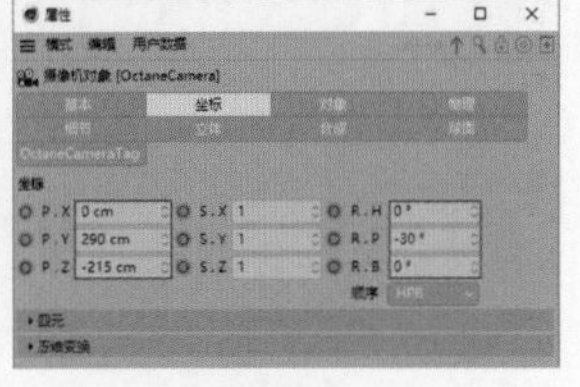

图8-369

04 选择OctaneSky对象，在“属性”面板中设置Power为0、RotX为0.265、RotY为 -0.35，如图8-370所示。选择“摄像机目标”对象，然后执行“Octane＞Octane Dialog”菜单命令，接着在弹出的对话框中执行“Objects＞Lights＞Octane Targetted Arealight”菜单命令两次，得到两个OctaneLight对象，并将它们分别重命名为“底部”“顶部”，如图8-371所示。

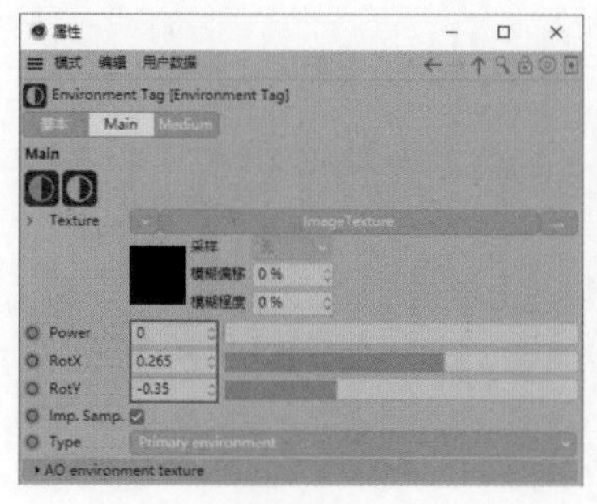
图8-370

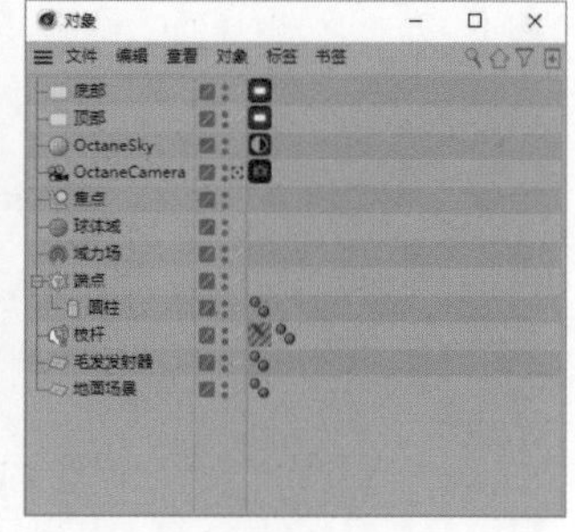
图8-371

05 选择“顶部”对象，在“属性”面板中设置Power为10、Opacity为0，如图8-372所示。保持当前选择不变，在“属性”面板中设置P.X为0cm、P.Y为227cm、P.Z为0cm、R.H为0°、R.P为270°、R.B为0°，如图8-373所示。设置“外部半径”为80cm、“水平尺寸”和“垂直尺寸”为160cm，如图8-374所示。

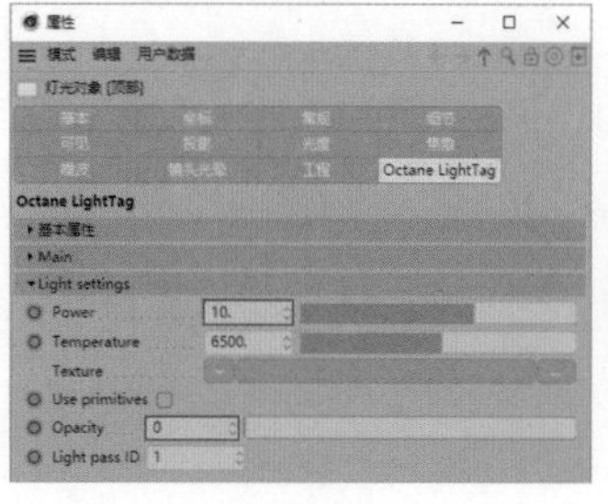
图8-372

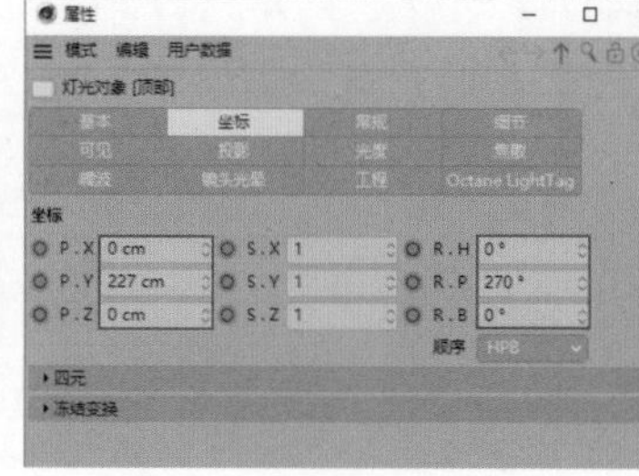
图8-373

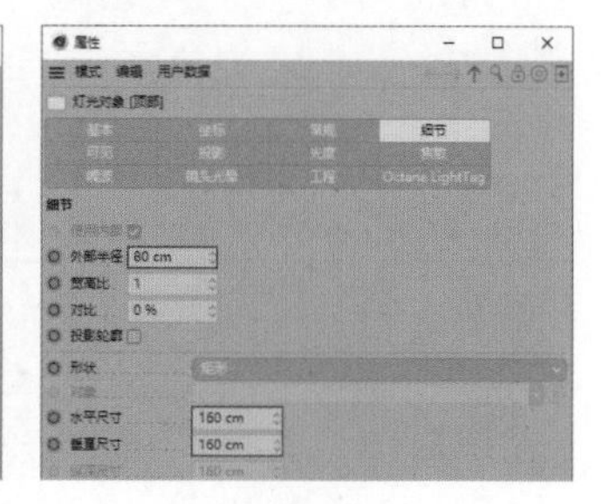
图8-374

06 选择“底部”对象，然后在“属性”面板中设置Opacity为0，如图8-375所示。保持当前选择不变，在“属性”面板中设置P.X为0cm、P.Y为50cm、P.Z为 -150cm、R.H为0°、R.P为90°、R.B为0°，如图8-376所示。设置“外部半径”为137.5cm、“水平尺寸”为275cm、“垂直尺寸”为305cm，如图8-377所示。

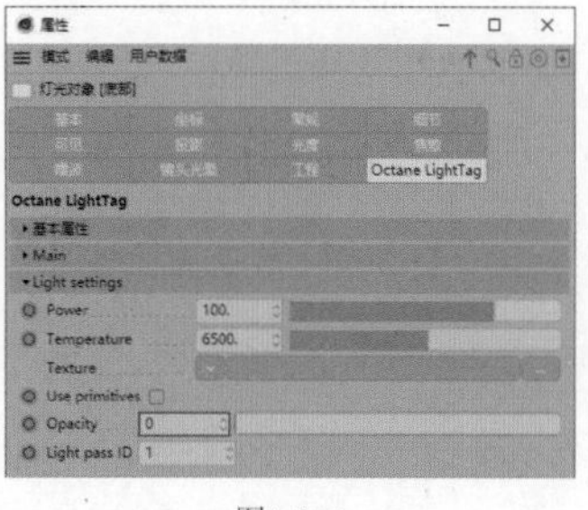
图8-375

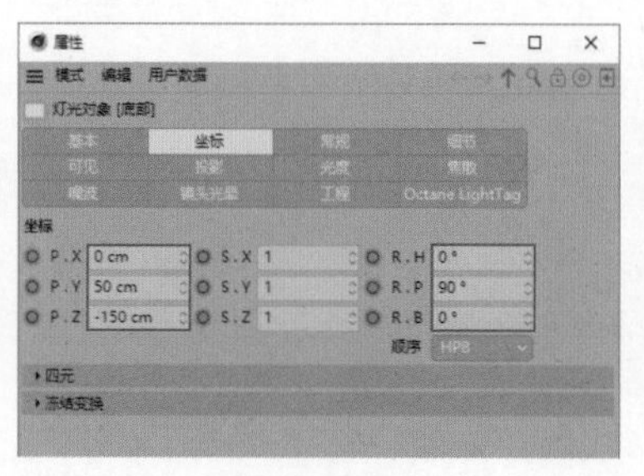
图8-376

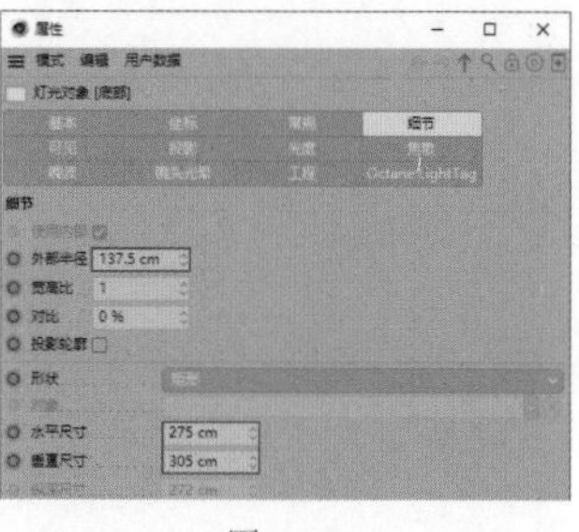
图8-377

07 执行“Octane＞Octane Dialog”菜单命令，然后在弹出的对话框中执行“Materials＞Octane Diffuse Material”菜单命令。在“材质”面板中选择“毛发材质”材质球，然后执行“编辑＞删除”菜单命令，此时“材质”面板如图8-378所示。

08 双击“材质”面板中新增的材质球打开“材质编辑器”面板，设置其名称为“地面场景”，然后选择Diffuse，设置Texture为“颜色”，如图8-379所示。单击“颜色”，设置H为215°、S为100%、V为40%，如图8-380所示。

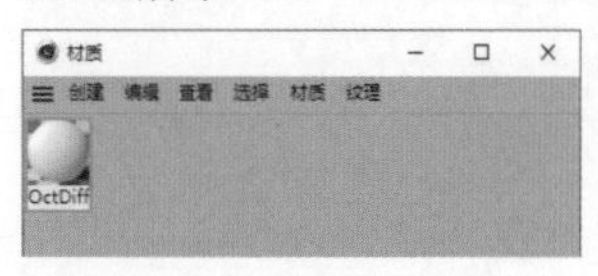
图8-378

图8-379

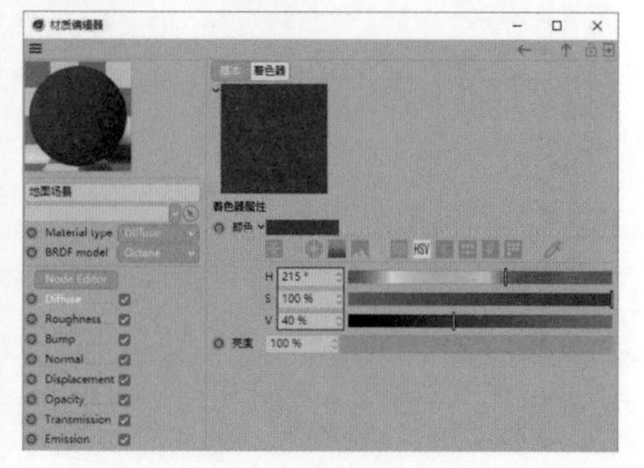
图8-380

09 执行“Octane＞Octane Dialog”菜单命令，在弹出的对话框中执行“Materials＞Octane Diffuse Material”菜单命令，此时“材质”面板如图8-381所示。双击“材质”面板中新增的材质球打开“材质编辑器”面板，设置其名称为“暗”，然后选择Diffuse，设置Texture为“颜色”，如图8-382所示。

图8-381

10 单击“颜色”，设置H为215°、S为100%、V为55%，如图8-383所示。执行“Octane＞Octane Dialog”菜单命令，然后在弹出的对话框中执行“Materials＞Octane Diffuse Material”菜单命令，此时“材质”面板如图8-384所示。

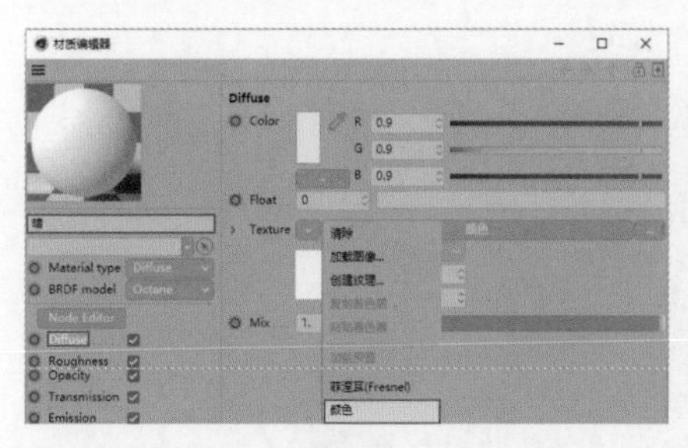

图8-382

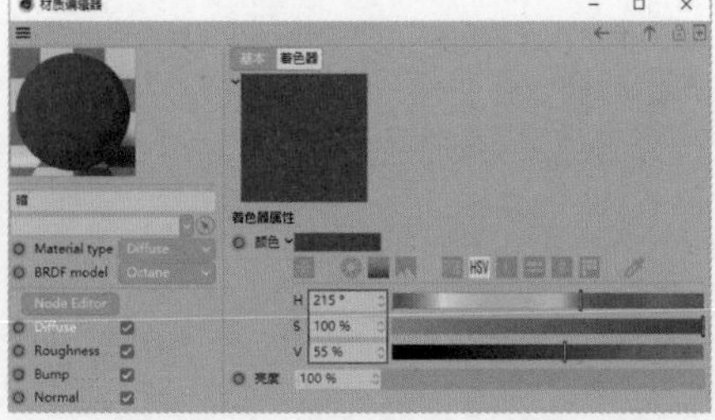

图8-383

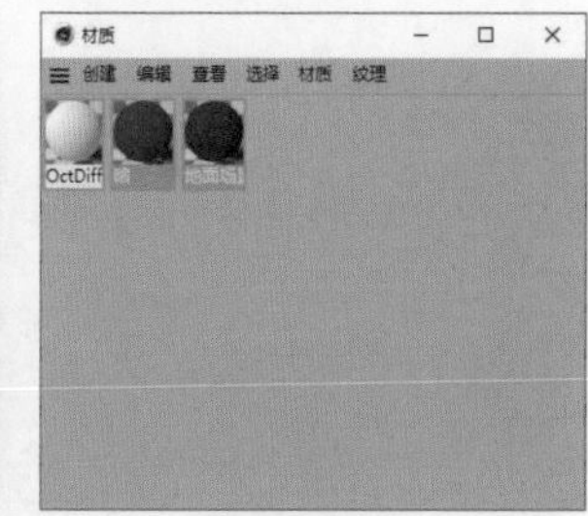

图8-384

11 双击“材质”面板中新增的材质球打开“材质编辑器”面板，设置其名称为“明”，如图8-385所示。单击Node Editor按钮 Node Editor ，打开Octane Node Editor对话框，然后移动Gradient、Random color至右侧的空白区域，接着连接Random Color与Gradient中的Texture、Gradient与“明”中的Diffuse，如图8-386所示。

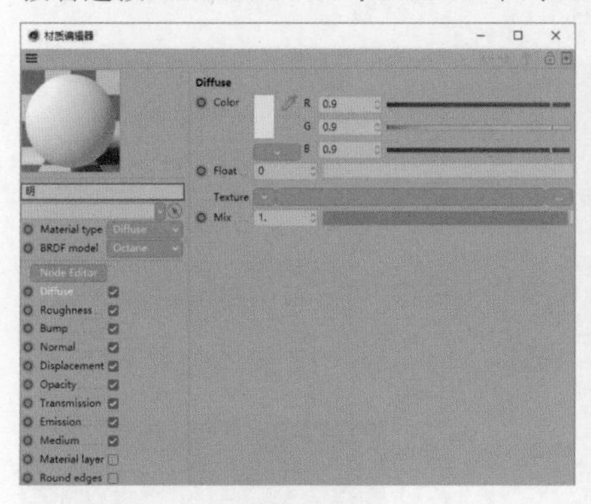

图8-385

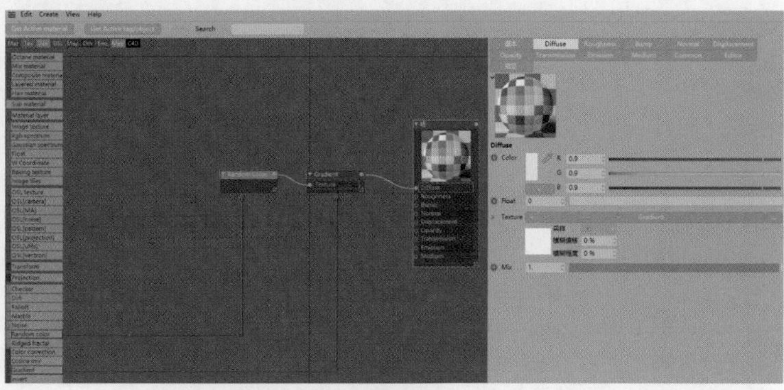

图8-386

12 选择Gradient，在对话框右侧展开Gradient卷展栏，然后选择第1个色标，设置H为185°、S为100%、V为90%；选择第2个色标，设置“色标位置”为65%、H为225°、S为100%、V为50%；选择第3个色标，设置H为33°、S为80%、V为100%，如图8-387所示。

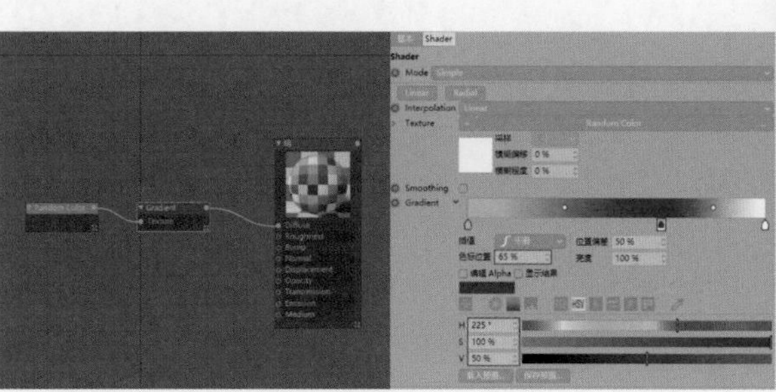

图8-387

13 执行“Octane>Octane Dialog”菜单命令，然后在弹出的对话框中执行“Materials>Octane Glossy Material”菜单命令，此时“材质”面板如图8-388所示。双击“材质”面板中新增的材质球打开“材质编辑器”面板，设置其名称为“枝杆”，然后选择Diffuse，设置Texture为“颜色”，如图8-389所示。

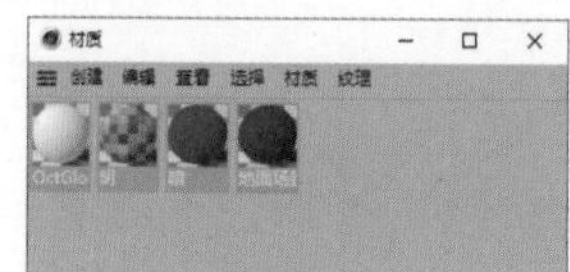

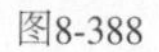

图8-388

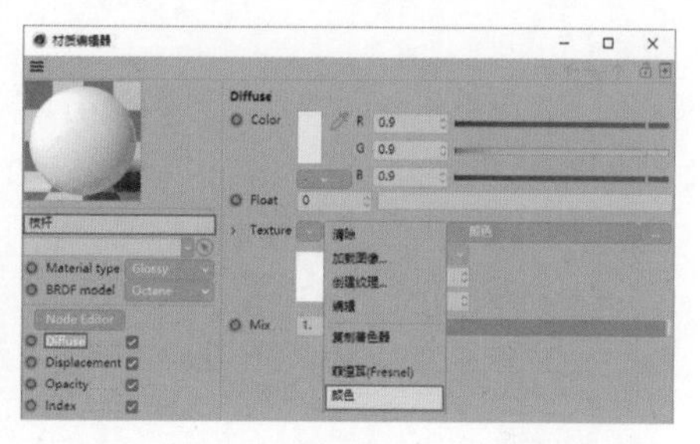

图8-389

14 单击“颜色”，设置H为215°、S为100%、V为30%，如图8-390所示。选择Specular，设置Texture为“颜色”，如图8-391所示。单击“颜色”，设置H为215°、S为100%、V为50%，如图8-392所示。

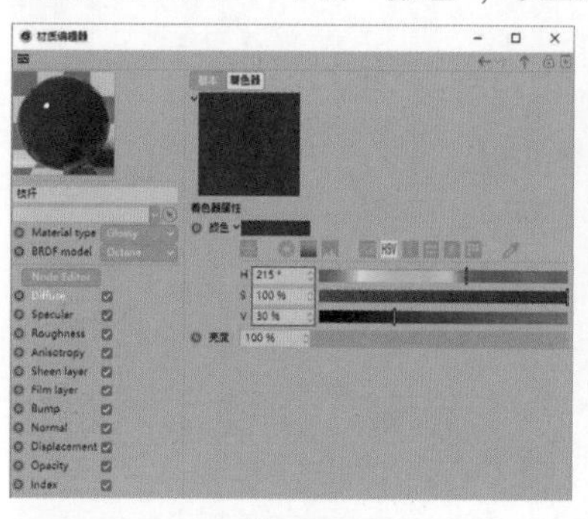

图8-390

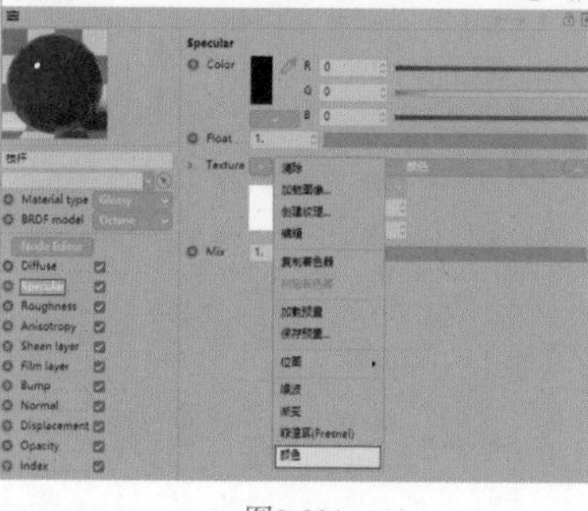

图8-391

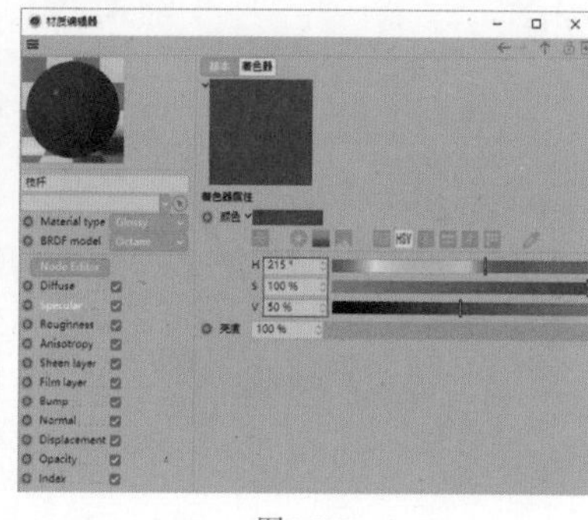

图8-392

15 选择“枝杆”对象，执行“创建>标签>C4doctane标签>Octane ObjectTag”菜单命令，然后在“属性”面板中勾选Render As Hair复选框，接着设置Root Thickness为2、Tip Thickness为0.25，如图8-393所示。效果如图8-394所示。

16 移动“材质”面板中的“地面场景”材质球至“对象”面板的“地面场景”对象上、“暗”材质球至“端点”对象上、“枝杆”材质球至“枝杆”对象上，如图8-395所示。执行“渲染>渲染活动视图”菜单命令，效果如图8-396所示。

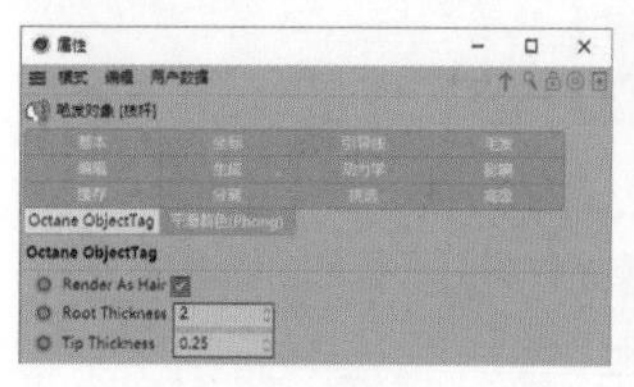

图8-393

图8-394

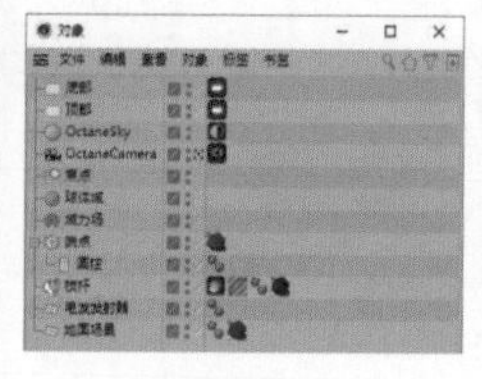

图8-395

图8-396

17 执行“Octane>Octane Settings”菜单命令，然后在Octane Settings对话框中设置第1行参数为Pathtracing，接着设置Max.samples为1300，如图8-397所示。

18 执行“渲染>编辑渲染设置”菜单命令，然后在“渲染设置”对话框中选择“输出”，设置“帧范围”为“全部帧”、“起点”为0F、“终点”为300F，如图8-398所示。

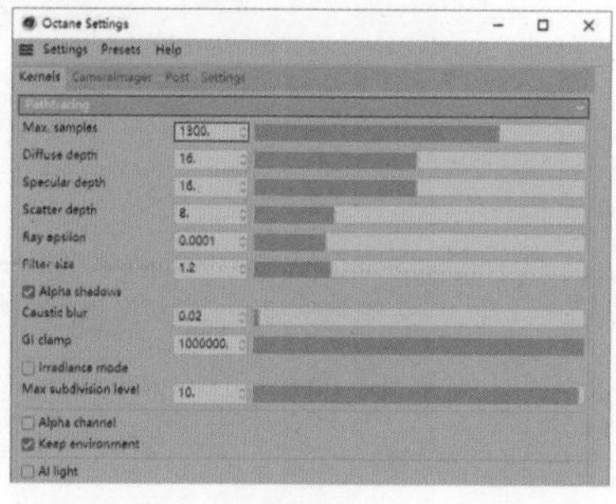

图8-397

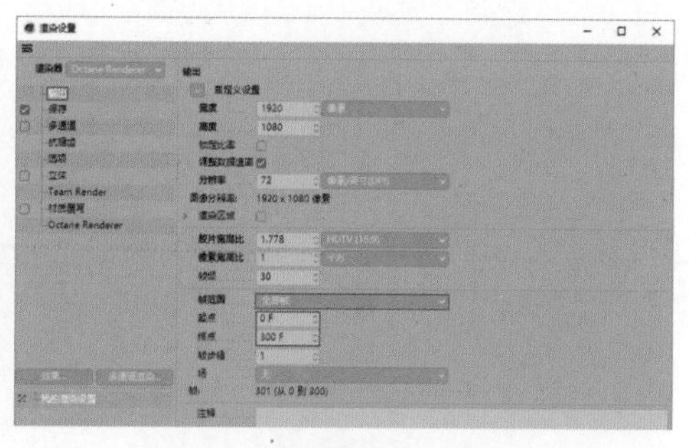

图8-398

19 在“渲染设置”对话框中选择“保存”，然后单击“文件”右侧的按钮选择文件保存路径，将文件命名为“光纤律动暗”，接着设置“格式”为PNG，如图8-399所示。执行“渲染>渲染活动视图”菜单命令，效果如图8-400所示。

图8-399

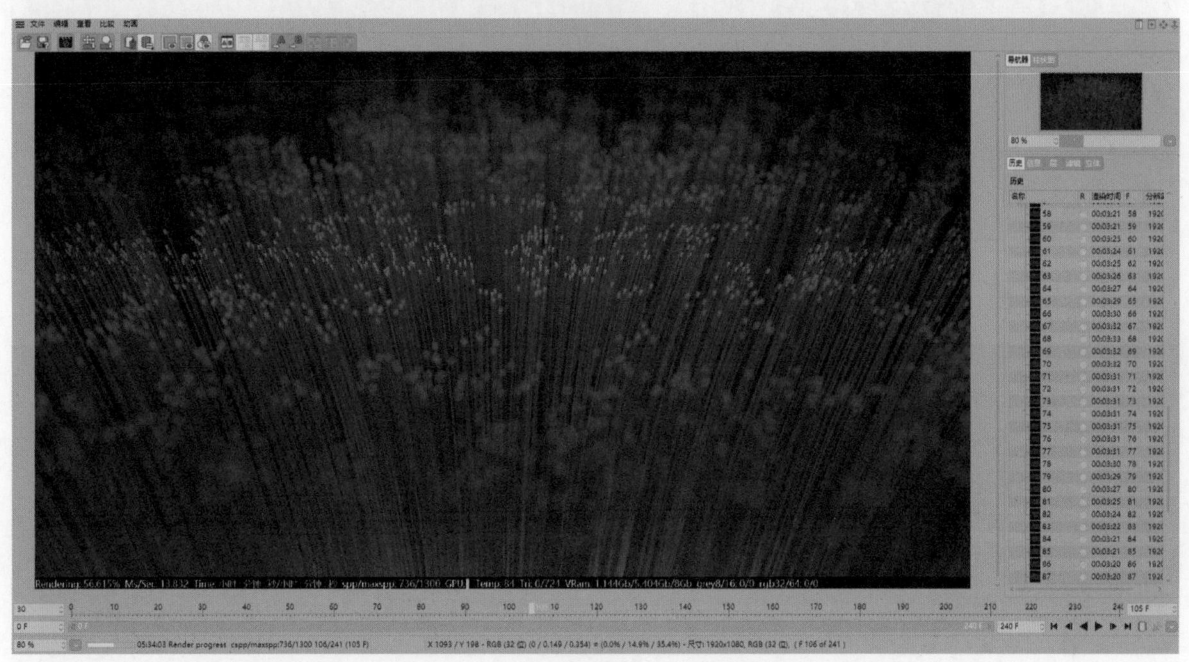

图8-400

20 移动“材质”面板中的“明”材质球至“对象”面板的“端点”对象上，如图8-401所示。在“渲染设置”对话框中选择“保存”，然后单击“文件”右侧的按钮选择文件保存路径，将文件命名为“光纤律动明”，接着设置“格式”为PNG，如图8-402所示。执行“渲染>渲染活动视图”菜单命令，效果如图8-403所示。

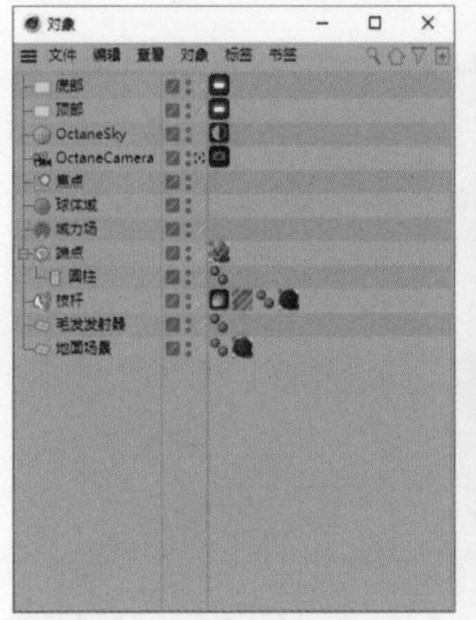

图8-401

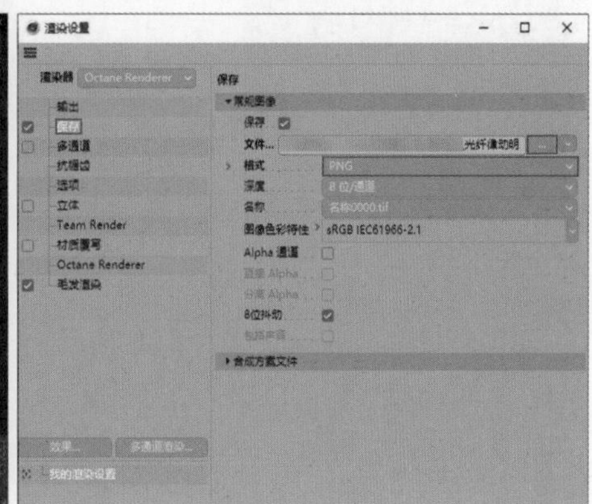

图8-402

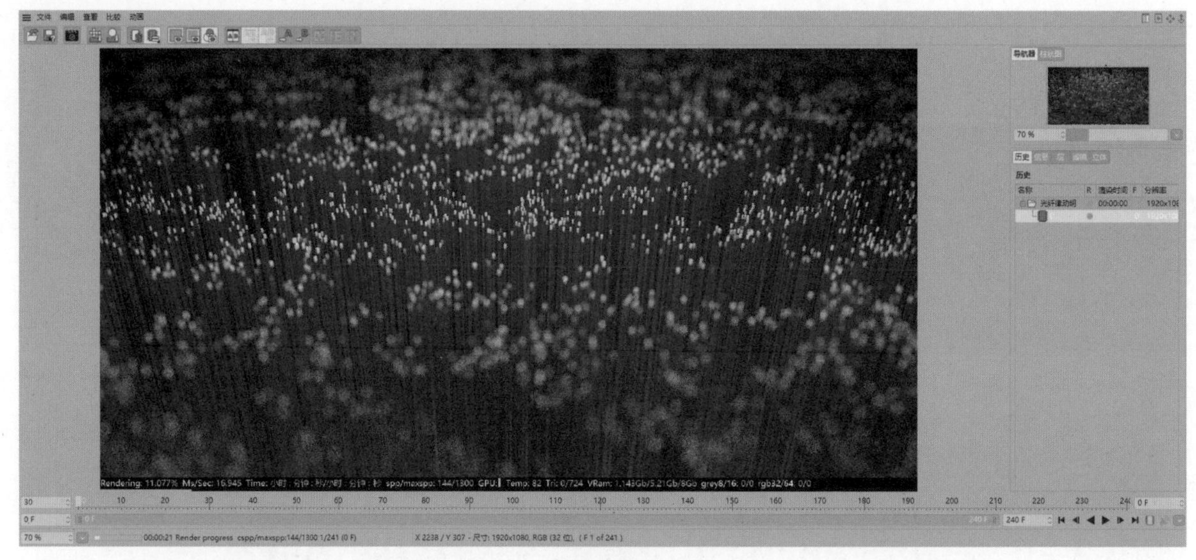
图8-403

◎ 光纤律动动效制作

01 打开After Effects，导入模型文件“场景文件>CH08>实战：光纤律动>光纤律动暗0000.png”和“场景文件>CH08>实战：光纤律动>光纤律动明0000.png”，如图8-404所示。

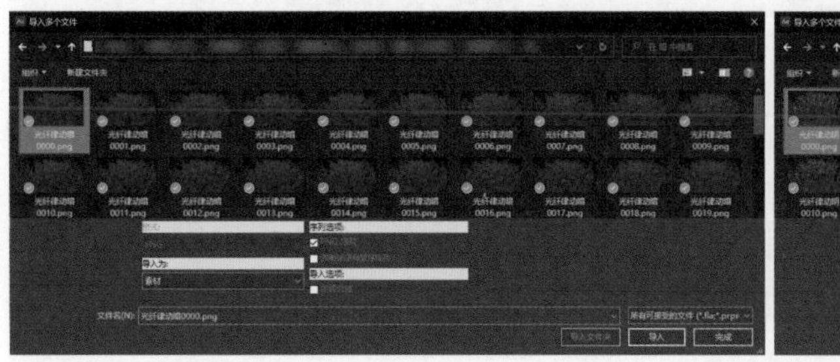
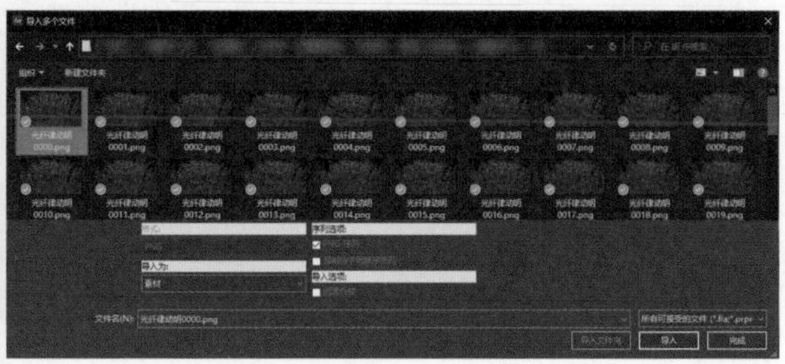
图8-404

02 新建一个合成，设置“合成名称”为“光纤律动”、“宽度”为1920px、“高度”为1080px、“帧速率”为30帧/秒、“持续时间”为0:00:08:00，如图8-405所示。

03 移动“项目”面板中的“光纤律动暗[0000-0240].png”“光纤律动明[0000-0240].png”文件至“时间轴”面板中，使“光纤律动明[0000-0240].png”图层位于上方，然后设置时间码为0:00:02:15，如图8-406所示。

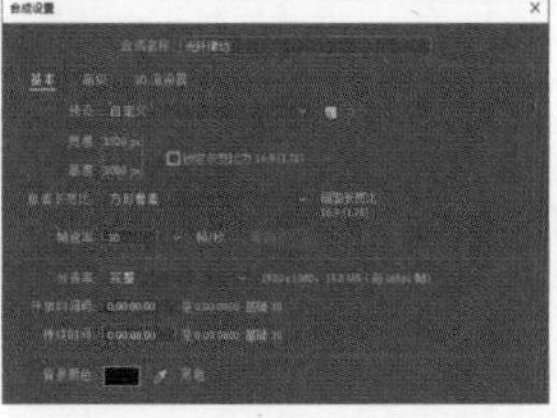
图8-405

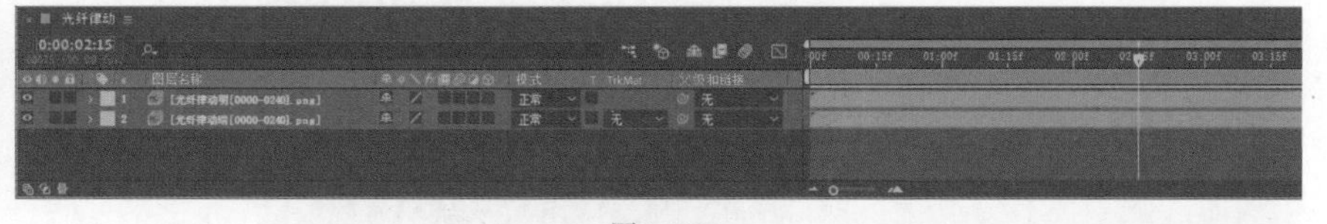
图8-406

04 选择“光纤律动明[0000-0240].png”图层，执行“效果>风格化>发光”菜单命令，然后在“效果控件”面板中设置“发光半径”为20、“发光强度”为0.5，如图8-407所示。效果如图8-408所示。

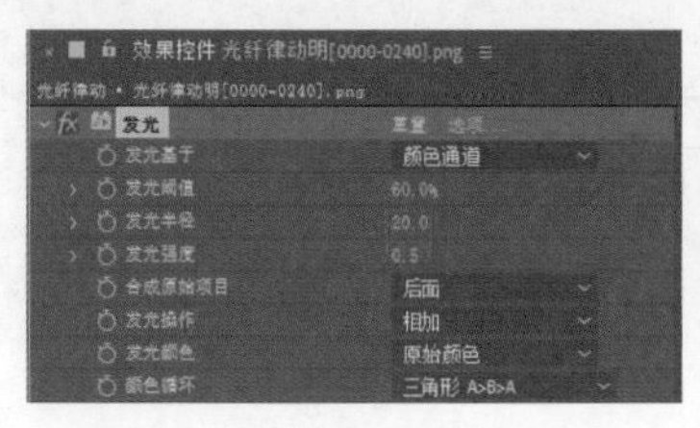

图8-407

图8-408

05 新建一个合成，设置“合成名称”为“律动蒙版”、“宽度”为1920px、“高度”为1080px、“帧速率”为30帧/秒、“持续时间”为0:00:08:00，如图8-409所示。设置时间码为0:00:00:00，新建一个形状图层，将其命名为“扩散1”，然后执行“图层>3D图层”菜单命令。在“时间轴”面板中展开“扩散1”卷展栏，单击“内容”右侧的“添加”按钮，分别选择“椭圆”“描边”选项。

06 展开“椭圆路径1”卷展栏，设置“大小”为（0,0）并单击其左侧的按钮，然后展开“描边1”卷展栏，设置“颜色”为白色（R:255,G:255,B:255）、“描边宽度”为237，接着展开“变换”卷展栏，设置“位置”为（960,445,130）、“方向”为（300°,0°,0°），如图8-410所示。

07 设置时间码为0:00:02:00，然后依次展开“扩散1”“内容”“椭圆路径1”卷展栏，设置“大小”为（12000,12000），如图8-411所示。

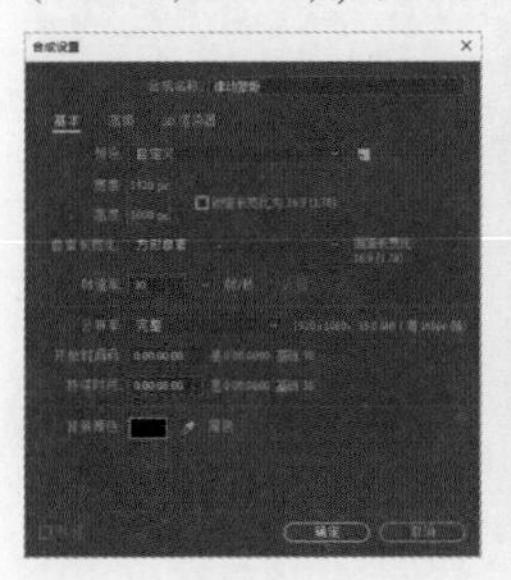

图8-409

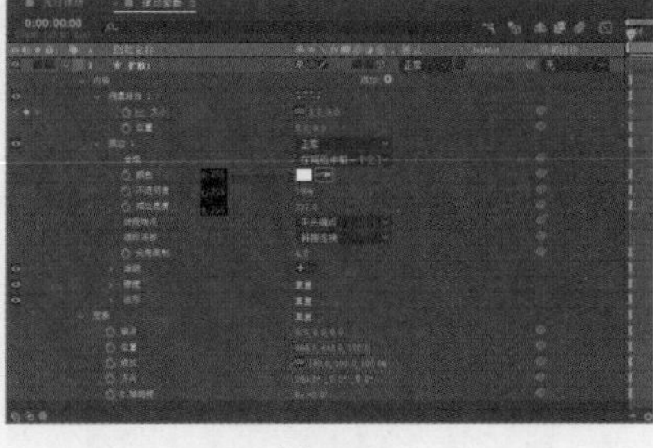

图8-410

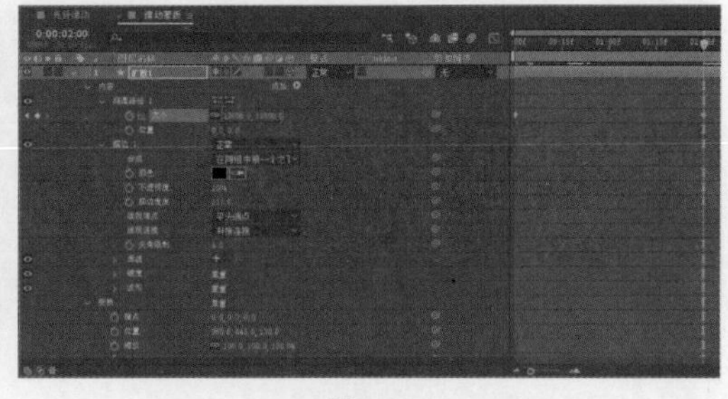

图8-411

08 设置时间码为0:00:00:20，然后选择“扩散1”图层，执行“编辑>重复”菜单命令3次，得到“扩散2”“扩散3”“扩散4”3个新增图层，如图8-412所示。

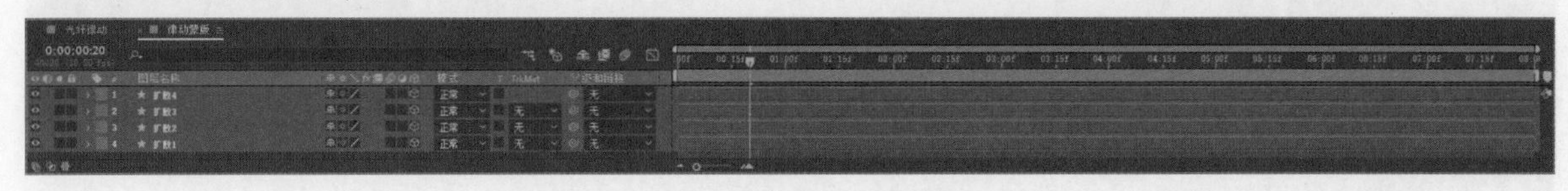

图8-412

09 在“时间轴”面板的右侧移动“扩散2”图层的初始帧至当前帧的位置，然后依次展开“扩散2”“内容”“椭圆路径1”卷展栏，设置“大小”为（12000,12000），如图8-413所示。保持当前选择不变，设置时间码为0:00:02:20，然后设置“大小”为（0,0），如图8-414所示。

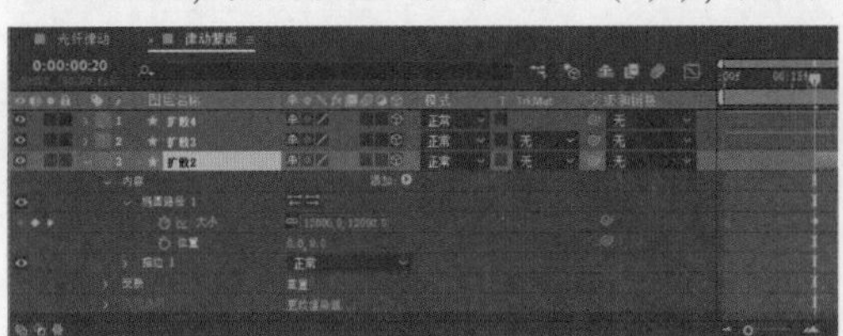

图8-413

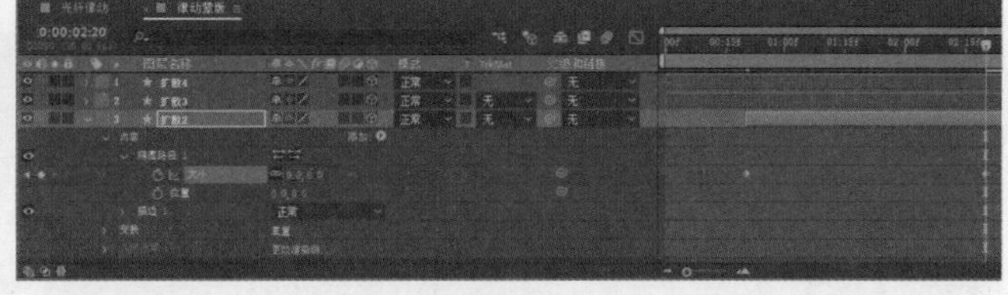

图8-414

10 设置时间码为0:00:04:00，移动“扩散3”图层的初始帧至当前帧的位置，然后依次展开“扩散3”“内容”卷展栏，选择“描边1”卷展栏，执行“编辑>清除”菜单命令，接着单击“添加”按钮，选择“填充”选项，最后展开“填充1”卷展栏，设置“颜色”为黑色（R:0,G:0,B:0），如图8-415所示。

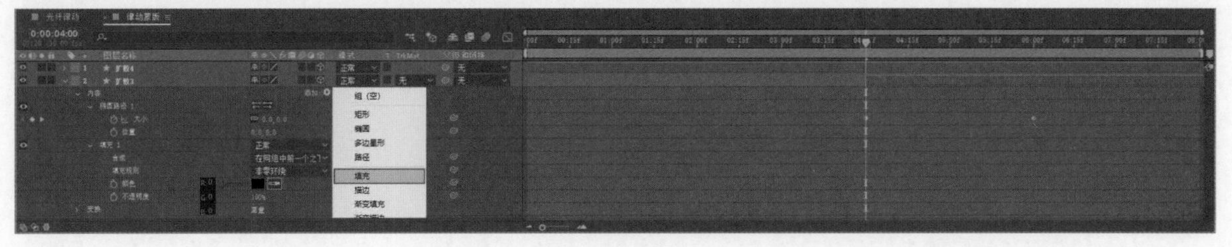

图8-415

11 设置时间码为0:00:06:00，然后设置“扩散3”卷展栏中的“大小”为（4000,4000），如图8-416所示。设置时间码为0:00:04:00，然后移动“扩散4”图层的初始帧至当前帧的位置，如图8-417所示。

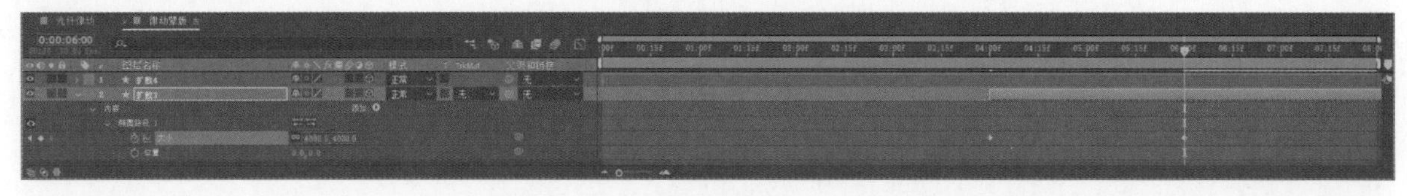

图8-416

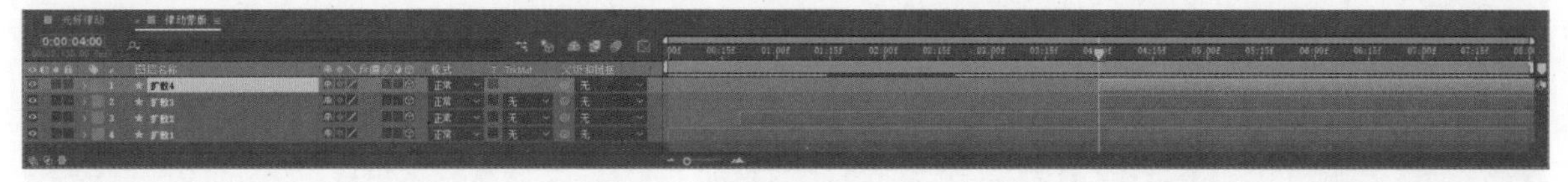

图8-417

12 回到“光纤律动”合成，移动“项目”面板中的“律动蒙版”文件至“时间轴”面板中，使“律动蒙版”图层位于最上方。然后选择“律动蒙版”图层，执行“效果>模糊和锐化>高斯模糊”菜单命令，接着在“效果控件”面板中展开“高斯模糊”卷展栏，设置“模糊度”为50，最后选择“光纤律动明[0000-0240].png”图层，设置TrkMat为“Alpha遮罩‘[律动蒙版]’”，如图8-418所示。效果如图8-419所示。

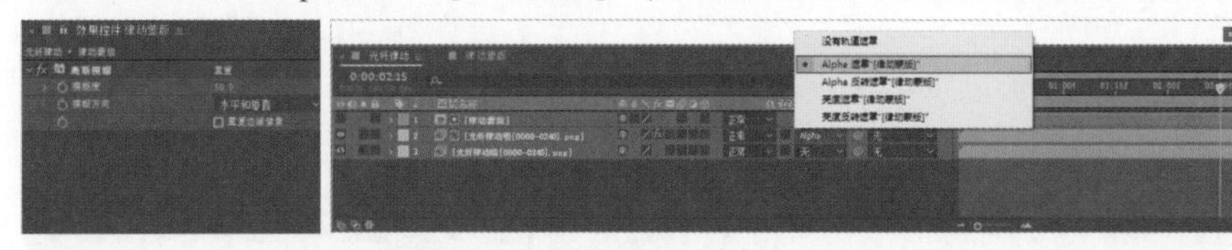

图8-418

图8-419

实战：数据传输

场景位置	场景文件>CH08>实战：数据传输
实例位置	实例文件>CH08>实战：数据传输
难易程度	★★★☆☆
学习目标	掌握“简易”效果器的使用方法

数据传输的效果如图8-420所示，制作分析如下。

当把“简易”效果器中的“缩放”参数设置为-1时，模型会被隐藏。在使用该参数时，一般会通过“域”工具来实现参数与效果的灵活联动。

图8-420

01 在Cinema 4D中使用参数化对象、“置换贴图”、“扫描”等工具制作地面场景，效果如图8-421所示。

图8-421

02 使用“粒子”菜单命令实现沿着4个方向发射粒子，在为其赋予相应材质后，导出图形序列，效果如图8-422所示。

03 使用“克隆”“简易”菜单命令制作中心矩阵的动画效果。在为其赋予相应材质后，导出图形序列，效果如图8-423所示。

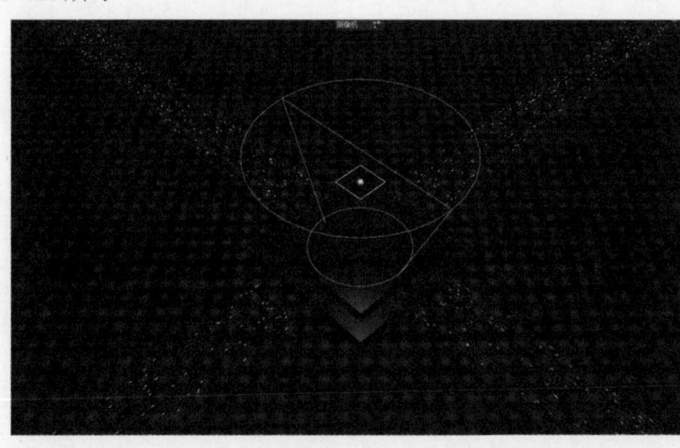

图8-422

图8-423

04 使用参数化对象创建模型并将模型与粒子的运动路径进行叠加，然后通过“多通道”功能输出多通道图形序列，效果如图8-424所示。

05 在After Effects中使用Plexus粒子插件和轨道遮罩图层对AEC文件进行后期处理，效果如图8-425所示。

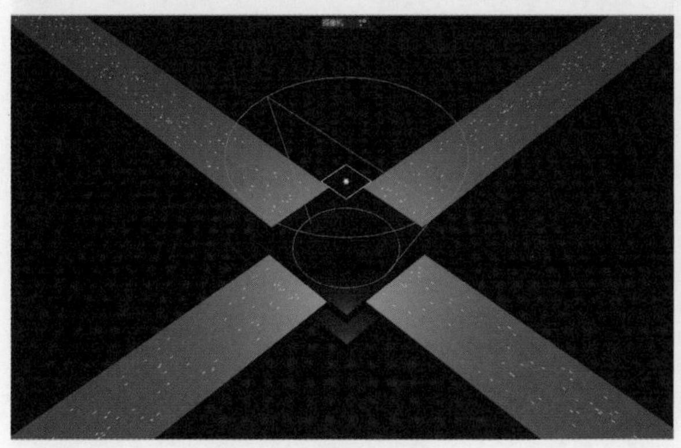

图8-424

图8-425

06 创建新合成，实现数据从远端传输至中心矩阵的效果，如图8-426所示。

07 将上述图形序列在一个合成内进行汇总，效果如图8-427所示。将所有图形序列进行排列叠加，设置“模式”、TrkMat等参数，完成最终效果。

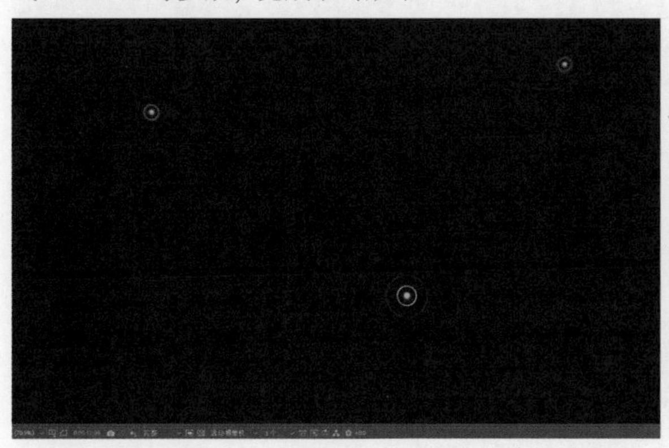

图8-426

图8-427

8.5 生物科技类动效产品

本节案例以生物科技为切入点，通过反复使用X-Particles粒子插件、“添加毛发”等工具制作效果。

实战：神经元生长

场景位置	场景文件 > CH08 > 实战：神经元生长
实例位置	实例文件 > CH08 > 实战：神经元生长
难易程度	★★★★☆
学习目标	掌握Generator菜单命令的使用方法

神经元生长的效果如图8-428所示，制作分析如下。

X-Particles粒子插件中的Generator菜单命令通常用来装载参数化对象，其主要作用是将虚拟的粒子实体化，也可以用来装载灯光，让灯光跟随着粒子的轨迹进行光照。

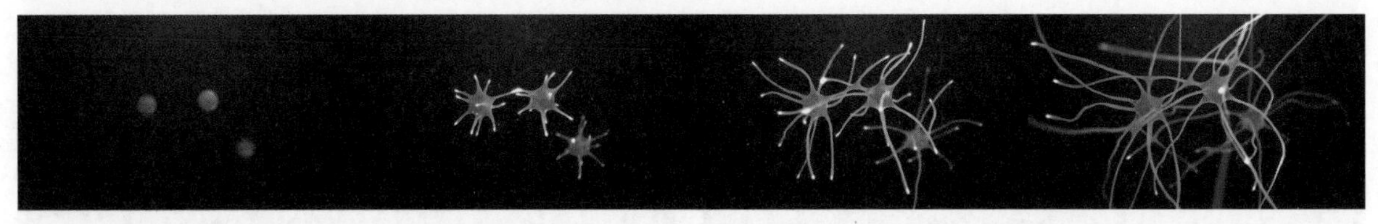

图8-428

◎ 神经元模型制作

01 打开Cinema 4D，执行“渲染>编辑渲染设置”菜单命令，在“渲染设置”对话框中选择“输出”，设置“宽度”1920像素、“高度”为1080像素，如图8-429所示。

02 创建一个“宝石”对象和一个“球体”对象，然后选择“宝石”对象，在“属性”面板中设置“半径”为103cm，接着选择“球体”对象，在“属性”面板中设置“半径”为150cm，如图8-430所示。同时选择“宝石”“球体”对象，在“属性”面板中设置P.X为-290cm、P.Y为213cm、P.Z为-770cm，如图8-431所示。

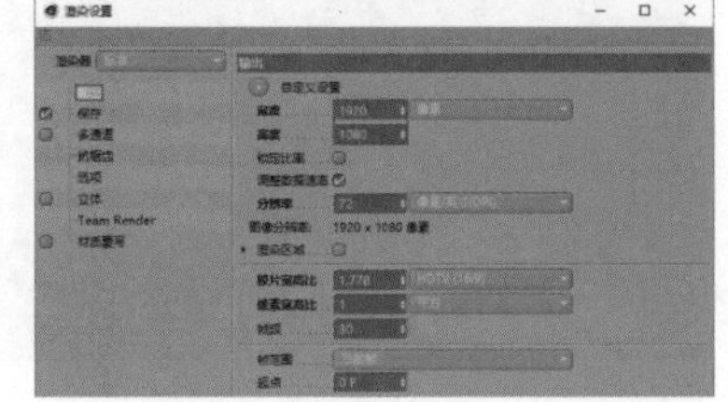

图8-429

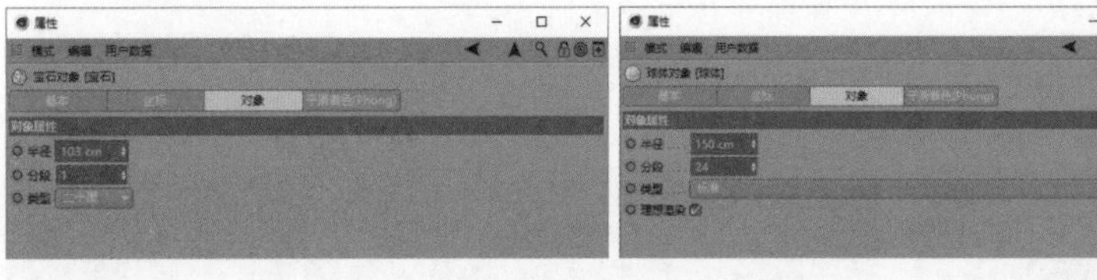

图8-430

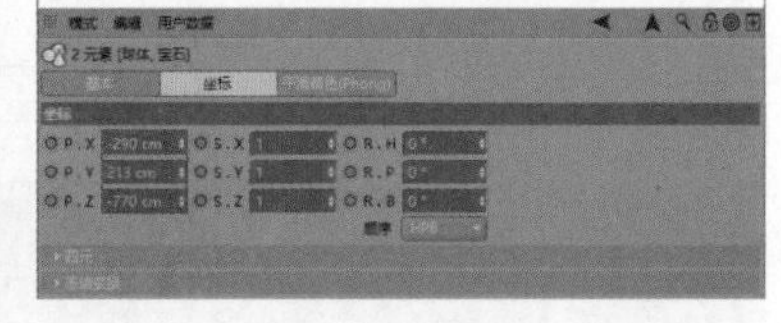

图8-431

03 新建一个宝石对象和一个球体对象，然后选择“宝石.1”对象，在“属性”面板中设置“半径”为113cm，接着选择“球体.1”对象，在“属性”面板中设置“半径”为150cm，如图8-432所示。同时选择“宝石.1”“球体.1”对象，在“属性”面板中设置P.X为65cm、P.Y为535cm、P.Z为-103cm，如图8-433所示。

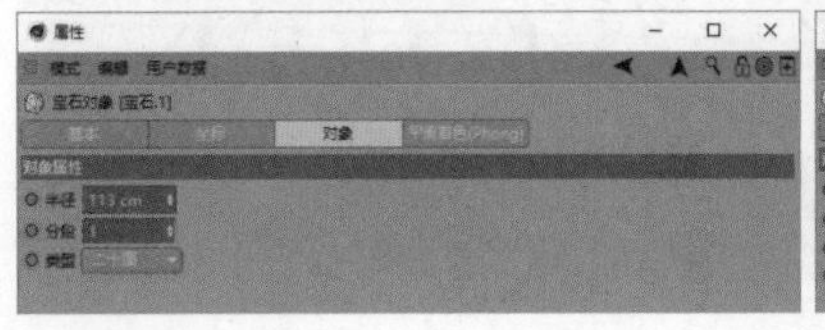

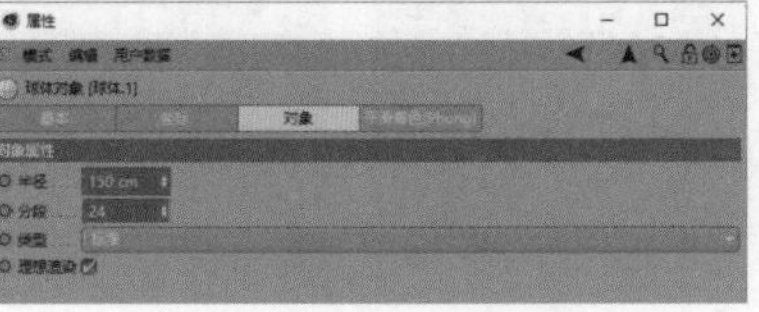

图8-432

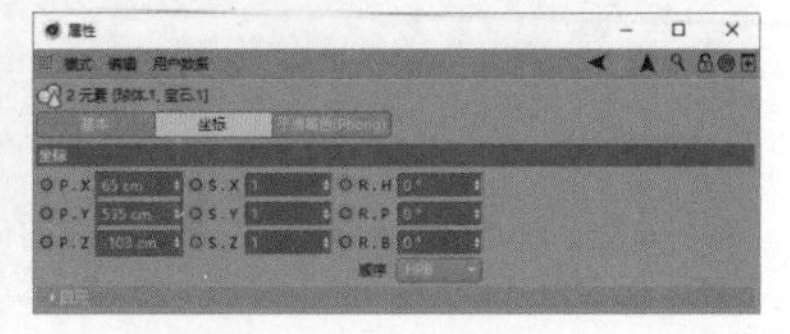

图8-433

04 创建一个宝石对象和一个球体对象，然后选择“宝石.2”对象，在“属性”面板中设置“半径”为130cm，接着选择“球体.2”对象，在“属性”面板中设置“半径”为170cm，如图8-434所示。同时选择“宝石.2”“球体.2”对象，在“属性”面板中设置P.X为291.5cm、P.Y为 -535cm、P.Z为770cm，如图8-435所示。效果如图8-436所示。

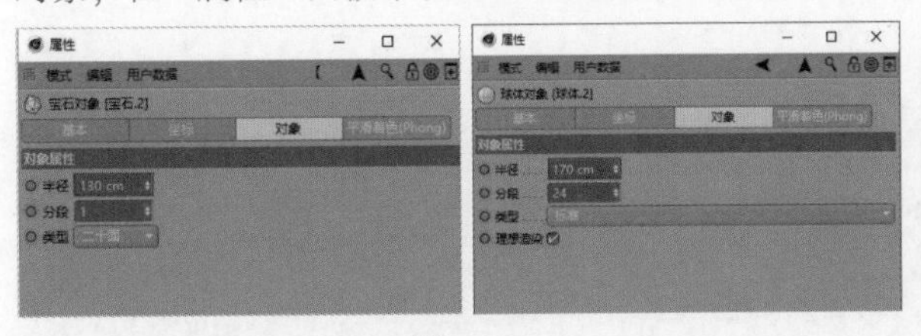

图8-434

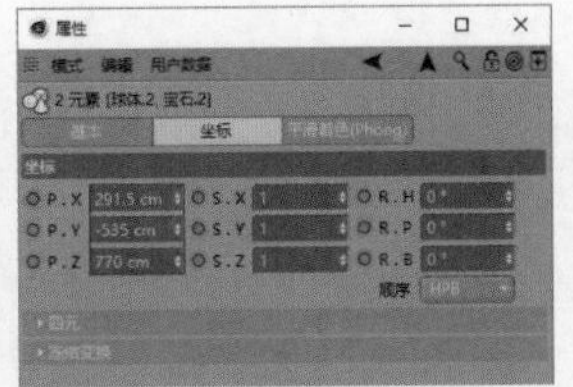

图8-435

图8-436

05 同时选择“宝石.2”“宝石.1”“宝石”对象，执行“网格＞转换＞连接对象＋删除”菜单命令，将得到的对象重命名为“发射体”，然后同时选择“球体.2”“球体.1”“球体”对象，执行“网格＞转换＞连接对象＋删除”菜单命令，将得到的对象重命名为“包裹体”，接着同时选择“发射体”和“包裹体”对象，在“属性”面板中设置P.X为 -65cm、P.Y为 -535cm、P.Z为103cm，如图8-437所示。

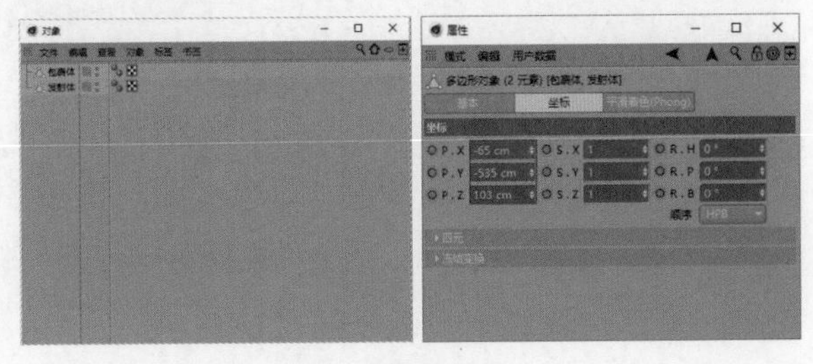

图8-437

06 选择“包裹体”对象，然后勾选“属性”面板中的“透显”复选框，如图8-438所示。效果如图8-439所示。执行“X-Particles＞Emitter”菜单命令，将创建的对象命名为“触须发射器”，然后隐藏“包裹体”和“发射体”对象，如图8-440所示。

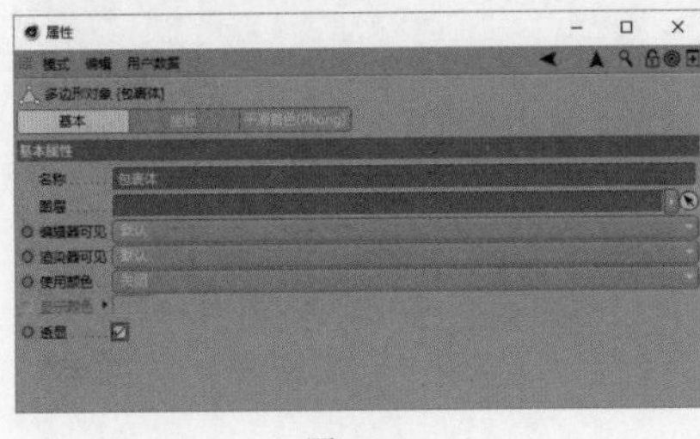

图8-438

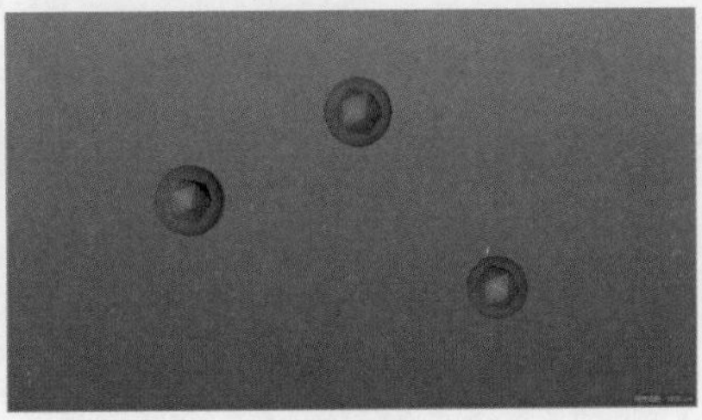

图8-439

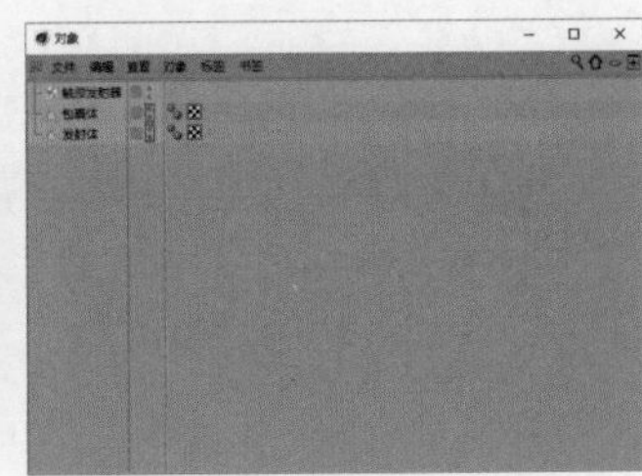

图8-440

07 选择“触须发射器”对象，在“属性”面板中设置Emitter Shape为Object，然后移动“对象”面板中的“发射体”对象至“属性”面板的Object参数上，接着设置Emit From为Points，如图8-441所示。

08 保持当前选择不变，设置Emission Mode为Pulse、Interval(F)为300，然后取消勾选Full Lifespan复选框，接着设置Lifespan(F)为300、Speed为200cm，最后设置Birthrate右侧的Variation为100%，如图8-442所示。执行“X-Particles＞Trail”菜单命令，将创建的对象命名为“触须样条”，如图8-443所示。

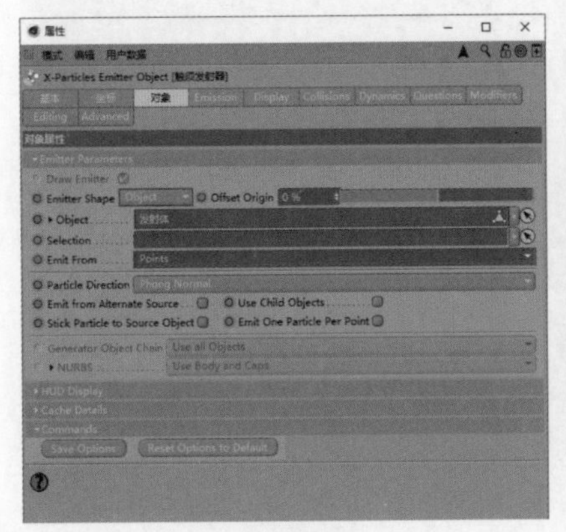

图8-441

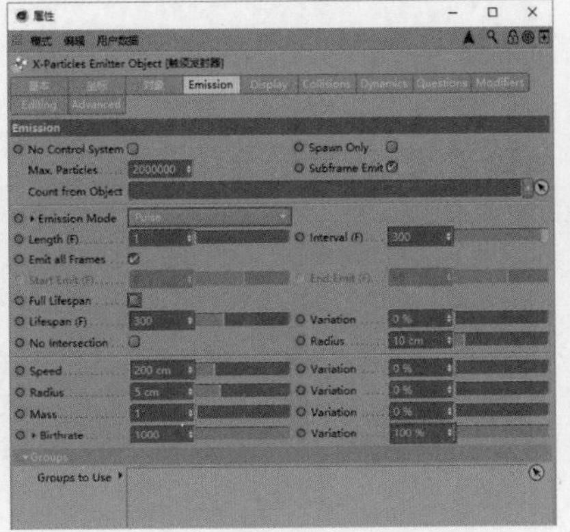

图8-442

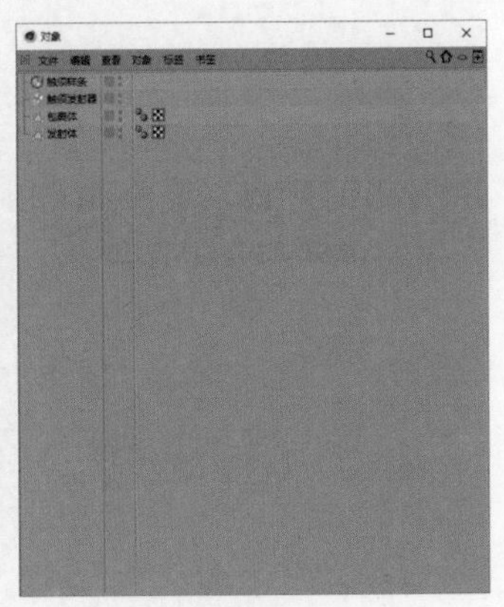

图8-443

09 选择“触须样条”对象，然后移动“对象”面板中的“触须发射器”对象至“属性”面板的Emitter参数上，接着设置Trail Length(Frames)为300、“类型”为“阿基玛(Akima)”、“点插值方式”为“自动适应”，如图8-444所示。

10 执行“X-Particles＞Skinner”菜单命令，然后选择Skinner对象，具体参数设置如图8-445所示。

设置步骤

①设置Surface Level为98%、Polygon Size为20cm、Render Polygon Size为20cm、Surface Size为Custom、Scale为50%，然后勾选Speed Stretch复选框，设置Strength为100%。

②展开Smoothing卷展栏，勾选Geometry复选框，然后设置Iterations为10、Strength为100%。

③展开Sources卷展栏，然后移动“对象”面板中的“包裹体”“触须样条”对象至“属性”面板的Objects列表框中，接着单击“包裹体”右侧的 图标，让模型融合。

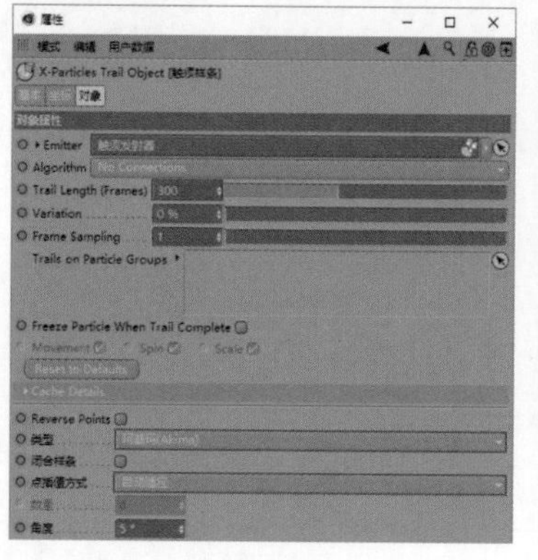

图8-444

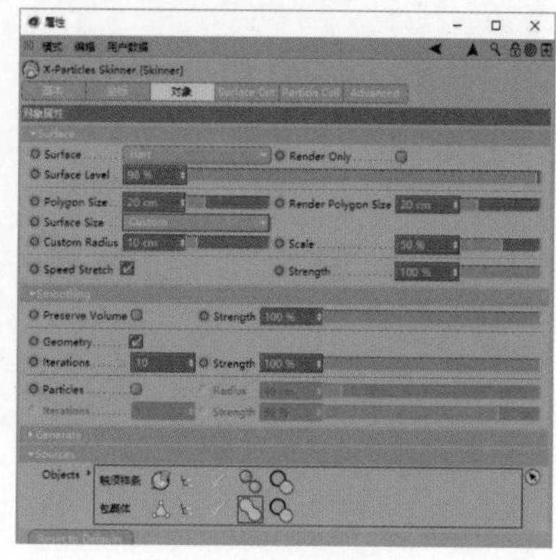

图8-445

11 设置时间轴时长为0～300F，然后单击“向前播放”按钮 ，如图8-446所示。播放至30F，效果如图8-447所示。执行“创建＞变形器＞平滑”菜单命令两次，然后选择“平滑”“平滑.1”对象，在“属性”面板中设置“迭代”为12、“硬度”为0%，如图8-448所示，接着在“对象”面板中移动“平滑”“平滑.1”对象至Skinner对象内。

图8-446

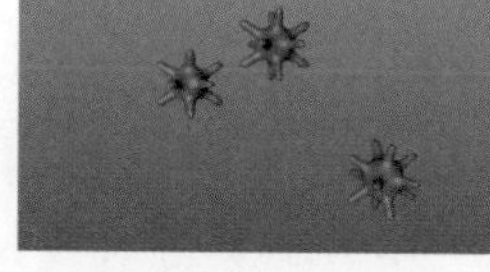

图8-447

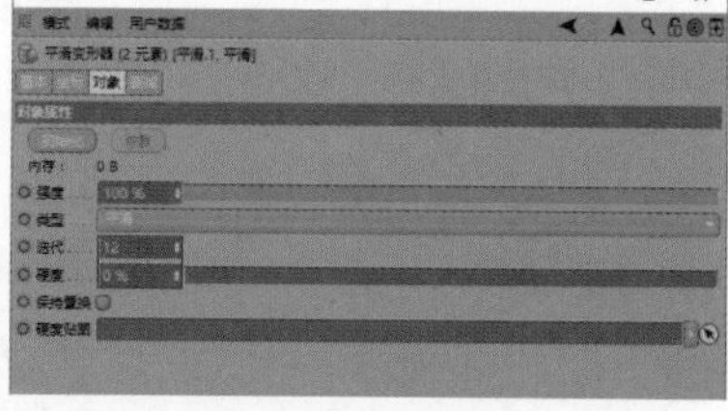

图8-448

12 执行“创建＞生成器＞细分曲面”菜单命令，将“细分曲面”对象命名为“主体融合”，然后在“属性”面板中设置“编辑器细分”“渲染器细分”为3，接着移动Skinner对象至“主体融合”对象内，如图8-449所示。回到0F处，然后单击“向前播放”按钮 ，播放至30F处暂停，如图8-450所示。效果如图8-451所示。

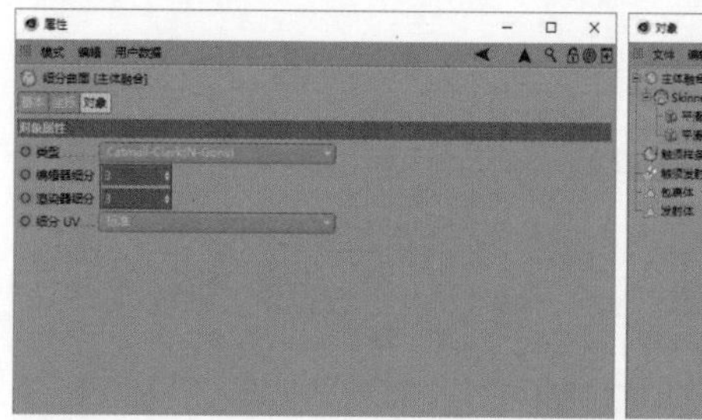

图8-449

图8-450

图8-451

13 执行“X-Particles＞Modifiers＞Turbulence”菜单命令，选择Turbulence对象，然后在“属性”面板中设置Scale为150%、Strength为15，如图8-452所示。回到0F处，然后单击“向前播放”按钮 ，播放至30F处暂停，如图8-453所示。效果如图8-454所示。

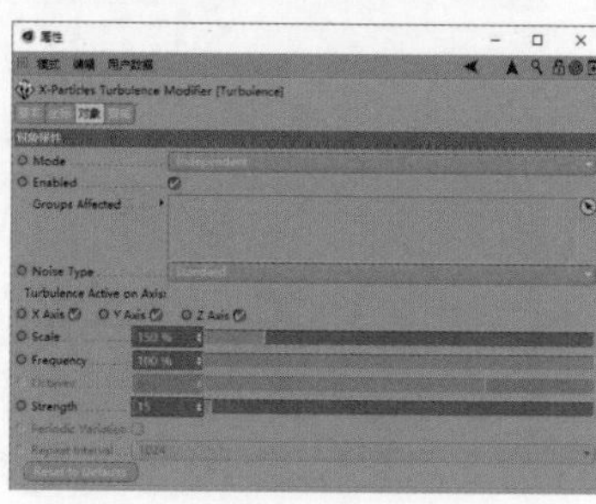

图8-452

图8-453

图8-454

14 执行“创建＞对象＞空白”菜单命令两次，然后分别将两个“空白”对象重命名为“摄像机目标”和“焦点”，接着选择“摄像机目标”对象，在“属性”面板中设置P.X为102cm、P.Y为0cm、P.Z为-370cm，如图8-455所示。

15 设置当前帧为0F，然后选择“焦点”对象，在“属性”面板中设置P.X为791.5cm、P.Y为651cm、P.Z为-27cm并单击它们左侧的◎按钮，如图8-456所示。保持当前选择不变，设置当前帧为60F，然后设置P.X、P.Y和P.Z为0cm并单击它们左侧的◎按钮，如图8-457所示。

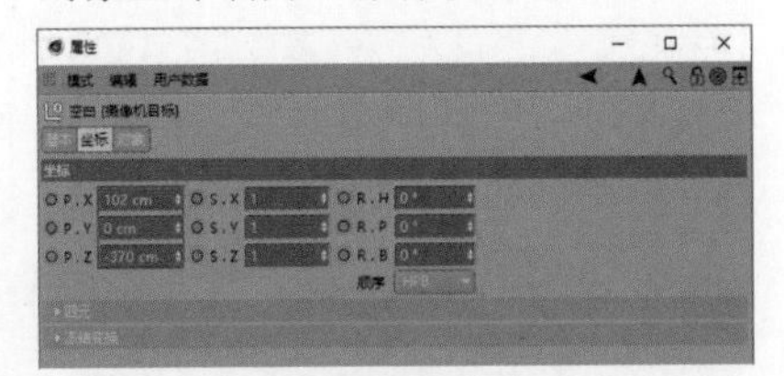

图8-455

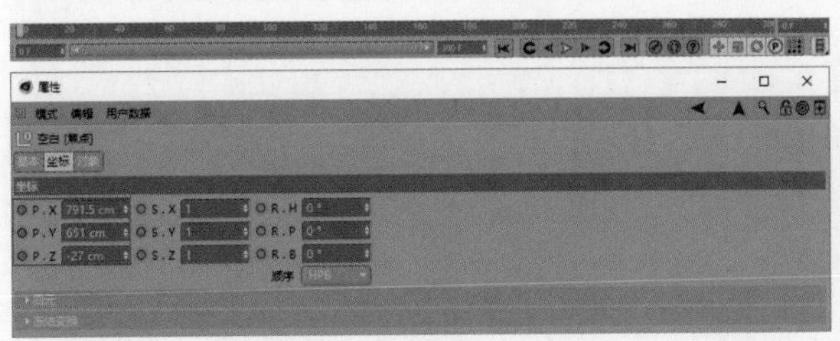

图8-456

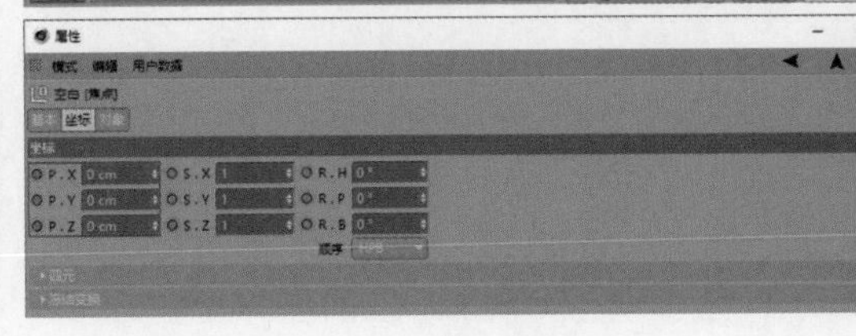

图8-457

◎ 神经元模型渲染

01 执行“渲染＞编辑渲染设置”菜单命令，在“渲染设置”对话框中设置“渲染器”为Octane Renderer，如图8-458所示。执行“Octane＞Octane Dialog”菜单命令，然后在弹出的对话框中执行“Objects＞Octane Camera”和“Objects＞Hdri Environment”菜单命令，如图8-459所示。

02 选择OctaneCamera对象，执行“创建＞标签＞CINEMA 4D标签＞目标”菜单命令，如图8-460所示。单击OctaneCamera右侧的按钮切换至摄像机视角。选择OctaneCamera对象，然后移动“对象”面板中的“摄像机目标”对象至“属性”面板的“目标对象”参数上，如图8-461所示。

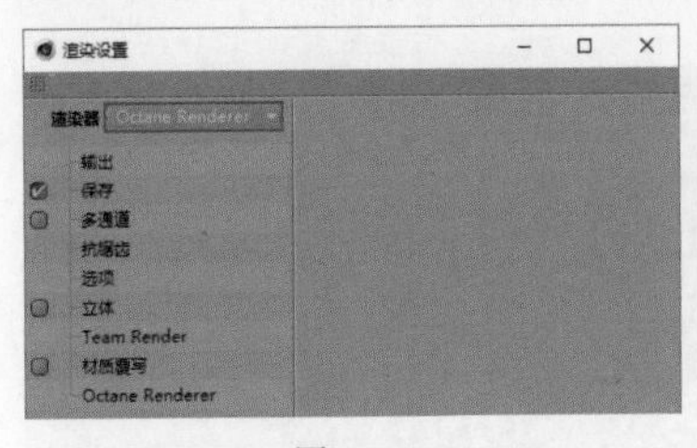

图8-458

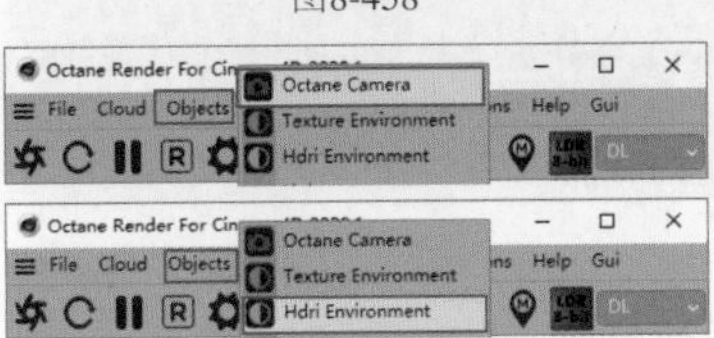

图8-459

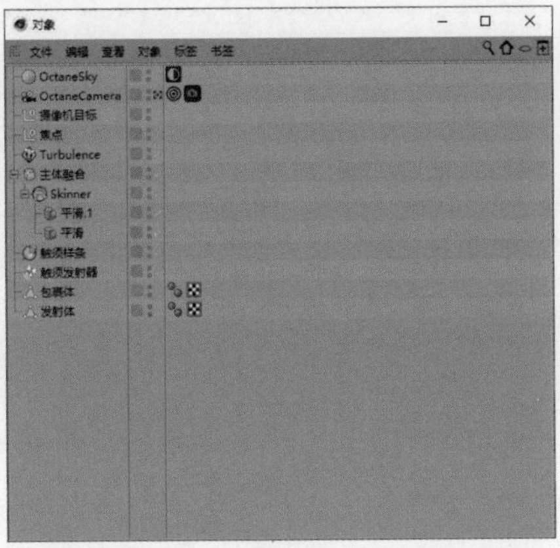

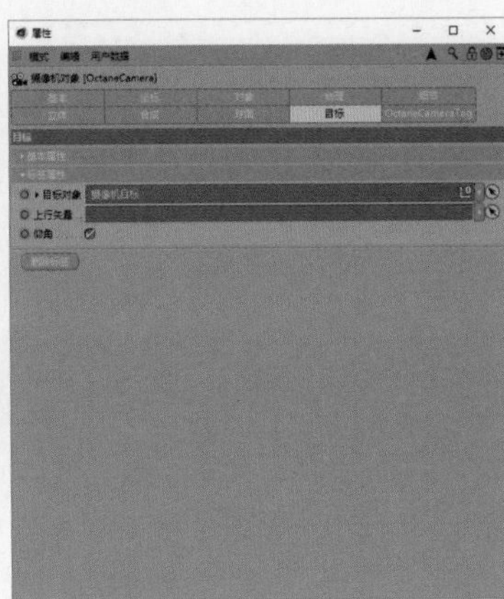

图8-460

图8-461

03 保持当前选择不变，然后移动“对象”面板中的“焦点”对象至“属性”面板的“焦点对象”参数上，如图8-462所示。设置当前帧为0F，然后在“属性”面板中设置P.X为2330cm、P.Y为3040cm、P.Z为-2027cm，然后单击P.X左侧的◎按钮，接着设置R.B为-378°，如图8-463所示。

图8-462

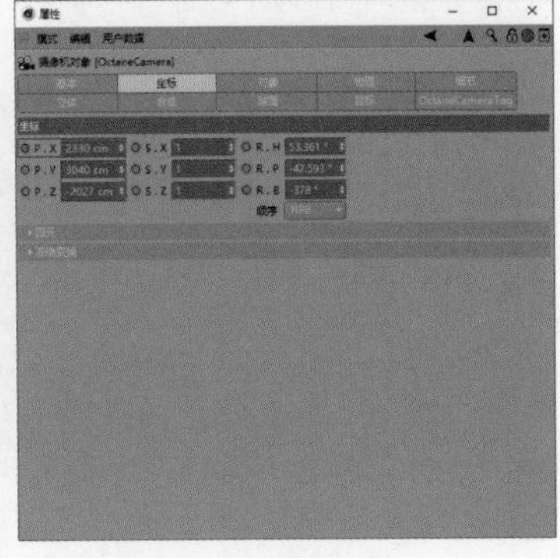

图8-463

04 设置当前帧为300F，然后设置P.X为1330cm并单击其左侧的■按钮，如图8-464所示。保持当前选择不变，在“属性”面板中展开Depth of field卷展栏，取消勾选Auto focus复选框，然后设置Focal depth为27.5cm、Aperture为200cm，如图8-465所示。

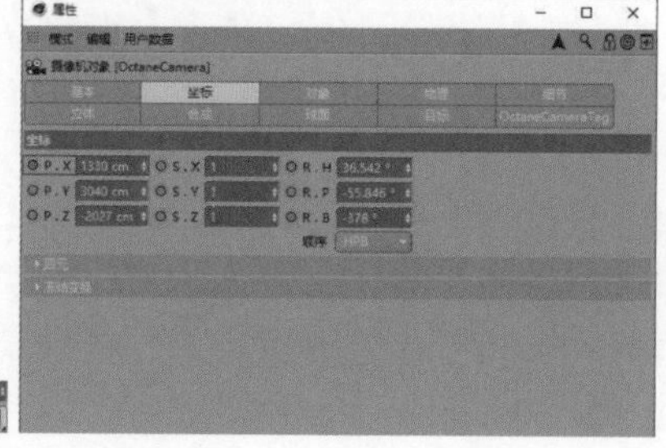

图8-464

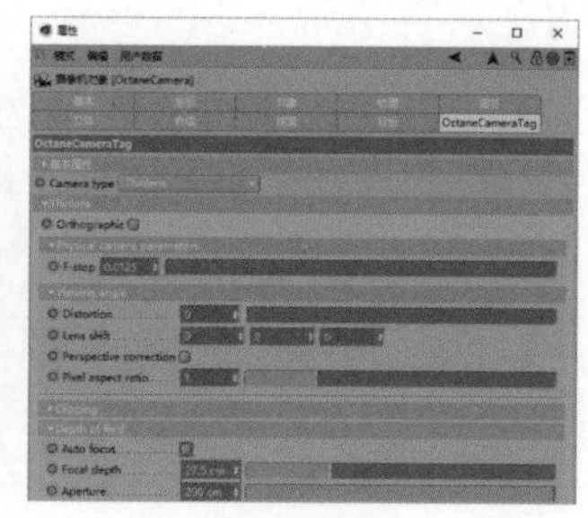

图8-465

05 选择OctaneSky对象，然后展开“属性”面板中的Main卷展栏，接着单击Texture右侧的■按钮。选择材质文件“场景文件>CH08>实战：神经元生长>环境天空材质_2.exr”，如图8-466所示。回到“属性”面板，设置Power为0、RotX为0.11、RotY为0.52，如图8-467所示。

06 执行“Octane>Octane Dialog”菜单命令，然后在弹出的对话框中执行“Objects>Lights>Octane Arealight”菜单命令。执行“X-Particles>Generator”菜单命令，然后将Generator对象重命名为“触须光源”，接着移动OctaneLight对象至“触须光源”对象内，如图8-468所示。

图8-466

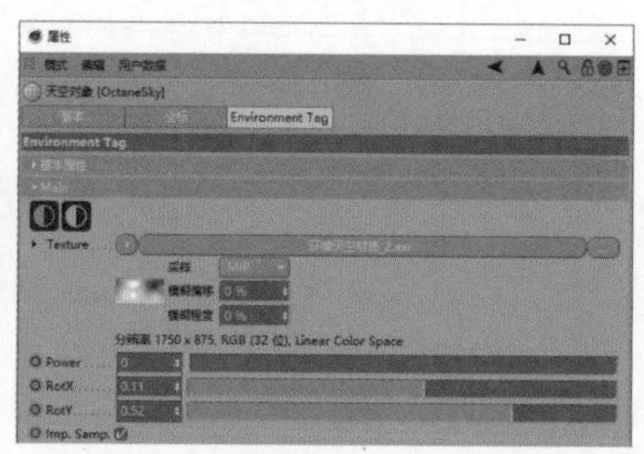

图8-467

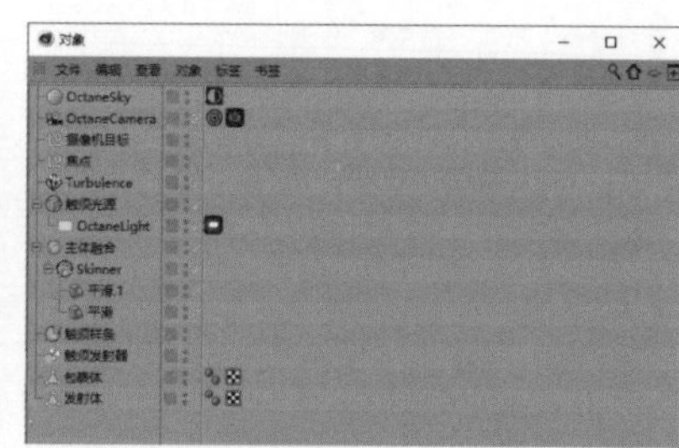

图8-468

07 选择“触须光源”对象，然后移动“对象”面板中的“触须发射器”对象至“属性”面板的Emitter参数上，如图8-469所示。设置当前帧为30F，然后选择OctaneLight对象，在“属性”面板中设置Power为0.0001并单击其左侧的■按钮，接着勾选Double sided复选框，最后设置Opacity为0，如图8-470所示。

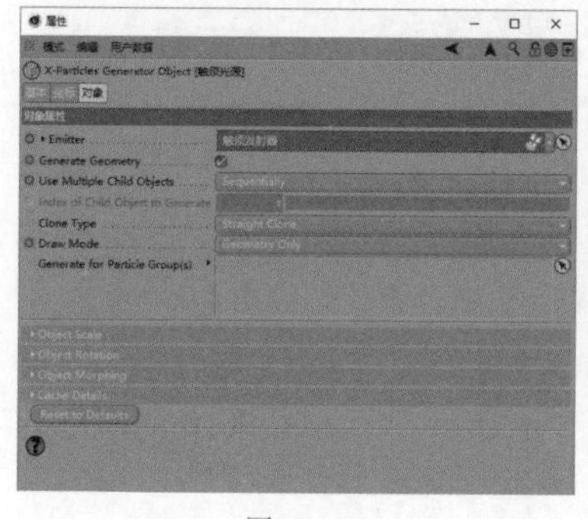

图8-469

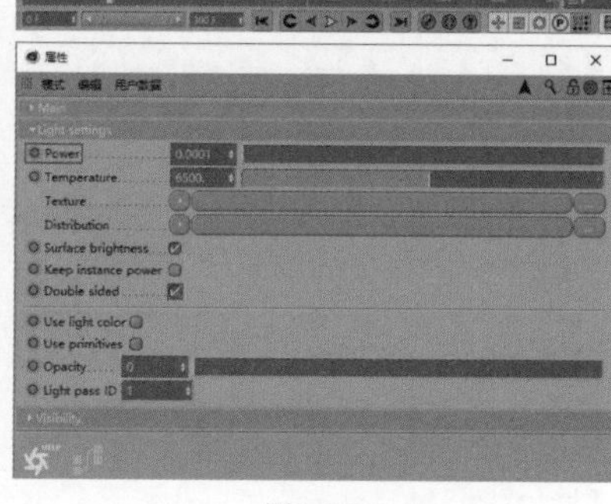

图8-470

08 设置当前帧为60F，然后选择OctaneLight对象，在“属性”面板中设置Power为5并单击其左侧的■按钮，如图8-471所示。保持当前选择不变，设置“外部半径”为40cm、“形状”为“球体”，设置“水平尺寸”“垂直尺寸”“纵深尺寸”为80cm，如图8-472所示。效果如图8-473所示。

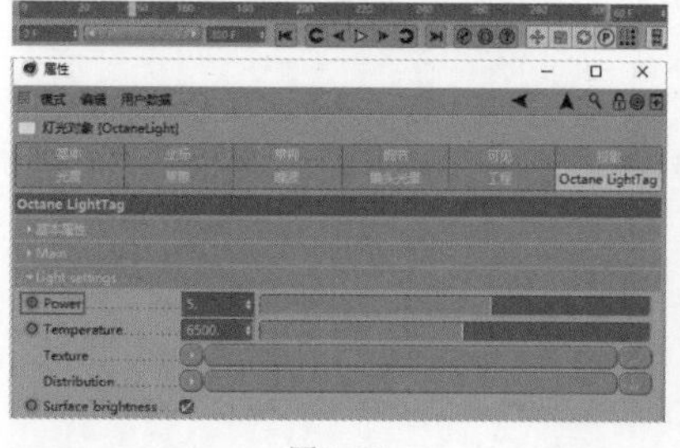

图8-471

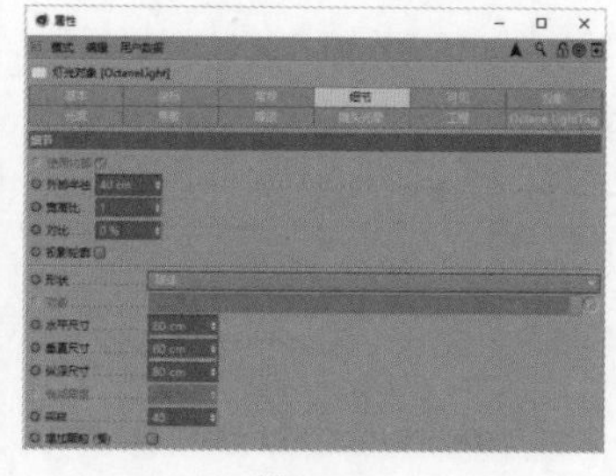

图8-472

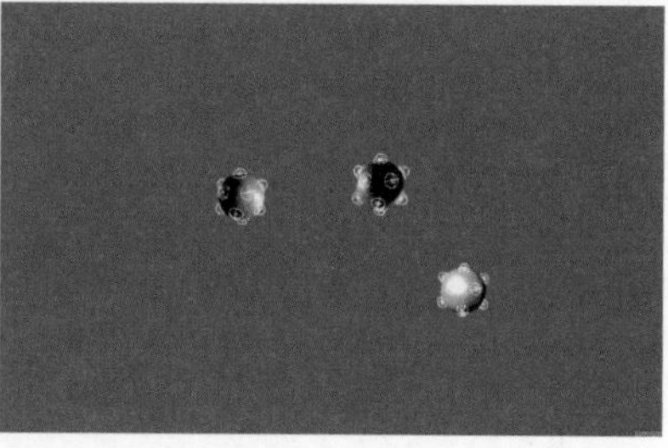

图8-473

09 选择“摄像机目标”对象，执行“Octane＞Octane Dialog”菜单命令，然后在弹出的对话框中执行“Objects＞Lights＞Octane Targetted Arealight”菜单命令3次，得到3个OctaneLight对象，接着分别将它们重命名为LT1、LT2、LT3，如图8-474所示。

10 同时选择LT1、LT2、LT3对象，在“属性”面板中设置Power为25、Opacity为0，如图8-475所示。选择LT1对象，然后在“属性”面板中设置“外部半径”为223cm、“水平尺寸”为446cm、“垂直尺寸”为730cm，如图8-476所示。设置P.X为 -302cm、P.Y为1035cm、P.Z为275cm，如图8-477所示。

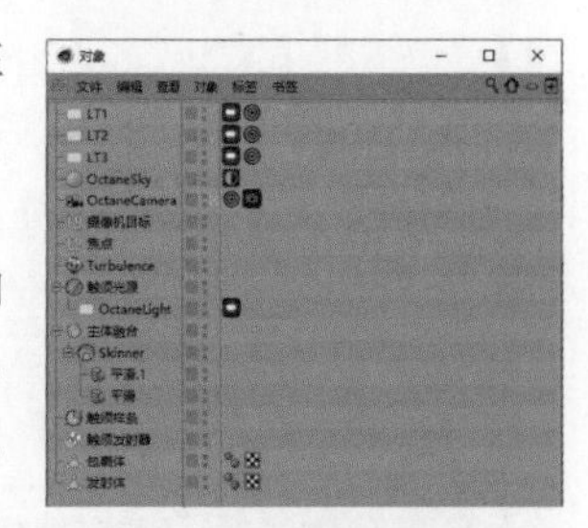

图8-474

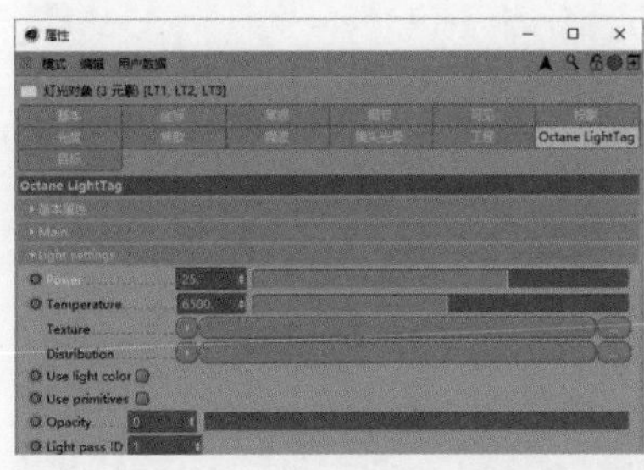

图8-475

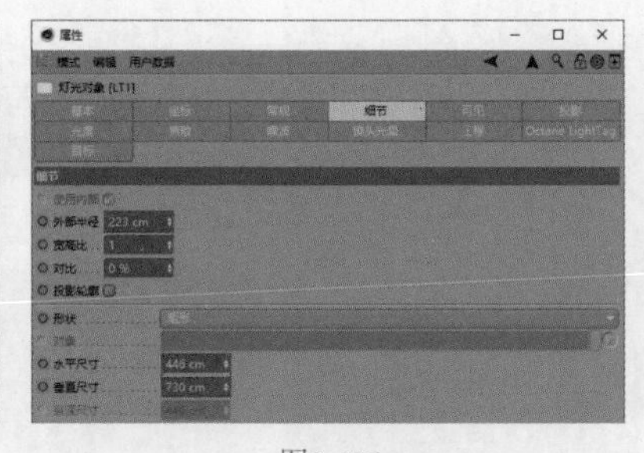

图8-476

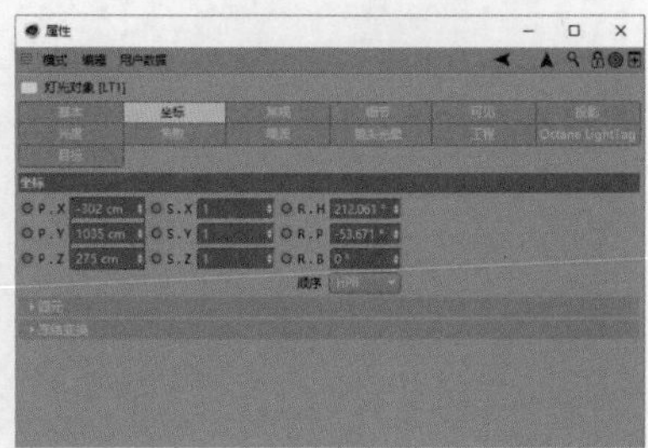

图8-477

11 选择LT2对象，在“属性”面板中设置“外部半径”为467.5cm、“水平尺寸”为935cm、“垂直尺寸”为113cm，如图8-478所示。设置P.X为 -222cm、P.Y为990cm、P.Z为 -1593cm，如图8-479所示。

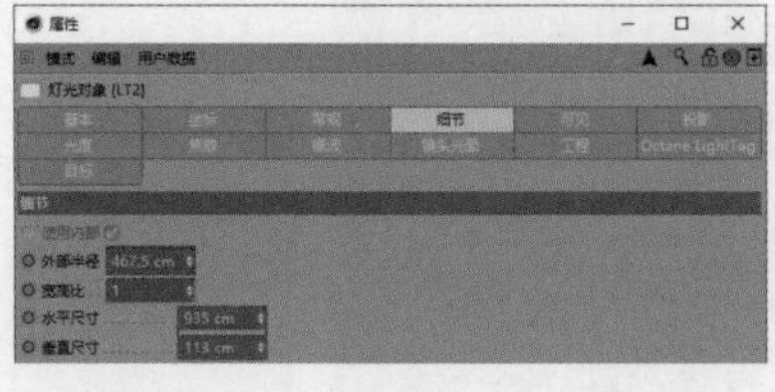

图8-478

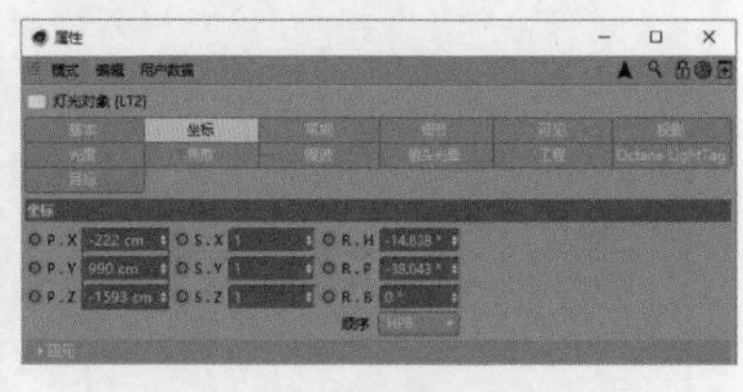

图8-479

12 选择LT3对象，在“属性”面板中设置“外部半径”为448.5cm、“水平尺寸”为897cm、“垂直尺寸”为197cm，如图8-480所示。设置P.X为1137cm、P.Y为 -817cm、P.Z为900cm，如图8-481所示。效果如图8-482所示。

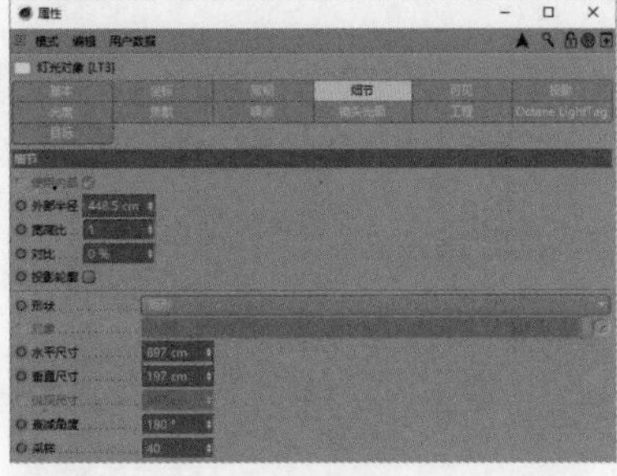

图8-480

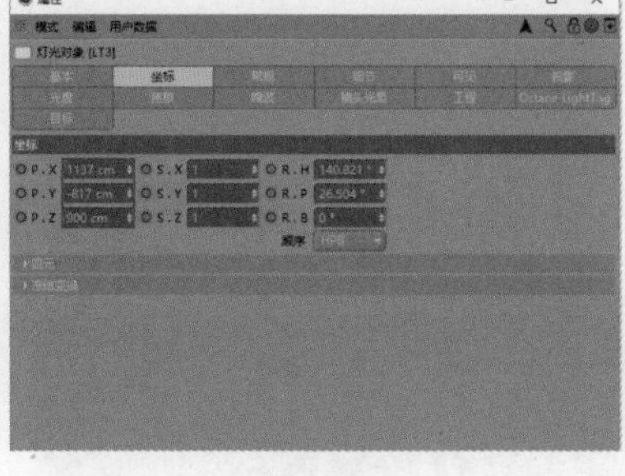

图8-481

图8-482

13 执行“Octane＞Octane Dialog”菜单命令，然后在弹出的对话框中执行“Materials＞Octane Specular Material”菜单命令。双击“材质”面板中的材质球打开“材质编辑器”面板，设置其名称为“主体”，然后选择Roughness，设置Float为0.5，如图8-483所示。单击Node Editor按钮 Node Editor ，打开Octane Node Editor对话框，如图8-484所示。

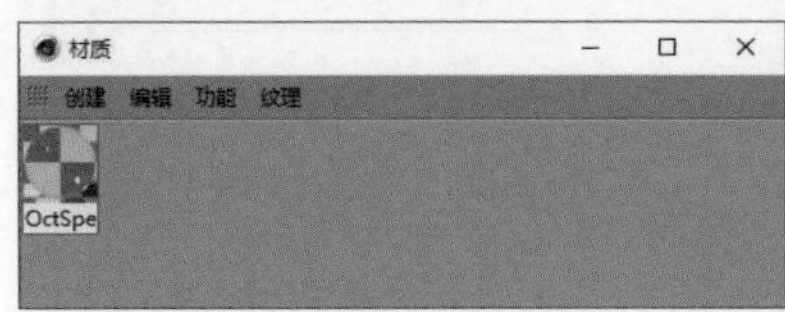

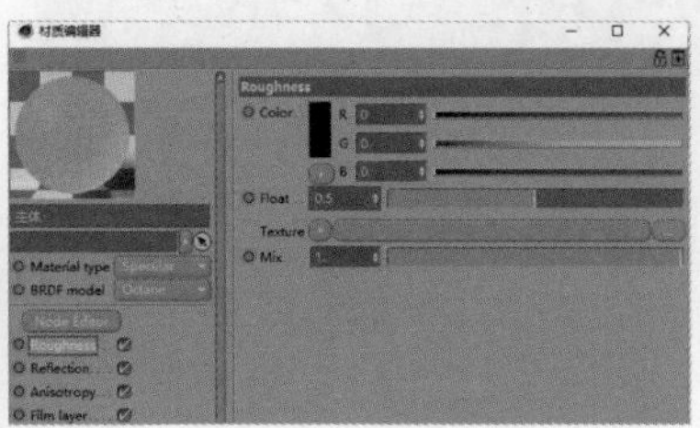

图8-483

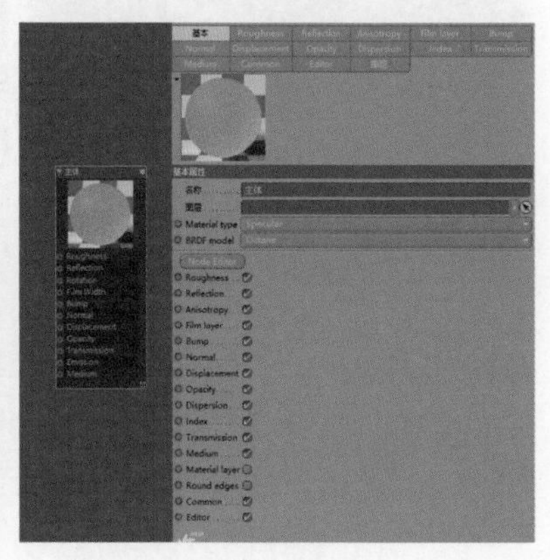

图8-484

14 移动Scattering medium、Rgb spectrum至右侧的空白区域，其中将Rgb spectrum移动两次，然后将两个RgbSpectrum分别与Scattering Medium中的Absorption和Scattering Medium中的Scattering进行连接，接着将Scattering Medium与“主体”中的Medium进行连接，如图8-485所示。

15 选择Scattering Medium，设置Density为3，如图8-486所示。选择与Absorption连接的RgbSpectrum，然后设置R为1、G为0.3、B为0.1，如图8-487所示。选择与Scattering连接的RgbSpectrum，然后设置R为0.05、G为0.3、B为0.6，如图8-488所示。

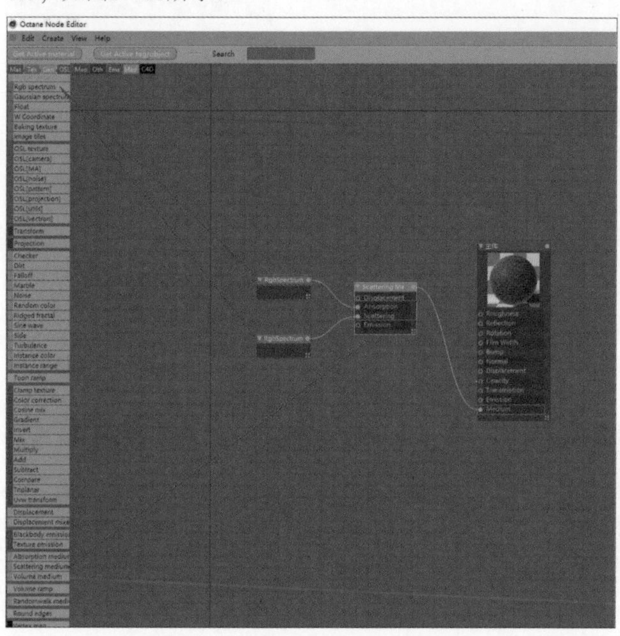

图8-485

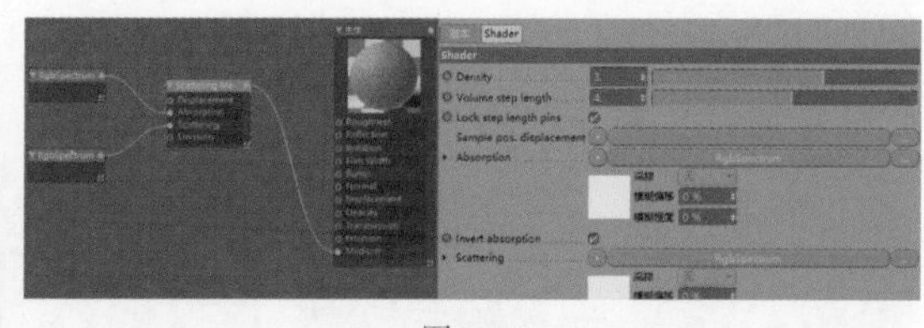

图8-486

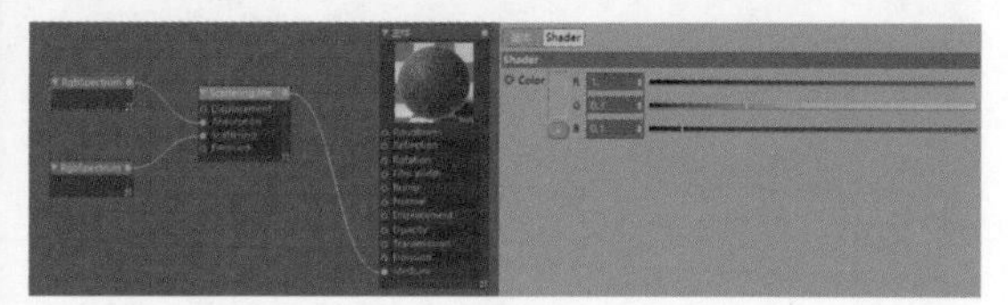

图8-487

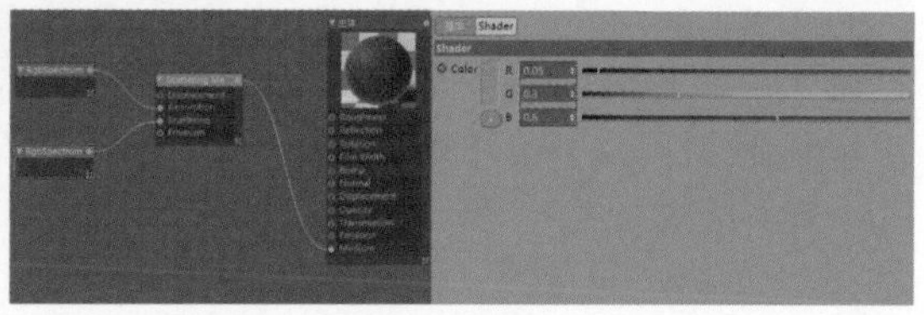

图8-488

16 移动“材质”面板中的“主体”材质球至“对象”面板的“主体融合”对象上，如图8-489所示。设置当前帧为0F。单击“向前播放”按钮▷，播放至30F的位置处暂停，如图8-490所示。执行“渲染>渲染活动视图”菜单命令，效果如图8-491所示。

17 执行“Octane>Octane Settings”菜单命令，在Octane Settings对话框中设置第1行参数为Pathtracing，然后设置Max.samples为3000，接着勾选Alpha channel复选框，如图8-492所示。

图8-489

图8-490

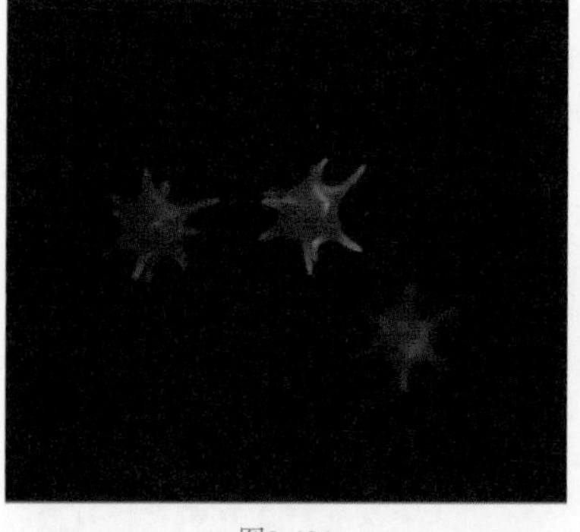

图8-491

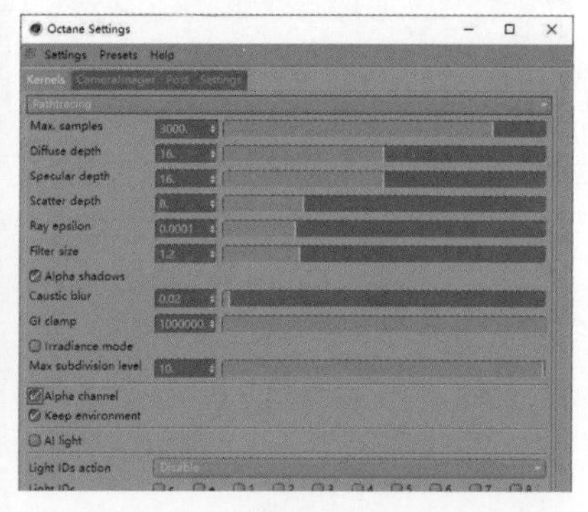

图8-492

18 执行“渲染>编辑渲染设置”菜单命令，在“渲染设置”对话框中选择“输出”，设置“帧范围”为“全部帧”、“起点”为0F、“终点”为300F，如图8-493所示。

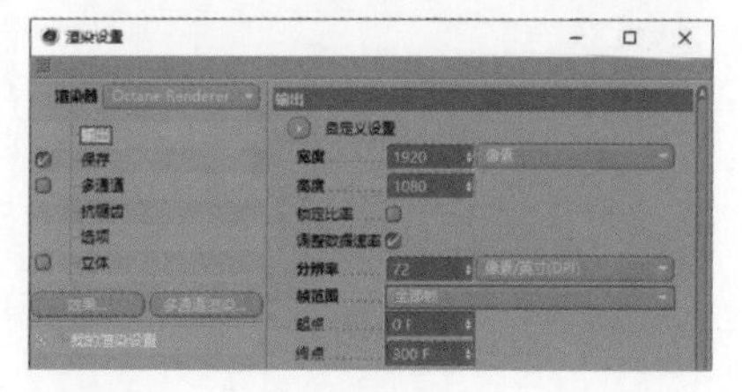

图8-493

19 在“渲染设置”对话框中选择“保存”，然后单击“文件”右侧的 按钮选择文件保存路径，将文件命名为“神经元生长”，接着设置“格式”为PNG，勾选“Alpha通道”复选框，如图8-494所示。执行“渲染>渲染活动视图”菜单命令，效果如图8-495所示。

图8-494

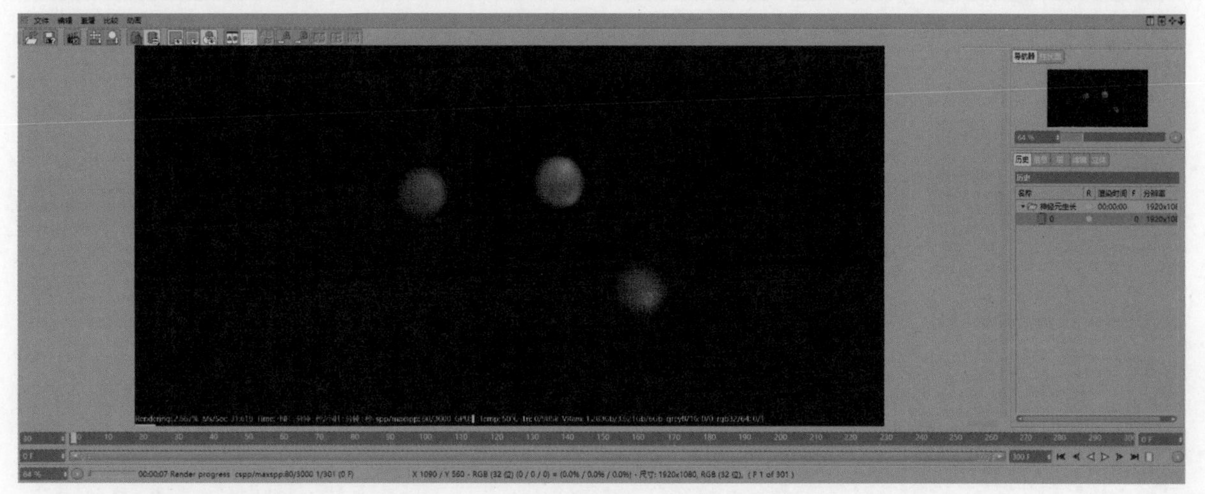

图8-495

◎ 神经元生长动效制作

01 打开After Effects，导入文件“场景文件>CH08>实战：神经元生长>神经元生长0000.png”，如图8-496所示。新建一个合成，设置“合成名称”为“神经元生长”、“宽度”为1920px、“高度”为1080px、“帧速率”为30帧/秒、“持续时间”为0:00:10:00，如图8-497所示。

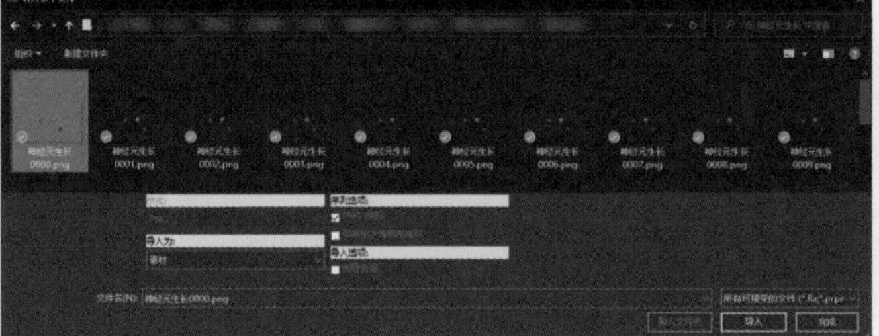

图8-496

图8-497

02 设置时间码为0:00:03:00，然后移动“项目”面板中的“神经元生长[0000-0300].png”文件至“时间轴”面板中，设置“模式”为“相加”，接着新建一个“纯色”图层，设置“名称”为“背景”、“宽度”为1920像素、“高度”为1080像素，如图8-498所示。

图8-498

03 选择“背景”图层，执行“效果>生成>梯度渐变”菜单命令，然后在“效果控件”面板中设置“起始颜色”为灰绿色（R:34,G:47,B:45）、“结束颜色”为黑色（R:0,G:0,B:0）、“渐变形状”为“径向渐变”、“渐变散射”为400，如图8-499所示。效果如图8-500所示。

04 选择“神经元生长[0000-0300].png”图层，执行“效果>风格化>发光”菜单命令，在“效果控件”面板中设置“发光阈值”为90%、“发光半径”为22，如图8-501所示。效果如图8-502所示。

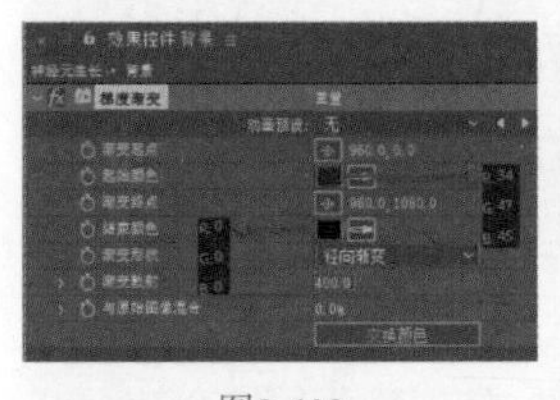
图8-499

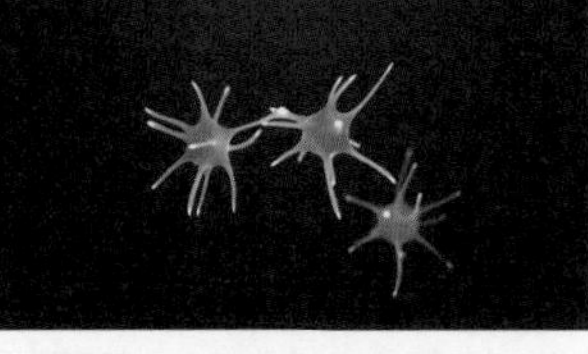
图8-500

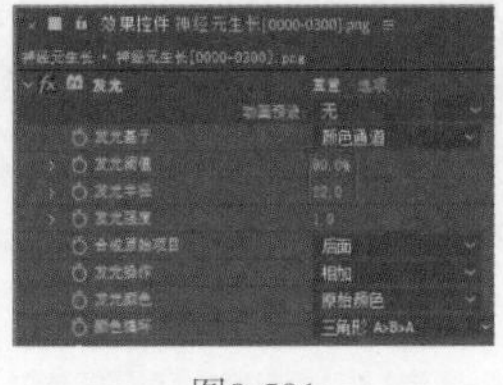
图8-501

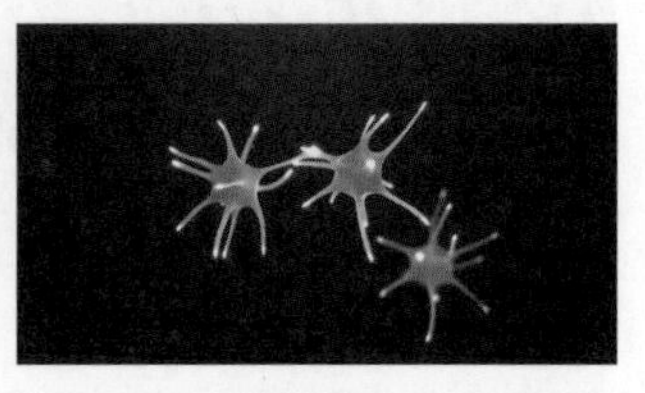
图8-502

05 新建一个“纯色”图层，设置“名称”为“氛围粒子”、“宽度”为1920像素、“高度”为1080像素，如图8-503所示。选择“氛围粒子”图层，设置“模式”为“相加”，然后执行“效果>RG Trapcode>Particular”菜单命令，此时“时间轴”面板如图8-504所示。

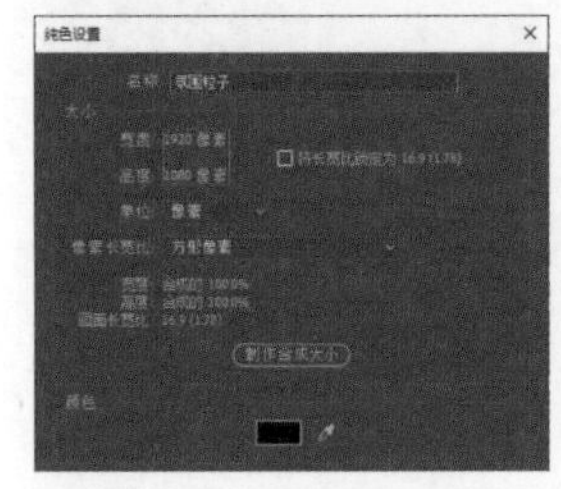
图8-503

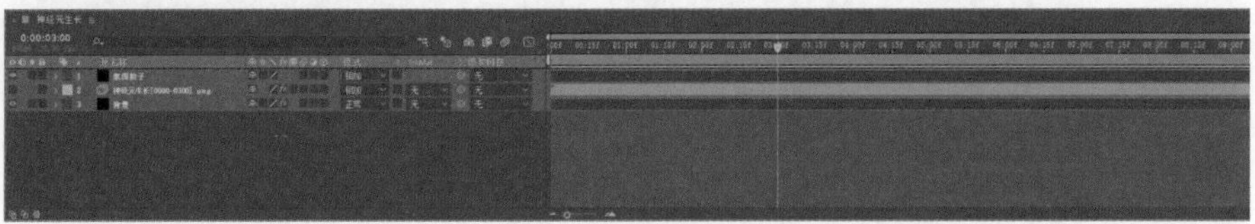
图8-504

06 在“效果控件”面板中展开Emitter(Master)卷展栏，然后设置Particles/sec为1000、Emitter Type为Box、Position为(960,735,0)，然后设置Emitter Size为XYZ Individual、Emitter Size X为1950、Emitter Size Y为1250，如图8-505所示。

07 展开“效果控件”面板中的Particle(Master)卷展栏，具体参数设置如图8-506所示。

设置步骤

①设置Life[sec]为6、Sphere Feather为0、Size为2、Size Random为50%、Opacity Random为100%。

②展开Opacity over Life卷展栏，选择PRESETS下拉列表中的第2个选项，然后设置Set Color为Over Life。

③展开Color over Life卷展栏，删除渐变色条上的第4个和第5个色标，然后调整剩下的3个色标的位置，大体与参考图相似即可。

④双击第1个色标，设置其颜色为白色（R:255,G:255,B:255）。

⑤双击第2个色标，设置其颜色为深绿色（R:46,G:142,B:127）。

⑥双击第3个色标，设置其颜色为浅绿色（R:35,G:66,B:61）。

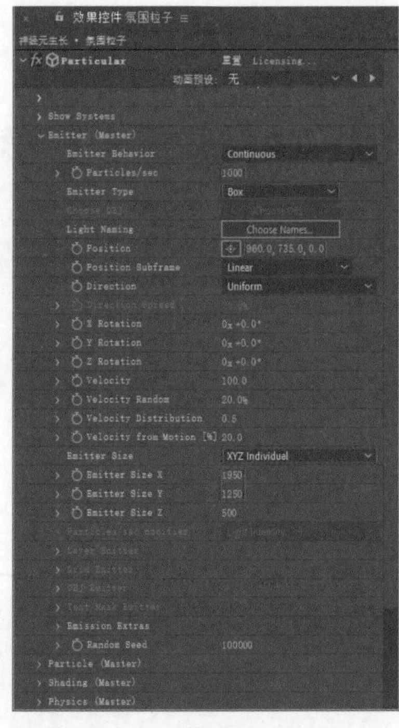
图8-505

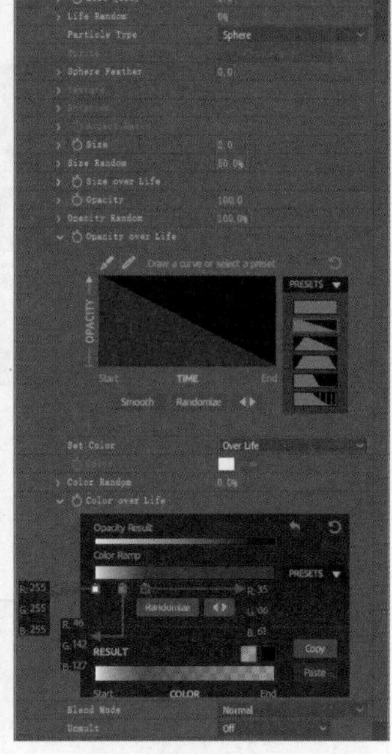
图8-506

08 展开Physics(Master) 卷展栏，设置Physics Time Factor为0.3，然后展开Air卷展栏，设置Wind Y为-180，如图8-507所示。效果如图8-508所示。

09 新建一个“摄像机”图层，设置“类型”为“双节点摄像机”、“名称”为“摄像机”、“胶片大小”为31毫米、“视角”为105.85°，然后勾选“启用景深”复选框，设置右侧的“焦距”为182毫米，接着设置“光圈”为3.55毫米、“光圈大小”为3.3、“模糊层次”为600%，如图8-509所示。

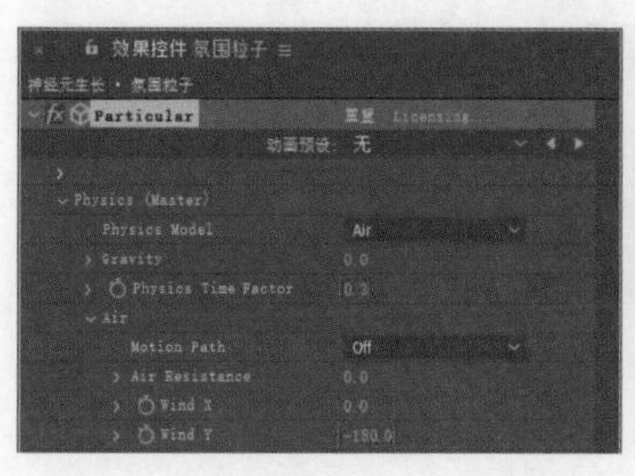

图8-507

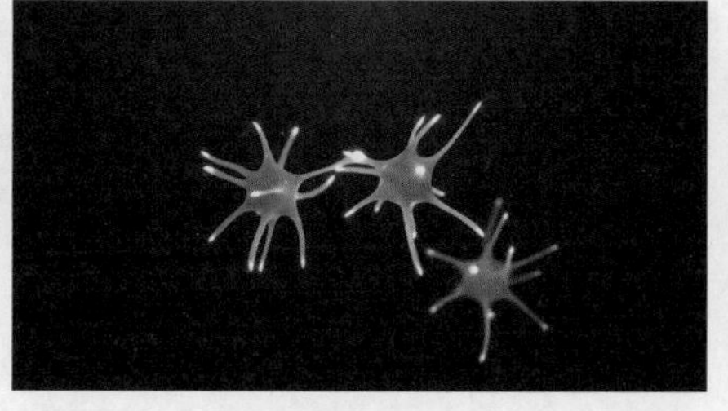

图8-508

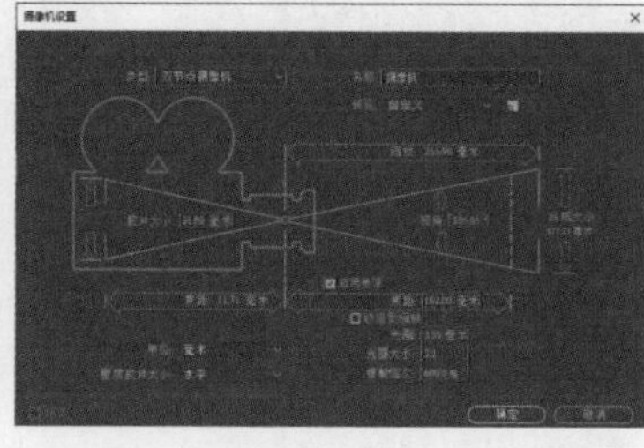

图8-509

10 设置时间码为0:00:00:00，然后依次展开“摄像机”“摄像机选项”卷展栏，设置“光圈”为200像素并单击其左侧的按钮，如图8-510所示。设置时间码为0:00:01:10，然后设置“光圈”为10像素，如图8-511所示。设置时间码为0:00:03:00，效果如图8-512所示。

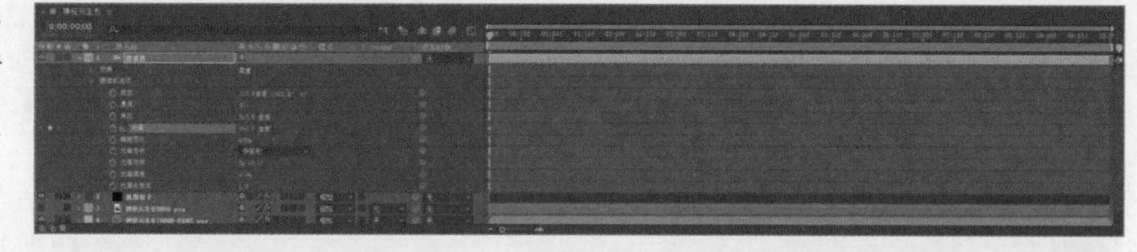

图8-510

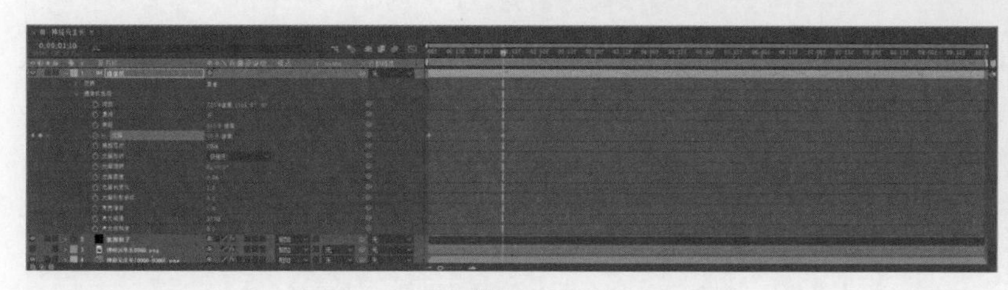

图8-511

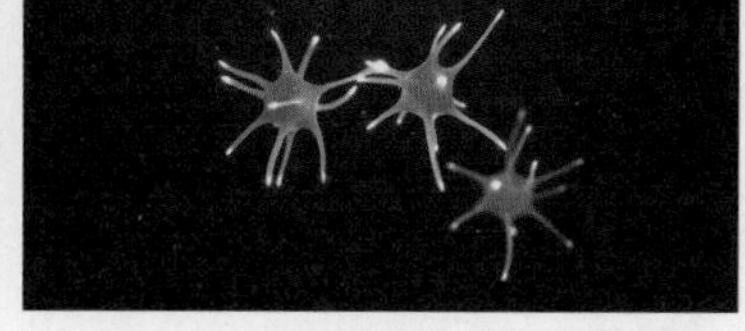

图8-512

实战：海洋生物

场景位置	场景文件 > CH08 > 实战：海洋生物
实例位置	实例文件 > CH08 > 实战：海洋生物
难易程度	★★★☆☆
学习目标	掌握“毛发”工具的使用方法

海洋生物的效果如图8-513所示，制作分析如下。

如果想要使“毛发”之间相互碰撞，那么需要勾选“属性”面板的“动力学”选项卡中的“碰撞”复选框，启用碰撞效果。因为碰撞只发生在毛发样条之间，并不会作用于毛发模型的边缘，所以调整这一类参数时要注意“穿模”问题。

图8-513

01 在Cinema 4D中用参数化对象制作基础模型，效果如图8-514所示。

02 使用“毛发”菜单命令制作海洋生物的主体形态，在为其赋予相应材质后，导出图形序列，效果如图8-515所示。

03 使用“粒子”“灯光”菜单命令创建粒子，然后导出AEC文件，效果如图8-516所示。

04 在After Effects中使用Particular粒子插件和“发光”等工具对已有图形序列进行后期处理，效果如图8-517所示。在After Effects中将所有图形序列进行排列叠加，完成最终效果。

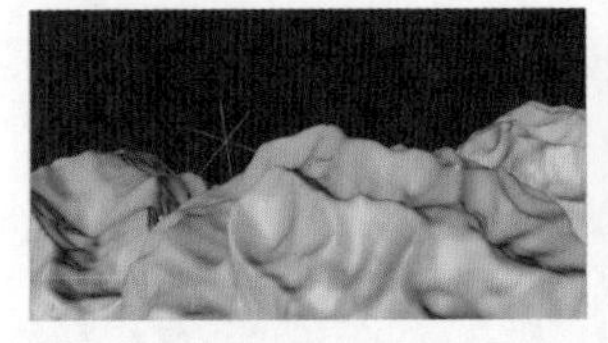

图8-514

图8-515

图8-516

图8-517

8.6 超现实类动效产品

本节案例立足于对矩阵运算、宇宙的联想，使用“克隆”菜单命令进行粒子化处理，并在未使用粒子插件的基础上制作出理想的粒子效果。

实战：矩阵运算

场景位置	场景文件 > CH08 > 实战：矩阵运算
实例位置	实例文件 > CH08 > 实战：矩阵运算
难易程度	★★★★☆
学习目标	掌握“时间线窗口”面板的使用方法

矩阵运算的效果如图8-518所示，制作分析如下。

在“时间线窗口”面板中操作时，如果因为对象太多而不能立即找到想要修改的对象，那么可以先在“对象”面板中选择对象，这时“时间线窗口”面板中相应的对象会以高亮的状态显示。

图8-518

◎ 矩阵模型制作

01 打开Cinema 4D，执行“渲染>编辑渲染设置”菜单命令，在“渲染设置”对话框中选择“输出”，然后设置“宽度”为1920像素、“高度”为1080像素，如图8-519所示。创建一个立方体，设置“尺寸.X”“尺寸.Y”“尺寸.Z”为80cm，如图8-520所示。

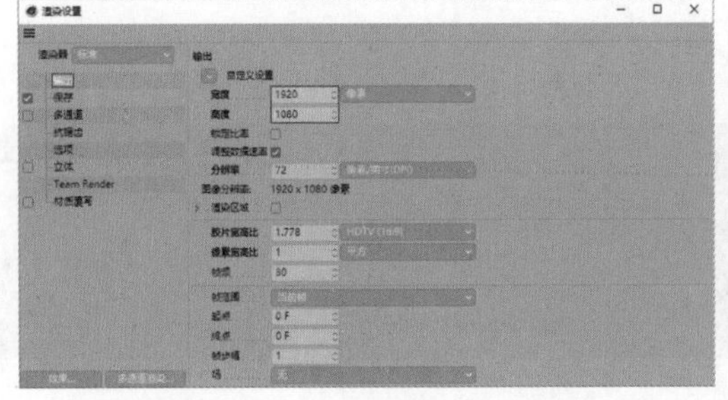

图8-519

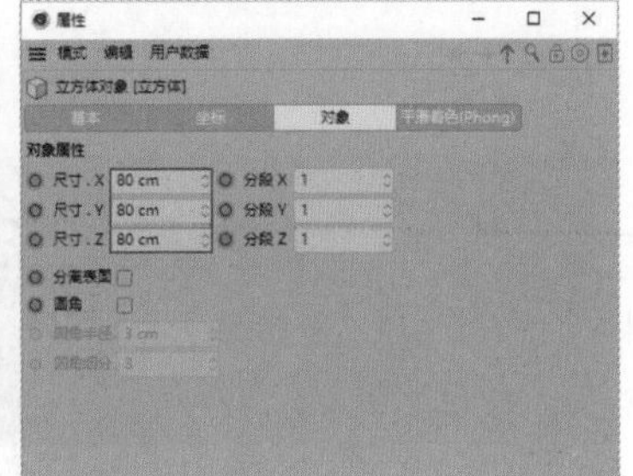

图8-520

02 执行“运动图形>克隆”菜单命令，将“克隆”对象重命名为“基础矩阵”。选择“基础矩阵”对象，然后在“属性”面板中设置“模式”为“网格排列”、“数量”为（3,3,3）、“尺寸”为（100cm,100cm,100cm），接着移动“立方体”对象至“基础矩阵”对象内，如图8-521所示。效果如图8-522所示。

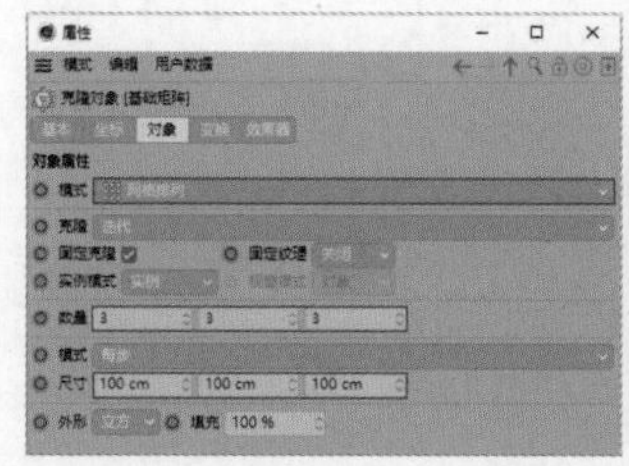
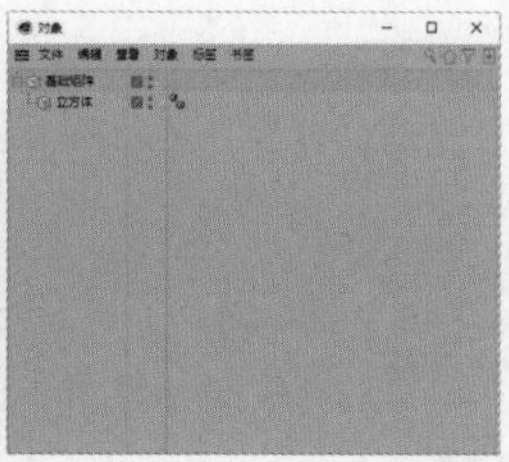

图8-521

图8-522

03 设置时间轴时长为0～300F、当前帧为0F，如图8-523所示。选择“基础矩阵”对象，在“属性”面板中设置R.H为0°、R.P为35°、R.B为45°，然后单击R.H左侧的◎按钮，如图8-524所示。保持当前选择不变，设置当前帧为300F，然后设置R.H为360°并单击其左侧的◎按钮，如图8-525所示。

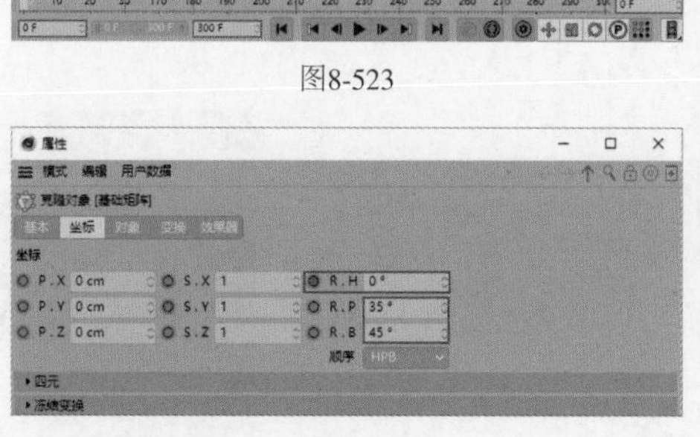

图8-523

图8-524

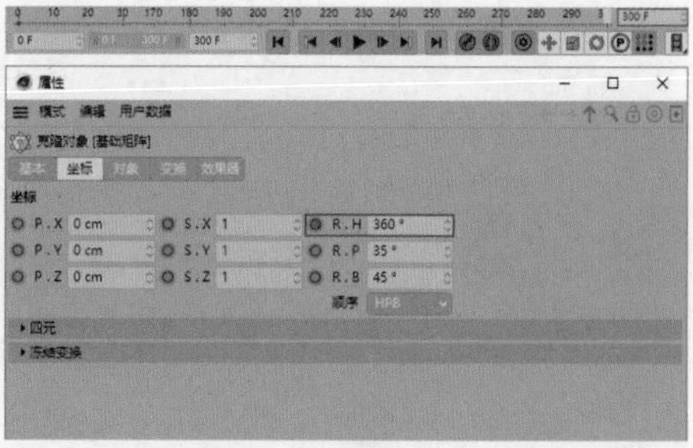

图8-525

04 设置当前帧为0F，然后执行“运动图形>效果器>简易”菜单命令，将“简易”对象重命名为“基础矩阵简易”，接着选择“基础矩阵简易”对象，在“属性”面板中取消勾选“位置”复选框，勾选“缩放”“等比缩放”复选框，最后设置“缩放”为-0.1并单击其左侧的◎按钮，如图8-526所示。

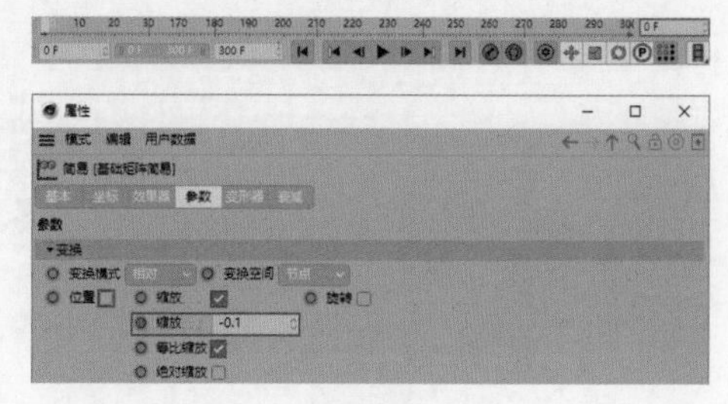

图8-526

05 保持当前选择不变，设置当前帧为150F，然后在“属性”面板中设置“缩放”为-0.6并单击其左侧的◎按钮，如图8-527所示。设置当前帧为300F，然后在“属性”面板中设置“缩放”为-0.1并单击其左侧的◎按钮，如图8-528所示。

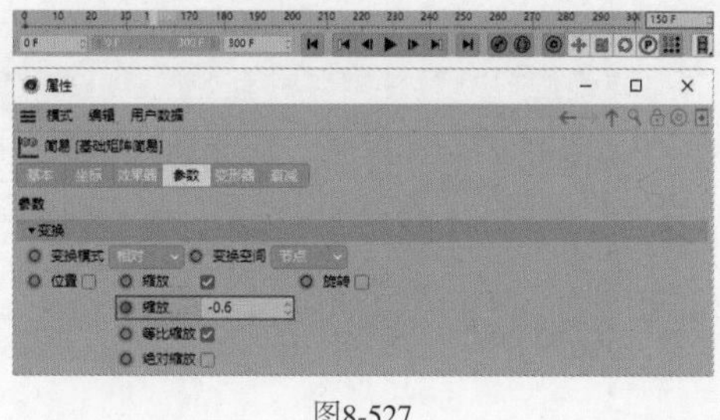

图8-527

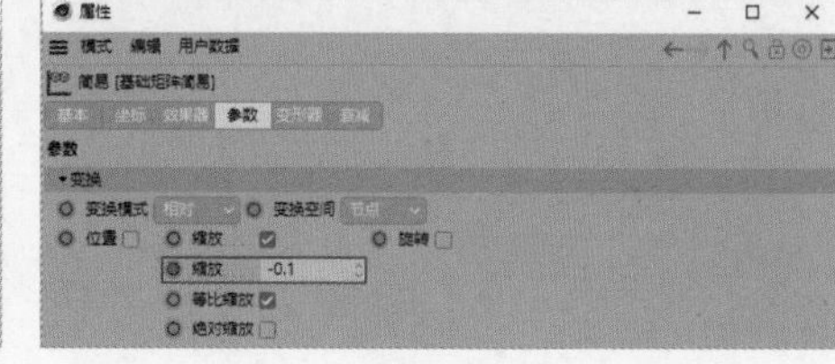

图8-528

06 选择“基础矩阵”对象，然后移动“对象”面板中的“基础矩阵简易”对象至“属性”面板的“效果器”列表框中，如图8-529所示。效果如图8-530所示。创建一个立方体，然后在“属性”面板中设置“尺寸.X”“尺寸.Y”“尺寸.Z”为15cm，接着勾选“圆角”复选框，设置“圆角半径”为2cm、“圆角细分”为3，如图8-531所示。

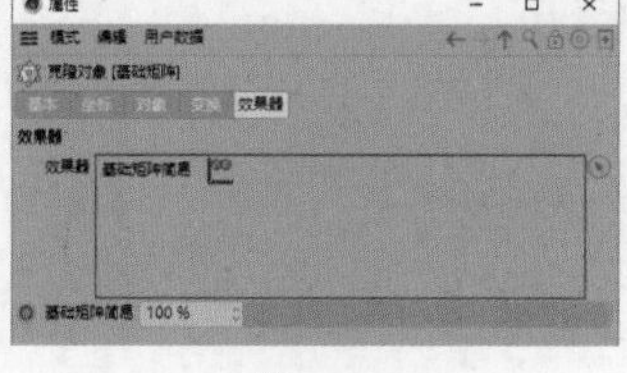

图8-529

图8-530

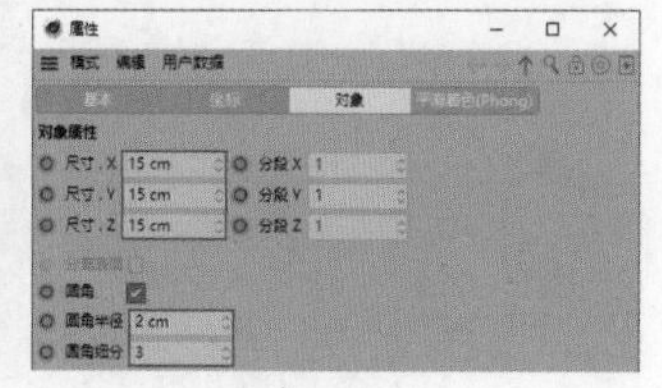

图8-531

07 执行“运动图形>克隆”菜单命令，将“克隆”对象重命名为“次级矩阵”。选择“次级矩阵”对象，在“属性”面板中设置“模式”为“对象”，然后移动“对象”面板中的“基础矩阵”对象至“属性”面板的“对象”参数上，设置“分布”为“顶点”，接着移动“立方体”对象至“次级矩阵”对象内，如图8-532所示。

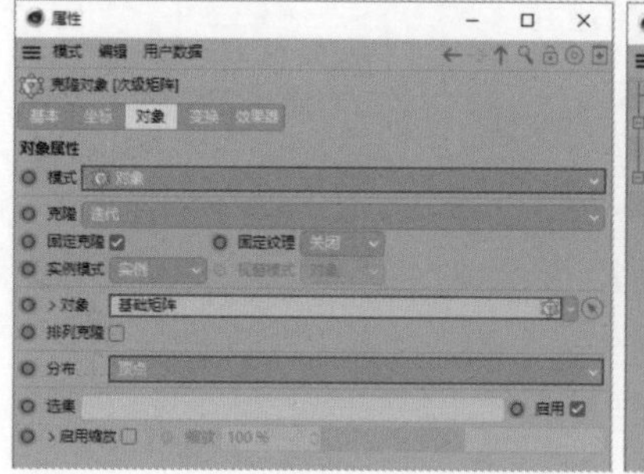

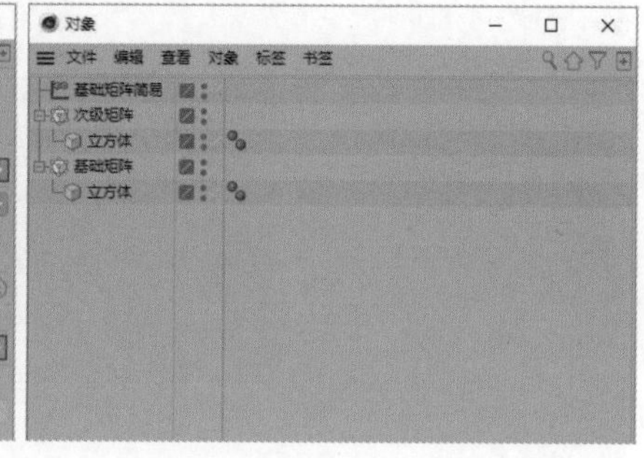

图8-532

08 设置当前帧为20F，执行“运动图形>效果器>简易”菜单命令，将“简易”对象重命名为“缩放随机简易”，然后在“属性”面板中取消勾选“位置”复选框，勾选“缩放”“等比缩放”复选框，接着设置“缩放”为-2并单击其左侧的按钮，如图8-533所示。

09 保持当前选择不变，设置当前帧为40F，然后在“属性”面板中设置“缩放”为-4并单击其左侧的按钮，如图8-534所示。设置当前帧为60F，然后在“属性”面板中设置“缩放”为-2并单击其左侧的按钮，如图8-535所示。执行“创建>域>着色器域”菜单命令，然后在“属性”面板中设置“着色器”为“噪波”，如图8-536所示。

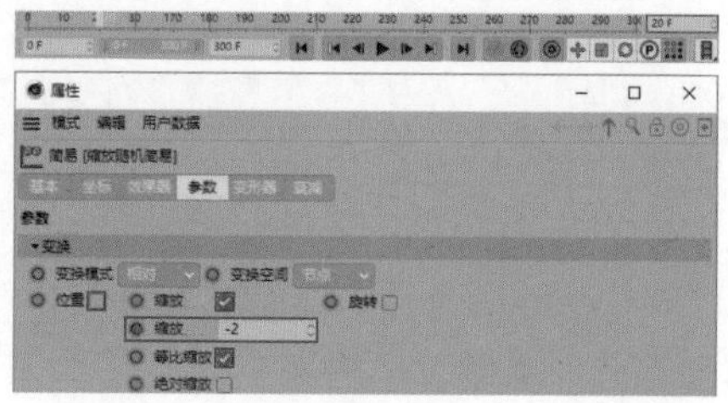

图8-533

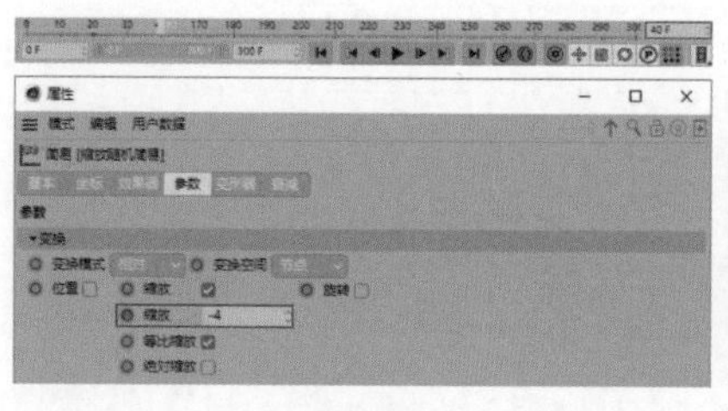

图8-534

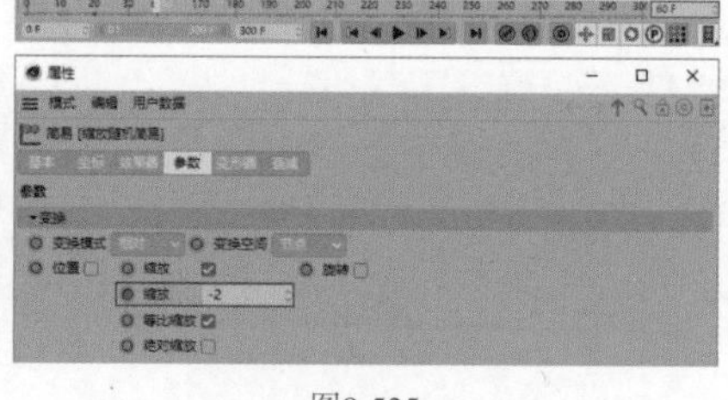

图8-535

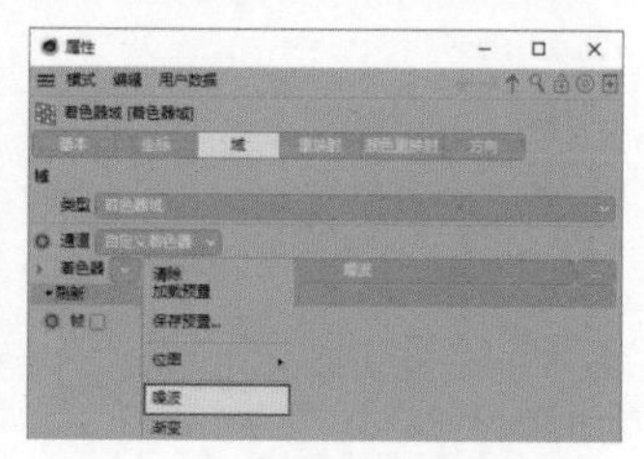

图8-536

10 单击“噪波”，然后设置“噪波”为“气体”、“全局缩放”为200%，如图8-537所示。选择“缩放随机简易”对象，然后移动“对象”面板中的“着色器域”对象至“属性”面板的“域”列表框中，接着设置“着色器域”对象的“混合”为“普通”，如图8-538所示。

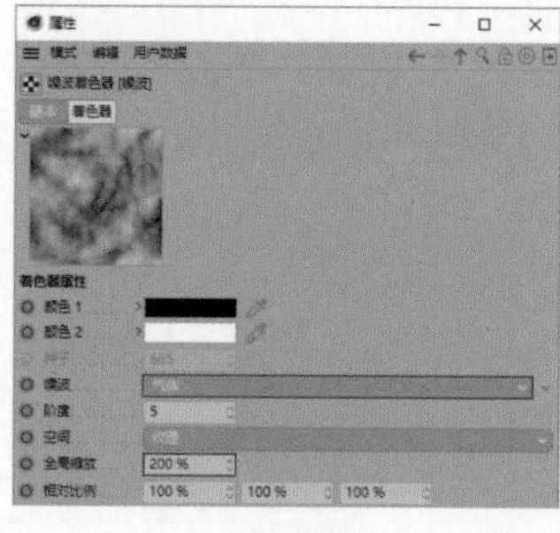

图8-537

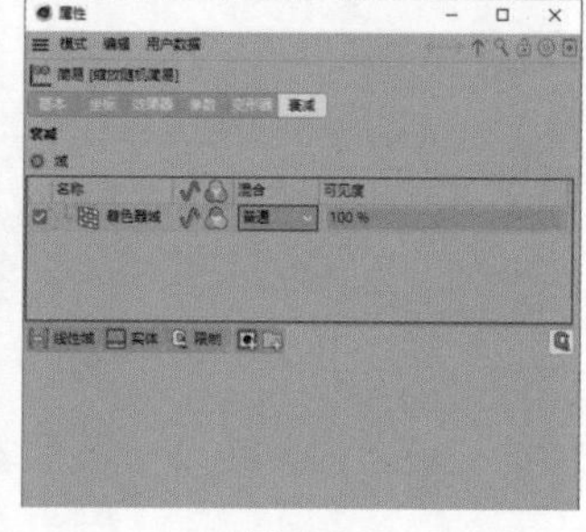

图8-538

11 移动“着色器域”对象至“缩放随机简易”对象内，如图8-539所示。选择“次级矩阵”对象，移动“对象”面板中的“缩放随机简易”对象至“属性”面板的“效果器”列表框中，如图8-540所示。效果如图8-541所示。

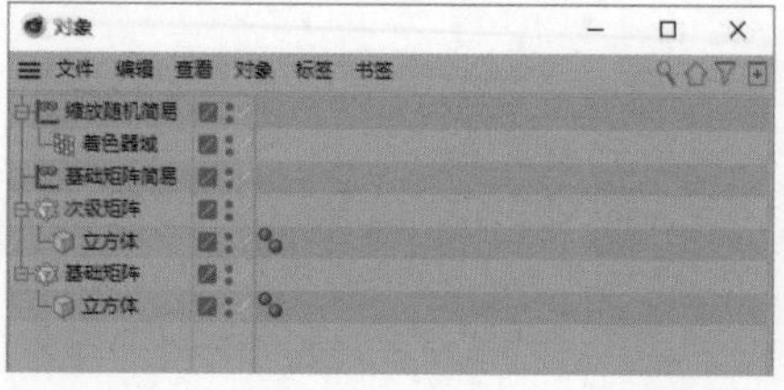

图8-539

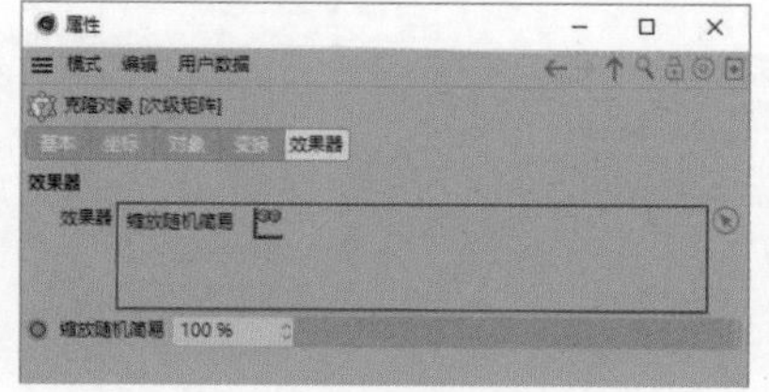

图8-540

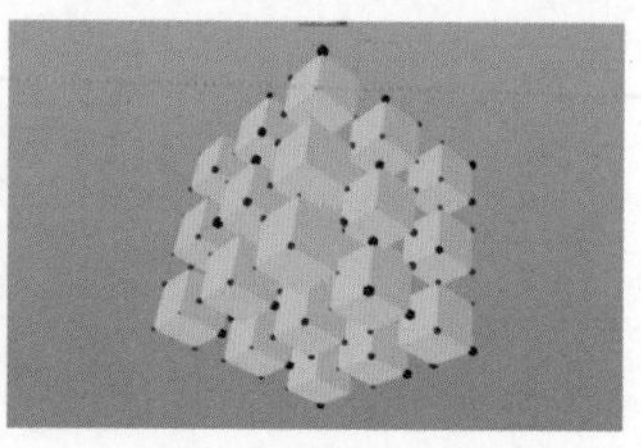

图8-541

12 选择“基础矩阵”对象，执行“编辑>复制”和“编辑>粘贴”菜单命令，将新增的对象重命名为“中级矩阵”。选择“中级矩阵”对象中的“立方体”对象，然后在“属性”面板中设置“尺寸.X”“尺寸.Y”“尺寸.Z”为60cm，接着勾选“圆角”复选框，设置“圆角半径”为2cm、“圆角细分”为3，如图8-542所示。

13 执行“运动图形>效果器>简易”菜单命令，将“简易”对象重命名为“中级矩阵简易”。选择“中级矩阵简易”对象，在“属性”面板中取消勾选“位置”复选框，然后勾选“缩放”“等比缩放”复选框，接着设置“缩放”为-1，如图8-543所示。执行“创建>域>立方体域”菜单命令，然后设置“尺寸.X”“尺寸.Y”“尺寸.Z”为465cm，如图8-544所示。

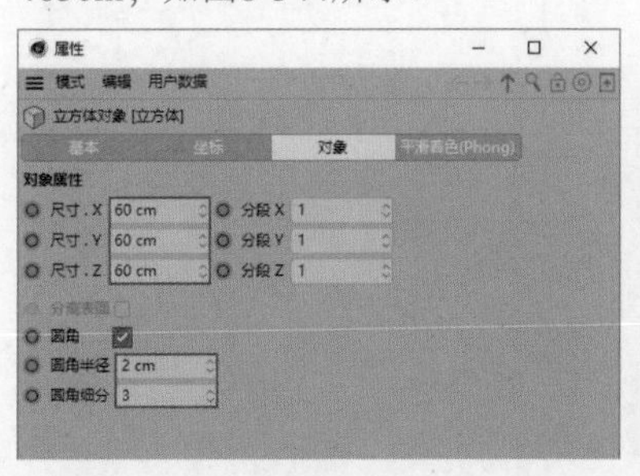

图8-542

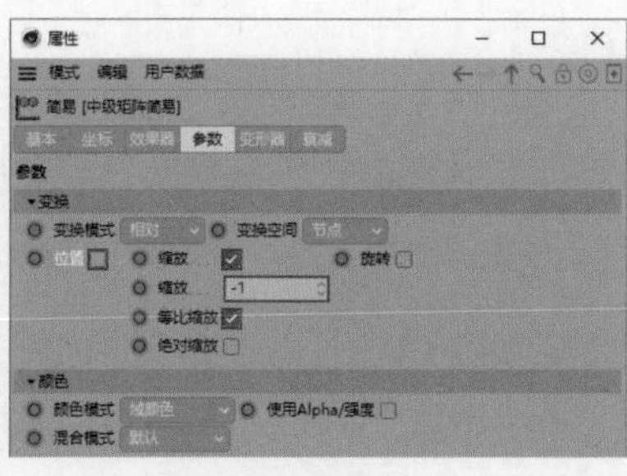

图8-543

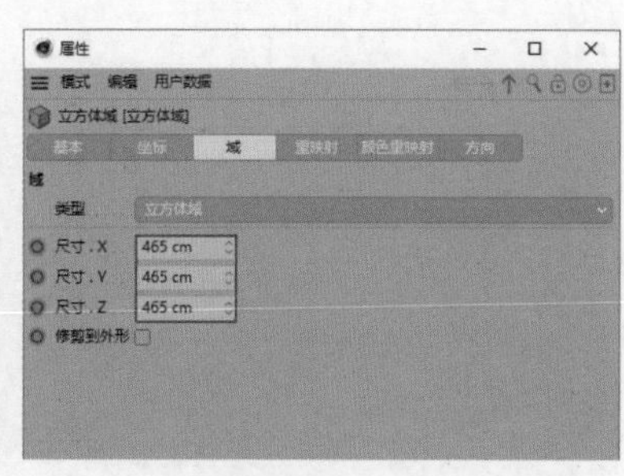

图8-544

14 勾选“反向”复选框，设置“内部偏移”为43%，如图8-545所示。设置当前帧为20F，然后设置P.X为0cm、P.Y为710cm、P.Z为0cm，接着单击P.Y左侧的◎按钮，如图8-546所示。设置当前帧为95F，然后设置P.Y为0cm并单击其左侧的◎按钮，如图8-547所示。

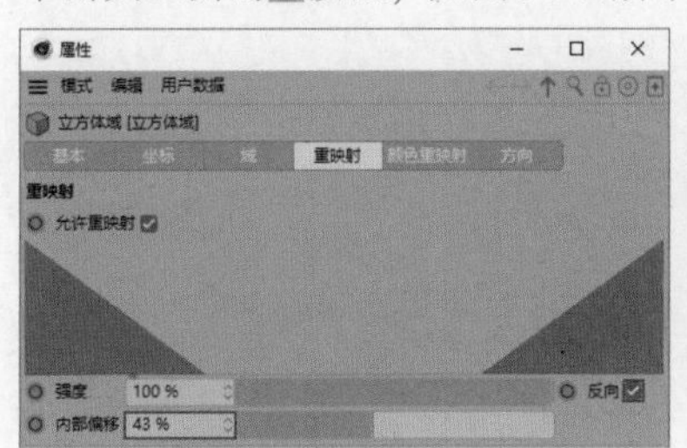

图8-545

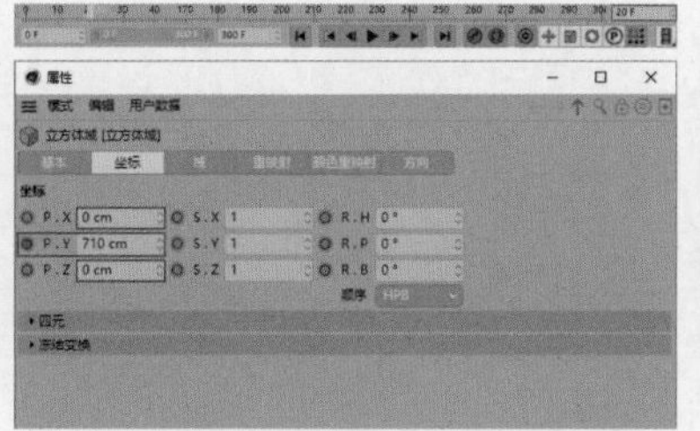

图8-546

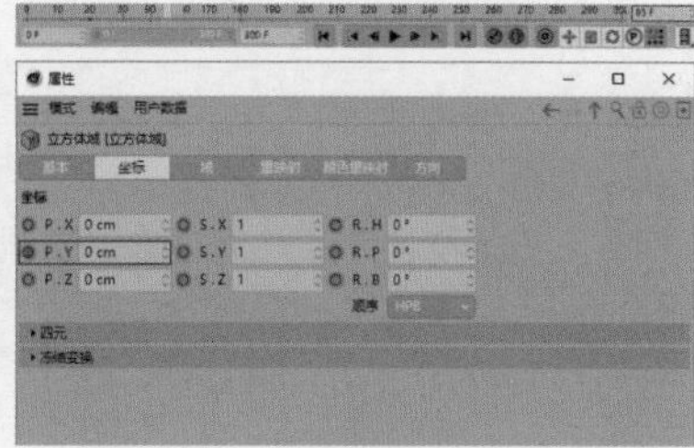

图8-547

15 设置当前帧为170F，然后设置P.Y为0cm并单击其左侧的◎按钮，如图8-548所示。设置当前帧为245F，然后设置P.Y为-710cm并单击其左侧的◎按钮，如图8-549所示。

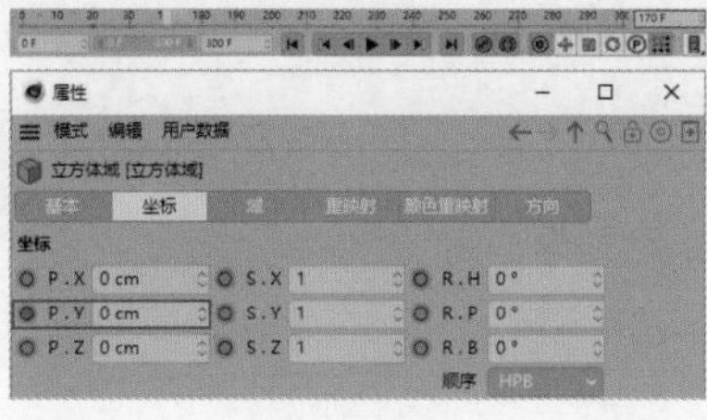

图8-548

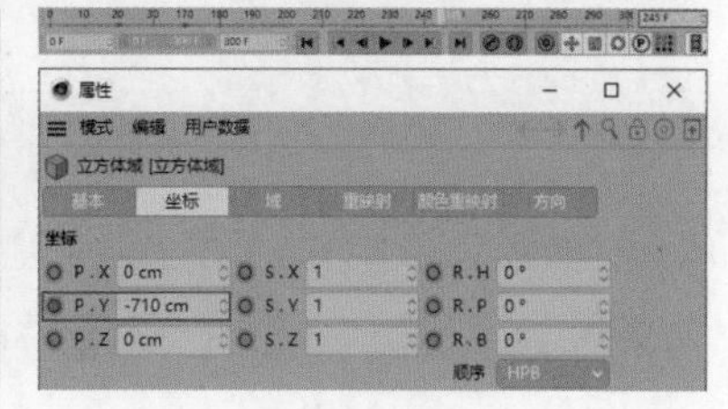

图8-549

16 执行“窗口>时间线（摄影表）”菜单命令，然后在“时间线窗口”面板中执行“帧>框显所有”菜单命令，接着选择“缩放随机简易”对象，最后执行“功能>轨迹之后>重复之后”菜单命令，效果如图8-550所示。

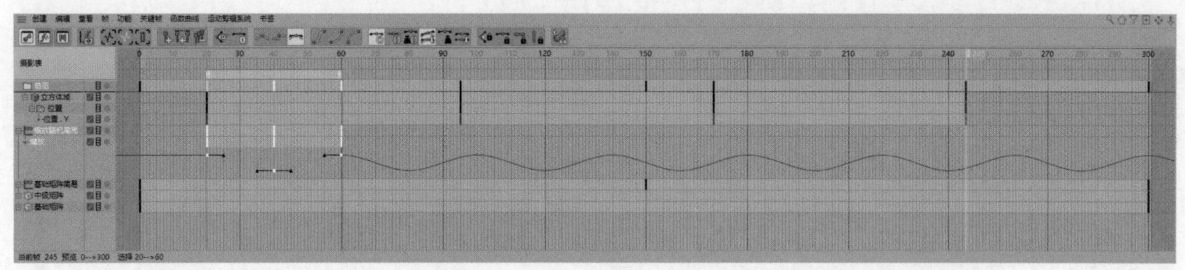

图8-550

17 选择“中级矩阵简易”对象，然后移动“对象”面板中的“立方体域”对象至“属性”面板的“域”列表框中，如图8-551所示。移动“立方体域”对象至“中级矩阵简易”对象内，如图8-552所示。

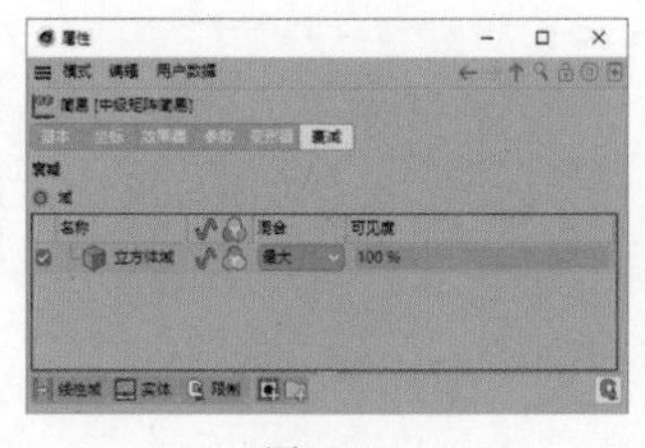

图8-551

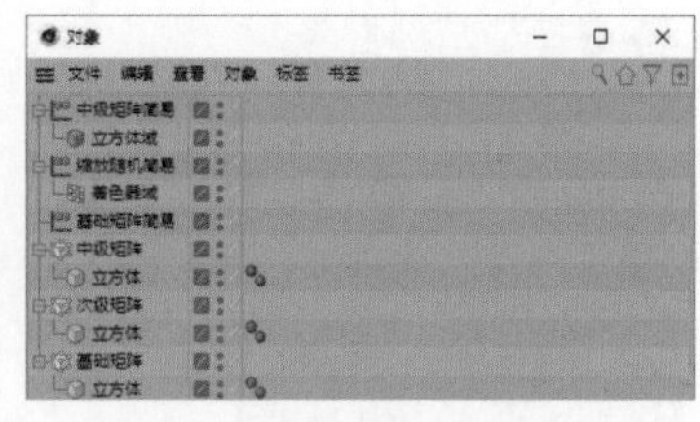

图8-552

18 选择“中级矩阵”对象，在“属性”面板的“效果器”列表框里选择“基础矩阵简易”选项，然后单击鼠标右键，执行“删除”菜单命令，如图8-553所示。保持当前选择不变，移动“对象”面板中的“缩放随机简易”“中级矩阵简易”对象至“属性”面板的“效果器”列表框中，如图8-554所示。效果如图8-555所示。

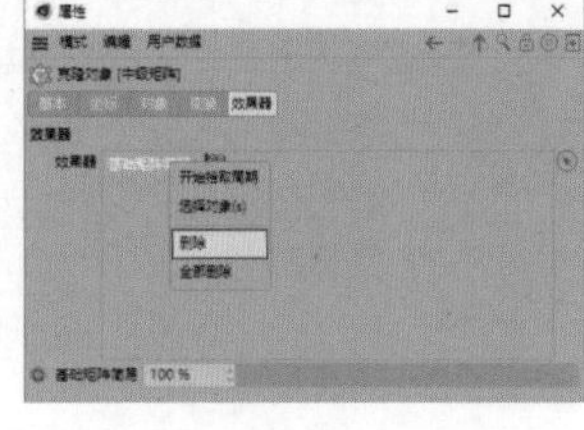

图8-553

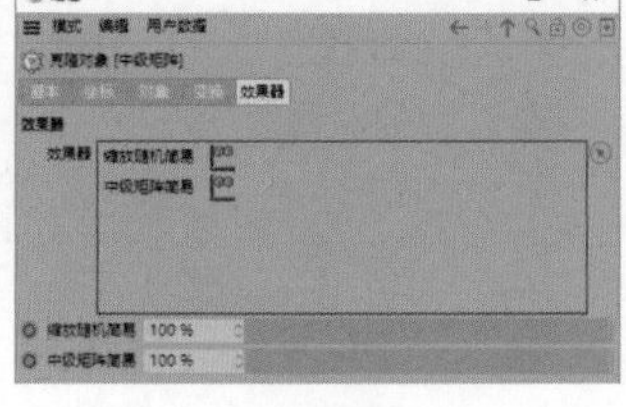

图8-554

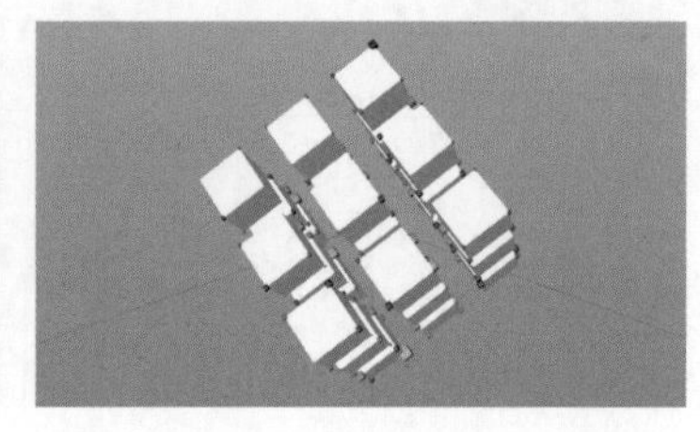

图8-555

19 选择“中级矩阵”对象，执行“编辑>复制”和“编辑>粘贴”菜单命令，然后将新增的对象重命名为“中级矩阵光源”。选择“中级矩阵光源”对象，在“属性”面板中设置“实例模式”为“渲染实例”，如图8-556所示。选择“中级矩阵光源”对象中的“立方体”对象，在“属性”面板中设置“尺寸.X”“尺寸.Y”“尺寸.Z”为40cm，如图8-557所示。

20 选择“基础矩阵”对象，执行“编辑>复制”和“编辑>粘贴”菜单命令，将新增的对象重命名为“上级矩阵”。选择“上级矩阵”对象中的“立方体”对象，在“属性”面板中设置“尺寸.X”“尺寸.Y”“尺寸.Z”为90cm，然后勾选“圆角”复选框，设置“圆角半径”为2cm、“圆角细分”为1，如图8-558所示。

21 选择“中级矩阵简易”对象，执行“编辑>复制”和“编辑>粘贴”菜单命令，将新增的对象重命名为“上级矩阵简易”，如图8-559所示。

图8-556

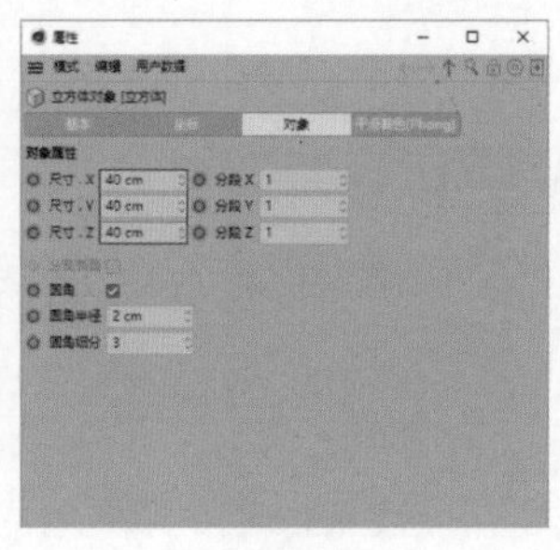

图8-557

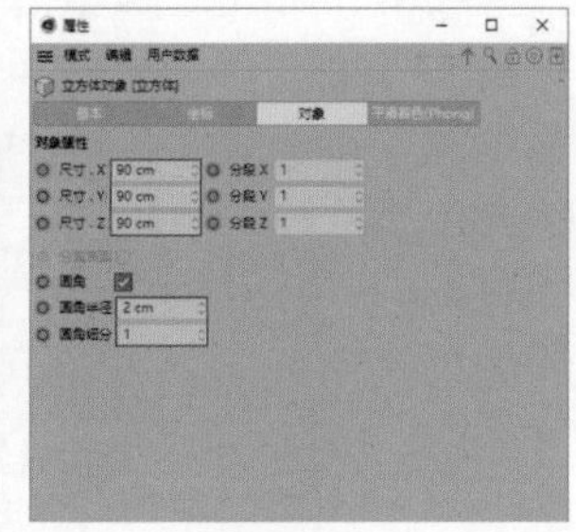

图8-558

图8-559

22 执行“窗口>时间线（摄影表）”菜单命令，在“时间线窗口”面板中依次展开“立方体域”“位置”卷展栏，然后选择“位置.Y”对象，接着在“摄影表”的右侧选择前两个关键帧，并移动所选关键帧的首帧与0F处对齐，如图8-560所示。

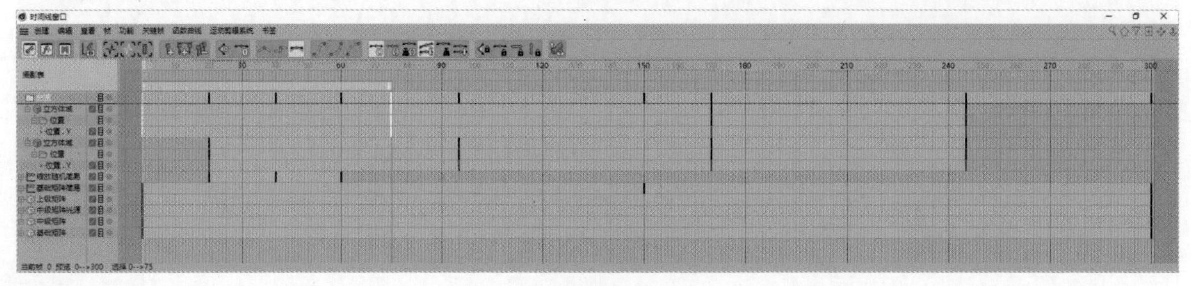

图8-560

23 在“摄影表”的右侧选择后两个关键帧，然后移动所选关键帧的首帧与190F处对齐，如图8-561所示。回到“对象”面板，选择“上级矩阵简易”中的“立方体域”对象，然后在“属性”面板中取消勾选“反向”复选框，如图8-562所示。

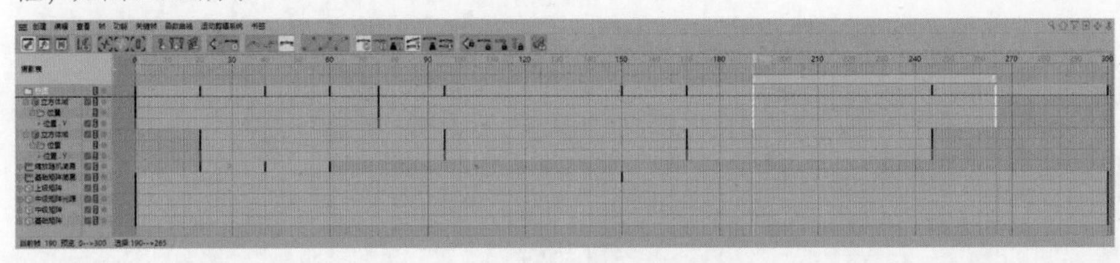

图8-561

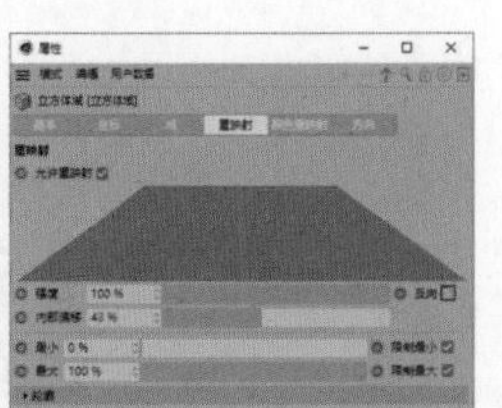

图8-562

24 选择“上级矩阵”对象，然后在“属性”面板的“效果器”列表框中选择“基础矩阵简易”选项，单击鼠标右键，执行“删除”命令，如图8-563所示。保持当前选择不变，移动“对象”面板中的“上级矩阵简易”对象至“属性”面板的“效果器”列表框中，如图8-564所示。效果如图8-565所示。

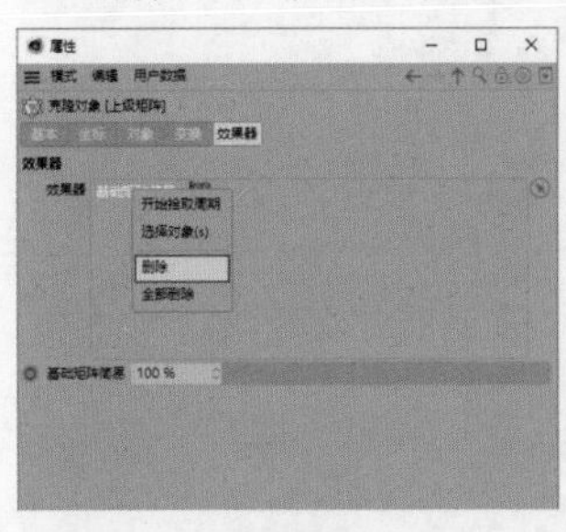

图8-563

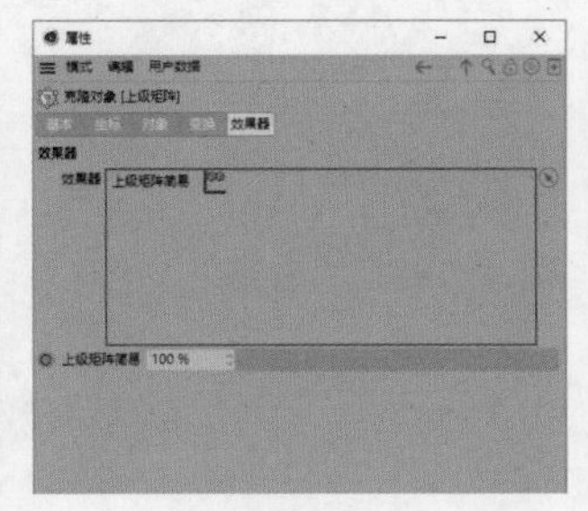

图8-564

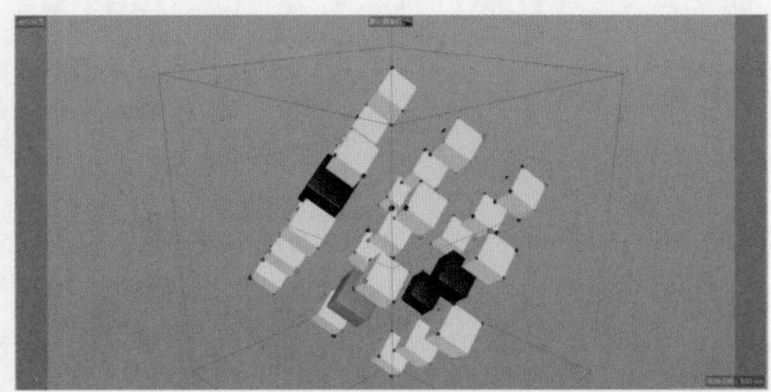

图8-565

25 选择“上级矩阵”对象，执行“编辑>复制”和“编辑>粘贴”菜单命令，然后将新增的对象重命名为“上级矩阵光源”，如图8-566所示。选择“上级矩阵光源”对象，在“属性”面板中设置“实例模式”为“渲染实例”，如图8-567所示。选择“上级矩阵光源”对象中的“立方体”对象，然后在“属性”面板中设置“尺寸.X”“尺寸.Y”“尺寸.Z”为70cm，如图8-568所示。

图8-566

图8-567

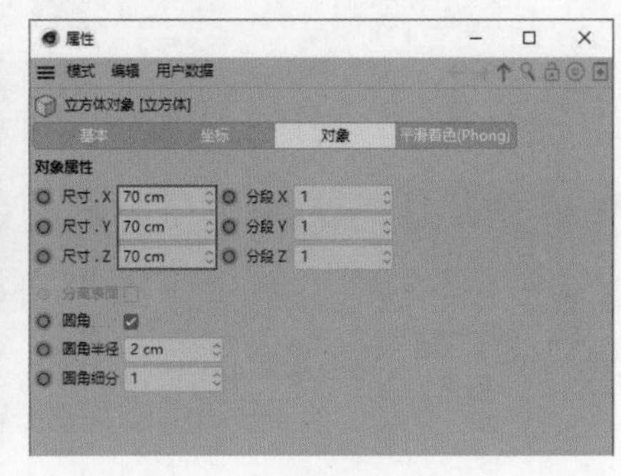

图8-568

26 新建一个立方体，将其重命名为“外壳”，如图8-569所示。选择“外壳”对象，在“属性”面板中设置“尺寸.X”“尺寸.Y”“尺寸.Z”为478cm，然后勾选“圆角”复选框，设置“圆角半径”为4cm、“圆角细分”为1，如图8-570所示。保持当前选择不变，设置当前帧为0F，然后设置R.H为0°、R.P为35°、R.B为45°，接着单击R.H左侧的◉按钮，如图8-571所示。

图8-569

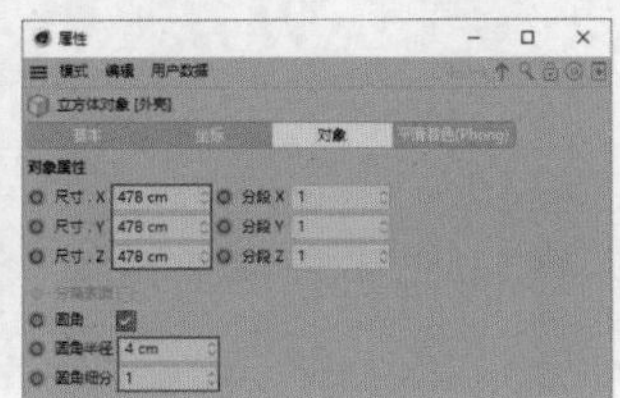

图8-570

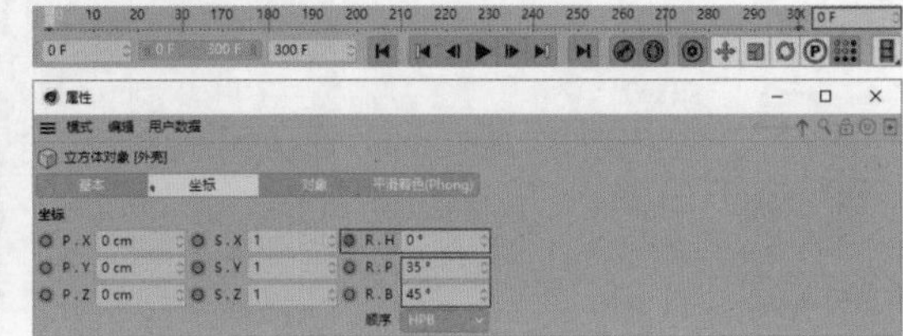

图8-571

27 设置当前帧为300F，然后设置R.H为360°并单击其左侧的按钮，如图8-572所示。效果如图8-573所示。执行“创建>对象>空白”菜单命令，然后将“空白”对象重命名为“焦点”，如图8-574所示。选择“焦点”对象，然后在“属性”面板中设置P.X为93.5cm、P.Y为67cm、P.Z为-102cm，如图8-575所示。

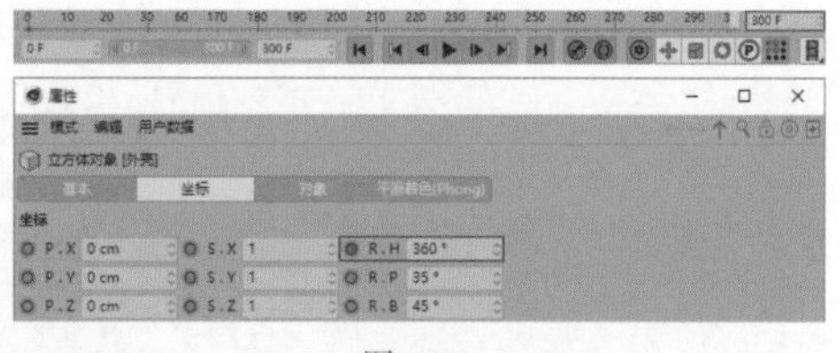

图8-572

图8-573

图8-574

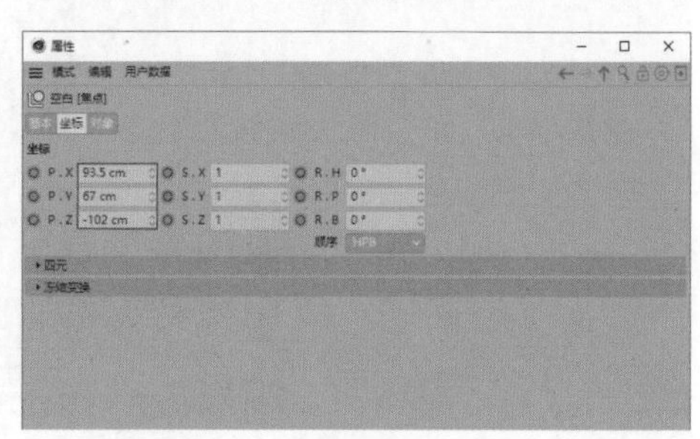

图8-575

◎ 矩阵模型渲染

01 执行“渲染>编辑渲染设置”菜单命令，在“渲染设置”对话框中设置“渲染器”为Octane Renderer，如图8-576所示。执行“Octane>Octane Dialog”菜单命令，然后在弹出的对话框中执行“Objects>Octane Camera”和“Objects>Hdri Environment”菜单命令，如图8-577所示。

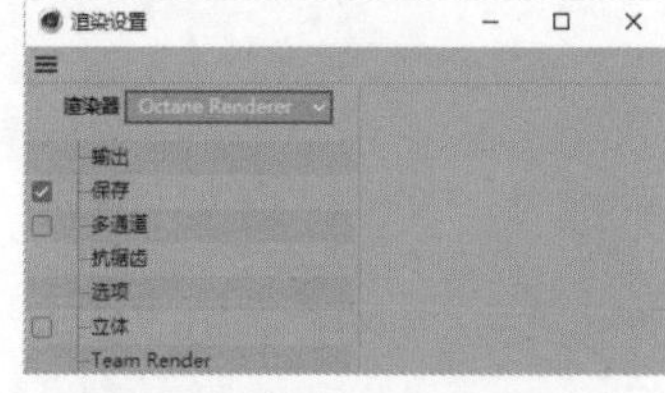

图8-576

02 单击OctaneCamera右侧的按钮切换至摄像机视角。选择OctaneCamera对象，在“属性”面板中设置P.X为1538cm、P.Y为538cm、P.Z为-1585.5cm、R.H为45°、R.P为-14.45°、R.B为0°，如图8-578所示。保持当前选择不变，移动“对象”面板中的“焦点”对象至“属性”面板的“焦点对象”参数上，如图8-579所示。

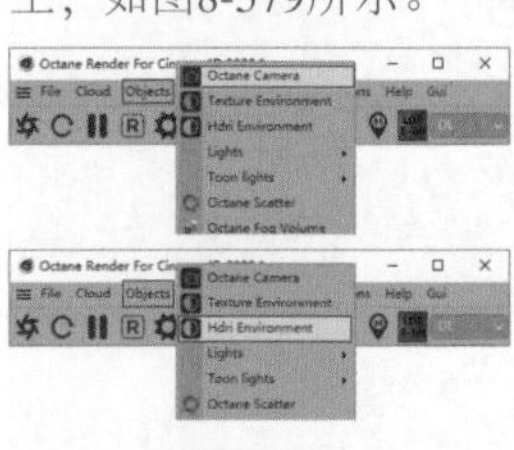

图8-577

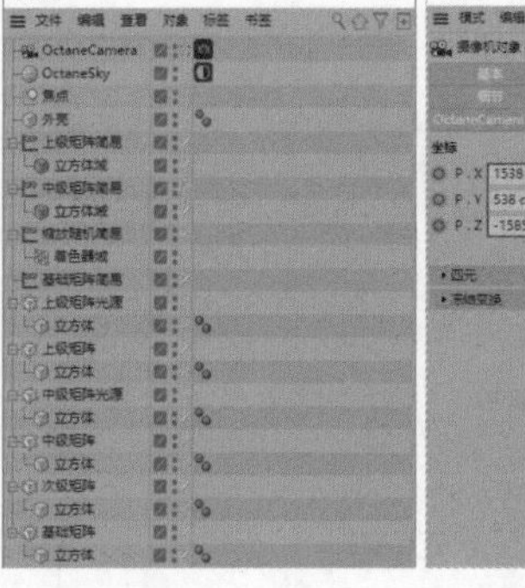

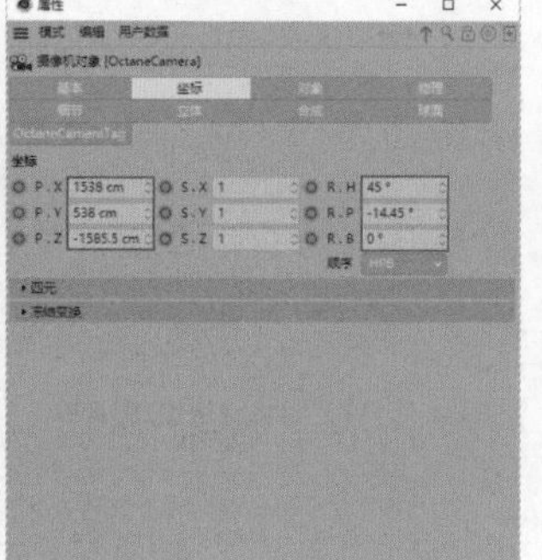

图8-578

图8-579

03 在“属性”面板中展开Depth of field卷展栏，取消勾选Auto focus复选框，然后设置Aperture为50cm、Aperture edge为3，如图8-580所示。选择OctaneSky对象，然后展开“属性”面板中的Main卷展栏，接着单击Texture右侧的按钮。选择材质文件“场景文件>CH08>实战：矩阵运算>环境天空材质_1.exr”，如图8-581所示。

图8-580

图8-581

04 回到“属性”面板，设置Power为1.5、RotX为0.43、RotY为-0.045，如图8-582所示。执行“Octane>Octane Dialog”菜单命令，然后在弹出的对话框中执行“Materials>Octane Diffuse Material”菜单命令，此时“材质”面板如图8-583所示。

05 双击OctDiffuse1材质球打开“材质编辑器”面板，设置其名称为“次级矩阵”，如图8-584所示。选择Emission，然后单击面板右侧的Blackbody emission按钮 Blackbody emission ，接着单击Texture右侧的Blackbody Emission打开Shader选项卡，设置Texture为“颜色”、Power为0.35，如图8-585所示。

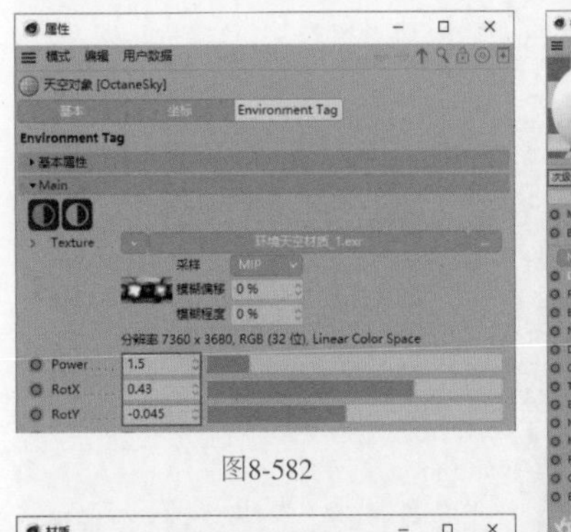

图8-582

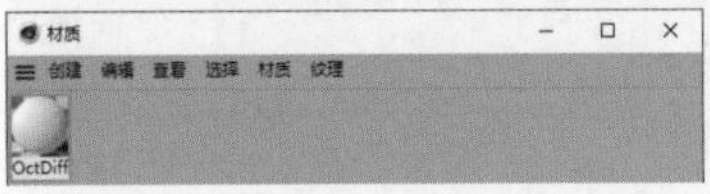

图8-583

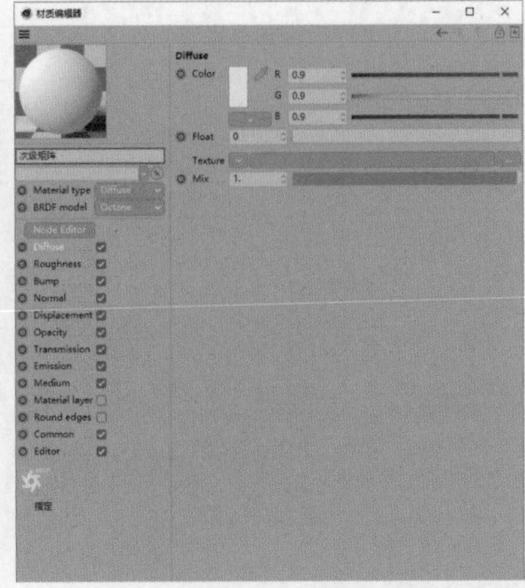

图8-584

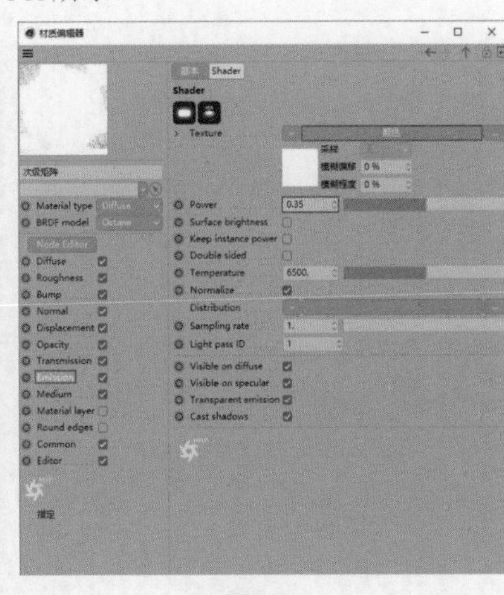

图8-585

06 单击“颜色”，然后设置H为200°、S为20%、V为72%，如图8-586所示。执行“Octane>Octane Dialog”菜单命令，然后在弹出的对话框中执行“Materials>Octane Specular Material”菜单命令，此时“材质”面板如图8-587所示。

07 双击新增的材质球打开“材质编辑器”面板，设置其名称为“中上级矩阵”，然后选择Roughness，设置Float为0.01，如图8-588所示。选择Index，设置Index为1.04，如图8-589所示。单击Node Editor按钮 Node Editor ，打开Octane Node Editor对话框，如图8-590所示。

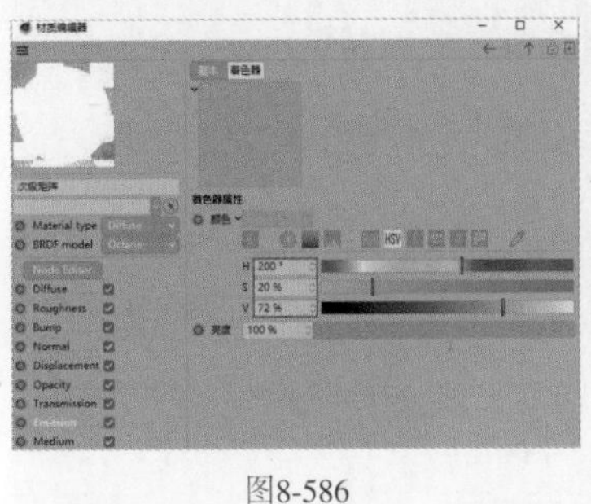

图8-586

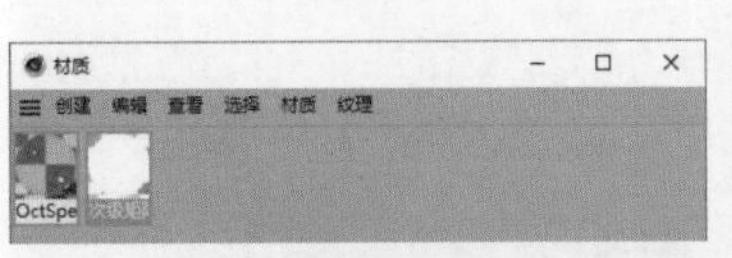

图8-587

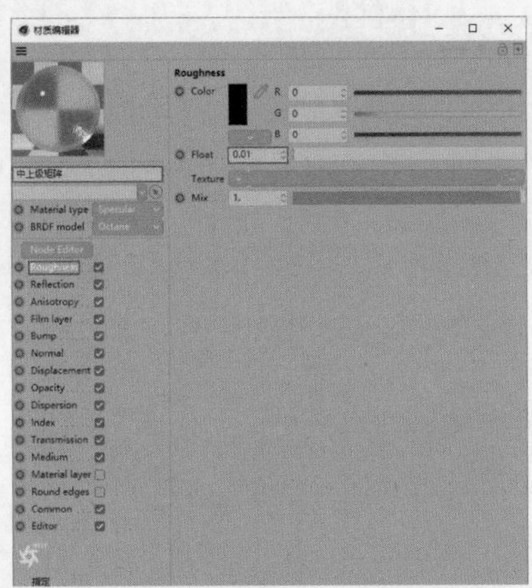

图8-588

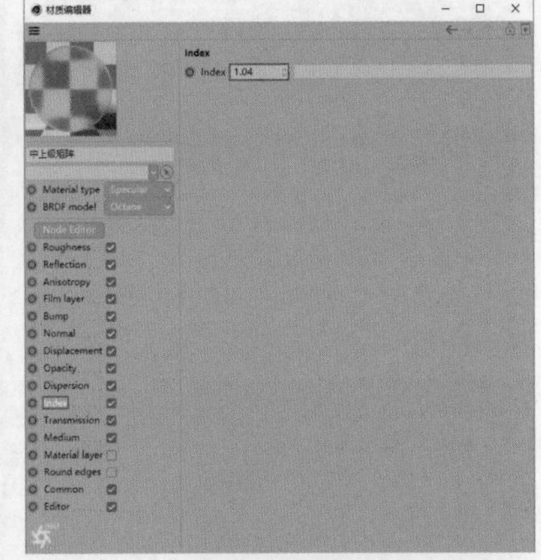

图8-589

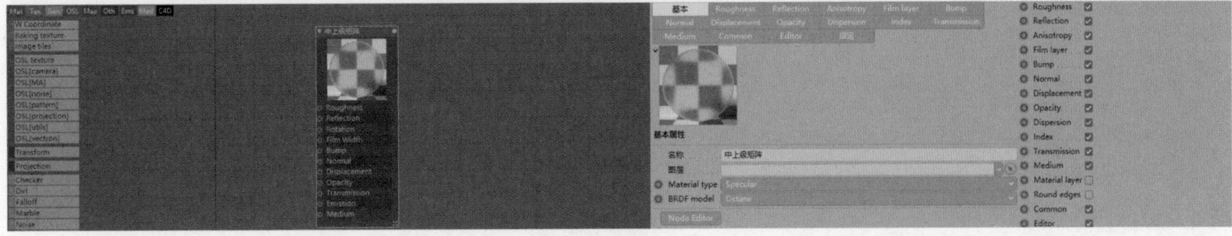

图8-590

08 依次移动Scattering medium、Rgb spectrum至右侧的空白区域，然后连接RgbSpectrum与Scattering Medium中的Absorption、Scattering Medium与“中上级矩阵”中的Medium，如图8-591所示。选择Scattering Medium，设置Density为1.406，如图8-592所示。

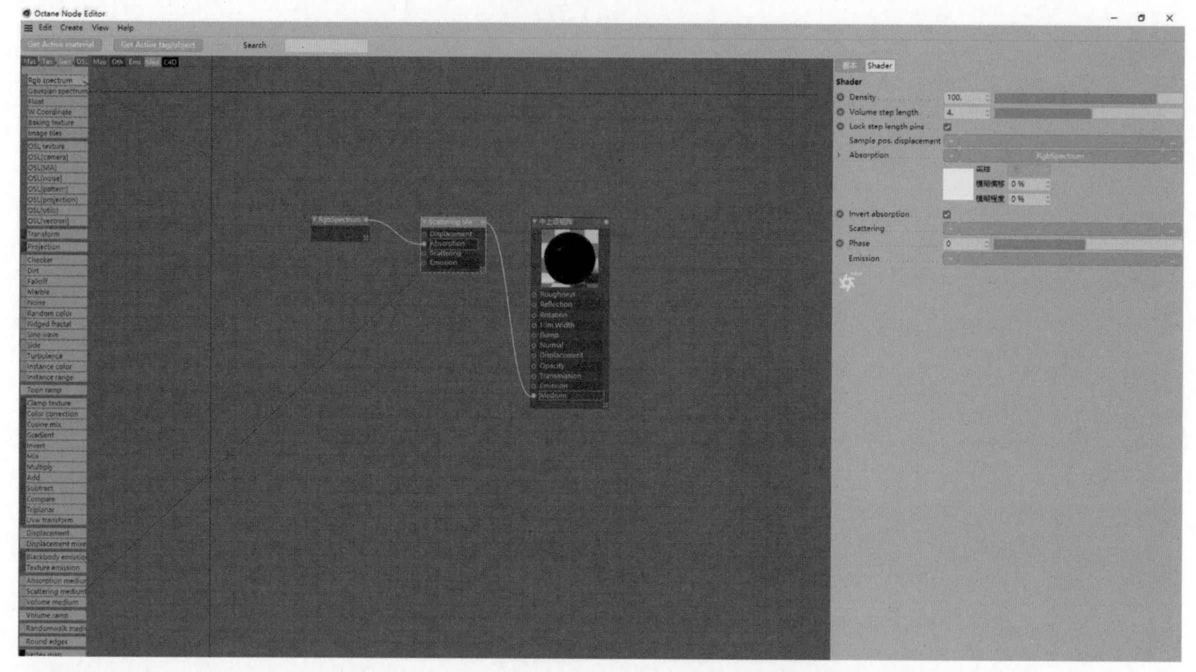

图8-591

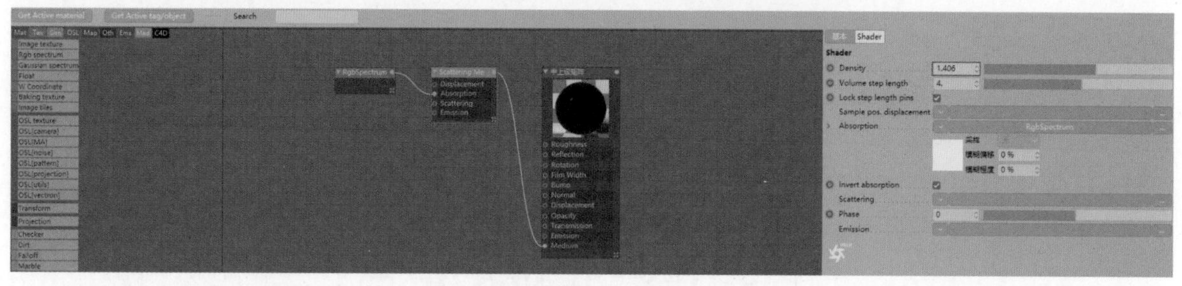

图8-592

09 选择RgbSpectrum，设置R为0、G为0.497、B为1，如图8-593所示。执行“Octane>Octane Dialog”菜单命令，然后在弹出的对话框中执行“Materials>Octane Diffuse Material”菜单命令，此时“材质”面板如图8-594所示。双击新增的材质球打开“材质编辑器”面板，设置其名称为“中级矩阵光源”，如图8-595所示。

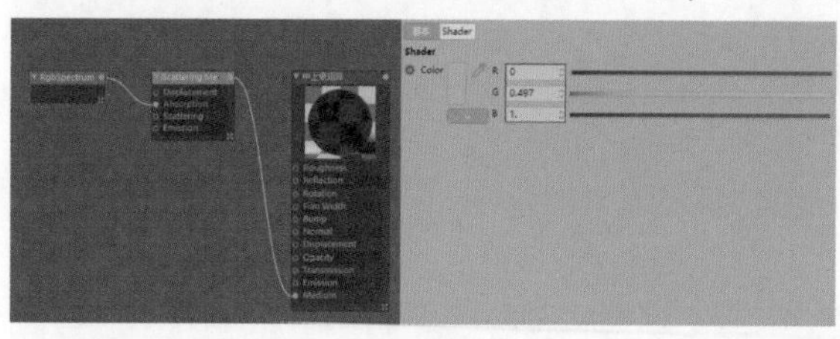

图8-593

图8-594

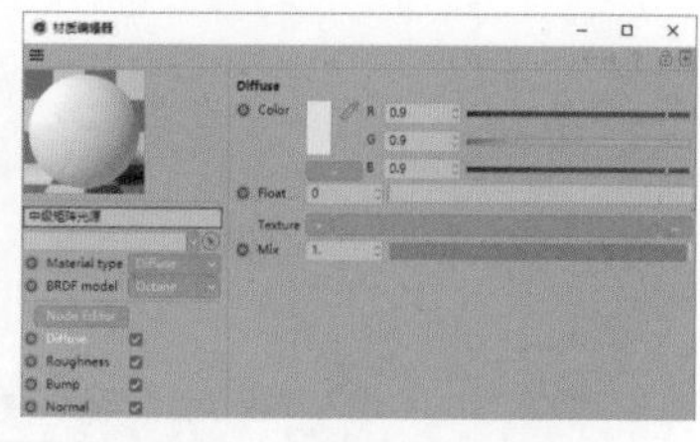

图8-595

10 单击Node Editor按钮，打开Octane Node Editor对话框，然后移动Blackbody emission、Gradient、Random color至右侧的空白区域，接着连接Random Color与Gradient中的Texture、Gradient与Blackbody Emission中的Texture、Blackbody Emission与“中级矩阵光源”中的Emission，如图8-596所示。选择Blackbody Emission，设置Power为3，如图8-597所示。

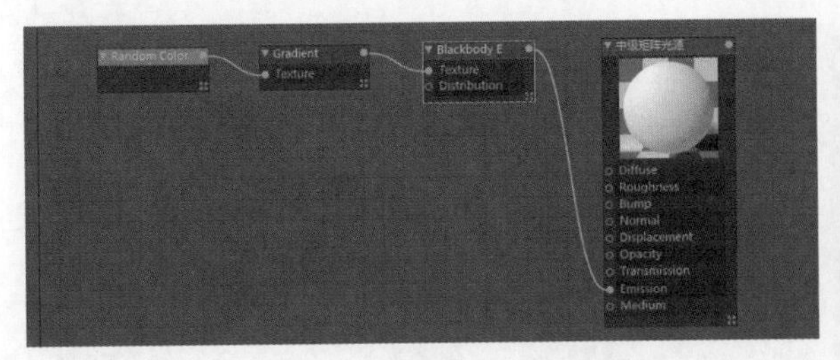

图8-596

图8-597

11 选择Gradient，展开右侧的Gradient卷展栏，然后选择第1个色标，设置H为230°、S为50%、V为10%；选择第2个色标，设置“色标位置”为55%、H为190°、S为100%、V为100%；选择第3个色标，设置“色标位置”为90%、H为175°、S为40%、V为100%，如图8-598所示。

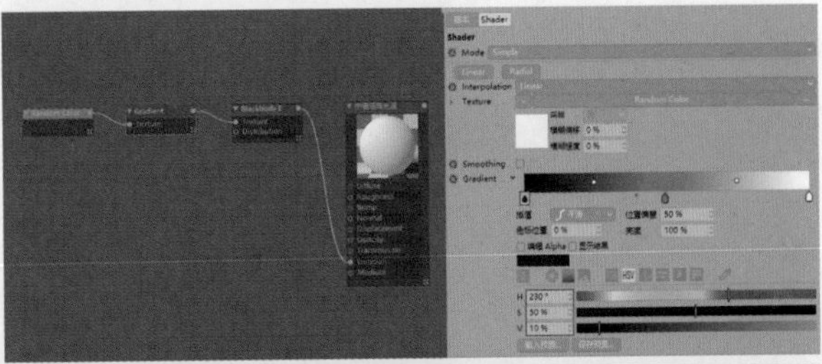

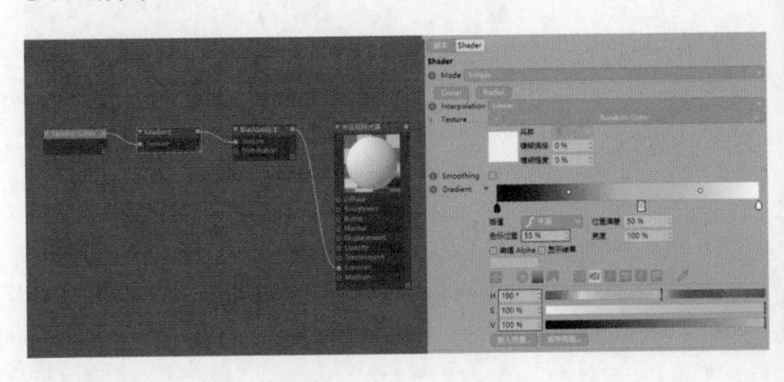

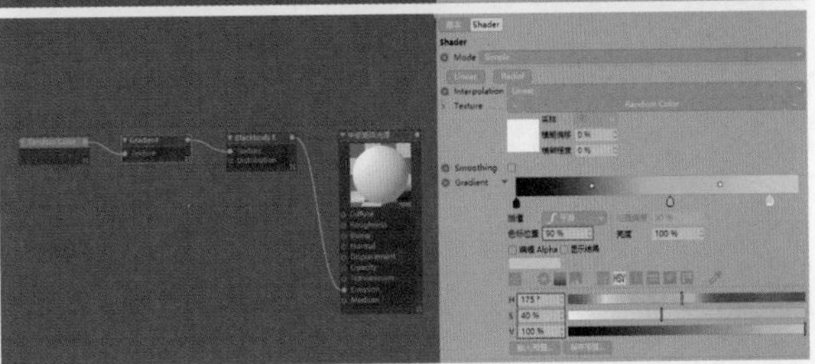

图8-598

12 在“材质”面板中选择“中级矩阵光源”材质球，然后在“材质”面板中执行“编辑>复制”和“编辑>粘贴”菜单命令，接着将新增的材质球重命名为“上级矩阵光源”，如图8-599所示。

13 双击新增的材质球打开“材质编辑器”面板，然后单击Node Editor按钮Node Editor，打开Octane Node Editor对话框，接着选择Blackbody Emission，设置Power为6，如图8-600所示。

图8-599

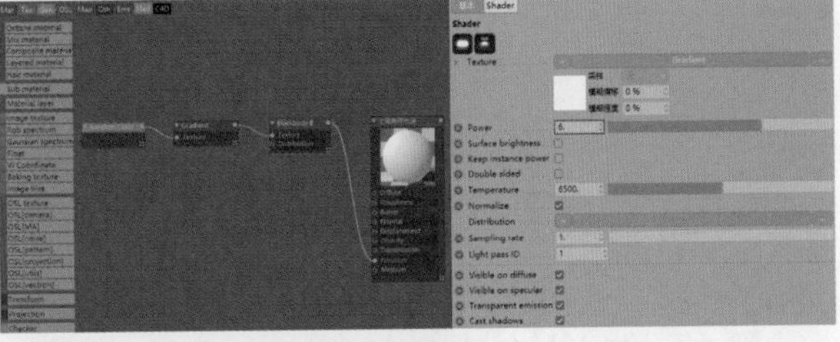

图8-600

14 选择Gradient，然后在对话框右侧展开Gradient卷展栏，选择第1个色标，设置“色标位置”为50%；选择第2个色标，设置“色标位置”为75%、H为190°、S为55%、V为100%；选择第3个色标，设置“色标位置”为100%、H为175°、S为0%、V为100%，如图8-601所示。选择Random Color，设置Seed为9，如图8-602所示。

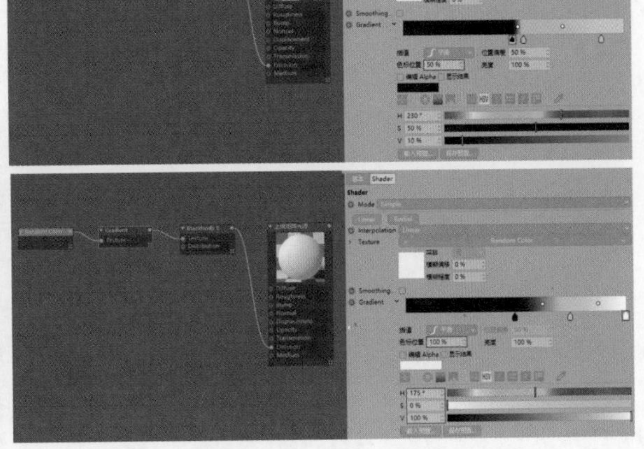

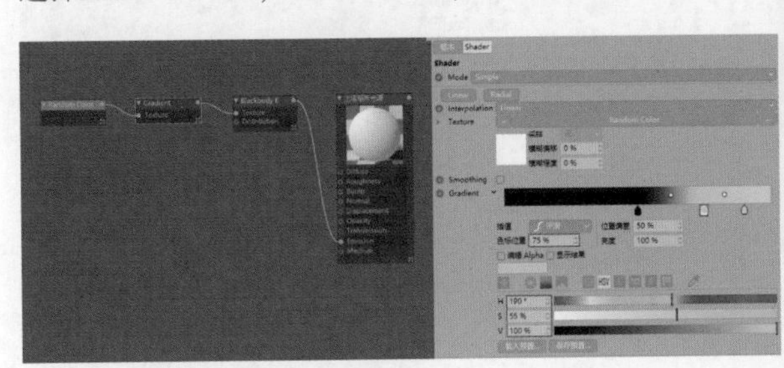

图8-601

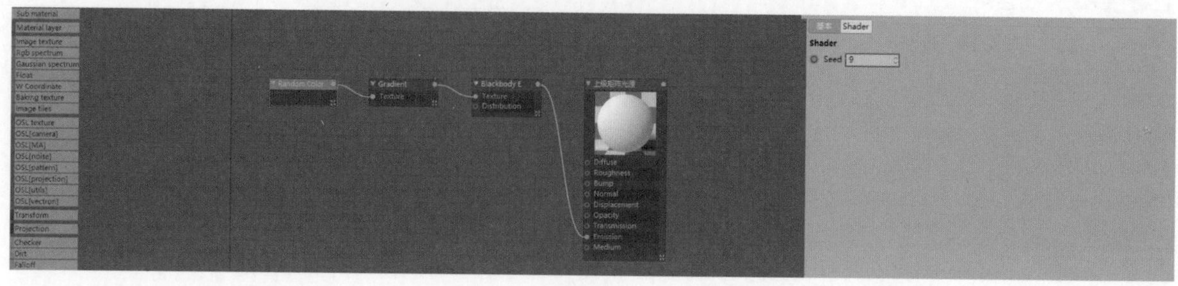
图8-602

15 执行“Octane>Octane Dialog”菜单命令，然后在弹出的对话框中执行“Materials>Octane Specular Material”菜单命令，此时“材质”面板如图8-603所示。双击新增的材质球打开“材质编辑器”面板，设置其名称为“外壳”，然后选择Transmission，设置Float为0，接着设置Texture为“颜色”，如图8-604所示。

16 单击“颜色”，设置H为250°、S为15%、V为55%，如图8-605所示。移动“材质”面板中的“次级矩阵”材质球至“对象”面板的“次级矩阵”对象上、“中上级矩阵”材质球至“中级矩阵”和“上级矩阵”对象上、“中级矩阵光源”材质球至“中级矩阵光源”对象上、“上级矩阵光源”材质球至“上级矩阵光源”对象上、“外壳”材质球至“外壳”对象上，然后隐藏“基础矩阵”对象，如图8-606所示。

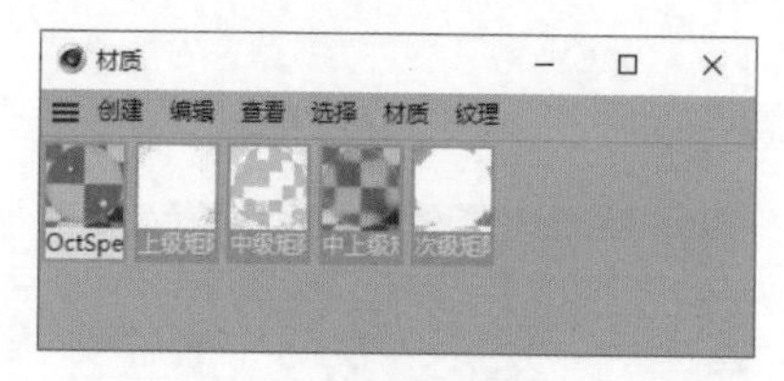
图8-603

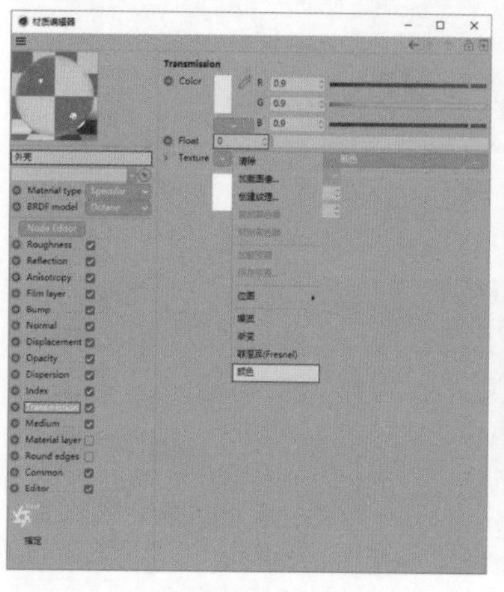
图8-604

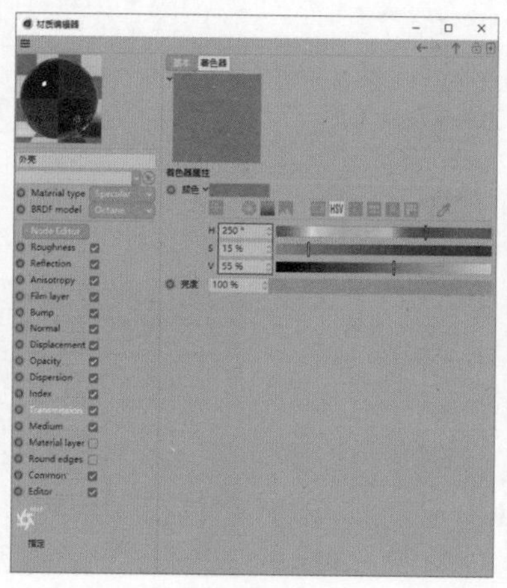
图8-605

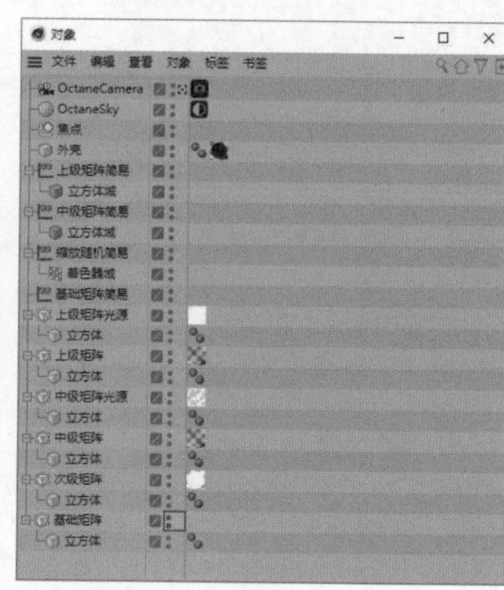
图8-606

17 执行“渲染>渲染活动视图”菜单命令，效果如图8-607所示。执行“Octane>Octane Settings”菜单命令，在Octane Settings对话框中设置第1行参数为Pathtracing，然后设置Max.samples为500，接着勾选Alpha channel复选框，如图8-608所示。

18 执行“渲染>编辑渲染设置”菜单命令，在“渲染设置”对话框中选择“输出”，设置“帧范围”为“全部帧”、“起点”为0F、“终点”为300F，如图8-609所示。

图8-607

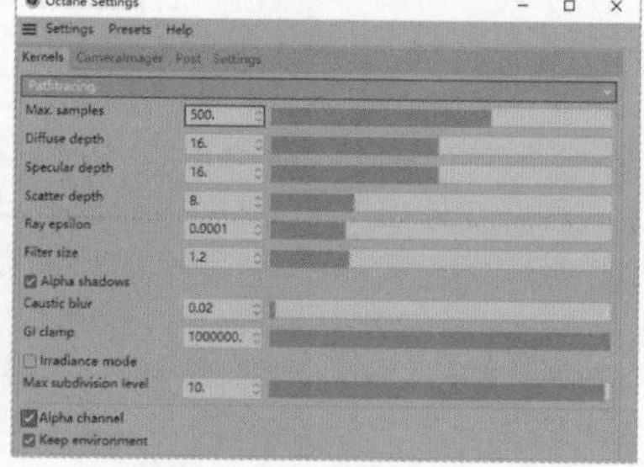
图8-608

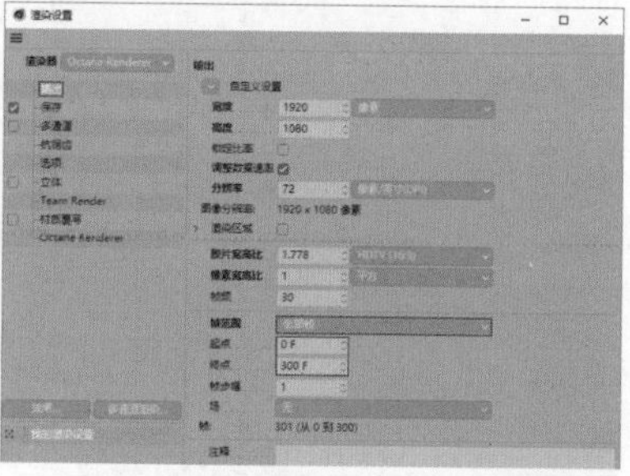
图8-609

19 在“渲染设置”对话框中选择“保存”，然后单击“文件”右侧的 按钮选择文件保存路径，将文件命名为“矩阵运算”，接着设置“格式”为PNG并勾选“Alpha通道”复选框，如图8-610所示。执行“渲染>渲染活动视图”菜单命令，效果如图8-611所示。

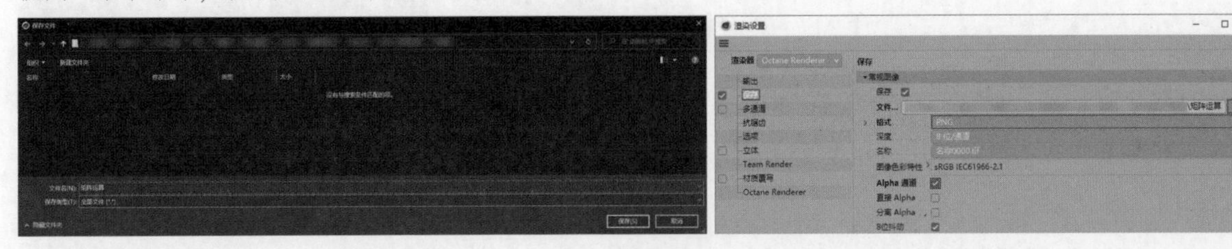

图8-610

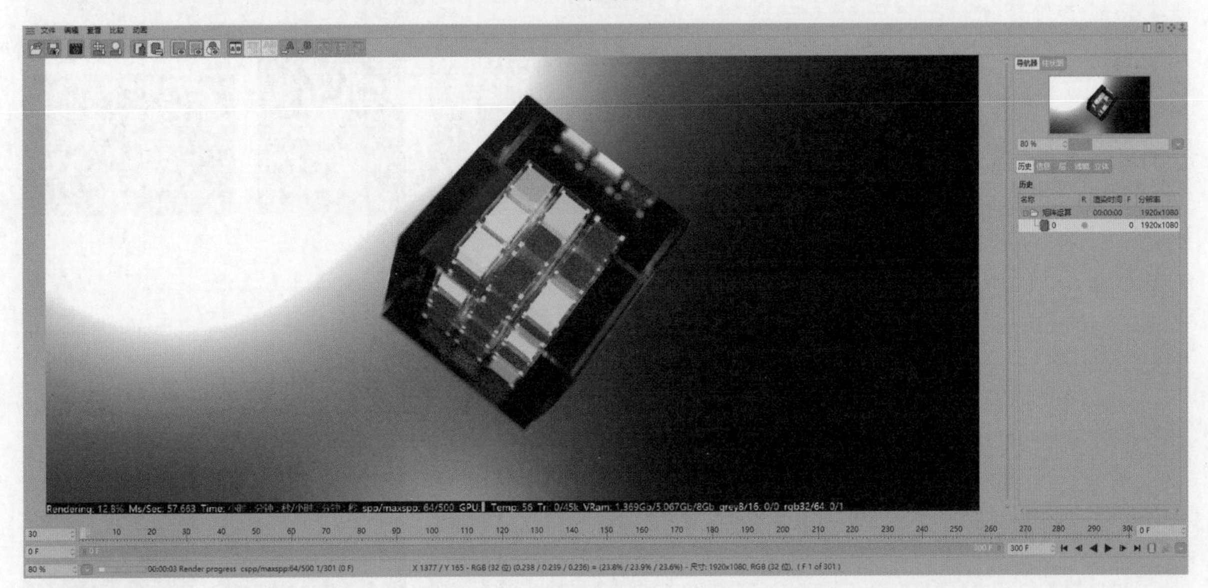

图8-611

◎ 矩阵运算动效制作

01 打开After Effects，导入模型文件“场景文件>CH08>实战：矩阵运算>矩阵运算0000.png”，如图8-612所示。创建一个合成，设置“合成名称”为“矩阵运算”、“宽度”为1920px、“高度”为1080px、“帧速率”为30帧/秒、“持续时间”为0:00:10:00，如图8-613所示。

02 移动“项目”面板中的“矩阵计算[0000-0300].png”文件至“时间轴”面板中，然后设置时间码为0:00:07:15，如图8-614所示。效果如图8-615所示。新建一个“纯色”图层，设置“名称”为“背景”、“宽度”为1920像素、“高度”为1080像素，如图8-616所示。

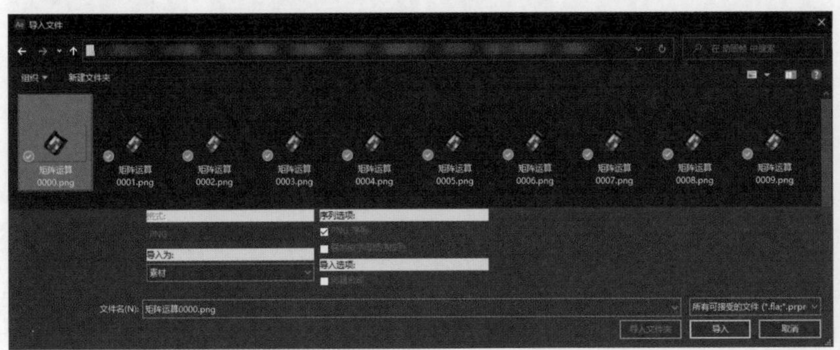

图8-612

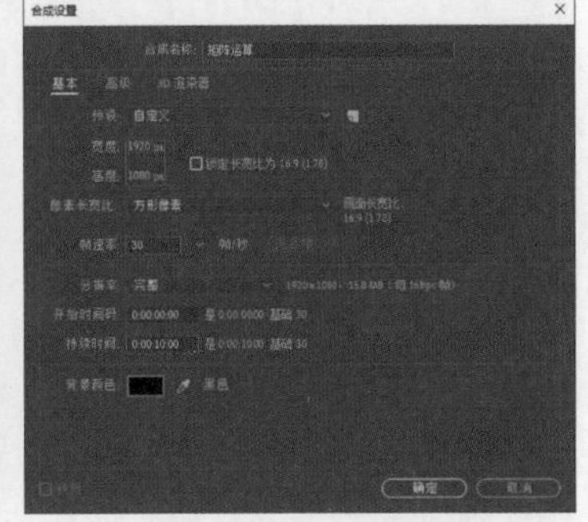

图8-613

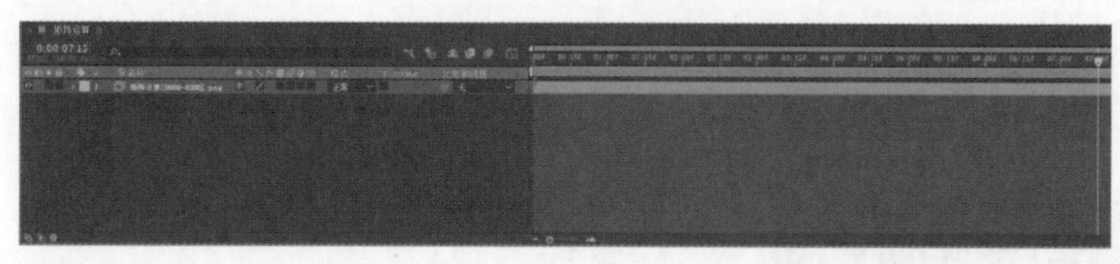

图8-614

图8-615

图8-616

03 移动“背景”图层至图层列表的最下方，然后选择“背景”图层，执行“效果>生成>梯度渐变”菜单命令。在“效果控件”面板中设置“渐变起点”为（948,1366）、“起始颜色”为蓝色（R:51,G:42,B:163）、“渐变终点”为（958,72）、“结束颜色”为黑色（R:0,G:0,B:0）、“渐变形状”为“径向渐变”、“渐变散射”为200，如图8-617所示。效果如图8-618所示。

04 新建一个“纯色”图层，设置“名称”为“底板”、“宽度”为1920像素、“高度”为1080像素，如图8-619所示。选择“底板”图层，执行“图层>3D图层”菜单命令，然后移动“底板”图层至“背景”图层的上方。

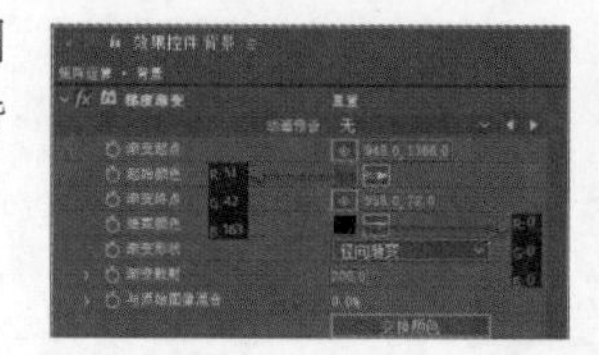

图8-617

图8-618

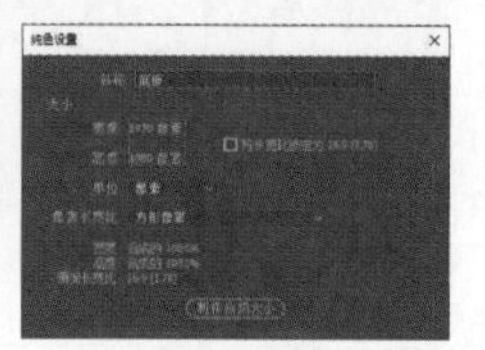

图8-619

05 在“时间轴”面板中依次展开“底板”“变换”卷展栏，设置“位置”为（960,1000,120），单击“缩放”右侧的“约束比例”按钮，然后设置“缩放”为（200,100,100）%、“X轴旋转”为0x+55°，如图8-620所示。保持当前选择不变，执行“效果>模糊和锐化>高斯模糊”菜单命令，然后在“效果控件”面板中设置“模糊度”为500，如图8-621所示。效果如图8-622所示。

图8-620

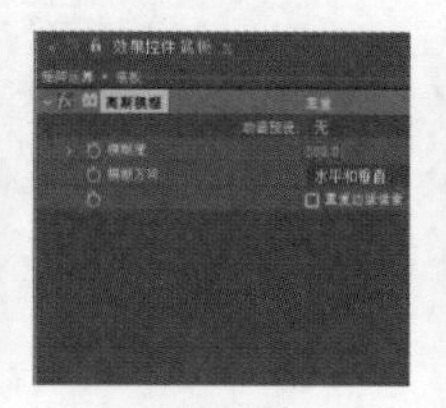

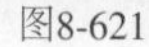

图8-621

图8-622

06 选择“矩阵计算[0000-0300].png”图层，设置其“模式”为“相加”，然后执行“效果>扭曲>镜像”菜单命令，接着在“效果控件”面板中设置“反射中心”为（980,865）、“反射角度”为0x+90°，最后在“时间轴”面板中依次展开“矩阵计算[0000-0300].png”“变换”卷展栏，设置“不透明度”为20%，如图8-623所示。效果如图8-624所示。

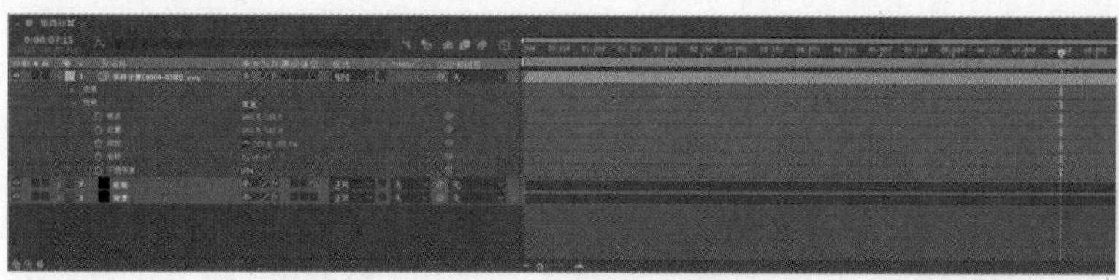

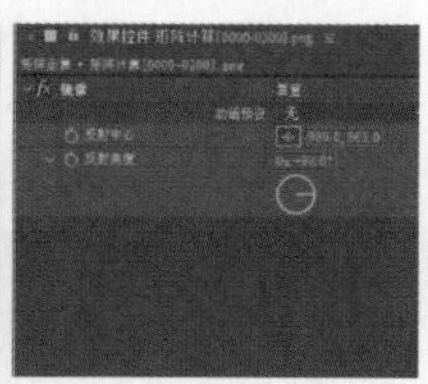

图8-623

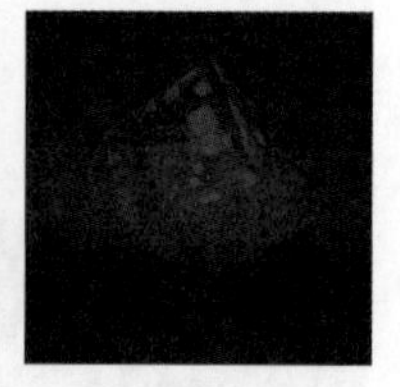

图8-624

07 移动“项目”面板中的“矩阵计算[0000-0300].png”文件至“时间轴”面板中，并将其重命名为“颜色相加”，设置其“模式”为“相加”，如图8-625所示。

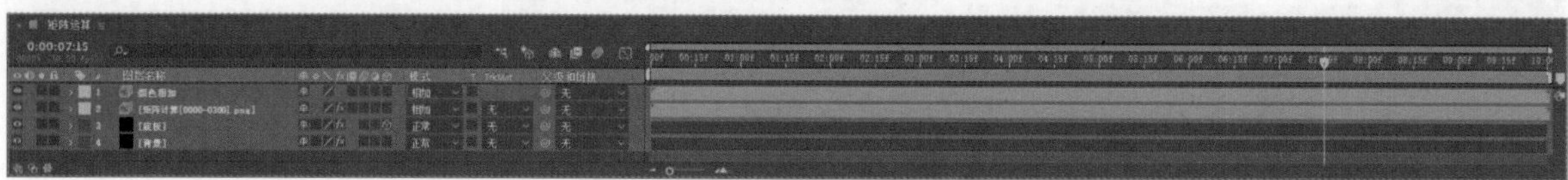

图8-625

08 在“时间轴”面板中依次展开“颜色相加”“变换”卷展栏，设置“不透明度”为80%，如图8-626所示。执行“效果>颜色校正>曲线”菜单命令，然后在“效果控件”面板中调整“曲线”卷展栏中的贝塞尔曲线至图8-627所示的形态。效果如图8-628所示。

09 选择“颜色相加”图层，执行“编辑>重复”菜单命令，然后在“时间轴”面板中依次展开“颜色相加2”“变换”卷展栏，设置“不透明度”为20%。在“效果控件”面板中调整“曲线”卷展栏中的贝塞尔曲线至图8-629所示的形态，然后执行“效果>模糊和锐化>快速方框模糊”菜单命令，接着在“效果控件”面板中设置“模糊半径”为30、“迭代”为6。效果如图8-630所示。

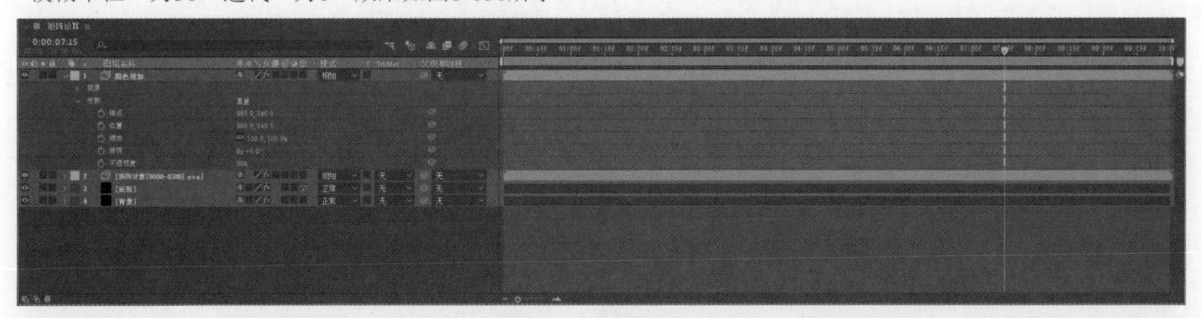

图8-626

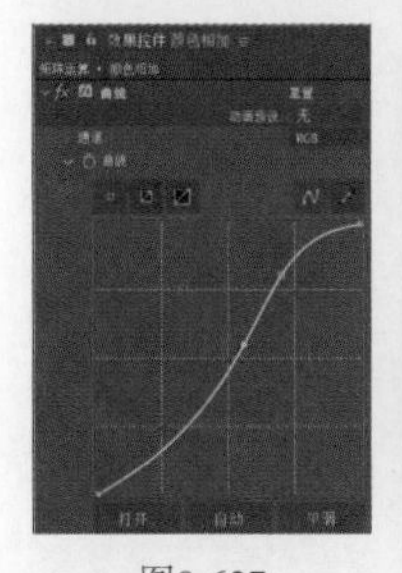

图8-627

图8-628

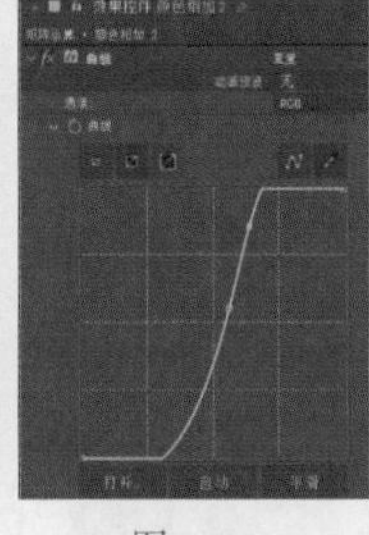

图8-629

图8-630

10 新建一个调整图层，将其重命名为“景深”，并移动其至图层列表的最上方，如图8-631所示。单击“椭圆工具”按钮，然后在“合成”面板中绘制图8-632所示的椭圆形。

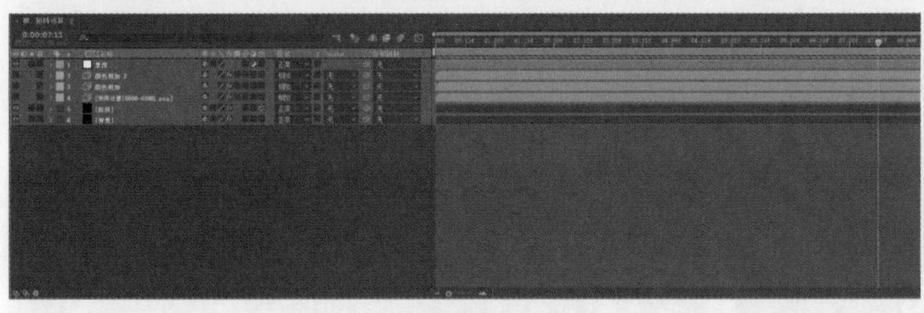

图8-631

图8-632

11 选择“景深”图层，执行“效果>模糊和锐化>摄像机镜头模糊”菜单命令，然后在“时间轴”面板中展开“景深”“蒙版”“蒙版1”卷展栏，接着勾选“反转”复选框，最后设置“蒙版羽化”为（150,150）像素、“蒙版扩展”为-300像素，如图8-633所示。在“效果控件”面板中展开“摄像机镜头模糊”卷展栏，设置“衍射条纹”为500，如图8-634所示。效果如图8-635所示。

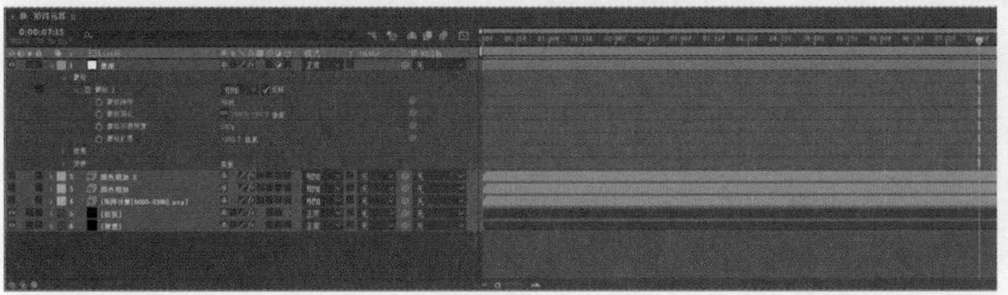

图8-633

图8-634

图8-635

实战：球中宇宙

场景位置	场景文件 > CH08 > 实战：球中宇宙
实例位置	实例文件 > CH08 > 实战：球中宇宙
难易程度	★★★☆☆
学习目标	掌握折射物体与镜面物体结合使用的方法

球中宇宙的效果如图8-636所示，制作分析如下。

当被折射模型与镜面模型保持在相同轴向位置时，可以模拟出在物理世界中看到的弧面镜片折射效果。

图8-636

01 在Cinema 4D中使用“克隆”菜单命令制作主体动画模型，模拟宇宙中的星辰，效果如图8-637所示。

02 将主体动画模型与参数化对象错开摆放，效果如图8-638所示。

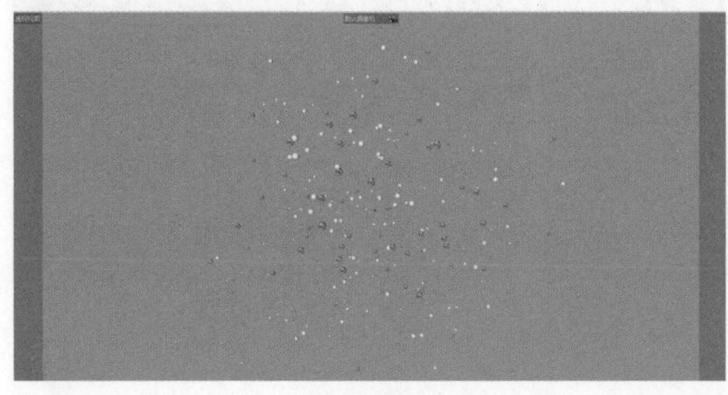

图8-637

图8-638

03 在After Effects中使用“分形杂色”、轨道遮罩等工具制作星云效果，效果如图8-639所示。

04 对导入的图形序列进行模糊处理，并叠加星云图层进行后期处理，效果如图8-640所示。将所有图形序列进行排列叠加，使用“调整”图层、“摄像机镜头模糊”等工具完成最终效果。

图8-639

图8-640